科学出版社"十四五"普通高等教育本科规划教材
新工科系列教材

高等数学（理、工类）

房少梅　郭　军　总主编
方明亮　古定桂　谌秋辉　主　编

科学出版社
北　京

内 容 简 介

  本书共 12 章，包括函数与极限、导数与微分、微分中值定理与导数的应用、不定积分、定积分及其应用、空间解析几何初步、多元函数微分法及其应用、重积分、曲线积分与曲面积分、无穷级数、微分方程、数学实验等内容。书后附有积分表、几种常用的曲线和各章节习题及总习题的参考答案。

  本书注重概念与定理的直观描述与背景介绍，强调理论联系实际。为了便于读者阶段性复习，每章末给出了 A 类和 B 类习题，其中 A 类习题适合初次接触微积分知识的学生，B 类习题适合学有余力和准备考研的学生。

  本书既可作为高等院校理工类专业本、专科（高职）的高等数学课程的教材，也可以作为各类成人教育相应课程的教材，还可作为工程技术人员的参考书。

图书在版编目（CIP）数据

高等数学：理、工类 / 方明亮等主编. —北京：科学出版社，2018.7
科学出版社"十四五"普通高等教育本科规划教材. 新工科系列教材
ISBN 978-7-03-057563-0

Ⅰ. ①高⋯　Ⅱ. ①方⋯　Ⅲ. ①高等数学–高等学校–教材
Ⅳ. ①O13

中国版本图书馆 CIP 数据核字（2018）第 112473 号

责任编辑：郭勇斌　邓新平 / 责任校对：彭珍珍
责任印制：霍　兵 / 封面设计：蔡美宇

科 学 出 版 社 出版
北京东黄城根北街 16 号
邮政编码：100717
http://www.sciencep.com
石家庄继文印刷有限公司印刷
科学出版社发行　各地新华书店经销

*

2018 年 7 月第　一　版　　开本：720 × 1000　1/16
2024 年 8 月第七次印刷　　印张：45 1/2
字数：893 000

定价：85.00 元
（如有印装质量问题，我社负责调换）

前　言

　　本书是为普通高等院校的大学生学习高等数学编写的教材。作为长期从事高等数学教学的一线教师，我们在长期的高等数学的教学实践和教学研究中积累了丰富的经验。

　　我们的编写原则是：保持微积分学知识体系的完整性、满足理工科后续课程对高等数学的需求性、关注近年来考研试题的导向性；同时，我们充分关注近些年中学数学教学内容的改革，尽量在中学与大学数学教学的内容衔接方面做到拾遗补漏，希望刚进大学的新生能够较为顺利地完成从中学到大学的学习思维的转变，尽快适应高等数学的学习；另外，在教材内容的选取方面，坚持面向新工科和现代科技发展的需要，增加了数学模型及数学实验等内容，希望对大数据、物联网、人工智能、网络安全、大健康等新工科领域提供学以致用的数学基本知识和数学思维方式，更好地培养新时代需要的工程实践能力强、创新能力强、具备国际竞争力的高素质复合型人才。

　　因此，在教材体系的安排上，既保证了数学的循序渐进、由浅入深的知识体系的完整性，又避免了烦琐复杂的推理证明；同时，为了方便不同专业、不同层次的学生学习，书中标有"*"的内容可以选学，即便不选这部分内容也不会影响后续内容的学习；最后，我们精心选配习题，每章末配有 A 类和 B 类习题，其中A 类习题是本书必需掌握的微积分学基本知识和基本内容的题目训练，面向所有学习本课程的学生，B 类习题则是在 A 类习题基础上提高的面向学有余力和进一步深造的学生的题目训练。

　　本书包含函数与极限、导数与微分、微分中值定理与导数的应用、不定积分、定积分及其应用、空间解析几何初步、多元函数微分法及其应用、重积分、曲线积分与曲面积分、无穷级数、常微分方程、数学实验等内容。

　　本书既可作为高等院校理工类专业本、专科（高职）的高等数学课程的教材，也可作为各类成人教育相应课程的教材，还可作为工程技术人员的参考书。

　　由于编者水平有限，书中难免有疏漏之处，敬请读者批评指正。

编　者

2018 年 6 月于广州

目 录

第1章 函数与极限

高等数学的主要研究对象是函数，所谓函数就是变量之间的依赖关系. 极限方法是研究函数的基本方法，极限理论则是微积分学的基础. 本章将介绍集合、函数、极限和函数的连续性等基本概念及其性质.

1.1 函　　数

1.1.1　集合

集合是数学中的一个基本概念. 例如，一个班的全体学生构成一个集合，全体整数构成一个集合，等等. 一般地，具有某种特定性质的事物的总体称为一个集合（简称集）. 组成这个集合的事物称为这个集合的元素（简称元）.

集合通常用大写的拉丁字母 A，B，C，$\cdots$ 表示，其元素则用小写的拉丁字母 a，b，c，$\cdots$ 表示. 如果 a 是集合 A 的元素，就说 a 属于 A，记作 $a \in A$；否则，就说 a 不属于 A，记作 $a \notin A$. 含有有限个元素的集合称为有限集；不是有限集的集合称为无限集.

对于数集，习惯上把全体自然数的集合记作 $\mathbf{N}$；全体整数的集合记作 $\mathbf{Z}$；全体有理数的集合记作 $\mathbf{Q}$；全体实数的集合记作 $\mathbf{R}$. 我们有时在表示数集的字母的右上角标上"$*$"来表示该数集内排除 0 的集，标上"$+$"来表示该数集内排除 0 与负数的集. 例如，全体正整数的集合记作 $\mathbf{Z}^{+}$，即 $\mathbf{Z}^{+} = \{1,2,3,\cdots,n,\cdots\}$.

如果集合 A 的元素都是集合 B 的元素，则称 A 是 B 的子集，记作 $A \subset B$ 或 $B \supset A$. 如果集合 A 与集合 B 互为子集，则称集合 A 与集合 B 相等，记作 $A = B$，即 $A = B \Leftrightarrow A \subset B$ 且 $B \subset A$. 如果 $A \subset B$ 且 $A \neq B$，则称集合 A 是集合 B 的真子集，记作 $A \underset{\neq}{\subset} B$. 不含任何元素的集合称为空集，记作 $\varnothing$. 规定空集 $\varnothing$ 是任何集合 A 的子集，即 $\varnothing \subset A$.

集合的基本运算有交、并、差等. 设 A，B 为两个集合，由所有既属于 A 又属于 B 的元素组成的集合，称为 A 与 B 的交集（简称交），记作 $A \cap B$，即

$$A \bigcap B = \{x \mid x \in A \, \text{且} \, x \in B\};$$

由所有属于 A 或者属于 B 的元素组成的集合，称为 A 与 B 的并集（简称并），记作 $A \bigcup B$，即

$$A \bigcup B = \{x \mid x \in A \, \text{或} \, x \in B\};$$

由所有属于 A 而不属于 B 的元素组成的集合，称为 A 与 B 的差集（简称差），记作 $A \setminus B$，即

$$A \setminus B = \{x \mid x \in A \, \text{且} \, x \notin B\};$$

有时我们所研究的集合 A，B 都是集合 I 的子集，此时，称集合 I 为全集或基本集，称 $I \setminus A$ 为 A 的余集或补集，记作 A^c.

设 A，B，C 为任意三个集合，则集合的交、并、余运算满足下列运算规律：

交换律 $A \bigcap B = B \bigcap A$，$A \bigcup B = B \bigcup A$；

结合律 $(A \bigcap B) \bigcap C = A \bigcap (B \bigcap C)$，$(A \bigcup B) \bigcup C = A \bigcup (B \bigcup C)$；

分配律 $(A \bigcap B) \bigcup C = (A \bigcup C) \bigcap (B \bigcup C)$，$(A \bigcup B) \bigcap C = (A \bigcap C) \bigcup (B \bigcap C)$；

对偶律 $(A \bigcap B)^c = A^c \bigcup B^c$，$(A \bigcup B)^c = A^c \bigcap B^c$.

1.1.2　区间和邻域

设 $a, b \in R$ 且 $a < b$. 我们称数集 $\{x \mid a < x < b\}$ 为开区间，记作 (a, b)；数集 $\{x \mid a \leqslant x \leqslant b\}$ 称为闭区间，记作 $[a, b]$；类似地，数集 $\{x \mid a \leqslant x < b\}$，$\{x \mid a < x \leqslant b\}$ 称为半开半闭区间，分别记作 $[a, b)$ 和 $(a, b]$. a 与 b 称为区间的端点，当 $a < b$ 时，a 称为左端点，b 称为右端点. 以上这几类区间统称为有限区间.

除了上述这些有限区间以外，还有各种无限区间. 引进符号 ∞（读作无穷大）、$+\infty$（读作正无穷大）及 $-\infty$（读作负无穷大），则可类似地表示无限区间. 例如，集合 $\{x \mid x \geqslant a\}$ 可记为 $[a, +\infty)$，集合 $\{x \mid x < b\}$ 可记为 $(-\infty, b)$，全体实数的集合 R 也可记为 $(-\infty, +\infty)$. 有限区间和无限区间统称为区间.

闭区间 $[a, b]$、开区间 (a, b) 及无限区间 $[a, +\infty)$ 和 $(-\infty, b)$ 在数轴上表示分别如图 1-1（a）、（b）、（c）和（d）所示.

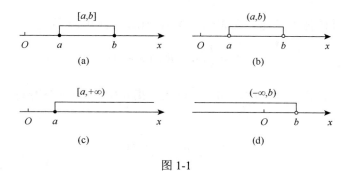

图 1-1

设 $a \in R$，$\delta > 0$．满足绝对值不等式 $|x-a| < \delta$ 的全体实数 x 的集合称为点 a 的 δ 邻域，记作 $U(a,\delta)$，或简单地写作 $U(a)$．即有

$$U(a,\delta) = \{x \mid |x-a| < \delta\} = (a-\delta, a+\delta),$$

如图 1-2 所示．

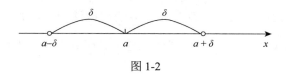

图 1-2

点 a 的空心 δ 邻域定义为

$$\overset{\circ}{U}(a,\delta) = \{x \mid 0 < |x-a| < \delta\}.$$

它也可简单地记作 $\overset{\circ}{U}(a)$．注意，$\overset{\circ}{U}(a,\delta)$ 与 $U(a,\delta)$ 的差别在于：$\overset{\circ}{U}(a,\delta)$ 不包含点 a．

此外，我们还常用到以下几种邻域：

点 a 的 δ 左邻域 $U_-(a,\delta) = (a-\delta, a]$；

点 a 的 δ 右邻域 $U_+(a,\delta) = [a, a+\delta)$；

$U_-(a,\delta)$ 与 $U_+(a,\delta)$ 去除点 a 后，分别为点 a 的空心 δ 左、右邻域，简记为 $\overset{\circ}{U}_-(a,\delta)$ 与 $\overset{\circ}{U}_+(a,\delta)$．

1.1.3　函数的概念

我们在研究某一实际问题或自然现象的过程中，总会发现问题中的变量并不是独立变化的，变量之间往往存在着依存关系．下面我们考察两个例子．

例 1.1 球的体积 V 随半径 R 的改变而变化，它们的关系为

$$V = \frac{4}{3}\pi R^3, \ R \in (0, +\infty).$$

例 1.2 自由落体运动中，物体下落的距离 h 和时间 t 都是变量，它们有如下关系：

$$h = \frac{1}{2}gt^2, t \in [0, T].$$

从以上的例子我们看到，它们所描述的问题虽各不相同，但却有共同的特征：

（1）每个问题中都有两个变量，它们之间不是彼此孤立的，而是相互联系、相互制约的；

（2）当一个变量在它的变化范围中任意取定一值时，另一个变量按一定法则就有一个确定的值与这一事先取定的值相对应.

具有这两个特征的变量之间的依存关系，我们称为函数关系.

定义 1.1 给定两个实数集 D 和 R_f，若有对应法则 f，使对 D 中每一个数 x，总有确定的数 $y \in R_f$ 和它相对应，则称 f 是定义在数集 D 上的函数，记作

$$f : D \to R_f,$$

$$x \to y.$$

数集 D 称为函数 f 的定义域. x 所对应的数 y，称为函数 f 在点 x 的函数值，常记为 $y = f(x)$. 其中 x 称为自变量，y 称为因变量.

函数值 $f(x)$ 的全体所构成的集合称为函数的值域，记作 R_f 或 $f(D)$，即

$$R_f = f(D) = \{y \mid y = f(x), x \in D\}.$$

例 1.1、例 1.2 的值域分别为 $R_f = (0, +\infty)$ 和 $R_f = \left[0, \frac{1}{2}gT^2\right]$.

若对任意 $x \in D$，按照一定的法则 f 只有一个 y 值与之对应，则称函数 $y = f(x)$ 为单值函数；否则，称函数 $y = f(x)$ 为多值函数. 如函数 $y = \frac{1}{2}\sqrt{1-x^2} + 3$ 为单值函数，由方程 $\frac{x^2}{4} + \frac{y^2}{9} = 1$ 确定的函数为多值函数.

值得注意的是，记号 f 和 $f(x)$ 的含义是有区别的：前者表示自变量 x 与因变量 y 之间的对应法则，而后者表示与自变量 x 对应的函数值，但习惯上常用记

号"$f(x), x \in D$"或"$y = f(x), x \in D$"来表示定义在 D 上的函数 f. 除了常用记号 f 表示函数外，还可以用"g"，"F"，"φ"等英文字母或希腊字母来表示函数.

从定义 1.1 可知，函数有两个要素：定义域 D 及对应法则 f. 如果两个函数的定义域和对应法则都相同，则为同一函数，否则，就是不同的函数. 例如，函数 $f(x) = 1$ 与 $g(x) = \sin^2 x + \cos^2 x$ 是同一函数；函数 $f(x) = \lg x^2$ 与 $g(x) = 2\lg x$ 就不是同一函数.

函数的定义域通常按以下两种情形来确定：一种是在实际问题中，根据实际意义确定. 例如，在球的体积 V 与半径 R 的函数关系 $V = \dfrac{4}{3} \pi R^3$ 中，定义域为 $R > 0$，因为 $R \leq 0$ 时不再有实际意义. 另一种是对抽象地用算式表达的函数，通常约定这种函数的定义域是使得算式有意义的一切实数组成的集合. 例如，函数 $y = \sqrt{1 - x^2}$ 的定义域 D 为 $[-1, 1]$，函数 $y = (9 - x^2)^{-\frac{1}{2}}$ 的定义域 D 为 $(-3, 3)$.

函数的表示方法主要有三种：解析法（公式法）、图形法、表格法.

点集 $P = \{(x, y) \mid y = f(x), x \in D\}$ 称为函数 $y = f(x)$ 的图形，如图 1-3 所示.

常见的函数有我们中学数学里学过的常数函数、幂函数、指数函数、对数函数、三角函数、反三角函数等. 下面再举几个函数的例子：

例 1.3 符号函数 $y = \operatorname{sgn} x = \begin{cases} 1, & x > 0, \\ 0, & x = 0, \\ -1, & x < 0. \end{cases}$ 其中，定义域 $D = (-\infty, +\infty)$，值域 $R_f =$

$\{-1, 0, 1\}$，它的图形如图 1-4 所示. 对于任何实数 x，下列关系成立：$x = |x| \operatorname{sgn} x$.

图 1-3   图 1-4

例 1.4 取整函数 $y = [x]$. 设 x 为任一实数，不超过 x 的最大整数称为 x 的整数部分，记作 $[x]$. 例如，$\left[\dfrac{1}{3}\right] = 0$，$[\pi] = 3$，$[-2] = -2$，$[-4.1] = -5$. 把 x 看作变量，则函数 $y = [x]$ 称为取整函数，它的定义域 $D = (-\infty, +\infty)$，值域 $R_f = Z$，其图形如图 1-5 所示.

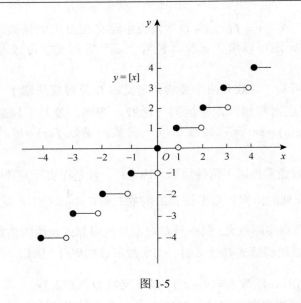

图 1-5

如例 1.3 所示，有时一个函数需要用几个式子表示. 这种在自变量的不同变化范围中，对应法则用不同式子来表示的函数，通常称为分段函数.

例 1.5 函数

$$y = f(x) = \begin{cases} 3\sqrt{x+1}, & 0 \leqslant x < 1, \\ 5x - 2, & 1 \leqslant x < 2, \\ x^2 + 6x - 5, & 2 \leqslant x \leqslant 6 \end{cases}$$

是一个分段函数. 它的定义域 $D = [0,6]$. 当 $x \in [0,1)$ 时，对应的解析式为 $f(x) = 3\sqrt{x+1}$；当 $x \in [1,2)$ 时，对应的解析式为 $f(x) = 5x - 2$；当 $x \in [2,6]$ 时，对应的解析式为 $f(x) = x^2 + 6x - 5$. 例如，$3 \in [2,6]$，则 $f(3) = 3^2 + 6 \cdot 3 - 5 = 22$.

在自然科学和工程技术中，我们经常会遇到分段函数的情形.

1.1.4 函数的几种性质

1. 单调性

设函数 $f(x)$ 的定义域为 D，区间 $I \subset D$. 如果对于 I 上任意两点 x_1 及 x_2，当 $x_1 < x_2$ 时，不等式 $f(x_1) \leqslant f(x_2)$ 成立，称函数 $f(x)$ 在区间 I 上是单调增加的. 特别当严格不等式 $f(x_1) < f(x_2)$ 成立，称函数 $f(x)$ 在区间 I 上是严格单调增加的（图 1-6）；反之，如果对于区间 I 上任意两点 x_1 及 x_2，当 $x_1 < x_2$ 时，不等式

$f(x_1) \geqslant f(x_2)$ 成立，称函数 $f(x)$ 在区间 I 上是单调减少的，特别当严格不等式 $f(x_1) > f(x_2)$ 成立，称函数 $f(x)$ 在区间 I 上是严格单调减少的（图 1-7）. 单调增加和单调减少的函数统称为单调函数，严格单调增加和严格单调减少的函数统称为严格单调函数，区间 I 称为单调区间.

例如，函数 $y = 3x$ 在区间 $(-\infty, +\infty)$ 上是单调增加的. 函数 $y = \dfrac{1}{2x}$ 在区间 $(0, +\infty)$ 上是单调减少的，而在整个定义域 $(-\infty, 0) \bigcup (0, +\infty)$ 上不是单调的.

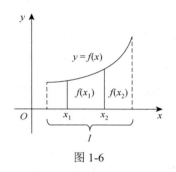

图 1-6

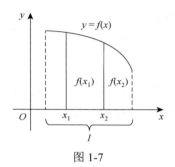

图 1-7

2. 奇偶性

设函数 $f(x)$ 的定义域 D 关于原点对称，即如果对于任意 $x \in D$，则有 $-x \in D$. 若等式 $f(-x) = -f(x)$ 恒成立，则称 $f(x)$ 为奇函数；若等式 $f(-x) = f(x)$ 恒成立，则称 $f(x)$ 为偶函数.

例如，函数 $f(x) = \sin x$ 是奇函数，因为 $f(-x) = \sin(-x) = -\sin x = -f(x)$. 函数 $f(x) = x^2 + 1$ 是偶函数，因为 $f(-x) = (-x)^2 + 1 = x^2 + 1 = f(x)$，而 $f(x) = x^2 + \sin x$ 既非奇函数，也非偶函数.

奇函数的图形关于原点对称，偶函数的图形关于 y 轴对称，分别如图 1-8、图 1-9 所示.

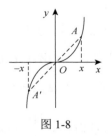

图 1-8

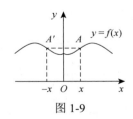

图 1-9

3. 有界性

设函数 $f(x)$ 的定义域为 D，数集 $X \subset D$. 如果存在正数 M，使得对任意 $x \in X$，都有

$$|f(x)| \leqslant M$$

成立，则称函数 $f(x)$ 在数集 X 上有界. 如果这样的 M 不存在，就称函数 $f(x)$ 在 X 上无界，即如果对于任何正数 M，总可以在 X 上找到一点 x_1，使得 $|f(x_1)| > M$，那么函数 $f(x)$ 在 X 上无界.

对于函数 $f(x)$，如果存在常数 M_1，使得对任意 $x \in X$，都有

$$f(x) \leqslant M_1$$

成立，则称 $f(x)$ 在 X 上有上界，而 M_1 称为函数 $f(x)$ 在 X 上的一个上界. 如果存在常数 M_2，使得对任意 $x \in X$，都有

$$f(x) \geqslant M_2$$

成立，则称 $f(x)$ 在 X 上有下界，而 M_2 称为函数 $f(x)$ 在 X 上的一个下界.

例如，对于函数 $f(x) = \sin x$ 在区间 $(-\infty, +\infty)$ 上，因为

$$|f(x)| = |\sin x| \leqslant 1,$$

所以函数 $f(x) = \sin x$ 在区间 $(-\infty, +\infty)$ 上是有界的. 这里 $M = 1$（当然也可以取大于 1 的任何数作为 M 而使不等式 $|f(x)| \leqslant M$ 成立）. 同理，就函数 $f(x) = 2 + \cos x$ 在区间 $(-\infty, +\infty)$ 上，因为

$$1 \leqslant 2 + \cos x \leqslant 3,$$

则 3 是它的一个上界，这里 $M_1 = 3$；1 是它的一个下界，这里 $M_2 = 1$（当然，大于 3 的任何数也是函数 $f(x) = 2 + \cos x$ 的上界，小于 1 的任何数也是它的下界）.

有些函数只有上界但没有下界，如函数 $f(x) = -\dfrac{1}{x}$ 在开区间 $(0,1)$ 内，0 就是它的一个上界；有些函数没有上界但有下界，如函数 $f(x) = \dfrac{1}{x}$ 在开区间 $(0,1)$ 内，1 就是它的一个下界. 这两个函数在区间 $(0,1)$ 内是无界的，因为不存在这样的正数 M，使 $|f(x)| = \left| \pm \dfrac{1}{x} \right| = \dfrac{1}{x} \leqslant M$ 对于 $(0,1)$ 内的一切 x 都成立. 但是函数 $f(x) = \dfrac{1}{x}$ 在区间 $(1,3)$ 内是有界的，例如，取 $M = 1$ 时，对于一切 $x \in (1,3)$ 都有 $\left| \dfrac{1}{x} \right| \leqslant 1$ 成立.

容易证明，函数 $f(x)$ 在数集 X 上有界的充分必要条件是它在 X 上既有上界又有下界.

4. 周期性

设函数 $f(x)$ 的定义域为 D，如果存在一个不为零的数 l，使得对于任一 $x \in D$ 有 $(x \pm l) \in D$ 且 $f(x+l) = f(x)$ 恒成立，则称函数 $f(x)$ 为周期函数. 数 l 称为函数 $f(x)$ 的周期，通常我们说周期函数的周期是指最小正周期，用 T 表示.

例如，函数 $f(x) = 1 + \sin\dfrac{x}{2}$ 的周期 $T = 4\pi$. 图 1-10 表示周期为 l 的一个周期函数.

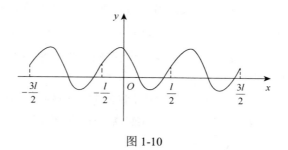

图 1-10

不是所有的周期函数都有最小正周期，下面的例子就属于这种情形.

例 1.6　狄利克雷（Dirichlet）函数

$$D(x) = \begin{cases} 1, & x \in \mathbf{Q}, \\ 0, & x \in \mathbf{Q}^c. \end{cases}$$

其中 $\mathbf{Q}$ 和 $\mathbf{Q}^c$ 分别表示有理数和无理数.

易知这是一个周期函数，任何有理数 q 都是它的周期. 由于不存在最小的正有理数，则该函数没有最小正周期.

1.1.5　反函数与复合函数

设函数 $y = f(x)$ 的定义域为 D，值域为 R_f，如果对于 R_f 中的任意 y，D 内存在唯一一个数值 x 与 y 对应，这个数值适合关系 $f(x) = y$，从而得到一个以 y 为自变量，x 为因变量的函数，我们称这个函数为 $y = f(x)$ 的反函数，记为 $x = \varphi(y)$ 或 $x = f^{-1}(y)$.

由此可知，如果 $x = \varphi(y)$ 是函数 $f(x) = y$ 的反函数，那么 $f(x) = y$ 也就是函数 $x = \varphi(y)$ 的反函数. 我们就说函数 $x = \varphi(y)$ 与函数 $f(x) = y$ 互为反函数.

例如，函数 $y = x^3$，$x \in R$ 与函数 $x = y^{\frac{1}{3}}$，$y \in R$ 互为反函数.

一般地，$y = f(x)$，$x \in D$ 的反函数记成 $y = f^{-1}(x)$，$x \in f(D)$.

在定义域 D 上，若函数 $f(x)$ 是严格单调函数，则其反函数 $f^{-1}(x)$ 必定存在，而且易证 $f^{-1}(x)$ 也是 $f(D)$ 上的严格单调函数. 事实上，不妨设 $f(x)$ 在 D 上是严格单调减少的，下证 $f^{-1}(x)$ 在 $f(D)$ 上也是严格单调减少的.

任取 $y_1, y_2 \in f(D)$ 且 $y_1 < y_2$，依定义，对于 y_1，在 D 内存在唯一的 x_1，使得 $f(x_1) = y_1$，于是 $f^{-1}(y_1) = x_1$；对于 y_2，在 D 内存在唯一的 x_2，使得 $f(x_2) = y_2$，于是 $f^{-1}(y_2) = x_2$. 如果 $x_1 < x_2$，则由 $f(x)$ 的严格单调减少，必有 $y_1 > y_2$；如果 $x_1 = x_2$，则显然有 $y_1 = y_2$. 这两种情形都与假设 $y_1 < y_2$ 不符，则必有 $x_1 > x_2$，即 $f^{-1}(y_1) > f^{-1}(y_2)$. 综上，证明了反函数 $f^{-1}(x)$ 在 $f(D)$ 上也是严格单调减少的.

相对于反函数 $y = f^{-1}(x)$，原来的函数 $y = f(x)$ 称为直接函数. 将反函数 $y = f^{-1}(x)$ 与它的直接函数 $y = f(x)$ 的图形画在同一坐标平面上，这两个图形关于直线 $y = x$ 是对称的（图 1-11）.

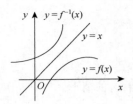

图 1-11

在实际问题中，我们常常遇到一个函数还跟另一个函数发生联系. 如由函数 $y = \sqrt{u}$ 和函数 $u = 1 - x^2$ 可得函数 $y = \sqrt{1 - x^2}$.

设函数 $y = f(u)$ 的定义域为 U，函数 $u = \varphi(x)$ 的定义域为 X，值域为 U^*，记 $D = \{x \,|\, \varphi(x) \in U^*\} \bigcap X$，若 $D \neq \phi$，则对每一个 $x \in D$，可通过函数 φ 对应 U 内唯一的一个值 u，而 u 又通过函数 f 对应唯一的一个值 y，由此就确定了一个定义在 D 上的函数，它以 x 为自变量，y 为因变量. 此函数称为由函数 $y = f(u)$ 及函数 $u = \varphi(x)$ 复合而成的复合函数. 记作

$$y = f[\varphi(x)], \quad x \in D,$$

其中变量 u 称为中间变量.

例如，函数 $y = f(u) = \sqrt{u}$，$u \in U = [0, +\infty)$，函数 $u = \varphi(x) = 1 - x^2$，$x \in X = (-\infty, +\infty)$，$U^* = (-\infty, 1]$，则 $D = \{x \,|\, \varphi(x) \in U\} \bigcap X = [-1, 1]$，所以，复合函数为 $y = f[\varphi(x)] = \sqrt{1 - x^2}$，$x \in [-1, 1]$.

但是，并非任何两个函数都可以复合成一个复合函数的. 例如，不能由函数 $y = \arcsin u$，$u = x^2 + 3$ 复合成 $y = \arcsin(x^2 + 3)$，这是因为对任一 $x \in R$，$u = x^2 + 3 \geq 3$，不在函数 $y = \arcsin u$ 的定义域 $[-1, 1]$ 内.

另外，复合函数可以由两个以上的函数经过复合构成. 如函数 $y = \sqrt[3]{\sin^2 \dfrac{x}{2}}$ 是由 $y = \sqrt[3]{u}$，$u = v^2$，$v = \sin w$，$w = \dfrac{x}{2}$ 复合而成，这里 u, v, w 都是中间变量.

1.1.6　初等函数

下列几类函数是我们在中学数学中讨论过的，现将其汇总如下.

常数函数：$y = C$ （其中 C 为任意实常数）.

幂函数：$y = x^\mu$ （其中 μ 为任意实常数）.

指数函数：$y = a^x$ （$a > 0$ 且 $a \neq 1$），在今后的学习中，用得最多的是指数函数 $y = \mathrm{e}^x$，其中 e 是一个无理数，它的值为 $\mathrm{e} = 2.718\,281\,828\,459\,045\cdots$.

对数函数：$y = \log_a x$ （$a > 0$ 且 $a \neq 1$）. 特别当 $a = \mathrm{e}$ 时，这种对数函数称为自然对数函数，记作 $y = \ln x$.

三角函数：如 $y = \sin x$，$y = \cos x$，$y = \tan x$，$y = \cot x$，$y = \sec x$，$y = \csc x$，等等.

反三角函数：由于三角函数是周期函数，它们在各自的自然定义域上不是一一对应的，所以不存在反函数. 若将三角函数的定义域限制在某一个单调区间上，这样的三角函数就存在反函数，称为反三角函数. 定义域限制在单调区间 $\left[-\dfrac{\pi}{2}, \dfrac{\pi}{2}\right]$ 上的正弦函数的反函数称为反正弦函数，记为 $y = \arcsin x$. 即 $x = \sin y$，$y \in \left[-\dfrac{\pi}{2}, \dfrac{\pi}{2}\right]$. 同理，可定义反余弦函数 $y = \arccos x$、反正切函数 $y = \arctan x$、反余切函数 $y = \operatorname{arccot} x$ 等.

函数 $y = \arcsin x$ 的定义域为 $[-1, 1]$，值域为 $\left[-\dfrac{\pi}{2}, \dfrac{\pi}{2}\right]$，它是奇函数且单调增加的；

函数 $y = \arccos x$ 的定义域为 $[-1, 1]$，值域为 $[0, \pi]$，它是单调减少的；

函数 $y = \arctan x$ 的定义域为 $\mathbf{R}$，值域为 $\left(-\dfrac{\pi}{2}, \dfrac{\pi}{2}\right)$，它是奇函数且单调增加的；

函数 $y = \operatorname{arccot} x$ 的定义域为 $\mathbf{R}$，值域为 $(0, \pi)$，它是单调减少的.

符号 $\arcsin x$ 可以理解为区间 $\left[-\dfrac{\pi}{2}, \dfrac{\pi}{2}\right]$ 上的一个角度或弧度，也可理解为 $\left[-\dfrac{\pi}{2}, \dfrac{\pi}{2}\right]$ 上的一个实数. 同理可以这样理解符号 $\arccos x$，$\arctan x$，$\operatorname{arccot} x$.

函数 $y = \arcsin x$ 即 $\sin y = x$，$y \in \left[-\dfrac{\pi}{2}, \dfrac{\pi}{2} \right]$. 同样，函数 $y = \arccos x$ 即 $\cos y = x$，

$y \in [0, \pi]$；函数 $y = \arctan x$ 即 $\tan y = x$，$y \in \left(-\dfrac{\pi}{2}, \dfrac{\pi}{2} \right)$；函数 $y = \operatorname{arccot} x$ 即 $\cot y = x$，

$y \in (0, \pi)$. 这些关系是解反三角函数问题的主要依据.

我们将反三角函数的一些恒等式罗列如下，请读者自行证明：

$\sin(\arcsin x) = x, x \in [-1, 1]$；$\qquad\qquad$ $\cos(\arccos x) = x, x \in [-1, 1]$；

$\tan(\arctan x) = x, x \in (-\infty, \infty)$；$\qquad$ $\cot(\operatorname{arccot} x) = x, x \in (-\infty, \infty)$；

$\arcsin(\sin x) = x, x \in \left[-\dfrac{\pi}{2}, \dfrac{\pi}{2} \right]$；$\qquad$ $\arccos(\cos x) = x, x \in [0, \pi]$；

$\arcsin x + \arccos x = \dfrac{\pi}{2}, x \in [-1, 1]$；$\qquad$ $\arctan x + \operatorname{arccot} x = \dfrac{\pi}{2}, x \in \mathbf{R}$.

常数函数、幂函数、指数函数、对数函数、三角函数、反三角函数六类函数统称为基本初等函数.

由基本初等函数经过有限次的四则运算和复合运算所构成并可用一个解析式表示的函数称为初等函数. 初等函数是最常见的一类函数，它也是高等数学最主要的研究对象.

例如，函数 $y = \sin^2(3x)$，$y = \sqrt{x^2 - 1}$，$y = \dfrac{\ln x + \sqrt[3]{1-x} + 2\tan x}{10^x + 9}$ 等都是初等函数.

在工程技术上，我们常用到双曲函数及它们的反函数——反双曲函数. 它们的定义如下：

双曲正弦 $\operatorname{sh} x = \dfrac{\mathrm{e}^x - \mathrm{e}^{-x}}{2}$，

双曲余弦 $\operatorname{ch} x = \dfrac{\mathrm{e}^x + \mathrm{e}^{-x}}{2}$，

双曲正切 $\operatorname{th} x = \dfrac{\operatorname{sh} x}{\operatorname{ch} x} = \dfrac{\mathrm{e}^x - \mathrm{e}^{-x}}{\mathrm{e}^x + \mathrm{e}^{-x}}$，

双曲余切 $\operatorname{coth} x = \dfrac{1}{\operatorname{th} x} = \dfrac{\operatorname{ch} x}{\operatorname{sh} x} = \dfrac{\mathrm{e}^x + \mathrm{e}^{-x}}{\mathrm{e}^x - \mathrm{e}^{-x}}$.

前三种双曲函数的简单性态如下：

双曲正弦的定义域为 $(-\infty, +\infty)$；它是奇函数，图形过原点且关于原点对称，在区间 $(-\infty, +\infty)$ 内是单调增加的. 当 x 的绝对值很大时，它的图形在第一象限内接近于曲线 $y = \dfrac{1}{2}\mathrm{e}^x$，在第三象限内接近于曲线 $y = -\dfrac{1}{2}\mathrm{e}^{-x}$（图 1-12）.

双曲余弦的定义域为 $(-\infty, +\infty)$；它是偶函数，图形过点 $(0,1)$ 且关于 y 轴对称.

在区间 $(-\infty,0)$ 内它是单调减少的；在区间 $(0,+\infty)$ 内它是单调增加的．$\mathrm{ch}\,0=1$ 是这函数的最小值．当 x 的绝对值很大时，它的图形在第一象限内接近于曲线 $y=\dfrac{1}{2}\mathrm{e}^{x}$，在第二象限内接近于曲线 $y=\dfrac{1}{2}\mathrm{e}^{-x}$（图 1-12）．

双曲正切的定义域为 $(-\infty,+\infty)$；它是奇函数，图形过原点且关于原点对称，在区间 $(-\infty,+\infty)$ 内是单调增加的．它的图形夹在水平直线 $y=1$ 及 $y=-1$ 之间；当 x 的绝对值很大时，其图形在第一象限内接近于直线 $y=1$，而在第三象限内接近于直线 $y=-1$（图 1-13）．

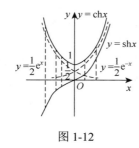

图 1-12

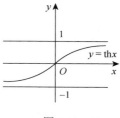

图 1-13

根据双曲函数的定义可得以下公式：
$$\mathrm{sh}\,(x+y)=\mathrm{sh}\,x\mathrm{ch}\,y+\mathrm{ch}\,x\mathrm{sh}\,y;$$
$$\mathrm{sh}\,(x-y)=\mathrm{sh}\,x\mathrm{ch}\,y-\mathrm{ch}\,x\mathrm{sh}\,y;$$
$$\mathrm{ch}\,(x+y)=\mathrm{ch}\,x\mathrm{ch}\,y+\mathrm{sh}\,x\mathrm{sh}\,y;$$
$$\mathrm{ch}\,(x-y)=\mathrm{ch}\,x\mathrm{ch}\,y-\mathrm{sh}\,x\mathrm{sh}\,y;$$
$$\mathrm{ch}^{2}\,x-\mathrm{sh}^{2}\,x=1;$$
$$\mathrm{sh}\,2x=2\mathrm{sh}\,x\mathrm{ch}\,x;$$
$$\mathrm{ch}\,2x=\mathrm{ch}^{2}\,x+\mathrm{sh}^{2}\,x.$$

以上公式读者可自行证明．

双曲函数 $y=\mathrm{sh}\,x$，$y=\mathrm{ch}\,x\,(x\geqslant0)$，$y=\mathrm{th}\,x$ 的反函数分别记为
$$反双曲正弦\ y=\mathrm{arsh}\,x,$$
$$反双曲余弦\ y=\mathrm{arch}\,x,$$
$$反双曲正切\ y=\mathrm{arth}\,x.$$

通过计算可得 $y=\mathrm{arsh}\,x=\ln(x+\sqrt{x^{2}+1})$．该函数的定义域为 $(-\infty,+\infty)$，是奇函数，在区间 $(-\infty,+\infty)$ 内是严格单调增加的（图 1-14）．

双曲余弦 $y=\mathrm{ch}\,x\,(x\geqslant0)$ 的反函数为 $y=\mathrm{arch}\,x=\ln(x+\sqrt{x^{2}-1})$．该函数的定义域为 $[1,+\infty)$，在区间 $[1,+\infty)$ 上是严格单调增加的（图 1-15）．

双曲正切函数 $y = \operatorname{th} x$ 的反函数为 $y = \operatorname{arth} x = \dfrac{1}{2} \ln \dfrac{1+x}{1-x}$. 该函数的定义域为 $(-1,1)$，是奇函数，它在开区间 $(-1,1)$ 内是严格单调增加的（图 1-16）.

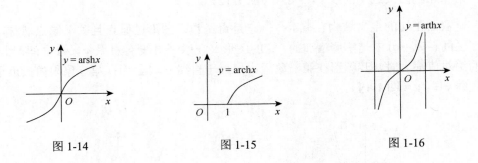

图 1-14　　　　　　　　　　　图 1-15　　　　　　　　　　　图 1-16

习　题　1-1

1. 求下列函数的定义域：

（1）$y = \dfrac{1}{1-x^2} + \sqrt{x+2}$ ；

（2）$y = \dfrac{\arccos \dfrac{2x-1}{3}}{\sqrt{x^2-x-6}}$ ；

（3）$y = \ln(-x^2+3x-2)$ ；

（4）$y = 2^{\frac{1}{x^3-x}}$ ；

（5）$y = \begin{cases} \sin \dfrac{1}{x-1}, & x \neq 1, \\ 2, & x = 1; \end{cases}$

（6）$y = \arctan \dfrac{1}{x} + \sqrt{3-x}$.

2. 已知 $f(x)$ 定义域为 $[0,1]$，求 $f(x^2), f(\sin x), f(x+a), f(x+a)+f(x-a)$（$a>0$）的定义域.

3. 设 $f(x) = \dfrac{1}{x^2}\left(1 - \dfrac{a-x}{\sqrt{a^2-2ax+x^2}}\right)$，其中 $a>0$，求函数值 $f(2a), f(1)$.

4. 设 $f(x) = \begin{cases} 1, & |x|<1, \\ 0, & |x|=1, \\ -1, & |x|>1. \end{cases}$ $g(x) = 2^x$，求 $f(g(x))$ 与 $g(f(x))$，并做出函数图形.

5. 设 $f(x) = \begin{cases} 1+x, & x<0, \\ 1, & x \geqslant 0, \end{cases}$ 试证：$f[f(x)] = \begin{cases} 2+x, & x<-1, \\ 1, & x \geqslant -1. \end{cases}$

6. 下列各组函数中，$f(x)$ 与 $g(x)$ 是否是同一函数？为什么？

（1）$f(x) = \ln(\sqrt{x^2+3}-x), g(x) = -\ln(\sqrt{x^2+3}+3)$ ；

（2）$f(x) = \sqrt[3]{x^5 - 2x^3}, g(x) = x\sqrt[3]{x^2 - 2}$；

（3）$f(x) = 2, g(x) = \sec^2 x - \tan^2 x$；

（4）$f(x) = 2\lg x, g(x) = \lg x^2$.

7. 确定下列函数在给定区间内的单调性：

（1）$y = 3x + \ln x$，　$x \in (0, +\infty)$；
　　　　　　（2）$y = \dfrac{-x}{1-x}$，　$x \in (-\infty, 1)$.

8. 判定下列函数的奇偶性.

（1）$y = \lg(x + \sqrt{x^2 + 1})$；
　　　　　　（2）$y = 0$；

（3）$y = x^2 + 2\cos x + \sin x - 1$；
　　　　　　（4）$y = \dfrac{a^x + a^{-x}}{2}$.

9. 设 $f(x)$ 是定义在 $[-l, l]$ 上的任意函数，证明：

（1）$f(x) + f(-x)$ 是偶函数，$f(x) - f(-x)$ 是奇函数；

（2）$f(x)$ 可表示成偶函数与奇函数之和的形式.

10. 证明函数在区间 I 上有界的充分与必要条件是：函数在 I 上既有上界又有下界.

11. 下列函数是否是周期函数？对于周期函数指出其周期：

（1）$y = |\sin x|$；
　　　　　　（2）$y = 1 + \sin \pi x$；

（3）$y = x\tan x$；
　　　　　　（4）$y = \cos^2 x$.

12. 求下列函数的反函数：

（1）$y = \dfrac{3^x}{3^x - 1}$；
　　　　　　（2）$y = \dfrac{ax+b}{cx+d}(ad \neq bc)$；

（3）$y = \lg\left(x + \sqrt{x^2 - 1}\right)$；
　　　　　　（4）$y = 3\cos 2x \ \left(-\dfrac{\pi}{4} \leqslant x \leqslant \dfrac{\pi}{4}\right)$.

13. 在下列各题中，求由所给函数构成的复合函数，并求这函数分别对应于给定自变量值 x_1 和 x_2 的函数值：

（1）$y = \mathrm{e}^u, u = x^2 + 1, x_1 = 0, x_2 = 2$；

（2）$y = u^2 + 1, u = \mathrm{e}^v - 1, v = x + 1, x_1 = 1, x_2 = -1$.

14. 在一圆柱形容器内倒进某种溶液，该容器的底半径为 r，高为 H. 当倒进溶液后液面的高度为 h 时，溶液的体积为 V. 试把 h 表示为 V 的函数，并指出其定义区间.

15. 某城市的行政管理部门，在保证居民正常用水需要的前提下，为了节约用水，制定了如下收费方法：每户居民每月用水量不超过 4.5 t 时，水费按 0.64 元/t 计算. 超过部分每吨以 5 倍价格收费. 试建立每月用水费用与用水数量之间的函数关系. 并计算用水量分别为 3.5 t、4.5 t、5.5 t 的用水费用.

1.2　数列的极限

本节讨论数列极限的概念及收敛数列的性质.

1.2.1　数列极限的定义

如果按照某一法则，对每个正整数 $n \in \mathbf{N}^+$，对应着一个确定的实数 x_n，这样无穷多个实数 $x_1, x_2, x_3, \cdots, x_n, \cdots$ 按次序一个接一个地排列下去，就构成了一个数列，简记为 $\{x_n\}$.

数列中的每一个数称为数列的项，第 n 项 x_n 称为数列的一般项或通项，如数列：

$$\frac{2}{1}, \frac{3}{2}, \frac{4}{3}, \cdots, \frac{n+1}{n}, \cdots;$$

$$-1, 1, -1, 1, \cdots, -1, 1, -1, 1 \cdots;$$

$$\sqrt{3}, \sqrt{3+\sqrt{3}}, \cdots, \sqrt{3+\sqrt{3+\sqrt{\cdots+\sqrt{3}}}}, \cdots.$$

前两个数列的通项分别是 $\dfrac{n+1}{n}$，$(-1)^n$，而数列 $\sqrt{3}, \sqrt{3+\sqrt{3}}, \cdots, \sqrt{3+\sqrt{3+\sqrt{\cdots+\sqrt{3}}}}$ 可用递推公式 $x_{n+1} = \sqrt{x_n+3}$，$x_1 = \sqrt{3}$ 表示.

事实上，数列给出了一个以正整数集为定义域的函数，此函数称为整标函数，即 $x_n = f(n)$. 另外，在几何上数列对应着数轴上一个点列，可看作依次在数轴上取 $x_1, x_2, \cdots, x_n, \cdots$ 的动点（图 1-17）.

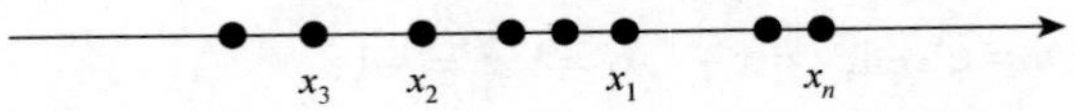

图 1-17

为了说明极限的概念，我们讨论当 n 无限增大时（即 $n \to \infty$ 时），对应的 $x_n = f(n)$ 是否能无限接近于某个确定的数值？如果可以，这个数值等于多少？下面考虑数列

$$0, \frac{3}{2}, \frac{2}{3}, \frac{5}{4}, \cdots, 1 + \frac{(-1)^n}{n}, \cdots$$

易知，当 n 无限增大，即 n 趋于无穷大时，一般项 $x_n = 1 + \dfrac{(-1)^n}{n}$ 无限接近于常数1. 那么，怎样用精确的数学语言来阐述"当 n 趋于无穷大时，数列 $\{x_n\}$ 无限接近一个确定的常数 a"这一变化趋势？我们知道，两个数 a 与 b 之间的接近程度可以用这两个数之差的绝对值 $|b-a|$ 来度量（$|b-a|$ 的几何意义表示点 a 与点 b 之间的距离），$|b-a|$ 越小，表示 a 与 b 就越接近. 这样，"数列 $\{x_n\}$ 无限接近一个确定的常数 a"，就是 $|x_n - a|$ 可以任意小，也就是说 $|x_n - a|$ 可以小于预先给定的任意小的正数；"n 趋于无穷大"就是要 n 充分大，大到足以保证 $|x_n - a|$ 可以小于预先给定的任意小的正数. 对于数列 $x_n = 1 + \dfrac{(-1)^n}{n}$，若预先给定正数 $\dfrac{1}{100}$，$|x_n - 1| =$
$\left| \left(1 + \dfrac{(-1)^n}{n} \right) - 1 \right| = \dfrac{1}{n}$，所以，要使 $|x_n - 1| < \dfrac{1}{100}$，只要 $n > 100$ 就可以了，即从第 101 项起，都能使不等式 $|x_n - 1| < \dfrac{1}{100}$ 成立. 若预先给定正数 $\dfrac{1}{1000}$，只要 $n > 1000$ 就可以了，即从第 1001 项起，都能使不等式 $|x_n - 1| < \dfrac{1}{1000}$ 成立. 一般地，对于给定任意小的正数 ε，若总存在一个正整数 N，使得当 $n > N$ 时，都能使不等式 $|x_n - 1| = \dfrac{1}{n} < \varepsilon$ 成立，我们就称数列 $x_n = 1 + \dfrac{(-1)^n}{n}(n = 1, 2, \cdots)$ 当 n 趋于无穷大时的极限为1.

定义 1.2　设有数列 $\{x_n\}$，a 为常数，如果对任意给定的正数 ε（无论它多么小），总存在正整数 N，使得对于 $n > N$ 的一切 x_n，不等式

$$|x_n - a| < \varepsilon$$

都成立，那么称数列 $\{x_n\}$ 收敛于 a，a 称为数列 $\{x_n\}$ 当 n 趋于无穷大时的极限，记作

$$\lim_{n \to \infty} x_n = a,$$

或

$$x_n \to a(n \to \infty).$$

如果不存在这样的常数 a，就说数列 $\{x_n\}$ 没有极限，或者说数列 $\{x_n\}$ 是发散的，也称 $\lim\limits_{n \to \infty} x_n$ 不存在.

为方便起见，引入记号"$\forall$"表示"任意给定的"或"对于每一个"，记号"$\exists$"表示"存在". 因此，数列极限 $\lim\limits_{n \to \infty} x_n = a$ 的定义可表达为

$$\forall \varepsilon > 0，\exists 正整数 N，当 n > N 时，有 |x_n - a| < \varepsilon.$$

这就是所谓数列极限的" $\varepsilon - N$ "定义.

不等式 $|x_n - a| < \varepsilon$ 刻画了 x_n 与 a 无限接近. 正整数 N 一般与任意给定的正数 ε 有关.

数列极限 $\lim\limits_{n \to \infty} x_n = a$ 的几何解释：

在数轴上表示出常数 a 及数列 $x_1, x_2, \cdots, x_n, \cdots$ 对应的点，再作区间 $(a - \varepsilon, a + \varepsilon)$（图 1-18）.

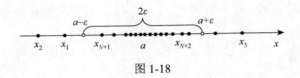

图 1-18

因为 $|x_n - a| < \varepsilon \Leftrightarrow a - \varepsilon < x_n < a + \varepsilon$，所以当 $n > N$ 时，即从点 x_N 以后，所有的点 x_n 都落在开区间 $(a - \varepsilon, a + \varepsilon)$ 内，而只有有限个点（至多只有 N 个）在这区间以外. 请读者注意，这是收敛数列的一个重要性质.

数列极限的定义并没有提供求极限的方法，极限的求法将在以后逐步介绍.

例 1.7　设数列 $x_n = C$（常数），证明： $\lim\limits_{n \to \infty} x_n = C$.

证明　任给 $\varepsilon > 0$ ，不妨设 $\varepsilon < 1$ ，对于一切正整数 n ，总有

$$|x_n - a| = |C - C| = 0 < \varepsilon$$

成立，所以

$$\lim_{n \to \infty} x_n = C .$$

常数列的极限等于同一常数.

值得读者注意的是：在利用数列极限的定义来论证某个数 a 是数列 $\{x_n\}$ 的极限时，重要的是对任意给定的正数 ε ，验证是否确实存在这种正整数 N ，当 $n > N$ 时，有不等式 $|x_n - a| < \varepsilon$ 成立，但没有必要去求最小的 N . 如果知道 $|x_n - a|$ 小于某个量 $f(n)$ （这个量是 n 的一个函数），那么当 $f(n) < \varepsilon$ 时，显然 $|x_n - a| < \varepsilon$ 也成立. 我们常常采用这种处理方法比较方便的定出 N .

例 1.8　证明： $\lim\limits_{n \to \infty} \dfrac{(-1)^{n-1}}{(n+8)^3} = 0$.

证明　由于

$$|x_n - a| = \left| \frac{(-1)^{n-1}}{(n+8)^3} - 0 \right| = \frac{1}{(n+8)^3} < \frac{1}{n+8} < \frac{1}{n} .$$

可见,对于任意给定的 $\varepsilon > 0$(可设 $\varepsilon < 1$),要使 $|x_n - a| < \varepsilon$ 成立,只要 $\dfrac{1}{n} < \varepsilon$,即 $n > \dfrac{1}{\varepsilon}$.

取 $N = \left[\dfrac{1}{\varepsilon} \right]$,则当 $n > N$ 时,就有

$$\left| \frac{(-1)^{n-1}}{(n+8)^3} - 0 \right| < \varepsilon.$$

故

$$\lim_{n \to \infty} \frac{(-1)^{n-1}}{(n+8)^3} = 0.$$

例 1.9　证明:$\displaystyle\lim_{n \to \infty} q^n = 0$,其中 $|q| < 1$.

证明　任给 $\varepsilon > 0$,若 $q = 0$,则

$$\lim_{n \to \infty} q^n = \lim_{n \to \infty} 0 = 0;$$

若 $0 < |q| < 1$,则

$$|x_n - a| = |q^n - 0| = |q^n| < \varepsilon.$$

两边取对数得

$$n \ln |q| < \ln \varepsilon.$$

由于 $\ln |q| < 0$,所以 $n > \dfrac{\ln \varepsilon}{\ln |q|}$.取 $N = \left[\dfrac{\ln \varepsilon}{\ln |q|} \right]$,则当 $n > N$ 时,就有

$$|q^n - 0| < \varepsilon.$$

故

$$\lim_{n \to \infty} q^n = 0.$$

1.2.2　收敛数列的性质

收敛数列具有以下性质:

定理 1.1(唯一性)　若数列 $\{x_n\}$ 收敛,则其极限是唯一的.

证明　设 $\displaystyle\lim_{n \to \infty} x_n = a$,又 $\displaystyle\lim_{n \to \infty} x_n = b$.由数列极限的定义可知,$\forall \varepsilon > 0$,分别存在正整数 N_1,N_2,使得当 $n > N_1$ 时,总有

$$|x_n - a| < \varepsilon. \tag{1-1}$$

当 $n > N_2$ 时,总有

$$|x_n - b| < \varepsilon. \tag{1-2}$$

取 $N = \max\{N_1, N_2\}$，则当 $n > N$ 时，有不等式（1-1）和（1-2）同时成立. 故

$$|a - b| = |(x_n - b) - (x_n - a)| \le |x_n - b| + |x_n - a| < \varepsilon + \varepsilon = 2\varepsilon.$$

由 ε 的任意性，上式仅当 $a = b$ 时才成立，所以收敛数列的极限是唯一的.

例 1.10 证明：数列 $x_n = (-1)^{n+1}$ 是发散的.

证明 设 $\lim\limits_{n \to \infty} x_n = a$，由定义，对于 $\varepsilon = \dfrac{1}{2}$，则存在正整数 N，使得当 $n > N$ 时，有 $|x_n - a| < \dfrac{1}{2}$ 成立，即当 $n > N$ 时，$x_n \in \left(a - \dfrac{1}{2}, a + \dfrac{1}{2}\right)$，其区间长度为 1. 因为 $n \to \infty$ 时，x_n 无休止地反复取得 1，-1 这两个数，而这两个数不可能同时位于长度为 1 的开区间 $\left(a - \dfrac{1}{2}, a + \dfrac{1}{2}\right)$ 内. 因此数列 $x_n = (-1)^{n+1}$ 是发散的.

对于数列 $\{x_n\}$，如果存在正数 M，使得对于一切 x_n 都满足 $|x_n| \le M$，则称数列 $\{x_n\}$ 是有界的；否则，则称数列 $\{x_n\}$ 是无界的.

例如，数列 $x_n = \dfrac{1}{n}$，$x_n = \cos\dfrac{n\pi}{2}$ 等都是有界的，这是因为可取 $M = 1$，$\left|\dfrac{1}{n}\right| \le 1$，$\left|\cos\dfrac{n\pi}{2}\right| \le 1$ 总成立. 数列 $x_n = 2n$ 是无界的，因为当 n 无限增加时，$2n$ 可超过任何正数.

定理 1.2（有界性） 若数列 $\{x_n\}$ 收敛，则必有界.

证明 设 $\lim\limits_{n \to \infty} x_n = a$，由定义，取 $\varepsilon = 1$，则存在正整数 N，使得当 $n > N$ 时，恒有

$$|x_n - a| < 1$$

成立. 那么当 $n > N$ 时，

$$|x_n| = |(x_n - a) + a| \le |x_n - a| + |a| < 1 + |a|.$$

记 $M = \max\{|x_1|, |x_2|, \cdots, |x_N|, 1 + |a|\}$，则对一切正整数 n，皆有 $|x_n| \le M$. 故 $\{x_n\}$ 有界.

定理 1.2 说明了数列 $\{x_n\}$ 收敛可推出数列 $\{x_n\}$ 有界，反之却不一定成立，即有界数列 $\{x_n\}$ 未必是收敛的. 如例 1.10，数列 $x_n = (-1)^n$ 是有界的，但是并不收敛.

有界性是数列收敛的必要条件而非充分条件.

推论 1.1 无界数列必定发散.

定理 1.3（保号性） 如果 $\lim\limits_{n \to \infty} x_n = a$ 且 $a > 0$（或 $a < 0$），那么存在正整数 $N > 0$，当 $n > N$ 时，都有 $x_n > 0$（或 $x_n < 0$）.

证明　不妨设 $a > 0$，由 $\lim\limits_{n \to \infty} x_n = a$，对 $\varepsilon = \dfrac{a}{2} > 0$，存在正整数 $N > 0$，当 $n > N$ 时，有 $|x_n - a| < \dfrac{a}{2}$，从而 $x_n > a - \dfrac{a}{2} = \dfrac{a}{2} > 0$.

推论 1.2　如果数列 $\{x_n\}$ 从某项起有 $x_n \geqslant 0$（或 $x_n \leqslant 0$）且 $\lim\limits_{n \to \infty} x_n = a$，那么 $a \geqslant 0$（或 $a \leqslant 0$）.

请读者自行考虑，如果把推论中的条件 $x_n \geqslant 0$（或 $x_n \leqslant 0$）换成严格不等式 $x_n > 0$（或 $x_n < 0$），那么能否把结论换成 $a > 0$（或 $a < 0$）？

以下介绍有关子数列的概念及收敛数列与其子数列间的关系.

在数列 $\{x_n\}$ 中任意抽取无限多项并保持这些项在原数列 $\{x_n\}$ 中的先后次序，这样得到的一个数列称为原数列 $\{x_n\}$ 的子数列（或子列）. 一般地，我们用 x_{n_k} 表示数列 $\{x_n\}$ 子数列的第 k 项，而 x_{n_k} 在原数列 $\{x_n\}$ 中却是第 n_k 项. 显然，$n_k \geqslant k$. 收敛数列与其子数列间有以下关系：

定理 1.4　如果数列 $\{x_n\}$ 收敛于 a，那么它的任一子数列也收敛且极限也是 a.

定理 1.4 也给出了一种判断数列 $\{x_n\}$ 发散的方法. 如果数列 $\{x_n\}$ 有两个子数列收敛于不同的极限，那么数列 $\{x_n\}$ 是发散的. 例如，数列 $x_n = (-1)^n$ 的子数列 $\{x_{2k-1}\}$ 收敛于 -1，而子数列 $\{x_{2k}\}$ 收敛于 1，因此，数列 $x_n = (-1)^n$ 是发散的.

习　题　1-2

1. 设 $a_n = \dfrac{2n+1}{3n+1}(n = 1, 2, 3, \cdots)$.

（1）求 $\left| a_1 - \dfrac{2}{3} \right|$，$\left| a_{10} - \dfrac{2}{3} \right|$，$\left| a_{100} - \dfrac{2}{3} \right|$ 的值；

（2）求 N，使当 $n > N$ 时，不等式 $\left| a_n - \dfrac{2}{3} \right| < 10^{-4}$ 成立；

（3）求 N，使当 $n > N$ 时，不等式 $\left| a_n - \dfrac{2}{3} \right| < \varepsilon$ 成立.

2. 根据数列极限的定义证明：

（1）$\lim\limits_{n \to \infty} \dfrac{1}{n!} = 0$；　　　　　　　　　　　（2）$\lim\limits_{n \to \infty} \dfrac{\sqrt{n^2 + 3}}{n} = 1$.

3. 若 $\lim\limits_{n \to \infty} x_n = a$，证明 $\lim\limits_{n \to \infty} |x_n| = |a|$. 并举例说明：数列 $\{|x_n|\}$ 有极限，但数列 $\{x_n\}$ 未必有极限.

4. 设数列 $\{x_n\}$ 有界，又 $\lim\limits_{n\to\infty} y_n = 0$，证明：$\lim\limits_{n\to\infty} x_n y_n = 0$.

5. 设数列 $\{x_n\}$ 的一般项 $x_n = \dfrac{1}{\sqrt{n}} \cos \dfrac{(n+3)\pi}{2}$，求 $\lim\limits_{n\to\infty} x_n$.

6. 对于数列 $\{x_n\}$，若 $x_{2k-1} \to A (k \to \infty)$，$x_{2k} \to A (k \to \infty)$，证明：$x_n \to A(n \to \infty)$.

1.3　函数的极限

1.3.1　函数极限的定义

在前一节我们讨论了数列的极限，本节将对一般函数的极限加以讨论. 如果函数 $f(x)$ 在自变量的某个变化过程中，对应的函数值无限接近于某个确定的数 A，那么这个确定的数 A 就称为在这一变化过程中函数的极限. 由于自变量的变化过程不同，函数的极限就表现为不同的形式. 数列极限可看作函数 $f(n)$ 当 $n \to \infty$ 时的极限，这里自变量的变化过程是 $n \to \infty\, (n \in \mathbf{Z}^+)$. 下面主要研究当自变量 x 趋于无穷大或趋于有限值时，函数 $f(x)$ 的极限.

（1）自变量 x 的绝对值 $|x|$ 无限增大即 x 趋于无穷大（记作 $x \to \infty$）时，对应的函数值 $f(x)$ 的变化情形；

（2）自变量 x 任意地接近于有限值 x_0 或者说趋于有限值 x_0（记作 $x \to x_0$）时，对应的函数值 $f(x)$ 的变化情形.

1. 自变量趋于无穷大时函数的极限

观察函数 $y = \dfrac{1}{x}$ 当 $x \to \infty$ 时的变化趋势（图 1-19）.

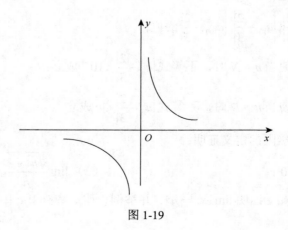

图 1-19

通过观察：当自变量的绝对值 $|x|$ 无限增大时，函数 $f(x)=\dfrac{1}{x}$ 无限接近于常数 0．如何用数学语言来刻画这种当自变量的绝对值无限增大的过程中，函数与某一常数的"无限接近"呢？通常我们用绝对值 $|b-a|$ 来表示点 a 与点 b 之间的距离（即接近程度）．如果对于任意小的正数 ε（无论它多么小），都有 $|f(x)-A|<\varepsilon$，就表明函数 $f(x)$ 与常数 A 的"无限接近"，而绝对值 $|x|$ 无限增大的过程，就是说对任意给定的 ε，总存在正数 X，满足 $|x|>X$ 的一切实数 x，都有 $|f(x)-A|<\varepsilon$．一般地，当 x 趋于无穷大时，函数极限的定义是：

定义 1.3　设函数 $f(x)$ 当 $|x|$ 大于某一正数时有定义．如果存在常数 A，对于任意给定的正数 ε（无论它多么小），总存在正数 X，使得适合不等式 $|x|>X$ 的一切 x，所对应的函数值 $f(x)$ 都满足不等式

$$|f(x)-A|<\varepsilon,$$

那么就称函数 $f(x)$ 收敛于 A，常数 A 就称为函数 $f(x)$ 当 x 趋于无穷大时的极限，记作

$$\lim_{x\to\infty}f(x)=A \text{ 或 } f(x)\to A\,(x\to\infty).$$

定义 1.3 可简单地表达为

　　$\forall\varepsilon>0,\ \exists X>0,\ 当 |x|>X \text{ 时}, 若有 |f(x)-A|<\varepsilon, 则 \lim\limits_{x\to\infty}f(x)=A.$

定义 1.3 也称为函数极限的"$\varepsilon-X$"定义，ε 是任意给定的正数，X 与 ε 有关．

定义 1.3 包含两种情况：

（1）$x\to+\infty$，$\lim\limits_{x\to+\infty}f(x)=A\Leftrightarrow\forall\varepsilon>0$，$\exists X>0$，当 $x>X$ 时，有

$$|f(x)-A|<\varepsilon;$$

（2）$x\to-\infty$，$\lim\limits_{x\to-\infty}f(x)=A\Leftrightarrow\forall\varepsilon>0$，$\exists X>0$，当 $x<-X$ 时，有

$$|f(x)-A|<\varepsilon.$$

极限 $\lim\limits_{x\to\infty}f(x)=A$ 的几何解释（图 1-20）：

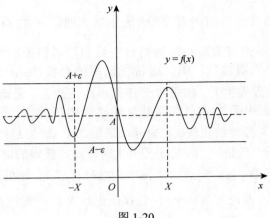

图 1-20

任意给定正数 ε，作直线 $y = A - \varepsilon$ 和 $y = A + \varepsilon$，则总存在一个正数 X，使得当 $x < -X$ 或 $x > X$ 时，函数 $y = f(x)$ 的图形完全落在这两直线之间.

例 1.11　证明：$\lim\limits_{x \to \infty} \dfrac{1}{x} = 0$.

证明　$\forall \varepsilon > 0$，由于

$$\left| \frac{1}{x} - 0 \right| = \left| \frac{1}{x} \right| = \frac{1}{|x|} < \varepsilon,$$

即 $|x| > \dfrac{1}{\varepsilon}$. 取 $X = \dfrac{1}{\varepsilon}$，则当 $|x| > X$ 时，恒有

$$\left| \frac{1}{x} - 0 \right| < \varepsilon.$$

故

$$\lim\limits_{x \to \infty} \frac{1}{x} = 0.$$

例 1.12　设函数 $f(x) = \begin{cases} 1 + \dfrac{1}{x}, & x < 0, \\ \mathrm{e}^{-x}, & x \geqslant 0, \end{cases}$　证明：（1）$\lim\limits_{x \to -\infty} f(x) = 1$；（2）$\lim\limits_{x \to +\infty} f(x) = 0$.

证明　（1）$\forall \varepsilon > 0$，由于

$$\left| \left(1 + \frac{1}{x} \right) - 1 \right| = \left| \frac{1}{x} \right| = \frac{1}{|x|} < \varepsilon,$$

即 $|x| > \dfrac{1}{\varepsilon}$. 取 $X = \dfrac{1}{\varepsilon}$，则当 $x < -X$ 时，恒有

$$|f(x)-1| = \left| \left(1+\frac{1}{x}\right) - 1 \right| < \varepsilon .$$

故

$$\lim_{x \to -\infty} f(x) = 1 .$$

（2）$\forall \varepsilon > 0$（不妨假设 $\varepsilon < 1$），由于

$$\left| e^{-x} - 0 \right| = e^{-x} < \varepsilon ,$$

则 $-x < \ln \varepsilon$，即 $x > -\ln \varepsilon$．取 $X = -\ln \varepsilon$，则当 $x > X$ 时，恒有

$$|f(x)-0| = \left| e^{-x} - 0 \right| < \varepsilon .$$

故

$$\lim_{x \to +\infty} f(x) = 0 .$$

2. 自变量趋于有限值时函数的极限

如果函数 $y = f(x)$ 在点 x_0 的某个空心邻域内有定义，当 $x \to x_0$ 的过程中，对应的函数值 $f(x)$ 无限趋近于确定的常数 A，那么就说 A 是函数 $f(x)$ 当 $x \to x_0$ 时的极限．

考察函数 $y = f(x) = \dfrac{x^2-1}{x-1}(x \neq 1)$，虽然函数在点 $x = 1$ 处没有定义，但当 $x \to 1$ 时，$f(x)$ 与 2 无限接近．我们用 $|f(x)-A|$ 任意小，即 $|f(x)-A| < \varepsilon$ 表示 $f(x)$ 与 A 无限接近．而 $0 < |x - x_0| < \delta$ 表示 $x \to x_0$ 的过程，即在点 x_0 的空心 δ 邻域中，邻域半径 δ 体现了 x 接近 x_0 的程度（图 1-21）．

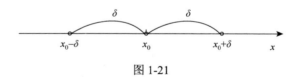

图 1-21

以下给出 $x \to x_0$ 时函数 $f(x)$ 的极限的定义：

定义 1.4　设函数 $f(x)$ 在点 x_0 的某一空心邻域内有定义．如果存在常数 A，对于任意给定的正数 ε（不论它多么小），总存在正数 δ，使得对于适合不等式 $0 < |x - x_0| < \delta$ 的一切 x，对应的函数值 $f(x)$ 都满足不等式

$$|f(x)-A| < \varepsilon ,$$

那么就称函数 $f(x)$ 收敛于 A，常数 A 就叫函数 $f(x)$ 当 x 趋于 x_0 时的极限，记作

$$\lim_{x \to x_0} f(x) = A \text{ 或 } f(x) \to A(x \to x_0) .$$

定义 1.4 可简单地表达成：

$$\lim_{x \to x_0} f(x) = A \Leftrightarrow \forall \varepsilon > 0, \exists \delta > 0, \text{当} 0 < |x - x_0| < \delta \text{ 时, 总有} |f(x) - A| < \varepsilon.$$

定义 1.4 也称为函数极限的" $\varepsilon - \delta$ "定义， ε 是任意给定的正数，当 ε 给定时，一般而言 δ 与 ε 是有关的.

定义 1.4 中 $0 < |x - x_0|$ 表明 x 与 x_0 不相等，故当 x 趋于 x_0 时，函数 $f(x)$ 有无极限与函数 $f(x)$ 在 x_0 处有无定义无关.

极限 $\lim_{x \to x_0} f(x) = A$ 的几何解释：

任意给定正数 ε，作直线 $y = A - \varepsilon$ 和 $y = A + \varepsilon$. 对于给定的 ε，存在着点 x_0 的一个空心 δ 邻域，当 x 在 x_0 的空心 δ 邻域内时，函数 $y = f(x)$ 的图形完全落在直线 $y = A - \varepsilon$ 和 $y = A + \varepsilon$ 之间的带形区域内（图 1-22）.

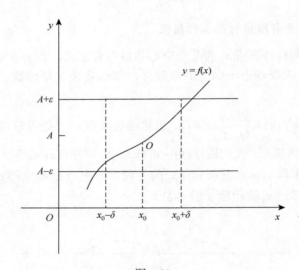

图 1-22

例 1.13　证明： $\lim_{x \to 1}(x^2 - 2x + 5) = 4$.

证明　由于

$$|f(x) - A| = |(x^2 - 2x + 5) - 4| = |x^2 - 2x + 1| = |x - 1|^2,$$

可见，对于任意给定的 $\varepsilon > 0$，取 $\delta = \sqrt{\varepsilon}$，只要 $0 < |x - 1| < \delta = \sqrt{\varepsilon}$，就有

$$|(x^2 - 2x + 5) - 4| = |x - 1|^2 < \delta^2 = (\sqrt{\varepsilon})^2 = \varepsilon,$$

所以

$$\lim_{x \to 1}(x^2 - 2x + 5) = 4.$$

例 1.14　证明：$\lim\limits_{x\to 3}\dfrac{x^2-9}{x-3}=6$.

证明　虽然函数在点 $x=3$ 处没有定义，但由于

$$\left|f(x)-A\right|=\left|\dfrac{x^2-9}{x-3}-6\right|=\left|x-3\right|,$$

对于任意给定的 $\varepsilon>0$，要使

$$\left|f(x)-A\right|=\left|x-3\right|<\varepsilon,$$

只要取 $\delta=\varepsilon$，当 $0<\left|x-3\right|<\delta$ 时，就有

$$\left|\dfrac{x^2-9}{x-3}-6\right|=\left|x-3\right|<\delta=\varepsilon,$$

所以

$$\lim\limits_{x\to 3}\dfrac{x^2-9}{x-3}=6.$$

例 1.15　证明：$\lim\limits_{x\to 2}x^2=4$.

证明　由于

$$\left|f(x)-A\right|=\left|x^2-4\right|=\left|x+2\right|\left|x-2\right|,$$

不妨假设 $\left|x-2\right|<1$，则有 $1<x<3$ 和 $3<\left|x+2\right|<5$，那么

$$\left|f(x)-A\right|=\left|x^2-4\right|=\left|x+2\right|\left|x-2\right|<5\left|x-2\right|.$$

对于任意给定的 $\varepsilon>0$，要使

$$\left|f(x)-A\right|<\varepsilon,$$

只要

$$\left|x-2\right|<\dfrac{\varepsilon}{5}.$$

又由于假设了 $\left|x-2\right|<1$，取 $\delta=\min\left\{1,\dfrac{\varepsilon}{5}\right\}$，则当 $0<\left|x-2\right|<\delta$ 时，就有

$$\left|x^2-4\right|<\varepsilon,$$

所以

$$\lim\limits_{x\to 2}x^2=4.$$

由极限的定义知，$x\to x_0$ 是从左右两侧趋于 x_0 的，而有时只须考虑从一侧趋于 x_0. x 从左侧趋近于 x_0，记作 $x\to x_0^-$；x 从右侧趋近于 x_0，记作 $x\to x_0^+$.

$\forall\varepsilon>0$，$\exists\delta>0$，当 $x_0-\delta<x<x_0$ 时，恒有 $\left|f(x)-A\right|<\varepsilon$，那么 A 就称为函数 $f(x)$ 当 $x\to x_0$ 时的左极限，记作

$$\lim\limits_{x\to x_0^-}f(x)=A \text{ 或 } f(x_0^-)=A.$$

$\forall \varepsilon > 0$，$\exists \delta > 0$，当 $x_0 < x < x_0 + \delta$ 时，恒有 $|f(x) - A| < \varepsilon$，那么 A 就称为函数 $f(x)$ 当 $x \to x_0$ 时的右极限，记作

$$\lim_{x \to x_0^+} f(x) = A \text{ 或 } f(x_0^+) = A.$$

左极限和右极限统称为单侧极限.

左极限、右极限及函数极限存在以下关系：

定理 1.5 函数 $f(x)$ 当 x 趋于 x_0 时极限存在的充要条件是左极限及右极限都存在并且相等，即

$$\lim_{x \to x_0} f(x) = A \Leftrightarrow f(x_0^-) = f(x_0^+) = A.$$

例 1.16 设 $f(x) = \begin{cases} 1-x, & x < 0 \\ x^2+1, & x \geqslant 0 \end{cases}$ （图 1-23），证明：$\lim\limits_{x \to 0} f(x) = 1$.

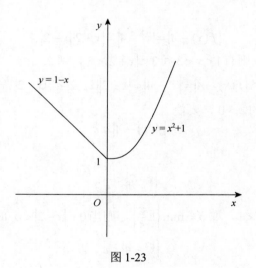

图 1-23

证明 因为 $\lim\limits_{x \to 0^-} f(x) = \lim\limits_{x \to 0^-}(1-x) = 1$，$\lim\limits_{x \to 0^+} f(x) = \lim\limits_{x \to 0^+}(x^2+1) = 1$，所以

$$\lim_{x \to 0} f(x) = 1.$$

例 1.17 验证 $\lim\limits_{x \to 0} \dfrac{|x|}{x}$ 不存在.

证明 因为 $\lim\limits_{x \to 0^-} \dfrac{|x|}{x} = \lim\limits_{x \to 0^-} \dfrac{-x}{x} = \lim\limits_{x \to 0^-}(-1) = -1$，$\lim\limits_{x \to 0^+} \dfrac{|x|}{x} = \lim\limits_{x \to 0^+} \dfrac{x}{x} = \lim\limits_{x \to 0^+} 1 = 1$，显然，

$$\lim_{x \to 0^-} \frac{|x|}{x} \neq \lim_{x \to 0^+} \frac{|x|}{x},$$

所以 $\lim\limits_{x \to 0} \dfrac{|x|}{x}$ 不存在.

1.3.2　函数极限的性质

类似收敛数列的性质, 可得函数极限的一些相应的性质:

定理 1.6（唯一性）　如果 $\lim\limits_{x \to x_0} f(x)$ 存在, 那么这极限唯一.

定理 1.7（局部有界性）　若 $\lim\limits_{x \to x_0} f(x) = A$, 则存在一个空心 δ 邻域 $\overset{\circ}{U}(x_0, \delta)$, 其中 $\delta > 0$, 使得函数 $f(x)$ 在 $\overset{\circ}{U}(x_0, \delta)$ 内有界.

证明　由于 $\lim\limits_{x \to x_0} f(x) = A$, 取 $\varepsilon = 1$, 则 $\exists \delta > 0$, 当 $x \in \overset{\circ}{U}(x_0, \delta)$ 时, 有

$$|f(x) - A| < 1.$$

得

$$|f(x)| = |f(x) - A + A| \leqslant |f(x) - A| + |A| < 1 + |A|.$$

令 $M = 1 + |A|$, 则

$$|f(x)| \leqslant M,$$

于是定理 1.7 得证.

定理 1.8（局部保号性）　如果 $\lim\limits_{x \to x_0} f(x) = A$, 而且 $A > 0$（或 $A < 0$）, 则存在一个 $\overset{\circ}{U}(x_0, \delta)$, 当 $x \in \overset{\circ}{U}(x_0, \delta)$ 时, 就有 $f(x) > 0$（或 $f(x) < 0$）.

证明　不妨设 $A > 0$, 由 $\lim\limits_{x \to x_0} f(x) = A$, 取 $\varepsilon = \dfrac{A}{2} > 0$, 则 $\exists \delta > 0$, 当 $x \in \overset{\circ}{U}(x_0, \delta)$ 时, 有

$$|f(x) - A| < \frac{A}{2},$$

故有

$$f(x) > A - \frac{A}{2} = \frac{A}{2} > 0.$$

类似可证 $A < 0$ 的情形.

由定理 1.8 不难得到以下结果:

定理 1.9　如果 $\lim\limits_{x \to x_0} f(x) = A$，而且 $A \neq 0$，则存在着 x_0 的某一空心 δ 邻域 $\mathring{U}(x_0, \delta)$，当 $x \in \mathring{U}(x_0, \delta)$ 时，就有 $|f(x)| > \dfrac{|A|}{2}$.

推论 1.3　设 $\lim\limits_{x \to x_0} f(x) = A, \lim\limits_{x \to x_0} g(x) = B$，且 $A < B$，则存在 $\delta > 0$，对任意 $x \in \mathring{U}(x_0, \delta)$，有 $f(x) < g(x)$.

推论 1.4　如果 x 在 x_0 的空心 δ 邻域 $\mathring{U}(x_0, \delta)$ 内 $f(x) \geqslant 0$（或 $f(x) \leqslant 0$），而且 $\lim\limits_{x \to x_0} f(x) = A$，那么 $A \geqslant 0$（或 $A \leqslant 0$）.

推论 1.5　如果 $\exists \delta > 0, \forall x \in \mathring{U}(x_0, \delta)$ 时，有 $f(x) \geqslant g(x)$，而 $\lim\limits_{x \to x_0} f(x) = A$，$\lim\limits_{x \to x_0} g(x) = B$，那么 $A \geqslant B$.

定理 1.10（函数极限与数列极限的关系）　如果 $\lim\limits_{x \to x_0} f(x)$ 存在，$\{x_n\}$ 为函数 $f(x)$ 的定义域内任一收敛于 x_0 的数列，且满足 $x_n \neq x_0 (n \in \mathbf{N}^+)$，那么相应的函数值数列 $\{f(x_n)\}$ 必收敛，且 $\lim\limits_{n \to \infty} f(x_n) = \lim\limits_{x \to x_0} f(x)$.

习　题　1-3

1. 当 $x \to 1$ 时，$y = x^2 + 3 \to 4$. 问 δ 等于多少，使当 $|x - 1| < \delta$ 时，$|y - 4| < 0.01$？

2. 当 $x \to \infty$ 时，$y = \dfrac{2x^2 + 1}{x^2 - 3} \to 2$. 问 X 等于多少，使当 $|x| > X$ 时，$|y - 2| < 0.001$？

3. 根据函数极限的定义证明：

（1）$\lim\limits_{x \to 3}(2x - 1) = 5$；　　　　　　　（2）$\lim\limits_{x \to \infty} \dfrac{3x + 5}{x - 1} = 3$；

（3）$\lim\limits_{x \to -2} \dfrac{x^2 - 4}{x + 2} = -4$；　　　　　　（4）$\lim\limits_{x \to +\infty} \dfrac{\sin x}{\sqrt{x}} = 0$.

4. 用 $\varepsilon - X$ 或 $\varepsilon - \delta$ 语言，写出下列各函数极限的定义：

（1）$\lim\limits_{x \to -\infty} f(x) = 1$；　　　　　　　（2）$\lim\limits_{x \to \infty} f(x) = a$；

（3）$\lim\limits_{x \to a^+} f(x) = b$；　　　　　　　（4）$\lim\limits_{x \to 3^-} f(x) = -8$.

5. 证明：$\lim\limits_{x \to 0} |x| = 0$.

6. 证明：$\lim\limits_{x \to \infty} f(x) = A$ 的充要条件是 $\lim\limits_{x \to -\infty} f(x) = A$ 和 $\lim\limits_{x \to +\infty} f(x) = A$.

1.4　无穷小与无穷大

1.4.1　无穷小

截至目前，我们已经阐明了数列与函数的极限. 下面我们再来研究一类比较简单但十分重要的函数，即所谓的无穷小.

定义 1.5　当 $x \to x_0$（或 $x \to \infty$）时，如果函数 $f(x)$ 的极限为零，则称函数 $f(x)$ 为当 $x \to x_0$（或 $x \to \infty$）时的无穷小量，简称无穷小.

由于数列是一类特殊的函数，所以，以零为极限的数列 $\{x_n\}$ 称为 $n \to \infty$ 时的无穷小.

例如，因为 $\lim\limits_{n \to \infty} \dfrac{3}{n} = 0$，所以 $\dfrac{3}{n}$ 是当 $n \to \infty$ 时的无穷小；又由于 $\lim\limits_{x \to 8}(x - 8) = 0$，所以函数 $f(x) = x - 8$ 为当 $x \to 8$ 时的无穷小.

注　（1）无穷小量是一个变量，它与绝对值很小的数有本质的区别. 如 10^{-1000} 是个绝对值很小的数，但它不是无穷小.

（2）零是可以作为无穷小的唯一常数.

既然无穷小是极限为零的函数，那么无穷小与函数极限有密切的关系.

定理 1.11　在自变量的同一变化过程 $x \to x_0$（或 $x \to \infty$）中，函数 $f(x)$ 的极限为 A 的充要条件是 $f(x) = A + \alpha(x)$，其中 $\alpha(x)$ 是无穷小.

证明　下面仅讨论 $x \to x_0$ 的过程，类似地可证当 $x \to \infty$ 的情形.

必要性　设 $\lim\limits_{x \to x_0} f(x) = A$，则 $\forall \varepsilon > 0, \exists \delta > 0$，当 $0 < |x - x_0| < \delta$ 时，有

$$|f(x) - A| < \varepsilon.$$

令 $\alpha(x) = f(x) - A$，则 $\lim\limits_{x \to x_0} \alpha(x) = 0$，也就是 $f(x) = A + \alpha(x)$，其中 $\alpha(x)$ 是无穷小.

充分性　因为 $\alpha(x) = f(x) - A$ 是无穷小，其中，A 是常数，即 $\lim\limits_{x \to x_0} \alpha(x) = 0$，所以 $\forall \varepsilon > 0, \exists \delta > 0$，当 $0 < |x - x_0| < \delta$ 时，有 $|\alpha(x)| < \varepsilon$，即 $|f(x) - A| < \varepsilon$. 这就证明了 A 是 $f(x)$ 当 $x \to x_0$ 时的极限.

如函数 $f(x) = 1 + \dfrac{1}{x}$，$\lim\limits_{x \to \infty} f(x) = 1$，$\alpha(x) = f(x) - A = \left(1 + \dfrac{1}{x}\right) - 1 = \dfrac{1}{x}$，显然有

$$\lim_{x \to \infty} \alpha(x) = \lim_{x \to \infty} \frac{1}{x} = 0.$$

1.4.2　无穷大

定义 1.6　设函数 $f(x)$ 在 x_0 的某一空心邻域内有定义（或当 $|x|$ 大于某一正数时有定义）. 如果对任意给定的正数 M（无论它多么大），总存在正数 δ（或正数 X），使得适合不等式 $0 < |x - x_0| < \delta$（或 $|x| > X$）的一切 x，对应的函数值 $f(x)$ 都满足不等式

$$|f(x)| > M,$$

则称函数 $f(x)$ 为当 $x \to x_0$（或 $x \to \infty$）时的无穷大（量）.

事实上，依据函数极限的定义，当 $x \to x_0$（或 $x \to \infty$）时为无穷大的函数 $f(x)$，其极限是不存在的，但是为了叙述上的方便，我们也说"函数的极限是无穷大"，并记为

$$\lim_{x \to x_0} f(x) = \infty \text{（或} \lim_{x \to \infty} f(x) = \infty \text{）}.$$

在定义 1.6 中，如果把 $|f(x)| > M$ 换成 $f(x) > M$（或 $f(x) < -M$），就记作

$$\lim_{\substack{x \to x_0 \\ (x \to \infty)}} f(x) = +\infty \text{（或} \lim_{\substack{x \to x_0 \\ (x \to \infty)}} f(x) = -\infty \text{）}.$$

值得注意的是，无穷大（∞）不是数，不要与很大的数混为一谈.

例 1.18　证明：函数 $y = x^2$ 当 $x \to \infty$ 时为无穷大，即 $\lim\limits_{x \to \infty} x^2 = \infty$.

证明　$\forall M > 0$，要使 $|x^2| > M$，只要 $|x| > \sqrt{M}$. 所以，取 $X = \sqrt{M}$，当 $|x| > X$ 时，有 $|x^2| > M$，所以 $\lim\limits_{x \to \infty} x^2 = \infty$.

无穷小与无穷大的关系有以下定理：

定理 1.12　在自变量的同一变化过程中，如果 $f(x)$ 为无穷大，则 $\dfrac{1}{f(x)}$ 为无穷小；反之，如果 $f(x)$ 为无穷小且 $f(x) \neq 0$，则 $\dfrac{1}{f(x)}$ 为无穷大.

证明　下面仅就 $x \to x_0$ 的情形给出证明，类似地可证 $x \to \infty$ 时的情形.

令 $\lim\limits_{x \to x_0} f(x) = \infty$，$\forall \varepsilon > 0$，取 $M = \dfrac{1}{\varepsilon}$，则存在大于零的 δ，当 $0 < |x - x_0| < \delta$ 时，有

$$|f(x)| > M = \frac{1}{\varepsilon},$$

又 $f(x) \neq 0$，则 $\left|\dfrac{1}{f(x)}\right| < \varepsilon$，所以 $\dfrac{1}{f(x)}$ 为当 $x \to x_0$ 时的无穷小.

反之，设 $\lim\limits_{x \to x_0} f(x) = 0$ 且 $f(x) \neq 0$. $\forall M > 0$，取 $\varepsilon = \dfrac{1}{M}$，则存在大于零的 δ，当 $0 < |x - x_0| < \delta$ 时，有 $|f(x)| < \varepsilon = \dfrac{1}{M}$，由于当 $0 < |x - x_0| < \delta$ 时 $f(x) \neq 0$，从而 $\left|\dfrac{1}{f(x)}\right| > M$，所以 $\dfrac{1}{f(x)}$ 为当 $x \to x_0$ 时的无穷大.

习 题 1-4

1. 根据函数极限的定义证明：

（1） $y = \dfrac{x^2 - 1}{x + 1}$ 为当 $x \to 1$ 时的无穷小；

（2） $y = \dfrac{1}{x} \sin x$ 为当 $x \to \infty$ 时的无穷小；

（3） $y = \dfrac{1 + 3x}{x}$ 为当 $x \to 0$ 时的无穷大.

2. 函数 $y = x \sin x$ 在 $(0, +\infty)$ 内是否有界？该函数是否为 $x \to +\infty$ 时的无穷大？

3. 证明：函数 $y = \dfrac{1}{x} \cos \dfrac{1}{x}$ 在区间 $(0,1]$ 上无界，但这函数不是 $x \to 0^+$ 时的无穷大.

1.5 极限运算法则

本节主要是建立极限的四则运算法则和复合函数的极限运算法则，利用这些法则可以求某些函数（或数列）的极限.

1.5.1 无穷小量的运算法则

定理 1.13 两个无穷小的和、差仍是无穷小.

证明 仅就无穷小的和当 $x \to x_0$ 时的情形给出证明.

设 $\alpha(x)$ 及 $\beta(x)$ 是当 $x \to x_0$ 时的两个无穷小，而

$$\gamma(x) = \alpha(x) + \beta(x).$$

$\forall \varepsilon > 0$，由 $\lim\limits_{x \to x_0} \alpha(x) = 0$，可知 $\exists \delta_1 > 0$，当 $0 < |x - x_0| < \delta_1$ 时，有

$$|\alpha(x)| < \frac{\varepsilon}{2}.$$

同理，由 $\lim\limits_{x \to x_0} \beta(x) = 0$，可知 $\exists \delta_2 > 0$，当 $0 < |x - x_0| < \delta_2$ 时，有

$$|\beta(x)| < \frac{\varepsilon}{2}.$$

取 $\delta = \min\{\delta_1, \delta_2\}$，则当 $0 < |x - x_0| < \delta$ 时，有 $|\alpha(x)| < \dfrac{\varepsilon}{2}$，$|\beta(x)| < \dfrac{\varepsilon}{2}$ 同时成立，从而

$$|\gamma(x)| = |\alpha(x) + \beta(x)| \leqslant |\alpha(x)| + |\beta(x)| < \frac{\varepsilon}{2} + \frac{\varepsilon}{2} = \varepsilon.$$

则 $\lim\limits_{x \to x_0} \gamma(x) = 0$，定理得证.

推论 1.6　有限个无穷小的代数和仍是无穷小.

定理 1.14　有界函数与无穷小的乘积是无穷小.

证明　设函数 $f(x)$ 在 x_0 的空心 δ_1 邻域 $\overset{\circ}{U}(x_0, \delta_1)$ 内是有界的，即存在 $M > 0$，对一切 $x \in \overset{\circ}{U}(x_0, \delta_1)$，都有 $|f(x)| \leqslant M$ 成立. 又设 $\lim\limits_{x \to x_0} g(x) = 0$，即 $\forall \varepsilon > 0$，存在 $\delta_2 > 0$，当 $x \in \overset{\circ}{U}(x_0, \delta_2)$ 时，有 $|g(x)| < \dfrac{\varepsilon}{M}$. 取 $\delta = \min\{\delta_1, \delta_2\}$，则当 $x \in \overset{\circ}{U}(x_0, \delta)$ 时，有

$$|f(x)| \leqslant M \text{ 及 } |g(x)| < \frac{\varepsilon}{M}$$

同时成立. 从而 $|f(x)g(x) - 0| = |f(x)||g(x)| < M \cdot \dfrac{\varepsilon}{M} = \varepsilon$，即 $\lim\limits_{x \to x_0} f(x)g(x) = 0$.

推论 1.7　常数与无穷小的乘积是无穷小.

推论 1.8　有限个无穷小的乘积也是无穷小.

1.5.2　函数极限的四则运算法则

在下面的讨论中，记号"$\lim$"下面没有标明自变量的变化过程，是因为以下定理对 $x \to x_0$ 及 $x \to \infty$ 都成立.

定理 1.15　如果 $\lim f(x)=A$，$\lim g(x)=B$，那么：

（1）$\lim[f(x)\pm g(x)]$ 存在且 $\lim[f(x)\pm g(x)]=\lim f(x)\pm\lim g(x)=A\pm B$.

（2）$\lim[f(x)\cdot g(x)]$ 存在且 $\lim[f(x)\cdot g(x)]=\lim f(x)\cdot\lim g(x)=A\cdot B$.

特别地，如果 $\lim f(x)$ 存在，而 C 为常数，则 $\lim[C\cdot f(x)]=C\cdot\lim f(x)=C\cdot A$；如果 $\lim f(x)$ 存在，而 n 为正整数，则 $\lim[f(x)]^n=[\lim f(x)]^n=A^n$.

（3）若 $B\neq0$，则 $\lim\dfrac{f(x)}{g(x)}$ 存在且 $\lim\dfrac{f(x)}{g(x)}=\dfrac{\lim f(x)}{\lim g(x)}=\dfrac{A}{B}$.

关于数列，也有与函数类似的极限四则运算法则.

定理 1.16　如果数列 $\{x_n\},\{y_n\}$ 都收敛，令 $\lim\limits_{n\to\infty}x_n=A$，$\lim\limits_{n\to\infty}y_n=B$，则

（1）$\lim\limits_{n\to\infty}(x_n\pm y_n)=\lim\limits_{n\to\infty}x_n\pm\lim\limits_{n\to\infty}y_n=A\pm B$.

（2）$\lim\limits_{n\to\infty}(x_n\cdot y_n)=\lim\limits_{n\to\infty}x_n\cdot\lim\limits_{n\to\infty}y_n=A\cdot B$. 特别地，$\lim\limits_{n\to\infty}(C\cdot x_n)=C\cdot\lim\limits_{n\to\infty}x_n=C\cdot A$（$C$ 为常数）；$\lim\limits_{n\to\infty}(x_n)^k=(\lim\limits_{n\to\infty}x_n)^k=A^k\ (k\in N)$.

（3）$\lim\limits_{n\to\infty}\dfrac{x_n}{y_n}=\dfrac{\lim\limits_{n\to\infty}x_n}{\lim\limits_{n\to\infty}y_n}=\dfrac{A}{B}(\lim\limits_{n\to\infty}y_n\neq0)$.

证明　（1）$\forall\varepsilon>0$，由 $\lim\limits_{n\to\infty}x_n=A$，可知存在正整数 N_1，当 $n>N_1$ 时，有

$$|x_n-A|<\frac{\varepsilon}{2}.$$

同理，由 $\lim\limits_{n\to\infty}y_n=B$，则存在正整数 N_2，当 $n>N_2$ 时，有

$$|y_n-B|<\frac{\varepsilon}{2}.$$

于是取 $N=\max\{N_1,N_2\}$，则当 $n>N$ 时，有 $|x_n-A|<\dfrac{\varepsilon}{2}$，$|y_n-B|<\dfrac{\varepsilon}{2}$ 同时成立，那么

$$|(x_n+y_n)-(A+B)|=|(x_n-A)+(y_n-B)|\leqslant|x_n-A|+|y_n-B|<\frac{\varepsilon}{2}+\frac{\varepsilon}{2}=\varepsilon.$$

因此，

$$\lim_{n\to\infty}(x_n+y_n)=A+B=\lim_{n\to\infty}x_n+\lim_{n\to\infty}y_n.$$

同理可证 $\lim\limits_{n\to\infty}(x_n-y_n)=A-B=\lim\limits_{n\to\infty}x_n-\lim\limits_{n\to\infty}y_n$.

（2）由于
$$|x_n \cdot y_n - A \cdot B| = |(x_n \cdot y_n - A \cdot y_n) + (A \cdot y_n - A \cdot B)|,$$
故有
$$|x_n \cdot y_n - A \cdot B| \leqslant |x_n - A||y_n| + |A||y_n - B|.$$
又因为 $\lim\limits_{n \to \infty} y_n = B$，所以，数列 $\{y_n\}$ 必有界，即存在一个与 n 无关的正数 M，使
$$|y_n| \leqslant M \quad (n = 1, 2, 3, \cdots)$$
成立. 对 $\forall \varepsilon > 0$，由 $\lim\limits_{n \to \infty} x_n = A$，则存在正整数 N_1，当 $n > N_1$ 时，有
$$|x_n - A| < \frac{\varepsilon}{2M}.$$
同理，由 $\lim\limits_{n \to \infty} y_n = B$，存在正整数 N_2，当 $n > N_2$ 时，有
$$|y_n - B| < \frac{\varepsilon}{2|A|} \text{（此处假设 } A \neq 0 \text{，若 } A = 0 \text{，则由本节定理 1.14 得证）}.$$
取 $N = \max\{N_1, N_2\}$，那么当 $n > N$ 时，有 $|x_n - A| < \dfrac{\varepsilon}{2M}$，$|y_n - B| < \dfrac{\varepsilon}{2|A|}$ 同时成立，则
$$|x_n \cdot y_n - A \cdot B| \leqslant |x_n - A||y_n| + |A||y_n - B| < \frac{\varepsilon}{2M} \cdot M + |A| \cdot \frac{\varepsilon}{2|A|} = \varepsilon.$$
因此，
$$\lim_{n \to \infty}(x_n \cdot y_n) = \lim_{n \to \infty} x_n \cdot \lim_{n \to \infty} y_n = A \cdot B$$
成立.

特别地，当 $y_n = C$（常数），或 $x_n = y_n$，则得
$$\lim_{n \to \infty}(C \cdot x_n) = C \cdot \lim_{n \to \infty} x_n = C \cdot A \quad (C \text{ 为常数});$$
$$\lim_{n \to \infty}(x_n)^k = (\lim_{n \to \infty} x_n)^k = A^k \quad (k \in N).$$

（3）也可以直接应用数列极限的定义来证明，证明过程略，请读者自行完成.

定理 1.16 中的（1）、（2）都不难推广到有限个收敛数列的情形.

例如，如果 $\lim\limits_{n \to \infty} x_n = A$，$\lim\limits_{n \to \infty} y_n = B$，$\lim\limits_{n \to \infty} z_n = C$，则有
$$\lim_{n \to \infty}(x_n + y_n - z_n) = \lim_{n \to \infty} x_n + \lim_{n \to \infty} y_n - \lim_{n \to \infty} z_n = A + B - C,$$
$$\lim_{n \to \infty}(x_n \cdot y_n \cdot z_n) = \lim_{n \to \infty} x_n \cdot \lim_{n \to \infty} y_n \cdot \lim_{n \to \infty} z_n = A \cdot B \cdot C.$$

应用上面的定理 1.16，我们可以从一些已知的简单数列极限，求出一些较复杂的数列极限.

例 1.19　求数列 $x_n = \dfrac{3n^3 + 4n + 1}{8n^3 - 5n^2 + n - 2}(n = 1, 2, 3, \cdots)$ 当 n 趋于无穷大时的极限.

解　由于 x_n 的分母和分子的极限都不存在, 所以, 不能直接应用定理 1.16. 但

$$x_n = \frac{3n^3 + 4n + 1}{8n^3 - 5n^2 + n - 2} = \frac{3 + \dfrac{4}{n^2} + \dfrac{1}{n^3}}{8 - \dfrac{5}{n} + \dfrac{1}{n^2} - \dfrac{2}{n^3}},$$

所以 x_n 可以看成是由收敛数列 $\dfrac{1}{n}$ 和常数数列经过有限次四则运算而成, 则

$$\lim_{n \to \infty} \frac{3n^3 + 4n + 1}{8n^3 - 5n^2 + n - 2} = \frac{\lim_{n \to \infty} 3 + \lim_{n \to \infty} \dfrac{4}{n^2} + \lim_{n \to \infty} \dfrac{1}{n^3}}{\lim_{n \to \infty} 8 - \lim_{n \to \infty} \dfrac{5}{n} + \lim_{n \to \infty} \dfrac{1}{n^2} - \lim_{n \to \infty} \dfrac{2}{n^3}} = \frac{3}{8}.$$

例 1.20　求 $\lim_{x \to 2}(x^3 - 3x + 5)$.

解　$\lim_{x \to 2}(x^3 - 3x + 5) = \lim_{x \to 2} x^3 - \lim_{x \to 2} 3x + \lim_{x \to 2} 5 = \left(\lim_{x \to 2} x\right)^3 - 3\lim_{x \to 2} x + 5 = 2^3 - 3 \cdot 2 + 5 = 7$.

例 1.21　求 $\lim_{x \to 1} \dfrac{x^2 + 1}{x^2 - 3x + 5}$.

解　因为 $\lim_{x \to 1}(x^2 - 3x + 5) = 3 \neq 0$, 则

$$\lim_{x \to 1} \frac{x^2 + 1}{x^2 - 3x + 5} = \frac{\lim_{x \to 1}(x^2 + 1)}{\lim_{x \to 1}(x^2 - 3x + 5)} = \frac{\lim_{x \to 1} x^2 + \lim_{x \to 1} 1}{\lim_{x \to 1} x^2 - \lim_{x \to 1} 3x + \lim_{x \to 1} 5}$$

$$= \frac{\left(\lim_{x \to 1} x\right)^2 + 1}{\left(\lim_{x \to 1} x\right)^2 - 3\left(\lim_{x \to 1} x\right) + 5} = \frac{1^2 + 1}{1^2 - 3 + 5} = \frac{2}{3}.$$

我们指出, 对于多项式函数 $f(x) = a_0 x^n + a_1 x^{n-1} + \cdots + a_n$ 或有理分式函数 $F(x) = \dfrac{P(x)}{Q(x)}$, 其中 $P(x)$, $Q(x)$ 都是多项式且 $Q(x_0) \neq 0$, 要求其当 $x \to x_0$ 时的极限, 只要把 x_0 代入函数中即可; 但对于有理分式函数, 如果代入 x_0 后分母等于零, 则没有意义, 不能通过直接代入的方法求极限.

事实上, 设多项式 $f(x) = a_0 x^n + a_1 x^{n-1} + \cdots + a_n$, 则

$$\lim_{x \to x_0} f(x) = \lim_{x \to x_0}(a_0 x^n + a_1 x^{n-1} + \cdots + a_n) = a_0 \left(\lim_{x \to x_0} x\right)^n + a_1 \left(\lim_{x \to x_0} x\right)^{n-1} + \cdots + \lim_{x \to x_0} a_n$$

$$= a_0 x_0^n + a_1 x_0^{n-1} + \cdots + a_n = f(x_0);$$

又设有理分式函数 $F(x) = \dfrac{P(x)}{Q(x)}$，其中 $P(x)$，$Q(x)$ 都是多项式，于是

$$\lim_{x \to x_0} P(x) = P(x_0), \lim_{x \to x_0} Q(x) = Q(x_0);$$

如果 $Q(x_0) \neq 0$，则

$$\lim_{x \to x_0} F(x) = \lim_{x \to x_0} \frac{P(x)}{Q(x)} = \frac{\lim\limits_{x \to x_0} P(x)}{\lim\limits_{x \to x_0} Q(x)} = \frac{P(x_0)}{Q(x_0)} = F(x_0).$$

如果 $Q(x_0) = 0$，则关于商的极限的运算法则不能应用，那就需要特别考虑. 以下两例属于这种情形.

例 1.22　求 $\lim\limits_{x \to 0} \dfrac{\sqrt{x+1}-1}{x}$.

解　当 $x \to 0$ 时，分子与分母的极限都是 0，于是不能采取分子、分母分别取极限的方法. 若将函数的分子有理化，得

$$\frac{\sqrt{x+1}-1}{x} = \frac{(\sqrt{x+1}-1)(\sqrt{x+1}+1)}{x(\sqrt{x+1}+1)} = \frac{x}{x(\sqrt{x+1}+1)} = \frac{1}{\sqrt{x+1}+1}.$$

由于 $\lim\limits_{x \to 0}(\sqrt{x+1}+1) = 2$，则 $\lim\limits_{x \to 0} \dfrac{\sqrt{x+1}-1}{x} = \lim\limits_{x \to 0} \dfrac{1}{\sqrt{x+1}+1} = \dfrac{1}{2}$.

例 1.23　求 $\lim\limits_{x \to 1}\left(\dfrac{1}{1-x} - \dfrac{3}{1-x^3}\right)$.

解　当 $x \to 1$ 时，括号内两式的分母均趋于零，不能直接运用四则运算法则求解，将函数变形.

$$\frac{1}{1-x} - \frac{3}{1-x^3} = \frac{1+x+x^2-3}{1-x^3} = \frac{(x-1)(x+2)}{(1-x)(1+x+x^2)} = \frac{-(x+2)}{x^2+x+1}$$

则 $\lim\limits_{x \to 1}\left(\dfrac{1}{1-x} - \dfrac{3}{1-x^3}\right) = \lim\limits_{x \to 1} \dfrac{-(x+2)}{x^2+x+1} = -1$.

例 1.24　求 $\lim\limits_{x \to \infty} \dfrac{3x^3+5x^2-7}{6x^3+4x^2+2x}$.

解　当 $x \to \infty$ 时，分子、分母都趋于无穷大，所以不能直接运用四则运算法则求. 先将分子、分母同除以 x^3，然后取极限：

$$\lim_{x \to \infty} \frac{3x^3+5x^2-7}{6x^3+4x^2+2x} = \lim_{x \to \infty} \frac{3+\dfrac{5}{x}-\dfrac{7}{x^3}}{6+\dfrac{4}{x}+\dfrac{2}{x^2}} = \frac{3}{6} = \frac{1}{2}.$$

例 1.25　求 $\lim\limits_{x \to \infty} \dfrac{5x^2-4x+8}{2x^3+5x^2-3}$.

解　先将分子、分母同除以 x^3，然后取极限，得

$$\lim_{x\to\infty}\frac{5x^2-4x+8}{2x^3+5x^2-3}=\lim_{x\to\infty}\frac{\dfrac{5}{x}-\dfrac{4}{x^2}+\dfrac{8}{x^3}}{2+\dfrac{5}{x}-\dfrac{3}{x^3}}=\frac{0}{2}=0.$$

例 1.26　求 $\lim\limits_{x\to\infty}\dfrac{5x^3+4x^2-8}{2x^2-5x+3}$.

解　由例 1.25 相同的方法得 $\lim\limits_{x\to\infty}\dfrac{2x^2-5x+3}{5x^3+4x^2-8}=0$，而函数 $\dfrac{5x^3+4x^2-8}{2x^2-5x+3}$ 与函数

$\dfrac{2x^2-5x+3}{5x^3+4x^2-8}$ 互为倒数，故 $\lim\limits_{x\to\infty}\dfrac{5x^3+4x^2-8}{2x^2-5x+3}=\infty$.

例 1.24、例 1.25、例 1.26 的一般情形如下：

当 $a_0\neq0$，$b_0\neq0$，m 和 n 为非负整数时，有

$$\lim_{x\to\infty}\frac{a_0x^m+a_1x^{m-1}+\cdots+a_m}{b_0x^n+b_1x^{n-1}+\cdots+b_n}=\begin{cases}\dfrac{a_0}{b_0},&n=m,\\[2mm]0,&n>m,\\[2mm]\infty,&n<m.\end{cases}$$

例 1.27　$\lim\limits_{x\to\infty}\dfrac{\sin x\cos x}{x}$.

解　当 $x\to\infty$ 时，分子与分母的极限都不存在，则不能用商的极限的运算法则. 如果将函数 $\dfrac{\sin x\cos x}{x}$ 看作函数 $\dfrac{1}{x}$ 与 $\sin x\cos x$ 的乘积，其中 $\lim\limits_{x\to\infty}\dfrac{1}{x}=0$，而 $|\sin x\cos x|\leqslant1$，根据本节定理 1.14，有 $\lim\limits_{x\to\infty}\dfrac{\sin x\cos x}{x}=0$.

1.5.3　复合函数的极限运算法则

定理 1.17　设函数 $y=f[g(x)]$ 是由函数 $y=f(u)$ 与函数 $u=g(x)$ 复合而成，$y=f[g(x)]$ 在点 x_0 的某空心邻域内有定义，若 $\lim\limits_{x\to x_0}g(x)=u_0$，$\lim\limits_{u\to u_0}f(u)=A$ 且存在 $\delta>0$，当 $x\in\mathring{U}(x_0,\delta)$ 时，有 $g(x)\neq u_0$，则 $\lim\limits_{x\to x_0}f[g(x)]=\lim\limits_{u\to u_0}f(u)=A$.

定理 1.17 表示，如果函数 $f(u)$ 和 $g(x)$ 满足该定理的条件，那么作代换 $u=g(x)$ 可把求 $\lim\limits_{x\to x_0}f[g(x)]$ 化为求 $\lim\limits_{u\to u_0}f(u)$，这里 $u_0=\lim\limits_{x\to x_0}g(x)$.

习　题　1-5

1. 求下列极限：

（1）$\lim\limits_{n\to\infty}\dfrac{3n^2+n+1}{n^3+4n^2-1}$；

（2）$\lim\limits_{n\to\infty}\left[\dfrac{1}{1\cdot 2}+\dfrac{1}{2\cdot 3}+\cdots+\dfrac{1}{n(n+1)}\right]$；

（3）$\lim\limits_{n\to\infty}\left(\dfrac{1}{n^2}+\dfrac{2}{n^2}+\cdots+\dfrac{n}{n^2}\right)$；

（4）$\lim\limits_{n\to\infty}\dfrac{3^n+2^n}{3^{n+1}-2^{n+1}}$；

（5）$\lim\limits_{x\to 1}\dfrac{x^2-1}{x^2-5x+4}$；

（6）$\lim\limits_{x\to 2}\dfrac{x^3+1}{x^2-5x+3}$；

（7）$\lim\limits_{x\to+\infty}\left(\sqrt{x^2+x}-\sqrt{x^2+1}\right)$；

（8）$\lim\limits_{x\to\infty}\dfrac{2x^2+1}{x^2+5x+3}$；

（9）$\lim\limits_{h\to 0}\dfrac{(x+h)^3-x^3}{h}$；

（10）$\lim\limits_{x\to 1}\left(\dfrac{2}{1-x^2}-\dfrac{1}{1-x}\right)$；

（11）$\lim\limits_{x\to\infty}\dfrac{x^2+x}{5x^3-3x+1}$；

（12）$\lim\limits_{x\to 1}\dfrac{\sqrt{1+x}-\sqrt{1-x}}{\sqrt[3]{1+x}-\sqrt[3]{1-x}}$；

（13）$\lim\limits_{x\to\infty}\dfrac{x^3}{2x+1}$；

（14）$\lim\limits_{x\to\infty}(2x^3-3x+6)$.

2. 设 $f(x)=\begin{cases}\mathrm{e}^x, & x<0,\\ 2x+a, & x\geqslant 0,\end{cases}$ 问当 a 为何值时，极限 $\lim\limits_{x\to 0}f(x)$ 存在.

3. 求当 $x\to 1$ 时，函数 $\dfrac{x^2-1}{x-1}\mathrm{e}^{\frac{1}{x-1}}$ 的极限.

4. 已知 $\lim\limits_{x\to+\infty}(5x-\sqrt{ax^2-bx+c})=1$，其中 a，b，c 为常数，求 a 和 b 的值.

5. 计算下列极限：

（1）$\lim\limits_{x\to 0}x\cdot\sin\dfrac{1}{x}$；

（2）$\lim\limits_{x\to\infty}\dfrac{\sin x}{x}$；

（3）$\lim\limits_{x\to\infty}\dfrac{1}{x}\sin\dfrac{1}{x}$；

（4）$\lim\limits_{x\to\infty}\dfrac{\arctan x}{x}$.

6. 试问函数

$$f(x)=\begin{cases}5-x\sin\dfrac{1}{x}, & x>0,\\ 10, & x=0,\\ 5+x^2, & x<0\end{cases}$$

在 $x=0$ 处的左、右极限是否存在？当 $x\to 0$ 时，$f(x)$ 的极限是否存在？

1.6　极限存在准则　两个重要极限公式

本节讨论极限存在的两个判定准则，作为两个准则的应用实例，给出了两个重要的极限公式：$\lim\limits_{x\to\infty}\left(1+\dfrac{1}{x}\right)^{x}=\mathrm{e}$ 和 $\lim\limits_{x\to0}\dfrac{\sin x}{x}=1$．

如果数列 $\{x_n\}$ 满足条件

$$x_1 \leqslant x_2 \leqslant x_3 \leqslant \cdots \leqslant x_n \leqslant \cdots,$$

则称数列 $\{x_n\}$ 是单调增加的；如果数列 $\{x_n\}$ 满足条件

$$x_1 \geqslant x_2 \geqslant x_3 \geqslant \cdots \geqslant x_n \geqslant \cdots,$$

则称数列 $\{x_n\}$ 是单调减少的．单调增加数列和单调减少数列统称为单调数列．

准则 I（单调有界原理）　单调有界数列必有极限．

在收敛数列的性质中曾证明：收敛的数列一定有界，但有界的数列不一定收敛．利用准则 I 来判定数列收敛必须同时满足数列单调和有界这两个条件．

例如，数列 $x_n=(-1)^{n}$，虽然有界但不单调；数列 $x_n=n$，虽然是单调的，但其无界，易知，这两数列均发散．

单调有界是数列收敛的充分条件，而非必要条件．

例如，数列 $x_n=1+\dfrac{(-1)^{n}}{n}$，尽管数列 $\{x_n\}$ 不单调，但 $\{x_n\}$ 收敛，有 $\lim\limits_{n\to\infty}x_n=1$．

准则 I 只能判定数列极限的存在性，而未给出求极限的方法．

作为准则 I 的应用，我们讨论一个重要极限

$$\lim_{n\to\infty}\left(1+\frac{1}{n}\right)^{n}.$$

首先，需证 $x_n=\left(1+\dfrac{1}{n}\right)^{n}$ 是单调增加的．由牛顿二项公式，有

$$
\begin{aligned}
x_n &= \left(1+\frac{1}{n}\right)^{n}\\
&= 1+\frac{n}{1!}\cdot\frac{1}{n}+\frac{n(n-1)}{2!}\cdot\frac{1}{n^{2}}+\frac{n(n-1)(n-2)}{3!}\cdot\frac{1}{n^{3}}+\cdots+\frac{n(n-1)\cdots[n-(n-1)]}{n!}\cdot\frac{1}{n^{n}}\\
&= 1+1+\frac{1}{2!}\left(1-\frac{1}{n}\right)+\frac{1}{3!}\left(1-\frac{1}{n}\right)\left(1-\frac{2}{n}\right)+\cdots+\frac{1}{n!}\left(1-\frac{1}{n}\right)\left(1-\frac{2}{n}\right)\cdots\left(1-\frac{n-1}{n}\right).
\end{aligned}
$$

同理，

$$x_{n+1} = 1 + 1 + \frac{1}{2!}\left(1 - \frac{1}{n+1}\right) + \frac{1}{3!}\left(1 - \frac{1}{n+1}\right)\left(1 - \frac{2}{n+1}\right) + \cdots$$

$$+ \frac{1}{n!}\left(1 - \frac{1}{n+1}\right)\left(1 - \frac{2}{n+1}\right)\cdots\left(1 - \frac{n-1}{n+1}\right)$$

$$+ \frac{1}{(n+1)!}\left(1 - \frac{1}{n+1}\right)\left(1 - \frac{2}{n+1}\right)\cdots\left(1 - \frac{n}{n+1}\right).$$

通过比较 x_n，x_{n+1} 的展开式，可得

$$x_n < x_{n+1},$$

所以，数列 $x_n = \left(1 + \frac{1}{n}\right)^n$ 是单调增加的.

其次，需证 $x_n = \left(1 + \frac{1}{n}\right)^n$ 有界.

显然，$x_n \geq x_1 = 2$. 又因为

$$x_n < 1 + 1 + \frac{1}{2!} + \frac{1}{3!} + \cdots + \frac{1}{n!} < 1 + 1 + \frac{1}{2} + \frac{1}{2^2} + \cdots + \frac{1}{2^{n-1}}$$

$$= 1 + \frac{1 - \frac{1}{2^n}}{1 - \frac{1}{2}} = 3 - \frac{1}{2^{n-1}} < 3,$$

则 $2 \leq x_n < 3$，即数列 $\{x_n\}$ 有界. 综上，根据极限存在准则 I 可知，数列 $\{x_n\}$ 是收敛的.

通常用字母 e 来表示这个极限，即 $\lim\limits_{n \to \infty}\left(1 + \frac{1}{n}\right)^n = e$.

可以证明，当 x 取实数而趋于 $+\infty$ 或 $-\infty$ 时，函数 $y = \left(1 + \frac{1}{x}\right)^x$ 的极限都存在且都等于 e，即

$$\lim_{x \to \infty}\left(1 + \frac{1}{x}\right)^x = e. \tag{1-3}$$

数 e 是一个无理数，值为 $e = 2.718\ 281\ 828\ 459\ 045\cdots$. 数 e 在数学的理论研究上和实际应用中都起着重要作用. 前面提到的指数函数 $y = e^x$ 与自然对数函数 $y = \ln x$ 中的底 e 都是这个常数.

令 $y = \dfrac{1}{x}$，可将式（1-3）变形为另一种形式

$$\lim_{y \to 0}(1+y)^{\frac{1}{y}} = \mathrm{e}. \tag{1-4}$$

这个极限式子的特征是：底为两项之和，第一项为 1，第二项是无穷小量，指数与第二项互为倒数.

例 1.28　求 $\lim\limits_{x \to \infty}\left(1 - \dfrac{1}{x}\right)^{2x}$.

解　$\lim\limits_{x \to \infty}\left(1 - \dfrac{1}{x}\right)^{2x} = \lim\limits_{x \to \infty}\left(1 + \dfrac{1}{-x}\right)^{-x \cdot (-2)} = \left[\lim\limits_{x \to \infty}\left(1 + \dfrac{1}{-x}\right)^{-x}\right]^{-2} = \mathrm{e}^{-2}$.

例 1.29　求 $\lim\limits_{x \to 0}\left(1 - \dfrac{x}{3}\right)^{\frac{1}{x}}$.

解　$\lim\limits_{x \to 0}\left(1 - \dfrac{x}{3}\right)^{\frac{1}{x}} = \lim\limits_{x \to 0}\left(1 + \dfrac{-x}{3}\right)^{\frac{3}{-x}\left(-\frac{1}{3}\right)} = \left[\lim\limits_{x \to 0}\left(1 + \dfrac{-x}{3}\right)^{\frac{3}{-x}}\right]^{-\frac{1}{3}} = \mathrm{e}^{-\frac{1}{3}}$.

说明：对于准则 I，函数极限根据自变量的不同变化过程（ $x \to x_0^-$，$x \to x_0^+$，$x \to -\infty$，$x \to +\infty$）也有类似的准则，只是准则形式上略有不同. 例如：

准则 I′　设函数 $f(x)$ 在点 x_0 的某个左（右）邻域内单调并且有界，则 $f(x)$ 在 x_0 的左（右）极限 $f(x_0^-)$（$f(x_0^+)$）必存在.

准则 II（夹逼准则）　如果数列 $\{x_n\}$、$\{y_n\}$ 及 $\{z_n\}$ 满足下列条件：

（1）存在正整数 N_0，当 $n > N_0$ 时，有 $y_n \leqslant x_n \leqslant z_n$，

（2）$\lim\limits_{n \to \infty} y_n = a$，$\lim\limits_{n \to \infty} z_n = a$.

则数列 $\{x_n\}$ 的极限存在且 $\lim\limits_{n \to \infty} x_n = a$.

证明　$\forall \varepsilon > 0$，由 $\lim\limits_{n \to \infty} y_n = a$，可知 ∃ 正整数 N_1，当 $n > N_1$ 时，有 $|y_n - a| < \varepsilon$，从而得 $a - \varepsilon < y_n$. 同理，由 $\lim\limits_{n \to \infty} z_n = a$，可知 ∃ 正整数 N_2，当 $n > N_2$ 时，有 $|z_n - a| < \varepsilon$，从而得 $z_n < a + \varepsilon$. 于是取 $N = \max\{N_0, N_1, N_2\}$，当 $n > N$ 时，有 $a - \varepsilon < y_n$，$z_n < a + \varepsilon$，$y_n \leqslant x_n \leqslant z_n$ 同时成立，得

$$a - \varepsilon < y_n \leqslant x_n \leqslant z_n < a + \varepsilon,$$

即 $|x_n - a| < \varepsilon$，故 $\lim\limits_{x \to \infty} x_n = a$.

例 1.30　求极限 $\lim\limits_{n\to\infty}\left(\dfrac{1}{\sqrt{n^2+1}}+\dfrac{1}{\sqrt{n^2+2}}+\cdots+\dfrac{1}{\sqrt{n^2+n}}\right)$.

解　因为 $\dfrac{n}{\sqrt{n^2+n}}\leqslant\dfrac{1}{\sqrt{n^2+1}}+\dfrac{1}{\sqrt{n^2+2}}+\cdots+\dfrac{1}{\sqrt{n^2+n}}\leqslant\dfrac{n}{\sqrt{n^2+1}}$,

又 $\lim\limits_{n\to\infty}\dfrac{n}{\sqrt{n^2+n}}=1$，$\lim\limits_{n\to\infty}\dfrac{n}{\sqrt{n^2+1}}=1$，则 $\lim\limits_{n\to\infty}\left(\dfrac{1}{\sqrt{n^2+1}}+\dfrac{1}{\sqrt{n^2+2}}+\cdots+\dfrac{1}{\sqrt{n^2+n}}\right)=1$.

我们可将准则 II 推广到函数的情形：

准则 II′　设函数 $f(x)$ 在点 x_0 的某一空心邻域 $\mathring{U}(x_0,\delta)$ 内（或 $|x|\geqslant X$）时，满足条件：

（1）$g(x)\leqslant f(x)\leqslant h(x)$，

（2）$\lim\limits_{x\to x_0}g(x)=A$，$\lim\limits_{x\to x_0}h(x)=A$（或 $\lim\limits_{x\to\infty}g(x)=A$，$\lim\limits_{x\to\infty}h(x)=A$），

则 $\lim\limits_{x\to x_0}f(x)$ 存在且 $\lim\limits_{x\to x_0}f(x)=A$（或 $\lim\limits_{x\to\infty}f(x)$ 存在且 $\lim\limits_{x\to\infty}f(x)=A$）.

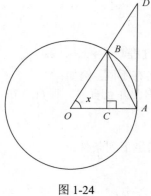

图 1-24

夹逼准则不仅说明了极限存在，而且给出了求极限的方法. 下面利用夹逼准则证明另一个重要的极限公式：$\lim\limits_{x\to 0}\dfrac{\sin x}{x}=1$.

证明　函数 $\dfrac{\sin x}{x}$ 的定义域为 $x\neq 0$ 的全体实数. 在如图 1-24 所示的单位圆中，设圆心角 $\angle AOB=x$，其中 $0<x<\dfrac{\pi}{2}$，点 A 处的切线与 OB 的延长线相交于 D，并且 $BC\perp OA$，C 为垂足，则

$$\sin x=BC,\ x=\overset{\frown}{AB},\ \tan x=AD.$$

因为

$$\triangle AOB\ \text{的面积}<\text{扇形}\ AOB\ \text{的面积}<\triangle AOD\ \text{的面积},$$

所以

$$\frac{1}{2}\sin x<\frac{1}{2}x<\frac{1}{2}\tan x,$$

即

$$\sin x<x<\tan x.$$

由于 $0<x<\dfrac{\pi}{2}$，那么有

$$\frac{1}{\tan x} < \frac{1}{x} < \frac{1}{\sin x},$$

不等式各边都乘以 $\sin x$，得

$$\cos x < \frac{\sin x}{x} < 1. \tag{1-5}$$

若用 $-x$ 代替 x，$\cos x$ 与 $\dfrac{\sin x}{x}$ 的值都不改变，所以当 $-\dfrac{\pi}{2} < x < 0$ 时，不等式 $\cos x < \dfrac{\sin x}{x} < 1$ 也成立.

为了应用夹逼准则求 $\lim\limits_{x\to 0}\dfrac{\sin x}{x}$，由式（1-5）只要证明 $\lim\limits_{x\to 0}\cos x = 1$. 事实上，当 $0 < |x| < \dfrac{\pi}{2}$ 时，

$$0 < |\cos x - 1| = 1 - \cos x = 2\sin^2\frac{x}{2} < 2\cdot\left(\frac{x}{2}\right)^2 = \frac{x^2}{2},$$

即

$$0 < 1 - \cos x < \frac{x^2}{2}.$$

当 $x \to 0$ 时，$\dfrac{x^2}{2} \to 0$，所以 $\lim\limits_{x\to 0}(1-\cos x) = 0$，即 $\lim\limits_{x\to 0}\cos x = 1$. 由式（1-5）及夹逼准则得证 $\lim\limits_{x\to 0}\dfrac{\sin x}{x} = 1$.

注意这个极限式子的特征：分母是无穷小量，分子中正弦函数的自变量与分母相同. 以后我们还会多次用到这个重要的式子.

例 1.31　求极限 $\lim\limits_{x\to 0}\dfrac{\tan x}{x}$.

解　$\lim\limits_{x\to 0}\dfrac{\tan x}{x} = \lim\limits_{x\to 0}\left(\dfrac{\sin x}{x}\cdot\dfrac{1}{\cos x}\right) = \lim\limits_{x\to 0}\dfrac{\sin x}{x}\cdot\lim\limits_{x\to 0}\dfrac{1}{\cos x} = 1$.

例 1.32　求极限 $\lim\limits_{x\to 0}\dfrac{\sin 3x}{\sin 5x}$.

解　$\lim\limits_{x\to 0}\dfrac{\sin 3x}{\sin 5x} = \dfrac{3}{5}\lim\limits_{x\to 0}\dfrac{\sin 3x}{3x}\cdot\dfrac{5x}{\sin 5x} = \dfrac{3}{5}\lim\limits_{x\to 0}\dfrac{\sin 3x}{3x}\cdot\lim\limits_{x\to 0}\dfrac{5x}{\sin 5x} = \dfrac{3}{5}$.

例 1.33　求极限 $\lim\limits_{x\to 0}\dfrac{\tan x - \sin x}{x^3}$.

解　$\lim\limits_{x\to 0}\dfrac{\tan x-\sin x}{x^3}=\lim\limits_{x\to 0}\dfrac{\tan x(1-\cos x)}{x^3}=\lim\limits_{x\to 0}\dfrac{2\sin x\sin^2\dfrac{x}{2}}{x^3\cos x}$

$$=\frac{1}{2}\lim\limits_{x\to 0}\frac{\sin x}{x}\cdot\left(\frac{\sin\dfrac{x}{2}}{\dfrac{x}{2}}\right)^2\cdot\frac{1}{\cos x}=\frac{1}{2}.$$

例 1.34　求 $\lim\limits_{x\to 0}\dfrac{\arcsin x}{x}$.

解　令 $t=\arcsin x$，则 $x=\sin t$，当 $x\to 0$ 时，有 $t\to 0$. 于是由复合函数的极限运算法则得 $\lim\limits_{x\to 0}\dfrac{\arcsin x}{x}=\lim\limits_{t\to 0}\dfrac{t}{\sin t}=1$.

习　题　1-6

1. 计算下列极限：

（1）$\lim\limits_{x\to 0}\left(1+\dfrac{x}{2}\right)^{-\frac{1}{x}}$；

（2）$\lim\limits_{x\to\infty}\left(1-\dfrac{2}{x}\right)^{2x}$；

（3）$\lim\limits_{x\to\infty}\left(\dfrac{x+5}{x-5}\right)^{x-5}$；

（4）$\lim\limits_{x\to 2}\left(\dfrac{x}{2}\right)^{\frac{1}{x-2}}$.

2. 计算下列极限：

（1）$\lim\limits_{x\to 0}x\cot x$；

（2）$\lim\limits_{x\to 0}\dfrac{\sin 2x}{3x}$；

（3）$\lim\limits_{x\to 0}\dfrac{\cos x-\cos 3x}{5x}$

（4）$\lim\limits_{x\to 0^+}\dfrac{\cos x-1}{x^{\frac{3}{2}}}$；

（5）$\lim\limits_{x\to\infty}x\cdot\sin\dfrac{1}{x}$；

（6）$\lim\limits_{n\to\infty}2^n\sin\dfrac{x}{2^n}$（$x$ 为不等于零的常数）.

3. 利用极限存在准则证明：

（1）数列 $\sqrt{3}$，$\sqrt{3+\sqrt{3}}$，$\sqrt{3+\sqrt{3+\sqrt{3}}}$，… 的极限存在；

（2）$\lim\limits_{n\to\infty}\sqrt{1+\dfrac{3}{n}}=1$；

（3）$\lim\limits_{n\to\infty}\left(\dfrac{1}{\sqrt{n^6+n}}+\dfrac{2^2}{\sqrt{n^6+2n}}+\cdots+\dfrac{n^2}{\sqrt{n^6+n^2}}\right)=\dfrac{1}{3}$；

（4）$\lim\limits_{x\to 0^+}x\left[\dfrac{1}{x}\right]=1$.

1.7　无穷小的比较

我们曾在 1.5 节中讨论了两个（有限个）无穷小的和、差及乘积仍旧是无穷小. 那么两个无穷小的商会是什么样的情况呢？例如，当 $x \to 0$ 时，$3x$，$2x$，$3x^2$ 都是无穷小，而它们的比值的极限有各种不同情况：$\lim\limits_{x \to 0} \dfrac{3x}{2x} = \dfrac{3}{2}$，$\lim\limits_{x \to 0} \dfrac{3x^2}{2x} = 0$，$\lim\limits_{x \to 0} \dfrac{2x}{3x^2} = \infty$. 这反映了在同一极限过程中，不同的无穷小趋于零的"快慢"程度不一样. 从上述例子可看出，在 $x \to 0$ 的过程中，$3x \to 0$ 与 $2x \to 0$ "快慢大致相同"，$3x^2 \to 0$ 比 $2x \to 0$ "快些"，而 $2x \to 0$ 比 $3x^2 \to 0$ "慢些". 下面我们通过无穷小之比的极限来说明两个无穷小之间的比较. 为方便起见，设在同一自变量变化过程中的两个无穷小分别为 α，β 且 $\alpha \neq 0$.

定义 1.7　如果 $\lim \dfrac{\beta}{\alpha} = 0$，就说 β 是比 α 高阶的无穷小，记作 $\beta = o(\alpha)$；

如果 $\lim \dfrac{\beta}{\alpha} = \infty$，就说 β 是比 α 低阶的无穷小；

如果 $\lim \dfrac{\beta}{\alpha} = c \neq 0$，就说 β 是与 α 同阶无穷小；

如果 $\lim \dfrac{\beta}{\alpha^k} = c \neq 0$，$k > 0$，就说 β 是关于 α 的 k 阶无穷小；

如果 $\lim \dfrac{\beta}{\alpha} = 1$，就说 β 与 α 是等价无穷小，记作 $\alpha \sim \beta$.

明显地，等价无穷小是同阶无穷小当 $c = 1$ 时的特殊情况.

例如，当 $x \to 0$ 时，x^3 是比 $3x$ 高阶的无穷小，因为 $\lim\limits_{x \to 0} \dfrac{x^3}{3x} = 0$，即 $x^3 = o(3x)$ （$x \to 0$）；

当 $x \to 0$ 时，$2x$ 是比 x^3 低阶的无穷小，因为 $\lim\limits_{x \to 0} \dfrac{2x}{x^3} = \infty$；

当 $x \to 2$ 时，$x^2 - 4$ 与 $x - 2$ 是同阶无穷小，因为 $\lim\limits_{x \to 2} \dfrac{x^2 - 4}{x - 2} = 4$；

当 $x \to 0$ 时，$1 - \cos x$ 是关于 x 的二阶无穷小，因为 $\lim\limits_{x \to 0} \dfrac{1 - \cos x}{x^2} = \dfrac{1}{2}$；

当 $x \to 0$ 时，$\sin x$ 与 x 是等价无穷小，即 $\sin x \sim x$（$x \to 0$），因为 $\lim\limits_{x \to 0} \dfrac{\sin x}{x} = 1$.

例 1.35　当 $x \to 0$ 时，试比较下列无穷小的阶.

（1）$\alpha = x^3 + 2x^2$，$\beta = 3x^2$；　　　　　　（2）$\alpha = x\sin x$，$\beta = x^2$.

解　（1）因为 $\lim\limits_{x\to 0}\dfrac{x^3 + 2x^2}{3x^2} = \dfrac{2}{3}$，所以当 $x \to 0$ 时，$x^3 + 2x^2$ 与 $3x^2$ 是同阶无穷小.

（2）因为 $\lim\limits_{x\to 0}\dfrac{x\sin x}{x^2} = 1$，所以当 $x \to 0$ 时，$x\sin x$ 与 x^2 是等价无穷小.

例 1.36　证明：当 $x \to 0$ 时，$\sqrt[n]{1+x} - 1 \sim \dfrac{1}{n}x$.

证明　因为 $\lim\limits_{x\to 0}\dfrac{\sqrt[n]{1+x} - 1}{\dfrac{1}{n}x} = \lim\limits_{x\to 0}\dfrac{(\sqrt[n]{1+x})^n - 1}{\dfrac{1}{n}x\left[\sqrt[n]{(1+x)^{n-1}} + \sqrt[n]{(1+x)^{n-2}} + \cdots + 1\right]}$

$$= \lim\limits_{x\to 0}\dfrac{n}{\sqrt[n]{(1+x)^{n-1}} + \sqrt[n]{(1+x)^{n-2}} + \cdots + 1} = 1,$$

所以，$\sqrt[n]{1+x} - 1 \sim \dfrac{1}{n}x$（$x \to 0$）.

关于等价无穷小，有下面的重要性质：

定理 1.18　β 与 α 是等价无穷小的充分必要条件为 $\beta = \alpha + o(\alpha)$.

证明　若 $\alpha \sim \beta$，则 $\lim\dfrac{\beta}{\alpha} = 1$，有 $\lim\dfrac{\beta}{\alpha} - 1 = \lim\left(\dfrac{\beta}{\alpha} - 1\right) = \lim\dfrac{\beta - \alpha}{\alpha} = 0$，因此

$$\beta - \alpha = o(\alpha),$$

即

$$\beta = \alpha + o(\alpha).$$

若 $\beta = \alpha + o(\alpha)$，则 $\lim\dfrac{\beta}{\alpha} = \lim\dfrac{\alpha + o(\alpha)}{\alpha} = \lim\left(1 + \dfrac{o(\alpha)}{\alpha}\right) = 1$，因此 $\alpha \sim \beta$.

例如，当 $x \to 0$ 时，因为 $\sin x \sim x$，$\tan x \sim x$，$\arcsin x \sim x$，$1 - \cos x \sim \dfrac{1}{2}x^2$，所以当 $x \to 0$ 时，有 $\sin x = x + o(x)$，$\tan x = x + o(x)$，$\arcsin x = x + o(x)$，$1 - \cos x = \dfrac{1}{2}x^2 + o(x^2)$.

定理 1.19　设 $\alpha \sim \alpha'$，$\beta \sim \beta'$ 且 $\lim\dfrac{\beta'}{\alpha'}$ 存在，则 $\lim\dfrac{\beta}{\alpha} = \lim\dfrac{\beta'}{\alpha'}$.

证明　$\lim\dfrac{\beta}{\alpha} = \lim\left(\dfrac{\beta}{\beta'}\cdot\dfrac{\beta'}{\alpha'}\cdot\dfrac{\alpha'}{\alpha}\right) = \lim\dfrac{\beta}{\beta'}\cdot\lim\dfrac{\beta'}{\alpha'}\cdot\lim\dfrac{\alpha'}{\alpha} = \lim\dfrac{\beta'}{\alpha'}$.

定理 1.19 表明在计算两个无穷小之比的极限时，可将分子或分母的乘积因子换成与其等价的无穷小，这种替换有时可简化计算.

当 $x \to 0$ 时，常用的等价无穷小替换有

$$\sin x \sim x,\ \tan x \sim x,\ \arcsin x \sim x,\ \arctan x \sim x,\ 1 - \cos x \sim \frac{x^2}{2},$$

$$\ln(1+x) \sim x,\ \mathrm{e}^x - 1 \sim x,\ \sqrt[n]{1+x} - 1 \sim \frac{1}{n}x,\ (1+x)^{\mu} - 1 \sim \mu x.$$

其中，$\ln(1+x) \sim x$，$\mathrm{e}^x - 1 \sim x$，$(1+x)^{\mu} - 1 \sim \mu x$ 的证明，读者在学完本章的 1.9 节后，就可以了解.

定理 1.20　设 α，β，γ 为同一自变量变化过程中的等价无穷小，则

（1）$\alpha \sim \alpha$（自反性）；

（2）若 $\alpha \sim \beta$，则 $\beta \sim \alpha$（对称性）；

（3）若 $\alpha \sim \beta$，$\beta \sim \gamma$，则 $\alpha \sim \gamma$（传递性）.

例 1.37　求 $\lim\limits_{x \to 0} \dfrac{\sin 5x}{x + x^3}$.

解　当 $x \to 0$ 时，$\sin 5x \sim 5x$，所以

$$\lim_{x \to 0} \frac{\sin 5x}{x + x^3} = \lim_{x \to 0} \frac{5x}{x + x^3} = \lim_{x \to 0} \frac{5x}{x(1 + x^2)} = \lim_{x \to 0} \frac{5}{1 + x^2} = 5.$$

例 1.38　求 $\lim\limits_{x \to 0} \dfrac{\tan x - \sin x}{x^2 \tan x}$.

解　当 $x \to 0$ 时，$1 - \cos x \sim \dfrac{x^2}{2}$，所以

$$\lim_{x \to 0} \frac{\tan x - \sin x}{x^2 \tan x} = \lim_{x \to 0} \frac{\tan x (1 - \cos x)}{x^2 \tan x} = \lim_{x \to 0} \frac{\frac{1}{2}x^2}{x^2} = \frac{1}{2}.$$

例 1.39　求 $\lim\limits_{x \to 0} \dfrac{\sqrt{1 + \tan x} - \sqrt{1 - \tan x}}{\mathrm{e}^x - 1}$.

解　当 $x \to 0$ 时，$\mathrm{e}^x - 1 \sim x$，$\tan x \sim x$，所以

$$\lim_{x \to 0} \frac{\sqrt{1 + \tan x} - \sqrt{1 - \tan x}}{\mathrm{e}^x - 1} = \lim_{x \to 0} \frac{(1 + \tan x) - (1 - \tan x)}{(\mathrm{e}^x - 1)\left(\sqrt{1 + \tan x} + \sqrt{1 - \tan x}\right)}$$

$$= \lim_{x \to 0} \frac{2 \tan x}{x\left(\sqrt{1 + \tan x} + \sqrt{1 - \tan x}\right)} = \lim_{x \to 0} \frac{2x}{2x} = 1.$$

例 1.40　求 $\lim\limits_{x \to 0} \dfrac{3x + \sin^2 x}{\tan 2x - x^3}$.

解　当 $x \to 0$ 时，易证 $3x + \sin^2 x \sim 3x$，$\tan 2x - x^3 \sim 2x$，所以

$$\lim_{x \to 0} \frac{3x + \sin^2 x}{\tan 2x - x^3} = \lim_{x \to 0} \frac{3x}{2x} = \frac{3}{2}.$$

习　题　1-7

1. 当 $x \to 0$ 时，$x - 2x^2$ 与 $3x^2 - 2x^3$ 相比，哪一个是高阶无穷小？

2. 证明：当 $x \to 0$ 时，$\sec x - 1 \sim \dfrac{x^2}{2}$.

3. 利用等价无穷小的性质，求下列极限：

（1）$\lim\limits_{x \to 0} \dfrac{\tan nx}{\sin mx}$（$n$，$m$ 为正整数）；

（2）$\lim\limits_{x \to 0} \dfrac{\sqrt{1 + x + 2x^2} - 1}{\sin 3x}$；

（3）$\lim\limits_{x \to 0} \dfrac{\ln(1 + 2x - 3x^2)}{4x}$；

（4）$\lim\limits_{x \to 0} \dfrac{e^{\frac{\sin x}{3}} - 1}{\arctan x}$；

（5）$\lim\limits_{x \to 0^+} \dfrac{1 - \sqrt{\cos x}}{x(1 - \cos\sqrt{x})}$；

（6）$\lim\limits_{x \to 0} \dfrac{\sqrt{2} - \sqrt{1 + \cos x}}{\sin^2 3x}$；

（7）$\lim\limits_{x \to 0} \dfrac{3x + 5x^2 - 7x^3}{4x^3 + 2\tan x}$；

（8）$\lim\limits_{x \to 0} \dfrac{x + \sin^2 x + \tan 3x}{\sin 5x + 2x^2}$；

*（9）$\lim\limits_{x \to 0} \left(\dfrac{a^x + b^x}{2} \right)^{\frac{3}{x}}$，其中 $a > 0, b > 0$，均为常数.

4. 当 $x \to 0$ 时，若 $(1 - ax^2)^{\frac{1}{4}} - 1$ 与 $x\sin x$ 是等价无穷小，试求 a.

1.8　函数的连续性与间断点

1.8.1　函数的连续性

函数的连续性是微积分学的基本概念. 自然界中有许多现象，如气温的变化、动植物的生长等都是随时间变化而连续变化的. 其特点是：当时间变化很微小时，气温的变化、动植物的生长都是很微小的. 这种现象反映在函数关系上，就是函数的连续性. 下面我们先引入增量的概念，然后给出函数连续的定义.

　　设变量 x 从初值 x_1 变到终值 x_2，终值与初值的差 $x_2 - x_1$ 称为变量 x 的增量，记作 Δx，即 $\Delta x = x_2 - x_1$．增量 Δx 可以是正的，也可以是负的．对应的函数值的增量 $\Delta y = f(x_2) - f(x_1)$．

　　一般地，设函数 $y = f(x)$ 在点 x_0 的某一个邻域内是有定义的．当自变量 x 在这邻域内从 x_0 变到 $x_0 + \Delta x$ 时，函数值 y 相应地从 $f(x_0)$ 变到 $f(x_0 + \Delta x)$，因此，函数 y 的对应增量为 $\Delta y = f(x_0 + \Delta x) - f(x_0)$．

　　假定 x_0 不变而让自变量的增量 Δx 变动，一般情况，函数 y 的增量 Δy 也要随着变动．因此，函数的连续性用增量的变动描述为：如果函数 $y = f(x)$，当自变量的增量 Δx 趋于零时，函数 y 的对应增量 Δy 也趋于零，即 $\lim\limits_{\Delta x \to 0} \Delta y = 0$ 或 $\lim\limits_{\Delta x \to 0}[f(x_0 + \Delta x) - f(x_0)] = 0$，那么就称函数 $y = f(x)$ 在点 x_0 处是连续的（图 1-25）．

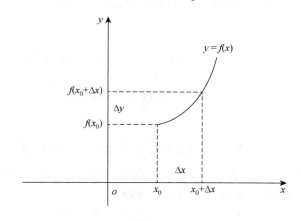

图 1-25

　　定义 1.8　设函数 $y = f(x)$ 在点 x_0 的某一邻域内有定义，如果自变量 x 在 x_0 处的增量 $\Delta x = x - x_0$ 趋向于零时，对应的函数值的增量 $\Delta y = f(x_0 + \Delta x) - f(x_0)$ 也趋向于零，即 $\lim\limits_{\Delta x \to 0} \Delta y = 0$，则称函数 $y = f(x)$ 在点 x_0 处连续．

　　由 $\Delta x = x - x_0$，则 $\Delta x \to 0$ 就是 $x \to x_0$．又因为
$$\Delta y = f(x_0 + \Delta x) - f(x_0) = f(x) - f(x_0)$$
即
$$f(x) = f(x_0) + \Delta y,$$
则 $\Delta y \to 0$，也就是 $f(x) \to f(x_0)$，于是有以下等价定义：

　　定义 1.9　设函数 $y = f(x)$ 在点 x_0 的某一邻域内有定义，如果函数 $f(x)$ 当 $x \to x_0$ 时的极限存在，且 $\lim\limits_{x \to x_0} f(x) = f(x_0)$，则称函数 $y = f(x)$ 在点 x_0 处连续．

采用"$\varepsilon - \delta$"语言，定义 1.9 可叙述为

如果 $\forall\ \varepsilon > 0$，$\exists\ \delta > 0$，使得对于适合不等式 $|x - x_0| < \delta$ 的一切 x，总有

$$|f(x) - f(x_0)| < \varepsilon$$

成立，则称函数 $y = f(x)$ 在点 x_0 处连续.

注　定义 1.8 与定义 1.9 本质上是一致的，即函数 $f(x)$ 在点 x_0 处连续，必须同时满足下列三个条件：

（1）函数 $y = f(x)$ 在点 x_0 的某个邻域内有定义；

（2）$\lim\limits_{x \to x_0} f(x)$ 存在；

（3）$\lim\limits_{x \to x_0} f(x) = f(x_0)$.

类似地，我们可以定义函数 $y = f(x)$ 在点 x_0 处左连续、右连续.

如果 $\lim\limits_{x \to x_0^-} f(x) = f(x_0)$，即 $f(x_0^-) = f(x_0)$，则称函数 $f(x)$ 在点 x_0 处左连续.

如果 $\lim\limits_{x \to x_0^+} f(x) = f(x_0)$，即 $f(x_0^+) = f(x_0)$，则称函数 $f(x)$ 在点 x_0 处右连续.

定理 1.21　函数 $y = f(x)$ 在点 x_0 处连续的充分必要条件是函数 $y = f(x)$ 在点 x_0 处既左连续又右连续.

在某一区间上每一点都连续的函数称为在该区间上的连续函数. 如果此区间包含端点，那么函数在左端点连续是指右连续，在右端点连续是指左连续.

连续函数的图形是一条连续而不间断的曲线.

如果函数 $f(x)$ 是有理整函数（多项式），因为取任意的 x_0，都有 $\lim\limits_{x \to x_0} f(x) = f(x_0)$，所以有理整函数（多项式）在区间 $(-\infty, +\infty)$ 内是连续的；有理分式函数 $F(x) = \dfrac{P(x)}{Q(x)}$，只要 $Q(x_0) \neq 0$，就有 $\lim\limits_{x \to x_0} F(x) = F(x_0)$，则有理分式函数在其定义域内的每一点都是连续的.

例 1.41　证明函数 $f(x) = |x|$ 在 $x = 0$ 处连续.

证明　由于

$$\lim_{x \to 0^-} |x| = \lim_{x \to 0^-} (-x) = 0\ ,\quad \lim_{x \to 0^+} |x| = \lim_{x \to 0^+} x = 0,$$

所以，$\lim\limits_{x \to 0} |x| = 0$. 又 $f(0) = 0 = \lim\limits_{x \to 0} |x|$，则 $f(x) = |x|$ 在 $x = 0$ 处连续.

例 1.42　证明函数 $y = \sin x$ 在 $(-\infty, +\infty)$ 内是连续的.

证明　设 x 是区间 $(-\infty, +\infty)$ 内任意一点，增量为 Δx，则对应的函数增量为

$$\Delta y = \sin(x + \Delta x) - \sin x = 2\sin\frac{\Delta x}{2}\cos\left(x + \frac{\Delta x}{2}\right),$$

因为 $\left| \cos\left(x+\dfrac{\Delta x}{2}\right) \right| \leq 1$ ，所以 $0 \leq |\Delta y| \leq 2\left|\sin\dfrac{\Delta x}{2}\right| \leq 2 \cdot \dfrac{|\Delta x|}{2} = |\Delta x|$. 因此，当 $\Delta x \to 0$ 时，由夹逼准则知 $|\Delta y| \to 0$ ，则 $\lim\limits_{\Delta x \to 0} \Delta y = 0$ ，即函数 $y = \sin x$ 在 x 点连续. 又由 x 的任意性，可知函数 $y = \sin x$ 在 $(-\infty, +\infty)$ 内任一点是连续的.

同理可证函数 $y = \cos x$ 在 $(-\infty, +\infty)$ 内是连续的.

例 1.43　讨论函数 $y = \begin{cases} 2x+1, & x \geq 0, \\ x^2-1, & x < 0, \end{cases}$ 在 $x = 0$ 处的连续性.

解　由于 $\lim\limits_{x \to 0^-} y = \lim\limits_{x \to 0^-}(x^2-1) = 0-1 = -1$ ，$\lim\limits_{x \to 0^+} y = \lim\limits_{x \to 0^+}(2x+1) = 0+1 = 1$ ，即左右极限不相等，则函数在 $x = 0$ 处极限不存在，所以该函数在 $x = 0$ 点不连续. 但是，因为 $f(0) = 1 = f(0^+)$ ，所以函数 y 在 $x = 0$ 处右连续.

1.8.2　函数的间断点

定义 1.10　设函数 $f(x)$ 在点 x_0 的某空心邻域内有定义，如果函数 $f(x)$ 有下列三种情形之一：

（1）在点 x_0 处无定义；

（2）虽然在 x_0 处有定义，但 $\lim\limits_{x \to x_0} f(x)$ 不存在；

（3）虽然在 x_0 处有定义且 $\lim\limits_{x \to x_0} f(x)$ 存在，但 $\lim\limits_{x \to x_0} f(x) \neq f(x_0)$.

则称函数 $f(x)$ 在点 x_0 处间断（或不连续），点 x_0 称为函数 $f(x)$ 的间断点（或不连续点）.

函数间断点有以下几种类型：

（1）设 x_0 为函数 $f(x)$ 的一个间断点，若左极限 $f(x_0^-)$ 和右极限 $f(x_0^+)$ 都存在，则称 x_0 为 $f(x)$ 的第一类间断点.

在第一类间断点中，若 $f(x_0^-) = f(x_0^+)$ ，即 $\lim\limits_{x \to x_0} f(x)$ 存在，但函数 $f(x)$ 在点 x_0 无定义，或虽然在 x_0 有定义可是 $\lim\limits_{x \to x_0} f(x) \neq f(x_0)$ ，此类间断点称为可去间断点.

在第一类间断点中，若 $f(x_0^-) \neq f(x_0^+)$ ，即 $\lim\limits_{x \to x_0} f(x)$ 不存在，此类间断点称为跳跃间断点.

例 1.44　函数 $y = \dfrac{\sin x}{x}$ 在 $x = 0$ 点无定义，但

$$\lim_{x\to 0}\frac{\sin x}{x}=1.$$

所以 $x=0$ 为函数 $y=\dfrac{\sin x}{x}$ 的可去间断点. 如果补充定义：令 $x=0$ 时 $y=1$，那么分段函数

$$y=\begin{cases} \dfrac{\sin x}{x}, & x\neq 0, \\ 1, & x=0 \end{cases}$$

在 $x=0$ 点就连续了.

例 1.45 符号函数 $y=\operatorname{sgn}x$ 在 $x=0$ 点左、右极限虽然存在但 $f(0^-)\neq f(0^+)$，所以 $x=0$ 为符号函数 $y=\operatorname{sgn}x$ 的跳跃间断点.

（2）设 x_0 为函数 $f(x)$ 的一个间断点，若左极限 $f(x_0^-)$ 与右极限 $f(x_0^+)$ 中至少有一个不存在，则称 x_0 为函数 $f(x)$ 的第二类间断点.

例 1.46 设函数 $f(x)=\dfrac{1}{x^2}$，当 $x\to 0,f(x)\to\infty$，即函数 $f(x)=\dfrac{1}{x^2}$ 的极限不存在，所以 $x=0$ 为函数 $f(x)$ 的间断点. 由于 $\lim\limits_{x\to 0}\dfrac{1}{x^2}=\infty$，我们称 $x=0$ 为函数 $f(x)=\dfrac{1}{x^2}$ 的无穷间断点.

例 1.47 函数 $y=\sin\dfrac{1}{x}$ 在 $x=0$ 点无定义且当 $x\to 0$ 时，函数值在 -1 与 $+1$ 之间无限次地振荡，而不超过某一定数，我们称这类间断点为振荡间断点（图 1-26）.

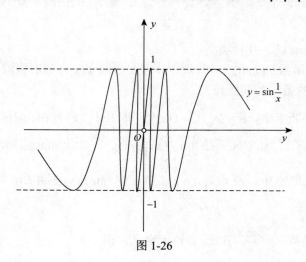

图 1-26

无穷间断点和振荡间断点是第二类间断点中的两类特殊的间断点.

例 1.48　当 a 取何值时，函数 $f(x)=\begin{cases}\sin x,& x<0,\\ a+x,& x\geqslant 0\end{cases}$ 在 $x=0$ 处连续.

解　因为 $f(0)=a+0=a$，$\lim\limits_{x\to 0^-}f(x)=\lim\limits_{x\to 0^-}(\sin x)=0$，$\lim\limits_{x\to 0^+}f(x)=\lim\limits_{x\to 0^+}(a+x)=a$，要使 $f(0^+)=f(0^-)=f(0)$，则需要 $a=0$．故当且仅当 $a=0$ 时，函数 $f(x)$ 在 $x=0$ 点连续.

习　题　1-8

1. 研究下列函数的连续性：

（1）$f(x)=\begin{cases}x,& |x|\leqslant 1,\\ 1,& |x|>1;\end{cases}$　　（2）$f(x)=\begin{cases}1,& x\in\mathbf{Q},\\ 0,& x\in\mathbf{Q}^c.\end{cases}$ 其中 $\mathbf{Q}$ 和 $\mathbf{Q}^c$ 分别表示有理数集和无理数集.

2. 讨论下列函数的间断点，并指出其类型. 如果是可去间断点，则补充或改变函数的定义使其连续.

（1）$f(x)=\begin{cases}x+1,& x\geqslant 3\\ 4-x,& x<3;\end{cases}$　　（2）$f(x)=\sin\dfrac{1}{x-1}$；

（3）$f(x)=\dfrac{1}{1+\mathrm{e}^{\frac{1}{x}}}$；　　（4）$f(x)=\begin{cases}x\sin\dfrac{1}{x},& x\neq 0,\\ 0,& x=0;\end{cases}$

（5）$f(x)=\dfrac{x^2-1}{x^2-3x+2}$；　　（6）$f(x)=\dfrac{x^2-x}{|x|(x^2-1)}$.

3. 讨论下列函数的连续性，若有间断点，判别其类型.

（1）$f(x)=\lim\limits_{n\to\infty}\dfrac{1}{1+x^n}$ $(x\geqslant 0)$；　　（2）$f(x)=\lim\limits_{n\to\infty}\dfrac{(1-x^{2n})x}{1+x^{2n}}$.

4. 设函数 $f(x)=\begin{cases}\dfrac{\sin 2x}{x},& x<0,\\ x^2+a,& x\geqslant 0.\end{cases}$ 试确定 a 的值，使函数 $f(x)$ 在 $x=0$ 处连续.

5. 设函数 $f(x)=\begin{cases}\dfrac{\ln(1+3x)}{\sin ax},& x>0,\\ bx+1,& x\leqslant 0\end{cases}$ 在点 $x=0$ 处连续，求 a 和 b 的值.

1.9　连续函数的运算与初等函数的连续性

1.9.1　连续函数的四则运算的连续性

根据函数在某点连续的定义和极限的四则运算法则，可证明以下定理.

定理 1.22　如果函数 $f(x)$ 和 $g(x)$ 均在点 x_0 处连续，则它们的和（差）$f(x) \pm g(x)$、积 $f(x) \cdot g(x)$ 及商 $\dfrac{f(x)}{g(x)}$（$g(x_0) \neq 0$）都在点 x_0 处连续.

例如，函数 $y = \sin x$，$y = \cos x$ 都在区间 $(-\infty, +\infty)$ 内连续，则 $y = \sin x + \cos x$，$y = \sin x \cdot \cos x$ 在区间 $(-\infty, +\infty)$ 内连续，$y = \tan x = \dfrac{\sin x}{\cos x}$ 在 $x \neq k\pi + \dfrac{\pi}{2}$ 处连续.

1.9.2　反函数与复合函数的连续性

定理 1.23　如果函数 $y = f(x)$ 在区间 I_x 上严格单调增加（或严格单调减少）且连续，那么它的反函数 $x = \phi(y)$ 也在对应的区间 $I_y = \{y \mid y = f(x), x \in I_x\}$ 上严格单调增加（或严格单调减少）且连续.

例如，因为函数 $y = \cos x$ 在区间 $[0, \pi]$ 上单调减少且连续，所以它的反函数 $y = \arccos x$ 在闭区间 $[-1,1]$ 上也是单调减少且连续的.

同理可知其他的反三角函数在各自的定义域内都是单调且连续的.

又例如，由于幂函数 $y = x^m$（m 为正整数）在 $[0,+\infty)$ 上单调且连续，所以由定理 1.23 知，其反函数 $y = x^{\frac{1}{m}}$ 在 $[0,+\infty)$ 上也是单调且连续的.

定理 1.24　设函数 $y = f[g(x)]$（其中 $x \in D$）由函数 $y = f(u)$ 与函数 $u = g(x)$ 复合而成，空心邻域 $\overset{\circ}{U}(x_0) \subset D$，若 $\lim\limits_{x \to x_0} g(x) = u_0$，而函数 $y = f(u)$ 在 $u = u_0$ 处连续，那么当 x 趋于 x_0 时，函数 $y = f[g(x)]$ 的极限存在且等于 $f(u_0)$，即

$$\lim_{x \to x_0} f[g(x)] = \lim_{u \to u_0} f(u) = f(u_0).$$

注　（1）将定理 1.24 中的条件 x 趋于 x_0 换为 x 趋于 ∞ 时，相应的结论也成立.

（2）在定理 1.24 的条件下，如果作代换 $u = g(x)$，那么求 $\lim\limits_{x \to x_0} f[g(x)]$ 则可转化为求 $\lim\limits_{u \to u_0} f(u)$，这里 $u_0 = \lim\limits_{x \to x_0} g(x)$.

（3）如果函数 $u = g(x)$，$y = f(u)$ 满足定理 1.24 的条件，则有下式成立：

$$\lim_{x \to x_0} f[g(x)] = f(u_0) = f(\lim_{x \to x_0} g(x)),$$

即在满足定理 1.24 的条件下，求复合函数 $y = f[g(x)]$ 的极限时，函数符号和极限符号可以交换次序.

例 1.49　求 $\lim\limits_{x \to 0} \sqrt{2 - \dfrac{\sin 2x}{x}}$.

解　因为 $\lim\limits_{x \to 0} \dfrac{\sin 2x}{2x} = 1$ 及 $y = \sqrt{2 - u}$ 在 $u_0 = 2$ 处连续，故由定理 1.24 得

$$\lim_{x \to 0} \sqrt{2 - \frac{\sin 2x}{x}} = \sqrt{2 - \lim_{x \to 0} \frac{2\sin 2x}{2x}} = \sqrt{2 - 2} = 0.$$

例 1.50　求 $\lim\limits_{x \to 0} \dfrac{\log_a(1 + 3x)}{x}$.

解　$\lim\limits_{x \to 0} \dfrac{\log_a(1 + 3x)}{x} = \lim\limits_{x \to 0} \log_a(1 + 3x)^{\frac{1}{x}} = \log_a \lim\limits_{x \to 0} (1 + 3x)^{\frac{3}{3x}} = \log_a \mathrm{e}^3 = \dfrac{3}{\ln a}$.

定理 1.25　设函数 $y = f[g(x)]$（其中 $x \in D$）是由函数 $y = f(u)$ 与函数 $u = g(x)$ 复合而成，$U(x_0) \subset D$. 若函数 $u = g(x)$ 在 $x = x_0$ 处连续，且 $g(x_0) = u_0$，而函数 $y = f(u)$ 在点 $u = u_0$ 处连续，那么复合函数 $y = f[g(x)]$ 在 $x = x_0$ 处也连续.

证明　令 $u_0 = g(x_0)$，由定理 1.24 得

$$\lim_{x \to x_0} f[g(x)] = f(u_0) = f[g(x_0)],$$

所以复合函数 $y = f[g(x)]$ 在点 $x = x_0$ 处是连续的.

例 1.51　讨论函数 $y = \cos\dfrac{1}{x}$ 的连续性.

解　函数 $y = \cos\dfrac{1}{x}$ 可看作由 $y = \cos u$ 及 $u = \dfrac{1}{x}$ 复合而成的. $y = \cos u$ 在 $(-\infty, +\infty)$ 内是连续的，$u = \dfrac{1}{x}$ 在 $(-\infty, 0) \bigcup (0, +\infty)$ 内是连续的. 根据定理 1.25，函数 $y = \cos\dfrac{1}{x}$ 在 $(-\infty, 0) \bigcup (0, +\infty)$ 内是连续的.

1.9.3　初等函数的连续性

我们已知道三角函数和反三角函数在其定义域内都是连续的. 利用定义也可证明指数函数 $y = a^x (a > 0, a \neq 1)$，在其定义域 $(-\infty, +\infty)$ 内是单调的和连续的，它的值域为 $(0, +\infty)$.

由反函数的连续性定理可知，对数函数 $y = \log_a x$（$a > 0$ 且 $a \neq 1$）在其定义域 $(0, +\infty)$ 内单调且连续.

幂函数 $y = x^\mu = a^{\mu \log_a x}$（$\mu$ 为常数，$x > 0$，$a > 0$ 且 $a \neq 1$），可以看作由 $y = a^u$，$u = \mu \log_a x$ 两函数复合而成，由定理 1.25 知 $y = x^\mu$ 在 $(0, +\infty)$ 内是连续的. 如果对 μ 取不同值加以证明，可知幂函数 $y = x^\mu$ 在其定义域内是连续的.

综上可得：基本初等函数在它们各自的定义域内都是连续的.

由基本初等函数的连续性及定理 1.22、定理 1.25，即得重要结论：一切初等函数在其定义区间内都是连续的. 所谓定义区间是指包含在定义域内的区间.

在上一节，我们是利用极限来证明函数的连续性，而现在可利用函数的连续性来求连续函数的极限. 根据函数 $f(x)$ 在点 x_0 处连续的定义，如果已知 $f(x)$ 在点 x_0 处连续，那么求函数 $f(x)$ 当 $x \to x_0$ 的极限时，只要求 $f(x)$ 在点 x_0 的函数值 $f(x_0)$ 就可以了，即 $\lim\limits_{x \to x_0} f(x) = f(x_0)$. 因此，关于初等函数连续性的结论提供了求极限的一种方法. 这就是：如果 $f(x)$ 是初等函数且 x_0 是函数 $f(x)$ 的定义区间内的点，那么 $\lim\limits_{x \to x_0} f(x) = f(\lim\limits_{x \to x_0} x) = f(x_0)$.

例 1.52　求极限 $\lim\limits_{x \to 1} \dfrac{x^2 + \ln(2 - x)}{4 \arctan x}$.

解　因为函数 $f(x) = \dfrac{x^2 + \ln(2 - x)}{4 \arctan x}$ 为初等函数，$x = 1$ 是其定义区间内一点，则

$$\lim_{x \to 1} \frac{x^2 + \ln(2 - x)}{4 \arctan x} = f(1) = \frac{1^2 + \ln(2 - 1)}{4 \arctan 1} = \frac{1}{\pi}.$$

例 1.53　求 $\lim\limits_{x \to a} \dfrac{\sin x - \sin a}{x - a}$.

解
$$\lim_{x \to a} \frac{\sin x - \sin a}{x - a} = \lim_{x \to a} \frac{2 \sin \dfrac{x - a}{2} \cos \dfrac{x + a}{2}}{x - a}$$

$$= \lim_{x \to a} \frac{\sin \dfrac{x - a}{2}}{\dfrac{x - a}{2}} \cdot \cos \frac{x + a}{2} \left(\diamondsuit\, t = \frac{x - a}{2} \right)$$

$$= \lim_{t \to 0} \frac{\sin t}{t} \cdot \cos(t + a) = \cos a.$$

例 1.54　求 $\lim\limits_{x \to 0} \dfrac{a^x - 1}{x}$.

解　令 $a^x - 1 = t$，则 $x = \log_a(1 + t)$，当 $x \to 0$ 时 $t \to 0$，于是

$$\lim_{x \to 0} \frac{a^x - 1}{x} = \lim_{t \to 0} \frac{t}{\log_a(1+t)} = \lim_{t \to 0} \frac{1}{\frac{1}{t}\log_a(1+t)} = \lim_{t \to 0} \frac{1}{\log_a(1+t)^{\frac{1}{t}}} = \frac{1}{\log_a e} = \ln a.$$

特别地，当 $a = e$ 时，$\lim\limits_{x \to 0} \dfrac{e^x - 1}{x} = \ln e = 1$，这就证明了 $e^x - 1 \sim x$.

例 1.55　求 $\lim\limits_{x \to 0}(1 + 2x)^{\frac{3}{\sin x}}$.

解　因为 $(1 + 2x)^{\frac{3}{\sin x}} = (1 + 2x)^{\frac{1}{2x} \cdot \frac{x}{\sin x} \cdot 6} = e^{6 \cdot \frac{x}{\sin x} \ln(1+2x)^{\frac{1}{2x}}}$，则有

$$\lim_{x \to 0}(1 + 2x)^{\frac{3}{\sin x}} = e^{\lim\limits_{x \to 0}[6 \cdot \frac{x}{\sin x} \ln(1+2x)^{\frac{1}{2x}}]} = e^6.$$

一般地，对于形如 $u(x)^{v(x)}$（$u(x) > 0$，$u(x)$ 不恒等于 1）的函数（通常称为幂指函数），如果 $\lim u(x) = a > 0$，$\lim v(x) = b$，那么 $\lim u(x)^{v(x)} = a^b$. 这里的三个 $\lim$ 都表示在同一自变量变化过程中的极限.

习　题　1-9

1. 研究下列函数的连续性：

（1）$f(x) = x^2 \cos x + e^x$；

（2）$f(x) = \dfrac{x - 3}{x^3 - 27}$；

（3）$f(x) = \sqrt{-x^2 - x + 12}$.

2. 求下列极限：

（1）$\lim\limits_{x \to 1} \sin\left(\pi \sqrt{\dfrac{x+1}{5x+3}}\right)$；

（2）$\lim\limits_{x \to +\infty} \arcsin\left(\sqrt{x^2 + x} - x\right)$；

（3）$\lim\limits_{x \to 1} \dfrac{\frac{1}{2} + \ln(2 - x)}{3 \arctan x - \frac{\pi}{4}}$；

（4）$\lim\limits_{x \to 0}(1 - 4x)^{\frac{1-x}{x}}$；

（5）$\lim\limits_{x \to 0}[1 + \ln(1 + x)]^{\frac{2}{x}}$；

（6）$\lim\limits_{x \to 0}(1 + x^2 e^x)^{\frac{1}{1 - \cos x}}$；

（7）$\lim\limits_{x \to 0} \dfrac{\sqrt{1 + \tan x} - \sqrt{1 + \sin x}}{x\sqrt{1 + \sin^2 x} - x}$；

（8）$\lim\limits_{x \to 0}(\cos x)^{\cot^2 x}$；

（9）$\lim\limits_{n \to \infty} n[\ln n - \ln(n + 2)]$.

3. 设函数 $f(x)$ 与 $g(x)$ 在点 x_0 处连续，证明函数

$$\varphi(x) = \max\{f(x), g(x)\}, \quad \psi(x) = \min\{f(x), g(x)\}$$

在点 x_0 处也连续.

4. 若函数 $f(x) = \begin{cases} a + bx^2, & x \leqslant 0, \\ \dfrac{\sin bx}{x}, & x > 0 \end{cases}$ 在 $(-\infty, +\infty)$ 内连续, 则 a 和 b 的关系是（   ）.

A. $a = b$ B. $a > b$ C. $a < b$ D. 不能确定

5. 设 $\lim\limits_{x \to \infty} \left(\dfrac{x + 2a}{x - a} \right)^x = 8$ 且 $a \neq 0$，求常数 a 的值.

1.10　闭区间上连续函数的性质

所谓函数 $f(x)$ 在闭区间 $[a, b]$ 上连续，是指 $f(x)$ 在开区间 (a, b) 内连续且在左端点 a 右连续，在右端点 b 左连续. 闭区间上的连续函数具有一些重要的性质，在几何直观上是十分明显的，但严格证明比较困难，下面我们以定理的形式给出这些性质，其证明均已略去.

定义 1.11　设函数 $f(x)$ 在区间 I 上有定义，若存在 x_0 属于 I，使得对 I 上的任意 x，都有不等式

$$f(x) \leqslant f(x_0) \quad (f(x) \geqslant f(x_0))$$

成立，则称 $f(x_0)$ 为函数 $f(x)$ 在区间 I 上的最大值（最小值），称 x_0 为函数 $f(x)$ 的最大值点（最小值点）. 例如，函数 $y = \dfrac{1}{x}$ 在区间 $[1, 2]$ 上有最大值 1 和最小值 $\dfrac{1}{2}$，并且 $x = 1$ 和 $x = 2$ 分别是函数 $y = \dfrac{1}{x}$ 的最大值点和最小值点.

显然，最值是唯一的，而最值点不一定唯一，如函数 $y = \sin x$ 在 $x \in \mathbf{R}$ 内. 若在区间 I 上，最大值与最小值相等，那么在 I 上函数 $f(x)$ 为常数. 一般而言，最值未必存在. 如函数 $f(x) = x$ 在 $(-1, 1)$ 上既无最大值，也无最小值；函数 $g(x) = x^2$ 在 $(-1, 1)$ 上有最小值，但无最大值. 那么，究竟在什么情况下，最大值与最小值同时存在呢？下面的定理给出了函数有界且最大值与最小值同时存在的充分条件.

定理 1.26（有界性与最大值最小值定理）　设函数 $f(x)$ 在闭区间 $[a, b]$ 上连续，则它在 $[a, b]$ 上有界，并且一定能取得最大值和最小值.

定理 1.26 指出，如果函数 $f(x)$ 在闭区间 $[a,b]$ 上连续，那么存在常数 $M>0$，使得对闭区间 $[a,b]$ 上任意数 x，均满足 $|f(x)|\leqslant M$ 且至少存在一点 ξ_1，有 $f(\xi_1)\geqslant f(x)$，又至少存在一点 ξ_2，有 $f(\xi_2)\leqslant f(x)$（图 1-27）.

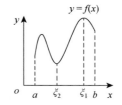

图 1-27

定理 1.26 中"闭区间"与"连续"二个条件缺一不可. 如果函数在开区间内连续，或者函数在闭区间上有间断点，那么函数在该区间上不一定有界，也不一定有最大值或最小值. 例如，函数 $y=\cot x$ 在开区间 $(0,\pi)$ 内是连续的，但它在开区间 $(0,\pi)$ 内无界且既无最大值又无最小值. 又如，函数

$$y=f(x)=\begin{cases}-x, & 0\leqslant x<1,\\ 0, & x=1,\\ -x+2, & 1<x\leqslant 2,\end{cases}$$

在区间 $[0,2]$ 上有间断点 $x=1$，虽然函数 $f(x)$ 在 $[0,2]$ 上有界，但是既无最大值又无最小值（图 1-28）.

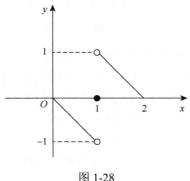

图 1-28

下面给出零点定理与介值定理.

如果 x_0 使得 $f(x_0)=0$，就称 x_0 为函数 $f(x)$ 的零点，或者称 x_0 为方程 $f(x)=0$ 的根.

定理 1.27（零点定理）　设函数 $f(x)$ 在闭区间 $[a,b]$ 上连续且 $f(a)$ 与 $f(b)$ 异号（即 $f(a)\cdot f(b)<0$），那么在开区间 (a,b) 内至少存在一点 ξ，使得 $f(\xi)=0$，即 $f(x)$ 在 (a,b) 内至少有一个零点.

定理 1.27 对判断零点的位置很有用处，但没有给出零点的计算方法.

从几何上看，点 $(a,f(a))$ 与点 $(b,f(b))$ 在 x 轴的上下两侧，由于 $f(x)$ 连续，显然，在区间 (a,b) 上，$f(x)$ 的这段曲线弧与 x 轴至少相交一次（图 1-29）.

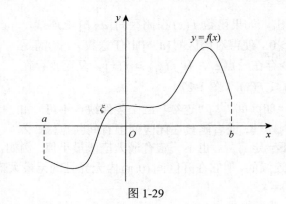

图 1-29

例 1.56　证明方程 $x^5 - 3x = 1$ 至少有一个根介于 1 和 2 之间.

证明　令 $f(x) = x^5 - 3x - 1$，则 $f(1) = -3 < 0$，$f(2) = 25 > 0$，又 $f(x)$ 在 $[1,2]$ 上是连续的, 故由零点定理知, 至少存在一 $\xi \in (1,2)$，使得 $f(\xi) = 0$，即 $\xi^5 - 3\xi - 1 = 0$，所以, 方程 $x^5 - 3x = 1$ 至少有一个根介于 1 和 2 之间.

由定理 1.27 可推得下列一般性的介值定理.

定理 1.28（介值定理）　设函数 $f(x)$ 在闭区间 $[a,b]$ 上连续，并且在这区间的端点取不同的函数值 $f(a) = A$ 及 $f(b) = B$（$A \neq B$），那么，对于 A 与 B 之间的任意一个数 C，在开区间 (a,b) 内至少存在一点 ξ，使得 $f(\xi) = C$（$a < \xi < b$）.

证明　设 $\varphi(x) = f(x) - C$，则 $\varphi(x)$ 在闭区间 $[a, b]$ 上连续且 $\varphi(a) = A - C$ 与 $\varphi(b) = B - C$ 异号. 根据零点定理，在开区间 (a, b) 内至少有一点 ξ 使得

$$\varphi(\xi) = 0 \quad (a < \xi < b).$$

又 $\varphi(\xi) = f(\xi) - C$，因此即得 $f(\xi) = C$（$a < \xi < b$）.

从几何图像上看，连续曲线 $y = f(x)$ 与水平直线 $y = C$ 在 (a,b) 内至少有一个交点（图 1-30）.

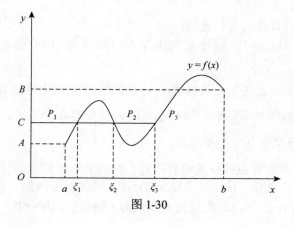

图 1-30

推论 1.9　设闭区间 $[a,b]$ 上的连续函数 $f(x)$ 有最大值 M 和最小值 m（$M \neq m$），那么，对于开区间 (m,M) 内任意数 C，在开区间 (a,b) 内必存在一点 ξ，使得 $f(\xi) = C$.

设 $m = f(x_1)$，$M = f(x_2)$，又 $M \neq m$，在闭区间 $[x_1, x_2]$（或 $[x_2, x_1]$）上应用介值定理，就可得到上述推论.

例 1.57　证明方程 $x = a\sin x + b$，其中 $a > 0, b > 0$，至少存在一个正根，并且它的根不超过 $a + b$.

证明　令 $f(x) = x - a\sin x - b$，显然，$f(0) = -b < 0$，又

$$f(a+b) = (a+b) - a\sin(a+b) - b = a[1 - \sin(a+b)] \geqslant 0.$$

（1）若 $f(a+b) = 0$，则 $a+b$ 是 $f(x)$ 的零点，即 $a+b$ 是方程 $x = a\sin x + b$ 的根且 $a+b > 0$，此时得证；

（2）若 $f(a+b) \neq 0$，必有 $f(a+b) > 0$，因为 $f(x)$ 在 $[0, a+b]$ 上是连续的，所以由零点定理得，至少有一点 $\xi \in (0, a+b)$，使得 $f(\xi) = 0$，即 ξ 为 $x = a\sin x + b$ 的根，此时也得证.

习　题　1-10

1. 证明方程 $x\ln x = 2$ 在 $(1, e)$ 内至少有一实根.

2. 证明方程 $x^5 + x = 1$ 有正实根.

3. 设函数 $f(x)$ 对于闭区间 $[a, b]$ 上的任意两点 x、y，恒有 $|f(x) - f(y)| \leqslant L|x-y|$，其中 L 为正常数且 $f(a) \cdot f(b) < 0$. 证明：至少有一点 $\xi \in (a,b)$，使得 $f(\xi) = 0$.

4. 若函数 $f(x)$ 在 $[a, b]$ 上连续，$a < x_1 < x_2 < \cdots < x_n < b$，则在 (x_1, x_n) 内至少有一点 ξ，使 $f(\xi) = \dfrac{f(x_1) + f(x_2) + \cdots + f(x_n)}{n}$.

5. 若函数 $f(x)$ 在 $[a, b]$ 上连续，$x_i \in [a, b], t_i > 0$ $(i = 1, 2, 3, \cdots, n)$ 且 $\sum\limits_{i=1}^{n} t_i = 1$. 试证至少存在一点 $\xi \in (a, b)$ 使得 $f(\xi) = t_1 f(x_1) + t_2 f(x_2) + \cdots + t_n f(x_n)$.

6. 证明：若函数 $f(x)$ 在 $(-\infty, +\infty)$ 内连续且 $\lim\limits_{x \to \infty} f(x)$ 存在，则函数 $f(x)$ 必在 $(-\infty, +\infty)$ 内有界.

总习题一（A）

1. 填空题

（1）设函数 $f(x) = \dfrac{1}{2-x^2}$，$g(x) = \dfrac{x}{1+x}$，则函数 $f[g(x)]$ 的定义域为_____，函数 $g[f(x)]$ 的定义域为_____.

（2）若 $\lim\limits_{x \to 2} \dfrac{x^2 - kx - 6}{x - 2} = 5$，则 $k =$ _____.

（3）$\lim\limits_{x \to 0} \dfrac{\ln(3x+1)}{\arcsin 2x} =$ _____，

（4）$\lim\limits_{x \to 0^+}(1+x)^{\frac{1}{\sqrt{x}}} =$ _____.

（5）在"充分"、"必要"和"充分必要"三者中选择一个正确的填入空格内：数列 $\{x_n\}$ 有界是数列 $\{x_n\}$ 收敛的_____条件；函数 $f(x)$ 的极限 $\lim\limits_{x \to x_0} f(x)$ 存在是 $f(x)$ 在 x_0 的某一空心邻域内有界的_____条件；函数 $f(x)$ 在 x_0 的某一去心邻域内无界是 $\lim\limits_{x \to x_0} f(x) = \infty$ 的_____条件；函数 $f(x)$ 在 x_0 左连续且右连续是 $f(x)$ 在 x_0 连续的_____条件.

2. 选择题

（1）下列各式中正确的是（　　）.

　　A. $\lim\limits_{x \to 0^+}(1+x)^{\frac{1}{x}} = \mathrm{e}$ 　　　　　　　B. $\lim\limits_{x \to 0^+}\left(1+\dfrac{1}{x}\right)^x = \mathrm{e}$

　　C. $\lim\limits_{x \to \infty}\left(1-\dfrac{1}{x}\right)^x = -\mathrm{e}$ 　　　　　　D. $\lim\limits_{x \to +\infty}\left(1+\dfrac{1}{x}\right)^{-x} = \mathrm{e}$

（2）当 $x \to 0$ 时，下列四个无穷小量中，哪一个是比其他三个更高阶的无穷小（　　）.

　　A. x^2 　　　　　　　　　　　B. $1 - \cos x$

　　C. $\sqrt{1-x^2} - 1$ 　　　　　　D. $\sin x - \tan x$

（3）极限 $\lim\limits_{x \to 3} \dfrac{x-3}{x^2-9}\mathrm{e}^{\frac{1}{x-3}}$ 为（　　）.

　　A. $\dfrac{1}{6}$ 　　　　B. 0 　　　　　　C. ∞ 　　　　　　D. 不存在

（4）若当 $x \to x_0$ 时，$\alpha(x)$ 和 $\beta(x)$ 都是无穷小，则当 $x \to x_0$ 时，下列表达式中哪一个不一定是无穷小（　　　）.

A. $|\alpha(x)| + |\beta(x)|$

B. $\alpha^2(x)$ 和 $\beta^2(x)$

C. $\ln[1 + \alpha(x) \cdot \beta(x)]$

D. $\dfrac{\alpha^2(x)}{\beta(x)}$

（5）设 $f(x) = \begin{cases} \dfrac{x^2 + 2x + b}{x - 1}, & x \neq 1 \\ a, & x = 1 \end{cases}$，适合 $\lim\limits_{x \to 1} f(x) = A$，则以下结果正确的是（　　　）.

A. $a = 4, b = -3, A = 4$

B. $a = 4, A = 4, b$ 可取任意实数

C. $b = -3, A = 4, a$ 可取任意实数

D. a, b, A 都可取任意实数

3. 求函数 $f(x) = (1 + x^2)\operatorname{sgn} x$ 的反函数.

4. 求下列极限：

（1）$\lim\limits_{n \to \infty} 3^n \sin \dfrac{\pi}{3^{n-1}}$；

（2）$\lim\limits_{n \to \infty} \left(1 + \dfrac{1}{8} + \cdots + \dfrac{1}{8^n}\right)$；

（3）$\lim\limits_{x \to +\infty} \arccos\left(\sqrt{x^2 + x} - x\right)$；

（4）$\lim\limits_{x \to 0} \dfrac{1 - \cos 2x}{x \sin 3x}$；

（5）$\lim\limits_{x \to 0} \dfrac{\sin x^2 \cos \dfrac{1}{x}}{x}$；

（6）$\lim\limits_{x \to 0} \dfrac{\sqrt{1 + 6x} - \sqrt{1 - 2x}}{x^2 + 4x}$；

（7）$\lim\limits_{x \to 0} \dfrac{1 - \cos(\sin x)}{2\ln(1 + x^2)}$；

（8）$\lim\limits_{x \to \infty} \left(x \sin \dfrac{1}{x} + \dfrac{1}{x} \sin x\right)$；

（9）$\lim\limits_{x \to \infty} \left(\dfrac{x + a}{x - a}\right)^x$（$a$ 为非零常数）；

（10）$\lim\limits_{x \to 0^+} \sqrt[x]{\cos \sqrt{x}}$.

5. 设当 $x \to x_0$ 时，$f(x)$ 是比 $g(x)$ 高阶的无穷小. 证明：当 $x \to x_0$ 时，$f(x) + g(x)$ 与 $g(x)$ 是等价无穷小.

6. 已知 $\lim\limits_{x \to 2} \dfrac{x^3 + ax + b}{x - 2} = 8$，求常数 a 与 b 的值.

7. 设 $x_1 = 10$，$x_{n+1} = \sqrt{x_n + 6}$（$n \geqslant 1$），证明数列 $\{x_n\}$ 极限存在，并求此极限.

8. 确定常数 a 与 b 的值，使得函数 $f(x) = \begin{cases} \dfrac{\sin 6x}{2x}, & x < 0, \\ a + 3x, & x = 0, \\ (1 + bx)^{\frac{1}{x}}, & x > 0 \end{cases}$ 处处连续.

9. 求下列函数的间断点，并判定其类型.

（1）$f(x)=\arctan\dfrac{1}{x}$；　　　　（2）$f(x)=\dfrac{x}{\tan x}$；

（3）$f(x)=\lim\limits_{n\to\infty}\dfrac{x+\mathrm{e}^{nx}}{1+\mathrm{e}^{nx}}$.

10. 证明：方程 $(x^2-1)\cos x+\sqrt{2}\sin x-1=0$ 在区间 $(0,1)$ 内有根.

总习题一（B）

1. 填空题

（1）设函数 $f(x)$ 的定义域是 $[0,1]$，则 $f\left(\dfrac{x-1}{x+1}\right)$ 的定义域是 _____.

（2）计算 $\lim\limits_{x\to 0}\dfrac{1}{x}\ln\sqrt{\dfrac{1+x-x^2}{1-x+x^2}}=$ _____.

（3）设 $\lim\limits_{x\to 0}(1+2x-2x^2)^{\frac{1}{ax+bx^2}}=\mathrm{e}^2$，则 $a=$ _____，$b=$ _____.

（4）设 $x\to 0^+$ 时，$\mathrm{e}^{\sqrt{x}\cos x^2}-\mathrm{e}^{\sqrt{x}}$ 与 x^μ 是同阶无穷小，则 $\mu=$ _____.

（5）设 $\lim\limits_{x\to 0}\dfrac{f(x)}{x^3}=-3$，则 $\lim\limits_{x\to 0}\dfrac{f(x)}{x}=$ _____，$\lim\limits_{x\to 0}\dfrac{f(x)}{x^2}=$ _____.

2. 选择题

（1）当 $x\to 0$ 时，下列无穷小量中与 x 不等价的是（　　）.

　A．$x-3x^2+x^3$　　　　　　　B．$\dfrac{\ln(1+x^2)}{x}$

　C．$\mathrm{e}^x-2x^2+5x^4-1$　　　D．$\sin(6\sin x+x^2)$

（2）下列极限不存在的是（　　）.

　A．$\lim\limits_{x\to+\infty}\left(2^{\frac{1}{x}}+\dfrac{\sin x}{x}\right)$　　B．$\lim\limits_{x\to 0}x\sin\dfrac{1}{x}$

　C．$\lim\limits_{x\to\infty}\dfrac{\sqrt{x^2-3x+1}}{x}$　　D．$\lim\limits_{x\to 0^+}\left(\dfrac{\ln(1+x)}{x}+\arctan\dfrac{1}{x}\right)$

（3）极限（　　）等于 e.

　A．$\lim\limits_{x\to\infty}(1+x)^{\frac{1}{x}}$　　　　B．$\lim\limits_{x\to-\infty}\left(1+\dfrac{1}{x}\right)^{x-1}$

　C．$\lim\limits_{x\to-\infty}\left(1-\dfrac{1}{x}\right)^{x}$　　　D．$\lim\limits_{x\to 0}\left(1+\dfrac{1}{x}\right)^{x}$

（4）设 $\forall n$，数列 $|f(n)| < g(n)$，如果 $\lim\limits_{n\to\infty} g(n) = 3$，则 $\lim\limits_{n\to\infty} f(n)$ 的值为（　　）.

    A. $\lim\limits_{n\to\infty} f(n) = -3$ B. $-3 \leqslant \lim\limits_{n\to\infty} f(n) \leqslant 3$

    C. $\lim\limits_{n\to\infty} f(n) = 3$ D. $-3 < \lim\limits_{n\to\infty} f(n) < 3$

（5）设函数 $f(x) = \dfrac{x^3 - x}{\sin \pi x}$，则（　　）.

    A. 有无穷多个第一类间断点   B. 只有 1 个可去间断点

    C. 有 2 个跳跃间断点   D. 有 3 个可去间断点

3. 求下列极限：

（1）$\lim\limits_{n\to\infty}[\sqrt{1+2+\cdots+n} - \sqrt{1+2+\cdots+(n-1)}]$；

（2）$\lim\limits_{x\to 0^+} \dfrac{\mathrm{e}^{x^3} - 1}{1 - \cos\sqrt{x(1-\cos x)}}$；

（3）$\lim\limits_{x\to 0}\left(\dfrac{a^x + b^x + c^x}{3}\right)^{\frac{1}{x}}$ $(a>0, b>0, c>0)$；

（4）$\lim\limits_{x\to 0}(1 + \mathrm{e}^x \arctan x^2)^{\frac{1}{1-\cos x}}$；

（5）$\lim\limits_{x\to\frac{\pi}{2}}(\sin x)^{\tan x}$；   （6）$\lim\limits_{x\to+\infty}(\sin\sqrt{x+1} - \sin\sqrt{x})$；

（7）$\lim\limits_{n\to\infty}\left(1 + \dfrac{1}{2} + \dfrac{1}{3} + \cdots + \dfrac{1}{n}\right)^{\frac{1}{n}}$；   （8）$\lim\limits_{x\to 0}\left(\dfrac{2 + \mathrm{e}^{\frac{1}{x}}}{1 + \mathrm{e}^{\frac{4}{x}}} + \dfrac{\sin x}{|x|}\right)$；

（9）$\lim\limits_{n\to\infty}(1+x)(1+x^2)\cdots(1+x^{2^n})$，$|x|<1$；

（10）$\lim\limits_{x\to 0}\dfrac{\ln(\mathrm{e}^{\sin x} + \sqrt[3]{1 - \cos x}) - \sin x}{\arctan(4\sqrt[3]{1-\cos x})}$.

4. 已知函数 $f(x) = \lim\limits_{n\to\infty}\dfrac{x^n}{2 + x^{2n}}$，试确定 $f(x)$ 的间断点及其类型.

5. 设函数 $f(x) = \begin{cases} ax^2 + bx, & x < 1, \\ 3, & x = 1, \\ 2a - bx, & x > 1. \end{cases}$ 求 a，b 使 $f(x)$ 在 $x = 1$ 处连续.

6. 求证方程 $x + 1 + \sin x = 0$ 在区间 $\left(-\dfrac{\pi}{2}, \dfrac{\pi}{2}\right)$ 上至少有一个根.

7. 设 $a>0$ ，任取 $x_1>0$ ，令 $x_{n+1}=\dfrac{1}{2}\left(x_n+\dfrac{a}{x_n}\right)$（其中 $n=1,2,\cdots$ ）．证明数列 $\{x_n\}$ 收敛，并求极限 $\lim\limits_{n\to\infty}x_n$ ．

8. **成本-效益模型**　从某工厂的污水池清除污染物的百分比 p 与费用 c 是由下列模型给出：

$$p(c)=\frac{100c}{8000+c}.$$

如果费用 c 允许无限增长，试求出可被清除污染物的百分比．实际上，可以完全清除污染吗？

极限的发展史

第 2 章　导数与微分

在第 1 章中，我们重点介绍了极限的概念及其运算法则与性质，研究了函数的连续性等性质. 本章我们将运用极限的方法，讨论函数的变化率问题，即讨论导数与微分的概念及其计算方法. 导数的应用问题将在第 3 章介绍.

2.1　导　数　概　念

导数的思想最初是由法国数学家费马（Fermat）在研究极值问题时引入的，导数概念的提出与以下两个问题密切相关：

（1）瞬时速度问题：已知质点的运动规律，求质点在运动过程中任意时刻的速度；

（2）切线问题：已知平面曲线方程，求该曲线上任意点处的切线方程，此问题的关键在于确定切线的斜率.

下面，我们以这两个问题为背景引入导数的概念.

2.1.1　引例

1. 变速直线运动的瞬时速度

设有一质点做直线运动，已知其运动的路程 s 与时间 t 的函数关系为 $s = s(t)$，我们来确定质点在 t_0 时刻的瞬时速度（也称为即时速度）.

如果质点做匀速直线运动，则质点在任意时刻的速度都等于初始速度 v_0，即从任意时刻 t_1 开始，只要质点运动的时间间隔相同，则相应的运动路程也就相同. 我们可用公式：

$$v = \frac{s(t_2) - s(t_1)}{t_2 - t_1}$$

来计算质点在任意时刻的运动速度，它是一个常量.

但如果质点做变速直线运动，则 s 随 t 的变化是非均匀的，即在相同的时间间隔内，质点运动的路程不一定相同. 为了计算 t_0 时刻的瞬时速度 $v(t_0)$，我们考察 t_0 时刻到与它邻近的 t 时刻这段时间内运动的路程 $s(t) - s(t_0)$，记

$$\Delta t = t - t_0, \quad \Delta s = s(t) - s(t_0),$$

则质点在时间 Δt 内的平均速度为

$$\overline{v} = \frac{s(t) - s(t_0)}{t - t_0} = \frac{\Delta s}{\Delta t}$$

或

$$\overline{v} = \frac{s(t_0 + \Delta t) - s(t_0)}{\Delta t} = \frac{\Delta s}{\Delta t}. \tag{2-1}$$

若路程随时间的变化是连续的，则当 $|\Delta t|$ 很小时，速度的变化也很小，因此 $\overline{v}$ 可作为 t_0 时刻瞬时速度的近似值，即 $v(t_0) \approx \overline{v} = \dfrac{\Delta s}{\Delta t}$，而且 $|\Delta t|$ 越小，$v(t_0)$ 与 $\overline{v} = \dfrac{\Delta s}{\Delta t}$ 的近似程度越高. 令 $\Delta t \to 0$（即 $t \to t_0$），如果式（2-1）的极限存在，则这个极限值就可作为质点在 t_0 时刻的瞬时速度，即

$$v(t_0) = \lim_{\Delta t \to 0} \frac{\Delta s}{\Delta t} = \lim_{\Delta t \to 0} \frac{s(t_0 + \Delta t) - s(t_0)}{\Delta t} = \lim_{t \to t_0} \frac{s(t) - s(t_0)}{t - t_0}. \tag{2-2}$$

瞬时速度也称为路程或位移函数对时间的瞬时变化率.

2. 平面曲线的切线斜率

首先，我们给出曲线在一点处的切线的定义：如图 2-1 所示，点 $P_0(x_0, y_0)$ 在曲线 $y = f(x)$ 上，点 $P(x, y)$ 是该曲线上的另一点，当动点 P 沿着曲线无限接近定点 P_0 时，割线 P_0P 的极限位置 P_0T 即为曲线 $y = f(x)$ 在点 $P_0(x_0, y_0)$ 处的切线.

在上述过程中，割线 P_0P 的斜率为

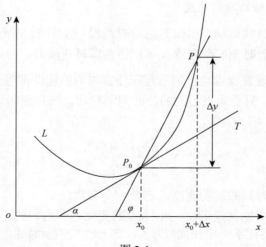

图 2-1

$$\overline{k} = \frac{y - y_0}{x - x_0} = \frac{f(x) - f(x_0)}{x - x_0}.$$

令 $\Delta x = x - x_0$，$\Delta y = f(x) - f(x_0)$，割线 $P_0 P$ 的斜率也可以表示为

$$\overline{k} = \frac{\Delta y}{\Delta x} = \frac{f(x_0 + \Delta x) - f(x_0)}{\Delta x}.$$

当点 P 沿曲线 $y = f(x)$ 移动且无限接近点 P_0，即 $\Delta x \to 0$ 时，割线 $P_0 P$ 就成为切线 $P_0 T$ 了，于是 $\overline{k}$ 的极限值就是切线 $P_0 T$ 的斜率 $k = \tan\alpha$，即

$$k = \lim_{\Delta x \to 0} \overline{k} = \lim_{\Delta x \to 0} \frac{\Delta y}{\Delta x} = \lim_{\Delta x \to 0} \frac{f(x_0 + \Delta x) - f(x_0)}{\Delta x} = \lim_{x \to x_0} \frac{f(x) - f(x_0)}{x - x_0}. \qquad (2\text{-}3)$$

2.1.2　导数的定义

上述两个例子，虽然问题的实际意义不同，一个是物理问题，一个是几何问题，但都归结为求当自变量增量 $\Delta x \to 0$（或 $\Delta t \to 0$）时因变量增量 Δy（或 Δs）与自变量增量之比的极限问题. 在自然科学和工程技术领域，甚至在社会科学中，许多实际问题的解决也可归结为求形如式（2-2）和式（2-3）的极限问题，我们舍弃其不同的实际意义，从数量关系的共性出发，抽象得到导数的定义.

1. 导数的定义

定义 2.1　设函数 $y = f(x)$ 在点 x_0 的某个邻域内有定义，当自变量 x 在 x_0 处取得增量 Δx（点 $x_0 + \Delta x$ 仍在该邻域内）时，相应地，函数 y 取得增量 $\Delta y = f(x_0 + \Delta x) - f(x_0)$，如果极限 $\lim\limits_{\Delta x \to 0} \dfrac{\Delta y}{\Delta x} = \lim\limits_{\Delta x \to 0} \dfrac{f(x_0 + \Delta x) - f(x_0)}{\Delta x}$ 存在，则称函数 $f(x)$ 在点 x_0 处可导，并称此极限值为函数 $f(x)$ 在点 x_0 处的导数，记作 $f'(x_0)$，即

$$f'(x_0) = \lim_{\Delta x \to 0} \frac{\Delta y}{\Delta x} = \lim_{\Delta x \to 0} \frac{f(x_0 + \Delta x) - f(x_0)}{\Delta x}. \qquad (2\text{-}4)$$

也可记作 $y'(x_0)$，$\left.\dfrac{\mathrm{d}y}{\mathrm{d}x}\right|_{x=x_0}$ 或 $\left.\dfrac{\mathrm{d}f(x)}{\mathrm{d}x}\right|_{x=x_0}$.

如果极限（2-4）不存在，则称 $f(x)$ 在点 x_0 处不可导.

函数 $f(x)$ 在点 x_0 处可导，也可说 $f(x)$ 在点 x_0 有导数或存在导数.

如果不可导的原因是由于 $\Delta x \to 0$ 时，$\dfrac{\Delta y}{\Delta x} \to \infty$，为方便起见，可称函数在点 x_0 处的导数为无穷大，并记作 $f'(x_0) = \infty$．

若令 $x_0 + \Delta x = x$，则导数的定义式（2-4）也可写成如下常见形式：

$$f'(x_0) = \lim_{x \to x_0} \frac{f(x) - f(x_0)}{x - x_0}.$$

例 2.1　设 $y = f(x) = x^2$，求 $f'(2)$．

解　因为 $y = f(x) = x^2$，所以

$$\Delta y = f(2 + \Delta x) - f(2) = (2 + \Delta x)^2 - 2^2 = 4\Delta x + (\Delta x)^2,$$

$$\lim_{\Delta x \to 0} \frac{\Delta y}{\Delta x} = \lim_{\Delta x \to 0}(4 + \Delta x) = 4,$$

所以 $f'(2) = 4$，即 $(x^2)'\big|_{x=2} = 4$．

如果函数 $y = f(x)$ 在开区间 (a,b) 内每一点 x 处可导，则称 $f(x)$ 在开区间 (a,b) 内可导．这时，对于任意的 $x \in (a,b)$，都对应着一个确定的导数值 $f'(x)$，它是 x 的函数，我们称这个函数为 $f(x)$ 的导函数，记作

$$y', \ f'(x), \ \frac{\mathrm{d}y}{\mathrm{d}x} \ 或 \ \frac{\mathrm{d}f(x)}{\mathrm{d}x}.$$

即 $y' = \lim\limits_{\Delta x \to 0} \dfrac{f(x + \Delta x) - f(x)}{\Delta x}$．

注　在上式中，虽然 x 可以取 (a,b) 内任何数值，但在求极限过程中，x 是常量，Δx 是变量．导函数 $f'(x)$ 简称为导数．

显然，可导函数 $f(x)$ 在点 x_0 处的导数 $f'(x_0)$ 等于导函数 $f'(x)$ 在点 x_0 处的函数值，即

$$f'(x_0) = f'(x)\big|_{x=x_0}.$$

由导数的定义可以看出，导数的本质是变化率问题，在数量上，它是平均变化率的极限值，反映了因变量随自变量变化而变化的相对快慢程度．

在许多实际问题中，我们经常需要研究不同意义下的变化率．如位移 $s = s(t)$ 对时间 t 的变化率 $\dfrac{\mathrm{d}s}{\mathrm{d}t}$ 是瞬时速度，速度 $v = v(t)$ 对时间 t 的变化率 $\dfrac{\mathrm{d}v}{\mathrm{d}t}$ 是加速度；在质量非均匀分布的细棒上，质量 $m = m(x)$ 对棒上各点坐标 x 的变化率 $\dfrac{\mathrm{d}m}{\mathrm{d}x}$ 是细棒的

线密度；在经济学中，总成本 $C = C(x)$ 对产量 x 的变化率 $\dfrac{\mathrm{d}C}{\mathrm{d}x}$ 是边际成本，总收益

$R = R(x)$ 对产量 x 的变化率 $\dfrac{\mathrm{d}R}{\mathrm{d}x}$ 是边际收益，总利润 $L = L(x)$ 对产量 x 的变化率

$\dfrac{\mathrm{d}L}{\mathrm{d}x}$ 是边际利润；还有物理学中的电流、功率、热传导率、温度变化率、放射性

物质的衰变率；化学中的反应速率、压缩系数；生物学中的生长速率；心理学中
的成绩提高速率；社会学中传闻的传播速率，等等，这些都是导数的应用实例.

　　根据导数定义，我们可按如下步骤求函数的导数：

　　第一步，计算函数增量 $\Delta y = f(x + \Delta x) - f(x)$ 或 $\Delta y = f(x_0 + \Delta x) - f(x_0)$；

　　第二步，求比值 $\dfrac{\Delta y}{\Delta x}$；

　　第三步，求极限 $\lim\limits_{\Delta x \to 0} \dfrac{\Delta y}{\Delta x}$.

　　例 2.2　求常数函数 $y = f(x) = C$ （C 为常数）的导数.

　　解　因为 $\Delta y = f(x + \Delta x) - f(x) = 0$，从而 $\lim\limits_{\Delta x \to 0} \dfrac{\Delta y}{\Delta x} = 0$，所以 $(C)' = 0$.

这就是说，常数函数的导数恒等于零.

　　例 2.3　求幂函数 $y = x^n$ （n 为正整数）的导数.

　　解　由二项式定理，可得

$$\Delta y = (x + \Delta x)^n - x^n = nx^{n-1}\Delta x + \frac{n(n-1)}{2}x^{n-2}(\Delta x)^2 + \cdots + (\Delta x)^n,$$

于是有

$$\lim_{\Delta x \to 0} \frac{\Delta y}{\Delta x} = \lim_{\Delta x \to 0} \frac{nx^{n-1}\Delta x + \dfrac{n(n-1)}{2}x^{n-2}(\Delta x)^2 + \cdots + (\Delta x)^n}{\Delta x} = nx^{n-1},$$

所以 $(x^n)' = nx^{n-1}$.

　　本章 2.2 节将证明：对于任意实常数 μ，有 $(x^\mu)' = \mu x^{\mu-1}$. 利用这个结果，我们
可以很方便地求出幂函数的导数，例如，$y = \sqrt[3]{x}$ 的导数为

$$(\sqrt[3]{x})' = (x^{\frac{1}{3}})' = \frac{1}{3}x^{\frac{1}{3}-1} = \frac{1}{3}x^{-\frac{2}{3}}.$$

　　例 2.4　求余弦函数 $y = \cos x$ 的导数.

解　因为 $\Delta y = \cos(x + \Delta x) - \cos x = -2\sin\left(x + \dfrac{1}{2}\Delta x\right)\sin\dfrac{\Delta x}{2}$，

于是 $\displaystyle\lim_{\Delta x \to 0}\dfrac{\Delta y}{\Delta x} = \lim_{\Delta x \to 0}\dfrac{-2\sin\left(x + \dfrac{1}{2}\Delta x\right)\sin\dfrac{\Delta x}{2}}{\Delta x}$

$$= -\lim_{\Delta x \to 0}\sin\left(x + \dfrac{1}{2}\Delta x\right)\cdot\lim_{\Delta x \to 0}\dfrac{\sin\dfrac{\Delta x}{2}}{\dfrac{\Delta x}{2}} = -\sin x,$$

所以 $(\cos x)' = -\sin x$．

用类似的方法可求得 $(\sin x)' = \cos x$．

例 2.5　求对数函数 $y = \log_a x \ (a > 0, a \neq 1)$ 的导数．

解　因为 $\Delta y = \log_a(x + \Delta x) - \log_a x = \log_a\left(1 + \dfrac{\Delta x}{x}\right)$，

于是 $\displaystyle\lim_{\Delta x \to 0}\dfrac{\Delta y}{\Delta x} = \lim_{\Delta x \to 0}\dfrac{1}{\Delta x}\log_a\left(1 + \dfrac{\Delta x}{x}\right) = \lim_{\Delta x \to 0}\dfrac{1}{x}\cdot\dfrac{x}{\Delta x}\log_a\left(1 + \dfrac{\Delta x}{x}\right)$

$$= \dfrac{1}{x}\lim_{\Delta x \to 0}\log_a\left(1 + \dfrac{\Delta x}{x}\right)^{\frac{x}{\Delta x}} = \dfrac{1}{x}\log_a\left[\lim_{\Delta x \to 0}\left(1 + \dfrac{\Delta x}{x}\right)^{\frac{x}{\Delta x}}\right]$$

$$= \dfrac{1}{x}\log_a \mathrm{e} = \dfrac{1}{x\ln a},$$

所以 $(\log_a x)' = \dfrac{1}{x\ln a}$．

特别地，当 $a = \mathrm{e}$ 时，有 $(\ln x)' = \dfrac{1}{x}$．

例 2.6　求指数函数 $y = a^x (a > 0, a \neq 1)$ 的导数．

解　因为 $\displaystyle\lim_{\Delta x \to 0}\dfrac{\Delta y}{\Delta x} = \lim_{\Delta x \to 0}\dfrac{a^{x + \Delta x} - a^x}{\Delta x} = \lim_{\Delta x \to 0}\dfrac{a^x(a^{\Delta x} - 1)}{\Delta x}$

$$= \lim_{\Delta x \to 0}\dfrac{a^x(\mathrm{e}^{\ln a^{\Delta x}} - 1)}{\Delta x} = \lim_{\Delta x \to 0}\dfrac{a^x\ln a^{\Delta x}}{\Delta x} = a^x\ln a,$$

所以 $(a^x)' = a^x\ln a$．

特别地，$a = \mathrm{e}$ 时，$(\mathrm{e}^x)' = \mathrm{e}^x$．

这表明，以 e 为底的指数函数的导数等于它本身，这是指数函数 $y = \mathrm{e}^x$ 的一个重要特性．

2. 左、右导数的定义

类似于单侧极限（左、右极限）、单侧连续（左、右连续）的定义，我们定义单侧导数（左、右导数）．

定义 2.2　设函数 $f(x)$ 在点 x_0 的某个左邻域内有定义，如果极限

$$\lim_{\Delta x \to 0^-} \frac{f(x_0 + \Delta x) - f(x_0)}{\Delta x}$$

存在，则称函数 $f(x)$ 在点 x_0 处左可导，该极限值称为函数 $f(x)$ 在点 x_0 处的左导数，记作 $f'_-(x_0)$，即

$$f'_-(x_0) = \lim_{\Delta x \to 0^-} \frac{f(x_0 + \Delta x) - f(x_0)}{\Delta x} \text{ 或 } f'_-(x_0) = \lim_{x \to x_0^-} \frac{f(x) - f(x_0)}{x - x_0}.$$

类似地可定义 $f(x)$ 在点 x_0 处的右导数 $f'_+(x_0)$，即

$$f'_+(x_0) = \lim_{\Delta x \to 0^+} \frac{f(x_0 + \Delta x) - f(x_0)}{\Delta x} \text{ 或 } f'_+(x_0) = \lim_{x \to x_0^+} \frac{f(x) - f(x_0)}{x - x_0}.$$

根据函数在一点处极限存在的充要条件可知：函数 $f(x)$ 在点 x_0 处可导的充要条件是左导数 $f'_-(x_0)$ 和右导数 $f'_+(x_0)$ 都存在，且 $f'_-(x_0) = f'_+(x_0)$.

左导数和右导数统称为单侧导数.

例 2.7　讨论函数 $y = f(x) = |x|$ 在 $x = 0$ 处的可导性.

解　因为 $\dfrac{\Delta y}{\Delta x} = \dfrac{f(0 + \Delta x) - f(0)}{\Delta x} = \dfrac{|0 + \Delta x| - 0}{\Delta x} = \dfrac{|\Delta x|}{\Delta x}$，

所以

$$f'_-(0) = \lim_{\Delta x \to 0^-} \frac{\Delta y}{\Delta x} = \lim_{\Delta x \to 0^-} \frac{-\Delta x}{\Delta x} = -1,$$

$$f'_+(0) = \lim_{\Delta x \to 0^+} \frac{\Delta y}{\Delta x} = \lim_{\Delta x \to 0^+} \frac{\Delta x}{\Delta x} = 1.$$

于是 $f'_-(0) \neq f'_+(0)$，所以函数 $f(x) = |x|$ 在 $x = 0$ 处不可导（图 2-2）.

注　在讨论分段函数在分段点处的可导性时，要利用左、右导数来分析.

如果函数 $f(x)$ 在开区间 (a, b) 内可导且 $f'_+(a)$ 及 $f'_-(b)$ 都存在，则称 $f(x)$ 在闭区间 $[a, b]$ 上可导.

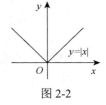

图 2-2

2.1.3　导数的几何意义

由 2.1.1 中切线问题的讨论和导数的定义可知：如果函数 $y = f(x)$ 在点 x_0 处可导，则曲线 $y = f(x)$ 在点 $(x_0, f(x_0))$ 处有不垂直于 x 轴的切线，而且该切线的斜率等于 $f'(x_0)$，即 $f'(x_0) = \tan \alpha$，其中 α 是切线与 x 轴的夹角（图 2-3），这就是导数的几何意义.

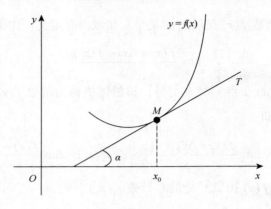

图 2-3

由此可得，曲线 $y = f(x)$ 在其上一点 $M(x_0, f(x_0))$ 处的切线方程为

$$y - f(x_0) = f'(x_0)(x - x_0).$$

如果 $f'(x_0) \neq 0$，则曲线 $y = f(x)$ 在点 $M(x_0, f(x_0))$ 处的法线的斜率为 $-\dfrac{1}{f'(x_0)}$，从而法线方程为

$$y - f(x_0) = -\frac{1}{f'(x_0)}(x - x_0).$$

如果 $f'(x_0) = 0$，则曲线 $y = f(x)$ 在点 $M(x_0, f(x_0))$ 处的切线平行于 x 轴，其方程为 $y = f(x_0)$. 此时，法线是垂直于 x 轴的直线 $x = x_0$.

如果 $y = f(x)$ 在点 x_0 处的导数为无穷大且 $f(x)$ 在 x_0 处连续，则曲线 $y = f(x)$ 在点 $M(x_0, f(x_0))$ 处的切线垂直于 x 轴，其方程为 $x = x_0$；此时法线是平行于 x 轴的直线 $y = f(x_0)$.

如果函数 $y = f(x)$ 在点 x_0 处连续，但不可导，也非 $f'(x) = \infty$ 的情形，那么曲线 $y = f(x)$ 在点 $M(x_0, f(x_0))$ 处没有切线，也没有法线.

例 2.8　求曲线 $y = \ln x$ 在点 $(e, 1)$ 处的切线方程和法线方程.

解　根据导数的几何意义，所求切线的斜率为

$$k_1 = y'\big|_{x=e} = \frac{1}{x}\Big|_{x=e} = \frac{1}{e},$$

从而所求的切线方程为

$$y - 1 = \frac{1}{e}(x - e),$$

即 $y = \dfrac{1}{e}x$.

所求法线的斜率为 $k_2 = -\mathrm{e}$ ，法线方程为

$$y - 1 = -\mathrm{e}(x - \mathrm{e}),$$

即 $\mathrm{e}x + y = \mathrm{e}^2 + 1$ ．

例 2.9　求曲线 $f(x) = \sqrt[3]{x}$ 在点 $x = 0$ 处的切线方程和法线方程．

解　显然，函数在 $x = 0$ 处连续，而

$$\lim_{x \to 0} \frac{f(x) - f(0)}{x - 0} = \lim_{x \to 0} \frac{\sqrt[3]{x} - 0}{x} = \infty.$$

即 $f(x) = \sqrt[3]{x}$ 在 $x = 0$ 处不可导．但曲线在原点 $O(0,0)$ 处有垂直于 x 轴的切线 $x = 0$ ，有平行于 x 轴的法线 $y = 0$ ，如图 2-4 所示．

例 2.10　求过原点且与曲线 $y = x^2 + 2x + 4$ 相切的直线方程．

解　依题意，可设直线方程为 $y = kx$ ，并且与曲线 $y = x^2 + 2x + 4$ 相切于点 $P_0(x_0, y_0)$ ，则

$$k = y'(x_0) = \frac{y_0}{x_0}, \quad y_0 = x_0^2 + 2x_0 + 4.$$

而

$$y'(x_0) = \lim_{\Delta x \to 0} \frac{(x_0 + \Delta x)^2 + 2(x_0 + \Delta x) + 4 - x_0^2 - 2x_0 - 4}{\Delta x}$$
$$= 2x_0 + 2,$$

于是有

$$2x_0 + 2 = \frac{x_0^2 + 2x_0 + 4}{x_0},$$

解得 $x_0 = \pm 2$ ，即切点为 $P_0(2,12)$ 或 $P_0(-2,4)$ ， $k = 6$ 或 -2 ．于是满足条件的直线有两条（图 2-5），它们的方程分别为 $y = 6x$ 和 $y = -2x$ ．

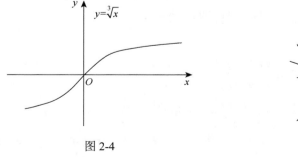

图 2-4

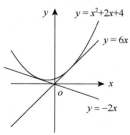

图 2-5

2.1.4　可导与连续的关系

设函数 $y = f(x)$ 在点 x 处可导，则

$$\lim_{\Delta x \to 0} \frac{\Delta y}{\Delta x} = f'(x)$$

存在，由极限运算法则，有

$$\lim_{\Delta x \to 0} \Delta y = \lim_{\Delta x \to 0} \frac{\Delta y}{\Delta x} \cdot \Delta x = \lim_{\Delta x \to 0} \frac{\Delta y}{\Delta x} \cdot \lim_{\Delta x \to 0} \Delta x = 0 .$$

此式说明函数 $y = f(x)$ 在点 x 处连续，所以，如果函数在某点可导，那么函数在该点必连续.

但反过来，函数在某点连续，却不一定在该点可导.

如例 2.7，函数 $y = |x|$ 在点 $x = 0$ 处连续，但它在 $x = 0$ 处不可导. 由此可见，函数在某点连续是函数在该点可导的必要条件，但不是充分条件.

例 2.11　讨论函数 $f(x) = \begin{cases} x \sin \dfrac{1}{x}, & x \neq 0, \\ 0, & x = 0 \end{cases}$ 在点 $x = 0$ 处的连续性与可导性.

解　因为 $f(0) = 0$，$\lim\limits_{x \to 0} f(x) = \lim\limits_{x \to 0} x \sin \dfrac{1}{x} = 0$，所以 $f(x)$ 在点 $x = 0$ 处连续. 但是

$$\lim_{\Delta x \to 0} \frac{\Delta y}{\Delta x} = \lim_{\Delta x \to 0} \frac{f(0 + \Delta x) - f(0)}{\Delta x} = \lim_{\Delta x \to 0} \frac{\Delta x \sin \dfrac{1}{\Delta x} - 0}{\Delta x} = \lim_{\Delta x \to 0} \sin \frac{1}{\Delta x} ,$$

此极限不存在，故函数 $f(x)$ 在点 $x = 0$ 处不可导.

例 2.12　已知函数 $f(x) = \begin{cases} x^2, & x \leqslant 1, \\ ax + b, & x > 1 \end{cases}$ 在点 $x = 1$ 处可导，试求 a，b 的值.

解　因为函数在 $x = 1$ 处可导，所以函数在 $x = 1$ 处连续，从而有

$$\lim_{x \to 1^+} f(x) = f(1) \text{，即 } a + b = 1 .$$

而

$$f'_-(1) = \lim_{x \to 1^-} \frac{f(x) - f(1)}{x - 1} = \lim_{x \to 1^-} \frac{x^2 - 1}{x - 1} = 2 ,$$

$$f'_+(1) = \lim_{x \to 1^+} \frac{f(x) - f(1)}{x - 1} = \lim_{x \to 1^+} \frac{ax + b - 1}{x - 1} = \lim_{x \to 1^+} \frac{a(x - 1) + a + b - 1}{x - 1} = a .$$

由于 $f'_-(1) = f'_+(1)$，故 $a = 2$，代入 $a + b = 1$ 中，可得 $b = -1$. 所以 $a = 2$，$b = -1$ 即为所求.

习　题　2-1

1. 已知一物体做变速直线运动，其运动方程为 $s = t^3(\mathrm{m})$，试求这物体在时间区间 $[2, 2.01]$（单位：s）内的平均速度及在 $t = 2(\mathrm{s})$ 时的瞬时速度.

2. 设有一根细棒，取棒的一端作为原点，棒上任意点的坐标为 x，于是分布在区间 $[0, x]$ 上细棒的质量 m 是 x 的函数 $m = m(x)$. 对于均匀细棒来说，单位长度细棒的质量称为这细棒的线密度. 试给出非均匀分布的细棒在点 x_0 处的线密度的定义.

3. 设 $f(x) = 8x$，试按定义求 $f'(1)$.

4. 设 $f(x) = ax^2 + bx + c$，其中 a，b，c 为常数. 按定义求 $f'(x)$.

5. 证明 $(\sin x)' = \cos x$.

6. 若下列命题成立，能否判断函数 $f(x)$ 在 x_0 处可导？为什么？

（1）$\lim\limits_{h \to 0^+} \dfrac{f(x_0 + h) - f(x_0 - h)}{h}$ 存在；

（2）$\lim\limits_{h \to 0^+} \dfrac{f(x_0 + h) - f(x_0)}{h}$ 和 $\lim\limits_{h \to 0^+} \dfrac{f(x_0 - h) - f(x_0)}{-h}$ 存在且相等.

7. 求下列函数的导数：

（1）$y = x^5$；

（2）$y = \dfrac{1}{\sqrt{x}}$；

（3）$y = x^3 \cdot \sqrt[7]{x}$；

（4）$y = \log_{\frac{1}{3}} x$；

（5）$y = \dfrac{x^2 \cdot \sqrt[3]{x^2}}{\sqrt{x^5}}$；

（6）$y = \lg x$；

（7）$y = 3^x$；

（8）$y = \sqrt{x\sqrt{x}}$；

（9）$y = 2^x \mathrm{e}^x$.

8. 如果 $f(x)$ 为偶函数且 $f'(0)$ 存在，证明 $f'(0) = 0$.

9. 抛物线 $y = x^2$ 在哪一点的切线平行于直线 $y = 4x - 5$？在哪一点的切线垂直于直线 $2x - 6y + 5 = 0$？

10. 在抛物线 $y = x^2$ 上取横坐标为 $x_1 = 1$ 及 $x_2 = 3$ 的两点，作过这两点的割线，问该抛物线上哪一点的切线平行于这条割线？

11. 如果 $y = f(x)$ 在点 $(4, 3)$ 处的切线过点 $(0, 2)$，求 $f'(4)$.

12. 讨论下列函数在 $x = 0$ 处的连续性与可导性：

（1）$f(x) = x|x|$；

（2）$y = \begin{cases} x^2 \sin \dfrac{1}{x}, & x \neq 0, \\ 0, & x = 0. \end{cases}$

13. 设 $f(x) = \begin{cases} \sin x, & x < 0, \\ ax + b, & x \geqslant 0 \end{cases}$ 在 $x = 0$ 处可导，求 a，b 的值.

14. 已知 $f(x) = \begin{cases} x^2, & x \geq 0, \\ -x, & x < 0, \end{cases}$ 求 $f'_+(0)$，$f'_-(0)$ 和 $f'(0)$．

15. 设函数 $f(x) = x^2|x|$，求 $f'(x)$．

16. 设所给的函数可导，证明：

（1）奇函数的导函数是偶函数；

（2）偶函数的导函数是奇函数；

（3）周期函数的导函数仍是周期函数．

17. 证明：双曲线 $xy = a^2$ 上任一点处的切线与两坐标轴构成的三角形的面积都等于 $2a^2$．

18. 设函数 $f(x)$ 在 $x = 0$ 处可导，试讨论函数 $|f(x)|$ 在 $x = 0$ 处的可导性．

2.2　函数的求导法则与基本导数公式

根据导数的定义，我们可以求出一些简单函数的导数. 但是，对于结构稍微复杂一点的函数，直接根据定义求导数，往往比较烦琐或困难. 在本节中，我们将介绍四则运算的求导法则、反函数的求导法则及复合函数的求导法则，并推导基本导数公式，借助这些公式和法则，就容易求得初等函数的导数了.

2.2.1　四则运算的求导法则

定理 2.1　设函数 $u = u(x)$ 及 $v = v(x)$ 在点 x 处可导，则它们的和、差、积、商（分母为零的点除外）都在点 x 处可导，并且

（1）$[u(x) \pm v(x)]' = u'(x) \pm v'(x)$；

（2）$[u(x) \cdot v(x)]' = u'(x) \cdot v(x) + u(x) \cdot v'(x)$；

（3）$\left[\dfrac{u(x)}{v(x)}\right]' = \dfrac{u'(x) \cdot v(x) - u(x) \cdot v'(x)}{[v(x)]^2}$　$(v(x) \neq 0)$．

证明　仅对（2）及（3）加以证明，（1）的证明留给读者完成.

（2）设 $y = u(x) \cdot v(x)$，则

$$\begin{aligned}
\Delta y &= u(x + \Delta x) \cdot v(x + \Delta x) - u(x) \cdot v(x) \\
&= u(x + \Delta x) \cdot v(x + \Delta x) - u(x) \cdot v(x + \Delta x) + u(x) \cdot v(x + \Delta x) - u(x) \cdot v(x) \\
&= \Delta u \cdot v(x + \Delta x) + u(x) \cdot \Delta v,
\end{aligned}$$

其中，

$$\Delta u = u(x + \Delta x) - u(x), \ \Delta v = v(x + \Delta x) - v(x).$$

于是

$$\lim_{\Delta x \to 0} \frac{\Delta y}{\Delta x} = \lim_{\Delta x \to 0} \frac{\Delta u}{\Delta x} \cdot v(x + \Delta x) + \lim_{\Delta x \to 0} u(x) \frac{\Delta v}{\Delta x}.$$

因为 $v(x)$ 在 x 处可导，则 $v(x)$ 在 x 处连续，所以 $\lim\limits_{\Delta x \to 0} v(x + \Delta x) = v(x)$. 从而

$$\lim_{\Delta x \to 0} \frac{\Delta y}{\Delta x} = u'(x) \cdot v(x) + u(x) \cdot v'(x).$$

所以

$$[u(x) \cdot v(x)]' = u'(x) \cdot v(x) + u(x) \cdot v'(x).$$

（3）设 $y = \dfrac{u(x)}{v(x)}$，$v(x) \neq 0$，则

$$\begin{aligned}
\Delta y &= \frac{u(x + \Delta x)}{v(x + \Delta x)} - \frac{u(x)}{v(x)} = \frac{u(x + \Delta x)v(x) - u(x)v(x + \Delta x)}{v(x) \cdot v(x + \Delta x)} \\
&= \frac{u(x + \Delta x)v(x) - u(x)v(x) + u(x)v(x) - v(x + \Delta x)u(x)}{v(x) \cdot v(x + \Delta x)} \\
&= \frac{v(x) \cdot \Delta u - u(x) \cdot \Delta v}{v(x) \cdot v(x + \Delta x)}.
\end{aligned}$$

于是

$$\begin{aligned}
\lim_{\Delta x \to 0} \frac{\Delta y}{\Delta x} &= \lim_{\Delta x \to 0} \frac{v(x) \cdot \Delta u - u(x) \cdot \Delta v}{v(x) \cdot v(x + \Delta x) \cdot \Delta x} \\
&= \lim_{\Delta x \to 0} \frac{1}{v(x) \cdot v(x + \Delta x)} \left(v(x) \cdot \frac{\Delta u}{\Delta x} - u(x) \cdot \frac{\Delta v}{\Delta x} \right).
\end{aligned}$$

因为 $v(x)$ 在 x 处可导，所以 $v(x)$ 在 x 处连续，从而 $\lim\limits_{\Delta x \to 0} v(x + \Delta x) = v(x)$.

注意 $v(x) \neq 0$，所以

$$\left(\frac{u(x)}{v(x)} \right)' = \frac{u'(x) \cdot v(x) - u(x) \cdot v'(x)}{[v(x)]^2}.$$

定理中的（1）与（2）可以推广到有限个函数的情形. 例如，设 $u = u(x)$，$v = v(x)$，$w = w(x)$ 均可导，则有

$$(u + v + w)' = u' + v' + w',$$

$$(u \cdot v \cdot w)' = [(uv)w]' = (uv)'w + (uv)w' = (u'v + uv')w + uvw',$$

即 $(uvw)' = u' \cdot v \cdot w + u \cdot v' \cdot w + u \cdot v \cdot w'$.

特别地，有

$$[C \cdot u(x)]' = C \cdot u'(x) \,(C \text{ 为常数});$$

$$\left[\frac{1}{v(x)} \right]' = -\frac{v'(x)}{[v(x)]^2} \,(v(x) \neq 0).$$

例 2.13 已知 $y = 3^x + 2\cos x$，求 y'.

解 $y' = (3^x)' + (2\cos x)' = 3^x \ln 3 - 2\sin x$.

例 2.14 设 $y = \sqrt{x} \cdot \ln x + \sin \dfrac{\pi}{6}$，求 y'.

解
$$y' = (\sqrt{x} \ln x)' + \left(\sin \dfrac{\pi}{6} \right)'$$
$$= (\sqrt{x})' \ln x + \sqrt{x}(\ln x)' + 0$$
$$= \dfrac{1}{2\sqrt{x}} \ln x + \dfrac{1}{\sqrt{x}}.$$

例 2.15 设 $y = \tan x$，求 y'.

解
$$y' = \left[\dfrac{\sin x}{\cos x} \right]' = \dfrac{(\sin x)' \cos x - \sin x(\cos x)'}{\cos^2 x}$$
$$= \dfrac{\cos^2 x + \sin^2 x}{\cos^2 x} = \sec^2 x,$$

即 $(\tan x)' = \sec^2 x$.

类似地，可求得 $(\cot x)' = -\csc^2 x$.

例 2.16 设 $y = \sec x$，求 y'.

解
$$y' = \left(\dfrac{1}{\cos x} \right)' = -\dfrac{(\cos x)'}{\cos^2 x}$$
$$= \dfrac{\sin x}{\cos^2 x} = \sec x \tan x,$$

即 $(\sec x)' = \sec x \tan x$.

类似地，可求得 $(\csc x)' = -\csc x \cot x$.

2.2.2 反函数的求导法则

定理 2.2 设连续函数 $x = f(y)$ 在区间 I 上严格单调，在点 y 处可导且 $f'(y) \neq 0$，则它的反函数 $y = f^{-1}(x)$ 在对应的点 x 处可导，并且

$$[f^{-1}(x)]' = \dfrac{1}{f'(y)} \text{ 或 } \dfrac{\mathrm{d}y}{\mathrm{d}x} = \dfrac{1}{\dfrac{\mathrm{d}x}{\mathrm{d}y}}. \tag{2-5}$$

证明 由于函数 $x = f(y)$ 在区间 I 内严格单调、连续，则其反函数 $y = f^{-1}(x)$ 在对应区间内也严格单调、连续，故当 $\Delta x \neq 0$ 时，$\Delta y = f^{-1}(x + \Delta x) - f^{-1}(x) \neq 0$，并且 $\Delta x \to 0$ 时，必有 $\Delta y \to 0$，于是

$$\frac{\Delta y}{\Delta x} = \frac{1}{\dfrac{\Delta x}{\Delta y}}.$$

考虑 $x = f(y)$ 在点 y 处可导且 $f'(y) \neq 0$，则

$$\lim_{\Delta x \to 0} \frac{\Delta y}{\Delta x} = \frac{1}{\lim\limits_{\Delta x \to 0} \dfrac{\Delta x}{\Delta y}} = \frac{1}{\lim\limits_{\Delta y \to 0} \dfrac{\Delta x}{\Delta y}} = \frac{1}{f'(y)},$$

即 $[f^{-1}(x)]' = \dfrac{1}{f'(y)}$.

上式说明：互为反函数的两个函数，它们的导数互为倒数.

例 2.17　求反正弦函数 $y = \arcsin x \ (-1 < x < 1)$ 的导数.

解　因为 $y = \arcsin x$ 是 $x = \sin y$ 在 $\left(-\dfrac{\pi}{2}, \dfrac{\pi}{2}\right)$ 内的反函数，而 $x = \sin y$ 在 $\left(-\dfrac{\pi}{2}, \dfrac{\pi}{2}\right)$ 内严格单调、可导，并且 $(\sin y)' = \cos y \neq 0$. 所以，$y = \arcsin x$ 在 $(-1, 1)$ 内可导，并且

$$y' = (\arcsin x)' = \frac{1}{(\sin y)'} = \frac{1}{\cos y}.$$

注意在 $\left(-\dfrac{\pi}{2}, \dfrac{\pi}{2}\right)$ 内，$\cos y = \sqrt{1 - \sin^2 y} = \sqrt{1 - x^2}$，从而有

$$(\arcsin x)' = \frac{1}{\sqrt{1 - x^2}}.$$

同理可得 $(\arccos x)' = -\dfrac{1}{\sqrt{1 - x^2}}$.

例 2.18　求反正切函数 $y = \arctan x$ 的导数.

解　因为 $y = \arctan x$ 是 $x = \tan y$ 在 $\left(-\dfrac{\pi}{2}, \dfrac{\pi}{2}\right)$ 内的反函数，而 $x = \tan y$ 在 $\left(-\dfrac{\pi}{2}, \dfrac{\pi}{2}\right)$ 内严格单调、可导，并且 $(\tan y)' = \sec^2 y > 0$，所以 $y = \arctan x$ 在 $(-\infty, +\infty)$ 内每一点处都可导，并且

$$y' = (\arctan x)' = \frac{1}{(\tan y)'} = \frac{1}{\sec^2 y}.$$

注意 $\sec^2 y = 1 + \tan^2 y = 1 + x^2$，从而有

$$(\arctan x)' = \frac{1}{1+x^2}.$$

同理可得 $(\operatorname{arccot} x)' = -\dfrac{1}{1+x^2}$.

2.2.3　复合函数的求导法则

定理 2.3　设 $u = \varphi(x)$ 在点 x 处可导，$y = f(u)$ 在点 $u = \varphi(x)$ 处可导，则复合函数 $y = f[\varphi(x)]$ 在点 x 处可导，并且其导数为

$$\frac{dy}{dx} = f'(u) \cdot \varphi'(x) \ \text{或} \ \frac{dy}{dx} = \frac{dy}{du} \cdot \frac{du}{dx}. \tag{2-6}$$

证明　任给 x 以 $\Delta x \neq 0$ 的增量，则有 $\Delta u = \varphi(x+\Delta x) - \varphi(x)$，进而有

$$\Delta y = f(u+\Delta u) - f(u) \ \text{且} \ \lim_{\Delta x \to 0}\frac{\Delta u}{\Delta x} = \varphi'(x), \ \lim_{\Delta u \to 0}\frac{\Delta y}{\Delta u} = f'(u), \ \lim_{\Delta x \to 0}\Delta u = 0.$$

因为 $\lim\limits_{\Delta u \to 0}\dfrac{\Delta y}{\Delta u} = f'(u)$，根据极限存在与无穷小的关系定理，有

$$\frac{\Delta y}{\Delta u} = f'(u) + \alpha, \ \text{其中} \ \lim_{\Delta u \to 0}\alpha = 0,$$

式中 $\Delta u \neq 0$，于是 $\Delta y = f'(u)\Delta u + \alpha \cdot \Delta u$.

若 $\Delta u = 0$，则 $\Delta y = f(u+\Delta u) - f(u) = 0$，此时令 $\alpha = 0$，上式也成立. 从而

$$\frac{\Delta y}{\Delta x} = f'(u)\frac{\Delta u}{\Delta x} + \alpha \cdot \frac{\Delta u}{\Delta x},$$

两边取极限，得

$$\begin{aligned}
\lim_{\Delta x \to 0}\frac{\Delta y}{\Delta x} &= f'(u)\lim_{\Delta x \to 0}\frac{\Delta u}{\Delta x} + \lim_{\Delta x \to 0}\alpha \cdot \lim_{\Delta x \to 0}\frac{\Delta u}{\Delta x} \\
&= f'(u)\varphi'(x) + \lim_{\Delta u \to 0}\alpha \cdot \varphi'(x) \\
&= f'(u)\varphi'(x).
\end{aligned}$$

所以 $\dfrac{dy}{dx} = f'(u) \cdot \varphi'(x)$，命题得证.

复合函数的求导公式（2-6）表明，求复合函数 $y = f[\varphi(x)]$ 对 x 的导数时，可分别先求 $y = f(u)$ 对 u 的导数 $f'(u)$ 和 $u = \varphi(x)$ 对 x 的导数 $\varphi'(x)$，然后相乘即得. 这个法则常称为链式法则.

有时为了表明对哪一个变量求导，式（2-6）也可以写成 $y'_x = y'_u \cdot u'_x$.

相似地推理，我们可以证明：链式法则也适合多个中间变量的情形. 例如，$y = f(u)$，$u = \varphi(v)$，$v = \psi(x)$ 都可导，并且可构成复合函数 $y = f\{\varphi[\psi(x)]\}$，则

$$\frac{\mathrm{d}y}{\mathrm{d}x} = f'(u) \cdot \varphi'(v) \cdot \psi'(x).$$

例 2.19 设 $y = \cos(1 + x^2)$，求 $\dfrac{\mathrm{d}y}{\mathrm{d}x}$.

解 由于函数 $y = \cos(1 + x^2)$ 可视为 $y = \cos u$ 与 $u = 1 + x^2$ 复合而成，所以由复合函数求导法则，有

$$\frac{\mathrm{d}y}{\mathrm{d}x} = \frac{\mathrm{d}y}{\mathrm{d}u} \cdot \frac{\mathrm{d}u}{\mathrm{d}x} = -\sin u \cdot 2x = -2x \sin(1 + x^2).$$

例 2.20 设 $y = \mathrm{e}^{\sqrt{1+2x}}$，求 $\dfrac{\mathrm{d}y}{\mathrm{d}x}$.

解 函数 $y = \mathrm{e}^{\sqrt{1+2x}}$ 可视为 $y = \mathrm{e}^u$，$u = \sqrt{v}$，$v = 1 + 2x$ 复合而成，故由链式法则，有

$$\frac{\mathrm{d}y}{\mathrm{d}x} = \frac{\mathrm{d}y}{\mathrm{d}u} \cdot \frac{\mathrm{d}u}{\mathrm{d}v} \cdot \frac{\mathrm{d}v}{\mathrm{d}x} = \mathrm{e}^u \cdot \frac{1}{2\sqrt{v}} \cdot 2 = \frac{1}{\sqrt{1+2x}} \mathrm{e}^{\sqrt{1+2x}}.$$

对复合函数的分解比较熟练以后，分解过程可以略去.

例 2.21 设 $y = \sqrt[3]{1 - 2x^2}$，求 $\dfrac{\mathrm{d}y}{\mathrm{d}x}\big|_{x=-1}$.

解 根据链式法则，有

$$\frac{\mathrm{d}y}{\mathrm{d}x} = \left[(1 - 2x^2)^{\frac{1}{3}} \right]' = \frac{1}{3}(1 - 2x^2)^{-\frac{2}{3}} \cdot (1 - 2x^2)'$$

$$= -\frac{4x}{3\sqrt[3]{(1 - 2x^2)^2}},$$

所以 $\dfrac{\mathrm{d}y}{\mathrm{d}x}\big|_{x=-1} = -\dfrac{4x}{3\sqrt[3]{(1 - 2x^2)^2}}\big|_{x=-1} = \dfrac{4}{3}$.

例 2.22 求 $y = \ln\left(x + \sqrt{1 + x^2}\right)$ 的导数.

解 $y' = \dfrac{1}{x + \sqrt{1 + x^2}} \left(x + \sqrt{1 + x^2}\right)'$

$$= \frac{1}{x + \sqrt{1 + x^2}} \left[1 + \frac{1}{2\sqrt{1 + x^2}} \cdot (1 + x^2)' \right]$$

$$= \frac{1}{x + \sqrt{1 + x^2}} \left(1 + \frac{x}{\sqrt{1 + x^2}} \right)$$

$$= \frac{1}{\sqrt{1 + x^2}}.$$

例 2.23 求 $y = \arctan \dfrac{2+x}{1-2x}$ 的导数.

解 $y' = \dfrac{1}{1+\left(\dfrac{2+x}{1-2x}\right)^2} \cdot \left(\dfrac{2+x}{1-2x}\right)'$

$= \dfrac{(1-2x)^2}{(1-2x)^2+(2+x)^2} \cdot \dfrac{1-2x-(2+x)(-2)}{(1-2x)^2}$

$= \dfrac{1}{1+x^2}.$

例 2.24 求 $y = \ln|x|$ 的导数.

解 当 $x > 0$ 时,

$$y' = (\ln x)' = \frac{1}{x};$$

当 $x < 0$ 时,

$$y' = [\ln(-x)]' = -\frac{1}{x}(-x)' = \frac{1}{x}.$$

所以, 当 $x \neq 0$ 时, $(\ln|x|)' = \dfrac{1}{x}$.

由此可见 $\ln|x|$ 与 $\ln x$ 有相同的导数.

例 2.25 设 $x > 0$, 证明幂函数的导数公式: $(x^\mu)' = \mu x^{\mu-1}$.

证明 因为 $x^\mu = \mathrm{e}^{\ln x^\mu} = \mathrm{e}^{\mu \ln x}$, 所以

$$(x^\mu)' = (\mathrm{e}^{\mu \ln x})' = \mathrm{e}^{\mu \ln x} \cdot (\mu \ln x)'$$

$$= x^\mu \cdot \mu \cdot \frac{1}{x} = \mu x^{\mu-1}.$$

例 2.26 设函数 $u(x)$, $v(x)$ 均可导, $u(x) > 0$ 且不恒等于 1, 求函数 $y = u(x)^{v(x)}$ 的导数.

解 $y = u(x)^{v(x)}$ 是幂指函数, 既不能用幂函数的求导公式, 也不能用指数函数的求导公式, 但可用恒等式 $\mathrm{e}^{\ln x} = x$ 将 $y = u(x)^{v(x)}$ 转化为复合函数的导数, 即

$$y' = [u(x)^{v(x)}]' = [\mathrm{e}^{\ln u(x)^{v(x)}}]' = [\mathrm{e}^{v(x)\ln u(x)}]'$$

$$= \mathrm{e}^{v(x)\ln u(x)} \cdot [v(x)\ln u(x)]'$$

$$= u(x)^{v(x)}\left(v'(x)\ln u(x) + \frac{v(x)}{u(x)}u'(x)\right).$$

注 此例的结论可作为公式使用.

例 2.27 设 $y = x^3 + 3^x + x^x (x > 0)$, 求 y'.

解 $y' = 3x^2 + 3^x \ln 3 + x^x (x \ln x)'$

$= 3x^2 + 3^x \ln 3 + x^x (\ln x + 1).$

例 2.28　求双曲正弦函数 $y = \mathrm{sh}x$ 的导数.

解　$y' = (\mathrm{sh}x)' = \left(\dfrac{1}{2}\mathrm{e}^x - \dfrac{1}{2}\mathrm{e}^{-x} \right)'$

$\qquad = \dfrac{1}{2}(\mathrm{e}^x + \mathrm{e}^{-x}) = \mathrm{ch}x.$

即 $(\mathrm{sh}x)' = \mathrm{ch}x.$

类似地，可求得双曲余弦函数的导数为 $(\mathrm{ch}\,x)' = \mathrm{sh}\,x.$

2.2.4　基本求导法则与导数公式

到此为止，我们已经求出了基本初等函数的导数. 由于初等函数是由基本初等函数经过有限次的四则运算和复合运算构成的，所以可以利用导数的四则运算法则、链式法则，以及基本初等函数求导公式求出任何初等函数的导数. 为了便于查阅，我们将这些导数公式和求导法则小结如下.

1. 基本初等函数的导数公式

（1）$(C)' = 0$；
（2）$(x^\mu)' = \mu x^{\mu-1}$；

（3）$(\sin x)' = \cos x$；
（4）$(\cos x)' = -\sin x$；

（5）$(\tan x)' = \sec^2 x$；
（6）$(\cot x)' = -\csc^2 x$；

（7）$(\sec x)' = \sec x \tan x$；
（8）$(\csc x)' = -\csc x \cot x$；

（9）$(a^x)' = a^x \ln a$；
（10）$(\mathrm{e}^x)' = \mathrm{e}^x$；

（11）$(\log_a x)' = \dfrac{1}{x\ln a}$；
（12）$(\ln|x|)' = \dfrac{1}{x}$；

（13）$(\arcsin x)' = \dfrac{1}{\sqrt{1-x^2}}$；
（14）$(\arccos x)' = -\dfrac{1}{\sqrt{1-x^2}}$；

（15）$(\arctan x)' = \dfrac{1}{1+x^2}$；
（16）$(\mathrm{arccot}x)' = -\dfrac{1}{1+x^2}$.

2. 四则运算的求导法则

设 $u = u(x)$，$v = v(x)$ 都为可导函数，则

（1）$(u \pm v)' = u' \pm v'$；
（2）$(uv)' = u'v + uv'$；

（3）$(Cu)' = Cu'$（C为常数）；
（4）$\left(\dfrac{u}{v} \right)' = \dfrac{u'v - uv'}{v^2}$（$v \neq 0$）.

3. 反函数的求导法则

设 $x = f(y)$ 在 I_y 内严格单调、可导，并且 $f'(y) \neq 0$，则它的反函数 $y = f^{-1}(x)$ 在相应的 I_x 内可导，并且

$$[f^{-1}(x)]' = \frac{1}{f'(y)} \text{ 或 } \frac{dy}{dx} = \frac{1}{\dfrac{dx}{dy}}.$$

4. 复合函数的求导法则

设 $y = f(u)$，$u = \varphi(x)$ 且 $f(u)$ 与 $\varphi(x)$ 都可导，则复合函数 $y = f[\varphi(x)]$ 可导，并且

$$\frac{dy}{dx} = \frac{dy}{du} \cdot \frac{du}{dx} \text{ 或 } y'_x = f'(u) \cdot \varphi'(x).$$

要求熟练掌握以上求导公式和求导法则. 在求函数的导数时，必需正确判断函数的类型，分析函数的结构.

例 2.29　设 $y = \arccos(\cos x^2)$，求 $\dfrac{dy}{dx}$.

解　$\dfrac{dy}{dx} = -\dfrac{1}{\sqrt{1 - (\cos x^2)^2}}(-\sin x^2) \cdot 2x = \dfrac{2x \sin x^2}{|\sin x^2|}$.

例 2.30　设 $f(x) = \begin{cases} x \sin x, & x \leqslant 0, \\ \ln(1+x), & x > 0, \end{cases}$ 求 $f'(x)$.

解　当 $x < 0$ 时，

$$f'(x) = (x \sin x)' = \sin x + x \cos x ;$$

当 $x > 0$ 时，

$$f'(x) = [\ln(1+x)]' = \frac{1}{1+x} ;$$

当 $x = 0$ 时，

$$f'_-(0) = \lim_{x \to 0^-} \frac{f(x) - f(0)}{x} = \lim_{x \to 0^-} \frac{x \sin x - 0}{x} = 0,$$

$$f'_+(0) = \lim_{x \to 0^+} \frac{f(x) - f(0)}{x} = \lim_{x \to 0^+} \frac{\ln(1+x) - 0}{x} = 1.$$

由于 $f'_-(0) \neq f'_+(0)$ 故 $f'(0)$ 不存在，所以

$$f'(x) = \begin{cases} \sin x + x\cos x, & x < 0, \\ \text{不存在}, & x = 0, \\ \dfrac{1}{1+x}, & x > 0. \end{cases}$$

例 2.31　已知 $y=f\left(\dfrac{3x-2}{3x+2}\right)$，$f(u)$ 可导且 $f'(u) = \arcsin u^2$，求 $\dfrac{\mathrm{d}y}{\mathrm{d}x}\Big|_{x=0}$.

解　$\dfrac{\mathrm{d}y}{\mathrm{d}x} = f'\left(\dfrac{3x-2}{3x+2}\right)\left(\dfrac{3x-2}{3x+2}\right)' = \dfrac{12}{(3x+2)^2}f'\left(\dfrac{3x-2}{3x+2}\right),$

所以

$$\dfrac{\mathrm{d}y}{\mathrm{d}x}\Big|_{x=0} = 3f'(-1).$$

因为 $f'(u) = \arcsin u^2$，所以 $f'(-1) = \arcsin 1 = \dfrac{\pi}{2}$. 则

$$\dfrac{\mathrm{d}y}{\mathrm{d}x}\Big|_{x=0} = 3 \cdot \dfrac{\pi}{2} = \dfrac{3\pi}{2}.$$

习　题　2-2

1. 求下列函数的导数：

（1）$y = 3\cos 2x$；

（2）$y = 4\sin(3t-1)$；

（3）$y = 2\mathrm{e}^{3x} + 4\cos 2x$；

（4）$y = (x+1)^5$；

（5）$y = 3\mathrm{e}^{-4x} + 1$；

（6）$y = \dfrac{x}{\sqrt{1+x^2}}$；

（7）$y = \dfrac{1}{x\ln x}$；

（8）$y = (x^2+x+1)(x-1)^3$；

（9）$y = x^3\mathrm{e}^x\sin x$；

（10）$y = \dfrac{2\ln x + x^3}{3\ln x + x^2}$.

2. 证明下列导数公式：

（1）$(\cot x)' = -\csc^2 x$；

（2）$(\csc x)' = -\csc x\cot x$；

（3）$(\arccos x)' = -\dfrac{1}{\sqrt{1-x^2}}$；

（4）$(\operatorname{arccot} x)' = -\dfrac{1}{1+x^2}$.

3. 求曲线 $y = 2\sin x + x^3 + 1$ 在点 $(0,1)$ 处的切线方程和法线方程.

4. 求曲线 $y = x - \dfrac{1}{x}$ 的切线方程，使之平行于直线 $3x - y = 4$.

5. 求下列函数在给定点处的导数：

（1）$y = 2\cos x - 3\sin x$，求 $y'\big|_{x=\frac{\pi}{4}}$；

（2）$y = \dfrac{2}{3-x} + \dfrac{x^2}{3}$，求 $y'(2)$．

6. 求下列函数的导数：

（1）$y = (2x^2 + 3)^5$；

（2）$y = \sin(5 - 2x^2)$；

（3）$y = e^{-3x^2 + 2x + 1}$；

（4）$y = \sin(x^2)$；

（5）$y = \cos^2 x$；

（6）$y = \sqrt{a^2 - x^2}$；

（7）$y = \arctan(e^x)$；

（8）$y = (\arccos x)^2$；

（9）$y = \ln \sin x$；

（10）$y = \log_a(x^3 + 1)$；

（11）$y = \arcsin(\sin x^2)$；

（12）$y = 3^{\sin^2 x}$．

7. 求下列函数的导数：

（1）$y = \arccos(1 - 2x)$；

（2）$y = \arcsin \dfrac{1}{x}$；

（3）$y = \dfrac{1 - \ln x}{1 + \ln x}$

（4）$y = \ln(x + \sqrt{x^2 + a^2})$；

（5）$y = \sin^n x \cdot \cos nx$；

（6）$y = \sqrt{\dfrac{1 - \sin 2x}{1 + \sin 2x}}$；

（7）$y = e^{\arctan \sqrt{x}}$；

（8）$y = \ln[\ln(\ln x)]$；

（9）$y = \dfrac{\sqrt{1+x} - \sqrt{1-x}}{\sqrt{1+x} + \sqrt{1-x}}$；

（10）$y = \operatorname{arccot}\left(\dfrac{1}{2}\tan\dfrac{x}{2}\right)$；

（11）$y = 10^{x \tan 2x}$；

（12）$y = \ln(\sec x + \tan x)$．

8. 设 $f(x) = \begin{cases} 1 - \cos x, & x < 0, \\ \ln(1+x) - x\cos x, & x \geqslant 0, \end{cases}$ 求 $f'(x)$．

9. 求函数 $y = (\sin x)^{\cos x}$ 的导函数．

10. 设 $f(x) = \sin x$，$\varphi(x) = x^3$，求 $f[\varphi'(x)]$，$f'[\varphi(x)]$，$\{f[\varphi(x)]\}'$．

11. 设 $f(x)$ 为可导函数，求下列函数的导数：

（1）$f(\sin x^2) + f(\cos x^2)$；

（2）$f(\sin^2 x) + f^2(\sin x)$；

（3）$[f(\cos x)]^n$；

（4）$[\cos f(x)]^n$．

12. 设 $f(x)$ 为可导函数且 $f(x+3) = x^5$，求 $f'(x+3)$ 和 $f'(x)$．

13. 设 $f(x)$ 在 $(-\infty, +\infty)$ 内可导，$F(x) = f(x^2 - 1) + f(1 - x^2)$，证明：$F'(1) = F'(-1)$．

2.3 高 阶 导 数

2.3.1 高阶导数的定义

由本章 2.1.1 节我们知道做变速直线运动的物体在任意时刻 t 的瞬时速度 $v(t)$ 是位移函数 $s(t)$ 对时间 t 的导数，即 $v=\dfrac{\mathrm{d}s}{\mathrm{d}t}$，相似的分析可以确定加速度 $a(t)=\lim\limits_{\Delta t\to 0}\dfrac{\Delta v}{\Delta t}=\dfrac{\mathrm{d}v}{\mathrm{d}t}$，于是 $a(t)=v'(t)=(s'(t))'$，即加速度可由位移函数经过两次求导运算得到. 这种由函数 $f(x)$ 的导数 $f'(x)$ 再求导（设 $f'(x)$ 可导）得到的函数 $(f'(x))'$，称之为函数 $f(x)$ 的二阶导数，记作 $f''(x)$，y'' 或 $\dfrac{\mathrm{d}^2 y}{\mathrm{d}x^2}$，即

$$f''(x)=(f'(x))',\ y''=(y')',\ \frac{\mathrm{d}^2 y}{\mathrm{d}x^2}=\frac{\mathrm{d}}{\mathrm{d}x}\left(\frac{\mathrm{d}y}{\mathrm{d}x}\right).$$

相应地，称 $f'(x)$ 为函数 $f(x)$ 的一阶导数.

可见，做变速直线运动的物体在任意时刻 t 的瞬时速度 $v(t)$ 是位移函数 $s(t)$ 对时间 t 的一阶导数，加速度 $a(t)$ 是位移函数 $s(t)$ 对时间 t 的二阶导数.

类似地，二阶导函数的导数 $[f''(x)]'$ 称为函数 $f(x)$ 的三阶导数，记作 $f'''(x)$ 或 y''' 或 $\dfrac{\mathrm{d}^3 y}{\mathrm{d}x^3}$；三阶导函数的导数 $[f'''(x)]'$ 称为函数 $f(x)$ 的四阶导数，记作 $f^{(4)}(x)$ 或 $y^{(4)}$ 或 $\dfrac{\mathrm{d}^4 y}{\mathrm{d}x^4}$.

一般地，$(n-1)$ 阶导函数的导数 $[f^{(n-1)}(x)]'$ 称为函数 $f(x)$ 的 n 阶导数，记作 $f^{(n)}(x)$ 或 $y^{(n)}$ 或 $\dfrac{\mathrm{d}^n y}{\mathrm{d}x^n}$，即

$$f^{(n)}(x)=[f^{(n-1)}(x)]'.$$

二阶及二阶以上的导数统称为高阶导数.

由此可见，求函数的高阶导数无非就是从一阶开始，逐阶地多次求导. 所以，高阶导数的计算没有本质上的新方法. 需要注意的是：此处逐阶求导的高阶导数的过程都是针对导函数的计算. 对于函数在某一点 x_0 处的高阶导数，依然有 $f^{(n)}(x_0)=f^{(n)}(x)\big|_{x=x_0}$ 成立，即

$$f^{(n)}(x_0)=\lim\limits_{\Delta x\to 0}\frac{f^{(n-1)}(x_0+\Delta x)-f^{(n-1)}(x_0)}{\Delta x},$$

但 $f^{(n)}(x_0) \neq [f^{(n-1)}(x_0)]'$.

例 2.32 设 $y = 3x^3 + 5x + 1$，求 y''' 及 $y'''(0)$.

解 因为 $y' = 9x^2 + 5$，$y'' = 18x$，所以
$$y''' = 18，\quad y'''(0) = 18.$$

例 2.33 设 $f(x) = \cos x$，$g(x) = a + bx + cx^2$，试求常数 a, b, c 的值，使得 $f(0) = g(0)$，$f'(0) = g'(0)$，$f''(0) = g''(0)$.

解 因为 $f'(x) = -\sin x$，$f''(x) = -\cos x$，$g'(x) = b + 2cx$，$g''(x) = 2c$，所以
$$f'(0) = 0，\quad f''(0) = -1，\quad g'(0) = b，\quad g''(0) = 2c，$$
且 $f(0) = 1$，$g(0) = a$.

要使 $f(0) = g(0)$，$f'(0) = g'(0)$，$f''(0) = g''(0)$ 成立，则要
$$a = 1，\quad b = 0，\quad 2c = -1，$$
解得 $a = 1$，$b = 0$，$c = -\dfrac{1}{2}$ 即为所求.

2.3.2　一些常见函数的 n 阶导数公式

例 2.34 求 $y = a^x (a > 0, a \neq 1)$ 的 n 阶导数.

解 由基本导数公式可得
$$y' = a^x \ln a,$$
$$y'' = \ln a (a^x)' = a^x (\ln a)^2,$$
$$y''' = (\ln a)^2 (a^x)' = (\ln a)^3 a^x,$$
$$\cdots\cdots$$

所以 $y^{(n)} = a^x (\ln a)^n$，即对任意正整数 n，
$$(a^x)^{(n)} = a^x (\ln a)^n. \tag{2-7}$$

特别地，对任意正整数 n，$(e^x)^{(n)} = e^x$. $\tag{2-8}$

例 2.35 求 $y = \ln(1+x)$ 的 n 阶导数.

解 由复合函数的求导法则，可得
$$y' = \frac{1}{1+x} = (1+x)^{-1}, \quad y'' = (-1)(1+x)^{-2}, \quad y''' = (-1)(-2)(1+x)^{-3},$$

$$\cdots\cdots$$

所以 $y^{(n)} = (-1)(-2)(-3)\cdots[-(n-1)](1+x)^{-n} = (-1)^{n-1}(n-1)!\dfrac{1}{(1+x)^n}$，

即对任意正整数 n，有

$$[\ln(1+x)]^{(n)} = (-1)^{n-1}(n-1)!\frac{1}{(1+x)^n}. \tag{2-9}$$

同时可得

$$\left(\frac{1}{x+a}\right)^{(n)} = (-1)^n\frac{n!}{(x+a)^{n+1}}. \tag{2-10}$$

例 2.36　设 $y = \sin x$，求 $y^{(n)}$.

解　由基本导数公式及运算法则，可得

$$y' = \cos x, \qquad\qquad y'' = (\cos x)' = -\sin x,$$
$$y''' = (-\sin x)' = -\cos x, \quad y^{(4)} = (-\cos x)' = \sin x.$$

可见，继续求导，将出现周而复始的循环现象，并且

$$y^{(n)} = \begin{cases} \cos x, & n = 4k+1, \\ -\sin x, & n = 4k+2, \\ -\cos x, & n = 4k+3, \\ \sin x, & n = 4k, \end{cases} \text{其中 } k \in \mathbf{N}.$$

为了得到更简单的公式，上述结果可改写为

$$y' = \cos x = \sin\left(x + \frac{\pi}{2}\right),$$

$$y'' = -\sin x = \sin\left(x + 2\cdot\frac{\pi}{2}\right),$$

$$y''' = -\cos x = \sin\left(x + 3\cdot\frac{\pi}{2}\right),$$

$$y^{(4)} = \sin x = \sin\left(x + 4\cdot\frac{\pi}{2}\right),$$

于是可归纳推得 $y^{(n)} = \sin\left(x + n\cdot\frac{\pi}{2}\right)$，$n \in \mathbf{Z}^+$. 即对任意正整数 n，有

$$(\sin x)^{(n)} = \sin\left(x + n\cdot\frac{\pi}{2}\right). \tag{2-11}$$

类似地可得

$$(\cos x)^{(n)} = \cos\left(x + n\cdot\frac{\pi}{2}\right), \ n \in \mathbf{Z}^+. \tag{2-12}$$

例 2.37　求幂函数 $y = x^{\mu}$ 的 n 阶导数.

解　由基本导数公式可得

$$y' = \mu x^{\mu-1}, \quad y'' = \mu(\mu-1)x^{\mu-2}, \quad y''' = \mu(\mu-1)(\mu-2)x^{\mu-3},$$

$$\cdots\cdots$$

所以对任意正整数 n，有

$$(x^{\mu})^{(n)} = \mu(\mu-1)\cdots(\mu-n+1)x^{\mu-n}. \tag{2-13}$$

特别地，（1）当 μ 为正整数 n 时，$(x^n)^{(n)} = n!$，而当 $m > n$ 时，$(x^n)^{(m)} = 0$；

（2）当 $\mu = -1$ 时，$(x^{-1})^{(n)} = (-1)(-2)(-3)\cdots(-n)x^{-1-n}$，即 $\left(\dfrac{1}{x}\right)^{(n)} = (-1)^n \dfrac{n!}{x^{n+1}}$.

注　在今后的高阶导数计算中，可直接应用式（2-7）～式（2-13）的结论.

2.3.3　高阶导数的运算法则

定理 2.4　如果函数 $u = u(x)$ 和 $v = v(x)$ 在点 x 处都有 n 阶导数，则 $u(x) \pm v(x)$，$u(x)v(x)$ 在点 x 处也有 n 阶导数，并且

（1）$(u \pm v)^{(n)} = u^{(n)} \pm v^{(n)}$；

（2）$(uv)^{(n)} = u^{(n)}v + C_n^1 u^{(n-1)}v' + C_n^2 u^{(n-2)}v'' + \cdots + C_n^k u^{(n-k)}v^{(k)} + \cdots + uv^{(n)}$.

特别地，$(Cu)^{(n)} = Cu^{(n)}$（C 为常数）.

（1）式容易证明，（2）式称为莱布尼茨（Leibniz）公式，可用数学归纳法证明，请读者完成.

例 2.38　设 $y = \dfrac{1}{x^2 - 3x + 2}$，求 $y^{(n)}$.

解　因为 $y = \dfrac{1}{x^2 - 3x + 2} = \dfrac{1}{x-2} - \dfrac{1}{x-1}$，所以

$$y^{(n)} = \left(\frac{1}{x-2}\right)^{(n)} - \left(\frac{1}{x-1}\right)^{(n)}.$$

而由例 2.35 推出的式（2-10）可得

$$\left(\frac{1}{x-2}\right)^{(n)} = (-1)^n \frac{n!}{(x-2)^{n+1}},$$

$$\left(\frac{1}{x-1}\right)^{(n)} = (-1)^n \frac{n!}{(x-1)^{n+1}},$$

所以

$$y^{(n)} = (-1)^n n! \left[\frac{1}{(x-2)^{n+1}} - \frac{1}{(x-1)^{n+1}} \right].$$

例 2.39　设 $f(x) = x^3 \sin x$，求 $f^{(10)}(x)$.

解　令 $u = \sin x$，$v = x^3$，则

$$u^{(k)} = \sin\left(x + k \cdot \frac{\pi}{2} \right), \ (k = 1, 2, \cdots, 10),$$

$$v' = 3x^2, \ v'' = 6x, \ v''' = 6, \ v^{(k)} = 0 \ (k = 4, 5, \cdots, 10).$$

代入莱布尼茨公式，得

$$f^{(10)}(x) = u^{(10)}v + C_{10}^1 u^{(9)} v' + C_{10}^2 u^{(8)} v'' + C_{10}^3 u^{(7)} v'''$$

$$= x^3 \cdot (-\sin x) + 10 \times 3x^2 \cdot \cos x + \frac{10 \times 9}{2!} \times 6x \cdot \sin x + \frac{10 \times 9 \times 8}{3!} \times 6 \cdot (-\cos x)$$

$$= (-x^3 + 270x)\sin x + (30x^2 - 720)\cos x.$$

习　题　2-3

1. 求下列函数的二阶导数：

（1）$y = e^{3x-5}$ ；

（2）$y = e^{-t} \sin t$ ；

（3）$y = \sin^2 x \ln x$ ；

（4）$y = \tan x$ ；

（5）$y = \ln(x + \sqrt{4 + x^2})$ ；

（6）$y = (1 + x^2) \arctan x$ ；

（7）$y = \sec x$ ；

（8）$y = e^{-2x} \cos 3x$.

2. $y = x^3 e^x$，求 $y^{(5)}(0)$.

3. $y = x^2 e^{2x}$，求 $y^{(20)}$.

4. 试从 $\dfrac{dx}{dy} = \dfrac{1}{y'}$ 推导出下列公式：

（1）$\dfrac{d^2 x}{dy^2} = -\dfrac{y''}{(y')^3}$ ；

（2）$\dfrac{d^3 x}{dy^3} = \dfrac{3(y'')^2 - y'y'''}{(y')^5}$.

5. 证明：函数 $y = C_1 e^{\lambda x} + C_2 e^{-\lambda x}$（$C_1$，$C_2$ 是常数）满足关系式 $y'' - \lambda^2 y = 0$.

6. 求常数 λ 的值，使得函数 $y = e^{\lambda x}$ 满足方程 $y'' + 5y' - 6y = 0$.

7. 设 $f(x) = \sin(x + a)$，$g(x) = b\sin x + c\cos x$，求常数 b, c 的值，使得 $f(0) = g(0)$ 且 $f'(0) = g'(0)$.

8. 求下列函数的 n 阶导数.

（1）$y = x^n + a_1 x^{n-1} + a_2 x^{n-2} + \cdots + a_{n-1} x + a_n$（$a_1, a_2, \cdots, a_n$ 是常数）；

（2）$y = xe^x$ ；　　　　（3）$y = \sin^2 x$ ；　　　　（4）$y = \dfrac{1}{2x^2 + 3x - 2}$.

2.4　隐函数及由参数方程所确定的函数的导数

2.4.1　隐函数的导数

前面我们所研究的函数，都是用解析式 $y = f(x)$ 表示的函数，用这种方式表示的函数称为显函数. 在实际问题中，我们也经常遇到另一类函数，它的因变量 y 和自变量 x 之间的对应法则是以方程 $F(x, y) = 0$ 的形式给定的，准确来说，如果存在一个定义在某区间上的函数 $y = y(x)$，使 $F(x, y(x)) \equiv 0$，那么称 $y = y(x)$ 为由方程 $F(x, y) = 0$ 所确定的隐函数.

对于有些由方程表示的隐函数，我们可以利用恒等变形将它化为显函数，此过程称为隐函数的显化. 例如，方程 $2x^2 + y - 1 = 0$ 在区间 $(-\infty, +\infty)$ 内可确定一个函数 $y = 1 - 2x^2$，它是显函数形式，但有些隐函数的显化是很困难的，甚至是不可能的. 例如，方程 $e^y + xy - e = 0$ 在某个区间内确定了隐函数 $y = y(x)$，但无法显化此函数. 因此，我们希望有一种方法，不管隐函数能否显化，都能直接由方程求出它所确定的隐函数的导数.

对于给定的方程，由它所确定的隐函数是否存在，若存在，这个隐函数是否可导，这两个问题将在第 7 章讨论. 本节中均假设所给定的方程确定的隐函数存在且可导，在此我们只介绍求导方法.

例 2.40　求由方程 $e^{x+y} + xy - 1 = 0$ 所确定的隐函数 $y = y(x)$ 的导数 $\dfrac{dy}{dx}$ 及 $\dfrac{dy}{dx}\big|_{x=0}$.

解　将方程 $e^{x+y} + xy - 1 = 0$ 两边同时对 x 求导，即

$$\frac{d}{dx}(e^{x+y} + xy - 1) = \frac{d}{dx}(0),$$

注意 y 是 x 的函数，e^{x+y} 便是 x 的复合函数，于是有

$$e^{x+y}\left(1 + \frac{dy}{dx}\right) + y + x\frac{dy}{dx} = 0,$$

从而

$$\frac{dy}{dx} = -\frac{y + e^{x+y}}{x + e^{x+y}} \quad (x + e^{x+y} \neq 0).$$

将 $x = 0$ 代入方程 $e^{x+y} + xy - 1 = 0$，解得 $y = 0$，所以 $\dfrac{dy}{dx}\big|_{x=0} = -1$.

说明　隐函数的导数表达式中允许同时含有变量 x 和 y，其中 y 是方程确定的关于 x 的隐函数.

例 2.41　求曲线 $xy + \ln y = 1$ 在点 $(1,1)$ 处的切线方程.

解　由导数的几何意义可知，所求切线的斜率为 $k = y'|_{x=1}$. 将方程 $xy + \ln y = 1$ 两边同时对 x 求导，得

$$y + x\frac{\mathrm{d}y}{\mathrm{d}x} + \frac{1}{y}\frac{\mathrm{d}y}{\mathrm{d}x} = 0.$$

将 $x = 1$，$y = 1$ 代入上式，解得 $k = \dfrac{\mathrm{d}y}{\mathrm{d}x}\Big|_{x=1} = -\dfrac{1}{2}$. 于是所求切线方程为

$$y - 1 = -\frac{1}{2}(x-1),$$

即 $x + 2y = 3$.

例 2.42　求由方程 $y = \sin(x+y)$ 所确定的隐函数 $y = y(x)$ 的二阶导数 $\dfrac{\mathrm{d}^2 y}{\mathrm{d}x^2}$.

解　将方程两边同时对 x 求导，得

$$y' = \cos(x+y)(1+y'), \tag{2-14}$$

所以

$$y' = \frac{\cos(x+y)}{1-\cos(x+y)} \quad (1 - \cos(x+y) \neq 0). \tag{2-15}$$

于是

$$
\begin{aligned}
y'' &= \frac{\mathrm{d}}{\mathrm{d}x}\left(\frac{\cos(x+y)}{1-\cos(x+y)}\right) \\
&= \frac{-\sin(x+y)(1+y')[1-\cos(x+y)] - \cos(x+y)\sin(x+y)(1+y')}{[1-\cos(x+y)]^2} \\
&= \frac{-\sin(x+y)(1+y')}{[1-\cos(x+y)]^2} = \frac{-\sin(x+y)}{[1-\cos(x+y)]^3}.
\end{aligned}
$$

为了求 y 的二阶导数，也可将等式（2-14）两端再对 x 求导，但要注意 y' 仍是 x 的函数.

将式（2-14）两端对 x 求导得

$$y'' = -\sin(x+y)(1+y')^2 + \cos(x+y)(0+y''),$$

于是

$$y'' = \frac{-\sin(x+y)(1+y')^2}{1-\cos(x+y)},$$

将式（2-15）代入上式得

$$y'' = \frac{-\sin(x+y)}{[1-\cos(x+y)]^3}.$$

例 2.43 求 $y = x^x \ (x > 0)$ 的导数.

解 将函数 $y = x^x$ 两边取自然对数，得

$$\ln y = x \cdot \ln x,$$

将上式两边同时对 x 求导，得

$$\frac{1}{y} \cdot y' = 1 \cdot \ln x + x \cdot \frac{1}{x} = \ln x + 1,$$

于是 $y' = y(\ln x + 1) = x^x(\ln x + 1)$.

一般地，对于幂指函数 $y = u(x)^{v(x)}$（$u(x) > 0$），如果 $u'(x)$，$v'(x)$ 都存在. 可像例 2.43 这样来求它的导数. 先将 $y = u(x)^{v(x)}$ 两边取自然对数，得

$$\ln y = v(x) \ln u(x),$$

再将上式两边关于 x 求导，得

$$\frac{1}{y} \cdot y' = v'(x) \cdot \ln u(x) + \frac{v(x)u'(x)}{u(x)},$$

于是 $y' = u(x)^{v(x)} \left[v'(x) \cdot \ln u(x) + \dfrac{v(x)u'(x)}{u(x)} \right]$.

这种先将函数 $y = f(x)$ 取对数，然后按隐函数求导，得到 y' 的求导方法，我们称之为对数求导法. 对数求导法除了用于幂指函数的导数计算外，还可以用于以乘、除、乘方、开方运算为主要结构的函数的导数计算.

例 2.44 设 $y = \dfrac{(x^3 + 1)^4 \sin^2 x}{\sqrt{x}}$，求 y'.

解 将函数两边取自然对数，得

$$\ln y = 4\ln(x^3 + 1) + \ln \sin^2 x - \frac{1}{2}\ln x.$$

将上式两边关于 x 求导，得

$$\frac{1}{y} \cdot y' = 4\frac{3x^2}{x^3 + 1} + \frac{2\sin x \cos x}{\sin^2 x} - \frac{1}{2x},$$

于是 $y' = \dfrac{(x^3 + 1)^4 \sin^2 x}{\sqrt{x}} \left(\dfrac{12x^2}{x^3 + 1} + 2\cot x - \dfrac{1}{2x} \right)$.

例 2.45 利用隐函数的求导方法，求 $y = \arctan x$ 的导数 y'.

解 因为 $y = \arctan x$，所以

$$x = \tan y,$$

将上式两边同时对 x 求导，得 $1 = \sec^2 y \cdot y'$，而

$$\sec^2 y = 1 + \tan^2 y = 1 + x^2,$$

所以

$$y' = \frac{1}{1+x^2},$$

即 $(\arctan x)' = \frac{1}{1+x^2}$.

可见，反函数的导数计算也可应用隐函数的求导方法来解决.

2.4.2　由参数方程所确定的函数的导数

两个变量 x 与 y 的函数关系，除了用显函数或隐函数的形式表达外，还可以用参数方程

$$\begin{cases} x = \varphi(t), \\ y = \psi(t), \end{cases} \quad (t \text{ 为参数}) \tag{2-16}$$

来表示，其中 $\varphi(t)$ ，$\psi(t)$ 都是参数 t 的连续函数. 事实上，如果 $x = \varphi(t)$ 具有反函数 $t = \varphi^{-1}(x)$ ，那么 $y = \psi[\varphi^{-1}(x)]$. 于是，通过参数 t 可以确定 y 是 x 的函数，称此函数为由参数方程（2-16）所确定的函数.

设函数 $x = \varphi(t)$ ，$y = \psi(t)$ 都可导且 $\varphi'(t) \neq 0$ ，则由上述分析可知，由参数方程（2-16）所确定的函数 $y = \psi[\varphi^{-1}(x)]$ 可看成由函数 $y = \psi(t)$ 与 $t = \varphi^{-1}(x)$ 复合而成，其中 t 为中间变量. 于是，由复合函数及反函数的求导法则可得

$$\frac{dy}{dx} = \frac{dy}{dt} \cdot \frac{dt}{dx} = \frac{dy}{dt} \cdot \frac{1}{\dfrac{dx}{dt}} = \frac{\psi'(t)}{\varphi'(t)} \quad (\varphi'(t) \neq 0), \tag{2-17}$$

或记作 $\dfrac{dy}{dx} = \dfrac{y'_t}{x'_t}$ ，这就是由参数方程（2-16）所确定的函数 $y = y(x)$ 的求导公式.

例 2.46　已知摆线（图 2-6）的参数方程为 $\begin{cases} x = a(t - \sin t), \\ y = a(1 - \cos t), \end{cases}$ 求该摆线在 $t = \dfrac{\pi}{2}$ 时的切线方程.

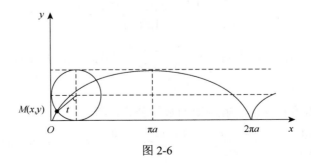

图 2-6

解　由导数的几何意义可知，所求切线的斜率为 $k = \dfrac{dy}{dx}\bigg|_{t=\frac{\pi}{2}}$. 而

$$\frac{dy}{dx} = \frac{y'_t}{x'_t} = \frac{[a(1-\cos t)]'}{[a(t-\sin t)]'} = \frac{\sin t}{1-\cos t},$$

所以

$$k = \frac{\sin t}{1-\cos t}\bigg|_{t=\frac{\pi}{2}} = 1.$$

又当 $t = \dfrac{\pi}{2}$ 时，摆线上相应点 M_0 的坐标为

$$x_0 = a\left(\frac{\pi}{2} - \sin\frac{\pi}{2}\right) = a\left(\frac{\pi}{2} - 1\right), \quad y_0 = a\left(1 - \cos\frac{\pi}{2}\right) = a.$$

于是，所求切线的方程为

$$y - a = 1 \cdot \left[x - a\left(\frac{\pi}{2} - 1\right)\right],$$

即 $y = x + a\left(2 - \dfrac{\pi}{2}\right)$.

如果 $x = \varphi(t)$，$y = \psi(t)$ 具有二阶导数，还可由式（2-17）推得由参数方程（2-16）所确定的函数 $y = y(x)$ 的二阶导数的计算公式，不过要注意的是：$\dfrac{dy}{dx} = \dfrac{y'_t}{x'_t}$ 直接表现为 t 的函数，仍是 x 的复合函数.

$$\frac{d^2 y}{dx^2} = \frac{d}{dx}\left(\frac{dy}{dx}\right) = \frac{d}{dt}\left(\frac{\psi'(t)}{\varphi'(t)}\right) \cdot \frac{dt}{dx}$$

$$= \frac{\psi''(t)\varphi'(t) - \psi'(t)\varphi''(t)}{[\varphi'(t)]^2} \cdot \frac{1}{\varphi'(t)},$$

即

$$\frac{d^2 y}{dx^2} = \frac{\psi''(t)\varphi'(t) - \psi'(t)\varphi''(t)}{[\varphi'(t)]^3}. \tag{2-18}$$

例 2.47　求由椭圆的参数方程 $\begin{cases} x = a\cos t, \\ y = b\sin t \end{cases}$ 所确定的函数 $y = y(x)$ 的二阶导数，其中 $t \in [0, 2\pi]$.

解　由参数方程所确定的函数的求导公式，得

$$\frac{dy}{dx} = \frac{y'_t}{x'_t} = \frac{(b\sin t)'}{(a\cos t)'} = \frac{b\cos t}{a(-\sin t)} = -\frac{b}{a}\cot t \quad (t \neq 0, \ \pi, 2\pi),$$

$$\frac{\mathrm{d}^2 y}{\mathrm{d}x^2} = \frac{\mathrm{d}}{\mathrm{d}x}\left(\frac{\mathrm{d}y}{\mathrm{d}x}\right) = \frac{\mathrm{d}}{\mathrm{d}t}\left(-\frac{b}{a}\cot t\right) \cdot \frac{\mathrm{d}t}{\mathrm{d}x}$$

$$= \frac{b}{a}\csc^2 t \cdot \frac{1}{\dfrac{\mathrm{d}x}{\mathrm{d}t}} = \frac{b}{a}\csc^2 t \cdot \frac{1}{-a\sin t} = -\frac{b}{a^2 \cdot \sin^3 t} \quad (t \neq 0,\ \pi,\ 2\pi).$$

注　本题也可直接应用式（2-18）求解.

例 2.48　设函数 $y = y(x)$ 由参数方程 $\begin{cases} x = t^2 - t, \\ y^3 + 3ty + 1 = 0 \end{cases}$ 确定，求 $\dfrac{\mathrm{d}y}{\mathrm{d}x}\Big|_{t=0}$.

解　由第一个方程可得

$$\frac{\mathrm{d}x}{\mathrm{d}t} = 2t - 1.$$

将第二个方程两边同时对 t 求导，将 y 看作 t 的函数，得

$$3y^2 \frac{\mathrm{d}y}{\mathrm{d}t} + 3\left(y + t\frac{\mathrm{d}y}{\mathrm{d}t}\right) = 0,$$

解得

$$\frac{\mathrm{d}y}{\mathrm{d}t} = -\frac{y}{y^2 + t}.$$

于是

$$\frac{\mathrm{d}y}{\mathrm{d}x} = \frac{y_t'}{x_t'} = -\frac{y}{(y^2 + t)(2t - 1)}.$$

当 $t = 0$ 时，由参数方程可得 $y\big|_{t=0} = -1$，代入上式，得

$$\frac{\mathrm{d}y}{\mathrm{d}x}\Big|_{t=0} = -1.$$

2.4.3　相关变化率

在一些实际应用中，我们经常遇到这样的问题：有两个变量 x 与 y 满足关系式 $F(x,y) = 0$，变量 x 与 y 又都是变量 t 的函数，已知其中一个变量关于变量 t 的变化率，求另一个变量关于变量 t 的变化率. 这两个变化率 $\dfrac{\mathrm{d}x}{\mathrm{d}t}$ 与 $\dfrac{\mathrm{d}y}{\mathrm{d}t}$ 之间因 x 与 y 之间的约束，也有一定的依赖关系，我们将这种具有一定依赖关系的两个变化率称为相关变化率.

相关变化率问题就是研究这两个变化率之间的关系，以便从其中一个容易测量的变化率求出另一个变量的变化率.

解决这种形式的相关变化率问题，可采用如下步骤：

（1）建立变量 x 与 y 之间的关系式 $F(x,y)=0$；

（2）将关系式 $F(x,y)=0$ 两边同时求关于 t 的导数，得到 $\dfrac{\mathrm{d}x}{\mathrm{d}t}$ 与 $\dfrac{\mathrm{d}y}{\mathrm{d}t}$ 之间的关系式；

（3）从 $\dfrac{\mathrm{d}x}{\mathrm{d}t}$ 与 $\dfrac{\mathrm{d}y}{\mathrm{d}t}$ 的关系式中解出待求的变化率．

例 2.49　设有一深为 18 cm，顶部直径为 12 cm 的正圆锥形漏斗装满水，下面接一直径为 10 cm 的圆柱形水桶，水由漏斗流入桶内，当漏斗中的水深为 12 cm、水面下降速度为 1 cm/min 时，求桶中水面上升的速度．

解　设在时刻 t 时漏斗中水面高度为 $h=h(t)$，漏斗在高为 $h(t)$ 处的截面圆的半径为 $r(t)$，桶中水面的高度为 $H=H(t)$．

（1）建立变量 h 与 H 之间的关系：

由于在任何时刻 t，漏斗中的水量与水桶中的水量之和应等于开始时装满漏斗的总水量，则有

$$\frac{\pi}{3}r^2(t)h(t)+5^2\pi H(t)=\frac{1}{3}\cdot6^2\cdot\pi\cdot18.$$

又因为 $\dfrac{r(t)}{6}=\dfrac{h(t)}{18}$，所以 $r(t)=\dfrac{1}{3}h(t)$，代入上式得

$$\frac{\pi}{27}h^3(t)+25\pi H(t)=6^3\pi.$$

（2）求 $\dfrac{\mathrm{d}h(t)}{\mathrm{d}t}$ 与 $\dfrac{\mathrm{d}H(t)}{\mathrm{d}t}$ 之间的关系式：

将上式两边同时对时间 t 求导，得

$$\frac{1}{9}h^2(t)\frac{\mathrm{d}h(t)}{\mathrm{d}t}+25\frac{\mathrm{d}H(t)}{\mathrm{d}t}=0.$$

（3）解出待求的变化率：

由（2）可得

$$\frac{\mathrm{d}H(t)}{\mathrm{d}t}=-\frac{1}{9\times25}h^2(t)\frac{\mathrm{d}h(t)}{\mathrm{d}t}.$$

由已知 $h(t)=12$ cm 时，$\dfrac{\mathrm{d}h(t)}{\mathrm{d}t}=-1\,(\mathrm{cm/min})$，代入上式得

$$\frac{\mathrm{d}H(t)}{\mathrm{d}t}=\frac{16}{25}\,(\mathrm{cm/min}).$$

因此，当漏斗中水深为 12 cm，水面下降速度为 1 cm/min 时，桶中水面上升的速度为 $\dfrac{16}{25}$ cm/min．

习　题　2-4

1. 求由下列方程所确定的隐函数的导数 $\dfrac{dy}{dx}$:

（1）$x+y-e^{xy}=0$;

（2）$2x^2y-xy^2+y^3=0$;

（3）$e^{xy}+y\ln x=\sin 2x$;

（4）$\sqrt{x}+\sqrt{y}=\sqrt{a}$（常数 $a>0$ ）;

（5）$x\sin y-e^x+e^y=0$;

（6）$y^x=x^y$.

2. 求曲线 $x^2+y^5-2xy=0$ 在点 $(1,1)$ 处的切线方程.

3. 已知 $y\sin x-\cos(x+y)=0$ ，求隐函数 $y=y(x)$ 在点 $\left(0,\dfrac{\pi}{2}\right)$ 的导数值.

4. 求下列方程所确定的隐函数的二阶导数 $\dfrac{d^2y}{dx^2}$:

（1）$y=\tan(x+y)$;

（2）$y=1+xe^y$;

（3）$y\ln y=x+y$;

（4）$\arctan\dfrac{y}{x}=\ln\sqrt{x^2+y^2}$;

（5）$x-y+\sin y=0$.

5. 用对数求导法求下列函数的导数:

（1）$y=(\sin x)^{\cos x}$;

（2）$y=(\tan 2x)^x$;

（3）$y=\left(\dfrac{x}{1+x}\right)^x$;

（4）$y=(2x-1)\sqrt{x\sqrt{(3x+1)\sqrt{x-1}}}$.

6. 求下列参数方程所确定的函数的导数 $\dfrac{dy}{dx}$:

（1）$\begin{cases}x=a\cos bt+b\sin at,\\ y=a\sin bt-b\cos at,\end{cases}$（$a,b$ 为常数）;

（2）$\begin{cases}x=a(\theta-\sin\theta),\\ y=a(1-\cos\theta),\end{cases}$（$a>0$）;

（3）$\begin{cases}x=a\cos^3\theta,\\ y=a\sin^3\theta,\end{cases}$（$a>0$）;

（4）$\begin{cases}x=\dfrac{2at}{1+t^3},\\ y=\dfrac{3at^2}{1+t^3},\end{cases}$（$a>0$）.

7. 求曲线 $\begin{cases}x=te^{-t}+1,\\ y=(2t-t^2)e^{-t}\end{cases}$ 在 $t=0$ 处的切线方程与法线方程.

8. 已知曲线 $\begin{cases}x=t^2+mt+n,\\ y=pe^t-2e\end{cases}$ 在 $t=0$ 时过原点，并且在该点处的切线与 $2x+3y-5=0$ 平行，求常数 m,n,p .

9. 求下列参数方程所确定的函数的二阶导数 $\dfrac{\mathrm{d}^2 y}{\mathrm{d}x^2}$:

（1）$\begin{cases} x = 1 - t^2, \\ y = t - t^3; \end{cases}$　　　　　　　　　　　（2）$\begin{cases} x = \mathrm{e}^t \cos t, \\ y = \mathrm{e}^t \sin t; \end{cases}$

（3）$\begin{cases} x = \ln(1 + t^2), \\ y = t - \arctan t; \end{cases}$　　　　　（4）$\begin{cases} x = f'(t), \\ y = t f'(t) - f(t), \end{cases}$ （$f''(t)$ 存在且不为零）.

10. 将水注入深 8 m、上顶直径 8 m 的正圆锥形容器中，注水速率为 4 t/min. 当水深为 5 m 时，其表面上升的速率为多少？

11. 汽车 A 以 50 km/h 的速度向西行驶，汽车 B 以 60 km/h 的速度向北行驶，两辆车都朝着两条路的交叉口行驶. 当汽车 A 距离交叉路口 0.3 km，汽车 B 距离交叉路口 0.4 km 时，两辆车以什么速率接近？

12. 某人身高 1.8 m，在水平路面上以每秒 1.6 m 的速率走向一街灯，若此街灯在路面上方 5 m，当此人与灯的水平距离为 4 m 时，人影端点移动的速率为多少？

2.5　函数的微分

2.5.1　微分的定义

函数的导数揭示了函数增量与自变量增量之间相对变化的快慢程度，在很多实际问题中，我们也需要研究函数增量 $\Delta y = f(x_0 + \Delta x) - f(x_0)$ 与自变量增量 Δx 之间的数量关系.

引例 2.1　设有一块正方形金属薄片受温度变化的影响，其边长由 x_0 变到 $x_0 + \Delta x$（图 2-7），问此薄片的面积改变了多少？

设正方形金属薄片的边长为 x，面积为 S，则 $S = x^2$，当边长由 x_0 变到 $x_0 + \Delta x$ 时，其面积的改变量为 $\Delta S = (x_0 + \Delta x)^2 - x_0^2 = 2x_0 \Delta x + (\Delta x)^2$.

显然，ΔS 分为两部分，第一部分 $2x_0 \Delta x$ 是 Δx 的线性函数，即图中两个小矩形的面积之和，第二部分 $(\Delta x)^2$ 是 Δx 的高阶无穷小（当 $\Delta x \to 0$ 时），即图中小正方形的面积. 由此可见，若边长改变很小，即 $|\Delta x|$ 很小时，面积的改变量 ΔS 可以近似地用 $2x_0 \Delta x$ 来计算，而且 $|\Delta x|$ 越小，近似程度越高. 由于 $2x_0 \Delta x$ 是 Δx 的线性函数，这无疑给近似计算 ΔS 带来很大的方便.

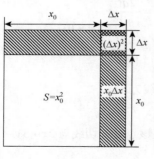

图 2-7

一般地，对一个函数 $y = f(x)$ 而言，函数的改变量 Δy 与自变量的改变量 Δx 之间不是简单的线性函数关系. 那么，怎样的函数能像引例一样，将 Δy 表示成 $A \cdot \Delta x + o(\Delta x)$ 的形式呢？其中 A 是与 Δx 无关的常数，当 $\Delta x \to 0$ 时，$o(\Delta x)$ 是 Δx 的高阶无穷小. 为此，我们引入函数的微分的概念.

定义 2.3 设函数 $y = f(x)$ 在点 x_0 的某邻域内有定义，当自变量在 x_0 处取得增量 Δx（点 $x_0 + \Delta x$ 仍在该邻域内）时，如果函数的增量 $\Delta y = f(x_0 + \Delta x) - f(x_0)$ 可表示为

$$\Delta y = A\Delta x + o(\Delta x),\qquad (2\text{-}19)$$

其中 A 是不依赖于 Δx 的常数，$o(\Delta x)$ 是比 Δx 高阶的无穷小（当 $\Delta x \to 0$ 时），则称函数 $y = f(x)$ 在点 x_0 可微，称 $A\Delta x$ 为函数 $y = f(x)$ 在点 x_0 的微分，记作 $\mathrm{d}y\big|_{x=x_0}$，即

$$\mathrm{d}y\big|_{x=x_0} = A\Delta x.$$

下面，我们来讨论函数可微的条件，并确定式（2-19）中的常数 A.

设函数 $y = f(x)$ 在点 x_0 处可微，则按可微的定义有 $\Delta y = A\Delta x + o(\Delta x)$ 成立，从而当 $\Delta x \to 0$ 时，$\dfrac{\Delta y}{\Delta x} = A + \dfrac{o(\Delta x)}{\Delta x}$ 且 $\lim\limits_{\Delta x \to 0} \dfrac{\Delta y}{\Delta x} = A$.

因此，如果 $y = f(x)$ 在点 x_0 可微，则 $f(x)$ 在点 x_0 可导，并且 $f'(x_0) = A$.

反过来，如果 $y = f(x)$ 在点 x_0 可导，即 $\lim\limits_{\Delta x \to 0} \dfrac{\Delta y}{\Delta x} = f'(x_0)$ 存在，根据极限与无穷小量的关系定理，可得

$$\dfrac{\Delta y}{\Delta x} = f'(x_0) + \alpha,\ \text{其中} \lim\limits_{\Delta x \to 0} \alpha = 0.$$

于是有 $\Delta y = f'(x_0)\Delta x + \alpha\Delta x$，因 $\lim\limits_{\Delta x \to 0} \dfrac{\alpha \cdot \Delta x}{\Delta x} = 0$，故 $\alpha \cdot \Delta x = o(\Delta x)$ 且 $f'(x_0)$ 不依赖于 Δx，所以函数 $y = f(x)$ 在点 x_0 可微且 $A = f'(x_0)$.

综上所述，可得如下定理：

定理 2.5 函数 $y = f(x)$ 在点 x_0 可微的充分必要条件是函数 $f(x)$ 在点 x_0 可导，且 $\mathrm{d}y = f'(x_0)\Delta x$.

如果函数 $y = f(x)$ 在区间 I 内任意一点 x 处可微，则称函数 $f(x)$ 在 I 内可微，其微分记作 $\mathrm{d}y$ 且 $\mathrm{d}y = f'(x)\Delta x$.

因为 $\mathrm{d}(x) = x'\Delta x = \Delta x$，所以通常把自变量 x 的增量 Δx 称为自变量的微分，记作 $\mathrm{d}x$，即 $\mathrm{d}x = \Delta x$. 于是函数 $y = f(x)$ 的微分可记为 $\mathrm{d}y = f'(x)\mathrm{d}x$.

例 2.50 求函数 $y = x^2$ 在 $x = 2$，$\Delta x = 0.01$ 时的微分.

解　因为 $(x^2)' = 2x$，所以 $dy = 2x \cdot \Delta x$，从而

$$dy\big|_{\substack{x=2 \\ \Delta x=0.01}} = 2 \times 2 \times 0.01 = 0.04.$$

例 2.51　求函数 $y = e^{2x}$ 的微分.

解　因为 $(e^{2x})' = 2e^{2x}$，所以 $dy = 2e^{2x}dx$.

2.5.2　基本微分公式与微分运算法则

由于函数 $f(x)$ 在点 x 可微的充分必要条件是函数在该点可导且 $dy = f'(x)dx$，所以要求函数 $y = f(x)$ 的微分 dy，只需求出导数 $f'(x)$，再乘以 dx 即可. 因此，可得到如下的微分公式和微分运算法则.

1. 基本初等函数的微分公式

由基本初等函数的导数公式，可直接写出基本初等函数的微分公式，如表 2-1 所示.

表 2-1

导数公式	微分公式
$(C)' = 0$	$d(C) = 0$
$(x^\mu)' = \mu x^{\mu-1}$	$d(x^\mu) = \mu x^{\mu-1}dx$
$(\sin x)' = \cos x$	$d(\sin x) = \cos x dx$
$(\cos x)' = -\sin x$	$d(\cos x) = -\sin x dx$
$(\tan x)' = \sec^2 x$	$d(\tan x) = \sec^2 x dx$
$(\cot x)' = -\csc^2 x$	$d(\cot x) = -\csc^2 x dx$
$(\sec x)' = \sec x \tan x$	$d(\sec x) = \sec x \tan x dx$
$(\csc x)' = -\csc x \cot x$	$d(\csc x) = -\csc x \cot x dx$
$(\arcsin x)' = \dfrac{1}{\sqrt{1-x^2}}$	$d(\arcsin x) = \dfrac{1}{\sqrt{1-x^2}}dx$
$(\arccos x)' = -\dfrac{1}{\sqrt{1-x^2}}$	$d(\arccos x) = -\dfrac{1}{\sqrt{1-x^2}}dx$
$(\arctan x)' = \dfrac{1}{1+x^2}$	$d(\arctan x) = \dfrac{1}{1+x^2}dx$
$(\text{arccot} x)' = -\dfrac{1}{1+x^2}$	$d(\text{arccot} x) = -\dfrac{1}{1+x^2}dx$
$(a^x)' = a^x \ln a$	$d(a^x) = a^x \ln a dx$
$(e^x)' = e^x$	$d(e^x) = e^x dx$
$(\log_a x)' = \dfrac{1}{x \ln a}$	$d(\log_a x) = \dfrac{1}{x \ln a}dx$
$(\ln|x|)' = \dfrac{1}{x}$	$d(\ln|x|) = \dfrac{1}{x}dx$

2. 函数和、差、积、商的微分法则

由函数和、差、积、商的求导法则，可推得相应的微分法则，如表 2-2 所示（表中的 $u = u(x)$，$v = v(x)$ 都可导）.

表 2-2

函数和、差、积、商的求导法则	函数和、差、积、商的微分法则
$(u \pm v)' = u' \pm v'$	$\mathrm{d}(u \pm v) = \mathrm{d}u \pm \mathrm{d}v$
$(Cu)' = Cu'$，C 为常数	$\mathrm{d}(Cu) = C\mathrm{d}u$，$C$ 为常数
$(uv)' = u'v + uv'$	$\mathrm{d}(uv) = v\mathrm{d}u + u\mathrm{d}v$
$\left(\dfrac{u}{v}\right)' = \dfrac{u'v - uv'}{v^2}$ $(v \neq 0)$	$\mathrm{d}\left(\dfrac{u}{v}\right) = \dfrac{v\mathrm{d}u - u\mathrm{d}v}{v^2}$ $(v \neq 0)$

下面，我们对乘积的微分法则加以证明.

根据函数微分的表达式，有 $\mathrm{d}(uv) = (uv)'\mathrm{d}x$. 再由函数乘积的求导法则，有 $(uv)' = u'v + uv'$. 于是

$$\mathrm{d}(uv) = (uv)'\mathrm{d}x = (u'v + uv')\mathrm{d}x.$$

而 $u'\mathrm{d}x = \mathrm{d}u$，$v'\mathrm{d}x = \mathrm{d}v$. 所以 $\mathrm{d}(uv) = v\mathrm{d}u + u\mathrm{d}v$.

其他法则都可以用类似的方法证明.

3. 复合函数的微分法则

设 $y = f(u)$，$u = \varphi(x)$ 都可导，则复合函数 $y = f[\varphi(x)]$ 的微分为

$$\mathrm{d}y = y'_x\mathrm{d}x = f'(u)\varphi'(x)\mathrm{d}x.$$

由于 $\varphi'(x)\mathrm{d}x = \mathrm{d}u$，所以复合函数 $y = f[\varphi(x)]$ 的微分公式也可以写成

$$\mathrm{d}y = f'(u)\mathrm{d}u \text{ 或 } \mathrm{d}y = y'_u\mathrm{d}u. \tag{2-20}$$

由此可见，无论 u 是自变量还是中间变量，微分形式 $\mathrm{d}y = f'(u)\mathrm{d}u$ 都成立，此性质称为微分形式不变性. 因此，复合函数的微分既可以利用链式法则求出函数的导数再乘以 $\mathrm{d}x$ 得到，也可以用微分形式不变性求得.

例 2.52　设 $y = \dfrac{1 - x^2}{1 + x^2}$，求 $\mathrm{d}y$.

解　由商的微分法则，可得

$$dy = \frac{(1+x^2)d(1-x^2)-(1-x^2)d(1+x^2)}{(1+x^2)^2}$$

$$= \frac{(1+x^2)\cdot(-2x)dx-(1-x^2)\cdot 2xdx}{(1+x^2)^2}$$

$$= \frac{-4x}{(1+x^2)^2}dx.$$

例 2.53　设 $y = \left(\dfrac{e^x}{x+1}\right)^3$，求 dy．

解　由微分形式不变性可得

$$dy = 3\left(\frac{e^x}{x+1}\right)^2 d\left(\frac{e^x}{x+1}\right)$$

$$= 3\left(\frac{e^x}{x+1}\right)^2 \frac{(x+1)de^x - e^x d(x+1)}{(x+1)^2}$$

$$= \frac{3xe^{3x}dx}{(x+1)^4}.$$

例 2.54　求由方程 $y = 1 + xe^y$ 所确定的函数 $y = y(x)$ 的微分．

解　根据微分形式不变性，将方程两边微分，可得

$$dy = d(1) + d(xe^y),$$

即 $dy = 0 + e^y dx + x de^y$，亦即

$$(1-xe^y)dy = e^y dx.$$

于是 $dy = \dfrac{e^y}{1-xe^y}dx\,(1-xe^y \neq 0)$．

说明　也可利用微分形式不变性，反过来求复合函数或隐函数的导数．

2.5.3　微分的几何意义

为了对微分有比较直观的了解，我们来说明微分的几何意义．

在平面直角坐标系中，函数 $y = f(x)$ 的图像是一条曲线．对于某一固定的 x_0，曲线上有一个确定的点 $M(x_0, f(x_0))$，当自变量 x 有微小改变量 Δx 时，因变量 y 就有改变量 Δy，即对应曲线上有另一点 $N(x_0+\Delta x, f(x_0)+\Delta y)$．如图 2-8 所示：

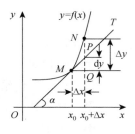

$$MQ = \Delta x,\ QN = \Delta y.$$

过点 M 作曲线的切线 MT，它的倾斜角为 α，则
$QP = MQ\tan\alpha = \Delta x \cdot f'(x_0)$，即 $QP = \mathrm{d}y$.

由此可见，当 Δy 是曲线 $y = f(x)$ 上的点 M 的纵坐标的
增量时，$\mathrm{d}y$ 就是曲线在点 M 处的切线上的点的纵坐标的增
量，这就是微分的几何意义.

当 $|\Delta x|$ 很小时，$|\Delta y - \mathrm{d}y|$ 比 $|\Delta x|$ 小得多. 又由于 $\mathrm{d}y =$

图 2-8

$f'(x_0)\Delta x$ 是 Δx 的线性函数，当 $f'(x_0) \neq 0$ 时，我们说 $\mathrm{d}y$ 是 Δy 的线性主部，于是
$$\Delta y \approx \mathrm{d}y = f'(x_0)\Delta x,$$
从而
$$f(x) \approx f(x_0) + f'(x_0)(x - x_0) \quad (\text{其中 } x = x_0 + \Delta x).$$

此式表明，用微分 $\mathrm{d}y$ 近似代替函数的改变量 Δy，就是在 x_0 的邻域内用线性
函数 $y = f(x_0) + f'(x_0)(x - x_0)$ 近似代替函数 $y = f(x)$. 在几何图像上，表现为在点
M 附近用切线段近似代替曲线段.

2.5.4　微分在近似计算中的应用

如果函数 $y = f(x)$ 在点 x 处可微，那么函数的改变量满足 $\Delta y = \mathrm{d}y + o(\Delta x)$，此
式说明
$$\lim_{\Delta x \to 0}(\Delta y - \mathrm{d}y) = 0\ \text{且}\ \lim_{\Delta x \to 0}\frac{\Delta y - \mathrm{d}y}{\Delta x} = 0.$$
于是，当 $|\Delta x|$ 很小时，$\mathrm{d}y$ 是 Δy 的一个很好的近似值，在 x_0 的很小的邻域内，可
利用近似式
$$f(x) \approx f(x_0) + f'(x_0)(x - x_0) \qquad (2\text{-}21)$$
来近似计算 $f(x)$ 的值. 由于上式右端的线性函数值容易计算，所以它为计算函数
$f(x)$ 的近似值提供了方便.

例 2.55　求 $\sin 29°$ 的近似值.

解　令 $f(x) = \sin x$，$x_0 = 30° = \dfrac{\pi}{6}$，$x = 29° = \dfrac{\pi}{6} - \dfrac{\pi}{180}$，
则由式（2-21）可得
$$\sin x \approx \sin x_0 + \cos x_0 \cdot (x - x_0).$$
于是 $\sin 29° \approx \dfrac{1}{2} + \dfrac{\sqrt{3}}{2} \times \left(-\dfrac{\pi}{180}\right) \approx 0.4849$.

注　在利用三角函数、反三角函数的微分进行近似计算时，自变量的单位应
取弧度.

在式（2-21）中，若取 $x_0=0$，则当 $|x|$ 很小时，可得到如下常用的近似公式：

$e^x \approx 1+x,$ 　　　　　$\sin x \approx x,$ 　　　　　$\tan x \approx x,$ 　　　　$(1+x)^\alpha \approx 1+\alpha x,$

$\ln(1+x) \approx x,$ 　　　　$\arctan x \approx x,$ 　　　　$\arcsin x \approx x.$

公式的证明留给读者完成.

例 2.56 计算 $\sqrt[5]{270}$ 的近似值.

解 由于

$$\sqrt[5]{270} = \sqrt[5]{243+27} = 3\left(1+\frac{27}{243}\right)^{\frac{1}{5}},$$

利用近似公式 $(1+x)^\alpha \approx 1+\alpha x$，取 $x=\dfrac{27}{243}$，$\alpha=\dfrac{1}{5}$，得

$$\sqrt[5]{270} \approx 3\left(1+\frac{1}{5}\times\frac{27}{243}\right) \approx 3.0667.$$

习　题　2-5

1. 求函数 $y=x^2+x$ 在 $x=3$ 处，Δx 分别等于 0.1，0.01 时的函数增量 Δy 与函数的微分 $\mathrm{d}y$.

2. 设函数 $y=x^2$，令 $x_0=1$，分别求当（1）$\Delta x=0.1$；（2）$\Delta x=0.01$ 时，Δy 与 $\mathrm{d}y$ 之差.

3. 设函数 $y=x^3-x$，求自变量 x 由 2 变到 1.99 时的微分.

4. 求下列函数的微分：

（1）$y=x+2x^2-\dfrac{1}{3}x^3+x^4$；　　　　　　（2）$y=x\mathrm{e}^{-x^2}$；

（3）$y=\dfrac{x}{1-x^2}$；　　　　　　　　　　　（4）$y=\tan^2(1+x^2)$；

（5）$y=3^{\ln\cos x}$；　　　　　　　　　　　（6）$y=\mathrm{e}^{\alpha x}\sin bx$.

5. 求由下列方程确定的隐函数 $y=y(x)$ 的微分：

（1）$x^3+y^3-3xy=3x$；　　　　　　　（2）$y=\tan(x+y)$；

（3）$\mathrm{e}^{xy}+y^2=\cos x$；　　　　　　　　（4）$\ln\sqrt{x^2+y^2}=\arctan\dfrac{y}{x}$.

6. 某扩音器的插头为圆柱形，其截面半径 r 为 0.15 cm，长度 L 为 4 cm，为了提高它的导电性能，要在圆柱的侧面镀一层厚度为 0.001 cm 的铜，问每个插头约需要多少克纯铜（铜的密度为 8.9 g/cm³，$\pi\approx 3.1416$）？

7. 设有一凸透镜，镜面是半径为 R 的球面，镜面的口径为 $2h$，若 h 比 R 小得多，试证明透镜的厚度 $D \approx \dfrac{h^2}{2R}$.

8. 设扇形的圆心角 $\alpha = 60°$，半径 $R = 100$ cm. 如果 R 不变，α 减少 $30'$，问扇形的面积大约改变了多少？又如果 α 不变，R 增加 1 cm，问扇形的面积大约改变了多少？

9. 利用微分求下列函数值的近似值：

(1) $\cos 59°$；　　　　　　(2) $\tan 46°$；　　　　　　(3) $\lg 11$；

(4) $\mathrm{e}^{1.01}$；　　　　　　(5) $\sqrt{26}$；　　　　　　(6) $\sqrt[3]{996}$.

10. 当 $|x|$ 较小时，证明下列近似公式：

(1) $\sin x \approx x$；　　　　　(2) $(1+x)^{\alpha} \approx 1 + \alpha x$；　　　(3) $\ln(1+x) \approx x$.

总习题二（A）

1. 填空题

(1) $f(x)$ 在点 x_0 可导是 $f(x)$ 在点 x_0 连续的_____条件，$f(x)$ 在点 x_0 连续是 $f(x)$ 在点 x_0 可导的_____条件.

(2) $f(x)$ 在点 x_0 可导是 $f(x)$ 在点 x_0 可微的_____条件.

(3) 若 $f'(x_0)$ 存在，则 $\lim\limits_{h \to 0} \dfrac{f(x_0 + h) - f(x_0 - h)}{h} = $_____.

(4) 若 $f(x) = x(x+1)(x+2)$，则 $f'(0) = $_____.

(5) 曲线 $\begin{cases} x = 1 + t^2, \\ y = t^3 \end{cases}$ 在 $t = 2$ 处的切线方程为_____.

2. 选择题

(1) $f(x)$ 在点 x_0 的左导数 $f'_-(x_0)$ 及右导数 $f'_+(x_0)$ 都存在且相等是 $f(x)$ 在点 x_0 可导的（　　）.

　　A. 充分条件　　　　　　　B. 充分必要条件

　　C. 必要条件　　　　　　　D. 既非充分条件也非必要条件

(2) 设 $f(x) = a_0 x^n + a_1 x^{n-1} + \cdots + a_n$，则 $f^{(n)}(0) = $（　　）.

　　A. a_n　　　B. a_0　　　C. $n!a_0$　　　D. 0

(3) 设函数 $f(x)$ 二阶可导，$y = f(\ln x)$，则 $\dfrac{\mathrm{d}^2 y}{\mathrm{d}x^2}$ 等于（　　）.

　　A. $\dfrac{1}{x} f'(\ln x)$　　　　　　B. $\dfrac{1}{x^2}[f''(\ln x) - f'(\ln x)]$

　　C. $\dfrac{1}{x^2}[xf''(\ln x) - f'(\ln x)]$　　　D. $\dfrac{1}{x^2} f'(\ln x)$

（4）若函数 $y=f(x)$ 有 $f'(x_0)=\dfrac{1}{2}$，则当 $\Delta x \to 0$ 时，该函数在 $x=x_0$ 处的微分 $\mathrm{d}y$ 是（　　）．

  A. 与 Δx 等价的无穷小　　　　B. 与 Δx 同阶的无穷小

  C. 比 Δx 低阶的无穷小　　　　D. 比 Δx 高阶的无穷小

（5）已知方程 $x^2+y^2=R^2$ 确定了函数 $y=y(x)$，则 $\dfrac{\mathrm{d}^2 y}{\mathrm{d}x^2}$ 等于（　　）．

  A. $-\dfrac{x}{y}$ B. $\dfrac{R^2}{y^3}$ C. $-\dfrac{R^3}{y^3}$ D. $-\dfrac{R^2}{y^3}$

3. 计算题

（1）已知 $y=1+x\mathrm{e}^{xy}$，求 $y'|_{x=0}$ 及 $y''|_{x=0}$．

（2）设 $y=\arctan\ln(3x-1)$，求 y'．

（3）设 $y=x^2\cos x$，求 $y^{(5)}$．

（4）设函数 $y=y(x)$ 由参数方程 $\begin{cases} x=t-\ln(1+t), \\ y=t^3+t^2 \end{cases}$ 所确定，试求 $\dfrac{\mathrm{d}^2 y}{\mathrm{d}x^2}$．

（5）设函数 $y=y(x)$ 由方程 $xy=\mathrm{e}^{x+y}$ 所确定，求 $\mathrm{d}y$．

4. 确定常数 a 和 b 的值，使函数 $f(x)=\begin{cases} \mathrm{e}^{ax}, & x<0, \\ b+\sin 2x, & x\geqslant 0 \end{cases}$ 在 $x=0$ 处可导．

5. 设函数 $y=f(ax^2+b)$，f 具有二阶导数，求 $\dfrac{\mathrm{d}^2 y}{\mathrm{d}x^2}$．

6. 设函数 $y=y(x)$ 是由 $\begin{cases} x=\arctan t, \\ 2y-ty^2+\mathrm{e}^t=5 \end{cases}$ 所确定，求 $\dfrac{\mathrm{d}y}{\mathrm{d}x}$．

7. 已知 $f(x)=\begin{cases} x(\cos x)^{x^{-2}}, & x>0, \\ ax+b, & x\leqslant 0 \end{cases}$ 处处可导，求 a,b 的值．

8. 讨论函数 $f(x)=x|x|$ 的高阶导数．

总习题二（B）

1. 填空题

（1）设函数 $y=y(x)$ 由方程 $\mathrm{e}^{x+y}+\cos(xy)=0$ 确定，则 $\dfrac{\mathrm{d}y}{\mathrm{d}x}=$ _____．

（2）设 $f(x)=\dfrac{1-x}{1+x}$，则 $f^{(n)}(x)=$ _____．

（3）已知 $f(-x)=-f(x)$ 且 $f'(-x_0)=k$ ，则 $f'(x_0)=$ _____ .

（4）设 $f(x)$ 可导，则 $\lim\limits_{\Delta x \to 0} \dfrac{f(x_0+m\Delta x)-f(x_0-n\Delta x)}{\Delta x}=$ _____ .

（5）设 $y=(1+\sin x)^x$ ，则 $\mathrm{d}y|_{x=\pi}=$ _____ .

（6）曲线 $y=\ln x$ 上与直线 $x+y=1$ 垂直的切线方程为 _____ .

2. 选择题

（1）若曲线 $y=x^2+ax+b$ 与 $2y=xy^3-1$ 在点 $(1,-1)$ 处相切，常数 a,b 是（　　）.

    A. $a=0,\ b=-2$ B. $a=1,\ b=-3$

    C. $a=-3,\ b=1$ D. $a=-1,\ b=-1$

（2）已知函数 $f(x)$ 具有任意阶导数，且 $f'(x)=[f(x)]^2$ ，则当 n 为大于 2 的正整数时，$f(x)$ 的 n 阶导数 $f^{(n)}(x)$ 是（　　）.

    A. $n[f(x)]^{n+1}$ B. $n![f(x)]^{n+1}$

    C. $[f(x)]^n$ D. $n![f(x)]^{2n}$

（3）已知曲线 $y=x^3-3a^2x+b$ 与 x 轴相切，则 b^2 可以通过 a 表示为（　　）.

    A. a^6 B. $2a^6$ C. $3a^6$ D. $4a^6$

（4）设函数 $f(x)$ 连续且 $f'(0)>0$ ，则存在 $\delta>0$ ，使得（　　）.

    A. $f(x)$ 在 $(0,\delta)$ 内单调增加

    B. $f(x)$ 在 $(-\delta,0)$ 内单调减少

    C. 对任意的 $x\in(0,\delta)$ 有 $f(x)>f(0)$

    D. 对任意 $x\in(-\delta,0)$ 有 $f(x)>f(0)$

（5）设函数 $y=y(x)$ 由参数方程 $\begin{cases} x=t^2+2t, \\ y=\ln(1+t) \end{cases}$ 确定，则曲线 $y=y(x)$ 在 $x=3$ 处的法线与 x 轴的交点的横坐标是（　　）.

    A. $\dfrac{1}{8}\ln 2+3$ B. $-\dfrac{1}{8}\ln 2+3$

    C. $-8\ln 2+3$ D. $8\ln 2+3$

3. 设 $y=\ln[\cos(10+3x^2)]$ ，求 y' .

4. 设 $f(x)=3x^2+x^2|x|$ ，求使 $f^{(n)}(0)$ 存在的最高阶数 n .

5. 设 $y=\sin f(x^2)$ ，f 具有二阶导数，求 $\dfrac{\mathrm{d}^2 y}{\mathrm{d}x^2}$.

6. 设 $\arcsin x \cdot \ln y - \mathrm{e}^{2x} + \tan y = 0$ ，求 $\dfrac{\mathrm{d}y}{\mathrm{d}x}\Big|_{(0,\frac{\pi}{4})}$.

7. 设 $x=y^2+y$ ，$u=(x^2+x)^{\frac{3}{2}}$ ，求 $\dfrac{\mathrm{d}y}{\mathrm{d}u}$.

8. 设 $y = \left(\dfrac{a}{b}\right)^x \left(\dfrac{b}{x}\right)^a \left(\dfrac{x}{a}\right)^b$ $(a > 0,\ b > 0)$，求 $\dfrac{\mathrm{d}y}{\mathrm{d}x}$.

9. 已知曲线的极坐标方程是 $r = 1 - \cos\theta$，求该曲线上对应于 $\theta = \dfrac{\pi}{6}$ 处的切线与法线的直角坐标方程.

10. 设函数

$$f(x) = \begin{cases} x^k \sin\dfrac{1}{x}, & x \neq 0, \\ 0, & x = 0, \end{cases}$$

问 k 满足什么条件时 $f(x)$ 在 $x = 0$ 处（1）连续；（2）可导；（3）导函数连续.

11. 设 $A > 0$ 且 $|B| \ll A^n$，证明 $\sqrt[n]{A^n + B} \approx A + \dfrac{B}{nA^{n-1}}$.

12. 设 $f(x) = a_1 \sin x + a_2 \sin 2x + \cdots + a_n \sin nx$ 且 $|f(x)| \leqslant |\sin x|$，求证：
$$|a_1 + 2a_2 + \cdots + na_n| \leqslant 1.$$

第3章　微分中值定理与导数的应用

导数只反映了函数在一点附近的局部特性，如何利用导数进一步研究函数的性态，使导数用于解决更广泛的问题？本章介绍的微分中值定理（罗尔中值定理、拉格朗日中值定理、柯西中值定理、泰勒中值定理），是由函数的局部性质推断函数整体性质的有力工具.

3.1　微分中值定理

3.1.1　函数的极值

定义 3.1　设函数 $f(x)$ 在区间 (a,b) 内有定义，x_0 是 (a,b) 内的一点，如果存在 x_0 的一个邻域 $U(x_0)$，对于 $U(x_0)$ 内的任意点 x，有

$$f(x) \leqslant f(x_0)\,(\text{或}\,f(x) \geqslant f(x_0)),$$

则称 $f(x_0)$ 是函数 $f(x)$ 的一个极大值（或极小值），点 x_0 是 $f(x)$ 的一个极大值点（或极小值点），函数的极大值、极小值统称为极值. 极大值点与极小值点统称为极值点.

图 3-1 中，函数 $f(x)$ 在点 x_2，x_4 分别取得极大值 $f(x_2)$，$f(x_4)$，在点 x_1，x_3，x_5 分别取得极小值 $f(x_1)$，$f(x_3)$，$f(x_5)$.

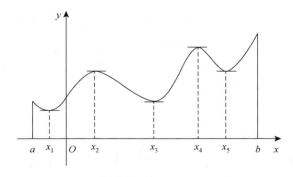

图 3-1

应当注意函数的极大值、极小值与最大值、最小值的区别. 函数的极值是对一点的邻域来说的，是局部性概念；而最值（最大值、最小值的简称）是整体性概念.

设函数 $f(x)$ 在 (a,b) 内可导，从图 3-1 易见，曲线 $y = f(x)$ 上与极值点 x_1, x_2, x_3, x_4, x_5 相对应的点处有水平切线，从而有 $f'(x_i) = 0$（$i = 1, 2, 3, 4, 5$）. 于是有如下定理.

定理 3.1（费马（Fermat）引理）　设函数 $f(x)$ 在点 x_0 的某邻域 $U(x_0)$ 内有定义，并且在点 x_0 处可导，若点 x_0 为 $f(x)$ 的极值点，则必有 $f'(x_0) = 0$.

证明　不妨设点 x_0 为 $f(x)$ 的极大值点，则由极大值的定义，存在 x_0 的一个邻域 $U(x_0, \delta)$，使

$$f(x) \leqslant f(x_0), \quad x \in U(x_0, \delta).$$

当 $x_0 - \delta < x < x_0$ 时，有

$$\frac{f(x) - f(x_0)}{x - x_0} \geqslant 0;$$

当 $x_0 < x < x_0 + \delta$ 时，有

$$\frac{f(x) - f(x_0)}{x - x_0} \leqslant 0.$$

根据 $f(x)$ 在点 x_0 处可导的充要条件及极限的保号性，可得

$$f'(x_0) = f'_-(x_0) = \lim_{x \to x_0^-} \frac{f(x) - f(x_0)}{x - x_0} \geqslant 0,$$

$$f'(x_0) = f'_+(x_0) = \lim_{x \to x_0^+} \frac{f(x) - f(x_0)}{x - x_0} \leqslant 0,$$

所以 $f'(x_0) = 0$.

费马引理的几何意义：若函数 $f(x)$ 在极值点 $x = x_0$ 处可导，那么在该点的切线平行于 x 轴，即有水平切线.

通常称导数等于零的点为函数的驻点（或稳定点、临界点）. 由费马引理可知，函数的极值点处如果可导，则极值点一定是驻点. 但驻点不一定是极值点. 例如，$x = 0$ 是函数 $f(x) = x^3$ 的驻点，但它不是函数 $f(x) = x^3$ 极值点. 关于函数极值的其他问题，我们将在后面 3.5 节讨论.

3.1.2　微分中值定理

微分中值定理揭示了函数在某区间的整体性质与该区间内部某一点的导数之间的关系，因而称为微分中值定理. 微分中值定理既是用微分学知识解决应用问

题的理论基础，又是解决微分学自身发展的一种理论性数学模型，因而也称为微分基本定理.

1. 罗尔中值定理

定理 3.2（罗尔（Rolle）中值定理）　设函数 $f(x)$ 在闭区间 $[a,b]$ 上连续，在开区间 (a,b) 内可导且满足 $f(a)=f(b)$，则至少存在一点 $\xi\in(a,b)$，使得

$$f'(\xi)=0.$$

罗尔中值定理的几何意义：设曲线弧 $\overset{\frown}{AB}$ 是函数 $y=f(x)$（$x\in[a,b]$）的图形. 这是一条连续的曲线弧，除端点外处处有不垂直 x 轴的切线，并且曲线两个端点处的纵坐标相等，则曲线上至少存在一点 C，使曲线在 C 点的切线平行于 x 轴（图 3-2）. 从图形上可以看出，曲线上的最高点或最低点处的切线都平行于 x 轴，这给了我们一个证明定理的启发：点 ξ 可能是极值点或最值点.

证明　因为 $f(x)$ 在 $[a,b]$ 上连续，由闭区间上连续函数的最大、最小值定理，$f(x)$ 在 $[a,b]$ 上有最大值 M 和最小值 m.

如果 $M=m$，则 $f(x)=M,x\in[a,b]$. 因此，对任意 $x\in(a,b)$，都有 $f'(x)=0$，即 (a,b) 内任意一点都可以作为 ξ，使得 $f'(\xi)=0$.

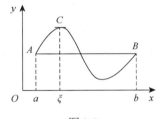

图 3-2

如果 $M>m$，因为 $f(a)=f(b)$，所以 M 与 m 中至少有一个不等于 $f(a)$. 不妨设 $M\neq f(a)$（如果 $m\neq f(a)$，我们类似地可以证明），于是存在一点 $\xi\in(a,b)$，使得 $f(\xi)=M$. 显然 $f(\xi)$ 是极大值且 $f'(\xi)$ 存在，于是由费马引理知 $f'(\xi)=0$. 证毕.

例 3.1　设函数 $f(x)=5x^4-4x+1$，证明存在 $\xi\in(0,1)$，使得 $f(\xi)=0$.

分析　函数 $f(x)=5x^4-4x+1$ 在 $[0,1]$ 上连续，但 $f(0)\cdot f(1)=2>0$，所以 $f(x)$ 在 $[0,1]$ 上不满足零点定理的条件，不能用零点定理，但我们可以考虑用罗尔中值定理. 我们构造一个新的函数 $F(x)=x^5-2x^2+x$，通过验证发现 $F(x)$ 在 $[0,1]$ 上满足罗尔中值定理的条件，且 $F'(x)=f(x)$，问题得到解决.

证明　令 $F(x)=x^5-2x^2+x$，则 $F(x)$ 在 $[0,1]$ 上连续，在 $(0,1)$ 内可导且 $F(0)=F(1)=0$，即 $F(x)$ 在 $[0,1]$ 上满足罗尔中值定理的条件. 根据罗尔中值定理可知，至少存在一点 $\xi\in(0,1)$，使得 $F'(\xi)=0$，因为 $F'(x)=f(x)=5x^4-4x+1$，所以 $f(\xi)=5\xi^4-4\xi+1=0$.

例 3.2　设 $f(x)$ 在 $[0,1]$ 上连续，在 $(0,1)$ 内可导，且 $f(1)=0$，证明至少存在一点 $\xi\in(0,1)$，使得

$$\xi f'(\xi) + f(\xi) = 0.$$

证明 因为 $\xi f'(\xi) + f(\xi) = (xf(x))'\big|_{x=\xi}$，所以，只要证明 $F(x) = xf(x)$ 在 $[0,1]$ 上满足罗尔中值定理的条件即可. 显然 $F(x)$ 在 $[0,1]$ 上连续，在 $(0,1)$ 内可导，且

$$F(0) = 0 \cdot f(0) = 0, \quad F(1) = 1 \cdot f(1) = 0.$$

即 $F(0) = F(1)$. 根据罗尔中值定理，至少存在一点 $\xi \in (0,1)$，使 $F'(\xi) = 0$. 又因为

$$F'(x) = f(x) + xf'(x),$$

所以有

$$\xi f'(\xi) + f(\xi) = 0.$$

2. 拉格朗日中值定理

罗尔中值定理中 $f(a) = f(b)$ 这个条件是相当特殊的，它使罗尔中值定理的应用受到限制，如果取消 $f(a) = f(b)$ 这个条件，那么就得到了微分学中非常重要的中值定理——拉格朗日（Lagrange）中值定理.

定理 3.3（拉格朗日中值定理） 设函数 $f(x)$ 在闭区间 $[a,b]$ 上连续，在开区间 (a,b) 内可导，则至少存在一点 $\xi \in (a,b)$，使得

$$\frac{f(b) - f(a)}{b - a} = f'(\xi).$$

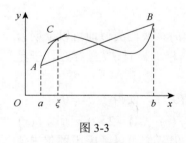

图 3-3

在证明之前，先看一下定理的几何意义. 由图 3-3 可以看出，$\dfrac{f(b) - f(a)}{b - a}$ 为弦 AB 的斜率，而 $f'(\xi)$ 为曲线在 C 点处的切线的斜率. 拉格朗日中值定理的几何意义：如果连续曲线 $y = f(x)$ 的弧 $\overset{\frown}{AB}$ 上除端点外处处具有不垂直于 x 轴的切线，那么这弧上至少有一点 C，使曲线在 C 点处的切线平行于弦 AB（图 3-3）.

分析 为证明结论成立，只要证明至少存在一点 $\xi \in (a,b)$, 使得

$$\frac{f(b) - f(a)}{b - a} - f'(\xi) = 0.$$

又因为

$$\frac{f(b) - f(a)}{b - a} - f'(\xi) = \left[\frac{f(b) - f(a)}{b - a} x - f(x) \right]'\bigg|_{x=\xi},$$

所以，只要验证 $F(x) = \dfrac{f(b) - f(a)}{b - a} x - f(x)$ 在 $[a,b]$ 上满足罗尔中值定理的条件即可.

证明　引进辅助函数

$$F(x) = \frac{f(b)-f(a)}{b-a}x - f(x) ,$$

容易验证函数 $F(x)$ 在 $[a,b]$ 上连续，在 (a,b) 内可导，并且

$$F(a) = \frac{f(b)-f(a)}{b-a}a - f(a) = \frac{af(b)-bf(a)}{b-a} ,$$

$$F(b) = \frac{f(b)-f(a)}{b-a}b - f(b) = \frac{af(b)-bf(a)}{b-a} ,$$

即 $F(a) = F(b)$，故 $F(x)$ 在 $[a,b]$ 上满足罗尔中值定理的条件. 于是由罗尔中值定理可知，至少存在一点 $\xi \in (a,b)$，使得 $F'(\xi) = 0$. 由此得

$$\frac{f(b)-f(a)}{b-a} - f'(\xi) = 0 ,$$

即

$$f'(\xi) = \frac{f(b)-f(a)}{b-a} .$$

由上式得

$$f(b) - f(a) = f'(\xi)(b-a) . \tag{3-1}$$

显然当 $b < a$ 时，式（3-1）也成立，式（3-1）称为拉格朗日中值公式.

若令 $\dfrac{\xi-a}{b-a} = \theta$，则 $\xi = a + \theta(b-a)$，显然 $0 < \theta < 1$，于是式（3-1）可以改写成

$$f(b) - f(a) = f'(a+\theta(b-a))(b-a) \qquad (0 < \theta < 1) . \tag{3-2}$$

如果令 $a = x_0$，$b = x_0 + \Delta x$，并记 $f(x)$ 为 y，则式（3-2）还可以改写成

$$\Delta y = f'(x_0 + \theta \Delta x) \cdot \Delta x \qquad (0 < \theta < 1) . \tag{3-3}$$

我们知道，函数的微分 $\mathrm{d}y = f'(x)\Delta x$ 是函数增量 Δy 的近似表达式，而式（3-3）表明 $f'(x_0 + \theta \Delta x) \cdot \Delta x$ 就是增量 Δy 的准确表达式. 因此拉格朗日中值定理也称为有限增量定理，式（3-3）称为有限增量公式. 拉格朗日中值定理在微分学中占有重要地位，它精确地表达了函数在区间上的增量与区间内某点的导数之间的关系.

例 3.3　验证函数 $f(x) = \sin x$ 在 $\left[0, \dfrac{\pi}{2}\right]$ 上满足拉格朗日中值定理的条件，并求 ξ.

证明　易知 $f(x) = \sin x$ 在 $\left[0, \dfrac{\pi}{2}\right]$ 上连续，在 $\left(0, \dfrac{\pi}{2}\right)$ 内可导，所以 $f(x)$ 在 $\left[0, \dfrac{\pi}{2}\right]$ 上满足拉格朗日中值定理的条件.

因为 $f'(x) = (\sin x)' = \cos x$，要使 $\xi \in \left(0, \dfrac{\pi}{2}\right)$，满足

$$\cos \xi = f'(\xi) = \frac{f\left(\dfrac{\pi}{2}\right) - f(0)}{\dfrac{\pi}{2} - 0} = \frac{1 - 0}{\dfrac{\pi}{2}} = \frac{2}{\pi},$$

只要取

$$\xi = \arccos \frac{2}{\pi} \in \left(0, \frac{\pi}{2}\right),$$

于是有

$$f'(\xi) = \frac{f\left(\dfrac{\pi}{2}\right) - f(0)}{\dfrac{\pi}{2} - 0}.$$

这就验证了命题的正确性.

例 3.4　证明当 $h > 0$ 时，$\dfrac{h}{1+h} < \ln(1+h) < h$.

证明　由于 $h > 0$，将不等式变形为

$$\frac{1}{1+h} < \frac{\ln(1+h)}{h} < 1,$$

由于

$$\frac{\ln(1+h)}{h} = \frac{\ln(1+h) - \ln 1}{h - 0},$$

所以引进辅助函数 $f(x) = \ln(1+x)$，显然 $f(x)$ 在 $[0, h]$ 上满足拉格朗日中值定理的条件，故存在 $\xi \in (0, h)$，使得

$$f'(\xi) = \frac{\ln(1+h) - \ln(1+0)}{h - 0} = \frac{\ln(1+h)}{h} \qquad (0 < \xi < h).$$

因为 $f'(x) = \dfrac{1}{1+x}$，所以 $f'(\xi) = \dfrac{1}{1+\xi}$. 于是由 $0 < \xi < h$，即得 $\dfrac{1}{1+h} < \dfrac{1}{1+\xi} < 1$，从而有

$$\frac{1}{1+h} < \frac{\ln(1+h)}{h} < 1,$$

即

$$\frac{h}{1+h} < \ln(1+h) < h \qquad (h > 0).$$

我们已经知道，如果函数 $f(x)$ 在某一区间上是一个常数函数，那么 $f(x)$ 在该区间上的导数恒等于零；但反过来，它的逆命题是否也成立呢？回答是肯定的，现在应用拉格朗日中值定理可得下面两个重要推论.

推论 3.1　若 $f(x)$ 在区间 I 上的导数恒为零，则 $f(x)$ 在区间 I 上是一个常数函数.

证明　在区间 I 上任取两点 x_1, x_2，不妨设 $x_1 < x_2$，于是 $f(x)$ 在 $[x_1, x_2]$ 上满足拉格朗日中值定理的条件，故

$$f(x_2) - f(x_1) = f'(\xi)(x_2 - x_1) \quad (x_1 < \xi < x_2).$$

由条件知 $f'(\xi) = 0$，所以 $f(x_2) = f(x_1)$. 这表明 $f(x)$ 在区间 I 上任意两点函数值都相等，因此 $f(x)$ 在区间 I 上是一个常数函数.

由推论 3.1 又可以进一步得到如下结论：

推论 3.2　若函数 $f(x)$ 和 $g(x)$ 在区间 I 上可导且 $f'(x) \equiv g'(x)$，$x \in I$，则在区间 I 上 $f(x) = g(x) + C$，其中 C 为任意常数.

证明　设 $F(x) = f(x) - g(x)$，显然函数 $F(x)$ 在区间 I 上满足推论 3.1 的条件，故 $F(x) = C$，从而 $f(x) = g(x) + C$.

例 3.5　证明：$\arctan x + \operatorname{arccot} x = \dfrac{\pi}{2}$.

证明　令 $f(x) = \arctan x + \operatorname{arccot} x$，求导得

$$f'(x) = \frac{1}{1+x^2} - \frac{1}{1+x^2} = 0.$$

所以由推论 3.1 知，$f(x)$ 在 $(-\infty, +\infty)$ 上恒为常数函数，即

$$f(x) = \arctan x + \operatorname{arccot} x = C.$$

又因为 $f(1) = \dfrac{\pi}{4} + \dfrac{\pi}{4} = \dfrac{\pi}{2}$，所以 $C = \dfrac{\pi}{2}$. 从而证得

$$\arctan x + \operatorname{arccot} x = \frac{\pi}{2}.$$

下面将拉格朗日中值定理推广到柯西（Cauchy）中值定理.

3. 柯西中值定理

定理 3.4（柯西中值定理）　设函数 $f(x)$ 与 $g(x)$ 在闭区间 $[a, b]$ 上连续，在开区间 (a, b) 内可导且 $g'(x) \neq 0$，则至少存在一点 $\xi \in (a, b)$，使得

$$\frac{f(b) - f(a)}{g(b) - g(a)} = \frac{f'(\xi)}{g'(\xi)}. \tag{3-4}$$

分析 要证明结论成立，只要证明至少存在一点 $\xi \in (a,b)$ 使得

$$\frac{f(b)-f(a)}{g(b)-g(a)}g'(\xi)-f'(\xi)=0 .$$

即可. 因为

$$\left[\frac{f(b)-f(a)}{g(b)-g(a)}g(x)-f(x)\right]'\bigg|_{x=\xi}=\frac{f(b)-f(a)}{g(b)-g(a)}g'(\xi)-f'(\xi) .$$

所以只要验证函数 $F(x)=\dfrac{f(b)-f(a)}{g(b)-g(a)}g(x)-f(x)$ 在 $[a,b]$ 上满足罗尔中值定理的

条件即可.

证明 作辅助函数

$$F(x)=\frac{f(b)-f(a)}{g(b)-g(a)}g(x)-f(x) .$$

显然 $F(x)$ 在 $[a,b]$ 上连续，在 (a,b) 内可导且 $F(a)=F(b)$，于是根据罗尔中值定理
知，至少存在一点 $\xi \in (a,b)$，使得 $F'(\xi)=0$，即

$$\frac{f(b)-f(a)}{g(b)-g(a)}g'(\xi)-f'(\xi)=0 , \ \xi \in (a,b) ,$$

由此得

$$\frac{f(b)-f(a)}{g(b)-g(a)}=\frac{f'(\xi)}{g'(\xi)} , \ \xi \in (a,b) .$$

式（3-4）也称作柯西中值公式. 容易看出，拉格朗日中值定理是柯西中值定
理当 $g(x)=x$ 时的特殊情况，故柯西中值定理是拉格朗日中值定理的推广，而罗
尔中值定理又是拉格朗日中值定理的特例.

例 3.6 设 $f(x)$ 在 $[a,b]$ $(0<a<b)$ 上连续，在 (a,b) 内可导，证明存在 $\xi \in (a,b)$，
使得

$$\frac{f(b)-f(a)}{b-a}=(a^2+ab+b^2)\frac{f'(\xi)}{3\xi^2} .$$

证明 把要证的等式改写为

$$\frac{f(b)-f(a)}{(b-a)(a^2+ab+b^2)}=\frac{f(b)-f(a)}{b^3-a^3}=\frac{f'(\xi)}{3\xi^2} .$$

取 $g(x)=x^3$，则 $f(x)$，$g(x)$ 在 $[a,b]$ 上连续，在 (a,b) 内可导且 $g'(x)\neq0(0<a<x<b)$，满足柯西中值定理的条件，故存在 $\xi \in (a,b)$ 使得

$$\frac{f(b)-f(a)}{g(b)-g(a)}=\frac{f'(\xi)}{g'(\xi)} ,$$

由于 $g'(x)=3x^2$，所以由上式即得

$$\frac{f(b)-f(a)}{b^3-a^3}=\frac{f'(\xi)}{3\xi^2},$$

即

$$\frac{f(b)-f(a)}{b-a}=(a^2+ab+b^2)\frac{f'(\xi)}{3\xi^2}.$$

这就证明了等式成立.

习　题　3-1

1. 下列函数在给定的区间上是否满足罗尔中值定理中的条件？如果满足，求出定理中的 ξ，若不满足，ξ 是否一定不存在？

（1）$f(x)=\dfrac{3}{2x^2+1}$，$[-1,\ 1]$；　　　　　（2）$f(x)=|x|$，$-1\leqslant x\leqslant 1$；

（3）$f(x)=x^3$，$-1\leqslant x\leqslant 3$.

2. 验证拉格朗日中值定理对函数 $f(x)=4x^3-5x^2+x-2$ 在区间 $[0,\ 1]$ 上的正确性.

3. 证明恒等式：$3\arccos x-\arccos(3x-4x^3)=\pi\left(-\dfrac{1}{2}\leqslant x\leqslant\dfrac{1}{2}\right)$.

4. 对函数 $f(x)=\sin x$ 及 $F(x)=x+\cos x$ 在区间 $\left[0,\ \dfrac{\pi}{2}\right]$ 上验证柯西中值定理的正确性.

5. 不用求出函数 $f(x)=x(x-1)(x-2)(x-3)$ 的导数，说明方程 $f'(x)=0$ 恰好有几个实根.

6. 设 $f(x)$ 为 n 阶可导函数，证明：若方程 $f(x)=0$ 有 $n+1$ 个相异实根，则方程 $f^{(n)}(x)=0$ 至少有一个实根.

7. 设 $P(x)$ 为多项式函数. 证明：若方程 $P'(x)=0$ 没有实根，则方程 $P(x)=0$ 至多有一个实根.

8. 证明：方程 $x^5+x=1$ 有且仅有一个正根.

9. 证明：（1）若函数 $f(x)$ 在 $[a,b]$ 上可导且 $f'(x)\geqslant m$，则 $f(b)\geqslant f(a)+m(b-a)$；

（2）若函数 $f(x)$ 在 $[a,b]$ 上可导且 $|f'(x)|\leqslant M$，则 $|f(b)-f(a)|\leqslant M(b-a)$；

（3）对任意实数 x_1,x_2，都有 $|\sin x_1-\sin x_2|\leqslant|x_1-x_2|$.

10. 若函数 $f(x)$ 在 (a,b) 内具有二阶导数，并且 $f(x_1)=f(x_2)=f(x_3)$，其中 $a<x_1<x_2<x_3<b$，证明：在 (a,b) 内至少有一点 ξ，使得 $f''(\xi)=0$.

11. 设 $0<a<b$，证明：$\dfrac{b-a}{b}<\ln\dfrac{b}{a}<\dfrac{b-a}{a}$.

12. 设 $h > 0$ ，证明： $\dfrac{h}{1+h^2} < \arctan h < h$.

13. 证明下列不等式：

（1） $|\arctan a - \arctan b| \leqslant |a - b|$ ；　　　　　　（2）当 $x > 1$ 时，$\mathrm{e}^x > \mathrm{e}x$.

14. 设函数 $y = f(x)$ 在 $x = 0$ 的某邻域内具有 n 阶导数，并且 $f(0) = f'(0) = \cdots = f^{(n-1)}(0) = 0$ ，试用柯西中值定理证明 $\dfrac{f(x)}{x^n} = \dfrac{f^{(n)}(\theta x)}{n!}$ $(0 < \theta < 1)$.

3.2　泰　勒　公　式

对于一些较复杂的函数，为了便于研究，往往希望用一些简单的函数来近似表达. 多项式函数是各类函数中最简单的一类，因为它只需用到四则运算，从而使我们想到能否用多项式近似表达一般函数，实际上这是近似计算理论分析的一个重要内容. 在第 2 章曾经指出，当 $f'(x_0) \neq 0$ 且当 $|x - x_0|$ 很小时，可用一次多项式来近似表示 $f(x)$ ，即

$$f(x) \approx f(x_0) + f'(x_0)(x - x_0) .$$

这个近似公式具有形式简单、计算方便的优点，但是这种近似表达式还存在着不足之处：首先精度不高，它产生的误差仅是 $(x - x_0)$ 的高阶无穷小；其次是用它来作近似计算时，不能具体估算出误差大小. 因此，对于精确度要求较高且需要误差的时候，就必须用高次多项式来近似表示函数，同时给出误差公式.

设函数 $f(x)$ 在含 x_0 的开区间内具有直到 $(n+1)$ 阶导数，试找出一个关于 $(x - x_0)$ 的 n 次多项式

$$p_n(x) = a_0 + a_1(x - x_0) + a_2(x - x_0)^2 + \cdots + a_n(x - x_0)^n \qquad (3\text{-}5)$$

来近似地表示 $f(x)$ 且要求 $p_n(x)$ 与 $f(x)$ 之差是比 $(x - x_0)^n$ 高阶的无穷小，并给出误差 $|f(x) - p_n(x)|$ 的具体表达式.

为使求得的 $p_n(x)$ 与 $f(x)$ 在数值与性质方面吻合得更好，我们自然要求 $p_n(x)$ 和 $f(x)$ 在点 x_0 处函数值相同且直到 n 阶导数也分别相同，即满足

$$p_n(x_0) = f(x_0) , \quad p_n'(x_0) = f'(x_0), \ p_n''(x_0) = f''(x_0), \cdots, p_n^{(n)}(x_0) = f^{(n)}(x_0) .$$

于是可按这些等式来确定多项式（3-5）的系数 $a_0, a_1, \cdots, a_n$.

为此，对式（3-5）求各阶导数，然后分别代入以上各式得

$$a_0 = p(x_0) = f(x_0) , \ 1 \cdot a_1 = p'(x_0) = f'(x_0), \cdots, n!a_n = p^{(n)}(x_0) = f^{(n)}(x_0) .$$

代入式（3-5）得

$$p_n(x) = f(x_0) + f'(x_0)(x - x_0) + \frac{1}{2!}f''(x_0)(x - x_0)^2 + \cdots + \frac{f^{(n)}(x_0)}{n!}(x - x_0)^n . \qquad (3\text{-}6)$$

我们称式（3-6）为 $f(x)$ 在 x_0 处关于 $(x-x_0)$ 的 n 次泰勒（Taylor）多项式，其中各

项系数 $\dfrac{f^{(k)}(x_0)}{k!}$ $(k=0,1,2,\cdots,n)$ 称为泰勒系数. 下面的定理告诉我们，式（3-6）的

确是我们要找的 n 次多项式.

定理 3.5（泰勒中值定理）　设函数 $f(x)$ 在含 x_0 的某个闭区间 $[a,b]$ 上具有 n 阶

的连续导数，在开区间 (a,b) 内具有直到 $(n+1)$ 阶的导数，则对于任一 $x\in(a,b)$，有

$$f(x)=f(x_0)+f'(x_0)(x-x_0)+\frac{1}{2!}f''(x_0)(x-x_0)^2+\cdots+\frac{f^{(n)}(x_0)}{n!}(x-x_0)^n+R_n(x)$$

$$\tag{3-7}$$

其中

$$R_n(x)=\frac{f^{(n+1)}(\xi)}{(n+1)!}(x-x_0)^{n+1}\ ,\tag{3-8}$$

ξ 为介于 x_0 与 x 之间的某个值.

证明　令 $R_n(x)=f(x)-p_n(x)$，只需证明

$$R_n(x)=\frac{f^{(n+1)}(\xi)}{(n+1)!}(x-x_0)^{n+1}\quad(\xi\text{ 在 }x_0\text{ 与 }x\text{ 之间}).$$

由假设可知，$R_n(x)$ 在 (a,b) 内具有直到 $(n+1)$ 阶导数且有

$$R_n(x_0)=R_n'(x_0)=R_n''(x_0)=\cdots=R_n^{(n)}(x_0)=0.$$

因为函数 $R_n(x)$ 与 $(x-x_0)^{n+1}$ 在 $[x_0,x]$ 或 $[x,x_0]$ 上满足柯西中值定理的条件，于

是由柯西中值定理得

$$\frac{R_n(x)}{(x-x_0)^{n+1}}=\frac{R_n(x)-R_n(x_0)}{(x-x_0)^{n+1}-0}=\frac{R_n'(\xi_1)}{(n+1)(\xi_1-x_0)^n}\quad(\xi_1\text{ 介于 }x_0\text{ 与 }x\text{ 之间}),$$

再对两个函数 $R_n'(x)$ 与 $(n+1)(x-x_0)^n$ 在 $[x_0,\xi_1]$ 或 $[\xi_1,x_0]$ 上应用柯西中值定理，得

$$\frac{R_n'(\xi_1)}{(n+1)(\xi_1-x_0)^n}=\frac{R_n'(\xi_1)-R_n'(x_0)}{(n+1)(\xi_1-x_0)^n-0}=\frac{R_n''(\xi_2)}{(n+1)n(\xi_2-x_0)^{n-1}}\quad(\xi_2\text{ 介于 }x_0\text{ 与 }\xi_1\text{ 之间}).$$

如此进行下去，经过 $n+1$ 次后，得

$$\frac{R_n(x)}{(x-x_0)^{n+1}}=\frac{R_n^{(n+1)}(\xi)}{(n+1)!}\quad(\xi\text{ 在 }x_0\text{ 与 }\xi_n\text{ 之间，因而也在 }x_0\text{ 与 }x\text{ 之间}).$$

注意 $R_n^{(n+1)}(x)=f^{(n+1)}(x)$　（因 $p_n^{(n+1)}(x)=0$），则由上式得

$$R_n(x)=\frac{f^{(n+1)}(\xi)}{(n+1)!}(x-x_0)^{n+1}\quad(\xi\text{ 介于 }x_0\text{ 与 }x\text{ 之间}).$$

公式（3-7）称为函数 $f(x)$ 按 $(x-x_0)$ 的幂展开的带有拉格朗日型余项的 n 阶泰勒

公式，而 $R_n(x)$ 的表达式（3-8）称为拉格朗日型余项.

当 $n = 0$ 时，泰勒公式就变成了拉格朗日中值公式：

$$f(x) = f(x_0) + f'(\xi)(x - x_0) \quad (\xi \text{ 介于 } x_0 \text{ 与 } x \text{ 之间}).$$

因此，泰勒中值定理是拉格朗日中值定理的推广.

由泰勒中值定理知，以多项式 $p_n(x)$ 近似表示函数 $f(x)$ 时，其误差为 $|R_n(x)|$.
若对某个固定的 n，当 $x \in (a, b)$ 时，$|f^{(n+1)}(x)| \leqslant M$ （M 为常数），则有估计式：

$$|R_n(x)| = \left| \frac{f^{(n+1)}(\xi)}{(n+1)!}(x - x_0)^{n+1} \right| \leqslant \frac{M}{(n+1)!}|x - x_0|^{n+1}, \tag{3-9}$$

显然有

$$\lim_{x \to x_0} \frac{R_n(x)}{(x - x_0)^n} = 0 .$$

由此可见，当 $x \to x_0$ 时，误差 $|R_n(x)|$ 是比 $(x - x_0)^n$ 高阶的无穷小，即

$$R_n(x) = o[(x - x_0)^n]. \tag{3-10}$$

至此，我们提出的问题已经得到完满解决.

带有余项如式（3-10）的 n 阶泰勒公式：

$$f(x) = f(x_0) + f'(x_0)(x - x_0) + \cdots + \frac{f^{(n)}(x_0)}{n!}(x - x_0)^n + o((x - x_0)^n) \tag{3-11}$$

称为带有佩亚诺（Peano）型余项的 n 阶泰勒公式，式（3-10）称为佩亚诺型余项.

在泰勒公式（3-7）中，如果取 $x_0 = 0$，泰勒公式变成带有拉格朗日型余项的
麦克劳林（Maclaurin）公式：

$$f(x) = f(0) + f'(0)x + \frac{f''(0)}{2!}x^2 + \cdots + \frac{f^{(n)}(0)}{n!}x^n + \frac{f^{(n+1)}(\xi)}{(n+1)!}x^{n+1} \quad (\xi \text{ 在 } 0 \text{ 与 } x \text{ 之间}).$$

$$\tag{3-12}$$

在泰勒公式（3-11）中，如果取 $x_0 = 0$，即为带有佩亚诺型余项的麦克劳林
公式：

$$f(x) = f(0) + f'(0)x + \cdots + \frac{f^{(n)}(0)}{n!}x^n + o(x^n) .$$

由此可得近似公式

$$f(x) \approx f(0) + f'(0)x + \cdots + \frac{f^{(n)}(0)}{n!}x^n ,$$

误差估计式（3-9）变为

$$|R_n(x)| \leqslant \frac{M}{(n+1)!}|x|^{n+1} .$$

例 **3.7**　写出函数 $f(x) = \mathrm{e}^x$ 的带有拉格朗日余项的 n 阶麦克劳林公式.

解　因为 $f(x) = f'(x) = f''(x) = \cdots = f^{(n)}(x) = \mathrm{e}^x$，所以

$$f(0) = f'(0) = f''(0) = \cdots = f^{(n)}(0) = 1.$$

将这些数值代入式（3-12），并且注意 $f^{(n+1)}(\xi) = \mathrm{e}^{\xi}$，便得

$$\mathrm{e}^x = 1 + x + \frac{x^2}{2!} + \cdots + \frac{x^n}{n!} + \frac{\mathrm{e}^{\xi}}{(n+1)!} x^{n+1} \quad （\xi \text{ 在 } 0 \text{ 与 } x \text{ 之间}). \qquad （3\text{-}13）$$

由这个公式可知，若把 e^x 用它的 n 次泰勒多项式近似表示为

$$\mathrm{e}^x \approx 1 + x + \frac{1}{2!} x^2 + \cdots + \frac{1}{n!} x^n,$$

这时所产生的误差为

$$|R_n(x)| = \left| \frac{\mathrm{e}^{\xi}}{(n+1)!} x^{n+1} \right| < \frac{\mathrm{e}^{|x|}}{(n+1)!} |x|^{n+1} \quad （\xi \text{ 在 } 0 \text{ 与 } x \text{ 之间}).$$

如果取 $n = 1$，则得近似公式 $\mathrm{e}^x \approx 1 + x$，这时误差为

$$|R_n(x)| = \left| \frac{\mathrm{e}^{\xi}}{2!} x^2 \right| < \frac{\mathrm{e}^{|x|}}{2} |x|^2 \quad （\xi \text{ 在 } 0 \text{ 与 } x \text{ 之间}).$$

如果 n 分别取 2 和 3，则可得 e^x 的 2 次和 3 次近似多项式

$$\mathrm{e}^x \approx 1 + x + \frac{x^2}{2!} \text{ 和 } \mathrm{e}^x \approx 1 + x + \frac{x^2}{2!} + \frac{x^3}{3!},$$

其误差的绝对值依次不超过 $\dfrac{\mathrm{e}^{|x|}}{3!} |x|^3$ 和 $\dfrac{\mathrm{e}^{|x|}}{4!} |x|^4$.

以上三个近似多项式及 e^x 的图形都画在图 3-4 中，以便于比较.

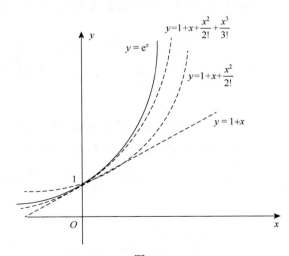

图 3-4

例 3.8　　（1）计算 e 的值，使其误差不超过 10^{-6}；

（2）证明数 e 为无理数.

解（1）由例 3.7 式（3-13），当 $x=1$ 时有

$$e=1+1+\frac{1}{2!}+\cdots+\frac{1}{n!}+\frac{e^{\xi}}{(n+1)!}\quad(0<\xi<1).\qquad(3-14)$$

故

$$\left|R_n(1)\right|=\frac{e^{\xi}}{(n+1)!}<\frac{3}{(n+1)!},$$

当 $n=9$ 时，便有

$$\left|R_9(1)\right|<\frac{3}{10!}=\frac{3}{3628800}<10^{-6}.$$

从而求得 e 的近似值为

$$e\approx1+1+\frac{1}{2!}+\cdots+\frac{1}{9!}\approx2.718282.$$

（2）由式（3-14）得

$$n!e-(n!+n!+3\cdot4\cdots n+\cdots+n+1)=\frac{e^{\xi}}{n+1}\quad(0<\xi<1).\qquad(3-15)$$

下面用反证法. 假设 e 为有理数，可设 $e=\dfrac{p}{q}$（p，q 为互素的正整数），则当 $n>q$ 时，

$n!e$ 为正整数，从而式（3-15）左边为整数. 又因为 $\dfrac{e^{\xi}}{n+1}<\dfrac{e}{n+1}<\dfrac{3}{n+1}$，所以当 $n\geqslant2$

时，右边为非整数，矛盾. 所以假设不成立，从而 e 是无理数.

例 3.9　　求 $f(x)=\sin x$ 的带有拉格朗日型余项的 n 阶麦克劳林公式.

解　　因为

$$f'(x)=\cos x,\quad f''(x)=-\sin x,\quad f'''(x)=-\cos x,$$

$$f^{(4)}(x)=\sin x,\quad\cdots,\quad f^{(n)}(x)=\sin\left(x+n\cdot\frac{\pi}{2}\right),$$

所以

$$f(0)=0,\quad f'(0)=1,\quad f''(0)=0,\quad f'''(0)=-1,\quad f^{(4)}(0)=0,\cdots$$

它们顺序循环地取 4 个数 0，1，0，−1，于是由式（3.9）得（令 $n=2m$）

$$\sin x=x-\frac{1}{3!}x^3+\frac{1}{5!}x^5-\cdots+(-1)^{m-1}\frac{x^{2m-1}}{(2m-1)!}+R_{2m}(x),$$

其中

$$R_{2m}(x)=\frac{\sin\left[\xi+(2m+1)\dfrac{\pi}{2}\right]}{(2m+1)!}x^{2m+1}\quad(\xi\text{ 在 }0\text{ 与 }x\text{ 之间}).$$

类似地可得 $\cos x$ 的 n 阶麦克劳林公式（令 $n = 2m + 1$）

$$\cos x = 1 - \frac{1}{2!}x^2 + \frac{1}{4!}x^4 - \cdots + (-1)^m \frac{x^{2m}}{(2m)!} + R_{2m+1}(x),$$

其中

$$R_{2m+1}(x) = \frac{\cos[\xi + (m+1)\pi]}{(2m+2)!} x^{2m+2} \quad (\xi \text{ 在 } 0 \text{ 与 } x \text{ 之间}).$$

常用函数的带有拉格朗日型余项的 n 阶麦克劳林公式还有：

$$\ln(1+x) = x - \frac{1}{2}x^2 + \frac{1}{3}x^3 - \cdots + \frac{(-1)^{n-1}}{n}x^n + R_n(x),$$

其中

$$R_n(x) = \frac{(-1)^n}{(n+1)(1+\xi)^{n+1}} x^{n+1} \quad (\xi \text{ 在 } 0 \text{ 与 } x \text{ 之间}).$$

$$(1+x)^\alpha = 1 + \alpha x + \frac{\alpha(\alpha-1)}{2!}x^2 + \cdots + \frac{\alpha(\alpha-1)\cdots(\alpha-n+1)}{n!}x^n + R_n(x),$$

其中

$$R_n(x) = \frac{\alpha(\alpha-1)\cdots(\alpha-n+1)(\alpha-n)(1+\xi)^{\alpha-n-1}}{(n+1)!} \cdot x^{n+1} \quad (\xi \text{ 在 } 0 \text{ 与 } x \text{ 之间}).$$

由上面的讨论，容易得到常用函数的带佩亚诺型余项的麦克劳林公式：

$$e^x = 1 + x + \frac{1}{2!}x^2 + \cdots + \frac{1}{n!}x^n + o(x^n);$$

$$\sin x = x - \frac{1}{3!}x^3 + \frac{1}{5!}x^5 - \cdots + \frac{(-1)^{n-1}}{(2n-1)!}x^{2n-1} + o(x^{2n});$$

$$\cos x = 1 - \frac{1}{2!}x^2 + \frac{1}{4!}x^4 - \cdots + \frac{(-1)^n}{(2n)!}x^{2n} + o(x^{2n+1});$$

$$\ln(1+x) = x - \frac{1}{2}x^2 + \frac{1}{3}x^3 - \cdots + \frac{(-1)^{n-1}}{n}x^n + o(x^n);$$

$$(1+x)^a = 1 + ax + \frac{a(a-1)}{2!}x^2 + \cdots + \frac{a(a-1)\cdots(a-n+1)}{n!}x^n + o(x^n).$$

例 3.10　证明 $e^x > 1 + x + \dfrac{x^2}{2} + \dfrac{x^3}{6}$，$x \in (-\infty, +\infty)$.

证明　e^x 的 3 阶带拉格朗日型余项的麦克劳林公式为

$$e^x = 1 + x + \frac{x^2}{2} + \frac{x^3}{6} + R_3(x).$$

由于 $R_3(x) = \dfrac{x^4}{4!}e^\xi > 0$，所以对于任意 $x \in (-\infty, +\infty)$，有 $e^x > 1 + x + \dfrac{x^2}{2} + \dfrac{x^3}{6}$.

例 3.11　利用带佩亚诺型余项的麦克劳林公式，求极限 $\lim\limits_{x\to 0}\dfrac{x-\sin x}{x^3}$.

解　因为分式的分母是 x^3，所以只要写出 $\sin x$ 的 3 阶带佩亚诺型余项的麦克劳林公式：

$$\sin x = x - \frac{1}{3!}x^3 + o(x^4),$$

于是

$$\lim_{x\to 0}\frac{x-\sin x}{x^3} = \lim_{x\to 0}\frac{x-\left[x-\dfrac{1}{3!}x^3+o(x^4)\right]}{x^3} = \lim_{x\to 0}\left[\frac{1}{3!}+\frac{o(x^4)}{x^3}\right] = \frac{1}{3!} = \frac{1}{6}.$$

例 3.12　求极限 $\lim\limits_{x\to 0}\dfrac{\cos x - e^{-\frac{x^2}{2}}}{x^4}$.

解　在这里我们结合分式的分母是 x^4，可应用 $\cos x$ 和 $e^{-\frac{x^2}{2}}$ 的 4 阶带佩亚诺型余项的麦克劳林公式：

$$\cos x = 1 - \frac{1}{2!}x^2 + \frac{1}{4!}x^4 + o(x^5),$$

$$e^{-\frac{x^2}{2}} = 1 + \left(-\frac{x^2}{2}\right) + \frac{1}{2!}\left(-\frac{x^2}{2}\right)^2 + o(x^4),$$

于是

$$\lim_{x\to 0}\frac{\cos x - e^{-\frac{x^2}{2}}}{x^4} = \lim_{x\to 0}\frac{1-\dfrac{1}{2!}x^2+\dfrac{1}{4!}x^4+o(x^5)-\left[1+\left(-\dfrac{x^2}{2}\right)+\dfrac{1}{2!}\left(-\dfrac{x^2}{2}\right)^2+o(x^4)\right]}{x^4}$$

$$= \lim_{x\to 0}\frac{\left(\dfrac{1}{4!}-\dfrac{1}{8}\right)x^4+o(x^4)}{x^4} = \frac{1}{4!}-\frac{1}{8} = -\frac{1}{12}.$$

习　题　3-2

1. 按 $(x-2)$ 的幂展开多项式 $f(x)=x^3-4x^2+2$.

2. 求函数 $f(x)=\dfrac{1}{1+x}$ 的带有拉格朗日型余项的 n 阶麦克劳林公式.

3. 求函数 $f(x)=\sin^2 x$ 的带有佩亚诺型余项的 n 阶麦克劳林公式.

4. 求函数 $f(x)=\sqrt{x}$ 按 $(x-4)$ 的幂展开的带有拉格朗日型余项的 3 阶泰勒公式.

5. 求函数 $f(x)=\ln x$ 按 $(x-1)$ 的幂展开的带有拉格朗日型余项的 n 阶泰勒公式.

6. 求函数 $f(x)=x\cdot e^{-x}$ 的带有佩亚诺型余项的 n 阶麦克劳林公式.

7. 应用 3 阶泰勒公式求下列各数的近似值，并估计误差：

（1）$\sqrt[3]{30}$；　　　　　　　　　　　（2）$\sin 18°$.

8. 利用泰勒公式求下列极限：

（1）$\lim\limits_{x\to 0}\dfrac{\sin x - x\cos x}{\sin^3 x}$；　　　　（2）$\lim\limits_{x\to 0}\dfrac{x^2}{\sqrt[5]{1+5x}-(1+x)}$.

9. 估计下列近似公式加绝对值后的误差（绝对误差）：

（1）$\sin x \approx x - \dfrac{x^3}{6}$，　当 $|x|\leqslant\dfrac{1}{2}$ 时；　（2）$\sqrt{1+x}\approx 1+\dfrac{x}{2}-\dfrac{x^2}{8}$，$x\in[0,\,1]$.

3.3　洛必达法则

在第 1 章求极限时，我们遇到过许多无穷小量之比 $\left(\text{如}\lim\limits_{x\to 0}\dfrac{\sin x}{x}\right)$ 或无穷大量之比 $\left(\text{如}\lim\limits_{x\to+\infty}\dfrac{x}{\sqrt{x^2+1}}\right)$ 的极限. 由于这种极限可能存在，也可能不存在，所以我们把两个无穷小量之比或无穷大量之比的极限统称为未定式极限，分别称这两种未定式极限为 $\dfrac{0}{0}$ 型和 $\dfrac{\infty}{\infty}$ 型. 对于这类极限，即使它存在也不能用"商的极限等于极限的商"这一法则进行运算. 本节将用导数作为工具，介绍求未定式极限的简便而重要的方法——洛必达（L'Hospital）法则. 柯西中值定理则是建立洛必达法则的理论依据.

3.3.1　$\dfrac{0}{0}$ 型未定式的洛必达法则

定理 3.6　设 $f(x)$ 与 $g(x)$ 在点 x_0 的某空心邻域内可导，并且 $g'(x)\neq 0$, 又满足条件：

（1）$\lim\limits_{x\to x_0}f(x)=\lim\limits_{x\to x_0}g(x)=0$；

（2）极限 $\lim\limits_{x\to x_0}\dfrac{f'(x)}{g'(x)}$ 存在（或为无穷大），则

$$\lim_{x \to x_0} \frac{f(x)}{g(x)} = \lim_{x \to x_0} \frac{f'(x)}{g'(x)}.$$

证明 由于 $\lim_{x \to x_0} f(x) = \lim_{x \to x_0} g(x) = 0$ 且极限 $\lim_{x \to x_0} \frac{f(x)}{g(x)}$ 与 $f(x_0)$ 及 $g(x_0)$ 无关，所以可以补充定义 $f(x_0) = g(x_0) = 0$，那么由定理 3.6 的条件可知，$f(x)$ 及 $g(x)$ 在点 x_0 的某邻域内连续. 设 x 是这邻域内的一点，则 $f(x)$ 与 $g(x)$ 在 $[x_0, x]$（或 $[x, x_0]$）上满足柯西中值定理条件，因此有

$$\frac{f(x)}{g(x)} = \frac{f(x) - f(x_0)}{g(x) - g(x_0)} = \frac{f'(\xi)}{g'(\xi)} \qquad (\xi \text{ 在 } x_0 \text{ 与 } x \text{ 之间}).$$

令 $x \to x_0$，并对上式两端求极限，注意当 $x \to x_0$ 时，$\xi \to x_0$，再根据定理 3.6 中条件（2）便得要证的结论.

定理 3.6 告诉我们，当 $\lim_{x \to x_0} \frac{f'(x)}{g'(x)}$ 存在时，$\lim_{x \to x_0} \frac{f(x)}{g(x)}$ 也存在且等于 $\lim_{x \to x_0} \frac{f'(x)}{g'(x)}$；当 $\lim_{x \to x_0} \frac{f'(x)}{g'(x)}$ 为无穷大时，$\lim_{x \to x_0} \frac{f(x)}{g(x)}$ 也为无穷大. 这种在一定条件下通过对分子分母分别求导再求极限来确定未定式的极限的方法称为洛必达法则.

注 1 在定理 3.6 中，如果把极限过程换成 $x \to x_0^+ (x \to x_0^-)$ 或 $x \to \infty (x \to +\infty, x \to -\infty)$，其他条件不变，则定理 3.6 的结论仍然成立，即

$$\lim \frac{f(x)}{g(x)} = \lim \frac{f'(x)}{g'(x)}.$$

注 2 如果 $\lim_{x \to x_0} \frac{f'(x)}{g'(x)}$ 仍为 $\frac{0}{0}$ 型且 $f'(x)$ 与 $g'(x)$ 满足洛必达法则中 $f(x)$ 与 $g(x)$ 所满足的条件，则可以继续使用洛必达法则，先确定 $\lim_{x \to x_0} \frac{f'(x)}{g'(x)}$，从而确定 $\lim_{x \to x_0} \frac{f(x)}{g(x)}$，即

$$\lim_{x \to x_0} \frac{f(x)}{g(x)} = \lim_{x \to x_0} \frac{f'(x)}{g'(x)} = \lim_{x \to x_0} \frac{f''(x)}{g''(x)},$$

并且可以依此类推.

例 3.13 求 $\lim_{x \to 1} \frac{x^3 - 3x + 2}{x^3 - x^2 - x + 1}$.

解 $\lim_{x \to 1} \frac{x^3 - 3x + 2}{x^3 - x^2 - x + 1} = \lim_{x \to 1} \frac{3x^2 - 3}{3x^2 - 2x - 1} = \lim_{x \to 1} \frac{6x}{6x - 2} = \frac{3}{2}$.

注意，上式中的 $\lim\limits_{x\to 1}\dfrac{6x}{6x-2}$ 已不再是未定式，不能再对它用洛必达法则，否则会导致错误的结果. 因此在使用洛必达法则之前，一定要验证极限是否为未定式.

例 3.14　求 $\lim\limits_{x\to 1}\dfrac{x^n-1}{\ln x}$（$n$ 为正整数）.

解　$\lim\limits_{x\to 1}\dfrac{x^n-1}{\ln x}=\lim\limits_{x\to 1}\dfrac{nx^{n-1}}{\dfrac{1}{x}}=\lim\limits_{x\to 1}nx^n=n$.

例 3.15　求 $\lim\limits_{x\to 0}\dfrac{\tan x-x}{x-\sin x}$.

解　$\lim\limits_{x\to 0}\dfrac{\tan x-x}{x-\sin x}=\lim\limits_{x\to 0}\dfrac{\sec^2 x-1}{1-\cos x}=\lim\limits_{x\to 0}\dfrac{\tan^2 x}{1-\cos x}$

$=\lim\limits_{x\to 0}\dfrac{2\tan x\sec^2 x}{\sin x}=\lim\limits_{x\to 0}\dfrac{2}{\cos^3 x}=2$.

例 3.16　求 $\lim\limits_{x\to +\infty}\dfrac{\dfrac{\pi}{2}-\arctan x}{\sin\dfrac{1}{x}}$.

解　$\lim\limits_{x\to +\infty}\dfrac{\dfrac{\pi}{2}-\arctan x}{\sin\dfrac{1}{x}}=\lim\limits_{x\to +\infty}\dfrac{-\dfrac{1}{1+x^2}}{-\dfrac{1}{x^2}\cos\dfrac{1}{x}}=\lim\limits_{x\to +\infty}\dfrac{x^2}{(x^2+1)\cos\dfrac{1}{x}}=\lim\limits_{x\to +\infty}\dfrac{1}{\left(1+\dfrac{1}{x^2}\right)\cos\dfrac{1}{x}}=1$.

3.3.2　$\dfrac{\infty}{\infty}$ 型未定式的洛必达法则

定理 3.7　设 $f(x)$ 与 $g(x)$ 在 x_0 的某空心邻域内可导，并且 $g'(x)\ne 0$，又满足条件:

（1）$\lim\limits_{x\to x_0}f(x)=\lim\limits_{x\to x_0}g(x)=\infty$;

（2）极限 $\lim\limits_{x\to x_0}\dfrac{f'(x)}{g'(x)}$ 存在（或为无穷大），则

$$\lim\limits_{x\to x_0}\dfrac{f(x)}{g(x)}=\lim\limits_{x\to x_0}\dfrac{f'(x)}{g'(x)}.$$

注意，与定理 3.6 一样，定理 3.7 对于 $x\to x_0^-$，$x\to x_0^+$ 或 $x\to\infty(x\to +\infty,x\to -\infty)$ 等情形，也有同样的结论.

例 3.17　求 $\lim\limits_{x\to +\infty}\dfrac{\ln x}{x^n}$　$(n>0)$.

解　$\lim\limits_{x\to+\infty}\dfrac{\ln x}{x^n}=\lim\limits_{x\to+\infty}\dfrac{\dfrac{1}{x}}{nx^{n-1}}=\lim\limits_{x\to+\infty}\dfrac{1}{nx^n}=0$.

例 3.18　求 $\lim\limits_{x\to+\infty}\dfrac{x^n}{\mathrm{e}^{\lambda x}}$（$n$ 为正整数，$\lambda>0$）.

解　$\lim\limits_{x\to+\infty}\dfrac{x^n}{\mathrm{e}^{\lambda x}}=\lim\limits_{x\to+\infty}\dfrac{nx^{n-1}}{\lambda\mathrm{e}^{\lambda x}}=\lim\limits_{x\to+\infty}\dfrac{n(n-1)x^{n-2}}{\lambda^2\mathrm{e}^{\lambda x}}=\cdots=\lim\limits_{x\to+\infty}\dfrac{n!}{\lambda^n\mathrm{e}^{\lambda x}}=0$.

事实上，例 3.18 中如果 n 不是正整数，而是任何正实数，极限值也为零.

从上面的例题知，当 $x\to+\infty$ 时，对数函数 $\ln x$，幂函数 x^n（$n>0$）和指数函数 $\mathrm{e}^{\lambda x}$（$\lambda>0$）虽然均为无穷大，但这三个函数增大的"速度"却不一样，x^n 比 $\ln x$ 增大的速度快，而 $\mathrm{e}^{\lambda x}$ 比 x^n 增大的速度又快得多.

3.3.3　其他类型的未定式

除了 $\dfrac{0}{0}$ 型与 $\dfrac{\infty}{\infty}$ 型未定式外，还有 $0\cdot\infty$，$\infty-\infty$，1^∞，0^0，∞^0 等类型的未定式. 对于这些未定式可以设法将它们化为 $\dfrac{0}{0}$ 型或 $\dfrac{\infty}{\infty}$ 型未定式计算. 例如，对 $0\cdot\infty$ 与 $\infty-\infty$ 两种未定式，可以通过恒等变形化为 $\dfrac{0}{0}$ 型或 $\dfrac{\infty}{\infty}$ 型，对于 1^∞，0^0，∞^0 三种幂指函数未定式，则可以通过取对数或用指数恒等式的方式，转化为 $\dfrac{0}{0}$ 型或 $\dfrac{\infty}{\infty}$ 型，下面分别举例说明.

例 3.19　求 $\lim\limits_{x\to0^+}x\ln x$.

解　这是 $0\cdot\infty$ 型未定式，可化为 $\dfrac{\infty}{\infty}$ 型，应用洛必达法则，得

$$\lim_{x\to0^+}x\ln x=\lim_{x\to0^+}\frac{\ln x}{\dfrac{1}{x}}=\lim_{x\to0^+}\frac{\dfrac{1}{x}}{-\dfrac{1}{x^2}}=-\lim_{x\to0^+}x=0.$$

例 3.20　求 $\lim\limits_{n\to+\infty}n^3\left(\dfrac{1}{n}-\tan\dfrac{1}{n}\right)$.

解　这是求数列的极限，属于 $0\cdot\infty$ 型未定式，对它不能直接化为 $\dfrac{0}{0}$ 型或 $\dfrac{\infty}{\infty}$ 型用洛必达法则求极限，而要先将数列极限转化成相应的函数极限，利用洛必达法则求出函数的极限，再根据数列极限与函数极限的关系知，这个函数的极限等于相应数列的极限.

$$\lim_{x \to +\infty} x^3 \left(\frac{1}{x} - \tan \frac{1}{x} \right) = \lim_{x \to +\infty} \frac{\dfrac{1}{x} - \tan \dfrac{1}{x}}{\dfrac{1}{x^3}}$$

$$= \lim_{t \to 0^+} \frac{t - \tan t}{t^3} = \lim_{t \to 0^+} \frac{1 - \sec^2 t}{3t^2} = \lim_{t \to 0^+} \frac{-\tan^2 t}{3t^2} = -\frac{1}{3},$$

从而

$$\lim_{n \to +\infty} n^3 \left(\frac{1}{n} - \tan \frac{1}{n} \right) = -\frac{1}{3}.$$

例 3.21　求 $\lim\limits_{x \to \frac{\pi}{2}} (\sec x - \tan x)$.

解　这是 $\infty - \infty$ 型未定式，通过三角恒等变形，可化为 $\dfrac{0}{0}$ 型，应用洛必达法则可得

$$\lim_{x \to \frac{\pi}{2}} (\sec x - \tan x) = \lim_{x \to \frac{\pi}{2}} \frac{1 - \sin x}{\cos x} = \lim_{x \to \frac{\pi}{2}} \frac{-\cos x}{-\sin x} = 0.$$

例 3.22　求 $\lim\limits_{x \to 1} x^{\frac{1}{x^2 - 1}}$.

解　这是 1^∞ 型未定式. 设 $y = x^{\frac{1}{x^2 - 1}}$，则 $\ln y = \dfrac{1}{x^2 - 1} \ln x$，于是

$$\lim_{x \to 1} \ln y = \lim_{x \to 1} \frac{\ln x}{x^2 - 1} = \lim_{x \to 1} \frac{\dfrac{1}{x}}{2x} = \frac{1}{2}.$$

所以

$$\lim_{x \to 1} x^{\frac{1}{x^2 - 1}} = \lim_{x \to 1} y = \lim_{x \to 1} \mathrm{e}^{\ln y} = \mathrm{e}^{\lim\limits_{x \to 1} \ln y} = \mathrm{e}^{\frac{1}{2}}.$$

例 3.23　求 $\lim\limits_{x \to 0^+} x^{\tan x}$.

解　这是 0^0 型未定式，令 $y = x^{\tan x}$，则 $\ln y = \tan x \ln x$，于是

$$\lim_{x \to 0^+} \ln y = \lim_{x \to 0^+} \tan x \ln x = \lim_{x \to 0^+} \frac{\ln x}{\cot x} = \lim_{x \to 0^+} \frac{\dfrac{1}{x}}{-\csc^2 x} = -\lim_{x \to 0^+} \frac{\sin^2 x}{x} = 0,$$

所以

$$\lim_{x \to 0^+} x^{\tan x} = \lim_{x \to 0^+} y = \lim_{x \to 0^+} \mathrm{e}^{\ln y} = \mathrm{e}^{\lim\limits_{x \to 0^+} \ln y} = \mathrm{e}^0 = 1.$$

例 3.24　求 $\lim\limits_{n \to +\infty} \sqrt[n]{n}$.

解　考虑极限 $\lim\limits_{x \to +\infty} \sqrt[x]{x}$，这是 ∞^0 型未定式. 令 $y = x^{\frac{1}{x}}$，则 $\ln y = \dfrac{\ln x}{x}$，于是

$$\lim_{x\to+\infty}\ln y=\lim_{x\to+\infty}\frac{\ln x}{x}=\lim_{x\to+\infty}\frac{\frac{1}{x}}{1}=0,$$

所以

$$\lim_{x\to+\infty}x^{\frac{1}{x}}=\lim_{x\to+\infty}y=\lim_{x\to+\infty}e^{\ln y}=e^{\lim_{x\to+\infty}\ln y}=1,$$

从而

$$\lim_{n\to+\infty}\sqrt[n]{n}=1.$$

从例 3.22～例 3.24 可以看到，对于幂指型函数 $u(x)^{v(x)}$ 的未定式，通常利用指数函数与对数函数互为反函数的关系先转化，然后再求极限.

前文已经介绍了关于求极限的一些主要方法. 今后在求极限的过程中希望读者能够把各种方法结合起来使用，而不是单一地使用一种方法来计算.

例 3.25　求 $\displaystyle\lim_{x\to0}\frac{\tan x-x}{x^2\tan x}$.

解　这极限属于 $\dfrac{0}{0}$ 型未定式，可以直接用洛必达法则，但分母的导数较繁. 如果先作一个等价无穷小替换，那么运算就简单得多，因为当 $x\to0$ 时，$\tan x\sim x$，所以

$$\lim_{x\to0}\frac{\tan x-x}{x^2\tan x}=\lim_{x\to0}\frac{\tan x-x}{x^3}=\lim_{x\to0}\frac{\sec^2 x-1}{3x^2}=\lim_{x\to0}\frac{\tan^2 x}{3x^2}=\frac{1}{3}.$$

从上例可以看出，洛必达法则是求未定式极限的一种有效方法，但最好能与其他求极限的方法结合使用，例如，能化简时应尽可能先化简，可以应用等价无穷小替换或重要极限时，应尽可能应用，这样可以使运算简捷.

用洛必达法则求极限，当定理的条件不满足时，所求的极限也有可能存在（见本节习题第 2 题）；当满足定理条件，用一次洛必达法则后，出现类似的重复，这时就不应再使用洛必达法则，而应考虑用其他适当的方法确认其极限是否存在，如求 $\displaystyle\lim_{x\to+\infty}\frac{e^x+\sin x}{e^x+\cos x}$.

习　题　3-3

1. 用洛必达法则求下列极限：

（1）$\displaystyle\lim_{x\to0}\frac{e^x-1}{\sin x}$；　　　　（2）$\displaystyle\lim_{x\to\frac{\pi}{6}}\frac{1-2\sin x}{\cos 3x}$；　　　　（3）$\displaystyle\lim_{x\to0}\frac{\ln(1+x)-x}{\cos x-1}$；

（4）$\lim\limits_{x\to 0}\dfrac{x-\arctan x}{x\sin^2 x}$；　（5）$\lim\limits_{x\to\frac{\pi}{2}}\dfrac{\ln\sin x}{(\pi-2x)^2}$；　（6）$\lim\limits_{x\to a}\dfrac{x^m-a^m}{x^n-a^n}\quad(a\neq 0)$；

（7）$\lim\limits_{x\to\frac{\pi}{2}}\dfrac{\tan x}{\tan 3x}$；　（8）$\lim\limits_{x\to+\infty}\dfrac{\ln\left(1+\dfrac{1}{x}\right)}{\operatorname{arccot}x}$；　（9）$\lim\limits_{x\to 0}\left(\dfrac{1}{x}-\dfrac{1}{e^x-1}\right)$；

（10）$\lim\limits_{x\to 1}x^{\frac{1}{1-x}}$；　（11）$\lim\limits_{x\to 0^+}x^{\sin x}$；　（12）$\lim\limits_{x\to 0^+}\left(\dfrac{1}{x}\right)^{\tan x}$；

（13）$\lim\limits_{x\to 0}x\cot 2x$；　（14）$\lim\limits_{x\to\infty}\left(1+\dfrac{3}{x}+\dfrac{5}{x^2}\right)^x$；　（15）$\lim\limits_{x\to+\infty}(\pi-2\arctan x)\ln x$.

2. 求下列极限：

（1）$\lim\limits_{x\to+\infty}\dfrac{\sqrt{x^2+1}}{x}$；　　（2）$\lim\limits_{x\to 0}\dfrac{x^2\sin\dfrac{1}{x}}{\sin x}$.

3. 讨论函数

$$f(x)=\begin{cases}\left[\dfrac{(1+x)^{\frac{1}{x}}}{e}\right]^{\frac{1}{x}},&x>0,\\[4mm]e^{-\frac{1}{2}},&x\leqslant 0\end{cases}$$

在点 $x=0$ 处的连续性.

3.4　函数的单调性与曲线的凹凸性

3.4.1　函数单调性的判定法

在第 1 章中，我们已经介绍了函数在区间上单调的概念，然而利用定义来讨论函数的单调性往往比较困难，下面介绍利用导数来判断函数的单调性.

如果函数 $y=f(x)$ 在 $[a,b]$ 上单调增加（单调减少），那么它的图形是一条沿 x 轴的正向上升（下降）的曲线，见图 3-5. 这时，曲线上各点处的切线斜率是非负的（非正的），即 $y'=f'(x)\geqslant 0(y'=f'(x)\leqslant 0)$.

由上可见，函数的单调性与导数的符号有着密切的关系. 事实上，我们可以用函数的导数的符号来判定函数的单调性.

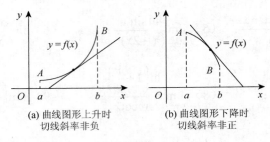

(a) 曲线图形上升时　　　　　(b) 曲线图形下降时
　　切线斜率非负　　　　　　　　切线斜率非正

图 3-5

定理 3.8（函数单调性的判定定理）　设函数 $y = f(x)$ 在 $[a,b]$ 上连续，在 (a,b) 内可导.

（1）若在 (a,b) 内，$f'(x) \geqslant 0$，则 $y = f(x)$ 在 $[a,b]$ 上单调增加；

（2）若在 (a,b) 内，$f'(x) \leqslant 0$，则 $y = f(x)$ 在 $[a,b]$ 上单调减少.

注 1　若把定理中 $[a,b]$ 换成其他各种区间（包括无穷区间），定理的结论仍成立.

注 2　若（1）（2）中的不等式改为严格不等式，则 $y = f(x)$ 在 $[a,b]$ 上严格单调增加和严格单调减少.

证明　只证（1）（（2）类似可证）.

在 $[a,b]$ 上任取两点 x_1, x_2，不妨设 $x_1 < x_2$，于是函数 $y = f(x)$ 在 $[x_1, x_2]$ 上满足拉格朗日中值定理的条件，因此

$$f(x_2) - f(x_1) = f'(\xi)(x_2 - x_1) \quad (x_1 < \xi < x_2).$$

由于 $f'(x) \geqslant 0$，从而 $f'(\xi) \geqslant 0$，于是由 $x_2 - x_1 > 0$，即得 $f(x_2) - f(x_1) \geqslant 0$. 即

$$f(x_2) \geqslant f(x_1).$$

这说明函数 $y = f(x)$ 在 $[a,b]$ 上是单调增加的.

例 3.26　判定函数 $y = x - \sin x$ 在 $[0, 2\pi]$ 上的单调性.

解　因为在 $(0, 2\pi)$ 内，$y' = 1 - \cos x > 0$，所以函数 $y = x - \sin x$ 在 $[0, 2\pi]$ 上单调增加.

例 3.27　讨论函数 $f(x) = x^3 - 3x^2 - 9x + 5$ 的单调性.

解　函数的定义域为 $(-\infty, +\infty)$. $f'(x) = 3x^2 - 6x - 9 = 3(x+1)(x-3)$，在 $(-\infty, -1)$ 和 $(3, +\infty)$ 内，$f'(x) > 0$，所以函数 $f(x) = x^3 - 3x^2 - 9x + 5$ 在 $(-\infty, -1]$ 或 $[3, +\infty)$ 上单调增加. 在 $(-1, 3)$ 内 $f'(x) < 0$，所以函数 $f(x) = x^3 - 3x^2 - 9x + 5$ 在 $[-1, 3]$ 上单调减少.

例 3.28　讨论函数 $y = \sqrt[3]{x^2}$ 的单调性.

解　函数的定义域为 $(-\infty, +\infty)$，其图形如图 3-6 所示，

当 $x \neq 0$ 时，函数的导数 $y' = \dfrac{2}{3\sqrt[3]{x}}$. 当 $x = 0$ 时，函数的导数不存在. 在 $(-\infty, 0)$

内，$y' < 0$，所以函数 $y = \sqrt[3]{x^2}$ 在 $(-\infty, 0]$ 上单调减少；在 $(0, +\infty)$

内，$y' > 0$，所以函数 $y = \sqrt[3]{x^2}$ 在 $[0, +\infty)$ 上单调增加.

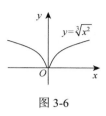

图 3-6

在例 3.27 中，$x = -1$ 与 $x = 3$ 都是函数 $f(x) = x^3 - 3x^2 - 9x + 5$ 的单调区间的分界点，而这两点是函数的驻点，即 $f'(-1) = f'(3) = 0$. 在例 3.28 中 $x = 0$ 是函数 $y = \sqrt[3]{x^2}$ 单调区间的分界点，而 $y'(0)$ 不存在.

从上述两例可以看出，如果一个函数在定义区间上连续，除去有限个导数不存在的点外，导数存在且连续. 用驻点或导数不存在的点来划分函数的定义区间，就能保证函数的导数在各个部分区间内保持符号不变，从而函数在每个部分区间上单调.

但应注意，驻点或导数不存在的点不一定是函数单调区间的分界点. 例如，$y = x^3$，$y' = 3x^2 \geqslant 0$. 因此 $y = x^3$ 在 $(-\infty, +\infty)$ 内单调增加，此时驻点 $x = 0$ 不是单调区间的分界点；又如 $y = \sqrt[3]{x}$，当 $x \neq 0$ 时，$y' = \dfrac{1}{3} x^{\frac{-2}{3}} > 0$，因此 $y = \sqrt[3]{x}$ 在 $(-\infty, 0]$ 与 $[0, +\infty)$ 上都单调增加，$y'(0)$ 不存在，此时 $x = 0$ 也不是单调区间的分界点.

例 3.29　确定函数 $f(x) = (2x - 5)\sqrt[3]{x^2}$ 的单调区间.

解　当 $x \neq 0$ 时

$$f'(x) = 2x^{\frac{2}{3}} + (2x - 5)\frac{2}{3}x^{-\frac{1}{3}} = \frac{10}{3} \cdot \frac{x - 1}{\sqrt[3]{x}}.$$

显然，$f'(1) = 0$，$f'(0)$ 不存在. 用 $x = 0$ 与 $x = 1$ 把定义域 $(-\infty, +\infty)$ 分成 3 个部分区间，在每个部分区间上导数符号与函数单调性讨论如表 3-1 所示.

表 3-1

x	$(-\infty, 0)$	0	$(0, 1)$	1	$(1, +\infty)$
$f'(x)$	$+$	不存在	$-$	0	$+$
$f(x)$	单调增加		单调减少		单调增加

由以上讨论的结果可见，函数 $f(x) = (2x - 5)\sqrt[3]{x}$ 的单调增加区间是 $(-\infty, 0]$ 及 $[1, +\infty)$，单调减少区间是 $[0, 1]$.

例 3.30　证明：当 $x \in \left(0, \dfrac{\pi}{2}\right)$ 时，$\tan x > x$.

证明　令 $f(x) = \tan x - x$，$x \in \left[0, \dfrac{\pi}{2}\right)$，则

$$f'(x) = \sec^2 x - 1 = \tan^2 x > 0,$$

故 $f(x)$ 在 $\left[0, \dfrac{\pi}{2}\right)$ 内严格单调增加，又 $f(0) = 0$，所以在 $\left[0, \dfrac{\pi}{2}\right)$ 内

$$f(x) = \tan x - x > f(0) = 0,$$

即

$$\tan x > x.$$

例 3.31　设 $a^2 - 3b < 0$，证明：实系数方程 $x^3 + ax^2 + bx + c = 0$ 有且只有一个实根.

证明　令 $f(x) = x^3 + ax^2 + bx + c$，则

$$f'(x) = 3x^2 + 2ax + b = 3\left(x + \frac{a}{3}\right)^2 - \frac{1}{3}(a^2 - 3b).$$

由于 $a^2 - 3b < 0$，故 $f'(x) > 0$，所以 $f(x) = x^3 + ax^2 + bx + c$ 在 $(-\infty, +\infty)$ 内单调增加，方程 $x^3 + ax^2 + bx + c = 0$ 在 $(-\infty, +\infty)$ 内至多有一个实根. 又因为

$$\lim_{x \to -\infty} f(x) = -\infty, \quad \lim_{x \to +\infty} f(x) = +\infty,$$

所以必存在 $x_1 < x_2$，使得 $f(x_1) < 0$，$f(x_2) > 0$. 于是 $f(x)$ 在 $[x_1, x_2]$ 上满足零点定理的条件，根据零点定理可知方程 $x^3 + ax^2 + bx + c = 0$ 至少有一个实根，这样就证明了方程

$$x^3 + ax^2 + bx + c = 0$$

有且只有一个实根.

3.4.2　曲线的凹凸性及拐点

前面我们研究了函数单调性的判定法. 函数的单调性反映在图形上，就是曲线的上升或下降. 但是，曲线在上升或下降的过程中，还有一个弯曲方向的问题，例如，图 3-7 中有两条曲线弧，虽然都是上升的，但图形却有显著的不同，$\overset{\frown}{ACB}$ 是向上凸的曲线弧（称曲线为凸的），而 $\overset{\frown}{ADB}$ 是向上凹的曲线弧（称曲线为凹的），它们的凹凸性不同. 下面我们来研究曲线的凹凸性及其判别法.

在图 3-8 中，曲线 $y = f(x)$ $(a \leqslant x \leqslant b)$ 是凹的，读者不难发现，该曲线弧有这样的特征：对 $[a,b]$ 内任意两点 x_1, x_2 （不妨设 $x_1 < x_2$），在 $[x_1, x_2]$ 上曲线弧 $y = f(x)$ 都在弦 AB 的下方. 点 A 的坐标为 $A\,(x_1, f(x_1))$，点 B 的坐标为 $B(x_2, f(x_2))$，由于弦 AB 的方程为

$$y = \frac{f(x_2) - f(x_1)}{x_2 - x_1}(x - x_1) + f(x_1).$$

所以曲线弧 $f(x)$ 在弦 AB 的下方可以用不等式来表示：

$$f(x) < \frac{f(x_2) - f(x_1)}{x_2 - x_1}(x - x_1) + f(x_1) \ \text{或} \ f(x) < \frac{x_2 - x}{x_2 - x_1}f(x_1) + \frac{x - x_1}{x_2 - x_1}f(x_2).$$

令 $\lambda = \dfrac{x_2 - x}{x_2 - x_1}$，则 $0 < \lambda < 1$ 且 $x = \lambda x_1 + (1 - \lambda)x_2$，于是上式变为

$$f[\lambda x_1 + (1 - \lambda)x_2] < \lambda f(x_1) + (1 - \lambda)f(x_2).$$

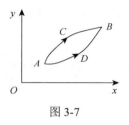

图 3-7

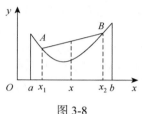

图 3-8

上述过程中每一步都是等价变换，因此，可以给出如下定义：

定义 3.2 设函数 $f(x)$ 在区间 I 上连续，如果对 I 上任意两点 x_1，x_2（不妨设 $x_1 < x_2$）及任意正数 $\lambda(0 < \lambda < 1)$，恒有

$$f[\lambda x_1 + (1 - \lambda)x_2] \leqslant \lambda f(x_1) + (1 - \lambda)f(x_2),$$

则称曲线 $y = f(x)$ 在 I 上是凹的，此时称函数 $f(x)$ 为区间 I 上的凹函数，称区间 I 为凹区间.

类似地，可给出曲线是凸的定义，即若上式中不等号反向，则称曲线 $y = f(x)$ 在 I 上是凸的.

注 若定义中的不等式改为严格不等式，则曲线 $y = f(x)$ 在 I 上是严格凹的和严格凸的.

直接利用定义来判别曲线的凹凸性比较困难，如果函数 $f(x)$ 在 I 内具有二阶导数，那么可以利用二阶导数的符号来判定曲线的凹凸性，这就是下面的曲线的凹凸性的判定定理. 我们仅就 I 为闭区间的情形来叙述定理，当 I 不是闭区间时，定理类同.

定理 3.9（曲线的凹凸性的判定定理） 设函数 $y = f(x)$ 在 $[a, b]$ 上连续，在 (a, b) 内具有二阶导数.

（1）若在 (a, b) 内，$f''(x) \geqslant 0$，则曲线 $y = f(x)$ 在 $[a, b]$ 上是凹的；

（2）若在 (a, b) 内，$f''(x) \leqslant 0$，则曲线 $y = f(x)$ 在 $[a, b]$ 上是凸的.

注　若（1）（2）中的不等式改为严格不等式，则曲线 $y=f(x)$ 在 $[a,b]$ 上严格凹的和严格凸的.

证明　对于情形（1），在区间 (a,b) 上，$f''(x) \geqslant 0$，故 $f'(x)$ 在 $[a,b]$ 上单调增加，在 $[a,b]$ 内任取两点 x_1，x_2（不妨设 $x_1 < x_2$），对任意 $\lambda \in (0,1)$，令 $x_0 = \lambda x_1 + (1-\lambda)x_2$，则 $x_1 < x_0 < x_2$. 在区间 $[x_1, x_0]$ 与 $[x_0, x_2]$ 上分别用拉格朗日中值定理，存在 $\xi \in (x_1, x_0)$，$\eta \in (x_0, x_2)$ 使得

$$f(x_1) = f(x_0) + f'(\xi)(x_1 - x_0) \geqslant f(x_0) + f'(x_0)(x_1 - x_0),$$

$$f(x_2) = f(x_0) + f'(\eta)(x_2 - x_0) \geqslant f(x_0) + f'(x_0)(x_2 - x_0).$$

从而有

$$\lambda f(x_1) + (1-\lambda)f(x_2) \geqslant [\lambda + (1-\lambda)]f(x_0) + f'(x_0)[\lambda(x_1 - x_0) + (1-\lambda)(x_2 - x_0)]$$
$$= f(x_0) = f[\lambda x_1 + (1-\lambda)x_2].$$

即

$$f[\lambda x_1 + (1-\lambda)x_2] \leqslant \lambda f(x_1) + (1-\lambda)f(x_2).$$

因此曲线 $y=f(x)$ 在 I 上是凹的. 类似可以证明情形（2）.

例 3.32　判别曲线 $y = e^x$ 的凹凸性.

解　因为 $y' = e^x$，$y'' = e^x$. 在 $(-\infty, +\infty)$ 内，$y'' > 0$，所以曲线 $y = e^x$ 在 $(-\infty, +\infty)$ 内是凹的.

例 3.33　判别曲线 $y = x^3$ 的凹凸性.

解　求导得 $y' = 3x^2$，$y'' = 6x$. 当 $x \leqslant 0$ 时，$y'' \leqslant 0$，所以曲线 $y = x^3$ 在 $(-\infty, 0]$ 上是凸的；当 $x \geqslant 0$ 时，$y'' \geqslant 0$，所以曲线 $y = x^3$ 在 $[0, +\infty)$ 上是凹的（图 3-9）.

本例中，点 $(0,0)$ 是曲线由凸变凹的分界点，称为曲线的拐点. 一般地，连续曲线 $y=f(x)$ 上凹弧与凸弧的分界点称为曲线的拐点.

根据曲线凹凸性判别定理及拐点定义可知，连续曲线 $y=f(x)$ 的拐点可由 $f''(x)$ 的符号来判定. 若 $f''(x)$ 在 x_0 的邻近两侧异号，则点 $(x_0, f(x_0))$ 就是曲线的拐点. 显然，若 $f(x)$ 在区间 I 上二阶导数 $f''(x)$ 连续，则使 $f''(x)$ 异号的分界点必然有 $f''(x) = 0$. 由此可见，二阶导数等于零的点对应的曲线上的点，可能是拐点. 另外，$f''(x)$ 不存在的点对应的曲线上的点，也可能是拐点.

如果对于在区间 I 上求出的方程 $f''(x) = 0$ 的实根或 $f''(x)$ 不存在的点 x_0，$f''(x)$ 在 x_0 的左、右两侧的符号相同，则点 $(x_0, f(x_0))$ 不是拐点.

例 3.34　求曲线 $y = \sqrt[3]{x}$ 的拐点.

解　函数的连续区间为 $(-\infty, +\infty)$（图 3-10），

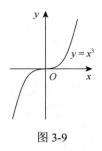

图 3-9

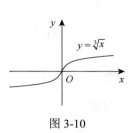

图 3-10

当 $x \neq 0$ 时，

$$y' = \frac{1}{3\sqrt[3]{x^2}}, \ y'' = \frac{-2}{9x\sqrt[3]{x^2}}.$$

当 $x = 0$ 时，y'' 不存在，即函数只有 y'' 不存在的点 $x = 0$，它把定义域分成两个部分区间 $(-\infty, 0]$，$[0, +\infty)$。在区间 $(-\infty, 0)$ 内 $y'' \geqslant 0$，所以曲线在 $(-\infty, 0]$ 上是凹的。在区间 $(0, +\infty)$ 内 $y'' \leqslant 0$，所以曲线在 $[0, +\infty)$ 上是凸的。

当 $x = 0$ 时，$y = 0$，即点 $(0, 0)$ 是曲线 $y = \sqrt[3]{x}$ 的一个拐点。

例 3.35　求曲线 $f(x) = (x-1) \cdot \sqrt[3]{x}$ 的凹凸区间与拐点。

解　因为 $x \neq 0$ 时，

$$f'(x) = \frac{1}{3} \cdot \frac{(4x-1)}{\sqrt[3]{x^2}}, \ f''(x) = \frac{2}{9} \cdot \frac{2x+1}{x\sqrt[3]{x^2}}.$$

当 $x = 0$ 时，$f''(x)$ 不存在；当 $x = -\frac{1}{2}$ 时，$f''(x) = 0$。

用点 $x_1 = -\frac{1}{2}$，$x_2 = 0$ 将定义区间 $(-\infty, +\infty)$ 分为三个部分区间，在每个部分区间上二阶导数符号及曲线的凹凸性讨论如表 3-2 所示。

表 3-2

x	$\left(-\infty, -\frac{1}{2}\right)$	$-\frac{1}{2}$	$\left(-\frac{1}{2}, 0\right)$	0	$(0, +\infty)$
$f''(x)$	$+$	0	$-$	不存在	$+$
$f(x)$ 的凹凸性	凹的	拐点 $\left(-\frac{1}{2}, \frac{3}{2\sqrt[3]{2}}\right)$	凸的	拐点 $(0, 0)$	凹的

由以上讨论的结果可见，曲线 $f(x) = (x-1)\sqrt[3]{x}$ 在 $\left(-\infty, -\frac{1}{2}\right]$ 和 $[0, +\infty)$ 上是凹的，在 $\left[-\frac{1}{2}, 0\right]$ 上是凸的，点 $\left(-\frac{1}{2}, \frac{3}{2\sqrt[3]{2}}\right)$ 和 $(0, 0)$ 是拐点。

利用函数图形的凹凸性也可以证明一些不等式.

例 3.36 证明：对任意正数 a, b 及数 $\lambda \in (0,1)$，不等式 $a^{\lambda}b^{1-\lambda} \leqslant \lambda a + (1-\lambda)b$ 成立.

证明 令 $f(x) = \ln x$，则 $f'(x) = \dfrac{1}{x}, f''(x) = -\dfrac{1}{x^2}$，于是在定义区间 $(0, +\infty)$ 内，$f''(x) < 0$，故曲线 $f(x) = \ln x$ 在 $(0, +\infty)$ 内是凸的. 因此由曲线凸的定义有

$$\ln[\lambda a + (1-\lambda)b] \geqslant \lambda \ln a + (1-\lambda)\ln b = \ln(a^{\lambda} \cdot b^{1-\lambda}),$$

于是

$$a^{\lambda}b^{1-\lambda} \leqslant \lambda a + (1-\lambda)b$$

成立.

上式中当 $\lambda = \dfrac{1}{2}$ 时，就是我们熟悉的不等式 $\sqrt{ab} \leqslant \dfrac{a+b}{2}$.

习 题 3-4

1. 判定函数 $f(x) = \arctan x - x$ 的单调性.

2. 确定下列函数的单调区间.

（1） $f(x) = 2x^3 - 6x^2 - 18x - 7$；

（2） $f(x) = \sqrt{2x - x^2}$；

（3） $f(x) = 2 - (x-1)^{\frac{2}{3}}$；

（4） $f(x) = \dfrac{x^2}{1+x}$；

（5） $y = \sqrt[3]{(2x-a)(a-x)^2}$ $(a > 0)$；

（6） $y = -x^2 + |x^3 - 1|$.

3. 证明下列不等式.

（1） $\dfrac{2}{\pi}x < \sin x < x$ $\left(0 < x < \dfrac{\pi}{2}\right)$；

（2） $x - \dfrac{x^2}{2} < \ln(1+x) < x$ $(x > 0)$；

（3） $\tan x > x + \dfrac{x^3}{3}$ $\left(0 < x < \dfrac{\pi}{2}\right)$；

（4） $2\sqrt{x} > 3 - \dfrac{1}{x}$ $(x > 1)$.

4. 讨论方程 $\ln x = ax$ （其中 $a > 0$）有几个实根？

5. 判断下列函数的凹凸区间与拐点.

（1） $y = 2x^3 - 3x^2 - 36x + 25$；

（2） $y = x + \dfrac{1}{x}$；

（3） $y = (x+1)^4 + e^x$；

（4） $y = \dfrac{1}{1+x^2}$；

（5） $y = \ln(1 + x^2)$；

（6） $y = e^{\arctan x}$.

6. 利用函数图形的凹凸性，证明下列不等式.

（1）$\dfrac{1}{2}(x^n + y^n) > \left(\dfrac{x+y}{2}\right)^n$ $(x>0, y>0, x \neq y, n>1)$；

（2）$\mathrm{e}^{\frac{a+b}{2}} \leqslant \dfrac{1}{2}(\mathrm{e}^a + \mathrm{e}^b)$ （a,b 为任意实数）.

7. 试证明曲线 $y = \dfrac{x+1}{x^2+1}$ 有位于同一直线上的 3 个拐点.

8. 问 a,b 为何值时，点 $(1,3)$ 为曲线 $y = ax^3 + bx^2$ 的拐点.

9. 设 $y = f(x)$ 在 $x = x_0$ 的某邻域内具有三阶连续导数，如果 $f''(x_0) = 0$，而 $f'''(x_0) \neq 0$，试问 $(x_0, f(x_0))$ 是否为拐点？为什么？

3.5　函数的极值与最值

3.5.1　函数的极值

在 3.1 节，我们已经介绍了函数的极值概念，并且知道驻点是函数可能的极值点. 除驻点外函数还有没有其他点是可能的极值点？在可能的极值点中究竟哪些点是极值点？是极值点时，是极大值点还是极小值点呢？关于极值，有下面两个定理.

定理 3.10（第一充分条件）　设函数 $f(x)$ 在点 x_0 的某个邻域 $U(x_0, \delta)$ 内连续，在空心邻域 $\overset{\circ}{U}(x_0, \delta)$ 内可导.

（1）若 $x \in (x_0 - \delta, x_0)$ 时，$f'(x) \geqslant 0$，而 $x \in (x_0, x_0 + \delta)$ 时，$f'(x) \leqslant 0$，则函数 $f(x)$ 在点 x_0 处取得极大值；

（2）若 $x \in (x_0 - \delta, x_0)$ 时，$f'(x) \leqslant 0$，而 $x \in (x_0, x_0 + \delta)$ 时，$f'(x) \geqslant 0$，则函数 $f(x)$ 在点 x_0 处取得极小值；

（3）若 $x \in \overset{\circ}{U}(x_0, \delta)$ 时，$f'(x)$ 的符号保持不变，则点 x_0 不是 $f(x)$ 的极值点.

证明　就情形（1）而言，根据函数单调性的判定法，可知函数 $f(x)$ 在 $(x_0 - \delta, x_0)$ 内单调增加，而在 $(x_0, x_0 + \delta)$ 内单调减少，因此，当 $x \in U(x_0, \delta)$ 时，$f(x) \leqslant f(x_0)$，所以 $f(x_0)$ 为函数 $f(x)$ 的一个极大值［图 3-11（a）］.

类似可证情形（2）［图 3-11（b）］及情形（3）［图 3-11（c）、（d）］.

除驻点是函数可能的极值点外，导数不存在的点也可能是函数的极值点. 例如，函数 $y = |x|$，$y'(0)$ 不存在，但 $y(0) = 0$ 是函数 $y = |x|$ 的极小值. 但导数不存

的点不一定是极值点，例如，$y = x^{\frac{1}{3}}$，$y'(0)$ 不存在，但 $x = 0$ 不是 $y = \sqrt[3]{x}$ 的极值点. 因为当 $x \neq 0$ 时，$y' = \dfrac{1}{3\sqrt[3]{x^2}} > 0$，故由定理 3.10 知，$x = 0$ 不是 $y = \sqrt[3]{x}$ 的极值点.

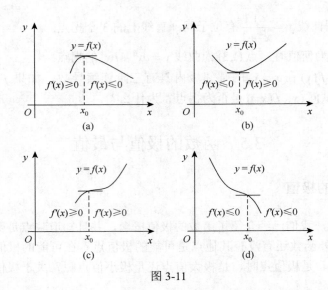

图 3-11

根据上述讨论，我们可按下列步骤来求函数 $f(x)$ 的极值点和相应极值：

（1）求出导数 $f'(x)$，进而求出 $f(x)$ 全部驻点或导数不存在的点；

（2）考察 $f'(x)$ 在各个驻点或导数不存在的点的左、右邻域内符号的变化，判定该点是否为极值点，如果是极值点，进一步确定是极大值点还是极小值点；

（3）求出 $f(x)$ 的极值.

例 3.37 求函数 $f(x) = \sqrt[3]{6x^2 - x^3}$ 的极值.

解 （1）$f'(x) = \dfrac{4 - x}{\sqrt[3]{x}\sqrt[3]{(6-x)^2}}$，由 $f'(x) = 0$ 解得驻点 $x = 4$，并且易见 $f(x)$ 在 $x = 0$ 及 $x = 6$ 处连续但不可导.

（2）用 $x = 0, 4, 6$ 这三个点划分定义区间 $(-\infty, +\infty)$，$f'(x)$ 在这些点两侧符号变化与 $f(x)$ 极值点讨论如表 3-3 所示.

表 3-3

x	$(-\infty, 0)$	0	$(0, 4)$	4	$(4, 6)$	6	$(6, +\infty)$
$f'(x)$	$-$	不存在	$+$	0	$-$	不存在	$-$
$f(x)$	单调减少	极小值	单调增加	极大值	单调减少	不是极值	单调减少

（3） $f(x)$ 的极小值为 $f(0)=0$，极大值为 $f(4)=2\sqrt[3]{4}$.

当函数 $f(x)$ 在驻点处二阶导数存在，并且不为零时，我们也可以应用下列定理来判定 $f(x)$ 在驻点处取得极大值还是极小值.

定理 3.11（第二充分条件）　设函数 $f(x)$ 在点 x_0 处具有二阶导数，并且 $f'(x_0)=0$，$f''(x_0)\neq 0$. 则

（1）当 $f''(x_0)<0$ 时，函数 $f(x)$ 在点 x_0 处取得极大值；

（2）当 $f''(x_0)>0$ 时，函数 $f(x)$ 在点 x_0 处取得极小值.

证明　对于情形（1），由导数定义，并注意 $f'(x_0)=0$，有

$$f''(x_0)=\lim_{x\to x_0}\frac{f'(x)-f'(x_0)}{x-x_0}=\lim_{x\to x_0}\frac{f'(x)}{x-x_0}<0.$$

根据函数极限的局部保号性，当 x 在点 x_0 的足够小的空心邻域内时，$\dfrac{f'(x)}{x-x_0}<0$，由此可见，在此邻域内，$f'(x)$ 与 $x-x_0$ 符号相反. 因此，当 $x<x_0$ 时，$f'(x)>0$；当 $x>x_0$ 时，$f'(x)<0$. 于是根据定理 3.10 可知，$f(x)$ 在点 x_0 处取得极大值.

类似地可证明情形（2）.

定理 3.11 告诉我们，如果点 x_0 是函数 $f(x)$ 的驻点且 $f''(x_0)\neq 0$，则 $f(x_0)$ 一定是极值，并且可根据 $f''(x_0)$ 的符号来确定 $f(x_0)$ 是极大值还是极小值，但是应注意，如果 $f''(x_0)=0$，定理 3.11 就不能应用. 事实上，当 $f'(x_0)=0,f''(x_0)=0$ 时，$f(x_0)$ 可能是极小值，也可能是极大值，也可能不是极值. 例如，$f_1(x)=x^4,f_2(x)=-x^4,f_3(x)=x^3$，这 3 个函数在点 $x=0$ 处就分别属于这 3 种情况. 因此，如果 $f''(x_0)=0$，那么还得用定理 3.10 来判定 $f(x_0)$ 是否为函数的极值.

例 3.38　求函数 $f(x)=(x^2-1)^3+1$ 的极值.

解　$f'(x)=6x(x^2-1)^2$，令 $f'(x)=0$，解得驻点 $x_1=-1$，$x_2=0$，$x_3=1$.
$$f''(x)=6(x^2-1)(5x^2-1).$$

在点 $x_2=0$ 处，$f''(0)=6>0$，故 $f(x)$ 在 $x=0$ 处取得极小值，极小值为 $f(0)=0$.

在点 $x_1=-1$，$x_3=1$，因 $f''(-1)=f''(1)=0$，故无法用定理 3.11 判定. 需考察 $f'(x)$ 在 $x_1=-1$ 及 $x_3=1$ 左右邻近的符号：当 x 取 $x_1=-1$ 左、右两侧邻近的值时，$f'(x)<0$，即 $f'(x)$ 符号不变，所以 $f(-1)$ 不是极值. 同理 $f(1)$ 也不是极值.

例 3.39　设 $f(x)$ 的导数在 $x=a$ 处连续且 $\lim\limits_{x\to a}\dfrac{f'(x)}{x-a}=-1$，问 $x=a$ 是否为 $f(x)$ 的极值点？如果是极值点，$f(x)$ 在 $x=a$ 取得极大值还是极小值？

解　因为 $f'(x)$ 在点 $x=a$ 处连续，所以 $\lim\limits_{x\to a}f'(x)=f'(a)$. 而

$$\lim_{x\to a} f'(x) = \lim_{x\to a}\frac{f'(x)}{x-a}\times(x-a) = (-1)\times 0 = 0,$$

从而得 $f'(a) = 0$，即 $x = a$ 为函数 $f(x)$ 的驻点. 又因为

$$f''(a) = \lim_{x\to a}\frac{f'(x)-f'(a)}{x-a} = \lim_{x\to a}\frac{f'(x)}{x-a} = -1 < 0,$$

所以函数 $f(x)$ 在点 $x = a$ 处取得极大值.

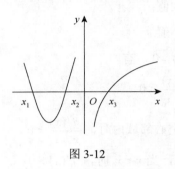

图 3-12

例 3.40　设函数 $f(x)$ 在 $(-\infty,+\infty)$ 内连续，其导函数的图形如图 3-12 所示，试确定函数 $f(x)$ 的极大值和极小值点的个数.

解　从导函数的图形可以看出，$f'(x)$ 不是一条连续曲线，$f'(x) = 0$ 的点有 3 个，从左向右依次设这些驻点为 x_1，x_2，x_3. $f'(x)$ 不存在的点为 $x = 0$，则由图 3-12 可见，在 x_2，x_3 的邻域内，$f'(x)$ 的符号由负变正，因此 x_2，x_3 是函数的两个极小值点. 在 x_1 的邻域内，$f'(x)$ 的符号由正变负，因此 x_1 是函数的极大值点. 在 $x = 0$ 的右邻域内 $f'(x) < 0$，在 $x = 0$ 的左邻域内 $f'(x) > 0$. 故 $x = 0$ 为函数的极大值点.

综合上述讨论可知，函数 $f(x)$ 有两个极小值点 x_2 和 x_3，两个极大值点 0 和 x_1.

3.5.2　最值问题

前面讨论了函数的极值及其求法，在此基础上，我们进一步来讨论函数在一个区间上的最大值、最小值的求法问题. 在很多学科领域与实际问题中，经常遇到在一定条件下如何用料最省、成本最低、时间最短、效益最高等问题，这类问题我们称为最优化问题. 在数学上，它们常归结为求某一个函数（称为目标函数）在某个范围内的最大值、最小值问题（简称为最值问题）. 假设函数 $f(x)$ 在闭区间 $[a,b]$ 上连续，则由第 1 章可知 $f(x)$ 在 $[a,b]$ 上一定取得最大值和最小值. 显然，函数在 $[a,b]$ 上的最大值和最小值，只可能在区间内的极值点和区间端点处取得. 因此，将函数在驻点和导数不存在的点的函数值同端点函数值进行比较，其中最大者为 $f(x)$ 在 $[a,b]$ 上的最大值，最小者为 $f(x)$ 在 $[a,b]$ 上的最小值.

例 3.41　求函数 $f(x) = x^4 - 4x^3 - 8x^2 + 1$ 在 $[-2,2]$ 上的最大值和最小值.

解　$f'(x) = 4x^3 - 12x^2 - 16x = 4x(x+1)(x-4),$

令 $f'(x) = 0$ 解得驻点 $x_1 = -1,\ x_2 = 0,\ x_3 = 4$（舍去）. 因为

$$f(-1) = -2,\ f(0) = 1,\ f(-2) = 17,\ f(2) = -47,$$

所以，$f(x)$ 在 $[-2,2]$ 上最大值为 $f(-2)=17$，最小值为 $f(2)=-47$．

在研究函数的最值问题的时候，常常会遇到一些特殊情况，此时，上述步骤可以适当简化，例如：

（1）若函数 $f(x)$ 在 $[a,b]$ 上单调，则其最大（小）值必然在区间 $[a,b]$ 的端点上取得；

（2）若 $f(x)$ 在区间 $[a,b]$［或 (a,b) 或 $(-\infty,+\infty)$ 等］上连续且可导，在 (a,b) 内有唯一驻点 x_0 且 $f(x_0)$ 为极大（小）值，则 $f(x_0)$ 必为 $f(x)$ 在 $[a,b]$ 上的最大（小）值；

（3）在实际问题中，若目标函数 $f(x)$ 在 $[a,b]$ 上连续，在（a,b）内可导且有唯一驻点 x_0．如果能根据实际问题的性质可以断定 $f(x)$ 确有最大（小）值，而且一定在区间内部取得，那么 $f(x_0)$ 必为最大（小）值．

例 3.42　讨论函数 $y=x^x\ (x>0)$ 的最值问题．

解　函数的定义区间为 $(0,+\infty)$，利用对数求导法求函数的导数．因为

$$\ln y=x\ln x,\ \frac{1}{y}y'=\ln x+1,$$

所以 $y'=x^x(1+\ln x)$．令 $y'=0$，得驻点 $x=\dfrac{1}{e}$．

当 $0<x<\dfrac{1}{e}$ 时，$y'<0$；当 $x>\dfrac{1}{e}$ 时，$y'>0$，所以 $x=\dfrac{1}{e}$ 是函数的极小值点．由于函数 $y=x^x$ 在 $(0,+\infty)$ 内只有唯一的极小值点，所以它也是函数的最小值点且最小值为 $y\left(\dfrac{1}{e}\right)=e^{-\frac{1}{e}}$，函数无最大值．

例 3.43　设某种商品的需求量 Q 是单位价格 P（单位：元）的函数：$Q=12000-80P$；商品的总成本 C 是需求量 Q 的函数：$C=25000+50Q$．如果该商品每单位需要纳税 2 元，求使销售利润最大的商品单价和最大利润额．

解　以 L 表示销售利润额，则税后的销售总收入为 $Q(P-2)$，除去这些商品的总成本 C，则为销售利润额，即

$$L=Q(P-2)-C=(12000-80P)(P-2)-(25000+50Q)$$
$$=-80P^2+16160P-649000.$$

下面来求函数 L 的最大值．

因 $L'=-160P+16160$，令 $L'=0$，则得 $P=101$．又 $L''=-160<0$，故 L 在 $P=101$ 处有极大值，亦即最大值．由此可知，当该商品的单价为 101 元时利润最大，最大利润额为

$$L\big|_{P=101}=167080\ （元）.$$

例 3.44 把一根直径为 d 的圆木锯成截面为矩形的梁（图 3-13），问矩形截面的高 h 和宽 b 应如何选择才能使梁的抗弯截面模量最大？

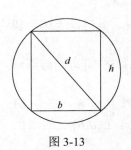

图 3-13

解 由力学分析知道，矩形梁的抗弯截面模量为

$$w = \frac{1}{6}bh^2.$$

由图 3-13 看出，$h^2 = d^2 - b^2$，故

$$w = \frac{1}{6}(d^2 b - b^3) \quad (0 < b < d).$$

于是问题就归结为求函数 w 在 $(0, d)$ 内的最大值.

$$w' = \frac{1}{6}(d^2 - 3b^2).$$

令 $w' = 0$ 得在 $(0, d)$ 内唯一驻点 $b_0 = \dfrac{d}{\sqrt{3}}$. 由于梁的最大抗弯截面模量一定存在，并且在 $(0, d)$ 内取得，所以可以断定当 $b = \dfrac{1}{\sqrt{3}}d$ 时，w 的值最大. 此时，

$$h = \sqrt{d^2 - b^2} = \sqrt{d^2 - \frac{1}{3}d^2} = \sqrt{\frac{2}{3}}d.$$

故有 $d : h : b = \sqrt{3} : \sqrt{2} : 1$.

利用函数最大值、最小值也可以证明一些不等式.

例 3.45 证明当 $x \in [0, \frac{\pi}{2})$ 时，$2\tan x - \tan^2 x \leqslant 1$.

证明 令 $f(x) = 2\tan x - \tan^2 x$，$f(x)$ 在 $\left[0, \dfrac{\pi}{2}\right)$ 内连续，并且

$$f'(x) = 2\sec^2 x - 2\tan x \sec^2 x = 2\sec^2 x(1 - \tan x).$$

令 $f'(x) = 0$，解得 $\left(0, \dfrac{\pi}{2}\right)$ 内唯一驻点 $x_0 = \dfrac{\pi}{4}$.

当 $x \in \left(0, \dfrac{\pi}{4}\right)$ 时，$f'(x) > 0$，当 $x \in \left(\dfrac{\pi}{4}, \dfrac{\pi}{2}\right)$ 时，$f'(x) < 0$，故 $x_0 = \dfrac{\pi}{4}$ 为 $f(x)$ 的极大值点，也是最大值点，最大值为 $f\left(\dfrac{\pi}{4}\right) = 1$，故当 $x \in \left[0, \dfrac{\pi}{2}\right)$ 时，$2\tan x - \tan^2 x \leqslant 1$ 成立.

习 题 3-5

1. 求下列函数的极值：

（1）$y = 2x^3 - x^4$；　　（2）$y = 3 - 2(1+x)^{\frac{1}{3}}$；　　（3）$y = \dfrac{3x^2 + 4x + 4}{x^2 + x + 1}$；

（4）$y = 2e^x + e^{-x}$；　　（5）$y = \dfrac{(\ln x)^2}{x}$；　　　　（6）$y = \arctan x - \dfrac{1}{2}\ln(1 + x^2)$.

2. 设 $f(x) = \begin{cases} x^4 \sin^2 \dfrac{1}{x}, & x \neq 0, \\ 0, & x = 0, \end{cases}$ 试证 $x = 0$ 是函数 $f(x)$ 的极小值点.

3. 试问 a 为何值时，函数 $f(x) = a\sin x + \dfrac{1}{3}\sin 3x$ 在 $x = \dfrac{\pi}{3}$ 处取得极值？它是极大值还是极小值？并求此极值.

4. 求下列函数的最大值、最小值：

（1）$y = x^5 - 5x^4 + 5x^3 + 1$，$-1 \leqslant x \leqslant 2$；（2）$y = 2\tan x - \tan^2 x$，$0 \leqslant x < \dfrac{\pi}{2}$；

（3）$y = x + \sqrt{1-x}$，$-5 \leqslant x \leqslant 1$.

5. 证明不等式：

（1）$\dfrac{1}{2^{p-1}} \leqslant x^p + (1-x)^p \leqslant 1$　$(0 \leqslant x \leqslant 1, p > 1)$；（2）$(1-x)e^x \leqslant 1$.

6. 问函数 $y = x^2 - \dfrac{54}{x}(x < 0)$ 在何处取得最小值？

7. 问函数 $y = \dfrac{x}{x^2 + 1}(x \geqslant 0)$ 在何处取得最大值？

8. 把长为 l 的线段截为两段，问怎样截法能使以这两段线为边所组成的矩形的面积为最大？

9. 一个无盖的圆柱形容器，当给定体积 V 时，要使容器的表面积为最小，问底半径与容器的高的比例应该怎样？

10. 某地区防空洞的截面拟建成矩形加半圆. 截面的面积为 $5\,\text{m}^2$. 问底宽 x 为多少时才能使截面的周长最小，从而使建造时所用的材料最省？

11. 一房地产公司有 50 套公寓要出租. 当月租金为 1000 元时，公寓会全部租出去. 当月租金每增加 50 元时，就会多一套公寓租不出去，而租出去的公寓每月需花费 100 元的维修费. 试问房租定为多少可获得最大利润？

3.6　函数图形的描绘

3.6.1　曲线的渐近线

有些函数的定义域与值域都是有限区间，此时函数的图形局限于一定的范围内，而有些函数的定义域或值域是无限区间，此时函数的图形向无穷远延伸，如双曲线、抛物线等．有些向无穷远延伸的曲线，呈现出越来越接近某一些直线的形状，这些直线就是曲线的渐近线．

定义 3.3　如果曲线上的一点沿着曲线趋于无穷远时，该点与某条直线的距离趋于零，则称此直线为曲线的渐近线．

如果给定曲线的方程为 $y = f(x)$，如何确定该曲线是否有渐近线？下面分三种情况讨论．

1. 水平渐近线

如果曲线 $y = f(x)$ 的定义域是无限区间，并且有 $\lim\limits_{x \to -\infty} f(x) = b$ 或 $\lim\limits_{x \to +\infty} f(x) = b$，则称直线 $y = b$ 为曲线 $y = f(x)$ 的水平渐近线（图 3-14）．

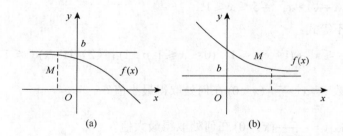

图 3-14

2. 铅直渐近线

如果对曲线 $y = f(x)$ 有 $\lim\limits_{x \to c^-} f(x) = \infty$ 或 $\lim\limits_{x \to c^+} f(x) = \infty$ 成立，则称直线 $x = c$ 为曲线 $y = f(x)$ 的一条铅直渐近线（图 3-15）．

例 3.46　求曲线 $y = \dfrac{1}{x-1}$ 的水平渐近线和铅直渐近线．

解　因为 $\lim\limits_{x \to \infty} \dfrac{1}{x-1} = 0$，所以 $y = 0$ 是曲线的一条水平渐近线．又因为 $\lim\limits_{x \to 1} \dfrac{1}{x-1} = \infty$，所以 $x = 1$ 是曲线的一条铅直渐近线（图 3-16）．

3. 斜渐近线

如果

$$\lim\limits_{x \to +\infty}[f(x) - (ax+b)] = 0 \text{ 或 } \lim\limits_{x \to -\infty}[f(x) - (ax+b)] = 0 \quad (a \neq 0) \qquad （3-16）$$

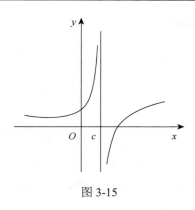

图 3-15

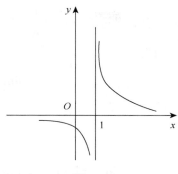

图 3-16

成立，则称直线 $y = ax + b$ 为曲线 $y = f(x)$ 的斜渐近线（图 3-17）.

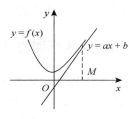

图 3-17

下面来确定 a，b. 由式（3-16）有

$$\lim_{x \to +\infty} x\left[\frac{f(x)}{x} - a - \frac{b}{x}\right] = 0,$$

从而

$$\lim_{x \to +\infty}\left[\frac{f(x)}{x} - a - \frac{b}{x}\right] = 0,$$

即

$$\lim_{x \to +\infty}\left[\frac{f(x)}{x} - a\right] - \lim_{x \to +\infty}\frac{b}{x} = \lim_{x \to +\infty}\frac{f(x)}{x} - a = 0,$$

所以 $a = \lim\limits_{x \to +\infty}\dfrac{f(x)}{x}$. 将 a 代入式（3-16），得

$$b = \lim_{x \to +\infty}[f(x) - ax].$$

例 3.47　求曲线 $f(x) = x\ln\left(e + \dfrac{1}{x}\right)\ (x > 0)$ 的渐近线.

解　因为

$$a = \lim_{x \to +\infty}\frac{f(x)}{x} = \lim_{x \to +\infty}\ln\left(e + \frac{1}{x}\right) = 1,$$

$$b = \lim_{x \to +\infty}[f(x) - ax] = \lim_{x \to +\infty}\left[x\ln\left(e + \frac{1}{x}\right) - x\right]$$

$$= \lim_{x \to +\infty}\frac{\ln\left(e + \dfrac{1}{x}\right) - 1}{\dfrac{1}{x}} = \lim_{x \to +\infty}\frac{\dfrac{1}{e + \dfrac{1}{x}} \cdot \left(-\dfrac{1}{x^2}\right)}{-\dfrac{1}{x^2}} = \lim_{x \to +\infty}\frac{1}{e + \dfrac{1}{x}} = \frac{1}{e}.$$

所以曲线有斜渐近线 $y = x + \dfrac{1}{e}$.

又因为

$$\lim_{x \to +\infty} x \ln\left(e + \frac{1}{x}\right) = +\infty$$

和

$$\lim_{x \to 0^+} x \ln\left(e + \frac{1}{x}\right) = \lim_{x \to 0^+} \frac{\ln\left(e + \dfrac{1}{x}\right)}{\dfrac{1}{x}} = \lim_{x \to 0^+} \frac{\dfrac{1}{e + \dfrac{1}{x}}\left(-\dfrac{1}{x^2}\right)}{-\dfrac{1}{x^2}} = 0,$$

所以曲线无水平渐近线和铅直渐近线.

3.6.2　函数图形的描绘

前面讨论的函数各种性态，有利于我们比较准确地作出函数的图形，描绘函数的图形可按下列步骤：

（1）确定函数的定义域；

（2）确定函数的奇偶性、周期性；

（3）确定函数的单调区间与极值，曲线的凹凸区间与拐点；

（4）讨论曲线的渐近线；

（5）由曲线方程计算曲线上一些点的坐标，特别是曲线和坐标轴的交点；

（6）根据上述讨论，描绘函数 $f(x)$ 的图形.

例 3.48　作出函数 $f(x) = \dfrac{1}{\sqrt{2\pi}} e^{-\frac{x^2}{2}}$ 的图形.

解　（1）函数定义域为 $(-\infty, +\infty)$ 且为偶函数，故函数图形关于 y 轴对称. 因此可只讨论 $[0, +\infty)$ 上该函数的图形；

（2）$f'(x) = -\dfrac{1}{\sqrt{2\pi}} x e^{-\frac{x^2}{2}}$，$f''(x) = \dfrac{1}{\sqrt{2\pi}} e^{-\frac{x^2}{2}}(x^2 - 1)$.

在 $[0, +\infty)$ 上，当 $x = 0$ 时，$f'(x) = 0$；当 $x = 1$ 时，$f''(x) = 0$. 用点 $x = 1$ 把 $[0, +\infty)$ 分为 $[0,1]$ 和 $[1, +\infty)$ 两个区间，曲线在这两个区间上的单调性、凹凸性讨论如表 3-4 所示.

表 3-4

x	0	$(0,1)$	1	$(1, +\infty)$
$f'(x)$	0	$-$	$-$	$-$

续表

x	0	$(0,1)$	1	$(1,+\infty)$
$f(x)$ 的单调性		单调减少		单调减少
$f''(x)$	$-$	$-$	0	$+$
$f(x)$ 的图形	极大值	凸的	拐点 $\left(0,\dfrac{1}{\sqrt{2\pi}}\right)$	凹的

（3）因为 $\lim\limits_{x\to\infty}f(x)=0$，所以 $y=0$ 是曲线的水平渐近线.

（4）由 $f(x)=\dfrac{1}{\sqrt{2\pi}}\mathrm{e}^{-\frac{x^2}{2}}$ 算出曲线上一些点的坐标：$M_1\left(0,\dfrac{1}{\sqrt{2\pi}}\right)$, $M_2\left(1,\dfrac{1}{\sqrt{2\pi}}\mathrm{e}^{-\frac{1}{2}}\right)$,

$M_3\left(2,\dfrac{1}{\sqrt{2\pi}}\mathrm{e}^{-2}\right)$.

（5）综合上述讨论结果，可描绘函数

$f(x)=\dfrac{1}{\sqrt{2\pi}}\mathrm{e}^{-\frac{x^2}{2}}$ 在 $[0,+\infty)$ 上的图形，最后，

利用图形的对称性，便可得到函数在 $(-\infty,0]$

上的图形（图 3-18）.

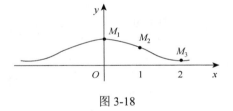

图 3-18

例 3.49　作函数 $f(x)=\dfrac{x^3}{2(x-1)^2}$ 的图形.

解　（1）函数的定义域 $(-\infty,1)\bigcup(1,+\infty)$.

（2）$f'(x)=\dfrac{x^2(x-3)}{2(x-1)^3}$, $f''(x)=\dfrac{3x}{(x-1)^4}$.

令 $f'(x)=0$，得 $x=0$ 与 3，令 $f''(x)=0$，得 $x=0$. $x=1$ 是函数 $f(x)$ 的间断点. 点 $x=0$, 1, 3 把定义域划分为 4 个部分区间：$(-\infty,0]$, $[0,1)$, $(1,3]$, $[3,+\infty)$.

曲线 $f(x)$ 在各部分区间内的单调性，凹凸性讨论如表 3-5 所示.

表 3-5

x	$(-\infty,0)$	0	$(0,1)$	1	$(1,3)$	3	$(3,+\infty)$
$f'(x)$	$+$	0	$+$	不存在	$-$	0	$+$
$f(x)$ 的单调性	单调增加		单调增加		单调减少		单调增加
$f''(x)$	$-$	0	$+$	不存在	$+$	$+$	$+$
$f(x)$ 的图形	凸的	拐点 $(0,0)$	凹的	间断点	凹的	极小值	凹的

（3）求曲线的渐近线. 因为 $\lim\limits_{x\to 1}\dfrac{x^3}{2(x-1)^2}=\infty$，所以， $x=1$ 为曲线的铅直渐近线. 又因为

$$a=\lim_{x\to\infty}\frac{f(x)}{x}=\lim_{x\to\infty}\frac{x^2}{2(x-1)^2}=\frac{1}{2},$$

$$b=\lim_{x\to\infty}[f(x)-ax]=\lim_{x\to\infty}[\frac{x^3}{2(x-1)^2}-\frac{1}{2}x]=\lim_{x\to\infty}\frac{2x^2-x}{2(x-1)^2}=1.$$

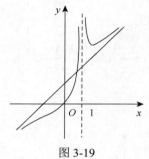

图 3-19

所以， $y=\dfrac{1}{2}x+1$ 为曲线的斜渐近线.

（4）给出曲线上一些特殊点坐标：

$$\left(-1,-\frac{1}{8}\right),\ (0,0),\ \left(\frac{1}{2},\frac{1}{4}\right),\ (2,4),\ \left(3,\frac{27}{8}\right).$$

（5）综合上述讨论，可以作出函数 $f(x)=\dfrac{x^3}{2(x-1)^2}$ 的图形（图 3-19）.

习　题　3-6

1. 求下列曲线的渐近线.

（1） $y=\dfrac{1}{x+1}$ ；

（2） $y=\dfrac{x^2+x}{(x-2)(x+3)}$ ；

（3） $y=x\mathrm{e}^{\frac{1}{x^2}}$ ；

（4） $\dfrac{x^2}{a^2}-\dfrac{y^2}{b^2}=1$.

2. 描述下列函数的图形.

（1） $y=x^3+6x^2-15x-20$ ；

（2） $y=\mathrm{e}^{-x^2}$.

3.7　曲　　率

为了讨论曲线的弯曲程度，本节将给出曲线曲率的概念及曲率的计算公式.

3.7.1　弧微分

作为曲率的预备知识，先介绍弧微分的概念.

設函數 $f(x)$ 在區間 (a,b) 內具有連續的導數，在曲線 $y=f(x)$ 上取固定點 $M_0(x_0,y_0)$ 作為度量弧長的基點（圖 3-20），並規定依 x 增大的方向作為曲線的正向. 對曲線上任一點 $M(x,y)$，規定有向弧段 $\widehat{M_0M}$ 的值 s（簡稱弧 s，有時也常把 $\widehat{M_0M}$ 看作既表示有向弧段，同時又表示為有向弧段的值）如下：s 的絕對值等於這弧段的長度，當有向弧段 $\widehat{M_0M}$ 的方向與曲線的正向一致時 $s>0$，相反時 $s<0$. 顯然 $s=\widehat{M_0M}$ 是 x 的函數：$s=s(x)$，而且 $s(x)$ 是 x 的單調增加函數. 下面來求 $s(x)$ 的導數及微分.

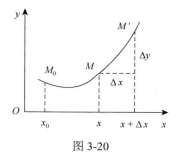

图 3-20

設 x，$x+\Delta x$ 為 (a,b) 內兩個鄰近的點，它們對應於曲線 $y=f(x)$ 上的點分別為 M，M'（圖 3-20），則弧 s 相應的增量為 Δs. 於是

$$
\begin{aligned}
\left(\frac{\Delta s}{\Delta x}\right)^2 &= \left(\frac{\widehat{MM'}}{\Delta x}\right)^2 = \left(\frac{\widehat{MM'}}{|MM'|}\right)^2 \cdot \left(\frac{|MM'|}{\Delta x}\right)^2 = \left(\frac{\widehat{MM'}}{|MM'|}\right)^2 \cdot \frac{(\Delta x)^2+(\Delta y)^2}{(\Delta x)^2} \\
&= \left(\frac{\widehat{MM'}}{|MM'|}\right)^2 \cdot \left[1+\left(\frac{\Delta y}{\Delta x}\right)^2\right].
\end{aligned}
\tag{3-17}
$$

因為當 $\Delta x \to 0$ 時，$M' \to M$，這時弧的長度與弦的長度之比的極限等於 1，即

$$
\lim_{M' \to M}\left(\frac{\widehat{MM'}}{|MM'|}\right)^2 = 1.
$$

又因為 $\lim\limits_{\Delta x \to 0}\dfrac{\Delta y}{\Delta x} = y'$，所以對式（3-17）求極限得 $\left(\dfrac{\mathrm{d}s}{\mathrm{d}x}\right)^2 = 1+y'^2$. 由於 $s=s(x)$ 是單調增函數，從而 $\dfrac{\mathrm{d}s}{\mathrm{d}x}>0$，故弧 s 的導數為

$$
\frac{\mathrm{d}s}{\mathrm{d}x} = \sqrt{1+y'^2}.
$$

弧 s 的微分為

$$
\mathrm{d}s = \sqrt{1+y'^2}\,\mathrm{d}x.
\tag{3-18}
$$

這就是弧微分公式.

3.7.2　曲率及其計算公式

根據直覺，直線是不彎曲的，半徑較小的圓比半徑較大的圓彎曲得厲害些. 而其他曲線的不同部位有不同的彎曲程度，例如，拋物線 $y=x^2$ 在頂點附近比遠離頂點的部位彎曲得厲害些.

在生产实践和工程技术中,常常需要研究曲线的弯曲程度.例如,设计铁路、高速公路的弯道时，就需要根据最高限速来确定弯道的弯曲程度；设计船体结构中的钢梁和机床的转轴等，它们在荷载作用下要产生弯曲变形，而弯到一定程度就会发生断裂.因此，在设计时对它们的弯曲必须有一定的限制，这就要定量地研究它们的弯曲程度.为此，首先要讨论如何用数量来度量曲线的弯曲程度.

在图 3-21 中可以看出，弧段 $\widehat{M_1M_2}$ 比较平直,当动点沿这段弧从 M_1 移动到 M_2 时，切线转过的角度 φ_1 不大，而弧段 $\widehat{M_2M_3}$ 弯曲得比较厉害，切线转过的角 φ_2 就比较大.

图 3-21　　　　　　　　　　　　　　图 3-22

但是切线转过的角度大小还不能完全反映曲线的弯曲的程度,例如,从图 3-22 中可以看出，两段曲线弧 $\widehat{M_1M_2}$ 及 $\widehat{N_1N_2}$ 尽管切线转过的角都是 φ，然而弯曲的程度并不相同，短弧段比长弧段弯曲得厉害些，由此可见，曲线弧的弯曲程度还与弧段的长度有关.

根据上面的分析，我们引进曲线曲率的概念如下：

设平面曲线 C 是光滑曲线（即曲线 C 上每一点处都有切线且切线随切点的移动而连续转动），在曲线 C 上选定一点 M_0 作为度量弧 s 的基点.设曲线上点 M 对应弧 s，在点 M 处的切线的倾角为 α（图 3-23），曲线上另一点 M' 对应弧 $s+\Delta s$，在点 M' 处的切线的倾角为 $\alpha+\Delta\alpha$，则弧段 $\widehat{MM'}$ 的长度为 $|\Delta s|$，当动点从 M 移到 M' 时切线转过的角度为 $|\Delta\alpha|$.由于曲线的弯曲程度既与它的切转角有关，也与它的弧长有关.因此，我们用比值 $\dfrac{|\Delta\alpha|}{|\Delta s|}$ 来表示弧段 $\widehat{MM'}$ 的平均弯曲程度，称它为弧 $\widehat{MM'}$ 的平均曲率，记作 $\overline{K}$，即

$$\overline{K}=\left|\frac{\Delta\alpha}{\Delta s}\right|.$$

类似于由平均速度引进瞬时速度的方法.当 $\Delta s\to 0$（即 $M'\to M$）时，上述平均曲率的极限称为曲线 C 在点 M 处的曲率，记作 K，即

$$K = \lim_{\Delta s \to 0} \left| \frac{\Delta \alpha}{\Delta s} \right|.$$

在 $\lim\limits_{\Delta s \to 0} \dfrac{\Delta \alpha}{\Delta s} = \dfrac{\mathrm{d}\alpha}{\mathrm{d}s}$ 存在的条件下，K 也可以表示为

$$K = \left| \frac{\mathrm{d}\alpha}{\mathrm{d}s} \right|. \tag{3-19}$$

例如，直线的切线就是其本身，当动点沿直线移动时，切线转过的角 $\Delta \alpha = 0$，$\dfrac{\Delta \alpha}{\Delta s} = 0$，从而 $\overline{K} = 0$，即 $K = \left| \dfrac{\mathrm{d}\alpha}{\mathrm{d}s} \right| = 0$．这表明直线上任一点的曲率都等于零，即"直线不弯曲"与我们的直觉一致．

又如，半径为 a 的圆，由图 3-24 可见，圆在点 M, M' 处的切线所夹的角 $\Delta \alpha$ 等于中心角 $\angle MDM'$．但 $\angle MDM' = \dfrac{\Delta s}{a}$，于是

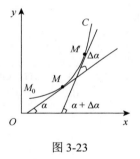

图 3-23　　　　　　　　　　　　　　图 3-24

$$\frac{\Delta \alpha}{\Delta s} = \frac{\dfrac{\Delta s}{a}}{\Delta s} = \frac{1}{a},$$

从而 $K = \left| \dfrac{\mathrm{d}\alpha}{\mathrm{d}s} \right| = \dfrac{1}{a}$．

这表明，圆上任意一点处的曲率都等于半径 a 的倒数，也就是说，圆的弯曲程度处处一样，且半径越小曲率越大，即圆弯曲得越厉害．

下面，根据式（3-19）来导出便于计算曲率的公式．

设曲线的方程为 $y = f(x)$ 且 $f(x)$ 具有二阶导数（这时 $f'(x)$ 连续，从而曲线是光滑的）．由 $\tan \alpha = y'$，有

$$\sec^2 \alpha \frac{\mathrm{d}\alpha}{\mathrm{d}x} = y'',$$

从而 $\dfrac{\mathrm{d}\alpha}{\mathrm{d}x}=\dfrac{y''}{1+\tan^2\alpha}=\dfrac{y''}{1+y'^2}$，即 $\mathrm{d}\alpha=\dfrac{y''}{1+y'^2}\mathrm{d}x$．又由式（3-18）知 $\mathrm{d}s=\sqrt{1+y'^2}\,\mathrm{d}x$．

将上两式代入式（3-19），得曲率计算公式

$$K=\left|\dfrac{\mathrm{d}\alpha}{\mathrm{d}s}\right|=\dfrac{|y''|}{(1+y'^2)^{\frac{3}{2}}}. \tag{3-20}$$

若曲线由参数方程

$$\begin{cases} x=\varphi(t),\\ y=\psi(t) \end{cases}$$

给出，则根据参数方程所确定的函数的求导法，求出 y'_x，y''_x，代入式（3-20）便得

$$K=\dfrac{\left|\varphi'(t)\psi''(t)-\varphi''(t)\psi'(t)\right|}{[\varphi'^2(t)+\psi'^2(t)]^{\frac{3}{2}}}. \tag{3-21}$$

例 3.50　求摆线 $\begin{cases} x=a(t-\sin t),\\ y=a(1-\cos t) \end{cases}$ 在 $t=\dfrac{\pi}{2}$ 处的曲率．

解　因为 $\dfrac{\mathrm{d}y}{\mathrm{d}x}=\dfrac{a\sin t}{a(1-\cos t)}=\dfrac{\sin t}{1-\cos t}$，$\dfrac{\mathrm{d}^2y}{\mathrm{d}x^2}=\left(\dfrac{\sin t}{1-\cos t}\right)'_t\cdot\dfrac{1}{\dfrac{\mathrm{d}x}{\mathrm{d}t}}=-\dfrac{1}{a(1-\cos t)^2}$．

由公式（3-20），得

$$K=\dfrac{\dfrac{1}{a(1-\cos t)^2}}{\left[1+\left(\dfrac{\sin t}{1-\cos t}\right)^2\right]^{\frac{3}{2}}}=\dfrac{1}{2\sqrt{2}a\sqrt{1-\cos t}},$$

令 $t=\dfrac{\pi}{2}$，得 $K\big|_{t=\frac{\pi}{2}}=\dfrac{\sqrt{2}}{4a}$．

例 3.51　求椭圆 $\dfrac{x^2}{a^2}+\dfrac{y^2}{b^2}=1(a\geqslant b>0)$ 上曲率最大和最小的点．

解　设椭圆 $\dfrac{x^2}{a^2}+\dfrac{y^2}{b^2}=1$ 的参数方程为 $x=a\cos t$，$y=b\sin t(0\leqslant t\leqslant 2\pi)$，则

$$x'(t)=-a\sin t,\ x''(t)=-a\cos t,\ y'(t)=b\cos t,\ y''(t)=-b\sin t,$$

故由式（3-21），得

$$K=\dfrac{|x'(t)y''(t)-x''(t)y'(t)|}{[x'^2(t)+y'^2(t)]^{\frac{3}{2}}}=\dfrac{|ab\sin^2 t+ab\cos^2 t|}{(a^2\sin^2 t+b^2\cos^2 t)^{\frac{3}{2}}}=\dfrac{ab}{[(a^2-b^2)\sin^2 t+b^2]^{\frac{3}{2}}}. \tag{3-22}$$

因此当 $a > b > 0$ 时，椭圆上在 $t = 0$，$t = \pi$ 对应的点，即长轴的两个端点处曲率最大；在 $t = \dfrac{\pi}{2}$，$t = \dfrac{3\pi}{2}$ 对应的点，即短轴的两个端点处曲率最小.

当 $a = b = R$ 时（这时椭圆成为半径为 R 的圆），$K = \dfrac{1}{R}$，即圆上各点处的曲率相同，其值为圆半径的倒数.

在有些实际问题中，$|y'|$ 同 1 比较起来是很小的（有的工程技术书上把这种关系记成 $|y'| \ll 1$），可以忽略不计. 这时，由

$$1 + y'^2 \approx 1,$$

而有曲率的近似计算公式

$$K = \frac{|y''|}{(1 + y'^2)^{\frac{3}{2}}} \approx |y''|.$$

这就是说，当 $|y'| \ll 1$ 时，曲率 K 近似等于 $|y''|$. 经过这样简化之后，对一些复杂问题的计算和讨论就方便多了.

3.7.3　曲率圆、曲率中心与曲率半径

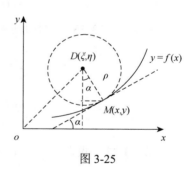

图 3-25

设曲线在点 M 处的曲率为 $K(K \neq 0)$，在点 M 于曲线的凹侧作一个半径为 $\rho = \dfrac{1}{K}$ 的圆，使得该圆与曲线在点 M 有公切线，则将该圆称为曲线在点 M 的曲率圆. 如图 3-25 所示. 曲率圆的圆心 D 称为曲线在点 M 处的曲率中心，曲率圆的半径称为曲线在点 M 处的曲率半径.（曲率中心位于曲线凹侧的法线上）.

按照上述规定可知，曲率圆与曲线在点 M 处有相同的切线和曲率，并且在 M 处邻近有相同的凹向. 因此，在实际问题中常常用曲率圆在点 M 邻近的一段圆弧来近似代替曲线弧，以使得问题简化.

下面导出曲率中心的计算公式.

设曲线方程为 $y = f(x)$. 首先考虑 $y'' > 0$ 的情形，由图 3-25 可见

$$\xi = x - \rho \sin \alpha,\quad \eta = y + \rho \cos \alpha,$$

$$\sin \alpha = \frac{\tan \alpha}{\sqrt{1 + \tan^2 \alpha}} = \frac{y'}{\sqrt{1 + y'^2}},$$

$$\cos\alpha=\frac{1}{\sqrt{1+\tan^2\alpha}}=\frac{1}{\sqrt{1+y'^2}}.$$

因为 $\rho=\dfrac{1}{K}=\dfrac{(1+y'^2)^{\frac{3}{2}}}{y''}$（由于 $y''>0$，所以 $|y''|=y''$），于是得到曲率中心的计算公式为

$$\begin{cases}\xi=x-\dfrac{y'(1+y'^2)}{y''},\\[3mm]\eta=y+\dfrac{1+y'^2}{y''}.\end{cases}\tag{3-23}$$

对于 $y''<0$ 的情形，同理可以导出与上式相同的曲率中心的计算公式.

若曲线由参数方程

$$\begin{cases}x=\varphi(t),\\y=\psi(t)\end{cases}$$

给出，由

$$y'_x=\frac{\psi'(t)}{\varphi'(t)},\ y''_x=\frac{\varphi'(t)\psi''(t)-\varphi''(t)\psi'(t)}{[\varphi'(t)]^3},$$

代入式（3-23），即得曲率中心的计算公式为

$$\begin{cases}\xi=x-\dfrac{\psi'(t)[(\varphi'(t))^2+(\psi'(t))^2]}{\varphi'(t)\psi''(t)-\varphi''(t)\psi'(t)},\\[3mm]\eta=y+\dfrac{\varphi'(t)[(\varphi'(t))^2+(\psi'(t))^2]}{\varphi'(t)\psi''(t)-\varphi''(t)\psi'(t)}.\end{cases}\tag{3-24}$$

例 3.52 求曲线 $y=\sin x$ 在点 $\left(\dfrac{\pi}{4},\dfrac{\sqrt2}{2}\right)$ 处的曲率中心、曲率半径、曲率圆方程.

解 由于 $y'=\cos x,y''=-\sin x,y'\left(\dfrac{\pi}{4}\right)=\dfrac{\sqrt2}{2},y''\left(\dfrac{\pi}{4}\right)=-\dfrac{\sqrt2}{2}$，代入式（3-23），得曲率中心坐标为

$$\begin{cases}\xi=\dfrac{\pi}{4}-\dfrac{\sqrt2}{2}\left(1+\left(\dfrac{\sqrt2}{2}\right)^2\right)\Big/\left(-\dfrac{\sqrt2}{2}\right)=\dfrac{\pi}{4}+\dfrac{3}{2},\\[3mm]\eta=\dfrac{\sqrt2}{2}+\left(1+\left(\dfrac{\sqrt2}{2}\right)^2\right)\Big/\left(-\dfrac{\sqrt2}{2}\right)=-\sqrt2.\end{cases}$$

曲率半径为

$$\rho = \frac{1}{K} = \left[1 + \left(y'\left(\frac{\pi}{4}\right) \right)^2 \right]^{3/2} \Big/ \left| y''\left(\frac{\pi}{4}\right) \right| = \frac{3\sqrt{3}}{2}.$$

曲率圆的方程为

$$\left[x - \left(\frac{\pi}{4} + \frac{3}{2} \right) \right]^2 + (y + \sqrt{2})^2 = \left(\frac{3\sqrt{3}}{2} \right)^2.$$

例 3.53　设工件内表面的截线为椭圆 $\frac{x^2}{4} + y^2 = 1$（图 3-26）. 现在要用砂轮磨削其内表面. 问直径多大的砂轮才比较合适？

解　为了在磨削时不使砂轮与工件接触处附近的那部分工件磨去太多，砂轮的半径应不大于椭圆上各点处曲率半径中的最小值. 由本节例 3.51 知道，椭圆在其长轴的两个端点处曲率最大，也就是说，椭圆在其长轴的两个端点处的曲率半径最小. 因此，只要求出椭圆 $\frac{x^2}{4} + y^2 = 1$ 在长轴的两个端点处的曲率半径.

由公式（3-22）得椭圆 $\frac{x^2}{4} + y^2 = 1$ 在长轴的两个端点处的曲率 K 为 2，则在长轴的两个端点处的曲率半径 $\rho = \frac{1}{K} = 0.5$.

所以选用砂轮的半径不得超过 0.5 单位长，即直径不得超过 1 单位长.

对于用砂轮磨削一般工件的内表面时，也有类似的结论，即选用的砂轮的半径不应超过这工件内表面的截线上各点处曲率半径中的最小值.

*3.7.4　渐屈线与渐伸线

设有一曲线 C，我们将曲线 C 上各点的曲率中心的轨迹 G 称为曲线 C 的渐屈线，曲线 C 称为曲线 G 的渐伸线（图 3-27）.

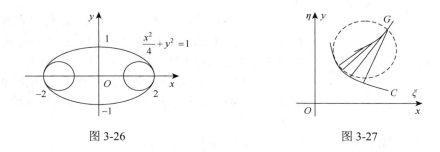

图 3-26　　　　　　　　　　　　　　图 3-27

设曲线方程为 $y = y(x)$，由曲率中心的计算公式得其渐屈线的参数方程为

$$\begin{cases} \xi = x - \dfrac{y'(x)(1 + y'(x)^2)}{y''(x)}, \\ \eta = y(x) + \dfrac{1 + y'(x)^2}{y''(x)}. \end{cases}$$

其中 x 为参数，直角坐标系 $\xi O \eta$ 与 xOy 坐标系重合.

如果曲线是由参数方程：$x = \varphi(t)$，$y = \psi(t)$ 给出，则其渐屈线的参数方程为

$$\begin{cases} \xi = x - \dfrac{\psi'(t)[(\varphi'(t))^2 + (\psi'(t))^2]}{\varphi'(t)\psi''(t) - \varphi''(t)\psi'(t)}, \\ \eta = y + \dfrac{\varphi'(t)[(\varphi'(t))^2 + (\psi'(t))^2]}{\varphi'(t)\psi''(t) - \varphi''(t)\psi'(t)}. \end{cases}$$

其中 t 为参数.

例 3.54　求曲线 $y = x^2$ 的渐屈线方程.

解　因为 $y' = 2x$，$y'' = 2$，代入式（3-23），得渐屈线的参数方程为

$$\begin{cases} \xi = -4x^3, \\ \eta = 3x^2 + \dfrac{1}{2}. \end{cases}$$

由此参数方程消去参数 x，就得此渐屈线的一般方程为

$$\xi^2 = \frac{16}{27}\left(\eta - \frac{1}{2}\right)^3.$$

如果再将 ξ, η 记为 x, y，则此渐屈线的方程可以记为

$$x^2 = \frac{16}{27}\left(y - \frac{1}{2}\right)^3.$$

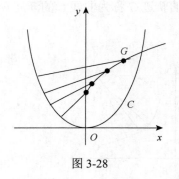

图 3-28

即曲线 $C: y = x^2$，其渐屈线的方程 $G: x^2 = \dfrac{16}{27}\left(y - \dfrac{1}{2}\right)^3$.

如图 3-28 所示.

需要说明的是，如果已知一曲线，怎样求它的渐伸线，一般的解法需要利用积分的方法. 不过，渐屈线和渐伸线之间有下述两条性质，利用这两条性质，可以用几何作图的方法由渐屈线的图形作出渐伸线的图形，对某些特殊情形，也可求得渐伸线的方程. 这两条性质是：

（1）渐屈线上任一点的切线，都是渐伸线上相应点的法线；

（2）渐屈线上任何一段弧长的增量，都等于渐伸线上相应两点的曲率半径的增量.

在工科后续课程《机械原理》中，我们将看到齿轮中齿的轮廓线常常采用圆的渐伸线，可使两齿轮的齿有较好的啮合性.

习　题　3-7

1. 计算双曲线 $xy = 1$ 在点 $(1,1)$ 处的曲率.

2. 求曲线 $y = \dfrac{e^x + e^{-x}}{2}$ 在点 $(0,1)$ 处的曲率.

3. 求曲线 $y = \ln\sec x$ 在点 (x,y) 处的曲率及曲率半径.

4. 求曲线 $x = a\cos^3 t$，$y = a\sin^3 t$ 在 $t = t_0$ 相应的点处的曲率.

5. 求抛物线 $y = ax^2 + bx + c$（$a \neq 0$）上哪一点处的曲率半径最小？求出该点处的曲率半径.

6. 求指数曲线 $y = e^x$ 曲率最大的点，并求在该点处的曲率半径.

7. 一飞机沿抛物线路径 $y = \dfrac{x^2}{10000}$（y 轴铅直向上，单位为 m）作俯冲飞行. 在坐标原点 O 处飞机的速度为 $v = 200$ m/s. 飞行员体重 $G = 70$ kg. 求飞机俯冲至最底点即原点 O 处时座椅对飞行员的反力.

8. 求曲线 $y = \tan x$ 在点 $\left(\dfrac{\pi}{4}, 1\right)$ 处的曲率圆方程.

9. 求抛物线 $y^2 = 2px$ 的渐屈线方程.

总习题三（A）

1. 填空题

（1）罗尔中值定理中的条件是罗尔中值定理结论成立的_____条件.

（2）函数 $f(x) = x^3$，在区间 $[-1,2]$ 上满足拉格朗日中值定理的点 ξ 是_____.

（3）$\lim\limits_{x \to 0} \dfrac{1}{x}\left(\dfrac{a}{x} - \dfrac{b}{\sin x}\right) = -\dfrac{1}{6}$，则常数 $a =$ _____，$b =$ _____.

（4）曲线 $y = \arctan x + \dfrac{1}{x}$ 的单调减少区间是_____.

（5）曲线 $y = 1 + \sqrt[3]{1+x}$ 的拐点坐标为_____.

（6）函数 $f(x) = x + 2\cos x$ 在区间 $\left[0, \dfrac{\pi}{2}\right]$ 上的最大值为_____.

2. 选择题

（1）下列函数在给定区间上满足罗尔中值定理条件的是（　　）.

A. $y=x^2-5x+6,\ x\in[2,3]$　　　　B. $y=\dfrac{1}{\sqrt[3]{(x-1)^2}},\ x\in[0,2]$

C. $y=xe^{-x},\ x\in[0,1]$　　　　D. $y=\begin{cases}x+1,& x<5,\\1,& x\geqslant5,\end{cases}\ x\in[0,5]$

（2）设当 $x\to0$ 时，$e^x-(ax^2+bx+1)$ 是比 x^2 高阶的无穷小，则（　　）.

A. $a=\dfrac{1}{2},\ b=1$　　　　B. $a=1,\ b=1$

C. $a=-\dfrac{1}{2},\ b=1$　　　　D. $a=-1,\ b=1$

（3）设常数 $k>0$，函数 $f(x)=\ln x-\dfrac{x}{e}+k$ 在 $(0,+\infty)$ 内零点的个数为（　　）.

A. 1　　　　B. 2　　　　C. 3　　　　D. 4

（4）函数 $y=x^3+12x+1$ 在定义域内（　　）.

A. 单调增加　　　　B. 单调减少

C. 图形是凸的　　　　D. 图形是凹的

（5）设在 $[0,1]$ 上 $f''(x)>0$，则 $f'(0),\ f'(1),\ f(1)-f(0)$ 或 $f(0)-f(1)$ 的大小顺序为（　　）.

A. $f'(1)>f'(0)>f(1)-f(0)$　　　　B. $f'(1)>f(1)-f(0)>f'(0)$

C. $f(1)-f(0)>f'(1)>f'(0)$　　　　D. $f'(1)>f(0)-f(1)>f'(0)$

（6）若 $y=f(x)$ 对一切 x 满足 $xf''(x)+3x[f'(x)]^2=1-e^{-x}$，并且 $f'(x_0)=0\ (x_0\neq0)$，则（　　）.

A. $f(x_0)$ 是极大值　　　　B. $f(x_0)$ 是极小值

C. $(x_0,f(x_0))$ 是拐点　　　　D. 以上说法都不对

3. 计算题

（1）$\lim\limits_{x\to0^+}(\cos\sqrt{x})^{\frac{\pi}{x}}$；　　　　（2）$\lim\limits_{x\to0}\left[\dfrac{1}{\ln(1+x)}-\dfrac{1}{x}\right]$；

（3）$\lim\limits_{x\to0}\dfrac{x\sin x}{\sqrt[5]{1+5x}-(1+x)}$；　　　　（4）$\lim\limits_{x\to0}\left(\dfrac{3^x+5^x}{2}\right)^{\frac{2}{x}}$.

4. 设 $f(x)$ 在 $[a,b]$ 上连续，在 (a,b) 内可导，证明至少存在一点 $\xi\in(a,b)$，使

$$\dfrac{bf(b)-af(a)}{b-a}=f(\xi)+\xi f'(\xi).$$

5. 设 $f(x), g(x)$ 都是可导函数且 $|f'(x)| < g'(x)$，证明：当 $x > a$ 时，

$$|f(x) - f(a)| < g(x) - g(a).$$

6. 求函数 $f(x) = \dfrac{1-x}{1+x}$ 在 $x = 0$ 点带拉格朗日型余项的 n 阶泰勒公式.

7. 证明下列不等式：

（1）当 $0 < x_1 < x_2 < \dfrac{\pi}{2}$ 时，$\dfrac{\tan x_2}{\tan x_1} > \dfrac{x_2}{x_1}$;　　（2）当 $x > 0$ 时，$\ln(1+x) > \dfrac{\arctan x}{1+x}$.

8. 求函数 $f(x) = (x-5)x^{\frac{2}{3}}$ 的单调区间和极值.

9. 求函数 $f(x) = xe^{-x}$ 的凹凸区间，拐点及其最值.

10. 设 $0 < x_1 < x_2 < \cdots < x_n < \pi$，证明 $\sin\left(\dfrac{x_1 + x_2 + \cdots + x_n}{n}\right) > \dfrac{1}{n}(\sin x_1 + \sin x_2 + \cdots + \sin x_n)$.

11. 某窗的形状为半圆置于矩形之上，若此窗的周长为一定值 l，试确定半圆的半径 r 和矩形的高 h，使能通过窗户的光线最为充足.

12. 曲线弧 $y = \sin x \ (0 < x < \pi)$ 上哪一点处的曲率半径最小？求出该点的曲率半径.

总习题三（B）

1. 填空题

（1）设 $\lim\limits_{x \to 0} \dfrac{\ln(1+x) - ax - bx^2}{x^2} = 2$，则 $a = $ _____，$b = $ _____..

（2）$y = 2^x$ 的麦克劳林公式中 x^n 项的系数是_____.

（3）$\lim\limits_{x \to 0}(\cos x)^{\frac{1}{\ln(1+x^2)}} = $ _____.

（4）数列 $\{\sqrt[n]{n}\}$ 中的最大值为_____.

（5）曲线 $y = \dfrac{x^2}{2x+1}$ 的斜渐近线方程为_____.

2. 选择题

（1）若 $\lim\limits_{x \to 0} \dfrac{\sin 6x + xf(x)}{x^3} = 0$，则 $\lim\limits_{x \to 0} \dfrac{6 + f(x)}{x^2}$ 为（　　）.

　　A. 0　　　　　　B. 6　　　　　　C. 36　　　　　　D. ∞

（2）下列结论正确的是（　　）.

　　A. 设函数 $f(x)$ 在 (a,b) 内可微，则 $f(x)$ 在 $[a,b]$ 上连续

B. 若 $f(x)$ 在 (a,b) 上单调，则 $f'(x) \neq 0$

C. 若 $f(x)$ 在 (a,b) 上单调增加且 $f(x) \neq 0$，则 $\dfrac{1}{f(x)}$ 在 (a,b) 上单调减少

D. 设函数 $f(x)$ 在点 x_0 的某邻域 $U(x_0)$ 内有定义，若点 x_0 为 $f(x)$ 的极值点，则必有 $f'(x_0) = 0$

（3）函数 $f(x)$ 在区间 (a,b) 内可导，则在 (a,b) 内 $f'(x) > 0$ 是函数 $f(x)$ 在 (a,b) 内单调增加的（　　　）.

　　A. 必要但非充分条件　　　　　B. 充分但非必要条件

　　C. 充分必要条件　　　　　　　D. 无关条件

（4）设 $f(x), g(x)$ 是恒大于零的可导函数且 $f'(x)g(x) - f(x)g'(x) < 0$，则当 $a < x < b$ 时，有（　　　）.

　　A. $f(x)g(b) > f(b)g(x)$　　　　　B. $f(x)g(a) > f(a)g(x)$

　　C. $f(x)g(x) > f(b)g(b)$　　　　　D. $f(x)g(x) > f(a)g(a)$

（5）设 $f(x) = |x(1-x)|$，则有（　　　）.

　　A. $x = 0$ 是 $f(x)$ 的极值点，但 $(0,0)$ 不是曲线 $y = f(x)$ 的拐点

　　B. $x = 0$ 不是 $f(x)$ 的极值点，但 $(0,0)$ 是曲线 $y = f(x)$ 的拐点

　　C. $x = 0$ 是 $f(x)$ 的极值点，且 $(0,0)$ 是曲线 $y = f(x)$ 的拐点

　　D. $x = 0$ 不是 $f(x)$ 的极值点，$(0,0)$ 也不是曲线 $y = f(x)$ 的拐点

3. 计算题

（1）求出函数 $f(x) = x^2 \ln x$ 在点 $x = 1$ 处的 n 阶泰勒公式.

（2）$\lim\limits_{n \to \infty} \sqrt[n]{n^2 + 3}$.

（3）$\lim\limits_{x \to 0}\left(1 + \dfrac{1}{x^2} - \dfrac{1}{x^3} \ln \dfrac{2+x}{2-x} \right)$.

（4）已知点 $(1, 3)$ 是曲线 $y = x^3 + ax^2 + bx + c$ 的拐点，并且曲线在 $x = 2$ 处有极值，求出 a, b, c .

（5）讨论曲线 $y = 4\ln x + k$ 与 $y = 4x + \ln^4 x$ 的交点个数.

4. 设 $\mathrm{e} < a < b < \mathrm{e}^2$，证明 $\dfrac{4}{\mathrm{e}^2}(b-a) < \ln^2 b - \ln^2 a$.

5. 设 $0 < a < b$，证明不等式 $\dfrac{2a}{a^2 + b^2} < \dfrac{\ln b - \ln a}{b - a} < \dfrac{1}{\sqrt{ab}}$.

6. 证明方程 $2^x - x^2 = 1$ 有且仅有 3 个实根.

7. 设 $y = f(x)$ 在 $(-1,1)$ 内具有二阶连续导数且 $f''(x) \neq 0$，试证：

（1）对于 $(-1,1)$ 内的任一 $x \neq 0$，存在唯一的 $\theta(x) \in (0,1)$，使 $f(x) = f(0) + xf'(\theta(x)x)$ 成立.

（2）$\lim\limits_{x \to 0} \theta(x) = \dfrac{1}{2}$.

8. 设 $f(x)$ 在 x_0 点的某邻域内具有 n 阶连续导数且 $f'(x_0) = f''(x_0) = \cdots = f^{(n-1)}(x_0) = 0$ ， $f^{(n)}(x_0) \neq 0$ ，证明：当 n 为奇数时 $f(x_0)$ 不是极值；当 n 为偶数时 $f(x_0)$ 为极值.

9. 研究 k 的不同取值，确定方程 $x - \dfrac{\pi}{2}\sin x = k$ 在开区间 $\left(0, \dfrac{\pi}{2}\right)$ 内根的个数，并证明结论.

数学家介绍及
导数的应用

第 4 章 不 定 积 分

在第 2 章中，我们讨论了一元函数的微分运算，就是由给定的函数求出它的导函数或微分. 本章将讨论与微分运算相反的问题，即要寻求一个可导函数，使它的导函数等于已知函数. 这是积分学的基本问题之一.

4.1 不定积分的概念与性质

4.1.1 原函数与不定积分的概念

定义 4.1 设函数 $f(x)$ 与 $F(x)$ 在区间 I 上都有定义. 若

$$F'(x) = f(x) \text{ 或 } \mathrm{d}F(x) = f(x)\mathrm{d}x, \, x \in I,$$

则称 $F(x)$ 为 $f(x)$ 在区间 I 上的一个原函数.

例如，因为当 $x \in (-\infty, +\infty)$ 时，$(\cos x)' = -\sin x$，所以 $\cos x$ 是 $-\sin x$ 的一个原函数；又如当 $x \in (-1, 1)$ 时，$(\arcsin x)' = \dfrac{1}{\sqrt{1-x^2}}$，所以 $\arcsin x$ 是 $\dfrac{1}{\sqrt{1-x^2}}$ 在区间 $(-1, 1)$ 内的一个原函数.

由此自然就会提出两个问题：对于给定的函数 $f(x)$，它是否一定有原函数，或者在什么条件下才有原函数？如果它有原函数，原函数有多少个，相互之间有什么关系？

关于前一个问题，我们将在第 5 章证明如下的结果：

原函数存在定理 如果函数 $f(x)$ 在区间 I 上连续，那么在区间 I 上存在可导函数 $F(x)$，使得对任意 $x \in I$，都有

$$F'(x) = f(x).$$

即连续函数必定存在原函数.

我们知道初等函数在其定义域内的任一区间内连续，因此每个初等函数在其定义域的任一区间内都有原函数. 当然，一个函数如果存在间断点，那么此函数在其间断点所在的区间上就不一定存在原函数.

关于后一个问题，如果函数 $f(x)$ 在区间 I 内有原函数 $F(x)$，那么对于任意常数 C，有

$$[F(x)+C]' = F'(x) = f(x) ,$$

所以 $F(x)+C$ 也是 $f(x)$ 在区间 I 内的原函数. 这说明如果 $f(x)$ 在区间 I 内有原函数, 那么它在 I 内有无穷多个原函数.

反之, $f(x)$ 的任意一个原函数一定可以表示成 $F(x)+C$ 的形式吗? 设 $G(x)$ 是 $f(x)$ 的另一个原函数, 即在区间 I 内, 有

$$G'(x) = f(x) = F'(x) , \quad 即 [G(x)-F(x)]' = 0 ,$$

在第 3.1 节已经知道, 在一个区间上导数恒为零的函数必为常数, 所以

$$F(x) - G(x) = C_0 \quad (C_0 为某个常数).$$

表明 $F(x)$ 和 $G(x)$ 一个相差常数. 因此 C 为任意常数时, 表达式

$$F(x)+C$$

就可以表示 $f(x)$ 的任意一个原函数.

由此可见, 若 $f(x)$ 有原函数, 则必有无穷多个原函数, 这些原函数之间只相差一个常数. 所以若 $F(x)$ 是 $f(x)$ 的一个原函数, 则 $f(x)$ 的全部原函数是一个函数簇, 即

$$\{F(x)+C \,|\, -\infty < C < +\infty\} .$$

在此基础上, 我们引入下面的不定积分的定义.

定义 4.2　函数 $f(x)$ 在区间 I 上的全体原函数称为 $f(x)$ 在 I 上的不定积分, 记作 $\int f(x)\mathrm{d}x$. 其中记号 $\int$ 称为积分号, $f(x)$ 称为被积函数, $f(x)\mathrm{d}x$ 称为被积表达式, x 称为积分变量.

由不定积分的定义可知, 如果 $F(x)$ 为 $f(x)$ 在区间 I 上的一个原函数, 那么, $F(x)+C$ 就是 $f(x)$ 的不定积分, 即

$$\int f(x)\mathrm{d}x = F(x)+C \quad (其中 C 为任意常数).$$

例 4.1　求 $\int 3x^2 \mathrm{d}x$.

解　由于 $(x^3)' = 3x^2$, 所以 x^3 是 $3x^2$ 的一个原函数. 因此

$$\int 3x^2 \mathrm{d}x = x^3 + C .$$

例 4.2　求 $\int \dfrac{1}{x}\mathrm{d}x$.

解　当 $x > 0$ 时, 由于 $(\ln x)' = \dfrac{1}{x}$, 所以 $\ln x$ 是 $\dfrac{1}{x}$ 在 $(0, +\infty)$ 内的一个原函数. 因此, 在 $(0, +\infty)$ 内,

$$\int \frac{1}{x}\mathrm{d}x = \ln x + C .$$

当 $x < 0$ 时，由于 $[\ln(-x)]' = \dfrac{1}{-x}(-x)' = \dfrac{1}{x}$，所以 $\ln(-x)$ 是 $\dfrac{1}{x}$ 在 $(-\infty, 0)$ 内的一个原函数. 因此，在 $(-\infty, 0)$ 内，

$$\int \frac{1}{x}\mathrm{d}x = \ln(-x) + C,$$

综上所述，有

$$\int \frac{1}{x}\mathrm{d}x = \ln|x| + C.$$

例 4.3 设曲线过点 $(\mathrm{e}^2, 3)$ 且其上任一点处的斜率等于该点横坐标的倒数，求此曲线的方程.

解 设所求曲线方程为 $y = f(x)$，其上任一点 (x, y) 处切线的斜率为 $\dfrac{\mathrm{d}y}{\mathrm{d}x} = \dfrac{1}{x}$，即 $f(x)$ 为 $\dfrac{1}{x}$ 的一个原函数. 从而

$$y = \int \frac{1}{x}\mathrm{d}x = \ln|x| + C,$$

由 $f(\mathrm{e}^2) = 3$，得 $C = 1$，因此所求曲线方程为

$$y = \ln|x| + 1.$$

在直角坐标系中，$f(x)$ 的任意一个原函数 $F(x)$ 的图形我们称为 $f(x)$ 的一条积分曲线，不定积分 $\int f(x)\mathrm{d}x$ 在几何上表示一簇积分曲线，这些积分曲线可由某一条积分曲线沿 y 轴方向平移得到，它们在横坐标相同点处的切线有相同的斜率，因而切线相互平行.

例 4.4 一物体由静止开始作直线运动，$t\,\mathrm{s}$ 末的速度是 $3t^2$（m/s），问：（1）在 $3\,\mathrm{s}$ 末，物体与出发点之间的距离是多少？（2）物体走完 $216\,\mathrm{m}$ 需多少时间？

解 设物体的位置函数为 $s = s(t)$，根据导数的物理意义知道，$\dfrac{\mathrm{d}s}{\mathrm{d}t} = v(t)$，即 $\dfrac{\mathrm{d}s}{\mathrm{d}t} = 3t^2$，从而

$$s = \int 3t^2\,\mathrm{d}t = t^3 + C,$$

由 $s(0) = 0$，得 $C = 0$，于是有 $s = t^3$.

当 $t = 3$ 时，物体与出发点之间的距离 $s(3) = t^3 = 27$（m）；

当 $s = 216$ 时，$t = \sqrt[3]{216} = 6$（s）.

由原函数与不定积分的概念可得

（1）$\dfrac{\mathrm{d}}{\mathrm{d}x}\left[\int f(x)\mathrm{d}x\right] = f(x)$ 或 $\mathrm{d}\left[\int f(x)\mathrm{d}x\right] = f(x)\mathrm{d}x$；

（2）$\int F'(x)\mathrm{d}x = F(x) + C$ 或 $\int \mathrm{d}F(x) = F(x) + C$.

由此可见，微分运算与不定积分运算互为逆运算，对函数 $f(x)$ 先积分再微分，作用互相抵消；对函数 $F(x)$ 先微分再积分，其结果只差一个常数.

4.1.2 基本积分表

因为不定积分运算是导数运算的逆运算，所以不难从基本导数公式或基本微分公式得到相应的积分公式. 下面我们把一些基本的积分公式形成一个表，这个表通常称之为基本积分表.

（1）$\int k\,\mathrm{d}x = kx + C$ （k 为常数），   （2）$\int x^{\mu}\,\mathrm{d}x = \dfrac{x^{\mu+1}}{\mu+1} + C(\mu \neq -1)$,

（3）$\int \dfrac{\mathrm{d}x}{x} = \ln|x| + C$,   （4）$\int \dfrac{\mathrm{d}x}{1+x^2} = \arctan x + C$,

（5）$\int \dfrac{\mathrm{d}x}{\sqrt{1-x^2}} = \arcsin x + C$,   （6）$\int \cos x\,\mathrm{d}x = \sin x + C$,

（7）$\int \sin x\,\mathrm{d}x = -\cos x + C$,   （8）$\int \dfrac{\mathrm{d}x}{\cos^2 x} = \int \sec^2 x\,\mathrm{d}x = \tan x + C$,

（9）$\int \dfrac{\mathrm{d}x}{\sin^2 x} = \int \csc^2 x\,\mathrm{d}x = -\cot x + C$,   （10）$\int \sec x \tan x\,\mathrm{d}x = \sec x + C$,

（11）$\int \csc x \cot x\,\mathrm{d}x = -\csc x + C$,   （12）$\int \mathrm{e}^x\,\mathrm{d}x = \mathrm{e}^x + C$,

（13）$\int a^x\,\mathrm{d}x = \dfrac{a^x}{\ln a} + C$（$a > 0$ 且 $a \neq 1$），   （14）$\int \mathrm{sh}\,x\,\mathrm{d}x = \mathrm{ch}\,x + C$,

（15）$\int \mathrm{ch}\,x\,\mathrm{d}x = \mathrm{sh}\,x + C$.

以上基本积分公式是求不定积分的基础，读者必须熟记.

4.1.3 不定积分的性质

根据不定积分的定义，可以得到下列性质.

性质 4.1 设函数 $f(x)$ 及 $g(x)$ 的原函数存在，则

$$\int [f(x) \pm g(x)]\mathrm{d}x = \int f(x)\mathrm{d}x \pm \int g(x)\mathrm{d}x.$$

证明 因为 $\left(\int [f(x) \pm g(x)]\mathrm{d}x\right)' = f(x) \pm g(x)$,

$$\left[\int f(x)\mathrm{d}x \pm \int g(x)\mathrm{d}x\right]' = \left[\int f(x)\mathrm{d}x\right]' \pm \left[\int g(x)\mathrm{d}x\right]' = f(x) \pm g(x).$$

由原函数及不定积分的定义，性质 4.1 得证.

性质 4.1 可以推广到有限个函数的情形.

性质 4.2　设函数 $f(x)$ 的原函数存在，k 为非零常数，则 $\int kf(x)\,\mathrm{d}x = k\int f(x)\,\mathrm{d}x$.

性质 4.2 的证明与性质 4.1 的证明类似，从略.

利用基本积分公式和不定积分的两个性质，可以求得一些简单函数的不定积分.

例 4.5　求 $\int \dfrac{\mathrm{d}x}{x^5}$.

解　$\int \dfrac{\mathrm{d}x}{x^5} = \int x^{-5}\,\mathrm{d}x = \dfrac{x^{-5+1}}{-5+1} + C = -\dfrac{x^{-4}}{4} + C$.

例 4.6　求 $\int \sqrt{x\sqrt{x}}\,\mathrm{d}x$.

解　$\int \sqrt{x\sqrt{x}}\,\mathrm{d}x = \int x^{\frac{3}{4}}\,\mathrm{d}x = \dfrac{x^{\frac{3}{4}+1}}{\frac{3}{4}+1} + C = \dfrac{4}{7}x^{\frac{7}{4}} + C$.

例 4.7　求 $\int \sqrt{x}\,(x\sqrt{x}-5x)\,\mathrm{d}x$.

解　$\int \sqrt{x}\,(x\sqrt{x}-5x)\,\mathrm{d}x = \int (x^2-5x^{\frac{3}{2}})\,\mathrm{d}x = \int x^2\,\mathrm{d}x - 5\int x^{\frac{3}{2}}\,\mathrm{d}x$

$\qquad\qquad = \dfrac{1}{3}x^3 - 2x^{\frac{5}{2}} + C = \dfrac{1}{3}x^3 - 2x^2\sqrt{x} + C$.

检验积分结果是否正确，只要对结果求导，看它的导数是否等于被积函数，相等时结果是正确的，否则结果是错误的. 如就例 4.7 的结果来看，由于

$$\left(\dfrac{1}{3}x^3 - 2x^2\sqrt{x} + C\right)' = \left(\dfrac{1}{3}x^3 - 2x^{\frac{5}{2}} + C\right)'$$

$$= x^2 - 5x^{\frac{3}{2}} = \sqrt{x}\,(x\sqrt{x}-5x),$$

所以结果是正确的.

例 4.8　求 $\int \dfrac{(x+1)^3}{x^2}\,\mathrm{d}x$.

解　$\int \dfrac{(x+1)^3}{x^2}\,\mathrm{d}x = \int \dfrac{x^3+3x^2+3x+1}{x^2}\,\mathrm{d}x = \int \left(x+3+\dfrac{3}{x}+\dfrac{1}{x^2}\right)\mathrm{d}x$

$\qquad\qquad = \int x\,\mathrm{d}x + 3\int \mathrm{d}x + 3\int \dfrac{1}{x}\,\mathrm{d}x + \int \dfrac{1}{x^2}\,\mathrm{d}x$

$\qquad\qquad = \dfrac{1}{2}x^2 + 3x + 3\ln|x| - \dfrac{1}{x} + C$.

例 4.9 求 $\int \dfrac{x^2}{1+x^2}\mathrm{d}x$.

解 基本积分表中没有这种类型的积分，只有 $\int \dfrac{1}{1+x^2}\mathrm{d}x$，在被积函数中，把分子加 1 再减 1，或者通过多项式的除法，可以把它化成基本积分表中所列类型的积分，得

$$\int \frac{x^2}{1+x^2}\mathrm{d}x = \int \frac{x^2+1-1}{1+x^2}\mathrm{d}x = \int \frac{x^2+1}{1+x^2}\mathrm{d}x - \int \frac{1}{1+x^2}\mathrm{d}x$$

$$= \int \mathrm{d}x - \int \frac{1}{1+x^2}\mathrm{d}x = x - \arctan x + C.$$

例 4.10 求 $\int 3^{2x}\mathrm{e}^x\mathrm{d}x$.

解 $\int 3^{2x}\mathrm{e}^x\mathrm{d}x = \int 9^x\mathrm{e}^x\mathrm{d}x = \int (9\mathrm{e})^x\mathrm{d}x$

$$= \frac{(9\mathrm{e})^x}{\ln(9\mathrm{e})} + C = \frac{3^{2x}\mathrm{e}^x}{1+2\ln 3} + C.$$

例 4.11 求 $\int \cot^2 x\,\mathrm{d}x$.

解 基本积分表中没有该类型的积分，先利用三角恒等式

$$\cot^2 x = \csc^2 x - 1$$

变形，然后再逐项积分：

$$\int \cot^2 x\,\mathrm{d}x = \int (\csc^2 x - 1)\mathrm{d}x = \int \csc^2 x\,\mathrm{d}x - \int \mathrm{d}x = -\cot x - x + C.$$

例 4.12 求 $\int \cos^2 \dfrac{x}{2}\mathrm{d}x$.

解 基本积分表中没有这种类型的积分，同上例一样，先利用三角恒等式变形，然后再逐项积分：

$$\int \cos^2 \frac{x}{2}\mathrm{d}x = \int \frac{1}{2}(1+\cos x)\mathrm{d}x = \frac{1}{2}\int (1+\cos x)\mathrm{d}x$$

$$= \frac{1}{2}\left(\int \mathrm{d}x + \int \cos x\,\mathrm{d}x\right) = \frac{1}{2}(x + \sin x) + C.$$

例 4.13 求 $\int \dfrac{\mathrm{d}x}{\cos^2 x \sin^2 x}$.

解 $\int \dfrac{\mathrm{d}x}{\cos^2 x \sin^2 x} = \int \dfrac{\sin^2 x + \cos^2 x}{\sin^2 x \cos^2 x}\mathrm{d}x$

$$= \int \left(\frac{1}{\cos^2 x} + \frac{1}{\sin^2 x}\right)\mathrm{d}x = \int (\sec^2 x + \csc^2 x)\mathrm{d}x$$

$$= \tan x - \cot x + C.$$

从上面例子可见，对有些被积函数，不能直接利用基本积分公式，但如果运

用一些代数恒等式或三角恒等式把它们作适当的变形，就可以化成直接利用基本积分公式的情况，这是一种基本的求不定积分的技巧，这种求积分的方法通常称为直接积分法.

例 4.14　设 $f(x) = \begin{cases} x+1, & x \leqslant 1, \\ 2x, & x > 1, \end{cases}$　求 $\int f(x) \mathrm{d}x$.

解　因为当 $x \leqslant 1$ 时，$f(x) = x+1$，即 $\int f(x)\mathrm{d}x = \dfrac{x^2}{2} + x + C_1$；

当 $x > 1$ 时，$f(x) = 2x$，此时 $\int f(x)\mathrm{d}x = x^2 + C_2$.

因为 $f(x)$ 的原函数在 $(-\infty, +\infty)$ 上每一点都连续，所以

$$\lim_{x \to 1^-}\left(\frac{x^2}{2} + x + C_1\right) = \lim_{x \to 1^+}(x^2 + C_2),$$

从而有 $\dfrac{1}{2} + 1 + C_1 = 1 + C_2$，即 $\dfrac{1}{2} + C_1 = C_2$. 记 $C_1 = C$，则

$$\int f(x)\mathrm{d}x = \begin{cases} \dfrac{x^2}{2} + x + C, & x \leqslant 1, \\ x^2 + \dfrac{1}{2} + C, & x > 1. \end{cases}$$

由例 4.14 可知，当被积函数是一个分段连续函数时，它的原函数必定为连续函数，可以先分别求出各区间段上的不定积分，再由原函数的连续性确定各积分常数之间的关系，注意不定积分中只含有一个任意常数.

习　题　4-1

1. 已知 $f(x)$ 的一个原函数为 $\sin 3x$，求 $\int f'(x)\mathrm{d}x$.

2. 设 $[\ln f(x)]' = \sec^2 x$，求 $f(x)$.

3. 若 e^{-x} 是 $f(x)$ 的原函数，求 $\int x^2 f(\ln x)\mathrm{d}x$.

4. 若 $f(x)$ 是 e^{-x} 的原函数，求 $\int \dfrac{f(\ln x)}{x}\mathrm{d}x$.

5. 设 $\int x f(x)\mathrm{d}x = \arccos x + C$，求 $f(x)$.

6. 求下列不定积分：

(1) $\displaystyle\int \frac{\mathrm{d}x}{x^2\sqrt{x}}$；

(2) $\displaystyle\int \sqrt{x\sqrt{x\sqrt{x}}}\,\mathrm{d}x$；

(3) $\displaystyle\int \left(\sqrt[3]{x} - \frac{1}{\sqrt{x}}\right)\mathrm{d}x$；

(4) $\displaystyle\int \left(\frac{1}{\sqrt{x}} - 5x\sqrt{x}\right)\mathrm{d}x$；

（5）$\int (2^x + x^2)\mathrm{d}x$;

（6）$\int (2^x + 3^x)^2\,\mathrm{d}x$;

（7）$\int \dfrac{2\cdot 3^x - 5\cdot 2^x}{3^x}\mathrm{d}x$;

（8）$\int \left(\dfrac{3}{1+x^2} - \dfrac{2}{\sqrt{1-x^2}}\right)\mathrm{d}x$;

（9）$\int \dfrac{1+x+x^2}{x(1+x^2)}\mathrm{d}x$;

（10）$\int \dfrac{3x^4 + 3x^2 + 1}{x^2 + 1}\mathrm{d}x$;

（11）$\int \dfrac{1}{x^2(1+x^2)}\mathrm{d}x$;

（12）$\int \dfrac{\mathrm{e}^{2x} - 1}{\mathrm{e}^x - 1}\mathrm{d}x$;

（13）$\int \left(\dfrac{1}{\sqrt{1-x^2}} + \cot^2 x\right)\mathrm{d}x$;

（14）$\int 10^x 2^{3x}\,\mathrm{d}x$;

（15）$\int \sin^2 \dfrac{x}{2}\mathrm{d}x$;

（16）$\int \dfrac{\cos 2x}{\cos x + \sin x}\mathrm{d}x$;

（17）$\int \dfrac{\cos 2x}{\cos^2 x \sin^2 x}\mathrm{d}x$;

（18）$\int \dfrac{1+\cos^2 x}{1+\cos 2x}\mathrm{d}x$;

（19）$\int \sec x(\sec x - \tan x)\,\mathrm{d}x$;

（20）$\int \max\{1, |x|\}\mathrm{d}x$.

7. 设某曲线上任意点处的切线的斜率等于该点横坐标的立方，又知该曲线通过原点，求此曲线方程.

4.2 换元积分法

利用基本积分表和不定积分的性质，所能计算的不定积分非常有限. 因此有必要进一步来研究不定积分的求法. 本节将把复合函数的微分法则反过来用于求不定积分，通过中间变量的代换，得到复合函数的积分法，称为换元积分法. 换元积分法通常有两类，下面先介绍第一类换元积分法.

4.2.1 第一类换元积分法

设函数 $F(u)$ 为函数 $f(u)$ 的原函数，即

$$F'(u) = f(u) \text{ 或 } \int f(u)\,\mathrm{d}u = F(u) + C .$$

如果 $u = \varphi(x)$ 且 $\varphi(x)$ 可微，那么，根据复合函数微分法，有

$$\frac{\mathrm{d}}{\mathrm{d}x} F[\varphi(x)] = F'(u)\varphi'(x) = f(u)\varphi'(x) = f[\varphi(x)]\varphi'(x) ,$$

即 $F[\varphi(x)]$ 为 $f[\varphi(x)]\varphi'(x)$ 的原函数，从而

$$\int f[\varphi(x)]\varphi'(x)\,\mathrm{d}x = F[\varphi(x)] + C = [F(u) + C]_{u=\varphi(x)} = \left[\int f(u)\,\mathrm{d}u\right]_{u=\varphi(x)} .$$

因此有如下定理：

定理 4.1　设 $f(u)$ 存在原函数，$u = \varphi(x)$ 可微，则

$$\int f[\varphi(x)]\varphi'(x)\,\mathrm{d}x = \left[\int f(u)\,\mathrm{d}u\right]_{u=\varphi(x)} \qquad (4\text{-}1)$$

公式（4-1）称为第一类换元积分公式.

由此定理可见，我们在计算不定积分 $\int g(x)\,\mathrm{d}x$ 时，如果能设法把被积表达式 $g(x)\,\mathrm{d}x$ 变形为

$$g(x)\,\mathrm{d}x = f[\varphi(x)]\varphi'(x)\,\mathrm{d}x = f[\varphi(x)]\,\mathrm{d}\varphi(x),$$

然后令 $u = \varphi(x)$，而且积分

$$\int f(u)\,\mathrm{d}u = F(u) + C$$

容易求出，那么由式（4-1）知

$$\begin{aligned}
\int g(x)\,\mathrm{d}x &= \int f[\varphi(x)]\varphi'(x)\,\mathrm{d}x = \int f[\varphi(x)]\,\mathrm{d}\varphi(x) \\
&= \left[\int f(u)\,\mathrm{d}u\right]_{u=\varphi(x)} \\
&= F[\varphi(x)] + C.
\end{aligned}$$

要把 $g(x)\,\mathrm{d}x$ 变成 $f[\varphi(x)]\,\mathrm{d}\varphi(x)$ 的形式，常常要从 $g(x)$ 中分解出一部分因式与 $\mathrm{d}x$ 结合，凑成 $\mathrm{d}\varphi(x)$，而使其余部分能写成 $f[\varphi(x)]$，因此第一类换元积分法也称为凑微分法. 至于 $\varphi(x)$ 如何选择？并没有一定的规律可循. 读者只有在熟记基本积分公式的基础上，通过大量的练习去积累经验，才能做到熟能生巧，运用自如.

例 4.15　求 $\int 2\sin 2x\,\mathrm{d}x$.

解　令 $u = 2x$，有

$$\int 2\sin 2x\,\mathrm{d}x = \int \sin 2x \cdot (2x)'\,\mathrm{d}x = \int \sin u\,\mathrm{d}u = -\cos u + C,$$

将 $u = 2x$ 回代，得

$$\int 2\sin 2x\,\mathrm{d}x = -\cos 2x + C.$$

例 4.16　求 $\int \dfrac{1}{3-2x}\,\mathrm{d}x$.

解
$$\begin{aligned}
\int \frac{1}{3-2x}\,\mathrm{d}x &= -\frac{1}{2}\int \frac{1}{3-2x} \cdot (-2)\,\mathrm{d}x \\
&= -\frac{1}{2}\int \frac{1}{3-2x} \cdot (3-2x)'\,\mathrm{d}x \\
&= -\frac{1}{2}\int \frac{1}{3-2x}\,\mathrm{d}(3-2x),
\end{aligned}$$

令 $u = 3 - 2x$，得

$$\int \frac{1}{3-2x} \mathrm{d}x = -\frac{1}{2} \int \frac{1}{u} \mathrm{d}u = -\frac{1}{2} \ln|u| + C = -\frac{1}{2} \ln|3-2x| + C.$$

例 4.17 求 $\displaystyle\int \frac{x}{\sqrt{1-x^2}} \mathrm{d}x$.

解 $\displaystyle\int \frac{x}{\sqrt{1-x^2}} \mathrm{d}x = -\frac{1}{2} \int \frac{1}{\sqrt{1-x^2}} \cdot (1-x^2)' \mathrm{d}x$

$$= -\frac{1}{2} \int \frac{1}{\sqrt{1-x^2}} \mathrm{d}(1-x^2),$$

令 $u = 1-x^2$，则

$$\int \frac{x}{\sqrt{1-x^2}} \mathrm{d}x = -\frac{1}{2} \int \frac{1}{\sqrt{u}} \mathrm{d}u = -\frac{1}{2} \int u^{-\frac{1}{2}} \mathrm{d}u = -u^{\frac{1}{2}} + C = -(1-x^2)^{\frac{1}{2}} + C.$$

换元法熟练后，可直接凑微分，省去换元、还原中间变量步骤.

例 4.18 求 $\displaystyle\int 2x\mathrm{e}^{x^2} \mathrm{d}x$.

解 $\displaystyle\int 2x\mathrm{e}^{x^2} \mathrm{d}x = \int \mathrm{e}^{x^2} \cdot (x^2)' \mathrm{d}x = \int \mathrm{e}^{x^2} \mathrm{d}(x^2) = \mathrm{e}^{x^2} + C.$

例 4.19 求 $\displaystyle\int \frac{1}{a^2+x^2} \mathrm{d}x$ $(a \neq 0)$.

解 $\displaystyle\int \frac{1}{a^2+x^2} \mathrm{d}x = \frac{1}{a^2} \int \frac{1}{1+\left(\dfrac{x}{a}\right)^2} \mathrm{d}x$

$$= \frac{1}{a} \int \frac{1}{1+\left(\dfrac{x}{a}\right)^2} \mathrm{d}\left(\frac{x}{a}\right) = \frac{1}{a} \arctan \frac{x}{a} + C.$$

类似可求得

$$\int \frac{\mathrm{d}x}{\sqrt{a^2-x^2}} = \arcsin \frac{x}{a} + C \ (a > 0).$$

例 4.20 求 $\displaystyle\int \frac{1}{x^2-a^2} \mathrm{d}x$ $(a \neq 0)$.

解 $\displaystyle\int \frac{1}{x^2-a^2} \mathrm{d}x = \frac{1}{2a} \int \left(\frac{1}{x-a} - \frac{1}{x+a}\right) \mathrm{d}x$

$$= \frac{1}{2a} \left[\int \frac{1}{x-a} \mathrm{d}(x-a) - \int \frac{1}{x+a} \mathrm{d}(x+a) \right]$$

$$= \frac{1}{2a} [\ln|x-a| - \ln|x+a|] + C$$

$$= \frac{1}{2a} \ln \left| \frac{x-a}{x+a} \right| + C.$$

例 4.21　求 $\int \dfrac{\sin\sqrt{x}}{\sqrt{x}}\,\mathrm{d}x$.

解　$\int \dfrac{\sin\sqrt{x}}{\sqrt{x}}\,\mathrm{d}x = 2\int \sin\sqrt{x}\,\mathrm{d}(\sqrt{x}) = -2\cos\sqrt{x} + C$.

例 4.22　求 $\int \dfrac{1}{x^2}\mathrm{e}^{\frac{1}{x}}\,\mathrm{d}x$.

解　$\int \dfrac{1}{x^2}\mathrm{e}^{\frac{1}{x}}\,\mathrm{d}x = -\int \mathrm{e}^{\frac{1}{x}}\,\mathrm{d}\left(\dfrac{1}{x}\right) = -\mathrm{e}^{\frac{1}{x}} + C$.

例 4.23　求 $\int \dfrac{\arccos x}{\sqrt{1-x^2}}\,\mathrm{d}x$.

解　$\int \dfrac{\arccos x}{\sqrt{1-x^2}}\,\mathrm{d}x = -\int \arccos x\,\mathrm{d}(\arccos x) = -\dfrac{1}{2}(\arccos x)^2 + C$.

例 4.24　求 $\int \dfrac{\sqrt{\arctan x}}{1+x^2}\,\mathrm{d}x$.

解　$\int \dfrac{\sqrt{\arctan x}}{1+x^2}\,\mathrm{d}x = \int (\arctan x)^{\frac{1}{2}}\,\mathrm{d}(\arctan x) = \dfrac{2}{3}(\arctan x)^{\frac{3}{2}} + C$.

例 4.25　求 $\int \dfrac{\mathrm{e}^x}{1+\mathrm{e}^{2x}}\,\mathrm{d}x$.

解　$\int \dfrac{\mathrm{e}^x}{1+\mathrm{e}^{2x}}\,\mathrm{d}x = \int \dfrac{1}{1+(\mathrm{e}^x)^2}\,\mathrm{d}(\mathrm{e}^x) = \arctan(\mathrm{e}^x) + C$.

例 4.26　求 $\int \dfrac{1}{x(1-2\ln x)}\,\mathrm{d}x$.

解　$\int \dfrac{1}{x(1-2\ln x)}\,\mathrm{d}x = \int \dfrac{1}{1-2\ln x}\,\mathrm{d}(\ln x)$

$$= -\dfrac{1}{2}\int \dfrac{\mathrm{d}(1-2\ln x)}{1-2\ln x} = -\dfrac{1}{2}\ln|1-2\ln x| + C .$$

例 4.27　求 $\int \tan x\,\mathrm{d}x$.

解　$\int \tan x\,\mathrm{d}x = \int \dfrac{\sin x}{\cos x}\,\mathrm{d}x = -\int \dfrac{1}{\cos x}\,\mathrm{d}(\cos x) = -\ln|\cos x| + C$.

类似可求得 $\int \cot x\,\mathrm{d}x = \ln|\sin x| + C$.

　　下面再举一些积分的例子，它们的被积函数中含有三角函数，在求这种积分的过程中，往往要用到一些三角恒等式.

例 4.28　求 $\int \sin^3 x\,\mathrm{d}x$.

解　$\int \sin^3 x\,\mathrm{d}x = \int \sin^2 x \sin x\,\mathrm{d}x = -\int \sin^2 x\,\mathrm{d}(\cos x)$

$$= -\int (1 - \cos^2 x) d(\cos x)$$

$$= -\cos x + \frac{1}{3}\cos^3 x + C.$$

例 4.29 求 $\int \sin^3 x \cos^2 x \, dx$.

解 $\int \sin^3 x \cos^2 x \, dx = \int \sin^2 x \cos^2 x \sin x \, dx$

$$= -\int (1 - \cos^2 x) \cos^2 x \, d\cos x$$

$$= -\int (\cos^2 x - \cos^4 x) \, d\cos x$$

$$= \frac{1}{5}\cos^5 x - \frac{1}{3}\cos^3 x + C.$$

一般地, 对于 $\sin^k x \cos^{2l+1} x$ 或 $\sin^{2k+1} x \cos^l x$ $(k, \ l \in \mathbf{N})$ 型函数的积分, 总可以利用变换 $u = \sin x$ 或 $u = \cos x$ 求得积分结果.

例 4.30 求 $\int \sin^2 x \, dx$.

解 $\int \sin^2 x \, dx = \int \frac{1 - \cos 2x}{2} dx = \frac{1}{2}\left(\int dx - \int \cos 2x \, dx\right)$

$$= \frac{1}{2}\int dx - \frac{1}{4}\int \cos 2x \, d(2x)$$

$$= \frac{x}{2} - \frac{\sin 2x}{4} + C.$$

例 4.31 求 $\int \cos^2 x \sin^4 x \, dx$.

解 $\int \cos^2 x \sin^4 x \, dx = \frac{1}{8}\int (1 + \cos 2x)(1 - \cos 2x)^2 \, dx$

$$= \frac{1}{8}\int (1 - \cos 2x - \cos^2 2x + \cos^3 2x) \, dx$$

$$= \frac{1}{8}\int (\cos^3 2x - \cos 2x) \, dx + \frac{1}{8}\int (1 - \cos^2 2x) \, dx$$

$$= \frac{1}{8}\int \cos^3 2x \, dx - \frac{1}{16}\int \cos 2x \, d(2x) + \frac{1}{8}\int \frac{1}{2}(1 - \cos 4x) \, dx$$

$$= \frac{1}{8}\int \cos^2 2x \cos 2x \, dx - \frac{1}{16}\int \cos 2x \, d(2x)$$

$$+ \frac{1}{8}\int \frac{1}{2}(1 - \cos 4x) \, dx$$

$$= \frac{1}{16}\int (1 - \sin^2 2x) \, d\sin(2x) - \frac{1}{16}\int \cos 2x \, d(2x)$$

$$+ \frac{1}{8}\int \frac{1}{2}(1 - \cos 4x) \, dx$$

$$= -\frac{1}{48}\sin^3 2x + \frac{x}{16} - \frac{1}{64}\sin 4x + C.$$

一般地，对于 $\sin^{2k}x\cos^{2l}x\ (k\,、\,l\in\mathbf{N})$ 型函数，总可以利用三角恒等式：

$\sin^2 x = \dfrac{1}{2}(1-\cos 2x)$，$\cos^2 x = \dfrac{1}{2}(1+\cos 2x)$ 化成 $\cos 2x$ 的多项式，然后采用例 4.31 中所用的方法求得积分的结果.

例 4.32　求 $\displaystyle\int \sec^4 x \, \mathrm{d}x$.

解　$\displaystyle\int \sec^4 x \, \mathrm{d}x = \int \sec^2 x \sec^2 x \, \mathrm{d}x = \int \sec^2 x \, \mathrm{d}(\tan x) = \int (\tan^2 x + 1)\,\mathrm{d}(\tan x)$

$$= \frac{1}{3}\tan^3 x + \tan x + C.$$

例 4.33　求 $\displaystyle\int \tan^3 x \sec^3 x \, \mathrm{d}x$.

解　$\displaystyle\int \tan^3 x \sec^3 x \, \mathrm{d}x = \int \tan^2 x \sec^2 x \tan x \sec x \, \mathrm{d}x = \int \tan^2 x \sec^2 x \, \mathrm{d}(\sec x)$

$$= \int (\sec^2 x - 1)\sec^2 x \, \mathrm{d}(\sec x) = \int (\sec^4 x - \sec^2 x)\,\mathrm{d}(\sec x)$$

$$= \frac{1}{5}\sec^5 x - \frac{1}{3}\sec^3 x + C.$$

一般地，对于 $\tan^n x \sec^{2k} x$ 或 $\tan^{2k-1} x \sec^n x\ (k\,、\,n\in\mathbf{N})$ 型函数的积分，可依次作变换 $u = \tan x$ 或 $u = \sec x$.

例 4.34　求 $\displaystyle\int \csc x \, \mathrm{d}x$.

解　$\displaystyle\int \csc x \, \mathrm{d}x = \int \frac{1}{\sin x}\,\mathrm{d}x = \int \frac{\sin x}{\sin^2 x}\,\mathrm{d}x$

$$= -\int \frac{1}{\sin^2 x}\,\mathrm{d}(\cos x) = -\int \frac{1}{1-\cos^2 x}\,\mathrm{d}(\cos x)$$

$$= -\frac{1}{2}\int \left(\frac{1}{1-\cos x} + \frac{1}{1+\cos x}\right)\mathrm{d}(\cos x)$$

$$= \frac{1}{2}\left(\int \frac{\mathrm{d}(1-\cos x)}{1-\cos x} - \int \frac{\mathrm{d}(1+\cos x)}{1+\cos x}\right)$$

$$= \frac{1}{2}\ln\left|\frac{1-\cos x}{1+\cos x}\right| + C,$$

因为

$$\frac{1-\cos x}{1+\cos x} = \frac{(1-\cos x)^2}{1-\cos^2 x} = \left(\frac{1-\cos x}{\sin x}\right)^2 = (\csc x - \cot x)^2,$$

所以上述不定积分又可表示为

$$\int \csc x \, \mathrm{d}x = \ln|\csc x - \cot x| + C.$$

同理可得

$$\int \sec x \, \mathrm{d}x = \ln|\sec x + \tan x| + C .$$

例 4.35 求 $\int \sin 5x \sin 3x \, \mathrm{d}x$.

解 利用积化和差公式：$\sin\alpha\sin\beta = -\dfrac{1}{2}[\cos(\alpha+\beta) - \cos(\alpha-\beta)]$ ，

得

$$\sin 5x \sin 3x = -\frac{1}{2}(\cos 8x - \cos 2x) ,$$

$$\int \sin 5x \sin 3x \, \mathrm{d}x = -\frac{1}{2}\int(\cos 8x - \cos 2x)\mathrm{d}x$$

$$= -\frac{1}{16}\int \cos 8x \, \mathrm{d}(8x) + \frac{1}{4}\int \cos 2x \, \mathrm{d}(2x)$$

$$= -\frac{1}{16}\sin 8x + \frac{1}{4}\sin 2x + C .$$

4.2.2 第二类换元积分法

上面介绍的第一类换元法是先把被积表达式化成 $f[\varphi(x)]\mathrm{d}\varphi(x)$ 的形式，然后进行换元 $x = \varphi(t)$ ，通过计算积分 $\int f(u)\mathrm{d}u$ 来求出原来的积分. 下面我们介绍另一种换元法，它是对积分 $\int g(x)\mathrm{d}x$ 先换元 $x = \varphi(t)$ ，把积分化成下面的形式：

$$\int g(x)\mathrm{d}x = \int g[\varphi(t)]\varphi'(t)\mathrm{d}t ,$$

求出上式右端的积分后，再将 $\varphi(t) = x$ 的反函数 $t = \varphi^{-1}(x)$ 回代到原来的积分变量 x . 这种换元的方法称为第二类换元积分法.

定理 4.2 设 $x = \varphi(t)$ 是单调的可导函数，且 $\varphi'(t) \neq 0$. 又设 $f[\varphi(t)]\varphi'(t)$ 具有原函数，则有换元公式

$$\int f(x)\mathrm{d}x = \left[\int f[\varphi(t)]\varphi'(t)\mathrm{d}t\right]_{t=\varphi^{-1}(x)} , \qquad (4\text{-}2)$$

其中 $t = \varphi^{-1}(x)$ 为 $x = \varphi(t)$ 的反函数.

证明 设 $f[\varphi(t)]\varphi'(t)$ 的原函数为 $\Phi(t)$ ，记 $\Phi[\varphi^{-1}(x)] = F(x)$ ，利用复合函数及反函数的求导法则，得

$$F'(x) = \frac{\mathrm{d}\Phi}{\mathrm{d}t} \cdot \frac{\mathrm{d}t}{\mathrm{d}x} = f[\varphi(t)]\varphi'(t) \cdot \frac{1}{\varphi'(t)} = f[\varphi(t)] = f(x) ,$$

即 $F(x)$ 是 $f(x)$ 的一个原函数. 所以有

$$\int f(x)\mathrm{d}x = F(x)+C = \Phi[\varphi^{-1}(x)]+C = \left[\int f[\varphi(t)]\varphi'(t)\mathrm{d}t\right]_{t=\varphi^{-1}(x)}.$$

公式（4-2）称为第二类换元积分公式.

例 4.36　求 $\int \sqrt{a^2-x^2}\,\mathrm{d}x\ (a>0)$.

解　求这个积分的困难在于根式 $\sqrt{a^2-x^2}$，我们可以利用三角恒等式

$$\sin^2 t + \cos^2 t = 1$$

消去根式.

令 $x = a\sin t\ \left(-\dfrac{\pi}{2}<t<\dfrac{\pi}{2}\right)$，则 $\sqrt{a^2-x^2}=a\cos t$，$\mathrm{d}x = a\cos t\,\mathrm{d}t$，因此有

$$\int \sqrt{a^2-x^2}\,\mathrm{d}x = \int a\cos t \cdot a\cos t\,\mathrm{d}t = a^2\int \cos^2 t\,\mathrm{d}t$$

$$= a^2\int \frac{1+\cos 2t}{2}\,\mathrm{d}t = \frac{a^2}{2}t + \frac{a^2}{4}\sin 2t + C$$

$$= \frac{a^2}{2}t + \frac{a^2}{2}\sin t\cos t + C.$$

因为 $x = a\sin t\ \left(-\dfrac{\pi}{2}<t<\dfrac{\pi}{2}\right)$，所以 $\sin t = \dfrac{x}{a}$，则

$$t = \arcsin\frac{x}{a},\ \cos t = \sqrt{1-\sin^2 t} = \sqrt{1-\left(\frac{x}{a}\right)^2} = \frac{\sqrt{a^2-x^2}}{a},$$

从而所求积分为

$$\int \sqrt{a^2-x^2}\,\mathrm{d}x = \frac{a^2}{2}\arcsin\frac{x}{a} + \frac{1}{2}x\sqrt{a^2-x^2} + C.$$

例 4.37　求 $\int \dfrac{\mathrm{d}x}{\sqrt{a^2+x^2}}\ (a>0)$.

解　令 $x = a\tan t\ \left(-\dfrac{\pi}{2}<t<\dfrac{\pi}{2}\right)$，则 $\sqrt{a^2+x^2}=a\sec t$，$\mathrm{d}x = a\sec^2 t\,\mathrm{d}t$，因此有

$$\int \frac{\mathrm{d}x}{\sqrt{a^2+x^2}} = \int \frac{a\sec^2 t}{a\sec t}\,\mathrm{d}t = \int \sec t\,\mathrm{d}t.$$

利用例 4.34 的结果得

$$\int \frac{\mathrm{d}x}{\sqrt{a^2+x^2}} = \ln|\sec t + \tan t| + C_1.$$

为了把 $\sec t$ 及 $\tan t$ 换成 x 的函数，可以根据 $\tan t = \dfrac{x}{a}$ 作辅助三角形（图 4-1），

便有 $\sec t = \dfrac{\sqrt{a^2+x^2}}{a}$ 且 $\sec t + \tan t > 0$，因此

$$\int \frac{\mathrm{d}x}{\sqrt{a^2+x^2}} = \ln\left|\frac{\sqrt{a^2+x^2}}{a}+\frac{x}{a}\right|+C_1$$

$$= \ln|x+\sqrt{x^2+a^2}|+C,$$

其中 $C = C_1 - \ln a$.

例 4.38　求 $\int \dfrac{\mathrm{d}x}{\sqrt{x^2-a^2}}$ （ $a>0$ ）.

解　（1）当 $x>a$ 时，设 $x = a\sec t\left(0<t<\dfrac{\pi}{2}\right)$ ，则

$$\sqrt{x^2-a^2} = \sqrt{a^2\sec^2 t - a^2} = a\tan t ,\quad \mathrm{d}x = a\sec t\tan t\,\mathrm{d}t .$$

于是

$$\int \frac{\mathrm{d}x}{\sqrt{x^2-a^2}} = \int \frac{a\sec t\tan t}{a\tan t}\mathrm{d}t = \int \sec t\,\mathrm{d}t$$

$$= \ln(\sec t + \tan t) + C.$$

为了把 $\sec t$ 及 $\tan t$ 换成 x 的函数，依据 $\sec t = \dfrac{x}{a}$ 作辅助三角形（图 4-2），得

$\tan t = \dfrac{\sqrt{x^2-a^2}}{a}$ ，所以

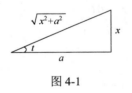

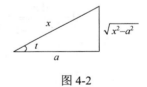

图 4-1　　　　　　　　　　　　　　　　图 4-2

$$\int \frac{\mathrm{d}x}{\sqrt{x^2-a^2}} = \ln\left(\frac{x}{a}+\frac{\sqrt{x^2-a^2}}{a}\right)+C_1 = \ln(x+\sqrt{x^2-a^2})+C ,$$

其中 $C = C_1 - \ln a$.

（2）当 $x<-a$ 时，令 $x = -u$ ，那么 $u>a$ ，根据以上分析，有

$$\int \frac{\mathrm{d}x}{\sqrt{x^2-a^2}} = -\int \frac{\mathrm{d}u}{\sqrt{u^2-a^2}} = -\ln(u+\sqrt{u^2-a^2})+C_1$$

$$= -\ln(-x+\sqrt{x^2-a^2})+C_1$$

$$= \ln\frac{-x-\sqrt{x^2-a^2}}{a^2}+C_1 = \ln(-x-\sqrt{x^2-a^2})+C ,$$

其中 $C = C_1 - 2\ln a$.

综合以上（1）与（2）两种分析情况，把以上两个结果合起来，可写成

$$\int \frac{\mathrm{d}x}{\sqrt{x^2-a^2}} = \ln|x+\sqrt{x^2-a^2}|+C .$$

由上面的例子可知，当被积函数含有根式 $\sqrt{a^2-x^2}$ 时，可以作代换 $x=a\sin t$ 或 $x=a\cos t$ 消去根式；当被积函数含有根式 $\sqrt{x^2-a^2}$ 时，可以作代换 $x=a\sec t$ 或 $x=a\csc t$ 消去根式；当被积函数含有根式 $\sqrt{a^2+x^2}$ 时，可以作代换 $x=a\tan t$ 或 $x=a\cot t$ 消去根式. 但具体解题时要分析被积函数的具体情况，选取尽可能简单的代换.

当被积函数含有 $\sqrt{x^2\pm a^2}$ 时，为了消去根号，还可用公式 $\mathrm{ch}^2 t - \mathrm{sh}^2 t = 1$，采用双曲代换 $x=a\,\mathrm{sh}\,t, x=a\,\mathrm{ch}\,t$ 来去根号. 如例 4.37 中，可设 $x=a\,\mathrm{sh}\,t$，那么

$$\sqrt{x^2+a^2} = \sqrt{a^2\,\mathrm{sh}^2 t + a^2} = a\,\mathrm{ch}\,t ,$$

即消去根式.

下面我们通过例子来介绍倒代换元，利用它常可消去被积函数的分母中的变量因子.

例 4.39　求 $\int \dfrac{\mathrm{d}x}{x^2\sqrt{x^2+1}}$.

解　设 $x=\dfrac{1}{t}$，那么 $\mathrm{d}x=-\dfrac{1}{t^2}\mathrm{d}t$，

当 $x>0$ 时，有

$$\int \frac{\mathrm{d}x}{x^2\sqrt{x^2+1}} = \int \frac{-\dfrac{1}{t^2}}{\dfrac{1}{t^2}\sqrt{\left(\dfrac{1}{t}\right)^2+1}}\mathrm{d}t = -\int \frac{t\,\mathrm{d}t}{\sqrt{t^2+1}}$$

$$= -\int \frac{\mathrm{d}(t^2+1)}{2\sqrt{t^2+1}} = -\sqrt{t^2+1}+C$$

$$= -\sqrt{\left(\dfrac{1}{x}\right)^2+1}+C = -\frac{\sqrt{x^2+1}}{x}+C .$$

当 $x<0$ 时，有

$$\int \frac{\mathrm{d}x}{x^2\sqrt{x^2+1}} = -\frac{\sqrt{x^2+1}}{x}+C .$$

综合以上两种情况，有 $\int \dfrac{\mathrm{d}x}{x^2\sqrt{x^2+1}} = -\dfrac{\sqrt{x^2+1}}{x}+C .$

在本节的几个例题中，有几个积分是以后经常会遇到的，所以它们也常被当作公式来使用，现罗列如下：

（16）$\int \tan x\,\mathrm{d}x = -\ln|\cos x|+C$，

（17） $\int \cot x \, \mathrm{d} x = \ln | \sin x | + C$ ，

（18） $\int \sec x \, \mathrm{d} x = \ln | \sec x + \tan x | + C$ ，

（19） $\int \csc x \, \mathrm{d} x = \ln | \csc x - \cot x | + C$ ，

（20） $\int \dfrac{\mathrm{d} x}{a^2 + x^2} = \dfrac{1}{a} \arctan \dfrac{x}{a} + C \quad (a \neq 0)$ ，

（21） $\int \dfrac{\mathrm{d} x}{x^2 - a^2} = \dfrac{1}{2a} \ln \left| \dfrac{x-a}{x+a} \right| + C \quad (a \neq 0)$ ，

（22） $\int \dfrac{\mathrm{d} x}{\sqrt{a^2 - x^2}} = \arcsin \dfrac{x}{a} + C \quad (a > 0)$ ，

（23） $\int \dfrac{\mathrm{d} x}{\sqrt{x^2 + a^2}} = \ln(x + \sqrt{x^2 + a^2}) + C \quad (a > 0)$ ，

（24） $\int \dfrac{\mathrm{d} x}{\sqrt{x^2 - a^2}} = \ln | x + \sqrt{x^2 - a^2} | + C \quad (a > 0)$.

例 4.40 求 $\int \dfrac{\mathrm{d} x}{x^2 + 2x + 3}$.

解 $\int \dfrac{\mathrm{d} x}{x^2 + 2x + 3} = \int \dfrac{1}{x^2 + 2x + 1 + 2} \mathrm{d} x = \int \dfrac{1}{(x+1)^2 + (\sqrt{2})^2} \mathrm{d}(x+1)$ ，利用公式（20）

便得 $\int \dfrac{\mathrm{d} x}{x^2 + 2x + 3} = \dfrac{1}{\sqrt{2}} \arctan \dfrac{x+1}{\sqrt{2}} + C$.

例 4.41 求 $\int \dfrac{\mathrm{d} x}{\sqrt{x^2 + 2x + 10}}$.

解 $\int \dfrac{\mathrm{d} x}{\sqrt{x^2 + 2x + 10}} = \int \dfrac{\mathrm{d} x}{\sqrt{(x+1)^2 + 3^2}} = \int \dfrac{\mathrm{d}(x+1)}{\sqrt{(x+1)^2 + 3^2}}$ ， 利用公式（23）便得

$\int \dfrac{\mathrm{d} x}{\sqrt{x^2 + 2x + 10}} = \ln(x + 1 + \sqrt{(x+1)^2 + 3^2}) + C = \ln(x + 1 + \sqrt{(x+1)^2 + 3^2}) + C$.

例 4.42 求 $\int \dfrac{\mathrm{d} x}{\sqrt{2 + x - x^2}}$.

解 $\int \dfrac{\mathrm{d} x}{\sqrt{2 + x - x^2}} = \int \dfrac{\mathrm{d}\left(x - \dfrac{1}{2}\right)}{\sqrt{\left(\dfrac{3}{2}\right)^2 - \left(x - \dfrac{1}{2}\right)^2}}$ ，

利用公式（22）便得 $\int \dfrac{\mathrm{d} x}{\sqrt{2 + x - x^2}} = \arcsin \dfrac{2x - 1}{3} + C$.

习　题　4-2

1. 填空：

（1）$\dfrac{1}{x^2}\mathrm{d}x=\mathrm{d}\ (\qquad)$;

（2）$\dfrac{1}{x}\mathrm{d}x=\mathrm{d}\ (\qquad)$;

（3）$\mathrm{e}^x\mathrm{d}x=\mathrm{d}\ (\qquad)$;

（4）$\sec^2x\mathrm{d}x=\mathrm{d}\ (\qquad)$;

（5）$\sin x\mathrm{d}x=\mathrm{d}\ (\qquad)$;

（6）$\cos x\mathrm{d}x=\mathrm{d}\ (\qquad)$;

（7）$\dfrac{1}{\sqrt{1-x^2}}\mathrm{d}x=\mathrm{d}\ (\qquad)$;

（8）$\dfrac{x}{\sqrt{1-x^2}}\mathrm{d}x=\mathrm{d}\ (\qquad)$;

（9）$\tan x\sec x\mathrm{d}x=\mathrm{d}\ (\qquad)$;

（10）$\dfrac{1}{x^2+1}\mathrm{d}x=\mathrm{d}\ (\qquad)$;

（11）$\dfrac{1}{(x+1)\sqrt{x}}\mathrm{d}x=\mathrm{d}\ (\qquad)$;

（12）$\dfrac{1}{\sqrt{x(1-x)}}\mathrm{d}x=\mathrm{d}\ (\qquad)$.

2. 求下列不定积分：

（1）$\displaystyle\int\mathrm{e}^{3x}\mathrm{d}x$;

（2）$\displaystyle\int(2-x)^{\frac{9}{2}}\mathrm{d}x$;

（3）$\displaystyle\int\dfrac{\mathrm{d}x}{1-5x}$;

（4）$\displaystyle\int\dfrac{\mathrm{e}^x}{\mathrm{e}^x+4}\mathrm{d}x$;

（5）$\displaystyle\int(\mathrm{e}^{2x}+2\mathrm{e}^{3x}+2)\mathrm{e}^x\mathrm{d}x$;

（6）$\displaystyle\int\dfrac{x}{x^2+3}\mathrm{d}x$;

（7）$\displaystyle\int x\sqrt{x^2+4}\mathrm{d}x$;

（8）$\displaystyle\int x\cos(x^2)\mathrm{d}x$;

（9）$\displaystyle\int x^3\cos(2x^4+1)\mathrm{d}x$;

（10）$\displaystyle\int\dfrac{\ln^5x}{x}\mathrm{d}x$;

（11）$\displaystyle\int\dfrac{\mathrm{e}^{\frac{2}{x}+1}}{x^2}\mathrm{d}x$;

（12）$\displaystyle\int\dfrac{\mathrm{e}^{-3\sqrt{x}}}{\sqrt{x}}\mathrm{d}x$;

（13）$\displaystyle\int\dfrac{\mathrm{d}x}{\mathrm{e}^x+\mathrm{e}^{-x}}$;

（14）$\displaystyle\int\dfrac{\arctan\sqrt{x}}{\sqrt{x}(1+x)}\mathrm{d}x$;

（15）$\displaystyle\int\dfrac{\mathrm{d}x}{\sqrt{4-9x^2}}$;

（16）$\displaystyle\int\dfrac{\arcsin x}{\sqrt{1-x^2}}\mathrm{d}x$;

（17）$\displaystyle\int\dfrac{10^{\arccos x}}{\sqrt{1-x^2}}\mathrm{d}x$;

（18）$\displaystyle\int\dfrac{\mathrm{d}x}{(\arccos x)^2\sqrt{1-x^2}}$;

（19）$\displaystyle\int\dfrac{x\tan\sqrt{x^2+1}}{\sqrt{x^2+1}}\mathrm{d}x$;

（20）$\displaystyle\int\cos x\sin^3x\mathrm{d}x$;

（21）$\int \dfrac{\sin x}{\sqrt{\cos x}} dx$；

（22）$\int \dfrac{\sin x + \cos x}{\sqrt[3]{\sin x - \cos x}} dx$；

（23）$\int \dfrac{1 + \ln x}{(x \ln x)^2} dx$；

（24）$\int \dfrac{1}{x \ln x \ln \ln x} dx$；

（25）$\int \dfrac{dx}{3 \cos^2 x + 4 \sin^2 x}$；

（26）$\int \dfrac{x^9}{\sqrt{2 - x^{20}}} dx$；

（27）$\int \cos^4 x dx$；

（28）$\int \cos^3 x dx$；

（29）$\int \sin^3 x \cos^5 x dx$；

（30）$\int \tan^3 x \sec^5 x dx$；

（31）$\int \cos 5x \sin 4x dx$；

（32）$\int \tan^3 x \sec^4 x dx$；

（33）$\int \dfrac{\ln \tan x}{\cos x \sin x} dx$；

（34）$\int \dfrac{\sqrt{1 - x^2}}{x^4} dx$；

（35）$\int \dfrac{x^2 dx}{\sqrt{1 - x^2}}$；

（36）$\int \dfrac{1}{x \sqrt{x^2 - 1}} dx$；

（37）$\int \dfrac{\sqrt{x^2 - 16}}{x} dx$；

（38）$\int \dfrac{dx}{2x^2 - 1}$；

（39）$\int \dfrac{dx}{4x^2 + 4x + 5}$；

（40）$\int \dfrac{x + 1}{x^2 + 2x + 17} dx$；

（41）$\int \dfrac{dx}{x^2 - 3x - 4}$；

（42）$\int \dfrac{x - 1}{x^2 + 5x + 6} dx$；

（43）$\int \dfrac{x^3}{x^2 + 4} dx$；

（44）$\int \dfrac{x dx}{(4 - 5x)^2}$；

（45）$\int \dfrac{x + (\arctan x)^2}{x^2 + 1} dx$；

（46）$\int \dfrac{dx}{x(x^6 + 4)}$；

（47）$\int \dfrac{x}{x - \sqrt{x^2 - 1}} dx$；

（48）$\int \sqrt{\dfrac{a + x}{a - x}} dx \ (a \neq 0)$；

（49）$\int \dfrac{1}{x^2 \sqrt{1 - x^2}} dx$；

（50）$\int \dfrac{\sin^2 x}{1 + \sin^2 x} dx$.

4.3 分部积分法

前面一节我们利用复合函数的求导法则得到了换元积分法，利用它可以求出一些函数的积分，但是对于形如 $\int x e^x dx$，$\int x \ln x dx$，$\int x \sin x dx$ 等的积分，用直接积分法或换元积分法都无法计算. 这些积分的被积函数都有共同的特点，即都是两种不同类型函数的乘积，这就启发我们把两个函数乘积的微分法则反过来用于求这类不定积分，这就是另一种基本的积分方法——分部积分法.

设函数 $u=u(x)$，$v=v(x)$ 具有连续导数，那么由乘积的导数公式，有
$$[u(x)v(x)]'=u'(x)v(x)+u(x)v'(x)，$$
两端求不定积分，得
$$u(x)v(x)=\int u'(x)v(x)\mathrm{d}x+\int u(x)v'(x)\mathrm{d}x，$$
移项得
$$\int u(x)v'(x)\mathrm{d}x=u(x)v(x)-\int u'(x)v(x)\mathrm{d}x，$$
或
$$\int u(x)\mathrm{d}v(x)=u(x)v(x)-\int v(x)\mathrm{d}u(x).$$
为方便起见，简记为
$$\int uv'\mathrm{d}x=uv-\int vu'\mathrm{d}x，\tag{4-3}$$
或
$$\int u\mathrm{d}v=uv-\int v\mathrm{d}u，\tag{4-4}$$
式（4-3）或式（4-4）称为不定积分的分部积分公式.

当 $\int u(x)v'(x)\mathrm{d}x$ 不容易积分，而 $\int u'(x)v(x)\mathrm{d}x$ 容易积分时，我们就可以用分部积分把 $\int u(x)v'(x)\mathrm{d}x$ 计算出来.

例 4.43　求 $\int x\cos x\mathrm{d}x$.

解　设 $u=x$，$v'=\cos x=(\sin x)'$，代入分部积分公式得
$$\int x\cos x\mathrm{d}x=\int x\mathrm{d}\sin x=x\sin x-\int\sin x\mathrm{d}x$$
$$=x\sin x+\cos x+C.$$

值得注意，在例 4.43 中，若设 $u=\cos x$，$v'=x=\left(\dfrac{x^2}{2}\right)'$，代入分部积分公式得
$$\int x\cos x\mathrm{d}x=\int\cos x\mathrm{d}\left(\frac{x^2}{2}\right)=\frac{x^2}{2}\cos x-\int\frac{x^2}{2}\mathrm{d}(\cos x)$$
$$=\frac{x^2}{2}\cos x+\frac{1}{2}\int x^2\sin x\mathrm{d}x.$$

上式最后一个积分比原来的积分还要复杂. 由此可知，若 u,v 选取不当，可能使积分计算很复杂甚至计算不出来.

一般地说，如果被积函数是两类基本初等函数的乘积，在一般情况下，可按

下列顺序：反三角函数、对数函数、幂函数、指数函数、三角函数，将排在前面的那类函数选作 u，后面的那类函数选作 v'.

例 4.44 求 $\int x\mathrm{e}^x\,\mathrm{d}x$.

解 $\int x\mathrm{e}^x\,\mathrm{d}x = \int x\,\mathrm{d}\mathrm{e}^x$

令 $u = x$，$v = \mathrm{e}^x$，那么

$$\int x\mathrm{e}^x\,\mathrm{d}x = x\mathrm{e}^x - \int \mathrm{e}^x\,\mathrm{d}x = x\mathrm{e}^x - \mathrm{e}^x + C = (x-1)\mathrm{e}^x + C.$$

在分部积分法运用熟练后，就可以把中间步骤省去.

例 4.45 求 $\int x\ln x\,\mathrm{d}x$.

解
$$\begin{aligned}
\int x\ln x\,\mathrm{d}x &= \frac{1}{2}\int \ln x\,\mathrm{d}(x^2) = \frac{1}{2}\Big[x^2\ln x - \int x^2\,\mathrm{d}(\ln x)\Big]\\
&= \frac{1}{2}\Big(x^2\ln x - \int x\,\mathrm{d}x\Big) = \frac{1}{2}\Big(x^2\ln x - \frac{1}{2}x^2\Big) + C\\
&= \frac{1}{2}x^2\ln x - \frac{1}{4}x^2 + C.
\end{aligned}$$

例 4.46 求 $\int x\arctan x\,\mathrm{d}x$.

解
$$\begin{aligned}
\int x\arctan x\,\mathrm{d}x &= \frac{1}{2}\int \arctan x\,\mathrm{d}(x^2)\\
&= \frac{1}{2}\Big[x^2\arctan x - \int x^2\,\mathrm{d}(\arctan x)\Big]\\
&= \frac{1}{2}\Big(x^2\arctan x - \int \frac{x^2}{1+x^2}\,\mathrm{d}x\Big)\\
&= \frac{1}{2}\Big[x^2\arctan x - \int\Big(1 - \frac{1}{1+x^2}\Big)\mathrm{d}x\Big]\\
&= \frac{1}{2}(x^2\arctan x - x + \arctan x) + C.
\end{aligned}$$

例 4.47 求 $\int \arcsin x\,\mathrm{d}x$.

解
$$\begin{aligned}
\int \arcsin x\,\mathrm{d}x &= x\arcsin x - \int x\,\mathrm{d}(\arcsin x) = x\arcsin x - \int \frac{x}{\sqrt{1-x^2}}\,\mathrm{d}x\\
&= x\arcsin x + \frac{1}{2}\int \frac{1}{\sqrt{1-x^2}}\,\mathrm{d}(1-x^2)\\
&= x\arcsin x + \sqrt{1-x^2} + C.
\end{aligned}$$

例 4.48 求 $\int \ln x\,\mathrm{d}x$.

解 $\int \ln x\,\mathrm{d}x = x\ln x - \int x\,\mathrm{d}(\ln x) = x\ln x - \int x\cdot\frac{1}{x}\,\mathrm{d}x$

$$= x\ln x - \int dx = x\ln x - x + C.$$

对某些积分利用几次分部积分后，常常会重复出现原来要求的那个积分，从而成为所求积分的一个方程式，解出这个方程（把原来要求的那个积分作为未知量），就可以得到所求的积分.

例 4.49　求 $\int e^x \sin x\, dx$.

解　$\int e^x \sin x\, dx = \int \sin x\, de^x = e^x \sin x - \int e^x \cos x\, dx$,

等式右端的积分与等式左端的积分是同一类型的，对右端的积分再次分部积分，得

$$\int e^x \sin x\, dx = e^x \sin x - \int \cos x\, de^x$$
$$= e^x \sin x - \left(e^x \cos x - \int e^x\, d\cos x\right)$$
$$= e^x \sin x - e^x \cos x - \int e^x \sin x\, dx,$$

由于上式右端的第三项就是所求的积分 $\int e^x \sin x\, dx$，把它移到等号的左端去，再两端除以 2，便得

$$\int e^x \sin x\, dx = \frac{1}{2} e^x (\sin x - \cos x) + C.$$

例 4.50　求 $\int \sec^3 x\, dx$.

解　$\int \sec^3 x\, dx = \int \sec x\, d\tan x = \sec x \tan x - \int \tan x\, d\sec x$
$$= \sec x \tan x - \int \tan^2 x \sec x\, dx$$
$$= \sec x \tan x - \int (\sec^2 x - 1)\sec x\, dx$$
$$= \sec x \tan x - \int \sec^3 x\, dx + \int \sec x\, dx$$
$$= \sec x \tan x + \ln|\sec x + \tan x| - \int \sec^3 x\, dx,$$

因此得

$$\int \sec^3 x\, dx = \frac{1}{2}(\sec x \tan x + \ln|\sec x + \tan x|) + C.$$

例 4.51　设 $I_n = \int \dfrac{dx}{(x^2+a^2)^n}$，$n = 2, 3, \cdots$，则

$$I_{n+1} = \frac{1}{2a^2 n}\left[\frac{x}{(x^2+a^2)^n} + (2n-1)I_n\right].$$

证明　利用分部积分法，有

$$I_n = \int \frac{dx}{(x^2+a^2)^n} = \frac{x}{(x^2+a^2)^n} + 2n\int \frac{x^2}{(x^2+a^2)^{n+1}}\, dx$$

$$= \frac{x}{(x^2+a^2)^n} + 2n\int\left(\frac{1}{(x^2+a^2)^n} - \frac{a^2}{(x^2+a^2)^{n+1}}\right)dx,$$

即

$$I_n = \frac{x}{(x^2+a^2)^n} + 2n(I_n - a^2 I_{n+1}),$$

于是

$$I_{n+1} = \frac{1}{2a^2 n}\left[\frac{x}{(x^2+a^2)^n} + (2n-1)I_n\right].$$

以此作递推公式,当 $n=1$ 时,由 $I_1 = \frac{1}{a}\arctan\frac{x}{a}+C$,即可得 I_n .

在积分过程中,有时分部积分法与其他方法结合使用,会更加容易积分.

例 4.52　求 $\int\cos\sqrt{x}\,dx$.

解　令 $\sqrt{x}=t$,则 $x=t^2$, $dx=2t\,dt$,于是

$$\int\cos\sqrt{x}\,dx = 2\int t\cos t\,dt$$

利用例 4.43 的结果,并用 $t=\sqrt{x}$ 代回,便得所求积分:

$$\int\cos\sqrt{x}\,dx = 2\int t\cos t\,dt = 2(t\sin t + \cos t) + C$$

$$= 2(\sqrt{x}\sin\sqrt{x} + \cos\sqrt{x}) + C.$$

习　题　4-3

求下列积分:

(1) $\int x\sin 2x\,dx$;

(2) $\int x\mathrm{e}^{-x}\,dx$;

(3) $\int x\cos^2 x\,dx$;

(4) $\int x\tan^2 x\,dx$;

(5) $\int x^2\ln x\,dx$;

(6) $\int\ln(1+x^2)dx$;

(7) $\int\ln^2 x\,dx$;

(8) $\int\arccos x\,dx$;

(9) $\int x^2\cos x\,dx$;

(10) $\int\arctan\sqrt{3x-1}\,dx$;

(11) $\int x^2\arctan x\,dx$;

(12) $\int\mathrm{e}^{-2x}\sin\frac{x}{2}dx$;

(13) $\int\mathrm{e}^{-x}\sin 2x\,dx$;

(14) $\int x^2\cos^2\frac{x}{2}dx$;

(15) $\int\frac{1}{\sqrt{x}}\arcsin\sqrt{x}\,dx$;

(16) $\int x^2\mathrm{e}^{3x}\,dx$;

（17）$\int \cos(\ln x) \mathrm{d}x$;

（18）$\int \dfrac{x\cos x}{\sin^3 x} \mathrm{d}x$;

（19）$\int \dfrac{\ln(\mathrm{e}^x + 1)}{\mathrm{e}^x} \mathrm{d}x$;

（20）$\int \dfrac{\ln(x+1)}{(2-x)^2} \mathrm{d}x$;

（21）$\int \dfrac{\ln \ln x}{x} \mathrm{d}x$;

（22）$\int x^3 (\ln x)^2 \mathrm{d}x$;

（23）$\int \mathrm{e}^{\sqrt[3]{x}} \mathrm{d}x$;

（24）$\int \dfrac{\ln(1+x)}{\sqrt{x}} \mathrm{d}x$;

（25）$\int \dfrac{\mathrm{d}x}{\sin 2x \cos x}$;

（26）$\int x f''(x) \mathrm{d}x$.

4.4　几种特殊类型函数的积分

前面我们已经介绍了一些最基本的积分方法. 在此基础上，本节将讨论某些特殊的不定积分，这些不定积分无论怎样复杂，理论上都可按照一定的步骤求出来.

4.4.1　有理函数的不定积分

形如

$$\frac{P(x)}{Q(x)} = \frac{a_0 x^n + a_1 x^{n-1} + \cdots + a_{n-1} x + a_n}{b_0 x^m + b_1 x^{m-1} + \cdots + b_{m-1} x + b_m} \tag{4-5}$$

的函数称为有理函数. 其中 $a_0, a_1, a_2, \cdots, a_n$ 及 $b_0, b_1, b_2, \cdots, b_m$ 为常数且 $a_0 b_0 \neq 0$.

如果式（4-5）中多项式 $P(x)$ 的次数 n 小于多项式 $Q(x)$ 的次数 m ，则称此分式为真分式；如果多项式 $P(x)$ 的次数 n 大于或等于多项式 $Q(x)$ 的次数 m ，则称为假分式. 利用综合除法（带余除法）可知，任意一个假分式可化为一个多项式与一个真分式之和，例如：

$$\frac{x^4 + x + 1}{x^2 + 1} = x^2 - 1 + \frac{x+2}{x^2+1} .$$

由于多项式的积分很容易求出，所以有理函数的积分主要是解决有理真分式的积分问题. 因此，以后我们总是假设有理函数 $\dfrac{P(x)}{Q(x)}$ 为真分式，而且 $P(x)$ 和 $Q(x)$ 没有公因子.

根据多项式理论，任一多项式 $Q(x)$ 在实数范围内能分解为一次质因式和二次质因式的乘积，即

$$Q(x)=b_0(x-a)^{\alpha}\cdots(x-b)^{\beta}(x^2+px+q)^{\lambda}\cdots(x^2+rx+s)^{\mu} \qquad (4\text{-}6)$$

其中 $p^2-4q<0,\cdots,r^2-4s<0$.

如果式（4-5）的分母多项式分解为式（4-6），则式（4-5）可分解为如下部分分式之和：

$$\frac{P(x)}{Q(x)}=\frac{A_1}{(x-a)^{\alpha}}+\frac{A_2}{(x-a)^{\alpha-1}}+\cdots+\frac{A_{\alpha}}{(x-a)}+\cdots+\frac{B_1}{(x-b)^{\beta}}+\frac{B_2}{(x-b)^{\beta-1}}+\cdots+\frac{B_{\beta}}{(x-b)}+\cdots$$

$$+\frac{M_1x+N_1}{(x^2+px+q)^{\lambda}}+\frac{M_2x+N_2}{(x^2+px+q)^{\lambda-1}}+\cdots+\frac{M_{\lambda}x+N_{\lambda}}{(x^2+px+q)}+\cdots$$

$$+\frac{R_1x+S_1}{(x^2+rx+s)^{\mu}}+\frac{R_2x+S_2}{(x^2+rx+s)^{\mu-1}}+\cdots+\frac{R_{\mu}x+S_{\mu}}{(x^2+rx+s)},$$

$$(4\text{-}7)$$

其中 $A_i,\cdots,B_i,M_i,\cdots,N_i,R_i$ 及 S_i 均为常数.

例如，

$$\frac{1}{x(x+1)^2(x^2+1)(x^2+x+1)^2}$$

$$=\frac{A_1}{x}+\frac{A_2}{x+1}+\frac{A_3}{(x+1)^2}+\frac{M_1x+N_1}{x^2+1}+\frac{M_2x+N_2}{x^2+x+1}+\frac{M_3x+N_3}{(x^2+x+1)^2}.$$

把真分式写成部分分式的代数和时，每个 k 重因子（一次或二次）一定要有 k 项；每个一次质因子所对应的部分分式的分子是常数，每个二次质因式所对应部分的分式的分子是一次因式，含两个常数，分式中的常数可以通过"待定系数法"或"赋值法"来确定. 我们用具体例子来说明.

例 4.53　将真分式 $\dfrac{x^2+2}{(x+1)^3(x-2)}$ 分解为最简分式.

解　设 $\dfrac{x^2+2}{(x+1)^3(x-2)}=\dfrac{A_1}{x+1}+\dfrac{A_2}{(x+1)^2}+\dfrac{A_3}{(x+1)^3}+\dfrac{B_1}{x-2}$，

通分整理后，有

$$x^2+2=A_3(x-2)+A_2(x+1)(x-2)+A_1(x+1)^2(x-2)+B_1(x+1)^3$$

$$=(A_1+B_1)x^3+(A_2+3B_1)x^2+(A_3-A_2-3A_1+3B_1)x+(-2A_3-2A_2-2A_1+B_1),$$

$$(4\text{-}8)$$

比较两端同类项系数，得方程组

$$\begin{cases} A_1+B_1=0,\\ A_2+3B_1=1,\\ A_3-A_2-3A_1+3B_1=0,\\ -2A_3-2A_2-2A_1+B_1=2. \end{cases}$$

解得 $A_1=-\dfrac{2}{9}$，$A_2=\dfrac{1}{3}$，$A_3=-1$，$B_1=\dfrac{2}{9}$.

或者在式（4-8）中应用赋值法，更简单些.

令 $x=-1$，得 $3=-3A_3$，$A_3=-1$.

令 $x=2$，得 $6=27B_1$，$B_1=\dfrac{2}{9}$.

令 $x=0$，得 $2=-2A_3-2A_2-2A_1+B_1$.　　　　　　　　　　　　（4-9）

令 $x=1$，得 $3=-A_3-2A_2-4A_1+8B_1$.　　　　　　　　　　　　（4-10）

联立式（4-9）与式（4-10），得 $A_1=-\dfrac{2}{9}$，$A_2=\dfrac{1}{3}$，于是

$$\frac{x^2+2}{(x+1)^3(x-2)}=-\frac{2}{9(x+1)}+\frac{1}{3(x+1)^2}-\frac{1}{(x+1)^3}+\frac{2}{9(x-2)}.$$

例 4.54　求 $\displaystyle\int\frac{x-2}{x^2+2x+3}\,\mathrm{d}x$.

解　由于分母为二次质因式，而且分子可写为

$$x-2=\frac{1}{2}(2x+2)-3=\frac{1}{2}(x^2+2x+3)'-3,$$

于是

$$\begin{aligned}
\int\frac{x-2}{x^2+2x+3}\,\mathrm{d}x &=\int\frac{\dfrac{1}{2}(2x+2)-3}{x^2+2x+3}\,\mathrm{d}x\\
&=\frac{1}{2}\int\frac{(x^2+2x+3)'}{x^2+2x+3}\,\mathrm{d}x-3\int\frac{\mathrm{d}x}{x^2+2x+3}\\
&=\frac{1}{2}\int\frac{\mathrm{d}(x^2+2x+3)}{x^2+2x+3}-3\int\frac{\mathrm{d}(x+1)}{(x+1)^2+(\sqrt{2})^2}\\
&=\frac{1}{2}\ln(x^2+2x+3)-\frac{3}{\sqrt{2}}\arctan\frac{x+1}{\sqrt{2}}+C.
\end{aligned}$$

例 4.55　求 $\displaystyle\int\frac{\mathrm{d}x}{(x^2+1)(x^2+x)}$.

解　因为 $\dfrac{1}{(x^2+1)(x^2+x)}=\dfrac{-\dfrac{1}{2}x-\dfrac{1}{2}}{x^2+1}+\dfrac{-\dfrac{1}{2}}{x+1}+\dfrac{1}{x}$，所以

$$\begin{aligned}
\int\frac{\mathrm{d}x}{(x^2+1)(x^2+x)} &=\int\left(\frac{-\dfrac{1}{2}x-\dfrac{1}{2}}{x^2+1}+\frac{-\dfrac{1}{2}}{x+1}+\frac{1}{x}\right)\mathrm{d}x\\
&=-\frac{1}{2}\int\frac{x\,\mathrm{d}x}{x^2+1}-\frac{1}{2}\int\frac{\mathrm{d}x}{x^2+1}-\frac{1}{2}\int\frac{\mathrm{d}x}{1+x}+\int\frac{\mathrm{d}x}{x}\\
&=-\frac{1}{4}\ln(x^2+1)-\frac{1}{2}\arctan x-\frac{1}{2}\ln|1+x|+\ln|x|+C.
\end{aligned}$$

由上面的例子可知，把真分式分解为部分分式的代数和，并用待定系数法或赋值法求出分解式中的常数后，求有理函数的不定积分，可归结为求下列部分分式的不定积分.

(I) $\displaystyle\int \frac{A}{(x-a)^n}\mathrm{d}x$; (II) $\displaystyle\int \frac{Mx+N}{(x^2+px+q)^n}\mathrm{d}x \ (p^2-4q<0)$.

对于 (I)，我们很容易知道：

$$\int \frac{A}{(x-a)^n}\mathrm{d}x = \begin{cases} A\ln|x-a|+C, & n=1, \\ \dfrac{A}{(1-n)(x-a)^{n-1}}+C, & n>1. \end{cases}$$

对于 (II)，把被积函数中分母中的二次质因式配方，得

$$x^2+px+q = \left(x+\frac{p}{2}\right)^2 + q - \frac{p^2}{4},$$

令 $x+\dfrac{p}{2}=t$ ，则 $\mathrm{d}x=\mathrm{d}t$ ，并记 $x^2+px+q=t^2+a^2$ ， $Mx+N=Mt+b$ ，其中 $a^2=q-\dfrac{p^2}{4}$ ， $b=N-\dfrac{Mp}{2}$ ，于是有

$$\int \frac{Mx+N}{(x^2+px+q)^n}\mathrm{d}x = \int \frac{Mt\,\mathrm{d}t}{(t^2+a^2)^n} + \int \frac{b\,\mathrm{d}t}{(t^2+a^2)^n},$$

当 $n=1$ 时，有

$$\int \frac{Mx+N}{x^2+px+q}\mathrm{d}x = \int \frac{Mt\,\mathrm{d}t}{t^2+a^2} + \int \frac{b\,\mathrm{d}t}{t^2+a^2}$$

$$= \frac{M}{2}\ln(x^2+px+q) + \frac{b}{a}\arctan\frac{x+\dfrac{p}{2}}{a} + C,$$

当 $n>1$ 时，有

$$\int \frac{Mx+N}{(x^2+px+q)^n}\mathrm{d}x = -\frac{M}{2(n-1)(t^2+a^2)^{n-1}} + b\int \frac{\mathrm{d}t}{(t^2+a^2)^n},$$

上式最后一个积分的求法见本章 4.3 节例 4.51.

总之，有理函数的积分，理论上总可以积出来，它的原函数是初等函数，即有理函数的积分是初等函数.

应当指出，有理函数的积分虽然在理论上已经阐明了它一定能用初等函数来表达，并归纳了积分的几个步骤，但是，如果有理函数稍微复杂一些，那么具体的积分过程，若按照一般步骤去进行，往往过程非常冗长. 因此，我们首先要寻找简便的解法.

例 4.56 求 $\displaystyle\int \frac{x^2}{(x-1)^{10}}\mathrm{d}x$.

解　本题如果用一般的方法求解，应将 $\dfrac{x^2}{(x-1)^{10}}$ 化为部分分式：

$$\frac{x^2}{(x-1)^{10}}=\frac{A_1}{(x-1)}+\frac{A_2}{(x-1)^2}+\cdots+\frac{A_{10}}{(x-1)^{10}}.$$

显然比较麻烦. 现令

$$x-1=t,\ x=t+1,\ \mathrm{d}x=\mathrm{d}t.$$

从而

$$\int\frac{x^2}{(x-1)^{10}}\mathrm{d}x=\int\frac{(t+1)^2}{t^{10}}\mathrm{d}t$$

$$=\int\frac{1}{t^8}\mathrm{d}t+2\int\frac{1}{t^9}\mathrm{d}t+\int\frac{1}{t^{10}}\mathrm{d}t$$

$$=-\frac{1}{7t^7}-\frac{1}{4t^8}-\frac{1}{9t^9}+C$$

$$=-\frac{1}{7(x-1)^7}-\frac{1}{4(x-1)^8}-\frac{1}{9(x-1)^9}+C.$$

4.4.2　三角函数有理式的积分

三角函数的有理式是指由三角函数和常数经过有限次四则运算所构成的函数，由于 $\tan x$，$\cot x$，$\sec x$，$\csc x$ 都可以用 $\sin x$，$\cos x$ 表示，因此三角函数有理式一般可记作 $R(\sin x,\cos x)$.

三角函数有理式的积分一般通过万能代换公式 $u=\tan\dfrac{x}{2}$（$-\pi<x<\pi$），可把这种类型的积分化为以 u 为变量的有理函数的积分，因为

$$\sin x=2\sin\frac{x}{2}\cos\frac{x}{2}=\frac{2\sin\dfrac{x}{2}\cos\dfrac{x}{2}}{\sin^2\dfrac{x}{2}+\cos^2\dfrac{x}{2}}=\frac{2\tan\dfrac{x}{2}}{1+\tan^2\dfrac{x}{2}}=\frac{2u}{1+u^2},$$

$$\cos x=\cos^2\frac{x}{2}-\sin^2\frac{x}{2}=\frac{\cos^2\dfrac{x}{2}-\sin^2\dfrac{x}{2}}{\sin^2\dfrac{x}{2}+\cos^2\dfrac{x}{2}}=\frac{1-\tan^2\dfrac{x}{2}}{1+\tan^2\dfrac{x}{2}}=\frac{1-u^2}{1+u^2},$$

$$\mathrm{d}x=\mathrm{d}(2\arctan u)=\frac{2}{1+u^2}\mathrm{d}u,$$

所以 $\displaystyle\int R(\sin x,\cos x)\mathrm{d}x=\int R\left(\frac{2u}{1+u^2},\frac{1-u^2}{1+u^2}\right)\cdot\frac{2}{1+u^2}\mathrm{d}u.$

例 4.57 求 $\displaystyle\int\frac{\cot x}{\sin x+\cos x+1}\mathrm{d}x$.

解 作变量代换 $u=\tan\dfrac{x}{2}$ ，可得

$$\sin x=\frac{2u}{1+u^2},\ \cos x=\frac{1-u^2}{1+u^2},\ \mathrm{d}x=\frac{2}{1+u^2}\mathrm{d}u,$$

因此得

$$\int\frac{\cot x}{\sin x+\cos x+1}\mathrm{d}x=\int\frac{\dfrac{1-u^2}{2u}}{\dfrac{2u}{1+u^2}+\dfrac{1-u^2}{1+u^2}+1}\cdot\frac{2}{1+u^2}\mathrm{d}u$$

$$=\int\frac{1-u}{2u}\mathrm{d}u=\frac{1}{2}\left(\int\frac{1}{u}\mathrm{d}u-\int\mathrm{d}u\right)=\frac{1}{2}(\ln|u|-u)+C$$

$$=\frac{1}{2}\left(\ln\left|\tan\frac{x}{2}\right|-\tan\frac{x}{2}\right)+C.$$

注意 上面所用的代换 $u=\tan\dfrac{x}{2}$ 对三角函数有理式的不定积分虽然总是有效的，但是并不意味着在任何场合都简便.

例 4.58 求 $\displaystyle\int\frac{\mathrm{d}x}{a^2\sin^2 x+b^2\cos^2 x}$ $(ab\neq 0)$.

解 由于

$$\int\frac{\mathrm{d}x}{a^2\sin^2 x+b^2\cos^2 x}=\int\frac{\sec^2 x}{a^2\tan^2 x+b^2}\mathrm{d}x=\int\frac{\mathrm{d}(\tan x)}{a^2\tan^2 x+b^2},$$

故令 $t=\tan x$ ，就有

$$\int\frac{\mathrm{d}x}{a^2\sin^2 x+b^2\cos^2 x}=\int\frac{\mathrm{d}t}{a^2 t^2+b^2}=\frac{1}{a}\int\frac{\mathrm{d}(at)}{a^2 t^2+b^2}$$

$$=\frac{1}{ab}\arctan\frac{at}{b}+C$$

$$=\frac{1}{ab}\arctan\left(\frac{a}{b}\tan x\right)+C.$$

通常当被积函数是 $\sin^2 x$ ，$\cos^2 x$ 及 $\sin x\cos x$ 的有理式时，采用代换 $t=\tan x$ 往往较为简便. 其他特殊情形可因题而异，选择合适的代换.

4.4.3　简单无理函数的积分

一些简单的无理函数的积分可以通过变量代换化为有理函数的积分.

例 4.59　求 $\displaystyle\int \frac{\mathrm{d}x}{1+\sqrt[3]{x+2}}$.

解　为消去根式，令 $\sqrt[3]{x+2}=u$，得 $x=u^3-2$，$\mathrm{d}x=3u^2\,\mathrm{d}u$，从而所求积分为

$$
\int \frac{\mathrm{d}x}{1+\sqrt[3]{x+2}}=\int \frac{3u^2}{1+u}\,\mathrm{d}u=3\int \frac{u^2-1+1}{1+u}\,\mathrm{d}u=3\int \left(u-1+\frac{1}{1+u}\right)\mathrm{d}u
$$

$$
=3\left(\frac{u^2}{2}-u+\ln|1+u|\right)+C
$$

$$
=\frac{3}{2}\sqrt[3]{(x+2)^2}-3\sqrt[3]{x+2}+3\ln|1+\sqrt[3]{x+2}|+C.
$$

例 4.60　求 $\displaystyle\int \frac{1}{x}\sqrt{\frac{1-x}{1+x}}\,\mathrm{d}x$.

解　为消去根式，可以设 $\sqrt{\dfrac{1-x}{1+x}}=t$，于是 $x=\dfrac{1-t^2}{1+t^2}$，$\mathrm{d}x=\dfrac{-4t}{(1+t^2)^2}\mathrm{d}t$，从而所求积分为

$$
\int \frac{1}{x}\sqrt{\frac{1-x}{1+x}}\,\mathrm{d}x=\int \frac{-4t^2}{(1-t^2)(1+t^2)}\,\mathrm{d}t=\int \left(\frac{2}{t^2-1}+\frac{2}{t^2+1}\right)\mathrm{d}t=\ln\left|\frac{t-1}{t+1}\right|+2\arctan t+C
$$

$$
=\ln\left|\frac{\sqrt{1-x^2}-1}{x}\right|+2\arctan\sqrt{\frac{1-x}{1+x}}+C.
$$

例 4.61　求 $\displaystyle\int \frac{\sqrt[3]{x}\,\mathrm{d}x}{x(\sqrt{x}+\sqrt[3]{x})}$.

解　被积函数中出现了两个根式 $\sqrt{x}$ 及 $\sqrt[3]{x}$. 为了能同时消去这两个根式，可令 $\sqrt[6]{x}=t$，于是 $x=t^6$，$\mathrm{d}x=6t^5\,\mathrm{d}t$，从而所求积分为

$$
\int \frac{\sqrt[3]{x}\,\mathrm{d}x}{x(\sqrt{x}+\sqrt[3]{x})}=\int \frac{t^2\cdot 6t^5\,\mathrm{d}t}{t^6(t^3+t^2)}=6\int \frac{1}{t+t^2}\,\mathrm{d}t=6\int \left(\frac{1}{t}-\frac{1}{1+t}\right)\mathrm{d}t
$$

$$
=6[\ln t-\ln(t+1)]+C=\ln x-6\ln(\sqrt[6]{x}+1)+C.
$$

例 4.59、例 4.60 表明，如果被积函数中含有简单根式 $\sqrt[n]{ax+b}$ 或 $\sqrt[n]{\dfrac{ax+b}{cx+d}}$，可以令这个简单根式为 u，这样的变换具有反函数，且反函数为 u 的有理函数，从而可将原积分化为有理函数的积分.

至此已经介绍了求不定积分的基本方法及某些特殊类型不定积分的求法. 需要指出的是，通常所说的"求不定积分"，是指用初等函数的形式把这个不定积分表示出来. 我们已知道，任何一个初等函数的导数仍为初等函数，而相当多的初等函数虽然也存在原函数，但它们的原函数却不是初等函数. 在这个意义下，并

不是任何初等函数的不定积分都能"求出"来的，也就是通常所说的"这个不定积分积不出来"，如

$$\int \frac{\sin x}{x}\mathrm{d}x,\ \int \sin x^2\,\mathrm{d}x,\ \int \mathrm{e}^{-x^2}\,\mathrm{d}x,$$

等等，虽然它们都存在，但却无法用初等函数来表示. 下面再举几个著名的积不出来的不定积分：

$$\int \frac{\mathrm{d}x}{\sqrt{1-k^2\sin^2 x}},\ \int \sqrt{1-k^2\sin^2 x}\,\mathrm{d}x,\ \int \frac{\mathrm{d}x}{(1+k\sin x)^2}\ (0<k<1).$$

分别称为第一、二、三种椭圆积分. 它们是在计算椭圆弧长时碰到的，故由此而得名. 法国数学家刘维尔（J. Liouville）曾证明了它们的积分不能用初等函数表示，故积不出来.

习　题　4-4

求下列不定积分：

（1）$\int \dfrac{x^3}{x-1}\mathrm{d}x$；

（2）$\int \dfrac{x^5+x^4-8}{x^3-x}\mathrm{d}x$；

（3）$\int \dfrac{2x+3}{x^2+3x-10}\mathrm{d}x$；

（4）$\int \dfrac{x}{(1-x)^3}\mathrm{d}x$；

（5）$\int \dfrac{\mathrm{d}x}{x(x^2+1)}$；

（6）$\int \dfrac{\mathrm{d}x}{(1+x)^2(x-1)}$；

（7）$\int \dfrac{x^2+1}{(x+1)^2(x-1)}\mathrm{d}x$；

（8）$\int \dfrac{1}{x^4+1}\mathrm{d}x$；

（9）$\int \dfrac{1-x^7}{x(1+x^7)}\mathrm{d}x$；

（10）$\int \dfrac{\mathrm{d}x}{3+\cos x}$；

（11）$\int \dfrac{\mathrm{d}x}{3+\sin^2 x}$；

（12）$\int \dfrac{\mathrm{d}x}{1+\sin x+\cos x}$；

（13）$\int \dfrac{\mathrm{d}x}{\sin x(2+\cos x)}$；

（14）$\int (x+1)\sqrt{x}\mathrm{d}x$；

（15）$\int \dfrac{1}{\sqrt{x+1}+1}\mathrm{d}x$；

（16）$\int \dfrac{\sqrt{x+1}-1}{\sqrt{x+1}+1}\mathrm{d}x$；

（17）$\int \dfrac{\mathrm{d}x}{1+\sqrt[3]{1+x}}$；

（18）$\int \dfrac{\mathrm{d}x}{\sqrt{x}(1+\sqrt[3]{x})}$；

（19）$\int \dfrac{1}{x}\sqrt{\dfrac{1+x}{x}}\mathrm{d}x$；

（20）$\int \dfrac{\mathrm{d}x}{\sqrt[3]{(x+1)^2(x-1)^4}}$.

4.5　积分表的使用

通过前面的讨论可以看出，积分的计算要比导数的计算显得更加灵活、复杂，我们会遇到更多不同类型的不定积分的计算问题，为了应用上的方便，把常用的积分公式汇集成表，这种表称为积分表. 积分表是按照被积函数的类型来排列的，求积分时，可根据被积函数的类型直接或经过简单的变形后，在表内查得所需的结果.

本书附录 I 是一份简单的积分表，可供查阅.

例 4.62　求 $\displaystyle\int \frac{x}{(x+1)^2}\mathrm{d}x$.

解　被积函数含有 $a+bx$，在积分表中查得公式（4）

$$\int \frac{x}{(a+bx)^2}\mathrm{d}x = \frac{1}{b^2}\left(\frac{a}{a+bx}+\ln|a+bx|\right)+C,$$

现在 $a=1$，$b=1$，于是

$$\int \frac{x}{(x+1)^2}\mathrm{d}x = \frac{1}{x+1}+\ln|x+1|+C.$$

例 4.63　求 $\displaystyle\int \frac{\mathrm{d}x}{x\sqrt{4x^2+4}}$.

解　这个积分不能在表中直接查到，需要先进行变量代换.

令 $2x=u$，那么 $\sqrt{4x^2+4}=\sqrt{u^2+2^2}$，$x=\dfrac{u}{2}$，$\mathrm{d}x=\dfrac{\mathrm{d}u}{2}$，于是

$$\int \frac{\mathrm{d}x}{x\sqrt{4x^2+4}} = \int \frac{\frac{1}{2}\mathrm{d}u}{\frac{u}{2}\sqrt{u^2+2^2}} = \int \frac{\mathrm{d}u}{u\sqrt{u^2+2^2}},$$

被积函数中含有 $\sqrt{u^2+2^2}$，在积分表中查到公式（34），得

$$\int \frac{\mathrm{d}x}{x\sqrt{x^2+a^2}} = -\frac{1}{a}\ln\left|\frac{\sqrt{x^2+a^2}+a}{x}\right|+C,$$

现在 $a=2$，x 相当于 u，于是有

$$\int \frac{\mathrm{d}u}{u\sqrt{u^2+2^2}} = -\frac{1}{2}\ln\frac{\sqrt{u^2+2^2}+2}{|u|}+C,$$

再把 $u=2x$ 代入，最后得到 $\displaystyle\int \frac{\mathrm{d}x}{x\sqrt{4x^2+4}} = \frac{1}{2}\ln\frac{2|x|}{2+\sqrt{4x^2+4}}+C.$

例 4.64 求 $\int \sin^4 x \mathrm{d}x$.

解 在积分表中查到公式（50），得

$$\int \sin^n x \mathrm{d}x = -\frac{\sin^{n-1} x \cos x}{n} + \frac{n-1}{n} \int \sin^{n-2} x \mathrm{d}x,$$

现在 $n=4$，于是有 $\int \sin^4 x \mathrm{d}x = -\dfrac{\sin^3 x \cos x}{4} + \dfrac{3}{4} \int \sin^2 x \mathrm{d}x$，对积分 $\int \sin^2 x \mathrm{d}x$，利用公式（48），得 $\int \sin^2 x \mathrm{d}x = \dfrac{x}{2} - \dfrac{1}{4}\sin 2x + C$，从而所求积分为

$$\int \sin^4 x \mathrm{d}x = -\frac{\sin^3 x \cos x}{4} + \frac{3}{4}\left(\frac{x}{2} - \frac{1}{4}\sin 2x\right) + C.$$

一般说来，查积分表可以节省计算积分的时间，但只有掌握了前面学习过的基本积分公式才能灵活地使用积分表，而且对一些比较简单的积分，应用基本积分法来计算比查表更快些，例如，$\int \sin^2 x \cos^3 x \mathrm{d}x$，用变换 $u = \sin x$ 很快就可得到结果，所以求积分时，究竟是直接计算，还是查表，或两者结合使用，应该具体问题具体分析，从而选择一个更快捷的方式.

习 题 4-5

利用积分表计算下列不定积分：

（1）$\displaystyle\int \frac{\mathrm{d}x}{\sqrt{5 - 4x + x^2}}$；

（2）$\displaystyle\int \ln^3 x \mathrm{d}x$；

（3）$\displaystyle\int \frac{1}{(1 + x^2)^2} \mathrm{d}x$；

（4）$\displaystyle\int \frac{\mathrm{d}x}{x\sqrt{x^2 - 1}}$；

（5）$\displaystyle\int x^2 \sqrt{x^2 - 2x} \mathrm{d}x$；

（6）$\displaystyle\int \frac{\mathrm{d}x}{x^2 \sqrt{2x - 1}}$；

（7）$\displaystyle\int \cos^6 x \mathrm{d}x$；

（8）$\displaystyle\int \mathrm{e}^{-2x} \sin 3x \mathrm{d}x$.

总习题四（A）

1. 填空

（1）已知 $F(x)$ 是 $\dfrac{\sin x}{x}$ 的一个原函数，则 $\mathrm{d}[F(x^2)] = $ _____.

（2）已知函数 $y = f(x)$ 的导数为 $y' = 2x$，且 $x = 1$ 时 $y = 2$，则此函数为_____.

（3）已知 $\int f(x)\mathrm{d}x = \sin x + x + C$，则 $\int \mathrm{e}^x f(\mathrm{e}^x + 1)\mathrm{d}x = $ _____.

（4）如果 $\int f(\sin x)\cos x\,\mathrm{d}x = \sin^2 x + C$，则 $f(x) = $ _____.

（5）$\int \dfrac{f'(\ln x)}{x}\mathrm{d}x = $ _____.

（6）$\int x f(x^2) f'(x^2)\mathrm{d}x = $ _____.

（7）设 $\csc^2 x$ 是 $f(x)$ 的一个原函数，则 $\int x f(x)\mathrm{d}x = $ _____.

（8）$\int \dfrac{f'(\ln x)}{x\sqrt{f(\ln x)}}\mathrm{d}x = $ _____.

（9）设 $\dfrac{\sin x}{x}$ 是 $f(x)$ 的一个原函数，则 $\int x f'(x)\mathrm{d}x = $ _____.

（10）$\int \dfrac{\mathrm{d}x}{(2-x)\sqrt{1-x}} = $ _____.

2. 选择题

（1）若 $\int \dfrac{f(x)}{1+x^2}\mathrm{d}x = \ln(1+x^2) + C$. 则 $f(x) = $（　　　）.

　　A. x^2　　　　　B. $2x$　　　　　C. x　　　　　D. $\dfrac{x}{2}$

（2）在下列等式中，正确的是（　　　）.

　　A. $\int f'(x)\mathrm{d}x = f(x)$　　　　　　B. $\int \mathrm{d}f(x) = f(x)$

　　C. $\dfrac{\mathrm{d}}{\mathrm{d}x}\int f(x)\mathrm{d}x = f(x)$　　　　D. $\mathrm{d}\int f(x)\mathrm{d}x = f(x)$

（3）若 $f(x) = \mathrm{e}^{-3x}$. 则 $\int \dfrac{1}{x} f'(\ln x)\mathrm{d}x = $（　　　）.

　　A. $-\dfrac{1}{x^3} + C$　　B. $-\ln^3 x + C$　　C. $\dfrac{1}{x^3} + C$　　D. $\ln^3 x + C$

（4）若 $\int f(x)\mathrm{d}x = F(x) + C$，则 $\int f(ax^2 + b)x\,\mathrm{d}x = $（　　　）.

　　A. $F(ax^2 + b) + C$　　　　　　B. $2a\,F(ax^2 + b) + C$

　　C. $\dfrac{1}{a}\,F(ax^2 + b) + C$　　　　D. $\dfrac{1}{2a}\,F(ax^2 + b) + C$

（5）若 $\int f(x)\mathrm{d}x = \sqrt{2x^2 + 1} + C$. 则 $\int x f(2x^2 + 1)\mathrm{d}x = $（　　　）.

　　A. $x\sqrt{2x^2 + 1} + C$　　　　　　B. $\dfrac{1}{4}\sqrt{2(2x^2+1)^2 + 1} + C$

　　C. $\dfrac{1}{4}\sqrt{2x^2 + 1} + C$　　　　D. $\dfrac{1}{2}\sqrt{2x^2 + 1} + C$

（6）不定积分 $\int (2x\sin x + \cos x)e^{x^2}\,\mathrm{d}x = ($　　$)$.

　　A. $e^{x^2}\sin x$　　　　　　　　　B. $e^{x^2}\cos x + C$

　　C. $e^{x^2}\sin x + C$　　　　　　　D. $e^{x^2}\cos x$

3. 求下列不定积分：

（1）$\int \dfrac{\cos 2x}{\cos x - \sin x}\,\mathrm{d}x$;　　　　　　（2）$\int \dfrac{\mathrm{d}x}{1+e^x}$;

（3）$\int \dfrac{2\cdot 3^x - 5\cdot 2^x}{4^x}\,\mathrm{d}x$;　　　　（4）$\int (\arcsin x)^2\,\mathrm{d}x$;

（5）$\int \dfrac{\mathrm{d}x}{x\sqrt{x+1}}$;　　　　　　　（6）$\int \dfrac{x^3}{(1+x^2)^2}\,\mathrm{d}x$;

（7）$\int \dfrac{e^{\arcsin x}\,\mathrm{d}x}{\sqrt{1-x^2}}$;　　　　　（8）$\int \dfrac{1-x}{\sqrt{9-4x^2}}\,\mathrm{d}x$;

（9）$\int \tan^5 x\sec^4 x\,\mathrm{d}x$;　　　　（10）$\int \dfrac{\mathrm{d}x}{1+\sqrt{1-x^2}}$;

（11）$\int x^3 e^{x^2}\,\mathrm{d}x$;　　　　　　（12）$\int \sin(\ln x)\,\mathrm{d}x$;

（13）$\int \dfrac{\mathrm{d}x}{x(x^7+7)}$;　　　　　（14）$\int \dfrac{\mathrm{d}x}{x^2+2x+9}$;

（15）$\int \dfrac{1-\cos x}{x-\sin x}\,\mathrm{d}x$;　　　　（16）$\int \dfrac{x\ln(x^2+1)}{x^2+1}\,\mathrm{d}x$;

（17）$\int \dfrac{\mathrm{d}x}{\sqrt{e^x+1}}$;　　　　　（18）$\int \dfrac{e^{2x}}{1+e^x}\,\mathrm{d}x$;

（19）$\int \dfrac{\ln x+1}{3+(x\ln x)^2}\,\mathrm{d}x$;　　　（20）$\int \dfrac{x+\sin x}{1+\cos x}\,\mathrm{d}x$.

4. 设 $f(x)=\begin{cases}1, & x<0,\\ x+1, & 0\leqslant x\leqslant 1,\ \text{求} \int f(x)\,\mathrm{d}x.\\ 2x, & x>1,\end{cases}$

5. 设 $f(\sin^2 x) = \dfrac{x}{\sin x}$ ，求 $\int \dfrac{\sqrt{x}}{\sqrt{1-x}}f(x)\,\mathrm{d}x$.

6. 设 $f(x)$ 和 $f'(x)$ 都是连续函数，计算不定积分

$$\int \sin^2 x f'(\cos x)\,\mathrm{d}x - \int \cos x f(\cos x)\,\mathrm{d}x .$$

7. 若 $I_n = \int \tan^n x\,\mathrm{d}x, n=2,\ 3,\ \cdots,$ 证明：$I_n = \dfrac{1}{n-1}\tan^{n-1} x - I_{n-2}$.

8. 设 $F(x)$ 是 $f(x)$ 的一个原函数，当 $x \geqslant 0$ 时，$F(x) > 0$ 且 $\dfrac{f(x)}{F(x)} = \dfrac{1}{\sqrt{1+x^2}}$，$F(0) = 1$，求 $f(x)$.

总习题四（B）

1. 填空题

（1）已知 $F(x)$ 是 e^{-x^2} 的一个原函数，则 $\dfrac{\mathrm{d}[F(\sqrt{x})]}{\mathrm{d}x} = $ _____.

（2）已知 $\dfrac{\sin x}{x}$ 是函数 $f(x)$ 的一个原函数，$\displaystyle\int x^3 f'(x)\mathrm{d}x = $ _____.

（3）设 $f'(x) = \dfrac{x+2}{\sqrt{x+1}}$，则 $\displaystyle\int f(x-1)\mathrm{d}x = $ _____.

（4）已知 $f(x)$ 的一个原函数是 e^{-x^2}，则 $\displaystyle\int x f'(x)\mathrm{d}x = $ _____.

（5）设 $f(x) = \ln x$，则 $\displaystyle\int \dfrac{f'(\mathrm{e}^{-x})}{\mathrm{e}^x}\mathrm{d}x = $ _____.

（6）$\displaystyle\int \dfrac{\ln x - 1}{x^2}\mathrm{d}x = $ _____.

（7）已知 $f'(\mathrm{e}^x) = x\mathrm{e}^{-x}$ 且 $f(1) = 0$，则 $f(x) = $ _____.

（8）设 $f'(x) = \sin x$，且 $f(0) = -1$，又 $F(x)$ 是 $f(x)$ 的一个原函数且 $F(0) = 0$ 则 $\displaystyle\int \dfrac{1}{1 - F(x)}\mathrm{d}x = $ _____.

（9）设 $f(\ln x) = \dfrac{\ln(1+x)}{x}$，则 $\displaystyle\int f(x)\mathrm{d}x = $ _____.

2. 选择题

（1）设 $f(x)$ 是 $\sin 2x$ 的原函数，则下列函数中是 $f(x)$ 的原函数的是（　　）.

　　A. $x + \dfrac{1}{2}\sin 2x$　　　　　　　B. $x - \dfrac{1}{2}\sin 2x$

　　C. $x + \dfrac{1}{4}\sin 2x$　　　　　　　D. $x - \dfrac{1}{4}\sin 2x$

（2）设 $\displaystyle\int f(x)\mathrm{d}x = F(x) + C$，则 $\displaystyle\int \mathrm{e}^{-x} f(\mathrm{e}^{-x})\mathrm{d}x = $（　　）.

　　A. $F(\mathrm{e}^x) + C$　　　　　　　　B. $-F(\mathrm{e}^{-x}) + C$

　　C. $F(\mathrm{e}^{-x}) + C$　　　　　　　D. $\dfrac{F(\mathrm{e}^{-x})}{x} + C$

（3）设函数 $f(x)$ 满足 $\dfrac{4}{1-x^2}f(x)=\dfrac{\mathrm{d}}{\mathrm{d}x}[f(x)]^2$，$f(x)\neq 0$，$f(0)=0$，则 $f(x)=$ (　　).

A. $\dfrac{1+x}{1-x}$ B. $\dfrac{1-x}{1+x}$ C. $\ln\left|\dfrac{1+x}{1-x}\right|$ D. $\ln\left|\dfrac{1-x}{1+x}\right|$

（4）函数 $\mathrm{e}^{-|x|}$ 的一个原函数 $F(x)=$ (　　).

A. $\begin{cases}\mathrm{e}^x, & x<0 \\ -\mathrm{e}^{-x}, & x\geqslant 0\end{cases}$ 　　　B. $\begin{cases}-\mathrm{e}^{-x}, & x<0 \\ \mathrm{e}^x, & x\geqslant 0\end{cases}$

C. $\begin{cases}\mathrm{e}^x-2, & x<0 \\ -\mathrm{e}^{-x}, & x\geqslant 0\end{cases}$ 　　D. $\begin{cases}\mathrm{e}^x-1, & x<0 \\ -\mathrm{e}^{-x}, & x\geqslant 0\end{cases}$

（5）设 $\displaystyle\int xf(x)\mathrm{d}x=\arcsin x+C$，则 $\displaystyle\int\dfrac{1}{f(x)}\mathrm{d}x=$ (　　).

A. $\sqrt{1-x^2}+C$ 　　　　　　B. $x\sqrt{1-x^2}+C$

C. $-\dfrac{1}{2}(1-x^2)^{\frac{3}{2}}+C$ 　　　　D. $-\dfrac{1}{3}(1-x^2)^{\frac{3}{2}}+C$

3. 求下列不定积分：

（1）$\displaystyle\int\dfrac{\arctan \mathrm{e}^x}{\mathrm{e}^{2x}}\mathrm{d}x$；

（2）$\displaystyle\int\dfrac{\mathrm{d}x}{\sin 2x+2\sin x}$；

（3）$\displaystyle\int\ln(x+\sqrt{1+x^2})\mathrm{d}x$；

（4）$\displaystyle\int\dfrac{x\mathrm{e}^x}{\sqrt{\mathrm{e}^x-1}}\mathrm{d}x$；

（5）$\displaystyle\int\dfrac{\sin x\mathrm{d}x}{1+\sin x}$；

（6）$\displaystyle\int\dfrac{\mathrm{d}x}{1+\sqrt{x}+\sqrt{1+x}}$；

（7）$\displaystyle\int\dfrac{\ln x}{(1+x^2)^{\frac{3}{2}}}\mathrm{d}x$；

（8）$\displaystyle\int\dfrac{\mathrm{e}^x(1+\sin x)}{1+\cos x}\mathrm{d}x$；

（9）$\displaystyle\int\dfrac{x^2}{(1-x)^{100}}\mathrm{d}x$；

（10）$\displaystyle\int\dfrac{x^2}{1+x^2}\arctan x\mathrm{d}x$；

（11）$\displaystyle\int\dfrac{x\cos^4\frac{x}{2}}{\sin^3 x}\mathrm{d}x$；

（12）$\displaystyle\int\dfrac{\sin x\cos x}{\sin x+\cos x}\mathrm{d}x$；

（13）$\displaystyle\int\dfrac{1}{3\sin x+4\cos x}\mathrm{d}x$；

（14）$\displaystyle\int\dfrac{x\mathrm{e}^{\arctan x}}{(1+x^2)^{\frac{3}{2}}}\mathrm{d}x$.

4. 求不定积分 $\displaystyle\int\left\{\dfrac{f(x)}{f'(x)}-\dfrac{f^2(x)f''(x)}{[f'(x)]^3}\right\}\mathrm{d}x$.

5. 已知 $f(x)$ 的一个原函数为 $\dfrac{\sin x}{1+x\sin x}$，求 $\displaystyle\int f(x)f'(x)\mathrm{d}x$.

6. 设 $x=y(x-y)^2$，求 $\displaystyle\int\dfrac{\mathrm{d}x}{x-3y}$.

7. 设 $F(x)$ 是 $f(x)$ 的原函数且当 $x\geqslant 0$ 时有 $f(x)F(x)=\sin^2 2x$，又 $F(0)=1$，$F(x)\geqslant 0$，求 $f(x)$.

8. 设 $F(x)$ 是 $f(x)$ 的一个原函数且当 $x\geqslant 0$ 时，$f(x)F(x)=\dfrac{x\mathrm{e}^x}{2(1+x)^2}$，已知 $F(0)=1$，$F(x)>0$，试求 $f(x)$.

9. 设函数 $li(x)=\displaystyle\int\dfrac{\mathrm{d}x}{\ln x}$，请用 $li(x)$ 表示下列不定积分：

（1）$\displaystyle\int\dfrac{\mathrm{e}^x}{x}\mathrm{d}x$；

（2）$\displaystyle\int\dfrac{\mathrm{e}^{2x}}{x^2-3x+2}\mathrm{d}x$.

数学家介绍及
不可积函数

第 5 章 定积分及其应用

本章研究定积分及其在几何、物理学中的应用. 定积分的思想起源于几何学中求平面图形的面积等实际问题，从古希腊的阿基米德（公元前 240 年前后）到我国的刘徽（公元 250 年前后），曾经都运用定积分的思想计算一些几何图形的面积. 直到 17 世纪中叶，牛顿和莱布尼茨先后提出了定积分概念，并且给出了计算定积分的一般方法，从而使定积分成为解决有关实际问题的有力工具.

5.1 定积分的概念与性质

5.1.1 引例

1. 曲边梯形的面积

设函数 $y = f(x)$ 在区间 $[a,b]$ 上非负、连续. 由直线 $x = a$、$x = b$、x 轴及曲线 $y = f(x)$ 所围成的图形（图 5-1）称为曲边梯形，其中曲线弧称为曲边. 我们知道，矩形的高是不变的，它的面积可按公式：

$$矩形面积 = 底 \times 高$$

来计算. 图 5-1 所示曲边梯形在底边上各点处的高 $f(x)$ 在区间 $[a,b]$ 上是变动的，故它的面积不能按照上述公式来计算. 但是，由于曲边梯形的高 $f(x)$ 在区间 $[a,b]$ 上是连续变化的，从而在很小的一段区间上它的变化也很小，近似于不变. 因此，如果把区间 $[a,b]$ 划分为许多小区间，在每个小区间上用其中某一点处的高近似代替同一区间上的曲边梯形的变高，那么，每个小曲边梯形就可近似地看成这样得到的小矩形. 我们就以所有这些小矩形面积之和作为曲边梯形面积的近似值，并把区间 $[a,b]$ 无限细分下去，从而使得每个小区间的长度都趋于零，这时所有窄矩形面积之和的极限就定义为曲边梯形的面积. 具体步骤如下.

（1）任意分割：在 $[a,b]$ 内任意插入 $n-1$ 个分点（图 5-2）使得

$$a = x_0 < x_1 < x_2 < \cdots < x_{i-1} < x_i \cdots < x_{n-1} < x_n = b,$$

将区间 $[a,b]$ 分成 n 个小区间 $[x_{i-1}, x_i](i = 1,2,\cdots,n)$，其长度记为

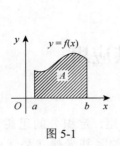

图 5-1

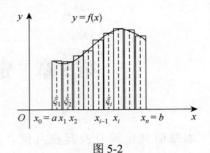

图 5-2

$$\Delta x_i = x_i - x_{i-1} \quad (i = 1, 2, \cdots, n),$$

过各分点 $x_i(i=1,2,\cdots,n-1)$ 作 x 轴的垂线，将原曲边梯形划分成 n 个小曲边梯形.

（2）近似代替：在每个小区间 $[x_{i-1}, x_i]$ 上任取一点 $\xi_i(x_{i-1} \leqslant \xi_i \leqslant x_i)$. 当小区间长度 Δx_i 很小时，用 Δx_i 为宽，$f(\xi_i)$ 为高的小矩形面积近似代替小曲边梯形的面积 $\Delta A_i(i=1,2,\cdots,n)$，即

$$\Delta A_i \approx f(\xi_i)\Delta x_i.$$

（3）求和：将这 n 个小曲边梯形面积的近似值相加，就得到曲边梯形的面积的近似值，即

$$A = \sum_{i=1}^{n} \Delta A_i \approx \sum_{i=1}^{n} f(\xi_i)\Delta x_i.$$

（4）取极限：显然，分割越细，即 $\Delta x_i(i=1,2,\cdots,n)$ 越小，则 $f(\xi_i)\Delta x_i$ 的值与 ΔA_i 就越接近，从而 $\sum_{i=1}^{n} f(\xi_i)\Delta x_i$ 也越接近于曲边梯形的面积 A，为了保证每个小区间的长度无限小，令

$$\lambda = \max\{\Delta x_1, \Delta x_2, \cdots, \Delta x_n\},$$

当 $\lambda \to 0$ 时（这时小区间数 n 无限增多，即 $n \to \infty$），若和式 $\sum_{i=1}^{n} f(\xi_i)\Delta x_i$ 的极限存在，则认为此极限就是曲边梯形面积，即

$$A = \lim_{\lambda \to 0} \sum_{i=1}^{n} f(\xi_i)\Delta x_i.$$

于是曲边梯形的面积归结为一个和式的极限问题.

2. 变速直线运动的路程

设某物体做直线运动，并且其速度 $v = v(t)$ 是时间段 $[T_1, T_2]$ 上的 t 的连续函数（$v(t) \geqslant 0$），计算该物体在该时间段内所经过的路程 S. 这是一个变速直线运动的路程问题.

在物理学中，我们知道匀速直线运动的路程计算公式为

$$\text{路程} = \text{速度} \times \text{时间}.$$

对于变速直线运动，速度不是常量而是随时间变化的变量，因此所求路程不能简单地按匀速直线运动的路程公式来计算.

解决这个问题的思路和步骤与求曲边梯形的面积相似.

（1）任意分割：用分点 $T_1 = t_0 < t_1 < t_2 < \cdots < t_{i-1} < t_i \cdots < t_{n-1} < t_n = T_2$，将总的时间间隔 $[T_1, T_2]$ 分成 n 个小时段 $[t_{i-1}, t_i] (i = 1, 2, \cdots, n)$，记第 i 个时段的长度为

$$\Delta t_i = t_i - t_{i-1} \quad (i = 1, 2, \cdots, n).$$

（2）近似代替：把每小时段 $[t_{i-1}, t_i]$ 上的运动视作匀速，任选一时刻 $\xi_i \in [t_{i-1}, t_i]$，作乘积 $v(\xi_i)\Delta t_i$ $(i = 1, 2, \cdots, n)$，显然在这小段时间内所经过的路程 ΔS_i 可近似地表示为

$$\Delta S_i \approx v(\xi_i)\Delta t_i \quad (i = 1, 2, \cdots, n).$$

（3）求和：将 n 个小段时间上的路程相加，就得总路程的近似值为

$$S = \sum_{i=1}^{n} \Delta S_i \approx \sum_{i=1}^{n} v(\xi_i)\Delta t_i.$$

（4）取极限：显然，当 $\lambda = \max\{\Delta t_i\} \to 0$ $(i = 1, 2, \cdots, n)$ 时，若 $\sum_{i=1}^{n} v(\xi_i)\Delta t_i$ 的极限存在，则此极限值就是路程 S，即

$$S = \lim_{\lambda \to 0} \sum_{i=1}^{n} v(\xi_i)\Delta t_i.$$

5.1.2 定积分的定义

从上面两个例子可以看出，不管是求曲边梯形的面积，还是变速直线运动的路程，问题的背景虽然不同，但是它们都归结为对问题的某些量进行"任意分割、近似代替、求和、取极限"，或者说都归结为求形如和式 $\sum_{i=1}^{n} f(\xi_i)\Delta x_i$ 的极限问题.

依据上述问题在数量关系上的本质特性，我们给出如下定积分的定义.

定义 5.1 设函数 $f(x)$ 在区间 $[a, b]$ 上有界，任取分点，

$$a = x_0 < x_1 < x_2 < \cdots < x_{i-1} < x_i \cdots < x_{n-1} < x_n = b,$$

将区间 $[a, b]$ 分成 n 个小区间 $[x_{i-1}, x_i] (i = 1, 2, \cdots, n)$，记 $\Delta x_i = x_i - x_{i-1}$ 为第 i 个小区间

的长度. 在每个小区间上任取一点 $\xi_i (x_{i-1} \leqslant \xi_i \leqslant x_i)$，作函数值 $f(\xi_i)$ 与相应小区间长度 Δx_i 的乘积 $f(\xi_i)\Delta x_i \, (i=1,2,\cdots,n)$，并作和式

$$\sum_{i=1}^{n} f(\xi_i)\Delta x_i,$$

记 $\lambda = \max\{\Delta x_1, \Delta x_2, \cdots, \Delta x_n\}$，如果无论对 $[a,b]$ 如何划分，也无论在小区间 $[x_{i-1},x_i]$ 上点 ξ_i 如何选取，极限

$$\lim_{\lambda \to 0} \sum_{i=1}^{n} f(\xi_i)\Delta x_i$$

总存在，那么称这个极限为函数 $f(x)$ 在区间 $[a,b]$ 上的定积分（简称积分），记为 $\int_a^b f(x)\mathrm{d}x$，即

$$\int_a^b f(x)\mathrm{d}x = I = \lim_{\lambda \to 0} \sum_{i=1}^{n} f(\xi_i)\Delta x_i,$$

其中 $f(x)$ 称为被积函数，$f(x)\mathrm{d}x$ 称为被积表达式，x 称为积分变量，$[a,b]$ 称为积分区间，a 称为积分下限，b 称为积分上限. $\sum_{i=1}^{n} f(\xi_i)\Delta x_i$ 称为积分和.

关于上述定积分的定义，给出如下两点补充注释.

注 1　利用 "$\varepsilon-\delta$" 语言，上述定积分的定义可以表述为：设有常数 I，如果对于任意给定的正数 ε，总存在一个正数 δ，使得对于区间 $[a,b]$ 的任意分法，在子区间 $[x_{i-1},x_i]$ 中 ξ_i 的任意取法，只要 $\lambda < \delta$，总有

$$\left| \sum_{i=1}^{n} f(\xi_i)\Delta x_i - I \right| < \varepsilon$$

成立，则称 I 是函数 $f(x)$ 在区间 $[a,b]$ 上的定积分. 记作 $\int_a^b f(x)\mathrm{d}x$.

注 2　定积分作为积分和 $\sum_{i=1}^{n} f(\xi_i)\Delta x_i$ 的极限，它的值 I 只与被积函数 f 和积分区间 $[a,b]$ 有关，而与积分变量所用的字母无关，即

$$\int_a^b f(x)\mathrm{d}x = \int_a^b f(u)\mathrm{d}u = \int_a^b f(t)\mathrm{d}t \cdots.$$

如果 $f(x)$ 在 $[a,b]$ 上的定积分存在，我们就说 $f(x)$ 在 $[a,b]$ 上可积. 那么，什么样的函数 $f(x)$ 在 $[a,b]$ 上就一定可积？这里我们不加证明地给出如下三个可积的充分条件.

定理 5.1　若函数 $f(x)$ 在 $[a,b]$ 上连续，则 $f(x)$ 在 $[a,b]$ 上可积.

定理 5.2　若函数 $f(x)$ 在 $[a,b]$ 上有界且只有有限个间断点, 则 $f(x)$ 在 $[a,b]$ 上可积.

定理 5.3　若函数 $f(x)$ 在 $[a,b]$ 上单调, 则 $f(x)$ 在 $[a,b]$ 上可积.

由于初等函数在其定义区间内是连续的, 故初等函数在其定义域内的闭区间上可积.

利用定积分的定义, 前面所讨论的两个实际问题可以分别表述如下:

曲线 $y=f(x)$ $(f(x)\geqslant 0)$、x 轴及两条直线 $x=a$、$x=b$ 所围成的曲边梯形的面积 A 等于函数 $f(x)$ 在区间 $[a,b]$ 上的定积分, 即

$$A=\int_a^b f(x)\mathrm{d}x.$$

物体以变速 $v=v(t)$ $(v(t)\geqslant 0)$ 作直线运动, 从时刻 $t=T_1$ 到时刻 $t=T_2$, 该物体所经过的路程 S 等于 $v(t)$ 在区间 $[T_1, T_2]$ 上的定积分, 即

$$S=\int_{T_1}^{T_2} v(t)\mathrm{d}t.$$

例 5.1　利用定义求定积分 $\int_0^1 \mathrm{e}^x \mathrm{d}x$ 的值.

解　因为被积函数 $f(x)=\mathrm{e}^x$ 在 $[0,1]$ 上连续, 从而 $f(x)=\mathrm{e}^x$ 在 $[0,1]$ 上可积, 所以积分与区间 $[0,1]$ 的分法及点 ξ_i 的取法无关. 为了便于计算, 采用如下步骤来求定积分 $\int_0^1 \mathrm{e}^x \mathrm{d}x$ 的值.

(1) 分割: 将区间 $[0,1]$ 等分成 n 个小区间 $\left[\dfrac{i-1}{n}, \dfrac{i}{n}\right]$ $(i=1,2,\cdots,n)$, 每个小区间的长度 $\Delta x_i=\dfrac{1}{n}$, 过各分点作 x 轴的垂线, 将原曲边梯形划分成 n 个小曲边梯形, 其面积记为 ΔA_i $(i=1,2,\cdots,n)$.

(2) 近似代替: 用小矩形面积近似代替小曲边梯形的面积, 取每个小区间的左端点 $\xi_i=x_i=\dfrac{i-1}{n}$, 则有

$$\Delta A_i \approx f\left(\frac{i-1}{n}\right)\Delta x_i = \mathrm{e}^{\frac{i-1}{n}}\cdot\frac{1}{n}=\frac{1}{n}\mathrm{e}^{\frac{i-1}{n}} \quad (i=1,2,\cdots,n).$$

(3) 求和: $\displaystyle\sum_{i=1}^n \Delta A_i \approx \sum_{i=1}^n \frac{1}{n}\mathrm{e}^{\frac{i-1}{n}} = \frac{1}{n}\left(1+\mathrm{e}^{\frac{1}{n}}+\cdots+\mathrm{e}^{\frac{n-1}{n}}\right)$

$$=\frac{1}{n}\cdot\frac{1-\mathrm{e}}{1-\mathrm{e}^{\frac{1}{n}}}=\frac{\mathrm{e}-1}{n(\mathrm{e}^{\frac{1}{n}}-1)}.$$

（4）取极限：$A = \lim\limits_{n\to\infty} \sum\limits_{i=1}^{n} \dfrac{1}{n} \mathrm{e}^{\frac{i-1}{n}} = \lim\limits_{n\to\infty} \dfrac{\mathrm{e}-1}{n(\mathrm{e}^{\frac{1}{n}}-1)} = \mathrm{e}-1$.

所以

$$\int_0^1 \mathrm{e}^x \, \mathrm{d}x = \lim\limits_{n\to\infty} (\mathrm{e}-1) \dfrac{1}{n(\mathrm{e}^{\frac{1}{n}}-1)} = \mathrm{e}-1.$$

利用定义求定积分时，一般需要判断被积函数是否可积，若可积，则积分值与积分区间 $[a,b]$ 的划分和在子区间 $[x_{i-1},x_i]$ 上 ξ_i 的取法无关. 从而计算时可以按特殊的分法与取法，如将区间 $[a,b]$ 划为 n 等分，每个小区间长度为 $\Delta x_i = \dfrac{b-a}{n}$，而 ξ_i 可取每个小区间的端点或满足某种性质的特殊点，以方便计算.

下面讨论定积分的几何意义.

若在 $[a,b]$ 上 $f(x) \geqslant 0$，由定积分定义可知，定积分 $\int_a^b f(x)\mathrm{d}x$ 表示由曲线 $y=f(x)$、两条直线 $x=a$、$x=b$ 及 x 轴所围成的曲边梯形的面积 A（图 5-3），即 $\int_a^b f(x)\mathrm{d}x = A$.

若在 $[a,b]$ 上 $f(x) \leqslant 0$，则由曲线 $y=f(x)$、两条直线 $x=a$、$x=b$ 及 x 轴所围成的曲边梯形位于 x 轴下方（图 5-4），定积分 $\int_a^b f(x)\mathrm{d}x$ 表示该曲边梯形面积 A 的负值，即

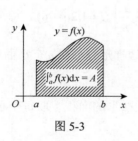

图 5-3

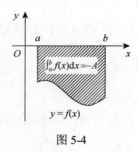

图 5-4

$$\int_a^b f(x)\mathrm{d}x = -A.$$

如果 $f(x)$ 在 $[a,b]$ 上有正有负时，图 5-5 中 A_1、A_2 和 A_3 分别表示图形各阴影部分的面积. 积分值表示曲线 $y=f(x)$ 在 x 轴上方图形的面积减去 x 轴下方图形面积所得之差，即

$$\int_a^b f(x)\mathrm{d}x = A_1 - A_2 + A_3.$$

例 5.2 求定积分 $\int_0^2 \sqrt{1-(x-1)^2}\,\mathrm{d}x$ 的值.

解　在几何上,定积分 $\int_0^2 \sqrt{1-(x-1)^2}\,\mathrm{d}x$ 表示圆 $(x-1)^2+y^2=1$ 的上半部分与 x 轴所围成的图形的面积（图 5-6）,因此

$$\int_0^2 \sqrt{1-(x-1)^2}\,\mathrm{d}x = \frac{1}{2}\cdot\pi\times 1^2 = \frac{\pi}{2}.$$

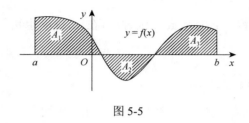

图 5-5

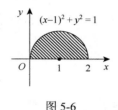

图 5-6

5.1.3　定积分的性质

为了今后计算及应用方便,我们先对定积分作以下两点补充规定:

（1）$\int_a^b f(x)\mathrm{d}x = -\int_b^a f(x)\mathrm{d}x$;　　　　（2）$\int_a^a f(x)\mathrm{d}x = 0$.

下面来讨论定积分的有关性质. 假设下面论述中的函数在相应的区间上均是可积的;如果不特别指明,下列性质中积分上下限的大小均不加限制.

性质 5.1　设函数 $f(x)$ 在 $[a,b]$ 上恒等于常数 c ,则 $f(x)$ 在 $[a,b]$ 上可积,并且

$$\int_a^b c\,\mathrm{d}x = c(b-a).$$

证明　因为 $f(x)=c$ 在 $[a,b]$ 上的积分和为

$$\sum_{k=1}^n f(\xi_k)\Delta x_k = c\sum_{k=1}^n (x_k - x_{k-1}) = c(b-a),$$

则　$\lim\limits_{\lambda\to 0}\sum\limits_{k=1}^n f(\xi_k)\Delta x_k = c(b-a)$,即 $\int_a^b c\,\mathrm{d}x = c(b-a)$.

特别地有 $\int_a^b \mathrm{d}x = b-a$.

性质 5.2　设函数 $f_1(x),f_2(x)$ 在 $[a,b]$ 上可积,则 $f_1(x)\pm f_2(x)$ 在 $[a,b]$ 上也可积,并且

$$\int_a^b [f_1(x)\pm f_2(x)]\mathrm{d}x = \int_a^b f_1(x)\mathrm{d}x \pm \int_a^b f_2(x)\mathrm{d}x.$$

证明　因为 $f_1(x)\pm f_2(x)$ 在 $[a,b]$ 上的积分和为

$$\sum_{k=1}^n [f_1(\xi_k)\pm f_2(\xi_k)]\Delta x_k = \sum_{k=1}^n f_1(\xi_k)\Delta x_k \pm \sum_{k=1}^n f_2(\xi_k)\Delta x_k,$$

所以

$$\lim_{\lambda \to 0} \sum_{k=1}^{n} [f_1(\xi_k) \pm f_2(\xi_k)] \Delta x_k = \lim_{\lambda \to 0} \sum_{k=1}^{n} f_1(\xi_k) \Delta x_k \pm \lim_{\lambda \to 0} \sum_{k=1}^{n} f_2(\xi_k) \Delta x_k ,$$

即

$$\int_a^b [f_1(x) \pm f_2(x)] \mathrm{d}x = \int_a^b f_1(x) \mathrm{d}x \pm \int_a^b f_2(x) \mathrm{d}x .$$

性质 5.3 设函数 $f(x)$ 在 $[a,b]$ 上可积，c 为常数，则 $cf(x)$ 在 $[a,b]$ 上也可积，且

$$\int_a^b cf(x) \mathrm{d}x = c \int_a^b f(x) \mathrm{d}x .$$

性质 5.4 （1）设函数 $f(x)$ 在 $[a,b]$ 上可积，则 $f(x)$ 在 $[a_1,b_1] \subset [a,b]$ 上可积.

（2）设函数 $f(x)$ 在 $[a,c]$ 与 $[c,b]$ 上可积，则 $f(x)$ 在 $[a,b]$ 上可积，并且

$$\int_a^b f(x) \mathrm{d}x = \int_a^c f(x) \mathrm{d}x + \int_c^b f(x) \mathrm{d}x .$$

推论 5.1 设函数 $f(x)$ 在 $[a,b]$ 上可积，并且 c,d,e 是 $[a,b]$ 上任意三点，则

$$\int_d^{\mathrm{e}} f(x) \mathrm{d}x = \int_d^c f(x) \mathrm{d}x + \int_c^{\mathrm{e}} f(x) \mathrm{d}x .$$

性质 5.5 设函数 $f(x)$ 在 $[a,b]$ 上可积，并且对任意的 $x \in [a,b]$ 有 $f(x) \geqslant 0$ $(f(x) \leqslant 0)$，则

$$\int_a^b f(x) \mathrm{d}x \geqslant 0 \quad \left(\int_a^b f(x) \mathrm{d}x \leqslant 0 \right).$$

证明 因为 $\sum_{k=1}^{n} f(\xi_k) \Delta x_k \geqslant 0$，由极限的性质可得

$$\int_a^b f(x) \mathrm{d}x = \lim_{\lambda \to 0} \sum_{k=1}^{n} f(\xi_k) \Delta x_k \geqslant 0 .$$

推论 5.2 设函数 $f(x)$ 在 $[a,b]$ 上可积，并且对任意的 $x \in [a,b]$ 有 $f(x) \leqslant g(x)$，则

$$\int_a^b f(x) \mathrm{d}x \leqslant \int_a^b g(x) \mathrm{d}x .$$

证明 因为 $g(x) - f(x) \geqslant 0$，由性质 5.5 得

$$\int_a^b [g(x) - f(x)] \mathrm{d}x \geqslant 0 ,$$

再由性质 5.2，移项便得 $\int_a^b f(x) \mathrm{d}x \leqslant \int_a^b g(x) \mathrm{d}x$.

推论 5.3 设 $f(x)$ 在 $[a,b]$ 上可积，则 $|f(x)|$ 在 $[a,b]$ 上可积，并且

$$\left|\int_a^b f(x)\mathrm{d}x\right| \le \int_a^b |f(x)|\mathrm{d}x.$$

性质 5.6　设 M 和 m 分别是函数 $f(x)$ 在 $[a,b]$ 上的最大值与最小值，则

$$m(b-a) \le \int_a^b f(x)\mathrm{d}x \le M(b-a).$$

证明　因为 $m \le f(x) \le M(x\in[a,b])$，由推论 5.2 得

$$\int_a^b m\,\mathrm{d}x \le \int_a^b f(x)\mathrm{d}x \le \int_a^b M\,\mathrm{d}x.$$

于是由性质 5.1，得

$$m(b-a) \le \int_a^b f(x)\mathrm{d}x \le M(b-a).$$

性质 5.7（积分中值定理）　设函数 $f(x)$ 在区间 $[a,b]$ 上连续，则在 $[a,b]$ 上至少存在一点 ξ，使得

$$\int_a^b f(x)\mathrm{d}x = f(\xi)(b-a).$$

证明　由于函数 $f(x)$ 在区间 $[a,b]$ 上连续，则由性质 5.6 可得

$$m(b-a) \le \int_a^b f(x)\mathrm{d}x \le M(b-a).$$

即

$$m \le \frac{1}{b-a}\int_a^b f(x)\mathrm{d}x \le M.$$

于是由闭区间上连续函数的介值定理和最值定理可知，在 $[a,b]$ 上至少存在一点 ξ，使得函数 $f(x)$ 在点 ξ 处的值与这个确定的数值相等，故有

$$f(\xi) = \frac{1}{b-a}\int_a^b f(x)\mathrm{d}x \; (a \le \xi \le b),$$

即

$$\int_a^b f(x)\mathrm{d}x = f(\xi)(b-a).$$

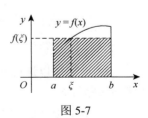

图 5-7

定积分中值定理有很明显的几何意义，设 $f(x) \ge 0$，在区间 $[a,b]$ 上至少存在一点 ξ，使得以区间 $[a,b]$ 为底边、以曲线 $y=f(x)$ 为曲边的曲边梯形的面积等于同一底边而高为 $f(\xi)$ 的一个矩形的面积（图 5-7）.

由积分中值定理得

$$f(\xi) = \frac{1}{b-a}\int_a^b f(x)\mathrm{d}x,$$

称之为 $f(x)$ 在区间 $[a,b]$ 上的积分平均值. $f(\xi)$ 可看成图中曲边梯形的平均高度.

例 5.3　试证明不等式 $\int_0^{\frac{\pi}{4}}\sin^3 x\mathrm{d}x \leqslant \int_0^{\frac{\pi}{4}}\sin^2 x\mathrm{d}x$.

证明　因为在区间 $\left[0,\dfrac{\pi}{4}\right]$ 上，$0\leqslant\sin x<1$，故 $\sin^3 x\leqslant\sin^2 x$，所以由推论 5.2 有

$$\int_0^{\frac{\pi}{4}}\sin^3 x\mathrm{d}x \leqslant \int_0^{\frac{\pi}{4}}\sin^2 x\mathrm{d}x.$$

例 5.4　估计定积分 $\int_1^4(x^2+1)\mathrm{d}x$ 的值.

解　由于被积函数 $f(x)=x^2+1$ 在积分区间 $[1,4]$ 上是单调增加的，于是有最小值 $m=f(1)=2$ 和最大值 $M=f(4)=4^2+1=17$，由性质 5.6 可知

$$2(4-1)\leqslant\int_1^4(x^2+1)dx\leqslant 17(4-1),$$

即

$$6\leqslant\int_1^4(x^2+1)\mathrm{d}x\leqslant 51.$$

例 5.5　求极限 $\lim\limits_{n\to\infty}\int_n^{n+p}\dfrac{\sin x}{x}\mathrm{d}x$，其中 p，n 为自然数.

解　设 $f(x)=\dfrac{\sin x}{x}$，显然 $f(x)$ 在 $[n,n+p]$ 上连续，由积分中值定理得

$$\int_n^{n+p}\frac{\sin x}{x}\mathrm{d}x=\frac{\sin\xi}{\xi}\cdot p,\ \xi\in[n,n+p],$$

当 $n\to\infty$ 时，$\xi\to\infty$，而 $|\sin\xi|\leqslant 1$，故

$$\lim\limits_{n\to\infty}\int_n^{n+p}\frac{\sin x}{x}\mathrm{d}x=\lim\limits_{\xi\to\infty}\frac{\sin\xi}{\xi}\cdot p=0.$$

习　题　5-1

1. 如何表述定积分的几何意义？根据定积分的几何意义推出下列积分的值：
（1）$\int_{-1}^1 x\mathrm{d}x$；　　（2）$\int_{-R}^R\sqrt{R^2-x^2}\mathrm{d}x$；　　（3）$\int_0^{2\pi}\cos x\mathrm{d}x$；　　（4）$\int_{-1}^1|x|\mathrm{d}x$.

2. 设物体以速度 $v=2t+1$ 作直线运动，用定积分表示时间 t 从 0 到 5 该物体移动的路程 S.

3. 用定积分的定义计算定积分 $\int_a^b c\mathrm{d}x$，其中 c 为常数.

4. 利用定积分定义计算 $\int_0^1 x^2\,\mathrm{d}x$.

5. 利用定积分的性质，估计定积分 $\int_{-1}^1(4x^4-2x^3+5)\,\mathrm{d}x$ 的值.

6. 利用定积分的性质说明 $\int_0^1 \mathrm{e}^x \mathrm{d}x$ 与 $\int_0^1 \mathrm{e}^{x^2}\mathrm{d}x$ 中哪个积分值较大?

7. 证明不等式:

（1）$\sqrt{2}\mathrm{e}^{-\frac{1}{2}} \leqslant \int_{-\frac{1}{\sqrt{2}}}^{\frac{1}{\sqrt{2}}} \mathrm{e}^{-x^2}\mathrm{d}x \leqslant \sqrt{2}$；

（2）$\dfrac{2}{3} \leqslant \int_0^1 \dfrac{\mathrm{d}x}{\sqrt{2+x-x^2}}\mathrm{d}x \leqslant \dfrac{1}{\sqrt{2}}$.

8. 求函数 $f(x)=\sqrt{1-x^2}$ 在闭区间 $[-1,1]$ 上的平均值.

*9. 设函数 $f(x)$ 在 $[0,1]$ 上连续且单调递减，试证对任何 $a\in(0,1)$ 有

$$\int_0^a f(x)\mathrm{d}x \geqslant a\int_0^1 f(x)\mathrm{d}x.$$

5.2　微积分学基本公式

通过 5.1 节的讨论可以看出，定积分作为一种和式的极限，一般情况下按照定义计算是非常困难的. 特别是被积函数的结构稍加复杂时，这种计算会变得愈加困难. 所以寻求简单易行的定积分的计算方法是积分学必须解决的重要问题.

以下通过对变速直线运动中位置函数与速度函数之间关系的讨论，揭示了定积分与原函数之间的关系，进而导出了定积分的基本计算公式.

5.2.1　变速直线运动中位置函数与速度函数之间的联系

在 5.1 节中讨论变速直线运动的路程问题时就可以看出，物体运动时的速度函数为 $v=v(t)$，相应的物体运动的位置函数为 $s=s(t)$，得到物体在时间 $[T_1,T_2]$ 上所移动的路程为

$$S=s(T_2)-s(T_1)=\int_{T_1}^{T_2} v(t)\mathrm{d}t.$$

又知道 $s'(t)=v(t)$，即函数 $s(t)$ 是函数 $v(t)$ 的原函数，这表明速度函数 $v(t)$ 在区间 $[T_1,T_2]$ 上的定积分等于函数 $v(t)$ 的原函数 $s(t)$ 在区间 $[T_1,T_2]$ 上的增量. 那么，对于一般的积分 $\int_a^b f(x)\mathrm{d}x$ 与被积函数 $f(x)$ 的原函数 $F(x)$ 之间是否也有类似的关系呢? 即是否有下式成立

$$\int_a^b f(x)\mathrm{d}x=F(b)-F(a).$$

为此，我们先讨论下面的问题.

5.2.2　积分上限的函数及其导数

设函数 $f(x)$ 在区间 $[a,b]$ 上连续，由定积分的定义可知，数值 $\int_a^b f(x)\mathrm{d}x$ 是由被积函数 $f(x)$ 和积分区间 $[a,b]$ 所确定，而与积分变量的字母无关，为了讨论问题方便，将积分变量 x 改为 t，即 $\int_a^b f(x)\mathrm{d}x = \int_a^b f(t)\mathrm{d}t$．对任意的 $x \in [a,b]$，则都有一个确定的积分 $\int_a^x f(t)\mathrm{d}t$ 与之对应，因此，$\int_a^x f(t)\mathrm{d}t$ 是积分上限 x 的函数，称为积分上限的函数（或变上限的定积分），记作 $\Phi(x)$，即

$$\Phi(x) = \int_a^x f(t)\mathrm{d}t \quad (a \leqslant x \leqslant b).$$

显然 $\Phi(a) = 0$，$\Phi(b) = \int_a^b f(t)\mathrm{d}t = \int_a^b f(x)\mathrm{d}x$．

积分上限的函数 $\Phi(x)$ 有下面的重要性质．

定理 5.4　若函数 $f(x)$ 在区间 $[a,b]$ 上连续，则积分上限的函数

$$\Phi(x) = \int_a^x f(t)\mathrm{d}t$$

在 $[a,b]$ 上可导，并且其导数为

$$\Phi'(x) = \frac{\mathrm{d}}{\mathrm{d}x}\int_a^x f(t)\mathrm{d}t = f(x) \quad (a \leqslant x \leqslant b).$$

证明　设 $x \in (a,b)$，x 点有增量 Δx，使得 $x + \Delta x \in (a,b)$，则

$$\Phi(x + \Delta x) = \int_a^{x+\Delta x} f(t)\mathrm{d}t.$$

由此得到函数的增量，并由定积分的积分区间的可加性，有

$$\begin{aligned}
\Delta \Phi &= \Phi(x + \Delta x) - \Phi(x) \\
&= \int_a^{x+\Delta x} f(t)\mathrm{d}t - \int_a^x f(t)\mathrm{d}t \\
&= \int_a^x f(t)\mathrm{d}t + \int_x^{x+\Delta x} f(t)\mathrm{d}t - \int_a^x f(t)\mathrm{d}t \\
&= \int_x^{x+\Delta x} f(t)\mathrm{d}t.
\end{aligned}$$

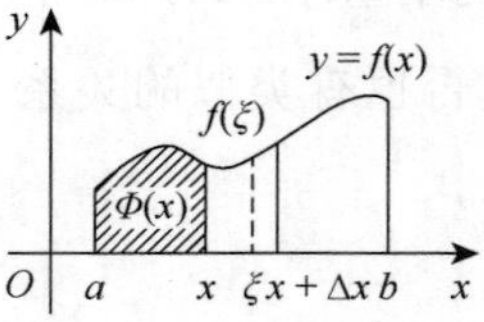

图 5-8

由定积分中值定理可知，在 x 与 $x + \Delta x$ 之间至少存在一点 ξ（图 5-8，图中 $\Delta x > 0$），使得

$$\Delta \Phi = \int_x^{x+\Delta x} f(t)\mathrm{d}t = f(\xi)\Delta x.$$

于是有

$$\frac{\Delta \Phi}{\Delta x} = f(\xi).$$

由于 $f(x)$ 在 $[a,b]$ 上连续，又当 $\Delta x \to 0$ 时有 $\xi \to x$，由此得

$$\lim_{\Delta x \to 0} \frac{\Delta \Phi(x)}{\Delta x} = \lim_{\Delta x \to 0} f(\xi) = \lim_{\xi \to x} f(\xi) = f(x),$$

即

$$\Phi'(x) = \frac{\mathrm{d}}{\mathrm{d}x} \int_a^x f(t)\mathrm{d}t = f(x).$$

若 $x = a$，取 $\Delta x > 0$，则同理可证 $\Phi'_+(a) = f(a)$；若 $x = b$，取 $\Delta x < 0$，则同理可证 $\Phi'_-(b) = f(b)$.

综上所述，定理获证.

该定理表明积分上限的函数 $\Phi(x) = \int_a^x f(t)\mathrm{d}t$ 是连续函数 $f(x)$ 的一个原函数，由此，我们可得如下原函数存在定理.

定理 5.5　设函数 $f(x)$ 在区间 $[a,b]$ 上连续，则函数

$$\Phi(x) = \int_a^x f(t)\mathrm{d}t$$

就是 $f(x)$ 在区间 $[a,b]$ 上的一个原函数.

定理 5.5 表明了导数和定积分这两个从表面看似不相干的概念之间的内在联系；同时也证明了"连续函数必有原函数"这一基本结论，并以积分形式给出了 $f(x)$ 的一个原函数.

推论 5.4　设 $f(t)$ 是区间 $[a,b]$ 上的连续函数，函数 $u(x)$，$v(x)$ 在 $[a,b]$ 上可导，并且其值域包含于 $[a,b]$，即 $a \leqslant u(x) \leqslant b$，$a \leqslant v(x) \leqslant b$（任意的 $x \in [a,b]$），则对一般的变限积分函数

$$\Phi(x) = \int_{u(x)}^{v(x)} f(t)\mathrm{d}t$$

有

$$\Phi'(x) = \frac{\mathrm{d}}{\mathrm{d}x} \int_{u(x)}^{v(x)} f(t)\mathrm{d}t = f[v(x)]v'(x) - f[u(x)]u'(x).$$

证明　由本章 5.1 节定积分的性质 5.4，有

$$\Phi(x) = \int_{u(x)}^{v(x)} f(t)\mathrm{d}t = \int_a^{v(x)} f(t)\mathrm{d}t - \int_a^{u(x)} f(t)\mathrm{d}t.$$

利用复合函数的求导和定理 5.5，有

$$\begin{aligned}
\Phi'(x) &= \frac{\mathrm{d}}{\mathrm{d}x} \int_{u(x)}^{v(x)} f(t)\mathrm{d}t = \frac{\mathrm{d}}{\mathrm{d}x} \int_a^{v(x)} f(t)\mathrm{d}t - \frac{\mathrm{d}}{\mathrm{d}x} \int_a^{u(x)} f(t)\mathrm{d}t \\
&= \left[\frac{\mathrm{d}}{\mathrm{d}v} \int_a^{v(x)} f(t)\mathrm{d}t \right] \frac{\mathrm{d}v}{\mathrm{d}x} - \left[\frac{\mathrm{d}}{\mathrm{d}u} \int_a^{u(x)} f(t)\mathrm{d}t \right] \frac{\mathrm{d}u}{\mathrm{d}x} \\
&= f[v(x)]v'(x) - f[u(x)]u'(x).
\end{aligned}$$

结论得证.

例 5.6 已知 $F(x) = \int_0^{x^2} \sqrt{1+t}\,\mathrm{d}t$，求 $F'(x)$.

解 由推论 5.4，有

$$F'(x) = \frac{\mathrm{d}}{\mathrm{d}x}\int_0^{x^2}\sqrt{1+t}\,\mathrm{d}t = \sqrt{1+x^2}\cdot(x^2)' = 2x\sqrt{1+x^2}.$$

例 5.7 已知 $F(x) = \int_{x^2}^{\sin x}\sqrt{1+t}\,\mathrm{d}t$，求 $F'(x)$.

解 由推论 5.4，有

$$F'(x) = \sqrt{1+\sin x}\cdot(\sin x)' - \sqrt{1+x^2}\cdot(x^2)'$$

$$= \cos x\sqrt{1+\sin x} - 2x\sqrt{1+x^2}.$$

例 5.8 求 $\lim\limits_{x\to 0}\dfrac{\int_0^{x^2}\cos t^2\,\mathrm{d}t}{x\sin x}$.

解 这是 $\dfrac{0}{0}$ 型未定式，由洛必达法则和推论 5.4，有

$$\lim_{x\to 0}\frac{\int_0^{x^2}\cos t^2\,\mathrm{d}t}{x\sin x} = \lim_{x\to 0}\frac{2x\cos x^4}{\sin x + x\cos x}$$

$$= (\lim_{x\to 0}\cos x^4)\left(\lim_{x\to 0}\frac{2}{\dfrac{\sin x}{x}+\cos x}\right)$$

$$= 1\times\frac{2}{1+1} = 1.$$

若用无穷小量等价代换定理，当 $x\to 0$ 时，$\sin x \sim x$，则 $x\sin x \sim x^2$，从而

$$\lim_{x\to 0}\frac{\int_0^{x^2}\cos t^2\,\mathrm{d}t}{x\sin x} = \lim_{x\to 0}\frac{\int_0^{x^2}\cos t^2\,\mathrm{d}t}{x^2} = \lim_{x\to 0}\frac{2x\cos x^4}{2x} = \lim_{x\to 0}\cos x^4 = 1.$$

5.2.3 牛顿-莱布尼茨公式

下面我们来讨论定积分的计算问题，由定理 5.5 得

定理 5.6 设 $F(x)$ 是连续函数 $f(x)$ 在区间 $[a,b]$ 上的一个原函数，则

$$\int_a^b f(x)\,\mathrm{d}x = F(b) - F(a).$$

证明 已知 $F(x)$ 是连续函数 $f(x)$ 的一个原函数，由定理 5.5 可知

$$\varPhi(x) = \int_a^x f(t)\,\mathrm{d}t$$

也是 $f(x)$ 的一个原函数，而函数 $f(x)$ 的任意两原函数只是相差一个常数 C，即

$$F(x) = \Phi(x) + C.$$

于是

$$F(b) - F(a) = \Phi(b) - \Phi(a)$$
$$= \int_a^b f(t)\mathrm{d}t - \int_a^a f(t)\mathrm{d}t$$
$$= \int_a^b f(t)\mathrm{d}t = \int_a^b f(x)\mathrm{d}x.$$

即

$$\int_a^b f(x)\mathrm{d}x = F(b) - F(a).$$

上式称为牛顿（Newton）-莱布尼茨（Leibniz）公式，也称为微积分学基本公式. 为了书写的方便，$F(b) - F(a)$ 记为 $[F(x)]_a^b$ 或 $F(x)\big|_a^b$.

　　牛顿-莱布尼茨公式揭示了定积分与被积函数的原函数之间的内在联系，它表明：一个连续函数在区间 $[a,b]$ 上的定积分等于它的任一个原函数在积分区间端点处的函数值之差，从而为定积分提供了一种简单易行的计算方法.

　　例 5.9　计算 $\int_{-1}^2 x^4 \mathrm{d}x$.

　　解　由于 $\dfrac{x^5}{5}$ 是 x^4 的一个原函数，所以由牛顿-莱布尼茨公式得

$$\int_{-1}^2 x^4\mathrm{d}x = \left[\frac{x^5}{5}\right]_{-1}^2 = \frac{2^5}{5} - \frac{(-1)^5}{5} = \frac{33}{5}.$$

　　例 5.10　计算 $\int_0^1 \dfrac{x^2}{1+x^2}\mathrm{d}x$.

　　解　$\int_0^1 \dfrac{x^2}{1+x^2}\mathrm{d}x = \int_0^1 \dfrac{x^2+1-1}{1+x^2}\mathrm{d}x = \int_0^1\left(1-\dfrac{1}{1+x^2}\right)\mathrm{d}x = [x-\arctan x]_0^1 = 1 - \dfrac{\pi}{4}$.

　　例 5.11　计算 $\int_{-2}^3 |x-1|\mathrm{d}x$.

　　解　被积函数含有绝对值符号，应先去掉绝对值符号，由于

$$|x-1| = \begin{cases} x-1, & 1 \leqslant x \leqslant 3, \\ 1-x, & -2 \leqslant x < 1, \end{cases}$$

于是由性质 5.4 可知

$$\int_{-2}^3 |x-1|\mathrm{d}x = \int_{-2}^1 (1-x)\mathrm{d}x + \int_1^3 (x-1)\mathrm{d}x = \left[x-\frac{x^2}{2}\right]_{-2}^1 + \left[\frac{x^2}{2}-x\right]_1^3 = \frac{13}{2}.$$

　　牛顿-莱布尼茨公式的适用条件是被积函数在积分区间上是连续的. 但当被积函数在积分区间上是分段连续且有界时，可把积分区间分成若干个子区间，使得每一个子区间上的被积函数是连续的，仍然可以应用牛顿-莱布尼茨公式.

例 5.12 设 $f(x) = \begin{cases} x-1, & -1 \leqslant x \leqslant 1, \\ \dfrac{1}{x}, & 1 < x \leqslant 2, \end{cases}$ 求 $\displaystyle\int_{-1}^{2} f(x)\mathrm{d}x$.

解 函数 $f(x)$ 在 $[-1,2]$ 是分段连续的，于是

$$\int_{-1}^{2} f(x)\mathrm{d}x = \int_{-1}^{1} (x-1)\mathrm{d}x + \int_{1}^{2} \frac{1}{x}\mathrm{d}x$$

$$= \left[\frac{x^2}{2} - x\right]_{-1}^{1} + [\ln|x|]_{1}^{2} = \ln 2 - 2.$$

例 5.13 汽车以每小时 $36\,\mathrm{km/h}$ 的速度行驶，到某处需要减速停车，设汽车以等加速度 $a = -5\,(\mathrm{m/s^2})$ 刹车，问从开始刹车到停车，汽车走了多远？

解 由题设可知，设汽车开始刹车时刻 $t=0$ 时，速度为 $v_0 = 10\,(\mathrm{m/s})$，刹车后减速行驶，其速度为

$$v(t) = v_0 + at = 10 - 5t,$$

当汽车停住时，速度 $v(t)=0$，即

$$v(t) = 10 - 5t = 0, \text{得} t = 2.$$

故从开始刹车到停车，汽车所走的路程为

$$S = \int_{0}^{2} v(t)\mathrm{d}t = \int_{0}^{2} (10 - 5t)\mathrm{d}t = \left[10t - 5\frac{t^2}{2}\right]_{0}^{2} = 10\,(\mathrm{m}).$$

即刹车后，汽车需要走 $10\,\mathrm{m}$ 才能停住.

例 5.14 求极限

$$\lim_{n \to \infty} \frac{1}{n}\left(\sqrt{1+\frac{1}{n}} + \sqrt{1+\frac{2}{n}} + \cdots + \sqrt{1+\frac{n}{n}}\right).$$

解 因为

$$\frac{1}{n}\left(\sqrt{1+\frac{1}{n}} + \sqrt{1+\frac{2}{n}} + \cdots + \sqrt{1+\frac{n}{n}}\right) = \sum_{i=1}^{n} \frac{1}{n}\sqrt{1+\frac{i}{n}}.$$

这个和式可以看作函数 $f(x) = \sqrt{1+x}$ 在区间 $[0,1]$ 上的定积分. 因为函数 $f(x)$ 在区间 $[0,1]$ 上连续，所以 $f(x)$ 在区间 $[0,1]$ 上可积，将区间 $[0,1]$ n 等分，并取 ξ_i 为小区间 $\left[\dfrac{i-1}{n}, \dfrac{i}{n}\right]$ 的右端点，每一小区间长度 $\Delta x_i = \dfrac{1}{n}$，所以

$$\lim_{n \to \infty} \frac{1}{n}\left(\sqrt{1+\frac{1}{n}} + \sqrt{1+\frac{2}{n}} + \cdots + \sqrt{1+\frac{n}{n}}\right)$$

$$= \lim_{n \to \infty} \sum_{i=1}^{n} \frac{1}{n}\sqrt{1+\frac{i}{n}} = \int_{0}^{1} \sqrt{1+x}\,\mathrm{d}x$$

$$= \left[\frac{2}{3}(1+x)^{\frac{3}{2}} \right]_0^1 = \frac{2}{3}(2\sqrt{2}-1).$$

注意 　某些函数乘积之和的极限可以转化为定积分问题，关键是要根据所给和式确定恰当的被积函数和积分区间.

习　题　5-2

1. 设 $f(x) = \int_0^x \sin\sqrt{t}\,dt$ ，求 $f'(\dfrac{\pi^2}{4})$.

2. 设 $f(x) = \int_0^x x\cos t^3\,dt$ ，求 $f''(x)$.

3. 计算下列各导数：

（1） $\dfrac{d}{dx}\int_0^{x^2} t^2 e^{t^2}\,dt$ ；　（2） $\dfrac{d}{dx}\int_{\sqrt{x}}^{x^2} \dfrac{1}{\sqrt{1+t^2}}\,dt$ ；　（3） $\dfrac{d}{dx}\int_0^x (t^2 - x^2)\sin t\,dt$.

4. 计算下列各定积分：

（1） $\displaystyle\int_0^1 x^{100}\,dx$ ；　　（2） $\displaystyle\int_1^4 \sqrt{x}\,dx$ ；　　（3） $\displaystyle\int_0^1 e^x\,dx$ ；　　（4） $\displaystyle\int_0^1 100^x\,dx$ ；

（5） $\displaystyle\int_0^{\frac{\pi}{2}} \sin x\,dx$ ；　（6） $\displaystyle\int_0^1 \dfrac{x^2}{x^2+1}\,dx$ ；　（7） $\displaystyle\int_0^{\frac{\pi}{2}} \sin(2x+\pi)\,dx$ ；

（8） $\displaystyle\int_1^e \dfrac{\ln x}{2x}\,dx$ ；　（9） $\displaystyle\int_0^1 \dfrac{dx}{100+x^2}$ ；　（10） $\displaystyle\int_0^{\frac{\pi}{4}} \dfrac{\tan x}{\cos^2 x}\,dx$ ；

（11） $\displaystyle\int_0^1 \dfrac{dx}{\sqrt{4-x^2}}$ ；　（12） $\displaystyle\int_0^{2\pi} |\sin x|\,dx$ ；　（13） $\displaystyle\int_0^1 \max\{x, 1-x\}\,dx$.

5. 求下列极限：

（1） $\displaystyle\lim_{x\to 1} \dfrac{\int_1^x \sin\pi t\,dt}{1+\cos\pi x}$ ；　（2） $\displaystyle\lim_{x\to +\infty} \dfrac{\int_0^x (\arctan t)^2\,dt}{\sqrt{x^2+1}}$ ；　（3） $\displaystyle\lim_{h\to 0} \dfrac{1}{h^2}\int_0^h \left(\dfrac{1}{x} - \cot x\right)dx$.

6. 求函数 $f(x) = \int_0^x t(t-1)e^{-2t}\,dt$ 极值点.

7. 设 $f(x) = \begin{cases} x+1, & x \leqslant 1, \\ \dfrac{1}{2}x^2, & x > 1, \end{cases}$ 求 $\displaystyle\int_0^2 f(x)\,dx$.

8. 设 $f(x) = \begin{cases} \cos x, & 0 \leqslant x \leqslant \dfrac{\pi}{2}, \\ 0, & \dfrac{\pi}{2} < x \leqslant \pi, \end{cases}$ 求 $\phi(x) = \int_0^x f(t)\,dt$ ，并讨论 $\phi(x)$ 在 $[0, \pi]$ 上的连续性.

9. 设 $f(x)$ 是连续函数且 $f(x) = x + 2\int_0^1 f(t)\mathrm{d}t$ ，求 $f(x)$.

10. $\lim\limits_{n\to\infty} \dfrac{1}{n^2}(\sqrt{n} + \sqrt{2n} + \cdots + \sqrt{n^2})$.

11. 求 $\lim\limits_{n\to\infty} \sum\limits_{k=1}^{n} \dfrac{\mathrm{e}^{\frac{k}{n}}}{n + n\mathrm{e}^{\frac{2k}{n}}}$.

12. 求由 $\displaystyle\int_0^y \mathrm{e}^t\mathrm{d}t + \int_0^x \cos t\,\mathrm{d}t = 0$ 所决定的隐函数 y 对 x 的导数 $\dfrac{\mathrm{d}y}{\mathrm{d}x}$.

13. 设 $f(x)$ 为连续可微函数，试求

$$\frac{\mathrm{d}}{\mathrm{d}x}\int_a^x (x-t)f'(t)\mathrm{d}t .$$

并用此结果求 $\dfrac{\mathrm{d}}{\mathrm{d}x}\displaystyle\int_0^x (x-t)\sin t\,\mathrm{d}t.$

14. 设 $f(x)$ 在 $[0,+\infty)$ 内连续且 $f(x) > 0$ ，证明函数

$$F(x) = \frac{\displaystyle\int_0^x tf(t)\mathrm{d}t}{\displaystyle\int_0^x f(t)\mathrm{d}t}$$

在 $(0,+\infty)$ 内为单调增加函数.

15. 证明积分中值定理：若函数 $f(x)$ 在闭区间 $[a, b]$ 上连续，则在开区间 (a, b) 内至少存在一点 ξ ，使

$$\int_a^b f(x)\mathrm{d}x = f(\xi)(b-a) .$$

5.3　定积分的换元法和分部积分法

微积分学基本公式揭示了定积分与不定积分的关系，给出了连续函数 $f(x)$ 在区间 $[a, b]$ 上定积分的计算方法. 与不定积分的计算方法相对应，本节讨论定积分的换元法和分部积分法.

5.3.1　定积分的换元法

定理 5.7　设函数 $f(x)$ 在 $[a,b]$ 上连续，函数 $x = \varphi(t)$ 满足条件：

（1） $\varphi(\alpha) = a, \varphi(\beta) = b$ ；

（2）函数 $x = \varphi(t)$ 在 $[\alpha, \beta]$ （或 $[\beta, \alpha]$ ）上具有连续导数，

则有

$$\int_a^b f(x)\mathrm{d}x = \int_\alpha^\beta f\big[\varphi(t)\big]\varphi'(t)\mathrm{d}t .$$

证明　设 $F(x)$ 是 $f(x)$ 的一个原函数，则 $\int_a^b f(x)\mathrm{d}x = F(b)-F(a)$. 因为

$$[F(\varphi(t))]' = F'(\varphi(t))\cdot\varphi'(t) = f[\varphi(t)]\varphi'(t) ,$$

所以

$$\int_\alpha^\beta f[\varphi(t)]\varphi'(t)\mathrm{d}t = F[\varphi(\beta)]-F[\varphi(\alpha)] ,$$

而

$$F(b)-F(a) = F[\varphi(\beta)]-F[\varphi(\alpha)] ,$$

所以

$$\int_a^b f(x)\mathrm{d}x = \int_\alpha^\beta f\big[\varphi(t)\big]\varphi'(t)\mathrm{d}t .$$

这就证明了换元公式.

应用换元积分公式时应注意：

（1）用 $x = \varphi(t)$ 把原来变量 x 代换成新变量 t 时，积分限也要换成相应于新变量 t 的积分限，"换元必换限". 但是，如果在凑微分法中没有引入新变量，则不必更换积分限. 简言之，即"换元要换限，凑微分不换限".

（2）求出 $f[\varphi(t)]\varphi'(t)$ 的一个原函数 $F(t)$ 后，不必像计算不定积分那样再把 $F(t)$ 变换成原来变量 x 的函数，而只要把新变量 t 的积分上、下限分别代入 $F(t)$，然后相减即可.

例 5.15　求 $\int_0^4 \dfrac{1}{1+\sqrt{x}}\mathrm{d}x$.

解　设 $\sqrt{x}=t$ ，则 $x=t^2, \mathrm{d}x=2t\mathrm{d}t$. 当 x 从 0 变到 4 时，t 从 0 变到 2，于是

$$\int_0^4 \frac{1}{1+\sqrt{x}}\mathrm{d}x = \int_0^2 \frac{2t}{1+t}\mathrm{d}t = 2\int_0^2\left(1-\frac{1}{1+t}\right)\mathrm{d}t$$

$$= 2[t-\ln(1+t)]_0^2 = 2(2-\ln 3).$$

例 5.16　计算 $\int_0^{\ln 2}\sqrt{\mathrm{e}^x-1}\mathrm{d}x$.

解　设 $\sqrt{\mathrm{e}^x-1}=t$ ，即 $x=\ln(t^2+1), \mathrm{d}x=\dfrac{2t}{t^2+1}\mathrm{d}t$. 当 $x=0$ 时，$t=0$；当 $x=\ln 2$ 时，$t=1$ ，于是

$$\int_0^{\ln 2}\sqrt{\mathrm{e}^x-1}\mathrm{d}x = \int_0^1 \frac{2t^2}{t^2+1}\mathrm{d}t = 2\int_0^1\left(1-\frac{1}{t^2+1}\right)\mathrm{d}t$$

$$= 2[t-\arctan t]_0^1 = 2-\frac{\pi}{2}.$$

例 5.17　求 $\int_0^a \dfrac{1}{\sqrt{x^2+a^2}}dx \ (a>0)$.

解　设 $x=a\tan t$，则 $dx=a\sec^2 t\,dt$．当 x 从 0 变到 a 时，t 从 0 变到 $\dfrac{\pi}{4}$，于是

$$\int_0^a \frac{1}{\sqrt{x^2+a^2}}dx = \int_0^{\frac{\pi}{4}} \frac{a\sec^2 t}{a\sec t}dt = \int_0^{\frac{\pi}{4}} \sec t\,dt$$

$$= [\ln|\sec t+\tan t|]_0^{\frac{\pi}{4}} = \ln(1+\sqrt{2}).$$

例 5.18　计算 $\int_0^\pi \sqrt{\sin x-\sin^3 x}\,dx$.

解　因为

$$\sqrt{\sin x-\sin^3 x}=|\cos x|\sqrt{\sin x},$$

在 $\left[0,\dfrac{\pi}{2}\right]$ 上，$|\cos x|=\cos x$，在 $\left[\dfrac{\pi}{2},\pi\right]$ 上，$|\cos x|=-\cos x$，所以

$$\int_0^\pi \sqrt{\sin x-\sin^3 x}\,dx = \int_0^{\frac{\pi}{2}} \cos x\sqrt{\sin x}\,dx + \int_{\frac{\pi}{2}}^\pi (-\cos x)\sqrt{\sin x}\,dx$$

$$= \int_0^{\frac{\pi}{2}} \sqrt{\sin x}\,d\sin x - \int_{\frac{\pi}{2}}^\pi \sqrt{\sin x}\,d\sin x$$

$$= \left[\frac{2}{3}\sin^{\frac{3}{2}} x\right]_0^{\frac{\pi}{2}} - \left[\frac{2}{3}\sin^{\frac{3}{2}} x\right]_{\frac{\pi}{2}}^\pi$$

$$= \frac{2}{3}(1-0)-\frac{2}{3}(0-1)=\frac{4}{3}.$$

例 5.19　设 $f(x)$ 在 $[-a,a]$ 上连续，证明：

（1）如果 $f(x)$ 是 $[-a,a]$ 上的偶函数，则 $\int_{-a}^a f(x)\,dx=2\int_0^a f(x)dx$；

（2）如果 $f(x)$ 是 $[-a,a]$ 上的奇函数，则 $\int_{-a}^a f(x)dx=0$.

证明　因为 $\int_{-a}^a f(x)dx=\int_{-a}^0 f(x)dx+\int_0^a f(x)dx$，对积分 $\int_{-a}^0 f(x)dx$ 作代换 $x=-t$，则

$$\int_{-a}^0 f(x)dx=-\int_a^0 f(-t)dt=\int_0^a f(-t)dt=\int_0^a f(-x)dx.$$

于是

$$\int_{-a}^a f(x)dx=\int_0^a f(-x)dx+\int_0^a f(x)dx=\int_0^a [f(-x)+f(x)]dx.$$

（1）当 $f(x)$ 为偶函数时，即 $f(-x)=f(x)$，则

$$f(x)+f(-x)=2f(x),$$

从而

$$\int_{-a}^{a} f(x)\, dx = 2\int_{0}^{a} f(x)dx .$$

（2）当 $f(x)$ 为奇函数时，即 $f(-x)=-f(x)$ ，则

$$f(x)+f(-x)=0 ,$$

从而

$$\int_{-a}^{a} f(x)dx = 0 .$$

例 5.20　设 $I_1 = \int_{-\frac{\pi}{2}}^{\frac{\pi}{2}} \frac{\sin x}{1+x^2}\cos^4 x\, dx$ ， $I_2 = \int_{-\frac{\pi}{2}}^{\frac{\pi}{2}} (\sin^3 x + \cos^4 x)dx$ ，

$$I_3 = \int_{-\frac{\pi}{2}}^{\frac{\pi}{2}} (x^3 \sin^2 x - \sqrt{\cos x})dx ,$$

比较 I_1 ， I_2 ， I_3 的大小.

解　注意 $\dfrac{\sin x}{1+x^2}\cos^4 x$ ， $\sin^3 x$ ， $x^3 \sin^2 x$ 是奇函数， $\cos^4 x$ ， $\sqrt{\cos x}$ 是偶函数，

并且在 $\left(0, \dfrac{\pi}{2}\right)$ 上 $\cos x > 0$ ，因此

$$I_1 = \int_{-\frac{\pi}{2}}^{\frac{\pi}{2}} \frac{\sin x}{1+x^2}\cos^4 x\, dx = 0,$$

$$I_2 = \int_{-\frac{\pi}{2}}^{\frac{\pi}{2}} \sin^3 x\, dx + \int_{-\frac{\pi}{2}}^{\frac{\pi}{2}} \cos^4 x\, dx = \int_{-\frac{\pi}{2}}^{\frac{\pi}{2}} \cos^4 x\, dx = 2\int_{0}^{\frac{\pi}{2}} \cos^4 x\, dx > 0,$$

$$I_3 = \int_{-\frac{\pi}{2}}^{\frac{\pi}{2}} x^3 \sin^2 x\, dx - \int_{-\frac{\pi}{2}}^{\frac{\pi}{2}} \sqrt{\cos x}\, dx = -2\int_{0}^{\frac{\pi}{2}} \sqrt{\cos x}\, dx < 0.$$

所以 $I_3 < I_1 < I_2$.

例 5.21　计算 $\int_{-\frac{1}{2}}^{\frac{1}{2}} \dfrac{x^5 + 2}{\sqrt{1-x^2}}\, dx$.

解　函数 $f(x) = \dfrac{x^5 + 2}{\sqrt{1-x^2}}$ 既非奇函数也非偶函数，设

$$f_1(x) = \frac{x^5}{\sqrt{1-x^2}} , \quad f_2(x) = \frac{2}{\sqrt{1-x^2}} ,$$

则 $f_1(x)$ 是奇函数， $f_2(x)$ 是偶函数且 $f(x) = f_1(x) + f_2(x)$. 利用定积分的性质及

例 5.19 的结果，易知

$$\int_{-\frac{1}{2}}^{\frac{1}{2}} \frac{x^5 + 2}{\sqrt{1-x^2}}\, dx = \int_{-\frac{1}{2}}^{\frac{1}{2}} \frac{x^5}{\sqrt{1-x^2}}\, dx + \int_{-\frac{1}{2}}^{\frac{1}{2}} \frac{2}{\sqrt{1-x^2}}\, dx$$

$$= 0 + 4\int_0^{\frac{1}{2}} \frac{1}{\sqrt{1-x^2}} dx = [4\arcsin x]_0^{\frac{1}{2}} = \frac{2\pi}{3}.$$

例 5.22　设 $f(x)$ 是连续的周期函数，周期为 T，试证：对任意的 a，

$$\int_0^T f(x)dx = \int_a^{a+T} f(x)dx.$$

证明　由定积分的性质可得

$$\int_0^T f(x)dx = \int_0^a f(x)dx + \int_a^T f(x)dx.$$

$$\int_a^{a+T} f(x)dx = \int_a^T f(x)dx + \int_T^{a+T} f(x)dx.$$

对于定积分 $\int_T^{a+T} f(x)dx$，作代换 $x = t + T$，

$$\int_T^{a+T} f(x)dx = \int_0^a f(t+T)dt = \int_0^a f(t)dt = \int_0^a f(x)dx.$$

于是由上式即得

$$\int_0^T f(x)dx = \int_a^{a+T} f(x)dx.$$

这个等式说明连续的周期函数在任意一个以周期 T 为长度的区间上的定积分都是相等的.

例 5.23　设函数

$$f(x) = \begin{cases} e^{x+1}, & x \geqslant 0, \\ x^2, & x < 0, \end{cases}$$

计算 $I = \int_{\frac{1}{2}}^2 f(x-1)dx$.

解　设 $u = x - 1$，则 $x = u + 1$，$dx = du$ 且当 $x = \frac{1}{2}$ 时，$u = -\frac{1}{2}$；当 $x = 2$ 时，$u = 1$，于是

$$I = \int_{-\frac{1}{2}}^1 f(u)du = \int_{-\frac{1}{2}}^0 u^2 du + \int_0^1 e^{u+1}du = \left[\frac{u^3}{3}\right]_{-\frac{1}{2}}^0 + [e^{u+1}]_0^1$$

$$= -\frac{1}{3}\left(-\frac{1}{2}\right)^3 + e^2 - e = e^2 - e + \frac{1}{24}$$

5.3.2　定积分的分部积分法

定理 5.8（定积分分部积分公式）　若 $u(x)$，$v(x)$ 为区间 $[a,b]$ 上的连续可微函数，则有

$$\int_a^b u(x)v'(x)dx = [u(x)v(x)]_a^b - \int_a^b u'(x)v(x)dx.$$

证明　由不定积分的分部积分公式，得

$$\int_a^b u(x)v'(x)\mathrm{d}x = \left[\int u(x)v'(x)\mathrm{d}x\right]_a^b$$

$$= \left[u(x)v(x) - \int u'(x)v(x)\mathrm{d}x\right]_a^b$$

$$= \left[u(x)v(x)\right]_a^b - \int_a^b u'(x)v(x)\mathrm{d}x.$$

为方便起见，简记作 $\displaystyle\int_a^b uv'\mathrm{d}x = \left[uv\right]_a^b - \int_a^b u'v\mathrm{d}x$ ，

或

$$\int_a^b u\,\mathrm{d}v = \left[uv\right]_a^b - \int_a^b v\,\mathrm{d}u .$$

例 5.24　求 $\displaystyle\int_0^\pi x\cos x\mathrm{d}x$.

解　$\displaystyle\int_0^\pi x\cos x\mathrm{d}x = \int_0^\pi x\mathrm{d}(\sin x) = \left[x\sin x\right]_0^\pi - \int_0^\pi \sin x\mathrm{d}x$

$$= -\int_0^\pi \sin x\mathrm{d}x = \left[\cos x\right]_0^\pi = -2 .$$

例 5.25　求 $\displaystyle\int_0^1 \arctan x\mathrm{d}x$.

解　$\displaystyle\int_0^1 \arctan x\mathrm{d}x = \left[x\arctan x\right]_0^1 - \int_0^1 \frac{x}{1+x^2}\mathrm{d}x$

$$= \frac{\pi}{4} - \left[\frac{1}{2}\ln(1+x^2)\right]_0^1 = \frac{\pi}{4} - \frac{1}{2}\ln 2 .$$

例 5.26　求 $\displaystyle\int_{\frac{1}{e}}^{e^2} x\,|\ln x|\mathrm{d}x$.

解　由于在 $\left[\dfrac{1}{e},1\right]$ 上 $\ln x \leqslant 0$ ；在 $[1,e^2]$ 上 $\ln x \geqslant 0$ ，所以

$$\int_{\frac{1}{e}}^{e^2} x\,|\ln x|\mathrm{d}x = \int_{\frac{1}{e}}^1 (-x\ln x)\mathrm{d}x + \int_1^{e^2} x\ln x\mathrm{d}x$$

$$= -\int_{\frac{1}{e}}^1 \ln x\mathrm{d}\left(\frac{x^2}{2}\right) + \int_1^{e^2} \ln x\mathrm{d}\left(\frac{x^2}{2}\right)$$

$$= \left[-\frac{x^2}{2}\ln x + \frac{x^2}{4}\right]_{\frac{1}{e}}^1 + \left[\frac{x^2}{2}\ln x - \frac{x^2}{4}\right]_1^{e^2}$$

$$= \frac{1}{4} - \left(\frac{1}{2}\cdot\frac{1}{e^2} + \frac{1}{4}\cdot\frac{1}{e^2}\right) + \left(e^4 - \frac{1}{4}e^4 + \frac{1}{4}\right)$$

$$= \frac{1}{2} - \frac{3}{4e^2} + \frac{3}{4}e^4 .$$

被积函数中出现绝对值时，必须去掉绝对值符号，这就要注意正负号，有时需要分段进行积分.

例 5.27　求 $\int_0^1 \mathrm{e}^{\sqrt{x}}\mathrm{d}x$.

解　先用换元法，令 $t=\sqrt{x}$，则 $x=t^2, \mathrm{d}x=2t\mathrm{d}t$，当 x 从 0 变到 1 时，t 从 0 变到 1，因此有

$$\int_0^1 \mathrm{e}^{\sqrt{x}}\mathrm{d}x = 2\int_0^1 t\mathrm{e}^t\mathrm{d}t = 2\int_0^1 t\mathrm{d}(\mathrm{e}^t)$$

$$= [2t\mathrm{e}^t]_0^1 - 2\int_0^1 \mathrm{e}^t\mathrm{d}t = 2\mathrm{e} - [2\mathrm{e}^t]_0^1 = 2.$$

例 5.28　设函数 $f(x)$ 在 $[0,5]$ 上可微，$f(5)=2$，$\int_0^5 f(x)\mathrm{d}x=3$，计算 $\int_0^5 xf'(x)\mathrm{d}x$.

解　由定积分的分部积分法，得

$$\int_0^5 xf'(x)\mathrm{d}x = \int_0^5 x\mathrm{d}f(x)$$

$$= \left[xf(x)\right]_0^5 - \int_0^5 f(x)\mathrm{d}x$$

$$= 5f(5) - 3 = 10 - 3 = 7.$$

例 5.29　设 $f(x)=\int_\pi^x \dfrac{\sin t}{t}\mathrm{d}t$，计算 $\int_0^\pi f(x)\mathrm{d}x$.

解　利用变上限积分求导公式，$f'(x)=\dfrac{\sin x}{x}$，又 $f(\pi)=0$，由定积分的分部积分法，得

$$\int_0^\pi f(x)\mathrm{d}x = [xf(x)]_0^\pi - \int_0^\pi xf'(x)\mathrm{d}x$$

$$= \pi f(\pi) - \int_0^\pi x\frac{\sin x}{x}\mathrm{d}x$$

$$= -\int_0^\pi \sin x\mathrm{d}x = [\cos x]_0^\pi = -1 - 1 = -2.$$

例 5.30　求 $I_n=\int_0^{\frac{\pi}{2}} \cos^n x\mathrm{d}x$（$n$ 为大于 1 的正整数）.

解　$I_n = \int_0^{\frac{\pi}{2}} \cos^n x\mathrm{d}x = \int_0^{\frac{\pi}{2}} \cos^{n-1} x\cos x\mathrm{d}x = \int_0^{\frac{\pi}{2}} \cos^{n-1} x\mathrm{d}(\sin x)$

$$= [\sin x\cos^{n-1} x]_0^{\frac{\pi}{2}} + (n-1)\int_0^{\frac{\pi}{2}} \sin^2 x\cos^{n-2} x\mathrm{d}x$$

$$= (n-1)\int_0^{\frac{\pi}{2}} (1-\cos^2 x)\cos^{n-2} x\mathrm{d}x$$

$$= (n-1)\int_0^{\frac{\pi}{2}} \cos^{n-2} x\mathrm{d}x - (n-1)\int_0^{\frac{\pi}{2}} \cos^n x\mathrm{d}x.$$

即 $I_n = (n-1)I_{n-2} - (n-1)I_n$，由此得

$$I_n = \frac{n-1}{n}I_{n-2}.$$

这个等式称为积分 I_n 关于下标的递推公式.

连续使用此公式可使 $\cos^n x$ 的幂次 n 逐渐降低，当 n 为奇数时，可降到1，当 n 为偶数时，可降到0，再由

$$I_1 = \int_0^{\frac{\pi}{2}} \cos x \mathrm{d}x = 1, \; I_0 = \int_0^{\frac{\pi}{2}} \mathrm{d}x = \frac{\pi}{2},$$

即得

$$I = \int_0^{\frac{\pi}{2}} \cos^n x \mathrm{d}x = \begin{cases} \dfrac{n-1}{n}\dfrac{n-3}{n-2}\dfrac{n-5}{n-4}\cdots\dfrac{4}{5}\dfrac{2}{3} = \dfrac{(n-1)!!}{n!!} & (n\text{为奇数}), \\[3mm] \dfrac{n-1}{n}\dfrac{n-3}{n-2}\dfrac{n-5}{n-4}\cdots\dfrac{3}{4}\dfrac{1}{2}\dfrac{\pi}{2} = \dfrac{(n-1)!!}{n!!}\cdot\dfrac{\pi}{2} & (n\text{为偶数}). \end{cases}$$

对例 5.30 中的 $\int_0^{\frac{\pi}{2}} \cos^n x \mathrm{d}x$ 作变量代换 $x = \dfrac{\pi}{2} - t$，则有

$$\int_0^{\frac{\pi}{2}} \cos^n x \mathrm{d}x = \int_{\frac{\pi}{2}}^0 \cos^n\left(\frac{\pi}{2} - t\right)(-\mathrm{d}t) = \int_0^{\frac{\pi}{2}} \sin^n t \mathrm{d}t = \int_0^{\frac{\pi}{2}} \sin^n x \mathrm{d}x,$$

因此 $\int_0^{\frac{\pi}{2}} \cos^n x \mathrm{d}x$ 与 $\int_0^{\frac{\pi}{2}} \sin^n x \mathrm{d}x$ 有相同的计算结果.

习　题　5-3

1. 下面的计算是否正确？若不正确，请对所给积分写出正确结果：

（1）$\displaystyle\int_{-\frac{\pi}{2}}^{\frac{\pi}{2}} \sqrt{\cos x - \cos^3 x}\mathrm{d}x = \int_{-\frac{\pi}{2}}^{\frac{\pi}{2}} (\cos x)^{\frac{1}{2}} \sin x \mathrm{d}x$

$$= -\int_{-\frac{\pi}{2}}^{\frac{\pi}{2}} (\cos x)^{\frac{1}{2}} \mathrm{d}(\cos x)$$

$$= \left[\frac{-2}{3} \cos^{\frac{3}{2}} x\right]_{-\frac{\pi}{2}}^{\frac{\pi}{2}} = 0.$$

（2）$\displaystyle\int_{-1}^1 \sqrt{1-x^2}\mathrm{d}x = \int_{-1}^1 \sqrt{1-(\sin t)^2}\mathrm{d}(\sin t)$

$$= \int_{-1}^1 \cos t \cdot \cos t \mathrm{d}t$$

$$= \int_{-1}^1 (\cos t)^2 \mathrm{d}t = 2\int_0^1 (\cos t)^2 \mathrm{d}t$$

$$= 2\int_0^1 \frac{1+\cos 2t}{2} \mathrm{d}t = \left[\left(t+\frac{1}{2}\sin 2t\right)\right]_0^1 = 1+\frac{1}{2}\sin 2 .$$

2. 计算下列定积分：

（1）$\int_0^4 \sqrt{16-x^2}\,\mathrm{d}x$ ；　　　（2）$\int_0^1 \frac{1}{4+x^2}\mathrm{d}x$ ；　　　（3）$\int_0^{\frac{\pi}{2}} \sin x\cos^3 x\,\mathrm{d}x$ ；

（4）$\int_1^e \frac{\ln^2 x}{x}\mathrm{d}x$ ；　　　（5）$\int_0^{\ln 2}\sqrt{\mathrm{e}^x-1}\,\mathrm{d}x$ ；　　　（6）$\int_{-1}^1 \frac{x\mathrm{d}x}{\sqrt{5-4x}}$ ；

（7）$\int_1^4 \frac{\mathrm{d}x}{\sqrt{x}+1}$ ；　　　（8）$\int_0^{\frac{\pi}{2}}\sin^3 x\,\mathrm{d}x$ ；　　　（9）$\int_1^{\mathrm{e}^2} \frac{\mathrm{d}x}{x\sqrt{1+\ln x}}$ ；

（10）$\int_{-2}^0 \frac{\mathrm{d}x}{x^2+2x+2}$ ；　　　（11）$\int_0^{\pi}\sqrt{1+\cos 2x}\,\mathrm{d}x$ ；　　　（12）$\int_0^1 x^2\sqrt{1-x^2}\,\mathrm{d}x$.

3. 计算下列定积分：

（1）$\int_0^4 (5x+1)\mathrm{e}^{5x}\mathrm{d}x$ ；　　　（2）$\int_0^{\mathrm{e}-1}\ln(x+1)\mathrm{d}x$ ；　　　（3）$\int_0^1 \mathrm{e}^{\pi x}\cos\pi x\,\mathrm{d}x$ ；

（4）$\int_0^1 (x^3+3^x+\mathrm{e}^{3x})x\,\mathrm{d}x$ ；　　　（5）$\int_{\frac{\pi}{4}}^{\frac{\pi}{3}}\frac{x}{\sin^2 x}\mathrm{d}x$ ；　　　（6）$\int_1^4 \frac{\ln x}{\sqrt{x}}\mathrm{d}x$ ；

（7）$\int_0^1 x\arctan x\,\mathrm{d}x$ ；　　　（8）$\int_0^2 x\mathrm{e}^{\frac{x}{2}}\mathrm{d}x$ ；　　　（9）$\int_{\frac{1}{\mathrm{e}}}^{\mathrm{e}}|\ln x|\,\mathrm{d}x$ ；

（10）$\int_0^{\frac{\pi}{2}} x\sin x\,\mathrm{d}x$.

4. 利用函数的奇偶性计算下列积分：

（1）$\int_{-1}^1 (x+\sqrt{1-x^2})^2\mathrm{d}x$ ；　　　（2）$\int_{-\frac{\pi}{2}}^{\frac{\pi}{2}} 4\cos^4 x\,\mathrm{d}x$ ；

（3）$\int_{-5}^5 \frac{x^3\sin^2 x}{x^4+2x^2+1}\mathrm{d}x$ ；　　　（4）$\int_{-a}^a (x\cos x-5\sin x+2)\mathrm{d}x$.

5. 如果 $b>0$ ，且 $\int_1^b \ln x\,\mathrm{d}x=1$ ，求 b .

6. 证明：$\int_{\frac{\pi}{3}}^{\frac{\pi}{2}}\frac{\sin x}{x}\mathrm{d}x = \int_0^{\frac{1}{2}}\frac{\mathrm{d}x}{\arccos x}$.

7. 若 $f(x)$ 在区间 $[0,1]$ 上连续，证明：

（1）$\int_0^{\frac{\pi}{2}} f(\sin x)\mathrm{d}x = \int_0^{\frac{\pi}{2}} f(\cos x)\mathrm{d}x$ ；

（2）$\int_0^{\pi} xf(\sin x)\mathrm{d}x = \frac{\pi}{2}\int_0^{\pi} f(\sin x)\mathrm{d}x$ ，由此计算 $\int_0^{\pi}\frac{x\sin x}{1+\cos^2 x}\mathrm{d}x$.

8. 设 $f(x)$ 在 $[0,2a]$ 上连续，证明 $\int_0^{2a} f(x)\mathrm{d}x = \int_0^a [f(x)+f(2a-x)]\mathrm{d}x$.

9. 设 $f(x)$ 是以 π 为周期的连续函数，证明：

$$\int_0^{2\pi} (\sin x + x) f(x)\mathrm{d}x = \int_0^\pi (2x + \pi) f(x)\mathrm{d}x .$$

10. 设 $f''(x)$ 在 $[a,b]$ 上连续，证明：

$$\int_a^b x f''(x)\mathrm{d}x = [bf'(b) - f(b)] - [af'(a) - f(a)] .$$

*11. 计算 $\displaystyle\int_0^{\frac{\pi}{2}} \frac{\cos^{2019} x}{\sin^{2019} x + \cos^{2019} x}\mathrm{d}x$.

5.4 广 义 积 分

前面讨论的定积分，都是在有限区间上的有界函数的积分，这类积分属于通常意义下的积分. 但在实际问题中，还会遇到积分区间为无限或被积函数在积分区间上是无界的情况，这就需将定积分的概念推广，推广后的积分被称为广义积分.

5.4.1 无穷限的广义积分

定义 5.2 设函数 $f(x)$ 在区间 $[a, +\infty)$ 上连续，取 $b > a$. 则称

$$\int_a^{+\infty} f(x)\mathrm{d}x = \lim_{b \to +\infty} \int_a^b f(x)\mathrm{d}x$$

为函数 $f(x)$ 在无穷区间 $[a, +\infty)$ 上的广义积分（也称无穷积分），记作 $\displaystyle\int_a^{+\infty} f(x)\mathrm{d}x$.

如果 $\displaystyle\lim_{b \to +\infty} \int_a^b f(x)\mathrm{d}x$ 存在，则称广义积分 $\displaystyle\int_a^{+\infty} f(x)\mathrm{d}x$ 收敛；如果 $\displaystyle\lim_{b \to +\infty} \int_a^b f(x)\mathrm{d}x$ 不存在，则称广义积分 $\displaystyle\int_a^{+\infty} f(x)\mathrm{d}x$ 发散.

类似地，设函数 $f(x)$ 在区间 $(-\infty, b]$ 上连续，取 $a < b$. 则称

$$\int_{-\infty}^b f(x)\mathrm{d}x = \lim_{a \to -\infty} \int_a^b f(x)\mathrm{d}x$$

为函数 $f(x)$ 在无穷区间 $(-\infty, b]$ 上的广义积分，记作 $\displaystyle\int_{-\infty}^b f(x)\mathrm{d}x$.

如果 $\displaystyle\lim_{a \to -\infty} \int_a^b f(x)\mathrm{d}x$ 存在，则称广义积分 $\displaystyle\int_{-\infty}^b f(x)\mathrm{d}x$ 收敛；如果 $\displaystyle\lim_{a \to -\infty} \int_a^b f(x)\mathrm{d}x$ 不存在，就称广义积分 $\displaystyle\int_{-\infty}^b f(x)\mathrm{d}x$ 发散.

设函数 $f(x)$ 在区间 $(-\infty, +\infty)$ 上连续，如果广义积分

$$\int_{-\infty}^0 f(x)\mathrm{d}x \text{ 和 } \int_0^{+\infty} f(x)\mathrm{d}x$$

都收敛，则称函数 $f(x)$ 在无穷区间（$-\infty,+\infty$）上的广义积分 $\int_{-\infty}^{+\infty} f(x)\mathrm{d}x$ 收敛，即

$$\int_{-\infty}^{+\infty} f(x)\mathrm{d}x = \int_{-\infty}^{0} f(x)\mathrm{d}x + \int_{0}^{+\infty} f(x)\mathrm{d}x$$
$$= \lim_{a\to-\infty} \int_{a}^{0} f(x)\mathrm{d}x + \lim_{b\to+\infty} \int_{0}^{b} f(x)\mathrm{d}x.$$

否则就称广义积分 $\int_{-\infty}^{+\infty} f(x)\mathrm{d}x$ 发散.

利用牛顿-莱布尼茨公式，若 $F(x)$ 是 $f(x)$ 的一个原函数，则

$$\int_{a}^{+\infty} f(x)\mathrm{d}x = \lim_{b\to+\infty} \int_{a}^{b} f(x)\mathrm{d}x = \lim_{b\to+\infty} F(b) - F(a).$$

通常记 $F(+\infty) = \lim_{x\to+\infty} F(x)$，$\left[F(x)\right]_{a}^{+\infty} = F(+\infty) - F(a)$.

当 $F(+\infty)$ 存在时，广义积分 $\int_{a}^{+\infty} f(x)\mathrm{d}x$ 收敛，并且

$$\int_{a}^{+\infty} f(x)\mathrm{d}x = \left[F(x)\right]_{a}^{+\infty};$$

当 $F(+\infty)$ 不存在时，广义积分 $\int_{a}^{+\infty} f(x)\mathrm{d}x$ 发散.

类似地，记

$$F(-\infty) = \lim_{x\to-\infty} F(x), \quad \left[F(x)\right]_{-\infty}^{b} = F(b) - F(-\infty).$$

当 $F(-\infty)$ 存在时，广义积分 $\int_{-\infty}^{b} f(x)\mathrm{d}x$ 收敛，并且

$$\int_{-\infty}^{b} f(x)\mathrm{d}x = \left[F(x)\right]_{-\infty}^{b};$$

当 $F(-\infty)$ 不存在时，广义积分 $\int_{-\infty}^{b} f(x)\mathrm{d}x$ 发散.

同样，当 $F(-\infty)$ 和 $F(+\infty)$ 都存在时，广义积分 $\int_{-\infty}^{+\infty} f(x)\mathrm{d}x$ 收敛，并且

$$\int_{-\infty}^{+\infty} f(x)\mathrm{d}x = \left[F(x)\right]_{-\infty}^{+\infty}.$$

当 $F(-\infty)$ 和 $F(+\infty)$ 至少有一个不存在时，广义积分 $\int_{-\infty}^{+\infty} f(x)\mathrm{d}x$ 发散.

例 5.31 求 $\int_{0}^{+\infty} \dfrac{x}{(1+x^2)^2}\mathrm{d}x$.

解 因为积分区间为无穷区间，所以

$$\int_{0}^{+\infty} \frac{x}{(1+x^2)^2}\mathrm{d}x = \lim_{b\to+\infty} \int_{0}^{b} \frac{x}{(1+x^2)^2}\mathrm{d}x = \lim_{b\to+\infty} \frac{1}{2}\int_{0}^{b} \frac{\mathrm{d}(1+x^2)}{(1+x^2)^2}$$
$$= \lim_{b\to+\infty}\left[\frac{-1}{2(1+x^2)}\right]_{0}^{b} = \lim_{b\to+\infty} \frac{-1}{2(1+b^2)} - \left(-\frac{1}{2}\right) = \frac{1}{2}.$$

例 5.32 讨论积分 $\int_{1}^{+\infty} \dfrac{\mathrm{d}x}{x^p}$ 的敛散性.

解 当 $p=1$ 时，

$$\int_1^{+\infty} \frac{\mathrm{d}x}{x^p} = \left[\ln x\right]_1^{+\infty} = +\infty .$$

当 $p \ne 1$ 时，

$$\int_1^{+\infty} \frac{\mathrm{d}x}{x^p} = \left[\frac{1}{1-p} \cdot x^{1-p}\right]_1^{+\infty} = \begin{cases} +\infty , & p < 1, \\ \dfrac{1}{p-1}, & p > 1. \end{cases}$$

所以当 $p>1$ 时，此无穷限积分收敛，并且收敛于 $\dfrac{1}{p-1}$；当 $p \leqslant 1$ 时，此无穷限积分发散.

例 5.33 计算广义积分 $\int_0^{+\infty} x\mathrm{e}^{-x}\mathrm{d}x$.

解 $\displaystyle\int_0^{+\infty} x\mathrm{e}^{-x}\mathrm{d}x = -\int_0^{+\infty} x\mathrm{d}\mathrm{e}^{-x} = -[x\mathrm{e}^{-x}]_0^{+\infty} + \int_0^{+\infty} \mathrm{e}^{-x}\mathrm{d}x = -[x\mathrm{e}^{-x}]_0^{+\infty} - [\mathrm{e}^{-x}]_0^{+\infty}$

$\qquad = -[\lim\limits_{x\to+\infty} x\mathrm{e}^{-x} - 0] - [\lim\limits_{x\to+\infty} \mathrm{e}^{-x} - \mathrm{e}^0] = \mathrm{e}^0 = 1$

注意，上式中的极限 $\lim\limits_{x\to+\infty} x\mathrm{e}^{-x}$ 是未定式，可用洛必达法则确定.

例 5.34 计算广义积分 $\int_1^{+\infty} \dfrac{1}{\sqrt{x}+x\sqrt{x}}\mathrm{d}x$.

解 令 $\sqrt{x}=t$ ，则

$$\int_1^{+\infty} \frac{1}{\sqrt{x}+x\sqrt{x}}\mathrm{d}x = \int_1^{+\infty} \frac{2}{1+t^2}\mathrm{d}t = [2\arctan t]_1^{+\infty} = \frac{\pi}{2} .$$

5.4.2 无界函数的广义积分

以上我们讨论了无穷限积分. 有时还会遇到另一类无界函数在有限区间上的积分. 例如，积分

$$\int_0^1 \frac{1}{\sqrt{x}}\mathrm{d}x .$$

在这个积分中， $\lim\limits_{x\to0^+} \dfrac{1}{\sqrt{x}} = \infty$ ，被积函数 $\dfrac{1}{\sqrt{x}}$ 在 $x=0$ 的附近是无界的. 我们可以认为 $\int_0^1 \dfrac{1}{\sqrt{x}}\mathrm{d}x$ 表示由曲线 $y = \dfrac{1}{\sqrt{x}}$、直线 $x=0$ 、 $x=1$ 与 x 轴所围成的"开口曲边梯形"的面积 A （图 5-9）.

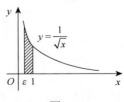

图 5-9

我们任取 ε（$0 < \varepsilon < 1$），先计算由 $y = \dfrac{1}{\sqrt{x}}$，$x = \varepsilon$，$x = 1$ 与 x 轴所围成的曲边梯形的面积：

$$\int_{\varepsilon}^{1} \frac{1}{\sqrt{x}} \mathrm{d}x = [2\sqrt{x}]_{\varepsilon}^{1} = 2 - 2\sqrt{\varepsilon}\,,$$

于是，所求"开口曲边梯形"的面积为

$$A = \int_{0}^{1} \frac{1}{\sqrt{x}} \mathrm{d}x = \lim_{\varepsilon \to 0^{+}} \int_{\varepsilon}^{1} \frac{1}{\sqrt{x}} \mathrm{d}x = \lim_{\varepsilon \to 0^{+}} (2 - 2\sqrt{\varepsilon}) = 2\,.$$

从这个例子可以看到，被积函数推广到在有限区间上是无界函数的情形是可能的. 下面我们来讨论这种积分的一般情形.

如果函数 $f(x)$ 在点 a 的任一邻域内都无界，则称点 a 为函数 $f(x)$ 的瑕点（也称为无界间断点）.

定义 5.3 设函数 $f(x)$ 在 $[a,b)$ 上连续，点 b 为 $f(x)$ 的瑕点，则称

$$\int_{a}^{b} f(x) \mathrm{d}x = \lim_{\varepsilon \to 0^{+}} \int_{a}^{b-\varepsilon} f(x) \mathrm{d}x$$

为广义积分（亦称瑕积分），若 $\displaystyle\lim_{\varepsilon \to 0^{+}} \int_{a}^{b-\varepsilon} f(x)\mathrm{d}x$ 存在，则称广义积分 $\displaystyle\int_{a}^{b} f(x)\mathrm{d}x$ 收敛，并且它的值就是极限值；若 $\displaystyle\lim_{\varepsilon \to 0^{+}} \int_{a}^{b-\varepsilon} f(x)\mathrm{d}x$ 不存在，则称广义积分 $\displaystyle\int_{a}^{b} f(x)\mathrm{d}x$ 发散.

类似地，设 $f(x)$ 在 $(a,b]$ 上连续，点 a 为 $f(x)$ 的瑕点. 若极限

$$\lim_{\varepsilon \to 0^{+}} \int_{a+\varepsilon}^{b} f(x)\mathrm{d}x$$

存在，则称广义积分 $\displaystyle\int_{a}^{b} f(x)\mathrm{d}x$ 收敛，并且它的值就是极限值；若极限 $\displaystyle\lim_{\varepsilon \to 0^{+}} \int_{a+\varepsilon}^{b} f(x)\mathrm{d}x$ 不存在，则称广义积分 $\displaystyle\int_{a}^{b} f(x)\mathrm{d}x$ 发散.

设 $f(x)$ 在 $[a,c)$ 和 $(c,b]$ 皆连续，$a < c < b$，点 c 为 $f(x)$ 的瑕点，如果两个广义积分 $\displaystyle\int_{a}^{c} f(x)\mathrm{d}x$ 和 $\displaystyle\int_{c}^{b} f(x)\mathrm{d}x$ 都收敛，则定义

$$\int_{a}^{b} f(x)\mathrm{d}x = \int_{a}^{c} f(x)\mathrm{d}x + \int_{c}^{b} f(x)\mathrm{d}x$$

$$= \lim_{\varepsilon_1 \to 0^{+}} \int_{a}^{c-\varepsilon_1} f(x)\mathrm{d}x + \lim_{\varepsilon_2 \to 0^{+}} \int_{c+\varepsilon_2}^{b} f(x)\mathrm{d}x;$$

此时称广义积分 $\displaystyle\int_{a}^{b} f(x)\mathrm{d}x$ 收敛，否则称广义积分 $\displaystyle\int_{a}^{b} f(x)\mathrm{d}x$ 发散.

同样可以借助牛顿-莱布尼茨公式来计算无界函数的广义积分.

设 $x=a$ 为 $f(x)$ 的瑕点，$F(x)$ 是 $f(x)$ 的一个原函数，如果 $\lim\limits_{x\to a^+}F(x)$ 存在，则广义积分收敛，并且有

$$\int_a^b f(x)\mathrm{d}x = F(b) - \lim_{x\to a^+}F(x) = F(b) - F(a^+).$$

如果 $\lim\limits_{x\to a^+}F(x)$ 不存在，则广义积分 $\int_a^b f(x)\mathrm{d}x$ 发散.

我们仍用记号 $[F(x)]_a^b$ 来表示 $F(b) - F(a^+)$，所以在形式上仍有

$$\int_a^b f(x)\mathrm{d}x = [F(x)]_a^b.$$

对于 $f(x)$ 在 $[a, b)$ 上连续，而 $x=b$ 为瑕点的广义积分有类似的计算公式，在此不再详述.

例 5.35　求积分 $\int_0^1 \ln x\mathrm{d}x$.

解　由于 $\lim\limits_{x\to 0^+}\ln x = -\infty$，所以 $x=0$ 是瑕点，于是

$$\int_0^1 \ln x\mathrm{d}x = \lim_{\varepsilon\to 0^+}[x\ln x]_\varepsilon^1 - \int_0^1 x\cdot\frac{1}{x}\mathrm{d}x$$
$$= [0 - \lim_{\varepsilon\to 0^+}\varepsilon\ln\varepsilon] - 1 = 0 - 1 = -1.$$

例 5.36　讨论积分 $\int_0^3 \frac{1}{(x-2)^2}\mathrm{d}x$ 的敛散性.

解　被积函数 $f(x) = \dfrac{1}{(x-2)^2}$ 在区间 $[0, 3]$ 上除点 $x=2$ 外连续，因为 $x\to 2$ 时，$\lim\limits_{x\to 2}\dfrac{1}{(x-2)^2} = +\infty$，所以 $x=2$ 是瑕点.

由于 $\int_0^2 \dfrac{1}{(x-2)^2}\mathrm{d}x = \left[\dfrac{-1}{x-2}\right]_0^2 = \lim\limits_{x\to 2^-}\dfrac{-1}{x-2} - \dfrac{1}{2} = +\infty$，即广义积分 $\int_0^2 \dfrac{1}{(x-2)^2}\mathrm{d}x$ 发散，所以广义积分 $\int_0^3 \dfrac{1}{(x-2)^2}\mathrm{d}x$ 发散.

由上例可见，对于积分区间是有限的积分，首先要判断被积函数是否有无穷间断点. 否则会出现错误的结果. 如

$$\int_0^3 \frac{\mathrm{d}x}{(x-2)^2} = \left[-\frac{1}{x-2}\right]_0^3 = -1 - \frac{1}{2} = -\frac{3}{2}$$

的计算是错误的.

例 5.37　求 $\int_0^2 \dfrac{1}{\sqrt{x(2-x)}}\mathrm{d}x$.

解　原式 $= \int_0^1 \dfrac{1}{\sqrt{1-(x-1)^2}}\mathrm{d}x + \int_1^2 \dfrac{1}{\sqrt{1-(x-1)^2}}\mathrm{d}x$

$$=[\arcsin(x-1)]_0^1+[\arcsin(x-1)]_1^2$$

$$=-\arcsin(-1)+\arcsin 1=\pi.$$

习　题　5-4

1. 下列解法是否正确？为什么？

$$\int_{-1}^2\frac{1}{x}\mathrm{d}x=[\ln|x|]_{-1}^2=\ln 2-\ln 1=\ln 2.$$

2. 下列广义积分是否收敛？若收敛，则求出其值.

（1）$\int_0^{+\infty}\frac{1}{x^2}\mathrm{d}x$；

（2）$\int_1^{+\infty}\mathrm{e}^{-100x}\mathrm{d}x$；

（3）$\int_{-\infty}^{+\infty}\frac{1+x^2}{1+x^4}\mathrm{d}x$；

（4）$\int_0^{+\infty}\frac{\mathrm{d}x}{100+x^2}$；

（5）$\int_1^{+\infty}\frac{1}{(x+1)^3}\mathrm{d}x$；

（6）$\int_0^{+\infty}\mathrm{e}^{-2x}\mathrm{d}x$；

（7）$\int_0^{+\infty}\frac{1}{x\ln x}\mathrm{d}x$；

（8）$\int_0^{+\infty}\frac{\mathrm{d}x}{(1+x^2)(1+x^\alpha)}$ $(\alpha\geqslant 0)$.

3. 下列广义积分是否收敛？若收敛，则求出其值.

（1）$\int_0^6(x-4)^{-\frac{2}{3}}\mathrm{d}x$；

（2）$\int_0^1\frac{\arcsin\sqrt{x}}{\sqrt{x(1-x)}}\mathrm{d}x$；

（3）$\int_0^1\frac{\arcsin x}{\sqrt{1-x^2}}\mathrm{d}x$；

（4）$\int_a^b\frac{\mathrm{d}x}{\sqrt{(x-a)(b-x)}}$ $(b>a)$.

4. 证明广义积分 $\int_a^b\frac{\mathrm{d}x}{(x-a)^q}$ 当 $0<q<1$ 时收敛；当 $q\geqslant 1$ 时发散.

5. 已知 $\lim_{x\to+\infty}\left(\frac{x-a}{x+a}\right)^x=\int_a^{+\infty}4x^2\mathrm{e}^{-2x}\mathrm{d}x$，求常数 a.

5.5　定积分的元素法及其应用

5.5.1　定积分的元素法

在定积分应用中，经常采用所谓元素法. 为了说明这种方法，我们先回顾一下本章 5.1 节讨论过的曲边梯形的面积问题.

设函数 $f(x)$ 在区间 $[a,b]$ 上连续且 $f(x)\geqslant 0$，求以曲线 $y=f(x)$ 为曲边，底为 $[a,b]$ 的曲边梯形的面积 A．把这个面积 A 表示为定积分 $A=\int_a^b f(x)\mathrm{d}x$ 的步骤是：

（1）用任意一组分点把区间 $[a,b]$ 分为长度 $\Delta x_i\ (i=1,2,\cdots,n)$ 的 n 个小区间，相应地把曲边梯形分成 n 个窄曲边梯形，第 i 个曲边梯形的面积设为 ΔA_i，于是有

$$A=\sum_{i=1}^n \Delta A_i;$$

（2）计算 ΔA_i 的近似值

$$\Delta A_i \approx f(\xi_i)\Delta x_i \quad (\text{任意的 } \xi_i \in [x_{i-1},x_i]);$$

（3）求和，得 A 的近似值

$$A \approx \sum_{i=1}^n f(\xi_i)\Delta x_i;$$

（4）求极限

$$A=\lim_{\lambda\to 0}\sum_{i=1}^n f(\xi_i)\Delta x_i=\int_a^b f(x)\mathrm{d}x \quad (\text{其中}\lambda=\max\{\Delta x_i\}).$$

在上述问题中我们注意到，所求量（即面积 A）与区间 $[a,b]$ 有关．如果把区间 $[a,b]$ 分成许多部分区间，则所求量相应地分成许多部分量（即 ΔA_i），而所求量等于所有部分量之和 $\left(\text{即}A=\sum_{i=1}^n \Delta A_i\right)$，这一性质称为所求量对于区间 $[a,b]$ 具有可加性，需要指出的是，以 $f(\xi_i)\Delta x_i$ 近似代替部分量 ΔA_i 时，它们只相差一个比 Δx_i 高阶的无穷小，因此和式 $\sum_{i=1}^n f(\xi_i)\Delta x_i$ 的极限是 A 的精确值，而 A 可以表示为定积分 $A=\int_a^b f(x)\mathrm{d}x$．

一般地，如果某个实际问题中的所求量 V 符合下列条件：

（1）V 是与某个变量（如 x）的变化区间 $[a,b]$ 有关的量；

（2）V 对于区间 $[a,b]$ 具有可加性，即如果把区间 $[a,b]$ 分成许多部分区间，则 V 相应地分成许多部分量，而 V 等于所有部分量之和；

（3）部分量 ΔV_i 的近似值可以表示为 $f(\xi_i)\Delta x_i$．

那么就可以考虑用定积分来表达这个量 V．通常写出这个量 V 的积分表达式的步骤是：

第一步，根据问题的具体情况，选取一个变量如 x 为积分变量，并确定它的变化区间 $[a,b]$．

第二步，把区间 $[a,b]$ 分成 n 个小区间，取其中任一个小区间并记为 $[x,x+\mathrm{d}x]$，

求出相应于这个小区间的部分量 ΔV 的近似值. 如果 ΔV 能近似地表示为 $[a,b]$ 上的一个连续函数在 x 处的值 $f(x)$ 与 $\mathrm{d}x$ 的乘积，并且 ΔV 与 $f(x)\mathrm{d}x$ 相差一个比 $\mathrm{d}x$ 高阶的无穷小，把 $f(x)\mathrm{d}x$ 称为量 V 的元素，记作 $\mathrm{d}V$，即 $\mathrm{d}V = f(x)\mathrm{d}x$.

第三步，以 $f(x)\mathrm{d}x$ 为被积表达式，在区间 $[a,b]$ 上作定积分，得 $V = \int_a^b f(x)\mathrm{d}x$. 这就是所求量 V 的积分表达式.

这种方法通常称为元素法. 下面我们就用这个方法来解决一些几何与物理方面的问题.

5.5.2　定积分在几何学上的应用

1. 平面图形的面积

若函数 $f(x)$，$g(x)$ 在 $[a,b]$ 上连续且 $f(x) \geqslant g(x)$，则由曲线 $y = f(x)$，$y = g(x)$ 及直线 $x = a$，$x = b$ 所围成的平面图形的面积为

$$A = \int_a^b [f(x) - g(x)]\mathrm{d}x,$$

其中面积 A 的元素为 $\mathrm{d}A = [f(x) - g(x)]\mathrm{d}x$.

类似地，若函数 $\varphi(y)$，$\psi(y)$ 在 $[c,d]$ 上连续，且 $\varphi(y) \geqslant \psi(y)$，则由曲线 $x = \varphi(y)$，$x = \psi(y)$ 及直线 $y = c$，$y = d$ 所围成的平面图形的面积为

$$A = \int_c^d [\varphi(y) - \psi(y)]\mathrm{d}y,$$

其中面积 A 的元素为 $\mathrm{d}A = [\varphi(y) - \psi(y)]\mathrm{d}y$.

例 5.38　求直线 $y = x$ 与 $y = x^2$ 所围成图形的面积.

解　这个图形如图 5-10 所示，由方程组 $\begin{cases} y = x \\ y = x^2 \end{cases}$ 可得交点为 $(0,0)$ 和 $(1,1)$，因此图形在直线 $x = 0$ 与 $x = 1$ 之间，取 x 为积分变量，则所求面积 A 的元素为

$$\mathrm{d}A = [x - x^2]\mathrm{d}x,$$

于是所求面积为

$$A = \int_0^1 [x - x^2]\mathrm{d}x = \left[\frac{x^2}{2} - \frac{x^3}{3} \right]_0^1 = \frac{1}{6}.$$

例 5.39　求抛物线 $y^2 = 2x$ 与直线 $x - y = 4$ 所围成的图形的面积.

解　作图如图 5-11 所示. 由方程组 $\begin{cases} y^2 = 2x \\ x - y = 4 \end{cases}$ 可得交点为 $(2,-2)$ 和 $(8,4)$，因此图形在直线 $y = -2$ 与 $y = 4$ 之间，取 y 为积分变量，则所求面积元素为

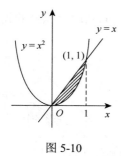

图 5-10

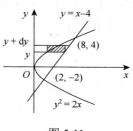

图 5-11

$$dA = \left[(y+4) - \frac{y^2}{2} \right] dy,$$

于是所求面积为

$$A = \int_{-2}^{4} \left[(y+4) - \frac{y^2}{2} \right] dy = \left[\frac{y^2}{2} + 4y - \frac{y^3}{6} \right]_{-2}^{4} = 18.$$

如果此题以 x 作为积分变量，则要对区间分段考虑. 因此，在使用元素法时，正确选择积分变量很重要.

例 5.40　求椭圆 $\dfrac{x^2}{a^2} + \dfrac{y^2}{b^2} = 1$ 所围成的面积（$a > 0, b > 0$）.

解　如图 5-12 所示，据椭圆图形的对称性，整个椭圆面积应为位于第一象限内面积的 4 倍. 取 x 为积分变量，则 $0 \leqslant x \leqslant a$，$y = b\sqrt{1 - \dfrac{x^2}{a^2}}$，面积元素为

$$dA = b\sqrt{1 - \frac{x^2}{a^2}}\, dx,$$

故所求面积为

$$A = 4\int_0^a y\, dx = 4\int_0^a b\sqrt{1 - \frac{x^2}{a^2}}\, dx.$$

作变量替换 $x = a\cos t\left(0 \leqslant t \leqslant \dfrac{\pi}{2} \right)$，则 $y = b\sin t$，$dx = -a\sin t\, dt$，于是

$$A = 4\int_{\frac{\pi}{2}}^{0} (b\sin t)(-a\sin t)\, dt = 4ab\int_0^{\frac{\pi}{2}} \sin^2 t\, dt$$

$$= 4ab \cdot \frac{1}{2} \cdot \frac{\pi}{2} = \pi ab.$$

如果曲线由极坐标方程

$$\rho = \rho(\theta),\ \alpha \leqslant \theta \leqslant \beta$$

给出，其中 $\rho(\theta)$ 在区间 $[\alpha, \beta]$ 上连续，$\beta - \alpha \leqslant 2\pi$. 由曲线 $\rho = \rho(\theta)$ 及射线 $\theta = \alpha$，

$\theta = \beta$ 所围成的平面图形称为曲边扇形（图 5-13）. 下面利用定积分的元素法来计算该曲边扇形的面积.

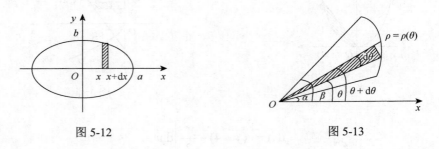

图 5-12　　　　　　　　　　　　　　图 5-13

取 θ 为积分变量，其变化范围为 $[\alpha, \beta]$，在小区间 $[\theta, \theta + \mathrm{d}\theta]$ 上以小扇形面积 $\mathrm{d}A$ 作为小曲边扇形面积的近似值，于是得面积元素为

$$\mathrm{d}A = \frac{1}{2}\rho^2(\theta)\mathrm{d}\theta.$$

将 $\mathrm{d}A$ 在 $[\alpha, \beta]$ 上积分，得曲边扇形面积为

$$A = \frac{1}{2}\int_{\alpha}^{\beta}\rho^2(\theta)\mathrm{d}\theta.$$

例 5.41 计算心形线（图 5-14）

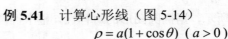

$$\rho = a(1 + \cos\theta)\ (a > 0)$$

所围成的图形的面积.

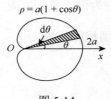

图 5-14

解 心形线所围成的图形关于极轴对称，因此所求图形的面积 A 是极轴以上部分图形面积 A_1 的两倍. 对于极轴以上部分的图形，θ 的变化区间为 $[0, \pi]$. 在 $[0, \pi]$ 上任一小区间 $[\theta, \theta + \mathrm{d}\theta]$ 的窄曲边扇形的面积近似于半径为 $a(1 + \cos\theta)$、中心角为 $\mathrm{d}\theta$ 的扇形的面积. 从而得面积元素

$$dA = \frac{1}{2}a^2(1 + \cos\theta)^2\mathrm{d}\theta,$$

于是

$$A_1 = \int_0^\pi \frac{1}{2}a^2(1 + \cos\theta)^2\mathrm{d}\theta = \frac{a^2}{2}\int_0^\pi (1 + 2\cos\theta + \cos^2\theta)\mathrm{d}\theta$$

$$= \frac{a^2}{2}\int_0^\pi \left(\frac{3}{2} + 2\cos\theta + \frac{1}{2}\cos 2\theta\right)\mathrm{d}\theta$$

$$= \frac{a^2}{2}\left[\frac{3}{2}\theta + 2\sin\theta + \frac{1}{4}\sin 2\theta\right]_0^\pi = \frac{3}{4}\pi a^2,$$

故所求面积为

$$A = 2A_1 = \frac{3}{2}\pi a^2 .$$

2. 旋转体的体积

旋转体是由一个平面图形绕该平面内一条定直线旋转一周而生成的立体，该定直线称为旋转轴. 如圆柱可看成是矩形绕它的一条边旋转一周而成的旋转体.

下面我们利用定积分的元素法来计算由曲线 $y = f(x)$ 、直线 $x = a$ 、$x = b$ 及 x 轴所围成的曲边梯形绕 x 轴旋转一周而成的旋转体的体积（图 5-15）.

取 x 为积分变量，则 $x \in [a,b]$，对于区间 $[a,b]$ 上的任一区间 $[x, x+\mathrm{d}x]$，它所对应的窄曲边梯形绕 x 轴旋转而生成的薄片似的立体的体积近似等于以 $f(x)$ 为底半径，$\mathrm{d}x$ 为高的圆柱体体积. 即体积元素为

$$\mathrm{d}V = \pi[f(x)]^2 \mathrm{d}x ,$$

于是，所求的旋转体的体积为

$$V = \int_a^b \pi[f(x)]^2 \mathrm{d}x .$$

同理，由曲线 $x = \varphi(y)$ 与直线 $y = c$ 、$y = d$ 及 y 轴所围成的平面图形（图 5-16）绕 y 轴旋转一周而成的旋转体体积为

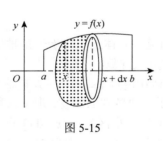

图 5-15

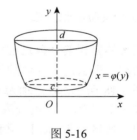

图 5-16

$$V = \int_c^d \pi[\varphi(y)]^2 \mathrm{d}y .$$

例 5.42　求由直线 $y = \dfrac{r}{h}x$ 及直线 $x = 0$ 、$x = h(r>0,$ $h>0)$ 和 x 轴所围成的三角形绕 x 轴旋转而成的立体的体积.

解　如图 5-17 所示，取 x 为积分变量，则 $x \in [0,h]$.
在区间 $[x, x+\mathrm{d}x]$ 上，它所对应的旋转体的薄片的体积近似等于以 y 为底半径，$\mathrm{d}x$ 为高的圆柱体体积，即体积元素为

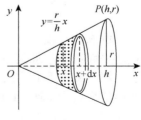

图 5-17

$$\mathrm{d}V = \pi y^2 \,\mathrm{d}x = \pi\left(\frac{r}{h}x\right)^2 \mathrm{d}x,$$

于是所求立体的体积为

$$V = \int_0^h \pi\left(\frac{r}{h}x\right)^2 \mathrm{d}x = \frac{\pi r^2}{h^2}\int_0^h x^2\,\mathrm{d}x = \frac{\pi}{3}r^2 h.$$

例 5.43　计算椭圆 $\frac{x^2}{a^2} + \frac{y^2}{b^2} = 1$ 所围成的图形绕 y 轴旋转而成的立体体积.

解　所求旋转体可看作右半椭圆 $x = \frac{a}{b}\sqrt{b^2 - y^2}$ 及 y 轴所围成的图形绕 y 轴旋转所生成的立体. 所对应的旋转体的体积元素为

$$\mathrm{d}V = \pi x^2 \,\mathrm{d}y = \pi\left(\frac{a}{b}\sqrt{b^2 - y^2}\right)^2 \mathrm{d}y.$$

于是所求立体的体积为

$$V = \int_{-b}^b \pi\left(\frac{a}{b}\sqrt{b^2 - y^2}\right)^2 \mathrm{d}y = \frac{\pi a^2}{b^2}\int_{-b}^b (b^2 - y^2)\,\mathrm{d}y = \frac{4}{3}\pi a^2 b.$$

3. 平行截面面积为已知的立体的体积

由旋转体体积的计算过程可以发现：如果知道该立体上垂直于一定轴的各个截面的面积，那么这个立体的体积也可以用定积分来计算.

如图 5-18 所示，取定轴为 x 轴，并且设该立体在过点 $x=a$，$x=b$ 且垂直于 x 轴的两个平面之内，以 $A(x)$ 表示过点 x 且垂直于 x 轴的截面面积. 取 x 为积分变量，它的变化区间为 $[a,b]$. 立体中相应于 $[a,b]$ 上任一小区间 $[x, x+\mathrm{d}x]$ 的一薄片的体积近似于底面积为 $A(x)$，高为 $\mathrm{d}x$ 的柱体的体积，即体积元素为 $\mathrm{d}V = A(x)\mathrm{d}x$，于是，该立体的体积为

$$V = \int_a^b A(x)\,\mathrm{d}x.$$

例 5.44　设有底半径为 R 的圆柱体，被一与圆柱底面交成 α 角且过底圆上直径的平面所截，求截下的楔体的体积.

解　如图 5-19 所示，将圆柱的底面置于坐标面 xOy 上，取这平面与圆柱体的底面的交线为 x 轴，底面上过圆心，且垂直于 x 轴的直线为 y 轴. 则底圆的方程为 $x^2 + y^2 = R^2$. 过点 $(0,y,0)$ 且垂于 y 轴作一平面与楔形相交，截得一矩形，且其底边长为 $2x$，高为 $y\tan\alpha$，故矩形面积为

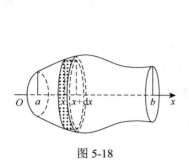

图 5-18

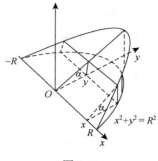

图 5-19

$$A(y) = 2x \cdot y \tan \alpha = 2y\sqrt{R^2 - y^2} \tan \alpha .$$

于是，楔体体积 V 的元素为

$$\mathrm{d}V = 2y\sqrt{R^2 - y^2} \tan \alpha \cdot \mathrm{d} y ,$$

由于 y 作为积分变量，故积分区间为 $[0, R]$ ，得

$$V = \int_0^R 2y\sqrt{R^2 - y^2} \tan \alpha \, \mathrm{d} y$$

$$= -\tan \alpha \int_0^R \sqrt{R^2 - y^2} \, \mathrm{d}(R^2 - y^2)$$

$$= -\frac{2}{3} \tan \alpha \cdot \left[(R^2 - y^2)^{\frac{3}{2}} \right]_0^R = \frac{2}{3} R^3 \tan \alpha .$$

4. 平面曲线的弧长

我们先建立平面上的连续曲线的弧长的概念，再用定积分来计算弧长. 设 A ，B 是曲线弧 $\overset{\frown}{AB}$ 的两个端点. 在弧上任取分点 $A = M_0, M_1$, $M_2, \cdots, M_{i-1}, M_i, \cdots, M_{n-1}, M_n = B$ ，并依次连接相邻的分点得一内接折线（图 5-20）. 当分点的数目无限增加且每个小线段 $M_{i-1}M_i$ 都缩向一点时，如果此折线的长 $\sum_{i=1}^{n} |M_{i-1}M_i|$ 的极限存在，则称此极限为曲线的弧长，并称此曲线弧是可求长的.

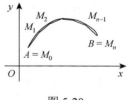

图 5-20

当曲线上的每一点处都有切线，并且切线随切点的移动而连续转动，这样的曲线称为光滑曲线. 对光滑曲线弧，我们有如下结论：

定理 5.9　光滑曲线弧是可求长的.

定理的证明略去. 我们利用定积分的元素法来讨论平面光滑曲线弧长的计算公式. 设函数 $f(x)$ 在区间 $[a,b]$ 上具有一阶连续的导数，现在来计算从 $x = a$ 到

$x = b$ 的一段曲线弧 $\overset{\frown}{AB}$ 的长度. 我们在第 3 章第 3.7 节曲率部分已经导出弧微分即弧长元素的计算公式为

$$\mathrm{d}s = \sqrt{1 + y'^2}\,\mathrm{d}x \text{ 或 } \mathrm{d}s = \sqrt{(\mathrm{d}x)^2 + (\mathrm{d}y)^2}.$$

对弧长 s 的元素在区间 $[a,b]$ 上积分，从而所求弧长为

$$s = \int_a^b \sqrt{1 + y'^2}\,\mathrm{d}x.$$

例 5.45　计算曲线 $y = \dfrac{1}{2}x^2$ $(0 \leqslant x \leqslant 1)$ 的弧长.

解　弧长元素为

$$\mathrm{d}s = \sqrt{(\mathrm{d}x)^2 + (\mathrm{d}y)^2} = \sqrt{1 + x^2}\,\mathrm{d}x.$$

于是所求曲线弧长为

$$s = \int_0^1 \sqrt{1 + x^2}\,\mathrm{d}x = \left[\frac{x}{2}\sqrt{x^2 + 1} + \frac{1}{2}\ln(x + \sqrt{1 + x^2})\right]_0^1$$

$$= \frac{\sqrt{2} + \ln(1 + \sqrt{2})}{2}.$$

若曲线由参数方程

$$\begin{cases} x = \varphi(t), \\ y = \psi(t) \end{cases} (\alpha \leqslant t \leqslant \beta)$$

给出，则弧长元素为

$$\mathrm{d}s = \sqrt{(\mathrm{d}x)^2 + (\mathrm{d}y)^2} = \sqrt{[\varphi'(t)]^2 + [\psi'(t)]^2}\,\mathrm{d}t.$$

于是所求弧长为

$$s = \int_\alpha^\beta \sqrt{[\varphi'(t)]^2 + [\psi'(t)]^2}\,\mathrm{d}t.$$

例 5.46　计算摆线

$$\begin{cases} x = a(\theta - \sin\theta), \\ y = a(1 - \cos\theta) \end{cases} (0 \leqslant \theta \leqslant 2\pi, a > 0)$$

的一拱（图 5-21）的长度.

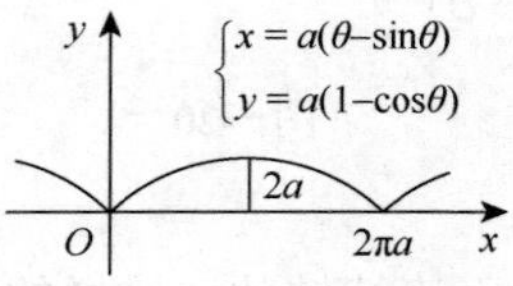

图 5-21

解　弧长元素为

$$\mathrm{d}s = \sqrt{a^2(1 - \cos\theta)^2 + a^2\sin^2\theta}\,\mathrm{d}\theta$$

$$= a\sqrt{2(1 - \cos\theta)}\,\mathrm{d}\theta = 2a\sin\frac{\theta}{2}\,\mathrm{d}\theta.$$

所求弧长为

$$s = \int_0^{2\pi} 2a\sin\frac{\theta}{2}\,\mathrm{d}\theta = \left[2a\left(-2\cos\frac{\theta}{2}\right)\right]_0^{2\pi} = 8a.$$

若曲线由极坐标方程

$$\rho = \rho(\theta) \quad (\alpha \leqslant \theta \leqslant \beta)$$

给出，其中 $\rho(\theta)$ 在 $[\alpha, \beta]$ 上具有连续导数，则由直角坐标和极坐标的关系可得

$$\begin{cases} x = \rho(\theta)\cos\theta, \\ y = \rho(\theta)\sin\theta \end{cases} \quad (\alpha \leqslant \theta \leqslant \beta).$$

这就是以极角 θ 为参数的曲线弧的参数方程. 于是，弧长元素为

$$\mathrm{d}s = \sqrt{(\mathrm{d}x)^2 + (\mathrm{d}y)^2}$$
$$= \sqrt{\rho^2(\theta) + \rho'^2(\theta)}\,\mathrm{d}\theta,$$

从而所求弧长为

$$s = \int_\alpha^\beta \sqrt{\rho^2 + \rho'^2}\,\mathrm{d}\theta.$$

例 5.47　计算心形线 $\rho = a(1 + \cos\theta)$ $(0 \leqslant \theta \leqslant 2\pi)$ 的弧长.

解　心形线如图 5-22 所示，弧长元素为

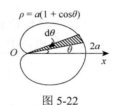

图 5-22

$$\mathrm{d}s = \sqrt{a^2(1+\cos\theta)^2 + (-a\sin\theta)^2}\,\mathrm{d}\theta$$
$$= 2a\left|\cos\frac{\theta}{2}\right|\mathrm{d}\theta.$$

于是所求曲线弧长为

$$s = \int_0^{2\pi} 2a\left|\cos\frac{\theta}{2}\right|\mathrm{d}\theta = 2a\int_0^\pi \cos\frac{\theta}{2}\,\mathrm{d}\theta - 2a\int_\pi^{2\pi}\cos\frac{\theta}{2}\,\mathrm{d}\theta = 8a.$$

5.5.3　定积分在物理学上的应用

在变化状态下，一些物理量的计算也可依照元素法的思想，利用定积分来解决.

1. 变力沿直线所做的功

由物理学可知，当物体在恒力 F 的作用下，沿力的方向作直线运动，则在物体移动距离为 S 时，力 F 所做的功为

$$W = F \cdot S.$$

但在实际问题中常需计算变力所做的功，下面通过具体的例子来说明如何计算变力沿直线所做的功.

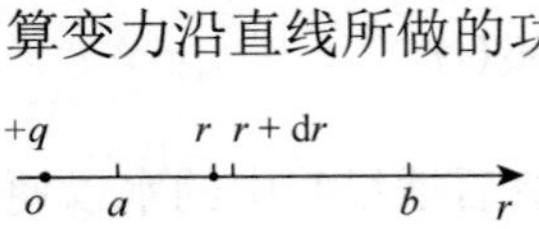

例 5.48　一个带 $+q$ 电量的点电荷放在 r 轴上坐标原点处，形成一电场. 求单位正电荷在电场中沿 r 轴方向从 $r = a$ 移动到 $r = b$ 处时（$a < b$）（图 5-23），电场力对它做的功.

+q　　　r r+dr
o　a　　　　b　r

图 5-23

解　根据静电学，如果有一单位正电荷放在电场中距离原点为 r 的地方，则电荷对它的作用力的大小为

$$F = k\frac{q}{r^2} \quad (k\text{为常数}).$$

因此，在单位正电荷移动的过程中，电场力对它的作用力是变力. 取 r 为积分变量，$r \in [a,b]$，设 $[r,r+\mathrm{d}r]$ 为 $[a,b]$ 上任一小区间，当单位正电荷从 r 处移动到 $r+\mathrm{d}r$ 处时，电场力所做功的近似值为

$$\mathrm{d}W = k\frac{q}{r^2}\mathrm{d}r.$$

以 $k\dfrac{q}{r^2}\mathrm{d}r$ 为被积表达式，于是所求的功为

$$W = \int_a^b k\frac{q}{r^2}\mathrm{d}r = \left[k\frac{q}{-r}\right]_a^b = kq\left(\frac{1}{a}-\frac{1}{b}\right).$$

注　将单位正电荷从 $r=a$ 处移动到无限远处时，电场所做的功成为电场中 $r=a$ 处的电位 V. 于是有

$$V = \int_a^{+\infty} k\frac{q}{r^2}\mathrm{d}r = \lim_{b\to+\infty}\int_a^b k\frac{q}{r^2}\mathrm{d}r = \lim_{b\to+\infty} kq\left(\frac{1}{a}-\frac{1}{b}\right) = \frac{kq}{a}.$$

例 5.49　已知一弹簧拉长 0.02 m 要用 9.8 N 的力，求把该弹簧拉长 0.1 m 所做的功.

解　由物理学中的胡克定理可知，在弹性限度内拉伸弹簧所需要的力与弹簧的伸长量 x 成正比，即

$$F = k \cdot x \quad (k\text{为比例系数}).$$

根据题意，当 $x=0.02$ m 时，$F=9.8$ N，所以 $k=4.9\times10^2$，即

$$F = 4.9\times10^2 x.$$

设弹簧沿着 x 轴正方向拉伸，则 x 的变化范围为 $[0,0.1]$，在 $[0,0.1]$ 上任取一小区间 $[x,x+\mathrm{d}x]$（图 5-24），与该小区间对应的变力 F 可近似地看作常力，因此在此小区间上力 F 所做功 W 的元素为

$$\mathrm{d}W = 4.9\times10^2 x\mathrm{d}x,$$

于是弹簧拉长 0.1m 所做的功为

$$W = \int_0^{0.1} 4.9\times10^2 x\mathrm{d}x = 4.9\times10^2\left[\frac{x^2}{2}\right]_0^{0.1} = 2.45\,(\mathrm{J}).$$

例 5.50　修建大桥的桥墩时应先筑起圆柱形的围囹，然后抽尽其中的水以便暴露出河床进行施工作业. 已知围囹的直径为 20 m，水深 27 m，围囹顶端高出水面 3 m，求抽尽围囹内的水所做的功.

解　建立如图 5-25 所示的坐标系 xOy. 取积分变量为 x，积分区间为 $[3,30]$，在区间 $[3,30]$ 上任取一小区间 $[x,x+\mathrm{d}x]$，则此小区间对应的薄薄一层水的质量为

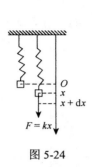

图 5-24

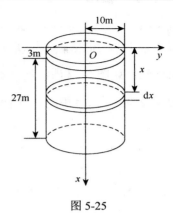

图 5-25

$$\mathrm{d}M = \rho \cdot \pi \cdot 10^2 \cdot \mathrm{d}x ,$$

其中水的密度 $\rho = 10^3 \, \mathrm{kg} / \mathrm{m}^3$，而这一薄层水抽出围囹所做作的功就是克服其重力将其提升至围囹顶端所做的功，于是所求功 W 的元素为

$$\mathrm{d}W = g \cdot x \cdot \mathrm{d}M = \rho g \pi 10^2 x \mathrm{d}x \quad (g = 9.8 \mathrm{m} / \mathrm{s}^2),$$

因此

$$W = \int_3^{30} \rho g \pi 10^2 x \mathrm{d}x = \rho g \pi 10^2 \left[\frac{x^2}{2} \right]_3^{30} \approx 1.37 \times 10^9 \ (\mathrm{J}).$$

2. 水压力

物理学知识告诉我们，在距液体表面深 h 处的液体压强是 $p = \rho g h$，其中 ρ 是液体的密度. 当一面积为 S 的平面薄片与液面平行地置于液面下深 h 处，则薄片的一侧所受的压力为

$$F = pS = \rho g h S .$$

现将该薄片垂直于液面置入于液体中，则薄片各处因为所在深度不同而压强各不相同，故不能用上述公式计算薄片一侧所受的压力. 设薄片的形状为一曲边梯形，其位置及坐标系选择如图 5-26 所示，y 轴与液面相齐，x 轴垂直于液面，曲边的方程为 $y = f(x)$，薄片上边为 $x = a$，下边为 $x = b$. 在 x 处垂直于 x 轴取的面积近似于小矩形面积 $\mathrm{d}S = f(x)\mathrm{d}x$，并且在小曲边梯形上各处与液面的距离等于或近似于 x，故在小曲边梯形一侧所受压力的近似值（即压力的元素）为

$$\mathrm{d}F = \rho g x \mathrm{d}S = \rho g x f(x) \mathrm{d}x ,$$

于是薄片一侧所受的压力为

$$F = \int_a^b \rho g x f(x) \mathrm{d}x .$$

例 5.51　一长轴为 2 m 短轴为 1 m 的椭圆形薄板，短轴与水面相齐地将一半垂直置于水中，求此薄板一侧所受的水压力.

解　建立如图 5-27 所示的坐标系，椭圆方程为 $x^2 + 4y^2 = 1$，即 $y = \dfrac{1}{2}\sqrt{1-x^2}$，取 x 为积分变量，$x \in [0,1]$，在 $[0,1]$ 上任取小区间 $[x, x+\mathrm{d}x]$，小区间上压力元素为

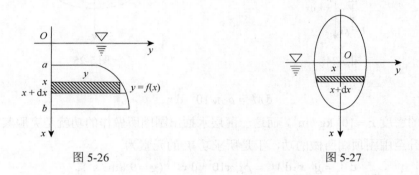

图 5-26　　　　　　　　　　　　　　　图 5-27

$$\mathrm{d}F = \rho g x \cdot 2y \cdot \mathrm{d}x = 9.8 \times 10^3 x \sqrt{1-x^2}\, \mathrm{d}x,$$

于是，所求压力为

$$
\begin{aligned}
F &= \int_0^1 9.8 \times 10^3 x \sqrt{1-x^2}\, \mathrm{d}x \\
&= 9.8 \times 10^3 \int_0^1 \left(-\frac{1}{2}\right) \sqrt{1-x^2}\, \mathrm{d}(1-x^2) \\
&= 9.8 \times 10^3 \times \left(-\frac{1}{2}\right) \left[\frac{2}{3}\left(1-x^2\right)^{\frac{3}{2}} \right]_0^1 \\
&\approx 3.27 \times 10^3\ (\mathrm{N}).
\end{aligned}
$$

3. 引力

由物理学知道，质量为 m_1，m_2 相距为 r 的两质点间的引力大小为 $F = G\dfrac{m_1 m_2}{r^2}$，$G$ 为引力系数. 引力的方向沿着两质点的连线方向. 如果要计算一根细棒对一个质点的引力，由于细棒上各点与该质点的距离是变化的，并且各点对该质点的引力方向也是变化的，便不能简单地用上述公式来作计算了. 下面举例说明它的计算方法.

例 5.52　设有一长度为 l，线密度为 μ 的均匀细直棒，在其中垂线上距棒 a 单位处有一质量为 m 的质点 M，试求这细棒对质点 M 的引力.

解　建立如图 5-28 所示的坐标系，使棒位于 y 轴上，质点 M 位于 x 轴上，棒的中心为原点 O，取 y 为积分变量，它的变化区间为 $\left[-\dfrac{l}{2},\dfrac{l}{2}\right]$. 在细棒上截取一小段，其长度为 $\mathrm{d}y$，它的质量近似于 $\mu\mathrm{d}y$，近似地看成质点，它到质点 M 的距离为 $r=\sqrt{a^2+y^2}$. 因此，该小段细棒对质点 M 的引力元素 ΔF 的大小约为

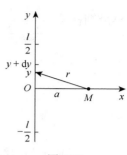

图 5-28

$$\Delta F \approx G\frac{m\mu\mathrm{d}y}{a^2+y^2},$$

ΔF 在水平方向（即 x 轴）上的分力 ΔF_x 的近似值，即细棒对质点 M 的引力在水平方向分力 F_x 的元素为

$$\mathrm{d}F_x \approx -G\frac{am\mu\mathrm{d}y}{\sqrt{(a^2+y^2)^3}},$$

于是，我们得到了细棒对质点的引力在水平方向的分力为

$$F_x = -\int_{-\frac{l}{2}}^{\frac{l}{2}} G\frac{am\mu\mathrm{d}y}{\sqrt{(a^2+y^2)^3}} = -\frac{2Gm\mu l}{a}\cdot\frac{1}{\sqrt{4a^2+l^2}}.$$

由对称性知，细棒对质点的引力在铅直方向的分力为 $F_y=0$.

当细棒的长度 l 很大时，可视 l 趋于无穷大. 此时，引力的大小为 $\dfrac{2Gm\mu}{a}$，方向与细棒垂直且由 M 指向细棒.

4. 转动惯量

在刚体力学中已知：若一质点质量为 m，其到一轴的距离为 r，则该质点绕该轴的转动惯量为 $I=mr^2$.

现在考虑质量连续分布的物体绕轴的转动惯量问题。一般地说，如果物体形状对称、质量均匀分布，那么可以用定积分来计其转动惯量.

例 5.53　一均匀细杆长为 l，质量为 m，试求细杆绕过它的中点且垂直于杆的轴的转动惯量.

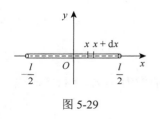

图 5-29

解　选择坐标系如图 5-29 所示. 我们采用元素法考虑细杆上 $[x,x+\mathrm{d}x]$ 的一段，它的质量为 $\dfrac{m}{l}\mathrm{d}x$，把这一小段杆设想为位于 x 处的一个质点，它到转动轴距离为 $|x|$，于是得转动惯量元素为

$$\mathrm{d}I=\frac{m}{l}x^2\mathrm{d}x,$$

再沿细杆从 $-\dfrac{l}{2}$ 到 $\dfrac{l}{2}$ 积分，便得整个细杆转动惯量为

$$I = \int_{-\frac{l}{2}}^{\frac{l}{2}} \frac{m}{l} x^2 \mathrm{d}x = \left. \frac{mx^3}{3l} \right|_{-\frac{l}{2}}^{\frac{l}{2}} = \frac{ml^2}{12}.$$

习　题　5-5

1. 求由下列曲线围成的平面图形的面积：

（1）$y = \dfrac{1}{x}$ 及直线 $y = x, x = 2$；

（2）$y = \dfrac{x^2}{2}$ 与 $x^2 + y^2 = 8$（两部分均应计算）；

（3）$y = \mathrm{e}^x, y = \mathrm{e}^{-x}$ 与直线 $x = 1$；

（4）$y = \ln x$，y 轴与直线 $y = \ln a, y = \ln b\,(b > a > 0)$.

2. 求二曲线 $r = \sin\theta$ 与 $r = \sqrt{3}\cos\theta$ 所围公共部分的面积.

3. 求由 $y = x^3, x = 2, y = 0$ 所围成的图形，绕 x 轴及 y 轴旋转所得的两个不同的旋转体的体积.

4. 求由曲线 $y = x^2$ 和 $x = y^2$ 所围成的图形绕 y 轴旋转后所得旋转体体积.

5. 求由曲线 $x^2 + (y-5)^2 = 16$ 所围图形绕 x 轴旋转一周所得旋转体体积.

6. 试求由曲线 $f(x) = \ln x\,(0 < x \leqslant 1), x = 0, y = 0$ 所围成的图形分别绕 x 轴和 y 轴旋转所得的旋转体的体积.

7. 抛物线 $y = \sqrt{x-2}$ 过点 $P(1,0)$ 的切线，与该抛物线及 x 轴围成一平面图形，求此图形绕 x 轴旋转所成旋转体的体积.

8. 有一立体，以长半轴 $a = 10$、短半轴 $b = 5$ 的椭圆为底，而垂直于长轴的截面都是等边三角形，求该立体的体积.

9. 计算曲线 $y = \ln x$ 相对应于 $x = \sqrt{3}$ 到 $x = \sqrt{8}$ 的一段曲线弧长.

10. 计算 $\rho\theta = 1$ 相应于自 $\theta = \dfrac{3}{4}$ 到 $\theta = \dfrac{4}{3}$ 的一段弧长.

11. 求星形线 $\begin{cases} x = a\cos^3 t, \\ y = a\sin^3 t \end{cases}$ 的全长.

12. 在 x 轴上作直线运动的质点，在任意点 x 处所受的力为 $F(x) = 1 - \mathrm{e}^{-x}$，试求质点从 $x = 0$ 运动到 $x = 1$ 处所做的功.

13. 设把一金属杆的长度由 a 拉长到 $a + x$ 时，所需的力等于 $\dfrac{kx}{a}$，其中 k 为常数，试求将该金属杆由长度 a 拉长到 b 所做的功.

14. 一个底半径为 R m，高为 H m 的圆柱形水桶装满了水，要把桶内的水全部吸出，需要做多少功（水的密度为 10^3 kg / m^3，g 取 10 m / s^2）？

15. 一矩形闸门垂直立于水中，宽为 10 m，高为 6 m，问闸门上边界在水面下多少米时？它所受的压力等于上边界与水面相齐时所受压力的两倍.

总习题五（A）

1. 填空题

（1）$\dfrac{\mathrm{d}}{\mathrm{d}x}\displaystyle\int_{x^2}^{0} x\cos t^2\mathrm{d}t =$ _____.

（2）$\displaystyle\int_{-4}^{4} \sqrt{16-x^2}\,\mathrm{d}x =$ _____.

（3）$\displaystyle\int_{-\frac{\pi}{2}}^{\frac{\pi}{2}} (x^3+\sin^2 x)\cos^2 x\mathrm{d}x =$ _____.

（4）$\displaystyle\int_{1}^{+\infty} \dfrac{1}{x\sqrt{x^2-1}}\,\mathrm{d}x =$ _____.

（5）$\displaystyle\lim_{x\to 0}\dfrac{\displaystyle\int_{0}^{x}\sqrt{1+t^2}\,\mathrm{d}t}{x} =$ _____.

（6）$\displaystyle\lim_{n\to\infty}\left(\dfrac{n}{n^2+1}+\dfrac{n}{n^2+2^2}+\cdots+\dfrac{n}{n^2+n^2}\right) =$ _____.

2. 选择题

（1）设 $f(x)=\displaystyle\int_{0}^{\sin x}\sin t^2\mathrm{d}t, g(x)=x^3+x^4$，则当 $x\to 0$ 时，$f(x)$ 是 $g(x)$ 的（　　　）.

    A. 等价无穷小　　　　　　　　　B. 同阶但非等价的无穷小

    C. 高阶无穷小　　　　　　　　　D. 低阶无穷小

（2）设 $M=\displaystyle\int_{-\frac{\pi}{2}}^{\frac{\pi}{2}}\dfrac{\sin x}{1+x^2}\cos^4 x\mathrm{d}x$，$N=\displaystyle\int_{-\frac{\pi}{2}}^{\frac{\pi}{2}}(\sin^5 x+\cos^4 x)\mathrm{d}x$ $P=\displaystyle\int_{-\frac{\pi}{2}}^{\frac{\pi}{2}}(x^2\sin^3 x-\cos^4 x)\mathrm{d}x$，则有（　　　）.

    A. $N<P<M$　　　B. $M<P<N$　　　　C. $N<M<P$　　　　D. $P<M<N$

（3）下列式子中，正确的是（　　　）.

    A. $\left(\displaystyle\int_{x}^{0}\cos t\mathrm{d}t\right)' =\cos x$　　　　　　B. $\left(\displaystyle\int_{0}^{x}\cos t\mathrm{d}t\right)' =\cos x$

    C. $\left(\displaystyle\int_{0}^{x}\cos t\mathrm{d}t\right)' =0$　　　　　　　D. $\left(\displaystyle\int_{0}^{\frac{\pi}{2}}\cos t\mathrm{d}t\right)' =\cos x$

（4）下列广义积分收敛的是（　　　）.

A. $\int_0^{+\infty} e^x dx$　　B. $\int_1^{+\infty} \dfrac{1}{x} dx$　　C. $\int_0^{+\infty} \cos x dx$　　D. $\int_1^{+\infty} \dfrac{1}{x^2} dx$

（5）设 $a_n = \dfrac{3}{2}\int_0^{\frac{n}{n+1}} x^{n-1}\sqrt{1+x^n}\,dx$，则极限 $\lim\limits_{n\to\infty} na_n$ 等于（　　）.

A. $(1+e)^{\frac{3}{2}}+1$　B. $(1+e^{-1})^{\frac{3}{2}}-1$　C. $(1+e^{-1})^{\frac{3}{2}}+1$　D. $(1+e)^{\frac{3}{2}}-1$

3. 求证下列各式：

（1）$-2 \leqslant \int_{-1}^3 \dfrac{x}{x^2+1}dx \leqslant 2$；

（2）$\int_x^1 \dfrac{dt}{1+t^2} = \int_1^{\frac{1}{x}} \dfrac{dt}{1+t^2}$.

4. 计算下列积分：

（1）$\int_{-2}^2 \dfrac{e^x}{e^x+1}dx$；　　（2）$\int_1^2 \dfrac{(x+1)(x^2-2)}{3x}dx$；　　（3）$\int_0^4 |2-x|dx$；

（4）$\int_0^{e-1} \ln(x+1)dx$；　　（5）$\int_0^1 \sqrt{1+x^2}dx$；　　（6）$\int_0^\pi \sqrt{1+\cos 2x}dx$；

（7）$\int_{-1}^1 (|x|+x)e^{-|x|}dx$；　　（8）$\int_0^1 \dfrac{\ln(1+x)}{(2-x)^2}dx$；　　（9）$\int_0^{\ln 2}\sqrt{1-e^{-2x}}dx$；

（10）$\int_1^{+\infty} \dfrac{dx}{x^2(1+x^2)}$.

5. 设 $f(2)=1$，$f'(2)=0$，$\int_0^2 f(x)dx=1$，求 $\int_0^1 x^2 f''(2x)dx$.

6. 求连续函数 $f(x)$，使它满足 $\int_0^1 f(tx)dt = f(x)+x\sin x, f(0)=0$.

7. 若 $\int_x^{2\ln 2} \dfrac{dt}{\sqrt{e^t-1}} = \dfrac{\pi}{6}$，求 x.

8. 设 $f(x)=\begin{cases} \dfrac{1}{1+x}, & 当 x\geqslant 0 时，\\ \dfrac{1}{1+e^x}, & 当 x<0 时，\end{cases}$ 求 $\int_0^2 f(x-1)dx$.

9. 设 $x\to 0$ 时，$F(x)=\int_0^x (x^2-t^2)f''(t)dt$ 的导数与 x^2 是等价无穷小，其中 f 具有二阶连续导数. 试求 $f''(0)$.

10. 确定 a,b,c 的值，使 $\lim\limits_{x\to 0} \dfrac{ax-\sin x}{\int_b^x \dfrac{\ln(1+t^3)}{t}dt} = c\ (c\neq 0)$.

11. 设 $f(x),g(x)$ 在 $[-a,a](a<0)$ 上连续，$g(x)$ 为偶函数，并且 $f(x)$ 满足条件：$f(x)+f(-x)=A(A 为常数)$.

（1）证明：$\int_{-a}^a f(x)g(x)dx = A\int_0^a g(x)dx$；

（2）计算 $\int_{-\frac{\pi}{2}}^{\frac{\pi}{2}}|\sin x|\arctan e^x dx$.

12. 设 $f(x)$ 在 $[0,1]$ 上连续，证明 $(0,1)$ 中至少存在一点 ξ，使

$$\int_0^\xi f(x)dx = (1-\xi)f(\xi).$$

13. 过坐标原点作曲线 $y=\sqrt{x-1}$ 的切线，该切线与曲线 $y=\sqrt{x-1}$ 及 x 轴围成平面图形 D.

（1）求该平面图形 D 的面积；

（2）求该平面图形 D 分别绕 x 轴和 y 轴旋转一周所得旋转体的体积 V_x 和 V_y.

总习题五（B）

1. 填空题

（1）$\int_{-1}^1 (|x|+x)e^{-|x|}dx = $ _____.

（2）$\int_{-3}^3 (\sin^5 x + 3x^2)dx = $ _____.

（3）设 y 是方程 $\int_0^y e^t dt + \int_0^x \cos t dt = 0$ 所确定的 x 的函数，则 $\dfrac{dy}{dx} = $ _____.

（4）设 $f(x)$ 是连续函数，$F(x) = \int_{x^2}^{e^x} f(t)dt$，则 $F'(0) = $ _____.

（5）已知 $f(0)=1, f(2)=3, f'(2)=5$，则 $\int_0^2 xf''(x)dx = $ _____.

（6）设 $\lim\limits_{x\to\infty}\left(\dfrac{1+x}{x}\right)^{ax} = \int_{-\infty}^a te^t dt$，则常数 $a = $ _____.

（7）$\lim\limits_{x\to 0}\dfrac{\int_0^x [\int_0^{u^2}\arctan(1+t)dt]du}{x(1-\cos x)} = $ _____.

（8）$\int_0^1 \sqrt{2x-x^2}\, dx = $ _____.

（9）设 $f(x) = \dfrac{1}{1+x^2} + \sqrt{1-x^2}\int_0^1 f(x)dx$，则 $\int_0^1 f(x)dx = $ _____.

（10）设 $f(x) = \begin{cases} xe^{x^2}, & -\dfrac{1}{2} \le x < \dfrac{1}{2}, \\ -1, & x \ge \dfrac{1}{2}, \end{cases}$ 则 $\int_{\frac{1}{2}}^2 f(x-1)dx = $ _____.

（11）已知 $f(x)$ 连续，$\int_0^x tf(x-t)dt = 1-\cos x$，$\int_0^{\frac{\pi}{2}} f(x)dx = $ _____.

2. 选择题

（1）设 $f(x) = \int_0^{1-\cos x} \sin t^2 \mathrm{d}t$，$g(x) = \dfrac{x^5}{5} + \dfrac{x^6}{6}$，则当 $x \to 0$ 时，$f(x)$ 是 $g(x)$ 的（　　）.

　　A. 低阶无穷小　　　　　　　　B. 高阶无穷小

　　C. 等价无穷小　　　　　　　　D. 同阶但不等价无穷小

（2）设 $f(x) = \operatorname{sgn} x$，$F(x) = \int_0^x f(t)\mathrm{d}t$，则（　　）.

　　A. $F(x)$ 在 $x = 0$ 点不连续

　　B. $F(x)$ 在 $(-\infty, +\infty)$ 内连续，在 $x = 0$ 点不可导

　　C. $F(x)$ 在 $(-\infty, +\infty)$ 内可导，且满足 $F'(x) = f(x)$

　　D. $F(x)$ 在 $(-\infty, +\infty)$ 内可导，但不一定满足 $F'(x) = f(x)$

（3）利用定积分的有关性质可以得出定积分 $\int_{-1}^{1} [(\arctan x)^{11} + (\cos x)^{21}]\mathrm{d}x = $（　　）.

　　A. $2\int_0^1 [(\arctan x)^{11} + (\cos x)^{21}]\mathrm{d}x$　　　B. 0

　　C. $2\int_0^1 \cos^{21} x \,\mathrm{d}x$　　　D. 2

（4）已知函数 $y = \int_0^x \dfrac{\mathrm{d}t}{(1+t)^2}$，则 $y''(1) = $（　　）.

　　A. $-\dfrac{1}{2}$　　　　B. $-\dfrac{1}{4}$　　　　C. $\dfrac{1}{4}$　　　　D. $\dfrac{1}{2}$

（5）设 $\int_0^x f(t)\mathrm{d}t = \dfrac{1}{2}f(x) - \dfrac{1}{2}$，并且 $f(0) = 1$，则 $f(x) = $（　　）.

　　A. $\mathrm{e}^{\frac{x}{2}}$　　　　B. $\dfrac{1}{2}\mathrm{e}^x$　　　　C. e^{2x}　　　　D. $\dfrac{1}{2}\mathrm{e}^{2x}$

（6）下列广义积分发散的是（　　）.

　　A. $\int_{-1}^{1} \dfrac{1}{\sin x}\mathrm{d}x$　　　　　　B. $\int_{-1}^{1} \dfrac{1}{\sqrt{1-x^2}}\mathrm{d}x$

　　C. $\int_0^{+\infty} \mathrm{e}^{-x^2}\mathrm{d}x$　　　　　　D. $\int_2^{+\infty} \dfrac{1}{x\ln^2 x}\mathrm{d}x$

（7）设函数 $f(x)$ 连续，则在下列变上限定积分定义的函数中，必为偶函数的是（　　）.

　　A. $\int_0^x t[f(t) + f(-t)]\mathrm{d}t$　　　B. $\int_0^x t[f(t) - f(-t)]\mathrm{d}t$

　　C. $\int_0^x f(t^2)\mathrm{d}t$　　　　　　D. $\int_0^x f^2(t)\mathrm{d}t$

（8）设 $I_1 = \int_0^{\frac{\pi}{4}} \frac{\tan x}{x} \mathrm{d}x$，$I_2 = \int_0^{\frac{\pi}{4}} \frac{x}{\tan x} \mathrm{d}x$，则（　　）.

  A. $I_1 > I_2 > 1$ B. $1 > I_1 > I_2$

  C. $I_2 > I_1 > 1$ D. $1 > I_2 > I_1$

（9）$\lim\limits_{n\to\infty} \ln \sqrt[n]{\left(1+\dfrac{1}{n}\right)^2 \left(1+\dfrac{2}{n}\right)^2 \cdots \left(1+\dfrac{n}{n}\right)^2}$ 等于（　　）.

  A. $\int_1^2 \ln^2 x \mathrm{d}x$ B. $2\int_1^2 \ln x \mathrm{d}x$

  C. $2\int_1^2 \ln(1+x) \mathrm{d}x$ D. $\int_1^2 \ln^2(1+x) \mathrm{d}x$

（10）设函数 $f(x)$ 在闭区间 $[a,b]$ 上连续，且 $f(x) > 0$，则方程 $\int_a^x f(t)\mathrm{d}t + \int_b^x \dfrac{1}{f(t)} \mathrm{d}t = 0$ 在开区间 (a,b) 内的根有（　　）.

  A. 0 个   B. 1 个   C. 2 个   D. 无穷多个

（11）设 $g(x) = \int_0^x f(u)\mathrm{d}u$，其中 $f(x) = \begin{cases} \dfrac{1}{2}(x^2+1), & 0 \leqslant x \leqslant 1, \\ \dfrac{1}{3}(x-1), & 1 < x \leqslant 2, \end{cases}$ 则 $g(x)$ 在区间 $(0,2)$ 内（　　）.

  A. 无界   B. 递减   C. 不连续   D. 连续

3. 计算题

（1）利用定积分的性质求极限 $\lim\limits_{n\to\infty} \int_0^1 \dfrac{x^n}{1+\sqrt{x}+x} \mathrm{d}x$.

（2）计算积分 $\int_1^2 \left[\dfrac{1}{x\ln^2 x} - \dfrac{1}{(x-1)^2} \right] \mathrm{d}x$.

（3）$\int_0^{+\infty} \dfrac{x\mathrm{e}^{-x}}{(1+\mathrm{e}^{-x})^2} \mathrm{d}x$.

4. 证明：$\dfrac{1}{40} < \int_{10}^{20} \dfrac{x^2}{x^4+x+1} \mathrm{d}x < \dfrac{1}{20}$.

5. 设 $f(x)$ 连续，$\phi(x) = \int_0^1 f(xt)\mathrm{d}t$ 且 $\lim\limits_{x\to 0} \dfrac{f(x)}{x} = A$（$A$ 为常数）. 求 $\phi'(x)$，并讨论 $\phi'(x)$ 在 $x = 0$ 处的连续性.

6. 设 D_1 是由抛物线 $y = 2x^2$ 和直线 $x = a, x = 2$ 及 $y = 0$ 所围成的平面区域；D_2 是由抛物线 $y = 2x^2$ 和直线 $x = a$ 及 $y = 0$ 所围成的平面区域，其中 $0 < a < 2$.

（1）试求 D_1 绕 x 轴旋转而成的旋转体体积 V_1；D_2 绕 y 轴旋转而成的旋转体体积 V_2；

（2）问当 a 为何值时，$V_1 + V_2$ 取得最大值？并求此最大值.

7. 设 $f(x)$ 在区间 $[0,1]$ 上连续，在 $(0,1)$ 内可导且满足

$$f(1) = k \int_0^{\frac{1}{k}} x \mathrm{e}^{1-x} f(x) \mathrm{d}x \ (k > 0).$$

证明：存在一点 $\xi \in (0,1)$，使得 $f'(\xi) = (1 - \xi^{-1}) f(\xi)$.

8. 设 $f(x)$ 在区间 $[0,1]$ 上可微且满足条件 $f(1) = 2 \int_0^{\frac{1}{2}} x f(x) \mathrm{d}x$．试证：存在 $\xi \in (0, 1)$，使

$$f(\xi) + \xi f'(\xi) = 0.$$

9. 设函数 $f(x)$ 在 $(0, +\infty)$ 内连续，$f(1) = \dfrac{5}{2}$，且对所有 $x, t \in (0, +\infty)$，满足条件 $\displaystyle\int_1^{xt} f(u)\mathrm{d}u = t \int_1^x f(u)\mathrm{d}u + x \int_1^t f(u)\mathrm{d}u$．求 $f(x)$.

10. 设函数 $f(x)$ 有导数且 $f(0) = 0, F(x) = \displaystyle\int_0^x t^{n-1} f(x^n - t^n)\mathrm{d}t$．证明：

$$\lim_{x \to 0} \frac{F(x)}{x^{2n}} = \frac{1}{2n} f'(0).$$

11. 设 $f(x), g(x)$ 在 $[a,b]$ 上连续且满足

$$\int_a^x f(t)\mathrm{d}t \geqslant \int_a^x g(t)\mathrm{d}t, x \in [a,b], \quad \int_a^b f(t)\mathrm{d}t = \int_a^b g(t)\mathrm{d}t.$$

试证：$\displaystyle\int_a^b x f(x)\mathrm{d}x \leqslant \int_a^b x g(x)\mathrm{d}x$.

数学家介绍及
微积分的发展史

第 6 章　空间解析几何初步

通过一元函数微积分的学习，可以看出平面解析几何的知识使我们对一元函数有了十分直观的认识和理解，同时，在微积分学的许多内容中其直观的几何意义表述更要借助于解析几何的知识. 所以，平面解析几何是学习一元函数微积分学的重要基础和有力工具.

为了学习多元函数微积分，本章介绍空间解析几何的初步知识. 首先建立空间直角坐标系，引进向量的概念和运算. 其次利用向量讨论空间的平面和直线，最后对空间曲线和二次曲面作一简单介绍.

6.1　空间直角坐标系

用代数的方法研究空间中的图形，首先要建立空间的点与有序数组之间的联系，这种联系一般是通过引进空间直角坐标系来实现的.

6.1.1　空间中的点的直角坐标

在空间中任取一点 O，过该点作三条互相垂直的数轴，它们都以 O 点为原点且通常具有相同的单位长度. 这三条轴分别称为 x 轴（横轴）、y 轴（纵轴）、z 轴（竖轴），统称为坐标轴. 它们的指向符合右手法则，即用右手握住 z 轴，大拇指所指的方向为 z 轴的正向，其余四指从 x 轴正向以 $\dfrac{\pi}{2}$ 角度转向 y 轴正向. 这样的三条坐标轴就组成了一个空间直角坐标系，点 O 称为坐标原点（图 6-1）. 通常将 x 轴和 y 轴取水平位置，而 z 轴则是铅直向上的.

任意两条坐标轴可以确定一个平面，x 轴和 y 轴所确定的平面称为 xOy 面，y 轴和 z 轴所确定的平面称为 yOz 面，z 轴和 x 轴所确定的平面称为 zOx 面，这三个平面统称为坐标面.

三个坐标面把空间分成八个部分，每一部分称为一个卦限. xOy 面将空间划分为两部分，含 z 轴正半轴的空间称为上半空间，含 z 轴负半轴的空间称为下半空间.

在上半空间中含 x 轴正半轴和 y 轴正半轴的部分称为第一卦限，其他按逆时针方向依次为第二、第三、第四卦限. 下半空间中，与第一、第二、第三、第四卦限关于 xOy 面对称的空间部分分别称为第五、第六、第七、第八卦限. 这八个卦限分别用字母Ⅰ、Ⅱ、Ⅲ、Ⅳ、Ⅴ、Ⅵ、Ⅶ、Ⅷ表示（图6-2）.

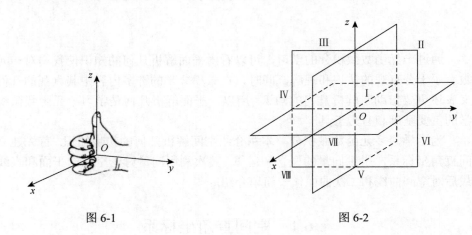

图 6-1　　　　　　　　　　　　　　　图 6-2

设 M 为空间一点，过点 M 作三个平面分别垂直于 x 轴、y 轴和 z 轴，它们与 x 轴、y 轴、z 轴的交点依次为 P、Q、R（图6-3），这三点在 x 轴、y 轴、z 轴上的坐标依次设为 x、y、z. 于是空间点 M 就唯一地确定了一个有序数组 x, y, z.

反之，若已知一个有序数组 x, y, z，我们可以在 x 轴上取坐标为 x 的点 P，在 y 轴上取坐标为 y 的点 Q，在 z 轴上取坐标为 z 的点 R，然后通过 P、Q、R 分别作垂直于 x 轴、y 轴与 z 轴的平面，得到唯一的交点 M（图6-3）.

用上述方法，建立了空间点与三元有序数组之间的一一对应关系. 这组数 x，y，z 称为点 M 的坐标，并依次称 x，y 和 z 为点 M 的横坐标，纵坐标和竖坐标. 坐标为 x，y，z 的点 M 通常记作 $M(x, y, z)$.

6.1.2　空间两点间的距离

设 $M_1(x_1, y_1, z_1), M_2(x_2, y_2, z_2)$ 为空间的两点，记 M_1, M_2 的距离为 $|M_1M_2|$，由图6-4可见，

$$d^2 = |M_1M_2|^2 = |M_1N|^2 + |NM_2|^2$$
$$= |M_1P|^2 + |PN|^2 + |NM_2|^2$$
$$= (x_2 - x_1)^2 + (y_2 - y_1)^2 + (z_2 - z_1)^2$$

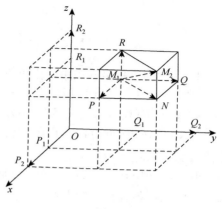

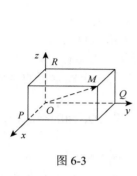

图 6-3　　　　　　　　　　　　　　　　　　图 6-4

于是得到空间两点间的距离公式为

$$d = \left| M_1 M_2 \right| = \sqrt{(x_2 - x_1)^2 + (y_2 - y_1)^2 + (z_2 - z_1)^2} \ .$$

特别地，点 $M(x, y, z)$ 与坐标原点 $O(0,0,0)$ 的距离为

$$d = \left| OM \right| = \sqrt{x^2 + y^2 + z^2} \ .$$

例 6.1　求证：以 $A(1,2,3)$，$B(2,1,4)$，$C(4,-2,-1)$ 为顶点的三角形是直角三角形.

证明　因为

$$\left| AB \right|^2 = (2-1)^2 + (1-2)^2 + (4-3)^2 = 3,$$
$$\left| AC \right|^2 = (4-1)^2 + (-2-2)^2 + (-1-3)^2 = 41,$$
$$\left| BC \right|^2 = (4-2)^2 + (-2-1)^2 + (-1-4)^2 = 38,$$

所以，$|AB|^2 + |BC|^2 = |AC|^2$，根据勾股定理可知，$\triangle ABC$ 是直角三角形.

例 6.2　设点 P 在 x 轴上，它到点 $P_1(0, \sqrt{2}, 3)$ 的距离为到点 $P_2(0, 1, -1)$ 的距离的两倍，求点 P 的坐标.

解　因为点 P 在 x 轴上，故可设点 P 的坐标为 $(x, 0, 0)$，则

$$\left| PP_1 \right| = \sqrt{x^2 + (\sqrt{2})^2 + 3^2} = \sqrt{x^2 + 11} ,$$
$$\left| PP_2 \right| = \sqrt{x^2 + (-1)^2 + 1^2} = \sqrt{x^2 + 2} ,$$

由于 $|PP_1| = 2|PP_2|$，即 $\sqrt{x^2 + 11} = 2\sqrt{x^2 + 2}$，解之得 $x = \pm 1$. 从而所求点 P 的坐标为 $(1,0,0)$ 或 $(-1,0,0)$.

习　题　6-1

1. 在空间直角坐标系中，指出下列各点分别在哪个卦限？
$$A(1,-1,1),\ B(1,1,-1),\ C(1,-1,-1),\ D(-1,-1,1).$$

2. 求点 $M(x,y,z)$ 关于 x 轴，xOy 面及原点的对称点的坐标.

3. 已知点 $A(a,b,c)$，求它在各坐标平面上及各坐标轴上的垂足的坐标（即投影点的坐标）.

4. 过点 $P(a,b,c)$ 分别作平行于 z 轴的直线和平行于 xOy 面的平面，问它们上面的点的坐标各有什么特点？

5. 求点 $P(2,-5,4)$ 到原点、各坐标轴和各坐标面的距离.

6. 求证以 $M_1(4,3,1)$、$M_2(7,1,2)$、$M_3(5,2,3)$ 三点为顶点的三角形是一个等腰三角形.

7. 在 yOz 面上，求与三个点 $A(3,1,2),B(4,-2,-2),C(0,5,1)$ 等距离的点的坐标.

8. 在 z 轴上求与点 $A(-4,1,7)$，点 $B(3,5,-2)$ 等距离的点.

6.2　向　量　代　数

6.2.1　向量的概念

在物理学及其他应用学科中所遇到的量，通常可以分为两类. 一类是只有大小而没有方向的量，如质量、体积、面积、温度、时间等，这一类量称为数量或标量；另一类是不仅有大小而且还有方向的量，如速度、力、位移等，这一类量称为向量（也称矢量）.

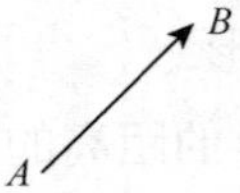

图 6-5

在数学上，通常用一条有方向的线段，即有向线段来表示向量. 有向线段的长度表示向量的大小，有向线段的方向表示向量的方向. 如以 A 为起点，B 为终点的向量，记作 $\overrightarrow{AB}$（图 6-5），向量也可用一个上面带箭头的字母来表示，如 $\vec{a}$、$\vec{b}$、$\vec{c}$ 等，或用一个粗黑体的字母表示，如 $\boldsymbol{a},\boldsymbol{b},\boldsymbol{c}$ 等.

向量的大小或长度称为向量的模，记作 $|\overrightarrow{AB}|$，$|\vec{a}|$ 或 $|\boldsymbol{a}|$. 模等于 1 的向量称为单位向量. 模等于 0 的向量称为零向量，记作 $\boldsymbol{0}$ 或 $\vec{0}$. 零向量的起点与终点重合，它的方向可以看作是任意的.

由于一切向量的共性是它们都有大小和方向，所以在数学上我们只研究与起点无关的向量，并称这种向量为自由向量，简称向量. 因此，如果向量 $\boldsymbol{a}$ 和 $\boldsymbol{b}$ 的大小相等，且方向相同，则说向量 $\boldsymbol{a}$ 和 $\boldsymbol{b}$ 是相等的，记为 $\boldsymbol{a}=\boldsymbol{b}$. 相等的向量经过平移后可以完全重合.

　　设 $\boldsymbol{a}$ 和 $\boldsymbol{b}$ 为非零向量，在空间中任取一点 O，作 $\overrightarrow{OA}=\boldsymbol{a}$，$\overrightarrow{OB}=\boldsymbol{b}$，规定不超过 π 的 $\angle AOB$（即 $0\leqslant\angle AOB\leqslant\pi$）称为向量 $\boldsymbol{a}$ 和 $\boldsymbol{b}$ 的夹角，记作 $(\widehat{\boldsymbol{a},\boldsymbol{b}})$ 或 $(\widehat{\boldsymbol{b},\boldsymbol{a}})$. 如果 $\boldsymbol{a}$ 和 $\boldsymbol{b}$ 中有一个为零向量，规定它们的夹角可在 0 与 π 之间任意取值. 若 $(\widehat{\boldsymbol{a},\boldsymbol{b}})=0$ 或 π，即向量 $\boldsymbol{a}$ 和 $\boldsymbol{b}$ 的方向相同或相反，则称这两个向量平行，记作 $\boldsymbol{a}/\!/\boldsymbol{b}$. 零向量与任何向量都平行. 若 $(\widehat{\boldsymbol{a},\boldsymbol{b}})=\dfrac{\pi}{2}$，则称向量 $\boldsymbol{a}$ 与 $\boldsymbol{b}$ 垂直，记作 $\boldsymbol{a}\perp\boldsymbol{b}$. 零向量与任何向量都垂直.

　　当两个平行向量的起点放在同一点时，它们的终点和公共的起点在一条直线上. 因此，两向量平行又称两向量共线.

　　类似还有向量共面的概念，设有 $k(k\geqslant 3)$ 个向量，当把它们的起点放在同一点时，如果 k 个终点和公共起点在同一个平面上，就称这 k 个向量共面.

6.2.2　向量的运算

1. 向量的加法

根据力学中关于力的合成法则，我们规定两个向量相加的运算法则如下：

　　设有两个向量 $\boldsymbol{a}$、$\boldsymbol{b}$，取一定点 O，作 $\overrightarrow{OA}=\boldsymbol{a}$，$\overrightarrow{OB}=\boldsymbol{b}$，以 $\overrightarrow{OA}$，$\overrightarrow{OB}$ 为边作平行四边形 $OACB$（图 6-6），其对角线向量 $\overrightarrow{OC}=\boldsymbol{c}$ 称为向量 $\boldsymbol{a}$ 与 $\boldsymbol{b}$ 的和，记作

$$\boldsymbol{c}=\boldsymbol{a}+\boldsymbol{b}$$

这个法则称为向量相加的平行四边形法则.

　　由于平行四边形的对边平行且相等，所以从图 6-6 可以看出，我们还可以这样来作出两个向量的和：取定一点 O，作向量 $\overrightarrow{OA}=\boldsymbol{a}$，以 $\overrightarrow{OA}$ 的终点 A 为起点，作 $\overrightarrow{AC}=\boldsymbol{b}$，连接 OC（图 6-7），就得

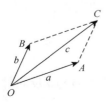
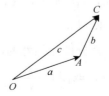

图 6-6　　　　　　　　　　　　　　　　　图 6-7

$$c = a + b.$$

这个法则称为向量相加的三角形法则.

三角形法则还可以推广到求有限个向量的和，只需将前一个向量的终点作为后一个向量的起点，相继作出向量 $a_1, a_2, \cdots, a_n$，然后从第一个向量的起点向最后一个向量的终点引一向量，此向量就是这 n 个向量的和.

向量的加法满足交换律和结合律：

（1）交换律　$a + b = b + a$；

（2）结合律　$(a+b)+c = a+(b+c) = a+b+c$.

设 a 为一向量，与 a 模相同而方向相反的向量称为 a 的负向量，记作 $-a$. 我们规定两个向量 a 与 b 的差：

$$a - b = a + (-b),$$

显然，

$$a - a = a + (-a) = 0.$$

2. 向量与数量的乘积

设 λ 是一个数，向量 a 与 λ 的乘积 λa 规定为

（1）$\lambda > 0$ 时，λa 与 a 同向且 $|\lambda a| = \lambda |a|$；

（2）$\lambda = 0$ 时，$\lambda a = 0$；

（3）$\lambda < 0$ 时，λa 与 a 反向且 $|\lambda a| = |\lambda| |a|$.

向量与数量的乘积通常简称数乘，它符合下列运算规律：

（1）结合律 $\lambda(\mu a) = \mu(\lambda a) = (\lambda\mu)a$；

（2）分配律 $(\lambda + \mu)a = \lambda a + \mu a$；

（3）分配律 $\lambda(a + b) = \lambda a + \lambda b$.

设 $a \neq 0$，则向量 $\dfrac{a}{|a|}$ 是与 a 同方向的单位向量，记为 e_a. 于是 $a = |a| e_a$. 由向量的数乘运算知向量 λa 与 a 平行，因此有如下定理：

定理 6.1　设向量 $a \neq 0$，那么，向量 b 平行于 a 的充分必要条件是存在唯一的实数 λ，使得 $b = \lambda a$.

证明　充分性是显然的，下面证明必要性.

设 $b // a$，取 $|\lambda| = \dfrac{|b|}{|a|}$，当 b 与 a 同向时 λ 取正值；当 b 与 a 反向时 λ 取负值，则 $b = \lambda a$. 这是因为此时 b 与 λa 方向相同，并且

$$|\lambda \boldsymbol{a}| = |\lambda||\boldsymbol{a}| = \frac{|\boldsymbol{b}|}{|\boldsymbol{a}|}|\boldsymbol{a}| = |\boldsymbol{b}|.$$

再证明实数 λ 的唯一性. 设 $\boldsymbol{b} = \lambda \boldsymbol{a}$，又设 $\boldsymbol{b} = \mu \boldsymbol{a}$，两式相减，得

$$(\lambda - \mu)\boldsymbol{a} = \boldsymbol{0}, \quad \text{即} \ |\lambda - \mu||\boldsymbol{a}| = 0.$$

因 $|\boldsymbol{a}| \neq 0$，故 $|\lambda - \mu| = 0$，即 $\lambda = \mu$.

例 6.3　在平行四边形 $ABCD$ 中，设 $\overrightarrow{AB} = \boldsymbol{a}$，$\overrightarrow{AD} = \boldsymbol{b}$，试用 $\boldsymbol{a}$ 和 $\boldsymbol{b}$ 表示向量 $\overrightarrow{MA}$、$\overrightarrow{MB}$、$\overrightarrow{MC}$ 和 $\overrightarrow{MD}$，这里 M 是平行四边形对角线的交点（图 6-8）.

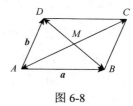

图 6-8

解　因为 $\boldsymbol{a} + \boldsymbol{b} = \overrightarrow{AC} = 2\overrightarrow{AM}$，所以

$$\overrightarrow{MA} = -\frac{1}{2}(\boldsymbol{a} + \boldsymbol{b}).$$

因为 $\overrightarrow{MC} = -\overrightarrow{MA}$，所以

$$\overrightarrow{MC} = \frac{1}{2}(\boldsymbol{a} + \boldsymbol{b}).$$

又由于

$$-\boldsymbol{a} + \boldsymbol{b} = \overrightarrow{BD} = 2\overrightarrow{MD},$$

所以

$$\overrightarrow{MD} = \frac{1}{2}(\boldsymbol{b} - \boldsymbol{a}).$$

由于 $\overrightarrow{MB} = -\overrightarrow{MD}$，所以

$$\overrightarrow{MB} = -\frac{1}{2}(\boldsymbol{b} - \boldsymbol{a}).$$

例 6.4　设在平面上给了一个四边形 $ABCD$，点 K、L、M、N 分别是边 AB、BC、CD、DA 的中点，求证：$\overrightarrow{KL} = \overrightarrow{NM}$.

证明　如图 6-9 所示，连结 AC，则在 $\triangle BAC$ 中，

$$\overrightarrow{KL} = \frac{1}{2}\overrightarrow{AC};$$

在 $\triangle DAC$ 中，

$$\overrightarrow{NM} = \frac{1}{2}\overrightarrow{AC},$$

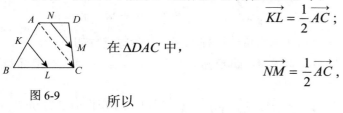

图 6-9

所以

$$\overrightarrow{KL} = \overrightarrow{NM}.$$

6.2.3　向量的坐标

为了方便后续内容的讨论，我们引入向量的坐标，即用一组有序的数组来表示向量，从而可以将向量的运算转化为代数运算. 下面来讨论向量的坐标表示.

在空间直角坐标系中引入单位向量 i、j、k，令其起点在坐标原点，方向分别与 x 轴、y 轴、z 轴的正方向相同，并称它们为这一坐标系的基本单位向量. 定义向量 $\overrightarrow{OM}$ 为点 M 的向径，我们首先讨论向径的分解.

设向径 $r = \overrightarrow{OM}$，M 点的坐标为 (x, y, z)，过点 M 分别作垂直于 x 轴，y 轴，z 轴的三个平面，三个平面分别与 x 轴，y 轴，z 轴交于点 P，Q，R 三点（图 6-10）. 由图易知：

$$r = \overrightarrow{OM} = \overrightarrow{OP} + \overrightarrow{PM'} + \overrightarrow{M'M} = \overrightarrow{OP} + \overrightarrow{OQ} + \overrightarrow{OR}.$$

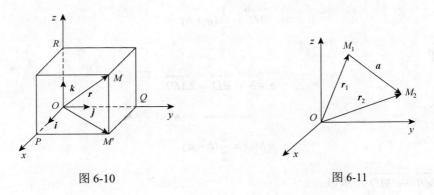

图 6-10　　　　　　　　　　　　　　　图 6-11

称 $\overrightarrow{OP}$，$\overrightarrow{OQ}$，$\overrightarrow{OR}$ 分别为向径 r 在 x 轴，y 轴，z 轴上的分向量. 又 $\overrightarrow{OP}$，$\overrightarrow{OQ}$，$\overrightarrow{OR}$ 分别与基本单位向量 i，j，k 共线，易见

$$\overrightarrow{OP} = x\,i, \quad \overrightarrow{OQ} = y\,j, \quad \overrightarrow{OR} = z\,k.$$

因此

$$r = x\,i + y\,j + z\,k.$$

称其为向径 r 的一个基本分解，简记为 $r = \{x, y, z\}$. 显然这种分解是唯一的.

由向量的运算规则容易得到任意向量的这种分解，其分解过程如下：

设 $a = \overrightarrow{M_1 M_2}$ 为任意向量，起点 M_1 的坐标是 (x_1, y_1, z_1)，终点 M_2 的坐标是 (x_2, y_2, z_2)，如图 6-11 所示，则向径

$$r_1 = \overrightarrow{OM_1} = x_1 i + y_1 j + z_1 k,$$
$$r_2 = \overrightarrow{OM_2} = x_2 i + y_2 j + z_2 k,$$

向量

$$
\begin{aligned}
\boldsymbol{a} &= \overrightarrow{M_1 M_2} = \overrightarrow{OM_2} - \overrightarrow{OM_1} \\
&= \boldsymbol{r}_2 - \boldsymbol{r}_1 \\
&= (x_2 \boldsymbol{i} + y_2 \boldsymbol{j} + z_2 \boldsymbol{k}) - (x_1 \boldsymbol{i} + y_1 \boldsymbol{j} + z_1 \boldsymbol{k}) \\
&= (x_2 - x_1) \boldsymbol{i} + (y_2 - y_1) \boldsymbol{j} + (z_2 - z_1) \boldsymbol{k},
\end{aligned}
$$

令 $a_x = (x_2 - x_1), a_y = (y_2 - y_1), a_z = (z_2 - z_1)$，则有

$$
\boldsymbol{a} = a_x \boldsymbol{i} + a_y \boldsymbol{j} + a_z \boldsymbol{k}.
$$

上式称为向量 $\boldsymbol{a}$ 的基本单位向量分解式，称 $a_x \boldsymbol{i}$，$a_y \boldsymbol{j}$，$a_z \boldsymbol{k}$ 分别为向量 $\boldsymbol{a}$ 在 x 轴，y 轴，z 轴上的分向量；a_x，a_y，a_z 分别为向量 $\boldsymbol{a}$ 在 x 轴，y 轴，z 轴上的坐标.

由此可知：起点为 $M_1(x_1, y_1, z_1)$ 终点为 $M_2(x_2, y_2, z_2)$ 的向量为

$$
\overrightarrow{M_1 M_2} = \{x_2 - x_1, y_2 - y_1, z_2 - z_1\},
$$

即向量 $\overrightarrow{M_1 M_2}$ 的坐标为其终点坐标减去起点坐标. 特别地，点 $M(x, y, z)$ 对于原点 O 的向径为

$$
\overrightarrow{OM} = \{x - 0, y - 0, z - 0\} = \{x, y, z\},
$$

即向径的坐标与其终点的坐标一致.

　　容易证明，两向量相等，当且仅当其对应坐标相等.

　　由两点的距离公式易知，向量 $\boldsymbol{a} = \{a_x, a_y, a_z\}$ 的模的坐标表示式为

$$
|\boldsymbol{a}| = \sqrt{a_x^2 + a_y^2 + a_z^2}.
$$

　　利用向量的坐标和向量的运算规律，可得向量加减法及数与向量的乘法运算如下：

　　设 $\boldsymbol{a} = \{a_x, a_y, a_z\}$，$\boldsymbol{b} = \{b_x, b_y, b_z\}$，则

$$
\boldsymbol{a} + \boldsymbol{b} = (a_x + b_x)\boldsymbol{i} + (a_y + b_y)\boldsymbol{j} + (a_z + b_z)\boldsymbol{k};
$$

$$
\boldsymbol{a} - \boldsymbol{b} = (a_x - b_x)\boldsymbol{i} + (a_y - b_y)\boldsymbol{j} + (a_z - b_z)\boldsymbol{k};
$$

$$
\lambda \boldsymbol{a} = (\lambda a_x)\boldsymbol{i} + (\lambda a_y)\boldsymbol{j} + (\lambda a_z)\boldsymbol{k}.
$$

或

$$
\boldsymbol{a} + \boldsymbol{b} = \{a_x + b_x, a_y + b_y, a_z + b_z\};
$$

$$
\boldsymbol{a} - \boldsymbol{b} = \{a_x - b_x, a_y - b_y, a_z - b_z\};
$$

$$
\lambda \boldsymbol{a} = \{\lambda a_x, \lambda a_y, \lambda a_z\}.
$$

　　由此可见，对向量进行加、减及数乘，只需对向量的各个坐标分量分别进行相应的数量运算即可.

根据向量的数乘运算可知，若向量 $a \neq 0$ 且 a 与 b 平行，则 $b = \lambda a$，用坐标表示为

$$\{b_x, b_y, b_z\} = \lambda \{a_x, a_y, a_z\},$$

这就相当于向量 a 与 b 对应的坐标成比例 $\dfrac{b_x}{a_x} = \dfrac{b_y}{a_y} = \dfrac{b_z}{a_z}$．

例 6.5　已知两点 $A(x_1, y_1, z_1)$ 和 $B(x_2, y_2, z_2)$ 及实数 $\lambda \neq -1$，在直线 AB 上求一点 M，使 $\overrightarrow{AM} = \lambda \overrightarrow{MB}$．

解　设所求点为 $M(x, y, z)$，则

$$\overrightarrow{AM} = \overrightarrow{OM} - \overrightarrow{OA} = \{x - x_1, \, y - y_1, \, z - z_1\},$$

$$\overrightarrow{MB} = \overrightarrow{OB} - \overrightarrow{OM} = \{x_2 - x, \, y_2 - y, \, z_2 - z\}.$$

依题意有 $\overrightarrow{AM} = \lambda \overrightarrow{MB}$，即

$$\{x - x_1, y - y_1, z - z_1\} = \lambda \{x_2 - x, y_2 - y, z_2 - z\},$$

则有

$$\{x, y, z\} - \{x_1, y_1, z_1\} = \lambda \{x_2, y_2, z_2\} - \lambda \{x, y, z\},$$

故

$$\{x, y, z\} = \frac{1}{1 + \lambda} \{x_1 + \lambda x_2, \, y_1 + \lambda y_2, \, z_1 + \lambda z_2\},$$

从而

$$x = \frac{x_1 + \lambda x_2}{1 + \lambda}, \quad y = \frac{y_1 + \lambda y_2}{1 + \lambda}, \quad z = \frac{z_1 + \lambda z_2}{1 + \lambda}.$$

上式称为定比分点坐标公式，点 M 称为有向线段 $\overrightarrow{AB}$ 的定比分点．当 $\lambda = 1$ 时，点 M 是有向线段 $\overrightarrow{AB}$ 的中点，其坐标为：

$$x = \frac{x_1 + x_2}{2}, \, y = \frac{y_1 + y_2}{2}, \, z = \frac{z_1 + z_2}{2}.$$

请读者考虑：点 M 的位置和 λ 之间的关系，为什么 $\lambda \neq -1$？

6.2.4　向量在轴上的投影

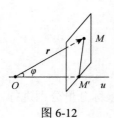

图 6-12

设点 O 及单位向量 e 确定 u 轴（图 6-12）．任给向量 r，作 $\overrightarrow{OM} = r$，再过点 M 作与 u 轴垂直的平面交 u 轴于点 M'（点 M' 称为点 M 在 u 轴上的投影），则向量 $\overrightarrow{OM'}$ 就是向量 r 在 u 轴上的分向量．设 $\overrightarrow{OM'} = \lambda e$，则数 λ 称为向量 r 在 u 轴上的投影，记作 $\mathrm{Prj}_u r$ 或 $(r)_u$．

按此定义，向量 a 在直角坐标系 $Oxyz$ 中的坐标 a_x, a_y, a_z 就是 a 在三条坐标轴上的投影，即

$$a_x = \mathrm{Prj}_x a, \quad a_y = \mathrm{Prj}_y a, \quad a_z = \mathrm{Prj}_z a.$$

投影的性质：

性质 6.1　$(a)_u = |a|\cos\varphi$（即 $\mathrm{Prj}_u a = |a|\cos\varphi$），其中 φ 为向量 a 与 u 轴的夹角.

性质 6.2　$(a+b)_u = (a)_u + (b)_u$（即 $\mathrm{Prj}_u(a+b) = \mathrm{Prj}_u a + \mathrm{Prj}_u b$）.

性质 6.3　$(\lambda a)_u = \lambda(a)_u$（即 $\mathrm{Prj}_u(\lambda a) = \lambda\,\mathrm{Prj}_u a$）.

6.2.5　两个向量的数量积和向量的方向余弦

1. 两个向量的数量积的定义

设一物体在常力 F 的作用下沿直线从点 M_1 移动到点 M_2，由物理学知道，力 F 所做的功 W 为

$$W = |F\,||\overrightarrow{M_1M_2}|\cos\theta,$$

其中 θ 为 F 与 $\overrightarrow{M_1M_2}$ 的夹角（图 6-13）.

图 6-13　　　　　　　　　　　　　　　　图 6-14

定义 6.1　两个向量 a 和 b 的模与它们夹角的余弦的乘积，称作两向量 a 和 b 的数量积（或内积），记作 $a \cdot b$（图 6-14），即

$$a \cdot b = |a||b|\cos\theta.$$

根据这个定义，上述问题中力 F 所做的功 W 是力 F 与位移 $\overrightarrow{M_1M_2}$ 的数量积，即

$$W = F \cdot \overrightarrow{M_1M_2}.$$

2. 数量积的性质

性质 6.4　当 $a \neq 0$ 时，$a \cdot b = |a|\mathrm{Prj}_a b$；当 $b \neq 0$ 时，$a \cdot b = |b|\mathrm{Prj}_b a$.

这就是说，两向量的数量积等于其中一个向量的模和另一个向量在这个向量上的投影的乘积. 由向量投影的性质 6.1 即可证明，证明略.

性质 6.5 $\boldsymbol{a} \cdot \boldsymbol{a} = |\boldsymbol{a}|^2$.

证明 因为向量 $\boldsymbol{a}$ 与自身的夹角 $\theta = 0$，所以 $\boldsymbol{a} \cdot \boldsymbol{a} = |\boldsymbol{a}||\boldsymbol{a}|\cos\theta = |\boldsymbol{a}|^2$.

性质 6.6 两个向量 $\boldsymbol{a}$ 与 $\boldsymbol{b}$ 垂直的充要条件是 $\boldsymbol{a} \cdot \boldsymbol{b} = 0$.

证明 当向量 $\boldsymbol{a}$ 与 $\boldsymbol{b}$ 中至少有一个为零向量时，由于零向量的方向可以看作是任意的，故可以认为零向量与任何向量都垂直，上述结论显然成立.

当向量 $\boldsymbol{a}$ 与 $\boldsymbol{b}$ 均不为零向量时，则 $|\boldsymbol{a}|$ 与 $|\boldsymbol{b}|$ 均不为零，故当 $\boldsymbol{a} \cdot \boldsymbol{b} = 0$ 时一定有 $\cos\theta = 0$，从而 $\theta = \dfrac{\pi}{2}$，即 $\boldsymbol{a} \perp \boldsymbol{b}$.

反之，如果 $\boldsymbol{a} \perp \boldsymbol{b}$，那么 $\theta = \dfrac{\pi}{2}$，$\cos\theta = 0$，于是 $\boldsymbol{a} \cdot \boldsymbol{b} = |\boldsymbol{a}||\boldsymbol{b}|\cos\theta = 0$.

3. 数量积的坐标表示式和运算规律

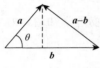

图 6-15

设向量 $\boldsymbol{a} = \{a_x, a_y, a_z\}$，$\boldsymbol{b} = \{b_x, b_y, b_z\}$，则向量 $\boldsymbol{a}$ 与向量 $\boldsymbol{b}$ 及向量 $\boldsymbol{a} - \boldsymbol{b}$ 构成如图 6-15 所示的三角形，由余弦定理可知

$$|\boldsymbol{a} - \boldsymbol{b}|^2 = |\boldsymbol{a}|^2 + |\boldsymbol{b}|^2 - 2|\boldsymbol{a}||\boldsymbol{b}|\cos\theta,$$

由此可得

$$|\boldsymbol{a}||\boldsymbol{b}|\cos\theta = \frac{1}{2}(|\boldsymbol{a}|^2 + |\boldsymbol{b}|^2 - |\boldsymbol{a} - \boldsymbol{b}|^2),$$

因此

$$
\begin{aligned}
\boldsymbol{a} \cdot \boldsymbol{b} &= |\boldsymbol{a}||\boldsymbol{b}|\cos\theta \\
&= \frac{1}{2}(|\boldsymbol{a}|^2 + |\boldsymbol{b}|^2 - |\boldsymbol{a} - \boldsymbol{b}|^2) \\
&= \frac{1}{2}[(a_x^2 + a_y^2 + a_z^2) + (b_x^2 + b_y^2 + b_z^2) - (a_x - b_x)^2 - (a_y - b_y)^2 - (a_z - b_z)^2] \\
&= a_x b_x + a_y b_y + a_z b_z,
\end{aligned}
$$

所以，数量积运算的坐标表示式为

$$\boldsymbol{a} \cdot \boldsymbol{b} = a_x b_x + a_y b_y + a_z b_z.$$

即两向量的数量积等于它们对应坐标的乘积之和.据此，性质 6.6 又可表示为：两个向量 $\boldsymbol{a}$，$\boldsymbol{b}$ 互相垂直，当且仅当

$$a_x b_x + a_y b_y + a_z b_z = 0.$$

由数量积运算的坐标表示式不难推出数量积满足下列三条运算规律：

（1）交换律 $\boldsymbol{a} \cdot \boldsymbol{b} = \boldsymbol{b} \cdot \boldsymbol{a}$.

（2）分配律 $(\boldsymbol{a} + \boldsymbol{b}) \cdot \boldsymbol{c} = \boldsymbol{a} \cdot \boldsymbol{c} + \boldsymbol{b} \cdot \boldsymbol{c}$.

（3）结合律 $(\lambda\boldsymbol{a}) \cdot \boldsymbol{b} = \lambda(\boldsymbol{a} \cdot \boldsymbol{b})$，$\lambda$ 为实数.

下面仅证明（2），其余留给读者自行证明.

证明　设 $\boldsymbol{a}=\{a_x,a_y,a_z\}$，$\boldsymbol{b}=\{b_x,b_y,b_z\}$，$\boldsymbol{c}=\{c_x,c_y,c_z\}$，则

$$(\boldsymbol{a}+\boldsymbol{b})\cdot\boldsymbol{c}=(a_x+b_x,a_y+b_y,a_z+b_z)\cdot(c_x,c_y,c_z)$$
$$=(a_x+b_x)\cdot c_x+(a_y+b_y)\cdot c_y+(a_z+b_z)\cdot c_z$$
$$=a_xc_x+a_yc_y+a_zc_z+b_xc_x+b_yc_y+b_zc_z$$
$$=\boldsymbol{a}\cdot\boldsymbol{c}+\boldsymbol{b}\cdot\boldsymbol{c}.$$

由于

$$\boldsymbol{a}\cdot\boldsymbol{b}=|\boldsymbol{a}||\boldsymbol{b}|\cos\theta,$$

所以当 $\boldsymbol{a}$、$\boldsymbol{b}$ 都是非零向量时，有

$$\cos\theta=\frac{\boldsymbol{a}\cdot\boldsymbol{b}}{|\boldsymbol{a}||\boldsymbol{b}|}.$$

将数量积的坐标表示式及向量的模的坐标表示式代入上式，就得

$$\cos\theta=\frac{a_xb_x+a_yb_y+a_zb_z}{\sqrt{a_x^2+a_y^2+a_z^2}\sqrt{b_x^2+b_y^2+b_z^2}}.$$

这就是两向量夹角余弦的坐标表示式.

例 6.6　已知 $\boldsymbol{a}=\{1,1,-4\}$，$\boldsymbol{b}=\{1,-2,2\}$，求

（1）$\boldsymbol{a}\cdot\boldsymbol{b}$；　　　　　　　　（2）$\boldsymbol{a}$ 与 $\boldsymbol{b}$ 的夹角；　　　　　（3）$\boldsymbol{a}$ 在 $\boldsymbol{b}$ 上的投影.

解　（1）$\boldsymbol{a}\cdot\boldsymbol{b}=1\cdot1+1\cdot(-2)+(-4)\cdot2=-9$.

（2）因为

$$\cos\theta=\frac{a_xb_x+a_yb_y+a_zb_z}{\sqrt{a_x^2+a_y^2+a_z^2}\sqrt{b_x^2+b_y^2+b_z^2}}=-\frac{1}{\sqrt{2}},$$

所以 $\theta=\dfrac{3\pi}{4}$.

（3）因为

$$\boldsymbol{a}\cdot\boldsymbol{b}=|\boldsymbol{b}|\mathrm{Prj}_{\boldsymbol{b}}\boldsymbol{a},$$

所以

$$\mathrm{Prj}_{\boldsymbol{b}}\boldsymbol{a}=\frac{\boldsymbol{a}\cdot\boldsymbol{b}}{|\boldsymbol{b}|}=-3.$$

4. 向量的方向余弦

向量可以用它的模和方向表示，也可以用它的坐标来表示，为了应用上的方便，需要讨论向量的坐标和向量的模及方向之间的联系.

考察向量 $\boldsymbol{a}$ 与坐标系的基本单位向量 $\boldsymbol{i}$、$\boldsymbol{j}$、$\boldsymbol{k}$ 的数量积：

$$\boldsymbol{a}\cdot\boldsymbol{i}=|\boldsymbol{a}|\cos\alpha,\quad \boldsymbol{a}\cdot\boldsymbol{j}=|\boldsymbol{a}|\cos\beta,\quad \boldsymbol{a}\cdot\boldsymbol{k}=|\boldsymbol{a}|\cos\gamma.$$

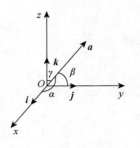

图 6-16

其中 α,β,γ 依次为向量 a 与 i，j，k 之间的夹角，如图 6-16 所示.显然，一个向量的方向完全可以由 α,β,γ 来确定，称 α,β,γ 为向量 a 的方向角，$\cos\alpha,\cos\beta,\cos\gamma$ 为向量 a 的方向余弦.

由数量积的坐标表示式，有

$$a \cdot i = \{a_x, a_y, a_z\} \cdot \{1,0,0\} = a_x$$

所以

$$a_x = |a|\cos\alpha = \sqrt{a_x^2 + a_y^2 + a_z^2}\cos\alpha,$$

同理

$$a_y = |a|\cos\beta = \sqrt{a_x^2 + a_y^2 + a_z^2}\cos\beta,$$

$$a_z = |a|\cos\gamma = \sqrt{a_x^2 + a_y^2 + a_z^2}\cos\gamma.$$

这表明：向量的坐标等于向量的模与方向余弦的乘积（也等于向量与基本单位向量的数量积），等于向量在坐标轴上的投影.

由两向量之间夹角余弦的坐标表示式，易知向量的方向余弦的坐标表示式为

$$\cos\alpha = \frac{a_x}{\sqrt{a_x^2 + a_y^2 + a_z^2}},$$

$$\cos\beta = \frac{a_y}{\sqrt{a_x^2 + a_y^2 + a_z^2}},$$

$$\cos\gamma = \frac{a_z}{\sqrt{a_x^2 + a_y^2 + a_z^2}},$$

并且

$$\cos^2\alpha + \cos^2\beta + \cos^2\gamma = 1.$$

由此可知，向量 $\{\cos\alpha,\cos\beta,\cos\gamma\} = \left\{\dfrac{a_x}{|a|}, \dfrac{a_y}{|a|}, \dfrac{a_z}{|a|}\right\}$ 是向量 a 的单位向量，即

$$e_a = \frac{a}{|a|} = (\cos\alpha,\cos\beta,\cos\gamma) \quad (a \neq 0).$$

例 6.7　已知三点 $A = (1,0,0)$，$B(3,1,1)$，$C(2,0,1)$，求：
（1）$\overrightarrow{BC}$ 与 $\overrightarrow{CA}$ 的夹角；（2）$\overrightarrow{BC}$ 的方向余弦、方向角；（3）$\overrightarrow{BC}$ 的单位向量.

解　（1）由题意知

$$\overrightarrow{BC} = \{2-3, 0-1, 1-1\} = \{-1, -1, 0\},$$

$$\overrightarrow{CA} = \{1-2, 0-0, 0-1\} = \{-1, 0, -1\},$$

所以

$$|\overrightarrow{BC}|=\sqrt{2}\,,\ |\overrightarrow{CA}|=\sqrt{2}\,,$$

由向量的数量积的坐标表示式可知

$$\overrightarrow{BC}\cdot\overrightarrow{CA}=(-1)\cdot(-1)+(-1)\cdot0+0\cdot(-1)=1,$$

所以，$\overrightarrow{BC}$ 与 $\overrightarrow{CA}$ 的夹角的余弦为

$$\cos\theta=\frac{\overrightarrow{BC}\cdot\overrightarrow{CA}}{|\overrightarrow{BC}||\overrightarrow{CA}|}=\frac{1}{2},$$

从而 $\theta=\arccos\dfrac{1}{2}=\dfrac{\pi}{3}$.

（2）因为 $\overrightarrow{BC}=\{-1,-1,0\}$，所以，由向量的方向余弦的坐标表示式得

$$\cos\alpha=-\frac{1}{\sqrt{2}},\ \cos\beta=-\frac{1}{\sqrt{2}},\ \cos\gamma=0,$$

故方向角为 $\alpha=\beta=\dfrac{3\pi}{4}$，$\gamma=\dfrac{\pi}{2}$.

（3）$\overrightarrow{BC}$ 的单位向量为

$$\frac{\overrightarrow{BC}}{|\overrightarrow{BC}|}=\left\{-\frac{1}{\sqrt{2}},-\frac{1}{\sqrt{2}},0\right\}.$$

6.2.6　两个向量的向量积

1. 向量积的定义

在研究物体转动问题时，不但要考虑这物体所受的力，还要分析这些力所产生的力矩. 设 O 为一根杠杆 L 的支点，有力 F 作用于这杠杆上点 P 处. F 与 $\overrightarrow{OP}$ 的夹角为 θ（图 6-17）. 由力学规定，力 F 对支点 O 的力矩是一向量 M，它的模 $|M|=|\overrightarrow{OP}||F|\sin\theta$，而 M 的方向垂直于 $\overrightarrow{OP}$ 与 F 所决定的平面，M 的指向是按右手规则从 $\overrightarrow{OP}$ 以不超过 π 的角转向 F 来确定的（图6-18）.

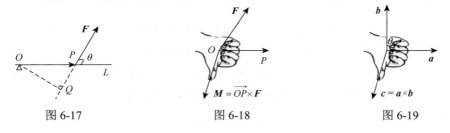

图 6-17　　　　　图 6-18　　　　　图 6-19

定义 6.2　设向量 c 是由两个向量 a 与 b 按下列方式定出：

（1）c 的模：$|c|=|a||b|\sin\theta$，其中 θ 为 a 与 b 间的夹角；

（2）c 的方向：垂直于 a 与 b 所决定的平面，c 的指向按右手规则从 a 转向 b 来确定（图 6-19）．那么，向量 c 称为向量 a 与 b 的向量积，记作 $a\times b$，即 $c=a\times b$．

向量积的模的几何意义：$a\times b$ 的模在数值上就是以 a，b 为邻边的平行四边形的面积．

根据向量积的定义，力矩 M 等于 $\overrightarrow{OP}$ 与 F 的向量积，即 $M=\overrightarrow{OP}\times F$．

2．向量积的性质

性质 6.7　$a\times a=0$．

证明　因为一个向量与自身的夹角为零，所以 $|a\times a|=|a||a|\sin 0=0$，故 $a\times a=0$．

性质 6.8　两个向量 $a//b$ 的充要条件是 $a\times b=0$．

证明　若向量 a 与 b 中至少有一个为零向量时，由于零向量的方向可以看作任意的，故零向量与任何向量都平行，上述结论显然成立．

若向量 a 与 b 均不为零向量时，则 $|a|$ 与 $|b|$ 均不为零，故由 $a\times a=0$ 可得 $\sin\theta=0$，从而 $\theta=0$ 或 $\theta=\pi$，即 $a//b$；

反之，如果 $a//b$，那么 $\theta=0$ 或 $\theta=\pi$，则 $\sin\theta=0$，于是 $a\times b=0$．

3．向量积的运算规律

（1）反交换律 $a\times b=-b\times a$．

（2）分配律 $(a+b)\times c=a\times c+b\times c$．

（3）结合律 $(\lambda a)\times b=a\times(\lambda b)=\lambda(a\times b)$，$\lambda$ 为实数．

以上运算规律的证明从略．

4．向量积的坐标表示

设 $a=a_x i+a_y j+a_z k$，$b=b_x i+b_y j+b_z k$，按向量积的运算规律可得

$$
\begin{aligned}
a\times b &=(a_x i+a_y j+a_z k)\times(b_x i+b_y j+b_z k)\\
&=a_x b_x i\times i+a_x b_y i\times j+a_x b_z i\times k\\
&\quad +a_y b_x j\times i+a_y b_y j\times j+a_y b_z j\times k\\
&\quad +a_z b_x k\times i+a_z b_y k\times j+a_z b_z k\times k.
\end{aligned}
$$

由于

$$
i\times i=j\times j=k\times k=0,
$$

$$i \times j = k, \quad j \times k = i, \quad k \times i = j,$$
$$j \times i = -k, \quad k \times j = -i, \quad i \times k = -j,$$

所以

$$a \times b = (a_y b_z - a_z b_y)i + (a_z b_x - a_x b_z)j + (a_x b_y - a_y b_x)k.$$

为了帮助记忆，利用三阶行列式，上式可写成

$$a \times b = \begin{vmatrix} i & j & k \\ a_x & a_y & a_z \\ b_x & b_y & b_z \end{vmatrix}.$$

例 6.8 设向量 $a = i + 2j - k$，$b = 2j + 3k$. 计算 $a \times b$，并计算以 a，b 为邻边的平行四边形的面积.

解 $a \times b = \begin{vmatrix} i & j & k \\ 1 & 2 & -1 \\ 0 & 2 & 3 \end{vmatrix} = \begin{vmatrix} 2 & -1 \\ 2 & 3 \end{vmatrix} i - \begin{vmatrix} 1 & -1 \\ 0 & 3 \end{vmatrix} j + \begin{vmatrix} 1 & 2 \\ 0 & 2 \end{vmatrix} k = 8i - 3j + 2k.$

根据向量积的模的几何意义知以 a，b 为邻边的平行四边形的面积 S 为

$$S = |a \times b| = \sqrt{8^2 + (-3)^2 + 2^2} = \sqrt{77}.$$

例 6.9 求同时垂直于向量 $a = \{-3, 6, 8\}$ 和 y 轴的单位向量.

解 记 $b = a \times j = \begin{vmatrix} i & j & k \\ -3 & 6 & 8 \\ 0 & 1 & 0 \end{vmatrix} = \{-8, 0, -3\}$，故同时垂直于向量 a 与 y 轴的单位

向量为

$$\pm \frac{b}{|b|} = \pm \frac{1}{\sqrt{73}} \{-8, 0, -3\}.$$

例 6.10 用向量方法证明：三角形的正弦定理 $\dfrac{a}{\sin A} = \dfrac{b}{\sin B} = \dfrac{c}{\sin C}$.

证明 如图 6-20 所示,在 $\triangle ABC$ 中, 设 $\overrightarrow{BC} = a$，$\overrightarrow{CA} = b$，
$\overrightarrow{AB} = c$ 且 $|a| = a$，$|b| = b$，$|c| = c$，则

$$a + b + c = 0,$$

从而

$$c = -(a + b),$$

因此

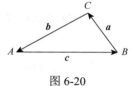

图 6-20

$$c \times a = -(a + b) \times a = 0 - b \times a = a \times b,$$

同理可得

$$b \times c = a \times b,$$

所以

$$b \times c = c \times a = a \times b.$$

故

$$|b \times c| = |c \times a| = |a \times b|,$$

即

$$bc \sin A = ca \sin B = ab \sin C,$$

于是

$$\frac{a}{\sin A} = \frac{b}{\sin B} = \frac{c}{\sin C}.$$

6.2.7　向量的混合积

1. 向量的混合积的定义

已知三个向量 a, b, c，向量 $a \times b$ 与向量 c 的数量积 $(a \times b) \cdot c$ 称为这三个向量的混合积，记为 $[abc]$.

2. 混合积的坐标表示

设 $a = \{a_x, a_y, a_z\}$，$b = \{b_x, b_y, b_z\}$，$c = \{c_x, c_y, c_z\}$，因为

$$a \times b = \begin{vmatrix} i & j & k \\ a_x & a_y & a_z \\ b_x & b_y & b_z \end{vmatrix} = \begin{vmatrix} a_y & a_z \\ b_y & b_z \end{vmatrix} i - \begin{vmatrix} a_x & a_z \\ b_x & b_z \end{vmatrix} j + \begin{vmatrix} a_x & a_y \\ b_x & b_y \end{vmatrix} k.$$

再按两向量的数量积的坐标表达式可得

$$[abc] = (a \times b) \cdot c = c_x \begin{vmatrix} a_y & a_z \\ b_y & b_z \end{vmatrix} - c_y \begin{vmatrix} a_x & a_z \\ b_x & b_z \end{vmatrix} + c_z \begin{vmatrix} a_x & a_y \\ b_x & b_y \end{vmatrix} = \begin{vmatrix} a_x & a_y & a_z \\ b_x & b_y & b_z \\ c_x & c_y & c_z \end{vmatrix}.$$

由上述坐标表达式不难验证 $[abc] = (a \times b) \cdot c = (b \times c) \cdot a = (c \times a) \cdot b$.

3. 向量的混合积的几何意义

向量的混合积 $[abc] = (a \times b) \cdot c$ 的绝对值表示以向量 a, b, c 为棱的平行六面体的体积. 如果向量 a, b, c 组成右手系（即 c 的指向按右手规则从 a 转向 b 来确定），那么混合积的符号是正的；如果向量 a, b, c 组成左手系（即 c 的指向按左手规则从 a 转向 b 来确定），那么混合积的符号是负的. 下面我们来解释这一问题.

一方面，设 $\overrightarrow{OA}=\boldsymbol{a}$，$\overrightarrow{OB}=\boldsymbol{b}$，$\overrightarrow{OC}=\boldsymbol{c}$，按向量积的定义，向量积 $\boldsymbol{a}\times\boldsymbol{b}=\boldsymbol{f}$ 是一个向量，它的模在数值上等于向量 $\boldsymbol{a}$ 和 $\boldsymbol{b}$ 为边所作的平行四边形 $OADB$ 的面积，它的方向垂直于这平行四边形所在的平面，并且当 $\boldsymbol{a},\boldsymbol{b},\boldsymbol{c}$ 组成右手系时，向量 $\boldsymbol{f}$ 与向量 $\boldsymbol{c}$ 朝着这平面的同侧（图 6-21）；当 $\boldsymbol{a},\boldsymbol{b},\boldsymbol{c}$ 组成左手系时，向量 $\boldsymbol{f}$ 与向量 $\boldsymbol{c}$ 朝着这平面的异侧. 所以，如设 $\boldsymbol{f}$ 与 $\boldsymbol{c}$ 的夹角为 α，那么当 $\boldsymbol{a},\boldsymbol{b},\boldsymbol{c}$ 组成右手系时，α 为锐角；当 $\boldsymbol{a},\boldsymbol{b},\boldsymbol{c}$ 组成左手系时，α 为钝角. 由于

$$[\boldsymbol{abc}]=(\boldsymbol{a}\times\boldsymbol{b})\cdot\boldsymbol{c}=|\boldsymbol{a}\times\boldsymbol{b}||\boldsymbol{c}|\cos\alpha.$$

所以当 $\boldsymbol{a},\boldsymbol{b},\boldsymbol{c}$ 组成右手系时，$[\boldsymbol{abc}]$ 为正；当 $\boldsymbol{a},\boldsymbol{b},\boldsymbol{c}$ 组成左手系时，$[\boldsymbol{abc}]$ 为负.

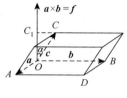

图 6-21

另一方面，以向量 $\boldsymbol{a},\boldsymbol{b},\boldsymbol{c}$ 为棱的平行六面体的底（平行四边形 $OADB$）的面积 S 在数值上等于 $|\boldsymbol{a}\times\boldsymbol{b}|$，它的高 h 等于向量 $\boldsymbol{c}$ 在向量 $\boldsymbol{f}$ 上的投影的绝对值，即

$$h=\left|\operatorname{Prj}_{f}\boldsymbol{c}\right|=|\boldsymbol{c}||\cos\alpha|,$$

所以平行六面体的体积 $V=Sh=|\boldsymbol{a}\times\boldsymbol{b}||\boldsymbol{c}||\cos\alpha|=|[\boldsymbol{abc}]|$.

由上述混合积的几何意义可知，若混合积 $[\boldsymbol{abc}]\neq0$，则能以 $\boldsymbol{a},\boldsymbol{b},\boldsymbol{c}$ 三向量为棱构成平行六面体，从而 $\boldsymbol{a},\boldsymbol{b},\boldsymbol{c}$ 三向量不共面；反之，若 $\boldsymbol{a},\boldsymbol{b},\boldsymbol{c}$ 三向量不共面，则必能以 $\boldsymbol{a},\boldsymbol{b},\boldsymbol{c}$ 为棱构成平行六面体，从而 $[\boldsymbol{abc}]\neq0$. 于是有下述结论：

三向量 $\boldsymbol{a}$、$\boldsymbol{b}$、$\boldsymbol{c}$ 共面的充要条件是它们的混合积 $[\boldsymbol{abc}]=0$，即

$$\begin{vmatrix} a_x & a_y & a_z \\ b_x & b_y & b_z \\ c_x & c_y & c_z \end{vmatrix}=0.$$

例 6.11 已知 $[\boldsymbol{abc}]=2$，计算 $[(\boldsymbol{a}+\boldsymbol{b})\times(\boldsymbol{b}+\boldsymbol{c})]\cdot(\boldsymbol{c}+\boldsymbol{a})$.

解 $[(\boldsymbol{a}+\boldsymbol{b})\times(\boldsymbol{b}+\boldsymbol{c})]\cdot(\boldsymbol{c}+\boldsymbol{a})=(\boldsymbol{a}\times\boldsymbol{b}+\boldsymbol{a}\times\boldsymbol{c}+\boldsymbol{b}\times\boldsymbol{b}+\boldsymbol{b}\times\boldsymbol{c})\cdot(\boldsymbol{c}+\boldsymbol{a})$

$$=(\boldsymbol{a}\times\boldsymbol{b}+\boldsymbol{a}\times\boldsymbol{c}+\boldsymbol{b}\times\boldsymbol{c})\cdot(\boldsymbol{c}+\boldsymbol{a})$$

$$=(\boldsymbol{a}\times\boldsymbol{b})\cdot\boldsymbol{c}+(\boldsymbol{a}\times\boldsymbol{c})\cdot\boldsymbol{c}+(\boldsymbol{b}\times\boldsymbol{c})\cdot\boldsymbol{c}$$

$$+(\boldsymbol{a}\times\boldsymbol{b})\cdot\boldsymbol{a}+(\boldsymbol{a}\times\boldsymbol{c})\cdot\boldsymbol{a}+(\boldsymbol{b}\times\boldsymbol{c})\cdot\boldsymbol{a}$$

$$=2(\boldsymbol{a}\times\boldsymbol{b})\cdot\boldsymbol{c}=2[\boldsymbol{abc}]=4.$$

例 6.12 已知 $A(1,-1,2)$，$B(5,-6,2)$，$C(1,3,-1)$，$D(x,y,z)$ 四点共面，试求 D 点的坐标所满足的关系式.

解 A,B,C,D 四点共面相当于 $\overrightarrow{AB}$，$\overrightarrow{AC}$，$\overrightarrow{AD}$ 三个向量共面，而

$$\overrightarrow{AB}=\{4,-5,0\},\ \overrightarrow{AC}=\{0,4,-3\},\ \overrightarrow{AD}=\{x-1,y+1,z-2\},$$

由三个向量共面的充要条件可知：

$$\begin{vmatrix} x-1 & y+1 & z-2 \\ 4 & -5 & 0 \\ 0 & 4 & -3 \end{vmatrix} = 0.$$

即 $15x+12y+16z-35=0$ 为所求的关系式.

习　题　6-2

1. 若四边形的对角线互相平分，用向量方法证明它是平行四边形.

2. 求起点为 $A(1,2,1)$，终点为 $B(-19,-18,1)$ 的向量 $\overrightarrow{AB}$ 与 $-\dfrac{1}{2}\overrightarrow{AB}$ 的坐标表达式.

3. 求平行于 $\boldsymbol{a}=\{1,1,1\}$ 的单位向量.

4. 求 λ 使向量 $\boldsymbol{a}=\{\lambda,1,5\}$ 与向量 $\boldsymbol{b}=\{2,10,50\}$ 平行.

5. 求与向量 $\boldsymbol{a}=\{1,5,6\}$ 平行，模为 10 的向量 $\boldsymbol{b}$ 的坐标表达式.

6. 已知向量 $\boldsymbol{a}=6\boldsymbol{i}-4\boldsymbol{j}+10\boldsymbol{k}$，$\boldsymbol{b}=3\boldsymbol{i}+4\boldsymbol{j}-9\boldsymbol{k}$，试求：

（1）$\boldsymbol{a}+2\boldsymbol{b}$；　　　　　　　　　　　　（2）$3\boldsymbol{a}-2\boldsymbol{b}$.

7. 已知两点 $A(2,\sqrt{2},5)$、$B(3,0,4)$，求向量 $\overrightarrow{AB}$ 的模、方向余弦和方向角.

8. 设向量的方向角为 α，β，γ. 若已知 $\alpha=\dfrac{\pi}{3}$，$\beta=\dfrac{2\pi}{3}$. 求 γ.

9. 设 $\boldsymbol{m}=\boldsymbol{i}+2\boldsymbol{j}+3\boldsymbol{k}$，$\boldsymbol{n}=2\boldsymbol{i}+\boldsymbol{j}-3\boldsymbol{k}$，$\boldsymbol{p}=3\boldsymbol{i}-4\boldsymbol{j}+\boldsymbol{k}$，求向量 $\boldsymbol{a}=2\boldsymbol{m}+3\boldsymbol{n}-\boldsymbol{p}$ 在 x 轴上的投影和在 y 轴上的分向量.

10. $\boldsymbol{a}=\{1,0,0\}$，$\boldsymbol{b}=\{0,1,0\}$，$\boldsymbol{c}=\{0,0,1\}$，求

（1）$\boldsymbol{a}\cdot\boldsymbol{b}$，$\boldsymbol{a}\cdot\boldsymbol{c}$，$\boldsymbol{b}\cdot\boldsymbol{c}$；　　　　（2）$\boldsymbol{a}\times\boldsymbol{a}$，$\boldsymbol{a}\times\boldsymbol{b}$，$\boldsymbol{a}\times\boldsymbol{c}$，$\boldsymbol{b}\times\boldsymbol{c}$.

11. $\boldsymbol{a}=\{1,0,0\}$，$\boldsymbol{b}=\{2,2,1\}$，求 $\boldsymbol{a}\cdot\boldsymbol{b}$，$\boldsymbol{a}\times\boldsymbol{b}$ 及 $\boldsymbol{a}$ 与 $\boldsymbol{b}$ 的夹角余弦.

12. 已知 $|\boldsymbol{a}|=5,|\boldsymbol{b}|=2,(\widehat{\boldsymbol{a},\boldsymbol{b}})=\dfrac{\pi}{3}$，求 $|2\boldsymbol{a}-3\boldsymbol{b}|$.

13. 证明向量 $\boldsymbol{a}=\{1,0,1\}$ 与向量 $\boldsymbol{b}=\{-1,1,1\}$ 垂直.

14. 求点 $M(1,\sqrt{2},1)$ 的向径 $\overrightarrow{OM}$ 与坐标轴之间的夹角.

15. 求与 $\boldsymbol{a}=\boldsymbol{i}+\boldsymbol{j}+\boldsymbol{k}$ 平行且满足 $\boldsymbol{a}\cdot\boldsymbol{x}=1$ 的向量 $\boldsymbol{x}$.

16. 求与向量 $\boldsymbol{a}=3\boldsymbol{i}-2\boldsymbol{j}+4\boldsymbol{k}$，$\boldsymbol{b}=\boldsymbol{i}+\boldsymbol{j}-2\boldsymbol{k}$ 都垂直的单位向量.

17. 求以点 $A(1,-1,2)$，$B(5,-6,2)$ 和 $C(1,3,-1)$ 为顶点的三角形的面积及 AC 边上的高 BD.

18. 已知向量 $\boldsymbol{a}\neq\boldsymbol{0}$，$\boldsymbol{b}\neq\boldsymbol{0}$，证明 $|\boldsymbol{a}\times\boldsymbol{b}|^2=|\boldsymbol{a}|^2|\boldsymbol{b}|^2-(\boldsymbol{a}\cdot\boldsymbol{b})^2$.

19. 证明：如果 $\boldsymbol{a}+\boldsymbol{b}+\boldsymbol{c}=\boldsymbol{0}$，那么 $\boldsymbol{b}\times\boldsymbol{c}=\boldsymbol{c}\times\boldsymbol{a}=\boldsymbol{a}\times\boldsymbol{b}$，并说明它的几何意义.

20. 已知向量 $\boldsymbol{a}=2\boldsymbol{i}-3\boldsymbol{j}+\boldsymbol{k}$，$\boldsymbol{b}=\boldsymbol{i}-\boldsymbol{j}+3\boldsymbol{k}$ 和 $\boldsymbol{c}=\boldsymbol{i}-2\boldsymbol{j}$，计算下列各式：

（1）$(a \cdot b)c - (a \cdot c)b$；　　　　　（2）$(a+b) \times (b+c)$；

（3）$(a \times b) \cdot c$；　　　　　　　　（4）$a \times b \times c$.

6.3　空间的平面与直线

空间中平面与直线是最简单的图形，在本节我们将以向量为工具，讨论平面与直线的方程及点、直线、平面之间的一些关系.

6.3.1　平面及其方程

能够确定一个平面位置的条件很多，当所给条件不同时，可以得到不同形式的平面方程，下面讨论平面方程.

1. 点法式方程

由中学立体几何的知识可知，经过空间一点能作而且只能作一个平面垂直于一条已知直线（或已知向量），我们称与一平面垂直的非零向量为该平面的**法向量**. 据此，若已知平面 $\varPi$ 上的一点 $M_0(x_0, y_0, z_0)$ 和它的一个法向量 $n = (A, B, C)$ 时，平面 $\varPi$ 的位置就完全确定了（图 6-22）. 下面来建立此平面的方程.

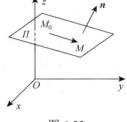

图 6-22

在平面 $\varPi$ 上任取一点异于 $M_0(x_0, y_0, z_0)$ 的点 $M(x, y, z)$，因为 $n \perp \varPi$，所以 $n \perp \overrightarrow{M_0M}$，则它们的数量积为零，即

$$n \cdot \overrightarrow{M_0M} = 0,$$

由于 $n = \{A, B, C\}$，$\overrightarrow{M_0M} = \{x - x_0, y - y_0, z - z_0\}$，所以

$$A(x - x_0) + B(y - y_0) + C(z - z_0) = 0 \qquad （6\text{-}1）$$

这就是平面 $\varPi$ 上任一点 M 的坐标所满足的方程.

如果 $M(x, y, z)$ 不在平面 $\varPi$ 上，那么向量 $\overrightarrow{M_0M}$ 与法向量 n 不垂直，从而 $n \cdot \overrightarrow{M_0M} \neq 0$，即不在平面 $\varPi$ 上的点 M 的坐标 x, y, z 不满足方程（6-1）.

由此可知，平面 $\varPi$ 上的任一点的坐标 x, y, z 都满足方程（6-1），不在平面 $\varPi$ 上的点的坐标都不满足方程（6-1），故方程（6-1）就是平面 $\varPi$ 的方程，而平面 $\varPi$ 就是方程（6-1）的图形.

由于方程（6-1）可以由平面的法向量和其上的一点来确定，所以称方程（6-1）为所求平面的点法式方程.

例 6.13 求过点 $M_0(1,-2,0)$ 且以 $\boldsymbol{n}=(2,-1,5)$ 为法向量的平面的方程.

解 根据平面的点法式方程，所求平面的方程为
$$2(x-1)-(y+2)+5(z-0)=0,$$
即 $2x-y+5z-4=0$.

例 6.14 求过三点 $M_1(1,1,1)$、$M_2(-3,2,1)$ 及 $M_3(4,3,2)$ 的平面方程.

解法 1 由于过三个已知点的平面的法向量 $\boldsymbol{n}$ 与向量 $\overrightarrow{M_1M_2}$、$\overrightarrow{M_1M_3}$ 都垂直，而 $\overrightarrow{M_1M_2}=\{-4,1,0\}$，$\overrightarrow{M_1M_3}=\{3,2,1\}$，设 $\boldsymbol{n}=\{x,y,z\}$，则有
$$\boldsymbol{n}\cdot\overrightarrow{M_1M_2}=\{x,y,z\}\cdot\{-4,1,0\}=-4x+y=0,$$
$$\boldsymbol{n}\cdot\overrightarrow{M_1M_3}=\{x,y,z\}\cdot\{3,2,1\}=3x+2y+z=0,$$
取该方程组一组解：
$$x=1,y=4,z=-11,$$
即得所求平面的法向量 $\boldsymbol{n}=\{1,4,-11\}$.根据平面的点法式方程，所求平面的方程为
$$(x-1)+4(y-1)-11(z-1)=0,$$
即 $x+4y-11z+6=0$.

另外，还可以取所求平面的法向量 $\boldsymbol{n}=\overrightarrow{M_1M_2}\times\overrightarrow{M_1M_3}$，请读者自行完成.

解法 2 设 $M(x,y,z)$ 是所求平面 $\varPi$ 上任取一点，则 $\overrightarrow{MM_1}=\{x-1,y-1,z-1\}$，显然向量 $\overrightarrow{MM_1}$，$\overrightarrow{M_1M_2}$，$\overrightarrow{M_1M_3}$ 共面，由三个向量共面的充要条件知，这三个向量的混合积为零，即
$$\begin{vmatrix} x-1 & y-1 & z-1 \\ -4 & 1 & 0 \\ 3 & 2 & 1 \end{vmatrix}=0 \Rightarrow x+4y-11z+6=0.$$

一般地，对于任给的不共线的三个点 $M_i(x_i,y_i,z_i)$ $(i=1,2,3)$，它们确定的平面方程为
$$\begin{vmatrix} x-x_1 & y-y_1 & z-z_1 \\ x_2-x_1 & y_2-y_1 & z_2-z_1 \\ x_3-x_1 & y_3-y_1 & z_3-z_1 \end{vmatrix}=0,$$
称之为平面的三点式方程.

2. 平面的一般方程

平面的点法式方程是三元一次方程，由于任一平面都可以用它上面的一点及其法向量来确定，所以任何一个平面都可以用三元一次方程来表示.

反过来，设有三元一次方程
$$Ax+By+Cz+D=0, \tag{6-2}$$

我们任取满足方程（6-2）的一组数 x_0、y_0、z_0，即

$$Ax_0 + By_0 + Cz_0 + D = 0, \qquad (6\text{-}3)$$

把式（6-2）、式（6-3）两式相减，得

$$A(x - x_0) + B(y - y_0) + C(z - z_0) = 0, \qquad (6\text{-}4)$$

把方程（6-4）与方程（6-1）相比较，可知方程（6-4）是通过点 $M_0(x_0, y_0, z_0)$，以 $\boldsymbol{n} = \{A, B, C\}$ 为法向量的平面的方程.又由于方程（6-4）和方程（6-2）同解，所以方程（6-2）表示一个平面.我们把方程（6-2）称为平面的一般方程，其中 x, y, z 的系数就是该平面的一个法向量，即 $\boldsymbol{n} = \{A, B, C\}$.

在平面的一般方程中，其部分系数为零时，可得如下一些特殊平面：

当 $D = 0$，方程（6-2）成为 $Ax + By + Cz = 0$，它表示一个经过原点的平面；

当 $C = 0$，方程（6-2）成为 $Ax + By + D = 0$，它表示一个与 z 轴平行的平面；

$Ax + Cz + D = 0$ 表示与 y 轴平行的平面，$By + Cz + D = 0$ 表示与 x 轴平行的平面；

当 $B = C = 0$，方程（6-2）成为 $Ax + D = 0$，它表示一个平行于 yOz 面的平面；

$By + D = 0$ 表示一个平行于 xOz 面的平面，$Cz + D = 0$ 表示一个平行于 xOy 面的平面；

当 $B = C = D = 0$，方程（6-2）成为 $x = 0$，它表示 yOz 面；

$y = 0$ 表示 xOz 面，$z = 0$ 表示 xOy 面；

当 $C = D = 0$，方程（6-2）成为 $Ax + By = 0$，它表示一个经过 z 轴的平面；

$Ax + Cz = 0$ 表示一个经过 y 轴的平面，$By + Cz = 0$ 表示一个经过 x 轴的平面.

例 6.15　一个平面通过 x 轴和点 $(3, 1, -1)$，求该平面的方程.

解　因为所求平面通过 x 轴，故在式（6-2）中 $A = 0$，又通过原点，所以 $D = 0$.故可设所求的平面的方程为

$$By + Cz = 0,$$

将点 $(3, 1, -1)$ 代入

$$By + Cz = 0,$$

得

$$B - C = 0, \quad 即 B = C,$$

所以有

$$Cy + Cz = 0,$$

因 $C \neq 0$，故所求平面的方程为 $y + z = 0$.

例 6.16　求过三点 $P(a, 0, 0)$，$Q(0, b, 0)$，$R(0, 0, c)$ 的平面的方程，其中 a, b, c 为不等于零的常数（图 6-23）.

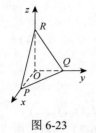

图 6-23

解　设所求的平面的方程为

$$Ax + By + Cz + D = 0 ,$$

因为平面经过 P,Q,R 三点，故其坐标都满足方程，则有

$$\begin{cases} aA + D = 0, \\ bB + D = 0, \\ cC + D = 0, \end{cases}$$

即得

$$A = -\frac{D}{a}, B = -\frac{D}{b}, C = -\frac{D}{c} ,$$

将其代入所设方程并除以 $D(D \neq 0)$，便得所求方程为

$$\frac{x}{a} + \frac{y}{b} + \frac{z}{c} = 1 . \tag{6-5}$$

方程（6-5）称为平面的截距式方程，a,b,c 依次称为平面在 x,y,z 轴上的截距.

根据例 6.14 中的解法 2 不难求得平面的截距式方程，请读者自行完成，此处从略.

6.3.2　空间直线及其方程

能够确定空间直线位置的条件很多，当所给条件不同时，可以得到不同形式的直线方程，下面讨论直线方程.

1. 空间直线的一般方程

空间中不平行的两个平面必然相交于一直线，因此，空间任一直线都可以看作是两个平面 $\varPi_1$ 与 $\varPi_2$ 的交线（图 6-24），

设空间的两个相交的平面分别为

$$\varPi_1:\ A_1 x + B_1 y + C_1 z + D_1 = 0 ,$$

$$\varPi_2:\ A_2 x + B_2 y + C_2 z + D_2 = 0 .$$

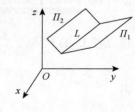

图 6-24

那么其交线 L 上的任一点的坐标应同时满足这两个平面的方程，即应满足方程组

$$\begin{cases} A_1 x + B_1 y + C_1 z + D_1 = 0, \\ A_2 x + B_2 y + C_2 z + D_2 = 0. \end{cases} \tag{6-6}$$

反过来，不在空间直线 L 上的点，不能同时在平面 $\varPi_1$ 与 $\varPi_2$ 上，从而其坐标

不能满足方程组（6-6），因此直线 L 可由方程组（6-6）表示，方程组（6-6）称为空间直线的一般方程.

2. **空间直线的对称式方程和参数方程**

如果一个非零向量平行于一条已知直线，那么这个向量称为这条直线的一个方向向量. 显然，以直线上任意不同两点作为起点和终点的向量都可作为它的一个方向向量.

因为过空间一点可作而且只能作一条直线平行于一已知向量，所以当直线 L 上的一点 $M_0(x_0,y_0,z_0)$ 和它的方向向量 $s=\{m,n,p\}$ 为已知时，直线 L 的位置就完全可以确定了. 下面我们来建立直线的方程.

设 $M(x,y,z)$ 是直线 L 上异于 M_0 的任意一点，则 $\overrightarrow{M_0M}=\{x-x_0,y-y_0,z-z_0\}$ 与直线的方向向量 $s=\{m,n,p\}$ 平行（图 6-25），其坐标对应成比例，于是有

$$\frac{x-x_0}{m}=\frac{y-y_0}{n}=\frac{z-z_0}{p}. \qquad (6\text{-}7)$$

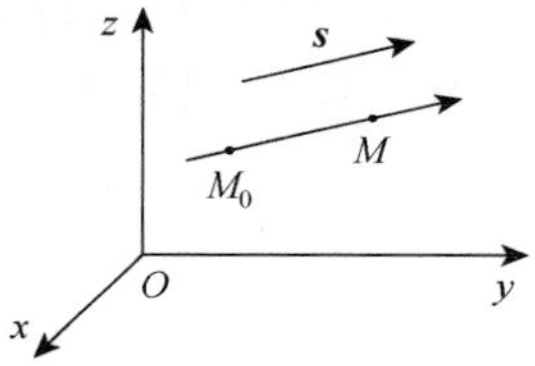

图 6-25

我们把方程（6-7）称为直线的对称式方程或点向式方程，其中 m,n,p 不能同时为零，当 m,n,p 中有一个为零，例如，$m=0,\ n\neq0,\ p\neq0$ 时，方程（6-7）可理解为

$$\begin{cases} x-x_0=0, \\ \dfrac{y-y_0}{n}=\dfrac{z-z_0}{p}. \end{cases}$$

当 m,n,p 中有两个为零，例如 $m=n=0$，方程（6-7）可理解为 $\begin{cases} x-x_0=0, \\ y-y_0=0. \end{cases}$

直线的任一方向向量 s 的坐标 m,n,p 称为这直线的一组方向数，而向量 s 的方向余弦称为该直线的方向余弦.

由直线的对称式方程容易导出直线的参数方程，如设

$$\frac{x-x_0}{m}=\frac{y-y_0}{n}=\frac{z-z_0}{p}=t,$$

那么可得

$$\begin{cases} x=x_0+mt, \\ y=y_0+nt, \\ z=z_0+pt. \end{cases} \qquad (6\text{-}8)$$

方程组（6-8）就是直线的参数方程.

　　上面讨论了如果已知直线上的一个点的坐标及其方向向量，则可求出其对称式方程或参数方程，现在请读者思考：如果已知直线上的两个不同点的坐标，又该如何求出该直线的方程？

　　例 6.17　把直线 L 的一般方程 $\begin{cases} 2x+y+z-5=0, \\ 2x+y-3z-1=0 \end{cases}$ 化为对称式方程和参数方程.

　　解　先在直线上取一点 (x_0, y_0, z_0). 为此，任意选定它的坐标，例如，令 $x_0 = 1$，代入直线方程得

$$\begin{cases} y_0 + z_0 = 3, \\ y_0 - 3z_0 = -1, \end{cases}$$

解得 $y_0 = 2$，$z_0 = 1$，所以 $(1, 2, 1)$ 是直线上的一点.

　　下面再求直线的方向向量，因为两平面的交线与两平面的法向量为 $\boldsymbol{n}_1 = \{2, 1, 1\}$ 和 $\boldsymbol{n}_2 = \{2, 1, -3\}$ 都垂直，所以可取方向向量为

$$\boldsymbol{s} = \boldsymbol{n}_1 \times \boldsymbol{n}_2 = \begin{vmatrix} \boldsymbol{i} & \boldsymbol{j} & \boldsymbol{k} \\ 2 & 1 & 1 \\ 2 & 1 & -3 \end{vmatrix} = -4\boldsymbol{i} + 8\boldsymbol{j},$$

因此，直线 L 的对称式方程为

$$\frac{x-1}{-4} = \frac{y-2}{8} = \frac{z-1}{0} \text{ 或 } \frac{x-1}{1} = \frac{y-2}{-2} = \frac{z-1}{0}.$$

令

$$\frac{x-1}{1} = \frac{y-2}{-2} = \frac{z-1}{0} = t,$$

则可得直线的参数方程为

$$\begin{cases} x = 1 + t, \\ y = 2 - 2t, \\ z = 1. \end{cases}$$

　　另外，在 L 上取两个不同的点，也可写出 L 的对称式方程和参数方程，请读者自行完成，此处从略.

　　例 6.18　求过点 $(-3, 2, 5)$ 且与两平面 $x - 4z = 3$ 和 $2x - y - 5z = 1$ 的交线平行的直线方程.

　　解　由于直线的方向向量与两平面的交线的方向向量平行，故直线的方向向量 $\boldsymbol{s}$ 一定与两平面的法向量垂直，所以

$$\boldsymbol{s} = \boldsymbol{n}_1 \times \boldsymbol{n}_2 = \begin{vmatrix} \boldsymbol{i} & \boldsymbol{j} & \boldsymbol{k} \\ 1 & 0 & -4 \\ 2 & -1 & -5 \end{vmatrix} = -(4\boldsymbol{i} + 3\boldsymbol{j} + \boldsymbol{k}),$$

因此，所求直线的方程为

$$\frac{x+3}{4}=\frac{y-2}{3}=\frac{z-5}{1}.$$

例 6.19　求过直线 L_0：$\dfrac{x-2}{1}=\dfrac{y-3}{1}=\dfrac{z-4}{2}$ 与平面 $2x+y+z-6=0$ 的交点 M_0，并且方向向量为 $s=\{2,-1,3\}$ 的直线 L 的方程.

解　先求 M_0 的坐标，直线 L_0 的参数方程为

$$\begin{cases} x=2+t, \\ y=3+t, \\ z=4+2t, \end{cases}$$

代入平面方程中，得

$$2(2+t)+(3+t)+(4+2t)-6=0.$$

解之得 $t=-1$. 把求得的 t 值代入直线 L_0 的参数方程中，即得 M_0 的坐标为 $(1,2,2)$.
从而直线 L 的方程为

$$\frac{x-1}{2}=\frac{y-2}{-1}=\frac{z-2}{3}.$$

例 6.20　求过点 $(2,1,3)$ 且与直线 $\dfrac{x+1}{3}=\dfrac{y-1}{2}=\dfrac{z}{-1}$ 垂直相交的直线的方程.

解　过点 $(2,1,3)$ 作一垂直于已知直线的平面，则该平面的方程为

$$3(x-2)+2(y-1)-(z-3)=0, \qquad (6\text{-}9)$$

已知直线的参数方程为

$$\begin{cases} x=-1+3t, \\ y=1+2t, \\ z=-t, \end{cases} \qquad (6\text{-}10)$$

把式（6-10）代入式（6-9），求得 $t=\dfrac{3}{7}$，所以平面与已知直线的交点为 $\left(\dfrac{2}{7},\dfrac{13}{7},-\dfrac{3}{7}\right)$.

以点 $(2,1,3)$ 为起点，点 $\left(\dfrac{2}{7},\dfrac{13}{7},-\dfrac{3}{7}\right)$ 为终点的向量：

$$\left\{\frac{2}{7}-2,\frac{13}{7}-1,-\frac{3}{7}-3\right\}=-\frac{6}{7}\{2,-1,4\}$$

是所求直线的一个方向向量，故所求直线的方程为

$$\frac{x-2}{2}=\frac{y-1}{-1}=\frac{z-3}{4}.$$

6.3.3　点、直线、平面之间的位置关系

首先，我们来讨论平面之间的关系.

1. **两平面的夹角**

设两平面的方程分别为

$$\Pi_1: \quad A_1x + B_1y + C_1z + D_1 = 0,$$
$$\Pi_2: \quad A_2x + B_2y + C_2z + D_2 = 0,$$

它们的法向量分别是

$$\boldsymbol{n}_1 = \{A_1, B_1, C_1\}, \ \boldsymbol{n}_2 = \{A_2, B_2, C_2\},$$

当两个平面相交时，形成两个互补的二面角，其中一个二面角和向量 $\boldsymbol{n}_1$ 与 $\boldsymbol{n}_2$ 之间的夹角相同（图 6-26）. 因此，规定两平面之间的夹角为两法向量之间的夹角（通常指锐角）.

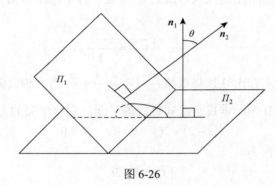

图 6-26

由两向量夹角余弦的坐标表示式可得两平面 Π_1 与 Π_2 之间的夹角 θ 的余弦为

$$\cos\theta = \frac{|A_1A_2 + B_1B_2 + C_1C_2|}{\sqrt{A_1^2 + B_1^2 + C_1^2} \cdot \sqrt{A_2^2 + B_2^2 + C_2^2}}. \tag{6-11}$$

从两向量垂直、平行的条件可得如下结论：

平面 Π_1 和 Π_2 互相垂直的充分必要条件是

$$A_1A_2 + B_1B_2 + C_1C_2 = 0;$$

平面 Π_1 和 Π_2 互相平行或重合的充分必要条件是

$$\frac{A_1}{A_2} = \frac{B_1}{B_2} = \frac{C_1}{C_2}.$$

例 6.21　求两平面 $x - y + 2z = 6$ 和 $2x + y + z - 5 = 0$ 的夹角.

解　由公式（6-11）有

$$\cos\theta = \frac{|1\times2 + (-1)\times1 + 2\times1|}{\sqrt{1^2 + (-1)^2 + 2^2} \cdot \sqrt{2^2 + 1^2 + 1^2}} = \frac{1}{2},$$

因此所求的夹角为 $\theta = \dfrac{\pi}{3}$.

2. 两直线的夹角

两直线的方向向量的夹角（通常指锐角）称为两直线的夹角.

设直线 L_1 和 L_2 的方向向量分别为 $\boldsymbol{s}_1 = \{m_1, n_1, p_1\}$ 和 $\boldsymbol{s}_2 = \{m_2, n_2, p_2\}$，由两向量之间夹角的余弦公式，立即可得两直线 L_1 和 L_2 的夹角 φ 的余弦表达式为

$$\cos\varphi = \frac{\left| m_1 m_2 + n_1 n_2 + p_1 p_2 \right|}{\sqrt{m_1^2 + n_1^2 + p_1^2} \cdot \sqrt{m_2^2 + n_2^2 + p_2^2}}.$$

从两个向量垂直、平行的充分必要条件可得如下结论：

两直线 L_1 和 L_2 互相垂直的充要条件是

$$m_1 m_2 + n_1 n_2 + p_1 p_2 = 0;$$

两直线 L_1 和 L_2 互相平行或重合的充要条件是

$$\frac{m_1}{m_2} = \frac{n_1}{n_2} = \frac{p_1}{p_2}.$$

例 6.22　求直线 L_1：$\dfrac{x-1}{1} = \dfrac{y}{-4} = \dfrac{z+3}{1}$ 和 L_2：$\dfrac{x}{2} = \dfrac{y+2}{-2} = \dfrac{-z}{1}$ 的夹角.

解　直线 L_1 的方向向量为 $\boldsymbol{s}_1 = \{1, -4, 1\}$；直线 L_2 的方向向量为 $\boldsymbol{s}_2 = \{2, -2, -1\}$，设直线 L_1 和 L_2 的夹角为 φ，则有

$$\cos\varphi = \frac{\left| 1 \times 2 + (-4) \times (-2) + 1 \times (-1) \right|}{\sqrt{1^2 + (-4)^2 + 1^2} \cdot \sqrt{2^2 + (-2)^2 + (-1)^2}} = \frac{1}{\sqrt{2}} = \frac{\sqrt{2}}{2},$$

所以 $\varphi = \dfrac{\pi}{4}$.

3. 直线与平面的夹角

当直线与平面不垂直时，直线和它在平面上的投影直线的夹角 $\varphi\left(0 \leqslant \varphi < \dfrac{\pi}{2}\right)$，称为直线与平面的夹角（图 6-27）. 当直线与平面垂直时，规定直线与平面的夹角为 $\dfrac{\pi}{2}$.

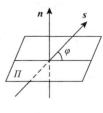

图 6-27

设直线的方向向量为 $\boldsymbol{s} = \{m, n, p\}$，平面的法向量为 $\boldsymbol{n} = \{A, B, C\}$，直线与平面的夹角为 φ，那么按两个向量夹角余弦的坐标表达式，有

$$\sin\varphi = \frac{\left| Am + Bn + Cp \right|}{\sqrt{A^2 + B^2 + C^2} \cdot \sqrt{m^2 + n^2 + p^2}}.$$

由两向量垂直、平行的条件可以推得如下结论：

直线与平面垂直的充要条件是 $s // n$，即

$$\frac{A}{m} = \frac{B}{n} = \frac{C}{p};$$

直线与平面平行或直线在平面上的充要条件是 $s \perp n$，即

$$Am + Bn + Cp = 0.$$

例 6.23　求过点 $(1,-2,4)$ 且与平面 $2x - 3y + z - 4 = 0$ 垂直的直线的方程.

解　因为所求直线垂直于已知平面，所以可取已知平面的法向量 $\{2,-3,1\}$ 作为所求直线的方向向量，由此可得所求直线的方程为

$$\frac{x-1}{2} = \frac{y+2}{-3} = \frac{z-4}{1}.$$

4. 点到平面的距离

定理 6.2　设 $P_0(x_0, y_0, z_0)$ 是平面 $Ax + By + Cz + D = 0$ 外的一点，则点 P_0 到这平面的距离为

$$d = \frac{|Ax_0 + By_0 + Cz_0 + D|}{\sqrt{A^2 + B^2 + C^2}}.$$

证明　在平面上任取一点 $P_1(x_1, y_1, z_1)$，则 P_0 到平面的距离 d 就是 $\overrightarrow{P_1P_0}$ 在平面法向量 n 上的投影的绝对值（图 6-28），即 $d = |(\overrightarrow{P_1P_0})_n|$，因为

$$\overrightarrow{P_1P_0} = \{x_0 - x_1, y_0 - y_1, z_0 - z_1\},\quad n = \{A, B, C\},$$

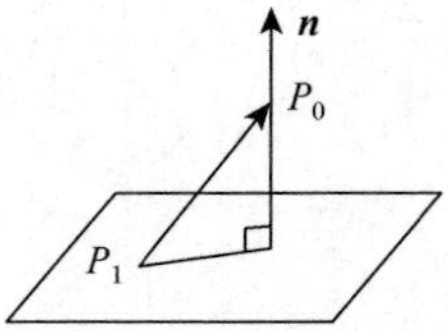

由向量的数量积可知：

$$d = |(\overrightarrow{P_1P_0})_n| = |n° \cdot \overrightarrow{P_1P_0}|$$

即

$$d = |n° \cdot \overrightarrow{P_1P_0}| = \frac{|A(x_0 - x_1) + B(y_0 - y_1) + C(z_0 - z_1)|}{\sqrt{A^2 + B^2 + C^2}}.$$

图 6-28

因为 P_1 在平面上，所以 P_1 的坐标满足平面方程，即有

$$Ax_1 + By_1 + Cz_1 = -D,$$

代入 d 的表达式中，得到点 $P_0(x_0, y_0, z_0)$ 到平面 $Ax + By + Cz + D = 0$ 的距离公式为

$$d = \frac{|Ax_0 + By_0 + Cz_0 + D|}{\sqrt{A^2 + B^2 + C^2}}.$$

例如，点 $(2,1,1)$ 到平面 $x + y - z + 1 = 0$ 的距离为

$$d = \frac{|1 \times 2 + 1 \times 1 - 1 \times 1 + 1|}{\sqrt{1^2 + 1^2 + (-1)^2}} = \frac{3}{\sqrt{3}} = \sqrt{3}.$$

5. 点到直线的距离

定理 6.3　设 M_0 是直线 L 外一点，M 是直线 L 上一点，并且直线的方向向量为 s，则点 M_0 到直线 L 的距离为 $d = \dfrac{|\overrightarrow{M_0M} \times s|}{|s|}$.

证明　设 $\overrightarrow{M_0M}$ 与 L 的夹角为 θ，如图 6-29 所示，则点 M_0 到直线 L 的距离为

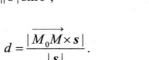

$$d = |\overrightarrow{M_0M}| \sin\theta;$$

又因为

$$|\overrightarrow{M_0M} \times s| = |\overrightarrow{M_0M}| |s| \sin\theta,$$

所以

图 6-29

$$d = \frac{|\overrightarrow{M_0M} \times s|}{|s|}.$$

6.3.4　平面束

我们知道两个相交的平面能够确定一条空间直线，但是通过一条空间直线的平面有无穷多个，如何用一个统一的方程表达这样的平面，从而更加方便地求解过某一已知直线的平面方程是以下讨论的主要问题.

空间中过同一直线 L 的一切平面的集合叫有轴平面束，L 叫平面束的轴. 空间中平行于同一平面 Π 的所有平面的集合叫平行平面束.

设直线 L 的一般方程为 $\begin{cases} A_1x + B_1y + C_1z + D_1 = 0, \\ A_2x + B_2y + C_2z + D_2 = 0 \end{cases}$，则以 L 为轴的有轴平面束的方程为

$$\lambda(A_1x + B_1y + C_1z + D_1) + \mu(A_2x + B_2y + C_2z + D_2) = 0,$$

其中 λ，μ 是不全为零的任意实数. 特别地，

$$A_1x + B_1y + C_1z + D_1 + \lambda(A_2x + B_2y + C_2z + D_2) = 0$$

是表示除平面

$$\Pi_2: \quad A_2x + B_2y + C_2z + D_2 = 0$$

外过 L 的所有平面方程，其中 λ 为任意实数.

平行于平面

$$\Pi: \quad Ax + By + Cz + D = 0$$

的平行平面束方程为

$$Ax + By + Cz + \lambda = 0,$$

其中 λ 为不等于 D 的任意实数.

例 6.24 求直线 $L:\begin{cases} 2x - y + z - 1 = 0, \\ x + y - z + 1 = 0 \end{cases}$ 在平面 Π：$x + 2y - z = 0$ 上的投影直线方程.

解 过直线 $L:\begin{cases} 2x - y + z - 1 = 0, \\ x + y - z + 1 = 0 \end{cases}$ 的平面束方程为

$$2x - y + z - 1 + \lambda(x + y - z + 1) = 0,$$

即

$$(2+\lambda)x + (-1+\lambda)y + (1-\lambda)z + (\lambda - 1) = 0, \tag{6-12}$$

其中 λ 为待定常数. 这平面与平面

$$\Pi:\quad x + 2y - z = 0$$

垂直的条件是

$$(2+\lambda) \cdot 1 + (-1+\lambda) \cdot 2 - 1 \cdot (1-\lambda) = 0,$$

解此方程得到 $\lambda = \dfrac{1}{4}$，代入式（6-12），得与平面 Π 垂直的平面方程为

$$3x - y + z - 1 = 0,$$

所以所求投影直线的方程为

$$\begin{cases} x + 2y - z = 0, \\ 3x - y + z - 1 = 0 \end{cases}.$$

例 6.25 求通过直线 $\begin{cases} x + 5y + z = 0, \\ x - z + 4 = 0 \end{cases}$ 且与平面 $x - 4y - 8z + 12 = 0$ 成 $\dfrac{\pi}{4}$ 角的平面.

解 设所求的平面为

$$\mu(x + 5y + z) + \lambda(x - z + 4) = 0,$$

整理即得

$$(\mu + \lambda)x + 5\mu y + (\mu - \lambda)z + 4\lambda = 0,$$

则

$$\pm \frac{(\mu+\lambda) + 5\mu \times (-4) + (\mu - \lambda) \times (-8)}{\sqrt{(\mu+\lambda)^2 + (5\mu)^2 + (\mu-\lambda)^2}\sqrt{1^2 + (-4)^2 + (-8)^2}} = \frac{\sqrt{2}}{2},$$

从而 $\mu : \lambda = 0 : 1$ 或 $-4 : 3$，所以所求平面为

$$x - z + 4 = 0 \ \text{或} \ x + 20y + 7z - 12 = 0.$$

例 6.26　求过点 $(-3,2,5)$ 且与两平面 $x-4z=3$ 和 $2x-y-5z=1$ 的交线平行的直线方程（用平行平面束的方法来求解）.

解　由平行平面束的特点可设过点 $(-3,2,5)$ 且与平面

$$x-4z=3$$

平行的平面方程为

$$x-4z=D,$$

将点 $(-3,2,5)$ 代入，解得 $D=-23$，即

$$x-4z=-23.$$

同理可求过点 $(-3,2,5)$ 且与

$$2x-y-5z=1$$

平行的平面方程为

$$2x-y-5z=-33.$$

所求直线为上述两个平面的交线，故其一般方程为

$$\begin{cases} x-4z=-23, \\ 2x-y-5z=-33. \end{cases}$$

习　题　6-3

1. 求下列各平面的方程：

（1）过点 $M_0(1,2,3)$ 且以 $\boldsymbol{n}=\{2,2,1\}$ 为法向量的平面；

（2）过三点 $A(1,0,0),B(0,1,0),C(0,0,1)$ 的平面；

（3）过点 $(0,0,1)$ 且与平面 $3x+4y+2z=1$ 平行的平面；

（4）通过 x 轴和点 $(4,-3,-1)$ 的平面；

（5）过点 $(1,1,1)$ 且垂直于平面 $x-y+z=7$ 和 $3x+2y-12z+5=0$ 的平面；

（6）过原点及点 $(1,1,1)$ 且与平面 $x-y+z=8$ 垂直的平面.

2. 求平行于 $6x+y+6z+5=0$ 而与三个坐标面所围成的四面体体积为 1 的平面方程.

3. 求下列各直线的方程：

（1）通过点 $A(-3,0,1)$ 和点 $B(2,-5,1)$ 的直线；

（2）过点 $(1,1,1)$ 且与直线 $\dfrac{x-1}{2}=\dfrac{y-2}{3}=\dfrac{z-3}{4}$ 平行的直线；

（3）通过点 $M(1,-5,3)$ 且与 x, y, z 三轴分别成 $60°, 45°, 120°$ 的直线；

（4）过点 $A(2,-3,4)$ 且和 y 轴垂直相交的直线；

（5）通过点 $M(1, 0, -2)$ 且与两直线 $\dfrac{x-1}{1} = \dfrac{y}{1} = \dfrac{z+1}{-1}$ 和 $\dfrac{x}{1} = \dfrac{y-1}{-1} = \dfrac{z+1}{0}$ 垂直的直线；

（6）通过点 $M(2,-3,-5)$ 且与平面 $6x - 3y - 5z + 2 = 0$ 垂直的直线.

4. 求直线 $\begin{cases} x + y + z = -1, \\ 2x - y + 3z = -4 \end{cases}$ 的点向式方程与参数方程.

5. 求下列各平面的方程：

（1）通过点 $P(2, 0, -1)$ 且又通过直线 $\dfrac{x+1}{2} = \dfrac{y}{-1} = \dfrac{z-2}{3}$ 的平面；

（2）通过直线 $\dfrac{x-2}{1} = \dfrac{y+3}{-5} = \dfrac{z+1}{-1}$ 且与直线 $\begin{cases} 2x - y - z - 3 = 0, \\ x + 2y - z - 5 = 0 \end{cases}$ 平行的平面；

（3）通过直线 $\dfrac{x-1}{2} = \dfrac{y+2}{-3} = \dfrac{z-2}{2}$ 且与平面 $3x + 2y - z - 5 = 0$ 垂直的平面；

（4）过点 $M(2,1,0)$ 与直线 $\begin{cases} x = 2t - 3, \\ y = 3t + 5, \\ z = t \end{cases}$ 垂直的平面方程.

6. 分别在下列条件下确定 l, m, n 的值：

（1）使 $(l-3)x + (m+1)y + (n-3)z + 8 = 0$ 和 $(m+3)x + (n-9)y + (l-3)z - 16 = 0$ 表示同一平面；

（2）使 $2x + my + 3z - 5 = 0$ 与 $lx - 6y - 6z + 2 = 0$ 表示两平行平面；

（3）使 $lx + y - 3z + 1 = 0$ 与 $7x + 2y - z = 0$ 表示两互相垂直的平面；

（4）使直线 $\dfrac{x-1}{4} = \dfrac{y+2}{3} = \dfrac{z}{1}$ 与平面 $lx + 3y - 5z + 1 = 0$ 平行；

（5）使直线 $\begin{cases} x = 2t + 2, \\ y = -4t - 5, \\ z = 3t - 1 \end{cases}$ 与平面 $lx + my + 6z - 7 = 0$ 垂直.

7. 求平面 $x + y - 11 = 0$ 与 $3x + 8 = 0$ 的夹角.

8. 验证直线 l：$\dfrac{x}{-1} = \dfrac{y-1}{1} = \dfrac{z-1}{2}$ 与平面 $\varPi$：$2x + y - z - 3 = 0$ 相交，并求出它的交点和交角.

9. 判别下列各对直线的位置关系，如果是相交或平行的直线，求出它们所在的平面，如果相交，求出夹角的余弦：

（1）$\begin{cases} x - 2y + 2z = 0, \\ 3x + 2y - 6 = 0 \end{cases}$ 与 $\begin{cases} x + 2y - z - 11 = 0, \\ 2x + z - 14 = 0; \end{cases}$

（2）$\begin{cases} x=t, \\ y=2t+1, \\ z=-t-2 \end{cases}$ 与 $\dfrac{x-1}{4}=\dfrac{y-4}{7}=\dfrac{z+2}{-5}$.

10. 判别下列直线与平面的位置关系：

（1）$\dfrac{x-3}{-2}=\dfrac{y+4}{-7}=\dfrac{z}{3}$ 与 $4x-2y-2z=3$ ；

（2）$\dfrac{x}{3}=\dfrac{y}{-2}=\dfrac{z}{7}$ 与 $3x-2y+7z=8$ ；

（3）$\begin{cases} 5x-3y+2z-5=0, \\ 2x-y-z-1=0 \end{cases}$ 与 $4x-3y+7z-7=0$ ；

（4）$\begin{cases} x=t, \\ y=-2t+9, \\ z=9t-4 \end{cases}$ 与 $3x-4y+7z-10=0$.

11. 求点 $(2,1,1)$ 到平面 $2x+2y-z+4=0$ 的距离.

12. 求点 $P(2,3,-1)$ 到直线 $\begin{cases} 2x-2y+z+3=0, \\ 3x-2y+2z+17=0 \end{cases}$ 的距离.

13. 求点 $M(4,1,2)$ 在平面 $x+y+z=1$ 上的投影.

14. 求直线 $\begin{cases} x+y-z-1=0, \\ x-y+z+1=0 \end{cases}$ 在平面 $x+y+z=0$ 上的投影直线的方程.

15. 求通过平面 $4x-y+3z-1=0$ 和 $x+5y-z+2=0$ 的交线且满足下列条件之一的平面：

（1）通过原点；（2）与 y 轴平行；（3）与平面 $2x-y+5z-3=0$ 垂直.

6.4　空间的曲面与曲线

6.4.1　曲面方程的概念

在平面解析几何中，我们把平面曲线看作动点的运动轨迹，同样在空间解析几何中，我们也把曲面看作动点的运动轨迹.

设在空间直角坐标系中有一曲面 S 与方程

$$F(x,y,z)=0 \qquad\qquad （6\text{-}13）$$

有下述关系：

（1）曲面 S 上任一点的坐标都满足方程（6-13）；

（2）不在曲面 S 上的点的坐标都不满足方程（6-13）.

那么方程（6-13）就称为曲面 S 的方程，曲面 S 称为方程（6-13）的图形（图 6-30）.

曲面方程是曲面上任意点的坐标之间所满足的关系，也就是曲面上的动点 $M(x, y, z)$ 在运动过程中所必须满足的约束条件.

6.4.2　一些常见的曲面

1. 球面

到空间一定点 M_0 距离为定值 R 的所有点形成的曲面称为球面，点 M_0 称为球心，R 称为半径（图 6-31）.

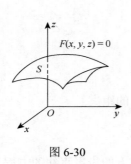

图 6-30

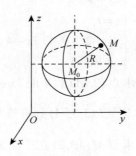

图 6-31

设 $M(x, y, z)$ 是球面上的任一点，那么有 $|M_0 M| = R$. 由于

$$|M_0 M| = \sqrt{(x-x_0)^2 + (y-y_0)^2 + (z-z_0)^2} ,$$

所以

$$\sqrt{(x-x_0)^2 + (y-y_0)^2 + (z-z_0)^2} = R ,$$

即

$$(x-x_0)^2 + (y-y_0)^2 + (z-z_0)^2 = R^2 , \qquad (6\text{-}14)$$

这就是球面上任一点的坐标所满足的方程，而不在球面上的点都不满足方程（6-14），因此方程（6-14）就是以点 $M_0(x_0, y_0, z_0)$ 为球心、R 为半径的球面方程.

如果球心在坐标原点，则球面方程为

$$x^2 + y^2 + z^2 = R^2 .$$

例 6.27　方程 $x^2 + y^2 + z^2 - 2x + 4y = 0$ 表示怎样的曲面？

解　通过配方，原方程可化为

$$(x-1)^2 + (y+2)^2 + z^2 = 5 ,$$

与方程（6-14）比较，可知，原方程表示球心在点 $M_0(1,-2,0)$、半径为 $R=\sqrt{5}$ 的球面.

2. 旋转曲面

一条已知的平面曲线绕其所在平面上的一条定直线旋转一周所成的曲面称为旋转曲面，平面曲线和定直线分别称为旋转曲面的母线和轴.

设在 yOz 面上有一已知曲线 $C: f(y,z)=0$，把该曲线绕 z 轴旋转一周，就得到一个以 z 轴为轴的旋转曲面（图 6-32），下面求该旋转曲面的方程.

设 $M_1(0,y_1,z_1)$ 为曲线 C 上的任一点，那么有

$$f(y_1,z_1)=0, \tag{6-15}$$

当曲线 C 绕 z 轴旋转时，点 M_1 也绕 z 轴旋转到另一点 $M(x,y,z)$，这时 $z=z_1$ 保持不变且点 M 到 z 轴的距离

$$d=\sqrt{x^2+y^2}=|y_1|.$$

将 $z_1=z$，$y_1=\pm\sqrt{x^2+y^2}$ 代入式（6-15），即得旋转曲面的方程为

$$f(\pm\sqrt{x^2+y^2},z)=0,$$

即在曲线 C 的方程 $f(y,z)=0$ 中将 y 改成 $\pm\sqrt{x^2+y^2}$，便得曲线 C 绕 z 轴旋转所成的旋转曲面的方程.

同理 yOz 面上的已知曲线 $f(y,z)=0$ 绕 y 轴旋转一周的旋转曲面方程为

$$f(y,\pm\sqrt{x^2+z^2})=0.$$

同理 xOy 面上的已知曲线 $f(x,y)=0$ 绕 x 轴旋转一周的旋转曲面方程为

$$f(x,\pm\sqrt{y^2+z^2})=0.$$

例 6.28　直线 L 绕另一条与 L 相交的直线旋转一周，所得旋转曲面称为圆锥面. 两直线的交点称为圆锥面的顶点，两直线的夹角 $\alpha\left(0<\alpha<\dfrac{\pi}{2}\right)$ 称为圆锥面的半顶角.

试建立顶点在坐标原点，旋转轴为 z 轴，半顶角为 α 的圆锥面（图 6-33）的方程.

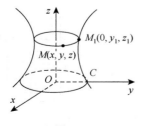

图 6-32

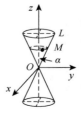

图 6-33

解　yOz 面上直线方程为 $z = y\cot\alpha$，因为 z 轴为旋转轴，L 为母线，所以只要将方程 $z = y\cot\alpha$ 中的 y 改成 $\pm\sqrt{x^2 + y^2}$ 即可得到所要求的圆锥面方程

$$z = \pm\sqrt{x^2 + y^2}\cot\alpha \text{ 或 } z^2 = a^2(x^2 + y^2),$$

其中 $a = \cot\alpha$。

显然，圆锥面上任一点 M 的坐标一定满足此方程。如果点 M 不在圆锥面上，那么直线 OM 与 z 轴的夹角就不等于 α，于是点 M 的坐标就不满足此方程。

3. 柱面

给定一曲线 C 和一定直线 L（L 不在曲线 C 所在的平面内），平行于定直线 L 的动直线沿着曲线 C 平行移动所生成的曲面称为柱面，其中，曲线 C 称为柱面的准线，动直线称为柱面的母线。下面仅讨论母线平行于坐标轴的柱面。

设准线 C 为 xOy 面内的一条曲线，其方程为 $F(x, y) = 0$，沿 C 作母线平行于 z 轴的柱面。在柱面上任取一点 $M(x, y, z)$，过 M 点作一条与 z 轴平行的直线，则该直线与 xOy 面的交点为 $M_0(x, y, 0)$，由于 M_0 在准线 C 上，所以有 $F(x, y) = 0$。即 M 点的坐标应满足方程 $F(x, y) = 0$。

反之，如果空间一点 $M(x_0, y_0, z_0)$ 满足方程 $F(x, y) = 0$，即 $F(x_0, y_0) = 0$，那么点 $M(x_0, y_0, z_0)$ 必在过准线 C 上一点 (x_0, y_0) 而平行于 z 轴的直线上，于是点 $M(x_0, y_0, z_0)$ 必在柱面上。所以，方程 $F(x, y) = 0$ 在空间就表示母线平行于 z 轴的柱面（图 6-34）。

例如，方程 $x^2 + y^2 = R^2$ 表示母线平行于 z 轴，准线是 xOy 面上以原点为圆心、R 为半径的圆的柱面（图 6-35），称其为圆柱面，类似地，曲面 $x^2 + z^2 = R^2$、$y^2 + z^2 = R^2$ 都表示圆柱面。

方程 $y^2 = 2x$ 表示母线平行于 z 轴，以 xOy 面上的抛物线 $y^2 = 2x$ 为准线的柱面，该柱面称为抛物柱面（图 6-36）。

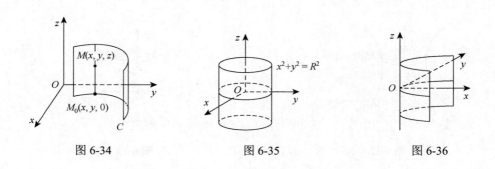

图 6-34　　　　　　　　　　　图 6-35　　　　　　　　　　　图 6-36

方程 $\dfrac{x^2}{a^2}+\dfrac{y^2}{b^2}=1$ 表示母线平行于 z 轴，以 xOy 面上的椭圆 $\dfrac{x^2}{a^2}+\dfrac{y^2}{b^2}=1$ 为准线的柱面，称为椭圆柱面；

方程 $\dfrac{x^2}{a^2}-\dfrac{y^2}{b^2}=1$ 表示母线平行于 z 轴，以 xOy 面上的双曲线 $\dfrac{x^2}{a^2}-\dfrac{y^2}{b^2}=1$ 为准线的柱面，称为双曲柱面.

一般地，只含 x,y 而缺 z 的方程 $F(x,y)=0$，在空间直角坐标系中表示母线平行于 z 轴的柱面，其准线为 xOy 面上的曲线 C：$F(x,y)=0$.

类似地，只含 x,z 而缺 y 的方程 $G(x,z)=0$ 和只含 y,z 而缺 x 的方程 $H(y,z)=0$ 分别表示母线平行于 y 轴和 x 轴的柱面.

例如，方程 $x-z=0$ 表示母线平行于 y 轴的柱面，其准线是 xOz 面上的直线 $x-z=0$，所以它是过 y 轴的平面.

6.4.3　二次曲面

三元二次方程所表示的曲面称为二次曲面，例如，前面我们已经讨论过的球面、圆锥面、旋转曲面、圆柱面、椭圆柱面、抛物柱面、双曲柱面等均为二次曲面.我们把平面称为一次曲面.

一般的三元方程 $F(x,y,z)=0$ 所表示的曲面难以用描点法得到其形状，但是我们可以利用坐标面或用平行于坐标面的平面与曲面相截，考察其交线（即截痕）的形状，然后加以综合，从而了解曲面的全貌，这种方法称为截痕法.

下面，我们用截痕法来讨论椭球面的几何形状，其他几个二次曲面可以类似讨论.

1. 椭球面

由方程

$$\frac{x^2}{a^2}+\frac{y^2}{b^2}+\frac{z^2}{c^2}=1 \tag{6-16}$$

所表示的曲面称为椭球面.

（1）由式（6-16）可知：$|x|\leqslant a,|y|\leqslant b,|z|\leqslant c$（其中常数 a,b,c 均大于零），这表明：椭球面（6-16）完全包含在以原点为中心的长方体内，这长方体的六个面的方程为 $x=\pm a,y=\pm b,z=\pm c$，其中常数 a,b,c 称为椭球面的半轴.

（2）为了进一步了解这一曲面的形状，先求出它与三个坐标面的交线

$$\begin{cases} \dfrac{x^2}{a^2}+\dfrac{y^2}{b^2}=1, \\ z=0, \end{cases} \quad \begin{cases} \dfrac{y^2}{b^2}+\dfrac{z^2}{c^2}=1, \\ x=0, \end{cases} \quad \begin{cases} \dfrac{x^2}{a^2}+\dfrac{z^2}{c^2}=1, \\ y=0, \end{cases}$$

这些交线都是椭圆.

（3）用平行于 xOy 面的平面 $z=z_1(|z_1|\leqslant c)$ 去截椭球面，其截痕（即交线）为

$$\begin{cases} \dfrac{x^2}{\dfrac{a^2}{c^2}(c^2-z_1^2)}+\dfrac{y^2}{\dfrac{b^2}{c^2}(c^2-z_1^2)}=1, \\ z=z_1, \end{cases}$$

这是位于平面 $z=z_1$ 内的椭圆，它的两个半轴分别等于 $\dfrac{a}{c}\sqrt{c^2-z_1^2}$ 与 $\dfrac{b}{c}\sqrt{c^2-z_1^2}$，其椭圆中心均在 z 轴上，当 $|z_1|$ 由 0 逐渐增大到 c 时，椭圆的截面由大到小，最后缩成一点.

（4）以平面 $y=y_1(|y_1|\leqslant b)$ 或 $x=x_1(|x_1|\leqslant a)$ 去截椭球面分别可得与上述类似的结果.

综上讨论知：椭球面（6-16）的形状如图 6-37 所示.

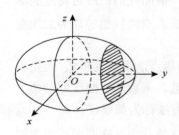

图 6-37

特别地，若 $a=b$，而 $a\neq c$，则式（6-16）变为

$$\dfrac{x^2+y^2}{a^2}+\dfrac{z^2}{c^2}=1,$$

这一曲面是 xOz 面上的椭圆 $\dfrac{x^2}{a^2}+\dfrac{z^2}{c^2}=1$ 绕 z 轴旋转而成的旋转曲面，因此，称此曲面为旋转椭球面.

它与一般椭球面不同之处在于：如用平面 $z=z_1$ $(|z_1|\leqslant c)$ 与旋转椭球面相截时，所得的截痕是圆心在 z 轴上的圆 $\begin{cases} x^2+y^2=\dfrac{a^2}{c^2}(c^2-z_1^2), \\ z=z_1, \end{cases}$ 其半径为 $\dfrac{a}{c}\sqrt{c^2-z_1^2}$.

若 $a=b=c$，那么式（6-16）变成 $x^2+y^2+z^2=a^2$，这是球心在原点，半径为 a 的球面.

2. 单叶双曲面

由方程

$$\dfrac{x^2}{a^2}+\dfrac{y^2}{b^2}-\dfrac{z^2}{c^2}=1$$

所表示的曲面称为单叶双曲面（图 6-38）.

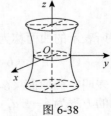

图 6-38

（1）此单叶双曲面对称于坐标平面、坐标轴及坐标原点.

（2）它在平面 $z = h$ 上的截痕为椭圆

$$\begin{cases} \dfrac{x^2}{a^2} + \dfrac{y^2}{b^2} = 1 + \dfrac{h^2}{c^2}, \\ z = h. \end{cases}$$

（3）yOz 面及 xOz 面与单叶双曲面的截痕分别是以 y 轴和 x 轴为实轴的双曲线

$$\begin{cases} \dfrac{y^2}{b^2} - \dfrac{z^2}{c^2} = 1, \\ x = 0. \end{cases} \qquad \begin{cases} \dfrac{x^2}{a^2} - \dfrac{z^2}{c^2} = 1, \\ y = 0. \end{cases}$$

另外，方程

$$\frac{x^2}{a^2} - \frac{y^2}{b^2} + \frac{z^2}{c^2} = 1$$

及

$$-\frac{x^2}{a^2} + \frac{y^2}{b^2} + \frac{z^2}{c^2} = 1$$

也是表示单叶双曲面.

3. 双叶双曲面

由方程

$$\frac{x^2}{a^2} + \frac{y^2}{b^2} - \frac{z^2}{c^2} = -1$$

所表示的曲面称为双叶双曲面（图 6-39）.

（1）此双叶双曲面对称于坐标面、坐标轴及坐标原点.

（2）它在平面 $z = h$ （$|h| > c$）上的截痕为

$$\begin{cases} \dfrac{x^2}{a^2} + \dfrac{y^2}{b^2} = \dfrac{h^2}{c^2} - 1, \\ z = h. \end{cases}$$

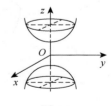

图 6-39

这是平面 $z = h$ 上的椭圆.

（3）yOz 面及 xOz 面与双叶双曲面的截痕分别是以 z 轴为实轴的双曲线

$$\begin{cases} -\dfrac{y^2}{b^2} + \dfrac{z^2}{c^2} = 1, \\ x = 0. \end{cases} \qquad \begin{cases} -\dfrac{x^2}{a^2} + \dfrac{z^2}{c^2} = 1, \\ y = 0. \end{cases}$$

另外，方程

$$\frac{x^2}{a^2} - \frac{y^2}{b^2} + \frac{z^2}{c^2} = -1 \ \text{及} \ -\frac{x^2}{a^2} + \frac{y^2}{b^2} + \frac{z^2}{c^2} = -1$$

也是表示双叶双曲面.

4. 椭圆抛物面

由方程

$$\frac{x^2}{a} + \frac{y^2}{b} = 2z \quad (a \text{ 与 } b \text{ 同号}) \tag{6-17}$$

所表示的曲面称为椭圆抛物面.

当 $a > 0, b > 0$ 时，运用截痕法可以知道它的形状（图 6-40）.

特别地，如果 $a = b$，那么方程（6-17）变为

$$x^2 + y^2 = 2az \quad (a > 0),$$

这一曲面可看成是 xOz 面上的抛物线 $x^2 = 2az$ 绕 z 轴旋转而成的旋转曲面, 这曲面称为旋转抛物面.

5. 双曲抛物面

由方程

$$\frac{x^2}{a^2} - \frac{y^2}{b^2} = z$$

所表示的曲面称为双曲抛物面. 双曲抛物面又称马鞍面.

当 $a > 0, b > 0$ 时，运用截痕法可以知道它的形状（图 6-41）.

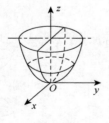

图 6-40

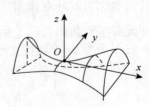

图 6-41

（1）此双曲抛物面对称于 yOz 面及 xOz 面及 z 轴.

（2）它在平面 $z = h$ 上的截痕为

$$\begin{cases} \dfrac{x^2}{a^2} - \dfrac{y^2}{b^2} = z, \\ z = h. \end{cases}$$

当 $h > 0$ 时，截痕是实轴平行于 x 轴的双曲线；当 $h < 0$ 时，截痕是实轴平行于 y 轴的双曲线；当 $h = 0$ 时，截痕为两条相交于原点的直线

$$\begin{cases} \dfrac{x}{a} + \dfrac{y}{b} = 0, \\ z = 0, \end{cases} \quad \begin{cases} \dfrac{x}{a} - \dfrac{y}{b} = 0, \\ z = 0. \end{cases}$$

（3）它在平面 $y = h$ 上的截痕为开口向上的抛物线

$$\begin{cases} \dfrac{x^2}{a^2} = z + \dfrac{h^2}{b^2}, \\ y = h. \end{cases}$$

（4）它在平面 $x = h$ 上的截痕为开口向下的抛物线

$$\begin{cases} \dfrac{y^2}{b^2} = \dfrac{h^2}{a^2} - z, \\ x = h. \end{cases}$$

6.4.4 空间曲线的方程

1. 空间曲线的一般方程

空间曲线可以看作两个曲面的交线. 设 $F(x, y, z) = 0$ 和 $G(x, y, z) = 0$ 是两个曲面方程，它们的交线为 C （图 6-42），因为曲线 C 上的任何点的坐标应同时满足这两个方程，所以应满足方程组

$$\begin{cases} F(x, y, z) = 0, \\ G(x, y, z) = 0. \end{cases} \tag{6-18}$$

反过来，如果点 M 不在曲线 C 上，那么它不可能同时在两个曲面上，所以它的坐标不满足方程组. 因此，曲线 C 可以用上述方程组来表示. 方程组（6-18）称为空间曲线 C 的一般方程.

例 6.29 方程组 $\begin{cases} x^2 + y^2 = 1, \\ 2x + 3z = 6 \end{cases}$ 表示怎样的曲线？

解 方程组中第一个方程表示母线平行于 z 轴的圆柱面，其准线是 xOy 面上的圆，圆心在原点 O，半径为 1. 方程组中第二个方程表示一个母线平行于 y 轴的柱面，由于它的准线是 zOx 面上的直线，因此它是一个平面. 方程组就表示上述平面与圆柱面的交线，如图 6-43 所示.

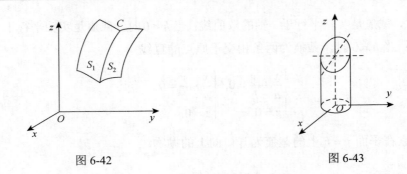

图 6-42　　　　　　　　　　　　　　　　　图 6-43

例 6.30　方程组 $\begin{cases} z = \sqrt{a^2 - x^2 - y^2}, \\ \left(x - \dfrac{a}{2}\right)^2 + y^2 = \left(\dfrac{a}{2}\right)^2 \end{cases}$ 表示怎样的曲线？

解　方程组中第一个方程表示球心在坐标原点 O，半径为 a 的上半球面．第二个方程表示母线平行于 z 轴的圆柱面，它的准线是 xOy 面上的圆，这圆的圆心在点 $\left(\dfrac{a}{2}, 0\right)$，半径为 $\dfrac{a}{2}$．方程组就表示上述半球面与圆柱面的交线，称为维维安尼（Viviani）曲线（图 6-44）．

2. 空间曲线的参数方程

空间曲线 C 的方程除了一般方程之外，也可以用参数形式表示，只要将 C 上动点的坐标 x，y，z 表示为参数 t 的函数

$$\begin{cases} x = x(t), \\ y = y(t), \\ z = z(t), \end{cases} \tag{6-19}$$

当给定 $t = t_1$ 时，就得到 C 上的一个点 (x_1, y_1, z_1)，随着 t 的变动便得曲线 C 上的全部点．方程组（6-19）称为空间曲线的参数方程．

例 6.31　如果空间一点 M 在圆柱面 $x^2 + y^2 = a^2$ 上以角速度 ω 绕 z 轴旋转，同时又以线速度 v 沿平行于 z 轴的正方向上升（其中 ω、v 都是常数），那么点 M 的轨迹称为螺旋线．试建立其参数方程．

解　取时间 t 为参数．设当 $t = 0$ 时，动点位于 x 轴上的一点 $A(a, 0, 0)$ 处．经过时间 t，动点由 A 运动到 $M(x, y, z)$（图 6-45），记 M 在 xOy 面上的投影为 M'，M' 的坐标为 $(x, y, 0)$．由于动点在圆柱面上以角速度 ω 绕 z 轴旋转，所以经过时间 t，$\angle AOM' = \omega t$，从而

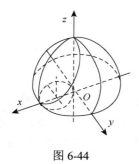

图 6-44

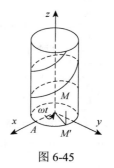

图 6-45

$$x = |OM'|\cos\angle AOM' = a\cos\omega t,$$

$$y = |OM'|\sin\angle AOM' = a\sin\omega t,$$

由于动点同时以线速度 v 沿平行于 z 轴的正方向上升，所以 $z = MM' = vt$，因此螺旋线的参数方程为

$$\begin{cases} x = a\cos\omega t, \\ y = a\sin\omega t, \\ z = vt. \end{cases}$$

也可以用其它变量作参数，例如，令 $\theta = \omega t$，则螺旋线的参数方程可写为

$$\begin{cases} x = a\cos\theta, \\ y = a\sin\theta, \\ z = b\theta, \end{cases}$$

其中 $b = \dfrac{v}{\omega}$，而参数为 θ.

*6.4.5 曲面的参数方程

曲面的参数方程通常是含两个参数的方程，形如

$$\begin{cases} x = x(s,t), \\ y = y(s,t), \\ z = z(s,t). \end{cases}$$

例如，空间曲线 Γ：

$$\begin{cases} x = \varphi(t), \\ y = \psi(t), \quad (\alpha \leqslant t \leqslant \beta), \\ z = \omega(t) \end{cases}$$

绕 z 轴旋转，所得旋转曲面的方程为

$$\begin{cases} x = \sqrt{[\varphi(t)]^2 + [\psi(t)]^2}\cos\theta, \\ y = \sqrt{[\varphi(t)]^2 + [\psi(t)]^2}\sin\theta, \quad (\alpha \leqslant t \leqslant \beta,\ 0 \leqslant \theta \leqslant 2\pi) \\ z = \omega(t) \end{cases} \tag{6-20}$$

这是因为，固定一个 t，得 Γ 上一点 $M_1(\varphi(t),\psi(t),\omega(t))$，点 M_1 绕 z 轴旋转，得空间的一个圆，该圆在平面 $z = \omega(t)$ 上，其半径为点 M_1 到 z 轴的距离 $\sqrt{[\varphi(t)]^2 + [\psi(t)]^2}$，因此，固定 t 的方程（6-20）就是该圆的参数方程. 再令 t 在 $[\alpha,\beta]$ 内变动，方程（6-20）便是旋转曲面的方程.

例如，直线

$$\begin{cases} x = 1, \\ y = t, \\ z = 2t \end{cases}$$

绕 z 轴旋转所得旋转曲面的方程为

$$\begin{cases} x = \sqrt{1+t^2}\cos\theta, \\ y = \sqrt{1+t^2}\sin\theta, \\ z = 2t. \end{cases}$$

上式消 t 和 θ，得曲面的直角坐标方程为 $x^2 + y^2 = 1 + \dfrac{z^2}{4}$.

又如，球面

$$x^2 + y^2 + z^2 = a^2$$

可看成 zOx 面上的半圆周

$$\begin{cases} x = a\sin\varphi, \\ y = 0, \qquad (0 \leqslant \varphi \leqslant \pi) \\ z = a\cos\varphi \end{cases}$$

绕 z 轴旋转所得，故球面方程为

$$\begin{cases} x = a\sin\varphi\cos\theta, \\ y = a\sin\varphi\sin\theta, \quad (0 \leqslant \varphi \leqslant \pi,\ 0 \leqslant \theta \leqslant 2\pi). \\ z = a\cos\varphi \end{cases}$$

6.4.6 空间曲线在坐标面上的投影

以曲线 C 为准线、母线平行于 z 轴的柱面称为曲线 C 关于 xOy 面的投影柱面，投影柱面与 xOy 面的交线称为空间曲线 C 在 xOy 面上的投影曲线，或简称投影

（类似地可以定义曲线 C 在其他坐标面上的投影）．下面我们来讨论投影柱面与投影的方程．

设空间曲线 C 的一般方程为

$$\begin{cases} F(x,y,z)=0, \\ G(x,y,z)=0. \end{cases} \qquad (6\text{-}21)$$

设方程组消去变量 z 后所得的方程为 $H(x,y)=0$，则该方程就是曲线 C 关于 xOy 面的投影柱面．

一方面，方程 $H(x,y)=0$ 表示一个母线平行于 z 轴的柱面；另一方面，方程 $H(x,y)=0$ 是由方程组（6-21）消去变量 z 后所得的方程，因此当 x，y，z 满足方程组时，前两个数 x，y 必定满足方程 $H(x,y)=0$，这就说明曲线 C 上的所有点都在方程 $H(x,y)=0$ 所表示的曲面上，即曲线 C 在方程 $H(x,y)=0$ 表示的柱面上．所以方程 $H(x,y)=0$ 表示的柱面就是曲线 C 关于 xOy 面的投影柱面．

由投影的定义知曲线 C 在 xOy 面上的投影曲线的方程为

$$\begin{cases} H(x,y)=0, \\ z=0. \end{cases}$$

同理，消去方程组（6-21）中变量 x 或变量 y 再分别和 $x=0$ 或 $y=0$ 联立，我们就可得空间曲线 C 在 yOz 面或 zOx 面上的投影的曲线方程

$$\begin{cases} R(y,z)=0, \\ x=0 \end{cases} \text{或} \begin{cases} T(x,z)=0, \\ y=0. \end{cases}$$

例 6.32　已知两球面的方程为 $x^2+y^2+z^2=1$ 和 $x^2+(y-1)^2+(z-1)^2=1$，求它们的交线 C 在 xOy 面上的投影方程．

解　将方程

$$x^2+(y-1)^2+(z-1)^2=1$$

与方程

$$x^2+y^2+z^2=1$$

相减得

$$y+z=1,$$

将 $z=1-y$ 代入

$$x^2+y^2+z^2=1$$

得

$$x^2+2y^2-2y=0.$$

这就是交线 C 关于 xOy 面的投影柱面方程．两球面的交线 C 在 xOy 面上的投影方程为

$$\begin{cases} x^2 + 2y^2 - 2y = 0, \\ z = 0. \end{cases}$$

例 6.33　求空间曲线 $\begin{cases} z = x^2 + y^2, \\ x^2 + 2x + y^2 = 0 \end{cases}$ 在 xOy 面上的投影曲线方程.

解　从所给曲线方程组中消去 z，就得到包含曲线的投影柱面方程. 由于此方程组中的第二个方程不包含有 z，所以包含曲线的投影柱面方程就是

$$x^2 + 2x + y^2 = 0.$$

因此，投影柱面与 xOy 面的交线为

$$\begin{cases} x^2 + 2x + y^2 = 0, \\ z = 0. \end{cases}$$

故曲线在 xOy 面的投影曲线方程为

$$\begin{cases} (x+1)^2 + y^2 = 1, \\ z = 0. \end{cases}$$

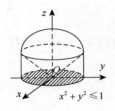

图 6-46

例 6.34　设一个立体由上半球面 $z = \sqrt{4 - x^2 - y^2}$ 和锥面 $z = \sqrt{3(x^2 + y^2)}$ 所围成（图 6-46），求它在 xOy 面上的投影.

解　半球面与锥面交线为

$$C : \begin{cases} z = \sqrt{4 - x^2 - y^2}, \\ z = \sqrt{3(x^2 + y^2)}, \end{cases}$$

消去 z 并将等式两边平方整理得投影柱面方程为

$$x^2 + y^2 = 1,$$

故在 xOy 面上的投影曲线为

$$\begin{cases} x^2 + y^2 = 1, \\ z = 0. \end{cases}$$

即 xOy 平面上的以原点为圆心、1 为半径的圆，立体在 xOy 平面上的投影为圆所围成的部分，即

$$\begin{cases} x^2 + y^2 \leqslant 1, \\ z = 0. \end{cases}$$

习　题　6-4

1. 一动点移动时，与 $A(4,0,0)$ 及 xOy 面等距离，求该动点的轨迹方程.

2. 求下列各球面的方程：

（1）圆心 $(2,-1,3)$ ，半径为 $R=6$ ；

（2）圆心在原点，且经过点 $(6,-2,3)$ ；

（3）一条直径的两端点是 $(2,-3,5)$ 与 $(4,1,-3)$ ；

（4）通过原点与 $(4,0,0),(1,3,0),(0,0,-4)$.

3. 求下列旋转曲面的方程：

（1）将 yOz 面上的抛物线 $y^2=2z$ 绕 z 轴旋转一周所生成的旋转曲面；

（2）将 zOx 面上的双曲线 $\dfrac{x^2}{a^2}-\dfrac{z^2}{c^2}=1$ 分别绕 x 轴和 z 轴旋转一周所生成的旋转曲面.

4. 说明下列旋转曲面是怎样形成的？

（1）$\dfrac{x^2}{4}+\dfrac{y^2}{9}+\dfrac{z^2}{9}=1$ ；　　　　　　（2）$x^2-\dfrac{y^2}{4}+z^2=1$ ；

（3）$x^2-y^2-z^2=1$ ；　　　　　　（4）$(z-a)^2=x^2+y^2$.

5. 指出下列方程在平面解析几何和空间解析几何中分别表示什么图形？

（1）$y=x+1$ ；　　　　　　（2）$x^2+y^2=4$ ；

（3）$x^2-y^2=1$ ；　　　　　　（4）$x^2=2y$.

6. 指出下列曲面的名称，并作图：

（1）$\dfrac{x^2}{4}+\dfrac{z^2}{9}=1$ ；　　　　　　（2）$y^2=2z$ ；

（3）$x^2+z^2=1$ ；　　　　　　（4）$x^2+y^2+z^2-2x=0$ ；

（5）$y^2+x^2=z^2$ ；　　　　　　（6）$4x^2-4y^2+z=1$ ；

（7）$\dfrac{x^2}{9}+\dfrac{y^2}{16}+z=1$ ；　　　　　　（8）$\dfrac{x^2}{4}-\dfrac{y^2}{9}+z^2=-1$ ；

（9）$\dfrac{x^2}{4}+\dfrac{y^2}{3}+\dfrac{z^2}{3}=1$ ；　　　　　　（10）$2x^2+2y^2=1+3z^2$.

7. 画出下列各曲面所围立体的图形：

（1）$3x+4y+2z-12=0$ 与三个坐标面所围成；

（2）$z=4-x^2,2x+y=4$ 及三坐标面所围成；

（3）$z=0,z=a(a>0),y=x,x^2+y^2=1$ 及 $x=0$ 在第一卦限所围成；

（4）$z=x^2+y^2$ 与 $z=8-x^2-y^2$ 所围成.

8. 画出下列曲线在第一卦限内的图形：

（1）$\begin{cases} x=1, \\ y=2; \end{cases}$　　　　（2）$\begin{cases} z=\sqrt{4-x^2-y^2}, \\ x-y=0; \end{cases}$　　（3）$\begin{cases} x^2+y^2=a^2, \\ x^2+z^2=a^2. \end{cases}$

9. 分别求母线平行于 x 轴及 y 轴而且通过曲线 $\begin{cases} 2x^2 + y^2 + z^2 = 16, \\ x^2 + z^2 - y^2 = 0 \end{cases}$ 的柱面方程.

10. 求在 yOz 面内以坐标原点为圆心的单位圆的方程（任写出三种不同形式的方程）.

11. 试求平面 $x - 2 = 0$ 与椭球面 $\dfrac{x^2}{16} + \dfrac{y^2}{12} + \dfrac{z^2}{4} = 1$ 相交所得椭圆的半轴与顶点.

12. 将下面曲线的一般方程化为参数方程：

（1）$\begin{cases} x^2 + y^2 + z^2 = 9, \\ y = x; \end{cases}$ 　　（2）$\begin{cases} (x-1)^2 + y^2 + (z+1) = 4, \\ z = 0. \end{cases}$

13. 指出下列方程所表示的曲线：

（1）$\begin{cases} x^2 + y^2 + z^2 = 25, \\ x = 3; \end{cases}$ 　　（2）$\begin{cases} x^2 + 4y^2 + 9z^2 = 30, \\ z = 1; \end{cases}$

（3）$\begin{cases} x^2 - 4y^2 + z^2 = 25, \\ x = -3; \end{cases}$ 　　（4）$\begin{cases} y^2 + z^2 - 4x + 8 = 0, \\ y = 4; \end{cases}$

（5）$\begin{cases} \dfrac{y^2}{9} - \dfrac{z^2}{4} = 1, \\ x - 2 = 0. \end{cases}$

14. 求螺旋线 $\begin{cases} x = a\cos\theta, \\ y = a\sin\theta, \\ z = b\theta \end{cases}$ 在三个坐标面上的投影曲线的直角坐标方程.

15. 求曲线 $\begin{cases} x^2 + y^2 + z^2 = 1, \\ z = \dfrac{1}{2} \end{cases}$ 在坐标面上的投影.

16. 求抛物面 $y^2 + z^2 = x$ 与平面 $x + 2y - z = 0$ 的交线在三个坐标面上的投影曲线方程.

总习题六（A）

1. 填空题

（1）若 $|a||b| = \sqrt{2}$，$(\widehat{a,b}) = \dfrac{\pi}{2}$，则 $|a \times b| = $_____，$a \cdot b = $_____.

（2）与平面 $x - y + 2z - 6 = 0$ 垂直的单位向量为_____.

（3）过点 $(-3,1,-2)$ 和 $(3,0,5)$ 且平行于 x 轴的平面方程为_____.

（4）过原点且垂直于平面 $2y - z + 2 = 0$ 的直线为_____.

（5）曲线 $\begin{cases} z = 2x^2 + y^2, \\ z = 1 \end{cases}$ 在 xOy 平面上的投影曲线方程为_____.

2. 选择题

（1）当 $\boldsymbol{a}$ 与 $\boldsymbol{b}$ 满足（　　）时，有 $|\boldsymbol{a}+\boldsymbol{b}|=|\boldsymbol{a}|+|\boldsymbol{b}|$.

　　A. $\boldsymbol{a} \perp \boldsymbol{b}$ 　　　　　　　　　　B. $\boldsymbol{a} = \lambda \boldsymbol{b}$（$\lambda$ 为常数）

　　C. $\boldsymbol{a} /\!/ \boldsymbol{b}$ 　　　　　　　　　　D. $\boldsymbol{a} \cdot \boldsymbol{b} = |\boldsymbol{a}||\boldsymbol{b}|$

（2）下列平面方程中，方程（　　）过 y 轴.

　　A. $x+y+z=1$ 　　　　　　　B. $x+y+z=0$

　　C. $x+z=0$ 　　　　　　　　D. $x+z=1$

（3）在空间直角坐标系中，方程 $z=1-x^2-2y^2$ 所表示的曲面是（　　）.

　　A. 椭球面　　　B. 椭圆抛物面　　　C. 椭圆柱面　　　D. 单叶双曲面

（4）空间曲线 $\begin{cases} z = x^2 + y^2 - 2, \\ z = 5 \end{cases}$ 在 xOy 面上的投影方程为（　　）.

　　A. $x^2 + y^2 = 7$ 　　　　　　B. $\begin{cases} x^2 + y^2 = 7, \\ z = 5 \end{cases}$

　　C. $\begin{cases} x^2 + y^2 = 7, \\ z = 0 \end{cases}$ 　　　　D. $\begin{cases} z = x^2 + y^2 - 2, \\ z = 0. \end{cases}$

（5）直线 $\dfrac{x-1}{2} = \dfrac{y}{1} = \dfrac{z+1}{-1}$ 与平面 $x-y+z=1$ 的位置关系是（　　）.

　　A. 垂直　　　　　　　　　　B. 平行

　　C. 夹角为 $\dfrac{\pi}{4}$ 　　　　　　D. 夹角为 $-\dfrac{\pi}{4}$

3. 已知 $\boldsymbol{a} = \{1,-2,1\}$，$\boldsymbol{b} = \{1,1,2\}$，计算

（1）$\boldsymbol{a} \times \boldsymbol{b}$；　　　　　　（2）$(2\boldsymbol{a}-\boldsymbol{b})\cdot(\boldsymbol{a}+\boldsymbol{b})$；　　　（3）$|\boldsymbol{a}-\boldsymbol{b}|^2$.

4. 已知向量 $\overrightarrow{P_1P_2}$ 的起点为 $P_1(2,-2,5)$，终点为 $P_2(-1,4,7)$，试求：

（1）向量 $\overrightarrow{P_1P_2}$ 的坐标表示；　　　　（2）向量 $\overrightarrow{P_1P_2}$ 的模；

（3）向量 $\overrightarrow{P_1P_2}$ 的方向余弦；　　　　（4）与向量 $\overrightarrow{P_1P_2}$ 方向一致的单位向量.

5. 设向量 $\boldsymbol{a} = \{1,-1,1\}$，$\boldsymbol{b} = \{1,1,-1\}$，求与 $\boldsymbol{a}$ 和 $\boldsymbol{b}$ 都垂直的单位向量.

6. 向量 $\boldsymbol{d}$ 垂直于向量 $\boldsymbol{a} = \{2,3,-1\}$ 和 $\boldsymbol{b} = \{1,-2,3\}$，并且与 $\boldsymbol{c} = (2,-1,1)$ 的数量积为 -6，求向量 $\boldsymbol{d}$.

7. 求满足下列条件的平面方程：

（1）过三点 $P_1(0,1,2)$，$P_2(1,2,1)$ 和 $P_3(3,0,4)$；

（2）过 x 轴且与平面 $\sqrt{5}x + 2y + z = 0$ 的夹角为 $\dfrac{\pi}{3}$.

8. 一平面过直线 $\begin{cases} x+5y+z=0, \\ x-z+4=0 \end{cases}$ 且与 $x-4y-8z+12=0$ 垂直，求该平面方程.

9. 求既与两平面 $x-4z=3$ 和 $2x-y-5z=1$ 的交线平行，又过点 $(-3,2,5)$ 的直线方程.

10. 一直线通过点 $A(1,2,1)$，并且垂直于直线 L：$\dfrac{x-1}{3}=\dfrac{y}{2}=\dfrac{z+1}{1}$，又和直线 $x=y=z$ 相交，求该直线方程.

11. 指出下列方程表示的图形名称：

（1）$x^2+4y^2+z^2=1$；　　　　（2）$x^2+y^2=2z$；　　　　（3）$z=\sqrt{x^2+y^2}$；

（4）$x^2-y^2=0$；　　　　　　　（5）$x^2-y^2=1$；　　　　（6）$\begin{cases} z=x^2+y^2, \\ z=2. \end{cases}$

12. 求曲面 $z=x^2+y^2$ 与 $z=2-(x^2+y^2)$ 所围立体在 xOy 面上的投影并作其图形.

总习题六（B）

1. 设 $|a|=4$，$|b|=3$，$(\widehat{a,b})=\dfrac{\pi}{6}$，求以 $a+2b$ 和 $a-3b$ 为邻边的平行四边形面积.

2. 设 $(a+3b)\perp(7a-5b)$，$(a-4b)\perp(7a-2b)$，求 $(\widehat{a,b})$.

3. 求与 $a=\{1,-2,3\}$ 共线且 $a\cdot b=28$ 的向量 b.

4. 已知 $a=\{1,0,-2\}$，$b=\{1,1,0\}$，求 c，使 $c\perp a, c\perp b$ 且 $|c|=6$.

5. 求曲线 $\begin{cases} x^2+y^2=R^2, \\ x+y+z=0 \end{cases}$ 的参数式方程.

6. 求曲线 L：$\begin{cases} z=\sqrt{4-x^2-y^2}, \\ x^2+y^2=2x \end{cases}$ 在 xOy 面上及在 zOx 面上的投影曲线的方程.

7. 已知平面 Π 过点 $M_0(1,0,-1)$ 和直线 L：$\dfrac{x-2}{2}=\dfrac{y-1}{0}=\dfrac{z-1}{1}$，求平面 Π 的方程.

8. 求一过原点的平面 Π，使它与平面 Π_0：$x-4y+8z-3=0$ 成 $\dfrac{\pi}{4}$ 角，并且垂直于平面 Π_1：$7x+z+3=0$.

9. 求过直线 L_1：$\begin{cases} x+y+z=0, \\ 2x-y+3z=0 \end{cases}$ 且平行于直线 L_2：$x=2y=3z$ 的平面 Π 的方程.

10. 求过直线 L：$\begin{cases} x+28y-2z+17=0, \\ 5x+8y-z+1=0 \end{cases}$ 且与球面 $x^2+y^2+z^2=1$ 相切的平面方程.

11. 求直线 L：$\dfrac{x-1}{1}=\dfrac{y}{1}=\dfrac{z-1}{-1}$ 在平面 Π：$x-y+2z-1=0$ 上投影直线 L_0 的方程，并求直线 L_0 绕 y 轴旋转一周而成的曲面方程.

12. 已知直线 L 过点 $A(-3,0,1)$ 且平行于平面 $3x-4y-z+5=0$，又与直线 $\dfrac{x}{2}=\dfrac{y-1}{1}=\dfrac{z+1}{-1}$ 相交，求直线 L 的方程.

13. 求直线 l_1：$\begin{cases} x+y-z=1, \\ 2x+z=3 \end{cases}$，与直线 l_2：$x=y=z-1$ 的公垂线的方程.

14. 求点 $M_0(2,-1,1)$ 到直线 l：$\begin{cases} x-2y+z-1=0, \\ x+2y-z+3=0 \end{cases}$ 的距离 d.

15. 求两直线 l_1：$\begin{cases} x+y-z-1=0, \\ 2x+y-z-2=0 \end{cases}$ 与 l_2：$\begin{cases} x+2y-z-2=0, \\ x+2y+2z+4=0 \end{cases}$ 之间的最短距离.

解析几何的发展史

第7章　多元函数微分法及其应用

在前面的章节中，我们讨论的函数只含有一个自变量，也就是一元函数，但在很多实际问题中常常遇到依赖于两个或更多个自变量的函数，这种函数称为多元函数. 本章将讨论多元函数的基本概念、多元函数微分法及其应用，并且主要讨论二元函数，因为从一元函数到二元函数，在内容和方法上都有一些实质性的差别，而从二元函数到三元或三元以上的函数，基本上只是作一些推广，没有本质的差别.

学习本章时，要注意将多元函数与一元函数作对照，搞清楚它们之间的异同，特别要注意它们之间的差异，以便更好地掌握多元函数微分学的基本概念和基本方法.

7.1　多元函数的基本概念

一元函数是定义在数轴 $\mathbf{R}^1$ 的一个子集上的函数，在讨论一元函数时，经常会使用一维数轴上的点集、两点间的距离、区间和邻域等概念。因此，为了能将有关一元函数的微分、积分等重要概念推广到多元函数的情况，先引入平面点集的一些基本概念，将有关概念从 $\mathbf{R}^1$ 推广到 $\mathbf{R}^2$ 中，然后引入 n 维空间，推广到一般的 $\mathbf{R}^n$ 中.

7.1.1　平面点集的一些概念

我们知道，通过平面直角坐标系可以建立坐标平面上的点 P 与二元有序实数组 (x, y) 之间的一一对应关系，因此，有序实数组 (x,y) 的全体，即集合 $\mathbf{R}^2 = \mathbf{R} \times \mathbf{R} = \{(x,y) \,|\, x, y \in \mathbf{R}\}$ 就表示坐标平面.

平面点集是指坐标平面上具有某种性质 P 的点的集合，记作

$$E = \{(x,y) \,|\, (x,y) \text{具有性质} P\}.$$

例如，平面上以点 (a, b) 为圆心，r 为半径的圆内所有点的集合为

$$E = \left\{(x,y) \,\middle|\, \sqrt{(x-a)^2 + (y-b)^2} < r\right\}.$$

下面，我们引入关于平面点集的一些基本概念.

1. 邻域

设 $P_0(x_0, y_0)$ 是 xOy 面上的一个点，δ 是某一正数，与点 $P_0(x_0, y_0)$ 的距离小于 δ 的点 $P(x, y)$ 的全体，称为点 P_0 的 δ 邻域，记作 $U(P_0, \delta)$，即

$$U(P_0, \delta) = \{P \mid |PP_0| < \delta\},$$

其中 $|PP_0|$ 表示 P 到 P_0 的距离，也就是

$$U(P_0, \delta) = \{(x, y) \mid \sqrt{(x - x_0)^2 + (y - y_0)^2} < \delta\}.$$

在点 P_0 的 δ 邻域中除去点 P_0 后所得的点集称为点 P_0 的空心 δ 邻域，记作 $\overset{\circ}{U}(P_0, \delta)$，即

$$\overset{\circ}{U}(P_0, \delta) = \{P \mid 0 < |PP_0| < \delta\}$$

在几何上，$U(P_0, \delta)$ 就是 xOy 面上以点 $P_0(x_0, y_0)$ 为中心、$\delta > 0$ 为半径的圆内部的点 $P(x, y)$ 的全体，而 $\overset{\circ}{U}(P_0, \delta)$ 则是圆内部去掉圆心 P_0 的点的全体.

如果不强调 δ 邻域的半径，则用 $U(P_0)$ 表示点 P_0 的某个邻域，点 P_0 的空心邻域记作 $\overset{\circ}{U}(P_0)$.

下面利用邻域来描述点和点集之间的关系.

2. 内点

设点 P 是平面点集 E 中的一点，若存在点 P 的某邻域 $U(P)$，使得 $U(P) \subset E$，则称点 P 为点集 E 的内点. 如图 7-1 所示，点 P_1 为点集 E 的内点.

3. 外点

设对平面上的点 P 及平面点集 E，若存在点 P 的某邻域 $U(P)$，使得 $U(P) \bigcap E = \varnothing$，则称点 P 为点集 E 的外点. 如图 7-1 所示，点 P_2 为点集 E 的外点.

4. 边界点

如果点 P 的任一邻域内既含有属于平面点集 E 的点，又含有不属于 E 的点，则称点 P 为点集 E 的边界点. 如图 7-1 所示，点 P_3 为点集 E 的边界点.

点集 E 的边界点的全体称为 E 的边界，记作 ∂E.

E 的内点必属于 E，E 的外点必不属于 E，而 E 的边界点可能属于 E，也可能不属于 E.

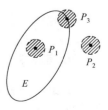

图 7-1

5. 聚点

如果对于任意给定的 $\delta > 0$，点 P 的空心邻域 $\mathring{U}(P_0, \delta)$ 内总有 E 中的点，则称点 P 是 E 的聚点.

由聚点的定义可知，点集 E 的聚点 P，可以属于 E，也可以不属于 E.

例如，设 $E = \{(x, y) \mid 1 < x^2 + y^2 \leqslant 2\}$ 是平面点集. 满足 $1 < x^2 + y^2 < 2$ 的点 (x, y) 是 E 的内点；满足 $x^2 + y^2 = 1$ 的点 (x, y) 是 E 的边界点，但它们不属于 E；而满足 $x^2 + y^2 = 2$ 的点 (x, y) 也是 E 的边界点，它们都属于 E；该点集 E 及它的边界 ∂E 上的一切点都是 E 的聚点.

6. 开集

如果点集 E 中的点都是由其内点组成，则称 E 为开集，如集合 $\{(x, y) \mid 1 < x^2 + y^2 < 2\}$ 是开集.

7. 闭集

如果点集 E 的余集 E^C 为开集，则称 E 为闭集，如集合 $\{(x, y) \mid 1 \leqslant x^2 + y^2 \leqslant 2\}$ 是闭集.

有的集合既非开集，也非闭集，如 $\{(x, y) \mid 1 < x^2 + y^2 \leqslant 2\}$ 既非开集也非闭集.

8. 区域

如果集合 E 中的任意两点 P_1，P_2，都可用折线连接起来，并且该折线上的点都属于 E，则称集合 E 为连通集.

如果集合 E 是一个连通的开集，则称开集 E 为区域或开区域. 例如，集合 $\{(x, y) \mid 1 < x^2 + y^2 < 9\}$ 是一个开区域.

开区域连同它的边界一起构成的集合，称为闭区域. 例如，集合 $\{(x, y) \mid 1 \leqslant x^2 + y^2 \leqslant 9\}$ 是一个闭区域.

9. 有界集

如果集合 E 可以包含在以原点为中心的某个圆内，则称 E 为有界集. 否则就称该集合 E 为无界集. 若区域 D 为有界集，则称 D 为有界区域. 例如，集合 $\{(x,$

$y) \big| x^2 + y^2 \leqslant 1 \}$ 是有界闭区域，而集合 $\{(x,y) \big| x^2 + y^2 > 1\}$ 是无界开区域，集合 $\{(x,y) \big| x^2 + y^2 \geqslant 1\}$ 是无界闭区域.

7.1.2　n 维空间

记 $\mathbf{R}$ 为实数全体，n 为取定的一个自然数，n 元有序实数组 $(x_1, x_2, \cdots, x_n)$ 的全体所组成的集合，记作 $\mathbf{R}^n$，即

$$\mathbf{R}^n = \mathbf{R} \times \mathbf{R} \times \cdots \times \mathbf{R} = \{(x_1, x_2, \cdots, x_n) \big| x_i \in \mathbf{R}, i = 1, 2, \cdots, n\}.$$

$\mathbf{R}^n$ 中的元素 $(x_1, x_2, \cdots, x_n)$ 常用单个字母 $\boldsymbol{x}$ 来表示，即 $\boldsymbol{x} = \{x_1, x_2, \cdots, x_n\}$. $\mathbf{R}^n$ 中的元素 $\boldsymbol{x} = \{x_1, x_2, \cdots, x_n\}$ 也称为 $\mathbf{R}^n$ 中的一个点或一个 n 维向量，x_i 称为该点的第 i 个坐标. 当所有的 $x_i (i = 1, 2, \cdots, n)$ 都为零时，称该元素为 $\mathbf{R}^n$ 中的零元 $\mathbf{0}$. 特别地，$\mathbf{R}^n$ 中的零元 $\mathbf{0}$ 称为 $\mathbf{R}^n$ 中的坐标原点或 n 维零向量.

对集合 $\mathbf{R}^n$ 中的元素定义如下的线性运算：

设 $\boldsymbol{x} = \{x_1, x_2, \cdots, x_n\}$，$\boldsymbol{y} = \{y_1, y_2, \cdots, y_n\}$ 为 $\mathbf{R}^n$ 中任意两个元素，$\lambda \in \mathbf{R}$，规定：

（1）向量的加法运算

$$\boldsymbol{x} + \boldsymbol{y} = \{x_1 + y_1, x_2 + y_2, \cdots, x_n + y_n\};$$

（2）向量的数乘运算

$$\lambda \boldsymbol{x} = \{\lambda x_1, \lambda x_2, \cdots, \lambda x_n\}.$$

这样定义了线性运算的集合 $\mathbf{R}^n$ 称为 n 维空间.

$\mathbf{R}^n$ 中两点 $P(x_1, x_2, \cdots, x_n)$ 和 $Q(y_1, y_2, \cdots, y_n)$ 的距离记作 $\rho(P, Q)$，规定

$$\rho(P, Q) = \sqrt{(x_1 - y_1)^2 + (x_2 - y_2)^2 + \cdots + (x_n - y_n)^2}.$$

n 维空间中的点集是指具有某种性质 p 的 n 元实数组的集合，即

$$E = \{(x_1, x_2, \cdots, x_n) \big| (x_1, x_2, \cdots, x_n) 具有性质 p\},$$

且前面关于二维空间 $\mathbf{R}^2$ 中点集的所有概念都可以推广到 n 维空间. 例如，可类似地定义 n 维空间中点 $P_0(x_1, x_2, \cdots, x_n)$ 的 δ 邻域为

$$U(P_0, \delta) = \{P \in \mathbf{R}^n \big| \rho(P, P_0) < \delta\}.$$

以邻域为基础，可以定义 n 维点集的内点、外点、边界点和聚点，以及开集、闭集、区域等一系列概念，不再一一赘述.

7.1.3　多元函数的概念

在实际问题中常常会遇到因变量依赖于多个自变量的情形，具体如下.

例 7.1　理想气体状态方程式 $P = R\dfrac{T}{V}$（R 为常数）表示气体的压强 P 对体积 V 与绝对温度 T 的依赖关系，可以看成两个自变量 V 和 T 与一个因变量 P 之间的关系.

例 7.2　物体运动的动能 E 与物体的质量 m 和运动速度 v 这两个量相关，它们之间的关系是

$$E = \frac{1}{2}mv^2.$$

上面两个例子虽然来自不同的实际问题，但都说明，在一定条件下，变量之间存在着一种依赖关系. 这种关系给出了一个因变量与几个自变量之间的对应法则，依照这个法则，当自变量在允许的范围内取一组数时，因变量有确定的值与之对应. 将这种共性抽象成二元函数的定义如下：

定义 7.1　设 D 是平面上的一个点集，对于任意一点 $P(x,y) \in D$，变量 z 按照一定的法则总有确定的值与之对应，则称 z 是变量 x、y 的二元函数，记作

$$z = f(x,y),(x,y) \in D \text{ 或 } z = f(P),P \in D.$$

其中点集 D 称为该函数的定义域，x、y 称为自变量，z 称为因变量.

上述定义中，与自变量 x、y 的一对值（即二元有序实数组）(x,y) 相对应的因变量 z 的值，也称为 f 在点 (x,y) 处的函数值，记作 $f(x,y)$，即 $z = f(x,y)$. 函数值 $f(x,y)$ 的全体所构成的集合称为函数 f 的值域，记作 $f(D)$，即

$$f(D) = \{z | z = f(x,y),(x,y) \in D\}.$$

类似地可以定义三元函数 $u = f(x,y,z)$ 及三元以上的函数. 二元及二元以上的函数统称为多元函数.

一元函数 $y = f(x)$ 的自变量 x 可以看作 x 轴上一点 P 的坐标，定义域 D 可以看作 x 轴上的一个点集. 类似地，二元函数 $z = f(x,y)$ 的自变量 x、y 可以看作 xOy 面上一点 P 的坐标，定义域 D 可以看作 xOy 面上的一个点集，三元函数也类似. 因此，无论是一元函数还是多元函数，都可以把自变量看作一点 P 的坐标，于是一元函数与多元函数可以统一地记为 $u = f(P)$，它表示对于定义域 D 中的任意一点 P，函数 u 都有一个唯一的值与之对应.

与一元函数类似，一个多元函数如果是从实际问题中产生的，则这一函数的定义域应根据实际问题来确定. 对于由算式表示的函数 $z = f(x,y)$，我们约定：如果未说明自变量的变化范围，则它的定义域就是使该算式有意义的那些自变量值的全体组成的点集，称为这个多元函数的自然定义域.

例 7.3 求下列二元函数的定义域：

（1） $z = \dfrac{1}{\sqrt{9-x^2-y^2}}$ ；

（2） $z = \arcsin\dfrac{x}{5} + \arcsin\dfrac{y}{4}$.

解 （1）容易看出，当且仅当自变量 x，y 满足不等式 $9-x^2-y^2 > 0$ 时函数 z 才有意义，因此函数 z 的定义域 D 为

$$\{(x,y)\,|\,x^2+y^2 < 9\},$$

是 xOy 面上由圆 $x^2+y^2=9$ （不包括圆周）围成的有界开区域.

（2）函数的定义域 D 由不等式 $\begin{cases} -1 \leqslant \dfrac{x}{5} \leqslant 1, \\[2mm] -1 \leqslant \dfrac{y}{4} \leqslant 1 \end{cases}$ 来

决定，即 D 表示为 $\{(x,y)\,|\,-5 \leqslant x \leqslant 5, -4 \leqslant y \leqslant 4\}$ ，
图形为图 7-2 中的阴影部分，这是一个有界闭区域.

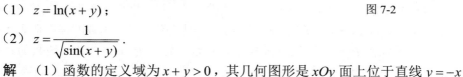

图 7-2

例 7.4 求下列函数的定义域：

（1） $z = \ln(x+y)$ ；

（2） $z = \dfrac{1}{\sqrt{\sin(x+y)}}$.

解 （1）函数的定义域为 $x+y > 0$ ，其几何图形是 xOy 面上位于直线 $y=-x$ 上方的半平面，不包括直线在内（图 7-3），这是一个无界开区域.

（2）函数的定义域为 $\sin(x+y) > 0$ ，即

$$\{(x,y)\,|\,2k\pi < x+y < (2k+1)\pi, k \in \mathbf{Z}\},$$

图形为图 7-4 中的阴影部分，因为不具备连通性，所以它不是一个开区域.

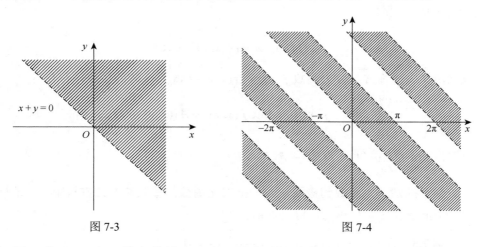

图 7-3   图 7-4

设函数 $z=f(x,y)$ 的定义域为 D ，对于任意取定的点 $P(x,y) \in D$ ，对应的函

数值为 $z = f(x,y)$. 这样，以 x 为横坐标、 y 为纵坐标、 $z = f(x,y)$ 为竖坐标在三维空间就确定一点 $M(x,y,z)$. 当 (x,y) 遍取 D 上的一切点时，得到一个空间点集

$$\{(x,y,z)\mid z = f(x,y),(x,y)\in D\},$$

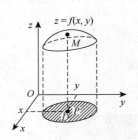

这个点集称为二元函数 $z = f(x,y)$ 的图形（图 7-5）. 通常我们也说二元函数的图形是一张曲面. 例如，由空间解析几何知道，线性函数 $z = ax + by + c$ 的图形是一张平面，而函数 $z = x^2 + y^2$ 的图形是旋转抛物面.

图 7-5

7.1.4　多元函数的极限

我们知道，一元函数 $y = f(x)$ 的极限 $\lim\limits_{x\to x_0} f(x) = A$ 的意义是：点 x 无限趋近于点 x_0 时，函数值 $f(x)$ 无限趋近于常数 A . 由于数轴上点 x 可以从点 x_0 的左边或者右边趋近于点 x_0 ，所以我们有左极限与右极限的概念.

现在要考虑二元函数 $z = f(x,y)$ 的极限，这就要考察当平面上的点 $P(x,y)$ 无限趋近于点 $P_0(x_0,y_0)$ 时，函数 $z = f(x,y)$ 的变化趋势. 二元函数的极限概念可描述如下：如果动点 $P(x,y)$ 以任意方式无限趋近于定点 $P_0(x_0,y_0)$ 时，函数的对应值 $f(x,y)$ 无限趋近于一个确定的常数 A ，则称 A 为函数 $z = f(x,y)$ 当 $(x,y)\to(x_0,y_0)$ 时的极限. 下面用" $\varepsilon - \delta$ "语言描述这个极限概念.

定义 7.2　设二元函数 $z = f(x,y)$ 的定义域为 D ， $P_0(x_0,y_0)$ 是 D 的聚点，如果存在常数 A ，对于任意给定的正数 ε ，总存在正数 δ ，使得当点 $P(x,y)\in D\bigcap \mathring{U}(P_0,\delta)$ 时，都有

$$|f(P) - A| = |f(x,y) - A| < \varepsilon$$

成立，那么就称常数 A 为函数 $f(x,y)$ 当 $(x,y)\to(x_0,y_0)$ 时的极限，记作

$$\lim_{(x,y)\to(x_0,y_0)} f(x,y) = A \text{ 或 } f(x,y)\to A\,((x,y)\to(x_0,y_0)),$$

也记作 $\lim\limits_{P\to P_0} f(P) = A$ 或 $f(P)\to A\,(P\to P_0)$.

为了区别一元函数的极限，我们把二元函数的极限称为二重极限. 三元及三元以上的多元函数的极限可以类似地定义.

例 7.5　证明 $\lim\limits_{(x,y)\to(0,0)} (x^2 + y^2)\sin\dfrac{1}{(x^2 + y^2)} = 0$.

证明　函数 $f(x,y)=(x^2+y^2)\sin\dfrac{1}{(x^2+y^2)}$ 的定义域为 $D=\mathbf{R}^2\setminus\{(0,0)\}$，点 $O(0,0)$ 为 D 的聚点. 由于

$$|f(x,y)-0|=\left|(x^2+y^2)\sin\frac{1}{(x^2+y^2)}-0\right|\leqslant x^2+y^2,$$

所以，$\forall\varepsilon>0$，要使

$$\left|(x^2+y^2)\sin\frac{1}{(x^2+y^2)}-0\right|<\varepsilon,$$

只需 $x^2+y^2<\varepsilon$，故取 $\delta=\sqrt{\varepsilon}$，则当 $0<\sqrt{(x-0)^2+(y-0)^2}<\delta$，即点 $P(x,y)\in D\bigcap \mathring{U}(O,\delta)$ 时，总有

$$|f(x,y)-0|=\left|(x^2+y^2)\sin\frac{1}{(x^2+y^2)}-0\right|\leqslant x^2+y^2<\delta^2=\varepsilon,$$

成立，所以 $\displaystyle\lim_{(x,y)\to(0,0)}(x^2+y^2)\sin\frac{1}{(x^2+y^2)}=0$.

　　求一元函数极限的四则运算法则、夹逼准则等法则可以推广到多元函数. 在进行多元函数极限的证明和计算时，这些法则是很有用的.

例 7.6　证明 $\displaystyle\lim_{(x,y)\to(0,0)}\frac{x^2y}{x^2+y^2}=0$.

证明　因为 $x^2+y^2\geqslant 2|x||y|$，于是

$$0\leqslant\left|\frac{x^2y}{x^2+y^2}\right|=|x|\frac{|xy|}{x^2+y^2}\leqslant\frac{1}{2}\cdot\frac{|x|(x^2+y^2)}{x^2+y^2}=\frac{1}{2}|x|,$$

即

$$-\frac{1}{2}|x|\leqslant\frac{x^2y}{x^2+y^2}\leqslant\frac{1}{2}|x|.$$

由夹逼准则可知，$\displaystyle\lim_{(x,y)\to(0,0)}\frac{x^2y}{x^2+y^2}=0$.

　　必须注意，所谓二重极限存在，是指 $P(x,y)$ 按任意方式无限趋近于定点 $P_0(x_0,y_0)$ 时，$f(x,y)$ 都无限趋近于 A. 因此，如果 P 以某些特殊方式趋近于 P_0 时，函数趋于某一确定值，这样尚不能断定函数的极限存在. 但是，只要发现 P 以两种不同方式趋于 P_0 时函数趋于不同的值，则立即可以断定函数在 P_0 的极限不存在.

例 7.7　讨论二元函数

$$f(x,y)=\begin{cases}\dfrac{xy}{x^2+y^2}, & x^2+y^2\neq 0,\\[2mm] 0, & x^2+y^2=0.\end{cases}$$

当 $P(x,y) \to O(0,0)$ 时极限是否存在.

解　显然，当点 $P(x,y)$ 沿 x 轴趋近于点 $O(0,0)$ 时，

$$\lim_{\substack{(x,y) \to (0,0) \\ y=0}} f(x,y) = \lim_{x \to 0} f(x,0) = \lim_{x \to 0} 0 = 0 ;$$

又当点 $P(x,y)$ 沿 y 轴趋近于点 $O(0,0)$ 时，

$$\lim_{\substack{(x,y) \to (0,0) \\ x=0}} f(x,y) = \lim_{y \to 0} f(0,y) = \lim_{y \to 0} 0 = 0 .$$

虽然点 $P(x,y)$ 以上述两种特殊方式（沿 x 轴或沿 y 轴）趋近于原点时函数的极限存在并且相等，但 $\lim\limits_{(x,y) \to (0,0)} f(x,y)$ 并不存在. 这是因为当点 $P(x,y)$ 沿着直线 $y = kx$ 趋近于点 $O(0,0)$ 时，有

$$\lim_{\substack{(x,y) \to (0,0) \\ y=kx}} \frac{xy}{x^2 + y^2} = \lim_{x \to 0} \frac{kx^2}{x^2 + k^2 x^2} = \frac{k}{1+k^2} ,$$

显然它是随着直线斜率 k 的不同而不同，因此二重极限 $\lim\limits_{(x,y) \to (0,0)} f(x,y)$ 不存在.

7.1.5 多元函数的连续性

上面已经介绍了多元函数极限的概念，现在给出二元函数连续性的定义.

定义 7.3　设二元函数 $z = f(x,y)$ 的定义域为 D，$P_0(x_0, y_0)$ 为 D 的聚点，且 $P_0 \in D$. 如果

$$\lim_{(x,y) \to (x_0, y_0)} f(x,y) = f(x_0, y_0) ,$$

则称函数 $f(x,y)$ 在点 $P_0(x_0, y_0)$ 连续，并称 $P_0(x_0, y_0)$ 为函数 $f(x,y)$ 的一个连续点.

如果函数 $z = f(x,y)$ 在点 $P_0(x_0, y_0)$ 处不连续，则称点 $P_0(x_0, y_0)$ 是函数 $f(x,y)$ 的不连续点或间断点.

如果函数 $f(x,y)$ 在 D 内的每一点都连续，那么就称函数 $f(x,y)$ 在 D 上连续，或者称 $f(x,y)$ 是 D 上的连续函数.

以上关于二元函数的连续性概念，可相应地推广到 n 元函数 $f(P)$ 上去.

前面已经指出：一元函数中极限的运算法则，对于多元函数仍然适用. 根据多元函数的极限运算法则，可以证明多元连续函数的和、差、积仍为连续函数；连续函数的商在分母不为零处仍连续；多元连续函数的复合函数也是连续函数.

与一元初等函数相类似，变量 x, y 的基本初等函数及常数经过有限次四则运算与复合而成的函数称为二元初等函数. 例如，$\dfrac{x + x^2 - y^2}{1 + y^2}$，$\sin(x+y)$，$\mathrm{e}^{x^2 + y^2}$ 等

都是二元初等函数. 类似地可以定义三元及三元以上初等函数.

根据以上指出的连续函数的和、差、积、商的连续性及连续函数的复合函数的连续性，再利用基本初等函数的连续性，我们进一步可以得出如下结论：

一切多元初等函数在其定义区域内是连续的. 所谓定义区域是指包含在定义域内的区域或闭区域.

例如，函数 $e^{\sqrt{x^2+y^2}}$ 是定义在全平面上的二元初等函数，因此它在 xOy 面上每一点处都是连续的；又函数 $\dfrac{y-2x+3}{x^2+y^2}$ 的定义域为 $\mathbf{R}^2\backslash\{(0,0)\}$，因此它在除原点之外的每一点都连续.

与一元函数类似，利用多元初等函数在定义区域内的连续性可以很方便地求多元初等函数的极限. 也就是说，如果点 P_0 是多元初等函数 $f(P)$ 的定义区域内的一点，则

$$\lim_{P\to P_0} f(P) = f(P_0).$$

例 7.8　求 $\displaystyle\lim_{(x,y)\to(1,0)} \dfrac{\ln(x+e^y)}{\sqrt{x^2+y^2}}$.

解　函数 $f(x,y)=\dfrac{\ln(x+e^y)}{\sqrt{x^2+y^2}}$ 是初等函数，它的定义域为

$$D=\{(x,y)\ |\ x\neq 0 或 y\neq 0, x+e^y>0\}.$$

$P_0(1,0)$ 为 D 的内点，故存在 P_0 的某一邻域 $U(P_0)\subset D$，而任何邻域都是区域，所以 $U(P_0)$ 是 $f(x,y)$ 的一个定义区域，因此 $\displaystyle\lim_{(x,y)\to(1,0)} \dfrac{\ln(x+e^y)}{\sqrt{x^2+y^2}} = f(1,0)=\ln 2$.

例 7.9　求 $\displaystyle\lim_{(x,y)\to(0,0)} \dfrac{\sqrt{xy+1}-1}{xy}$.

解　$\displaystyle\lim_{(x,y)\to(0,0)} \dfrac{\sqrt{xy+1}-1}{xy} = \lim_{(x,y)\to(0,0)} \dfrac{xy+1-1}{xy(\sqrt{xy+1}+1)} = \lim_{(x,y)\to(0,0)} \dfrac{1}{\sqrt{xy+1}+1} = \dfrac{1}{2}$.

以上运算的最后一步用到了二元函数 $\dfrac{1}{\sqrt{xy+1}+1}$ 在点 $(0,0)$ 的连续性.

以下我们讨论如何求一个给定的二元函数的间断点. 根据二元函数在一点处连续的定义 $\displaystyle\lim_{(x,y)\to(x_0,y_0)} f(x,y)=f(x_0,y_0)$ 可以推出，当且仅当下列 3 个条件之一成立时，点 $P_0(x_0,y_0)$ 为该函数的间断点.

（1）函数 $z=f(x,y)$ 在点 $P_0(x_0,y_0)$ 处无定义；

（2）虽然函数 $z=f(x,y)$ 在点 $P_0(x_0,y_0)$ 处有定义. 但当 $P(x,y)\to P_0(x_0,y_0)$ 时该函数的极限不存在；

（3）函数 $z = f(x,y)$ 在点 $P_0(x_0, y_0)$ 处有定义，且当 $P(x,y) \to P_0(x_0, y_0)$ 时极限存在，但极限值不等于函数值 $f(x_0, y_0)$.

例 7.10　讨论下列函数的间断点

（1）$f(x,y) = \dfrac{xy}{\sin^2 \pi x + \sin^2 \pi y}$;

（2）$f(x,y) = \begin{cases} \dfrac{x^2 y}{x^2 + y^2}, & x^2 + y^2 \neq 0, \\ a, & x^2 + y^2 = 0. \end{cases}$

解　（1）所给函数为二元初等函数，仅在分母为零即 x 与 y 均取整数时无定义，因此所给函数的间断点为点集 $\{(x,y) \mid x, y \in \mathbf{Z}\}$.

（2）由初等函数 $\dfrac{xy}{x^2 + y^2}$ 的连续性可知当 $P_0(x_0, y_0)$ 不是原点时，$f(x,y)$ 在 P_0 处连续. 对于 $P_0(x_0, y_0)$，由例 7.6 知 $\lim\limits_{(x,y) \to (0,0)} f(x,y) = \lim\limits_{(x,y) \to (0,0)} \dfrac{x^2 y}{x^2 + y^2} = 0$，

因此当 $a \neq 0$ 时，函数 $f(x,y)$ 在原点不连续，即函数的间断点为原点；当 $a = 0$ 时，$f(x,y)$ 在原点也连续，即函数 $f(x,y)$ 没有间断点.

例 7.11　函数 $z = \dfrac{1}{x^2 + y^2 - 1}$ 在圆周 $x^2 + y^2 = 1$ 上每一点处都无定义，因此圆周上每一点都是所给函数的间断点. 由此可见，二元函数的间断情况比一元函数更复杂，它不但可以有间断点，还可以有间断曲线.

多元连续函数在有界闭区域上有与一元连续函数在区间上相类似的性质，这里我们不加证明地把它推广到定义在有界闭区域上的多元连续函数.

性质 7.1（最大值和最小值定理）　在有界闭区域 D 上的多元连续函数，必定在 D 上有界，且能取得它的最大值和最小值.

性质 7.2（介值定理）　在有界闭区域 D 上的多元连续函数必取得介于最大值和最小值之间的任何值.

习　题　7-1

1. 判定下列平面点集中哪些是开集、闭集、有界集、无界集？并指出集合的边界.

（1）$\{(x,y) \mid x \neq 0, y \neq 0\}$;

（2）$\{(x,y) \mid 1 < x^2 + y^2 \leqslant 4\}$;

（3）$\{(x,y) \mid y > x^2\}$;

（4）$\{(x,y) \mid x^2 + (y-1)^2 \geqslant 1 且 x^2 + (y-1)^2 \leqslant 4\}$.

2. 已知函数 $f(u,v) = u^v$，试求 $f(xy, x+y)$.

3. 设 $f(x,y) = \sqrt{x^4 + y^4} - 2xy$，证明：$f(tx,ty) = t^2 f(x,y)$.

4. 设 $f\left(\dfrac{y}{x}\right) = \dfrac{\sqrt{x^2 + y^2}}{x}$ $(x > 0)$，求 $f(x)$.

5. 求下列各函数的定义域：

（1）$z = \dfrac{x^2 + y^2}{x^2 - y^2}$；

（2）$z = \ln(y - x) + \arcsin\dfrac{y}{x}$；

（3）$z = \ln(xy)$；

（4）$z = \sqrt{1 - \dfrac{x^2}{a^2} - \dfrac{y^2}{b^2}}$；

（5）$z = \sqrt{x - \sqrt{y}}$；

（6）$u = \arccos\dfrac{z}{\sqrt{x^2 + y^2}}$.

6. 求下列各极限：

（1）$\lim\limits_{(x,y)\to(2,0)} \dfrac{x^2 + xy + y^2}{x + y}$；

（2）$\lim\limits_{(x,y)\to(0,0)} \dfrac{1 - \cos\sqrt{x^2 + y^2}}{\ln(x^2 + y^2 + 1)}$；

（3）$\lim\limits_{(x,y)\to(0,0)} (x^2 + y^2)\sin\dfrac{1}{xy}$；

（4）$\lim\limits_{(x,y)\to(2,0)} \dfrac{\sin(xy)}{y}$；

（5）$\lim\limits_{(x,y)\to(0,1)} (1 + xy)^{\frac{1}{x}}$；

（6）$\lim\limits_{(x,y)\to(+\infty,+\infty)} (x^2 + y^2)\mathrm{e}^{-x-y}$.

7. 证明下列极限不存在：

（1）$\lim\limits_{(x,y)\to(0,0)} \dfrac{x + y}{x - y}$；

（2）设 $f(x,y) = \begin{cases} \dfrac{x^2 y}{x^4 + y^2}, & x^2 + y^2 \neq 0, \\ 0, & x^2 + y^2 = 0, \end{cases}$ $\lim\limits_{(x,y)\to(0,0)} f(x,y)$.

8. 指出下列函数在何处间断：

（1）$z = \ln(x^2 + y^2)$；

（2）$z = \dfrac{1}{y^2 - 2x}$.

9. 用二重极限定义证明：$\lim\limits_{(x,y)\to(0,0)} \dfrac{xy}{\sqrt{x^2 + y^2}} = 0$.

10. 设 $f(x,y) = \sin x$，证明 $f(x,y)$ 是 $\mathbf{R}^2$ 上的连续函数.

7.2　偏　导　数

7.2.1　偏导数的定义及其计算方法

在一元函数中曾从研究函数的变化率引入了导数的概念，对于多元函数也常常需要研究它的变化率. 由于多元函数的自变量不止一个，变化率也就会出现各种不同的情况；就二元函数 $z = f(x, y)$ 而言，当点 (x, y) 沿各种不同的方向变动趋向于 (x_0, y_0) 时一般有不同的变化率. 我们先讨论当 (x, y) 沿着平行于 x 轴或 y 轴方向变动（即一个自变量变化，而另一个自变量固定不变）时函数的变化率. 此时，它们就是一元函数的变化率. 至于其他各个方向的变化率，我们将在 7.7 节中讨论.

1. 偏导数的定义

定义 7.4　设函数 $z = f(x, y)$ 在点 (x_0, y_0) 的某一邻域内有定义，当 y 固定在 y_0 而 x 在 x_0 处有增量 Δx 时，相应地函数有增量 $f(x_0 + \Delta x, y_0) - f(x_0, y_0)$，如果

$$\lim_{\Delta x \to 0} \frac{f(x_0 + \Delta x, y_0) - f(x_0, y_0)}{\Delta x}$$

存在，则称此极限为函数 $z = f(x, y)$ 在点 (x_0, y_0) 处对 x 的偏导数，记作

$$\left. \frac{\partial z}{\partial x} \right|_{\substack{x=x_0 \\ y=y_0}} \quad \text{或} \quad \left. \frac{\partial f}{\partial x} \right|_{\substack{x=x_0 \\ y=y_0}}$$

即

$$\left. \frac{\partial z}{\partial x} \right|_{\substack{x=x_0 \\ y=y_0}} = \lim_{\Delta x \to 0} \frac{f(x_0 + \Delta x, y_0) - f(x_0, y_0)}{\Delta x}.$$

上述偏导数也可以记为 $f'_x(x_0, y_0)$，$z'_x(x_0, y_0)$ 或 $f_x(x_0, y_0)$，$z_x(x_0, y_0)$.

类似地，函数 $z = f(x, y)$ 在点 (x_0, y_0) 处对 y 的偏导数定义为

$$\lim_{\Delta y \to 0} \frac{f(x_0, y_0 + \Delta y) - f(x_0, y_0)}{\Delta y},$$

记作 $\left. \dfrac{\partial z}{\partial y} \right|_{\substack{x=x_0 \\ y=y_0}}$ 或 $\left. \dfrac{\partial f}{\partial y} \right|_{\substack{x=x_0 \\ y=y_0}}$，　$f'_y(x_0, y_0)$，$z'_y(x_0, y_0)$，$f_y(x_0, y_0)$，$z_y(x_0, y_0)$.

如果函数 $z = f(x, y)$ 在区域 D 内每一点 (x, y) 处对 x 的偏导数都存在，那么这个偏导数就是 x，y 的函数，它就称为函数 $z = f(x, y)$ 对自变量 x 的偏导函数，记作

$$\frac{\partial z}{\partial x}, \frac{\partial f}{\partial x}, f'_x(x, y), z'_x(x, y) \text{ 或 } f_x(x, y), z_x(x, y).$$

类似地，可以定义函数 $z = f(x, y)$ 对自变量 y 的偏导函数，记作

$$\frac{\partial z}{\partial y}, \ \frac{\partial f}{\partial y}, \ f'_y(x,y), \ z'_y(x,y) \ \text{或} \ f_y(x,y), \ z_y(x,y).$$

由偏导函数的概念可知，$z = f(x,y)$ 在点 (x_0, y_0) 处对 x 的偏导数 $f_x(x_0, y_0)$，就是偏导函数 $f_x(x,y)$ 在点 (x_0, y_0) 处的函数值，而 $f_y(x_0, y_0)$ 就是偏导函数 $f_y(x,y)$ 在点 (x_0, y_0) 处的函数值. 在不至于引起混淆的情况下，通常也把偏导函数称为偏导数.

值得注意，一元函数的导数 $\dfrac{\mathrm{d}y}{\mathrm{d}x}$ 可以看作函数的微分 $\mathrm{d}y$ 与自变量的微分 $\mathrm{d}x$ 之商，而偏导数的记号是一个整体记号，不能看作分子与分母之商.

偏导数的概念还可推广到二元以上的函数. 例如，三元函数 $u = f(x,y,z)$ 在点 (x,y,z) 处对 x 的偏导数定义为

$$f_x(x,y,z) = \lim_{\Delta x \to 0} \frac{f(x+\Delta x, y, z) - f(x,y,z)}{\Delta x},$$

其中 (x,y,z) 是函数 $u = f(x,y,z)$ 的定义域的内点.

由多元函数的偏导数的定义可知，在对某个自变量求偏导数时，可将其余的自变量视为常量，按一元函数的求导方法求导即可.

例 7.12　设 $f(x,y) = x^2 y^3$，求 $f_x(x,y)$，$f_y(x,y)$，$f_x(1,1)$，$f_y(2,2)$.

解　将 y 视为常量，对 x 求导，得 $f_x(x,y) = 2xy^3$.

将 x 视为常量，对 y 求导，得 $f_y(x,y) = 3x^2 y^2$.

于是

$$f_x(1,1) = 2 \cdot 1 \cdot 1^3 = 2, \ f_y(2,2) = 3 \cdot 2^2 \cdot 2^2 = 48.$$

求函数 $z = f(x,y)$ 在点 (x_0, y_0) 处对 x 的偏导数时，由偏导函数与偏导数的关系，可以先求出偏导函数 $f_x(x,y)$，也就是将 y 看作常数而对 x 求导数，然后将 (x_0, y_0) 代入 $f_x(x,y)$ 求出 $f_x(x_0, y_0)$；也可以先将 $y = y_0$ 代入函数 $z = f(x,y)$，得 $z = f(x, y_0)$，然后对 x 求导数 $f_x(x, y_0)$，再以 $x = x_0$ 代入. 这两种解法的结果是一样的.

例 7.13　设 $f(x,y) = (x^2 - y^2)\ln(x+y) + \arctan\left(\dfrac{y}{x}\mathrm{e}^{x^2+y^2}\right)$，求 $f_x(1,0)$.

解　因为 $f(x,0) = x^2 \ln x$，所以

$$f_x(1,0) = \frac{\mathrm{d}}{\mathrm{d}x}f(x,0)\Big|_{x=1} = \frac{\mathrm{d}}{\mathrm{d}x}(x^2 \ln x)\Big|_{x=1} = (2x\ln x + x)\Big|_{x=1} = 1.$$

若用 $f_x(1,0) = \dfrac{\partial}{\partial x}f(x,y)\Big|_{(1,0)}$，也可求 $f_x(1,0)$，但较麻烦.

例 7.14　求 $r = \sqrt{x^2 + y^2 + z^2}$ 的偏导数.

解　把 y 和 z 都看作常量，得

$$\frac{\partial r}{\partial x} = \frac{x}{\sqrt{x^2+y^2+z^2}} = \frac{x}{r};$$

由所给函数关于自变量的对称性（多元函数关于自变量的对称性是指当函数表达式中任意两个自变量对调后，仍表示原来的函数），得 $\dfrac{\partial r}{\partial y} = \dfrac{y}{r}$，$\dfrac{\partial r}{\partial z} = \dfrac{z}{r}$.

例 7.15　设 $z = x^y$（$x>0$，$x \neq 1$），证明它满足方程 $\dfrac{x}{y} \cdot \dfrac{\partial z}{\partial x} + \dfrac{1}{\ln x} \cdot \dfrac{\partial z}{\partial y} = 2z$.

证明　由于 $\dfrac{\partial z}{\partial x} = yx^{y-1}$，$\dfrac{\partial z}{\partial y} = x^y \ln x$，所以

$$\frac{x}{y} \cdot \frac{\partial z}{\partial x} + \frac{1}{\ln x} \cdot \frac{\partial z}{\partial y} = \frac{x}{y} yx^{y-1} + \frac{1}{\ln x} x^y \ln x = 2x^y = 2z.$$

例 7.16　理想气体方程为 $PV = RT$（R 是不为零的常数），证明

$$\frac{\partial P}{\partial V} \cdot \frac{\partial V}{\partial T} \cdot \frac{\partial T}{\partial P} = -1.$$

证明　由于 $P = \dfrac{RT}{V}$，所以 $\dfrac{\partial P}{\partial V} = -\dfrac{RT}{V^2}$；

由于 $V = \dfrac{RT}{P}$，所以 $\dfrac{\partial V}{\partial T} = \dfrac{R}{P}$；

由于 $T = \dfrac{PV}{R}$，所以 $\dfrac{\partial T}{\partial P} = \dfrac{V}{R}$.

因此 $\dfrac{\partial P}{\partial V} \cdot \dfrac{\partial V}{\partial T} \cdot \dfrac{\partial T}{\partial P} = -\dfrac{RT}{V^2} \cdot \dfrac{R}{P} \cdot \dfrac{V}{R} = -\dfrac{RT}{PV} = -1.$

2. 偏导数的几何意义

根据定义，二元函数 $z = f(x,y)$ 在点 (x_0, y_0) 处对 x 的偏导数 $f_x(x_0, y_0)$ 就是一元函数 $z = f(x, y_0)$ 在点 x_0 处的导数，而导数的几何意义就是曲线的切线斜率. 由于一元函数 $z = f(x, y_0)$ 是二元函数 $z = f(x, y)$ 中 y 取常数 y_0 的结果，这在几何上表示空间曲面 $z = f(x,y)$ 与垂直于 y 轴的平面 $y = y_0$ 的交线 $\begin{cases} z = f(x,y), \\ y = y_0. \end{cases}$（图 7-6），因此由导数的几何意义可知，$f_x(x_0, y_0)$ 就是这条交线在点 $M_0(x_0, y_0, f(x_0, y_0))$ 处的切线 M_0T_1 关于 x 轴方向的斜率，即 M_0T_1 与 x 轴正向所成倾角的正切 $\tan \alpha$. 因而有

$$\tan \alpha = f_x'(x_0, y_0).$$

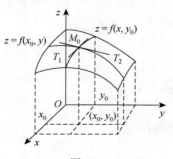

图 7-6

同样，$f_y(x_0, y_0)$ 是曲面 $z = f(x,y)$ 与垂直于 x

轴的平面 $x = x_0$ 的交线

$$\begin{cases} z = f(x,y), \\ x = x_0. \end{cases}$$

在点 M_0 处的切线 M_0T_2 关于 y 轴方向的斜率，即 M_0T_2 与 y 轴正向所成倾角的正切 $\tan\beta$．因而有

$$\tan\beta = f_y'(x_0, y_0)\,.$$

3. 二元函数偏导数与连续的关系

我们已经知道，如果一元函数在某点具有导数，则它在该点必定连续．但对于多元函数来说，即使各偏导数在某点都存在，也不能保证函数在该点连续．这是因为各偏导数存在只能保证在点 P 沿着平行于坐标轴方向趋于点 P_0 时，函数值 $f(P)$ 趋于 $f(P_0)$，但不能保证在点 P 按任何方式趋于点 P_0 时，函数值 $f(P)$ 都趋于 $f(P_0)$．

例如，函数 $z = f(x,y) = \begin{cases} \dfrac{xy}{x^2 + y^2}, & x^2 + y^2 \neq 0, \\ 0, & x^2 + y^2 = 0, \end{cases}$ 在点 $(0,0)$ 对 x 的偏导数为

$$f_x(0,0) = \lim_{\Delta x \to 0} \frac{f(0 + \Delta x, 0) - f(0,0)}{\Delta x} = \lim_{\Delta x \to 0} \frac{\dfrac{(\Delta x) \cdot 0}{(\Delta x)^2 + 0^2} - 0}{\Delta x} = \lim_{\Delta x \to 0} 0 = 0\,.$$

同理，有 $f_y(0,0) = 0$．而在例 7.7 的讨论中，该函数在点 $(0,0)$ 处极限不存在，是不连续的．

反过来，容易找到函数在点 P_0 连续，而在该点的偏导数不存在的例子．例如，二元函数 $f(x,y) = \sqrt{x^2 + y^2}$ 是初等函数，点 $(0,0)$ 是其定义域内的一点，故 $f(x,y)$ 在点 $(0,0)$ 处是连续的．但在点 $(0,0)$ 处的偏导数不存在．首先固定 $y = 0$，此时 $f(x,0) = \sqrt{x^2 + 0} = |x|$，而函数 $|x|$ 在 $x = 0$ 处是不可导的，即 $f(x,y)$ 在点 $(0,0)$ 处对 x 的偏导数不存在．同样可证 $f(x,y)$ 在点 $(0,0)$ 处对 y 的偏导数也不存在．

以上两例说明，多元函数在一点偏导数存在与函数在该点连续并无直接联系．

7.2.2　高阶偏导数

设函数 $z = f(x,y)$ 在区域 D 内具有偏导数 $\dfrac{\partial z}{\partial x} = f_x(x,y)$，$\dfrac{\partial z}{\partial y} = f_y(x,y)$，如果 $f_x(x,y)$、$f_y(x,y)$ 的偏导数也存在，则称它们是函数 $z = f(x,y)$ 的二阶偏导数．按照对变量求导次序的不同有下列四个二阶偏导数：

$$\frac{\partial}{\partial x}\left(\frac{\partial z}{\partial x}\right) = \frac{\partial^2 z}{\partial x^2} = f_{xx}(x, y), \quad \frac{\partial}{\partial y}\left(\frac{\partial z}{\partial x}\right) = \frac{\partial^2 z}{\partial x \partial y} = f_{xy}(x, y),$$

$$\frac{\partial}{\partial x}\left(\frac{\partial z}{\partial y}\right) = \frac{\partial^2 z}{\partial y \partial x} = f_{yx}(x, y), \quad \frac{\partial}{\partial y}\left(\frac{\partial z}{\partial y}\right) = \frac{\partial^2 z}{\partial y^2} = f_{yy}(x, y).$$

其中 $\dfrac{\partial^2 z}{\partial x \partial y}$、$\dfrac{\partial^2 z}{\partial y \partial x}$ 两个偏导数称为混合偏导数. 同样可定义三阶、四阶、……及 n

阶偏导数. 二阶及二阶以上的偏导数统称为高阶偏导数.

例 7.17　求 $z = \sin^2(x + 2y)$ 的二阶偏导数.

解　$\dfrac{\partial z}{\partial x} = 2\sin(x + 2y)\cos(x + 2y) = \sin(2x + 4y)$，

$\dfrac{\partial z}{\partial y} = 2\sin(x + 2y)\cos(x + 2y) \cdot 2 = 2\sin(2x + 4y)$，

$\dfrac{\partial^2 z}{\partial x^2} = \dfrac{\partial}{\partial x}[\sin(2x + 4y)] = 2\cos(2x + 4y)$，

$\dfrac{\partial^2 z}{\partial x \partial y} = \dfrac{\partial}{\partial y}[\sin(2x + 4y)] = 4\cos(2x + 4y)$，

$\dfrac{\partial^2 z}{\partial y \partial x} = \dfrac{\partial}{\partial x}[2\sin(2x + 4y)] = 4\cos(2x + 4y)$

$\dfrac{\partial^2 z}{\partial y^2} = \dfrac{\partial}{\partial y}[2\sin(2x + 4y)] = 8\cos(2x + 4y).$

此处的两个二阶混合偏导数是相等的.

例 7.18　设 $f(x, y) = \begin{cases} xy\dfrac{x^2 - y^2}{x^2 + y^2}, & x^2 + y^2 \neq 0, \\ 0, & x^2 + y^2 = 0. \end{cases}$　求 $f_{xy}(0, 0)$，$f_{yx}(0, 0)$.

解　当 $x^2 + y^2 = 0$ 时，

$$f_x(0, 0) = \lim_{\Delta x \to 0} \frac{f(0 + \Delta x, 0) - f(0, 0)}{\Delta x} = \lim_{\Delta x \to 0} \frac{0 - 0}{\Delta x} = 0,$$

当 $x^2 + y^2 \neq 0$ 时，$f_x(x, y) = y\dfrac{x^4 + 4x^2 y^2 - y^4}{(x^2 + y^2)^2}$，所以

$$f_x(x, y) = \begin{cases} y\dfrac{x^4 + 4x^2 y^2 - y^4}{(x^2 + y^2)^2}, & x^2 + y^2 \neq 0, \\ 0, & x^2 + y^2 = 0. \end{cases}$$

同理可得

$$f_y(x,y) = \begin{cases} x\dfrac{x^4 - 4x^2y^2 - y^4}{(x^2 + y^2)^2}, & x^2 + y^2 \neq 0, \\ 0, & x^2 + y^2 = 0. \end{cases}$$

$$f_{xy}(0,0) = \lim_{\Delta y \to 0} \frac{f_x(0, 0 + \Delta y) - f_x(0,0)}{\Delta y} = \lim_{\Delta y \to 0} \frac{-\dfrac{(\Delta y)^5}{(\Delta y)^4} - 0}{\Delta y} = -1,$$

$$f_{yx}(0,0) = \lim_{\Delta x \to 0} \frac{f_y(0 + \Delta x, 0) - f_y(0,0)}{\Delta x} = \lim_{\Delta x \to 0} \frac{\dfrac{(\Delta x)^5}{(\Delta x)^4} - 0}{\Delta x} = 1.$$

这里两个二阶混合偏导数在 $(0,0)$ 点的值不相等.

从以上两个例子中看到二阶混合偏导数有可能相等, 也可能不等. 事实上, 我们有下述定理.

定理 7.1 如果函数 $z = f(x,y)$ 的两个二阶混合偏导数 $\dfrac{\partial^2 z}{\partial x \partial y}$ 及 $\dfrac{\partial^2 z}{\partial y \partial x}$ 在区域 D 内连续, 那么在该区域内这两个二阶混合偏导数必相等.

换句话说, 二阶混合偏导数在连续的条件下与求导的次序无关. 定理的证明从略.

对于二元以上的函数, 我们也可以类似地定义高阶偏导数, 而且高阶混合偏导数在连续的条件下也与求导的次序无关.

例 7.19 求函数 $z = e^{x+2y}$ 的所有二阶偏导数和 $\dfrac{\partial^3 z}{\partial y \partial x^2}$.

解 由于函数的一阶偏导数是

$$\frac{\partial z}{\partial x} = e^{x+2y}, \quad \frac{\partial z}{\partial y} = 2e^{x+2y}$$

所以有

$$\frac{\partial^2 z}{\partial x^2} = \frac{\partial}{\partial x}\left(\frac{\partial z}{\partial x}\right) = \frac{\partial}{\partial x}(e^{x+2y}) = e^{x+2y},$$

$$\frac{\partial^2 z}{\partial x \partial y} = \frac{\partial}{\partial y}\left(\frac{\partial z}{\partial x}\right) = \frac{\partial}{\partial y}(e^{x+2y}) = 2e^{x+2y},$$

$$\frac{\partial^2 z}{\partial y \partial x} = \frac{\partial}{\partial x}\left(\frac{\partial z}{\partial y}\right) = \frac{\partial}{\partial x}(2e^{x+2y}) = 2e^{x+2y},$$

$$\frac{\partial^2 z}{\partial y^2} = \frac{\partial}{\partial y}\left(\frac{\partial z}{\partial y}\right) = \frac{\partial}{\partial y}(2e^{x+2y}) = 4e^{x+2y},$$

$$\frac{\partial^3 z}{\partial y \partial x^2} = \frac{\partial}{\partial x}\left(\frac{\partial^2 z}{\partial y \partial x}\right) = \frac{\partial}{\partial x}(2e^{x+2y}) = 2e^{x+2y}.$$

例 7.20　设函数 $u = \dfrac{1}{\sqrt{x^2 + y^2 + z^2}}$，证明 $\dfrac{\partial^2 u}{\partial x^2} + \dfrac{\partial^2 u}{\partial y^2} + \dfrac{\partial^2 u}{\partial z^2} = 0$.

证明　令 $r = \sqrt{x^2 + y^2 + z^2}$，则 $u = \dfrac{1}{r}$，于是

$$\frac{\partial u}{\partial x} = -\frac{1}{r^2} \frac{\partial r}{\partial x} = -\frac{1}{r^2} \frac{x}{\sqrt{x^2 + y^2 + z^2}} = -\frac{x}{r^3},$$

$$\frac{\partial^2 u}{\partial x^2} = \frac{\partial}{\partial x}\left(\frac{\partial u}{\partial x}\right) = \frac{\partial}{\partial x}\left(-\frac{x}{r^3}\right) = -\frac{1}{r^3} + \frac{3x}{r^4} \cdot \frac{\partial r}{\partial x} = -\frac{1}{r^3} + \frac{3x^2}{r^5}.$$

由函数关于自变量的对称性，有

$$\frac{\partial^2 u}{\partial y^2} = -\frac{1}{r^3} + \frac{3y^2}{r^5}, \quad \frac{\partial^2 u}{\partial z^2} = -\frac{1}{r^3} + \frac{3z^2}{r^5},$$

因此

$$\frac{\partial^2 u}{\partial x^2} + \frac{\partial^2 u}{\partial y^2} + \frac{\partial^2 u}{\partial z^2} = -\frac{3}{r^3} + \frac{3(x^2 + y^2 + z^2)}{r^5} = -\frac{3}{r^3} + \frac{3}{r^3} = 0.$$

称方程 $\dfrac{\partial^2 u}{\partial x^2} + \dfrac{\partial^2 u}{\partial y^2} + \dfrac{\partial^2 u}{\partial z^2} = 0$ 为拉普拉斯（Laplace）方程.

习　题　7-2

1. 设 $z = f(x, y)$ 在 (x_0, y_0) 处的偏导数分别为 $f_x(x_0, y_0) = A$，$f_y(x_0, y_0) = B$，问下列各式的极限分别是什么？

（1）$\lim\limits_{h \to 0} \dfrac{f(x_0 + h, y_0) - f(x_0, y_0)}{h}$；　　（2）$\lim\limits_{h \to 0} \dfrac{f(x_0, y_0) - f(x_0, y_0 - h)}{h}$；

（3）$\lim\limits_{h \to 0} \dfrac{f(x_0, y_0 + 2h) - f(x_0, y_0)}{h}$；　　（4）$\lim\limits_{h \to 0} \dfrac{f(x_0 + h, y_0) - f(x_0 - h, y_0)}{h}$.

2. 求下列函数的一阶偏导数：

（1）$z = x^2 \ln(x^2 + y^2)$；　　　　　　（2）$z = \ln \tan \dfrac{x}{y}$；

（3）$z = \mathrm{e}^{xy}$；　　　　　　　　　　（4）$z = \dfrac{x^2 + y^2}{xy}$；

（5）$z = xy + \dfrac{x}{y}$；　　　　　　　　（6）$z = \sqrt{\ln(xy)}$；

（7）$z = \sec(xy)$；　　　　　　　　　　（8）$z = (1 + xy)^y$；

（9）$\arctan(x-y)^z$；　　　　　　　　　（10）$u=\left(\dfrac{x}{y}\right)^z$．

3. 设 $f(x,y)=\ln\left(x+\dfrac{y}{2x}\right)$，求 $f_x(1,0)$，$f_y(1,0)$．

4. 设 $f(x,y)=x+(y-1)\arcsin\sqrt{\dfrac{x}{y}}$，求 $f_x(x,1)$．

5. 设 $f(x,y)=\displaystyle\int_y^x e^{-t^2}dt$，求 $f_x(x,y)$，$f_y(x,y)$．

6. 设 $z=xy+xe^{\frac{y}{x}}$，证明 $x\dfrac{\partial z}{\partial x}+y\dfrac{\partial z}{\partial y}=xy+z$．

7. （1）$\begin{cases}z=\dfrac{x^2+y^2}{4}\\y=4\end{cases}$，在点 $(2,4,5)$ 处的切线与 x 轴正向所成的倾角是多少？

（2）$\begin{cases}z=\sqrt{1+x^2+y^2}\\x=1\end{cases}$，在点 $(1,1,\sqrt{3})$ 处的切线与 y 轴正向所成的倾角是多少？

8. 求下列函数的二阶偏函数：

（1）已知 $z=y^{\ln x}$，求 $\dfrac{\partial^2 z}{\partial x\partial y}$；

（2）已知 $z=x^3\sin y+y^3\sin x$，求 $\dfrac{\partial^2 z}{\partial x\partial y}$；

（3）已知 $z=\ln(x+\sqrt{x^2+y^2})$，求 $\dfrac{\partial^2 z}{\partial x^2}$ 和 $\dfrac{\partial^2 z}{\partial x\partial y}$；

（4）已知 $z=\arctan\dfrac{y}{x}$，求 $\dfrac{\partial^2 z}{\partial x^2}$、$\dfrac{\partial^2 z}{\partial y^2}$、$\dfrac{\partial^2 z}{\partial x\partial y}$ 和 $\dfrac{\partial^2 z}{\partial y\partial x}$．

9. 设 $f(x,y,z)=xy^2+yz^2+zx^2$，求 $f_{xx}(0,0,1)$，$f_{xz}(1,0,2)$，$f_{yz}(0,-1,0)$ 及 $f_{zzx}(2,0,1)$．

10. 验证：

（1）$y=e^{-kn^2t}\sin nx$ 满足 $\dfrac{\partial y}{\partial t}=k\dfrac{\partial^2 y}{\partial x^2}$；

（2）$r=\sqrt{x^2+y^2+z^2}$ 满足 $\dfrac{\partial^2 r}{\partial x^2}+\dfrac{\partial^2 r}{\partial y^2}+\dfrac{\partial^2 r}{\partial z^2}=\dfrac{2}{r}$．

7.3　全　微　分

7.3.1　全微分的定义

一元函数 $y=f(x)$ 的微分 dy 是函数增量 Δy 关于自变量增量 Δx 的线性主部，

并且 $\Delta y - \mathrm{d}y$ 是一个比 Δx 高阶的无穷小，对于多元函数也有类似的情形，下面以二元函数为例加以阐述.

先看一个引例，设矩形的长宽分别为 x，y，则此矩形的面积为 $S = xy$，如果边长 x 与 y 分别取增量 Δx 与 Δy，那么面积 S 相应的有增量

$$\Delta S = (x + \Delta x)(y + \Delta y) - xy = y\Delta x + x\Delta y + \Delta x\Delta y，$$

上式右端包含两个部分，前一部分 $y\Delta x + x\Delta y$ 是关于 Δx，Δy 的线性函数，后一部分 $\Delta x\Delta y$，当 $\rho = \sqrt{(\Delta x)^2 + (\Delta y)^2} \to 0$ 时，是比 ρ 高阶的无穷小，当 $|\Delta x|$，$|\Delta y|$ 很小时，可用 $y\Delta x + x\Delta y$ 近似表示 ΔS. 我们称线性函数 $y\Delta x + x\Delta y$ 为面积 $S = xy$ 的全微分. ΔS 为函数 $S(x, y)$ 在点 (x, y) 的对应于自变量增量 Δx，Δy 的全增量.

下面给出二元函数全微分的定义.

定义 7.5　如果函数 $z = f(x, y)$ 在点 (x, y) 的全增量

$$\Delta z = f(x + \Delta x, y + \Delta y) - f(x, y)$$

可表示为

$$\Delta z = A\Delta x + B\Delta y + o(\rho)，$$

其中 A、B 不依赖于 Δx、Δy 而仅与 x、y 有关，$\rho = \sqrt{(\Delta x)^2 + (\Delta y)^2}$，则称函数 $z = f(x, y)$ 在点 (x, y) 处可微分，而 $A\Delta x + B\Delta y$ 称为函数 $z = f(x, y)$ 在点 (x, y) 的全微分，记作 $\mathrm{d}z$，即

$$\mathrm{d}z = A\Delta x + B\Delta y.$$

如果函数在区域 D 内各点处都可微分，那么称这函数在 D 内可微分.

7.3.2　可微的必要条件与充分条件

下面，我们来研究多元函数的可微性与连续性及偏导数存在性之间的关系.

定理 7.2（可微的必要条件 1）　如果函数 $z = f(x, y)$ 在点 (x, y) 处可微，则 $z = f(x, y)$ 在点 (x, y) 处连续.

证明　根据函数可微的定义，有 $\Delta z = A\Delta x + B\Delta y + o(\rho)$，当 $\Delta x \to 0$，$\Delta y \to 0$ 时，有 $\rho \to 0$，于是 $o(\rho) \to 0$. 因此

$$\lim_{\rho \to 0} \Delta z = 0$$

从而

$$\lim_{(\Delta x, \Delta y) \to (0,0)} f(x + \Delta x, y + \Delta y) = \lim_{\rho \to 0}[f(x, y) + \Delta z] = f(x, y).$$

由函数连续性定义知 $z = f(x, y)$ 在点 (x, y) 连续.

定理 7.3（可微的必要条件 2）　　如果函数 $z = f(x,y)$ 在点 (x,y) 可微分，则该

函数在点 (x,y) 的偏导数 $\dfrac{\partial z}{\partial x}$、$\dfrac{\partial z}{\partial y}$ 必定存在，并且函数 $z = f(x,y)$ 在点 (x,y) 的全微

分为

$$dz = \frac{\partial z}{\partial x}\Delta x + \frac{\partial z}{\partial y}\Delta y.$$

证明　设函数 $z = f(x,y)$ 在点 $P(x,y)$ 可微分. 于是，在点 P 的某个邻域内有

$$\Delta z = A\Delta x + B\Delta y + o(\rho)$$

总成立. 特别当 $\Delta y = 0$ 时上式也成立，这时 $\rho = |\Delta x|$，所以

$$\Delta z = f(x+\Delta x, y) - f(x,y) = A\Delta x + o(|\Delta x|).$$

上式两边各除以 Δx，再令 $\Delta x \to 0$ 取极限，得

$$\lim_{\Delta x \to 0} \frac{\Delta z}{\Delta x} = \lim_{\Delta x \to 0} \frac{f(x+\Delta x,y)-f(x,y)}{\Delta x} = A + \lim_{\Delta x \to 0} \frac{o(|\Delta x|)}{\Delta x} = A,$$

从而偏导数 $\dfrac{\partial z}{\partial x}$ 存在且等于 A. 同样可证 $\dfrac{\partial z}{\partial y} = B$. 所以 $dz = \dfrac{\partial z}{\partial x}\Delta x + \dfrac{\partial z}{\partial y}\Delta y$.

我们知道，一元函数在某点的导数存在是微分存在的充分必要条件. 但对于多元函数来说，情形就不同了. 当函数的各偏导数都存在时，虽然从形式上能写出 $\dfrac{\partial z}{\partial x}\Delta x + \dfrac{\partial z}{\partial y}\Delta y$，但 Δz 与它之差不一定是较 ρ 高阶的无穷小，因此它不一定是函数的全微分. 例如，例 7.7 中讨论的函数

$$f(x,y) = \begin{cases} \dfrac{xy}{x^2+y^2}, & x^2+y^2 \neq 0, \\ 0, & x^2+y^2 = 0. \end{cases}$$

在点 $(0,0)$ 处不连续，故由定理 1 可知，函数在 $(0,0)$ 点是不可微的. 但这个函数在 $(0,0)$ 点的两个偏导数是存在的，且 $f_x(0,0) = 0$，$f_y(0,0) = 0$.

这说明，偏导数存在是可微的必要条件而不是充分条件. 但是，如果再假定函数的各个偏导数连续，则可以证明函数是可微分的，即有下面的定理.

定理 7.4（可微的充分条件）　　如果函数 $z = f(x,y)$ 的偏导数 $\dfrac{\partial z}{\partial x}$、$\dfrac{\partial z}{\partial y}$ 在点 (x,y)

连续，则函数 $z = f(x,y)$ 在该点 (x,y) 可微分.

证明　已知偏导数在点 (x,y) 连续，意味着偏导数在该点某一邻域内存在. 设点 $(x+\Delta x, y+\Delta y)$，为该邻域内任一点，函数的全增量

$$\Delta z = f(x + \Delta x, y + \Delta y) - f(x, y)$$
$$= [f(x + \Delta x, y + \Delta y) - f(x, y + \Delta y)] + [f(x, y + \Delta y) - f(x, y)].$$

上式第一个括号的表达式由于 $y + \Delta y$ 不变，因而可以看作 x 的一元函数 $f(x, y + \Delta y)$ 的增量. 于是根据拉格朗日中值定理，得

$$f(x + \Delta x, y + \Delta y) - f(x, y + \Delta y) = f_x(x + \theta_1 \Delta x, y + \Delta y)\Delta x \quad (0 < \theta_1 < 1).$$

同理，第二个括号内的表达式可以写成

$$f(x, y + \Delta y) - f(x, y) = f_y(x, y + \theta_2 \Delta y)\Delta y \quad (0 < \theta_2 < 1).$$

又由 $f_x(x, y)$，$f_y(x, y)$ 在点 (x, y) 连续的条件，得

$$\lim_{\substack{\Delta x \to 0 \\ \Delta y \to 0}} f_x(x + \theta_1 \Delta x, y + \Delta y) = f_x(x, y),$$

$$\lim_{\Delta y \to 0} f_y(x, y + \theta_2 \Delta y) = f_y(x, y).$$

根据极限与无穷小的关系，得

$$f_x(x + \theta_1 \Delta x, y + \Delta y) = f_x(x, y) + \alpha,$$

$$f_y(x, y + \theta_2 \Delta y) = f_y(x, y) + \beta,$$

其中 $\lim\limits_{\substack{\Delta x \to 0 \\ \Delta y \to 0}} \alpha = 0$，$\lim\limits_{\Delta y \to 0} \beta = 0$. 于是全增量 Δz 可以表示为

$$\Delta z = f_x(x, y)\Delta x + f_y(x, y)\Delta y + \alpha \Delta x + \beta \Delta y.$$

容易证明，上式右边最后两项之和 $\alpha \Delta x + \beta \Delta y$ 是 $\rho = \sqrt{(\Delta x)^2 + (\Delta y)^2}$ 的高阶无穷小，事实上

$$\left| \frac{\alpha \Delta x + \beta \Delta y}{\rho} \right| \leqslant |\alpha| \frac{|\Delta x|}{\rho} + |\beta| \frac{|\Delta y|}{\rho} \leqslant |\alpha| + |\beta|,$$

因此当 $\rho \to 0$ 时，$\dfrac{\alpha \Delta x + \beta \Delta y}{\rho} \to 0$，于是 $\alpha \Delta x + \beta \Delta y$ 可记为 $o(\rho)$. 这样，全增量 Δz 可以表示为

$$\Delta z = A\Delta x + B\Delta y + o(\rho)$$

其中 $A = f_x(x, y)$，$B = f_y(x, y)$. 这就证明了函数 $z = f(x, y)$ 在点 (x, y) 处是可微的.

以上关于二元函数全微分的定义及可微分的必要条件和充分条件，可以完全类似地推广到三元和三元以上的多元函数.

习惯上，我们将自变量的增量 Δx、Δy 分别记作 $\mathrm{d}x$、$\mathrm{d}y$，并分别称为自变量 x、y 的微分. 另外，称 $f_x(x, y)\mathrm{d}x$、$f_y(x, y)\mathrm{d}y$ 为函数 $z = f(x, y)$ 在点 (x, y) 处对自变量 x、y 的偏微分. 函数 $z = f(x, y)$ 的全微分就可写为

$$\mathrm{d}z = f_x(x, y)\mathrm{d}x + f_y(x, y)\mathrm{d}y.$$

通常我们把二元函数的全微分等于它的两个偏微分之和称为二元函数的全微分叠加原理.

叠加原理也适用于二元以上的函数的情形. 例如, 如果三元函数 $u = f(x, y, z)$ 可微, 那么它的全微分就等于它的 3 个偏微分之和, 即

$$du = u_x(x, y, z)dx + u_y(x, y, z)dy + u_z(x, y, z)dz.$$

例 7.21　求 $z = x^2 \sin y$ 在点 $\left(1, \dfrac{\pi}{4}\right)$ 处的全微分.

解　因为 $\dfrac{\partial z}{\partial x} = 2x \sin y$, $\dfrac{\partial z}{\partial y} = x^2 \cos y$.

$$\left.\frac{\partial z}{\partial x}\right|_{\substack{x=1 \\ y=\frac{\pi}{4}}} = \sqrt{2}, \quad \left.\frac{\partial z}{\partial y}\right|_{\substack{x=1 \\ y=\frac{\pi}{4}}} = \frac{\sqrt{2}}{2},$$

所以有

$$dz = \sqrt{2}dx + \frac{\sqrt{2}}{2}dy.$$

例 7.22　计算函数 $u = x + \sin \dfrac{y}{2} + e^{yz}$ 的全微分.

解　因为 $\dfrac{\partial u}{\partial x} = 1$, $\dfrac{\partial u}{\partial y} = \dfrac{1}{2}\cos\dfrac{y}{2} + ze^{yz}$, $\dfrac{\partial u}{\partial z} = ye^{yz}$, 所以

$$du = dx + \left(\frac{1}{2}\cos\frac{y}{2} + ze^{yz}\right)dy + ye^{yz}dz.$$

*7.3.3　全微分在近似计算中的应用

若二元函数 $f(x, y)$ 在点 (x_0, y_0) 处可微, 则有等式

$$\Delta z = f(x_0 + \Delta x, y_0 + \Delta y) - f(x_0, y_0) = f_x(x_0, y_0) \cdot \Delta x + f_y(x_0, y_0) \cdot \Delta y + o(\rho)$$

成立. 因此, 当 $|\Delta x|$, $|\Delta y|$ 都较小时, 就有近似等式

$$\Delta z \approx dz = f_x(x_0, y_0) \cdot \Delta x + f_y(x_0, y_0) \cdot \Delta y. \tag{7-1}$$

上式也可以写成

$$f(x_0 + \Delta x, y_0 + \Delta y) \approx f(x_0, y_0) + f_x(x_0, y_0) \cdot \Delta x + f_y(x_0, y_0) \cdot \Delta y. \tag{7-2}$$

我们可以利用式 (7-1)、式 (7-2) 两式对二元函数作近似计算.

例 7.23　求 $\sqrt{(1.97)^3 + (1.01)^3}$ 的近似值.

解　所要计算的值可以看作函数 $f(x,y)=\sqrt{x^3+y^3}$ 在点 $(x,y)=(1.97,1.01)$，处的函数值. 取 $(x_0,y_0)=(2,1)$，$\Delta x=-0.03$，$\Delta y=0.01$ 代入式（7-2），得

$$f_x(2,1)=\frac{3x^2}{2\sqrt{x^3+y^3}}\Bigg|_{(2,1)}=2,\ f_y(2,1)=\frac{3y^2}{2\sqrt{x^3+y^3}}\Bigg|_{(2,1)}=\frac{1}{2},$$

$$\sqrt{(1.97)^3+(1.01)^3}=f(x_0+\Delta x,y_0+\Delta y)\approx f(x_0,y_0)+f_x(x_0,y_0)\cdot\Delta x+f_y(x_0,y_0)\cdot\Delta y$$

$$=f(2,1)+f_x(2,1)\cdot\Delta x+f_y(2,1)\cdot\Delta y=2.945.$$

我们还可以利用全微分对二元函数作误差估计. 设有二元函数 $z=f(x,y)$，x 和 y 的值可以通过测量得到，而 z 的值由 $z=f(x,y)$ 确定. 由于 x，y 的测量值 x_0，y_0 与真实值分别有误差 Δx，Δy，计算出的 z 值也有相应的误差 Δz. 设 x，y 的最大绝对误差分别为 δ_x，δ_y，即 $|\Delta x|\leqslant\delta_x$，$|\Delta y|\leqslant\delta_y$，则有近似等式

$$|\Delta z|\approx|\mathrm{d}z|=|f_x(x_0,y_0)\cdot\Delta x+f_y(x_0,y_0)\cdot\Delta y|\leqslant|f_x(x_0,y_0)|\delta_x+|f_y(x_0,y_0)|\delta_y.$$

从而得到 z 的最大绝对误差为

$$\delta_z=|f_x(x_0,y_0)|\delta_x+|f_y(x_0,y_0)|\delta_y,\qquad(7\text{-}3)$$

z 的最大相对误差为

$$\frac{\delta_z}{|z|}=\frac{\delta_z}{|f(x_0,y_0)|}=\left|\frac{f_x(x_0,y_0)}{f(x_0,y_0)}\right|\delta_x+\left|\frac{f_y(x_0,y_0)}{f(x_0,y_0)}\right|\delta_y.\qquad(7\text{-}4)$$

例 7.24　利用单摆测重力加速度 g 的公式是

$$g=\frac{4\pi^2 l}{T^2}.$$

现测得摆长 l 与振动周期 T 分别是

$$l=100\mathrm{cm}\pm0.1\mathrm{cm},\ T=2\mathrm{s}\pm0.004\mathrm{s}.$$

问由此引起 g 的最大绝对误差和最大相对误差各是多少？

解　由

$$\frac{\partial g}{\partial l}=\frac{4\pi^2}{T^2},\ \frac{\partial g}{\partial T}=-\frac{8\pi^2 l}{T^3},$$

把 $l=100$，$T=2$，$\delta_l=0.1$，$\delta_T=0.004$ 代入误差公式（7-3），得到 g 的绝对误差约为

$$\delta_g=4\pi^2\left(\frac{0.1}{2^2}+\frac{2\times100}{2^3}\times0.004\right)=0.5\pi^2\approx4.93(\mathrm{cm/s^2}),$$

代入式（7-4），从而 g 的相对误差约为

$$\frac{\delta_g}{g}=\frac{0.5\pi^2}{\dfrac{4\pi^2\times100}{2^2}}=0.5\%.$$

习　题　7-3

1. 求下列函数的全微分：

（1）$u = \dfrac{s^2 + t^2}{s^2 - t^2}$；
（2）$z = (x^2 + y^2)\mathrm{e}^{\frac{x^2 + y^2}{xy}}$；

（3）$z = \arcsin\dfrac{x}{y}\ (y > 0)$；
（4）$z = \mathrm{e}^{-\left(\frac{y}{x} + \frac{x}{y}\right)}$；

（5）$u = \ln(x^2 + y^2 + z^2)$；
（6）$u = x^{yz}$.

2. 求下列函数的全微分：

（1）$z = \ln(1 + x^2 + y^2)$ 在 $x = 1$，$y = 2$ 处的全微分；

（2）$z = \arctan\dfrac{x}{1 + y^2}$ 在 $x = 1$，$y = 1$ 处的全微分.

3. 求函数 $z = x^2 y^3$ 当 $x = 2$，$y = -1$，$\Delta x = 0.02$，$\Delta y = -0.01$ 时的全微分.

4. 求函数 $z = \dfrac{xy}{x^2 - y^2}$ 当 $x = 2$，$y = 1$，$\Delta x = 0.01$，$\Delta y = 0.03$ 时的全微分和全增量，并求两者之差.

*5. 测得一圆柱的底面半径 $R = 2.5\mathrm{m} \pm 0.1\mathrm{m}$，高 $H = 4.0\mathrm{m} \pm 0.2\mathrm{m}$，求圆柱体体积的绝对误差和相对误差.

7.4　多元复合函数的微分法

7.4.1　多元复合函数的求导法则

例 7.25　设 $z = \mathrm{e}^{xy}\arctan(x - y^2)$，求 $\dfrac{\partial z}{\partial x}$，$\dfrac{\partial z}{\partial y}$.

解　根据 7.2 节偏导数的求法，可得

$$\frac{\partial z}{\partial x} = y\mathrm{e}^{xy}\arctan(x - y^2) + \frac{\mathrm{e}^{xy}}{1 + (x - y^2)^2}, \quad \frac{\partial z}{\partial y} = x\mathrm{e}^{xy}\arctan(x - y^2) - \frac{2y\mathrm{e}^{xy}}{1 + (x - y^2)^2}.$$

上面的函数关系也可以从复合关系的角度考虑：令 $u = xy$，$v = x - y^2$，则 $z = f(u, v) = \mathrm{e}^u\arctan v$. 多元函数的复合关系形式多样，此例中考虑的是二元函数一种比较典型的复合关系：函数 $z = f(u, v)$ 有两个中间变量 u，v，而中间变量又是自变量 x，y 的二元函数.

1. 复合函数的中间变量均为多元函数的情形

关于求复合函数 $z = f[\varphi(x,y),\psi(x,y)]$ 的偏导数，有下面的定理.

定理 7.5　如果函数 $u = \varphi(x,y)$ 及 $v = \psi(x,y)$ 都在点 (x,y) 存在对 x，y 的偏导数，函数 $z = f(u,v)$ 在对应点 (u,v) 具有连续偏导数，则复合函数 $z = f[\varphi(x,y),\psi(x,y)]$ 在点 (x,y) 的两个偏导数存在，且有

$$\frac{\partial z}{\partial x} = \frac{\partial z}{\partial u}\frac{\partial u}{\partial x} + \frac{\partial z}{\partial v}\frac{\partial v}{\partial x}, \tag{7-5}$$

$$\frac{\partial z}{\partial y} = \frac{\partial z}{\partial u}\frac{\partial u}{\partial y} + \frac{\partial z}{\partial v}\frac{\partial v}{\partial y}. \tag{7-6}$$

式（7-5）和式（7-6）称为复合函数偏导数的链式法则.

证明　固定 y，设 x 获得增量 Δx，则中间变量 u 和 v 的对应的增量

$$\Delta u = u(x + \Delta x, y) - u(x,y),$$

$$\Delta v = v(x + \Delta x, y) - v(x,y),$$

从而函数 $z = f(u,v)$ 也相应地获得增量

$$\Delta z = f(u + \Delta u, v + \Delta v) - f(u,v).$$

由于 $f(u,v)$ 在点 (u,v) 具有连续偏导数，于是有

$$\Delta z = \frac{\partial z}{\partial u}\Delta u + \frac{\partial z}{\partial v}\Delta v + o(\rho), \quad \rho = \sqrt{(\Delta u)^2 + (\Delta v)^2},$$

将上式两边同除以 Δx，得

$$\frac{\Delta z}{\Delta x} = \frac{\partial z}{\partial u}\cdot\frac{\Delta u}{\Delta x} + \frac{\partial z}{\partial v}\cdot\frac{\Delta v}{\Delta x} + \frac{o(\rho)}{\Delta x}.$$

因为函数 u，v 关于 x 和 y 的偏导数存在，并且

$$\lim_{\Delta x \to 0}\left|\frac{o(\rho)}{\Delta x}\right| = \lim_{\Delta x \to 0}\left|\frac{o(\rho)}{\rho}\right|\cdot\left|\frac{\rho}{\Delta x}\right| = \lim_{\Delta x \to 0}\left|\frac{o(\rho)}{\rho}\right|\cdot\lim_{\Delta x \to 0}\sqrt{\left(\frac{\Delta u}{\Delta x}\right)^2 + \left(\frac{\Delta v}{\Delta x}\right)^2} = 0,$$

于是

$$\lim_{\Delta x \to 0}\frac{\Delta z}{\Delta x} = \frac{\partial z}{\partial u}\lim_{\Delta x \to 0}\frac{\Delta u}{\Delta x} + \frac{\partial z}{\partial v}\lim_{\Delta x \to 0}\frac{\Delta v}{\Delta x},$$

即

$$\frac{\partial z}{\partial x} = \frac{\partial z}{\partial u}\frac{\partial u}{\partial x} + \frac{\partial z}{\partial v}\frac{\partial v}{\partial x}.$$

同理可证式（7-6）.

设函数 $u = \varphi(x,y)$，$v = \psi(x,y)$，$w = \omega(x,y)$ 都在点 (x,y) 具有对 x 及对 y 的偏导数，函数 $z = f(u,v,w)$ 在对应点 (u,v,w) 具有连续偏导数，则复合函数

$$z = f[\varphi(x,y),\psi(x,y),\omega(x,y)]$$

在点 (x, y) 的两个偏导数都存在，并且可用下列公式计算：

$$\frac{\partial z}{\partial x} = \frac{\partial z}{\partial u} \frac{\partial u}{\partial x} + \frac{\partial z}{\partial v} \frac{\partial v}{\partial x} + \frac{\partial z}{\partial w} \frac{\partial w}{\partial x},$$ 　　　　　（7-7）

$$\frac{\partial z}{\partial y} = \frac{\partial z}{\partial u} \frac{\partial u}{\partial y} + \frac{\partial z}{\partial v} \frac{\partial v}{\partial y} + \frac{\partial z}{\partial w} \frac{\partial w}{\partial y}.$$ 　　　　　（7-8）

2. 复合函数的中间变量均为一元函数的情形

定理 7.6　如果函数 $u = \varphi(t)$ 及 $v = \psi(t)$ 都在点 t 可导，函数 $z = f(u, v)$ 在对应点 (u, v) 具有连续偏导数，则复合函数 $z = f[\varphi(t), \psi(t)]$ 在点 t 可导，并且有

$$\frac{\mathrm{d}z}{\mathrm{d}t} = \frac{\partial z}{\partial u} \frac{\mathrm{d}u}{\mathrm{d}t} + \frac{\partial z}{\partial v} \frac{\mathrm{d}v}{\mathrm{d}t}$$ 　　　　　（7-9）

证明　本定理是情形 1 的特例，将中间变量 u 和 v 看作一元函数求导，可得式（7-9）.

由于定理 7.6 中的函数 z 是自变量 t 的一元复合函数，所以 z 对 t 的导数称为全导数.

定理 7.6 的结论可推广到复合函数的中间变量多于两个的情形. 例如，设 $z = f(u, v, w)$ 是由 $u = \varphi(t)$，$v = \psi(t)$，$w = \omega(t)$ 复合而成的复合函数

$$z = f[\varphi(t), \psi(t), \omega(t)],$$

则在与定理相类似的条件下，该复合函数在点 t 可导，并且其全导数为

$$\frac{\mathrm{d}z}{\mathrm{d}t} = \frac{\partial z}{\partial u} \frac{\mathrm{d}u}{\mathrm{d}t} + \frac{\partial z}{\partial v} \frac{\mathrm{d}v}{\mathrm{d}t} + \frac{\partial z}{\partial w} \frac{\mathrm{d}w}{\mathrm{d}t}.$$ 　　　　　（7-10）

3. 复合函数的中间变量既有一元函数，又有多元函数的情形

定理 7.7　如果函数 $u = \varphi(x, y)$ 在点 (x, y) 具有对 x 及对 y 的偏导数，函数 $v = \psi(y)$ 在点 y 可导，函数 $z = f(u, v)$ 在对应点 (u, v) 具有连续偏导数，则复合函数 $z = f[\varphi(x, y), \psi(y)]$ 在点 (x, y) 的两个偏导数存在，并且有

$$\frac{\partial z}{\partial x} = \frac{\partial z}{\partial u} \frac{\partial u}{\partial x},$$ 　　　　　（7-11）

$$\frac{\partial z}{\partial y} = \frac{\partial z}{\partial u} \frac{\partial u}{\partial y} + \frac{\partial z}{\partial v} \frac{\mathrm{d}v}{\mathrm{d}y}$$ 　　　　　（7-12）

证明　本定理实际上是情形 1 的一种特例，即在情形 1 中，变量 v 是 y 的一元函数，与 x 无关，从而 $\dfrac{\partial v}{\partial x} = 0$；在 v 对 y 求导时，$\dfrac{\partial v}{\partial y} = \dfrac{\mathrm{d}v}{\mathrm{d}y}$，这就证明了上述结果.

在情形 3 中，还会遇到这样的情形：复合函数的某些中间变量本身又是复合函数的自变量. 例如，设函数 $z = f(x, y, w)$ 具有连续偏导数，而 $w = \omega(x, y)$ 具有偏

导数，则复合函数 $z = f[x, y, \omega(x,y)]$ 可以看作情形 1 中当 $u = x$，$v = y$ 的特殊情形. 因此

$$\frac{\partial u}{\partial x} = 1, \ \frac{\partial u}{\partial y} = 0, \ \frac{\partial v}{\partial x} = 0, \ \frac{\partial v}{\partial y} = 1.$$

从而复合函数 $z = f[x, y, \omega(x,y)]$ 具有对自变量 x 及 y 的偏导数，并且由式（7-7）、式（7-8）得

$$\frac{\partial z}{\partial x} = \frac{\partial f}{\partial x} + \frac{\partial f}{\partial w}\frac{\partial w}{\partial x},$$

$$\frac{\partial z}{\partial y} = \frac{\partial f}{\partial y} + \frac{\partial f}{\partial w}\frac{\partial w}{\partial y}.$$

值得注意，上面 $\frac{\partial z}{\partial x}$ 与 $\frac{\partial f}{\partial x}$ 是不同的，$\frac{\partial z}{\partial x}$ 是把复合函数 $z = f[x, y, \omega(x,y)]$ 中的 y 看作常数而对 x 的偏导数，而 $\frac{\partial f}{\partial x}$ 是把函数 $f(x, y, w)$ 中的 y，w 看作常数而对 x 的偏导数，$\frac{\partial z}{\partial y}$ 与 $\frac{\partial f}{\partial y}$ 也有类似的区别.

上述复合函数的求导法则称为复合函数求导的链式法则.

例 7.26　设 $z = \mathrm{e}^u \sin v$，$u = x^2 + y^2$，$v = xy$，求 $\frac{\partial z}{\partial x}$，$\frac{\partial z}{\partial y}$.

解　$\dfrac{\partial z}{\partial x} = \dfrac{\partial z}{\partial u}\dfrac{\partial u}{\partial x} + \dfrac{\partial z}{\partial v}\dfrac{\partial v}{\partial x} = \mathrm{e}^u \sin v \cdot 2x + \mathrm{e}^u \cos v \cdot y$

$\qquad = \mathrm{e}^{x^2+y^2}[2x\sin(xy) + y\cos(xy)]$，

$\qquad \dfrac{\partial z}{\partial y} = \dfrac{\partial z}{\partial u}\dfrac{\partial u}{\partial y} + \dfrac{\partial z}{\partial v}\dfrac{\partial v}{\partial y} = \mathrm{e}^u \sin v \cdot 2y + \mathrm{e}^u \cos v \cdot x$

$\qquad = \mathrm{e}^{x^2+y^2}[2y\sin(xy) + x\cos(xy)]$.

例 7.27　设 $u = f(x, y, z) = \mathrm{e}^{x^2+y^2+z^2}$，$z = y^2 \sin x$，求 $\frac{\partial u}{\partial x}$，$\frac{\partial u}{\partial y}$.

解　$\dfrac{\partial u}{\partial x} = \dfrac{\partial f}{\partial x} + \dfrac{\partial f}{\partial z}\dfrac{\partial z}{\partial x} = 2x\mathrm{e}^{x^2+y^2+z^2} + 2z\mathrm{e}^{x^2+y^2+z^2} \cdot y^2 \cos x$

$\qquad = 2\mathrm{e}^{x^2+y^2+y^4\sin^2 x}(x + y^4 \cos x \sin x)$，

$\qquad \dfrac{\partial u}{\partial y} = \dfrac{\partial f}{\partial y} + \dfrac{\partial f}{\partial z}\dfrac{\partial z}{\partial y} = 2y\mathrm{e}^{x^2+y^2+z^2} + 2z\mathrm{e}^{x^2+y^2+z^2} \cdot 2y\sin x$

$\qquad = 2y\mathrm{e}^{x^2+y^2+y^4\sin^2 x}(1 + 2y^2 \sin^2 x)$.

例 7.28　设 $z = \mathrm{e}^{2u-v}$，$u = \ln x$，$v = \sin x$，求 $\frac{\mathrm{d}z}{\mathrm{d}x}$.

解　$\dfrac{\mathrm{d}z}{\mathrm{d}x} = \dfrac{\partial z}{\partial u}\dfrac{\mathrm{d}u}{\mathrm{d}x} + \dfrac{\partial z}{\partial v}\dfrac{\mathrm{d}v}{\mathrm{d}x} = 2\mathrm{e}^{2u-v}\cdot\dfrac{1}{x} + \mathrm{e}^{2u-v}\cdot(-1)\cdot\cos x = \mathrm{e}^{2\ln x - \sin x}\left(\dfrac{2}{x} - \cos x\right).$

例 7.29　设 $s = f\left(x^2, \dfrac{x}{y}, xyz\right)$，求 $\dfrac{\partial s}{\partial x}$，$\dfrac{\partial s}{\partial y}$，$\dfrac{\partial s}{\partial z}$.

解　令 $u = x^2$，$v = \dfrac{x}{y}$，$w = xyz$，则

$$\frac{\partial s}{\partial x} = \frac{\partial s}{\partial u}\frac{\partial u}{\partial x} + \frac{\partial s}{\partial v}\frac{\partial v}{\partial x} + \frac{\partial s}{\partial w}\frac{\partial w}{\partial x} = 2xf_u + \frac{1}{y}f_v + yzf_w,$$

$$\frac{\partial s}{\partial y} = \frac{\partial s}{\partial v}\frac{\partial v}{\partial y} + \frac{\partial s}{\partial w}\frac{\partial w}{\partial y} = -\frac{x}{y^2}f_v + xzf_w,$$

$$\frac{\partial s}{\partial z} = \frac{\partial s}{\partial w}\frac{\partial w}{\partial z} = xyf_w.$$

其中 f_u，f_v，f_w 分别表示函数对中间变量 u，v，w 求偏导数.

例 7.30　已知 $z = f\left(y + \dfrac{1}{x}, x + \dfrac{1}{y}\right)$ 且 f 具有二阶连续偏导数，求 $\dfrac{\partial^2 z}{\partial x^2}$，$\dfrac{\partial^2 z}{\partial x \partial y}$.

解　令 $u = y + \dfrac{1}{x}$，$v = x + \dfrac{1}{y}$，则 $z = f(u,v)$，因此，函数 $z = f\left(y + \dfrac{1}{x}, x + \dfrac{1}{y}\right)$ 是

由 $z = f(u,v)$ 及 $u = y + \dfrac{1}{x}$，$v = x + \dfrac{1}{y}$ 复合而成的复合函数. 于是

$$\frac{\partial z}{\partial x} = \frac{\partial z}{\partial u}\frac{\partial u}{\partial x} + \frac{\partial z}{\partial v}\frac{\partial v}{\partial x} = f_u\cdot\left(-\frac{1}{x^2}\right) + f_v\cdot 1 = -\frac{1}{x^2}f_u + f_v,$$

$$\frac{\partial z}{\partial y} = \frac{\partial z}{\partial u}\frac{\partial u}{\partial y} + \frac{\partial z}{\partial v}\frac{\partial v}{\partial y} = f_u\cdot 1 + f_v\cdot\left(-\frac{1}{y^2}\right) = f_u - \frac{1}{y^2}f_v.$$

在求二阶偏导数时，注意 f_u，f_v 仍然是以 u，v 为中间变量，以 x，y 为自变量的复合函数，根据复合函数的求导法则，有

$$\frac{\partial^2 z}{\partial x^2} = \frac{\partial}{\partial x}\left(-\frac{1}{x^2}f_u + f_v\right) = \frac{2}{x^3}f_u - \frac{1}{x^2}\left(f_{uu}\cdot\frac{\partial u}{\partial x} + f_{uv}\cdot\frac{\partial v}{\partial x}\right) + f_{vu}\cdot\frac{\partial u}{\partial x} + f_{vv}\cdot\frac{\partial v}{\partial x}$$

$$= \frac{2}{x^3}f_u + \frac{1}{x^4}f_{uu} - \frac{1}{x^2}f_{uv} - \frac{1}{x^2}f_{vu} + f_{vv} = \frac{2}{x^3}f_u + \frac{1}{x^4}f_{uu} - \frac{2}{x^2}f_{uv} + f_{vv},$$

$$\frac{\partial^2 z}{\partial x \partial y} = \frac{\partial}{\partial y}\left(-\frac{1}{x^2}f_u + f_v\right) = -\frac{1}{x^2}\left(f_{uu}\cdot\frac{\partial u}{\partial y} + f_{uv}\cdot\frac{\partial v}{\partial y}\right) + f_{vu}\cdot\frac{\partial u}{\partial y} + f_{vv}\cdot\frac{\partial v}{\partial y}$$

$$= -\frac{1}{x^2}f_{uu} + \frac{1}{x^2 y^2}f_{uv} + f_{vu} + \left(-\frac{1}{y^2}\right)f_{vv} = -\frac{1}{x^2}f_{uu} + \left(1 + \frac{1}{x^2 y^2}\right)f_{uv} - \frac{1}{y^2}f_{vv}.$$

7.4.2　全微分的形式不变性

与一元函数的微分的形式不变性类似，多元函数的全微分也有形式不变性，也就是说，无论 u，v 是自变量，还是中间变量，当 $z = f(u,v)$ 的全微分存在时，其形式是一样的，即

$$\mathrm{d}z = \frac{\partial z}{\partial u}\mathrm{d}u + \frac{\partial z}{\partial v}\mathrm{d}v, \tag{7-13}$$

这个性质称为全微分的形式不变性.

事实上，若 u，v 是自变量且函数 $z = f(u,v)$ 可微时，式（7-13）成立. 如果 u，v 是中间变量，即 $u = \varphi(x,y)$，$v = \psi(x,y)$，并且复合函数 $z = f[\varphi(x,y),\psi(x,y)]$ 可微，则 z 的全微分为

$$\mathrm{d}z = \frac{\partial z}{\partial x}\mathrm{d}x + \frac{\partial z}{\partial y}\mathrm{d}y$$

由于

$$\frac{\partial z}{\partial x} = \frac{\partial z}{\partial u}\frac{\partial u}{\partial x} + \frac{\partial z}{\partial v}\frac{\partial v}{\partial x}, \quad \frac{\partial z}{\partial y} = \frac{\partial z}{\partial u}\frac{\partial u}{\partial y} + \frac{\partial z}{\partial v}\frac{\partial v}{\partial y},$$

代入 $\mathrm{d}z$，得

$$\begin{aligned}
\mathrm{d}z &= \left(\frac{\partial z}{\partial u}\frac{\partial u}{\partial x} + \frac{\partial z}{\partial v}\frac{\partial v}{\partial x}\right)\mathrm{d}x + \left(\frac{\partial z}{\partial u}\frac{\partial u}{\partial y} + \frac{\partial z}{\partial v}\frac{\partial v}{\partial y}\right)\mathrm{d}y \\
&= \frac{\partial z}{\partial u}\left(\frac{\partial u}{\partial x}\mathrm{d}x + \frac{\partial u}{\partial y}\mathrm{d}y\right) + \frac{\partial z}{\partial v}\left(\frac{\partial v}{\partial x}\mathrm{d}x + \frac{\partial v}{\partial y}\mathrm{d}y\right) \\
&= \frac{\partial z}{\partial u}\mathrm{d}u + \frac{\partial z}{\partial v}\mathrm{d}v.
\end{aligned}$$

即当 u，v 是中间变量时，式（7-13）也成立，这就证明了全微分的形式不变性.

利用全微分的形式不变性，可以比较容易得到全微分的四则运算公式：

$$\mathrm{d}(u \pm v) = \mathrm{d}u \pm \mathrm{d}v, \quad \mathrm{d}(uv) = u\mathrm{d}v + v\mathrm{d}u, \quad \mathrm{d}\left(\frac{u}{v}\right) = \frac{v\mathrm{d}u - u\mathrm{d}v}{v^2}(v \neq 0).$$

例如，

$$\mathrm{d}(uv) = \frac{\partial(uv)}{\partial u}\mathrm{d}u + \frac{\partial(uv)}{\partial v}\mathrm{d}v = v\mathrm{d}u + u\mathrm{d}v.$$

以上其余两个公式的证明类似.

利用全微分的形式不变性及全微分的四则运算，可使全微分的运算更简便.

例 7.31　求 $u = \dfrac{x}{x^2 + y^2 + z^2}$ 的全微分及偏导数.

解　$\mathrm{d}u = \dfrac{(x^2 + y^2 + z^2)\mathrm{d}x - x\mathrm{d}(x^2 + y^2 + z^2)}{(x^2 + y^2 + z^2)^2}$

$\qquad = \dfrac{(x^2 + y^2 + z^2)\mathrm{d}x - x(2x\mathrm{d}x + 2y\mathrm{d}y + 2z\mathrm{d}z)}{(x^2 + y^2 + z^2)^2}$

$\qquad = \dfrac{(y^2 + z^2 - x^2)\mathrm{d}x - 2xy\mathrm{d}y - 2xz\mathrm{d}z}{(x^2 + y^2 + z^2)^2}.$

根据全微分的计算公式，求出 $\mathrm{d}u$ 时也就得到了 u 的 3 个偏导数，即

$$\frac{\partial u}{\partial x} = \frac{y^2 + z^2 - x^2}{(x^2 + y^2 + z^2)^2}, \quad \frac{\partial u}{\partial y} = \frac{-2xy}{(x^2 + y^2 + z^2)^2}, \quad \frac{\partial u}{\partial z} = \frac{-2xz}{(x^2 + y^2 + z^2)^2}.$$

由上例可以得到求偏导数的又一种方法，即先求出函数的全微分，在全微分中每个自变量微分（如上例中的 $\mathrm{d}x$，$\mathrm{d}y$，$\mathrm{d}z$）前的系数就是函数对该自变量的偏导数.

例 7.32　设 $z = f\left(x^2 - 2xy - y^2, \dfrac{x}{y}\right)$ 且 f 具有一阶连续偏导数，求 $\dfrac{\partial z}{\partial x}$ 与 $\dfrac{\partial z}{\partial y}$.

解　我们先求函数的全微分. 由全微分的形式不变性，得

$$\mathrm{d}z = f_1' \cdot \mathrm{d}(x^2 - 2xy - y^2) + f_2' \cdot \mathrm{d}\left(\frac{x}{y}\right)$$

$$= f_1' \cdot [2x\mathrm{d}x - 2(y\mathrm{d}x + x\mathrm{d}y) - 2y\mathrm{d}y] + f_2' \cdot \frac{y\mathrm{d}x - x\mathrm{d}y}{y^2}$$

$$= \left[2(x - y)f_1' + \frac{1}{y}f_2'\right]\mathrm{d}x - \left[2(x + y)f_1' + \frac{x}{y^2}f_2'\right]\mathrm{d}y,$$

由此，得 $\dfrac{\partial z}{\partial x} = 2(x - y)f_1' + \dfrac{1}{y}f_2'$，$\dfrac{\partial z}{\partial y} = -\left[2(x + y)f_1' + \dfrac{x}{y^2}f_2'\right]$. 其中 f_1'，f_2' 分别表示函数对第一个中间变量和第二个中间变量求偏导数.

习　题　7-4

1. 设 $u = \mathrm{e}^{x-2y}$，$x = \sin t$，$y = t^3$，求 $\dfrac{\mathrm{d}u}{\mathrm{d}t}$.

2. 设 $z = \arccos(u - v)$，而 $u = 4x^3$，$v = 3x$，求 $\dfrac{\mathrm{d}z}{\mathrm{d}x}$.

3. 设 $z = u^2 v - uv^2$，$u = x\cos y$，$v = x\sin y$，求 $\dfrac{\partial z}{\partial x}$，$\dfrac{\partial z}{\partial y}$.

4. 设 $z = u^2 \ln v$，而 $u = 3x + 2y$，$v = \dfrac{y}{x}$，求 $\dfrac{\partial z}{\partial x}$，$\dfrac{\partial z}{\partial y}$.

5. 设 $z = \ln(u^2 + y \sin x)$，$u = \mathrm{e}^{x+y}$，求 $\dfrac{\partial z}{\partial x}$，$\dfrac{\partial z}{\partial y}$.

6. 设 $u = \sin(x^2 + y^2 + z^2)$，$x = r + s + t$，$y = rs + st + tr$，$z = rst$，求 $\dfrac{\partial u}{\partial r}$，$\dfrac{\partial u}{\partial s}$，$\dfrac{\partial u}{\partial t}$.

7. 设 $z = \arctan \dfrac{x}{y}$，$x = u + v$，$y = u - v$，求 $\dfrac{\partial z}{\partial u}$，$\dfrac{\partial z}{\partial v}$，并验证：$\dfrac{\partial z}{\partial u} + \dfrac{\partial z}{\partial v} = \dfrac{u - v}{u^2 + v^2}$.

8. 设 $z = x^2 - y^2 + t$，$x = \sin t$，$y = \cos t$，求 $\dfrac{\mathrm{d}z}{\mathrm{d}t}$.

9. 求下列函数的一阶偏导数（其中 f 具有一阶连续偏导数）：

（1）$z = f(x^2 - y^2)$；　　　　　　　　（2）$u = f\left(\dfrac{x}{y}, \dfrac{y}{z}\right)$；

（3）$u = f(x, xy, xyz)$；　　　　　　　　（4）$u = f(x^2 - y^2, \mathrm{e}^{xy}, \ln x)$.

10. 设 $z = xy + xF(u)$，而 $u = \dfrac{y}{x}$，$F(u)$ 为可导函数，证明：$x \dfrac{\partial z}{\partial x} + y \dfrac{\partial z}{\partial y} = z + xy$.

11. 设 $z = y\varphi[\cos(x - y)]$ 且 φ 为可导函数，试证：$\dfrac{\partial z}{\partial x} + \dfrac{\partial z}{\partial y} = \dfrac{z}{y}$.

12. 设 $u = x^k F\left(\dfrac{z}{x}, \dfrac{y}{x}\right)$ 且 F 具有一阶连续偏导数，试证：$x \dfrac{\partial u}{\partial x} + y \dfrac{\partial u}{\partial y} + z \dfrac{\partial u}{\partial z} = ku$.

13. 设 $z = \sin y + f(\sin x - \sin y)$ 且 f 为可导函数，试证：$\sec x \dfrac{\partial z}{\partial x} + \sec y \dfrac{\partial z}{\partial y} = 1$.

14. 求下列函数的二阶偏导数 $\dfrac{\partial^2 z}{\partial x^2}$，$\dfrac{\partial^2 z}{\partial x \partial y}$，$\dfrac{\partial^2 z}{\partial y^2}$（其中 f 具有二阶连续偏导数）：

（1）$z = f(xy, y)$；　　　　　　　　（2）$z = f(x^2 + y^2)$；

（3）$z = f(x^2 y, xy^2)$；　　　　　　　（4）$z = f(\sin x, \cos y, \mathrm{e}^{x+y})$.

7.5　隐函数的微分法

7.5.1　一个方程的情形

在第 2 章我们已经提出了隐函数的概念，并且指出了不经过显化直接由方程

$$F(x, y) = 0 \qquad\qquad （7-14）$$

求它所确定的隐函数的导数的方法. 但是，二元方程 $F(x, y) = 0$ 并不总能确定一元

隐函数. 例如,方程 $F(x,y)=x^2+y^2+1=0$ 就无法确定一个一元隐函数. 因此,下面介绍隐函数存在定理,并根据多元复合函数的求导法则得出二元隐函数的求导公式.

定理 7.8(隐函数存在定理 1) 设函数 $F(x,y)$ 在点 (x_0,y_0) 的某一邻域内具有连续偏导数,且 $F(x_0,y_0)=0$,$F_y(x_0,y_0)\neq 0$,则方程 $F(x,y)=0$ 在点 (x_0,y_0) 的某一邻域内能唯一确定一个连续且具有连续导数的函数 $y=f(x)$,它满足条件 $y_0=f(x_0)$,并且有

$$\frac{\mathrm{d}y}{\mathrm{d}x}=-\frac{F_x}{F_y}.\qquad\qquad(7\text{-}15)$$

式(7-15)就是隐函数的求导公式.

对定理 7.8 不作证明,仅根据多元复合函数的求导法则推导一元隐函数的求导公式(7-15).

将方程(7-14)所确定的函数 $y=f(x)$ 代入方程(7-14),得到关于 x 的恒等式

$$F(x,f(x))\equiv 0,$$

上式左端可看作 x 的复合函数,对这个函数关于 x 求全导数,得

$$F_x+F_y\cdot\frac{\mathrm{d}y}{\mathrm{d}x}=0.$$

由于 F_y 连续且 $F_y(x_0,y_0)\neq 0$,所以存在点 (x_0,y_0) 的某个邻域,在这个邻域内 $F_y\neq 0$,于是得 $\dfrac{\mathrm{d}y}{\mathrm{d}x}=-\dfrac{F_x}{F_y}$.

例 7.33 验证方程 $\dfrac{x^2}{9}+\dfrac{y^2}{4}=1$ 在点 $(0,2)$ 的某邻域内能唯一确定一个有连续导数,并且当 $x=0$ 时 $y=2$ 的隐函数 $y=f(x)$,并求这函数的一阶导数与二阶导数在 $x=0$ 处的值.

解 设 $F(x,y)=\dfrac{x^2}{9}+\dfrac{y^2}{4}-1$,则 $F_x=\dfrac{2x}{9}$,$F_y=\dfrac{2y}{4}$,$F(0,2)=0$,$F_y(0,2)=1\neq 0$. 由定理 7.8 可知,方程 $\dfrac{x^2}{9}+\dfrac{y^2}{4}=1$ 在点 $(0,2)$ 的某邻域内能唯一确定一个有连续导数,并且当 $x=0$ 时 $y=2$ 的隐函数 $y=f(x)$.

下面求这函数的一阶及二阶导数在 $x=0$ 处的值.

$$\frac{\mathrm{d}y}{\mathrm{d}x}=-\frac{F_x}{F_y}=-\frac{4x}{9y},\ \left.\frac{\mathrm{d}y}{\mathrm{d}x}\right|_{x=0}=0;$$

$$\frac{d^2 y}{dx^2} = -\frac{4}{9} \cdot \frac{y - xy'}{y^2} = -\frac{4}{9} \cdot \frac{y - x\left(-\dfrac{4x}{9y}\right)}{y^2} = -\frac{4(4x^2 + 9y^2)}{81y^3} = -\frac{4 \cdot 36}{81y^3} = -\frac{16}{9y^3}$$

$$\left.\frac{d^2 y}{dx^2}\right|_{\substack{x=0 \\ y=2}} = -\frac{16}{9y^3}\bigg|_{\substack{x=0 \\ y=2}} = -\frac{2}{9}.$$

隐函数存在定理还可以推广到多元函数. 即在一定条件下，由三元方程

$$F(x, y, z) = 0 \tag{7-16}$$

可确定一个二元隐函数 $z = f(x, y)$，并且可求出偏导数 $\dfrac{\partial z}{\partial x}$，$\dfrac{\partial z}{\partial y}$.

定理 7.9（隐函数存在定理 2）　设函数 $F(x, y, z)$ 在点 (x_0, y_0, z_0) 的某一邻域内具有连续偏导数，并且 $F(x_0, y_0, z_0) = 0$，$F_z(x_0, y_0, z_0) \neq 0$，则方程 $F(x, y, z) = 0$ 在点 (x_0, y_0, z_0) 的某一邻域内能唯一确定一个连续且具有连续偏导数的函数 $z = f(x, y)$，它满足条件 $z_0 = f(x_0, y_0)$，并且有

$$\frac{\partial z}{\partial x} = -\frac{F_x}{F_z}, \quad \frac{\partial z}{\partial y} = -\frac{F_y}{F_z}. \tag{7-17}$$

与定理 7.8 类似，定理 7.9 也不作证明，仅对式（7-17）作如下推导.

将 $z = f(x, y)$ 代入方程（7-16），得恒等式

$$F(x, y, f(x, y)) \equiv 0.$$

应用复合函数的求导法则，上式两端分别关于 x 和 y 求偏导数，得

$$F_x + F_z \frac{\partial z}{\partial x} = 0, \quad F_y + F_z \frac{\partial z}{\partial y} = 0,$$

由于 F_z 连续且 $F_z(x_0, y_0, z_0) \neq 0$，所以存在点 (x_0, y_0, z_0) 的某个邻域，在这个邻域内 $F_z \neq 0$，于是，得 $\dfrac{\partial z}{\partial x} = -\dfrac{F_x}{F_z}$，$\dfrac{\partial z}{\partial y} = -\dfrac{F_y}{F_z}$.

例 7.34　设 $z^3 - 3xyz = a^3$，求 $\dfrac{\partial^2 z}{\partial x^2}$.

解　设 $F(x, y, z) = z^3 - 3xyz - a^3$，则

$$F_x = -3yz, \quad F_y = -3xz, \quad F_z = 3z^2 - 3xy,$$

所以

$$\frac{\partial z}{\partial x} = -\frac{F_x}{F_z} = \frac{yz}{z^2 - xy},$$

$$\frac{\partial^2 z}{\partial x^2} = \frac{\partial}{\partial x}\left(\frac{yz}{z^2 - xy}\right) = \frac{y\dfrac{\partial z}{\partial x}(z^2 - xy) - yz\left(2z\dfrac{\partial z}{\partial x} - y\right)}{(z^2 - xy)^2}$$

$$= \frac{y(z^2 - xy)\dfrac{yz}{z^2 - xy} - yz\left(2z\dfrac{yz}{z^2 - xy} - y\right)}{(z^2 - xy)^2} = -\frac{2xy^3 z}{(z^2 - xy)^3}.$$

7.5.2　方程组的情形

如果我们不仅增加方程中变量的个数，而且还增加方程的个数，那么隐函数存在定理还可以作另一方面的推广．

例如，考虑方程组

$$\begin{cases} F(x, y, u, v) = 0, \\ G(x, y, u, v) = 0, \end{cases} \tag{7-18}$$

方程组中出现四个变量，一般只能有两个变量独立变化，因此方程组（7-18）就有可能确定两个二元函数，把前面的隐函数存在定理作相应的推广，我们有如下定理．

定理 7.10（隐函数存在定理 3）　设 $F(x, y, u, v)$、$G(x, y, u, v)$ 在点 (x_0, y_0, u_0, v_0) 的某一邻域内具有对各个变量的连续偏导数，又 $F(x_0, y_0, u_0, v_0) = 0$，$G(x_0, y_0, u_0, v_0) = 0$，并且偏导数所组成的函数行列式（称为雅可比（Jacobi）式）

$$J = \frac{\partial(F, G)}{\partial(u, v)} = \begin{vmatrix} \dfrac{\partial F}{\partial u} & \dfrac{\partial F}{\partial v} \\ \dfrac{\partial G}{\partial u} & \dfrac{\partial G}{\partial v} \end{vmatrix}$$

在点 (x_0, y_0, u_0, v_0) 不等于零，则方程组 $F(x, y, u, v) = 0$、$G(x, y, u, v) = 0$ 在点 (x_0, y_0, u_0, v_0) 的某一邻域内能唯一确定一组连续且具有连续偏导数的函数 $u = u(x, y)$，$v = v(x, y)$，它们满足条件 $u_0 = u(x_0, y_0)$，$v_0 = v(x_0, y_0)$，并有

$$\frac{\partial u}{\partial x} = -\frac{1}{J}\frac{\partial(F, G)}{\partial(x, v)} = -\frac{\begin{vmatrix} F_x & F_v \\ G_x & G_v \end{vmatrix}}{\begin{vmatrix} F_u & F_v \\ G_u & G_v \end{vmatrix}}, \quad \frac{\partial v}{\partial x} = -\frac{1}{J}\frac{\partial(F, G)}{\partial(u, x)} = -\frac{\begin{vmatrix} F_u & F_x \\ G_u & G_x \end{vmatrix}}{\begin{vmatrix} F_u & F_v \\ G_u & G_v \end{vmatrix}} \tag{7-19}$$

$$\frac{\partial u}{\partial y} = -\frac{1}{J}\frac{\partial(F,G)}{\partial(y,v)} = -\frac{\begin{vmatrix} F_y & F_v \\ G_y & G_v \end{vmatrix}}{\begin{vmatrix} F_u & F_v \\ G_u & G_v \end{vmatrix}}, \quad \frac{\partial v}{\partial y} = -\frac{1}{J}\frac{\partial(F,G)}{\partial(u,y)} = -\frac{\begin{vmatrix} F_u & F_y \\ G_u & G_y \end{vmatrix}}{\begin{vmatrix} F_u & F_v \\ G_u & G_v \end{vmatrix}}.$$

对这个定理也不作证明，与前两个定理类似，下面仅就式（7-19）作如下推导.
由于

$$F(x,y,u(x,y),v(x,y)) \equiv 0, \quad G(x,y,u(x,y),v(x,y)) \equiv 0,$$

将上式两边对 x 求偏导，得

$$\begin{cases} F_x + F_u \dfrac{\partial u}{\partial x} + F_v \dfrac{\partial v}{\partial x} = 0, \\ G_x + G_u \dfrac{\partial u}{\partial x} + G_v \dfrac{\partial v}{\partial x} = 0. \end{cases}$$

这是关于 $\dfrac{\partial u}{\partial x}$，$\dfrac{\partial v}{\partial x}$ 的线性方程组，由假设可知在点 (x_0, y_0, u_0, v_0) 的某一个邻域内，

系数行列式 $J = \begin{vmatrix} F_u & F_v \\ G_u & G_v \end{vmatrix} \neq 0$. 从而可解出

$$\frac{\partial u}{\partial x} = -\frac{1}{J}\frac{\partial(F,G)}{\partial(x,v)}, \quad \frac{\partial v}{\partial x} = -\frac{1}{J}\frac{\partial(F,G)}{\partial(u,x)}.$$

同理，可得

$$\frac{\partial u}{\partial y} = -\frac{1}{J}\frac{\partial(F,G)}{\partial(y,v)}, \quad \frac{\partial v}{\partial y} = -\frac{1}{J}\frac{\partial(F,G)}{\partial(u,y)}.$$

例 7.35 求由方程组

$$\begin{cases} x + y + u + v = 1, \\ x^2 + y^2 + u^2 + v^2 = 2, \end{cases}$$

确定的函数 $u = u(x,y)$ 和 $v = v(x,y)$ 的偏导数 $\dfrac{\partial u}{\partial x}$，$\dfrac{\partial u}{\partial y}$，$\dfrac{\partial v}{\partial x}$ 和 $\dfrac{\partial v}{\partial y}$.

解 此题可以直接用式（7-19）求解，但也可按照推导式（7-19）的方法来求解. 下面用后一种方法求解.

将所给方程两边对 x 求导，并移项，得

$$\begin{cases} \dfrac{\partial u}{\partial x} + \dfrac{\partial v}{\partial x} = -1, \\ 2u\dfrac{\partial u}{\partial x} + 2v\dfrac{\partial v}{\partial x} = -2x. \end{cases}$$

在 $J = \begin{vmatrix} 1 & 1 \\ 2u & 2v \end{vmatrix} = 2(v-u) \neq 0$ 的条件下，解得

$$\frac{\partial u}{\partial x} = \frac{\begin{vmatrix} -1 & 1 \\ -2x & 2v \end{vmatrix}}{\begin{vmatrix} 1 & 1 \\ 2u & 2v \end{vmatrix}} = \frac{x-v}{v-u}, \quad \frac{\partial v}{\partial x} = \frac{\begin{vmatrix} 1 & -1 \\ 2u & -2x \end{vmatrix}}{\begin{vmatrix} 1 & 1 \\ 2u & 2v \end{vmatrix}} = \frac{u-x}{v-u}.$$

将所给方程的两边对 y 求导. 用同样方法在 $J = 2(v-u) \neq 0$ 的条件下可得

$$\frac{\partial u}{\partial y} = \frac{y-v}{v-u}, \quad \frac{\partial v}{\partial y} = \frac{u-y}{v-u}.$$

例 7.36 设 $r(x,y)$ 和 $\theta(x,y)$ 由 $x = r\cos\theta$，$y = r\sin\theta$ 确定，求 $\dfrac{\partial r}{\partial x}, \dfrac{\partial r}{\partial y}, \dfrac{\partial \theta}{\partial x}, \dfrac{\partial \theta}{\partial y}$.

解 方程组 $\begin{cases} x = r\cos\theta \\ y = r\sin\theta \end{cases}$ 两边对 x 求偏导并移项，得

$$\begin{cases} r_x\cos\theta - r\sin\theta \cdot \theta_x = 1, \\ r_x\sin\theta + r\cos\theta \cdot \theta_x = 0. \end{cases}$$

在 $J = \begin{vmatrix} \cos\theta & -r\sin\theta \\ \sin\theta & r\cos\theta \end{vmatrix} = r(\cos^2\theta + \sin^2\theta) = r \neq 0$ 的条件下，解得

$$\frac{\partial r}{\partial x} = \cos\theta, \quad \frac{\partial \theta}{\partial x} = -\frac{\sin\theta}{r}.$$

类似地，方程组两边对 y 求偏导，解得 $\dfrac{\partial r}{\partial y} = \sin\theta, \dfrac{\partial \theta}{\partial y} = \dfrac{\cos\theta}{r}$.

习　题　7-5

1. 设 $\cos y + e^x - x^2 y = 0$，求 $\dfrac{dy}{dx}$.

2. 设 $xy + \ln y + \ln x = 1$，求 $\dfrac{dy}{dx}\bigg|_{x=1}$.

3. 设 $\ln\sqrt{x^2+y^2} = \arctan\dfrac{y}{x}$，求 $\dfrac{dy}{dx}$.

4. 设 $\cos^2 x + \cos^2 y + \cos^2 z = 1$，求 $\dfrac{\partial z}{\partial x}, \dfrac{\partial z}{\partial y}$.

5. 设方程 $F(x+y+z, xy+yz+zx) = 0$ 确定了函数 $z = z(x,y)$，其中 F 存在偏导函数，求 $\dfrac{\partial z}{\partial x}, \dfrac{\partial z}{\partial y}$.

6. 设由方程 $F(x, y, z) = 0$ 分别可确定具有连续偏导数的函数 $x = x(y,z)$， $y = y(x,z)$， $z = z(x,y)$，证明：$\dfrac{\partial x}{\partial y} \cdot \dfrac{\partial y}{\partial z} \cdot \dfrac{\partial z}{\partial x} = -1$.

7. 设 $\varphi(u,v)$ 具有连续偏导数，证明由方程 $\varphi(cx - az, cy - bz) = 0$ 所确定的函数 $z = f(x,y)$ 满足 $a\dfrac{\partial z}{\partial x} + b\dfrac{\partial z}{\partial y} = c$.

8. 设 $\mathrm{e}^z - xyz = 0$，求 $\dfrac{\partial^2 z}{\partial x^2}$.

9. 设 $z = z(x,y)$ 是由方程 $\mathrm{e}^z - xz - y^2 = 0$ 所确定的隐函数，求 $\left.\dfrac{\partial^2 z}{\partial x \partial y}\right|_{(0,1)}$.

10. 求由方程 $xyz + \sqrt{x^2 + y^2 + z^2} = \sqrt{2}$ 所确定的函数 $z = z(x,y)$ 在点 $(1,0,-1)$ 处的全微分 $\mathrm{d}z$.

11. 求由下列方程组所确定的函数的导数或偏导数：

（1）设 $\begin{cases} z = x^2 + y^2, \\ x^2 + 2y^2 + 3z^2 = 20, \end{cases}$ 求 $\dfrac{\mathrm{d}y}{\mathrm{d}x}$，$\dfrac{\mathrm{d}z}{\mathrm{d}x}$；

（2）设 $\begin{cases} xu - yv = 0, \\ yu + xv = 1, \end{cases}$ 求 $\dfrac{\partial u}{\partial x}$，$\dfrac{\partial u}{\partial y}$，$\dfrac{\partial v}{\partial x}$，$\dfrac{\partial v}{\partial y}$；

（3）设 $\begin{cases} x = \mathrm{e}^u + u\sin v, \\ y = \mathrm{e}^u - u\cos v, \end{cases}$ 求 $\dfrac{\partial u}{\partial x}$，$\dfrac{\partial u}{\partial y}$，$\dfrac{\partial v}{\partial x}$，$\dfrac{\partial v}{\partial y}$.

7.6　多元微分学在几何上的应用

7.6.1　空间曲线的切线与法平面

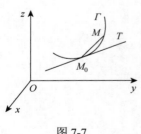

图 7-7

我们知道，平面曲线 $y = f(x)$ 的切线是用割线的极限位置来定义的. 类似地，设 M_0 是空间曲线 Γ 上的一个定点，M 是 Γ 上的一个动点，引割线 M_0M，当点 M 沿曲线 Γ 无限趋近于 M_0 时，割线 M_0M 的极限位置 M_0T 称为曲线 Γ 在点 M_0 处的切线（图 7-7）. 过点 M_0 且垂直于切线的平面，称为曲线 Γ 在点 M_0 处的法平面.

下面我们讨论空间曲线 Γ 在点 M_0 处的切线和法平面方程.

1. 曲线 Γ 由参数方程给出的情况

设曲线 Γ 的参数方程为

$$\begin{cases} x = x(t), \\ y = y(t), \quad \alpha \leqslant t \leqslant \beta, \\ z = z(t), \end{cases} \tag{7-20}$$

假定 $x = x(t)$，$y = y(t)$，$z = z(t)$ 对 t 的导数存在，并且不同时为零. 设 $t = t_0$ 时，曲线 Γ 上的对应点为 $M_0(x_0, y_0, z_0)$，又 $t = t_0 + \Delta t$ 时，曲线 Γ 上的对应点为 $M(x_0 + \Delta x, y_0 + \Delta y, z_0 + \Delta z)$，显然向量

$$\overrightarrow{M_0M} = \Delta x \boldsymbol{i} + \Delta y \boldsymbol{j} + \Delta z \boldsymbol{k}$$

为割线 M_0M 的一个方向向量，当 $\Delta t \neq 0$ 时，向量

$$\frac{1}{\Delta t} \overrightarrow{M_0M} = \frac{\Delta x}{\Delta t} \boldsymbol{i} + \frac{\Delta y}{\Delta t} \boldsymbol{j} + \frac{\Delta z}{\Delta t} \boldsymbol{k}$$

也是直线 M_0M 的一个方向向量. 当 $\Delta t \to 0$ 时，M 点沿曲线 Γ 无限趋近于 M_0，割线 M_0M 趋近于切线 M_0T 的位置，而上式右端的各个分量的极限分别为 $x'(t_0)$，$y'(t_0)$，$z'(t_0)$. 因为它们不同时为零，所以非零向量 $x'(t_0)\boldsymbol{i} + y'(t_0)\boldsymbol{j} + z'(t_0)\boldsymbol{k}$ 是曲线 Γ 在点 M_0 处的切线的方向向量为

$$\boldsymbol{T} = \{x'(t_0), y'(t_0), z'(t_0)\} \tag{7-21}$$

称其为曲线的切向量.

有了切线方向向量之后，根据空间解析几何中关于直线的对称式方程容易写出曲线 Γ 在点 M_0 处的切线方程为

$$\frac{x - x_0}{x'(t_0)} = \frac{y - y_0}{y'(t_0)} = \frac{z - z_0}{z'(t_0)}. \tag{7-22}$$

而向量 $\boldsymbol{T}$ 也是曲线 Γ 在点 M_0 处的法平面的一个法向量，于是由平面的点法式方程可知曲线 Γ 在点 M_0 处的法平面方程为

$$x'(t_0)(x - x_0) + y'(t_0)(y - y_0) + z'(t_0)(z - z_0) = 0. \tag{7-23}$$

由上述讨论可知，若需求由参数方程 $x = x(t)$，$y = y(t)$，$z = z(t)$ 给出的曲线的切线方程或法平面方程，关键是求出曲线上对应于参数 t_0 的点处的切向量，再运用空间解析几何的知识即可写出切线及法平面的方程.

例 7.37　求曲线 $x = \cos t$，$y = \sin t$，$z = 2t$ 在对应于 $t_0 = \dfrac{\pi}{4}$ 的点处的切线方程和法平面方程.

解　当 $t_0 = \dfrac{\pi}{4}$ 时，对应点 M_0 的坐标为 $x_0 = \cos\dfrac{\pi}{4} = \dfrac{\sqrt{2}}{2}$，$y_0 = \sin\dfrac{\pi}{4} = \dfrac{\sqrt{2}}{2}$，$z_0 = 2 \cdot \dfrac{\pi}{4} = \dfrac{\pi}{2}$.

$$x'\left(\frac{\pi}{4}\right)=-\sin\frac{\pi}{4}=-\frac{\sqrt{2}}{2}, \quad y'\left(\frac{\pi}{4}\right)=\cos\frac{\pi}{4}=\frac{\sqrt{2}}{2}, \quad z'\left(\frac{\pi}{4}\right)=2,$$

即 $T=\left(-\dfrac{\sqrt{2}}{2},\dfrac{\sqrt{2}}{2},2\right)$. 因此曲线在对应于 $t_0=\dfrac{\pi}{4}$ 点处的切线方程为

$$\frac{x-\dfrac{\sqrt{2}}{2}}{-\dfrac{\sqrt{2}}{2}}=\frac{y-\dfrac{\sqrt{2}}{2}}{\dfrac{\sqrt{2}}{2}}=\frac{z-\dfrac{\pi}{2}}{2},$$

化简，得

$$\frac{x-\dfrac{\sqrt{2}}{2}}{-1}=\frac{y-\dfrac{\sqrt{2}}{2}}{1}=\frac{z-\dfrac{\pi}{2}}{2\sqrt{2}}.$$

曲线在对应于 $t_0=\dfrac{\pi}{4}$ 点处的法平面方程为

$$-\left(x-\frac{\sqrt{2}}{2}\right)+\left(y-\frac{\sqrt{2}}{2}\right)+2\sqrt{2}\left(z-\frac{\pi}{2}\right)=0,$$

即 $x-y-2\sqrt{2}z+\sqrt{2}\pi=0$.

如果曲线 Γ 由方程组 $y=y(x)$，$z=z(x)$ 给出，只要将此方程组改写为以 x 为参数的参数方程

$$\begin{cases}x=x,\\y=y(x),\\z=z(x),\end{cases}$$

则根据上面的讨论可知，Γ 上点 $M_0(x_0,y_0,z_0)$ 处的切向量为

$$\boldsymbol{T}=\{1,y'(x_0),z'(x_0)\}. \tag{7-24}$$

2. 曲线 Γ 由一般式方程给出的情况

设空间曲线 Γ 由一般式方程

$$\begin{cases}F(x,y,z)=0,\\G(x,y,z)=0\end{cases} \tag{7-25}$$

给出，$M_0(x_0,y_0,z_0)$ 是曲线 Γ 上的一点，即

$$F(x_0,y_0,z_0)=0, \quad G(x_0,y_0,z_0)=0.$$

如果 F，G 对各个变量有连续偏导数，且

$$J\Big|_{(x_0,y_0,z_0)}=\frac{\partial(F,G)}{\partial(y,z)}\Bigg|_{(x_0,y_0,z_0)}\neq 0,$$

则由隐函数存在定理，方程组（7-25）在点 $M_0(x_0, y_0, z_0)$ 的某邻域内确定了唯一的一组函数 $y = y(x)$，$z = z(x)$，且 $y_0 = y(x_0)$，$z_0 = z(x_0)$. 由式（7-24），曲线 Γ 在 $M_0(x_0, y_0, z_0)$ 处的一个切向量为 $\boldsymbol{T} = \{1, y'(x_0), z'(x_0)\}$. 根据 7.5 节中由方程组所确定的隐函数的求导法则，得

$$y'(x_0) = -\frac{1}{J}\frac{\partial(F,G)}{\partial(x,z)}\bigg|_{(x_0,y_0,z_0)}, \quad z'(x_0) = -\frac{1}{J}\frac{\partial(F,G)}{\partial(y,x)}\bigg|_{(x_0,y_0,z_0)}.$$

由于 $J\big|_{(x_0,y_0,z_0)} \neq 0$，故 $\boldsymbol{T}_1 = J\big|_{(x_0,y_0,z_0)} \cdot \boldsymbol{T}$ 也是曲线 Γ 在 $M_0(x_0, y_0, z_0)$ 处的一个切向量，于是得

$$\begin{aligned}
\boldsymbol{T}_1 &= \left\{\frac{\partial(F,G)}{\partial(y,z)}, \frac{\partial(F,G)}{\partial(z,x)}, \frac{\partial(F,G)}{\partial(x,y)}\right\}\bigg|_{(x_0,y_0,z_0)} \\
&= \left\{\begin{vmatrix} F_y & F_z \\ G_y & G_z \end{vmatrix}, \begin{vmatrix} F_z & F_x \\ G_z & G_x \end{vmatrix}, \begin{vmatrix} F_x & F_y \\ G_x & G_y \end{vmatrix}\right\}\bigg|_{(x_0,y_0,z_0)}
\end{aligned} \quad (7\text{-}26)$$

由此可写出曲线 Γ 在 $M_0(x_0, y_0, z_0)$ 处的切线方程为

$$\frac{x-x_0}{\begin{vmatrix} F_y & F_z \\ G_y & G_z \end{vmatrix}_{(x_0,y_0,z_0)}} = \frac{y-y_0}{\begin{vmatrix} F_z & F_x \\ G_z & G_x \end{vmatrix}_{(x_0,y_0,z_0)}} = \frac{z-z_0}{\begin{vmatrix} F_x & F_y \\ G_x & G_y \end{vmatrix}_{(x_0,y_0,z_0)}} \quad (7\text{-}27)$$

曲线 Γ 在 $M_0(x_0, y_0, z_0)$ 处的法平面方程为

$$\begin{vmatrix} F_y & F_z \\ G_y & G_z \end{vmatrix}_{(x_0,y_0,z_0)}(x-x_0) + \begin{vmatrix} F_z & F_x \\ G_z & G_x \end{vmatrix}_{(x_0,y_0,z_0)}(y-y_0) + \begin{vmatrix} F_x & F_y \\ G_x & G_y \end{vmatrix}_{(x_0,y_0,z_0)}(z-z_0) = 0.$$

$$(7\text{-}28)$$

例 7.38　求曲线 $\begin{cases} x+y+z=2, \\ 2(x^2+y^2)=z^2 \end{cases}$ 在点 $(-1,1,2)$ 处的切线及法平面方程.

解　这里可直接利用式（7-27）及式（7-28）来解，但下面我们依照推导公式的方法来求解.

方程组各方程两边对 x 求导并移项，得

$$\begin{cases} \dfrac{\mathrm{d}y}{\mathrm{d}x} + \dfrac{\mathrm{d}z}{\mathrm{d}x} = -1, \\[2mm] 2y\dfrac{\mathrm{d}y}{\mathrm{d}x} - z\dfrac{\mathrm{d}z}{\mathrm{d}x} = -2x, \end{cases}$$

在 $2y + z \neq 0$ 的条件下，解得

$$\frac{\mathrm{d}y}{\mathrm{d}x} = \frac{\begin{vmatrix} -1 & 1 \\ -2x & -z \end{vmatrix}}{\begin{vmatrix} 1 & 1 \\ 2y & -z \end{vmatrix}} = -\frac{2x+z}{2y+z}, \qquad \frac{\mathrm{d}z}{\mathrm{d}x} = \frac{\begin{vmatrix} 1 & -1 \\ 2y & -2x \end{vmatrix}}{\begin{vmatrix} 1 & 1 \\ 2y & -z \end{vmatrix}} = \frac{2x-2y}{2y+z}.$$

$$\left.\frac{\mathrm{d}y}{\mathrm{d}x}\right|_{(-1,1,2)} = 0, \; \left.\frac{\mathrm{d}z}{\mathrm{d}x}\right|_{(-1,1,2)} = -1.$$

从而 $\boldsymbol{T} = \{1, 0, -1\}$. 故所求切线方程为

$$\frac{x+1}{1} = \frac{y-1}{0} = \frac{z-2}{-1},$$

法平面方程为

$$x - z + 3 = 0.$$

7.6.2　曲面的切平面与法线

1. 曲面由方程 $F(x, y, z) = 0$ 给出的情况

设空间曲面 S 由方程

$$F(x, y, z) = 0 \qquad\qquad (7\text{-}29)$$

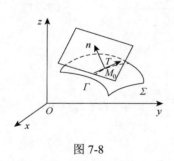

图 7-8

给出，又设 $M_0(x_0, y_0, z_0)$ 是曲面 S 上的一点，偏导数 $F_x(x, y, z)$，$F_y(x, y, z)$，$F_z(x, y, z)$ 在点 M_0 处连续，且不同时为零.

在曲面 S 上过点 M_0 任作一条曲线 Γ（图 7-8），设 Γ 的参数方程为

$$\begin{cases} x = x(t), \\ y = y(t), \quad \alpha \leqslant t \leqslant \beta, \\ z = z(t), \end{cases} \qquad (7\text{-}30)$$

$t = t_0$ 对应于点 $M_0(x_0, y_0, z_0)$ 且 $x'(t_0)$，$y'(t_0)$，$z'(t_0)$ 不全为零，则由式（7-21）得曲线 Γ 在点 M_0 处的切向量为

$$\boldsymbol{T} = \{x'(t_0), y'(t_0), z'(t_0)\}.$$

下面证明，在曲面 S 上过点 M_0 且满足上述条件的所有曲线在点 M_0 处的切线都在同一平面上.

事实上，因为曲线 Γ 在曲面 S 上，所以曲线 Γ 上每一点 $M(x(t), y(t), z(t))$ 的坐标都满足曲面 S 的方程，即有恒等式

$$F[x(t), y(t), z(t)] \equiv 0.$$

两边对 t 求全导数，再用 $t = t_0$ 代入，得

$$F_x(x_0,y_0,z_0)x'(t_0) + F_y(x_0,y_0,z_0)y'(t_0) + F_z(x_0,y_0,z_0)z'(t_0) = 0,$$

上式表明，向量

$$\boldsymbol{n} = \{F_x(x_0,y_0,z_0), F_y(x_0,y_0,z_0), F_z(x_0,y_0,z_0)\}$$

与曲线在点 M_0 处的切向量 $\boldsymbol{T} = \{x'(t_0), y'(t_0), z'(t_0)\}$ 垂直. 因为 $\varGamma$ 是曲面 S 上过点 M_0 的任意曲线，而 $\boldsymbol{n}$ 是一个确定的向量，所以曲面 S 上过点 M_0 的所有曲线在 M_0 处的切线都和向量 $\boldsymbol{n}$ 垂直，即这些切线在同一平面上. 我们把这个平面称为曲面 S 在点 M_0 处的切平面. 显然向量 $\boldsymbol{n}$ 是切平面的一个法向量，于是曲面 S 在点 M_0 处的切平面方程为

$$F_x(x_0,y_0,z_0)(x-x_0) + F_y(x_0,y_0,z_0)(y-y_0) + F_z(x_0,y_0,z_0)(z-z_0) = 0.$$

$$(7\text{-}31)$$

过曲面 S 上的点 M_0，并且与点 M_0 处的切平面垂直的直线称为曲面在点 M_0 处的法线. 法线方程为

$$\frac{x-x_0}{F_x(x_0,y_0,z_0)} = \frac{y-y_0}{F_y(x_0,y_0,z_0)} = \frac{z-z_0}{F_z(x_0,y_0,z_0)}. \qquad (7\text{-}32)$$

垂直于曲面的切平面的向量称为曲面的法向量. 向量

$$\boldsymbol{n} = \{F_x(x_0,y_0,z_0), F_y(x_0,y_0,z_0), F_z(x_0,y_0,z_0)\} \qquad (7\text{-}33)$$

就是曲面 S 在点 M_0 处的一个法向量.

2. 曲面由方程 $z = f(x,y)$ 给出的情况

如果空间曲面 S 由

$$z = f(x,y) \qquad (7\text{-}34)$$

给出，令 $F(x,y,z) = f(x,y) - z$，那么曲面 S 的方程即 $F(x,y,z) = 0$. 则

$$F_x(x,y,z) = f_x(x,y),\ F_y(x,y,z) = f_y(x,y),\ F_z(x,y,z) = -1.$$

于是，当函数 $f(x,y)$ 的偏导数 $f_x(x,y)$、$f_y(x,y)$ 在点 (x_0,y_0) 连续时，曲面 S 在点 $M_0(x_0,y_0,z_0)$ 处的法向量为

$$\boldsymbol{n} = \{f_x(x_0,y_0), f_y(x_0,y_0), -1\}. \qquad (7\text{-}35)$$

于是曲面 S 在点 M_0 处的切平面方程为

$$f_x(x_0,y_0)(x-x_0) + f_y(x_0,y_0)(y-y_0) - (z-z_0) = 0,$$

即

$$z - z_0 = f_x(x_0,y_0)(x-x_0) + f_y(x_0,y_0)(y-y_0). \qquad (7\text{-}36)$$

而法线方程为

$$\frac{x-x_0}{f_x(x_0,y_0)}=\frac{y-y_0}{f_y(x_0,y_0)}=\frac{z-z_0}{-1}.$$ （7-37）

这里顺便指出，方程（7-36）右端恰好是函数 $z=f(x,y)$ 在点 (x_0,y_0) 的全微分，而左端是切平面上点的竖坐标的增量. 因此，函数 $z=f(x,y)$ 在点 (x_0,y_0) 的全微分，在几何上表示曲面 $z=f(x,y)$ 在点 (x_0,y_0,z_0) 处的切平面上点的竖坐标的增量.

如果用 α、β、γ 表示曲面的法向量的方向角，并假定法向量的方向是向上的，即使得它与 z 轴的正向所成的角 γ 是一锐角，则法向量的方向余弦为

$$\cos\alpha=\frac{-f_x}{\sqrt{1+f_x^2+f_y^2}},\ \cos\beta=\frac{-f_y}{\sqrt{1+f_x^2+f_y^2}},\ \cos\gamma=\frac{1}{\sqrt{1+f_x^2+f_y^2}}.$$

这里，把 $f_x(x_0,y_0)$，$f_y(x_0,y_0)$ 分别简记为 f_x，f_y.

例 7.39　求曲面 $ax^2+by^2+cz^2=1$ 在该曲面上一点 (x_0,y_0,z_0) 处的切平面方程和法线方程.

解　设 $F(x,y,z)=ax^2+by^2+cz^2-1$，则 $F_x=2ax$，$F_y=2by$，$F_z=2cz$. 于是由式（7-33）可知，曲面上点 (x_0,y_0,z_0) 处的法向量为

$$\boldsymbol{n}=\{2ax_0,2by_0,2cz_0\}.$$

因而所求的切平面方程为

$$2ax_0(x-x_0)+2by_0(y-y_0)+2cz_0(z-z_0)=0.$$

化简并用 $ax_0^2+by_0^2+cz_0^2=1$ 代入，得

$$ax_0x+by_0y+cz_0z=1.$$

法线方程为

$$\frac{x-x_0}{2ax_0}=\frac{y-y_0}{2by_0}=\frac{z-z_0}{2cz_0},$$

即 $\dfrac{x-x_0}{ax_0}=\dfrac{y-y_0}{by_0}=\dfrac{z-z_0}{cz_0}$.

例 7.40　求曲面 $z=x^2+xy+y^2$ 在点 $M(1,1,3)$ 处的切平面方程和法线方程.

解　$\dfrac{\partial z}{\partial x}\Big|_{(1,1,3)}=(2x+y)\big|_{(1,1,3)}=3$，$\dfrac{\partial z}{\partial y}\Big|_{(1,1,3)}=(x+2y)\big|_{(1,1,3)}=3$.

于是可知在点 $M(1,1,3)$ 处的切平面的法向量为 $\boldsymbol{n}=\{3,3,-1\}$. 故所求的切平面方程为

$$z-3=3(x-1)+3(y-1),$$

即 $3x+3y-z-3=0$.

法线方程为 $\dfrac{x-1}{3} = \dfrac{y-1}{3} = \dfrac{z-3}{-1}$.

习 题 7-6

1. 求下列曲线在指定点处的切线方程和法平面方程:

（1） $x = t^2$, $y = 1 - t$, $z = t^3$ 在 $(1,0,1)$ 处;

（2） $x = \dfrac{t}{1+t}$, $y = \dfrac{1+t}{t}$, $z = t^2$ 在 $t = 1$ 的对应点处;

（3） $x = t - \sin t$, $y = 1 - \cos t$, $z = 4\sin\dfrac{t}{2}$ 在点 $\left(\dfrac{\pi}{2} - 1, 1, 2\sqrt{2}\right)$ 处;

（4） $\begin{cases} x^2 + z^2 - 10 = 0, \\ y^2 + z^2 - 10 = 0, \end{cases}$ 在点（1，1，3）处.

2. 在曲线 $x = t$, $y = t^2$, $z = t^3$ 上求一点，使此点的切线平行于平面 $x + 2y + z = 4$.

3. 求下列曲面在指定点处的切平面和法线方程:

（1） $3x^2 + y^2 - z^2 = 27$ 在点 $(3,1,1)$ 处;

（2） $z = \ln(1 + x^2 + 2y^2)$ 在点 $(1,1,\ln 4)$ 处;

（3） $z = \arctan\dfrac{y}{x}$ 在点 $\left(1, 1, \dfrac{\pi}{4}\right)$ 处.

4. 求曲面 $x^2 + 2y^2 + 3z^2 = 21$ 上平行于平面 $x + 4y + 6z = 0$ 的切平面.

5. 证明: 曲面 $F(x - az, y - bz) = 0$ 上任意点处的切平面与直线 $\dfrac{x}{a} = \dfrac{y}{b} = z$ 平行（ a , b 为常数，函数 $F(u,v)$ 可微）.

6. 求旋转椭球面 $3x^2 + y^2 + z^2 = 16$ 上点 $(-1,-2,3)$ 处的切平面与 xOy 面的夹角的余弦.

7. 证明曲面 $xyz = a^3$ （ $a > 0$ ，为常数）的任一切平面与 3 个坐标面所围成的四面体的体积为常数.

7.7 方向导数与梯度

7.7.1 方向导数

偏导数反映的是函数沿坐标轴方向的变化率. 但许多实际问题告诉我们，只考虑函数沿坐标轴方向的变化率是不够的. 例如，热空气要向冷的地方流动，气象学中就要确定大气温度、气压沿着某些方向的变化率. 因此我们有必要讨论函数沿任一指定方向的变化率问题.

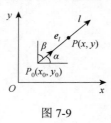

图 7-9

定义 7.6 设函数 $z = f(x, y)$ 在点 $P_0(x_0, y_0)$ 的某一邻域内有定义，自点 P_0 沿向量 $e_l = \{\cos\alpha, \cos\beta\}$ 的方向引一条射线 l，它与 x 轴正向的夹角为 α，与 y 轴正向的夹角为 β（图 7-9）. 点 $P(x_0 + \rho\cos\alpha, y_0 + \rho\cos\beta)$ 是 l 上的任意一点，ρ 是 P_0 与 P 两点间的距离，即

$$|P_0 P| = \rho .$$

当 P 沿射线 l 无限趋近于 P_0（即 $\rho \to 0^+$）时，如果极限

$$\lim_{\rho \to 0^+} \frac{f(x_0 + \rho\cos\alpha, y_0 + \rho\cos\beta) - f(x_0, y_0)}{\rho} \tag{7-38}$$

存在，则称这个极限为函数 $z = f(x, y)$ 在点 P_0 处沿方向 l 的方向导数，记作 $\left.\dfrac{\partial f}{\partial l}\right|_{(x_0, y_0)}$.

从方向导数的定义可知，方向导数 $\left.\dfrac{\partial f}{\partial l}\right|_{(x_0, y_0)}$ 就是函数 $f(x, y)$ 在点 $P_0(x_0, y_0)$ 处沿方向 l 的变化率. 若函数 $f(x, y)$ 在点 $P_0(x_0, y_0)$ 的偏导数存在，取 $e_l = j = \{1, 0\}$，则

$$\left.\frac{\partial f}{\partial l}\right|_{(x_0, y_0)} = \lim_{\rho \to 0^+} \frac{f(x_0 + \rho, y_0) - f(x_0, y_0)}{\rho} = f_x(x_0, y_0) ;$$

若取 $e_l = j = \{0, 1\}$，则

$$\left.\frac{\partial f}{\partial l}\right|_{(x_0, y_0)} = \lim_{\rho \to 0^+} \frac{f(x_0, y_0 + \rho) - f(x_0, y_0)}{\rho} = f_y(x_0, y_0) .$$

但反之，若 $e_l = i$，$\left.\dfrac{\partial f}{\partial l}\right|_{(x_0, y_0)}$ 存在，则 $\left.\dfrac{\partial f}{\partial x}\right|_{(x_0, y_0)}$ 未必存在. 例如，$z = \sqrt{x^2 + y^2}$ 在点 $O(0, 0)$ 处沿 $e_l = i$ 方向的方向导数 $\left.\dfrac{\partial z}{\partial l}\right|_{(0, 0)} = 1$，而偏导数 $\left.\dfrac{\partial z}{\partial x}\right|_{(0, 0)}$ 不存在.

为了计算函数 $z = f(x, y)$ 在一点 P_0 处沿给定方向 l 的方向导数，我们给出如下定理.

定理 7.11 如果函数 $z = f(x, y)$ 在点 $P_0(x_0, y_0)$ 可微分，那么函数在该点沿任一方向 l 的方向导数存在，并且有

$$\frac{\partial f}{\partial l}\bigg|_{(x_0,y_0)} = f_x(x_0,y_0)\cdot\cos\alpha + f_y(x_0,y_0)\cdot\cos\beta, \tag{7-39}$$

其中 $\cos\alpha$，$\cos\beta$ 是方向 l 的方向余弦.

证明　已知 $z=f(x,y)$ 在点 $P_0(x_0,y_0)$ 处可微，因此函数的全增量可表示为

$$\Delta z = f(x_0+\Delta x,y_0+\Delta y)-f(x_0,y_0)=\frac{\partial f}{\partial x}\bigg|_{(x_0,y_0)}\Delta x+\frac{\partial f}{\partial y}\bigg|_{(x_0,y_0)}\Delta y+o(\rho)\cdot$$

其中 $\rho=\sqrt{(\Delta x)^2+(\Delta y)^2}$，用 ρ 除上式两边，得

$$\frac{\Delta z}{\rho}=f_x(x_0,y_0)\cdot\frac{\Delta x}{\rho}+f_y(x_0,y_0)\cdot\frac{\Delta y}{\rho}+\frac{o(\rho)}{\rho}.$$

令动点 $(x_0+\Delta x,y_0+\Delta y)$ 在 l 上无限趋近于 $P_0(x_0,y_0)$，即 $\rho\to0$，将 $\Delta x=\rho\cos\alpha$，$\Delta y=\rho\cos\beta$ 代入上式，并取极限，则有

$$\lim_{\rho\to0^+}\frac{\Delta z}{\rho}=\lim_{\rho\to0^+}\frac{f(x_0+\rho\cos\alpha,y_0+\rho\cos\beta)-f(x_0,y_0)}{\rho}$$

$$=f_x(x_0,y_0)\cdot\cos\alpha+f_y(x_0,y_0)\cdot\cos\beta.$$

这就证明了函数 $f(x,y)$ 在点 $P_0(x_0,y_0)$ 处沿方向 l 的方向导数存在，且有式（7-39）成立.

由式（7-39）可见，当 $\alpha=0$ 时，即 l 的方向为 x 轴正向时，方向导数为

$$\frac{\partial z}{\partial l}\bigg|_{(x_0,y_0)}=\frac{\partial z}{\partial x}\bigg|_{(x_0,y_0)}$$

当 $\alpha=\pi$ 时，即 l 的方向为 x 轴负向时，方向导数为

$$\frac{\partial z}{\partial l}\bigg|_{(x_0,y_0)}=-\frac{\partial z}{\partial x}\bigg|_{(x_0,y_0)}.$$

类似地，当 l 的方向为 y 轴正向或 y 轴负向时，方向导数分别为 $\dfrac{\partial z}{\partial y}\bigg|_{(x_0,y_0)}$ 与

$-\dfrac{\partial z}{\partial y}\bigg|_{(x_0,y_0)}$.

注　定理 7.11 的条件只是充分的，而非必要的. 即函数 $z=f(x,y)$ 在点 $P(x,y)$ 处不可微，但函数在点 P 沿任意方向的方向导数也可能存在. 例如，二元函数 $z=\sqrt{x^2+y^2}$ 在点 $(0,0)$ 处两个偏导数都不存在（请自证），因而在点 $(0,0)$ 处不可微. 然而，函数 $z=\sqrt{x^2+y^2}$ 在点 $(0,0)$ 处沿任意方向的方向导数都存在. 事实上，设 l 为过点 $(0,0)$ 的任一方向，在 l 上任取一点 $(\Delta x,\Delta y)$，则由定义 7.6 有

$$\frac{\partial f}{\partial l}=\lim_{\rho\to0}\frac{f(0+\Delta x,0+\Delta y)-f(0,0)}{\rho}=\lim_{\rho\to0}\frac{\sqrt{(\Delta x)^2+(\Delta y)^2}}{\sqrt{(\Delta x)^2+(\Delta y)^2}}=1,$$

即在点 $(0,0)$ 处沿任意方向 l 的方向导数都是 1. 此例说明：函数在一点沿任意方向的方向导数存在并不能保证函数在该点具有偏导数.

方向导数的概念和计算公式很容易推广到三元函数. 设 $u = f(x, y, z)$ 为可微函数，l 为通过点 $P_0(x_0, y_0, z_0)$ 引出的射线，若 l 的方向余弦为 $\cos\alpha$，$\cos\beta$，$\cos\gamma$，则函数 $u = f(x, y, z)$ 在点 P_0 处沿 l 方向的方向导数存在，并且有

$$\left.\frac{\partial f}{\partial l}\right|_{(x_0, y_0, z_0)} = f_x(x_0, y_0, z_0) \cdot \cos\alpha + f_y(x_0, y_0, z_0) \cdot \cos\beta + f_z(x_0, y_0, z_0) \cdot \cos\gamma.$$

$$（7\text{-}40）$$

例 7.41　求函数 $f(x, y) = x^3 y$ 在点 $(1, 2)$ 处沿从点 $P_0(1, 2)$ 到点 $P(1 + \sqrt{3}, 3)$ 的方向的方向导数.

解　先计算给定方向的方向余弦. 因为 $\overrightarrow{P_0 P} = (\sqrt{3}, 1)$，所以 $\overrightarrow{P_0 P}$ 的方向余弦为

$$\cos\alpha = \frac{\sqrt{3}}{2}, \quad \cos\beta = \frac{1}{2}.$$

其次计算 $f(x, y)$ 在点 $(1, 2)$ 处的偏导数为

$$\left.\frac{\partial f}{\partial x}\right|_{(1,2)} = 3x^2 y\big|_{(1,2)} = 6, \quad \left.\frac{\partial f}{\partial y}\right|_{(1,2)} = x^3\big|_{(1,2)} = 1.$$

于是，沿 $\overrightarrow{P_0 P}$ 方向的方向导数为

$$\left.\frac{\partial f}{\partial l}\right|_{(1,2)} = 6 \cdot \frac{\sqrt{3}}{2} + 1 \cdot \frac{1}{2} = 3\sqrt{3} + \frac{1}{2}.$$

例 7.42　求函数 $u = (x-1)^2 + 2(y+1)^2 + 3(z-2)^2 - 6$ 在点 $(2, 0, 1)$ 处沿向量 $\{1, -2, -2\}$ 的方向导数.

解　所给向量的方向余弦为

$$\cos\alpha = \frac{1}{\sqrt{1^2 + (-2)^2 + (-2)^2}} = \frac{1}{3},$$

$$\cos\beta = \frac{-2}{\sqrt{1^2 + (-2)^2 + (-2)^2}} = -\frac{2}{3},$$

$$\cos\gamma = \frac{-2}{\sqrt{1^2 + (-2)^2 + (-2)^2}} = -\frac{2}{3}.$$

函数 u 的三个偏导数为

$$\frac{\partial u}{\partial x} = 2(x-1), \quad \frac{\partial u}{\partial y} = 4(y+1), \quad \frac{\partial u}{\partial z} = 6(z-2).$$

在点 $(2, 0, 1)$ 处有 $\left.\dfrac{\partial u}{\partial x}\right|_{(2,0,1)} = 2$，$\left.\dfrac{\partial u}{\partial y}\right|_{(2,0,1)} = 4$，$\left.\dfrac{\partial u}{\partial z}\right|_{(2,0,1)} = -6$. 代入式（7-40），得

$$\frac{\partial u}{\partial l}\bigg|_{(2,0,1)} = 2\cdot\frac{1}{3} + 4\cdot\left(-\frac{2}{3}\right) + (-6)\cdot\left(-\frac{2}{3}\right) = 2.$$

7.7.2　梯度

由方向导数的计算公式可以看到，二元函数 $z = f(x,y)$ 在点 $P_0(x_0,y_0)$ 处沿着不同方向的方向导数可能是不同的. 那么，对于固定的点 P_0，沿不同方向的方向导数中有没有最大值？如果有，沿哪一个方向的方向导数最大？

下面我们对一般的二元函数 $z = f(x,y)$ 来研究这个问题. 在式（7-39）中，$\dfrac{\partial f}{\partial l}\bigg|_{(x_0,y_0)}$ 可以表示成向量

$$\boldsymbol{g} = f_x(x_0,y_0)\boldsymbol{i} + f_y(x_0,y_0)\boldsymbol{j}$$

与 l 方向上的单位向量 $\boldsymbol{e}_l = \cos\alpha\,\boldsymbol{i} + \cos\beta\,\boldsymbol{j}$ 的数量积，即

$$\frac{\partial f}{\partial l}\bigg|_{(x_0,y_0)} = f_x(x_0,y_0)\cdot\cos\alpha + f_y(x_0,y_0)\cdot\cos\beta = \boldsymbol{g}\cdot\boldsymbol{e}_l = |\boldsymbol{g}|\cos\theta.$$

其中 θ 是向量 $\boldsymbol{g}$ 与 $\boldsymbol{e}_l$ 的夹角.

从上式可以看出，当 $\cos\theta = 1$ 时，即 $\boldsymbol{e}_l$ 与 $\boldsymbol{g}$ 的方向一致时，$\dfrac{\partial f}{\partial l}\bigg|_{(x_0,y_0)} = |\boldsymbol{g}|$ 取得最大值，也就是说函数 $z = f(x,y)$ 沿向量 $\boldsymbol{g}$ 的方向的方向导数最大，并且此最大值为

$$|\boldsymbol{g}| = \sqrt{\left(f_x(x_0,y_0)\right)^2 + \left(f_y(x_0,y_0)\right)^2}.$$

定义 7.7　设函数 $z = f(x,y)$ 在点 $P_0(x_0,y_0)$ 的某邻域内具有连续偏导数 $\dfrac{\partial z}{\partial x}$，$\dfrac{\partial z}{\partial y}$，则称向量

$$\boldsymbol{g} = f_x(x_0,y_0)\boldsymbol{i} + f_y(x_0,y_0)\boldsymbol{j}$$

为函数 $f(x,y)$ 在点 P_0 处的梯度，记作 $\mathbf{grad}\, f(x_0,y_0)$.

从上面的讨论可知，函数 $z = f(x,y)$ 在点 $P_0(x_0,y_0)$ 处的梯度 $\mathbf{grad}\, f(x_0,y_0)$ 是一个向量，它的方向是函数在这点的方向导数取得最大值的方向，它的模就是方向导数的最大值.

例 7.43　求函数 $z = x^2 - xy + y^2$ 在点 $(1,2)$ 处的梯度.

解　因为 $\dfrac{\partial z}{\partial x}\bigg|_{(1,2)} = 2x - y\big|_{(1,2)} = 0$，$\dfrac{\partial z}{\partial y}\bigg|_{(1,2)} = -x + 2y\big|_{(1,2)} = 3$，所以 $\mathbf{grad}\, z(1,2) = 3\boldsymbol{j}$.

一般地，二元函数 $z = f(x, y)$ 在几何上表示一张曲面，它与平面 $z = c$（c 为常数）的交线 L 的方程为

$$\begin{cases} z = f(x, y), \\ z = c. \end{cases}$$

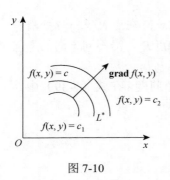

图 7-10

这条曲线 L 在 xOy 面上的投影是一条平面曲线 L^*（如图 7-10），L^* 的方程为

$$f(x, y) = c.$$

对于曲线 L^* 上的一切点，已给函数的函数值都是 c，所以我们称平面曲线 L^* 为函数 $z = f(x, y)$ 的等值线.

若 f_x，f_y 不同时为零，则等值线 $f(x, y) = c$ 上任一点 $P_0(x_0, y_0)$ 处的一个单位法向量为

$$\boldsymbol{n} = \frac{1}{\sqrt{f_x^2(x_0, y_0) + f_y^2(x_0, y_0)}}(f_x(x_0, y_0), f_y(x_0, y_0)).$$

这表明梯度 $\mathbf{grad}\, f(x_0, y_0)$ 的方向与等值线上这点的一个法线方向相同，而沿这个方向的方向导数 $\dfrac{\partial f}{\partial \boldsymbol{n}}$ 就等于 $|\mathbf{grad}\, f(x_0, y_0)|$，于是

$$\mathbf{grad}\, f(x_0, y_0) = \frac{\partial f}{\partial \boldsymbol{n}} \boldsymbol{n}.$$

这一关系表明，函数在一点的梯度方向与等值线在这点的一个法线方向相同，它的指向为从数值较低的等值线指向数值较高的等值线，梯度的模就等于函数在这个法线方向的方向导数.

梯度概念可以推广到三元函数. 设函数 $u = f(x, y, z)$ 在空间区域 G 内具有一阶连续偏导数，则对于每一点 $P_0(x_0, y_0, z_0) \in G$，都可定义一个向量

$$f_x(x_0, y_0, z_0)\boldsymbol{i} + f_y(x_0, y_0, z_0)\boldsymbol{j} + f_z(x_0, y_0, z_0)\boldsymbol{k},$$

这向量称为函数 $u = f(x, y, z)$ 在点 $P_0(x_0, y_0, z_0)$ 的梯度，将它记作 $\mathbf{grad}\, f(x_0, y_0, z_0)$.

与二元函数的梯度类似，三元函数的梯度也是一个向量，它的方向与方向导数取得最大值的方向一致，而它的模就是方向导数的最大值.

如果定义曲面 $f(x, y, z) = c$ 为函数 $f(x, y, z)$ 的等值面，则可得函数 $f(x, y, z)$ 在点 $P_0(x_0, y_0, z_0)$ 的梯度的方向与过点 P_0 的等值面 $f(x, y, z) = c$ 在这点的法线的一个方向相同，它的指向为从数值较低的等值面指向数值较高的等值面，而梯度的模等于函数在这个法线方向的方向导数.

设 u，v 都是可微函数，则有梯度的运算法则：

（1）$\mathbf{grad}(u \pm v) = \mathbf{grad}\,u \pm \mathbf{grad}\,v$；

（2）$\mathbf{grad}(uv) = v\,\mathbf{grad}\,u + u\,\mathbf{grad}\,v$；

（3）$\mathbf{grad}(f(u)) = f'(u)\,\mathbf{grad}\,u$（$f$ 是可微函数）．

例 7.44　设在空间的原点处放置单位正电荷，则空间各点有电位

$$u(x,y,z) = \frac{1}{r},$$

其中 $r = \sqrt{x^2 + y^2 + z^2}$，求任意一点 (x,y,z) 的梯度．

解　因为

$$\mathbf{grad}\,r = \frac{x}{r}\boldsymbol{i} + \frac{y}{r}\boldsymbol{j} + \frac{z}{r}\boldsymbol{k},$$

所以

$$\mathbf{grad}\,u = -\frac{1}{r^2}\mathbf{grad}\,r = -\frac{1}{r^3}(x\boldsymbol{i} + y\boldsymbol{j} + z\boldsymbol{k}).$$

已知电场强度 $\boldsymbol{E} = -\mathbf{grad}\,u$，因此单位正电荷形成的电场强度为 $\boldsymbol{E} = \frac{1}{r^3}(x\boldsymbol{i} + y\boldsymbol{j} + z\boldsymbol{k})$．这里的等值面是以原点为中心的同心球面，而电力线是发自原点的射线，与电位的等值面正交，并且电力线的方向指向电位减少的方向．由此可知，梯度概念在物理学中有实际的意义．

下面简单地介绍数量场与向量场的概念．

如果对于空间区域 G 内的任一点 M，都有一个确定的数量 $f(M)$，则称在这空间区域 G 内确定了一个数量场（如温度场、密度场等）．一个数量场可用一个数量函数 $f(M)$ 来确定．如果与点 M 相对应的是一个向量 $\boldsymbol{F}(M)$，则称在这空间区域 G 内确定了一个向量场（如力场、速度场等）．一个向量场可用一个向量值函数 $\boldsymbol{F}(M)$ 来确定，而

$$\boldsymbol{F}(M) = P(M)\boldsymbol{i} + Q(M)\boldsymbol{j} + R(M)\boldsymbol{k},$$

其中 $P(M)$，$Q(M)$，$R(M)$ 是点 M 的数量函数．

利用场的概念，我们可以说向量函数 $\mathbf{grad}\,f(M)$ 确定了一个向量场——梯度场，它是由数量场 $f(M)$ 产生的．通常称函数 $f(M)$ 为这个向量场的势，而这个向量场又称为势场．必须注意，任意一个向量场不一定是势场，因为它不一定是某个数量函数的梯度场．

例 7.45　试求数量场 $\frac{m}{r}$ 所产生的梯度场，其中常数 $m > 0$，$r = \sqrt{x^2 + y^2 + z^2}$ 为原点 O 与点 $M(x,y,z)$ 间的距离．

解

$$\frac{\partial}{\partial x}\left(\frac{m}{r}\right) = -\frac{m}{r^2}\frac{\partial r}{\partial x} = -\frac{mx}{r^3},$$

同理

$$\frac{\partial}{\partial y}\left(\frac{m}{r}\right) = -\frac{my}{r^3}, \quad \frac{\partial}{\partial z}\left(\frac{m}{r}\right) = -\frac{mz}{r^3}.$$

从而

$$\mathbf{grad}\frac{m}{r} = -\frac{m}{r^2}\left(\frac{x}{r}\mathbf{i} + \frac{y}{r}\mathbf{j} + \frac{z}{r}\mathbf{k}\right).$$

如果用 e_r 表示与 $\overrightarrow{OM}$ 同方向的单位向量，则

$$e_r = \frac{x}{r}\mathbf{i} + \frac{y}{r}\mathbf{j} + \frac{z}{r}\mathbf{k},$$

因此

$$\mathbf{grad}\frac{m}{r} = -\frac{m}{r^2}e_r.$$

上式右端在力学上可解释为，位于原点 O 而质量为 m 的质点对位于点 M 而质量为 1 的质点的引力．这引力的大小与两质点的质量的乘积成正比、而与它们的距离平方成反比，这引力的方向由点 M 指向原点．因此数量场 $\frac{m}{r}$ 的势场即梯度场 $\mathbf{grad}\frac{m}{r}$ 称为引力场，而函数 $\frac{m}{r}$ 称为引力势．

习　题　7-7

1．求函数 $z = x^2 + y^2$ 在点 $(1,2)$ 处沿从点 $(1,2)$ 到点 $(2, 2+\sqrt{3})$ 的方向的方向导数．

2．求函数 $z = \ln(x^2 + y^2)$ 在点 $(1,1)$ 处沿与 x 轴正向夹角为 $60°$ 的方向的方向导数．

3．求函数 $z = 1 - \left(\frac{x^2}{a^2} + \frac{y^2}{b^2}\right)$ 在点 $\left(\frac{a}{\sqrt{2}}, \frac{b}{\sqrt{2}}\right)$ 处沿曲线 $\frac{x^2}{a^2} + \frac{y^2}{b^2} = 1$ 在这点的内法线方向的方向导数．

4．求函数 $u = x^2 - xy + z^2$ 在点 $(1,0,1)$ 处沿该点到 $(3,-1,3)$ 方向的方向导数．

5．求函数 $u = x^2 + y^2 + z^2$ 在曲线 $x = t$，$y = t^2$，$z = t^3$ 上点 $(1,1,1)$ 处，沿曲线在该点的切线正方向（对应于 t 增大的方向）的方向导数．

6．求函数 $u = x + y + z$ 在球面 $x^2 + y^2 + z^2 = 1$ 上点 (x_0, y_0, z_0) 处，沿球面在该点的外法线方向的方向导数．

7. 求函数 $u = xyz$ 在点 $(1,1,1)$ 沿向量 $l = (1,2,-2)$ 的方向导数，$|\mathbf{grad}\,u|$ 的值，及 $\mathbf{grad}\,u$ 的方向余弦.

8. 求函数 $u = xy + yz + zx$ 在点 $(1,2,3)$ 处的梯度.

9. 一个徒步旅行者爬山，已知山的高度是 $z = 1000 - 2x^2 - 3y^2$，当他在点 $(1,1,995)$ 处时，为了尽可能快地升高，他应沿什么方向移动？

10. 设 u，v 都是 x，y，z 的函数，u，v 的各偏导数都存在且连续，证明：

（1）$\mathbf{grad}(u + v) = \mathbf{grad}\,u + \mathbf{grad}\,v$；

（2）$\mathbf{grad}(uv) = v\,\mathbf{grad}\,u + u\,\mathbf{grad}\,v$；

（3）$\mathbf{grad}(u^2) = 2u\,\mathbf{grad}\,u$.

7.8　多元函数的极值及其求法

7.8.1　多元函数的极值

多元函数的最大值、最小值在许多实际问题中有广泛的应用，以下我们以二元函数为主，先介绍多元函数的极值概念，极值存在的必要条件和充分条件.

定义 7.8　设函数 $z = f(x, y)$ 的定义域为 D，$P_0(x_0, y_0)$ 为 D 的内点. 若存在 P_0 的某个邻域 $U(P_0) \subset D$，使得对于该邻域内的任何点 $P(x, y)$，都有

$$f(x, y) \leqslant f(x_0, y_0),$$

则称函数 $f(x, y)$ 在点 $P_0(x_0, y_0)$ 有极大值 $f(x_0, y_0)$，点 $P_0(x_0, y_0)$ 称为函数 $f(x, y)$ 的极大值点；若对于该邻域内的任何点 $P(x, y)$，都有

$$f(x, y) \geqslant f(x_0, y_0),$$

则称函数 $f(x, y)$ 在点 $P_0(x_0, y_0)$ 有极小值 $f(x_0, y_0)$，点 $P_0(x_0, y_0)$ 称为函数 $f(x, y)$ 的极小值点. 极大值、极小值统称为极值. 使得函数取得极值的点称为极值点.

例 7.46　函数 $z = x^2 + y^2$ 在点 $O(0,0)$ 处有极小值 0，这是因为在点 $O(0,0)$ 的任何邻域内除原点外，其他所有点处的函数值恒为正.

例 7.47　函数 $z = \sqrt{1 - x^2 - y^2}$ 在点 $O(0,0)$ 处有极大值，这是因为由解析几何的知识知道它的图形是上半球面. 显然，当 $x^2 + y^2 \neq 0$ 时 $z(x, y) < z(0,0) = 1$，即函数 z 在点 O 处取得极大值 1.

例 7.48　函数 $z = y^2 - x^2$ 在点 $O(0,0)$ 处既不取极大值也不取极小值. 这是因为 $z(0,0) = 0$，沿 x 轴正向函数值 $z(x,0) = -x^2 < 0$，而沿着 y 轴正向函数值 $z(0, y) = y^2 > 0$，因此在 $O(0,0)$ 的邻域中函数既可取到正值又可取到负值.

以上关于二元函数的极值概念，可推广到 n 元函数. 设 n 元函数 $u = f(P)$ 的定

义域为 D，P_0 为 D 的内点. 若存在 P_0 的某个邻域 $U(P_0) \subset D$，使得该邻域内的任何点 P，都有

$$f(P) \leqslant f(P_0)（或 f(P) \geqslant f(P_0)），$$

则称函数 $f(P)$ 在点 P_0 有极大值（或极小值）$f(P_0)$.

二元函数的极值问题，一般可以利用偏导数来解决. 下面介绍两个关于极值问题的定理.

定理 7.12（极值的必要条件）　设函数 $z = f(x, y)$ 在点 (x_0, y_0) 具有偏导数，并且在该点处取得极值，则有 $f_x(x_0, y_0) = 0$，$f_y(x_0, y_0) = 0$.

证明　不妨设 $z = f(x, y)$ 在点 (x_0, y_0) 处有极大值. 依极大值的定义，在点 (x_0, y_0) 的某邻域内的点 (x, y) 都适合不等式

$$f(x, y) \leqslant f(x_0, y_0).$$

特殊地，在该邻域内取 $y = y_0$ 而 $x \neq x_0$ 的点，也应适合不等式

$$f(x, y_0) \leqslant f(x_0, y_0).$$

这表明一元函数 $f(x, y_0)$ 在 $x = x_0$ 处取得极大值，因而必有 $f_x(x_0, y_0) = 0$.

同理可证 $f_y(x_0, y_0) = 0$.

类似地可推得，如果三元函数 $u = f(x, y, z)$ 在点 (x_0, y_0, z_0) 具有偏导数，则它在点 (x_0, y_0, z_0) 具有极值的必要条件为

$$f_x(x_0, y_0, z_0) = 0，f_y(x_0, y_0, z_0) = 0，f_z(x_0, y_0, z_0) = 0.$$

仿照一元函数，凡是能使 $f_x(x_0, y_0) = 0$，$f_y(x_0, y_0) = 0$ 同时成立的点 (x_0, y_0) 称为函数 $z = f(x, y)$ 的驻点. 由定理 7.12 可知，在一阶偏导数存在的条件下，函数的极值点必定是驻点.

这个条件是必要条件，而非充分条件. 例如，$z = xy$ 在点 $(0, 0)$ 处取不到极值，但是有

$$\frac{\partial z}{\partial x}\bigg|_{(0,0)} = y\big|_{(0,0)} = 0，\frac{\partial z}{\partial y}\bigg|_{(0,0)} = x\big|_{(0,0)} = 0.$$

此外，函数在偏导数不存在的点处也可能取得极值. 例如，上半锥面方程 $z = \sqrt{x^2 + y^2}$，在点 $(0, 0)$ 取得极小值，但该函数在点 $(0, 0)$ 处的偏导数不存在.

怎么判定一个驻点是否是极值点呢？若是极值点，取得的是极大值还是极小值？下面的定理回答了这两个问题.

定理 7.13（极值的充分条件）　设函数 $z = f(x, y)$ 在点 (x_0, y_0) 的某邻域内连续且有一阶及二阶连续偏导数，又 $f_x(x_0, y_0) = 0$，$f_y(x_0, y_0) = 0$，令

$$f_{xx}(x_0, y_0) = A,\ f_{xy}(x_0, y_0) = B,\ f_{yy}(x_0, y_0) = C,$$

则 $f(x, y)$ 在 (x_0, y_0) 处是否取得极值的条件如下：

（1） $AC - B^2 > 0$ 时具有极值，且当 $A < 0$ 时有极大值，当 $A > 0$ 时有极小值；

（2） $AC - B^2 < 0$ 时没有极值；

（3） $AC - B^2 = 0$ 时可能有极值，也可能没有极值，还需另作讨论.

这个定理不加证明. 利用定理 7.12 和定理 7.13，我们把具有二阶连续偏导数的函数 $z = f(x, y)$ 的极值的求解步骤叙述如下：

（1）解方程组 $\begin{cases} f_x(x, y) = 0, \\ f_y(x, y) = 0. \end{cases}$ 求得一切实数解，即可求得一切驻点.

（2）对于每一个驻点 (x_0, y_0)，求出二阶偏导数的值 A、B 和 C.

（3）定出 $AC - B^2$ 的符号，按定理 7.13 的结论判定 $f(x_0, y_0)$ 是否是极值、是极大值还是极小值.

例 7.49 求函数 $f(x, y) = 2xy - 3x^2 - 2y^2 + 10$ 的极值.

解 由方程组 $\begin{cases} f_x(x, y) = 2y - 6x = 0, \\ f_y(x, y) = 2x - 4y = 0, \end{cases}$ 解得 $x = 0$，$y = 0$，驻点为 $(0,0)$，有

$$A = f_{xx}(x, y)\big|_{(0,0)} = -6,\ B = f_{xy}(x, y)\big|_{(0,0)} = 2,\ C = f_{yy}(x, y)\big|_{(0,0)} = -4,$$

在点 $(0,0)$ 处，$AC - B^2 = 20 > 0$，又 $A = -6 < 0$，由定理 7.13 知 $f(x, y)$ 在点 $(0,0)$ 处取得极大值 $f(0,0) = 10$.

与一元函数相类似，可以利用函数的极值来求函数的最大值和最小值. 在 7.1 节中已经指出，如果 $f(x, y)$ 在有界闭区域 D 上连续，则 $f(x, y)$ 在 D 上必定能取得最大值和最小值. 这种使函数取得最大值或最小值的点既可能在 D 的内部，也可能在 D 的边界上. 我们假定，函数在 D 上连续、在 D 内可微分且只有有限个驻点，这时如果函数在 D 的内部取得最大值（最小值），那么这个最大值（最小值）也是函数的极大值（极小值）. 因此在上述假定下，求函数的最大值和最小值的一般方法是：将函数 $f(x, y)$ 在 D 内的所有驻点处的函数值及在 D 的边界上的最大值和最小值相互比较，其中最大的就是最大值，最小的就是最小值.

例 7.50 求函数 $f(x, y) = x^2 + 4y^2 + 2$ 在 $D: x^2 + y^2 \leqslant 4$ 上的最大值和最小值.

解 解方程组

$$\begin{cases} f_x(x, y) = 2x = 0, \\ f_y(x, y) = 8y = 0, \end{cases}$$

得 $f(x, y)$ 在区域 D 的内部的一个驻点 $(0,0)$.

下面再求 $f(x,y)$ 在区域 D 的边界上的驻点. 将区域 D 的边界方程 $x^2+y^2=4$ 代入 $f(x,y)$，可得到驻点 $(\pm2,0)$ 和 $(0,\pm2)$.

比较 5 个驻点的函数值

$$f(0,0)=2,\quad f(\pm2,0)=6,\quad f(0,\pm2)=18$$

的大小，可得函数在 D 上的最大值是 18，最小值是 2.

从上例可以看出，计算函数 $f(x,y)$ 在有界闭区域 D 的边界上的最大值和最小值有时是相当复杂. 在通常遇到的实际问题中，根据问题的实际背景往往可以断定函数的最大值与最小值一定在区域 D 的内部取得，这时就可以不考虑函数在区域边界上的取值情况了. 如果又求得函数在区域内只有一个驻点，那么则可直接断定该点处的函数值就是函数在区域上的最大值或最小值.

例 7.51　某厂要用铁板做成一个体积为 $2\ \mathrm{m}^3$ 的有盖长方体水箱. 请问当长、宽、高各为多少时，才能使用料最省？

解　设水箱的长为 $x\ \mathrm{m}$，宽为 $y\ \mathrm{m}$，则其高应为 $\dfrac{2}{xy}\ \mathrm{m}$. 此水箱所用材料的面积为

$$A=2\left(xy+y\cdot\frac{2}{xy}+x\cdot\frac{2}{xy}\right)=2\left(xy+\frac{2}{x}+\frac{2}{y}\right)\quad(x>0,y>0),$$

面积 A 是 x 和 y 的二元函数. 下面求使这个函数取得最小值的点 (x,y).

令
$$\begin{cases}A_x=2\left(y-\dfrac{2}{x^2}\right)=0,\\[2mm]A_y=2\left(x-\dfrac{2}{y^2}\right)=0.\end{cases}$$

解得 $x=y=\sqrt[3]{2}$.

根据此问题的实际意义，A 的最小值一定存在，并且在区域 $D=\{(x,y)\mid x>0,y>0\}$ 内取得，而在区域 D 内又只有唯一一个可能的极值点 $(\sqrt[3]{2},\sqrt[3]{2})$，因此，当水箱的长、宽、高均为 $\sqrt[3]{2}$ 时用料最省.

7.8.2　条件极值　拉格朗日乘数法

前面讨论的函数极值问题，大多数对自变量除了要求它们应取在一定的区域 D 内之外，没有其他的条件限制，这种类型的极值问题称为无条件极值问题. 但在许多实际问题中，常常会遇到对函数的自变量还有某些约束条件的极值问题.

例如，在例 7.51 中体积为 2m^3，而表面积为最小的长方体时，设长方体的长、宽、高为 x，y，z，则表面积 $A = 2(xy + yz + zx)$. 由于长方体的体积为 2，所以自变量 x，y，z 还必须满足附加条件 $xyz = 2$. 像这种对自变量有约束条件的极值问题称为条件极值问题. 在例 7.51 中，我们把约束条件视为隐函数，将其化为显函数代入目标函数，将条件极值化为无条件极值，然后利用求函数最值的方法将其解决.

但在很多情形下，将条件极值化为无条件极值并不是这样简单，有时甚至是不可能的. 因此我们希望有一种不必将隐函数显化而直接求条件极值的方法. 下面介绍拉格朗日乘数法.

现在考虑函数

$$z = f(x, y) \tag{7-41}$$

在条件

$$\varphi(x, y) = 0 \tag{7-42}$$

下取得极值的必要条件.

我们从 $z = f(x, y)$ 在点 (x_0, y_0) 处取得条件极值的必要条件入手.

设函数 $z = f(x, y)$ 在点 (x_0, y_0) 点取得满足 $\varphi(x, y) = 0$ 的条件极值，则首先应有

$$\varphi(x_0, y_0) = 0. \tag{7-43}$$

如果我们假设在 (x_0, y_0) 的某一邻域内 $f(x, y)$ 与 $\varphi(x, y)$ 均有一阶连续偏导数，并且 $\varphi_y(x_0, y_0) \neq 0$. 则由隐函数的存在定理可知，方程（7-42）确定一个连续且具有连续导数的函数 $y = \psi(x)$，将其代入式（7-41），结果得到一个变量 x 的函数

$$z = f[x, \psi(x)]. \tag{7-44}$$

于是函数（7-41）在 (x_0, y_0) 取得所求的极值，也就是相当于函数（7-44）在 $x = x_0$ 取得极值. 由一元可导函数取得极值的必要条件知道

$$\left.\frac{\mathrm{d}z}{\mathrm{d}x}\right|_{x=x_0} = f_x(x_0, y_0) + f_y(x_0, y_0) \left.\frac{\mathrm{d}y}{\mathrm{d}x}\right|_{x=x_0} = 0 \tag{7-45}$$

而由式（7-42）用隐函数求导公式，有

$$\left.\frac{\mathrm{d}y}{\mathrm{d}x}\right|_{x=x_0} = -\frac{\varphi_x(x_0, y_0)}{\varphi_y(x_0, y_0)}.$$

把上式代入式（7-45），得

$$f_x(x_0, y_0) - f_y(x_0, y_0) \frac{\varphi_x(x_0, y_0)}{\varphi_y(x_0, y_0)} = 0. \tag{7-46}$$

式（7-43）、式（7-46）就是函数（7-41）在条件（7-42）下在 (x_0, y_0) 取得极值的必要条件.

设 $\dfrac{f_y(x_0, y_0)}{\varphi_y(x_0, y_0)} = -\lambda$，上述必要条件就变为

$$\begin{cases} f_x(x_0, y_0) + \lambda \varphi_x(x_0, y_0) = 0, \\ f_y(x_0, y_0) + \lambda \varphi_y(x_0, y_0) = 0, \\ \varphi(x_0, y_0) = 0. \end{cases} \tag{7-47}$$

若引进辅助函数

$$L(x, y) = f(x, y) + \lambda \varphi(x, y),$$

则不难看出，式（7-47）中前两式就是

$$L_x(x_0, y_0) = 0, \; L_y(x_0, y_0) = 0.$$

函数 $L(x, y)$ 称为拉格朗日函数，参数 λ 称为拉格朗日乘子.

综上所述，我们得到求条件极值的拉格朗日乘数法如下：

拉格朗日乘数法　求函数 $z = f(x, y)$ 在条件 $\varphi(x, y) = 0$ 下的可能极值点，可以按以下方法进行.

构造拉格朗日函数

$$L(x, y) = f(x, y) + \lambda \varphi(x, y),$$

其中 λ 为参数. 求 $L(x, y)$ 对 x，y 的偏导数，并令其为零，然后与方程（7-42）联立起来建立方程组：

$$\begin{cases} L_x(x, y) = f_x(x, y) + \lambda \varphi_x(x, y) = 0, \\ L_y(x, y) = f_y(x, y) + \lambda \varphi_y(x, y) = 0, \\ \varphi(x, y) = 0, \end{cases} \tag{7-48}$$

解此方程组求得 x，y 及 λ，所得到的点 (x, y) 就是函数 $f(x, y)$ 在附加条件 $\varphi(x, y) = 0$ 下的可能极值点.

至于如何判定求得的点是否确实是极值点，在实际问题中通常可以根据问题本身的性质确定.

拉格朗日乘数法可以推广到多于两个变量的多元函数及约束条件多于一个的情形. 例如，要求函数 $u = f(x, y, z)$ 在条件

$$\varphi(x, y, z) = 0, \; \psi(x, y, z) = 0 \tag{7-49}$$

下的极值，可构造拉格朗日函数

$$L(x, y, z) = f(x, y, z) + \lambda \varphi(x, y, z) + \mu \psi(x, y, z),$$

其中 λ，μ 均为参数，求其一阶偏导数，并令其为零，然后与式（7-49）中的两个方程联立起来求解，这样得出的 (x, y, z) 就是函数 $f(x, y, z)$ 在附加条件（7-49）下的可能极值点.

例 7.52　求原点到曲面 $(x-y)^2 - z^2 = 1$ 的最短距离.

解　原点 $(0,0,0)$ 到曲面 $(x-y)^2 - z^2 = 1$ 上任意点 (x,y,z) 的距离为

$$d = \sqrt{x^2 + y^2 + z^2}$$

由于函数 d^2 与 d 在同一点处取得极大值或极小值, 为简化计算, 令

$$f(x,y,z) = x^2 + y^2 + z^2,$$

于是, 将求最短距离的问题化为求 $f(x,y,z)$ 在条件 $\varphi(x,y,z) = (x-y)^2 - z^2 - 1 = 0$ 下的极值问题.

构造拉格朗日函数

$$L(x,y,z) = x^2 + y^2 + z^2 + \lambda[(x-y)^2 - z^2 - 1].$$

解方程组

$$\begin{cases} L_x = 2x + 2\lambda(x-y) = 0, \\ L_y = 2y - 2\lambda(x-y) = 0, \\ L_z = 2z - 2\lambda z = 0, \\ (x-y)^2 - z^2 - 1 = 0, \end{cases}$$

得到驻点 $\left(\dfrac{1}{2}, -\dfrac{1}{2}, 0\right)$ 和 $\left(-\dfrac{1}{2}, \dfrac{1}{2}, 0\right)$.

由问题本身的意义可知最小值一定存在, 而函数在这两点处有相同的函数值 $\dfrac{1}{2}$.

所以, 这两点都是函数的最小值点, 并且所求的最短距离为 $d = \dfrac{\sqrt{2}}{2}$.

例 7.53　试将正数 a 分成 n 个正数的和, 使这 n 个正数的乘积最大.

解　设 a 分成的 n 个正数为 $x_1, x_2, \cdots, x_n$, 则问题化为求函数 $u = x_1 x_2 \cdots x_n$ 在约束条件

$$x_1 + x_2 + \cdots + x_n = a$$

下的最大值问题.

由于函数 $\ln u$ 与 u 的最大值在相同的点取得, 所以为简化计算, 构造拉格朗日函数

$$\begin{aligned} L(x_1, x_2, \cdots, x_n) &= \ln(x_1 x_2 \cdots x_n) + \lambda(x_1 + x_2 + \cdots + x_n - a) \\ &= \ln x_1 + \ln x_2 + \cdots + \ln x_n + \lambda(x_1 + x_2 + \cdots + x_n - a). \end{aligned}$$

解方程组

$$\begin{cases} L_{x_1} = \dfrac{1}{x_1} + \lambda = 0, \\[2mm] L_{x_2} = \dfrac{1}{x_2} + \lambda = 0, \\[2mm] \qquad\quad \vdots \\[2mm] L_{x_n} = \dfrac{1}{x_n} + \lambda = 0, \\[2mm] x_1 + x_2 + \cdots + x_n = a. \end{cases}$$

得 $x_1 = x_2 = \cdots = x_n = \dfrac{a}{n}$.

根据题意知最大值一定存在，因此这个唯一的可能的极值点就是使函数取得最大值的点. 故当正数 a 分成 n 个相等的正数时，这 n 个正数的乘积最大，其值为 $\left(\dfrac{a}{n}\right)^n$.

注 根据例 7.53 的结论，对任意 n 个正数 $x_1, x_2, \cdots, x_n$，有

$$x_1 x_2 \cdots x_n \leqslant \left(\frac{a}{n}\right)^n = \left(\frac{x_1 + x_2 + \cdots + x_n}{n}\right)^n,$$

我们可以得到一个重要的不等式

$$\sqrt[n]{x_1 x_2 \cdots x_n} \leqslant \frac{x_1 + x_2 + \cdots + x_n}{n},$$

即 n 个正数的几何平均值不大于它们的算术平均值.

例 7.54 在空间直角坐标系的原点处，有一单位正电荷，设另一单位负电荷在抛物面 $z = x^2 + y^2$ 被平面 $x + y + z = 1$ 截成一椭圆上移动，问两电荷的引力何时最大，何时最小？

解 当负电荷在点 (x, y, z) 处时，两电荷间的引力是 $f = \dfrac{K}{x^2 + y^2 + z^2}$. 于是问题化为求函数 f 在满足约束条件下的最大值和最小值. 为计算方便，可将原问题转化为求目标函数 $g(x, y, z) = x^2 + y^2 + z^2$ 在约束条件

$$x^2 + y^2 - z = 0, \quad x + y + z - 1 = 0$$

下的最大值与最小值.

构造拉格朗日函数

$$L(x, y, z) = x^2 + y^2 + z^2 + \lambda(x^2 + y^2 - z) + \mu(x + y + z - 1),$$

解方程组

$$\begin{cases} L_x = 2x + 2\lambda x + \mu = 0, \\ L_y = 2y + 2\lambda y + \mu = 0, \\ L_z = 2z - \lambda + \mu = 0, \\ x^2 + y^2 - z = 0, \\ x + y + z - 1 = 0, \end{cases}$$

得可能的极值点 $\left(\dfrac{-1+\sqrt{3}}{2}, \dfrac{-1+\sqrt{3}}{2}, 2-\sqrt{3} \right)$ 及 $\left(\dfrac{-1-\sqrt{3}}{2}, \dfrac{-1-\sqrt{3}}{2}, 2+\sqrt{3} \right)$.

由于实际问题的最大值与最小值一定存在，并且

$$f\left(\frac{-1+\sqrt{3}}{2}, \frac{-1+\sqrt{3}}{2}, 2-\sqrt{3} \right) = \frac{K}{9-5\sqrt{3}}, \quad f\left(\frac{-1-\sqrt{3}}{2}, \frac{-1-\sqrt{3}}{2}, 2+\sqrt{3} \right) = \frac{K}{9+5\sqrt{3}},$$

所以两电荷间的引力当单位负电荷在点 $\left(\dfrac{-1+\sqrt{3}}{2}, \dfrac{-1+\sqrt{3}}{2}, 2-\sqrt{3} \right)$ 处最大，而在点 $\left(\dfrac{-1-\sqrt{3}}{2}, \dfrac{-1-\sqrt{3}}{2}, 2+\sqrt{3} \right)$ 处最小.

习 题 7-8

1. 设 $a > 0$ ，求函数 $f(x,y) = 3axy - x^3 - y^3$ 的极值.

2. 求函数 $z = 4(x-y) - x^2 - y^2$ 的极值.

3. 求函数 $z = x^2 y(4 - x - y)$ 在直线 $x = 0$ ， $y = 0$ 及 $x + y = 6$ 所围成的三角形区域 D 上的最大值和最小值.

4. 求函数 $z = x^2 + y^2 + 1$ 在指定条件 $x + y - 3 = 0$ 下的条件极值.

5. 求三个正数，使它们的和为 50 而它们的积最大.

6. 在平面 $x + z = 0$ 上求一点，使它到点 $A(1,1,1)$ 和 $B(2,3,-1)$ 的距离平方和最小.

7. 将周长为 $2p$ 的矩形绕它的一边旋转而构成一个圆柱体. 问矩形的边长各为多少时，才可使圆柱体的体积为最大？

8. 在直线 $\begin{cases} y + 2 = 0, \\ x + 2z = 7 \end{cases}$ 上找一点，使它到点 $(0,-1,1)$ 的距离最短，并求最短距离.

9. 设某电视机厂生产一台电视机的成本为 c ，每台电视机的销售价格为 p ，销售量为 x ，假设该厂的生产处于平衡状态，即电视机的生产量等于销售量. 根据市场预测，销售量 x 与销售价格之间的关系是 $x = Me^{-ap}$ ，其中 $M > 0$ 为市场最大需求量， $a > 0$ 是价格系数. 同时生产部门根据对生产环节的分析，预测出每台电视机的生产成本 c 为

$$c = c_0 - k \ln x \quad (k > 0, x > 1),$$

其中 c_0 是生产一台电视机时的成本，k 是规模系数. 根据上述条件，应如何确定电视机的售价 p，才能使该厂获得最大利润？

7.9　数 学 模 型

7.9.1　最优化模型

例 7.55　某公司可通过电台及报纸两种方式做销售某种商品的广告，根据统计资料，销售收入 R（万元）与电台广告费用 x（万元）及报纸广告费用 y（万元）之间的关系有如下经验公式：
$$R = 15 + 14x + 32y - 8xy - 2x^2 - 10y^2.$$

（1）在广告费用不限的情况下，求最优广告策略；

（2）若提供的广告费用为 1.5 万元，求相应的最优广告策略.

分析　问题（1）是一个无条件极值问题，求电台广告费用 x 和报纸广告费用 y 分别取何值时，利润能取到最大值.

问题（2）是一个条件极值问题，求电台广告费用 x 和报纸广告费用 y 之和为 1.5 万元的条件约束之下，利润的最值问题.

解　（1）利润函数为
$$
\begin{aligned}
f(x, y) &= 15 + 14x + 32y - 8xy - 2x^2 - 10y^2 - (x + y) \\
&= 15 + 13x + 31y - 8xy - 2x^2 - 10y^2.
\end{aligned}
$$

令
$$
\begin{cases}
f_x(x, y) = 13 - 8y - 4x = 0, \\
f_y(x, y) = 31 - 8x - 20y = 0,
\end{cases}
$$

解得 $x = 0.75$（万元），$y = 1.25$（万元）.
$$f_{xx}(x, y) = -4, \quad f_{xy}(x, y) = -8, \quad f_{yy}(x, y) = -20,$$

在点 $(0.75, 1.25)$ 处，$A = -4$，$B = -8$，$C = -20$，$AC - B^2 = 80 - 64 = 16 > 0$，且 $A = -4 < 0$，所以函数 $f(x, y)$ 在点 $(0.75, 1.25)$ 处取到极大值，也即最大值. 所以当电台广告费用为 0.75 万元，报纸广告费用为 1.25 万元时，可使利润最大.

（2）问题是求利润函数 $f(x, y)$ 在约束条件 $x + y = 1.5$ 下的条件极值.

构造拉格朗日函数 $L(x, y) = 15 + 13x + 31y - 8xy - 2x^2 - 10y^2 + \lambda(x + y - 1.5)$，

令
$$
\begin{cases}
f_x(x, y) = 13 - 8y - 4x + \lambda = 0, \\
f_y(x, y) = 31 - 8x - 20y + \lambda = 0, \\
x + y - 1.5 = 0,
\end{cases}
$$

解得 $x = 0$（万元），$y = 1.5$（万元）. 因此，将广告费 1.5 万元全部用于报纸广告，可使利润最大.

例 7.56　设有一小山，取它的底面所在的平面为 xOy 坐标面，其底部所占的区域为 $D = \{(x,y)\,|\,x^2 + y^2 - xy \leqslant 75\}$，小山的高度函数为 $h(x,y) = 75 - x^2 - y^2 + xy$.

（1）设 $M(x_0, y_0)$ 为区域 D 上一点，问 $h(x,y)$ 在该点沿平面上什么方向的方向导数最大？若记此方向导数的最大值为 $g(x_0, y_0)$，试写出 $g(x_0, y_0)$ 的表达式。

（2）现欲利用此小山开展攀岩活动，为此需要在山脚寻找一上山坡度最大的点作为攀登的起点。也就是说，要在 D 的边界线 $x^2 + y^2 - xy = 75$ 上找出使（1）中的 $g(x,y)$ 达到最大值的点。试确定攀登起点的位置。

分析　本题综合考查了梯度的概念，方向导数与梯度的关系，拉格朗日乘数法求条件极值。其命题思路是：已知高度函数，求山脚一点使上山坡度最大为条件极值问题。为了降低难度而将其分解，提示利用方向导数求解，要求读者知道方向导数与梯度的关系。

解　（1）由梯度的几何意义知，$h(x,y)$ 在点 $M(x_0, y_0)$ 处沿梯度

$$\mathbf{grad}\,h(x,y)\big|_{(x_0,y_0)} = (y_0 - 2x_0)\boldsymbol{i} + (x_0 - 2y_0)\boldsymbol{j}$$

方向的方向导数最大，方向导数的最大值为该梯度的模，所以

$$g(x_0, y_0) = \sqrt{(y_0 - 2x_0)^2 + (x_0 - 2y_0)^2} = \sqrt{5x_0^2 + 5y_0^2 - 8x_0 y_0}.$$

（2）所求的攀登起点 (x,y) 是如下多元函数极值问题的解：

求最大值：$z = 5x^2 + 5y^2 - 8xy$，满足于：$75 - x^2 - y^2 + xy = 0$.

拉格朗日函数为 $L(x,y,\lambda) = 5x^2 + 5y^2 - 8xy + \lambda(75 - x^2 - y^2 + xy)$，

$$\begin{cases} L_x = 10x - 8y + \lambda(y - 2x) = 0, \\ L_y = 10y - 8x + \lambda(x - 2y) = 0, \\ L_z = 75 - x^2 - y^2 + xy = 0. \end{cases}$$

方程组中第一个方程乘以 $(x - 2y)$，第二个方程以 $(y - 2x)$，比较两式，可得四个可能的极值点 $M_1(5\sqrt{3},\ 5\sqrt{3})$，$M_2(-5\sqrt{3}, -5\sqrt{3})$，$M_3(5, -5)$，$M_4(-5, 5)$. 因为 $z(M_1) = z(M_2) = 150$，$z(M_3) = z(M_4) = 450$，所以 $M_3(5, -5)$ 和 $M_4(-5, 5)$ 可作为攀登的起点。

7.9.2　最小二乘法模型

许多实际问题，往往需要根据实验测得的数据建立两个变量的函数关系的近似表达式，这样得到的函数的近似式称为经验公式. 经验公式建立以后，就可以把生产或实验中所积累的某些经验，提高到理论上加以分析. 下面我们介绍一种求最简单的 x 与 y 之间成线性关系的经验公式。

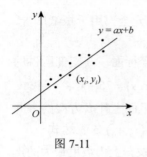

图 7-11

假定测得的关于 x 与 y 的一组数据为 $(x_1, x_1), (x_2, x_2), \cdots,$ (x_n, y_n). 在 xOy 平面上作出它们所对应的点（图 7-11），这样的图形通常称为散点图.

当图中各点大致分布在某直线附近时，那么可以认为变量 x 与 y 之间可能存在着某种线性关系：$y = ax + b$. 确定系数 a 与 b，使得所有观测值 y_i 与函数值 $ax_i + b$ 的偏差的平方和

$$Q = \sum_{i=1}^{n} (y_i - ax_i - b)^2$$

为最小的方法称为最小二乘法.

显然，Q 是 a，b 的函数，根据微分学的极值原理，由

$$\frac{\partial Q}{\partial a} = 2a\sum_{i=1}^{n} x_i^2 - 2\sum_{i=1}^{n} x_i y_i + 2b\sum_{i=1}^{n} x_i = 0,$$

$$\frac{\partial Q}{\partial b} = 2a\sum_{i=1}^{n} x_i - 2\sum_{i=1}^{n} y_i + 2nb = 0.$$

解得

$$a = \frac{n\sum_{i=1}^{n} x_i y_i - \sum_{i=1}^{n} x_i \sum_{i=1}^{n} y_i}{n\sum_{i=1}^{n} x_i^2 - \left(\sum_{i=1}^{n} x_i\right)^2}, \quad b = \frac{\sum_{i=1}^{n} x_i^2 \sum_{i=1}^{n} y_i - \sum_{i=1}^{n} x_i \sum_{i=1}^{n} x_i y_i}{n\sum_{i=1}^{n} x_i^2 - \left(\sum_{i=1}^{n} x_i\right)^2},$$

从而得所求经验公式：$y = ax + b$.

例 7.57 某地 4.5 周岁至 10.5 周岁女孩 7 个年龄组的身高 y（单位：cm）的实测数据如表 7-1 所示.

表 7-1

i	1	2	3	4	5	6	7
女孩年龄（x_i）	4.5	5.5	6.5	7.5	8.5	9.5	10.5
平均身高（y_i）	101.1	106.6	112.1	116.1	121.0	125.5	129.2

试根据上述数据写出关于年龄和身高的经验公式.

解 $\sum_{i=1}^{7} x_i = 52.5$, $\sum_{i=1}^{7} y_i = 811.6$, $\sum_{i=1}^{7} x_i^2 = 421.75$, $\sum_{i=1}^{7} y_i^2 = 94714.28$, $\sum_{i=1}^{7} x_i y_i = 6218$.

故得联立方程

$$\begin{cases} 421.75a + 52.5b = 6218, \\ 52.5a + 7b = 811.6. \end{cases}$$

解得 $a = 80.84$，$b = 4.68$．因此所求女孩身高关于年龄的经验公式为

$$y = 80.84 + 4.68x.$$

有时变量之间的关系虽然不能用线性关系来描述，但是通过适当的变量代换后可以把它们化为线性关系．

例 7.58　在研究单分子化学反应速度时，得到以下数据（表 7-2）：

表 7-2

i	1	2	3	4	5	6	7	8
t_i	3	6	9	12	15	18	21	24
y_i	57.6	41.9	31.0	22.7	16.6	12.2	8.9	6.5

其中 t 表示从实验开始算起的时间，y 表示这时在反应混合物中物质的量，试根据上述数据定出经验公式 $y = f(t)$．

解　由化学反应速度的理论知，$y = f(t)$ 应是指数函数的形式：$y = k\mathrm{e}^{mt}$，其中 k 和 m 是待定常数．我们在 $y = k\mathrm{e}^{mt}$ 两边取自然对数得

$$\ln y = mt + \ln k.$$

令 $z = \ln y$，$a = m$，$b = \ln k$，则原式变成了线性关系．

$$\sum_{i=1}^{8} t_i = 108, \quad \sum_{i=1}^{8} t_i^2 = 1836, \quad \sum_{i=1}^{8} \ln y_i = 23.7138, \quad \sum_{i=1}^{8} t_i \ln y_i = 208.944,$$

解得 $m = -0.1036$，$k = 78.78$．因此所求经验公式为

$$y = 78.78\mathrm{e}^{-0.1036t}.$$

习　题　7-9

1. 设生产某种产品的数量 P 与所用两种原料 A、B 的数量 x、y 间的函数关系是 $P = P(x, y) = 0.005x^2y$．欲用 150 万元资金购料，已知 A、B 原料的单价分别为 1 万元/t 和 2 万元/t，问购进两种原料各多少时，可使生产的产品数量最多？

2. 某种合金的含铅量百分比（%）为 p，其熔解温度为 θ，由实验测得 p 与 θ 的数据如表 7-3 所示．

表 7-3

$p/\%$	36.9	46.7	63.7	77.8	84.0	87.5
$\theta/^{\circ}\mathrm{C}$	181	197	235	270	283	282

试用最小二乘法建立 p 与 θ 之间的经验公式 $\theta = ap + b$.

总习题七（A）

1. 填空题（在"充分"、"必要"和"充分必要"三者中选择一个正确的填入下列空格内）

（1）$f(x,y)$ 在点 (x,y) 可微分是 $f(x,y)$ 在该点连续的_____条件，$f(x,y)$ 在点 (x,y) 连续是 $f(x,y)$ 在该点可微分的_____条件.

（2）$z = f(x,y)$ 在点 (x,y) 的偏导数 $\dfrac{\partial z}{\partial x}$ 及 $\dfrac{\partial z}{\partial y}$ 存在是 $f(x,y)$ 在该点可微分的_____条件. $z = f(x,y)$ 在点 (x,y) 可微分是函数在该点的偏导数 $\dfrac{\partial z}{\partial x}$ 及 $\dfrac{\partial z}{\partial y}$ 存在的_____条件.

（3）$z = f(x,y)$ 的偏导数 $\dfrac{\partial z}{\partial x}$ 及 $\dfrac{\partial z}{\partial y}$ 在点 (x,y) 存在且连续是 $f(x,y)$ 在该点可微分的_____条件.

（4）函数 $z = f(x,y)$ 的两个二阶混合偏导数 $\dfrac{\partial^2 z}{\partial x \partial y}$ 及 $\dfrac{\partial^2 z}{\partial y \partial x}$ 在区域 D 内连续是这两个二阶混合偏导数在 D 内相等的_____条件.

2. 求函数 $z = \sqrt{\dfrac{x^2 + y^2 - x}{2x - x^2 - y^2}}$ 的定义域.

3. 设 $f(x+y, x-y) = x^2 - y^2$，求 $f(x,y)$.

4. 求下列极限问题：

（1）$\lim\limits_{(x,y)\to(0,0)} \dfrac{1 - \cos\sqrt{x^2 + y^2}}{(x^2 + y^2)e^{x^2 y^2}}$；　　　　（2）$\lim\limits_{(x,y)\to(1,0)} \dfrac{\ln(x + e^y)}{\sqrt{x^2 + y^2}}$.

5. 讨论函数 $f(x,y) = \dfrac{x^2 y^2}{x^2 y^2 + (x - y)^2}$ 当 $(x,y) \to (0,0)$ 时的极限存在性.

6. 讨论下面函数的连续性：

$$f(x,y) = \begin{cases} \dfrac{\tan(x^2 y)}{y}, & y \neq 0, \\ x^2, & y = 0. \end{cases}$$

7. 设 $f(x,y) = x^2 e^{y^2} + (x-1)\arcsin\dfrac{y}{x}$，求 $f_x(1,0)$ 和 $f_y(1,0)$.

8. 求下列函数的一阶和二阶偏导数：

（1）$z = \ln(x + y^2)$；　　　　　　　（2）$z = x^y$.

9. 求下列函数的全微分：

（1）设 $z = z(x, y)$ 是由方程 $x^2 + y^2 + z^2 = y\mathrm{e}^z$ 所确定的隐函数，求 $\mathrm{d}z$；

（2）设 $u = x^y y^z z^x$，求 $\mathrm{d}u$.

10. 设 $z = xy + \dfrac{x}{y}$，其中 $x = \varphi(t)$，$y = \psi(t)$ 均可微，求 $\dfrac{\mathrm{d}z}{\mathrm{d}t}$.

11. 设 $u = yf\left(\dfrac{x}{y}\right) + xg\left(\dfrac{y}{x}\right)$，其中函数 f, g 具有二阶连续导数，求 $x\dfrac{\partial^2 u}{\partial x^2} + y\dfrac{\partial^2 u}{\partial x \partial y}$.

12. 设函数 $y = y(x)$ 由 $(\cos x)^y + (\sin y)^x = 1$ 确定，求 $\dfrac{\mathrm{d}y}{\mathrm{d}x}$.

13. 求螺旋线 $\begin{cases} x = a\cos\theta, \\ y = a\sin\theta, \\ z = b\theta \end{cases}$ 在点 $(a,0,0)$ 处的切线及法平面方程.

14. 设从 x 轴的正向到 l 的转角为 θ，求函数 $u = x^2 - xy + y^2$ 在点 $M(1,1)$ 处沿 l 方向的方向导数 $\dfrac{\partial u}{\partial l}$，并问 θ 取何值时，方向导数 $\dfrac{\partial u}{\partial l}$：（1）具有最大值；（2）具有最小值；（3）等于零.

15. 在已知的圆锥内嵌入一个长方体，如何选择其长、宽、高，使它的体积最大.

总习题七（B）

1. 求极限 $\lim\limits_{(x,y)\to(+\infty,+\infty)} \left(\dfrac{xy}{x^2+y^2}\right)^{x^2}$.

2. 设 $f(x,y) = \begin{cases} \dfrac{xy^2}{x^2+y^4}, & x^2+y^4 \neq 0, \\ 0, & x^2+y^4 = 0. \end{cases}$ 证明：函数 $f(x,y)$ 在 $(0,0)$ 处偏导数存在，但不连续.

3. 设 $f(x,y) = \begin{cases} \dfrac{xy}{\sqrt{x^2+y^2}}, & x^2+y^2 \neq 0, \\ 0, & x^2+y^2 = 0. \end{cases}$ 证明：$f(x,y)$ 在 $(0,0)$ 处连续且偏导数存在，但不可微.

4. 设函数 $f(x,y)$ 在点 $(0,0)$ 的某邻域内有定义，并且 $f_x(0,0)=3$，$f_y(0,0)=-1$，则有（　　）．

    A. $\left. \mathrm{d}z \right|_{(0,0)} = 3\mathrm{d}x - \mathrm{d}y$

    B. 曲面 $z=f(x,y)$ 在点 $(0,0,f(0,0))$ 的一个法向量为 $\{3,-1,1\}$

    C. 曲线 $\begin{cases} z=f(x,y), \\ y=0 \end{cases}$ 在点 $(0,0,f(0,0))$ 的一个切向量为 $\{1,0,3\}$

    D. 曲线 $\begin{cases} z=f(x,y), \\ y=0 \end{cases}$ 在点 $(0,0,f(0,0))$ 的一个切向量为 $\{3,0,1\}$

5. 设 $f(x,y)$ 具有连续偏导数，并且当 $x\neq 0$ 时有 $f(x,x^2)=1$，$f_x(x,x^2)=x$，求 $f_y(x,x^2)$．

6. 设 $y=y(x)$，$z=z(x)$ 是由方程 $z=xf(x+y)$ 和 $F(x,y,z)=0$ 所确定的函数，其中 f 和 F 分别具有一阶连续导数和一阶连续偏导数，求 $\dfrac{\mathrm{d}z}{\mathrm{d}x}$．

7. 设 $\begin{cases} u+v=x+y, \\ \dfrac{\sin u}{\sin v} = \dfrac{x}{y}, \end{cases}$ 确定函数 $u=u(x,y)$，$v=v(x,y)$，求 $\mathrm{d}u$，$\mathrm{d}v$．

8. 证明：$\sqrt{x}+\sqrt{y}+\sqrt{z}=\sqrt{a}$（$a>0$，为常数）上任何点处的切平面在各坐标轴上截距之和为 a．

9. 在椭球面 $2x^2+2y^2+2z^2=1$ 上求一点，使得函数 $f(x,y,z)=x^2+y^2+z^2$ 沿着点 $A(1,1,1)$ 到点 $B(2,0,1)$ 的方向导数具有最大值．

10. 证明：函数 $z=(1+\mathrm{e}^y)\cos x - y\mathrm{e}^y$ 有无穷多个极大值，但无极小值．

数学家介绍

第8章 重 积 分

重积分是多元函数积分学的一部分，它是定积分的思想和理论在多元函数情形的直接推广．本章将介绍重积分（包括二重积分和三重积分）的概念、性质、计算及它们的一些应用．

8.1 二重积分的概念与性质

8.1.1 二重积分的概念

1. 曲顶柱体的体积

考察一个立体，它的底是 xOy 面上的闭区域 D，它的侧面是以 D 的边界曲线为准线且母线平行于 z 轴的柱面，它的顶是曲面 $z = f(x, y)$，这里 $f(x, y) \geqslant 0$ 且在 D 上连续（图 8-1），这种立体称为曲顶柱体. 下面来求曲顶柱体的体积 V．

我们知道，平顶柱体的体积可以用公式

体积 = 底面积×高

来定义和计算. 关于曲顶柱体，当点 (x, y) 在区域 D 上变动时，高度 $f(x, y)$ 是个变量，因此它的体积不能直接用上式来计算. 但如果回顾第 5 章求平面中曲边梯形面积的问题，就不难想到，那里所采用的解决方法，原则上可以用来解决现在的问题.

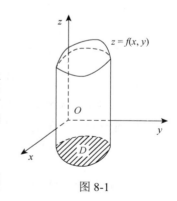

图 8-1

（1）任意分割：用一组曲线网把 D 分成 n 个小闭区域

$$\Delta\sigma_1, \Delta\sigma_2, \cdots, \Delta\sigma_n,$$

分别以这些小闭区域的边界曲线为准线，作母线平行于 z 轴的柱面，这些柱面把原来的曲顶柱体分为 n 个小曲顶柱体.

（2）近似代替：当这些小闭区域的直径（一个闭区域的直径是指区域上任意

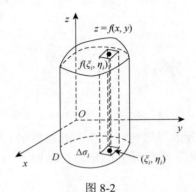

图 8-2

两点间距离的最大值）很小时，由于 $f(x,y)$ 连续，对同一个小闭区域来说，$f(x,y)$ 变化很小，这时小曲顶柱体可近似地看作平顶柱体. 我们在每个 $\Delta\sigma_i$（该小闭区域的面积也记作 $\Delta\sigma_i$）中任取一点 (ξ_i, η_i)，用以 $f(\xi_i, \eta_i)$ 为高而底为 $\Delta\sigma_i$ 的平顶柱体（图 8-2）近似替代小曲顶柱体的体积 $\Delta V_i (i=1,2,\cdots,n)$，即

$$\Delta V_i \approx f(\xi_i, \eta_i)\Delta\sigma_i \quad (i=1,2,\cdots,n).$$

（3）求和：将 n 个小曲顶柱体体积的近似值相加，就得到曲顶柱体体积的近似值，即

$$V = \sum_{i=1}^{n} \Delta V_i \approx \sum_{i=1}^{n} f(\xi_i, \eta_i)\Delta\sigma_i .$$

（4）取极限：显然，分割越细密，即 $\Delta\sigma_i(i=1,2,\cdots,n)$ 越小，则 $f(\xi_i,\eta_i)\Delta\sigma_i$ 的值与 ΔV_i 就越接近，从而 $\sum_{i=1}^{n} f(\xi_i,\eta_i)\Delta\sigma_i$ 也越接近于曲顶柱体的体积 V. 令 n 个小闭区域的直径中的最大值（记作 λ）趋于零，取上述和的极限，所得的极限便自然地定义为所讨论曲顶柱体的体积 V，即

$$V = \lim_{\lambda \to 0} \sum_{i=1}^{n} f(\xi_i, \eta_i)\Delta\sigma_i.$$

2. 平面薄片的质量

设有一平面薄片占有 xOy 面上的闭区域 D，它在点 (x,y) 处的面密度为 $\mu(x,y)$，这里 $\mu(x,y) > 0$ 且在 D 上连续. 现在要计算该薄片的质量 M.

如果薄片是均匀的，即面密度是常数，则薄片的质量可以用公式

$$\text{质量} = \text{面密度} \times \text{面积}$$

来计算. 现在面密度 $\mu(x,y)$ 是变量，薄片的质量就不能直接用上式来计算，但是可以用上面处理曲顶柱体体积问题的方法来计算.

由于 $\mu(x,y)$ 连续，把薄片分成许多小块后，只要小块所占的小闭区域 $\Delta\sigma_i$ 的直径很小，这些小块就可以近似地看作均匀薄片. 在 $\Delta\sigma_i$ 上任取一点 (ξ_i, η_i)，则

$$\mu(\xi_i, \eta_i)\Delta\sigma_i \ (i=1,2,\cdots,n)$$

可看作第 i 个小块的质量的近似值（图 8-3）.

通过求和、取极限得出 $M = \lim\limits_{\lambda \to 0} \sum\limits_{i=1}^{n} \mu(\xi_i, \eta_i) \Delta\sigma_i$.

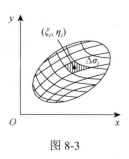

图 8-3

上面两个问题的实际意义虽然不同，但所求量都可通过"任意分割、近似代替、求和、取极限"这四个步骤得到，都可归结为同一形式的和的极限. 在物理、几何和工程技术中，有许多物理量或几何量都可归结为这一形式的和的极限. 因此，我们有必要研究这种和的极限的一般形式，抽象出下述二重积分的定义.

定义 8.1 设 $f(x, y)$ 是有界闭区域 D 上的有界函数. 将闭区域 D 任意分成 n 个小闭区域

$$\Delta\sigma_1, \Delta\sigma_2, \cdots, \Delta\sigma_n,$$

其中 $\Delta\sigma_i$ 表示第 i 个小闭区域，也表示它的面积. 在每个 $\Delta\sigma_i$ 上任取一点 (ξ_i, η_i)，作乘积 $f(\xi_i, \eta_i)\Delta\sigma_i (i = 1, 2, \cdots, n)$，并作和 $\sum\limits_{i=1}^{n} f(\xi_i, \eta_i)\Delta\sigma_i$. 如果当每个小闭区域的直径中的最大值 λ 趋于零时，这和的极限总存在，则称此极限为函数 $f(x, y)$ 在闭区域 D 上的二重积分，记作 $\iint\limits_{D} f(x, y)\mathrm{d}\sigma$，即

$$\iint\limits_{D} f(x, y)\mathrm{d}\sigma = \lim_{\lambda \to 0} \sum_{i=1}^{n} f(\xi_i, \eta_i)\Delta\sigma_i. \tag{8-1}$$

其中 $f(x, y)$ 称为被积函数，$f(x, y)\mathrm{d}\sigma$ 称为被积表达式，$\mathrm{d}\sigma$ 称为面积元素，x 与 y 称为积分变量，D 称为积分区域，$\sum\limits_{i=1}^{n} f(\xi_i, \eta_i)\Delta\sigma_i$ 称为积分和.

在二重积分的定义中，对闭区域 D 的划分是任意的，如果在直角坐标系中用平行于坐标轴的直线网格来划分 D，那么除了包含边界点的一些小闭区域外（求和的极限时，这些小闭区域所对应的项的和的极限为零，因此这些小闭区域可以忽略不计），其余的小闭区域都是矩形闭区域. 设矩形闭区域 $\Delta\sigma_i$ 的边长为 Δx_j 和 Δy_k，则 $\Delta\sigma_i = \Delta x_j \cdot \Delta y_k$，因此在直角坐标系中，也把面积元素 $\mathrm{d}\sigma$ 记作 $\mathrm{d}x\mathrm{d}y$，而把二重积分记作：

$$\iint\limits_{D} f(x, y)\mathrm{d}x\mathrm{d}y,$$

其中 $\mathrm{d}x\mathrm{d}y$ 称为直角坐标系中的面积元素.

这里要指出，当 $f(x, y)$ 在闭区域 D 上连续时，式（8-1）右端的和的极限必

定存在，也就是说，函数 $f(x,y)$ 在 D 上的二重积分必定存在. 如无特别说明，本章总是假定函数 $f(x,y)$ 在闭区域 D 上连续，所以 $f(x,y)$ 在 D 上的二重积分都是存在的.

由二重积分的定义可知，曲顶柱体的体积是函数 $f(x,y)$ 在闭区域 D 上的二重积分

$$V = \iint\limits_D f(x,y)\mathrm{d}\sigma,$$

平面薄片的质量是它的面密度 $\mu(x,y)$ 在薄片所占闭区域 D 上的二重积分

$$M = \iint\limits_D \mu(x,y)\mathrm{d}\sigma.$$

一般地，如果 $f(x,y) \geqslant 0$，被积函数 $f(x,y)$ 可解释为曲顶柱体的曲顶在点 (x,y) 处的竖坐标，所以二重积分的几何意义就是曲顶柱体的体积. 如果 $f(x,y)$ 是负的，曲顶柱体就在 xOy 面的下方，二重积分的绝对值仍等于曲顶柱体的体积，但二重积分的值是负的. 如果 $f(x,y)$ 在 D 的若干部分区域上是正的，而在其他的部分区域上是负的，那么，$f(x,y)$ 在 D 上的二重积分就等于 xOy 面上方的曲顶柱体体积减去 xOy 面下方的曲顶柱体体积所得之差.

8.1.2　二重积分的性质

二重积分有与一元函数定积分相类似的性质. 假设函数都是可积的，有如下性质.

性质 8.1　设 α, β 为常数，则

$$\iint\limits_D [\alpha f(x,y) + \beta g(x,y)]\mathrm{d}\sigma = \alpha \iint\limits_D f(x,y)\mathrm{d}\sigma + \beta \iint\limits_D g(x,y)\mathrm{d}\sigma.$$

性质 8.2　如果闭区域 D 被有限条分段光滑曲线分为有限个部分闭区域，则在 D 上的二重积分等于在各个部分闭区域上的二重积分的和.

例如，分 D 为两个闭区域 D_1 与 D_2，则

$$\iint\limits_D f(x,y)\mathrm{d}\sigma = \iint\limits_{D_1} f(x,y)\mathrm{d}\sigma + \iint\limits_{D_2} f(x,y)\mathrm{d}\sigma.$$

性质 8.3　如果在 D 上，$f(x,y) = 1$，σ 为 D 的面积，则

$$\sigma = \iint\limits_D 1 \cdot \mathrm{d}\sigma = \iint\limits_D \mathrm{d}\sigma.$$

该性质表明被积函数为1的二重积分在数值上等于积分区域 D 的面积.

性质 8.4　如果在 D 上，$f(x,y) \leqslant \varphi(x,y)$，则有

$$\iint\limits_{D} f(x,y)\mathrm{d}\sigma \leqslant \iint\limits_{D} \varphi(x,y)\mathrm{d}\sigma.$$

特殊地，由于

$$-|f(x,y)| \leqslant f(x,y) \leqslant |f(x,y)|,$$

又有

$$\left|\iint\limits_{D} f(x,y)\mathrm{d}\sigma\right| \leqslant \iint\limits_{D}|f(x,y)|\mathrm{d}\sigma.$$

性质 8.5 设 M,m 分别是 $f(x,y)$ 在闭区域 D 上的最大值和最小值，σ 是 D 的面积，则有

$$m\sigma \leqslant \iint\limits_{D} f(x,y)\mathrm{d}\sigma \leqslant M\sigma.$$

上述不等式是对于二重积分估值的不等式. 因为 $m \leqslant f(x,y) \leqslant M$，所以由性质 8.4 有

$$\iint\limits_{D} m\mathrm{d}\sigma \leqslant \iint\limits_{D} f(x,y)\mathrm{d}\sigma \leqslant \iint\limits_{D} M\mathrm{d}\sigma,$$

再应用性质 8.1 和性质 8.3，便得此估值不等式.

性质 8.6（二重积分的中值定理） 设函数 $f(x,y)$ 在闭区域 D 上连续，σ 是 D 的面积，则在 D 上至少存在一点 (ξ,η)，使得 $\iint\limits_{D} f(x,y)\mathrm{d}\sigma = f(\xi,\eta)\sigma.$

证 显然 $\sigma \neq 0$. 把性质 8.5 中的不等式除以 σ，得

$$m \leqslant \frac{1}{\sigma}\iint\limits_{D} f(x,y)\mathrm{d}\sigma \leqslant M.$$

这就是说，常数 $\dfrac{1}{\sigma}\iint\limits_{D} f(x,y)\mathrm{d}\sigma$ 介于函数 $f(x,y)$ 的最大值 M 与最小值 m 之间. 根据闭区域上连续函数的介值定理，在 D 上至少存在一点 (ξ,η)，使得函数在该点的值与这个确定的数值相等，即

$$\frac{1}{\sigma}\iint\limits_{D} f(x,y)\mathrm{d}\sigma = f(\xi,\eta).$$

所以

$$\iint\limits_{D} f(x,y)\mathrm{d}\sigma = f(\xi,\eta)\sigma.$$

例 8.1 设 D 是圆环域：$\{(x,y)\mid 1 \leqslant x^2 + y^2 \leqslant 4\}$，证明：$3\pi\mathrm{e} \leqslant \iint\limits_{D} \mathrm{e}^{x^2+y^2}\mathrm{d}\sigma \leqslant 3\pi\mathrm{e}^4.$

证明 在 D 上，$f(x,y) = \mathrm{e}^{x^2+y^2}$ 的最小值 $m = \mathrm{e}$，最大值 $M = \mathrm{e}^4$. 而 D 的面积

$$S(D) = 4\pi - \pi = 3\pi.$$

由性质 8.5 得 $3\pi e \leqslant \iint\limits_{D} e^{x^2+y^2} d\sigma \leqslant 3\pi e^4.$

习　题　8-1

1. 设有一个平面薄板（不计其厚度），占有 xOy 面上的闭区域 D，薄板上分布有面密度为 $\mu = \mu(x,y)$ 的电荷，并且 $\mu(x,y)$ 在 D 上连续，试用二重积分表达该薄板上的全部电荷 Q.

2. 设 $I_1 = \iint\limits_{D_1} \sqrt{1-x^2-y^2}\, d\sigma$，其中 $D_1 = \{(x,y) \mid x^2+y^2 \leqslant 1\}$；又 $I_2 = \iint\limits_{D_2} \sqrt{1-x^2-y^2}\, d\sigma$，其中 $D_2 = \{(x,y) \mid x^2+y^2 \leqslant 1, x \geqslant 0, y \geqslant 0\}$. 试利用二重积分的几何意义说明 I_1 与 I_2 之间的关系.

3. 利用二重积分的定义和性质确定下列积分的值：

（1）若 σ 为 D 的面积，$\iint\limits_{D} k d\sigma = \underline{\hspace{2cm}}$；

（2）$\iint\limits_{D} 2 d\sigma = \underline{\hspace{2cm}}$，其中 D 是由 $x+y=1$ 和坐标轴所围成的闭区域；

（3）$\iint\limits_{D} \sqrt{a^2-x^2-y^2}\, d\sigma = \underline{\hspace{2cm}}$，其中 $D = \{(x,y) \mid x^2+y^2 \leqslant a^2\}$.

4. 根据二重积分的性质，比较下列积分的大小：

（1）$\iint\limits_{D} (x+y)^2 d\sigma$ 与 $\iint\limits_{D} (x+y)^3 d\sigma$，其中积分区域 D 是由 x 轴、y 轴与直线 $x+y=1$ 所围成；

（2）$\iint\limits_{D} (x^2-y^2) d\sigma$ 与 $\iint\limits_{D} \sqrt{x^2-y^2}\, d\sigma$，其中积分区域 D 是由圆周 $(x-2)^2+y^2 =1$ 所围成；

（3）$\iint\limits_{D} \ln(x+y) d\sigma$ 与 $\iint\limits_{D} [\ln(x+y)]^2 d\sigma$，其中 D 是三角形闭区域，三个顶点分别为 $(1,0),(1,1),(2,0)$.

5. 利用二重积分的性质估计下列积分的值：

（1）$I = \iint\limits_{D} e^{x+y} d\sigma$，其中 $D = \{(x,y) \mid 0 \leqslant x \leqslant 1, 0 \leqslant y \leqslant 1\}$；

（2）$I = \iint\limits_{D} (4x^2+y^2+9) d\sigma$，其中 $D = \{(x,y) \mid x^2+y^2 \leqslant 4\}$.

6. 设 $f(x,y)$ 是连续函数，试求极限

$$\lim_{r \to 0} \frac{1}{\pi r^2} \iint\limits_{x^2+y^2 \le r^2} f(x,y)\mathrm{d}\sigma.$$

8.2 二重积分的计算方法

计算重积分的基本方法是将重积分化为累次积分,通过依次计算几个定积分,求得重积分的值. 本节所讨论的二重积分的计算,就是将二重积分化为二次积分来计算.

8.2.1 利用直角坐标计算二重积分

下面来讨论二重积分 $\iint\limits_{D} f(x,y)\mathrm{d}x\mathrm{d}y$ 的计算问题. 在讨论中不妨假定 $f(x,y) \ge 0$.

设积分区域 D 可以用不等式

$$\varphi_1(x) \le y \le \varphi_2(x), \quad a \le x \le b$$

来表示(图 8-4),其中函数 $\varphi_1(x)$,$\varphi_2(x)$ 在区间 $[a,b]$ 上连续.

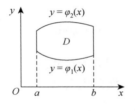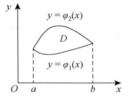

图 8-4

按照二重积分的几何意义,$\iint\limits_{D} f(x,y)\mathrm{d}x\mathrm{d}y$ 的值等于以 D 为底,以曲面 $z = f(x,y)$ 为顶的曲顶柱体(图 8-5)的体积. 下面我们应用第 5 章中计算“平行截面面积为已知的立体的体积”的方法,来计算这个曲顶柱体的体积.

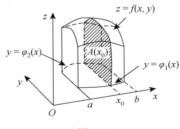

图 8-5

先计算截面面积. 为此,在区间 $[a,b]$ 上任意取定一点 x_0,作平行于 yOz 面的平面 $x = x_0$. 这个平面截曲顶柱体所得的截面是一个以区间 $[\varphi_1(x_0),\varphi_2(x_0)]$ 为底、曲线 $z = f(x_0,y)$ 为曲边的曲边梯形(图 8-5 中阴影部分),所以这个截面的面积为

$$A(x_0) = \int_{\varphi_1(x_0)}^{\varphi_2(x_0)} f(x_0,y)\mathrm{d}y.$$

一般地，过区间 $[a,b]$ 上任一点 x 且平行于 yOz 面的平面截曲顶柱体所得截面的面积为

$$A(x) = \int_{\varphi_1(x)}^{\varphi_2(x)} f(x,y)\mathrm{d}y.$$

再计算曲顶柱体的体积. 应用计算平行截面面积为已知的立体体积的方法，得曲顶柱体体积为

$$V = \int_a^b A(x)\mathrm{d}x = \int_a^b \left[\int_{\varphi_1(x)}^{\varphi_2(x)} f(x,y)\mathrm{d}y \right]\mathrm{d}x.$$

这个体积也就是所求二重积分的值，从而有等式

$$\iint\limits_D f(x,y)\mathrm{d}x\mathrm{d}y = \int_a^b \left[\int_{\varphi_1(x)}^{\varphi_2(x)} f(x,y)\mathrm{d}y \right]\mathrm{d}x. \tag{8-2}$$

上式右端的积分称为先对 y、后对 x 的二次积分，就是说，先把 x 看作常数，把 $f(x,y)$ 只看作 y 的函数，并对 y 计算从 $\varphi_1(x)$ 到 $\varphi_2(x)$ 的定积分；然后把算得的结果（是 x 的函数）再对 x 计算在区间 $[a,b]$ 上的定积分，这个先对 y、后对 x 的二次积分也常记作

$$\int_a^b \mathrm{d}x \int_{\varphi_1(x)}^{\varphi_2(x)} f(x,y)\mathrm{d}y.$$

因此，等式（8-2）也写成

$$\iint\limits_D f(x,y)\mathrm{d}x\mathrm{d}y = \int_a^b \mathrm{d}x \int_{\varphi_1(x)}^{\varphi_2(x)} f(x,y)\mathrm{d}y, \tag{8-3}$$

这就是把二重积分化为先对 y、后对 x 的二次积分的公式.

在上述讨论中，我们假定 $f(x,y) \geq 0$，但实际上公式（8-2）的成立并不受此条件限制.

类似地，如果积分区域 D 可以用不等式

$$\psi_1(y) \leq x \leq \psi_2(y), \quad c \leq y \leq d$$

来表示（图 8-6），其中函数 $\psi_1(y)$，$\psi_2(y)$ 在区间 $[c,d]$ 上连续，则有

$$\iint\limits_D f(x,y)\mathrm{d}\sigma = \int_c^d \left[\int_{\psi_1(y)}^{\psi_2(y)} f(x,y)\mathrm{d}x \right]\mathrm{d}y. \tag{8-4}$$

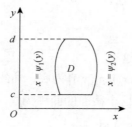 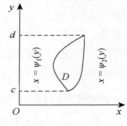

图 8-6

上式右端的积分称为先对 x、后对 y 的二次积分，这个积分也常记作

$$\int_c^d \mathrm{d}y \int_{\psi_1(y)}^{\psi_2(y)} f(x,y)\mathrm{d}x,$$

因此，等式（8-4）也可写成

$$\iint\limits_D f(x,y)\mathrm{d}\sigma = \int_c^d \mathrm{d}y \int_{\psi_1(y)}^{\psi_2(y)} f(x,y)\mathrm{d}x, \tag{8-5}$$

这就是把二重积分化为先对 x、后对 y 的二次积分的公式.

以后我们称图 8-4 所示的积分区域为 X 型区域，图 8-6 所示的积分区域为 Y 型区域，应用公式（8-3）时，积分区域必须是 X 型区域，X 型区域 D 的特点是：穿过 D 内部且平行于 y 轴的直线与 D 的边界相交不多于两点；而用公式（8-5）时，积分区域必须是 Y 型区域，Y 型区域 D 的特点是：穿过 D 内部且平行于 x 轴的直线与 D 的边界相交不多于两点. 如果积分区域 D 如图 8-7 所示，既有一部分使穿过 D 内部且平行于 y 轴的直线与 D 的边界相交多于两点；又有一部分使穿过 D 内部且平行于 x 轴的直线与 D 的边界相交多于两点，即 D 既不是 X 型区域，又不是 Y 型区域. 对于这种情形，我们可以把 D 分成几部分，使每个部分是 X 型区域或 Y 型区域. 例如，如图 8-7 所示，把 D 分成三个部分，它们都是 X 型区域，从而在这三部分上的二重积分都可应用公式（8-2）. 各部分上的二重积分求得后，根据二重积分的性质 8.2，它们的和就是在 D 上的二重积分.

如果积分区域 D 既是 X 型的，又是 Y-型的，既可用不等式 $\varphi_1(x) \leqslant y \leqslant \varphi_2(x)$，$a \leqslant x \leqslant b$ 表示，又可用不等式 $\psi_1(y) \leqslant x \leqslant \psi_2(y)$，$c \leqslant y \leqslant d$ 表示（图 8-8），则由公式（8-3）及（8-5）就得

$$\int_a^b \mathrm{d}x \int_{\varphi_1(x)}^{\varphi_2(x)} f(x,y)\mathrm{d}y = \int_c^d \mathrm{d}y \int_{\psi_1(y)}^{\psi_2(y)} f(x,y)\mathrm{d}x. \tag{8-6}$$

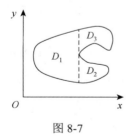

图 8-7

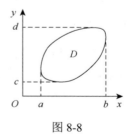

图 8-8

上式表明，这两个不同次序的二次积分相等，因为它们都等于同一个二重积分 $\iint\limits_D f(x,y)\mathrm{d}\sigma$.

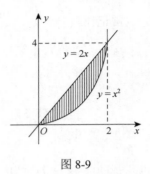

图 8-9

例 8.2　在直角坐标系中，将二重积分 $\iint\limits_{D} f(x,y)\mathrm{d}x\mathrm{d}y$ 化为二次积分（两种积分次序），其中 D 是由直线 $y=2x$ 与抛物线 $y=x^2$ 所围成的闭区域.

解　画出积分区域 D（图 8-9），联立方程组

$$\begin{cases} y=2x, \\ y=x^2, \end{cases}$$

得两条曲线的交点为 $(0,0)$, $(2,4)$.

若把 D 看成 X 型区域，区域 D 可用不等式组表示为：$x^2 \leqslant y \leqslant 2x$，$0 \leqslant x \leqslant 2$，于是

$$\iint\limits_{D} f(x,y)\mathrm{d}x\mathrm{d}y = \int_0^2 \mathrm{d}x \int_{x^2}^{2x} f(x,y)\mathrm{d}y.$$

若把 D 看成 Y 型区域，区域 D 可表示为：$\dfrac{y}{2} \leqslant x \leqslant \sqrt{y}$，$0 \leqslant y \leqslant 4$，于是

$$\iint\limits_{D} f(x,y)\mathrm{d}x\mathrm{d}y = \int_0^4 \mathrm{d}y \int_{\frac{y}{2}}^{\sqrt{y}} f(x,y)\mathrm{d}x.$$

一般而言，在直角坐标系中将二重积分化为二次积分，内层积分的上、下限应该是外层积分的积分变量的函数，并且外层积分的上、下限总是常数.

例 8.3　交换二次积分的次序 $\int_0^2 \mathrm{d}y \int_{y^2}^{2y} f(x,y)\mathrm{d}x$.

解　先依据给定的积分限，积分区域 D 可用不等式组表示为：$y^2 \leqslant x \leqslant 2y$，$0 \leqslant y \leqslant 2$，画出积分区域如图 8-10 所示.

由图 8-10 可知，D 也可用不等式组表示为：

$\dfrac{x}{2} \leqslant y \leqslant \sqrt{x}$，$0 \leqslant x \leqslant 4$，故

$$\int_0^2 \mathrm{d}y \int_{y^2}^{2y} f(x,y)\mathrm{d}x = \int_0^4 \mathrm{d}x \int_{\frac{x}{2}}^{\sqrt{x}} f(x,y)\mathrm{d}y.$$

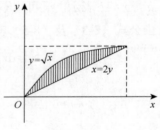

例 8.4　计算 $\iint\limits_{D} xy\mathrm{d}\sigma$，其中 D 是由抛物线 $x=y^2$ 及直线 $x-y-2=0$ 所围成的闭区域.

图 8-10

解　画出积分区域 D（图 8-11），若把 D 看成 Y 型区域，则利用公式（8-5）得

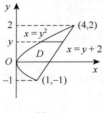

图 8-11

$$\iint\limits_{D} xy\mathrm{d}\sigma = \int_{-1}^2 \mathrm{d}y \int_{y^2}^{y+2} xy\mathrm{d}x = \int_{-1}^2 \left[\frac{x^2}{2}y \right]_{y^2}^{y+2} \mathrm{d}y$$

$$= \frac{1}{2} \int_{-1}^2 [y(y+2)^2 - y^5]\mathrm{d}y$$

$$= \frac{1}{2} \left[\frac{y^4}{4} + \frac{4}{3}y^3 + 2y^2 - \frac{y^6}{6} \right]_{-1}^2 = \frac{45}{8}.$$

若把 D 看成 X 型区域，利用公式（8-3），则由于在区间 $[0, 1]$ 及 $[1, 4]$ 上表示下限 $\varphi_1(x)$ 的式子不同，所以要用经过交点 $(1, -1)$ 且平行于 y 轴的直线 $x = 1$ 把区域 D 分成 D_1 和 D_2 两部分（图 8-12），其中

$$D_1 = \{(x, y) \mid -\sqrt{x} \leqslant y \leqslant \sqrt{x}, 0 \leqslant x \leqslant 1\},$$
$$D_2 = \{(x, y) \mid x - 2 \leqslant y \leqslant \sqrt{x}, 1 \leqslant x \leqslant 4\}.$$

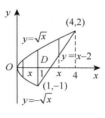

因此，根据二重积分的性质 8.2，就有

$$\iint\limits_{D} xy\mathrm{d}\sigma = \iint\limits_{D_1} xy\mathrm{d}\sigma + \iint\limits_{D_2} xy\mathrm{d}\sigma$$

$$= \int_0^1 \mathrm{d}x \int_{-\sqrt{x}}^{\sqrt{x}} xy\mathrm{d}y + \int_1^4 \mathrm{d}x \int_{x-2}^{\sqrt{x}} xy\mathrm{d}y.$$

图 8-12

由此可见，这里用公式（8-3）来计算比较麻烦.

例 8.5　计算 $\iint\limits_{D} y\sqrt{1 + x^2 - y^2}\mathrm{d}\sigma$，其中 D 是由直线 $y = x$，$x = -1$ 和 $y = 1$ 所围成的闭区域.

解　画出积分区域 D（图 8-13），

若把 D 看成 X 型区域，则利用公式（8-3）得

$$\iint\limits_{D} y\sqrt{1 + x^2 - y^2}\mathrm{d}\sigma = \int_{-1}^{1} \mathrm{d}x \int_{x}^{1} y\sqrt{1 + x^2 - y^2}\mathrm{d}y$$

$$= -\frac{1}{3}\int_{-1}^{1}\left[(1 + x^2 - y^2)^{\frac{3}{2}}\right]_{x}^{1}\mathrm{d}x$$

$$= -\frac{1}{3}\int_{-1}^{1}(|x|^3 - 1)\mathrm{d}x$$

$$= -\frac{2}{3}\int_{0}^{1}(x^3 - 1)\mathrm{d}x = \frac{1}{2}.$$

若把 D 看成 Y 型区域（图 8-14），则利用公式（8-5）得

$$\iint\limits_{D} y\sqrt{1 + x^2 - y^2}\mathrm{d}\sigma = \int_{-1}^{1} y\mathrm{d}y \int_{-1}^{y} \sqrt{1 + x^2 - y^2}\mathrm{d}x,$$

其中关于 x 的积分计算比较麻烦，所以这里用公式（8-3）计算较为方便.

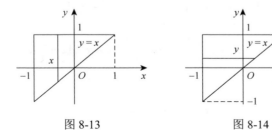

图 8-13　　　　　　　　　　图 8-14

例 8.6　求 $\int_0^1 \mathrm{d}y \int_y^1 \dfrac{\sin x}{x}\mathrm{d}x$.

解　由不定积分可知，因为不定积分 $\int \dfrac{\sin x}{x}\mathrm{d}x$ 不能用初等函数表示，所以依题中所给积分次序不能计算出二次积分. 此类问题可考虑采用交换积分次序的方法来解决，计算如下：

$$\int_0^1 \mathrm{d}y \int_y^1 \frac{\sin x}{x}\mathrm{d}x = \int_0^1 \mathrm{d}x \int_0^x \frac{\sin x}{x}\mathrm{d}y = \int_0^1 \frac{\sin x}{x}\mathrm{d}x \int_0^x \mathrm{d}y = \int_0^1 \frac{\sin x}{x}\cdot x\mathrm{d}x = 1-\cos 1.$$

上述几个例子说明，在化二重积分为二次积分时，为了计算简便，需要选择恰当的二次积分的次序. 这时，既要考虑积分区域 D 的形状，又要考虑被积函数 $f(x,y)$ 的特性.

例 8.7　求两个底圆半径都等于 R 的直交圆柱面所围成的立体的体积.

解　设这两个圆柱面的方程分别为 $x^2+y^2=R^2$ 及 $x^2+z^2=R^2$. 利用立体关于坐标平面的对称性，只需算出它在第一卦限部分（图 8-15（a））的体积 V_1，然后再乘以 8.

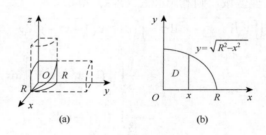

图 8-15

所求立体在第一卦限部分可以看成是一个曲顶柱体，它的底为

$$D=\{(x,y)\,|\,0\leqslant y\leqslant \sqrt{R^2-x^2},0\leqslant x\leqslant R\},$$

如图 8-15（b）所示，它的顶是柱面 $z=\sqrt{R^2-x^2}$. 于是

$$V_1=\iint_D \sqrt{R^2-x^2}\,\mathrm{d}\sigma = \int_0^R \mathrm{d}x \int_0^{\sqrt{R^2-x^2}} \sqrt{R^2-x^2}\,\mathrm{d}y$$

$$=\int_0^R \left[y\sqrt{R^2-x^2}\right]_0^{\sqrt{R^2-x^2}}\mathrm{d}x = \int_0^R (R^2-x^2)\mathrm{d}x = \frac{2}{3}R^3.$$

从而所求立体的体积为

$$V=8V_1=\frac{16}{3}R^3.$$

8.2.2 利用极坐标计算二重积分

有些二重积分,积分区域用极坐标方程来表示比较方便,且被积函数用极坐标变量 ρ, θ 表达比较简单. 这时, 我们就可以考虑利用极坐标来计算二重积分.

按照二重积分的定义:

$$\iint\limits_{D} f(x,y)\mathrm{d}\sigma = \lim_{\lambda \to 0}\sum_{i=1}^{n} f(\xi_i, \eta_i)\Delta\sigma_i,$$

下面我们来研究这个极限在极坐标系中的形式.

假定从极点 O 出发且穿过闭区域 D 内部的射线与 D 的边界曲线相交不多于两点. 我们用以极点为中心的一族同心圆: $\rho = $ 常数, 以及从极点出发的一族射线: $\theta = $ 常数, 把 D 分成 n 个小闭区域 (图 8-16). 除了包含边界点的一些小闭区域外, 其余小闭区域的面积 $\Delta\sigma_i$ 可计算如下:

$$\begin{aligned}\Delta\sigma_i &= \frac{1}{2}(\rho_i + \Delta\rho_i)^2 \cdot \Delta\theta_i - \frac{1}{2}\rho_i^2 \cdot \Delta\theta_i \\ &= \frac{1}{2}(2\rho_i + \Delta\rho_i) \cdot \Delta\rho_i \cdot \Delta\theta_i \\ &= \frac{\rho_i + (\rho_i + \Delta\rho_i)}{2} \cdot \Delta\rho_i \cdot \Delta\theta_i \\ &= \overline{\rho}_i \cdot \Delta\rho_i \cdot \Delta\theta_i, \end{aligned}$$

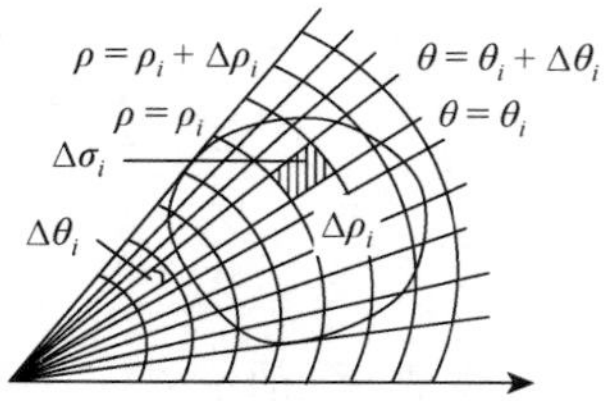

图 8-16

其中 $\overline{\rho}_i$ 表示相邻两圆弧的半径的平均值, 在这小闭区域内取圆周 $\rho = \overline{\rho}_i$ 上的一点 $(\overline{\rho}_i, \overline{\theta}_i)$, 该点的直角坐标设为 (ξ_i, η_i), 则由直角坐标与极坐标之间的关系有 $\xi_i = \overline{\rho}_i \cos\overline{\theta}_i$, $\eta_i = \overline{\rho}_i \sin\overline{\theta}_i$, 于是

$$\lim_{\lambda \to 0}\sum_{i=1}^{n} f(\xi_i, \eta_i)\Delta\sigma_i = \lim_{\lambda \to 0}\sum_{i=1}^{n} f(\overline{\rho}_i \cos\overline{\theta}_i, \overline{\rho}_i \sin\overline{\theta}_i)\overline{\rho}_i \cdot \Delta\rho_i \cdot \Delta\theta_i,$$

即

$$\iint\limits_{D} f(x,y)\mathrm{d}\sigma = \iint\limits_{D'} f(\rho\cos\theta, \rho\sin\theta)\rho\mathrm{d}\rho\mathrm{d}\theta .$$

由于在直角坐标系中 $\iint\limits_{D} f(x,y)\mathrm{d}\sigma$ 也常记作 $\iint\limits_{D} f(x,y)\mathrm{d}x\mathrm{d}y$, 所以上式又可写成

$$\iint\limits_{D} f(x,y)\mathrm{d}x\mathrm{d}y = \iint\limits_{D'} f(\rho\cos\theta, \rho\sin\theta)\rho\mathrm{d}\rho\mathrm{d}\theta \qquad (8\text{-}7)$$

这就是二重积分的变量从直角坐标变换为极坐标的变换公式, 其中 D' 是区域 D 经极坐标变换后在极坐标系下的区域 (为简便起见, 后面不再区分 D' 和 D, 一律记为 D), $\rho\mathrm{d}\rho\mathrm{d}\theta$ 就是极坐标系中的面积元素.

公式 (8-7) 表明, 要把二重积分中的变量从直角坐标转换为极坐标, 只要把

被积函数中的 x，y 分别换成 $\rho\cos\theta$，$\rho\sin\theta$，并把直角坐标系中的面积元素 $\mathrm{d}x\mathrm{d}y$ 换成极坐标系中的面积元素 $\rho\mathrm{d}\rho\mathrm{d}\theta$．

　　一般而言，当积分区域是圆形域、扇形域及环形域时，其在极坐标系中的表达形式较为简单．尤其当被积函数为 x^2+y^2 或 $\dfrac{y}{x}$ 的函数时，常考虑利用极坐标来计算二重积分．

　　极坐标系中的二重积分，同样可以化为二次积分来计算．

　　设积分区域 D 可以用不等式

$$\varphi_1(\theta)\leqslant\rho\leqslant\varphi_2(\theta),\quad \alpha\leqslant\theta\leqslant\beta$$

来表示（图 8-17），其中函数 $\varphi_1(\theta)$，$\varphi_2(\theta)$ 在区间 $[\alpha,\beta]$ 上连续．

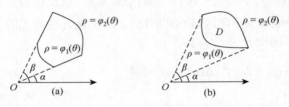

图 8-17

　　先在区间 $[\alpha,\beta]$ 上任意取定一个 θ 值，对应这个 θ 值，D 上的点（图 8-18 中这些点在线段 EF 上）的极径 ρ 从 $\varphi_1(\theta)$ 变到 $\varphi_2(\theta)$．又 θ 是在 $[\alpha,\beta]$ 上任意取定的，所以 θ 的变化范围是区间 $[\alpha,\beta]$．这样就可以看出，极坐标系中的二重积分化为二次积分的公式为

$$\iint\limits_{D}f(\rho\cos\theta,\rho\sin\theta)\rho\mathrm{d}\rho\mathrm{d}\theta=\int_{\alpha}^{\beta}\left[\int_{\varphi_1(\theta)}^{\varphi_2(\theta)}f(\rho\cos\theta,\rho\sin\theta)\rho\mathrm{d}\rho\right]\mathrm{d}\theta.\qquad(8\text{-}8)$$

上式也写成

$$\iint\limits_{D}f(\rho\cos\theta,\rho\sin\theta)\rho\mathrm{d}\rho\mathrm{d}\theta=\int_{\alpha}^{\beta}\mathrm{d}\theta\int_{\varphi_1(\theta)}^{\varphi_2(\theta)}f(\rho\cos\theta,\rho\sin\theta)\rho\mathrm{d}\rho.\qquad(8\text{-}9)$$

　　如果积分区域 D 是图 8-19 所示的曲边扇形，那么可以把它看作图 8-17（a）中当 $\varphi_1(\theta)\equiv0$，$\varphi_2(\theta)=\varphi(\theta)$ 时的特例．这时闭区域 D 可以用不等式

$$0\leqslant\rho\leqslant\varphi(\theta),\quad \alpha\leqslant\theta\leqslant\beta$$

来表示，而公式（8-9）成为

$$\iint\limits_{D}f(\rho\cos\theta,\rho\sin\theta)\rho\mathrm{d}\rho\mathrm{d}\theta$$

$$=\int_{\alpha}^{\beta}\mathrm{d}\theta\int_{0}^{\varphi(\theta)}f(\rho\cos\theta,\rho\sin\theta)\rho\mathrm{d}\rho.$$

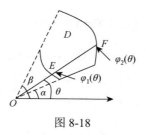

图 8-18

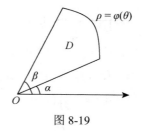

图 8-19

如果积分区域 D 如图 8-20 所示，极点在 D 的内部，则可以把它看作图 8-19 中当 $\alpha = 0$，$\beta = 2\pi$ 时的特例，这时闭区域 D 可以用不等式

$$0 \leqslant \rho \leqslant \varphi(\theta), \quad 0 \leqslant \theta \leqslant 2\pi$$

来表示，而公式（8-9）成为

$$\iint\limits_{D} f(\rho\cos\theta, \rho\sin\theta)\rho\mathrm{d}\rho\mathrm{d}\theta = \int_0^{2\pi}\mathrm{d}\theta\int_0^{\varphi(\theta)} f(\rho\cos\theta, \rho\sin\theta)\rho\mathrm{d}\rho.$$

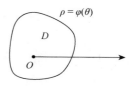

图 8-20

例 8.8 计算二重积分 $\iint\limits_{D}\ln(1 + x^2 + y^2)\mathrm{d}x\mathrm{d}y$，其中 D 是单位圆域：$\{(x, y) \,|\, x^2 + y^2 \leqslant 1\}$.

解 采用公式（8-7），有

$$\iint\limits_{D}\ln(1 + x^2 + y^2)\mathrm{d}x\mathrm{d}y = \iint\limits_{D}\rho\ln(1 + \rho^2)\mathrm{d}\rho\mathrm{d}\theta,$$

原点在 D 内部，故 $0 \leqslant \theta \leqslant 2\pi$，而 $0 \leqslant \rho \leqslant 1$. 故

$$\iint\limits_{D}\rho\ln(1 + \rho^2)\mathrm{d}\rho\mathrm{d}\theta = \int_0^{2\pi}\mathrm{d}\theta\int_0^1 \rho\ln(1 + \rho^2)\mathrm{d}\rho$$

$$= \pi\left\{[(1 + \rho^2)\ln(1 + \rho^2)]_0^1 - 2\int_0^1\rho\mathrm{d}\rho\right\}$$

$$= \pi(2\ln 2 - 1).$$

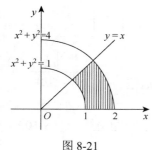

图 8-21

例 8.9 计算 $\iint\limits_{D}\arctan\dfrac{y}{x}\mathrm{d}x\mathrm{d}y$，其中 D 是圆周 $x^2 + y^2 = 4$，$x^2 + y^2 = 1$ 及直线 $y = 0$，$y = x$ 所围成的第一象限内的区域，如图 8-21 所示.

解 在极坐标系中，闭区域 D 可表示为

$$1 \leqslant \rho \leqslant 2, 0 \leqslant \theta \leqslant \frac{\pi}{4}.$$

则

$$\iint\limits_{D}\arctan\frac{y}{x}\mathrm{d}x\mathrm{d}y = \int_0^{\frac{\pi}{4}}\mathrm{d}\theta\int_1^2\arctan(\tan\theta)\rho\mathrm{d}\rho = \int_0^{\frac{\pi}{4}}\theta\mathrm{d}\theta\int_1^2\rho\mathrm{d}\rho = \frac{3}{64}\pi^2.$$

例 8.10　求 $\iint\limits_D |x^2+y^2-1|\mathrm{d}\sigma$，其中 $D=\{(x,y)|0\leqslant x\leqslant 1,0\leqslant y\leqslant 1\}$.

解　将积分区域 D 分成两个部分 D_1 和 D_2，如图 8-22 所示，其中 $D_1=\{(x,y)|x^2+y^2\leqslant 1,(x,y)\in \mathrm{D}\}$，$D_2=\{(x,y)|x^2+y^2>1,(x,y)\in D\}$.

$$\begin{aligned}\iint\limits_D |x^2+y^2-1|\mathrm{d}\sigma &= -\iint\limits_{D_1}(x^2+y^2-1)\mathrm{d}\sigma+\iint\limits_{D_2}(x^2+y^2-1)\mathrm{d}\sigma\\ &= -\iint\limits_{D_1}(x^2+y^2-1)\mathrm{d}\sigma+\iint\limits_{D}(x^2+y^2-1)\mathrm{d}\sigma-\iint\limits_{D_1}(x^2+y^2-1)\mathrm{d}\sigma\\ &= \int_0^1\mathrm{d}x\int_0^1(x^2+y^2-1)\mathrm{d}y-2\int_0^{\frac{\pi}{2}}\mathrm{d}\theta\int_0^1(\rho^2-1)\rho\mathrm{d}\rho=\frac{\pi}{4}-\frac{1}{3}.\end{aligned}$$

图 8-22

例 8.11　计算 $\iint\limits_D \mathrm{e}^{-x^2-y^2}\mathrm{d}x\mathrm{d}y$，其中 D 是四分之一圆域：$\{(x,y)\,|\,x^2+y^2\leqslant a^2,x\geqslant 0,\quad y\geqslant 0\}$. 并由此计算概率积分 $\int_0^{+\infty}\mathrm{e}^{-x^2}\mathrm{d}x$.

解　在极坐标系中，闭区域 D 可表示为

$$0\leqslant\rho\leqslant a,0\leqslant\theta\leqslant\frac{\pi}{2}.$$

由式（8-7）及式（8-9）有

$$\begin{aligned}\iint\limits_D \mathrm{e}^{-x^2-y^2}\mathrm{d}x\mathrm{d}y &= \iint\limits_D \mathrm{e}^{-\rho^2}\rho\mathrm{d}\rho\mathrm{d}\theta=\int_0^{\frac{\pi}{2}}\mathrm{d}\theta\int_0^a\mathrm{e}^{-\rho^2}\rho\mathrm{d}\rho\\ &= \int_0^{\frac{\pi}{2}}\left[-\frac{1}{2}\mathrm{e}^{-\rho^2}\right]_0^a\mathrm{d}\theta=\frac{1}{2}(1-\mathrm{e}^{-a^2})\int_0^{\frac{\pi}{2}}\mathrm{d}\theta=\frac{\pi}{4}(1-\mathrm{e}^{-a^2}).\end{aligned}$$

本题如果用直角坐标计算，由于积分 $\int\mathrm{e}^{-x^2}\mathrm{d}x$ 不能用初等函数表示，所以算不出来. 现在我们利用上面的结果来计算在概率论中常用的广义积分 $\int_0^{+\infty}\mathrm{e}^{-x^2}\mathrm{d}x$.

设

$$\begin{aligned}&D_1=\{(x,y)\,|\,x^2+y^2\leqslant R^2,x\geqslant 0,y\geqslant 0\},\\ &D_2=\{(x,y)\,|\,x^2+y^2\leqslant 2R^2,x\geqslant 0,y\geqslant 0\},\\ &S=\{(x,y)\,|\,0\leqslant x\leqslant R,0\leqslant y\leqslant R\}.\end{aligned}$$

图 8-23

显然 $D_1\subset S\subset D_2$（图 8-23），由于 $\mathrm{e}^{-x^2-y^2}>0$，从而在这些闭区域上的二重积分之间有不等式

$$\iint\limits_{D_1}\mathrm{e}^{-x^2-y^2}\mathrm{d}x\mathrm{d}y<\iint\limits_{S}\mathrm{e}^{-x^2-y^2}\mathrm{d}x\mathrm{d}y<\iint\limits_{D_2}\mathrm{e}^{-x^2-y^2}\mathrm{d}x\mathrm{d}y. \tag{8-10}$$

因为

$$\iint\limits_{S}\mathrm{e}^{-x^2-y^2}\mathrm{d}x\mathrm{d}y=\int_0^R\mathrm{e}^{-x^2}\mathrm{d}x\cdot\int_0^R\mathrm{e}^{-y^2}\mathrm{d}y=\left(\int_0^R\mathrm{e}^{-x^2}\mathrm{d}x\right)^2,$$

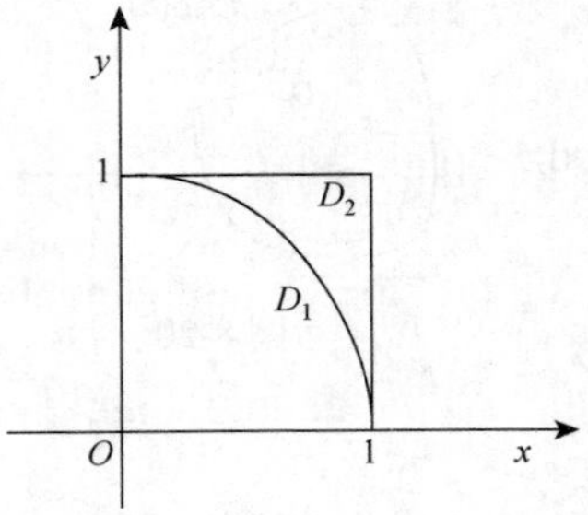

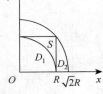

由上面已得的结果知

$$\iint\limits_{D_1} e^{-x^2-y^2} dxdy = \frac{\pi}{4}(1-e^{-R^2}), \qquad \iint\limits_{D_2} e^{-x^2-y^2} dxdy = \frac{\pi}{4}(1-e^{-2R^2}),$$

于是不等式（8-10）可写成

$$\frac{\pi}{4}(1-e^{-R^2}) < \left(\int_0^R e^{-x^2} dx\right)^2 < \frac{\pi}{4}(1-e^{-2R^2}).$$

令 $R \to +\infty$ ，上面两端趋于同一极限 $\frac{\pi}{4}$ ，从而

$$\int_0^{+\infty} e^{-x^2} dx = \frac{\sqrt{\pi}}{2}.$$

例 8.12　求球体 $x^2 + y^2 + z^2 \leqslant 4a^2$ 被圆柱面 $x^2 + y^2 = 2ax\,(a>0)$ 所截得的（含在圆柱面内的部分）立体的体积（图 8-24）.

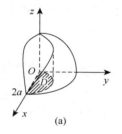 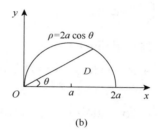

　　　　　　　　(a)　　　　　　　　　　　　　　　　(b)

图 8-24

解　由对称性，

$$V = 4\iint\limits_D \sqrt{4a^2-x^2-y^2}\, dxdy,$$

其中 D 为半圆周 $y = \sqrt{2ax-x^2}$ 及 x 轴所围成的闭区域，在极坐标系中，闭区域 D 可用不等式

$$0 \leqslant \rho \leqslant 2a\cos\theta, 0 \leqslant \theta \leqslant \frac{\pi}{2}$$

来表示. 于是

$$V = 4\iint\limits_D \sqrt{4a^2-\rho^2}\,\rho d\rho d\theta = 4\int_0^{\frac{\pi}{2}} d\theta \int_0^{2a\cos\theta} \sqrt{4a^2-\rho^2}\,\rho d\rho$$

$$= \frac{32}{3}a^3 \int_0^{\frac{\pi}{2}} (1-\sin^3\theta) d\theta = \frac{32}{3}a^3\left(\frac{\pi}{2}-\frac{2}{3}\right).$$

习　题　8-2

1. 化二重积分 $I = \iint\limits_{D} f(x,y)\mathrm{d}\sigma$ 为二次积分（分别列出对两个变量先后次序不同的两个二次积分），其中积分区域 D 是：

（1）以 $(0,0),(1,0),(0,2)$ 为顶点的三角形区域；

（2）由直线 $y=x$ 及抛物线 $y^2=4x$ 所围成的闭区域；

（3）由直线 $y=x$，$x=2$ 及双曲线 $y=\dfrac{1}{x}(x>0)$ 所围成的闭区域.

2. 交换下列二次积分的积分次序：

（1）$\displaystyle\int_0^2 \mathrm{d}y \int_{y^2}^{2y} f(x,y)\mathrm{d}x$ ；

（2）$\displaystyle\int_1^2 \mathrm{d}x \int_{2-x}^{\sqrt{2x-x^2}} f(x,y)\mathrm{d}y$ ；

（3）$\displaystyle\int_1^e \mathrm{d}x \int_0^{\ln x} f(x,y)\mathrm{d}y$ ；

（4）$\displaystyle\int_{\frac{1}{2}}^1 \mathrm{d}x \int_{\frac{1}{x}}^2 f(x,y)\mathrm{d}y + \int_1^2 \mathrm{d}x \int_x^2 f(x,y)\mathrm{d}y$.

3. 计算下列二重积分：

（1）$\displaystyle\iint\limits_{D}(x^2+y^2-x)\mathrm{d}\sigma$ ，其中 D 是由直线 $y=x, y=2x, y=2$ 所围成的闭区域；

（2）$\displaystyle\iint\limits_{D}\frac{1}{x+y}\mathrm{d}\sigma$ ，其中 $D=\{(x,y)\,|\,0 \leqslant x \leqslant 1, 1 \leqslant x+y \leqslant 2\}$ ；

（3）$\displaystyle\iint\limits_{D} x\sqrt{y}\mathrm{d}\sigma$ ，其中 D 是由两条抛物线 $y=\sqrt{x}$，$y=x^2$ 所围成的闭区域；

（4）$\displaystyle\iint\limits_{D}\sin(x+y)\mathrm{d}\sigma$ ，其中 D 是由直线 $x=0, y=\pi, y=x$ 所围成的闭区域.

4. 画出积分区域，并计算下列二重积分：

（1）$\displaystyle\iint\limits_{D} xy^2\mathrm{d}\sigma$ ，其中 D 是由圆周 $x^2+y^2=1$ 及 y 轴所围成的右半闭区域；

（2）$\displaystyle\iint\limits_{D} \mathrm{e}^{x+y}\mathrm{d}\sigma$ ，其中 $D=\{(x,y)\,|\,|x|+|y| \leqslant 1\}$ ；

（3）$\displaystyle\iint\limits_{D} |\cos(x+y)|\mathrm{d}\sigma$ ，其中 D 是由直线 $y=x, y=0, x=\dfrac{\pi}{2}$ 所围成的闭区域；

（4）$\displaystyle\iint\limits_{D} x^2\mathrm{e}^{-y^2}\mathrm{d}\sigma$ ，其中 D 是由直线 $y=1$，$y=x$ 及 y 轴所围成的闭区域.

5. 计算由四个平面 $x=0$，$y=0$，$x=1$，$y=1$ 所围成柱体被平面 $z=0$ 及 $2x+3y+z=6$ 截得的立体的体积.

6. 求由曲面 $z = x^2 + 2y^2$ 及 $z = 6 - 2x^2 - y^2$ 所围成的立体的体积.

7. 画出积分区域，把积分 $\iint\limits_{D} f(x,y)\mathrm{d}\sigma$ 表示为极坐标形式的二次积分，其中积分区域 D 是：

（1）$\{(x,y) \mid x^2 + y^2 \leqslant a^2\}\ (a > 0)$；　　　（2）$\{(x,y) \mid x^2 + y^2 \leqslant 2x\}$；

（3）$\{(x,y) \mid a^2 \leqslant x^2 + y^2 \leqslant b^2\}$，其中 $0 < a < b$；

（4）$\{(x,y) \mid 0 \leqslant y \leqslant 1 - x,\, 0 \leqslant x \leqslant 1\}$.

8. 化下列二次积分为极坐标形式的二次积分：

（1）$\displaystyle\int_0^1 \mathrm{d}x \int_0^1 f(x,y)\mathrm{d}y$；　　　　（2）$\displaystyle\int_0^2 \mathrm{d}x \int_x^{\sqrt{3}x} f(x,y)\mathrm{d}y$；

（3）$\displaystyle\int_0^1 \mathrm{d}x \int_{1-x}^{\sqrt{1-x^2}} f(x,y)\mathrm{d}y$；　　（4）$\displaystyle\int_0^1 \mathrm{d}x \int_0^{x^2} f(x,y)\mathrm{d}y$.

9. 把下列积分化为极坐标形式，并计算积分值：

（1）$\displaystyle\int_0^{2a} \mathrm{d}x \int_0^{\sqrt{2ax-x^2}} (x^2 + y^2)\mathrm{d}y$；　　（2）$\displaystyle\int_0^a \mathrm{d}x \int_0^x \sqrt{x^2 + y^2}\,\mathrm{d}y$；

（3）$\displaystyle\int_0^1 \mathrm{d}x \int_{x^2}^x (x^2 + y^2)^{-\frac{1}{2}}\mathrm{d}y$；　　（4）$\displaystyle\int_0^a \mathrm{d}y \int_0^{\sqrt{a^2-y^2}} (x^2 + y^2)\mathrm{d}x$.

10. 利用极坐标计算下列各题：

（1）$\iint\limits_{D} \sin(x^2 + y^2)\mathrm{d}\sigma$，其中 $D = \{(x,y) \mid \pi^2 \leqslant x^2 + y^2 \leqslant 4\pi^2\}$；

（2）$\iint\limits_{D} \arctan\dfrac{y}{x}\mathrm{d}\sigma$，其中 $D = \{(x,y) \mid x^2 + y^2 \leqslant R^2\}$.

11. 选用适当的坐标计算下列各题：

（1）$\iint\limits_{D} xy\mathrm{d}\sigma$，其中 D 是由直线 $y = x - 4$，$y^2 = 2x$ 围成的平面区域；

（2）$\iint\limits_{D} (x^2+y^2)\mathrm{d}\sigma$，其中 $D = \{(x,y) \mid \sqrt{2x-x^2} \leqslant y \leqslant \sqrt{4-x^2},\, x \geqslant 0, y \geqslant 0\}$；

（3）$\iint\limits_{D} |x^2 + y^2 - 2y|\mathrm{d}\sigma$，其中 $D = \{(x,y) \mid x^2 + y^2 \leqslant 4\}$.

12. 用二重积分计算以下图形 D 的面积：

（1）D 由 $y = \mathrm{e}^x$，$y = \mathrm{e}^{2x}$，$x = 1$ 所围成；

（2）D 由 $y^2 = x$，$x + y = 2$ 所围成.

13. 求由平面 $y = 0$，$y = kx\ (k > 0)$，$z = 0$ 及球心在原点、半径为 R 的上半球面所围成的在第一卦限内的立体的体积（图 8-25）.

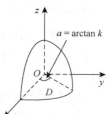

图 8-25

8.3　三　重　积　分

8.3.1　三重积分的概念

二重积分的定义可以很自然地推广到三元函数中，所以三重积分的定义如下.

定义 8.2　设 $f(x,y,z)$ 是空间有界闭区域 Ω 上的有界函数. 将 Ω 任意分成 n 个小闭区域，

$$\Delta v_1, \Delta v_2, \cdots, \Delta v_n,$$

其中 Δv_i 表示第 i 个小闭区域，也表示它的体积，在每个 Δv_i 上任取一点 (ξ_i, η_i, ζ_i)，作乘积 $f(\xi_i, \eta_i, \zeta_i)\Delta v_i (i=1,2,\cdots,n)$，并作和 $\sum\limits_{i=1}^{n} f(\xi_i, \eta_i, \zeta_i)\Delta v_i$. 如果当各小闭区域直径中的最大值 λ 趋于零时，这个和的极限总存在，则称此极限为函数 $f(x,y,z)$ 在闭区域 Ω 上的三重积分，记作 $\iiint\limits_{\Omega} f(x,y,z)\mathrm{d}v$，即

$$\iiint\limits_{\Omega} f(x,y,z)\mathrm{d}v = \lim_{\lambda \to 0} \sum_{i=1}^{n} f(\xi_i, \eta_i, \zeta_i)\Delta v_i, \tag{8-11}$$

其中 $\mathrm{d}v$ 称为体积元素.

在直角坐标系中，如果用分别平行于坐标面的平面族来划分 Ω，那么除了包含 Ω 的边界点的一些不规则小闭区域外，其他的小闭区域 Δv_i 为长方体. 设长方体小闭区域 Δv_i 的长、宽、高分别为 Δx_i，Δy_i，Δz_i，则 $\Delta v_i = \Delta x_i \Delta y_i \Delta z_i$，因此在直角坐标系中，也把体积元素 $\mathrm{d}v$ 记作 $\mathrm{d}x\mathrm{d}y\mathrm{d}z$，此时也把三重积分记作

$$\iiint\limits_{\Omega} f(x,y,z)\mathrm{d}x\mathrm{d}y\mathrm{d}z,$$

其中 $\mathrm{d}x\mathrm{d}y\mathrm{d}z$ 称为直角坐标系中的体积元素.

当函数 $f(x,y,z)$ 在闭区域 Ω 上连续时，函数 $f(x,y,z)$ 在闭区域 Ω 上的三重积分必定存在. 关于二重积分的一些术语，如被积函数、积分区域等，也可相应地用到三重积分上. 三重积分也有与二重积分类似的性质.

由三重积分的定义可知，如果空间物体 Ω 上的密度为 $f(x,y,z)$ 且 $f(x,y,z)$ 在 Ω 上连续，物体 Ω 的质量可表示为

$$M = \iiint\limits_{\Omega} f(x,y,z)\mathrm{d}v.$$

如果 $f(x,y,z)=1$ 时，用 V 表示空间闭区域 Ω 的体积，则 $V = \iiint\limits_{\Omega} 1 \mathrm{d}v = \iiint\limits_{\Omega} \mathrm{d}v$.

8.3.2 三重积分的计算

计算三重积分的基本方法是将三重积分化为三次积分来计算. 下面在不同的坐标系下分别讨论将三重积分化为三次积分的方法且只限于叙述方法.

1. 在直角坐标系中计算三重积分

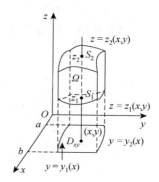

图 8-26

假设平行于 z 轴且穿过闭区域 Ω 内部的直线与闭区域 Ω 的边界曲面相交不多于两点. Ω 在 xOy 面上的投影区域为 D_{xy}（图 8-26）. 以 D_{xy} 的边界为准线作母线平行于 z 轴的柱面. 这柱面与空间闭区域 Ω 的边界曲面 S 相交，并将 S 分成上、下两部分 S_1 和 S_2，它们的方程分别为

$$S_1: \quad z = z_1(x,y),$$
$$S_2: \quad z = z_2(x,y),$$

其中 $z_1(x,y)$ 与 $z_2(x,y)$ 都是 D_{xy} 上的连续函数，并且 $z_1(x,y) \leqslant z_2(x,y)$. 于是积分区域可表示为

$$\Omega = \{(x,y,z) \mid z_1(x,y) \leqslant z \leqslant z_2(x,y), (x,y) \in D_{xy}\}.$$

先将 x，y 看作定值，将 $f(x,y,z)$ 只看作 z 的函数，在区间 $[z_1(x,y), z_2(x,y)]$ 上对 z 积分. 积分的结果是 x，y 的二元函数，记为 $F(x,y)$，即

$$F(x,y) = \int_{z_1(x,y)}^{z_2(x,y)} f(x,y,z)\mathrm{d}z.$$

然后再计算 $F(x,y)$ 在闭区域 D_{xy} 上的二重积分

$$\iint\limits_{D_{xy}} F(x,y)\mathrm{d}\sigma = \iint\limits_{D_{xy}} \left[\int_{z_1(x,y)}^{z_2(x,y)} f(x,y,z)\mathrm{d}z \right]\mathrm{d}\sigma.$$

假如闭区域

$$D_{xy} = \{(x,y) \mid y_1(x) \leqslant y \leqslant y_2(x), \ a \leqslant x \leqslant b\},$$

把这个二重积分化为二次积分，于是得到三重积分的计算公式：

$$\iiint\limits_{\Omega} f(x,y,z)\mathrm{d}v = \int_a^b \mathrm{d}x \int_{y_1(x)}^{y_2(x)} \mathrm{d}y \int_{z_1(x,y)}^{z_2(x,y)} f(x,y,z)\mathrm{d}z. \qquad (8\text{-}12)$$

公式（8-12）把三重积分化为先对 z、次对 y、最后对 x 的三次积分.

如果平行于 x 轴或 y 轴且穿过闭区域 Ω 内部的直线与 Ω 的边界曲面 S 相交不多于两点，也可把闭区域 Ω 投影到 yOz 面上或 xOz 面上，这样便可把三重积分化为按其他顺序的三次积分. 如果平行于坐标轴且穿过闭区域 Ω 内部的直线与边界曲面 S 的交点多于两个，也可像处理二重积分那样，把 Ω 分成若干部分，使 Ω 上的三重积分化为各部分闭区域上的三重积分的和.

例 8.13　计算三重积分 $\iiint\limits_{\Omega} x^2 \mathrm{d}x\mathrm{d}y\mathrm{d}z$，其中 Ω 为三个坐标面及平面 $x+2y+z=1$ 所围成的闭区域.

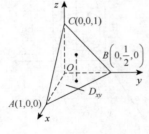

图 8-27

解　作闭区域 Ω 如图 8-27 所示.

将 Ω 投影到 xOy 面上，得投影区域 D_{xy} 为三角形闭区域 OAB. 直线 OA，OB 及 AB 的方程依次为 $y=0$，$x=0$ 及 $x+2y=1$，所以

$$D_{xy} = \left\{ (x,y) \,\middle|\, 0 \leqslant y \leqslant \frac{1-x}{2}, 0 \leqslant x \leqslant 1 \right\}.$$

在 D_{xy} 内任取一点 (x,y)，过此点作平行于 z 轴的直线，该直线从平面 $z=0$ 穿入 Ω 内，然后通过平面 $z=1-x-2y$ 穿出 Ω. 于是，由式（8-12）得

$$\iiint\limits_{\Omega} x^2 \mathrm{d}x\mathrm{d}y\mathrm{d}z = \int_0^1 \mathrm{d}x \int_0^{\frac{1-x}{2}} \mathrm{d}y \int_0^{1-x-2y} x^2 \mathrm{d}z$$

$$= \int_0^1 \mathrm{d}x \int_0^{\frac{1-x}{2}} x^2 (1-x-2y)\mathrm{d}y$$

$$= \frac{1}{4} \int_0^1 (x^2 - 2x^3 + x^4)\mathrm{d}x = \frac{1}{120}.$$

计算三重积分时，除了可先求定积分再求二重积分外，有时也可先求二重积分再求定积分（即先二后一法）.

设空间闭区域 $\Omega = \{(x,y,z) \,|\, (x,y) \in D_z, c_1 \leqslant z \leqslant c_2\}$，其中 D_z 是竖坐标为 z 的平面截闭区域 Ω 所得到的一个平面闭区域（图 8-28），则

$$\iiint\limits_{\Omega} f(x,y,z)\mathrm{d}v = \int_{c_1}^{c_2} \mathrm{d}z \iint\limits_{D_z} f(x,y,z)\mathrm{d}x\mathrm{d}y. \tag{8-13}$$

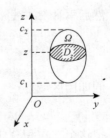

图 8-28

例 8.14　计算三重积分 $\iiint\limits_{\Omega} (y+z)\mathrm{d}x\mathrm{d}y\mathrm{d}z$，其中 Ω 是由椭球面 $\dfrac{x^2}{a^2} + \dfrac{y^2}{b^2} + \dfrac{z^2}{c^2} = 1$ 与 xOy 平面上方所围成的空间闭区域.

解　$\iiint\limits_{\Omega} (y+z)\mathrm{d}x\mathrm{d}y\mathrm{d}z = \iiint\limits_{\Omega} y\mathrm{d}x\mathrm{d}y\mathrm{d}z + \iiint\limits_{\Omega} z\mathrm{d}x\mathrm{d}y\mathrm{d}z.$

由于 Ω 关于平面 $y=0$ （zOx 坐标平面）对称，

而被积函数 $f(x,y,z)=y$ 关于 y 是奇函数，所以

$$\iiint\limits_{\Omega} y\mathrm{d}x\mathrm{d}y\mathrm{d}z = 0.$$

空间闭区域 Ω 可表为

$$\left\{(x,y,z)\mid \frac{x^2}{a^2}+\frac{y^2}{b^2}\leqslant 1-\frac{z^2}{c^2}, 0\leqslant z\leqslant c\right\},$$

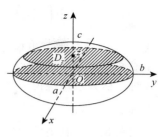

图 8-29

如图 8-29 所示. 由公式 （8-13） 得

$$\iiint\limits_{\Omega} z\mathrm{d}x\mathrm{d}y\mathrm{d}z = \int_0^c z\mathrm{d}z\iint\limits_{D_z}\mathrm{d}x\mathrm{d}y = \pi ab\int_0^c\left(1-\frac{z^2}{c^2}\right)z\mathrm{d}z = \frac{1}{4}\pi abc^2.$$

2. 在柱面坐标系中计算三重积分

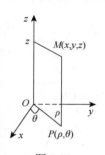

图 8-30

设空间点 $M(x,y,z)$ 在 xOy 面上的投影 P 的极坐标为 (ρ,θ) ，则这样的数组 (ρ,θ,z) 就称为点 M 的柱面坐标（图 8-30）. 显然，点 M 的直角坐标与柱面坐标的关系为

$$x=\rho\cos\theta, \quad y=\rho\sin\theta, \quad z=z,$$

其中 ρ,θ,z 的变化范围为

$$0\leqslant\rho<+\infty, \quad 0\leqslant\theta\leqslant 2\pi, \quad -\infty<z<+\infty.$$

由此可见，柱面坐标系的坐标面分别为：

$\rho=$ 常数，表示半径为 ρ ，母线平行于 z 轴的圆柱面；

$\theta=$ 常数，表示过 z 轴的半平面；

$z=$ 常数，表示与 xOy 面平行的平面.

现在要把三重积分 $\iiint\limits_{\Omega} f(x,y,z)\mathrm{d}v$ 中的积分变量变换为柱面坐标. 为此，用三组坐标面 $\rho=$ 常数，$\theta=$ 常数，$z=$ 常数，把 Ω 分成许多小闭区域，除了含 Ω 的边界点的一些不规则小闭区域外，这种小闭区域都是柱体. 今考虑由 ρ,θ,z 各取得微小增量 $\mathrm{d}\rho,\mathrm{d}\theta,\mathrm{d}z$ 所成的柱体的体积（图 8-31）.这个体积等于高与底面积的乘积. 现在高为 $\mathrm{d}z$ ，底面积在不计高阶无穷小时为 $\rho\mathrm{d}\rho\mathrm{d}\theta$ （即极坐标系中的面积元素），于是

$$\mathrm{d}v = \rho\mathrm{d}\rho\mathrm{d}\theta\mathrm{d}z,$$

这就是柱面坐标系中的体积元素. 并设经变换后， Ω 变为 Ω' ，三重积分可化为

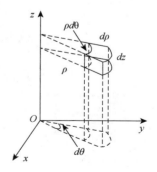

图 8-31

$$\iiint\limits_{\Omega} f(x,y,z)\mathrm{d}x\mathrm{d}y\mathrm{d}z = \iiint\limits_{\Omega'} f(\rho\cos\theta,\rho\sin\theta,z)\rho\mathrm{d}\rho\mathrm{d}\theta\mathrm{d}z. \qquad (8\text{-}14)$$

式（8-14）就是把三重积分的变量从直角坐标变换为柱面坐标的公式. 至于积分变量变换为柱面坐标后的三重积分的计算，则可化为三次积分来进行. 化为三次积分时，积分限是根据 ρ,θ,z 在积分区域 Ω 中的变化范围来确定的，下面通过例子来说明.

例 8.15　利用柱面坐标计算三重积分 $\iiint\limits_{\Omega}\left(z-\sqrt{x^2+y^2}\right)\mathrm{d}x\mathrm{d}y\mathrm{d}z$，其中 Ω 是由圆柱面 $x^2+y^2=1$，平面 $z=0$ 和 $z=2$ 所围成的圆柱体.

解　把闭区域 Ω 投影到 xOy 面上，得半径为 1 的圆形闭区域
$$D_{xy}=\{(\rho,\theta)\,|\,0\leqslant\rho\leqslant1,0\leqslant\theta\leqslant2\pi\}.$$

在 D_{xy} 内任取一点 (ρ,θ)，过该点作平行于 z 轴的直线，直线上位于 Ω 内的点 z 满足 $0\leqslant z\leqslant2$. 因此闭区域 Ω 可用不等式
$$0\leqslant z\leqslant2,0\leqslant\rho\leqslant1,0\leqslant\theta\leqslant2\pi$$
来表示. 于是

$$\iiint\limits_{\Omega}(z-\sqrt{x^2+y^2})\mathrm{d}x\mathrm{d}y\mathrm{d}z = \iiint\limits_{\Omega}(z-\rho)\rho\mathrm{d}\rho\mathrm{d}\theta\mathrm{d}z = \int_0^{2\pi}\mathrm{d}\theta\int_0^1\mathrm{d}\rho\int_0^2(z-\rho)\rho\mathrm{d}z$$

$$= \int_0^{2\pi}\mathrm{d}\theta\int_0^1 2(\rho-\rho^2)\mathrm{d}\rho = \int_0^{2\pi}\frac{1}{3}\mathrm{d}\theta = \frac{2}{3}\pi.$$

3. 在球面坐标系中计算三重积分

空间点 $M(x,y,z)$ 也可用三元有序数组 (r,φ,θ) 来确定，其中 r 为坐标原点 O 与点 M 间的距离，φ 为有向线段 $\overrightarrow{OM}$ 与 z 轴正向所夹的角，θ 为从正 z 轴来看自 x 轴按逆时针方向转到有向线段 $\overrightarrow{OP}$ 的角,这里 P 为点 M 在 xOy 面上的投影（图 8-32）.

这样的三个数 r,φ,θ 称为点 M 的球面坐标，这里 r,φ,θ 的变化范围为
$$0\leqslant r\leqslant+\infty，0\leqslant\varphi\leqslant\pi，0\leqslant\theta\leqslant2\pi,$$
点 M 的直角坐标 (x,y,z) 与球面坐标 (r,φ,θ) 之间的关系为
$$\begin{cases}x=OP\cos\theta=r\sin\varphi\cos\theta,\\ y=OP\sin\theta=r\sin\varphi\sin\theta,\\ z=r\cos\varphi.\end{cases}$$

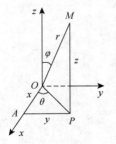
图 8-32

球面坐标系的三组坐标面为：

$r=$ 常数，表示以原点为球心的球面；

φ = 常数，表示以原点为顶点、z 轴为轴的圆锥面；

θ = 常数，表示过 z 轴的半平面.

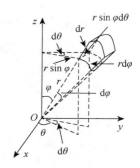

为了把三重积分中的变量从直角坐标变换为球面坐标，用三组坐标面 r = 常数，φ = 常数，θ = 常数，把积分区域 Ω 分成许多小闭区域. 考虑由 r, φ, θ 各取得微小增量 $\mathrm{d}r, \mathrm{d}\varphi, \mathrm{d}\theta$ 所成的六面体的体积（图 8-33）. 不计高阶无穷小，可把这个六面体看作长方体，其经线方向的长为 $r\mathrm{d}\varphi$，纬线方向的宽为 $r\sin\varphi\mathrm{d}\theta$，向径方向的高为 $\mathrm{d}r$，于是得

$$\mathrm{d}v = r^2\sin\varphi\mathrm{d}r\mathrm{d}\varphi\mathrm{d}\theta,$$

这就是球面坐标系中的体积元素. 把区域 Ω 在球面坐标系下的区域记为 Ω'，三重积分可化为

图 8-33

$$\iiint\limits_{\Omega} f(x,y,z)\mathrm{d}x\mathrm{d}y\mathrm{d}z = \iiint\limits_{\Omega'} F(r,\varphi,\theta)r^2\sin\varphi\mathrm{d}r\mathrm{d}\varphi\mathrm{d}\theta, \qquad (8\text{-}15)$$

其中 $F(r,\varphi,\theta) = f(r\sin\varphi\cos\theta, r\sin\varphi\sin\theta, r\cos\varphi)$. 式（8-15）就是把三重积分的变量从直角坐标变换为球面坐标的公式.

要计算积分变量变换为球面坐标后的三重积分，可把它化为对 r、对 φ 及对 θ 的三次积分.

若积分区域 Ω 的边界曲面是一个包围原点在内的闭曲面，其球面坐标方程为 $r = r(\varphi,\theta)$，则

$$I = \iiint\limits_{\Omega} F(r,\varphi,\theta)r^2\sin\varphi\mathrm{d}r\mathrm{d}\varphi\mathrm{d}\theta$$

$$= \int_0^{2\pi}\mathrm{d}\theta\int_0^{\pi}\mathrm{d}\varphi\int_0^{r(\varphi,\theta)} F(r,\varphi,\theta)r^2\sin\varphi\mathrm{d}r.$$

特别地，当积分区域 Ω 为球面 $r = a$ 所围成时，则

$$I = \int_0^{2\pi}\mathrm{d}\theta\int_0^{\pi}\mathrm{d}\varphi\int_0^{a} F(r,\varphi,\theta)r^2\sin\varphi\mathrm{d}r.$$

更特别地，当 $F(r,\varphi,\theta) = 1$ 时，由上式即得球的体积

$$V = \int_0^{2\pi}\mathrm{d}\theta\int_0^{\pi}\sin\varphi\mathrm{d}\varphi\int_0^{a} r^2\mathrm{d}r = 2\pi\cdot 2\cdot\frac{a^3}{3} = \frac{4}{3}\pi a^3.$$

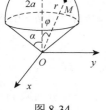

图 8-34

例 8.16 求半径为 a 的球面与半顶角为 α 的内接锥面所围成的立体（图 8-34）的体积.

解 设球面通过原点 O，球心在 z 轴上，又内接锥面的顶点在原点 O，其轴与 z 轴重合，则球面方程为 $r = 2a\cos\varphi$，锥面方程为 $\varphi = \alpha$. 因为立体所占有的空间闭区域 Ω 可用不等式

$$0 \leqslant r \leqslant 2a\cos\varphi, 0\leqslant\varphi\leqslant\alpha, 0\leqslant\theta\leqslant 2\pi$$

来表示，所以

$$V = \iiint\limits_{\Omega} r^2 \sin\varphi \mathrm{d}r\mathrm{d}\varphi\mathrm{d}\theta = \int_0^{2\pi} \mathrm{d}\theta \int_0^{\alpha} \mathrm{d}\varphi \int_0^{2a\cos\varphi} r^2 \sin\varphi \mathrm{d}r$$

$$= 2\pi \int_0^{\alpha} \sin\varphi \mathrm{d}\varphi \int_0^{2a\cos\varphi} r^2 \mathrm{d}r = \frac{16\pi a^3}{3} \int_0^{\alpha} \cos^3\varphi \sin\varphi \mathrm{d}\varphi$$

$$= \frac{4\pi a^3}{3}(1 - \cos^4\alpha).$$

习 题 8-3

1. 化三重积分 $I = \iiint\limits_{\Omega} f(x,y,z)\mathrm{d}x\mathrm{d}y\mathrm{d}z$ 为三次积分，其中积分区域 Ω 分别是：

（1） $\Omega = \{(x,y,z) \mid 0 \leqslant x \leqslant 2, 1 \leqslant y \leqslant 3, 0 \leqslant z \leqslant 2\}$；

（2）由锥面 $z = \sqrt{x^2 + y^2}$ 与平面 $z = 1$ 所围成的闭区域；

（3）由曲面 $z = x^2 + 2y^2$ 及 $z = 2 - x^2$ 所围成的闭区域.

2. 计算 $\iiint\limits_{\Omega} xy\mathrm{d}x\mathrm{d}y\mathrm{d}z$，其中 Ω 是由曲面 $z = xy$，平面 $x + y = 1$，$z = 0$ 所围成的闭区域.

3. 计算 $\iiint\limits_{\Omega} \dfrac{\mathrm{d}x\mathrm{d}y\mathrm{d}z}{(1+x+y+z)^2}$，其中 Ω 为平面 $x + y + z = 1$ 和三个坐标面所围成的四面体.

4. 计算 $\iiint\limits_{\Omega} xyz\mathrm{d}x\mathrm{d}y\mathrm{d}z$，其中 Ω 为球面 $x^2 + y^2 + z^2 = 1$ 及三个坐标面所围成的在第一卦限内的闭区域.

5. 计算 $\iiint\limits_{\Omega} y\cos(x+z)\mathrm{d}x\mathrm{d}y\mathrm{d}z$，其中 Ω 是由抛物柱面 $y = \sqrt{x}$ 及平面 $y = 0$，$z = 0$ 和 $x + z = \dfrac{\pi}{2}$ 所围成的闭区域.

6. 计算 $\iiint\limits_{\Omega} z\mathrm{d}x\mathrm{d}y\mathrm{d}z$，其中 Ω 是由锥面 $z = \dfrac{h}{R}\sqrt{x^2 + y^2}$ 与平面 $z = h\ (R > 0, h > 0)$ 所围成的闭区域.

7. 利用柱面坐标计算下列三重积分：

（1） $\iiint\limits_{\Omega} (x + y + z)\mathrm{d}v$，其中 Ω 是由曲面 $z = 1 - \sqrt{x^2 + y^2}$ 与平面 $z = 0$ 所围成的闭区域；

（2） $\iiint\limits_{\Omega} z\sqrt{x^2 + y^2}\mathrm{d}v$，其中 Ω 是由柱面 $y = \sqrt{2x - x^2}$ 和平面 $z = 0$，$z = 1$ 及 $y = 0$ 所围成的闭区域.

8. 利用球面坐标计算下列三重积分：

（1）$\iiint\limits_{\Omega} \dfrac{1}{\sqrt{x^2+y^2+z^2}}\mathrm{d}v$，其中 Ω 是由球面 $x^2+y^2+z^2=2az$ 所围成的闭区域 $(a>0)$；

（2）$\iiint\limits_{\Omega}\sin(x^2+y^2+z^2)^{\frac{3}{2}}\mathrm{d}v$，其中闭区域 Ω 由曲面 $z=\sqrt{3(x^2+y^2)}$ 与 $z=\sqrt{R^2-x^2-y^2}$ 所确定.

9. 选用适当的坐标计算下列三重积分：

（1）$\iiint\limits_{\Omega}xy^2z^3\mathrm{d}v$，其中 Ω 是曲面 $z=xy$ 与平面 $y=x$，$x=1$，$z=0$ 所围成的闭区域；

（2）$\iiint\limits_{\Omega}\dfrac{1}{\sqrt{x^2+y^2+z^2}}\mathrm{d}v$，其中 Ω 是由圆锥面 $x^2+y^2=z^2$ 与平面 $z=1$ 所围成的闭区域；

（3）$\iiint\limits_{\Omega}(x^2+y^2)\mathrm{d}v$，其中 $\Omega=\{(x,y,z)\,|\,a^2\leqslant x^2+y^2+z^2\leqslant b^2,z\geqslant 0\}$；

8.4 重积分的应用

本节将把定积分应用中的元素法推广到重积分，利用元素法来讨论重积分在几何、物理中的一些应用.

8.4.1 曲面的面积

设曲面 S 由方程 $z=f(x,y)$ 给出，D 为曲面 S 在 xOy 面上的投影区域，函数 $f(x,y)$ 在 D 上具有连续偏导数 $f_x(x,y)$ 和 $f_y(x,y)$. 我们要计算曲面 S 的面积 A.

在闭区域 D 上任取一直径很小的闭区域 $\mathrm{d}\sigma$（这小闭区域的面积也记作 $\mathrm{d}\sigma$）. 在 $\mathrm{d}\sigma$ 上取一点 $P(x,y)$，对应地曲面 S 上有一点 $M(x,y,f(x,y))$，点 M 在 xOy 面上的投影即点 P. 点 M 处曲面 S 的切平面设为 T（图 8-35）. 以小闭区域 $\mathrm{d}\sigma$ 的边界为准线作母线平行于 z 轴的柱面，这柱面在曲面 S 上截下一小片曲面，在切平面 T 上截下一小片平面. 由于 $\mathrm{d}\sigma$ 的直径很小，切平面 T 上的那一小片平面的面积 $\mathrm{d}A$ 可以近似代替相应的那小片曲面的面积. 设点 M 处曲面 S 上的法线（指向朝上）与 z 轴所成的角为 γ，则

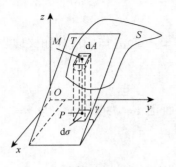

图 8-35

$$dA = \frac{d\sigma}{\cos\gamma}.$$

因为

$$\cos\gamma = \frac{1}{\sqrt{1 + f_x^2(x,y) + f_y^2(x,y)}},$$

所以

$$dA = \sqrt{1 + f_x^2(x,y) + f_y^2(x,y)}\,d\sigma.$$

这就是曲面 S 的面积元素，以它为被积表达式在闭区域 D 上积分，得

$$A = \iint\limits_{D} \sqrt{1 + f_x^2(x,y) + f_y^2(x,y)}\,d\sigma.$$

上式也可写成

$$A = \iint\limits_{D} \sqrt{1 + \left(\frac{\partial z}{\partial x}\right)^2 + \left(\frac{\partial z}{\partial y}\right)^2}\,dxdy.$$

这就是计算曲面面积的公式.

设曲面的方程为 $x = g(y,z)$ 或 $y = h(z,x)$. 可分别将曲面投影到 yOz 面上（投影区域记作 D_{yz}）或 zOx 面上（投影区域记作 D_{zx}），类似可得

$$A = \iint\limits_{D_{yz}} \sqrt{1 + \left(\frac{\partial x}{\partial y}\right)^2 + \left(\frac{\partial x}{\partial z}\right)^2}\,dydz, \quad \text{或}\ A = \iint\limits_{D_{zx}} \sqrt{1 + \left(\frac{\partial y}{\partial z}\right)^2 + \left(\frac{\partial y}{\partial x}\right)^2}\,dzdx.$$

例 8.17　求半径为 a 的球的表面积.

解　上半球面的方程为 $z = \sqrt{a^2 - x^2 - y^2}$，则它在 xOy 面上的投影区域为

$$D = \{(x,y)\,|\,x^2 + y^2 \leqslant a^2\}.$$

由 $\dfrac{\partial z}{\partial x} = \dfrac{-x}{\sqrt{a^2 - x^2 - y^2}}$，$\dfrac{\partial z}{\partial y} = \dfrac{-y}{\sqrt{a^2 - x^2 - y^2}}$，得

$$\sqrt{1 + \left(\frac{\partial z}{\partial x}\right)^2 + \left(\frac{\partial z}{\partial y}\right)^2} = \frac{a}{\sqrt{a^2 - x^2 - y^2}}.$$

因为这函数在闭区域 D 上无界，我们不能直接应用曲面面积公式. 所以先取区域

$$D_1 = \{(x,y)\,|\,x^2 + y^2 \leqslant b^2\} \quad (0 < b < a)$$

为积分区域，算出相应于 D_1 上的球面面积 A_1 后，令 $b \to a$ 取 A_1 的极限就得半球面的面积.

$$A_1 = \iint\limits_{D_1} \frac{a}{\sqrt{a^2 - x^2 - y^2}}\,dxdy,$$

利用极坐标，得

$$A_1 = \iint\limits_{D_1} \frac{a}{\sqrt{a^2-\rho^2}} \rho\mathrm{d}\rho\mathrm{d}\theta = a\int_0^{2\pi}\mathrm{d}\theta\int_0^b \frac{\rho\mathrm{d}\rho}{\sqrt{a^2-\rho^2}} = 2\pi a\int_0^b \frac{\rho\mathrm{d}\rho}{\sqrt{a^2-\rho^2}} = 2\pi a(a-\sqrt{a^2-b^2}).$$

于是

$$\lim_{b\to a} A_1 = \lim_{b\to a} 2\pi a\left(a-\sqrt{a^2-b^2}\right) = 2\pi a^2.$$

因此整个球面的表面积为 $A = 4\pi a^2$.

8.4.2 质心

现讨论平面薄片的质心.

设在 xOy 面上有 n 个质点，它们分别位于点 (x_1,y_1)，(x_2,y_2)，$\cdots$，(x_n,y_n) 处，质量分别为 m_1，m_2，$\cdots$，m_n. 由力学知道，该质点系的质心的坐标为

$$\overline{x} = \frac{M_y}{M} = \frac{\sum\limits_{i=1}^n m_i x_i}{\sum\limits_{i=1}^n m_i}, \quad \overline{y} = \frac{M_x}{M} = \frac{\sum\limits_{i=1}^n m_i y_i}{\sum\limits_{i=1}^n m_i},$$

其中 $M = \sum\limits_{i=1}^n m_i$ 为该质点系的总质量，

$$M_y = \sum_{i=1}^n m_i x_i, \quad M_x = \sum_{i=1}^n m_i y_i,$$

分别为该质点系对 y 轴和 x 轴的静矩.

设有一平面薄片，占有 xOy 面上的闭区域 D，在点 (x,y) 处的面密度为 $\mu(x,y)$，假定 $\mu(x,y)$ 在 D 上连续. 现在要找该薄片的质心的坐标.

在闭区域 D 上任取一直径很小的闭区域 $\mathrm{d}\sigma$（这小闭区域的面积也记作 $\mathrm{d}\sigma$），(x,y) 是这小闭区域上的一个点. 由于 $\mathrm{d}\sigma$ 的直径很小，并且 $\mu(x,y)$ 在 D 上连续，所以薄片中相应于 $\mathrm{d}\sigma$ 的部分的质量近似等于 $\mu(x,y)\mathrm{d}\sigma$，这部分质量可近似看作集中在点 (x,y) 上，于是可写出静矩元素 $\mathrm{d}M_y$ 及 $\mathrm{d}M_x$：

$$\mathrm{d}M_y = x\mu(x,y)\mathrm{d}\sigma, \quad \mathrm{d}M_x = y\mu(x,y)\mathrm{d}\sigma.$$

以这些元素为被积表达式，在闭区域 D 上积分，便得

$$M_y = \iint\limits_D x\mu(x,y)\mathrm{d}\sigma, \quad M_x = \iint\limits_D y\mu(x,y)\mathrm{d}\sigma.$$

又由 8.1 节知道，薄片的质量为

$$M = \iint\limits_D \mu(x,y)\mathrm{d}\sigma.$$

所以，薄片的质心的坐标为

$$\bar{x}=\frac{M_y}{M}=\frac{\iint\limits_D x\mu(x,y)\mathrm{d}\sigma}{\iint\limits_D \mu(x,y)\mathrm{d}\sigma},\quad \bar{y}=\frac{M_x}{M}=\frac{\iint\limits_D y\mu(x,y)\mathrm{d}\sigma}{\iint\limits_D \mu(x,y)\mathrm{d}\sigma}.$$

如果薄片是均匀的，即面密度为常量，则上式中可把 μ 提到积分记号外面并从分子、分母中约去，这样便得到均匀薄片的质心的坐标为

$$\bar{x}=\frac{1}{A}\iint\limits_D x\mathrm{d}\sigma,\quad \bar{y}=\frac{1}{A}\iint\limits_D y\mathrm{d}\sigma,\tag{8-16}$$

其中 $A=\iint\limits_D \mathrm{d}\sigma$ 为闭区域 D 的面积. 这时薄片的质心完全由闭区域 D 的形状所决定. 我们把均匀平面薄片的质心称为这平面薄片所占的平面图形的形心. 因此，平面图形 D 的形心的坐标，就可用公式（8-16）计算.

例 8.18　求位于两圆 $\rho=2\sin\theta$ 和 $\rho=4\sin\theta$ 之间的均匀薄片的质心（图 8-36）.

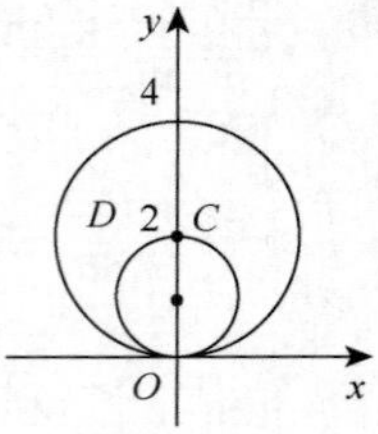

解　因为闭区域 D 对称于 y 轴，所以质心 $C(\bar{x},\bar{y})$ 必位于 y 轴上，于是 $\bar{x}=0$.再按公式

$$\bar{y}=\frac{1}{A}\iint\limits_D y\mathrm{d}\sigma$$

计算 $\bar{y}$. 由于闭区域 D 位于半径为 1 与半径为 2 的两圆之间，所以它的面积等于这两个圆的面积之差，即 $A=3\pi$. 再利用极坐标计算积分：

$$\iint\limits_D y\mathrm{d}\sigma=\iint\limits_D \rho^2\sin\theta\mathrm{d}\rho\mathrm{d}\theta=\int_0^\pi \sin\theta\mathrm{d}\theta\int_{2\sin\theta}^{4\sin\theta}\rho^2\mathrm{d}\rho$$

$$=\frac{56}{3}\int_0^\pi \sin^4\theta\mathrm{d}\theta=7\pi.$$

图 8-36

因此 $\bar{y}=\frac{7\pi}{3\pi}=\frac{7}{3}$，所求质心是 $C\left(0,\frac{7}{3}\right)$.

类似地，占有空间有界闭区域 Ω、在点 (x,y,z) 处的密度为 $\rho(x,y,z)$ （假定 $\rho(x,y,z)$ 在 Ω 上连续）的物体的质心坐标是

$$\bar{x}=\frac{\iiint\limits_\Omega x\rho(x,y,z)\mathrm{d}v}{M},\quad \bar{y}=\frac{\iiint\limits_\Omega y\rho(x,y,z)\mathrm{d}v}{M},\quad \bar{z}=\frac{\iiint\limits_\Omega z\rho(x,y,z)\mathrm{d}v}{M}.$$

其中 $M=\iiint\limits_\Omega \rho(x,y,z)\mathrm{d}v$.

例 8.19　求均匀半球体的质心.

解　取半球体的对称轴为 z 轴，原点取在球心上，又设球半径为 a，则半球体所占空间闭区域

$$\Omega = \{(x,y,z) \mid x^2 + y^2 + z^2 \leqslant a^2, z \geqslant 0\}.$$

显然，质心在 z 轴上，故 $\bar{x} = \bar{y} = 0$.

$$\bar{z} = \frac{1}{M} \iiint_{\Omega} z\rho \mathrm{d}v = \frac{1}{V} \iiint_{\Omega} z \mathrm{d}v,$$

其中 $V = \dfrac{2}{3}\pi a^3$ 为半球体的体积.

$$\iiint_{\Omega} z \mathrm{d}v = \iiint_{\Omega} r\cos\varphi \cdot r^2 \sin\varphi \mathrm{d}r \mathrm{d}\varphi \mathrm{d}\theta = \int_0^{2\pi} \mathrm{d}\theta \int_0^{\frac{\pi}{2}} \cos\varphi \sin\varphi \mathrm{d}\varphi \int_0^a r^3 \mathrm{d}r$$

$$= 2\pi \cdot \left[\frac{\sin^2\varphi}{2}\right]_0^{\frac{\pi}{2}} \cdot \frac{a^4}{4} = \frac{\pi a^4}{4}.$$

因此 $\bar{z} = \dfrac{3}{8}a$，质心为 $\left(0, 0, \dfrac{3}{8}a\right)$.

8.4.3 转动惯量

现讨论平面薄片的转动惯量.

设在 xOy 平面上有 n 个质点，它们分别位于点 (x_1, y_1)，(x_2, y_2)，$\cdots$，(x_n, y_n) 处，质量分别为 m_1，m_2，$\cdots$，m_n. 由力学知道，该质点系对于 x 轴及对于 y 轴的转动惯量依次为

$$I_x = \sum_{i=1}^n y_i^2 m_i, \quad I_y = \sum_{i=1}^n x_i^2 m_i.$$

设有一薄片，占有 xOy 面上的闭区域 D，在点 (x, y) 处的面密度为 $\mu(x, y)$，假定 $\mu(x, y)$ 在 D 上连续. 现在要求该薄片对于 x 轴的转动惯量 I_x 及对于 y 轴的转动惯量 I_y.

应用元素法. 在闭区域 D 上任取一直径很小的闭区域 $\mathrm{d}\sigma$（这小闭区域的面积也记作 $\mathrm{d}\sigma$），(x, y) 是这小闭区域上的一个点. 因为 $\mathrm{d}\sigma$ 的直径很小，并且 $\mu(x, y)$ 在 D 上连续，所以薄片中相应于 $\mathrm{d}\sigma$ 部分的质量近似等于 $\mu(x, y)\mathrm{d}\sigma$，这部分质量可近似看作集中在点 (x, y) 上，于是可写出薄片对于 x 轴以及对于 y 轴的转动惯量元素：

$$\mathrm{d}I_x = y^2 \mu(x, y)\mathrm{d}\sigma, \quad \mathrm{d}I_y = x^2 \mu(x, y)\mathrm{d}\sigma.$$

以这些元素为被积表达式，在闭区域 D 上积分，便得

$$I_x = \iint_D y^2 \mu(x, y)\mathrm{d}\sigma, \quad I_y = \iint_D x^2 \mu(x, y)\mathrm{d}\sigma.$$

例 **8.20**　求半径为 a 的均匀半圆薄片（面密度为常量 μ）对于其直径边的转动惯量.

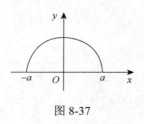

图 8-37

解　取坐标系如图 8-37 所示，则薄片所占闭区域
$$D = \{(x,y) \mid x^2 + y^2 \leqslant a^2, y \geqslant 0\},$$
而所求转动惯量即半圆薄片对于 x 轴的转动惯量 I_x.

$$I_x = \iint_D \mu y^2 \mathrm{d}\sigma = \mu \iint_D \rho^3 \sin^2\theta \mathrm{d}\rho\mathrm{d}\theta = \mu \int_0^\pi \mathrm{d}\theta \int_0^a \rho^3 \sin^2\theta \mathrm{d}\rho$$

$$= \mu \cdot \frac{a^4}{4} \int_0^\pi \sin^2\theta \mathrm{d}\theta = \frac{1}{4}\mu a^4 \cdot \frac{\pi}{2} = \frac{1}{4}Ma^2.$$

其中 $M = \frac{1}{2}\pi a^2 \mu$ 为半圆薄片的质量.

类似地，占有空间有界闭区域 Ω、在点 (x,y,z) 处的密度为 $\rho(x,y,z)$（假定 $\rho(x,y,z)$ 在 Ω 上连续）的物体对于 x，y，z 轴的转动惯量为

$$I_x = \iint_\Omega (y^2 + z^2)\rho(x,y,z)\mathrm{d}v,$$

$$I_y = \iint_\Omega (z^2 + x^2)\rho(x,y,z)\mathrm{d}v,$$

$$I_z = \iint_\Omega (x^2 + y^2)\rho(x,y,z)\mathrm{d}v.$$

例 **8.21**　求高为 $2h$、半径为 R 的均匀正圆柱体对其中央横截面的一条直径的转动惯量.

解　取圆柱体的轴作为 z 轴，其中央横截面在 xOy 平面上，它的一条直径在 x 轴上.

$$I_x = \iiint_\Omega \mu(y^2 + z^2)\mathrm{d}v = \mu \int_0^{2\pi} \int_0^R \int_{-h}^h (z^2 + \rho^2\sin^2\theta)\rho\mathrm{d}z\mathrm{d}\rho\mathrm{d}\theta$$

$$= \mu \int_0^{2\pi} \int_0^R \left(\frac{2}{3}h^3 + 2h\rho^2\sin^2\theta\right)\rho\mathrm{d}\rho\mathrm{d}\theta = \mu \int_0^{2\pi} \left(\frac{1}{3}h^3R^2 + \frac{1}{2}hR^4\sin^2\theta\right)\mathrm{d}\theta$$

$$= \mu\left(\frac{2\pi}{3}h^3R^2 + \frac{\pi}{2}hR^4\right) = \mu\pi hR^2\left(\frac{2}{3}h^2 + \frac{R^2}{2}\right).$$

因为圆柱的质量 $m = 2\mu\pi R^2 h$，故 $I_x = \frac{m}{2}\left(\frac{2}{3}h^2 + \frac{R^2}{2}\right)$.

8.4.4　引力

现在，我们来讨论空间一物体对于物体外一点 $P_0(x_0,y_0,z_0)$ 处的单位质量的质点的引力问题.

设物体占有空间有界闭区域 Ω，它在点 (x,y,z) 处的密度为 $\rho(x,y,z)$，并假定 $\rho(x,y,z)$ 在 Ω 上连续. 在物体内任取一直径很小的闭区域 $\mathrm{d}v$（这闭区域的体积也记作 $\mathrm{d}v$），(x,y,z) 为这一小块中的一点. 把这一小块物体的质量 $\rho\mathrm{d}v$ 近似地看作集中在点 (x,y,z) 处. 于是按两质点间的引力公式，可得这一小块物体对位于 $P_0(x_0,y_0,z_0)$ 处的单位质量的质点的引力近似地为

$$\mathrm{d}F = (\mathrm{d}F_x, \mathrm{d}F_y, \mathrm{d}F_z)$$

$$= (G\frac{\rho(x,y,z)(x-x_0)}{r^3}\mathrm{d}v, G\frac{\rho(x,y,z)(y-y_0)}{r^3}\mathrm{d}v, G\frac{\rho(x,y,z)(z-z_0)}{r^3}\mathrm{d}v),$$

其中 $\mathrm{d}F_x$，$\mathrm{d}F_y$，$\mathrm{d}F_z$ 为引力元素 $\mathrm{d}F$ 在三坐标轴上的分量，

$$r = \sqrt{(x-x_0)^2 + (y-y_0)^2 + (z-z_0)^2},$$

G 为引力常数. 将 $\mathrm{d}F_x$，$\mathrm{d}F_y$，$\mathrm{d}F_z$ 在 Ω 上分别积分，即得

$$F = (F_x, F_y, F_z)$$

$$= (\iiint\limits_{\Omega} G\frac{\rho(x,y,z)(x-x_0)}{r^3}\mathrm{d}v, \iiint\limits_{\Omega} G\frac{\rho(x,y,z)(y-y_0)}{r^3}\mathrm{d}v, \iiint\limits_{\Omega} G\frac{\rho(x,y,z)(z-z_0)}{r^3}\mathrm{d}v).$$

如果我们考虑平面薄片对薄片外一点 $P_0(x_0,y_0,z_0)$ 处的单位质量的质点的引力，设平面薄片占有平面 xOy 上的有界闭区域 D，其面密度为 $\mu(x,y)$，那么只要将上式中的密度 $\rho(x,y,z)$ 换成面密度 $\mu(x,y)$，将 Ω 上的三重积分换成 D 上的二重积分，就可得到相应的计算公式.

例 8.22 设半径为 R 的匀质球占有空间闭区域 $\Omega = \{(x,y,z)\,|\,x^2+y^2+z^2 \leqslant R^2\}$. 求它对位于 $M_0(0,0,a)\,(a>R)$ 处的单位质量的质点的引力.

解 设球的密度为 ρ_0，由球体的对称性及质量分布的均匀性知 $F_x = F_y = 0$，所求的引力沿 z 轴的分量为

$$F_z = \iiint\limits_{\Omega} G\rho_0 \frac{z-a}{[x^2+y^2+(z-a)^2]^{\frac{3}{2}}}\mathrm{d}v$$

$$= G\rho_0 \int_{-R}^{R}(z-a)\mathrm{d}z \iint\limits_{x^2+y^2\leqslant R^2-z^2} \frac{\mathrm{d}x\mathrm{d}y}{[x^2+y^2+(z-a)^2]^{\frac{3}{2}}}$$

$$= G\rho_0 \int_{-R}^{R}(z-a)\mathrm{d}z \int_0^{2\pi}\mathrm{d}\theta \int_0^{\sqrt{R^2-z^2}} \frac{\rho\mathrm{d}\rho}{[\rho^2+(z-a)^2]^{\frac{3}{2}}}$$

$$= 2\pi G\rho_0 \int_{-R}^{R}(z-a)\left(\frac{1}{a-z} - \frac{1}{\sqrt{R^2-2az+a^2}}\right)\mathrm{d}z$$

$$= 2\pi G\rho_0 \left[-2R + \frac{1}{a}\int_{-R}^{R}(z-a)\mathrm{d}\sqrt{R^2-2az+a^2}\right] = 2\pi G\rho_0\left(-2R + 2R - \frac{2R^3}{3a^3}\right)$$

$$= -G \cdot \frac{4\pi R^3}{3} \rho_0 \cdot \frac{1}{a^2} = -G \frac{M}{a^2},$$

其中 $M = \dfrac{4\pi R^3}{3} \rho_0$ 为球的质量. 上述结果表明：匀质球对球外一质点的引力如同球的质量集中于球心时两质点间的引力.

习　题　8-4

1. 求球面 $x^2 + y^2 + z^2 = a^2$ 含在圆柱面 $x^2 + y^2 = ax$ 内部的那部分面积.

2. 求锥面 $z = \sqrt{x^2 + y^2}$ 被柱面 $z^2 = 2x$ 所割下部分的曲面面积.

3. 求底圆半径相等的两个直交圆柱面 $x^2 + y^2 = R^2$ 及 $x^2 + z^2 = R^2$ 所围立体的表面积.

4. 设薄片所占的闭区域 D 如下，求均匀薄片的质心：

（1） D 由 $y = \sqrt{2px}$, $x = x_0$, $y = 0$ 所围成；

（2） D 是半椭圆形闭区域 $\left\{ (x, y) \mid \dfrac{x^2}{a^2} + \dfrac{y^2}{b^2} \leqslant 1, y \geqslant 0 \right\}$；

（3） D 是介于两个圆 $r = a\cos\theta, r = b\cos\theta (0 < a < b)$ 之间的闭区域.

5. 设平面薄片所占的闭区域 D 由抛物线 $y = x^2$ 及直线 $y = x$ 所围成，它在点 (x, y) 处的面密度 $\mu(x, y) = x^2 y$，求该薄片的质心.

6. 设有一等腰直角三角形薄片，腰长为 a，各点处的面密度等于该点到直角顶点的距离的平方，求这片薄片的质心.

7. 求均匀半椭圆 $\dfrac{x^2}{a^2} + \dfrac{y^2}{b^2} \leqslant 1, y \leqslant 0$ 的质心.

8. 利用三重积分计算下列由曲面所围立体的质心（设密度 $\rho = 1$）：

（1） $z^2 = x^2 + y^2, z = 1$；

（2） $z = \sqrt{A^2 - x^2 - y^2}, z = \sqrt{a^2 - x^2 - y^2} (A > a > 0), z = 0$；

（3） $z = x^2 + y^2, x + y = a, x = 0, y = 0, z = 0$.

9. 设球体占有闭区域 $\Omega = \{ (x, y, z) \mid x^2 + y^2 + z^2 \leqslant 2Rz \}$，它在内部各点处的密度的大小等于该点到坐标原点的距离的平方，试求这球体的质心.

10. 设均匀薄片（面密度为常数 1）所占闭区域 D 如下，求指定的转动惯量：

（1） $D = \left\{ (x, y) \mid \dfrac{x^2}{a^2} + \dfrac{y^2}{b^2} \leqslant 1 \right\}$，求 I_y；

（2） D 由抛物线 $y^2 = \dfrac{9}{2} x$ 与直线 $x = 2$ 所围成，求 I_x 和 I_y；

（3） D 为矩形闭区域 $\{(x,y)\,|\,0\leqslant x\leqslant a,0\leqslant y\leqslant b\}$，求 I_x 和 I_y.

11. 已知均匀矩形板（面密度为常量 μ）的长和宽分别为 b 和 h，计算此矩形板对于通过其形心且分别与一边平行的两轴的转动惯量.

12. 一均匀物体（密度 ρ 为常量）占有的闭区域 Ω 由曲面 $z=x^2+y^2$ 和平面 $z=0,|x|=a,|y|=a$ 所围成.

（1）求物体的体积；（2）求物体的质心；（3）求物体关于 z 轴的转动惯量.

13. 求半径为 a、高为 h 的均匀圆柱体对于过中心而平行于母线的轴的转动惯量（设密度 $\rho=1$）.

14. 求由抛物线 $y=x^2$ 及直线 $y=1$ 所围成的均匀薄片（面密度为常数 μ）对于直线 $y=-1$ 的转动惯量.

15. 设面密度为常量 μ 的匀质半圆环形薄片占有闭区域

$$D=\{(x,y,0)\,|\,R_1\leqslant\sqrt{x^2+y^2}\leqslant R_2,x\geqslant 0\},$$

求它对位于 z 轴上点 $M_0(0,0,a)(a>0)$ 处单位质量的质点引力 F.

16. 设均匀柱体密度为 ρ，占有闭区域 $\Omega=\{(x,y,z)\,|\,x^2+y^2\leqslant R^2,0\leqslant z\leqslant h\}$，求它对于位于点 $M_0(0,0,a)(a>h)$ 处的单位质量的质点的引力.

总习题八（A）

1. 填空题

（1）设 D 是正方形区域 $\{(x,y)\,|\,0\leqslant x\leqslant 1,0\leqslant y\leqslant 1\}$，则 $\iint\limits_{D}xy\mathrm{d}x\mathrm{d}y=$ _____.

（2）已知 D 是长方形区域 $\{(x,y)\,|\,a\leqslant x\leqslant b,0\leqslant y\leqslant 1\}$，又已知 $\iint\limits_{D}yf(x)\mathrm{d}x\mathrm{d}y=1$，则 $\int_a^b f(x)\mathrm{d}x=$ _____.

（3）若 D 是由 $x+y=1$ 和两坐标轴围成的三角形区域，则二重积分 $\iint\limits_{D}f(x)\mathrm{d}x\mathrm{d}y$ 可以表示为定积分 $\iint\limits_{D}f(x)\mathrm{d}x\mathrm{d}y=\int_0^1\varphi(x)\mathrm{d}x$，那么 $\varphi(x)=$ _____.

（4）交换二次积分的积分次序 $\int_{-1}^0\mathrm{d}y\int_{1-y}^2 f(x,y)\mathrm{d}x=$ _____.

（5）若 $\int_{-a}^0\mathrm{d}x\int_0^{\sqrt{a^2-x^2}}f(x,y)\mathrm{d}y=\int_\alpha^\beta\mathrm{d}\theta\int_0^a rf(r\cos\theta,r\sin\theta)\mathrm{d}r$，则区间 $(\alpha,\beta)=$ _____.

2. 选择题

（1）设 D 是由 $y=kx\,(k>0),y=0$ 和 $x=1$ 所围成的三角形区域，并且 $\iint\limits_{D}xy^2\mathrm{d}x\mathrm{d}y$

$= \dfrac{1}{15}$，则 $k = $（　　　）.

　　A. 1　　　　　　B. $\sqrt[3]{\dfrac{4}{5}}$　　　　　　C. $\sqrt[3]{\dfrac{1}{15}}$　　　　　　D. $\sqrt[3]{\dfrac{2}{5}}$

（2）设 D_1 是正方形区域，D_2 是 D_1 的内切圆区域，D_3 是 D_1 的外接圆区域，D_1 的中心点在 $(-1,1)$ 点，记 $I_1 = \iint\limits_{D_1} \mathrm{e}^{2y-x^2-y^2}\mathrm{d}x\mathrm{d}y$，$I_2 = \iint\limits_{D_2} \mathrm{e}^{2y-x^2-y^2}\mathrm{d}x\mathrm{d}y$，$I_3 = \iint\limits_{D_3} \mathrm{e}^{2y-x^2-y^2}\mathrm{d}x\mathrm{d}y$，
则 I_1, I_2, I_3 的大小顺序为（　　　）.

　　A. $I_1 \leqslant I_2 \leqslant I_3$　　　　　　　　　　B. $I_2 \leqslant I_1 \leqslant I_3$

　　C. $I_3 \leqslant I_1 \leqslant I_2$　　　　　　　　　　D. $I_3 \leqslant I_2 \leqslant I_1$

（3）将极坐标系下的二次积分：$I = \displaystyle\int_0^\pi \mathrm{d}\theta \int_0^{2\sin\theta} rf(r\cos\theta, r\sin\theta)\mathrm{d}r$ 化为直角坐标系下的二次积分，则 $I = $（　　　）.

　　A. $I = \displaystyle\int_{-1}^1 \mathrm{d}y \int_{1-\sqrt{1-y^2}}^{1+\sqrt{1-y^2}} f(x,y)\mathrm{d}x$　　　　B. $I = \displaystyle\int_0^2 \mathrm{d}x \int_{-\sqrt{2x-x^2}}^{\sqrt{2x-x^2}} f(x,y)\mathrm{d}y$

　　C. $I = \displaystyle\int_0^1 \mathrm{d}y \int_{-\sqrt{2y-y^2}}^{\sqrt{2y-y^2}} f(x,y)\mathrm{d}x$　　　　D. $I = \displaystyle\int_{-1}^1 \mathrm{d}x \int_{1-\sqrt{1-x^2}}^{1+\sqrt{1-x^2}} f(x,y)\mathrm{d}y$

（4）设 D 是第二象限内的一个有界闭区域，而且 $0 < y < 1$. 记
$$I_1 = \iint\limits_D yx\mathrm{d}\sigma, \quad I_2 = \iint\limits_D y^2 x\mathrm{d}\sigma, \quad I_3 = \iint\limits_D y^{\frac{1}{2}} x\mathrm{d}\sigma,$$
则 I_1, I_2, I_3 的大小顺序为（　　　）.

　　A. $I_1 \leqslant I_2 \leqslant I_3$　　　　　　　　　　B. $I_2 \leqslant I_1 \leqslant I_3$

　　C. $I_3 \leqslant I_1 \leqslant I_2$　　　　　　　　　　D. $I_3 \leqslant I_2 \leqslant I_1$

（5）设 Ω 是由曲面 $z = x^2 + y^2$，$y = x$，$y = 0$，$z = 1$ 围成的在第一卦限的区域，$f(x,y,z)$ 在 Ω 上连续，则 $\displaystyle\iiint\limits_{\Omega} f(x,y,z)\mathrm{d}x\mathrm{d}y\mathrm{d}z$ 等于（　　　）.

　　A. $\displaystyle\int_0^1 \mathrm{d}y \int_y^{\sqrt{1-y^2}} \mathrm{d}x \int_{x^2+y^2}^1 f(x,y,z)\mathrm{d}z$

　　B. $\displaystyle\int_0^{\frac{\sqrt{2}}{2}} \mathrm{d}x \int_y^{\sqrt{1-y^2}} \mathrm{d}y \int_{x^2+y^2}^1 f(x,y,z)\mathrm{d}z$

　　C. $\displaystyle\int_0^{\frac{\sqrt{2}}{2}} \mathrm{d}y \int_y^{\sqrt{1-y^2}} \mathrm{d}x \int_{x^2+y^2}^1 f(x,y,z)\mathrm{d}z$

　　D. $\displaystyle\int_0^{\frac{\sqrt{2}}{2}} \mathrm{d}y \int_y^{\sqrt{1-y^2}} \mathrm{d}x \int_0^1 f(x,y,z)\mathrm{d}z$

（6）计算旋转抛物面 $z = 1 + \dfrac{x^2+y^2}{2}$ 在 $1 \leqslant z \leqslant 3$ 那部分曲面的面积的公式是（　　　）.

A. $\displaystyle\iint_{x^2+y^2\leqslant1}\sqrt{1+x^2+y^2}\,\mathrm{d}\sigma$ B. $\displaystyle\iint_{x^2+y^2\leqslant4}\sqrt{1-x^2-y^2}\,\mathrm{d}\sigma$

C. $\displaystyle\iint_{x^2+y^2\leqslant4}\sqrt{1+x^2+y^2}\,\mathrm{d}\sigma$ D. $\displaystyle\iint_{x^2+y^2\leqslant1}\sqrt{1-x^2-y^2}\,\mathrm{d}\sigma$

3. 计算题

（1）计算 $\displaystyle\iint_{D}\mathrm{e}^x\mathrm{d}x\mathrm{d}y$，其中 D 是由 $x=0$，$y=\mathrm{e}^x$ 和 $y=2$ 所围成的区域；

（2）计算 $\displaystyle\iint_{D}\dfrac{x^2}{y^2}\mathrm{d}x\mathrm{d}y$，其中 D 是由 $x=-2$，$y=x$ 和 $xy=1$ 所围成的区域；

（3）计算 $\displaystyle\iint_{D}(x+y)\mathrm{d}x\mathrm{d}y$，其中 D 是由 $x^2+y^2\leqslant2$ 和 $x^2+y^2\geqslant2x$ 所围成的区域.

4. 将二重积分 $\displaystyle\iint_{D}f(x,y)\mathrm{d}\sigma$ 化为两种顺序的二次积分，积分区域 D 给定如下：

（1）D 是区域 $\{(x,y)\,|\,\dfrac{x^2}{a^2}+\dfrac{y^2}{b^2}\leqslant1,y\geqslant0\}\,(a>0,b>0)$；

（2）D 是区域 $\{(x,y)\,|\,x^2\leqslant y\leqslant1-x^2\}$；

（3）D 是由 $y=x$ 和 $y=x^3$ 所围成位于第一象限的区域；

（4）D 是区域 $\{(x,y)\,|\,x^2+y^2\leqslant1,x+y\geqslant1\}$.

5. 设 D 是长方形区域 $\{(x,y)\,|\,a\leqslant x\leqslant b,c\leqslant y\leqslant d\}$，函数 $f(x),g(x)$ 在区域 D 上连续，试证明：

$$\int_a^b f(x)\mathrm{d}x\int_c^d g(x)\mathrm{d}x=\iint_{D}f(x)g(y)\mathrm{d}\sigma.$$

6. 交换下列积分的顺序，并化为极坐标下的二次积分：

（1）$\displaystyle\int_0^1\mathrm{d}y\int_y^{\sqrt{y}}f(x,y)\mathrm{d}x$； （2）$\displaystyle\int_0^1\mathrm{d}y\int_{-\sqrt{1-y^2}}^{\sqrt{1-y^2}}f(x,y)\mathrm{d}x$；

（3）$\displaystyle\int_{-1}^0\mathrm{d}x\int_{x+1}^{\sqrt{1-x^2}}f(x,y)\mathrm{d}y$； （4）$\displaystyle\int_0^1\mathrm{d}y\int_y^{2-y}f(x,y)\mathrm{d}x$；

（5）$\displaystyle\int_0^1\mathrm{d}x\int_0^x f(x,y)\mathrm{d}y+\int_1^2\mathrm{d}x\int_0^{2-x}f(x,y)\mathrm{d}y$；

（6）$\displaystyle\int_0^1\mathrm{d}x\int_0^{x^2}f(x,y)\mathrm{d}y+\int_1^2\mathrm{d}x\int_0^{2-x}f(x,y)\mathrm{d}y$.

7. 用二重积分计算下列曲面所围立体的体积：

（1）$z=1-x^2-y^2$ 及 $z=0$； （2）$z\geqslant x^2+y^2$ 及 $x^2+y^2+z^2\leqslant2z$；

（3）$z=x^2+y^2$，三坐标平面及平面 $x+y=1$.

8. 设函数 $f(x,y)$ 连续，并且 $f(x,y)=xy+\displaystyle\iint_{D}f(u,v)\mathrm{d}u\mathrm{d}v$，其中 D 是由 $y=0$，$y=x^2$ 和 $x=1$ 所围成的区域，求 $f(x,y)$.

9. 将下列三重积分 $\iiint\limits_{\Omega} f(x,y,z)\mathrm{d}v$ 在直角坐标系化为累次积分：

（1）$\iiint\limits_{\Omega} f(x,y,z)\mathrm{d}v$，其中 $\Omega: 1 \leqslant x \leqslant 2$，$-2 \leqslant y \leqslant 1$，$0 \leqslant z \leqslant \dfrac{1}{2}$；

（2）$\iiint\limits_{\Omega} f(x,y,z)\mathrm{d}v$，其中 $\Omega: x+y+z \leqslant 1$，$x \geqslant 0$，$y \geqslant 0$，$z \geqslant 0$；

（3）$\iiint\limits_{\Omega} f(x,y,z)\mathrm{d}v$，其中 $\Omega: y = \sqrt{x}, y=0, z=0, x+z = \dfrac{\pi}{2}$ 所围区域；

（4）$\iiint\limits_{\Omega} f(x,y,z)\mathrm{d}v$，其中 $\Omega: z = x^2 + y^2, y = x^2, y = 1, z = 0$ 所围区域.

10. 将下列累次积分化为柱面或球面坐标的累次积分，并计算它们的值：

（1）$\int_0^1 \mathrm{d}x \int_{-\sqrt{1-x^2}}^{\sqrt{1-x^2}} \mathrm{d}y \int_0^a z\sqrt{x^2+y^2}\,\mathrm{d}z$ $(a>0)$；

（2）$\int_{-R}^R \mathrm{d}x \int_{-\sqrt{R^2-x^2}}^{\sqrt{R^2-x^2}} \mathrm{d}y \int_0^{\sqrt{R^2-x^2-y^2}} \sqrt{x^2+y^2+z^2}\,\mathrm{d}z$.

11. 计算 $\iiint\limits_{\Omega} xy\,\mathrm{d}x\mathrm{d}y\mathrm{d}z$，其中 Ω 是由柱面 $x^2+y^2=1$ 与平面 $z=1$, $z=0$, $x=0$, $y=0$ 所围成的在第一卦限的闭区域.

12. 求 $I = \iiint\limits_{G} (x^2+y^2+z^2)\mathrm{d}v$，其中 G 为球体 $x^2+y^2+z^2 \leqslant 2z$.

13. 计算三重积分 $\iiint\limits_{\Omega} (x^2+y^2)\mathrm{d}x\mathrm{d}y\mathrm{d}z$，其中 Ω 为抛物面 $z = \dfrac{1}{2}(x^2+y^2)$ 与平面 $z=2$ 所围.

总习题八（B）

1. 填空题

（1）设区域 D 为 $\{(x,y)\,|\,x^2+y^2 \leqslant R^2\}$，则 $\iint\limits_{D}\left(\dfrac{x^2}{a^2}+\dfrac{y^2}{b^2}\right)\mathrm{d}x\mathrm{d}y = $ _____.

（2）积分 $\int_0^2 \mathrm{d}x \int_x^2 e^{-y^2}\mathrm{d}y$ 的值等于 _____.

（3）设区域 $D = \{(x,y)\,|\,x^2+y^2 \leqslant 1, x \geqslant 0\}$，则二重积分 $\iint\limits_{D} \dfrac{1+xy}{1+x^2+y^2}\mathrm{d}x\mathrm{d}y = $ _____.

（4）设 Ω 是由曲面 $z = \sqrt{x^2+y^2}$ 与 $z = \sqrt{2-x^2-y^2}$ 所围成的闭区域，则在柱面坐标系下 $\iiint\limits_{\Omega} f(x)\mathrm{d}v$ 化为三次积分是 _____；在球面坐标系下 $\iiint\limits_{\Omega} f(x)\mathrm{d}v$ 化为三次积分是 _____.

（5） $\iiint\limits_{x^2+y^2+z^2\leqslant 1}\left[\dfrac{z^3\ln(x^2+y^2+z^2+1)}{x^2+y^2+z^2+1}+1\right]dv=$ _____.

2. 选择题

（1）设 $f(x)$ 是连续函数，则 $\int_0^1 dy\int_{-\sqrt{1-y^2}}^{1-y}f(x,y)dx=$ （ ）.

  A. $\int_0^1 dx\int_0^{x-1}f(x,y)dy+\int_{-1}^0 dx\int_0^{\sqrt{1-x^2}}f(x,y)dy$

  B. $\int_0^1 dx\int_0^{1-x}f(x,y)dy+\int_{-1}^0 dx\int_{-\sqrt{1-x^2}}^0 f(x,y)dy$

  C. $\int_0^{\frac{\pi}{2}}d\theta\int_0^{\frac{1}{\cos\theta+\sin\theta}}f(r\sin\theta,r\cos\theta)dr+\int_{\frac{\pi}{2}}^{\pi}d\theta\int_0^1 f(r\sin\theta,r\cos\theta)dr$

  D. $\int_0^{\frac{\pi}{2}}d\theta\int_0^{\frac{1}{\cos\theta+\sin\theta}}f(r\sin\theta,r\cos\theta)rdr+\int_{\frac{\pi}{2}}^{\pi}d\theta\int_0^1 f(r\sin\theta,r\cos\theta)rdr$

（2）设函数 $f(x)$ 连续，若 $F(u,v)=\iint\limits_{D_{uv}}\dfrac{f(x^2+y^2)}{\sqrt{x^2+y^2}}dxdy$ ，其中区域 D_{uv} 如图 8-38

所示阴影部分，则 $\dfrac{\partial F}{\partial u}=$ （ ）.

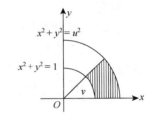

  A. $vf(u^2)$ B. $\dfrac{v}{u}f(u^2)$

  C. $vf(u)$ D. $\dfrac{v}{u}f(u)$

（3）设 $f(x)$ 为连续函数， $F(t)=\int_1^t dy\int_y^t f(x)dx$ ，则

图 8-38

$F'(2)=$ （ ）.

  A. $2f(2)$ B. $f(2)$ C. $-f(2)$ D. 0

（4）设区域 $D=\{(x,y)\mid x^2+y^2\leqslant 4,x\geqslant 0,y\geqslant 0\}$ ， $f(x)$ 为 D 上正值连续函数，

a,b 为常数，则 $\iint\limits_D\dfrac{a\sqrt{f(x)}+b\sqrt{f(y)}}{\sqrt{f(x)}+\sqrt{f(y)}}d\sigma=$ （ ）.

  A. $ab\pi$ B. $\dfrac{ab}{2}\pi$ C. $(a+b)\pi$ D. $\dfrac{(a+b)}{2}\pi$

（5）设 $V_1:x^2+y^2+z^2\leqslant R^2$ ， $V_2:x^2+y^2+z^2\leqslant R^2,x\geqslant 0,y\geqslant 0,z\geqslant 0$ ，则（ ）.

  A. $\iiint\limits_{V_1}xdv=4\iiint\limits_{V_2}xdv$ B. $\iiint\limits_{V_1}ydv=4\iiint\limits_{V_2}ydv$

  C. $\iiint\limits_{V_1}zdv=4\iiint\limits_{V_2}zdv$ D. $\iiint\limits_{V_1}xyzdv=4\iiint\limits_{V_2}xyzdv$

3. 证明：

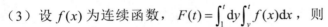

$$\int_0^a dy\int_0^y e^{m(a-x)}f(x)dx=\int_0^a(a-x)e^{m(a-x)}f(x)dx.$$

4. 计算下列二重积分：

（1）计算 $\iint\limits_{D}(ax+by+c)\mathrm{d}x\mathrm{d}y$ （a,b,c 是常数），其中 D 是区域 $\{(x,y)\mid x^2+y^2\leqslant R^2\}$；

（2）计算 $\iint\limits_{D}(x^2+y^2)\mathrm{d}x\mathrm{d}y$，其中 D 是区域 $\{(x,y)\mid (x^2+y^2)^2\leqslant a^2(x^2-y^2)\}$；

（3）计算 $\iint\limits_{D}\arctan\dfrac{y}{x}\mathrm{d}\sigma$，其中 D 是区域 $\{(x,y)\mid 1\leqslant x^2+y^2\leqslant 4,0\leqslant y\leqslant x\}$；

（4）计算 $\iint\limits_{D}|y-x^2|\mathrm{d}\sigma$，其中 D 是区域 $\{(x,y)\mid -1\leqslant x\leqslant 1,0\leqslant y\leqslant 1\}$.

5. 把积分 $\iiint\limits_{\Omega}f(x,y,z)\mathrm{d}x\mathrm{d}y\mathrm{d}z$ 化为三次积分，其中积分区域是由曲面 $z=x^2+y^2$，$y=x^2$ 及平面 $y=1,z=0$ 所围成的闭区域.

6. 计算下列三重积分：

（1）$\iiint\limits_{\Omega}z^2\mathrm{d}x\mathrm{d}y\mathrm{d}z$，其中 Ω 是两个球：$x^2+y^2+z^2\leqslant R^2$ 和 $x^2+y^2+z^2\leqslant 2Rz\,(R>0)$ 的公共部分；

（2）$\iiint\limits_{\Omega}\dfrac{z\ln(x^2+y^2+z^2+1)}{x^2+y^2+z^2+1}\mathrm{d}v$，其中 Ω 是由球面 $x^2+y^2+z^2=1$ 所围成的闭区域；

（3）$\iiint\limits_{\Omega}(y^2+z^2)\mathrm{d}v$，其中 Ω 是由 xOy 平面上曲线 $y^2=2x$ 绕 x 轴旋转而成的曲面与平面 $x=5$ 所围成的闭区域.

7. 设 $f(x)$ 在 $(-\infty,+\infty)$ 内可积，试证：

$$\iiint\limits_{\Omega}f(z)\mathrm{d}v=\pi\int_{-1}^{1}(1-z^2)f(z)\mathrm{d}z,$$

其中 Ω 是由球面 $x^2+y^2+z^2=1$ 所围成的空间闭区域.

8. 设 $f(x)$ 连续，$F(t)=\iiint\limits_{\Omega}[z^2+f(x^2+y^2)]\mathrm{d}x\mathrm{d}y\mathrm{d}z$，其中 Ω 由不等式 $0\leqslant z\leqslant h$，$x^2+y^2\leqslant t^2$ 所确定，试求：$\dfrac{\mathrm{d}F(t)}{\mathrm{d}t}$ 和 $\lim\limits_{t\to 0^+}\dfrac{F(t)}{t^2}$.

9. 在均匀的半径为 R 的半圆形薄片的直径上，要接上一个一边与直径等长的同样材料的均匀矩形薄片，为了使整个均匀薄片的质心恰好落在圆心上，问接上去的均匀矩形薄片另一边的长度应是多少？

10. 设在 xOy 面上有一质量为 M 的匀质半圆形薄片，占有平面闭区域

$$D=\{(x,y)\mid x^2+y^2\leqslant R^2,\ y\geqslant 0\},$$

过圆心 O 垂直于薄片的直线上有一质量为 m 的质点 P，$OP=a$. 求半圆形薄片对质点 P 的引力.

11. 设有一高度为 $h(t)$（t 为时间）的雪堆在融化过程，其侧面满足方程 $z=h(t)-\dfrac{2(x^2+y^2)}{h(t)}$（设长度单位为 cm，时间单位为 h），已知体积减少的速率与侧面积成正比（系数为 0.9），问高度为 130 cm 的雪堆全部融化需多少时间？

12. 小岛在涨潮与落潮之间的面积变化. 设在海湾中, 海潮的高潮与低潮之间的差是 2 m. 一个小岛的陆地高度

$$z=30\left(1-\frac{x^2+y^2}{10^6}\right)\ (\text{m}).$$

并设水平面 $z=0$ 对应于低潮的位置. 求高潮与低潮时小岛露出水面的曲面面积之比.

多元微积分学
的发展史

第9章 曲线积分与曲面积分

由前面关于积分学的讨论可以看出，从定积分推广到重积分的主要特征是积分区域从数轴上的一个区间推广到平面或空间的一个区域. 但是，在实际问题中我们常常遇到积分区域是在一条曲线上或一张空间曲面上的积分问题. 例如，一条质量分布不均匀的曲线段的质量（或变力沿一条曲线段所做的功）问题；一张质量分布不均匀的有限曲面的质量（或通过一张有限曲面的流量）问题. 因此，必须把积分区域推广到一条有限的曲线或一张曲面上，这就是曲线积分与曲面积分.

本章我们首先讨论曲线积分和格林公式，然后再讨论曲面积分和高斯公式及斯托克斯公式.

9.1 第一类曲线积分

9.1.1 第一类曲线积分的概念与性质

1. 简单曲线与可求长曲线

一般来讲，以点 A 为起点，点 B 为终点的连续、不自交的曲线段 $L=\overset{\frown}{AB}$ 称为一条简单曲线. 如果起点与终点为同一点，则称 L 为闭曲线.

关于平面曲线的弧长问题，我们在第 5 章定积分的应用中已经知道，在弧段 $\overset{\frown}{AB}$ 上任取分点 $A=M_0, M_1, M_2, \cdots, M_{i-1}, M_i, \cdots, M_{n-1}$, $M_n=B$，并依次连接相邻的分点得一内接折线（图 9-1）.

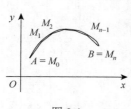

图 9-1

当分点的数目无限增加且每个小线段 $M_{i-1}M_i$ 都缩向一点时，如果此折线的长 $\sum\limits_{i=1}^{n}|M_{i-1}M_i|$ 的极限存在，则称此极限为曲线的弧长，并称此曲线弧是可求长的.

当曲线上的每一点处都有切线，并且切线随切点的移动而连续转动，这样的曲线称为光滑曲线，并且已知：光滑曲线弧是可求长的.

2. 第一类曲线积分的概念

引例 9.1 设有一简单的可求长的平面曲线 L，它的端点是 A, B，其上各点处的质量分布不均匀，已知 L 上任意一点 (x,y) 处的线密度为 $\rho(x,y)$，求曲线段 $\overset{\frown}{AB}$ 的质量（图 9-2）.

如果曲线 L 的线密度为常量，那么它的质量就等于它的线密度与长度的乘积. 现在曲线 L 上各点处的线密度是变量，就不能直接用上述方法来计算. 为了克服这个困难，可用 L 上的点 M_1，M_2，$\cdots$，M_{n-1} 把 L 分成 n 小段，取其中一小段 $\overset{\frown}{M_{i-1}M_i}$ 来分析. 在线密度连续变化的前提下，只要这小段很短，就可以用这小段上任意一点 (ξ_i,η_i) 处的线密度代替这小段上其他各点处的线密度，从而得到这小段的质量的近似值为 $\rho(\xi_i,\eta_i)\Delta s_i$，其中 Δs_i 表示 $\overset{\frown}{M_{i-1}M_i}$ 的长度. 于是整个曲线段的质量为

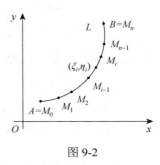

图 9-2

$$M \approx \sum_{i=1}^{n}\rho(\xi_i,\eta_i)\Delta s_i.$$

用 λ 表示 n 个小弧段的最大长度，即 $\lambda = \max\{\Delta s_1,\Delta s_2,\cdots,\Delta s_n\}$. 为了计算 M 的精确值，令 $\lambda \to 0$ 时，对上式右端取极限，得

$$M = \lim_{\lambda \to 0}\sum_{i=1}^{n}\rho(\xi_i,\eta_i)\Delta s_i.$$

由上面的讨论知道，求物质曲线的质量，与求曲边梯形的面积和曲顶柱体的体积一样，也是通过"分割、近似求和、取极限"来得到的. 这种和的极限在研究其他问题时也会碰到. 为了更好地研究这类极限，现给出下面的定义.

定义 9.1　设 L 为 xOy 面内的一条光滑曲线弧，$f(x,y)$ 在 L 上有界. 用一点列 $M_i(i=1,2,\cdots,n-1)$ 将 L 分成 n 个小弧段，设第 i 个小弧段 $\overset{\frown}{M_{i-1}M_i}$ 的长度为

$$\Delta s_i(i=1,2,3,\cdots,n,\ M_0=A,\ M_n=B).$$

在 $\overset{\frown}{M_{i-1}M_i}$ 上任取一点 (ξ_i,η_i)，并作和 $\sum_{i=1}^{n}f(\xi_i,\eta_i)\Delta s_i$，如果当各小弧段的长度的最大值 $\lambda \to 0$ 时，这和的极限 $\lim\limits_{\lambda \to 0}\sum_{i=1}^{n}f(\xi_i,\eta_i)\Delta s_i$ 总存在，那么称此极限值为 $f(x,y)$ 在 L 上的第一类曲线积分，记为 $\int_L f(x,y)\mathrm{d}s$，即

$$\int_L f(x,y)\mathrm{d}s = \lim_{\lambda \to 0}\sum_{i=1}^{n}f(\xi_i,\eta_i)\Delta s_i,$$

其中 $f(x,y)$ 称为被积函数，L 称为积分弧段. 如果 L 是闭曲线，那么该曲线积分就记为 $\oint_L f(x,y)\mathrm{d}s$.

若三元函数 $f(x,y,z)$ 在三维空间的一条简单可求长曲线 $\Gamma = \overset{\frown}{AB}$ 上有定义，则可类似地定义 $f(x,y,z)$ 在空间曲线 Γ 上的第一类曲线积分

$$\int_\Gamma f(x,y,z)\mathrm{d}s = \lim_{\lambda \to 0}\sum_{i=1}^{n} f(\xi_i,\eta_i,\zeta_i)\Delta s_i .$$

如果 Γ 是闭曲线，那么该曲线积分就记为 $\oint_\Gamma f(x,y,z)\mathrm{d}s$.

从本节下一段将看到，当被积函数在光滑曲线上连续时，第一类曲线积分总是存在的. 如果未作特别说明，以后我们总假定被积函数在光滑曲线上连续. 前面讲到的曲线段 $\overset{\frown}{AB}$ 的质量 M 就是曲线积分 $\int_L \rho(x,y)\mathrm{d}s$.

3. 第一类曲线积分的性质

第一类曲线积分也称对弧长的曲线积分，从定义可知它与曲线的方向选取无关. 对于一条简单可求长曲线 $\Gamma = \overset{\frown}{AB}$ ，也可选定点 B 为起点，点 A 为终点，记为 $\Gamma = \overset{\frown}{BA}$ ，则

$$\int_{\overset{\frown}{AB}} f(x,y,z)\mathrm{d}s = \int_{\overset{\frown}{BA}} f(x,y,z)\mathrm{d}s .$$

此外，由于第一类曲线积分与定积分及重积分类似，都是特定和式的极限. 因此它具有与定积分及重积分类似的性质，下面仅以平面曲线积分为例阐述其几个主要性质.

性质 9.1　两个函数代数和的曲线积分等于这两个函数的曲线积分的代数和. 即

$$\int_L [f(x,y) \pm g(x,y)]\mathrm{d}s = \int_L f(x,y)\mathrm{d}s \pm \int_L g(x,y)\mathrm{d}s$$

性质 9.1 可推广到有限个函数的情形.

性质 9.2　被积函数的常数因子可以提到积分号外面，即

$$\int_L kf(x,y)\mathrm{d}s = k\int_L f(x,y)\mathrm{d}s \quad （ k \text{ 为常数}）.$$

性质 9.3　若被积函数为常数 1，则曲线积分为积分弧段的长，即 $\int_L \mathrm{d}s = s$.

性质 9.3 可推广到有限段光滑弧的情形.

性质 9.4　若积分弧段 L 是由两段光滑曲线弧 L_1 和 L_2 所构成，则

$$\int_L f(x,y)\mathrm{d}s = \int_{L_1} f(x,y)\mathrm{d}s + \int_{L_2} f(x,y)\mathrm{d}s .$$

性质 9.5　如果在 L 上 $f(x,y) \leqslant g(x,y)$ ，则

$$\int_L f(x,y)\mathrm{d}s \leqslant \int_L g(x,y)\mathrm{d}s .$$

特别地，有

$$\left| \int_L f(x,y)\mathrm{d}s \right| \leqslant \int_L |f(x,y)|\mathrm{d}s .$$

9.1.2　第一类曲线积分的计算

定理 9.1　设 L 是光滑曲线，其参数方程为

$$\begin{cases} x = \varphi(t), \\ y = \psi(t) \end{cases} (\alpha \leqslant t \leqslant \beta),$$

$f(x,y)$ 为定义在 L 上的连续函数，则曲线积分 $\displaystyle\int_L f(x,y)\mathrm{d}s$ 存在，并且

$$\int_L f(x,y)\mathrm{d}s = \int_\alpha^\beta f[\varphi(t),\psi(t)]\sqrt{\varphi'^2(t)+\psi'^2(t)}\,\mathrm{d}t. \tag{9-1}$$

证明略.

特别地，当曲线 L 是由方程 $y = y(x)$ 给出，并且 $y'(x)$ 在 $[\alpha,\beta]$ 上连续时式（9-1）变为

$$\int_L f(x,y)\mathrm{d}s = \int_\alpha^\beta f[x,y(x)]\sqrt{1+y'^2(x)}\,\mathrm{d}x. \tag{9-2}$$

上述公式右端定积分上限 β 大于下限 α，并且可推广到空间曲线由参数方程

$$\begin{cases} x = \varphi(t), \\ y = \psi(t), \quad (\alpha \leqslant t \leqslant \beta) \\ z = \omega(t) \end{cases}$$

给出的情形，即

$$\int_L f(x,y,z)\mathrm{d}s = \int_\alpha^\beta f[\varphi(t),\psi(t),\omega(t)]\sqrt{\varphi'^2(t)+\psi'^2(t)+\omega'^2(t)}\,\mathrm{d}t. \tag{9-3}$$

例 9.1　计算曲线积分 $\displaystyle\oint_L (x^2+y^2)^{2018}\mathrm{d}s$，其中曲线 L 的参数方程为

$$L:\begin{cases} x = a\cos t, \\ y = a\sin t \end{cases} (a > 0,\ 0 \leqslant t \leqslant 2\pi).$$

解　根据第一类曲线积分的计算公式（9-1），得

$$\oint_L (x^2+y^2)^{2018}\mathrm{d}s = \int_0^{2\pi} (a^2\cos^2 t + a^2\sin^2 t)^{2018}\sqrt{a^2\sin^2 t + a^2\cos^2 t}\,\mathrm{d}t$$

$$= \int_0^{2\pi} a^{4037}\mathrm{d}t = 2\pi a^{4037}.$$

例 9.2　计算 $\displaystyle\int_L \sqrt{x^2+y^2}\,\mathrm{d}s$，其中 L 是圆 $x^2+y^2 = ax$ 在 x 轴上方的一段弧（图 9-3）.

解　这里

$$L: y = \sqrt{ax-x^2},\quad y' = \frac{a-2x}{2\sqrt{ax-x^2}}.$$

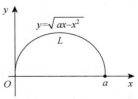

图 9-3

$$\mathrm{d}s = \sqrt{1+y'^2(x)}\,\mathrm{d}x = \frac{a}{2\sqrt{ax-x^2}}\,\mathrm{d}x.$$

根据第一类曲线积分的计算公式（9-2），得

$$\int_L \sqrt{x^2 + y^2}\,\mathrm{d}s = \int_0^a \sqrt{x^2 + \left(\sqrt{ax - x^2}\right)^2}\,\frac{a}{2\sqrt{ax - x^2}}\,\mathrm{d}x$$

$$= \int_0^a \frac{a\sqrt{ax}}{2\sqrt{ax - x^2}}\,\mathrm{d}x = a^2 .$$

例 9.3　求摆线 $\begin{cases} x = a(t - \sin t), \\ y = a(1 - \cos t) \end{cases}$ $(a > 0, 0 \leqslant t \leqslant \pi)$ 的质心，设其质量分布是均匀的（图 9-4）.

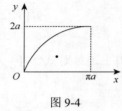

图 9-4

解　由于摆线的质量分布是均匀的，故不妨设其线密度为 $\rho(x, y) = 1$，由物理学知识得所求曲线 L 的质心坐标为

$$\overline{x} = \frac{\int_L x\rho(x,y)\mathrm{d}s}{\int_L \rho(x,y)\mathrm{d}s} = \frac{\int_L x\mathrm{d}s}{\int_L \mathrm{d}s} , \quad \overline{y} = \frac{\int_L y\rho(x,y)\mathrm{d}s}{\int_L \rho(x,y)\mathrm{d}s} = \frac{\int_L y\mathrm{d}s}{\int_L \mathrm{d}s} .$$

由于

$$\int_L \mathrm{d}s = \int_0^\pi \sqrt{x'^2(t) + y'^2(t)}\,\mathrm{d}t = \int_0^\pi \sqrt{[a(1 - \cos t)]^2 + (a\sin t)^2}\,\mathrm{d}t$$

$$= \int_0^\pi 2a\sin\frac{t}{2}\,\mathrm{d}t = 4a ,$$

$$\int_L x\mathrm{d}s = \int_0^\pi a(t - \sin t)2a\sin\frac{t}{2}\,\mathrm{d}t = 2a^2\left(\int_0^\pi t\sin\frac{t}{2}\,\mathrm{d}t - \int_0^\pi \sin t\sin\frac{t}{2}\,\mathrm{d}t\right)$$

$$= 2a^2\left(4 - \frac{4}{3}\right) = \frac{16}{3}a^2 ,$$

$$\int_L y\mathrm{d}s = \int_0^\pi a(1 - \cos t)2a\sin\frac{t}{2}\,\mathrm{d}t = 2a^2\left(\int_0^\pi \sin\frac{t}{2}\,\mathrm{d}t - \int_0^\pi \cos t\sin\frac{t}{2}\,\mathrm{d}t\right)$$

$$= 2a^2\left(2 + \frac{2}{3}\right) = \frac{16}{3}a^2 ,$$

故

$$\overline{x} = \frac{\dfrac{16a^2}{3}}{4a} = \frac{4}{3}a , \quad \overline{y} = \frac{\dfrac{16a^2}{3}}{4a} = \frac{4}{3}a .$$

例 9.4　设螺旋线弹簧的参数方程为 $\Gamma : x = \cos t,\ y = \sin t,\ z = kt$，其中 $0 \leqslant t \leqslant 2\pi$，它的线密度为 $\rho(x, y, z) = x^2 + y^2 + z^2$. 试计算其关于 z 轴的转动惯量 I_z.

解　由转动惯量的定义可知

$$I_z = \int_\Gamma (x^2 + y^2)\rho(x, y, z)\mathrm{d}s = \int_\Gamma (x^2 + y^2)(x^2 + y^2 + z^2)\mathrm{d}s$$

$$= \int_0^{2\pi} (\cos^2 t + \sin^2 t)(\cos^2 t + \sin^2 t + k^2 t^2)\sqrt{(-\sin t)^2 + \cos^2 t + k^2}\,\mathrm{d}t$$

$$= \sqrt{1+k^2} \int_0^{2\pi} (1 + k^2 t^2)\mathrm{d}t = \frac{2\pi}{3}\sqrt{1+k^2}(3 + 4\pi^2 k^2).$$

习　题　9-1

1. 计算下列第一类曲线积分：

（1）$I = \int_L \sqrt{y}\,\mathrm{d}s$，其中 L 是抛物线 $y = x^2$ 上点 $O(0,0)$ 到点 $A(1,1)$ 之间的一段弧；

（2）$I = \int_L x\,\mathrm{d}s$，其中 L 是圆 $x^2 + y^2 = 1$ 中点 $A(0,1)$ 到 $B\left(\frac{1}{\sqrt{2}}, -\frac{1}{\sqrt{2}}\right)$ 之间的一段劣弧；

（3）$\oint_L (x+y+1)\mathrm{d}s$，其中 L 是顶点为 $O(0,0), A(1,0)$ 及 $B(0,1)$ 所成三角形的边界；

（4）$\oint_L \sqrt{x^2 + y^2}\,\mathrm{d}s$，其中 L 为圆周 $x^2 + y^2 = x$；

（5）$\int_\Gamma x^2 yz\,\mathrm{d}s$，其中 Γ 为折线段 $ABCD$，这里 A, B, C, D 的坐标依次为 $(0,0,0)$，$(0,0,2), (1,0,2), (1,2,3)$；

（6）$\oint_\Gamma y^2\,\mathrm{d}s$，$\Gamma$ 为空间曲线 $\begin{cases} x^2 + y^2 + z^2 = a^2, \\ x + z = a \end{cases}$ $(a > 0)$；

（7）$\oint_\Gamma xy\,\mathrm{d}s$，$\Gamma$ 为球面 $x^2 + y^2 + z^2 = 1$ 与平面 $x + y + z = 0$ 的交线.

2. 设一段曲线 $y = \ln x$ $(0 < a \leqslant x \leqslant b)$ 上任一点处的线密度的大小等于该点横坐标的平方，求其质量.

3. 求八分之一球面 $x^2 + y^2 + z^2 = 1(x \geqslant 0, y \geqslant 0, z \geqslant 0)$ 的边界曲线的质心，设曲线的密度 $\rho = 1$.

4. 计算半径为 R、中心角为 2α 的圆弧 L 对于它的对称轴的转动惯量 I （设线密度 $\rho = 1$）.

9.2　第二类曲线积分

9.2.1　第二类曲线积分的概念与性质

1. 变力沿曲线所做功的计算

引例 9.2　一个质点在 xOy 面内受到力

$$\boldsymbol{F}(x,y) = P(x,y)\boldsymbol{i} + Q(x,y)\boldsymbol{j}$$

的作用，从点 A 沿光滑曲线弧 L 移动到点 B，求力 $\boldsymbol{F}(x,y)$ 所做的功（图 9-5）.

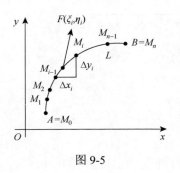

图 9-5

由物理学知识可知，如果质点是在常力 $\boldsymbol{F}$ 的作用下从点 A 沿直线移动到点 B，那么常力 $\boldsymbol{F}$ 所做的功为

$$W = \boldsymbol{F} \cdot \overrightarrow{AB}$$

但现在 $\boldsymbol{F}(x,y)$ 是变力，并且质点沿曲线 L 移动，功就不能直接按上面的公式来计算. 然而我们可以仿照 9.1 节计算物质曲线质量的方法来计算变力沿曲线所做的功.

在曲线弧 L 内插入 $n-1$ 个分点 $M_1(x_1, y_1)$，$M_2(x_2, y_2)$，$\cdots$，$M_{n-1}(x_{n-1}, y_{n-1})$，这些分点与 $A = M_0$，$B = M_n$ 一起把 L 分成 n 个有向小弧段 $\widehat{M_{i-1}M_i}$ $(i = 1, 2, \cdots, n)$. 设小弧段 $\widehat{M_{i-1}M_i}$ 在 x 轴和 y 轴方向的投影分别为 $\Delta x_i = x_i - x_{i-1}$ 和 $\Delta y_i = y_i - y_{i-1}$，由于 $\widehat{M_{i-1}M_i}$ 光滑且很短，故可用有向线段

$$\overrightarrow{M_{i-1}M_i} = (\Delta x_i)\boldsymbol{i} + (\Delta y_i)\boldsymbol{j}$$

来近似代替它. 又因为函数 $P(x,y)$ 和 $Q(x,y)$ 在 L 上连续，故可用 $\widehat{M_{i-1}M_i}$ 上任意取定的点 (ξ_i, η_i) 处的力

$$\boldsymbol{F}(\xi_i, \eta_i) = P(\xi_i, \eta_i)\boldsymbol{i} + Q(\xi_i, \eta_i)\boldsymbol{j}$$

来近似代替这小弧段上各点处的力. 于是，变力 $\boldsymbol{F}(x,y)$ 沿有向曲线弧 $\widehat{M_{i-1}M_i}$ 所做的功 ΔW_i 可近似地等于常力 $\boldsymbol{F}(\xi_i, \eta_i)$ 沿 $\overrightarrow{M_{i-1}M_i}$ 所做的功，即

$$\Delta W_i \approx \boldsymbol{F}(\xi_i, \eta_i) \cdot \overrightarrow{M_{i-1}M_i}$$

或

$$\Delta W_i \approx P(\xi_i, \eta_i)\Delta x_i + Q(\xi_i, \eta_i)\Delta y_i.$$

于是

$$W = \sum_{i=1}^{n} \Delta W_i \approx \sum_{i=1}^{n} [P(\xi_i, \eta_i)\Delta x_i + Q(\xi_i, \eta_i)\Delta y_i]. \tag{9-4}$$

用 λ 表示 n 个小弧段的最大长度，为了计算 W 的精确值，令 $\lambda \to 0$ 时，对上式右端取极限，得

$$W = \lim_{\lambda \to 0} \sum_{i=1}^{n} [P(\xi_i, \eta_i)\Delta x_i + Q(\xi_i, \eta_i)\Delta y_i].$$

这种和的极限在研究其他问题时也会碰到. 为了更好地研究这类极限，现给出下面的定义.

2. 第二类曲线积分的概念

定义 9.2　设 L 为 xOy 面内从点 A 到点 B 的一条有向光滑曲线弧，$P(x,y)$ 和

$Q(x, y)$ 为定义在 L 上的有界函数. 在 L 上沿从点 A 到点 B 的方向任意插入一点列 $M_i(x_i, y_i)$（$i = 1, 2, \cdots, n-1$），将 L 分成 n 个有向小弧段

$$\widehat{M_{i-1}M_i}\ (i = 1, 2, \cdots, n;\ \ M_0 = A, M_n = B).$$

记 $\Delta x_i = x_i - x_{i-1}$，$\Delta y_i = y_i - y_{i-1}$，在每个小弧段 $\widehat{M_{i-1}M_i}$ 上任取一点 (ξ_i, η_i). 如果当各小弧段的长度的最大值 $\lambda \to 0$ 时，极限 $\lim\limits_{\lambda \to 0} \sum\limits_{i=1}^{n} P(\xi_i, \eta_i) \Delta x_i$ 总存在，那么称此极限值为函数 $P(x, y)$ 在有向曲线弧 L 上对坐标 x 的曲线积分，记为 $\int_L P(x, y)\mathrm{d}x$，即

$$\int_L P(x, y)\mathrm{d}x = \lim_{\lambda \to 0} \sum_{i=1}^{n} P(\xi_i, \eta_i) \Delta x_i. \tag{9-5}$$

类似地，如果极限 $\lim\limits_{\lambda \to 0} \sum\limits_{i=1}^{n} Q(\xi_i, \eta_i) \Delta y_i$ 总存在，那么称此极限值为函数 $Q(x, y)$ 在有向曲线弧 L 上对坐标 y 的曲线积分，记为 $\int_L Q(x, y)\mathrm{d}y$，即

$$\int_L Q(x, y)\mathrm{d}y = \lim_{\lambda \to 0} \sum_{i=1}^{n} Q(\xi_i, \eta_i) \Delta y_i. \tag{9-6}$$

其中 $P(x, y)$、$Q(x, y)$ 称为被积函数，L 称为积分弧段. 以上对坐标的曲线积分也称为第二类曲线积分.

若 Γ 为空间有向光滑曲线弧，$P(x, y, z)$、$Q(x, y, z)$ 及 $R(x, y, z)$ 为定义在 Γ 上的有界函数，则可类似地定义在空间有向曲线 Γ 上对坐标的曲线积分（或第二类曲线积分）

$$\int_\Gamma P(x, y, z)\mathrm{d}x = \lim_{\lambda \to 0} \sum_{i=1}^{n} P(\xi_i, \eta_i, \zeta_i) \Delta x_i, \tag{9-7}$$

$$\int_\Gamma Q(x, y, z)\mathrm{d}y = \lim_{\lambda \to 0} \sum_{i=1}^{n} Q(\xi_i, \eta_i, \zeta_i) \Delta y_i, \tag{9-8}$$

$$\int_\Gamma R(x, y, z)\mathrm{d}z = \lim_{\lambda \to 0} \sum_{i=1}^{n} R(\xi_i, \eta_i, \zeta_i) \Delta z_i. \tag{9-9}$$

从定理 9.2 将看到，当被积函数在有向光滑曲线弧 Γ 上连续时，对坐标的曲线积分总是存在的. 如果未作特别说明，以后我们总假定被积函数在 Γ 上连续. 前面讲到的变力沿曲线所做的功可表示为

$$W = \int_L P(x, y)\mathrm{d}x + \int_L Q(x, y)\mathrm{d}y.$$

习惯上，常常把

$$\int_L P(x, y)\mathrm{d}x + \int_L Q(x, y)\mathrm{d}y$$

简写成

$$\int_L P(x, y)\mathrm{d}x + Q(x, y)\mathrm{d}y$$

或

$$\int_C \boldsymbol{F}(x, y)\cdot\mathrm{d}\boldsymbol{r}.$$

其中 $\boldsymbol{F}(x, y) = \{P(x, y),\ Q(x, y)\}$ 为向量函数，$\mathrm{d}\boldsymbol{r} = \{\mathrm{d}x,\ \mathrm{d}y\}$.

类似地，把

$$\int_\Gamma P(x, y, z)\mathrm{d}x + \int_\Gamma Q(x, y, z)\mathrm{d}y + \int_\Gamma R(x, y, z)\mathrm{d}z$$

简写成

$$\int_\Gamma P(x, y, z)\mathrm{d}x + Q(x, y, z)\mathrm{d}y + R(x, y, z)\mathrm{d}z$$

或

$$\int_\Gamma \boldsymbol{A}(x, y, z)\bullet\mathrm{d}\boldsymbol{r}.$$

其中 $\boldsymbol{A}(x, y, z) = \{P(x, y, z),\ Q(x, y, z),\ R(x, y, z)\}$ 为向量函数，$\mathrm{d}\boldsymbol{r} = \{\mathrm{d}x,\ \mathrm{d}y,\ \mathrm{d}z\}$.

如果 L, Γ 是有向闭曲线，那么上述曲线积分分别记为 $\oint_L P\mathrm{d}x + Q\mathrm{d}y$ 和 $\oint_\Gamma P\mathrm{d}x + Q\mathrm{d}y + R\mathrm{d}z$.

3. 第二类曲线积分的性质

由第二类曲线积分的定义可知，第二类曲线积分具有与第一类曲线积分类似的性质，下面以平面曲线积分为例阐述其主要性质.

性质 9.6 两个函数代数和的曲线积分等于这两个函数的曲线积分的代数和. 即

$$\int_L (P_1 \pm P_2)\mathrm{d}x = \int_L P_1\mathrm{d}x \pm \int_L P_2\mathrm{d}x, \tag{9-10}$$

$$\int_L (Q_1 \pm Q_2)\mathrm{d}y = \int_L Q_1\mathrm{d}y \pm \int_L Q_2\mathrm{d}y. \tag{9-11}$$

性质 9.6 可推广到有限个函数的情形.

性质 9.7 被积函数的常数因子可以提到积分号外面，即

$$\int_L kP\mathrm{d}x = k\int_L P\mathrm{d}x, \quad \int_L kQ\mathrm{d}y = k\int_L Q\mathrm{d}y \quad (k\ \text{为常数}). \tag{9-12}$$

性质 9.8 若积分弧段 L 是由两段有向光滑曲线弧 L_1 和 L_2 首尾连接而成，则

$$\int_L P\mathrm{d}x + Q\mathrm{d}y = \int_{L_1} P\mathrm{d}x + Q\mathrm{d}y + \int_{L_2} P\mathrm{d}x + Q\mathrm{d}y. \tag{9-13}$$

性质 9.8 可推广到有限段有向光滑曲线弧的情形.

性质 9.9 如果 L^- 表示与有向光滑曲线弧 L 反向的曲线弧，那么

$$\int_{L^-} P\mathrm{d}x + Q\mathrm{d}y = -\int_L P\mathrm{d}x + Q\mathrm{d}y. \tag{9-14}$$

性质 9.9 告诉我们，当积分曲线改变为相反方向时，第二类曲线积分要改变符号.

9.2.2　第二类曲线积分的计算

定理 9.2　设 L 是有向光滑曲线，其参数方程为

$$\begin{cases} x = \varphi(t), \\ y = \psi(t), \end{cases}$$

当参数 t 单调地从 α 变到 β 时，点 $M(x,y)$ 从 L 的起点 A 沿 L 运动到点 B. 又设 $P(x,y)$、$Q(x,y)$ 是定义在 L 上的连续函数，则曲线积分 $\int_L P(x,y)\mathrm{d}x + Q(x,y)\mathrm{d}y$ 存在，并且

$$\int_L P(x,y)\mathrm{d}x + Q(x,y)\mathrm{d}y = \int_{\alpha}^{\beta} \{P[\varphi(t),\psi(t)]\varphi'(t) + Q[\varphi(t),\psi(t)]\psi'(t)\}\mathrm{d}t. \quad （9\text{-}15）$$

证明略.

公式（9-15）的右端定积分上限 β 不一定大于下限 α，要求 α 对应于 L 的起点，β 对应于 L 的终点，这是与计算第一类曲线积分不同的. 此外，该公式可推广到空间曲线由参数方程

$$\begin{cases} x = \varphi(t), \\ y = \psi(t), \\ z = \omega(t) \end{cases}$$

给出的情形，即

$$\int_{\Gamma} P(x,y,z)\mathrm{d}x + Q(x,y,z)\mathrm{d}y + R(x,y,z)\mathrm{d}z$$

$$= \int_{\alpha}^{\beta} \{P[\varphi(t),\psi(t),\omega(t)]\varphi'(t) + Q[\varphi(t),\psi(t),\omega(t)]\psi'(t) + R[\varphi(t),\psi(t),\omega(t)]\omega'(t)\}\mathrm{d}t,$$

这里下限 α 对应于 Γ 的起点，上限 β 对应于 Γ 的终点.

例 9.5　设有质量为 m 的质点，在重力的作用下，沿铅垂面上的抛物线 $L: y^2 = 2px$ $(p>0)$，由点 $A(2p,-2p)$ 运动到点 $B(2p,2p)$（图 9-6），求重力 $\boldsymbol{F}$ 所做的功.

解　设抛物线 L 的参数方程为

$$L:\begin{cases} x = 2pt^2, \\ y = 2pt, \end{cases}$$

其中参数 t 从 -1 变到 1. 已知 $\boldsymbol{F}(x,y) = (0,-mg)$，于是由第二类曲线积分的计算公式，得到重力所做的功为

$$W = \int_L \boldsymbol{F}(x,y) \cdot \mathrm{d}\boldsymbol{r} = \int_L (0,-mg) \cdot (\mathrm{d}x,\mathrm{d}y)$$

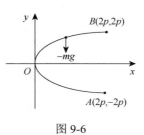

图 9-6

$$= -\int_L mg\mathrm{d}y = -\int_{-1}^{1} mg(2pt)'\mathrm{d}t = -mg[2pt]_{-1}^{1} = -4pmg .$$

例 9.6　计算 $\int_L y\mathrm{d}x - x\mathrm{d}y$，其中 L 为（图 9-7）：

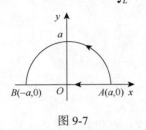

（1）半径为 a、圆心为原点、按逆时针方向的上半圆周；

（2）从点 $A(a,0)$ 沿 x 轴到点 $B(-a,0)$ 的直线段.

解　（1）曲线 L 的参数方程为

$$L : \begin{cases} x = a\cos t, \\ y = a\sin t, \end{cases}$$

图 9-7

其中参数 t 从 0 变到 π，由第二类曲线积分的计算公式，得

$$\int_L y\mathrm{d}x - x\mathrm{d}y = \int_0^{\pi} [a\sin t \cdot (a\cos t)' - a\cos t \cdot (a\sin t)']\mathrm{d}t$$

$$= \int_0^{\pi} (-a^2)\mathrm{d}t = -a^2\pi .$$

（2）曲线 L 的方程可看作参数为 x 的参数方程，即

$$\begin{cases} x = x, \\ y = 0, \end{cases}$$

其中参数 x 从 a 变到 $-a$，由第二类曲线积分的计算公式（注意 $\mathrm{d}y = 0$），得

$$\int_L y\mathrm{d}x - x\mathrm{d}y = \int_L y\mathrm{d}x = \int_a^{-a} 0\mathrm{d}x = 0 .$$

例 9.7　计算 $\int_L (x+y)\mathrm{d}x + (x-y)\mathrm{d}y$，其中 L 为（图 9-8）：

（1）抛物线 $y = x^2$ 上从点 $O(0,0)$ 到点 $B(1,1)$ 的一段弧；

（2）抛物线 $y^2 = x$ 上从点 $O(0,0)$ 到点 $B(1,1)$ 的一段弧；

（3）有向折线 OAB，这里 O，A，B 的坐标分别是 $(0,0)$，$(1,0)$，$(1,1)$.

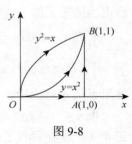

图 9-8

解　（1）L 的方程可看作参数为 x 的参数方程，即

$$\begin{cases} x = x, \\ y = x^2, \end{cases}$$

其中参数 x 从 0 变到 1，由第二类曲线积分的计算公式，有

$$\int_L (x+y)\mathrm{d}x + (x-y)\mathrm{d}y = \int_0^1 [(x+x^2)\cdot 1 + (x-x^2)\cdot 2x]\mathrm{d}x$$

$$= \int_0^1 (x + 3x^2 - 2x^3)\mathrm{d}x = 1 .$$

（2）L 的方程可看作参数为 y 的参数方程，即

$$\begin{cases} x = y^2, \\ y = y, \end{cases}$$

其中参数 y 从 0 变到 1，由第二类曲线积分的计算公式，有

$$\int_L (x+y)\mathrm{d}x + (x-y)\mathrm{d}y = \int_0^1 [(y^2+y)\cdot 2y + (y^2-y)\cdot 1]\mathrm{d}y$$

$$= \int_0^1 (2y^3 + 3y^2 - y)\mathrm{d}y = 1.$$

（3）在 OA 上，$y=0$，x 从 0 变到 1，注意 $\mathrm{d}y = 0$，故

$$\int_{OA} (x+y)\mathrm{d}x + (x-y)\mathrm{d}y = \int_0^1 (x+0)\mathrm{d}x = \frac{1}{2}.$$

在 AB 上，$x=1$，y 从 0 变到 1，注意 $\mathrm{d}x = 0$，故

$$\int_{AB} (x+y)\mathrm{d}x + (x-y)\mathrm{d}y = \int_0^1 (1-y)\mathrm{d}y = \frac{1}{2},$$

于是

$$\int_L (x+y)\mathrm{d}x + (x-y)\mathrm{d}y = \int_{OA} (x+y)\mathrm{d}x + (x-y)\mathrm{d}y + \int_{AB} (x+y)\mathrm{d}x + (x-y)\mathrm{d}y$$

$$= \frac{1}{2} + \frac{1}{2} = 1.$$

从例 9.6 和例 9.7 可知，两个曲线积分的被积函数相同，起点和终点也相同，沿不同的路径算出的值可能相同，也可能不相同.

例 9.8　计算曲线积分

$$I = \oint_L \frac{(x+y)\mathrm{d}x - (x-y)\mathrm{d}y}{x^2 + y^2},$$

其中 L 是圆周 $x^2 + y^2 = r^2$，其方向为顺时针方向.

解　曲线 L 的参数方程为

$$L : \begin{cases} x = r\cos t, \\ y = r\sin t, \end{cases}$$

其中参数 t 从 2π 变到 0，由第二类曲线积分的计算公式，得

$$I = \int_{2\pi}^0 \frac{(r\cos t + r\sin t)(-r\sin t) - (r\cos t - r\sin t)(r\cos t)}{(r\cos t)^2 + (r\sin t)^2}\mathrm{d}t$$

$$= -\int_0^{2\pi} \frac{r^2[(\cos t + \sin t)(-\sin t) - (\cos t - \sin t)(\cos t)]}{r^2}\mathrm{d}t$$

$$= -\int_0^{2\pi} (-1)\mathrm{d}t = 2\pi.$$

例 9.9　计算沿有向闭曲线 $\overrightarrow{ABCDA}$（图 9-9）的曲线积分

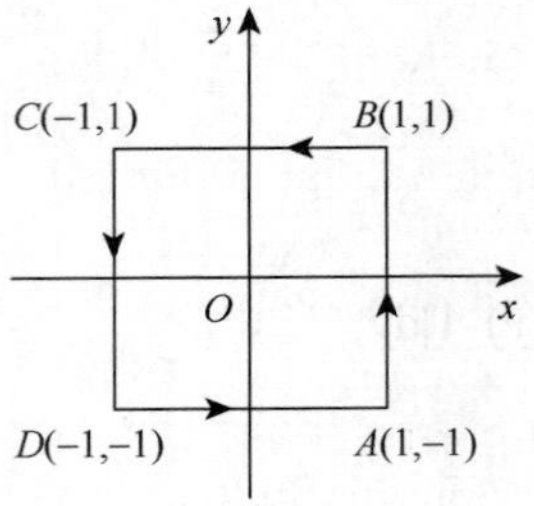

图 9-9

$$I=\oint_{\overrightarrow{ABCDA}}(x^2-2xy)\mathrm{d}x+(y^2-x^2)\mathrm{d}y .$$

解 $I=\left(\int_{\overrightarrow{AB}}+\int_{\overrightarrow{BC}}+\int_{\overrightarrow{CD}}+\int_{\overrightarrow{DA}}\right)(x^2-2xy)\mathrm{d}x+(y^2-x^2)\mathrm{d}y$

但沿 $\overrightarrow{AB}$，$x=1$，故

$$\int_{\overrightarrow{AB}}(x^2-2xy)\mathrm{d}x=0$$

同理可得

$$\int_{\overrightarrow{BC}}(y^2-x^2)\mathrm{d}y=\int_{\overrightarrow{CD}}(x^2-2xy)\mathrm{d}x=\int_{\overrightarrow{DA}}(y^2-x^2)\mathrm{d}y=0$$

于是

$$\begin{aligned}I&=\int_{\overrightarrow{AB}}(y^2-x^2)\mathrm{d}y+\int_{\overrightarrow{BC}}(x^2-2xy)\mathrm{d}x+\int_{\overrightarrow{CD}}(y^2-x^2)\mathrm{d}y+\int_{\overrightarrow{DA}}(x^2-2xy)\mathrm{d}x\\&=\int_{-1}^{1}(y^2-1)\mathrm{d}y+\int_{1}^{-1}(x^2-2x)\mathrm{d}x+\int_{1}^{-1}(y^2-1)\mathrm{d}y+\int_{-1}^{1}(x^2+2x)\mathrm{d}x\\&=\int_{-1}^{1}(y^2-1)\mathrm{d}y-\int_{-1}^{1}(x^2-2x)\mathrm{d}x-\int_{-1}^{1}(y^2-1)\mathrm{d}y+\int_{-1}^{1}(x^2+2x)\mathrm{d}x=0 .\end{aligned}$$

例 9.10 计算曲线积分

$$I=\int_{\Gamma}y\mathrm{d}x-x\mathrm{d}y+z^2\mathrm{d}z ,$$

其中 Γ 是螺旋线：$x=a\cos\theta$，$y=a\sin\theta$，$z=b\theta$ 从 $\theta=0$ 到 $\theta=\pi$ 上的一段.

解
$$\begin{aligned}I&=\int_0^{\pi}[a\sin\theta(-a\sin\theta)-a\cos\theta\cdot a\cos\theta+(b\theta)^2\cdot \mathrm{b}]\mathrm{d}\theta\\&=\int_0^{\pi}(-a^2+b^3\theta^2]\mathrm{d}\theta=\frac{1}{3}b^3\pi^3-a^2\pi .\end{aligned}$$

9.2.3 两类曲线积分之间的联系

虽然第一类曲线积分和第二类曲线积分来自不同的物理原型，并且有着不同的特性，但是在一定条件下，如在规定了曲线的方向之后，可建立二者之间的联系.

设有向光滑曲线 L 的参数方程为

$$\begin{cases}x=\varphi(t) ,\\ y=\psi(t) ,\end{cases}$$

起点 A 、终点 B 分别对应参数 α 、β. 不妨设 $\alpha<\beta$（若 $\alpha>\beta$，则令 $s=-t$，讨论以 s 为参数的参数方程就可转化为前一种情形）. 又设函数 $P(x,y)$、$Q(x,y)$ 在 L 上连续，则有

$$\int_L P(x,y)\mathrm{d}x + Q(x,y)\mathrm{d}y = \int_\alpha^\beta \left\{ P[\varphi(t),\psi(t)]\varphi'(t) + Q[\varphi(t),\psi(t)]\psi'(t) \right\}\mathrm{d}t\,.$$

另一方面，有向曲线 L 的切向量为

$$\boldsymbol{T} = \{\varphi'(t),\ \psi'(t)\},$$

其方向与参数 t 增大时曲线上点 $M(\varphi(t),\psi(t))$ 的走向一致，方向余弦为

$$\cos\theta_1 = \frac{\varphi'(t)}{\sqrt{\varphi'^2(t)+\psi'^2(t)}}\,,\quad \cos\theta_2 = \frac{\psi'(t)}{\sqrt{\varphi'^2(t)+\psi'^2(t)}}\,,$$

于是

$$\int_L [P(x,y)\cos\theta_1 + Q(x,y)\cos\theta_2]\mathrm{d}s$$

$$= \int_\alpha^\beta \left\{ P[\varphi(t),\psi(t)]\frac{\varphi'(t)}{\sqrt{\varphi'^2(t)+\psi'^2(t)}} + Q[\varphi(t),\psi(t)]\frac{\psi'(t)}{\sqrt{\varphi'^2(t)+\psi'^2(t)}} \right\}\sqrt{\varphi'^2(t)+\psi'^2(t)}\,\mathrm{d}t$$

$$= \int_\alpha^\beta \left\{ P[\varphi(t),\psi(t)]\varphi'(t) + Q[\varphi(t),\psi(t)]\psi'(t) \right\}\mathrm{d}t\,.$$

由此可见，平面曲线上两类曲线积分之间有如下关系：

$$\int_L P(x,y)\mathrm{d}x + Q(x,y)\mathrm{d}y = \int_L [P(x,y)\cos\theta_1 + Q(x,y)\cos\theta_2]\mathrm{d}s\,,\qquad (9\text{-}16)$$

其中 θ_1，θ_2 为有向曲线 L 在点 (x,y) 处切向量的方向角.

类似地可知空间曲线上两类曲线积分之间有如下关系：

$$\int_\Gamma P(x,y,z)\mathrm{d}x + Q(x,y,z)\mathrm{d}y + R(x,y,z)\mathrm{d}z$$

$$= \int_\Gamma [P(x,y,z)\cos\theta_1 + Q(x,y,z)\cos\theta_2 + R(x,y,z)\cos\theta_3]\mathrm{d}s\,,\qquad (9\text{-}17)$$

其中 θ_1，θ_2，θ_3 为有向曲线 Γ 在点 (x,y,z) 处切向量的方向角.

习　题　9-2

1. 设 L 为 xOy 面内一直线 $y=b$（b 为常数），证明：

$$\int_L Q(x,y)\mathrm{d}y = 0\,.$$

2. 计算下列第二类曲线积分：

（1）$\displaystyle\int_L y^2\mathrm{d}x + x^2\mathrm{d}y$，其中 L 为上半椭圆 $x=a\cos t, y=b\sin t$，其方向为顺时针方向；

（2）$\displaystyle\int_L xy\mathrm{d}x$，其中 L 为抛物线 $y^2=x$ 上从点 $A(1,-1)$ 到点 $B(1,1)$ 的一段弧；

（3）$\displaystyle\int_L (x^2+y^2)\mathrm{d}x + (x^2-y^2)\mathrm{d}y$，其中 L 是曲线 $y=1-|1-x|$ 从对应于 $x=0$ 时的点到 $x=2$ 时的点的一段折线；

（4）$\displaystyle\int_L y\mathrm{d}x + x\mathrm{d}y$，$L$ 是从点 $A(-a,0)$ 沿上半圆周 $x^2+y^2=a^2$ 到点 $B(a,0)$ 的一段弧；

（5）$\int_L xy^2 \mathrm{d}y - x^2 y \mathrm{d}x$，其中 L 沿上半圆 $x^2 + y^2 = R^2$ 以点 $A(-R,0)$ 为起点，经过点 $C(0,R)$ 到终点 $B(R,0)$ 的一段有向弧；

（6）$\int_\Gamma (x + y + z)\mathrm{d}x$，其中 Γ 是螺旋线：$x = \cos t$，$y = \sin t$，$z = t$ 从 $t = 0$ 到 $t = \pi$ 上的一段；

（7）$\int_\Gamma x^3 \mathrm{d}x + 3zy^2 \mathrm{d}y - x^2 y \mathrm{d}z$，其中 Γ 为从点 $A(3,2,1)$ 到点 $B(0,0,0)$ 的直线段 AB；

（8）$I = \oint_\Gamma (z - y)\mathrm{d}x + (x - z)\mathrm{d}y + (x - y)\mathrm{d}z$，$\Gamma$ 为椭圆周 $\begin{cases} x^2 + y^2 = 1, \\ x - y + z = 2, \end{cases}$ 并且从 z 轴正方向看去，Γ 取顺时针方向.

3. 设 z 轴与重力的方向一致，求质量为 m 的质点从位置 (x_1, y_1, z_1) 沿直线移到 (x_2, y_2, z_2) 时重力所做的功.

4. 设 Γ 为曲线 $x = t$，$y = t^2$，$z = t^3$ 上相应于 t 从 0 变到 1 的一段有向弧，把第二类曲线积分 $\int_\Gamma P\mathrm{d}x + Q\mathrm{d}y + R\mathrm{d}z$ 化成第一类曲线积分.

9.3　格林公式及其应用

9.3.1　格林公式

在前面研究定积分的计算过程中，微积分基本公式表明：在一个闭区间上的定积分可以由它的被积函数的原函数在该区间端点上的函数值来表示，因此，我们猜想：平面闭区域 D 上的二重积分也可以由其边界曲线 L 上的曲线积分来表示，这就是本节要介绍的格林公式.

为此，先介绍平面单连通区域的概念. 设 D 为平面区域，如果 D 内任意一条闭曲线所围的部分都属于 D（即 D 内部不含"洞"），则称 D 为平面单连通区域，否则称为复连通区域. 例如，区域

$$\{(x,y) \mid x^2 + y^2 < 1\}, \quad \{(x,y) \mid x > 0\}$$

等都是单连通区域，而区域

$$\{(x,y) \mid 0 < x^2 + y^2 < 1\}, \quad \left\{(x,y) \,\middle|\, 1 < \frac{x^2}{4} + \frac{y^2}{9} < 2\right\}$$

等都是复连通区域.

对于平面区域 D 的边界曲线 L，规定 L 的正向如下：当某人沿边界的正向行走时，区域 D 内在他近处的那一部分总在他的左手边，如图 9-10 所示.

定理 9.3　设闭区域 D 由分段光滑的曲线 L 所围成，函数 $P(x,y)$ 和 $Q(x,y)$ 在闭区域 D 上具有连续的一阶偏导数，那么有

$$\iint\limits_{D}\left(\frac{\partial Q}{\partial x}-\frac{\partial P}{\partial y}\right)\mathrm{d}x\mathrm{d}y=\oint_{L}P\mathrm{d}x+Q\mathrm{d}y \qquad (9\text{-}18)$$

或

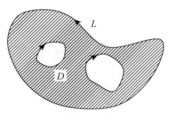

图 9-10

$$\iint\limits_{D}\left(\frac{\partial Q}{\partial x}-\frac{\partial P}{\partial y}\right)\mathrm{d}x\mathrm{d}y=\oint_{L}(P\cos\alpha+Q\cos\beta)\mathrm{d}s. \qquad (9\text{-}19)$$

其中 L 是 D 的取正向的边界曲线，α,β 是曲线 L 在点 (x,y) 处的切向量的方向角.

公式（9-18）或（9-19）称为格林（Green）公式.

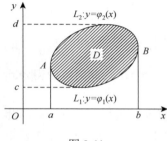

图 9-11

证明　只证明公式（9-18）. 根据区域 D 的不同形状，分三种情形来证明.

i）假设区域 D 既是 X- 型区域又是 Y- 型区域，即穿过区域 D 内部且平行于坐标轴的直线与区域 D 的边界曲线 L 的交点恰好为两点（图 9-11）. 此时可设

$$D=\{(x,y)\,|\,\varphi_{1}(x)\leqslant y\leqslant\varphi_{2}(x),a\leqslant x\leqslant b\},$$

因为 $\dfrac{\partial P}{\partial y}$ 连续，故由二重积分的计算方法可得

$$\iint\limits_{D}\frac{\partial P}{\partial y}\mathrm{d}x\mathrm{d}y=\int_{a}^{b}\mathrm{d}x\int_{\varphi_{1}(x)}^{\varphi_{2}(x)}\frac{\partial P}{\partial y}\mathrm{d}y$$

$$=\int_{a}^{b}\{P[x,\varphi_{2}(x)]-P[x,\varphi_{1}(x)]\}\,\mathrm{d}x.$$

另外，由第二类曲线积分的性质及计算方法可得

$$\oint_{L}P\mathrm{d}x=\oint_{L_{1}}P\mathrm{d}x+\oint_{L_{2}}P\mathrm{d}x=\int_{a}^{b}P[x,\varphi_{1}(x)]\mathrm{d}x+\int_{b}^{a}P[x,\varphi_{2}(x)]\mathrm{d}x$$

$$=-\int_{a}^{b}\{P[x,\varphi_{2}(x)]-P[x,\varphi_{1}(x)]\}\,\mathrm{d}x.$$

因此

$$-\iint\limits_{D}\frac{\partial P}{\partial y}\mathrm{d}x\mathrm{d}y=\oint_{L}P\mathrm{d}x. \qquad (9\text{-}20)$$

再设

$$D=\{(x,y)\,|\,\psi_{1}(y)\leqslant x\leqslant\psi_{2}(y),c\leqslant y\leqslant d\},$$

类似地可证

$$\iint_D \frac{\partial Q}{\partial x}\mathrm{d}x\mathrm{d}y = \oint_L Q\mathrm{d}y. \tag{9-21}$$

由于区域 D 既是 X 型的区域，又是 Y 型的区域，故式（9-20）、式（9-21）同时成立，两式相加后即得公式（9-18）.

ii）假设区域 D 是由一条分段光滑的闭曲线 $\overset{\frown}{MNPM}$ 所围成（图 9-12），此时，引进一条辅助线 ABC，把区域 D 分成 D_1、D_2、D_3 三个部分，应用公式（9-18）于每一个部分，得

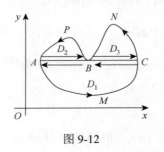

图 9-12

$$\iint_{D_1}\left(\frac{\partial Q}{\partial x}-\frac{\partial P}{\partial y}\right)\mathrm{d}x\mathrm{d}y = \oint_{\overset{\frown}{MCBAM}} P\mathrm{d}x + Q\mathrm{d}y,$$

$$\iint_{D_2}\left(\frac{\partial Q}{\partial x}-\frac{\partial P}{\partial y}\right)\mathrm{d}x\mathrm{d}y = \oint_{\overset{\frown}{ABPA}} P\mathrm{d}x + Q\mathrm{d}y,$$

$$\iint_{D_3}\left(\frac{\partial Q}{\partial x}-\frac{\partial P}{\partial y}\right)\mathrm{d}x\mathrm{d}y = \oint_{\overset{\frown}{BCNB}} P\mathrm{d}x + Q\mathrm{d}y.$$

把这三个等式相加，并注意相加时沿辅助线来回的曲线积分相互抵消，便得公式（9-18）.

iii）假设区域 D 是由几条闭曲线所围成，即 D 是复连通区域（图 9-13），此时可适当添加辅助线段 AB、CE，就可把区域化为 ii）的情形来处理，并注意相加时沿辅助线段来回的曲线积分相互抵消，便得

$$\begin{aligned}\iint_D\left(\frac{\partial Q}{\partial x}-\frac{\partial P}{\partial y}\right)\mathrm{d}x\mathrm{d}y &= \left(\int_{AB}+\int_{L_2}+\int_{BA}+\int_{AFC}+\int_{CE}+\int_{L_3}+\int_{EC}+\int_{CGA}\right)(P\mathrm{d}x+Q\mathrm{d}y)\\ &= \left(\oint_{L_2}+\oint_{L_3}+\oint_{L_1}\right)(P\mathrm{d}x+Q\mathrm{d}y)\\ &= \oint_L P\mathrm{d}x+Q\mathrm{d}y.\end{aligned}$$

格林公式告诉我们，在平面闭区域 D 上的二重积分可以通过沿闭区域 D 的正向边界曲线 L 上的曲线积分来表示.

图 9-13

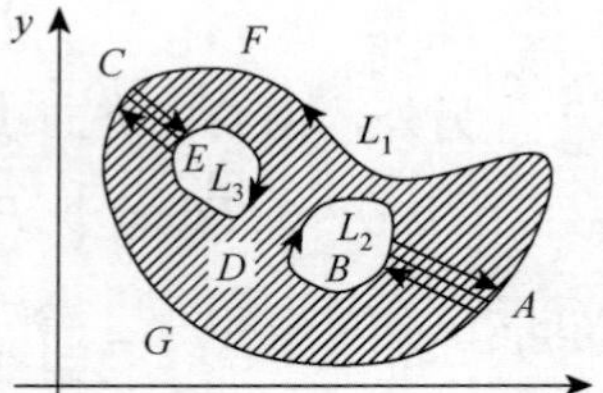

下面说明格林公式的一个简单应用.

在公式（9-18）中取 $P=-y,\ Q=x$，即得

$$2\iint_D \mathrm{d}x\mathrm{d}y = \oint_L x\mathrm{d}y - y\mathrm{d}x.$$

上式左边是闭区域 D 的面积 A 的两倍，因此有

$$A = \frac{1}{2}\oint_L x\mathrm{d}y - y\mathrm{d}x.$$

例 9.11　计算椭圆 $x=a\cos t,\ y=b\sin t\ (0\leqslant t\leqslant 2\pi)$ 所围成的图形的面积 A.

解　$A = \dfrac{1}{2}\oint_L x\mathrm{d}y - y\mathrm{d}x = \dfrac{1}{2}\int_0^{2\pi}(ab\cos^2 t + ab\sin^2 t)\mathrm{d}t = \dfrac{1}{2}ab\int_0^{2\pi}\mathrm{d}t = \pi ab.$

例 9.12　利用格林公式计算曲线积分 $I = \oint_{\overrightarrow{ABCDA}}(x^2 - 2xy)\mathrm{d}x + (y^2 - x^2)\mathrm{d}y$，其中有向闭曲线 $\overrightarrow{ABCDA}$ 是顶点分别为 $A(1,-1)$，$B(1,1)$，$C(-1,1)$，$D(-1,-1)$ 的正方形区域的整个边界，取逆时针方向.

解　设有向闭曲线 $\overrightarrow{ABCDA}$ 所围成的有界闭区域为 D，并令
$$P = x^2 - 2xy, \quad Q = y^2 - x^2,$$
则
$$\frac{\partial Q}{\partial x} - \frac{\partial P}{\partial y} = -2x + 2x = 0,$$
根据格林公式，有
$$I = \oint_{\overrightarrow{ABCDA}}(x^2 - 2xy)\mathrm{d}x + (y^2 - x^2)\mathrm{d}y = \iint_D 0\,\mathrm{d}x\mathrm{d}y = 0.$$

请读者将本例解法与 9.2 节例 9.9 的解法进行比较.

例 9.13　利用格林公式计算 $\oint_L (2018x - y + 4)\mathrm{d}x + (2017y + 3x - 6)\mathrm{d}y$，其中 L 是顶点分别为 $O(0,0)$、$A(1,1)$ 及 $B(0,1)$ 的三角形负向边界（图 9-14）.

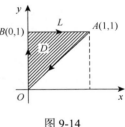

图 9-14

解　这里 $P = 2018x - y + 4$，$Q = 2017y + 3x - 6$，$\dfrac{\partial Q}{\partial x} = 3$，$\dfrac{\partial P}{\partial y} = -1$，设 L 所围成的闭区域为 D，根据格林公式，有

$$\oint_L (2018x - y + 4)\mathrm{d}x + (2017y + 3x - 6)\mathrm{d}y = -\iint_D [3 - (-1)]\mathrm{d}x\mathrm{d}y$$
$$= -4\iint_D \mathrm{d}x\mathrm{d}y = -4 \cdot \frac{1}{2} = -2.$$

例 9.14　利用格林公式计算 $\int_{\overset{\frown}{AB}} \dfrac{x}{2}\mathrm{d}y - \dfrac{y}{2}\mathrm{d}x$，其中有向弧 $\overset{\frown}{AB}$ 是圆 $x^2 + y^2 = R^2$ 在第一象限的部分（图 9-15）.

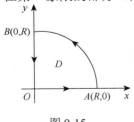

图 9-15

解　这里 $P = -\dfrac{y}{2}$，$Q = \dfrac{x}{2}$，$\dfrac{\partial Q}{\partial x} = \dfrac{1}{2}$，$\dfrac{\partial P}{\partial y} = -\dfrac{1}{2}$，由于积分曲线不是闭曲线，故该曲线积分不能直接用格林公式来计算. 为了用格林公式，需作辅助曲线，即有向线段 OA 和 BO，则 $\overset{\frown}{AB}$ 与 BO 及 OA 一起构成一有向闭曲线，其方向是逆时针方向. 设它所围成的闭区域为 D，由格林公式得

$$\oint_{\overset{\frown}{AB}+BO+OA}\frac{x}{2}dy-\frac{y}{2}dx=\iint_{D}\left[\frac{1}{2}-\left(-\frac{1}{2}\right)\right]dxdy$$

$$=\iint_{D}dxdy=\frac{\pi R^{2}}{4}.$$

而

$$\int_{OA}\frac{x}{2}dy-\frac{y}{2}dx=\int_{0}^{1}\left(\frac{x}{2}\cdot 0-\frac{0}{2}\right)dx=0,$$

$$\int_{BO}\frac{x}{2}dy-\frac{y}{2}dx=\int_{1}^{0}\left(\frac{0}{2}-\frac{y}{2}\cdot 0\right)dy=0,$$

故所求的曲线积分为

$$\int_{\overset{\frown}{AB}}\frac{x}{2}dy-\frac{y}{2}dx=\frac{\pi R^{2}}{4}-\int_{OA}\frac{x}{2}dy-\frac{y}{2}dx-\int_{BO}\frac{x}{2}dy-\frac{y}{2}dx=\frac{\pi R^{2}}{4}.$$

例 9.15　计算二重积分 $\iint_{D}e^{-x^{2}}dxdy$，其中 D 为以 $O(0,0)$，$A(1,0),B(1,1)$ 为顶点的三角形闭区域（图 9-16）.

解　令 $P=-ye^{-x^{2}},Q=0$，取区域 D 的边界曲线方向为逆时针方向，则

$$\frac{\partial Q}{\partial x}-\frac{\partial P}{\partial y}=e^{-x^{2}}.$$

图 9-16

因此，由格林公式得

$$\iint_{D}e^{-x^{2}}dxdy=\int_{OA+AB+BO}(-ye^{-x^{2}})dx=-\int_{BO}ye^{-x^{2}}dx$$

$$=-\int_{1}^{0}xe^{-x^{2}}dx=\frac{1}{2}\left(1-\frac{1}{e}\right).$$

例 9.16　设 L 为任一不经过原点的闭区域 D 的边界曲线,方向为逆时针方向,试在下列两种情况下计算曲线积分 $I=\oint_{L}\dfrac{(x+y)dx-(x-y)dy}{x^{2}+y^{2}}$:

（1）原点不在区域 D 内（图 9-17）;

（2）原点在区域 D 内（图 9-18）.

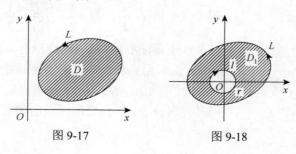

图 9-17　　　　　　　　图 9-18

解　(1)这里 $P = \dfrac{x+y}{x^2+y^2}$，$Q = -\dfrac{x-y}{x^2+y^2}$，$\dfrac{\partial Q}{\partial x} = \dfrac{x^2-2xy-y^2}{(x^2+y^2)^2}$，$\dfrac{\partial P}{\partial y} = \dfrac{x^2-2xy-y^2}{(x^2+y^2)^2}$．

由于原点不在区域 D 内，故 P 及 Q 在 D 内（包括边界）有连续的一阶偏导数，并且 $\dfrac{\partial Q}{\partial x} = \dfrac{\partial P}{\partial y}$，根据格林公式得

$$I = \oint_L \frac{(x+y)\mathrm{d}x - (x-y)\mathrm{d}y}{x^2+y^2} = \iint_D 0\,\mathrm{d}x\mathrm{d}y = 0.$$

（2）当原点在区域 D 内时，P 及 Q 在 D 内不连续，因而不能直接用格林公式来计算曲线积分．为此，选取适当小的 $r > 0$，作位于 D 内的有向圆 $l: x^2 + y^2 = r^2$，其方向为顺时针方向．则 L 和 l 围成一复连通区域，不妨设此区域为 D_1，由格林公式得

$$\oint_{L+l} \frac{(x+y)\mathrm{d}x - (x-y)\mathrm{d}y}{x^2+y^2} = \iint_{D_1} 0\,\mathrm{d}x\mathrm{d}y = 0,$$

或

$$\oint_L \frac{(x+y)\mathrm{d}x - (x-y)\mathrm{d}y}{x^2+y^2} + \oint_l \frac{(x+y)\mathrm{d}x - (x-y)\mathrm{d}y}{x^2+y^2} = 0.$$

于是由本章 9.2 节例 9.8 可知

$$I = \oint_L \frac{(x+y)\mathrm{d}x - (x-y)\mathrm{d}y}{x^2+y^2} = -\oint_l \frac{(x+y)\mathrm{d}x - (x-y)\mathrm{d}y}{x^2+y^2} = -2\pi.$$

9.3.2　平面曲线积分与路线无关的条件

首先明确什么叫作曲线积分与路线无关．设 G 是一个平面区域，二元函数 $P(x,y)$ 和 $Q(x,y)$ 在 G 内具有连续的一阶偏导数．如果对于 G 内任意两个点 A, B，以及 G 内从点 A 到点 B 的任意两条曲线 L_1，L_2（图 9-19），都有

$$\int_{L_1} P\mathrm{d}x + Q\mathrm{d}y = \int_{L_2} P\mathrm{d}x + Q\mathrm{d}y,$$

那么就称曲线积分 $\displaystyle\int_L P\mathrm{d}x + Q\mathrm{d}y$ 在区域 G 内与路线无关，

否则称其与路线有关．

从本章 9.2 节计算曲线积分的两个例子可知，例 9.6 中的曲线积分与路线有关，而例 9.7 中的曲线积分与路线无关．那么，究竟在什么条件下平面曲线积分与路线无关？下面的定理对此问题作出了回答．

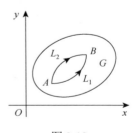

图 9-19

定理 9.4　如果二元函数 $P(x, y)$ 和 $Q(x, y)$ 在单连通区域 G 内具有连续的一阶偏导数，那么下列四个命题是相互等价的：

（1）沿 G 内任意闭曲线的曲线积分为零．即对于任一完全含于 G 内的闭曲线 L，有

$$\oint_L P\mathrm{d}x + Q\mathrm{d}y = 0.$$

（2）曲线积分 $\int_L P\mathrm{d}x + Q\mathrm{d}y$ 在 G 内与路线 L 无关．

（3）微分式 $P(x, y)\mathrm{d}x + Q(x, y)\mathrm{d}y$ 在 G 内是某一个二元函数 $u(x, y)$ 的全微分，即有

$$\mathrm{d}u = P\mathrm{d}x + Q\mathrm{d}y.$$

（4）等式 $\dfrac{\partial P}{\partial y} = \dfrac{\partial Q}{\partial x}$ 在 G 内处处成立．

证明　（1）$\Rightarrow$（2）．即命题（1）成立时推出命题（2）成立．设 L_1, L_2 是 G 内任意两条具有相同起点 A 和相同终点 B 的有向曲线（图 9-19），则 $L = L_1 + L_2^-$ 构成 G 内一有向闭曲线．由命题（1）知

$$\oint_L P\mathrm{d}x + Q\mathrm{d}y = 0.$$

而

$$\oint_L P\mathrm{d}x + Q\mathrm{d}y = \int_{L_1} P\mathrm{d}x + Q\mathrm{d}y + \int_{L_2^-} P\mathrm{d}x + Q\mathrm{d}y = \int_{L_1} P\mathrm{d}x + Q\mathrm{d}y - \int_{L_2} P\mathrm{d}x + Q\mathrm{d}y.$$

因此

$$\int_{L_1} P\mathrm{d}x + Q\mathrm{d}y = \int_{L_2} P\mathrm{d}x + Q\mathrm{d}y.$$

这就证明了曲线积分在 G 内与路线无关，即命题（2）成立．

（2）$\Rightarrow$（3）．即命题（2）成立时推出命题（3）成立．作函数

$$u(x, y) = \int_{(x_0, y_0)}^{(x, y)} P(s, t)\mathrm{d}s + Q(s, t)\mathrm{d}t$$

其中点 $M_0(x_0, y_0)$ 是 G 内某一固定点，点 $M(x, y)$ 在 G 内变动．由于曲线积分与路线无关（即仅与起点 $M_0(x_0, y_0)$ 和终点 $M(x, y)$ 有关），故该函数是单值函数．对于 G 内任意点 $M(x, y)$ 和 $N(x + \Delta x, y)$，考察

$$\frac{u(x + \Delta x, y) - u(x, y)}{\Delta x},$$

这里 $u(x + \Delta x, y) = \int_{(x_0, y_0)}^{(x + \Delta x, y)} P(s, t)\mathrm{d}s + Q(s, t)\mathrm{d}t$．由于曲线积分

$$\int_{(x_0, y_0)}^{(x + \Delta x, y)} P(s, t)\mathrm{d}s + Q(s, t)\mathrm{d}t$$

与路线无关，故可选取从点 $M_0(x_0, y_0)$ 到点 $M(x, y)$ 再到点 $N(x + \Delta x, y)$ 的某曲线作为该曲线积分的路线，其中从点 $M(x, y)$ 到点 $N(x + \Delta x, y)$ 的路线为平行于 s 轴的

直线段（图 9-20）. 这样就有

$$
\begin{aligned}
u(x+\Delta x, y) &= \int_{(x_0,y_0)}^{(x,y)} P(s,t)\mathrm{d}s + Q(s,t)\mathrm{d}t \\
&\quad + \int_{(x,y)}^{(x+\Delta x, y)} P(s,t)\mathrm{d}s + Q(s,t)\mathrm{d}t \\
&= u(x,y) + \int_{(x,y)}^{(x+\Delta x, y)} P(s,t)\mathrm{d}s + Q(s,t)\mathrm{d}t \\
&= u(x,y) + \int_{\overrightarrow{MN}} P(s,t)\mathrm{d}s + Q(s,t)\mathrm{d}t .
\end{aligned}
$$

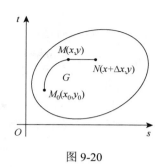

图 9-20

而有向线段 $\overrightarrow{MN}$ 的参数方程为 $t=y$（常数），参数 s 从 x
变到 $x+\Delta x$，根据第二类曲线积分的计算方法，可得

$$
\int_{\overrightarrow{MN}} P(s,t)\mathrm{d}s + Q(s,t)\mathrm{d}t = \int_x^{x+\Delta x} P(s,y)\mathrm{d}s + 0 = \int_x^{x+\Delta x} P(s,y)\mathrm{d}s ,
$$

应用积分中值定理，得

$$
\int_x^{x+\Delta x} P(s,y)\mathrm{d}s = P(x+\theta\Delta x, y)\Delta x \quad (0 \leqslant \theta \leqslant 1),
$$

于是

$$
\frac{u(x+\Delta x, y) - u(x,y)}{\Delta x} = P(x+\theta\Delta x, y) .
$$

上式两边令 $\Delta x \to 0$ 取极限，并注意函数 $P(x,y)$ 的偏导数连续因而 $P(x,y)$ 本身也
连续，于是得

$$
\frac{\partial u}{\partial x} = P(x,y) .
$$

同理可证

$$
\frac{\partial u}{\partial y} = Q(x,y) .
$$

所以，

$$
\mathrm{d}u = P\mathrm{d}x + Q\mathrm{d}y ,
$$

即命题（3）成立.

（3）$\Rightarrow$（4）. 即命题（3）成立时推出命题（4）成立. 设存在某一函数 $u(x,y)$，
使得

$$
\mathrm{d}u = P\mathrm{d}x + Q\mathrm{d}y
$$

在 G 内处处成立，则必有

$$
\frac{\partial u}{\partial x} = P , \quad \frac{\partial u}{\partial y} = Q .
$$

从而

$$
\frac{\partial^2 u}{\partial x \partial y} = \frac{\partial P}{\partial y} , \quad \frac{\partial^2 u}{\partial y \partial x} = \frac{\partial Q}{\partial x} .
$$

由于 P，Q 具有连续的一阶偏导数，故 $\dfrac{\partial^2 u}{\partial x \partial y}$、$\dfrac{\partial^2 u}{\partial y \partial x}$ 连续，从而 $\dfrac{\partial^2 u}{\partial x \partial y} = \dfrac{\partial^2 u}{\partial y \partial x}$，即

$\dfrac{\partial P}{\partial y} = \dfrac{\partial Q}{\partial x}$，即命题（4）成立.

（4）$\Rightarrow$（1）. 即命题（4）成立时推出命题（1）成立. 设 L 是完全含于 G 内的闭曲线，因为 G 是单连通的，故 L 所围成的闭区域 D 全部含在 G 内，在 D 上应用格林公式，并注意条件 $\dfrac{\partial P}{\partial y} = \dfrac{\partial Q}{\partial x}$，可得

$$\oint_L P\mathrm{d}x + Q\mathrm{d}y = \iint_D \left(\dfrac{\partial Q}{\partial x} - \dfrac{\partial P}{\partial y} \right) \mathrm{d}x\mathrm{d}y = \iint_D 0\mathrm{d}x\mathrm{d}y = 0,$$

这就证明了在 G 内沿任意闭曲线的曲线积分为零，即命题（1）成立.

这样，我们将四个命题循环地推证了一遍，就证明了它们是相互等价的.

不难验证，在本章 9.2 节的例 9.7 中，有 $\dfrac{\partial P}{\partial y} = \dfrac{\partial Q}{\partial x} = 1$，即定理 9.4 的命题（4）成立，故定理 9.4 的命题（2）也成立，即积分与路线无关. 由此可见，该曲线积分与路线无关不是偶然的而是必然的.

9.3.3　原函数计算的例题

由定理 9.4 可知，如果函数 $P(x, y)$ 和 $Q(x, y)$ 在单连通区域 G 内具有连续的一阶偏导数，并且 $\dfrac{\partial P}{\partial y} = \dfrac{\partial Q}{\partial x}$，那么，$P\mathrm{d}x + Q\mathrm{d}y$ 在 G 内为某一二元函数 $u(x, y)$ 的全微分，而且 $u(x, y)$ 可由公式

$$u(x, y) = \int_{(x_0, y_0)}^{(x, y)} P(s, t)\mathrm{d}s + Q(s, t)\mathrm{d}t$$

来计算，而公式右端的积分与路线无关. 这个函数 $u(x, y)$ 称为 $P\mathrm{d}x + Q\mathrm{d}y$ 的原函数，它具有与定积分中原函数相仿的性质.

下面我们举例说明如何求这个原函数. 设在某单连通区域 G 内，要求 $P\mathrm{d}x + Q\mathrm{d}y$ 的原函数，其中 P 和 Q 满足等式 $\dfrac{\partial P}{\partial y} = \dfrac{\partial Q}{\partial x}$. 作函数 $u(x, y) = \int_{(x_0, y_0)}^{(x, y)} P(s, t)$ $\mathrm{d}s + Q(s, t)\mathrm{d}t$，其中点 $M_0(x_0, y_0)$ 是 G 内某一固定点，点 $M(x, y)$ 是 G 内一动点，则 $u(x, y)$ 为所求的原函数. 由于曲线积分与路线无关，为了简化原函数 $u(x, y)$ 的计算，可选取平行于坐标轴的折线段作为积分路线，现举例说明如下.

例 9.17　验证：在整个 xOy 面内，$(x + 2y)\mathrm{d}x + (2x + y)\mathrm{d}y$ 是某一函数 $u(x, y)$ 的全微分，并求出一个这样的函数.

解　因为 $P = x + 2y$，$Q = 2x + y$，所以 $\dfrac{\partial Q}{\partial x} = 2 = \dfrac{\partial P}{\partial y}$ 在整个 xOy 面内恒成立. 因此，在整个 xOy 面内，$(x + 2y)\mathrm{d}x + (2x + y)\mathrm{d}y$ 是某一函数 $u(x, y)$ 的全微分，即有

$$\mathrm{d}u = (x + 2y)\mathrm{d}x + (2x + y)\mathrm{d}y. \tag{9-22}$$

下面用两种方法来计算 $u(x, y)$.

方法 1　因为曲线积分与路线无关，为了求得这个原函数 $u(x, y)$，取积分路线如图 9-21 所示，那么

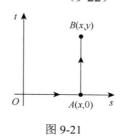

图 9-21

$$
\begin{aligned}
u(x, y) &= \int_{(0,0)}^{(x,y)} (s + 2t)\mathrm{d}s + (2s + t)\mathrm{d}t \\
&= \int_{\overrightarrow{OA}} (s + 2t)\mathrm{d}s + (2s + t)\mathrm{d}t + \int_{\overrightarrow{AB}} (s + 2t)\mathrm{d}s + (2s + t)\mathrm{d}t \\
&= \int_0^x s\,\mathrm{d}s + \int_0^y (2x + t)\mathrm{d}t = \frac{1}{2}x^2 + 2xy + \frac{1}{2}y^2.
\end{aligned}
$$

方法 2　由式（9-22）可得

$$\frac{\partial u}{\partial x} = x + 2y, \tag{9-23}$$

$$\frac{\partial u}{\partial y} = 2x + y. \tag{9-24}$$

由式（9-23）得

$$u(x, y) = \int (x + 2y)\mathrm{d}x = \frac{1}{2}x^2 + 2xy + \varphi(y), \tag{9-25}$$

其中 $\varphi(y)$ 是以 y 为自变量的一元函数，将式（9-25）代入式（9-24），得

$$2x + \varphi'(y) = 2x + y. \tag{9-26}$$

比较式（9-26）两边，得 $\varphi'(y) = y$，于是

$$\varphi(y) = \frac{1}{2}y^2 + C \quad （其中 C 是任意常数），$$

代入式（9-25）得

$$u(x, y) = \frac{1}{2}x^2 + 2xy + \frac{1}{2}y^2 + C.$$

取 $C = 0$，便得到所求的一个原函数为 $\dfrac{1}{2}x^2 + 2xy + \dfrac{1}{2}y^2$.

例 9.18　设 $\mathrm{d}u = (x + y)\mathrm{d}x + (x - y)\mathrm{d}y$，求函数 $u(x, y)$ 并计算曲线积分

$$\int_{(1,1)}^{(2,3)} (x + y)\mathrm{d}x + (x - y)\mathrm{d}y.$$

解　因为 $P = x + y$，$Q = x - y$ 在整个 xOy 面具有一阶连续的偏导数，并且

$$\frac{\partial Q}{\partial x} = 1 = \frac{\partial P}{\partial y},$$

因此曲线积分与路线无关. 于是

$$u(x,y) = \int_{(0,0)}^{(x,y)} (s+t)\mathrm{d}s + (s-t)\mathrm{d}t + C = \int_0^x s\mathrm{d}s + \int_0^y (x-t)\mathrm{d}t + C$$

$$= \frac{1}{2}x^2 + xy - \frac{1}{2}y^2 + C.$$

$$\int_{(1,1)}^{(2,3)} (x+y)\mathrm{d}x + (x-y)\mathrm{d}y = u(2,3) - u(1,1) = \frac{5}{2}.$$

习　题　9-3

1. 利用曲线积分求下列平面曲线所围成图形的面积:

（1）星形线 $\begin{cases} x = a\cos^3 t \\ y = a\sin^3 t \end{cases}$，（ $0 \leqslant t \leqslant 2\pi$ ）；（2）圆 $x^2 + y^2 = 2by$ （ $b > 0$ ）.

2. 利用格林公式计算下列曲线积分:

（1）$\oint_L xy^2\mathrm{d}y - x^2 y\mathrm{d}x$，其中 L 是圆 $x^2 + y^2 = a^2$，方向是顺时针方向；

（2）$\oint_L (y-x)\mathrm{d}x + (3x+y)\mathrm{d}y$，其中 L 是圆 $(x-1)^2 + (y-4)^2 = 9$，方向是逆时针方向；

（3）$\int_L y\mathrm{d}x + (\sqrt[3]{\sin y} - x)\mathrm{d}y$，其中 L 是依次连接 $A(-1,0), B(2,1), C(1,0)$ 三点的折线段，方向是顺时针方向，其中 A 为起点，C 为终点；

（4）$\int_L (\mathrm{e}^x \sin y - my)\mathrm{d}x + (\mathrm{e}^x \cos y - m)\mathrm{d}y$，其中 m 为常数，L 为圆 $x^2 + y^2 = 2ax(a>0)$ 上从点 $A(2a,0)$ 到点 $O(0,0)$ 的上半圆；

（5）$\oint_L \frac{\partial u}{\partial n}\mathrm{d}s$，其中 $u(x,y) = x^2 + y^2$，L 为圆周 $x^2 + y^2 = 6x$ 取逆时针方向，$\frac{\partial u}{\partial n}$ 是 u 沿 L 的外法线方向导数.

3. 计算曲线积分 $\oint_L \frac{x\mathrm{d}y - y\mathrm{d}x}{x^2 + y^2}$，其中 L 为

（1）椭圆 $4x^2 + y^2 = 1$，取逆时针方向；

（2）平面内任一光滑的不经过坐标原点的简单正向闭曲线.

4. 计算曲线积分 $I = \oint_L \frac{4x-y}{4x^2+y^2}\mathrm{d}x + \frac{x+y}{4x^2+y^2}\mathrm{d}y$，其中 L 为 $x^2 + y^2 = 2$，方向为逆时针方向.

5. 求曲线积分 $\int_L (1+x\mathrm{e}^{2y})\mathrm{d}x + (x^2\mathrm{e}^{2y} - y)\mathrm{d}y$，其中 L 是圆 $(x-2)^2 + y^2 = 4$ 的上半圆周，取顺时针方向.

6. 证明下列曲线积分在整个 xOy 面内与路线无关，并计算积分值:

（1）$\int_{(0,0)}^{(2,1)} (2x+y)\mathrm{d}x + (x-2y)\mathrm{d}y$；

（2）$\int_{(0,0)}^{(x,y)} (2x\cos y - y^2 \sin x)dx + (2y\cos x - x^2 \sin y)dy$ ；

（3）$\int_{(2,1)}^{(1,2)} \varphi(x)dx + \psi(y)dy$ ，其中 $\varphi(x)$ 和 $\psi(y)$ 为连续函数.

7. 验证下列 $P(x,y)dx + Q(x,y)dy$ 在整个 xOy 面内为某一函数 $u(x,y)$ 的全微分，并求出这样的一个 $u(x,y)$ ：

（1）$(2x + \sin y)dx + x\cos ydy$ ；

（2）$(x^2 + 2xy - y^2)dx + (x^2 - 2xy - y^2)dy$ ；

（3）$e^x(1 + \sin y)dx + (e^x + 2\sin y)\cos ydy$.

8. 可微函数 $f(x,y)$ 应满足什么条件时，曲线积分 $\int_L f(x,y)(ydx + xdy)$ 与路线无关？

9. 设函数 $Q(x,y) = \dfrac{x}{y^2}$ ，如果对上半平面（$y > 0$）内的任意有向光滑闭曲线 L 都有 $\oint_L P(x,y)dx + Q(x,y)dy = 0$ ，那么函数 $P(x,y)$ 可取为（　　　）

A. $y - \dfrac{x^2}{y^3}$ 　　　　B. $\dfrac{1}{y} - \dfrac{x^2}{y^3}$ 　　　　C. $\dfrac{1}{x} - \dfrac{1}{y}$ 　　　　D. $x - \dfrac{1}{y}$

10. 求函数 $u(x,y,z)$ 使得

$$du = \left(\frac{x}{(x^2 - y^2)^2} - \frac{1}{x} + 2x^2 \right)dx + \left(\frac{1}{y} - \frac{y}{(x^2 - y^2)^2} + 3y^3 \right)dy + 5z^3dz .$$

9.4　第一类曲面积分

9.4.1　第一类曲面积分的概念与性质

第一类曲面积分也是从实际问题中抽象出来的. 例如，物质曲面的质量问题就归结为第一类曲面积分. 如果把第一节中物质曲线的线密度 $\rho(x,y)$ 改成面密度 $\rho(x,y,z)$ ，第 i 个小弧的长 Δs_i 改成第 i 块小曲面的面积 ΔS_i ，第 i 个小弧上所取的点 (ξ_i, η_i) 改成第 i 块小曲面上所取的点 (ξ_i, η_i, ζ_i) ，那么在面密度 $\rho(x,y,z)$ 连续的条件下，所求的物质曲面的质量为

$$M = \lim_{\lambda \to 0} \sum_{i=1}^{n} \rho(\xi_i, \eta_i, \zeta_i)\Delta S_i ,$$

其中 λ 表示 n 小块曲面直径（即曲面中最长的弦）的最大值.

这种和的极限在研究其他问题时也会碰到. 为了更好地研究这类极限，现给出下面的第一类曲面积分的定义.

定义 9.3 设 Σ 为一光滑曲面（即曲面上处处有切平面，并且当切点在曲面上连续移动时，切平面也连续转动），函数 $f(x,y,z)$ 在 Σ 上有界. 对 Σ 作任意分割，将其分成 n 小块 ΔS_i（ΔS_i 同时也表示第 i 块小曲面的面积，$i=1,2,3,\cdots,n$），设 (ξ_i,η_i,ζ_i) 是 ΔS_i 上任意取定的一点，作和 $\displaystyle\sum_{i=1}^{n} f(\xi_i,\eta_i,\zeta_i)\Delta S_i$，如果当各小块曲面的直径的最大值 $\lambda\to 0$ 时，这和的极限 $\displaystyle\lim_{\lambda\to 0}\sum_{i=1}^{n} f(\xi_i,\eta_i,\zeta_i)\Delta S_i$ 总存在，那么称此极限值为 $f(x,y,z)$ 在曲面 Σ 上的第一类曲面积分，记为 $\displaystyle\iint_{\Sigma} f(x,y,z)\mathrm{d}S$，即

$$\iint_{\Sigma} f(x,y,z)\mathrm{d}S = \lim_{\lambda\to 0}\sum_{i=1}^{n} f(\xi_i,\eta_i,\zeta_i)\cdot\Delta S_i, \tag{9-27}$$

其中 $f(x,y,z)$ 称为被积函数，Σ 称为积分曲面. 如果 Σ 是闭曲面，那么该曲面积分就记为 $\displaystyle\oiint_{\Sigma} f(x,y,z)\mathrm{d}S$.

从定理 9.5 将看到，当被积函数在光滑曲面 Σ 上连续时，第一类曲面积分总是存在的. 如果未作特别说明，以后我们总假定被积函数在 Σ 上连续. 前面讲到的物质曲面的质量可表示为 $M=\displaystyle\iint_{\Sigma}\rho(x,y,z)\mathrm{d}S$.

第一类曲面积分也称对面积的曲面积分. 从第一类曲面积分的定义可知，它具有与第一类曲线积分相类似的性质. 例如，如果 Σ 是分片光滑的曲面，如 $\Sigma=\Sigma_1+\Sigma_2$，其中 Σ_1,Σ_2 都光滑，那么

$$\iint_{\Sigma} f(x,y,z)\mathrm{d}S = \iint_{\Sigma_1} f(x,y,z)\mathrm{d}S + \iint_{\Sigma_2} f(x,y,z)\mathrm{d}S. \tag{9-28}$$

其他性质这里不再赘述.

9.4.2 第一类曲面积分的计算

定理 9.5 设 Σ 是光滑曲面，其方程为

$$z=z(x,y), \quad (x,y)\in D_{xy},$$

其中 D_{xy} 为 Σ 在 xOy 面上的投影区域，函数 $z(x,y)$ 在 D_{xy} 上具有连续的偏导数. 又设被积函数 $f(x,y,z)$ 为定义在 Σ 上的连续函数，则曲面积分 $\displaystyle\iint_{\Sigma} f(x,y,z)\mathrm{d}S$ 存在，并且

$$\iint_{\Sigma} f(x,y,z)\mathrm{d}S = \iint_{D_{xy}} f[x,y,z(x,y)]\sqrt{1+z_x^{\,2}(x,y)+z_y^{\,2}(x,y)}\,\mathrm{d}x\mathrm{d}y. \tag{9-29}$$

证明略.

如果积分曲面 Σ 由方程 $x = x(y,z)$ 或 $y = y(z,x)$ 给出，那么可得如下曲面积分的计算公式：

$$\iint\limits_{\Sigma} f(x,y,z)\mathrm{d}S = \iint\limits_{D_{yz}} f[x(y,z),y,z]\sqrt{1+{x_y}^2(y,z)+{x_z}^2(y,z)}\,\mathrm{d}y\mathrm{d}z \qquad (9\text{-}30)$$

或

$$\iint\limits_{\Sigma} f(x,y,z)\mathrm{d}S = \iint\limits_{D_{zx}} f[x,y(z,x),z]\sqrt{1+{y_z}^2(z,x)+{y_x}^2(z,x)}\,\mathrm{d}z\mathrm{d}x. \qquad (9\text{-}31)$$

例 9.19　设有面密度为 $\rho(x,y,z) = z$ 的单位球壳 $x^2 + y^2 + z^2 = 1$，被平面 $z = h$（$0 < h < 1$）所截，求所截得的顶部的质量（图 9-22）.

解　设所求曲面为 Σ，其方程为

$$\Sigma:\ z = \sqrt{1-x^2-y^2}\,,$$

Σ 在 xOy 面上的投影区域为

$$D_{xy} = \{(x,y)\,|\,x^2+y^2 \leqslant 1-h^2\}\,,$$

由于

$$\sqrt{1+{z_x}^2(x,y)+{z_y}^2(x,y)} = \frac{1}{\sqrt{1-x^2-y^2}}\,,$$

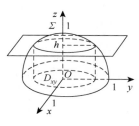

图 9-22

故所求的质量为

$$M = \iint\limits_{\Sigma} \rho(x,y,z)\mathrm{d}S = \iint\limits_{\Sigma} z\mathrm{d}S = \iint\limits_{D_{xy}} \sqrt{1-x^2-y^2}\cdot\frac{1}{\sqrt{1-x^2-y^2}}\,\mathrm{d}x\mathrm{d}y$$

$$= \iint\limits_{D_{xy}} \mathrm{d}x\mathrm{d}y = \int_0^{2\pi}\mathrm{d}\theta\int_0^{\sqrt{1-h^2}}\rho\mathrm{d}\rho$$

$$= 2\pi\int_0^{\sqrt{1-h^2}}\rho\mathrm{d}\rho = \pi(1-h^2)\,.$$

例 9.20　计算曲面积分 $\displaystyle\iint\limits_{\Sigma}\sqrt{x^2+y^2}\,\mathrm{d}S$，其中 Σ 是球心在原点、半径为 R 的下半球面.

解　依题设可知，曲面 Σ 的方程为

$$\Sigma:\ z = -\sqrt{R^2-x^2-y^2}\,,$$

它在 xOy 面上的投影区域是 $D_{xy} = \{(x,y)\,|\,x^2+y^2 \leqslant R^2\}$，并且

$$\sqrt{1+{z_x}^2(x,y)+{z_y}^2(x,y)} = \frac{R}{\sqrt{R^2-x^2-y^2}}\,,$$

故由第一类曲面积分的计算方法，得

$$\iint_{\Sigma} \sqrt{x^2 + y^2}\, \mathrm{d}S = \iint_{D_{xy}} \sqrt{x^2 + y^2} \cdot \frac{R}{\sqrt{R^2 - x^2 - y^2}}\, \mathrm{d}x\mathrm{d}y$$

$$= R \iint_{D_{xy}} \frac{\sqrt{x^2 + y^2}}{\sqrt{R^2 - x^2 - y^2}}\, \mathrm{d}x\mathrm{d}y = R \int_0^{2\pi} \mathrm{d}\theta \int_0^R \frac{r^2}{\sqrt{R^2 - r^2}}\, \mathrm{d}r$$

$$= 2\pi R \int_0^R \frac{r^2}{\sqrt{R^2 - r^2}}\, \mathrm{d}r = \frac{1}{2}\pi^2 R^3.$$

例 9.21 计算曲面积分 $\oiint_{\Sigma} xyz(x + y + z)\mathrm{d}S$，其中 Σ 是由平面 $x = 0$、$y = 0$、

$z = 0$ 及 $x + y + z = 1$ 所围成的四面体的整个边界曲面（图9-23）.

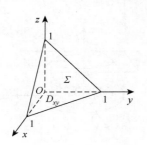

图 9-23

解 整个边界曲面 Σ 在平面 $x = 0$、$y = 0$、$z = 0$ 及 $x + y + z = 1$ 上的部分分别记为 Σ_1、Σ_2、Σ_3 及 Σ_4. 于是

$$\oiint_{\Sigma} xyz(x + y + z)\mathrm{d}S$$

$$= \iint_{\Sigma_1} xyz(x + y + z)\mathrm{d}S + \iint_{\Sigma_2} xyz(x + y + z)\mathrm{d}S$$

$$+ \iint_{\Sigma_3} xyz(x + y + z)\mathrm{d}S + \iint_{\Sigma_4} xyz(x + y + z)\mathrm{d}S$$

注意在 Σ_1、Σ_2、Σ_3 上，被积函数 $f(x,y,z) = xyz(x + y + z)$

都等于零. 因此有

$$\iint_{\Sigma_1} xyz(x + y + z)\mathrm{d}S = \iint_{\Sigma_2} xyz(x + y + z)\mathrm{d}S = \iint_{\Sigma_3} xyz(x + y + z)\mathrm{d}S = 0.$$

在 Σ_4 上，$z = 1 - x - y$，$\sqrt{1 + z_x^{\,2}(x,y) + z_y^{\,2}(x,y)} = \sqrt{1 + (-1)^2 + (-1)^2} = \sqrt{3}$，从而

$$\oiint_{\Sigma} xyz(x + y + z)\mathrm{d}S = \iint_{\Sigma_4} xyz(x + y + z)\mathrm{d}S$$

$$= \iint_{D_{xy}} \sqrt{3}\, xy(1 - x - y)(x + y + 1 - x - y)\mathrm{d}x\mathrm{d}y = \sqrt{3} \iint_{D_{xy}} xy(1 - x - y)\mathrm{d}x\mathrm{d}y,$$

其中 D_{xy} 为 Σ_4 在 xOy 面上的投影区域，它是由直线 $x = 0$、$y = 0$ 及 $x + y = 1$ 所围成的闭区域. 因此

$$\oiint_{\Sigma} xyz(x + y + z)\mathrm{d}S = \sqrt{3} \int_0^1 x\mathrm{d}x \int_0^{1-x} y(1 - x - y)\mathrm{d}y$$

$$= \sqrt{3} \int_0^1 x \left[(1 - x)\frac{y^2}{2} - \frac{y^3}{3} \right]_0^{1-x} \mathrm{d}x = \sqrt{3} \int_0^1 x \cdot \frac{(1 - x)^3}{6}\mathrm{d}x$$

$$= \frac{\sqrt{3}}{6} \int_0^1 (x - 3x^2 + 3x^3 - x^4)\mathrm{d}x = \frac{\sqrt{3}}{120}.$$

例 9.22　计算面密度为 ρ 的均匀圆锥壳 Σ：$x^2 + y^2 = z^2 (-1 \leqslant z \leqslant 1)$ 对于 z 轴的转动惯量 I_z.

解　分别用 $\Sigma_上$ 和 $\Sigma_下$ 表示圆锥壳的上半部分和下半部分，$\Sigma_上$ 和 $\Sigma_下$ 的方程分别为

$$\Sigma_上：\ z = \sqrt{x^2 + y^2}\ ,$$

$$\Sigma_下：\ z = -\sqrt{x^2 + y^2}\ ,$$

它们在 xOy 面上的投影区域都是 $D_{xy} = \{(x,y) \big| x^2 + y^2 \leqslant 1\}$，并且

$$\sqrt{1 + z_x^{\,2}(x,y) + z_y^{\,2}(x,y)} = \sqrt{2}\ ,$$

因此

$$I_z = \iint\limits_{\Sigma} (x^2 + y^2) \rho \mathrm{d}S = 2\iint\limits_{\Sigma_上} (x^2 + y^2) \rho \mathrm{d}S$$

$$= 2\iint\limits_{D_{xy}} (x^2 + y^2)\sqrt{2}\rho \mathrm{d}x\mathrm{d}y = 2\sqrt{2}\rho \iint\limits_{D_{xy}} (x^2 + y^2)\mathrm{d}x\mathrm{d}y$$

$$= 2\sqrt{2}\rho \int_0^{2\pi} \mathrm{d}\theta \int_0^1 r^3 \mathrm{d}r = \sqrt{2}\pi\rho\ .$$

习　题　9-4

1. 当 Σ 为 xOy 面内的一个闭区域时，曲面积分 $\iint\limits_{\Sigma} f(x,y,z)\mathrm{d}S$ 与二重积分有什么关系？

2. 设光滑物质曲面 Σ 的面密度为 $\rho(x,y,z)$，试用第一类曲面积分表示这个曲面对于三个坐标轴的转动惯量 I_x，I_y 和 I_z.

3. 计算曲面积分 $\iint\limits_{\Sigma} (x^2 + y^2)\mathrm{d}S$，其中 Σ 是：

（1）锥面 $z = \sqrt{x^2 + y^2}$ 及平面 $z = 1$ 所围成的区域的整个边界曲面；

（2）yOz 面上的直线段 $\begin{cases} z = y, \\ x = 0 \end{cases}$ $(0 \leqslant z \leqslant 1)$ 绕 z 轴旋转一周所得到的旋转曲面.

4. 计算下列曲面积分：

（1）$\iint\limits_{\Sigma} \mathrm{d}S$，其中 Σ 是左半球面 $x^2 + y^2 + z^2 = a^2$，$y \leqslant 0$；

（2）$\iint\limits_{\Sigma} (xy + yz + zx)\mathrm{d}S$，其中 Σ 是锥面 $z = \sqrt{x^2 + y^2}$ 被柱面 $x^2 + y^2 = 2ax$ 所截得的有限部分；

（3）$\iint\limits_{\Sigma}\mathrm{d}S$，其中 Σ 是抛物面在 xOy 面上方的部分：$z = 2 - (x^2 + y^2)$，$z \geqslant 0$；

（4）$\iint\limits_{\Sigma}(x + y + z)\mathrm{d}S$，其中 Σ 是上半球面 $x^2 + y^2 + z^2 = a^2$，$z \geqslant 0$；

（5）$\iint\limits_{\Sigma}(x + \dfrac{3y}{2} + \dfrac{z}{2})\mathrm{d}S$，其中 Σ 为平面 $\dfrac{x}{2} + \dfrac{y}{3} + \dfrac{z}{4} = 1$ 在第一卦限的部分；

（6）$\iint\limits_{\Sigma}\dfrac{1}{x^2 + y^2}\mathrm{d}S$，其中 Σ 是柱面 $x^2 + y^2 = R^2$ 被平面 $z = 0$、$z = H$ 所截得的部分.

5. 求抛物面壳 $z = \dfrac{1}{2}(x^2 + y^2)$（$0 \leqslant z \leqslant 1$）的质量，此壳的密度为 $\rho = z$.

9.5　第二类曲面积分

9.5.1　第二类曲面积分的概念与性质

1. 有向曲面及其在坐标面上的投影概念

第二类曲面积分的定义和计算与第二类曲线积分的定义和计算完全类似. 第二类曲线积分与曲线的方向有关，同样，第二类曲面积分也与曲面的方向有关，因此要确定曲面的正向和负向（或正侧和负侧）.

为了确定曲面的方向，先要阐明什么叫作曲面的侧，并假定所讨论的曲面是光滑的. 通常我们所遇到的曲面都是双侧的. 例如，由方程 $z = f(x, y)$ 所表示的曲面，有上侧与下侧之分（这里假定 z 的正方向是铅直向上的）；又如，一个包围一个空间的闭曲面，有内侧与外侧之分. 以后如未作特别说明，我们所讨论的曲面都是双侧的.

我们知道，曲面上任一点处的法向量都有两个方向，当取定其中一个方向为正方向时，则另一个方向就是负方向. 因此，我们可以通过曲面上法向量的方向来定出曲面的侧. 例如，对于曲面 $z = f(x, y)$，如果它的法向量的方向是朝上的，我们就认为取定曲面的上侧；又如，对于闭曲面来说，如果取它的法向量的方向朝内，我们就认为取定曲面的内侧. 这种通过取定法向量的方向来确定侧的曲面，称为有向曲面.

设 Σ 是有向曲面，在 Σ 上取一小块曲面 ΔS，把 ΔS 投影到 xOy 面上得到一个投影区域，该投影区域的面积记为 $(\Delta\sigma)_{xy}$. 假定 ΔS 上各点处的法向量与 z 轴的夹角 γ 的余弦 $\cos\gamma$ 符号不变（即 $\cos\gamma$ 都是正数或都是负数）. 现规定 ΔS 在 xOy 面上的投影 $(\Delta S)_{xy}$ 如下：

$$(\Delta S)_{xy} = \begin{cases} (\Delta\sigma)_{xy}, & \cos\gamma > 0, \\ -(\Delta\sigma)_{xy}, & \cos\gamma < 0, \\ 0, & \cos\gamma \equiv 0. \end{cases}$$

由此可见，ΔS 在 xOy 面上的投影 $(\Delta S)_{xy}$ 就是 ΔS 在 xOy 面上的投影区域的面积再冠以正负号.

类似地可以定义 ΔS 在 yOz 面和 zOx 面上的投影 $(\Delta S)_{yz}$ 和 $(\Delta S)_{zx}$.

2. 流向曲面一侧的流量计算

在物理学中，会遇到如何计算流向曲面一侧的流量的问题. 例如，设稳定流动（即流速与时间无关）的不可压缩流体（假定密度为 1）的速度场由
$$V(x,y,z) = \{P(x,y,z), Q(x,y,z), R(x,y,z)\}$$
给出，Σ 是速度场中的一片有向曲面，函数 $P(x,y,z)$、$Q(x,y,z)$、$R(x,y,z)$ 都在 Σ 上连续，求在单位时间内流向 Σ 指定一侧的流体的质量，即流量 Φ.

我们已经知道，当流体流过平面上面积为 ΔS 的一个闭区域，并且流体在这闭区域上各点处的流速为常向量 V 时（如图 9-24（a）所示，其中 n 为该平面的单位法向量），在单位时间内流过这闭区域的流体构成一个底面积为 ΔS，斜高为 $|V|$ 的斜柱体，如图 9-24（b）所示. 设向量 V 与 n 的夹角为 θ，则

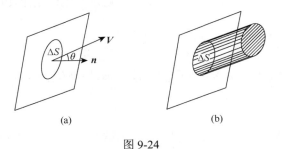

(a)　　　　　　　　　　(b)

图 9-24

当 $\theta < \dfrac{\pi}{2}$ 时，流体通过闭区域 ΔS 流向 n 所指一侧的流量 Φ（即斜柱体的体积）为
$$\Phi = \Delta S |v| \cos\theta = \Delta S V \cdot n;$$

当 $\theta = \dfrac{\pi}{2}$ 时，流体通过闭区域 ΔS 流向 n 所指一侧的流量 Φ 为零，而 $\Delta S V \cdot n = 0$，故此时仍有
$$\Phi = \Delta S V \cdot n;$$

当 $\theta > \dfrac{\pi}{2}$ 时，$\Delta S V \cdot \boldsymbol{n} < 0$，此时我们仍把 $\Delta S V \cdot \boldsymbol{n}$ 称为流体通过闭区域 ΔS 流向 $\boldsymbol{n}$ 所指一侧的流量，它表示流体通过闭区域 ΔS 实际上流向 $-\boldsymbol{n}$ 所指一侧，并且流向 $-\boldsymbol{n}$ 所指一侧的流量为 $-\Delta S V \cdot \boldsymbol{n}$．因此不管 θ 为何值，总有

$$\Phi = \Delta S V \cdot \boldsymbol{n}.$$

现在我们所考虑的不是平面闭区域而是一片曲面，而且流速 V 也不是常向量，因此，不能直接用上述方法来求流量．为此，我们再次使用前面计算物质曲线质量、变力所做的功等方法来解决目前的问题．

对有向曲面 Σ 作任意分割，将其分成 n 小块 ΔS_i（ΔS_i 同时也表示第 i 块小曲面的面积，$i = 1, 2, \cdots, n$），在 Σ 是光滑的及 V 是连续的条件下，只要分割很细（即设 ΔS_i 的直径足够小），就可以用 ΔS_i 上任意一点 (ξ_i, η_i, ζ_i) 处的流速

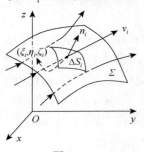

图 9-25

$$V_i = V(\xi_i, \eta_i, \zeta_i) = \{P(\xi_i, \eta_i, \zeta_i), Q(\xi_i, \eta_i, \zeta_i), R(\xi_i, \eta_i, \zeta_i)\}$$

代替 ΔS_i 上其他各点处的流速，并以曲面在该点处的单位法向量

$$\boldsymbol{n}_i = \{\cos \alpha_i, \cos \beta_i, \cos \gamma_i\}$$

代替 ΔS_i 上其他各点处的法向量，从而得到通过 ΔS_i 流向指定侧的流量的近似值为

$$V_i \cdot \boldsymbol{n}_i \Delta S_i$$

（图 9-25）．于是，通过 Σ 流向指定侧的流量

$$\Phi \approx \sum_{i=1}^{n} V_i \cdot \boldsymbol{n}_i \Delta S_i$$

$$= \sum_{i=1}^{n} [P(\xi_i, \eta_i, \zeta_i) \cos \alpha_i + Q(\xi_i, \eta_i, \zeta_i) \cos \beta_i + R(\xi_i, \eta_i, \zeta_i) \cos \gamma_i] \Delta S_i. \quad (9\text{-}32)$$

注意

$$\cos \alpha_i \cdot \Delta S_i \approx (\Delta S_i)_{yz}, \quad \cos \beta_i \cdot \Delta S_i \approx (\Delta S_i)_{zx}, \quad \cos \gamma_i \cdot \Delta S_i \approx (\Delta S_i)_{xy},$$

于是上式可化为

$$\Phi \approx \sum_{i=1}^{n} [P(\xi_i, \eta_i, \zeta_i)(\Delta S_i)_{yz} + Q(\xi_i, \eta_i, \zeta_i)(\Delta S_i)_{zx} + R(\xi_i, \eta_i, \zeta_i)(\Delta S_i)_{xy}]. \quad (9\text{-}33)$$

用 λ 表示 n 块小曲面的直径的最大值，令 $\lambda \to 0$ 时，对上式右端取极限，得

$$\Phi = \lim_{\lambda \to 0} \sum_{i=1}^{n} [P(\xi_i, \eta_i, \zeta_i)(\Delta S_i)_{yz} + Q(\xi_i, \eta_i, \zeta_i)(\Delta S_i)_{zx} + R(\xi_i, \eta_i, \zeta_i)(\Delta S_i)_{xy}]. \quad (9\text{-}34)$$

这种和的极限在研究其他问题时也会碰到．为了更好地研究这类极限，现给出下面的定义．

3. 第二类曲面积分的概念

定义 9.4　设 Σ 为一光滑的有向曲面，函数 $R(x, y, z)$ 在 Σ 上有界. 对 Σ 作任意分割，将其分成 n 块小曲面 ΔS_i（ΔS_i 同时也表示第 i 块小曲面的面积，$i = 1, 2, \cdots, n$），ΔS_i 在 xOy 面上的投影为 $(\Delta S_i)_{xy}$，(ξ_i, η_i, ζ_i) 是 ΔS_i 上任意取定的一点，作和式 $\sum_{i=1}^{n} R(\xi_i, \eta_i, \zeta_i)(\Delta S_i)_{xy}$，如果当各小块曲面的直径的最大值 $\lambda \to 0$ 时，这和的极限

$$\lim_{\lambda \to 0} \sum_{i=1}^{n} R(\xi_i, \eta_i, \zeta_i)(\Delta S_i)_{xy}$$

总存在，那么称此极限值为 $R(x, y, z)$ 在有向曲面 Σ 上对坐标 x, y 的曲面积分，记为 $\iint_{\Sigma} R(x, y, z) \mathrm{d}x\mathrm{d}y$，即

$$\iint_{\Sigma} R(x, y, z) \mathrm{d}x\mathrm{d}y = \lim_{\lambda \to 0} \sum_{i=1}^{n} R(\xi_i, \eta_i, \zeta_i)(\Delta S_i)_{xy}, \tag{9-35}$$

其中 $R(x, y, z)$ 称为被积函数，Σ 称为积分曲面.

类似地，如果极限 $\lim_{\lambda \to 0} \sum_{i=1}^{n} P(\xi_i, \eta_i, \zeta_i)(\Delta S_i)_{yz}$ 和 $\lim_{\lambda \to 0} \sum_{i=1}^{n} Q(\xi_i, \eta_i, \zeta_i)(\Delta S_i)_{zx}$ 存在，那么它们分别称为函数 $P(x, y, z)$ 在有向曲面 Σ 上对坐标 y, z 的曲面积分和函数 $Q(x, y, z)$ 在有向曲面 Σ 上对坐标 z, x 的曲面积分，分别记为 $\iint_{\Sigma} P(x, y, z)\mathrm{d}y\mathrm{d}z$ 和 $\iint_{\Sigma} Q(x, y, z)\mathrm{d}z\mathrm{d}x$ 即

$$\iint_{\Sigma} P(x, y, z)\mathrm{d}y\mathrm{d}z = \lim_{\lambda \to 0} \sum_{i=1}^{n} P(\xi_i, \eta_i, \zeta_i)(\Delta S_i)_{yz}, \tag{9-36}$$

$$\iint_{\Sigma} Q(x, y, z)\mathrm{d}z\mathrm{d}x = \lim_{\lambda \to 0} \sum_{i=1}^{n} Q(\xi_i, \eta_i, \zeta_i)(\Delta S_i)_{zx}. \tag{9-37}$$

上面的三个曲面积分（9-35）、（9-36）和（9-37）统称为第二类曲面积分.

从定理 9.6 将看到，当被积函数 $P(x, y, z)$、$Q(x, y, z)$ 及 $R(x, y, z)$ 在有向光滑曲面 Σ 上连续时，第二类曲面积分总是存在的. 如果未作特别说明，以后我们总假定被积函数 $P(x, y, z)$、$Q(x, y, z)$ 及 $R(x, y, z)$ 在 Σ 上连续.

前面讨论的流体流向曲面 Σ 一侧的流量可表示为

$$\Phi = \iint_{\Sigma} P(x, y, z)\mathrm{d}y\mathrm{d}z + \iint_{\Sigma} Q(x, y, z)\mathrm{d}z\mathrm{d}x + \iint_{\Sigma} R(x, y, z)\mathrm{d}x\mathrm{d}y. \tag{9-38}$$

这也是第二类曲面积分的物理意义. 习惯上，常常把

$$\iint\limits_{\Sigma} P(x,y,z)\mathrm{d}y\mathrm{d}z + \iint\limits_{\Sigma} Q(x,y,z)\mathrm{d}z\mathrm{d}x + \iint\limits_{\Sigma} R(x,y,z)\mathrm{d}x\mathrm{d}y \qquad (9\text{-}39)$$

简写成

$$\iint\limits_{\Sigma} P(x,y,z)\mathrm{d}y\mathrm{d}z + Q(x,y,z)\mathrm{d}z\mathrm{d}x + R(x,y,z)\mathrm{d}x\mathrm{d}y. \qquad (9\text{-}40)$$

如果 Σ 是有向闭曲面，那么该曲面积分记为 $\oiint\limits_{\Sigma} P\mathrm{d}y\mathrm{d}z + Q\mathrm{d}z\mathrm{d}x + R\mathrm{d}x\mathrm{d}y$.

4. 第二类曲面积分的性质

从第二类曲面积分的定义可知，第二类曲面积分具有与第二类曲线积分类似的性质，下面仅以对坐标 y,z 的曲面积分为例进行说明.

性质 9.10　两个函数代数和的曲面积分等于这两个函数的曲面积分的代数和. 即

$$\iint\limits_{\Sigma} (P_1 \pm P_2)\mathrm{d}y\mathrm{d}z = \iint\limits_{\Sigma} P_1\mathrm{d}y\mathrm{d}z \pm \iint\limits_{\Sigma} P_2\mathrm{d}y\mathrm{d}z. \qquad (9\text{-}41)$$

性质 9.10 可推广到有限个函数的情形.

性质 9.11　被积函数的常数因子可以提到积分号外面，即

$$\iint\limits_{\Sigma} kP\mathrm{d}y\mathrm{d}z = k\iint\limits_{\Sigma} P\mathrm{d}y\mathrm{d}z \qquad (k \text{ 为常数}). \qquad (9\text{-}42)$$

性质 9.12　若积分曲面 Σ 是由两片有向光滑曲面 Σ_1 和 Σ_2 所构成，则

$$\iint\limits_{\Sigma} P\mathrm{d}y\mathrm{d}z = \iint\limits_{\Sigma_1} P\mathrm{d}y\mathrm{d}z + \iint\limits_{\Sigma_2} P\mathrm{d}y\mathrm{d}z. \qquad (9\text{-}43)$$

性质 9.12 可推广到有限片有向光滑曲面的情形.

性质 9.13　如果 Σ^- 表示与有向光滑曲面 Σ 取反向侧的有向曲面，那么

$$\iint\limits_{\Sigma^-} P\mathrm{d}y\mathrm{d}z = -\iint\limits_{\Sigma} P\mathrm{d}y\mathrm{d}z. \qquad (9\text{-}44)$$

性质 9.13 告诉我们，当积分曲面改变为相反的侧时，第二类曲面积分要改变符号.

9.5.2　第二类曲面积分的计算

定理 9.6　设积分曲面 Σ 是由方程

$$z = z(x,y), (x,y) \in D_{xy}$$

给出的曲面的上侧，其中 D_{xy} 为 Σ 在 xOy 面上的投影区域，并且函数 $z(x,y)$ 在 D_{xy} 上具有连续的一阶偏导数. 又设被积函数 $R(x,y,z)$ 在 Σ 上连续，则曲面积分 $\iint\limits_{\Sigma} R(x,y,z)\mathrm{d}x\mathrm{d}y$ 存在，并且

$$\iint\limits_{\Sigma} R(x,y,z)\mathrm{d}x\mathrm{d}y = \iint\limits_{D_{xy}} R[x,y,z(x,y)]\mathrm{d}x\mathrm{d}y \,.$$

证明　由第二类曲面积分的定义有

$$\iint\limits_{\Sigma} R(x,y,z)\mathrm{d}x\mathrm{d}y = \lim_{\lambda\to 0}\sum_{i=1}^{n} R(\xi_i,\eta_i,\zeta_i)(\Delta S_i)_{xy} \,.$$

因为 Σ 取上侧，$\cos\gamma > 0$，故

$$(\Delta S_i)_{xy} = (\Delta\sigma_i)_{xy} \,.$$

又因为 (ξ_i,η_i,ζ_i) 是 Σ 上的一点，故 $\zeta_i = z(\xi_i,\eta_i)$，从而有

$$\iint\limits_{\Sigma} R(x,y,z)\mathrm{d}x\mathrm{d}y = \lim_{\lambda\to 0}\sum_{i=1}^{n} R(\xi_i,\eta_i,z(\xi_i,\eta_i))(\Delta\sigma_i)_{xy}$$

$$= \iint\limits_{D_{xy}} R[x,y,z(x,y)]\mathrm{d}x\mathrm{d}y \,. \tag{9-45}$$

值得注意的是，在定理中的积分曲面若取的是 Σ 的下侧，这时 $\cos\gamma < 0$，因此

$$(\Delta S_i)_{xy} = -(\Delta\sigma_i)_{xy} \,.$$

从而有

$$\iint\limits_{\Sigma} R(x,y,z)\mathrm{d}x\mathrm{d}y = -\iint\limits_{D_{xy}} R[x,y,z(x,y)]\mathrm{d}x\mathrm{d}y \,. \tag{9-46}$$

综合式（9-45）和式（9-46）得

$$\iint\limits_{\Sigma} R(x,y,z)\mathrm{d}x\mathrm{d}y = \pm\iint\limits_{D_{xy}} R[x,y,z(x,y)]\mathrm{d}x\mathrm{d}y \,. \tag{9-47}$$

其中符号"±"由曲面 Σ 的正侧法向量与 z 轴正向的夹角余弦 $\cos\gamma$ 的符号来决定.

类似地，如果 Σ 由 $x = x(y,z)$ 给出，则有

$$\iint\limits_{\Sigma} P(x,y,z)\mathrm{d}y\mathrm{d}z = \pm\iint\limits_{D_{yz}} P[x(y,z),y,z]\mathrm{d}y\mathrm{d}z \,. \tag{9-48}$$

当积分曲面 Σ 是由方程 $x = x(y,z)$ 所给出的曲面的前侧，即 $\cos\alpha > 0$ 时，等式右端的符号取正号；反之，Σ 取后侧，即 $\cos\alpha < 0$ 时，等式右端的符号取负号.

如果 Σ 由 $y = y(z,x)$ 给出，则有

$$\iint\limits_{\Sigma} Q(x,y,z)\mathrm{d}z\mathrm{d}x = \pm\iint\limits_{D_{zx}} Q(x,y(z,x),z)\mathrm{d}z\mathrm{d}x \,. \tag{9-49}$$

当积分曲面 Σ 是由方程 $y = y(z,x)$ 所给出的曲面的右侧，即 $\cos\beta > 0$ 时，等式右端的符号取正号；反之，Σ 取左侧，即 $\cos\beta < 0$ 时，等式右端的符号取负号.

例 9.23　计算曲面积分 $\displaystyle\iint\limits_{\Sigma} xz\mathrm{d}x\mathrm{d}y + xy\mathrm{d}y\mathrm{d}z + yz\mathrm{d}z\mathrm{d}x$，其中 $\Sigma: z = c$ $(0 \leqslant x \leqslant a,$ $0 \leqslant y \leqslant b)$ 是长方体的上顶面，取上侧（图 9-26）。

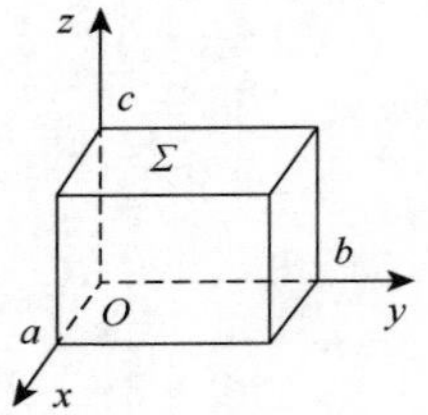

解　由定理 9.6 可知，$\iint_{\Sigma} xy\,dy\,dz = \iint_{\Sigma} yz\,dz\,dx = 0$，而

$$\iint_{\Sigma} xz\,dx\,dy = \iint_{D_{xy}} cx\,dx\,dy = c\int_0^a x\,dx \int_0^b dy = \frac{1}{2}a^2bc,$$

故

$$\iint_{\Sigma} xz\,dx\,dy + xy\,dy\,dz + yz\,dz\,dx$$

$$= \iint_{\Sigma} xz\,dx\,dy + \iint_{\Sigma} xy\,dy\,dz + \iint_{\Sigma} yz\,dz\,dx = \frac{1}{2}a^2bc.$$

图 9-26

例 9.24　计算曲面积分 $\oiint_{\Sigma} x\,dy\,dz + y\,dz\,dx + z\,dx\,dy$，其中 Σ 是三个坐标面与平面 $x+y+z=1$ 所围成的四面体表面的外侧（图 9-27）.

解　由定理 9.6 可知，在三个坐标面上的积分值为零，因此只需计算在 $\Sigma': x+y+z=1$（取上侧）上的积分值（图 9-27）.

$$\iint_{\Sigma'} z\,dx\,dy = \iint_{D_{xy}} (1-x-y)\,dx\,dy = \int_0^1 dx \int_0^{1-x} (1-x-y)\,dy = \frac{1}{6},$$

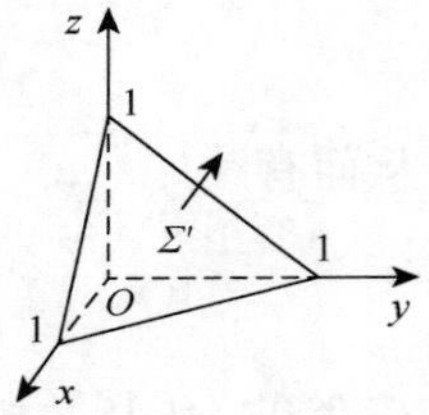

由被积函数和积分曲面关于积分变量的对称性，可得

$$\iint_{\Sigma'} x\,dy\,dz = \iint_{\Sigma'} y\,dz\,dx = \iint_{\Sigma'} z\,dx\,dy = \frac{1}{6},$$

于是所求的曲面积分为

图 9-27

$$\oiint_{\Sigma} x\,dy\,dz + y\,dz\,dx + z\,dx\,dy = 3 \cdot \frac{1}{6} = \frac{1}{2}.$$

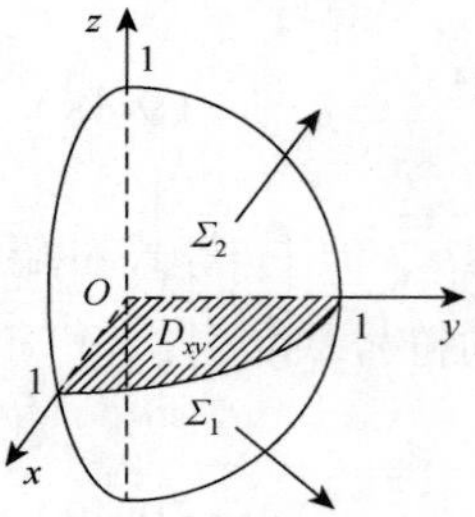

例 9.25　计算曲面积分 $\iint_{\Sigma} xyz(x^2+y^2+z^2)\,dx\,dy$，其中 Σ 是单位球面 $x^2+y^2+z^2=1$ 外侧在 $x\geqslant 0$、$y\geqslant 0$ 的部分（图 9-28）.

解　把 Σ 分成下面两个部分（图 9-28）

$\Sigma_1: z = -\sqrt{1-x^2-y^2}$ $(x\geqslant 0, y\geqslant 0)$，取下侧；

$\Sigma'_2: z = \sqrt{1-x^2-y^2}$ $(x\geqslant 0, y\geqslant 0)$，取上侧.

图 9-28　　　　于是

$$\iint_{\Sigma} xyz(x^2+y^2+z^2)\,dx\,dy$$

$$= \iint_{\Sigma_1} xyz(x^2+y^2+z^2)\,dx\,dy + \iint_{\Sigma_2} xyz(x^2+y^2+z^2)\,dx\,dy$$

$$= -\iint_{D_{xy}} xy\left(-\sqrt{1-x^2-y^2}\right)dxdy + \iint_{D_{xy}} xy\sqrt{1-x^2-y^2}\,dxdy$$

$$= 2\iint_{D_{xy}} xy\sqrt{1-x^2-y^2}\,dxdy = 2\int_0^{\frac{\pi}{2}} \sin\theta\cos\theta\,d\theta \int_0^1 \rho^3\sqrt{1-\rho^2}\,d\rho = \frac{2}{15}.$$

9.5.3　两类曲面积分之间的联系

与曲线积分一样，在规定了曲面的侧之后，可建立两类曲面积分之间的联系.

设有向曲面 Σ 的方程为 $z = z(x,y)$，它在 xOy 面上的投影为 D_{xy}，函数 $z = z(x,y)$ 在 D_{xy} 上具有连续的一阶偏导数，被积函数 $R(x,y,z)$ 在 Σ 上连续.

（1）当 Σ 取上侧时，由第二类曲面积分计算公式得

$$\iint_{\Sigma} R(x,y,z)dxdy = \iint_{D_{xy}} R[x,y,z(x,y)]dxdy.$$

而有向曲面 Σ 的法向量（方向向上）的方向余弦为

$$\cos\alpha = \frac{-z_x}{\sqrt{1+z_x^2+z_y^2}},\quad \cos\beta = \frac{-z_y}{\sqrt{1+z_x^2+z_y^2}},\quad \cos\gamma = \frac{1}{\sqrt{1+z_x^2+z_y^2}}.$$

因此，由第一类曲面积分计算公式得

$$\iint_{\Sigma} R(x,y,z)\cos\gamma\,dS = \iint_{D_{xy}} R[x,y,z(x,y)]\frac{1}{\sqrt{1+z_x^2+z_y^2}}\cdot\sqrt{1+z_x^2+z_y^2}\,dxdy$$

$$= \iint_{D_{xy}} R[x,y,z(x,y)]dxdy.$$

于是

$$\iint_{\Sigma} R(x,y,z)dxdy = \iint_{\Sigma} R(x,y,z)\cos\gamma\,dS.$$

（2）当 Σ 取下侧时，由第二类曲面积分计算公式得

$$\iint_{\Sigma} R(x,y,z)dxdy = -\iint_{D_{xy}} R[x,y,z(x,y)]dxdy.$$

而有向曲面 Σ 的法向量（方向向下）的方向余弦为

$$\cos\alpha = \frac{z_x}{\sqrt{1+z_x^2+z_y^2}},\quad \cos\beta = \frac{z_y}{\sqrt{1+z_x^2+z_y^2}},\quad \cos\gamma = \frac{-1}{\sqrt{1+z_x^2+z_y^2}}.$$

因此，由第一类曲面积分计算公式得

$$\iint_{\Sigma} R(x,y,z)\cos\gamma\,dS = \iint_{D_{xy}} R[x,y,z(x,y)]\frac{-1}{\sqrt{1+z_x^2+z_y^2}}\cdot\sqrt{1+z_x^2+z_y^2}\,dxdy$$

$$= -\iint_{D_{xy}} R[x,y,z(x,y)]dxdy.$$

故此时仍有

$$\iint_{\Sigma} R(x,y,z)\mathrm{d}x\mathrm{d}y = \iint_{\Sigma} R(x,y,z)\cos\gamma\,\mathrm{d}S.$$

综合（1）、（2）便得

$$\iint_{\Sigma} R(x,y,z)\mathrm{d}x\mathrm{d}y = \iint_{\Sigma} R(x,y,z)\cos\gamma\,\mathrm{d}S.$$

同理可得

$$\iint_{\Sigma} P(x,y,z)\mathrm{d}y\mathrm{d}z = \iint_{\Sigma} P(x,y,z)\cos\alpha\,\mathrm{d}S,$$

$$\iint_{\Sigma} Q(x,y,z)\mathrm{d}z\mathrm{d}x = \iint_{\Sigma} Q(x,y,z)\cos\beta\,\mathrm{d}S.$$

将三个等式合并起来，就得到两类曲面积分之间的联系

$$\iint_{\Sigma} P(x,y,z)\mathrm{d}y\mathrm{d}z + Q(x,y,z)\mathrm{d}z\mathrm{d}x + R(x,y,z)\mathrm{d}x\mathrm{d}y$$

$$= \iint_{\Sigma} [P(x,y,z)\cos\alpha + Q(x,y,z)\cos\beta + R(x,y,z)\cos\gamma]\mathrm{d}S,$$

其中 $\cos\alpha$、$\cos\beta$、$\cos\gamma$ 是有向曲面 Σ 在点 (x,y,z) 处的法向量的方向余弦.

例 9.26　计算曲面积分 $\iint_{\Sigma} x\mathrm{d}y\mathrm{d}z - z\mathrm{d}x\mathrm{d}y$，其中 Σ 是旋转抛物面 $z = x^2 + y^2$ 介于平面 $z = 0$ 和 $z = 1$ 之间的部分的下侧（图 9-29）.

解　由两类曲面积分之间的联系，可得

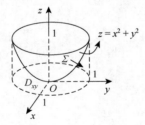

图 9-29

$$\iint_{\Sigma} x\mathrm{d}y\mathrm{d}z = \iint_{\Sigma} x\cos\alpha\,\mathrm{d}S = \iint_{\Sigma}\left(x\frac{\cos\alpha}{\cos\gamma}\right)\cos\gamma\,\mathrm{d}S$$

$$= \iint_{\Sigma} x\frac{\cos\alpha}{\cos\gamma}\mathrm{d}x\mathrm{d}y.$$

在曲面 Σ 上，有

$$\cos\alpha = \frac{2x}{\sqrt{1+4x^2+4y^2}}, \quad \cos\gamma = \frac{-1}{\sqrt{1+4x^2+4y^2}},$$

于是

$$\iint_{\Sigma} x\mathrm{d}y\mathrm{d}z - z\mathrm{d}x\mathrm{d}y = \iint_{\Sigma}[x(-2x) - z]\mathrm{d}x\mathrm{d}y = -\iint_{\Sigma}(2x^2 + z)\mathrm{d}x\mathrm{d}y$$

$$= \iint_{D_{xy}}[2x^2 + (x^2 + y^2)]\mathrm{d}x\mathrm{d}y$$

$$= \int_0^{2\pi}\mathrm{d}\theta\int_0^1\left(2\rho^2\cos^2\theta + \rho^2\right)\rho\mathrm{d}\rho = \pi.$$

习　题　9-5

1. 当 Σ 为 xOy 面内的一个闭区域时，曲面积分 $\iint\limits_{\Sigma} R(x,y,z)\mathrm{d}x\mathrm{d}y$ 与二重积分有什么关系？

2. 计算下列第二类曲面积分：

（1）$\iint\limits_{\Sigma} x^3\mathrm{d}y\mathrm{d}z$，其中 Σ 是椭球面 $\dfrac{x^2}{a^2}+\dfrac{y^2}{b^2}+\dfrac{z^2}{c^2}=1$ 的 $x\geqslant 0$ 的部分，取椭球面的外侧为正侧；

（2）$\iint\limits_{\Sigma} (x+y)\mathrm{d}y\mathrm{d}z+(y+z)\mathrm{d}z\mathrm{d}x+(z+x)\mathrm{d}x\mathrm{d}y$，其中 Σ 是以坐标原点为中心，边长为 2 的立方体整个表面的外侧；

（3）$\iint\limits_{\Sigma} (z^2+x)\mathrm{d}y\mathrm{d}z-z\mathrm{d}x\mathrm{d}y$，其中 Σ 为旋转抛物面 $z=\dfrac{1}{2}(x^2+y^2)$ 介于 $z=0,z=2$ 之间部分的下侧；

（4）$\iint\limits_{\Sigma} x\mathrm{d}y\mathrm{d}z+y\mathrm{d}x\mathrm{d}z+z\mathrm{d}x\mathrm{d}y$，其中 Σ 为 $x^2+y^2+z^2=a^2$，$z\geqslant 0$ 的上侧；

（5）$\oiint\limits_{\Sigma} xy\mathrm{d}y\mathrm{d}z+yz\mathrm{d}z\mathrm{d}x+zx\mathrm{d}x\mathrm{d}y$，其中 Σ 是由平面 $x=0$，$y=0$，$z=0$，$x+y+z=1$ 所围成的四面体的表面的外侧.

（6）$\iint\limits_{\Sigma} \sqrt{4-x^2-4z^2}\,\mathrm{d}x\mathrm{d}y$，其中 Σ 为曲面 $x^2+y^2+4z^2=4\,(z\geqslant 0)$ 的上侧.

3. 把第二类曲面积分

$$\iint\limits_{\Sigma} P(x,y,z)\mathrm{d}y\mathrm{d}z+Q(x,y,z)\mathrm{d}z\mathrm{d}x+R(x,y,z)\mathrm{d}x\mathrm{d}y$$

化成第一类曲面积分，这里 Σ 为平面 $3x+2y+2\sqrt{3}z=6$ 在第一卦限的部分的上侧.

4. 设 Σ 为曲面 $z=\sqrt{x^2+y^2}\,(1\leqslant x^2+y^2\leqslant 4)$ 的下侧，$f(x)$ 为连续函数，计算

$$I=\iint\limits_{\Sigma} [xf(xy)+2x-y]\mathrm{d}y\mathrm{d}z+[yf(xy)+2y+x]\mathrm{d}z\mathrm{d}x+[zf(xy)+z]\mathrm{d}x\mathrm{d}y\,.$$

5. 已知稳定流体速度 $V=\{0,0,x+y+z\}$，求单位时间内流过曲面 $\Sigma:x^2+y^2=z\,(0\leqslant z\leqslant h)$ 的流量，法向量方向与 z 轴正向是钝角.

6. 设 Σ 是上半球面 $x^2+y^2+z^2=1,z\geqslant 0$，速度场为 $V(x,y,z)=\{x,y,0\}$，n 是 Σ 上的单位法向量，它与 z 轴的夹角为锐角，试求曲面积分 $\iint\limits_{\Sigma} V\cdot n\mathrm{d}S$.

9.6　高斯公式与斯托克斯公式

9.6.1　高斯公式

格林公式阐述了平面闭区域上二重积分与其边界曲线上的曲线积分之间的联系，空间闭区域与其边界曲面上的曲面积分之间也有类似的联系，这就是高斯公式.

定理 9.7　设空间闭区域 Ω 由分片光滑的闭曲面 Σ 所围成，函数 $P(x,y,z)$、$Q(x,y,z)$、$R(x,y,z)$ 在 Ω 上具有连续的一阶偏导数，那么

$$\iiint\limits_{\Omega}\left(\frac{\partial P}{\partial x}+\frac{\partial Q}{\partial y}+\frac{\partial R}{\partial z}\right)\mathrm{d}x\mathrm{d}y\mathrm{d}z=\oiint\limits_{\Sigma}P\mathrm{d}y\mathrm{d}z+Q\mathrm{d}z\mathrm{d}x+R\mathrm{d}x\mathrm{d}y, \tag{9-50}$$

或

$$\iiint\limits_{\Omega}\left(\frac{\partial P}{\partial x}+\frac{\partial Q}{\partial y}+\frac{\partial R}{\partial z}\right)\mathrm{d}x\mathrm{d}y\mathrm{d}z=\oiint\limits_{\Sigma}(P\cos\alpha+Q\cos\beta+R\cos\gamma)\mathrm{d}S, \tag{9-51}$$

这里 Σ 是 Ω 的整个边界曲面的外侧，$\cos\alpha$，$\cos\beta$，$\cos\gamma$ 是 Σ 在点 (x,y,z) 处的法向量的方向余弦，式（9-50）或式（9-51）称为高斯（Gauss）公式.

证明　由两类曲面积分之间的关系可知，式（9-50）和式（9-51）的右边是相等的，故这里只需证明式（9-50）就可以了.

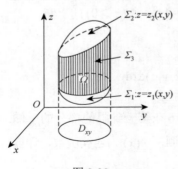

图 9-30

设闭区域 Ω 在 xOy 面上的投影区域为 D_{xy}，假定穿过 Ω 内部且平行于 z 轴的直线与 Ω 的边界曲面 Σ 的交点恰好为两个. 这样可设 Σ 是由三个部分曲面 Σ_1、Σ_2 及 Σ_3 所构成（图 9-30），其中 Σ_1、Σ_2 的方程分别为 $z=z_1(x,y)$、$z=z_2(x,y)$，这里 $z_1(x,y)\leqslant z_2(x,y)$，$\Sigma_1$ 取下侧，Σ_2 取上侧，Σ_3 是以闭区域 D_{xy} 的边界曲线为准线，母线平行于 z 轴的柱面上的一部分，取外侧.

一方面，根据三重积分的计算方法，得

$$\iiint\limits_{\Omega}\frac{\partial R}{\partial z}\mathrm{d}x\mathrm{d}y\mathrm{d}z=\iint\limits_{D_{xy}}\left[\int_{z_1(x,y)}^{z_2(x,y)}\frac{\partial R}{\partial z}\mathrm{d}z\right]\mathrm{d}x\mathrm{d}y$$

$$=\iint\limits_{D_{xy}}R[x,y,z_2(x,y)]\mathrm{d}x\mathrm{d}y-\iint\limits_{D_{xy}}R[x,y,z_1(x,y)]\mathrm{d}x\mathrm{d}y. \tag{9-52}$$

另一方面，根据第二类曲面积分的计算方法，得

$$\iint\limits_{\Sigma_1} R(x,y,z)\mathrm{d}x\mathrm{d}y = -\iint\limits_{D_{xy}} R[x,y,z_1(x,y)]\mathrm{d}x\mathrm{d}y \ ,$$

$$\iint\limits_{\Sigma_2} R(x,y,z)\mathrm{d}x\mathrm{d}y = \iint\limits_{D_{xy}} R[x,y,z_2(x,y)]\mathrm{d}x\mathrm{d}y \ ,$$

$$\iint\limits_{\Sigma_3} R(x,y,z)\mathrm{d}x\mathrm{d}y = 0 \ .$$

于是（上面三式相加）

$$\oiint\limits_{\Sigma} R(x,y,z)\mathrm{d}x\mathrm{d}y = \iint\limits_{D_{xy}} R[x,y,z_2(x,y)]\mathrm{d}x\mathrm{d}y - \iint\limits_{D_{xy}} R[x,y,z_1(x,y)]\mathrm{d}x\mathrm{d}y \ . \quad （9\text{-}53）$$

由式（9-52）、式（9-53）得

$$\iiint\limits_{\Omega} \frac{\partial R}{\partial z}\mathrm{d}x\mathrm{d}y\mathrm{d}z = \oiint\limits_{\Sigma} R(x,y,z)\mathrm{d}x\mathrm{d}y \ . \quad （9\text{-}54）$$

同理可证

$$\iiint\limits_{\Omega} \frac{\partial P}{\partial x}\mathrm{d}x\mathrm{d}y\mathrm{d}z = \oiint\limits_{\Sigma} P(x,y,z)\mathrm{d}y\mathrm{d}z \ , \quad （9\text{-}55）$$

$$\iiint\limits_{\Omega} \frac{\partial Q}{\partial y}\mathrm{d}x\mathrm{d}y\mathrm{d}z = \oiint\limits_{\Sigma} Q(x,y,z)\mathrm{d}z\mathrm{d}x \ . \quad （9\text{-}56）$$

把式（9-54）、式（9-55）及式（9-56）三式相加，得

$$\iiint\limits_{\Omega} \left(\frac{\partial P}{\partial x} + \frac{\partial Q}{\partial y} + \frac{\partial R}{\partial z} \right)\mathrm{d}x\mathrm{d}y\mathrm{d}z = \oiint\limits_{\Sigma} P\mathrm{d}y\mathrm{d}z + Q\mathrm{d}z\mathrm{d}x + R\mathrm{d}x\mathrm{d}y \ .$$

在上述证明中我们假定了闭区域 Ω 是一个特殊的闭区域，即穿过 Ω 内部并且平行于 z 轴的直线与 Ω 的边界曲面 Σ 的交点恰好为两个. 如果 Ω 不是这样特殊的闭区域，那么可用几张辅助光滑曲面将它分成若干个上述特殊闭区域. 由于沿辅助曲面两侧的两个曲面积分互为相反数，相加后可以相互抵消. 由此可知，此时高斯公式仍然成立. 证明的方法与格林公式证明类似，这里不再赘述.

例 9.27　计算曲面积分

$$\oiint\limits_{\Sigma}(x\cos\alpha + y\cos\beta + z\cos\gamma)\mathrm{d}S \ ,$$

其中 Σ 是由 $x=y=z=0$ ，$x=y=z=1$ 六个平面所围成的立方体的表面的外侧，其中 $\cos\alpha$ ，$\cos\beta$ ，$\cos\gamma$ 是 Σ 在点 (x,y,z) 处外法向量的方向余弦.

解　设闭曲面 Σ 所围成的区域为 Ω . 由于

$$P=x \ , \quad Q=y \ , \quad R=z \ ,$$

$$\frac{\partial P}{\partial x} = \frac{\partial Q}{\partial y} = \frac{\partial R}{\partial z} = 1 \ ,$$

故由高斯公式，得

$$\oiint_{\Sigma}(x\cos\alpha+y\cos\beta+z\cos\gamma)\mathrm{d}S=\iiint_{\Omega}3\mathrm{d}x\mathrm{d}y\mathrm{d}z=3.$$

例 9.28　设有界闭区域 Ω 由平面 $2x+y+2z=2$ 与三个坐标平面所围成，曲面 Σ 为 Ω 的整个表面的外侧，计算曲面积分 $\oiint_{\Sigma}(x^2+1)\mathrm{d}y\mathrm{d}z-2y\mathrm{d}z\mathrm{d}x+3z\mathrm{d}x\mathrm{d}y$.

解　这里 $P=x^2+1$，$Q=-2y$，$R=3z$，$\dfrac{\partial P}{\partial x}=2x$，$\dfrac{\partial Q}{\partial y}=-2$，$\dfrac{\partial R}{\partial z}=3$，

由高斯公式，得

$$\oiint_{\Sigma}(x^2+1)\mathrm{d}y\mathrm{d}z-2y\mathrm{d}z\mathrm{d}x+3z\mathrm{d}x\mathrm{d}y=\iiint_{\Omega}(2x+1)\mathrm{d}x\mathrm{d}y\mathrm{d}z$$

$$=\int_0^1\mathrm{d}x\int_0^{2-2x}\mathrm{d}y\int_0^{1-x-\frac{1}{2}y}(2x+1)\mathrm{d}z=\frac{1}{2}.$$

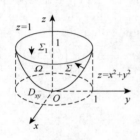

图 9-31

例 9.29　设曲面 Σ 是抛物面 $z=x^2+y^2$ 介于平面 $z=0$ 和 $z=1$ 之间的部分，取上侧（图 9-31），计算曲面积分 $\iint_{\Sigma}(x-1)^3\mathrm{d}y\mathrm{d}z+(y-1)^3\mathrm{d}z\mathrm{d}x+(z-1)\mathrm{d}x\mathrm{d}y$.

解　为了应用高斯公式，作辅助曲面

$$\Sigma_1:z=1\quad(x^2+y^2\le1),$$

取下侧. 则 Σ_1 与 Σ 一起构成一个闭曲面，取内侧，记它所围成的空间闭区域为 Ω，如图 9-31 所示. 由高斯公式，得

$$\oiint_{\Sigma+\Sigma_1}(x-1)^3\mathrm{d}y\mathrm{d}z+(y-1)^3\mathrm{d}z\mathrm{d}x+(z-1)\mathrm{d}x\mathrm{d}y$$

$$=-\iiint_{\Omega}[3(x-1)^2+3(y-1)^2+1]\mathrm{d}x\mathrm{d}y\mathrm{d}z$$

$$=-\iiint_{\Omega}[7+3(x^2+y^2)-6(x+y)]\mathrm{d}x\mathrm{d}y\mathrm{d}z$$

$$=-\int_0^{2\pi}\mathrm{d}\theta\int_0^1\mathrm{d}r\int_{r^2}^1 r[7+3r^2-6r(\sin\theta+\cos\theta)]\mathrm{d}z$$

$$=-\int_0^{2\pi}\mathrm{d}\theta\int_0^1\mathrm{d}r\int_{r^2}^1 r(7+3r^2)\mathrm{d}z+\int_0^{2\pi}\mathrm{d}\theta\int_0^1\mathrm{d}r\int_{r^2}^1 6r^2(\sin\theta+\cos\theta)\mathrm{d}z$$

$$=-\int_0^{2\pi}\mathrm{d}\theta\int_0^1\mathrm{d}r\int_{r^2}^1 r(7+3r^2)\mathrm{d}z=-2\pi\int_0^1(7r-4r^3-3r^5)\mathrm{d}r=-4\pi.$$

而

$$\iint_{\Sigma_1}(x-1)^3\mathrm{d}y\mathrm{d}z+(y-1)^3\mathrm{d}z\mathrm{d}x+(z-1)\mathrm{d}x\mathrm{d}y=\iint_{\Sigma_1}(z-1)\mathrm{d}x\mathrm{d}y=\iint_{D_{xy}}(1-1)\mathrm{d}x\mathrm{d}y=0,$$

故

$$\iint_{\Sigma}(x-1)^3\mathrm{d}y\mathrm{d}z+(y-1)^3\mathrm{d}z\mathrm{d}x+(z-1)\mathrm{d}x\mathrm{d}y=-4\pi-0=-4\pi.$$

9.6.2　斯托克斯公式

斯托克斯公式是格林公式的推广．格林公式阐述了平面闭区域上二重积分与其边界曲线上的曲线积分之间的关系，而斯托克斯公式则建立了空间曲面 Σ 上的曲面积分与沿着 Σ 的边界曲线 Γ 的曲线积分之间的联系．

定理 9.8　设 Γ 为分段光滑的空间有向闭曲线，Σ 是以 Γ 为边界的分片光滑的有向曲面，Γ 的正方向与 Σ 的侧符合右手规则（即当右手除拇指外的四指依 Γ 的绕行方向时，拇指所指的方向与 Σ 上法向量的指向相同，这时称 Γ 是有向曲面 Σ 的正向边界曲线），函数 $P(x,y,z)$、$Q(x,y,z)$、$R(x,y,z)$ 在曲面 Σ 连同边界 Γ 上具有连续的一阶偏导数，那么

$$\iint_{\Sigma}\left(\frac{\partial R}{\partial y}-\frac{\partial Q}{\partial z}\right)\mathrm{d}y\mathrm{d}z+\left(\frac{\partial P}{\partial z}-\frac{\partial R}{\partial x}\right)\mathrm{d}z\mathrm{d}x+\left(\frac{\partial Q}{\partial x}-\frac{\partial P}{\partial y}\right)\mathrm{d}x\mathrm{d}y=\oint_{\Gamma}P\mathrm{d}x+Q\mathrm{d}y+R\mathrm{d}z$$

$$(9\text{-}57)$$

证明略．

式（9-57）称为斯托克斯（Stokes）公式，为了便于记忆，该公式也常写成如下形式：

$$\iint_{\Sigma}\begin{vmatrix}\mathrm{d}y\mathrm{d}z & \mathrm{d}z\mathrm{d}x & \mathrm{d}x\mathrm{d}y \\ \dfrac{\partial}{\partial x} & \dfrac{\partial}{\partial y} & \dfrac{\partial}{\partial z} \\ P & Q & R\end{vmatrix}=\oint_{\Gamma}P\mathrm{d}x+Q\mathrm{d}y+R\mathrm{d}z.$$

利用两种曲面积分之间的联系，可得斯托克斯公式的另一种形式，即

$$\iint_{\Sigma}\begin{vmatrix}\cos\alpha & \cos\beta & \cos\gamma \\ \dfrac{\partial}{\partial x} & \dfrac{\partial}{\partial y} & \dfrac{\partial}{\partial z} \\ P & Q & R\end{vmatrix}\mathrm{d}S=\oint_{\Gamma}P\mathrm{d}x+Q\mathrm{d}y+R\mathrm{d}z.$$

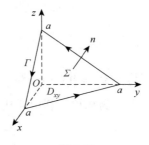

图 9-32

例 9.30　利用斯托克斯公式计算曲线积分

$$\oint_{\Gamma}(2x-y+z)\mathrm{d}x+(x+2y-z)\mathrm{d}y+(-x+y+2z)\mathrm{d}z$$

其中 Γ 为平面 $\Pi: x+y+z=a\,(a>0)$ 被三个坐标面所截得的截痕，其正向为逆时针方向，与平面 Π 上侧的法向量之间符合右手规则（图 9-32）．

解　这里 $P=2x-y+z$，$Q=x+2y-z$，

$$R=-x+y+2z,\quad \frac{\partial P}{\partial z}=\frac{\partial Q}{\partial x}=\frac{\partial R}{\partial y}=1,$$

$$\frac{\partial P}{\partial y} = \frac{\partial Q}{\partial z} = \frac{\partial R}{\partial x} = -1,$$

由斯托克斯公式得

$$\oint_{\Gamma} (2x - y + z)\mathrm{d}x + (x + 2y - z)\mathrm{d}y + (-x + y + 2z)\mathrm{d}z$$

$$= \iint_{\Sigma} (1+1)\mathrm{d}y\mathrm{d}z + (1+1)\mathrm{d}z\mathrm{d}x + (1+1)\mathrm{d}x\mathrm{d}y = 2\iint_{\Sigma} \mathrm{d}y\mathrm{d}z + \mathrm{d}z\mathrm{d}x + \mathrm{d}x\mathrm{d}y.$$

这里 Σ 是平面 Π 被三坐标面所截的部分，根据对称性可知，

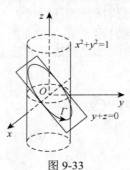

$$\iint_{\Sigma} \mathrm{d}y\mathrm{d}z + \mathrm{d}z\mathrm{d}x + \mathrm{d}x\mathrm{d}y = 3\iint_{D_{xy}} \mathrm{d}x\mathrm{d}y = \frac{3}{2}a^2,$$

于是

$$\oint_{\Gamma} (2x - y + z)\mathrm{d}x + (x + 2y - z)\mathrm{d}y + (-x + y + 2z)\mathrm{d}z = 3a^2.$$

图 9-33

例 9.31　设 Γ 为柱面 $x^2 + y^2 = 1$ 和平面 $y + z = 0$ 的交线，从 z 轴的正向往负向看去是逆时针方向（图 9-33），试计算曲线积分 $\oint_{\Gamma} z\mathrm{d}x + y\mathrm{d}z$.

解　取 Σ 为平面 $y + z = 0$ 的上侧被 Γ 围成的部分，Σ 的单位法向量 $\boldsymbol{n} = \dfrac{1}{\sqrt{2}}\{0,1,1\}$，即 $\cos\alpha = 0$，$\cos\beta = \cos\gamma = \dfrac{1}{\sqrt{2}}$，由斯托克斯公式及两类曲面积分之间的关系，得

$$\oint_{\Gamma} z\mathrm{d}x + y\mathrm{d}z = \iint_{\Sigma} \mathrm{d}y\mathrm{d}z + \mathrm{d}z\mathrm{d}x$$

$$= \iint_{\Sigma} \mathrm{d}z\mathrm{d}x = \iint_{\Sigma} \cos\beta\,\mathrm{d}S$$

$$= \iint_{\Sigma} \frac{\cos\beta}{\cos\gamma}\cos\gamma\,\mathrm{d}S = \iint_{\Sigma} \frac{\cos\beta}{\cos\gamma}\mathrm{d}x\mathrm{d}y$$

$$= \iint_{\Sigma} \mathrm{d}x\mathrm{d}y = \iint_{D_{xy}} \mathrm{d}x\mathrm{d}y = \pi.$$

其中 $D_{xy} = \{(x,y)\,|\,x^2 + y^2 \leqslant 1\}$ 为 Σ 在 xOy 面上的投影区域.

例 9.32　利用斯托克斯公式计算曲线积分

$$\oint_{\Gamma} (y^2 - z^2)\mathrm{d}x + (z^2 - x^2)\mathrm{d}y + (x^2 - y^2)\mathrm{d}z,$$

其中 Γ 为平面 $x + y + z = \dfrac{3}{2}$ 截立方体 $\{(x,y,z)\,|\,0 \leqslant x \leqslant 1, 0 \leqslant y \leqslant 1, 0 \leqslant z \leqslant 1\}$ 的表面所得的截痕，若从 x 轴的正向往负向看去，取逆时针方向（图 9-34（a））.

解　取 Σ 为平面 $x + y + z = \dfrac{3}{2}$ 的上侧被 Γ 围成的部分，Σ 的单位法向量

$n = \dfrac{1}{\sqrt{3}}\{1,1,1\}$，即 $\cos\alpha = \cos\beta = \cos\gamma = \dfrac{1}{\sqrt{3}}$，根据斯托克斯公式及两类曲面积分之间的关系，得

$$\oint_\Gamma (y^2 - z^2)\mathrm{d}x + (z^2 - x^2)\mathrm{d}y + (x^2 - y^2)\mathrm{d}z = -\frac{4}{\sqrt{3}} \iint_\Sigma (x + y + z)\mathrm{d}S.$$

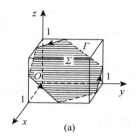 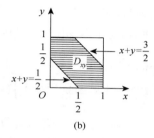

图 9-34

因为在 Σ 上有 $x + y + z = \dfrac{3}{2}$，由对面积的曲面积分的计算方法，得

$$\oint_\Gamma (y^2 - z^2)\mathrm{d}x + (z^2 - x^2)\mathrm{d}y + (x^2 - y^2)\mathrm{d}z = -\frac{4}{\sqrt{3}} \cdot \frac{3}{2} \iint_\Sigma \mathrm{d}S = -2\sqrt{3} \iint_{D_{xy}} \sqrt{3}\mathrm{d}x\mathrm{d}y = -6A.$$

其中 D_{xy} 是 Σ 在 xOy 面上投影区域（图 9-34（b）），A 为 D_{xy} 的面积. 由于

$$A = 1 - 2 \times \frac{1}{8} = \frac{3}{4},$$

因此

$$\oint_\Gamma (y^2 - z^2)\mathrm{d}x + (z^2 - x^2)\mathrm{d}y + (x^2 - y^2)\mathrm{d}z = -\frac{9}{2}.$$

习　题　9-6

1. 利用高斯公式计算下列曲面积分：

（1）$\displaystyle\oiint_\Sigma (x^3 - yz)\mathrm{d}y\mathrm{d}z - 2x^2y\mathrm{d}z\mathrm{d}x - z\mathrm{d}x\mathrm{d}y$，其中 Σ 是由平面 $x = a, y = a, z = a$ 及三个坐标面围成的立方体的表面的内侧；

（2）$\displaystyle\oiint_\Sigma (x - y)\mathrm{d}x\mathrm{d}y + x(y - z)\mathrm{d}y\mathrm{d}z$，其中 Σ 为柱面 $x^2 + y^2 = 1$ 及平面 $z = 0$ 及 $z = 3$ 所围成的空间闭区域 Ω 的整个边界曲面的外侧；

（3）$\oiint\limits_{\Sigma}(y-z)dydz+(z-x)dzdx+(x-y)dxdy$，其中 Σ 为曲面 $z=\sqrt{x^2+y^2}$ 及平面 $z=0$、$z=h(h>0)$ 所围成的空间区域的整个边界的外侧；

（4）$\iint\limits_{\Sigma}(x^2\cos\alpha+y^2\cos\beta+z^2\cos\gamma)dS$，其中 Σ 为锥面 $x^2+y^2=z^2$ 介于平面 $z=0$、$z=h(h>0)$ 之间的部分的下侧，$\cos\alpha$、$\cos\beta$、$\cos\gamma$ 是 Σ 在点 (x,y,z) 处的法向量的方向余弦；

（5）$\iint\limits_{\Sigma}x^2dydz+y^2dzdx+zdxdy$，其中 Σ 为空间区域 $\{(x,y,z)\,|\,x^2+4y^2\leqslant 4,0\leqslant z\leqslant 2\}$ 表面的外侧.

2. 利用高斯公式计算三重积分 $\iiint\limits_{\Omega}(xy+yz+zx)dxdydz$，其中 Ω 是由 $x\geqslant 0$，$y\geqslant 0$，$0\leqslant z\leqslant 1$ 及 $x^2+y^2\leqslant 1$ 所确定的空间闭区域.

3. 利用斯托克斯公式计算下列曲线积分：

（1）$\oint_{\Gamma}(y^2+z^2)dx+(z^2+x^2)dy+(x^2+y^2)dz$，其中 Γ 为平面 $x+y+z=1$ 与三个坐标面的交线，其正向为逆时针方向，与平面 $x+y+z=1$ 上侧的法向量之间符合右手规则；

（2）$\oint_{\Gamma}(z-y)dx+(x-z)dy+(y-x)dz$，其中 Γ 为以点 $A(a,0,0)$、$B(0,a,0)$、$C(0,0,a)$ 为顶点的三角形沿 $ABCA$ 的方向；

（3）$\oint_{\Gamma}(y-z)dx+(z-x)dy+(x-y)dz$，其中 Γ 为圆柱面 $x^2+y^2=a^2$ 与平面 $\dfrac{x}{a}+\dfrac{z}{h}=1$（$a>0,h>0$）的交线，若从 z 轴的正向望去，Γ 的方向是逆时针方向.

*9.7　散度与旋度

前面介绍了高斯公式和斯托克斯公式，本节将介绍与它们相关的几个新概念.

9.7.1　散度

在介绍散度的概念之前，我们先来考察一下高斯公式

$$\iiint\limits_{\Omega}\left(\frac{\partial P}{\partial x}+\frac{\partial Q}{\partial y}+\frac{\partial R}{\partial z}\right)dxdydz=\oiint\limits_{\Sigma}Pdydz+Qdzdx+Rdxdy$$

的物理意义. 我们知道上式右边表示单位时间内流体经过 Σ 流向指定侧的流体的质量 Φ，即

$$\Phi = \iint\limits_{\Sigma} P\mathrm{d}y\mathrm{d}z + Q\mathrm{d}z\mathrm{d}x + R\mathrm{d}x\mathrm{d}y$$

$$= \iint\limits_{\Sigma} (P\cos\alpha + Q\cos\beta + R\cos\gamma)\mathrm{d}S$$

$$= \iint\limits_{\Sigma} \boldsymbol{v}\cdot\boldsymbol{n}\mathrm{d}S = \iint\limits_{\Sigma} \boldsymbol{v}_n\mathrm{d}S .$$

其中 $V_n = \boldsymbol{v}\cdot\boldsymbol{n} = P\cos\alpha + Q\cos\beta + R\cos\gamma$ 表示流体的速度向量 $\boldsymbol{v}$ 在有向曲面 Σ 的法向量上的投影. 如果 Σ 是高斯公式中闭区域 Ω 的边界曲面的外侧, 则高斯公式的右边可解释为单位时间内离开闭区域 Ω 的流体的质量. 由于流体不可压缩且流动是稳定的, 有流体离开 Ω 的同时, 其内部必须有产生流体的"源头"产生同样多的流体来进行补充, 故左边可解释为分布在 Ω 内的源头在单位时间内所产生的流体的质量.

高斯公式可用向量形式表示为

$$\iiint\limits_{\Omega} \left(\frac{\partial P}{\partial x} + \frac{\partial Q}{\partial y} + \frac{\partial R}{\partial z} \right)\mathrm{d}x\mathrm{d}y\mathrm{d}z = \oiint\limits_{\Sigma} \boldsymbol{v}\cdot\boldsymbol{n}\mathrm{d}S = \oiint\limits_{\Sigma} \boldsymbol{v}_n\mathrm{d}S .$$

两边同除闭区域 Ω 的体积 V, 得

$$\frac{1}{V} \iiint\limits_{\Omega} \left(\frac{\partial P}{\partial x} + \frac{\partial Q}{\partial y} + \frac{\partial R}{\partial z} \right)\mathrm{d}x\mathrm{d}y\mathrm{d}z = \frac{1}{V} \oiint\limits_{\Sigma} \boldsymbol{v}\cdot\boldsymbol{n}\mathrm{d}S$$

上式左边为 Ω 内的源头在单位时间、单位体积内所产生流体质量的平均值, 应用中值定理, 得

$$\left(\frac{\partial P}{\partial x} + \frac{\partial Q}{\partial y} + \frac{\partial R}{\partial z} \right)\Bigg|_{(\xi,\eta,\zeta)} = \frac{1}{V} \oiint\limits_{\Sigma} \boldsymbol{v}\cdot\boldsymbol{n}\mathrm{d}S \quad (\xi,\eta,\zeta)\in\Omega ,$$

令 Ω 缩为一点 $M(x,y,z)$ 取极限, 得

$$\frac{\partial P}{\partial x} + \frac{\partial Q}{\partial y} + \frac{\partial R}{\partial z} = \lim_{\Omega\to M} \frac{1}{V} \oiint\limits_{\Sigma} \boldsymbol{v}\cdot\boldsymbol{n}\mathrm{d}S ,$$

称 $\dfrac{\partial P}{\partial x} + \dfrac{\partial Q}{\partial y} + \dfrac{\partial R}{\partial z}$ 为 $\boldsymbol{v}$ 在点 M 的散度, 记 $\operatorname{div}\boldsymbol{v}$, 即 $\operatorname{div}\boldsymbol{v} = \dfrac{\partial P}{\partial x} + \dfrac{\partial Q}{\partial y} + \dfrac{\partial R}{\partial z}$, 散度 $\operatorname{div}\boldsymbol{v}$ 可看成稳定流动的不可压缩流体在点 M 的源头强度——单位时间内、单位体积所产生的流体的质量. 如果 $\operatorname{div}\boldsymbol{v}$ 为负时, 表示点 M 处流体在消失.

一般地, 若向量场为

$$\boldsymbol{A}(x,y,z) = \{P(x,y,z),\ Q(x,y,z),\ R(x,y,z)\},$$

其中 P,Q,R 有连续的一阶偏导数, Σ 为场内一个有向曲面, $\boldsymbol{n}$ 为 Σ 上点 (x,y,z) 处

的单位法向量，则 $\oiint\limits_{\Sigma} \boldsymbol{v} \cdot \boldsymbol{n} \mathrm{d}S$ 称为向量场 $\boldsymbol{A}$ 通过曲面 Σ 向着指定侧的通量（流量），

而 $\dfrac{\partial P}{\partial x} + \dfrac{\partial Q}{\partial y} + \dfrac{\partial R}{\partial z}$ 称为向量场 $\boldsymbol{A}$ 的散度，即 $\operatorname{div} \boldsymbol{v} = \dfrac{\partial P}{\partial x} + \dfrac{\partial Q}{\partial y} + \dfrac{\partial R}{\partial z}$．

高斯公式又一形式为

$$\iiint\limits_{\Omega} \operatorname{div} \boldsymbol{A} \mathrm{d}v = \iint\limits_{\Sigma} A_n \mathrm{d}S ，$$

其中 Σ 为 Ω 的边界曲面，而 $A_n = \boldsymbol{A} \cdot \boldsymbol{n} = P\cos\alpha + Q\cos\beta + R\cos\gamma$ 是向量 $\boldsymbol{A}$ 在曲面 Σ 的外侧法向量上的投影．

9.7.2　旋度

根据两类曲线积分之间的联系和两类曲面积分之间的联系，斯托克斯公式可改写成

$$\iint\limits_{\Sigma} \left[\left(\frac{\partial R}{\partial y} - \frac{\partial Q}{\partial z} \right)\cos\alpha + \left(\frac{\partial P}{\partial z} - \frac{\partial R}{\partial x} \right)\cos\beta + \left(\frac{\partial Q}{\partial x} - \frac{\partial P}{\partial y} \right)\cos\gamma \right] \mathrm{d}S$$
$$= \oint_{\Gamma} \left(P\cos\lambda + Q\cos\mu + R\cos\nu \right) \mathrm{d}s ，$$

其中 α, β, γ 依次为斯托克斯公式中有向曲面 Σ 在点 (x, y, z) 处法向量的方向角；而 λ, μ, ν 依次为 Σ 的正向边界曲线 Γ 在点 (x, y, z) 处切向量的方向角．

设有向量场为 $\boldsymbol{A}(x, y, z) = (P(x, y, z), Q(x, y, z), R(x, y, z))$，其中 P, Q, R 有连续的一阶偏导数，则向量 $\left\{ \left(\dfrac{\partial R}{\partial y} - \dfrac{\partial Q}{\partial z} \right), \left(\dfrac{\partial P}{\partial z} - \dfrac{\partial R}{\partial x} \right), \left(\dfrac{\partial Q}{\partial x} - \dfrac{\partial P}{\partial y} \right) \right\}$ 称为向量场 $\boldsymbol{A}$ 的旋度，

记为 $\operatorname{rot} \boldsymbol{A}$，即

$$\operatorname{rot} \boldsymbol{A} = \left\{ \left(\frac{\partial R}{\partial y} - \frac{\partial Q}{\partial z} \right), \left(\frac{\partial P}{\partial z} - \frac{\partial R}{\partial x} \right), \left(\frac{\partial Q}{\partial x} - \frac{\partial P}{\partial y} \right) \right\} ．$$

于是，斯托克斯公式向量形式为

$$\iint\limits_{\Sigma} \operatorname{rot} \boldsymbol{A} \cdot \boldsymbol{n} \mathrm{d}S = \oint_{\Gamma} \boldsymbol{A} \cdot \boldsymbol{\tau} \mathrm{d}s$$

或

$$\iint\limits_{\Sigma} (\operatorname{rot} \boldsymbol{A})_n \mathrm{d}S = \oint_{\Gamma} A_{\tau} \mathrm{d}s ，$$

其中 $\boldsymbol{n} = \{\cos\alpha, \cos\beta, \cos\gamma\}$ 为 Σ 的法向量，$\boldsymbol{\tau} = \{\cos\lambda, \cos\mu, \cos\nu\}$ 为 Γ 的切向量，而

$$(\text{rot } A)_n = \text{rot } A \cdot n = \left(\frac{\partial R}{\partial y} - \frac{\partial Q}{\partial z}\right)\cos\alpha + \left(\frac{\partial P}{\partial z} - \frac{\partial R}{\partial x}\right)\cos\beta + \left(\frac{\partial Q}{\partial x} - \frac{\partial P}{\partial y}\right)\cos\gamma \, ,$$

$$A_\tau = A \cdot \tau = P\cos\lambda + Q\cos\mu + R\cos\nu \, .$$

沿有向闭曲线 Γ 的曲线积分 $\oint_\Gamma P\mathrm{d}x + Q\mathrm{d}y + R\mathrm{d}z = \oint_\Gamma A_\tau \mathrm{d}s$ 称为向量场 A 沿有向闭曲线 Γ 的环流量. 那么斯托克斯公式可解释为: 向量场 A 沿有向闭曲线 Γ 的环流量等于该向量场的旋度场通过 Γ 所张的曲面 Σ 的通量, 这里 Γ 的正向与 Σ 的侧应符合右手规则.

例 9.33　已知流体的速度为 $v = \{xy, yz, xz\}$, 求由平面 $z = 1$, $x = 0$, $y = 0$ 和锥面 $z^2 = x^2 + y^2$ 所围成的立体在第一卦限的部分向外流出的流量 (通量), 并计算 $\text{div } v$, $\text{rot } v$.

解　由第二类曲面积分的物理意义可知, 流量为 $\oiint_\Sigma v \cdot n \mathrm{d}S$, 其中 n 为曲面 Σ 的外法向量的单位向量, 于是

$$\oiint_\Sigma v \cdot n \mathrm{d}S = \oiint_\Sigma (xy\cos\alpha + yz\cos\beta + xz\cos\gamma)\mathrm{d}S$$

$$= \oiint_\Sigma xy\mathrm{d}y\mathrm{d}z + yz\mathrm{d}z\mathrm{d}x + zx\mathrm{d}x\mathrm{d}y = \iiint_\Omega (x + y + z)\mathrm{d}x\mathrm{d}y\mathrm{d}z$$

$$= \int_0^{\frac{\pi}{2}} \mathrm{d}\theta \int_0^1 r\mathrm{d}r \int_r^1 [r(\cos\theta + \sin\theta) + z]\mathrm{d}z = \frac{1}{6} + \frac{\pi}{16} \, .$$

设 $P = xy$, $Q = yz$, $R = xz$, 则

$$\text{div } v = \frac{\partial P}{\partial x} + \frac{\partial Q}{\partial y} + \frac{\partial R}{\partial z} = x + y + z \, ,$$

$$\text{rot } v = \left\{\frac{\partial R}{\partial y} - \frac{\partial Q}{\partial z}, \frac{\partial P}{\partial z} - \frac{\partial R}{\partial x}, \frac{\partial Q}{\partial x} - \frac{\partial P}{\partial y}\right\} = \{-y, -z, -x\} \, .$$

习　题　9-7

1. 设某流体的流速为 $v = \{yz, zx, xy\}$, 求单位时间内从圆柱 $\Sigma: x^2 + y^2 \leqslant a^2$ ($0 \leqslant z \leqslant h$) 的内部流向外侧的流量 (通量).

2. 求向量场 $v = \{x^2 + yz, y^2 + zx, z^2 + xy\}$ 的散度.

3. 求向量场 $A = \{-y, x, c\}$ (c 为常数) 沿有向闭曲线 $\Gamma: \begin{cases} x^2 + y^2 = 1, \\ z = 0 \end{cases}$ (从 z 轴的正向看 Γ 依逆时针方向) 的环流量.

总习题九（A）

1. 填空题

（1）设 L 为柱面 $x^2 + y^2 = 1$ 与平面 $z = x + y$ 的交线，从 z 轴负向往正向看去为逆时针方向，则曲线积分 $\oint_L xz\mathrm{d}x + x\mathrm{d}y + \dfrac{y^2}{2}\mathrm{d}z = \underline{\qquad}$.

（2）设曲线 L 为圆周 $x = a\cos t, y = a\sin t\ (0 \leqslant t \leqslant 2\pi)$，则 $\int_L (x^2 + y^2)^n \mathrm{d}s = \underline{\qquad}$.

（3）设 L 为任意一条分段光滑的闭曲线，则曲线积分 $\oint_L (2xy - 2x)\mathrm{d}x + (x^2 - 4y)\mathrm{d}y = \underline{\qquad\qquad\qquad}$.

（4）设 Σ 是以原点为球心，R 为半径的球面，则 $\oiint_\Sigma \dfrac{1}{x^2 + y^2 + z^2}\mathrm{d}S = \underline{\qquad}$.

（5）设 Σ 为球面 $x^2 + y^2 + z^2 = a^2$ 的下半部分的下侧，则曲面积分 $\iint_\Sigma z\mathrm{d}x\mathrm{d}y = \underline{\qquad}$.

*（6）向量场 $A = (y^2 + z^2)i + (z^2 + x^2)j + (x^2 + y^2)k$ 的旋度 $\mathbf{rot}\,A = \underline{\qquad}$.

2. 选择题

（1）设 L 是从原点 $O(0,0)$ 沿折线 $y = |x - 1| - 1$ 至点 $A(2,0)$ 的折线段，则曲线积分 $\int_L -y\mathrm{d}x + x\mathrm{d}y$ 等于（ ）.

    A. 0   B. -1 C. 2   D. -2

（2）若微分 $(2008x^{2010} + 4xy^3)\mathrm{d}x + (cx^2y^2 - 2009y^{2011})\mathrm{d}y$ 为全微分，则 c 等于（ ）.

    A. 0   B. 6   C. -6 D. -2

（3）空间曲线 $\Gamma: x = \mathrm{e}^t\cos t, y = \mathrm{e}^t\sin t, z = \mathrm{e}^t\ (0 \leqslant t \leqslant 1)$ 的弧长等于（ ）.

    A. 1   B. $\sqrt{2}$ C. $\sqrt{3}$ D. $\sqrt{3}(\mathrm{e} - 1)$

（4）设 Σ 为上半球面 $z = \sqrt{2 - x^2 - y^2}$，Σ_1 为 Σ 在第一卦限的部分，则下列等式正确的是（ ）.

    A. $\iint\limits_\Sigma \mathrm{d}S = \iint\limits_{\Sigma_1} \mathrm{d}S$ B. $\iint\limits_\Sigma \mathrm{d}S = 2\iint\limits_{\Sigma_1} \mathrm{d}S$

    C. $\iint\limits_\Sigma \mathrm{d}S = 3\iint\limits_{\Sigma_1} \mathrm{d}S$ D. $\iint\limits_\Sigma \mathrm{d}S = 4\iint\limits_{\Sigma_1} \mathrm{d}S$

（5）设 Σ 为球面 $x^2 + y^2 + z^2 = a^2$ 的外侧，则积分 $\iint\limits_{\Sigma} z\mathrm{d}x\mathrm{d}y$ 等于（　　　）.

A. $2\iint\limits_{x^2+y^2\leqslant a^2} \sqrt{a^2 - x^2 - y^2}\,\mathrm{d}x\mathrm{d}y$　　　B. $-2\iint\limits_{x^2+y^2\leqslant a^2} \sqrt{a^2 - x^2 - y^2}\,\mathrm{d}x\mathrm{d}y$

C. 1　　　　　　　　　　　D. 0

3. 计算题

（1）计算 $\oint_L y\mathrm{d}s$ 其中 L 为抛物线 $y^2 = x$ 和直线 $x = 1$ 所围成的闭曲线；

（2）计算 $\int_L xy^2\mathrm{d}y - x^2 y\mathrm{d}x$，其中 L 为右半圆 $x^2 + y^2 = a^2$ 以点 $A(0,a)$ 为起点，点 $B(0,-a)$ 为终点的一段有向弧；

（3）计算 $\iint\limits_{\Sigma} xyz\mathrm{d}S$，其中 Σ 为平面 $x + y + z = 1$ 在第一卦限中的部分；

（4）计算 $\iint\limits_{\Sigma} yz\mathrm{d}z\mathrm{d}x$，其中 Σ 是球面 $x^2 + y^2 + z^2 = 1$ 的上半部分并取外侧；

（5）验证：在整个 xOy 面内，$(x^2 + 3y)\mathrm{d}x + (3x + y^2)\mathrm{d}y$ 是某一函数 $u(x,y)$ 的全微分，并求出一个这样的函数.

4. 计算曲线积分 $I = \oint_{\Gamma} y\mathrm{d}x + z\mathrm{d}y + x\mathrm{d}z$，其中 Γ 为闭曲线 $\begin{cases} x^2 + y^2 + z^2 = 1, \\ y = z, \end{cases}$ 若从 z 轴正向看去，Γ 取逆时针方向.

5. 计算曲面积分 $\iint\limits_{\Sigma}(x^2 + y^2)\mathrm{d}S$，其中 Σ 是线段 $\begin{cases} z = x, \\ y = 0 \end{cases} (0 \leqslant z \leqslant 2)$ 绕 Oz 轴旋转一周所得的旋转曲面.

6. 计算曲面积分 $\iint\limits_{\Sigma}(z^2 + x)\mathrm{d}y\mathrm{d}z - z\mathrm{d}x\mathrm{d}y$，其中 Σ 为 zOx 上的抛物线 $\begin{cases} z = \dfrac{1}{2}x^2, \\ y = 0 \end{cases}$ 绕 z 轴旋转一周所得的旋转曲面介于 $z = 0$ 和 $z = 2$ 之间的部分的下侧.

7. 设 Σ 是曲面 $x = \sqrt{1 - 3y^2 - 3z^2}$ 的前侧，计算曲面积分

$$I = \iint\limits_{\Sigma} x\mathrm{d}y\mathrm{d}z + (y^3 + 2)\mathrm{d}z\mathrm{d}x + z^3\mathrm{d}x\mathrm{d}y.$$

8. 设一段锥面螺线 $x = \mathrm{e}^t\cos t, y = \mathrm{e}^t\sin t, z = \mathrm{e}^t (t_1 \leqslant t \leqslant t_2)$ 上任一点处的线密度与该点向径的长度成反比，且在点 $(1,0,1)$ 处线密度等于 1，求它的质量.

9. 设 $f(x)$ 具有一阶连续导数，积分 $\int_L f(x)(y\mathrm{d}x + \mathrm{d}y)$ 在右半平面 $x > 0$ 内与路径无关，试求满足条件 $f(0) = 1$ 的函数 $f(x)$.

10. 设空间区闭域 Ω 由曲面 $z = a^2 - x^2 - y^2$ 与平面 $z = 0$ 围成，其中 a 为正常数，记 Ω 表面的外侧为 Σ，Ω 的体积为 V，证明：

$$\oiint_{\Sigma} x^2 yz^2 \mathrm{d}y\mathrm{d}z - xy^2 z^2 \mathrm{d}z\mathrm{d}x + (1+xyz)z\mathrm{d}x\mathrm{d}y = V.$$

11. 已知曲线 L 的方程为 $y = 1 - |x|\ (-1 \leqslant x \leqslant 1)$，起点为 $(-1,0)$，终点为 $(1,0)$，计算曲线积分 $\int_L xy\mathrm{d}x + x^2\mathrm{d}y$.

12. 已知 L 是第一象限中从点 $(0,0)$ 沿圆周 $x^2+y^2=2x$ 到点 $(2,0)$，再沿圆周 $x^2+y^2=4$ 到点 $(0,2)$ 的曲线段，计算曲线积分 $J = \int_L 3x^2 y\mathrm{d}x + (x^3 + x - 2y)\mathrm{d}y$.

总习题九（B）

1. 填空题

（1）设 Σ 是的方程 $z = \sqrt{4-x^2-y^2}$ 的上侧，则 $\iint_{\Sigma} xy\mathrm{d}y\mathrm{d}z + x\mathrm{d}z\mathrm{d}x + x^2\mathrm{d}x\mathrm{d}y = $ _____.

（2）设 Γ 的方程 $\begin{cases} x^2+y^2+z^2=a^2 \\ x-y=0 \end{cases}$，则 $\oint_{\Gamma} x^2\mathrm{d}s = $ _____.

（3）若曲线积分 $\int_L \dfrac{x\mathrm{d}x - ay\mathrm{d}y}{x^2+y^2-1}$ 在区域 $D = \{(x,y)\,|\,x^2+y^2<1\}$ 内与路线无关，则 a 的值为_____.

（4）设 $\Sigma = \{(x,y,z)\,|\,x+y+z=1, x\geqslant 0, y\geqslant 0, z\geqslant 0\}$，则曲面积分 $\iint_{\Sigma} y^2\mathrm{d}S = $ _____.

（5）设 Ω 是由锥面 $z = \sqrt{x^2+y^2}$ 与半球面 $z = \sqrt{R^2-x^2-y^2}$ 围成的空间闭区域，Σ 是 Ω 的整个边界的外侧，则 $\iint_{\Sigma} x\mathrm{d}y\mathrm{d}z + y\mathrm{d}z\mathrm{d}x + z\mathrm{d}x\mathrm{d}y = $ _____.

（6）设 $r = z(x^2+3)$，则矢量场 $\boldsymbol{A} = \mathbf{grad}\, r$ 通过曲面 $x^2+y^2+z^2=1$ 上半部分的流量 $Q = $ _____.

2. 设空间曲线 Γ 为曲面 $x^2+y^2+z^2=a^2$ 与 $x+y+z=0$ 的交线，

（1）若曲线 Γ 的线密度为 $\rho(x,y,z) = x^2$，试计算曲线 Γ 的质量 m；

（2）计算 $I = \oint_{\Gamma} (x^2+y^2+3z)\mathrm{d}s$.

3. 计算 $\oint_L (xy + b^2x^2 + a^2y^2)\mathrm{d}s$，其中 L 为椭圆 $\dfrac{x^2}{a^2} + \dfrac{y^2}{b^2} = 1$，其周长为 c.

4. 计算 $I = \int_L (e^x \sin y - b(x+y))\mathrm{d}x + (e^x \cos y - ax)\mathrm{d}y$，其中 a, b 为正的常数，L 为从点 $A(2a,0)$ 沿曲线 $y = \sqrt{2ax-x^2}$ 到点 $O(0,0)$ 的弧.

5. 设 $D \subset R^2$ 是有界单连通区域, $I(D) = \iint\limits_{D}(4-x^2-y^2)\mathrm{d}x\mathrm{d}y$ 取最大值的积分区域记为 D_1.

（1）求 $I(D_1)$ 的值；

（2）计算 $\displaystyle\int_{\partial D_1} \frac{(x\mathrm{e}^{x^2+4y^2}+y)\mathrm{d}x+(4y\mathrm{e}^{x^2+4y^2}-x)\mathrm{d}y}{x^2+4y^2}$，其中 ∂D_1 是 D_1 的正向边界.

6. 计算曲面积分 $I = \displaystyle\iint\limits_{\Sigma} \frac{y+z}{x^2+y^2+z^2}\mathrm{d}S$，其中 Σ 是圆柱面 $x^2+y^2=1$ 介于平面 $z=0$ 与 $z=2$ 之间的部分.

7. 计算曲面积分 $I = \displaystyle\oiint\limits_{\Sigma} \frac{x\mathrm{d}y\mathrm{d}z+y\mathrm{d}z\mathrm{d}x+z\mathrm{d}x\mathrm{d}y}{(x^2+y^2+z^2)^{\frac{3}{2}}}$，其中 Σ 是球面 $x^2+y^2+z^2=a^2$ 的外侧.

8. 确定常数 λ，使在右半平面 $x>0$ 上的向量
$$A(x,y) = (3x^\lambda+6xy^2)\boldsymbol{i}+(6x^\lambda y+4y^3)\boldsymbol{j}$$
为某二元函数 $u(x,y)$ 的梯度，并求 $u(x,y)$.

9. 计算 $I = \displaystyle\iint\limits_{\Sigma} \frac{x}{r^3}\mathrm{d}y\mathrm{d}z + \frac{y}{r^3}\mathrm{d}z\mathrm{d}x + \frac{z}{r^3}\mathrm{d}x\mathrm{d}y$，$r = \sqrt{x^2+y^2+z^2}$，其中 Σ 为曲面 $1-\dfrac{z}{5} = \dfrac{(x-2)^2}{16}+\dfrac{(y-1)^2}{9}(z\geqslant 0)$ 的上侧.

10. 设薄片型物体 Σ 是圆锥面 $z = \sqrt{x^2+y^2}$ 被柱面 $z^2=2x$ 割下的有限部分，其上任意一点的密度为 $\mu = 9\sqrt{x^2+y^2+z^2}$. 设圆锥面与柱面的交线为 Γ，

（1）求 Γ 在 xOy 上的投影曲线的方程；

（2）求 Σ 的质量 m.

11. 设曲面 Σ 为球面 $(x-a)^2+(y-a)^2+(z-a)^2=a^2, a>0$，试证明：
$$\oiint\limits_{\Sigma}(x+y+z+\sqrt{3}a)\mathrm{d}S \geqslant 12\pi a^3.$$

12. 设 P 为椭球面 $S: x^2+y^2+z^2-yz=1$ 上一动点，若 S 在点 P 处的切平面与 xOy 平面垂直，求点 P 的轨迹 C，并计算曲面积分 $I = \displaystyle\iint\limits_{\Sigma} \frac{(x+\sqrt{3})|y-2z|}{\sqrt{4+y^2+z^2-4yz}}\mathrm{d}S$，其中 Σ 是椭球面 S 位于曲线 C 上方的部分.

数学家介绍

第10章 无穷级数

无穷级数是微积分学的重要组成部分，其主要内容是研究无穷多个数或无穷多个函数相加的问题. 无穷级数是表示函数、研究函数的性质及进行数值计算的一种工具，通常分为常数项级数和函数项级数. 本章我们先讨论常数项级数的概念及其敛散性，然后讨论函数项级数，最后讨论如何将函数展开成幂级数和傅里叶级数.

10.1 常数项级数的概念与性质

10.1.1 常数项级数的概念

假设给定一个数列 $u_1, u_2, u_3, \cdots, u_n, \cdots$，则表达式

$$u_1 + u_2 + u_3 + \cdots + u_n + \cdots \tag{10-1}$$

称为（常数项）无穷级数，简称（常数项）级数，记为 $\displaystyle\sum_{n=1}^{\infty} u_n$，即

$$\sum_{n=1}^{\infty} u_n = u_1 + u_2 + u_3 + \cdots + u_n + \cdots,$$

其中第 n 项 u_n 称为级数的一般项或通项. 例如：

$$\sum_{n=1}^{\infty} \frac{1}{2^n} = \frac{1}{2} + \frac{1}{2^2} + \frac{1}{2^3} + \cdots + \frac{1}{2^n} + \cdots, \tag{10-2}$$

$$\sum_{n=1}^{\infty} (-1)^{n-1} = 1 - 1 + 1 - \cdots + (-1)^{n-1} + \cdots, \tag{10-3}$$

$$\sum_{n=1}^{\infty} n = 1 + 2 + 3 + \cdots + n + \cdots \tag{10-4}$$

都是常数项级数.

我们首先从直观上分析这三个级数. 显然，级数（10-2）的和应该是 1；级数（10-3）的右端取前 $2k$ 项或者前 $2k+1$ 项（ $k = 1, 2, \cdots$ ）时，其和分别为 0 或者为 1，并且无论数 k 多么大，其和总是在 0、1 这两个数之间变动，不是一个确定的数值，

因而称其和不存在；级数（10-4）显然随着项数的增加，其和比任意给定的正数 M 都要大，所以级数（10-4）的和不可能是一个确定的常数，必然趋于无穷大. 由此，我们自然会提出这样的问题：如何理解无限多个数相加的和？即级数（10-1）的和如何定义？级数（10-1）满足什么条件时它的和就一定存在？"无限多个数相加"不能简单地类比有限个数相加，有它自身的理论.

设级数（10-1）的前 n 项和为

$$s_n = \sum_{k=1}^{n} u_k = u_1 + u_2 + \cdots + u_n,$$

称 s_n 为级数（10-1）的部分和.

当 n 依次取 $1, 2, \cdots, n, \cdots$ 时，得到一个数列

$$s_1 = u_1, s_2 = u_1 + u_2, \cdots, s_n = u_1 + u_2 + \cdots + u_n, \cdots$$

数列 $\{s_n\}$ 称为级数 $\sum_{n=1}^{\infty} u_n$ 的部分和数列.

定义 10.1 如果级数 $\sum_{n=1}^{\infty} u_n$ 的部分和数列 $\{s_n\}$ 有极限 s，即

$$\lim_{n \to \infty} s_n = s \quad （常数），$$

则称级数 $\sum_{n=1}^{\infty} u_n$ 收敛. 这时极限 s 称为这个级数的和，并写成

$$s = u_1 + u_2 + u_3 + \cdots + u_n + \cdots.$$

如果数列 $\{s_n\}$ 没有极限，则称级数 $\sum_{n=1}^{\infty} u_n$ 发散.

显然，当级数收敛时，其部分和 s_n 是级数的和 s 的近似值，它们之间的差值

$$r_n = s - s_n = u_{n+1} + u_{n+2} + \cdots$$

称为级数的余项. 用近似值 s_n 代替和 s 所产生的误差是这个余项的绝对值 $|r_n|$.

例 10.1 判定无穷级数 $\sum_{n=1}^{\infty} \dfrac{1}{n(n+1)}$ 的敛散性.

解 由于级数的部分和为

$$s_n = \frac{1}{1 \cdot 2} + \frac{1}{2 \cdot 3} + \cdots + \frac{1}{n(n+1)}$$

$$= \left(1 - \frac{1}{2}\right) + \left(\frac{1}{2} - \frac{1}{3}\right) + \cdots + \left(\frac{1}{n} - \frac{1}{n+1}\right)$$

$$= 1 - \frac{1}{n+1},$$

而

$$\lim_{n\to\infty}s_n = \lim_{n\to\infty}\left(1-\frac{1}{n+1}\right)=1 ,$$

所以该级数收敛，它的和为 1.

例 10.2　证明级数 $\sum_{n=1}^{\infty}(-1)^{n-1}=1-1+1-\cdots+(-1)^{n-1}+\cdots$ 是发散的.

证明　级数的部分和为

$$s_n=1-1+1-\cdots+(-1)^{n-1} .$$

显然，当 n 为奇数时，$s_n=1$；当 n 为偶数时，$s_n=0$. 所以部分和数列没有极限，因而原级数发散.

例 10.3　证明级数 $\sum_{n=1}^{\infty}n=1+2+3+\cdots+n+\cdots$ 是发散的.

证明　级数的部分和为

$$s_n=1+2+3+\cdots+n=\frac{1}{2}n(n+1) .$$

显然，$\lim\limits_{n\to\infty}s_n=\infty$，因而原级数发散.

例 10.4　讨论几何级数（又称等比级数）$\sum_{n=1}^{\infty}aq^{n-1}$ 的敛散性，其中 $a\neq0$，$q\neq0$ 是公比.

解　当 $|q|<1$ 时，部分和

$$s_n=a+aq+\cdots+aq^{n-1}=\frac{a-aq^n}{1-q}=\frac{a}{1-q}-\frac{aq^n}{1-q} .$$

因为 $\lim\limits_{n\to\infty}q^n=0$，所以 $\lim\limits_{n\to\infty}s_n=\frac{a}{1-q}$，从而级数收敛，其和为 $\frac{a}{1-q}$；

当 $|q|=1$ 时，如果 $q=1$，则 $s_n=na\to\infty$，此时级数发散；如果 $q=-1$，则

$$s_n=\begin{cases}0, & n\text{为偶数}, \\ a, & n\text{为奇数},\end{cases}$$

从而 s_n 的极限不存在，此时级数也发散；

当 $|q|>1$ 时，部分和为 $s_n=a+aq+\cdots+aq^{n-1}=\frac{a}{1-q}-\frac{aq^n}{1-q}$. 因为 $\lim\limits_{n\to\infty}q^n=\infty$，

所以 $\lim\limits_{n\to\infty}s_n=\infty$，从而级数发散.

综上所述，几何级数 $\sum_{n=1}^{\infty}aq^{n-1}$ 在 $|q|<1$ 时收敛于 $\frac{a}{1-q}$，$|q|\geqslant1$ 时发散.

显然，级数（10-2）是 $a=\frac{1}{2}$，公比 $q=\frac{1}{2}$ 的几何级数，所以级数（10-2）收敛且和为 1.

10.1.2　无穷级数的性质

由级数收敛、发散及和的定义可知，级数的收敛问题，实际上就是部分和数列的收敛问题. 所以，利用数列极限的有关性质，容易推出常数项级数的下述基本性质：

性质 10.1　如果级数 $\sum\limits_{n=1}^{\infty} u_n$ 收敛于和 s ，则级数 $\sum\limits_{n=1}^{\infty} ku_n$ 也收敛，并且其和为 ks .

证明　设级数 $\sum\limits_{n=1}^{\infty} u_n$ 与级数 $\sum\limits_{n=1}^{\infty} ku_n$ 的部分和分别为 s_n 和 σ_n ，则

$$\sigma_n = ku_1 + ku_2 + \cdots + ku_n = k(u_1 + u_2 + \cdots + u_n) = ks_n,$$

所以

$$\lim_{n\to\infty} \sigma_n = \lim_{n\to\infty} ks_n = k\lim_{n\to\infty} s_n = ks.$$

因此级数 $\sum\limits_{n=1}^{\infty} ku_n$ 收敛，其和为 ks .

由性质 10.1 还可以得到如下的结论：级数的每一项同乘一个不为零的常数后，其敛散性不变.

性质 10.2　如果级数 $\sum\limits_{n=1}^{\infty} u_n$ 与 $\sum\limits_{n=1}^{\infty} v_n$ 分别收敛于和 s 与 σ ，则级数 $\sum\limits_{n=1}^{\infty} (u_n \pm v_n)$ 也收敛，并且其和为 $s \pm \sigma$.

证明　设级数 $\sum\limits_{n=1}^{\infty} (u_n \pm v_n)$ 的部分和为 λ_n ，则

$$\begin{aligned}\lambda_n &= (u_1 \pm v_1) + (u_2 \pm v_2) + \cdots + (u_n \pm v_n)\\ &= (u_1 + u_2 + \cdots + u_n) \pm (v_1 + v_2 + \cdots + v_n)\\ &= s_n \pm \sigma_n.\end{aligned}$$

其中，s_n 和 σ_n 分别为级数 $\sum\limits_{n=1}^{\infty} u_n$ 和 $\sum\limits_{n=1}^{\infty} v_n$ 的部分和. 于是，

$$\lim_{n\to\infty} \lambda_n = \lim_{n\to\infty}(s_n \pm \sigma_n) = s \pm \sigma,$$

因此级数 $\sum\limits_{n=1}^{\infty} (u_n \pm v_n)$ 收敛，其和为 $s \pm \sigma$.

性质 10.3　在级数 $\sum\limits_{n=1}^{\infty} u_n$ 中去掉、加上或改变有限项，不改变级数的敛散性.

证明　不妨将级数 $\sum\limits_{n=1}^{\infty} u_n$ 的前 k 项去掉，则得级数

$$u_{k+1} + u_{k+2} + \cdots + u_{k+n} + \cdots.$$

于是新级数的部分和为

$$\sigma_n = u_{k+1} + u_{k+2} + \cdots + u_{k+n} = s_{k+n} - s_k,$$

其中 s_{k+n} 和 s_k 分别是原级数的前 $k+n$ 项和、前 k 项和. 因为 k 为取定的正整数，所以 s_k 是常数，当 $n \to \infty$ 时，σ_n 和 s_{k+n} 的极限或者同时存在，或者同时不存在. 当极限存在时，

$$\lim_{n\to\infty} \sigma_n = \lim_{n\to\infty}(s_{k+n} - s_k) = s - s_k.$$

这说明在级数中去掉有限项不改变级数的敛散性. 因此在级数中加上或改变有限项，也不会改变级数的敛散性.

但是由证明的结果可以看出：对于一个收敛的级数，去掉或者加上有限项，通常级数的和是要发生变化的.

性质 10.4　如果级数 $\displaystyle\sum_{n=1}^{\infty} u_n$ 收敛，则对该级数的项任意加括号后所成的级数

$$(u_1 + \cdots + u_{n_1}) + (u_{n_1+1} + \cdots + u_{n_2}) + \cdots + (u_{n_{k-1}+1} + \cdots + u_{n_k}) + \cdots$$

仍然收敛，并且其和不变.

证明　设级数 $\displaystyle\sum_{n=1}^{\infty} u_n$ 的部分和为 s_n，加括号后所成的级数的部分和为 t_k，则

$$t_1 = u_1 + \cdots + u_{n_1} = s_{n_1},$$
$$t_2 = (u_1 + \cdots + u_{n_1}) + (u_{n_1+1} + \cdots + u_{n_2}) = s_{n_2},$$
$$\cdots\cdots\cdots\cdots$$
$$t_k = (u_1 + \cdots + u_{n_1}) + (u_{n_1+1} + \cdots + u_{n_2}) + \cdots + (u_{n_{k-1}+1} + \cdots + u_{n_k}) = s_{n_k}.$$

由此可知，数列 $\{t_k\}$ 是数列 $\{s_n\}$ 的一个子数列. 由数列 $\{s_n\}$ 的收敛性及收敛数列与其子数列的关系可知，数列 $\{t_k\}$ 收敛，并且有

$$\lim_{k\to\infty} t_k = \lim_{n\to\infty} s_n = s,$$

即加括号后所成的级数收敛，且其和不变.

但是必须注意：一个收敛的级数，去掉括号后所成的级数不一定收敛. 例如，级数

$$(1-1) + (1-1) + \cdots$$

收敛于零，但级数

$$1 - 1 + 1 - 1 + \cdots$$

却是发散的.

如果加括号后所成的级数发散，则原级数必定发散. 事实上，如果原级数收敛，则根据性质 10.4 可知，加括号后的级数就应该收敛.

性质 10.5（级数收敛的必要条件）　如果级数 $\sum\limits_{n=1}^{\infty} u_n$ 收敛，则 $\lim\limits_{n\to\infty} u_n = 0$.

证明　设级数 $\sum\limits_{n=1}^{\infty} u_n$ 的部分和为 s_n，并且 $s_n \to s(n \to \infty)$，则

$$\lim_{n\to\infty} u_n = \lim_{n\to\infty}(s_n - s_{n-1}) = \lim_{n\to\infty} s_n - \lim_{n\to\infty} s_{n-1} = s - s = 0.$$

由级数收敛的必要条件可知，考察一个级数是否收敛时，我们应当首先考查当 $n \to \infty$ 时，这个级数的一般项 u_n 是否趋于零. 如果 u_n 不趋于零，那么这个级数是发散的. 也就是说一般项不趋于零是级数发散的充分条件.

例 10.5　判定级数 $\sum\limits_{n=1}^{\infty} \dfrac{n}{n+1}$ 的敛散性.

解　由于 $\lim\limits_{n\to\infty} u_n = \lim\limits_{n\to\infty} \dfrac{n}{n+1} = 1 \neq 0$，所以级数 $\sum\limits_{n=1}^{\infty} \dfrac{n}{n+1}$ 发散.

例 10.6　无穷级数 $\sum\limits_{n=1}^{\infty} \dfrac{1}{n}$ 称为调和级数. 证明调和级数发散.

证明 1　假设调和级数收敛，其部分和为 s_n，并且 $s_n \to s(n \to \infty)$. 显然，对级数 $\sum\limits_{n=1}^{\infty} \dfrac{1}{n}$ 的部分和 s_{2n}，也有 $s_{2n} \to s(n \to \infty)$. 于是

$$s_{2n} - s_n \to s - s = 0 \quad (n \to \infty).$$

但另一方面，

$$s_{2n} - s_n = \frac{1}{n+1} + \frac{1}{n+2} + \cdots + \frac{1}{2n} > \underbrace{\frac{1}{2n} + \frac{1}{2n} + \cdots + \frac{1}{2n}}_{n\text{项}} = \frac{1}{2},$$

故当 $n \to \infty$ 时 $s_{2n} - s_n$ 不趋于零，矛盾. 所以调和级数发散.

证明 2　当 $x > 0$ 时，$x > \ln(1+x)$，有 $\dfrac{1}{n} > \ln\left(1 + \dfrac{1}{n}\right)$，所以

$$
\begin{aligned}
s_n &= \sum_{i=1}^{n} \frac{1}{i} > \sum_{i=1}^{n} \ln\left(1 + \frac{1}{i}\right) \\
&= \ln 2 + \ln \frac{3}{2} + \ln \frac{4}{3} + \cdots + \ln \frac{n+1}{n} \\
&= \ln\left(2 \cdot \frac{3}{2} \cdot \frac{4}{3} \cdot \cdots \cdot \frac{n+1}{n}\right) \\
&= \ln(n+1).
\end{aligned}
$$

由于 $\lim\limits_{n\to\infty}s_n \geqslant \lim\limits_{n\to\infty}\ln(n+1)=\infty$，所以调和级数发散.

例 10.6 表明，对于级数 $\sum\limits_{n=1}^{\infty}u_n$，仅具备条件 $\lim\limits_{n\to\infty}u_n=0$ 还不足以判定它的敛散性. 即一般项趋于零是级数收敛的必要条件，并非级数收敛的充分条件.

习　题　10-1

1. 写出下列级数的前五项：

（1）$\sum\limits_{n=1}^{\infty}\dfrac{n}{(2+n)^2}$;

（2）$\sum\limits_{n=1}^{\infty}\dfrac{1\cdot3\cdot\cdots\cdot(2n-1)}{2\cdot4\cdot\cdots\cdot(2n)}$;

（3）$\sum\limits_{n=1}^{\infty}\dfrac{(-1)^{n-1}}{10n}$;

（4）$\sum\limits_{n=1}^{\infty}\dfrac{n!}{(n+1)^n}$.

2. 写出下列级数的一般项：

（1）$\dfrac{1}{2}+\dfrac{1}{4}+\dfrac{1}{6}+\cdots$;

（2）$\dfrac{1}{1\cdot5}+\dfrac{a}{3\cdot7}+\dfrac{a^2}{5\cdot9}+\dfrac{a^3}{7\cdot11}+\cdots$;

（3）$-\dfrac{3}{1}+\dfrac{5}{4}-\dfrac{7}{9}+\dfrac{9}{16}-\dfrac{11}{25}+\dfrac{13}{36}-\cdots$;

（4）$\dfrac{\sqrt{x}}{2}+\dfrac{x}{2\cdot4}+\dfrac{x\sqrt{x}}{2\cdot4\cdot6}+\dfrac{x^2}{2\cdot4\cdot6\cdot8}+\cdots(x>0)$.

3. 判定下列级数的敛散性：

（1）$\sum\limits_{n=1}^{\infty}(\sqrt{n+1}-\sqrt{n})$;

（2）$\sum\limits_{n=1}^{\infty}(\sqrt[n]{a}-\sqrt[n+1]{a})(a>0)$;

（3）$\sum\limits_{n=1}^{\infty}(\sqrt{n+2}-2\sqrt{n+1}+\sqrt{n})$;

（4）$\sum\limits_{n=1}^{\infty}\dfrac{1}{(2n-1)(2n+1)}$;

（5）$\left(\dfrac{1}{3}-\dfrac{1}{2}\right)+\left(\dfrac{1}{3^2}-\dfrac{1}{2^2}\right)+\cdots+\left(\dfrac{1}{3^n}-\dfrac{1}{2^n}\right)+\cdots$;

（6）$\cos\dfrac{\pi}{3}+\cos\dfrac{2\pi}{3}+\cdots+\cos\dfrac{n\pi}{3}+\cdots$;

（7）$\dfrac{1}{1+\dfrac{1}{1}}+\dfrac{1}{\left(1+\dfrac{1}{2}\right)^2}+\dfrac{1}{\left(1+\dfrac{1}{3}\right)^3}+\cdots+\dfrac{1}{\left(1+\dfrac{1}{n}\right)^n}+\cdots$;

（8）$\dfrac{1}{3}+\dfrac{1}{\sqrt{3}}+\dfrac{1}{\sqrt[3]{3}}+\dfrac{1}{\sqrt[4]{3}}+\cdots$;

（9）$\sum\limits_{n=1}^{\infty}\dfrac{1}{n^p}=1+\dfrac{1}{2^p}+\dfrac{1}{3^p}+\cdots+\dfrac{1}{n^p}+\cdots(p\leqslant0)$.

4. 若级数 $\sum\limits_{n=1}^{\infty} u_n$ 与 $\sum\limits_{n=1}^{\infty} v_n$ 都发散，级数 $\sum\limits_{n=1}^{\infty} (u_n \pm v_n)$ 的敛散性如何？若其中一个

收敛，一个发散，级数 $\sum\limits_{n=1}^{\infty} (u_n \pm v_n)$ 的敛散性又如何？试说明理由.

10.2　正 项 级 数

设级数

$$u_1 + u_2 + \cdots + u_n + \cdots \qquad\qquad (10\text{-}5)$$

满足 $u_n \geqslant 0(n = 1, 2, \cdots)$，则级数（10-5）称为正项级数.

正项级数是最基本的一种常数项级数，其敛散性的判定方法是一般项级数敛散性判定的基础.

由于正项级数的通项 $u_n \geqslant 0$，所以

$$s_{n+1} = s_n + u_{n+1} \geqslant s_n.$$

因此，正项级数 $\sum\limits_{n=1}^{\infty} u_n$ 的部分和数列 $\{s_n\}$ 为单调增加数列. 如果部分和数列 $\{s_n\}$ 有界，则由单调有界数列必有极限可知，数列 $\{s_n\}$ 必有极限存在；反之，如果正项级数收敛于 s，即 $\lim\limits_{n \to \infty} s_n = s$，那么由于数列 $\{s_n\}$ 单调增加，所以 s 必为 $\{s_n\}$ 的上界，从而数列 $\{s_n\}$ 有界.由此我们立即得到以下定理：

定理 10.1　正项级数 $\sum\limits_{n=1}^{\infty} u_n$ 收敛的充要条件是它的部分和数列 $\{s_n\}$ 有界.

根据定理 10.1，我们可以得到关于正项级数的一些基本的审敛方法.

定理 10.2（比较审敛法）　设 $\sum\limits_{n=1}^{\infty} u_n$ 和 $\sum\limits_{n=1}^{\infty} v_n$ 都是正项级数，且 $u_n \leqslant v_n, n = 1, 2, \cdots$.

（1）如果级数 $\sum\limits_{n=1}^{\infty} v_n$ 收敛，则级数 $\sum\limits_{n=1}^{\infty} u_n$ 也收敛；

（2）如果级数 $\sum\limits_{n=1}^{\infty} u_n$ 发散，则级数 $\sum\limits_{n=1}^{\infty} v_n$ 也发散.

证明　（1）设级数 $\sum\limits_{n=1}^{\infty} v_n$ 收敛于和 σ，则级数 $\sum\limits_{n=1}^{\infty} u_n$ 的部分和

$$0 \leqslant s_n = u_1 + u_2 + \cdots + u_n \leqslant v_1 + v_2 + \cdots + v_n \leqslant \sigma \quad (n = 1, 2, \cdots),$$

即部分和 $\{s_n\}$ 有界，由定理 10.1 知级数 $\sum\limits_{n=1}^{\infty} u_n$ 收敛.

（2）是（1）的逆否命题，当然也成立.

因为级数的每一项同乘不为零的常数 k，以及去掉级数的有限项后，不影响级数的敛散性，所以可得如下推论：

推论 10.1 设 $\sum\limits_{n=1}^{\infty} u_n$ 和 $\sum\limits_{n=1}^{\infty} v_n$ 都是正项级数，并且存在正整数 N，使当 $n \geqslant N$ 时有 $u_n \leqslant k v_n (k > 0)$，

（1）如果 $\sum\limits_{n=1}^{\infty} v_n$ 收敛，则 $\sum\limits_{n=1}^{\infty} u_n$ 也收敛；

（2）如果 $\sum\limits_{n=1}^{\infty} u_n$ 发散，则 $\sum\limits_{n=1}^{\infty} v_n$ 也发散.

例 10.7 证明级数 $\dfrac{1}{2+k} + \dfrac{1}{2^2+k} + \dfrac{1}{2^3+k} + \cdots + \dfrac{1}{2^n+k} + \cdots (k > 0)$ 收敛.

证明 级数 $\sum\limits_{n=1}^{\infty} \dfrac{1}{2^n}$ 是公比为 $q = \dfrac{1}{2}$ 的几何级数，故 $\sum\limits_{n=1}^{\infty} \dfrac{1}{2^n}$ 收敛. 而 $0 < \dfrac{1}{2^n+k} < \dfrac{1}{2^n}$，根据比较审敛法可知，所给级数也收敛.

例 10.8 讨论 p-级数 $\sum\limits_{n=1}^{\infty} \dfrac{1}{n^p} = 1 + \dfrac{1}{2^p} + \dfrac{1}{3^p} + \cdots + \dfrac{1}{n^p} + \cdots (p > 0)$ 的敛散性.

解 当 $p \leqslant 1$ 时，$\dfrac{1}{n^p} \geqslant \dfrac{1}{n}$. 因为调和级数 $\sum\limits_{n=1}^{\infty} \dfrac{1}{n}$ 发散，所以根据比较审敛法，级数 $\sum\limits_{n=1}^{\infty} \dfrac{1}{n^p}$ 发散.

当 $p > 1$ 时，设 $k-1 < x \leqslant k \ (k = 2, 3, \cdots)$，则有 $\dfrac{1}{k^p} \leqslant \dfrac{1}{x^p}$，所以

$$\frac{1}{k^p} = \int_{k-1}^{k} \frac{1}{k^p} \mathrm{d}x \leqslant \int_{k-1}^{k} \frac{1}{x^p} \mathrm{d}x,$$

从而级数的部分和

$$s_n = 1 + \sum_{k=2}^{n} \frac{1}{k^p} \leqslant 1 + \sum_{k=2}^{n} \int_{k-1}^{k} \frac{1}{x^p} \mathrm{d}x = 1 + \int_{1}^{n} \frac{1}{x^p} \mathrm{d}x$$

$$= 1 + \frac{1}{p-1}\left(1 - \frac{1}{n^{p-1}}\right) < 1 + \frac{1}{p-1} \quad (n = 2, 3, \cdots).$$

这表明数列 $\{s_n\}$ 有界，根据定理 10.1 可知，级数 $\sum\limits_{n=1}^{\infty} \dfrac{1}{n^p}$ 收敛.

综上所述，对于 p-级数 $\sum\limits_{n=1}^{\infty}\dfrac{1}{n^p}$，当 $p>1$ 时收敛，$p\leqslant 1$ 时发散.

例 10.9　判定级数 $\sum\limits_{n=1}^{\infty}\dfrac{1}{(n+1)(n+4)}$ 的敛散性.

解　因为 $0<\dfrac{1}{(n+1)(n+4)}<\dfrac{1}{n^2}$，而级数 $\sum\limits_{n=1}^{\infty}\dfrac{1}{n^2}$ 是 $p=2$ 的 p-级数，它是收敛的，

由比较审敛法知，级数 $\sum\limits_{n=1}^{\infty}\dfrac{1}{(n+1)(n+4)}$ 收敛.

在实际应用时，比较审敛法的下述极限形式通常更为方便.

定理 10.3（比较审敛法的极限形式）　设 $\sum\limits_{n=1}^{\infty}u_n$ 和 $\sum\limits_{n=1}^{\infty}v_n$ 都是正项级数，如果

$$\lim_{n\to\infty}\frac{u_n}{v_n}=l,$$

（1）当 $0<l<+\infty$ 时，级数 $\sum\limits_{n=1}^{\infty}u_n$ 和 $\sum\limits_{n=1}^{\infty}v_n$ 同时收敛或同时发散；

（2）当 $l=0$ 且级数 $\sum\limits_{n=1}^{\infty}v_n$ 收敛时，级数 $\sum\limits_{n=1}^{\infty}u_n$ 也收敛；

（3）当 $l=+\infty$ 且级数 $\sum\limits_{n=1}^{\infty}v_n$ 发散时，级数 $\sum\limits_{n=1}^{\infty}u_n$ 也发散.

证明　（1）由 $\lim\limits_{n\to\infty}\dfrac{u_n}{v_n}=l$，对于给定的正数 $\varepsilon=\dfrac{l}{2}$，存在正整数 N，当 $n>N$ 时，恒有

$$\left|\frac{u_n}{v_n}-l\right|<\varepsilon=\frac{l}{2},$$

即

$$\frac{l}{2}v_n<u_n<\frac{3l}{2}v_n.$$

由比较审敛法的推论可知，级数 $\sum\limits_{n=1}^{\infty}u_n$ 和 $\sum\limits_{n=1}^{\infty}v_n$ 同时收敛或同时发散.

（2）当 $\lim\limits_{n\to\infty}\dfrac{u_n}{v_n}=l=0$ 时，对于给定的正数 $\varepsilon=1$，存在正整数 N，当 $n>N$ 时，恒有

$$\left|\frac{u_n}{v_n}-l\right|<\varepsilon=1,$$

故
$$u_n < v_n.$$

由比较审敛法的推论可知，级数 $\sum_{n=1}^{\infty} v_n$ 收敛时，级数 $\sum_{n=1}^{\infty} u_n$ 也收敛.

（3）当 $\lim_{n \to \infty} \dfrac{u_n}{v_n} = l = +\infty$ 时，对于给定的正数 $M = 1$，存在正整数 N，当 $n > N$ 时，恒有
$$\frac{u_n}{v_n} > M = 1,$$

即
$$u_n > v_n.$$

由比较审敛法的推论可知，级数 $\sum_{n=1}^{\infty} v_n$ 发散时，级数 $\sum_{n=1}^{\infty} u_n$ 也发散.

例 10.10 判定级数 $\sum_{n=1}^{\infty} \ln\left(1 + \dfrac{1}{n}\right)$ 的敛散性.

解 因为
$$\lim_{n \to \infty} \frac{\ln\left(1 + \dfrac{1}{n}\right)}{\dfrac{1}{n}} = 1,$$

而级数 $\sum_{n=1}^{\infty} \dfrac{1}{n}$ 发散，根据比较审敛法的极限形式，级数 $\sum_{n=1}^{\infty} \ln\left(1 + \dfrac{1}{n}\right)$ 发散.

例 10.11 判定级数 $\sum_{n=1}^{\infty} \dfrac{a}{2^n + bn}$ 的敛散性，其中 a 为正常数，b 为常数.

分析 当 $b < 0$ 时，该级数虽然前面可能有若干项为负，但当 n 足够大时，总有 $\dfrac{a}{2^n + bn} > 0$，前面有限项负数不影响级数的敛散性，因此仍然可以用正项级数的审敛法判定该级数的敛散性.

解 因为
$$\lim_{n \to \infty} \frac{\dfrac{a}{2^n + bn}}{\dfrac{1}{2^n}} = \lim_{n \to \infty} \frac{a}{1 + b \dfrac{n}{2^n}} = a,$$

而几何级数 $\sum_{n=1}^{\infty} \dfrac{1}{2^n}$ 收敛，根据比较审敛法的极限形式，级数 $\sum_{n=1}^{\infty} \dfrac{a}{2^n + bn}$ 收敛.

上面介绍的比较审敛法及其极限形式，其基本思想是把某个已知收敛（或

发散）的级数作为比较对象（例如，前面已经介绍过的几何级数、p-级数等），运用定理 10.2 或定理 10.3 来判定原级数的敛散性. 但是，对于给定的级数，有时不易找到与之相比较的级数,这时可以考虑只根据给定的级数本身去判定其敛散性.

定理 10.4（比值审敛法，达朗贝尔（D'Alembert）判别法） 设 $\sum\limits_{n=1}^{\infty} u_n$ 是正项级数，并且 $\lim\limits_{n\to\infty} \dfrac{u_{n+1}}{u_n} = \rho$ ，则

（1）当 $\rho < 1$ 时，级数收敛；

（2）当 $\rho > 1$（或 $\lim\limits_{n\to\infty} \dfrac{u_{n+1}}{u_n} = +\infty$）时，级数发散.

证明 （1）当 $\rho < 1$ 时，给定一个适当小的正数 ε ，使得 $\rho + \varepsilon = r < 1$. 由 $\lim\limits_{n\to\infty} \dfrac{u_{n+1}}{u_n} = \rho$ 知，存在正整数 N ，使得当 $n > N$ 时，有不等式

$$\frac{u_{n+1}}{u_n} < \rho + \varepsilon = r$$

成立，即有

$$u_{N+2} < r u_{N+1}, u_{N+3} < r u_{N+2} < r^2 u_{N+1}, u_{N+4} < r u_{N+3} < r^3 u_{N+1}, \cdots.$$

而等比级数

$$r u_{N+1} + r^2 u_{N+1} + r^3 u_{N+1} + \cdots$$

收敛（公比 $r < 1$），由比较审敛法可知，

$$\sum_{n=N+2}^{\infty} u_n = u_{N+2} + u_{N+3} + u_{N+4} + \cdots$$

收敛. 由于级数 $\sum\limits_{n=1}^{\infty} u_n$ 只是比级数 $\sum\limits_{n=N+2}^{\infty} u_n$ 多了前 $N+1$ 项，所以级数 $\sum\limits_{n=1}^{\infty} u_n$ 收敛.

（2）当 $\rho > 1$ 时,给定一个适当小的正数 ε ,使得 $\rho - \varepsilon = r > 1$. 由 $\lim\limits_{n\to\infty} \dfrac{u_{n+1}}{u_n} = \rho$ 知，存在正整数 $n > N$ ，使得当 $n > N$ 时，有不等式

$$\frac{u_{n+1}}{u_n} > \rho - \varepsilon = r$$

成立，也就是 $u_{n+1} > r u_n$ ，因此当 $n \to \infty$ 时 $u_n \to \infty$. 由级数收敛的必要条件可知，级数 $\sum\limits_{n=1}^{\infty} u_n$ 发散.

类似地，可以证明，当 $\lim\limits_{n\to\infty} \dfrac{u_{n+1}}{u_n} = +\infty$ 时，级数 $\sum\limits_{n=1}^{\infty} u_n$ 发散.

如果正项级数的通项中含有幂或阶乘因式时，可以试用比值审敛法.

例 10.12 判定下列级数的敛散性：

（1）$\displaystyle\sum_{n=1}^{\infty}\frac{1}{(n-1)!}$；　　　　　　　（2）$\displaystyle\sum_{n=1}^{\infty}\frac{3^n}{n^2 2^n}$.

解 （1）因为

$$\lim_{n\to\infty}\frac{u_{n+1}}{u_n}=\lim_{n\to\infty}\frac{(n-1)!}{n!}=\lim_{n\to\infty}\frac{1}{n}=0<1,$$

所以根据比值审敛法，级数 $\displaystyle\sum_{n=1}^{\infty}\frac{1}{(n-1)!}$ 收敛.

（2）因为

$$\lim_{n\to\infty}\frac{u_{n+1}}{u_n}=\lim_{n\to\infty}\frac{3^{n+1}}{(n+1)^2 2^{n+1}}\cdot\frac{n^2 2^n}{3^n}=\lim_{n\to\infty}\frac{3n^2}{2(n+1)^2}=\frac{3}{2}>1,$$

所以根据比值审敛法，级数 $\displaystyle\sum_{n=1}^{\infty}\frac{3^n}{n^2 2^n}$ 发散.

需要说明的是：当 $\displaystyle\lim_{n\to\infty}\frac{u_{n+1}}{u_n}=1$ 时，级数 $\displaystyle\sum_{n=1}^{\infty}u_n$ 可能收敛，也可能发散. 例如，p-级数 $\displaystyle\sum_{n=1}^{\infty}\frac{1}{n^p}$，无论 $p>0$ 为何值，总有

$$\lim_{n\to\infty}\frac{u_{n+1}}{u_n}=\lim_{n\to\infty}\frac{\dfrac{1}{(n+1)^p}}{\dfrac{1}{n^p}}=1.$$

但我们已经知道，当 $p>1$ 时 p-级数收敛，当 $p\leqslant 1$ 时 p-级数发散. 所以，在 $\displaystyle\lim_{n\to\infty}\frac{u_{n+1}}{u_n}=1$ 时，级数的敛散性需要用其他方法判定.

定理 10.5（根值审敛法，柯西判别法）　设 $\displaystyle\sum_{n=1}^{\infty}u_n$ 是正项级数，并且 $\displaystyle\lim_{n\to\infty}\sqrt[n]{u_n}=\rho$，则

（1）当 $\rho<1$ 时，级数收敛；

（2）当 $\rho>1$（或 $\displaystyle\lim_{n\to\infty}\sqrt[n]{u_n}=+\infty$）时，级数发散.

证明 （1）当 $\rho<1$ 时，给定一个适当小的 ε，使得 $\rho+\varepsilon=r<1$，由 $\displaystyle\lim_{n\to\infty}\sqrt[n]{u_n}=\rho$ 知，存在正整数 N，使得当 $n>N$ 时，有不等式

$$\sqrt[n]{u_n}<\rho+\varepsilon=r$$

成立，即

$$u_n < r^n.$$

由于等比级数 $\sum_{n=1}^{\infty} r^n$（公比 $r<1$）收敛，所以级数 $\sum_{n=1}^{\infty} u_n$ 收敛.

（2）当 $\rho>1$ 时，给定一个适当小的 ε，使得 $\rho-\varepsilon=r>1$，由 $\lim\limits_{n\to\infty}\sqrt[n]{u_n}=\rho$ 知，存在正整数 N，使得当 $n>N$ 时，有不等式

$$\sqrt[n]{u_n} > \rho-\varepsilon=r$$

成立，故

$$u_n > r^n.$$

这表明当 $n\to\infty$ 时 $u_n\to\infty$，所以级数 $\sum_{n=1}^{\infty} u_n$ 发散.

类似地，可以证明，当 $\lim\limits_{n\to\infty}\sqrt[n]{u_n}=+\infty$ 时，级数 $\sum_{n=1}^{\infty} u_n$ 发散.

说明　当 $\lim\limits_{n\to\infty}\sqrt[n]{u_n}=1$ 时，级数 $\sum_{n=1}^{\infty} u_n$ 可能收敛，也可能发散. 仍以 p-级数 $\sum_{n=1}^{\infty}\dfrac{1}{n^p}$ 为例，易知

$$\sqrt[n]{u_n} = \sqrt[n]{\dfrac{1}{n^p}} = \left(\dfrac{1}{\sqrt[n]{n}}\right)^p \to 1 \quad (n\to\infty),$$

但当 $p>1$ 时 p-级数收敛，而当 $p\leq1$ 时 p-级数发散. 所以当 $\lim\limits_{n\to\infty}\sqrt[n]{u_n}=1$ 时级数的敛散性需要用其他方法判定.

例 10.13　判定下列级数的敛散性：

（1）$\sum_{n=1}^{\infty}\dfrac{1}{5^n}\left(1+\dfrac{1}{n}\right)^{n^2}$；　　　　　　　（2）$\sum_{n=1}^{\infty}\dfrac{2^n}{3^{\ln n}}$.

解　（1）因为

$$\lim_{n\to\infty}\sqrt[n]{u_n} = \lim_{n\to\infty}\sqrt[n]{\dfrac{1}{5^n}\left(1+\dfrac{1}{n}\right)^{n^2}} = \lim_{n\to\infty}\dfrac{1}{5}\left(1+\dfrac{1}{n}\right)^n = \dfrac{e}{5}<1,$$

所以由根值审敛法可知级数 $\sum_{n=1}^{\infty}\dfrac{1}{5^n}\left(1+\dfrac{1}{n}\right)^{n^2}$ 收敛.

（2）因为

$$\sqrt[n]{u_n} = \sqrt[n]{\dfrac{2^n}{3^{\ln n}}} = \dfrac{2}{3^{\frac{\ln n}{n}}},$$

而当 $n \to \infty$ 时，$\dfrac{\ln n}{n} \to 0$，所以

$$\lim_{n\to\infty}\sqrt[n]{u_n} = \lim_{n\to\infty}\frac{2}{3^{\frac{\ln n}{n}}} = 2 > 1,$$

因此由根值审敛法可知级数 $\displaystyle\sum_{n=1}^{\infty}\frac{2^n}{3^{\ln n}}$ 发散.

当 $\lim\limits_{n\to\infty}\dfrac{u_{n+1}}{u_n}$ 和 $\lim\limits_{n\to\infty}\sqrt[n]{u_n}$ 都不存在时，不能直接用比值审敛法或根值审敛法判定，但可以考虑与其他判定方法配合进行判定.

例 10.14　判定级数 $\displaystyle\sum_{n=1}^{\infty}\frac{n}{[5+(-1)^n]^n}$ 的敛散性.

解　显然 $\dfrac{n}{[5+(-1)^n]^n} \leqslant \dfrac{n}{4^n}$，对级数 $\displaystyle\sum_{n=1}^{\infty}\frac{n}{4^n}$ 用比值审敛法，因为

$$\lim_{n\to\infty}\frac{u_{n+1}}{u_n} = \lim_{n\to\infty}\frac{n+1}{4^{n+1}}\cdot\frac{4^n}{n} = \frac{1}{4} < 1,$$

所以级数 $\displaystyle\sum_{n=1}^{\infty}\frac{n}{4^n}$ 收敛，从而由比较审敛法知原级数收敛.

习　题　10-2

1. 用比较审敛法或其极限形式判定下列级数的敛散性：

（1）$1 + \dfrac{1}{3} + \dfrac{1}{5} + \dfrac{1}{7} + \cdots$；

（2）$\dfrac{1}{1} + \dfrac{1}{3^2} + \dfrac{1}{5^2} + \cdots + \dfrac{1}{(2n-1)^2} + \cdots$；

（3）$\dfrac{(\sin 2)^2}{6} + \dfrac{(\sin 4)^2}{6^2} + \cdots + \dfrac{(\sin 2n)^2}{6^n} + \cdots$；

（4）$\sin\dfrac{\pi}{2} + \sin\dfrac{\pi}{4} + \sin\dfrac{\pi}{8} + \cdots + \sin\dfrac{\pi}{2^n} + \cdots$；

（5）$\dfrac{1}{1+a} + \dfrac{1}{1+a^2} + \cdots + \dfrac{1}{1+a^n} + \cdots (a>0)$.

2. 用比值审敛法判定下列级数的敛散性：

（1）$1 + \dfrac{4}{3^2} + \dfrac{5}{3^3} + \cdots + \dfrac{n+2}{3^n} + \cdots$；

（2）$3 + \dfrac{3^2\cdot 2!}{2^2} + \dfrac{3^3\cdot 3!}{3^3} + \cdots + \dfrac{3^n\cdot n!}{n^n} + \cdots$；

（3）$\sin\dfrac{1}{2}+2\sin\dfrac{1}{2^2}+3\sin\dfrac{1}{2^3}+\cdots+n\sin\dfrac{1}{2^n}+\cdots$；

（4）$\displaystyle\sum_{n=1}^{\infty}\dfrac{(n!)^2}{(3n)!}$；　　　　　　　　　　（5）$\displaystyle\sum_{n=1}^{\infty}\dfrac{\ln n}{\sqrt{n}\,2^n}$；

（6）$\displaystyle\sum_{n=1}^{\infty}\dfrac{n^n}{n!}$；　　　　　　　　　　　（7）$\displaystyle\sum_{n=1}^{\infty}\dfrac{n^2}{2^n}$．

3. 用根值审敛法判定下列级数的敛散性：

（1）$\displaystyle\sum_{n=1}^{\infty}\left(\dfrac{n}{5n+2}\right)^n$；　　　　　　（2）$\displaystyle\sum_{n=1}^{\infty}\dfrac{\left(\dfrac{n+2}{n}\right)^{n^2}}{2^n}$；

（3）$\displaystyle\sum_{n=1}^{\infty}\dfrac{3^n}{1+\mathrm{e}^n}$；

（4）$\displaystyle\sum_{n=1}^{\infty}\left(\dfrac{x}{a_n}\right)^n\ (x>0,\lim_{n\to\infty}a_n=a,a_n>0)$．

4. 判定下列级数的敛散性：

（1）$\dfrac{3}{4}+2\left(\dfrac{3}{4}\right)^2+3\left(\dfrac{3}{4}\right)^3+4\left(\dfrac{3}{4}\right)^4+\cdots$；

（2）$\displaystyle\sum_{n=1}^{\infty}(n+1)^n\sin\dfrac{\pi}{2^n}$；

（3）$(1-\sin 1)+\left(\dfrac{1}{2}-\sin\dfrac{1}{2}\right)+\cdots+\left(\dfrac{1}{n}-\sin\dfrac{1}{n}\right)+\cdots$；

（4）$\ln\left(1+\dfrac{2}{1^2}\right)+\ln\left(1+\dfrac{2}{2^2}\right)+\ln\left(1+\dfrac{2}{3^2}\right)+\cdots$；

（5）$3\sin\dfrac{\pi}{2}+3^2\sin\dfrac{\pi}{2^2}+3^3\sin\dfrac{\pi}{2^3}+\cdots+3^n\sin\dfrac{\pi}{2^n}+\cdots$；

（6）$\displaystyle\sum_{n=1}^{\infty}\dfrac{n\cos^2\dfrac{n\pi}{3}}{2^n}$；　　　　　　（7）$\displaystyle\sum_{n=1}^{\infty}(\mathrm{e}^{\frac{1}{n}}+\mathrm{e}^{-\frac{1}{n}}-2)$．

10.3　一般项级数及其审敛法

10.3.1　交错级数及其审敛法

如果级数的各项符号正负相间，即级数具有下面的形式：

$$u_1-u_2+u_3-u_4+\cdots+(-1)^{n-1}u_n+\cdots,$$

其中 $u_1, u_2, \cdots$ 都是正数，这样的级数称为交错级数.

关于交错级数的敛散性有如下结论：

定理 10.6（莱布尼茨定理）　　若交错级数 $\sum\limits_{n=1}^{\infty}(-1)^{n-1}u_n$ $(u_n>0, n=1,2,\cdots)$ 满足

条件：

（1）$u_n \geqslant u_{n+1}$ $(n=1,2,3,\cdots)$；

（2）$\lim\limits_{n\to\infty}u_n=0$，

则级数 $\sum\limits_{n=1}^{\infty}(-1)^{n-1}u_n$ 收敛，并且其和 $s \leqslant u_1$. 用它的部分和 s_n 作为级数和 s 的近似

值，误差 $|s_n-s| \leqslant u_{n+1}$.

证明　把交错级数的前 $2n$ 项和记为 s_{2n}，则前 $2n$ 项和可表示为

$$s_{2n}=(u_1-u_2)+(u_3-u_4)+\cdots+(u_{2n-1}-u_{2n}).$$

由条件（1）可知，所有括号中的差都是非负的，因此 $\{s_{2n}\}$ 是单调增加数列.

另外，前 $2n$ 项和 s_{2n} 又可以表示为

$$s_{2n}=u_1-(u_2-u_3)-(u_4-u_5)-\cdots-(u_{2n-2}-u_{2n-1})-u_{2n},$$

其中每个括号中的差也是非负的，因此 $s_{2n} \leqslant u_1$.

所以数列 $\{s_{2n}\}$ 为单调有界数列，从而当 $n\to\infty$ 时，s_{2n} 有极限，记其极限为 s，

则 $s \leqslant u_1$，即 $\lim\limits_{n\to\infty}s_{2n}=s \leqslant u_1$.

我们再来证明前 $2n+1$ 项和 s_{2n+1} 的极限也是 s.

因为

$$s_{2n+1}=s_{2n}+u_{2n+1},$$

而由条件（2）知 $\lim\limits_{n\to\infty}u_{2n+1}=0$，所以

$$\lim\limits_{n\to\infty}s_{2n+1}=\lim\limits_{n\to\infty}(s_{2n}+u_{2n+1})=s+0=s.$$

由于交错级数的前偶数项的和、前奇数项的和都趋于同一极限 s，故

$$\lim\limits_{n\to\infty}s_n=s.$$

即交错级数 $\sum\limits_{n=1}^{\infty}(-1)^{n-1}u_n$ 收敛，且其和 $s \leqslant u_1$.

又因为余项 r_n 的绝对值

$$|r_n|=|s-s_n|=u_{n+1}-u_{n+2}+u_{n+3}-\cdots$$

也是一个交错级数，也满足交错级数收敛的条件（1）和（2），所以该级数也收敛，

且 $|s-s_n| \leqslant u_{n+1}$.

例 10.15　判定交错级数 $\displaystyle\sum_{n=1}^{\infty}(-1)^{n-1}\frac{1}{n}$ 的敛散性.

解　交错级数 $\displaystyle\sum_{n=1}^{\infty}(-1)^{n-1}\frac{1}{n}$ 满足条件

（1）　$u_n=\dfrac{1}{n}>\dfrac{1}{n+1}=u_{n+1}\ (n=1,2,3,\cdots)$ ；

（2）　$\displaystyle\lim_{n\to\infty}u_n=\lim_{n\to\infty}\frac{1}{n}=0$ ；

所以交错级数 $\displaystyle\sum_{n=1}^{\infty}(-1)^{n-1}\frac{1}{n}$ 收敛.

级数 $\displaystyle\sum_{n=1}^{\infty}(-1)^{n-1}\frac{1}{n}$ 的和 $s<u_1=1$. 如果取前 n 项和

$$s_n=1-\frac{1}{2}+\frac{1}{3}-\frac{1}{4}+\cdots+(-1)^{n-1}\frac{1}{n}$$

作为 s 的近似值，则误差 $|r_n|\leqslant\dfrac{1}{n+1}$.

10.3.2　绝对收敛与条件收敛

设级数 $\displaystyle\sum_{n=1}^{\infty}u_n$ ，其中 $u_n\,(n=1,2,3,\cdots)$ 为任意实数，称此级数为一般项级数.

为判定一般项级数 $\displaystyle\sum_{n=1}^{\infty}u_n$ 的敛散性，通常先考察其各项加绝对值后形成的正项

级数 $\displaystyle\sum_{n=1}^{\infty}|u_n|$ 的敛散性.

如果级数 $\displaystyle\sum_{n=1}^{\infty}|u_n|$ 收敛，则称级数 $\displaystyle\sum_{n=1}^{\infty}u_n$ 绝对收敛；如果级数 $\displaystyle\sum_{n=1}^{\infty}|u_n|$ 发散，而级

数 $\displaystyle\sum_{n=1}^{\infty}u_n$ 收敛，则称级数 $\displaystyle\sum_{n=1}^{\infty}u_n$ 条件收敛.

例如，级数 $\displaystyle\sum_{n=1}^{\infty}(-1)^{n-1}\frac{1}{n^3}$ 绝对收敛，而级数 $\displaystyle\sum_{n=1}^{\infty}(-1)^{n-1}\frac{1}{n}$ 条件收敛.

级数绝对收敛与级数收敛有以下关系：

定理 10.7　如果级数 $\displaystyle\sum_{n=1}^{\infty}u_n$ 绝对收敛，则级数 $\displaystyle\sum_{n=1}^{\infty}u_n$ 必收敛.

证明　设级数 $\sum\limits_{n=1}^{\infty}|u_n|$ 收敛. 令

$$v_n = \frac{1}{2}(u_n + |u_n|) \quad (n=1,2,3,\cdots).$$

显然 $\sum\limits_{n=1}^{\infty}v_n$ 为正项级数且 $v_n \leqslant |u_n|(n=1,2,3,\cdots)$，由比较审敛法知，级数 $\sum\limits_{n=1}^{\infty}v_n$ 收敛，从而级数 $\sum\limits_{n=1}^{\infty}2v_n$ 也收敛. 而 $u_n = 2v_n - |u_n|$，由 10.1 节级数的性质 10.2 可知，级数 $\sum\limits_{n=1}^{\infty}u_n$ 收敛.

但是必须注意：上述定理的逆定理不成立，例如，$\sum\limits_{n=1}^{\infty}(-1)^{n-1}\dfrac{1}{n}$. 故不能由级数 $\sum\limits_{n=1}^{\infty}u_n$ 收敛推出级数 $\sum\limits_{n=1}^{\infty}|u_n|$ 收敛.

由上述结论可知，收敛的级数可以分为绝对收敛级数与条件收敛级数. 绝对收敛与条件收敛是两个对立的概念，它们之间既无相互包含关系，也不能够同时成立.

例 10.16　判定级数 $\sum\limits_{n=1}^{\infty}\dfrac{\sin n\alpha}{n^2}$ 的敛散性.

解　因为 $\left|\dfrac{\sin n\alpha}{n^2}\right| \leqslant \dfrac{1}{n^2}$，而级数 $\sum\limits_{n=1}^{\infty}\dfrac{1}{n^2}$ 收敛，所以级数 $\sum\limits_{n=1}^{\infty}\left|\dfrac{\sin n\alpha}{n^2}\right|$ 收敛，从而级数 $\sum\limits_{n=1}^{\infty}\dfrac{\sin n\alpha}{n^2}$ 绝对收敛.

例 10.17　判定级数 $\sum\limits_{n=1}^{\infty}(-1)^{n-1}(\sqrt{n+1}-\sqrt{n})$ 的敛散性. 如果收敛，判定是绝对收敛还是条件收敛.

解　$|u_n| = \sqrt{n+1}-\sqrt{n} = \dfrac{1}{\sqrt{n+1}+\sqrt{n}}$，由于

$$\frac{1}{\sqrt{n+1}+\sqrt{n}} \Big/ \frac{1}{\sqrt{n}} = \frac{\sqrt{n}}{\sqrt{n+1}+\sqrt{n}} \to \frac{1}{2} \quad (n \to \infty),$$

而级数 $\sum\limits_{n=1}^{\infty}\dfrac{1}{\sqrt{n}}$ 发散，因此级数

$$\sum_{n=1}^{\infty}|u_n| = \sum_{n=1}^{\infty}(\sqrt{n+1}-\sqrt{n})$$

发散，故所给级数不是绝对收敛的.

由于所给级数是交错级数,并且满足莱布尼茨定理的两个条件:

$$\frac{1}{\sqrt{n+1}+\sqrt{n}} > \frac{1}{\sqrt{n+2}+\sqrt{n+1}},$$

$$\lim_{n\to\infty}\frac{1}{\sqrt{n+1}+\sqrt{n}}=0,$$

因此所给级数收敛,故该级数条件收敛.

从定理 10.7 可以看出,对于一般项级数 $\sum_{n=1}^{\infty}u_n$,如果我们用正项级数的审敛法判定 $\sum_{n=1}^{\infty}|u_n|$ 收敛,则此级数收敛.由此使得一般项级数的敛散性判定问题,转化为正项级数的敛散性判定问题.

一般而言,如果级数 $\sum_{n=1}^{\infty}|u_n|$ 发散,不能断定 $\sum_{n=1}^{\infty}u_n$ 也发散.但是,如果我们是用比值审敛法或根值审敛法判定的,那么根据

$$\lim_{n\to\infty}\left|\frac{u_{n+1}}{u_n}\right|=\rho>1$$

或

$$\lim_{n\to\infty}\sqrt[n]{|u_n|}=\rho>1,$$

由 $\sum_{n=1}^{\infty}|u_n|$ 发散,就可以断定 $\sum_{n=1}^{\infty}u_n$ 发散.这是因为从 $\rho>1$ 可以推知当 $n\to\infty$ 时 $|u_n|\to\infty$,从而 u_n 不趋于零.由级数收敛的必要条件知,级数 $\sum_{n=1}^{\infty}u_n$ 发散.

例 10.18　判定级数 $\sum_{n=1}^{\infty}(-1)^{n-1}\left(1+\frac{1}{n}\right)^{n^2}$ 的敛散性.

解　$|u_n|=\left(1+\frac{1}{n}\right)^{n^2}$,由于

$$\lim_{n\to\infty}\sqrt[n]{|u_n|}=\lim_{n\to\infty}\left(1+\frac{1}{n}\right)^{n}=e>1,$$

所以 u_n 不趋于零,从而所给级数发散.

绝对收敛级数有很多性质是条件收敛级数所没有的.下面我们不加证明地给出绝对收敛级数的两个性质.

***定理 10.8**　绝对收敛级数不因改变项的位置而改变它的和.

设级数 $\sum_{n=1}^{\infty}u_n$ 与级数 $\sum_{n=1}^{\infty}v_n$ 都收敛,它们乘积可以写成

$$u_1v_1+(u_1v_2+u_2v_1)+\cdots+(u_1v_n+u_2v_{n-1}+\cdots+u_nv_1)+\cdots,$$

按这种方式写出的级数称为 $\displaystyle\sum_{n=1}^{\infty}u_n$ 和 $\displaystyle\sum_{n=1}^{\infty}v_n$ 的柯西乘积.

*定理 10.9（绝对收敛级数的乘法）　设级数 $\displaystyle\sum_{n=1}^{\infty}u_n$ 与级数 $\displaystyle\sum_{n=1}^{\infty}v_n$ 都绝对收敛，

它们的和分别为 s 和 σ，则它们的柯西乘积也绝对收敛，并且其和为 $s\sigma$.

习 题 10-3

1. 判定下列级数是否收敛. 如果收敛，判定是绝对收敛还是条件收敛.

（1）$\displaystyle\sum_{n=1}^{\infty}(-1)^{n-1}\frac{1}{\sqrt{n}}$；

（2）$-\dfrac{1}{1+a}+\dfrac{1}{2+a}-\dfrac{1}{3+a}+\dfrac{1}{4+a}-\cdots$（$a$ 不为负整数）；

（3）$\displaystyle\sum_{n=1}^{\infty}(-1)^n\frac{k+n}{n^2}(k>0)$；　　　（4）$\dfrac{1}{\ln 2}-\dfrac{1}{\ln 3}+\dfrac{1}{\ln 4}-\dfrac{1}{\ln 5}+\cdots$；

（5）$\displaystyle\sum_{n=1}^{\infty}(-1)^{n-1}\ln\frac{n+1}{n}$；　　　（6）$\displaystyle\sum_{n=1}^{\infty}(-1)^{n+1}\frac{2^{n^2}}{n!}$；

（7）$\displaystyle\sum_{n=1}^{\infty}(-1)^n\left(1-\cos\frac{\alpha}{n}\right)(\alpha>0)$；

（8）$\displaystyle\sum_{n=1}^{\infty}(-1)^{n-1}\frac{1}{n8^n}$；　　　（9）$\displaystyle\sum_{n=1}^{\infty}(-1)^{n-1}\sin\frac{1}{n^3}$；

（10）$\dfrac{1}{\pi^2}\sin\dfrac{\pi}{2}-\dfrac{1}{\pi^3}\sin\dfrac{\pi}{3}+\dfrac{1}{\pi^4}\sin\dfrac{\pi}{4}-\cdots$；

（11）$\sin\dfrac{1}{1}-\sin\dfrac{1}{2}+\sin\dfrac{1}{3}-\sin\dfrac{1}{4}+\cdots$.

2. 已知正项数列 $\{a_n\}$ 单调减少，并且级数 $\displaystyle\sum_{n=1}^{\infty}(-1)^n a_n$ 发散，判定 $\displaystyle\sum_{n=1}^{\infty}\left(\frac{1}{a_n+1}\right)^n$ 的

敛散性.

3. 证明交错 p-级数 $\displaystyle\sum_{n=1}^{\infty}\frac{(-1)^{n-1}}{n^p}$ 当 $p>1$ 时绝对收敛，当 $0<p\leqslant 1$ 时条件收敛.

10.4 幂 级 数

在前面几节中，我们研究了常数项级数. 下面我们讨论函数项级数.

10.4.1　函数项级数的概念

如果给定一个定义在区间 I 上的函数列
$$u_1(x), u_2(x), \cdots, u_n(x), \cdots,$$
由此函数列构成的表达式
$$u_1(x) + u_2(x) + \cdots + u_n(x) + \cdots \qquad (10\text{-}6)$$
称为定义在区间 I 上的（函数项）无穷级数，简称（函数项）级数. $u_n(x)$ 称为一般项或通项.

当 x 在区间 I 中取某个确定值 x_0 时，级数（10-6）就是一个常数项级数
$$u_1(x_0) + u_2(x_0) + \cdots + u_n(x_0) + \cdots. \qquad (10\text{-}7)$$
级数（10-7）可能收敛也可能发散，如果收敛，则称点 x_0 是函数项级数（10-6）的收敛点；如果级数（10-7）发散，则称点 x_0 是函数项级数（10-6）的发散点. 函数项级数（10-6）的所有收敛点的全体称为它的收敛域. 所有发散点的全体称为它的发散域.

对于收敛域内的任意一个数 x，函数项级数成为一个收敛的常数项级数，因而有一个确定的和 s. 这样，在收敛域上函数项级数的和是 x 的函数 $s(x)$，通常称 $s(x)$ 为函数项级数的和函数，该函数的定义域就是函数项级数的收敛域，并写成
$$s(x) = u_1(x) + u_2(x) + \cdots + u_n(x) + \cdots.$$
把函数项级数（10-6）的前 n 项的部分和记为 $s_n(x)$，则在收敛域上有
$$\lim_{n\to\infty} s_n(x) = s(x).$$
我们仍然把 $r_n(x) = s(x) - s_n(x)$ 称为函数项级数的余项. 当然，只有 x 在收敛域上 $r_n(x)$ 才有意义. 于是当 $\sum\limits_{n=1}^{\infty} u_n(x)$ 收敛时，有 $\lim\limits_{n\to\infty} r_n(x) = 0$.

例 10.19　讨论几何级数
$$\sum_{n=1}^{\infty} x^{n-1} = 1 + x + x^2 + \cdots + x^{n-1} + \cdots \qquad (10\text{-}8)$$
的部分和、收敛域与和函数.

解　几何级数的部分和
$$s_n(x) = 1 + x + x^2 + \cdots + x^{n-1} = \begin{cases} n, & x = 1, \\ \dfrac{1 - x^n}{1 - x}, & x \neq 1 \end{cases}.$$

显然，当 $|x| < 1$ 时，级数收敛；当 $|x| \geqslant 1$ 时，级数发散. 因此级数（10-8）的全体收敛点的集合是 $-1 < x < 1$，即收敛域是 $(-1, 1)$.

当 $x \in (-1, 1)$ 时，

$$\lim_{n \to \infty} s_n(x) = \lim_{n \to \infty} \frac{1 - x^n}{1 - x} = \frac{1}{1 - x},$$

故级数（10-8）的和函数

$$s(x) = \frac{1}{1 - x},$$

即

$$\frac{1}{1 - x} = 1 + x + x^2 + \cdots + x^{n-1} + \cdots, \quad x \in (-1, 1).$$

值得注意的是：级数（10-8）中函数列的定义域是 $I = (-\infty, +\infty)$，函数 $\frac{1}{1 - x}$ 的定义域是 $(-\infty, 1) \bigcup (1, +\infty)$，但只有在收敛域 $(-1, 1)$ 上，函数 $s(x) = \frac{1}{1 - x}$ 才是级数 $\sum_{n=1}^{\infty} x^{n-1}$ 的和函数.

10.4.2 幂级数及其收敛区间

函数项级数中常见的一类是各项都是幂函数的级数，即幂级数.
形如

$$\sum_{n=0}^{\infty} a_n(x - x_0)^n = a_0 + a_1(x - x_0) + a_2(x - x_0)^2 + \cdots + a_n(x - x_0)^n + \cdots \quad （10\text{-}9）$$

的函数项级数，称为 $x - x_0$ 的幂级数. 其中 $a_0, a_1, a_2, \cdots, a_n, \cdots$ 称为幂级数的系数.

当 $x_0 = 0$ 时，函数项级数（10-9）成为

$$\sum_{n=0}^{\infty} a_n x^n = a_0 + a_1 x + a_2 x^2 + \cdots + a_n x^n + \cdots, \quad （10\text{-}10）$$

该级数称为 x 的幂级数. 如果作变换 $t = x - x_0$，则级数（10-9）就变为级数（10-10）. 因此，下面将主要讨论形如（10-10）的幂级数.

对于一个给定的幂级数，x 取什么值时幂级数收敛？取什么值时幂级数发散？这就是幂级数的敛散性问题.

由例 10.19 知，幂级数 $\sum_{n=1}^{\infty} x^{n-1}$ 的收敛域为 $(-1, 1)$，发散域为 $(-\infty, -1] \bigcup [1, +\infty)$. 而对于幂级数（10-10），显然至少有一个收敛点 $x = 0$，除此之外，它还在哪些点收敛？哪些点发散？这些点具有什么特点？我们有下面重要的定理.

定理 10.10（阿贝尔（Abel）定理） 如果幂级数 $\sum\limits_{n=0}^{\infty} a_n x^n$ 在 $x = x_0$（$x_0 \neq 0$）

处收敛，则对于满足 $|x| < |x_0|$ 的一切 x，幂级数 $\sum\limits_{n=0}^{\infty} a_n x^n$ 绝对收敛；如果幂级数

$\sum\limits_{n=0}^{\infty} a_n x^n$ 在 $x = x_0$（$x_0 \neq 0$）处发散，则对于满足 $|x| > |x_0|$ 的一切 x，幂级数 $\sum\limits_{n=0}^{\infty} a_n x^n$

发散.

证明 设 x_0 是幂级数 $\sum\limits_{n=0}^{\infty} a_n x^n$ 的收敛点，即级数

$$a_0 + a_1 x_0 + a_2 x_0^2 + \cdots + a_n x_0^n + \cdots$$

收敛. 根据级数收敛的必要条件，有

$$\lim_{n \to \infty} a_n x_0^n = 0 .$$

于是，存在一个正数 M，使得

$$\left| a_n x_0^n \right| \leqslant M \quad (n = 0, 1, 2, 3, \cdots) .$$

从而有

$$\left| a_n x^n \right| = \left| a_n x_0^n \cdot \frac{x^n}{x_0^n} \right| = \left| a_n x_0^n \right| \left| \frac{x}{x_0} \right|^n \leqslant M \left| \frac{x}{x_0} \right|^n .$$

当 $|x| < |x_0|$ 时，等比级数 $\sum\limits_{n=0}^{\infty} M \left| \frac{x}{x_0} \right|^n$ 收敛（公比 $\left| \frac{x}{x_0} \right| < 1$），所以级数 $\sum\limits_{n=0}^{\infty} \left| a_n x^n \right|$ 收敛，

从而幂级数 $\sum\limits_{n=0}^{\infty} a_n x^n$ 绝对收敛.

反之，设 x_0 是幂级数 $\sum\limits_{n=0}^{\infty} a_n x^n$ 的发散点. 假设有一点 x_1 满足 $|x_1| > |x_0|$ 而使幂级

数 $\sum\limits_{n=0}^{\infty} a_n x^n$ 收敛，则根据前半部分的证明可知，幂级数 $\sum\limits_{n=0}^{\infty} a_n x^n$ 在 $x = x_0$ 处收敛，矛

盾. 因此对于满足 $|x| > |x_0|$ 的一切 x，幂级数 $\sum\limits_{n=0}^{\infty} a_n x^n$ 发散. 定理得证.

由定理 10.10 可知，如果幂级数在 $x_1(x_1 \neq 0)$ 处收敛，则当 $x \in (-|x_1|, |x_1|)$ 时，幂级数都收敛；如果幂级数在 x_2 处发散，则当 $x \in (-\infty, -|x_2|) \bigcup (|x_2|, +\infty)$ 时，幂级数都发散. 由此可知，如果幂级数（10-10）在数轴上既有除原点外的收敛点，也有发散点，则必然存在一个分界点 $R > 0$，使当 $|x| < R$ 时，幂级数（10-10）收敛，当 $|x| > R$ 时，幂级数（10-10）发散. $x = R$ 或 $x = -R$ 时，幂级数（10-10）可能收

敛也可能发散.

称正数 R 为幂级数（10-10）的收敛半径. 称开区间 $(-R,R)$ 为幂级数（10-10）的收敛区间. 根据幂级数在 $x=\pm R$ 处的敛散性，幂级数（10-10）的收敛域必为 $(-R,R)$，$[-R,R)$，$(-R,R]$，$[-R,R]$ 这四个区间之一.

如果幂级数（10-10）只在 $x=0$ 处收敛，规定其收敛半径 $R=0$；如果幂级数（10-10）对一切 x 都收敛，规定其收敛半径 $R=+\infty$，此时的收敛域为 $(-\infty,+\infty)$.

对于幂级数 $\sum\limits_{n=0}^{\infty} a_n x^n$ 的收敛半径，我们有如下定理.

定理 10.11 对于幂级数 $\sum\limits_{n=0}^{\infty} a_n x^n$，如果

$$\lim_{n\to\infty}\left|\frac{a_{n+1}}{a_n}\right|=\rho,$$

其中 a_n、a_{n+1} 分别 x^n、x^{n+1} 的系数，则

（1）当 $0<\rho<+\infty$ 时，幂级数 $\sum\limits_{n=0}^{\infty} a_n x^n$ 的收敛半径 $R=\dfrac{1}{\rho}$；

（2）当 $\rho=0$ 时，幂级数 $\sum\limits_{n=0}^{\infty} a_n x^n$ 的收敛半径 $R=+\infty$；

（3）当 $\rho=+\infty$ 时，幂级数 $\sum\limits_{n=0}^{\infty} a_n x^n$ 的收敛半径 $R=0$.

证明 记 $u_n=a_n x^n$，则

$$\lim_{n\to\infty}\left|\frac{u_{n+1}}{u_n}\right|=\lim_{n\to\infty}\left|\frac{a_{n+1}x^{n+1}}{a_n x^n}\right|=\lim_{n\to\infty}\left|\frac{a_{n+1}}{a_n}\right||x|=\rho|x|.$$

由比值审敛法，

（1）当 $\rho|x|<1$，即 $|x|<\dfrac{1}{\rho}$ 时，级数 $\sum\limits_{n=0}^{\infty}|a_n x^n|$ 收敛，从而幂级数（10-10）绝对收敛；当 $\rho|x|>1$，即 $|x|>\dfrac{1}{\rho}$ 时，级数 $\sum\limits_{n=0}^{\infty}|a_n x^n|$ 发散，从而幂级数（10-10）发散. 因此收敛半径 $R=\dfrac{1}{\rho}$.

（2）当 $\rho=0$ 时，对任何 $x\neq0$，有 $\rho|x|=0<1$，从而幂级数（10-10）绝对收

敛，故收敛半径 $R = +\infty$.

（3）当 $\rho = +\infty$ 时，对任何 $x \neq 0$，有 $\rho|x| > 1$，从而幂级数（10-10）发散，故收敛半径 $R = 0$.

例 10.20　求幂级数

$$x - \frac{x^2}{2} + \frac{x^3}{3} - \frac{x^4}{4} + \cdots + (-1)^{n+1}\frac{x^n}{n} + \cdots$$

的收敛半径、收敛区间和收敛域.

解　因为

$$\rho = \lim_{n\to\infty}\left|\frac{a_{n+1}}{a_n}\right| = \lim_{n\to\infty}\frac{\dfrac{1}{n+1}}{\dfrac{1}{n}} = 1,$$

所以收敛半径 $R = \dfrac{1}{\rho} = 1$. 所给级数的收敛区间为 $(-1,1)$.

在 $x = 1$ 处，所给幂级数成为交错级数

$$1 - \frac{1}{2} + \frac{1}{3} - \frac{1}{4} + \cdots + (-1)^{n+1}\frac{1}{n} + \cdots,$$

该级数收敛.

在 $x = -1$ 处，所给幂级数成为

$$-1 - \frac{1}{2} - \frac{1}{3} - \frac{1}{4} - \cdots - \frac{1}{n} - \cdots,$$

该级数发散. 故所给幂级数的收敛域为 $(-1,1]$.

例 10.21　求幂级数 $\sum_{n=1}^{\infty} n^n x^n$ 的收敛半径、收敛区间和收敛域.

解　因为

$$\rho = \lim_{n\to\infty}\left|\frac{a_{n+1}}{a_n}\right| = \lim_{n\to\infty}\frac{(n+1)^{n+1}}{n^n} = \lim_{n\to\infty}\left(1 + \frac{1}{n}\right)^n (n+1) = +\infty,$$

所以该幂级数的收敛半径 $R = 0$. 该级数没有收敛区间. 收敛域为 $\{x \mid x = 0\}$，即级数仅在 $x = 0$ 处收敛.

例 10.22　求幂级数 $\sum_{n=0}^{\infty} \dfrac{x^n}{n!}$ 的收敛半径、收敛区间和收敛域.

解　因为

$$\rho = \lim_{n\to\infty}\left|\frac{a_{n+1}}{a_n}\right| = \lim_{n\to\infty}\frac{n!}{(n+1)!} = \lim_{n\to\infty}\frac{1}{n+1} = 0,$$

所以该级数的收敛半径 $R = +\infty$，收敛区间与收敛域都为 $(-\infty, +\infty)$.

当幂级数缺项（如只有偶次幂项或只有奇次幂项）时，不满足定理 10.11 的

使用条件，此时可考虑用比值审敛法或根值审敛法求收敛半径.

例 10.23 求幂级数 $\sum\limits_{n=1}^{\infty} 2^{n-1} x^{2n-1}$ 的收敛半径.

解 因为

$$\lim_{n\to\infty}\left|\frac{2^n x^{2n+1}}{2^{n-1} x^{2n-1}}\right| = 2x^2 ,$$

当 $2x^2 < 1$，即 $|x| < \dfrac{\sqrt{2}}{2}$ 时，级数绝对收敛；当 $2x^2 > 1$，即 $|x| > \dfrac{\sqrt{2}}{2}$ 时，级数发散，所以该级数的收敛半径 $R = \dfrac{\sqrt{2}}{2}$.

例 10.24 求幂级数 $\sum\limits_{n=1}^{\infty} \dfrac{(x-1)^n}{n\cdot 2^n}$ 的收敛域.

解 令 $t = x-1$，上述级数变为 t 的幂级数 $\sum\limits_{n=1}^{\infty} \dfrac{t^n}{n\cdot 2^n}$. 因为

$$\rho = \lim_{n\to\infty}\left|\frac{a_{n+1}}{a_n}\right| = \lim_{n\to\infty}\frac{\dfrac{1}{(n+1)\cdot 2^{n+1}}}{\dfrac{1}{n\cdot 2^n}} = \lim_{n\to\infty}\frac{n}{2(n+1)} = \frac{1}{2} ,$$

所以关于 t 的幂级数的收敛半径 $R = 2$.

当 $t = 2$ 时，级数 $\sum\limits_{n=1}^{\infty} \dfrac{t^n}{n\cdot 2^n}$ 成为调和级数 $\sum\limits_{n=1}^{\infty} \dfrac{1}{n}$，该级数发散；当 $t = -2$ 时，级数 $\sum\limits_{n=1}^{\infty} \dfrac{t^n}{n\cdot 2^n}$ 成为交错级数 $\sum\limits_{n=1}^{\infty} (-1)^n \dfrac{1}{n}$，该级数收敛. 关于 t 的幂级数的收敛域为 $-2 \leqslant t < 2$，因此原级数的收敛域为 $-2 \leqslant x-1 < 2$，即 $-1 \leqslant x < 3$.

10.4.3 幂级数的运算

如果幂级数

$$a_0 + a_1 x + a_2 x^2 + \cdots + a_n x^n + \cdots = s(x)$$

的收敛半径为 R_1，幂级数

$$b_0 + b_1 x + b_2 x^2 + \cdots + b_n x^n + \cdots = \sigma(x)$$

的收敛半径为 R_2，则

（1）幂级数的代数和

$$\sum_{n=0}^{\infty} a_n x^n \pm \sum_{n=0}^{\infty} b_n x^n = \sum_{n=0}^{\infty} (a_n \pm b_n) x^n = s(x) \pm \sigma(x),$$

所得级数的收敛半径为 $R = \min\{R_1, R_2\}$.

（2）幂级数的乘法

$$\sum_{n=0}^{\infty} a_n x^n \cdot \sum_{n=0}^{\infty} b_n x^n = a_0 b_0 + (a_0 b_1 + a_1 b_0)x + (a_0 b_2 + a_1 b_1 + a_2 b_0)x^2 + \cdots$$

$$+ (a_0 b_n + a_1 b_{n-1} + \cdots + a_n b_0)x^n + \cdots$$

$$= s(x) \cdot \sigma(x),$$

所得级数的收敛半径为 $R = \min\{R_1, R_2\}$.

（3）幂级数的除法

$$\frac{a_0 + a_1 x + a_2 x^2 + \cdots + a_n x^n + \cdots}{b_0 + b_1 x + b_2 x^2 + \cdots + b_n x^n + \cdots} = c_0 + c_1 x + c_2 x^2 + \cdots + c_n x^n + \cdots,$$

这里假设 $b_0 \neq 0$. 相除所得幂级数的系数可以这样来求：将 $\sum_{n=0}^{\infty} b_n x^n$ 与 $\sum_{n=0}^{\infty} c_n x^n$ 相乘，

所得多项式的系数分别等于 $\sum_{n=0}^{\infty} a_n x^n$ 中同次幂的系数，从而可求出 $c_0, c_1, c_2, \cdots, c_n, \cdots$.

相除所得幂级数 $\sum_{n=0}^{\infty} c_n x^n$ 的收敛区间可能比原来的级数 $\sum_{n=0}^{\infty} a_n x^n$ 与 $\sum_{n=0}^{\infty} b_n x^n$ 的收敛区

间小得多.

关于幂级数的和函数，有下面的重要性质.

定理 10.12 如果幂级数 $\sum_{n=0}^{\infty} a_n x^n$ 收敛半径为 $R(R > 0)$ ，和函数为 $s(x)$ ，即

$s(x) = \sum_{n=0}^{\infty} a_n x^n$ ，则有

（1）和函数 $s(x)$ 在收敛区间 $(-R, R)$ 内连续，并且如果级数 $\sum_{n=0}^{\infty} a_n x^n$ 在收敛区

间的端点 $x = R$（或 $x = -R$ ）也收敛，则和函数 $s(x)$ 在 $x = R$ 处左连续（或在 $x = -R$

处右连续）；

（2）和函数 $s(x)$ 在收敛区间 $(-R, R)$ 内可导，并且有逐项求导公式

$$s'(x) = (\sum_{n=0}^{\infty} a_n x^n)' = \sum_{n=0}^{\infty} (a_n x^n)' = \sum_{n=1}^{\infty} (a_n x^n)' = \sum_{n=1}^{\infty} n a_n x^{n-1}.$$

逐项求导后所得到的新级数收敛半径仍为 R ，但端点处的敛散性可能会改变；

（3）和函数 $s(x)$ 在收敛区间 $(-R, R)$ 内可积，并且有逐项积分公式

$$\int_0^x s(x)\mathrm{d}x = \int_0^x (\sum_{n=0}^{\infty} a_n x^n)\mathrm{d}x = \sum_{n=0}^{\infty} \int_0^x a_n x^n \mathrm{d}x = \sum_{n=0}^{\infty} \frac{a_n}{n+1} x^{n+1},$$

逐项积分后所得到的新级数收敛半径仍为 R；但端点处的敛散性可能会改变.

例 10.25 求幂级数 $\displaystyle\sum_{n=0}^{\infty} \frac{x^n}{n+1}$ 的收敛域及其和函数.

解 因为

$$\rho = \lim_{n\to\infty} \left| \frac{a_{n+1}}{a_n} \right| = \lim_{n\to\infty} \frac{n+1}{n+2} = 1,$$

所以所给级数的收敛半径 $R = \dfrac{1}{\rho} = 1$，收敛区间为 $(-1,1)$.

当 $x=1$ 时，原级数成为 $\displaystyle\sum_{n=0}^{\infty} \frac{1}{n+1}$，该级数发散；当 $x=-1$ 时，原级数成为 $\displaystyle\sum_{n=0}^{\infty} \frac{(-1)^n}{n+1}$，该级数收敛. 因此原级数的收敛域为 $[-1,1)$.

设原级数的和函数为 $s(x)$，即

$$s(x) = \sum_{n=0}^{\infty} \frac{x^n}{n+1},$$

等式两边同乘 x，得

$$xs(x) = \sum_{n=0}^{\infty} \frac{x^{n+1}}{n+1}.$$

等式两边逐项求导，得

$$[xs(x)]' = \left(\sum_{n=0}^{\infty} \frac{x^{n+1}}{n+1} \right)' = \sum_{n=0}^{\infty} \left(\frac{x^{n+1}}{n+1} \right)' = \sum_{n=0}^{\infty} x^n = \frac{1}{1-x}.$$

上式两边从 0 到 x 积分，得

$$xs(x) = \int_0^x \frac{\mathrm{d}x}{1-x} = -\ln(1-x).$$

当 $x \neq 0$ 且 $x \in [-1,1)$ 时，

$$s(x) = -\frac{1}{x}\ln(1-x),$$

当 $x = 0$ 时，由 $s(x) = \displaystyle\sum_{n=0}^{\infty} \frac{x^n}{n+1} = 1 + \frac{x}{2} + \frac{x^2}{3} + \cdots$ 得

$$s(0) = 1.$$

因此

$$s(x) = \begin{cases} -\dfrac{1}{x}\ln(1-x), & x \in [-1,0) \bigcup (0,1), \\ 1, & x = 0. \end{cases}$$

例 10.26 求幂级数 $\sum_{n=1}^{\infty}\frac{2n-1}{2^n}x^{2n-2}$ 的和函数，并求 $\sum_{n=1}^{\infty}\frac{2n-1}{2^n}$ 的和.

解 该幂级数的收敛半径为 $\sqrt{2}$，收敛域为 $(-\sqrt{2},\sqrt{2})$.

设幂级数的和函数为 $s(x)$，即

$$s(x)=\sum_{n=1}^{\infty}\frac{2n-1}{2^n}x^{2n-2},$$

等式两边从 0 到 x 积分，得

$$\int_0^x s(x)\mathrm{d}x=\int_0^x\sum_{n=1}^{\infty}\frac{2n-1}{2^n}x^{2n-2}\mathrm{d}x=\sum_{n=1}^{\infty}\frac{1}{2^n}\int_0^x(2n-1)x^{2n-2}\mathrm{d}x$$

$$=\sum_{n=1}^{\infty}\frac{1}{2^n}x^{2n-1}=\frac{\frac{x}{2}}{1-\frac{x^2}{2}}=\frac{x}{2-x^2}.$$

上式两边求导，得

$$s(x)=\left(\frac{x}{2-x^2}\right)'=\frac{2+x^2}{(2-x^2)^2}\quad x\in(-\sqrt{2},\sqrt{2}).$$

在原级数中，令 $x=1$，得

$$\sum_{n=1}^{\infty}\frac{2n-1}{2^n}=s(1)=3.$$

习 题 10-4

1. 求下列幂级数的收敛域：

（1） $x+2x^2+3x^3+\cdots$;

（2） $-\frac{x}{1}+\frac{x^2}{2^2}-\frac{x^3}{3^2}+\frac{x^4}{4^2}-\frac{x^5}{5^2}+\cdots$;

（3） $\frac{2}{1^2+1}x+\frac{2^2}{2^2+1}x^2+\frac{2^3}{3^2+1}x^3+\cdots$;

（4） $\frac{x}{2\cdot1!}+\frac{x^2}{2^2\cdot2!}+\frac{x^3}{2^3\cdot3!}+\cdots$;

（5） $\frac{x}{1\cdot3}+\frac{x^2}{2\cdot3^2}+\frac{x^3}{3\cdot3^3}+\frac{x^4}{4\cdot3^4}+\cdots$;

（6） $\sum_{n=1}^{\infty}(-1)^{n+1}\frac{x^{2n-1}}{(2n-1)!}$;

（7） $\sum_{n=1}^{\infty}(-1)^{n-1}\frac{(x-1)^n}{n}$;

（8） $\sum_{n=1}^{\infty}\frac{(x-5)^n}{\sqrt{n}}$.

2. 利用逐项求导或逐项积分，求下列级数在收敛区间内的和函数：

（1）$1+2x+3x^2+4x^3+\cdots$;　　　　　　（2）$\sum\limits_{n=1}^{\infty}(-1)^{n-1}nx^{n-1}$;

（3）$\sum\limits_{n=1}^{\infty}\dfrac{x^{4n+1}}{4n+1}$;　　　　　　（4）$\sum\limits_{n=1}^{\infty}\dfrac{x^{n+2}}{(n+1)(n+2)}$;

（5）$1+x+\dfrac{x^2}{2}+\dfrac{x^3}{3}+\cdots+\dfrac{x^n}{n}+\cdots$;

（6）$x+\dfrac{x^3}{3}+\dfrac{x^5}{5}+\cdots$，并求$\sum\limits_{n=1}^{\infty}\dfrac{1}{(2n-1)2^n}$的和.

10.5　函数展开成幂级数

在上一节我们讨论了幂级数的收敛域及其和函数. 与此相反的问题是：给定一个函数，能否找到一个幂级数，使幂级数在某区间内收敛于该函数？这就是函数的幂级数展开问题. 这个问题在理论研究与数值计算上都具有重要意义.

10.5.1　泰勒级数

在第 3 章 3.2 节中我们已经看到，如果函数 $f(x)$ 在点 x_0 的某一邻域内具有直到 $n+1$ 阶的导数，则在该邻域内 $f(x)$ 的 n 阶泰勒公式是

$$f(x)=f(x_0)+f'(x_0)(x-x_0)+\frac{f''(x_0)}{2!}(x-x_0)^2+\cdots$$
$$+\frac{f^{(n)}(x_0)}{n!}(x-x_0)^n+R_n(x),\tag{10-11}$$

其中

$$R_n(x)=\frac{f^{(n+1)}(\xi)}{(n+1)!}(x-x_0)^{n+1}\quad（\xi\text{ 介于 }x_0\text{ 与 }x\text{ 之间）}.$$

这时在该邻域内 $f(x)$ 可用 n 次多项式

$$f(x_0)+f'(x_0)(x-x_0)+\frac{f''(x_0)}{2!}(x-x_0)^2+\cdots+\frac{f^{(n)}(x_0)}{n!}(x-x_0)^n\tag{10-12}$$

来近似表示，其误差为 $|R_n(x)|$. 显然，如果 $|R_n(x)|$ 随着 n 的增大而减小，那么就可以增加式（10-12）的项数来提高近似的精确度.

如果 $f(x)$ 在点 x_0 的某邻域内具有各阶导数 $f'(x), f''(x), \cdots, f^{(n)}(x), \cdots$，那么可以构造出幂级数

$$f(x_0) + f'(x_0)(x-x_0) + \frac{f''(x_0)}{2!}(x-x_0)^2 + \cdots + \frac{f^{(n)}(x_0)}{n!}(x-x_0)^n + \cdots, \quad （10\text{-}13）$$

幂级数（10-13）称为函数 $f(x)$ 的泰勒级数. 显然，当 $x = x_0$ 时，$f(x)$ 的泰勒级数收敛于 $f(x_0)$，但除了 $x = x_0$ 外，它是否一定收敛? 如果收敛，是否一定收敛于 $f(x)$? 关于这些问题，有以下定理：

定理 10.13　设函数 $f(x)$ 在点 x_0 的某一邻域 $U(x_0)$ 内具有各阶导数，则 $f(x)$ 在该邻域内能展开成泰勒级数

$$f(x) = f(x_0) + f'(x_0)(x-x_0) + \frac{f''(x_0)}{2!}(x-x_0)^2 + \cdots$$
$$+ \frac{f^{(n)}(x_0)}{n!}(x-x_0)^n + \cdots \quad （10\text{-}14）$$

的充要条件是 $\lim\limits_{n\to\infty} R_n(x) = 0$. 其中 $R_n(x)$ 是 $f(x)$ 的泰勒公式（10-11）中的余项.

证明　必要性　设 $f(x)$ 在 $U(x_0)$ 内能展开为泰勒级数（10-14），它的前 $n+1$ 项和为 $s_{n+1}(x)$，则

$$f(x) = s_{n+1}(x) + R_n(x)，\quad 且 \lim\limits_{n\to\infty} s_{n+1}(x) = f(x).$$

因此

$$\lim\limits_{n\to\infty} R_n(x) = \lim\limits_{n\to\infty}[f(x) - s_{n+1}(x)] = f(x) - f(x) = 0.$$

充分性　设 $\lim\limits_{n\to\infty} R_n(x) = 0$ 对一切 $x \in U(x_0)$ 成立. 因为

$$s_{n+1}(x) = f(x) - R_n(x)，$$

所以

$$\lim\limits_{n\to\infty} s_{n+1}(x) = \lim\limits_{n\to\infty}[f(x) - R_n(x)] = f(x).$$

故 $f(x)$ 的泰勒级数（10-13）在 $U(x_0)$ 内收敛，并且收敛于 $f(x)$，即式（10-14）成立. 定理得证.

在式（10-13）中取 $x_0 = 0$，得

$$f(0) + f'(0)x + \frac{f''(0)}{2!}x^2 + \cdots + \frac{f^{(n)}(0)}{n!}x^n + \cdots, \quad （10\text{-}15）$$

该级数称为函数 $f(x)$ 的麦克劳林（Maclaurin）级数.

如果 $f(x)$ 能展开成 x 的幂级数，那么这种展开式一定与 $f(x)$ 的麦克劳林级数（10-15）一致.

事实上，如果 $f(x)$ 在 $x_0 = 0$ 的某邻域 $(-R, R)$ 内能展开成 x 的幂级数，即

$$f(x) = a_0 + a_1 x + a_2 x^2 + \cdots + a_n x^n + \cdots \qquad (10\text{-}16)$$

对一切 $x \in (-R, R)$ 成立，那么由于幂级数在收敛区间内可以逐项求导，有

$$f'(x) = a_1 + 2a_2 x + 3a_3 x^2 + \cdots + na_n x^{n-1} + \cdots,$$

$$f''(x) = 2! a_2 + 3 \cdot 2a_3 x + \cdots + n(n-1)a_n x^{n-2} + \cdots,$$

$$f'''(x) = 3! a_3 + 4 \cdot 3 \cdot 2a_4 x + \cdots + n(n-1)(n-2)a_n x^{n-3} + \cdots,$$

$$\cdots\cdots\cdots\cdots$$

$$f^{(n)}(x) = n! a_n + (n+1)n(n-1)\cdots 2a_{n+1} x + \cdots,$$

$$\cdots\cdots\cdots\cdots$$

把 $x = 0$ 代入以上各式，得

$$a_0 = f(0), a_1 = f'(0), a_2 = \frac{f''(0)}{2!}, \cdots, a_n = \frac{f^{(n)}(0)}{n!}, \cdots,$$

即式（10-16）中幂级数的系数恰好是麦克劳林级数的系数.

函数 $f(x)$ 的麦克劳林级数是 x 的幂级数，并且 $f(x)$ 关于 x 的幂级数展开一定是其麦克劳林级数，这表明 $f(x)$ 关于 x 的幂级数展开式是唯一的.

下面具体讨论把函数 $f(x)$ 展开为 x 的幂级数的方法.

10.5.2　函数展开成幂级数

1. 直接展开法

将 $f(x)$ 展开为 x 的幂级数，步骤如下.

第一步，求得 $f(x)$ 的各阶导数

$$f'(x), f''(x), \cdots, f^{(n)}(x), \cdots$$

及其在 $x = 0$ 处的导数值

$$f(0), f'(0), f''(0), \cdots, f^{(n)}(0), \cdots.$$

第二步，写出幂级数

$$f(0) + f'(0)x + \frac{f''(0)}{2!}x^2 + \cdots + \frac{f^{(n)}(0)}{n!}x^n + \cdots,$$

并求出收敛半径 R.

第三步，考察当 $x \in (-R, R)$ 时余项 $R_n(x)$ 的极限，如果

$$\lim_{n \to \infty} R_n(x) = \lim_{n \to \infty} \frac{f^{(n+1)}(\xi)}{(n+1)!}x^{n+1} = 0 \quad (\xi \text{ 介于 0 与 } x \text{ 之间}),$$

则函数 $f(x)$ 在 $(-R, R)$ 内幂级数展开式为

$$f(x) = f(0) + f'(0)x + \frac{f''(0)}{2!}x^2 + \cdots + \frac{f^{(n)}(0)}{n!}x^n + \cdots \quad (-R < x < R).$$

要把 $f(x)$ 展开为 $x-x_0$ 的幂级数，计算步骤与上述过程类似.

例 10.27 将函数 $f(x)=\mathrm{e}^x$ 展开成 x 的幂级数.

解 因为 $f^{(n)}(x)=\mathrm{e}^x\ (n=1,2,\cdots)$，所以 $f^{(n)}(0)=1\ (n=1,2,\cdots)$. 而 $f(0)=1$，于是得级数

$$1+x+\frac{x^2}{2!}+\cdots+\frac{x^n}{n!}+\cdots,$$

它的收敛半径 $R=+\infty$.

对于任何有限的数 x，ξ（ξ 在 0 与 x 之间），余项的绝对值

$$|R_n(x)|=\left|\frac{\mathrm{e}^\xi}{(n+1)!}x^{n+1}\right|<\mathrm{e}^{|x|}\cdot\frac{|x|^{n+1}}{(n+1)!}.$$

因 $\mathrm{e}^{|x|}$ 有限，而 $\frac{|x|^{n+1}}{(n+1)!}$ 是收敛级数 $\sum_{n=0}^{\infty}\frac{|x|^{n+1}}{(n+1)!}$ 的一般项，所以当 $n\to\infty$ 时，有 $|R_n(x)|\to 0$. 于是得展开式

$$\mathrm{e}^x=\sum_{n=0}^{\infty}\frac{x^n}{n!}=1+x+\frac{x^2}{2!}+\cdots+\frac{x^n}{n!}+\cdots\quad(-\infty<x<+\infty).$$

例 10.28 将函数 $f(x)=\sin x$ 展开成 x 的幂级数.

解 因为函数的各阶导数为

$$f^{(n)}(x)=\sin\left(x+n\cdot\frac{\pi}{2}\right)\quad(n=0,1,2,3,\cdots),$$

所以 $f^{(n)}(0)$ 顺序循环地取 $0,1,0,-1,\cdots(n=0,1,2,3,\cdots)$，于是得级数

$$x-\frac{x^3}{3!}+\frac{x^5}{5!}-\cdots+(-1)^{n-1}\frac{x^{2n-1}}{(2n-1)!}+\cdots,$$

它的收敛半径 $R=+\infty$.

对于任何有限的数 x，ξ（ξ 介于 0 与 x 之间），余项的绝对值

$$|R_n(x)|=\left|\frac{\sin\left[\xi+\frac{(n+1)\pi}{2}\right]}{(n+1)!}x^{n+1}\right|\leqslant\frac{|x|^{n+1}}{(n+1)!}\to 0\quad(n\to\infty).$$

于是得展开式

$$\sin x=\sum_{n=1}^{\infty}\frac{(-1)^{n-1}}{(2n-1)!}x^{2n-1}$$

$$=x-\frac{x^3}{3!}+\frac{x^5}{5!}-\cdots+(-1)^{n-1}\frac{x^{2n-1}}{(2n-1)!}+\cdots\quad(-\infty<x<+\infty).$$

例 10.29 将函数 $f(x)=(1+x)^\alpha$ 展开成 x 的幂级数，其中 α 为任意实数.

解 因为函数的各阶导数为

$$f'(x) = \alpha(1+x)^{\alpha-1},$$
$$f''(x) = \alpha(\alpha-1)(1+x)^{\alpha-2},$$
$$\cdots\cdots\cdots$$
$$f^{(n)}(x) = \alpha(\alpha-1)\cdots(\alpha-n+1)(1+x)^{\alpha-n},$$
$$\cdots\cdots\cdots$$

所以
$$f(0)=1, f'(0)=\alpha, f''(0)=\alpha(\alpha-1),\cdots, f^{(n)}(0)=\alpha(\alpha-1)\cdots(\alpha-n+1),\cdots.$$
可以证明，当 $x \in (-1,1)$ 时，有 $\lim\limits_{n\to\infty} R_n(x)=0$（证明略）．于是得展开式

$$(1+x)^\alpha = 1+\alpha x + \frac{\alpha(\alpha-1)}{2!}x^2+\cdots+\frac{\alpha(\alpha-1)\cdots(\alpha-n+1)}{n!}x^n+\cdots \quad (-1<x<1).$$

上式称为二项展开式，其中 α 为任意实数．当 α 为正整数时，就是中学所学的二项式定理．

在二项展开式中，收敛区间端点的敛散性与 α 的取值有关，我们不加证明地给出如下结果：

当 $\alpha \leqslant -1$ 时，收敛域为 $(-1,1)$；

当 $-1<\alpha<0$ 时，收敛域为 $(-1,1]$；

当 $\alpha>0$ 时，收敛域为 $[-1,1]$．

对应于 $\alpha=\dfrac{1}{2}$，$-\dfrac{1}{2}$ 的二项展开式分别为

$$\sqrt{1+x}=1+\frac{1}{2}x-\frac{1}{2\cdot4}x^2+\frac{1\cdot3}{2\cdot4\cdot6}x^3-\frac{1\cdot3\cdot5}{2\cdot4\cdot6\cdot8}x^4+\cdots \quad (-1\leqslant x\leqslant1),$$

$$\frac{1}{\sqrt{1+x}}=1-\frac{1}{2}x+\frac{1\cdot3}{2\cdot4}x^2-\frac{1\cdot3\cdot5}{2\cdot4\cdot6}x^3+\frac{1\cdot3\cdot5\cdot7}{2\cdot4\cdot6\cdot8}x^4-\cdots \quad (-1<x\leqslant1).$$

2. 间接展开法

用直接展开法将函数展开成幂级数，往往比较麻烦，因为首先要求出函数的各阶导数，而除了一些简单函数外，一个函数的 n 阶导数的表达式往往很难归纳出来；其次要考察余项 $R_n(x)$ 是否趋向于零，这也绝非易事．

由于函数的幂级数展开式是唯一的，所以我们可以利用某些已知函数的幂级数展开式及幂级数的运算性质，将所给函数展开成幂级数，这种间接展开的方法往往比较简单．

例 10.30　将函数 $f(x)=\cos x$ 展开成 x 的幂级数．

解　因为 $\sin x$ 的展开式为

$$\sin x = x - \frac{x^3}{3!}+\frac{x^5}{5!}-\cdots+(-1)^{n-1}\frac{x^{2n-1}}{(2n-1)!}+\cdots \quad (-\infty<x<+\infty),$$

上式两边逐项求导，得

$$\cos x = 1 - \frac{x^2}{2!} + \frac{x^4}{4!} - \cdots + (-1)^n \frac{x^{2n}}{(2n)!} + \cdots \quad (-\infty < x < +\infty).$$

例 10.31　将函数 $f(x) = \ln(1+x)$ 展开成 x 的幂级数.

解　因为

$$f'(x) = \frac{1}{1+x},$$

由于

$$\frac{1}{1-x} = 1 + x + x^2 + \cdots + x^{n-1} + \cdots, \quad x \in (-1,1),$$

将上式中 x 换成 $-x$ 即可得到

$$\frac{1}{1+x} = 1 - x + x^2 - x^3 + \cdots + (-1)^n x^n + \cdots \quad (-1 < x < 1),$$

对上式两边从 0 到 x 逐项积分，得

$$\ln(1+x) - \ln(1+0) = x - \frac{x^2}{2} + \frac{x^3}{3} - \frac{x^4}{4} + \cdots + (-1)^n \frac{x^{n+1}}{n+1} + \cdots \quad (-1 < x < 1).$$

上式右端幂级数在 $x=1$ 处收敛，并且左端函数在该点处连续，所以

$$\ln(1+x) = x - \frac{x^2}{2} + \frac{x^3}{3} - \frac{x^4}{4} + \cdots + (-1)^n \frac{x^{n+1}}{n+1} + \cdots \quad (-1 < x \leqslant 1).$$

函数 $\dfrac{1}{1-x}$，e^x，$\sin x$，$\cos x$，$\ln(1+x)$ 与 $(1+x)^\alpha$ 的幂级数展开式特别重要，

读者应当熟练掌握.

例 10.32　将函数 $f(x) = \cos^2 x$ 展开成 x 的幂级数.

解　因为

$$\cos^2 x = \frac{1 + \cos 2x}{2} = \frac{1}{2} + \frac{1}{2}\cos 2x,$$

把例 10.30 中 $\cos x$ 的幂级数展开式中的 x 换成 $2x$，即得

$$\cos^2 x = \frac{1}{2} + \frac{1}{2}\cos 2x = \frac{1}{2} + \frac{1}{2}\sum_{n=0}^{\infty} (-1)^n \frac{(2x)^{2n}}{(2n)!}$$

$$= 1 + \sum_{n=1}^{\infty} (-1)^n \frac{2^{2n-1}}{(2n)!} x^{2n} \quad (-\infty < x < +\infty).$$

例 10.33　将函数 $f(x) = \dfrac{x}{x^2 - 5x + 6}$ 分别展开成

（1）x 的幂级数；　　　　　　　　　（2）$(x-5)$ 的幂级数.

解　（1）由 $\dfrac{1}{1-x} = \sum_{n=0}^{\infty} x^n$ 可得

$$\frac{x}{x^2-5x+6}=\frac{-2}{x-2}+\frac{3}{x-3}=\frac{1}{1-\frac{x}{2}}-\frac{1}{1-\frac{x}{3}}=\sum_{n=0}^{\infty}\left(\frac{x}{2}\right)^n-\sum_{n=0}^{\infty}\left(\frac{x}{3}\right)^n,$$

其中 $\sum_{n=0}^{\infty}\left(\dfrac{x}{2}\right)^n$ 的收敛域为 $|x|<2$ ，$\sum_{n=0}^{\infty}\left(\dfrac{x}{3}\right)^n$ 的收敛域为 $|x|<3$ ，则

$$\frac{x}{x^2-5x+6}=\sum_{n=0}^{\infty}\left(\frac{x}{2}\right)^n-\sum_{n=0}^{\infty}\left(\frac{x}{3}\right)^n=\sum_{n=0}^{\infty}\left(\frac{1}{2^n}-\frac{1}{3^n}\right)x^n\quad(-2<x<2).$$

（2）由于

$$\frac{x}{x^2-5x+6}=\frac{3}{x-3}-\frac{2}{x-2}=\frac{3}{(x-5)+2}-\frac{2}{(x-5)+3}$$

$$=\frac{3}{2}\cdot\frac{1}{1+\frac{x-5}{2}}-\frac{2}{3}\cdot\frac{1}{1+\frac{x-5}{3}},$$

而

$$\frac{1}{1+\frac{x-5}{2}}=\sum_{n=0}^{\infty}(-1)^n\left(\frac{x-5}{2}\right)^n=\sum_{n=0}^{\infty}(-1)^n\frac{(x-5)^n}{2^n}\quad(3<x<7),$$

$$\frac{1}{1+\frac{x-5}{3}}=\sum_{n=0}^{\infty}(-1)^n\left(\frac{x-5}{3}\right)^n=\sum_{n=0}^{\infty}(-1)^n\frac{(x-5)^n}{3^n}\quad(2<x<8),$$

所以

$$\frac{x}{x^2-5x+6}=\frac{3}{2}\cdot\sum_{n=0}^{\infty}(-1)^n\frac{(x-5)^n}{2^n}-\frac{2}{3}\cdot\sum_{n=0}^{\infty}(-1)^n\frac{(x-5)^n}{3^n}$$

$$=\sum_{n=0}^{\infty}(-1)^n\left(\frac{3}{2^{n+1}}-\frac{2}{3^{n+1}}\right)(x-5)^n\quad(3<x<7).$$

例 10.34 将函数 $f(x)=\sin x$ 展开成 $\left(x-\dfrac{\pi}{4}\right)$ 的幂级数.

解 因为

$$\sin x=\sin\left[\frac{\pi}{4}+\left(x-\frac{\pi}{4}\right)\right]=\sin\frac{\pi}{4}\cos\left(x-\frac{\pi}{4}\right)+\cos\frac{\pi}{4}\sin\left(x-\frac{\pi}{4}\right)$$

$$=\frac{1}{\sqrt{2}}\left[\cos\left(x-\frac{\pi}{4}\right)+\sin\left(x-\frac{\pi}{4}\right)\right],$$

而

$$\cos\left(x-\frac{\pi}{4}\right)=1-\frac{\left(x-\frac{\pi}{4}\right)^2}{2!}+\frac{\left(x-\frac{\pi}{4}\right)^4}{4!}-\cdots\quad(-\infty<x<+\infty),$$

$$\sin\left(x-\frac{\pi}{4}\right)=\left(x-\frac{\pi}{4}\right)-\frac{\left(x-\frac{\pi}{4}\right)^3}{3!}+\frac{\left(x-\frac{\pi}{4}\right)^5}{5!}-\cdots\quad(-\infty<x<+\infty),$$

所以

$$\sin x=\frac{\sqrt{2}}{2}\left[1+\left(x-\frac{\pi}{4}\right)-\frac{1}{2!}\left(x-\frac{\pi}{4}\right)^2-\frac{1}{3!}\left(x-\frac{\pi}{4}\right)^3+\frac{1}{4!}\left(x-\frac{\pi}{4}\right)^4+\frac{1}{5!}\left(x-\frac{\pi}{4}\right)^5-\cdots\right]\quad(-\infty<x<+\infty).$$

习　题　10-5

1. 求下列函数的麦克劳林级数：

（1）$f(x)=xe^x$；　　　　　　　　　　（2）$f(x)=\cos 2x$.

2. 将下列函数展开成关于 x 的幂级数，并求收敛域：

（1）$\ln(a+x)\,(a>0)$；　　（2）$a^x(a>0,a\neq1)$；　　（3）$\cos\dfrac{x}{2}$；

（4）$\sin^2 x$；　　　　　（5）$\dfrac{x}{\sqrt{1+x^2}}$；　　　　（6）$\arcsin x$；

（7）$\dfrac{1}{x^2+3x+2}$；　　　（8）$\ln(1+x-2x^2)$.

3. 将 $f(x)=\lg x$ 展开为 $(x-1)$ 的幂级数.

4. 将 $f(x)=\sqrt{x^3}$ 展开为 $(x-1)$ 的幂级数，并求其收敛区间.

5. 将 $f(x)=\dfrac{1}{x^2+5x+6}$ 展开为 $(x-2)$ 的泰勒级数.

6. 将函数 $\cos x$ 展开成 $\left(x+\dfrac{\pi}{3}\right)$ 的幂级数.

7. 将 $\dfrac{1}{x^2}$ 展开成 $(x+4)$ 的幂级数.

8. 将 $e^{\frac{x}{a}}$ 展开为 $(x-a)$ 的幂级数 $(a\neq0)$.

10.6　函数的幂级数展开式的应用

10.6.1　近似计算

函数展开成幂级数，从形式上看似乎复杂化了，其实不然. 因为幂级数的部分和是多项式，它在进行数值计算时比较简便，所以经常用这样的多项式来近似表达复杂的函数. 由此产生的误差可以用余项进行估计.

例 10.35 运用二项展开式，近似计算 $\sqrt[3]{130}$，并且估计只取展开式的前两项的和时所产生的误差.

解 $\sqrt[3]{130} = \sqrt[3]{125+5} = 5\left(1 + \dfrac{1}{5^2}\right)^{\frac{1}{3}}$,

由上一节的二项展开式，取 $\alpha = \dfrac{1}{3}$，$x = \dfrac{1}{5^2}$，得

$$\sqrt[3]{130} = 5\left(1 + \frac{1}{3} \cdot \frac{1}{5^2} - \frac{1}{2!} \cdot \frac{1}{3} \cdot \frac{2}{3} \cdot \frac{1}{5^4} + \cdots\right).$$

这是一个交错级数，如果只取展开式的前两项的和，则误差（也称为截断误差）$|r_2| \leqslant u_3$，即

$$|r_2| \leqslant u_3 = 5 \cdot \frac{1}{2!} \cdot \frac{1}{3} \cdot \frac{2}{3} \cdot \frac{1}{5^4} = \frac{1}{9 \cdot 5^3} = \frac{1}{1125} \approx 0.89 \times 10^{-3}.$$

于是取近似式为

$$\sqrt[3]{130} \approx 5\left(1 + \frac{1}{3} \cdot \frac{1}{5^2}\right).$$

根据截断误差上限，计算时取四位小数，再四舍五入得
$$\sqrt[3]{130} \approx 5.067.$$

"四舍五入"到小数点后第三位小数引起的误差（称为舍入误差）不会超过 0.5×10^{-3}，因此误差总和不超过 1.4×10^{-3}. 这说明小数点后第三位可能是不准确的. 实际上，$\sqrt[3]{130} \approx 5.0658$.

例 10.36 计算 e 的近似值，误差不超过 10^{-10}.

解 e 的值就是 e^x 的展开式在 $x=1$ 处的函数值，即

$$e = \sum_{n=0}^{\infty} \frac{1}{n!} = 1 + 1 + \frac{1}{2!} + \cdots + \frac{1}{n!} + \cdots$$

$$\approx 1 + 1 + \frac{1}{2!} + \cdots + \frac{1}{n!},$$

则截断误差

$$|R_n| = \frac{1}{(n+1)!} + \frac{1}{(n+2)!} + \cdots + \frac{1}{(n+k)!} + \cdots$$

$$< \frac{1}{(n+1)!} + \frac{1}{(n+1)!(n+1)} + \cdots + \frac{1}{(n+1)!(n+1)^{k-1}} + \cdots$$

$$= \frac{1}{(n+1)!}\left[1 + \frac{1}{n+1} + \frac{1}{(n+1)^2} + \cdots + \frac{1}{(n+1)^{k-1}} + \cdots\right]$$

$$= \frac{1}{(n+1)!} \frac{1}{1 - \dfrac{1}{n+1}} = \frac{1}{n!n}.$$

考虑四舍五入到十位小数时的舍入误差不会超过 0.5×10^{-10}，要使总误差不超过 10^{-10}，截断误差应不超过 0.5×10^{-10}，故只需 $\dfrac{1}{n!n} < 0.5 \times 10^{-10}$，即 $n!n > 2 \times 10^{10}$．由于 $13 \times 13! \approx 8 \times 10^{10} > 2 \times 10^{10}$，所以取 $n = 13$，即

$$e \approx 1 + 1 + \frac{1}{2!} + \cdots + \frac{1}{13!},$$

计算时各项取 12 位小数，相加后再四舍五入到 10 位小数得

$$e \approx 2.7182818284.$$

例 10.37　计算定积分

$$\frac{2}{\sqrt{\pi}} \int_0^{\frac{1}{2}} e^{-x^2} dx$$

的近似值，要求误差不超过 0.0001（取 $\dfrac{1}{\sqrt{\pi}} \approx 0.56419$）．

解　由于

$$e^{-x^2} = \sum_{n=0}^{\infty} \frac{(-x^2)^n}{n!} = \sum_{n=0}^{\infty} \frac{(-1)^n x^{2n}}{n!} \quad (-\infty < x < +\infty),$$

于是，根据幂级数在收敛区间内逐项可积，得

$$\begin{aligned}
\frac{2}{\sqrt{\pi}} \int_0^{\frac{1}{2}} e^{-x^2} dx &= \frac{2}{\sqrt{\pi}} \int_0^{\frac{1}{2}} \left[\sum_{n=0}^{\infty} \frac{(-1)^n x^{2n}}{n!} \right] dx \\
&= \frac{2}{\sqrt{\pi}} \sum_{n=0}^{\infty} \frac{(-1)^n}{n!} \int_0^{\frac{1}{2}} x^{2n} dx \\
&= \frac{1}{\sqrt{\pi}} \sum_{n=0}^{\infty} (-1)^n \frac{1}{2^{2n}(2n+1) \cdot n!} \\
&= \frac{1}{\sqrt{\pi}} \left(1 - \frac{1}{2^2 \cdot 3} + \frac{1}{2^4 \cdot 5 \cdot 2!} - \frac{1}{2^6 \cdot 7 \cdot 3!} + \cdots \right).
\end{aligned}$$

取前四项的和作为近似值，其截断误差为

$$|R_4| \leqslant \frac{1}{\sqrt{\pi}} \frac{1}{2^8 \cdot 9 \cdot 4!} < \frac{1}{90000},$$

所以

$$\frac{2}{\sqrt{\pi}} \int_0^{\frac{1}{2}} e^{-x^2} dx \approx \frac{1}{\sqrt{\pi}} \left(1 - \frac{1}{2^2 \cdot 3} + \frac{1}{2^4 \cdot 5 \cdot 2!} - \frac{1}{2^6 \cdot 7 \cdot 3!} \right).$$

计算时取五位小数，再四舍五入得

$$\frac{2}{\sqrt{\pi}} \int_0^{\frac{1}{2}} e^{-x^2} dx \approx 0.5205.$$

10.6.2　欧拉公式

设有复数项级数
$$(u_1 + iv_1) + (u_2 + iv_2) + \cdots + (u_n + iv_n) + \cdots,$$
其中 $u_n, v_n (n = 1, 2, \cdots)$ 为实常数或实函数. 如果实部所构成的级数
$$\sum_{n=1}^{\infty} u_n = u_1 + u_2 + \cdots + u_n + \cdots$$
收敛于和 u ，并且虚部所构成的级数
$$\sum_{n=1}^{\infty} v_n = v_1 + v_2 + \cdots + v_n + \cdots$$
收敛于和 v ，就称复数项级数 $\sum_{n=1}^{\infty}(u_n + iv_n)$ 收敛，并且其和为 $u + iv$.

为了满足理论研究与应用问题的需求，仿照指数函数 e^x 的幂级数展开式，定义复指数函数 e^{ix} 的展开式为
$$e^{ix} = 1 + (ix) + \frac{(ix)^2}{2!} + \frac{(ix)^3}{3!} + \frac{(ix)^4}{4!} + \frac{(ix)^5}{5!} + \cdots + \frac{(ix)^n}{n!} + \cdots,$$
其中 x 为实数， $i = \sqrt{-1}$.

因为 $i^2 = -1, i^3 = -i, i^4 = 1, i^5 = i, \cdots$ ，所以
$$\begin{aligned} e^{ix} &= \left(1 - \frac{x^2}{2!} + \frac{x^4}{4!} + \cdots\right) + i\left(x - \frac{x^3}{3!} + \frac{x^5}{5!} + \cdots\right) \\ &= \cos x + i\sin x. \end{aligned} \tag{10-17}$$
式（10-17）称为欧拉（Euler）公式.

在式（10-17）中把 x 换成 $-x$ ，得
$$e^{-ix} = \cos x - i\sin x .$$
上式与式（10-17）相加、相减，得
$$\begin{cases} \cos x = \dfrac{e^{ix} + e^{-ix}}{2}, \\ \sin x = \dfrac{e^{ix} - e^{-ix}}{2i}. \end{cases} \tag{10-18}$$

以上两式也称为欧拉公式. 式（10-17）、式（10-18）揭示了复指数函数与三角函数之间的一种关系. 在许多理论与应用问题中，欧拉公式都起着十分重要的作用.

最后，根据指数函数的性质和欧拉公式，不难验证

$$e^{x+iy} = e^x \cdot e^{iy} = e^x(\cos y + i\sin y),$$

其中 x，y 均为实数.

<h1 style="text-align:center">习　题　10-6</h1>

1. 求下列各数的近似值，要求误差不超过 10^{-4}：

（1）$\sqrt[5]{240}$；　　　　　　　　（2）$\ln 2$；

（3）$\int_0^1 \dfrac{\sin x}{x}\,dx$；　　　　　　（4）$\int_0^{0.5} \dfrac{1}{1+x^4}\,dx$.

2. 利用欧拉公式将 $e^x\sin x$ 展开成 x 的幂级数.

<h1 style="text-align:center">10.7　傅里叶级数</h1>

本节将研究另一种重要的函数项级数——傅里叶（Fourier）级数. 这种级数的产生源于研究周期现象的需要，它在物理学、电工学等许多学科中都有十分重要的应用，同时也是研究某些现代数学的基础.

10.7.1　三角级数与三角函数系的正交性

在中学的物理学中我们已经知道，简谐振动规律可以用
$$y = A\sin(\omega t + \varphi_0)$$
来描述，其中 y 表示动点的位置，t 表示时间，ω 为角频率，φ_0 为初相，A 为振幅，$\dfrac{2\pi}{\omega}$ 为周期.

工程技术上常常遇到各种复杂的具有周期性质的现象，我们希望能够用一系列简谐振动的叠加来描述. 在电工学上，这种展开称为谐波分析，而在数学上就体现为把一个函数展开成三角级数.

如同前面研究过的将一个函数展开成幂级数，我们讨论如何将一个非正弦的周期函数展开成由正弦型函数列 $A_n\sin(n\omega t + \varphi_n)(n=0,1,2,\cdots)$ 组成的无穷级数问题，即

$$f(t) = A_0 + \sum_{n=1}^{\infty} A_n\sin(n\omega t + \varphi_n). \tag{10-19}$$

其中 $A_0, A_n, \varphi_n(n=1,2,\cdots)$ 都是常数.

为了以后讨论问题方便，我们将正弦函数 $A_n\sin(n\omega t + \varphi_n)$ 按三角公式展开
$$A_n\sin(n\omega t + \varphi_n) = A_n\sin\varphi_n\cos n\omega t + A_n\cos\varphi_n\sin n\omega t,$$

并且令 $\dfrac{a_0}{2}=A_0, a_n=A_n\sin\varphi_n, b_n=A_n\cos\varphi_n, \omega t=x$，则式（10-19）右端的级数就可以写成

$$\frac{a_0}{2}+\sum_{n=1}^{\infty}(a_n\cos nx+b_n\sin nx). \tag{10-20}$$

形如式（10-20）的函数项级数称为三角级数，其中 $a_0, a_n, b_n(n=1,2,\cdots)$ 都是常数.

在三角级数（10-20）中，除 $a_0, a_n, b_n(n=1,2,\cdots)$ 这些常数之外，其余分别由函数列

$$1,\cos x,\sin x,\cos 2x,\sin 2x,\cdots,\cos nx,\sin nx,\cdots \tag{10-21}$$

构成，我们把函数列（10-21）称为三角函数系. 不难看出，三角函数系具有如下性质：

$$\int_{-\pi}^{\pi}1\cdot\cos nx\mathrm{d}x=\int_{-\pi}^{\pi}1\cdot\sin nx\mathrm{d}x=0;$$

$$\int_{-\pi}^{\pi}\cos mx\cdot\cos nx\mathrm{d}x=\frac{1}{2}\int_{-\pi}^{\pi}[\cos(m-n)x+\cos(m+n)x]\mathrm{d}x=\begin{cases}0, & m\neq n,\\ \pi, & m=n;\end{cases}$$

$$\int_{-\pi}^{\pi}\sin mx\cdot\sin nx\mathrm{d}x=\frac{1}{2}\int_{-\pi}^{\pi}[\cos(m-n)x-\cos(m+n)x]\mathrm{d}x=\begin{cases}0, & m\neq n,\\ \pi, & m=n;\end{cases}$$

$$\int_{-\pi}^{\pi}\sin mx\cdot\cos nx\mathrm{d}x=\frac{1}{2}\int_{-\pi}^{\pi}[\sin(m+n)x+\sin(m-n)x]\mathrm{d}x=0.$$

上述性质表明，三角函数系中任意两个不同函数的乘积在 $[-\pi,\pi]$ 上的积分为零. 我们把这种性质称为三角函数系在区间 $[-\pi,\pi]$ 上的正交性.

三角级数是函数项级数的另一种形式. 如同讨论幂级数一样，我们要讨论清楚如下两个问题：

（1）某个函数 $f(x)$ 如果能够展开成三角级数（10-20），那么该级数的系数与函数 $f(x)$ 具有什么关系？

（2）如果级数（10-20）的系数是由函数 $f(x)$ 所确定的，那么 $f(x)$ 满足什么条件时，级数（10-20）就一定收敛，并且收敛于函数 $f(x)$？

下面的讨论将逐一回答这些问题.

假设三角级数（10-20）在区间 $[-\pi,\pi]$ 上收敛于函数 $f(x)$，即

$$f(x)=\frac{a_0}{2}+\sum_{k=1}^{\infty}(a_k\cos kx+b_k\sin kx), \tag{10-22}$$

且式（10-22）右端在区间 $[-\pi,\pi]$ 上可逐项积分.

首先对式（10-22）两边从 $-\pi$ 到 π 逐项积分：

$$\int_{-\pi}^{\pi} f(x)\mathrm{d}x = \int_{-\pi}^{\pi} \frac{a_0}{2}\mathrm{d}x + \sum_{k=1}^{\infty}\left[a_k\int_{-\pi}^{\pi}\cos kx\mathrm{d}x + b_k\int_{-\pi}^{\pi}\sin kx\mathrm{d}x \right].$$

根据三角函数系的正交性，等式右端除第一项外，其余各项都为零，所以

$$\int_{-\pi}^{\pi} f(x)\mathrm{d}x = \frac{a_0}{2}\cdot 2\pi = a_0\pi,$$

于是得

$$a_0 = \frac{1}{\pi}\int_{-\pi}^{\pi} f(x)\mathrm{d}x.$$

由此求得 a_0.

再将式（10-22）两边同乘 $\cos nx$，然后从 $-\pi$ 到 π 逐项积分：

$$\int_{-\pi}^{\pi} f(x)\cos nx\mathrm{d}x = \int_{-\pi}^{\pi} \frac{a_0}{2}\cos nx\mathrm{d}x$$
$$+ \sum_{k=1}^{\infty}\left[a_k\int_{-\pi}^{\pi}\cos kx\cdot\cos nx\mathrm{d}x + b_k\int_{-\pi}^{\pi}\sin kx\cdot\cos nx\mathrm{d}x \right].$$

根据三角函数系的正交性，等式右端除了 $k=n$ 的一项外，其余各项均为零，所以

$$\int_{-\pi}^{\pi} f(x)\cos nx\mathrm{d}x = a_n\int_{-\pi}^{\pi}\cos^2 nx\mathrm{d}x = a_n\pi,$$

于是得

$$a_n = \frac{1}{\pi}\int_{-\pi}^{\pi} f(x)\cos nx\mathrm{d}x \quad (n=1,2,\cdots).$$

类似地，再将式（10-22）两边同乘 $\sin nx$，然后从 $-\pi$ 到 π 逐项积分，可得

$$b_n = \frac{1}{\pi}\int_{-\pi}^{\pi} f(x)\sin nx\mathrm{d}x \quad (n=1,2,\cdots).$$

上述结果可以写成

$$\left.\begin{array}{l} a_n = \dfrac{1}{\pi}\displaystyle\int_{-\pi}^{\pi} f(x)\cos nx\mathrm{d}x \quad (n=0,1,2,\cdots), \\[3mm] b_n = \dfrac{1}{\pi}\displaystyle\int_{-\pi}^{\pi} f(x)\sin nx\mathrm{d}x \quad (n=1,2,\cdots). \end{array}\right\} \qquad （10\text{-}23）$$

一般而言，如果 $f(x)$ 是以 2π 为周期且在 $[-\pi,\pi]$ 上可积的函数，则可按公式（10-23）计算出 a_n 和 b_n，它们称为函数 $f(x)$ 的傅里叶系数，以函数 $f(x)$ 的傅里叶系数为系数的三角级数（10-20）称为 $f(x)$ 的傅里叶级数，记作

$$f(x) \sim \frac{a_0}{2} + \sum_{n=1}^{\infty}(a_n\cos nx + b_n\sin nx). \qquad （10\text{-}24）$$

这里记号 $\sim$ 表示式（10-24）右端是左端函数 $f(x)$ 的傅里叶级数，即右端的

级数是由左端的函数依据公式（10-23）构造出来的. 但是，该级数是否一定收敛、收敛时是否一定收敛于函数 $f(x)$，还需要进一步的讨论.

10.7.2　收敛定理与函数展开成傅里叶级数

我们不加证明地给出函数 $f(x)$ 的傅里叶级数的收敛定理，它给出了关于上述问题的一个重要结论.

定理 10.14（收敛定理，狄利克雷（Dirichlet）充分条件）　设 $f(x)$ 是周期为 2π 的周期函数，在 $[-\pi,\pi]$ 上分段光滑，则 $f(x)$ 的傅里叶级数

（1）当 x 是 $f(x)$ 的连续点时，级数收敛于 $f(x)$；

（2）当 x 是 $f(x)$ 的间断点时，级数收敛于 $\dfrac{1}{2}[f(x^-)+f(x^+)]$；

（3）在区间 $[-\pi,\pi]$ 的端点，级数收敛于 $\dfrac{1}{2}[f(-\pi^+)+f(\pi^-)]$.

关于上述狄利克雷收敛定理中的有关概念解释如下：

如果函数 $f(x)$ 的导函数 $f'(x)$ 在区间 $[a,b]$ 上连续，则称函数 $f(x)$ 在区间 $[a,b]$ 上光滑. 如果函数 $f(x)$ 在区间 $[a,b]$ 上至多有有限个第一类间断点，并且除去这有限个点外 $f(x)$ 的导函数 $f'(x)$ 连续，而在这有限个点处 $f'(x)$ 的左、右极限都存在，则称函数 $f(x)$ 在区间上分段光滑.

需要说明的是，收敛定理只是周期为 2π 的函数 $f(x)$ 能够展开成傅里叶级数的一个充分条件.

把函数展开成傅里叶级数的条件要比把函数展开为幂级数的条件宽泛得多.

例 10.38　设 $f(x)$ 是周期为 2π 的周期函数，它在 $[-\pi,\pi)$ 上的表达式为

$$f(x)=\begin{cases}-1, & -\pi \leqslant x < 0, \\ 1, & 0 \leqslant x < \pi.\end{cases}$$

将 $f(x)$ 展开成傅里叶级数.

解　所给函数 $f(x)$ 满足收敛定理的条件. 计算 $f(x)$ 的傅里叶系数，由公式（10-23）得

$$\begin{aligned}
a_n &= \frac{1}{\pi}\int_{-\pi}^{\pi} f(x)\cos nx\,\mathrm{d}x \\
&= \frac{1}{\pi}\int_{-\pi}^{0}(-1)\cos nx\,\mathrm{d}x + \frac{1}{\pi}\int_{0}^{\pi}1\cdot\cos nx\,\mathrm{d}x \\
&= 0 \quad (n=0,1,2,\cdots),
\end{aligned}$$

$$b_n = \frac{1}{\pi} \int_{-\pi}^{\pi} f(x) \sin nx \mathrm{d}x$$

$$= \frac{1}{\pi} \int_{-\pi}^{0} (-1) \sin nx \mathrm{d}x + \frac{1}{\pi} \int_{0}^{\pi} 1 \cdot \sin nx \mathrm{d}x$$

$$= \frac{1}{\pi} \left[\frac{\cos nx}{n} \right]_{-\pi}^{0} + \frac{1}{\pi} \left[-\frac{\cos nx}{n} \right]_{0}^{\pi}$$

$$= \frac{1}{n\pi} [1 - \cos n\pi - \cos n\pi + 1]$$

$$= \frac{2}{n\pi} [1 - (-1)^n] = \begin{cases} \dfrac{4}{n\pi}, & n = 1,3,5,\cdots, \\ 0, & n = 2,4,6,\cdots. \end{cases}$$

故 $f(x)$ 的傅里叶级数展开式为

$$f(x) = \frac{4}{\pi} \left[\sin x + \frac{1}{3} \sin 3x + \cdots + \frac{1}{2k-1} \sin(2k-1)x + \cdots \right] \quad (-\infty < x < +\infty, \ x \neq 0, \pm\pi, \pm2\pi, \cdots).$$

$f(x)$ 在点 $x = k\pi (k = 0, \pm1, \pm2, \cdots)$ 处不连续，由收敛定理知，$f(x)$ 的傅里叶级数在 $x = k\pi$ 处收敛于

$$\frac{1}{2}[f(x^-) + f(x^+)] = \frac{1}{2}[(-1) + 1] = 0.$$

故 $f(x)$ 的傅里叶级数的和函数在一个周期内为

$$s(x) = \frac{4}{\pi} \left[\sin x + \frac{\sin 3x}{3} + \cdots + \frac{\sin(2k-1)x}{2k-1} + \cdots \right] = \begin{cases} -1, & -\pi < x < 0 \\ 1, & 0 < x < \pi \\ 0, & x = -\pi, 0. \end{cases}$$

$s(x)$ 的图形如图 10-1 所示.

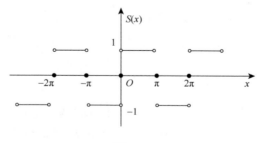

图 10-1

例 10.39 设函数 $f(x)$ 是周期为 2π 的函数，它在 $(-\pi, \pi)$ 上的表达式为

$$f(x) = \begin{cases} 0, & -\pi < x < 0, \\ x, & 0 \leqslant x < \pi, \end{cases}$$

将 $f(x)$ 展开成傅里叶级数.

解　所给函数 $f(x)$ 满足收敛定理的条件. 由式（10-23）计算 $f(x)$ 的傅立叶系数，得

$$a_0 = \frac{1}{\pi}\int_{-\pi}^{\pi} f(x)\mathrm{d}x = \frac{1}{\pi}\int_0^{\pi} x\mathrm{d}x = \frac{\pi}{2}$$

$$a_n = \frac{1}{\pi}\int_{-\pi}^{\pi} f(x)\cos nx\mathrm{d}x = \frac{1}{\pi}\int_0^{\pi} x\cos nx\mathrm{d}x = \frac{(-1)^n - 1}{n^2\pi} = \begin{cases} \dfrac{-2}{n^2\pi}, & n = 1,3,5,\cdots, \\ 0 & n = 2,4,6,\cdots, \end{cases}$$

$$b_n = \frac{1}{\pi}\int_{-\pi}^{\pi} f(x)\sin nx\mathrm{d}x = \frac{1}{\pi}\int_0^{\pi} x\sin nx\mathrm{d}x = (-1)^{n+1}\frac{1}{n} \quad (n = 1,2,3,\cdots).$$

从而 $f(x)$ 的傅里叶级数展开式为

$$f(x) = \frac{\pi}{4} - \frac{2}{\pi}\cos x + \sin x - \frac{\sin 2x}{2} - \frac{2}{9\pi}\cos 3x + \frac{\sin 3x}{3} - \cdots \quad (-\infty < x < +\infty, \ x \neq \pm\pi, \pm 3\pi, \cdots).$$

$f(x)$ 在点 $x = (2k+1)\pi$ 处不连续，因此 $f(x)$ 的傅里叶级数在 $x = (2k+1)\pi$ 处收敛于

$$\frac{1}{2}[f(x^-) + f(x^+)] = \frac{1}{2}[\pi + 0] = \frac{\pi}{2}.$$

函数 $f(x)$ 的傅里叶级数的和函数图形如图 10-2 所示.

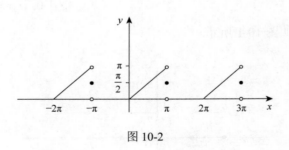

图 10-2

如果函数 $f(x)$ 只在 $[-\pi, \pi]$ 上有定义，并且满足收敛定理的条件，那么 $f(x)$ 也可以展开成傅里叶级数. 因为我们可以在 $[-\pi, \pi)$ 或 $(-\pi, \pi]$ 外补充函数 $f(x)$ 的定义，使之拓广成周期为 2π 的周期函数 $F(x)$. 我们把按这种方式拓广函数的定义域的过程称为周期延拓. 然后将函数 $F(x)$ 展开成傅里叶级数，最后限制 x 在 $(-\pi, \pi)$

内，此时便有 $F(x) \equiv f(x)$，这样就得到函数 $f(x)$ 的傅里叶级数展开式. 根据收敛定理，这个级数在区间端点 $x = \pm\pi$ 处收敛于 $\frac{1}{2}[f(-\pi^+) + f(\pi^-)]$.

例 10.40　在 $[0, 2\pi]$ 上，将函数 $f(x) = \dfrac{\pi - x}{2}$ 展开成傅里叶级数.

解　所给函数 $f(x)$ 在区间 $[0, 2\pi]$ 上满足收敛定理的条件. 把它延拓成以 2π 为周期的函数. 当 $x = 0$ 或 2π 时，$f(x)$ 的傅里叶级数收敛于

$$\frac{1}{2}[f(0^+) + f(2\pi^-)] = \frac{1}{2}\left[\frac{\pi}{2} + \left(-\frac{\pi}{2}\right)\right] = 0.$$

在函数 $f(x)$ 的连续点 $x(0 < x < 2\pi)$ 处，$f(x)$ 的傅里叶级数收敛于 $f(x)$.

计算 $f(x)$ 的傅里叶系数

$$a_0 = \frac{1}{\pi}\int_0^{2\pi} \frac{\pi - x}{2}\,dx = \frac{1}{2\pi}\left[\pi x - \frac{x^2}{2}\right]_0^{2\pi} = 0,$$

$$a_n = \frac{1}{\pi}\int_0^{2\pi} \frac{\pi - x}{2}\cos nx\,dx = \left[-\frac{1}{2\pi}(\pi - x)\frac{\sin nx}{n}\right]_0^{2\pi} - \frac{1}{2\pi n}\int_0^{2\pi}\sin nx\,dx = 0,$$

$$b_n = \frac{1}{\pi}\int_0^{2\pi} \frac{\pi - x}{2}\sin nx\,dx = \left[-\frac{1}{2\pi}(\pi - x)\frac{\cos nx}{n}\right]_0^{2\pi} - \frac{1}{2\pi n}\int_0^{2\pi}\cos nx\,dx = \frac{1}{n} \quad (n = 1, 2, 3, \cdots).$$

从而 $f(x)$ 在 $(0, 2\pi)$ 内的傅里叶级数展开式为

$$\frac{\pi - x}{2} = \sum_{n=1}^{\infty} \frac{\sin nx}{n}.$$

$f(x)$ 的傅里叶级数的和函数图形如图 10-3 所示.

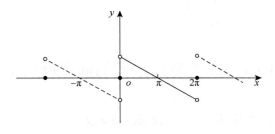

图 10-3

习　题　10-7

1. 证明下列各等式：

（1）$\int_{-\pi}^{\pi}\cos nx\cos mx\mathrm{d}x=\begin{cases}0, & m\neq n,\\ \pi, & m=n;\end{cases}$

（2）$\int_{-\pi}^{\pi}\sin nx\sin mx\mathrm{d}x=\begin{cases}0, & m\neq n,\\ \pi, & m=n.\end{cases}$

2. 将下列函数展开成傅里叶级数：

（1）$f(x)=3x^2+1,-\pi<x<\pi$；　　　　（2）$f(x)=\begin{cases}0, & -\pi<x<0,\\ \sin x, & 0\leqslant x<\pi.\end{cases}$

3. 将下列函数展开成傅里叶级数，并分别作出原函数与傅里叶级数的和函数在$[-\pi,\pi]$上的图形.

（1）$f(x)=2\sin\dfrac{x}{3},-\pi\leqslant x\leqslant\pi$；　　（2）$f(x)=\begin{cases}\mathrm{e}^x, & -\pi\leqslant x<0,\\ 0, & 0\leqslant x\leqslant\pi.\end{cases}$

4. 把函数

$$f(x)=\begin{cases}-\dfrac{\pi}{4}, & -\pi<x<0,\\[2mm] \dfrac{\pi}{4}, & 0\leqslant x<\pi\end{cases}$$

展开成傅里叶级数，并由它推出：

（1）$\dfrac{\pi}{4}=1-\dfrac{1}{3}+\dfrac{1}{5}-\dfrac{1}{7}+\cdots$；

（2）$\dfrac{\pi}{3}=1+\dfrac{1}{5}-\dfrac{1}{7}-\dfrac{1}{11}+\dfrac{1}{13}+\dfrac{1}{17}+\cdots$；

（3）$\dfrac{\sqrt{3}}{6}\pi=1-\dfrac{1}{5}+\dfrac{1}{7}-\dfrac{1}{11}+\dfrac{1}{13}-\dfrac{1}{17}+\cdots$.

10.8　一般周期函数的傅里叶级数

10.8.1　周期为 2l 的周期函数的傅里叶级数

在上一节，我们讨论了以2π为周期的周期函数的傅里叶级数. 但是在实际问题中遇到的周期函数，它的周期不一定是2π，而是任意数$2l$. 假定所给函数$f(x)$

在区间 $[-l, l]$ 上满足收敛定理的条件, 那么我们可以通过一个简单的变量代换将其转化为一个以 2π 为周期的周期函数, 从而将其展开成傅里叶级数.

假设函数 $f(x)$ 是以 $2l$ 为周期的周期函数, 在区间 $[-l, l]$ 上满足收敛定理的条件. 作变量代换 $x = \dfrac{lt}{\pi}$, 则 $t = \dfrac{\pi x}{l}$, 从而

$$f(x) = f\left(\frac{lt}{\pi}\right) = F(t).$$

显然, $F(t)$ 是以 2π 为周期的周期函数. 将 $F(t)$ 展开成傅里叶级数, 其傅里叶系数为

$$\left. \begin{aligned} a_n &= \frac{1}{\pi}\int_{-\pi}^{\pi} F(t)\cos nt\, \mathrm{d}t = \frac{1}{l}\int_{-l}^{l} f(x)\cos\frac{n\pi x}{l}\, \mathrm{d}x, (n = 0, 1, 2, \cdots), \\ b_n &= \frac{1}{\pi}\int_{-\pi}^{\pi} F(t)\sin nt\, \mathrm{d}t = \frac{1}{l}\int_{-l}^{l} f(x)\sin\frac{n\pi x}{l}\, \mathrm{d}x, (n = 1, 2, \cdots). \end{aligned} \right\} \tag{10-25}$$

从而 $F(t)$ 的傅里叶级数展开式为

$$\frac{a_0}{2} + \sum_{n=1}^{\infty}(a_n \cos nt + b_n \sin nt).$$

所以 $f(x)$ 的傅里叶级数展开式为

$$\frac{a_0}{2} + \sum_{n=1}^{\infty}\left(a_n \cos\frac{n\pi x}{l} + b_n \sin\frac{n\pi x}{l}\right).$$

根据收敛定理, 如果 x 是 $f(x)$ 的连续点, 那么

$$f(x) = \frac{a_0}{2} + \sum_{n=1}^{\infty}\left(a_n \cos\frac{n\pi x}{l} + b_n \sin\frac{n\pi x}{l}\right);$$

如果 x 是 $f(x)$ 的间断点, 那么

$$\frac{f(x^-) + f(x^+)}{2} = \frac{a_0}{2} + \sum_{n=1}^{\infty}\left(a_n \cos\frac{n\pi x}{l} + b_n \sin\frac{n\pi x}{l}\right).$$

例 10.41　设函数 $f(x)$ 是周期为 4 的周期函数, 在 $(-2, 2]$ 的表达式为

$$f(x) = \begin{cases} x, & -2 < x \leqslant 0, \\ 1, & 0 < x \leqslant 2. \end{cases}$$

将函数 $f(x)$ 在 $[-2, 2]$ 上展开成傅里叶级数.

解　所给函数 $f(x)$ 满足收敛定理的条件. 计算 $f(x)$ 的傅里叶系数. 由式（10-25）得

$$a_0 = \frac{1}{2}\int_{-2}^{2} f(x)\mathrm{d}x = \frac{1}{2}\left[\int_{-2}^{0} x\,\mathrm{d}x + \int_{0}^{2} 1 \cdot \mathrm{d}x\right] = 0,$$

$$a_n = \frac{1}{2}\int_{-2}^{2} f(x)\cos\frac{n\pi x}{2}\mathrm{d}x = \frac{1}{2}\left[\int_{-2}^{0} x\cos\frac{n\pi x}{2}\mathrm{d}x + \int_{0}^{2}\cos\frac{n\pi x}{2}\mathrm{d}x\right]$$

$$= \frac{1}{n\pi}\left[x\sin\frac{n\pi x}{2}\bigg|_{-2}^{0} - \int_{-2}^{0}\sin\frac{n\pi x}{2}\mathrm{d}x\right] = \frac{2}{n^2\pi^2}[1 - \cos n\pi]$$

$$= \frac{2}{n^2\pi^2}[1 - (-1)^n] \quad (n = 1,2,3,\cdots),$$

$$b_n = \frac{1}{2}\int_{-2}^{2} f(x)\sin\frac{n\pi x}{2}\mathrm{d}x = \frac{1}{2}\left[\int_{-2}^{0} x\sin\frac{n\pi x}{2}\mathrm{d}x + \int_{0}^{2}\sin\frac{n\pi x}{2}\mathrm{d}x\right]$$

$$= \frac{1}{n\pi}\left[-\left(x\cos\frac{n\pi x}{2}\bigg|_{-2}^{0} - \int_{-2}^{0}\cos\frac{n\pi x}{2}\mathrm{d}x\right) - \cos\frac{n\pi x}{2}\bigg|_{0}^{2}\right]$$

$$= \frac{1}{n\pi}[-2\cos n\pi - \cos n\pi + 1] = \frac{3}{n\pi}\left[\frac{1}{3} - (-1)^n\right] \quad (n = 1,2,3,\cdots),$$

所以 $f(x)$ 在 $[-2,2]$ 上的傅里叶级数为

$$f(x) = \sum_{n=1}^{\infty}\left\{\frac{2}{n^2\pi^2}[1 - (-1)^n]\cos\frac{n\pi x}{2} + \frac{3}{n\pi}\left[\frac{1}{3} - (-1)^n\right]\sin\frac{n\pi x}{2}\right\} \quad (x \neq 0, \pm 2).$$

当 $x = 0$ 时，级数收敛于 $\frac{1}{2}$；当 $x = \pm 2$ 时，级数收敛于 $-\frac{1}{2}$. $f(x)$ 的傅里叶级数的

和函数的图形如图 10-4 所示.

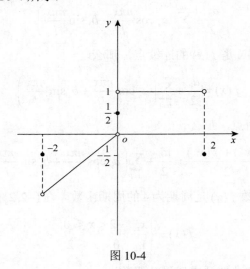

图 10-4

10.8.2　正弦级数和余弦级数

由前面讨论可知，如果函数 $f(x)$ 满足收敛定理的条件，通常它的傅里叶级数

中既含有正弦项，又含有余弦项. 但是，也有一些函数的傅里叶级数中只含有正弦项或只含有常数和余弦项. 这种现象是由什么原因造成的呢?通过傅里叶系数的计算公式不难看出，在对称区间 $[-l,l]$ 上，如果所给函数 $f(x)$ 是奇函数，则

$$a_n = \frac{1}{l}\int_{-l}^{l} f(x)\cos\frac{n\pi x}{l}dx = 0 \quad (n=0,1,2,\cdots),$$

$$b_n = \frac{2}{l}\int_0^l f(x)\sin\frac{n\pi x}{l}dx \quad (n=1,2,\cdots).$$

所以，定义在 $[-l,l]$ 上的奇函数 $f(x)$ 的傅里叶级数就是只含有正弦项的正弦级数

$$\sum_{n=1}^{\infty} b_n \sin\frac{n\pi x}{l}.$$

同理，如果所给的函数 $f(x)$ 是定义在 $[-l,l]$ 上的偶函数，则

$$a_n = \frac{2}{l}\int_0^l f(x)\cos\frac{n\pi x}{l}dx \quad (n=0,1,2,\cdots),$$

$$b_n = \frac{1}{l}\int_{-l}^{l} f(x)\sin\frac{n\pi x}{l}dx = 0 \quad (n=1,2,\cdots).$$

所以，定义在 $[-l,l]$ 上的偶函数 $f(x)$ 的傅里叶级数就是只含有常数和余弦项的余弦级数

$$\frac{a_0}{2} + \sum_{n=1}^{\infty} a_n \cos\frac{n\pi x}{l}.$$

特别地，当 $l=\pi$ 时，奇函数 $f(x)$ 展开成的正弦级数为

$$\sum_{n=1}^{\infty} b_n \sin nx, \tag{10-26}$$

其中 $b_n = \frac{2}{\pi}\int_0^{\pi} f(x)\sin nx dx (n=1,2,\cdots).$ \hfill (10-27)

当 $l=\pi$ 时，偶函数 $f(x)$ 展开成的余弦级数为

$$\frac{a_0}{2} + \sum_{n=1}^{\infty} a_n \cos nx, \tag{10-28}$$

其中 $a_n = \frac{2}{\pi}\int_0^{\pi} f(x)\cos nx dx (n=0,1,2,\cdots).$ \hfill (10-29)

在实际应用中，有时需要把定义在 $[0,\pi]$ 上（或一般地 $[0,l]$ 上）的函数展开成正弦级数或余弦级数. 为此，先把定义在 $[0,\pi]$ 上的函数作奇延拓（延拓为奇函数）或偶延拓（延拓为偶函数）到 $[-\pi,\pi]$ 上，然后求延拓后函数的傅里叶级数，即得式（10-26）或式（10-28）. 但是实际计算时，对于定义在 $[0,\pi]$ 上的函数，将其展开成正弦级数或余弦级数时，可以不必作延拓而直接由式（10-27）或式（10-29）计算出它的傅里叶系数.

例 10.42　在区间 $[0,2]$ 上将函数 $f(x)=x^2$ 展开成正弦级数.

解　对 $f(x)$ 作奇延拓，再作周期延拓.

傅里叶系数

$$a_n = 0 \quad (n = 0,1,2,\cdots),$$

$$b_n = \frac{2}{l} \int_0^l f(x) \sin \frac{n\pi x}{l} \mathrm{d}x = \frac{2}{2} \int_0^2 x^2 \sin \frac{n\pi x}{2} \mathrm{d}x$$

$$= \left[-\frac{2x^2}{n\pi} \cos \frac{n\pi x}{2} \right]_0^2 + \frac{4}{n\pi} \int_0^2 x \cos \frac{n\pi x}{2} \mathrm{d}x$$

$$= -\frac{8}{n\pi} \cos n\pi + \frac{8}{n^2\pi^2} \left[x \sin \frac{n\pi x}{2} + \frac{2}{n\pi} \cos \frac{n\pi x}{2} \right]_0^2$$

$$= -\frac{8}{n\pi} \cos n\pi + \frac{8}{n^2\pi^2} \left[2 \sin n\pi + \frac{2}{n\pi} \cos n\pi - \frac{2}{n\pi} \right]$$

$$= \frac{8}{\pi} \left\{ \frac{(-1)^{n+1}}{n} + \frac{2}{n^3\pi^2} [(-1)^n - 1] \right\}.$$

从而 $f(x)$ 的正弦级数展开式为

$$x^2 = \frac{8}{\pi} \sum_{n=1}^{\infty} \left\{ \frac{(-1)^{n+1}}{n} + \frac{2}{n^3\pi^2} [(-1)^n - 1] \right\} \sin \frac{n\pi x}{2} \quad (0 \leqslant x < 2)$$

在 $x = 2$ 处级数收敛于 0．$f(x)$ 的正弦级数展开式的和函数图形如图 10-5 所示.

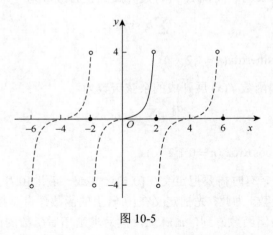

图 10-5

例 10.43　将函数 $f(x) = x + 1 \, (0 \leqslant x \leqslant \pi)$ 分别展开成正弦级数和余弦级数.

解　将 $f(x) = x + 1 \, (0 \leqslant x \leqslant \pi)$ 展成正弦级数. 先对 $f(x)$ 作奇延拓，再作周期延拓，则其傅里叶系数

$$a_n = 0 \quad (n = 0,1,2,\cdots),$$

$$b_n = \frac{2}{\pi} \int_0^\pi f(x) \sin nx \, dx = \frac{2}{\pi} \int_0^\pi (x+1) \sin nx \, dx$$

$$= \frac{2}{\pi} \left[-\frac{x \cos nx}{n} + \frac{\sin nx}{n^2} - \frac{\cos nx}{n} \right]_0^\pi$$

$$= \frac{2}{n\pi} (1 - \pi \cos n\pi - \cos n\pi)$$

$$= \begin{cases} \dfrac{2(\pi+2)}{n\pi}, & n = 1,3,5,\cdots, \\ -\dfrac{2}{n}, & n = 2,4,6,\cdots. \end{cases}$$

从而 $f(x)$ 的正弦级数展开式为

$$x+1 = \frac{2}{\pi} \left[(\pi+2)\sin x - \frac{\pi}{2}\sin 2x + \frac{1}{3}(\pi+2)\sin 3x - \frac{\pi}{4}\sin 4x + \cdots \right] \quad (0 < x < \pi).$$

在端点 $x = 0$ 及 $x = \pi$ 处，级数收敛于 0.

$f(x)$ 的正弦级数的和函数图形如图 10-6 所示.

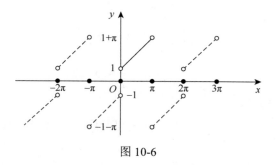

图 10-6

将 $f(x) = x+1 \, (0 \leqslant x \leqslant \pi)$ 展成余弦级数. 先将 $f(x)$ 作偶延拓，再进行周期延拓，则其傅里叶系数

$$b_n = 0 \quad (n = 1,2,\cdots),$$

$$a_0 = \frac{2}{\pi} \int_0^\pi f(x) \, dx = \frac{2}{\pi} \int_0^\pi (x+1) \, dx = \pi + 2,$$

$$a_n = \frac{2}{\pi} \int_0^\pi f(x) \cos nx \, dx = \frac{2}{\pi} \int_0^\pi (x+1) \cos nx \, dx$$

$$= \frac{2}{\pi} \left[\frac{x \sin nx}{n} + \frac{\cos nx}{n^2} + \frac{\sin nx}{n} \right]_0^\pi$$

$$= \frac{2}{n^2\pi} (\cos n\pi - 1) = \begin{cases} -\dfrac{4}{n^2\pi}, & n = 1,3,5,\cdots, \\ 0, & n = 2,4,6,\cdots. \end{cases}$$

从而 $f(x)$ 的余弦级数展开式为

$$x+1=\left(\frac{\pi}{2}+1\right)-\frac{4}{\pi}\left[\cos x+\frac{1}{3^2}\cos 3x+\frac{1}{5^2}\cos 5x+\cdots\right]\quad(0\leqslant x\leqslant\pi).$$

$f(x)$ 的余弦级数的和函数图形如图 10-7 所示.

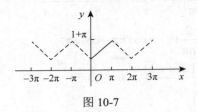

图 10-7

习　题　10-8

1. 将函数 $f(x)=2x^2\,(0\leqslant x\leqslant\pi)$ 分别展开成正弦级数和余弦级数.

2. 将函数 $f(x)=x^3\,(0\leqslant x\leqslant\pi)$ 展开为余弦级数.

3. 设 $f(x)$ 的周期为 2，并且

$$f(x)=\begin{cases}x, & -1\leqslant x<0,\\ 1, & 0\leqslant x<\dfrac{1}{2},\\ -1, & \dfrac{1}{2}\leqslant x<1,\end{cases}$$

将其展开成傅里叶级数.

4. 将 $f(x)=|x|$ 在 $\left(-\dfrac{1}{2},\dfrac{1}{2}\right)$ 内展开成傅里叶级数，并求级数 $\displaystyle\sum_{n=0}^{\infty}\frac{1}{(2n+1)^2}$ 的和.

5. 将函数 $f(x)=\begin{cases}x, & 0\leqslant x<\dfrac{l}{2},\\ l-x, & \dfrac{l}{2}\leqslant x\leqslant l\end{cases}$ 展开成正弦级数和余弦级数.

6. 设周期函数 $f(x)$ 的周期为 2π. 证明：

（1）如果 $f(x-\pi)=-f(x)$，则 $f(x)$ 的傅里叶系数
$$a_0=0,a_{2k}=0,b_{2k}=0\quad(k=1,2,\cdots);$$

（2）如果 $f(x-\pi)=f(x)$，则 $f(x)$ 的傅里叶系数
$$a_{2k+1}=0,b_{2k+1}=0\quad(k=1,2,\cdots).$$

总习题十（A）

1. 填空题

（1）$\displaystyle\sum_{n=1}^{\infty}\frac{1}{4n^2-1}=$ _____.

（2）级数 $\sum\limits_{n=1}^{\infty} \dfrac{\sqrt{n+2}-\sqrt{n-2}}{n^{\alpha}}$ 当 α 满足_____时收敛，在_____发散.

（3）幂级数 $\sum\limits_{n=0}^{\infty} \dfrac{(x-1)^n}{2n+1}$ 的收敛区间为_____.

（4）设级数 $\sum\limits_{n=0}^{\infty} a_n \left(\dfrac{x+1}{2} \right)^n$，若 $\lim\limits_{n\to\infty} \left| \dfrac{a_n}{a_{n+1}} \right| = \dfrac{1}{3}$，则该级数的收敛半径为_____.

（5）幂级数 $\sum\limits_{n=1}^{\infty} (n-1)x^n$ 的和函数为_____.

（6）函数 $f(x) = \dfrac{x^3}{1+x}$ 在 $(-1,1)$ 内的幂级数展开式为_____.

（7）设函数 $f(x) = \pi x + x^2$ 在 $[-\pi,\pi]$ 上的傅里叶展开式为 $\dfrac{a_0}{2} + \sum\limits_{n=1}^{\infty} (a_n \cos nx + b_n \sin nx)$，则系数 $a_3 =$_____.

（8） $f(x)$ 为周期为 2π 的周期函数，它在 $[-\pi,\pi]$ 上的定义为

$$f(x) = \begin{cases} -1, & -\pi < x \leqslant 0, \\ x^2, & 0 < x \leqslant \pi. \end{cases}$$

设它的傅里叶级数的和函数为 $s(x)$，则 $s(3\pi) =$_____.

2. 选择题

（1）若级数 $\sum\limits_{n=1}^{\infty} u_n$ 发散，则（　　）.

A. 一定 $\lim\limits_{n\to\infty} u_n \neq 0$　　　　　　B. 一定 $\lim\limits_{n\to\infty} u_n = \infty$

C. 一定 $\lim\limits_{n\to\infty} u_n = 0$　　　　　　D. 以上答案都不对

（2）设 $\{u_n\}$ 是数列，则下列命题正确的是（　　）.

A. 若 $\sum\limits_{n=1}^{\infty} u_n$ 收敛，则 $\sum\limits_{n=1}^{\infty} (u_{2n-1} + u_{2n})$ 收敛

B. 若 $\sum\limits_{n=1}^{\infty} (u_{2n-1} + u_{2n})$ 收敛，则 $\sum\limits_{n=1}^{\infty} u_n$ 收敛

C. 若 $\sum\limits_{n=1}^{\infty} u_n$ 收敛，则 $\sum\limits_{n=1}^{\infty} (u_{2n-1} - u_{2n})$ 收敛

D. 若 $\sum\limits_{n=1}^{\infty} (u_{2n-1} - u_{2n})$ 收敛，则 $\sum\limits_{n=1}^{\infty} u_n$ 收敛

（3）下列级数条件收敛的是（　　）.

A. $\sum\limits_{n=1}^{\infty} \dfrac{(-1)^{n-1}}{n!}$　　　　　　B. $\sum\limits_{n=1}^{\infty} \dfrac{(-1)^{n-1}}{\sqrt[n]{2}}$

C. $\sum\limits_{n=1}^{\infty} \dfrac{(-1)^{2n-1}}{n}$　　　　　　D. $\sum\limits_{n=1}^{\infty} \dfrac{(-1)^n (2n-1)}{n^2}$

（4）级数 $\sum\limits_{n=1}^{\infty}(-1)^{n-1}\left(\sqrt{n+\dfrac{1}{2}}-\sqrt{n}\right)$ 是（　　　）.

  A. 条件收敛   B. 绝对收敛

  C. 发散   D. 敛散性不确定

（5）幂级数 $\sum\limits_{n=0}^{\infty}\dfrac{(-1)^{n}x^{2n}}{n!}$ 在 $(-\infty,+\infty)$ 内的和函数 $s(x)=$（　　　）.

  A. $e^{-x^{2}}$ B. $e^{x^{2}}$ C. $-e^{-x^{2}}$ D. $-e^{x^{2}}$

（6）函数 $f(x)=\begin{cases}x, & -\pi\leqslant x\leqslant 0, \\ x^{2}\sin\dfrac{1}{x}, & 0<x\leqslant\pi\end{cases}$ 和函数 $g(x)=2^{\frac{1}{x}}$ 在 $[-2,2]$ 上（　　　）.

  A. $f(x)$、$g(x)$ 都满足狄利克雷条件

  B. $f(x)$ 满足狄利克雷条件，$g(x)$ 不满足狄利克雷条件

  C. $g(x)$ 满足狄利克雷条件，$f(x)$ 不满足狄利克雷条件

  D. $f(x)$、$g(x)$ 都不满足狄利克雷条件

（7）由函数 $f(x)=x^{2}$ 在 $[-1,1]$ 上的傅里叶级数 $\dfrac{1}{3}+\dfrac{4}{\pi^{2}}\sum\limits_{n=1}^{\infty}\dfrac{(-1)^{n}}{n^{2}}\cos n\pi x$ 可得

$\sum\limits_{n=1}^{\infty}\dfrac{(-1)^{n}}{n^{2}}$ 之值为（　　　）.

  A. $\dfrac{\pi^{2}}{6}$ B. $-\dfrac{\pi^{2}}{6}$ C. $\dfrac{\pi^{2}}{12}$ D. $-\dfrac{\pi^{2}}{12}$

3. 判断题（对者打√，错者打×，并说明理由）

（1）若正项级数 $\sum\limits_{n=1}^{\infty}u_{n}$ 收敛，则级数 $\sum\limits_{n=1}^{\infty}u_{n}^{2}$ 收敛；（　　　）

（2）若级数 $\sum\limits_{n=1}^{\infty}u_{n}$ 发散，则 $\lim\limits_{n\to\infty}u_{n}\neq 0$；（　　　）

（3）若正项级数 $\sum\limits_{n=1}^{\infty}u_{n}$ 收敛，则 $\lim\limits_{n\to\infty}\dfrac{u_{n+1}}{u_{n}}<1$；（　　　）

（4）若级数 $\sum\limits_{n=1}^{\infty}u_{n}$ 收敛，则级数 $\sum\limits_{n=1}^{\infty}(u_{n}+A)(A>0)$ 收敛；（　　　）

（5）若级数 $\sum\limits_{n=1}^{\infty}u_{n}$ 和级数 $\sum\limits_{n=1}^{\infty}v_{n}$ 都发散，则级数 $\sum\limits_{n=1}^{\infty}(u_{n}+v_{n})$ 发散；（　　　）

（6）若级数 $\sum\limits_{n=1}^{\infty}|u_{n}|$ 发散，则级数 $\sum\limits_{n=1}^{\infty}u_{n}$ 也发散.（　　　）

4. 判定下列级数的敛散性：

（1）$\sum\limits_{n=1}^{\infty}\left(1-\cos\dfrac{\pi}{n}\right)^{p}(p>0)$；   （2）$\sum\limits_{n=1}^{\infty}\dfrac{n\cdot 2^{n}}{3^{n}-2^{n}}$；

（3）$\displaystyle\sum_{n=1}^{\infty}(-1)^{n-1}\frac{k+n}{n^2}\ (k>0)$；

（4）$\displaystyle\sum_{n=1}^{\infty}\frac{\sin\dfrac{\pi}{3^n}}{n}$；

（5）$\displaystyle\sum_{n=1}^{\infty}\frac{(-1)^n}{n-\sin n}$；

（6）$\displaystyle\sum_{n=1}^{\infty}\frac{2^n n!}{n^n}$；

（7）$\displaystyle\sum_{n=1}^{\infty}\frac{(-1)^{n-1}}{n-\ln n}$；

（8）$\displaystyle\sum_{n=1}^{\infty}n\tan\frac{\pi}{2^{n+1}}$．

5. 设 $a_n>0$ 且 $\lim\limits_{n\to\infty}na_n=A\neq0$，证明 $\displaystyle\sum_{n=1}^{\infty}a_n$ 发散.

6. 证明：若 $\displaystyle\sum_{n=1}^{\infty}a_n^2$ 收敛，则 $\displaystyle\sum_{n=1}^{\infty}\frac{a_n}{n}$ 绝对收敛.

7. 求下列级数的收敛域：

（1）$\displaystyle\sum_{n=1}^{\infty}\frac{(-1)^n}{n^2}\left(\frac{x-1}{x+1}\right)^n$；

（2）$\displaystyle\sum_{n=2}^{\infty}(-1)^n\frac{1}{2^n n}x^{2n-3}$．

8. 设有幂级数 $\displaystyle\sum_{n=1}^{\infty}a_n x^n$ 与 $\displaystyle\sum_{n=1}^{\infty}b_n x^n$，若 $\lim\limits_{n\to\infty}\dfrac{a_{n+1}}{a_n}=\dfrac{3}{\sqrt5}$，$\lim\limits_{n\to\infty}\dfrac{b_{n+1}}{b_n}=3$，试求幂级数 $\displaystyle\sum_{n=1}^{\infty}\frac{a_n^2}{b_n^2}x^n$ 的收敛半径.

9. 求下列幂级数的收敛区间：

（1）$\displaystyle\sum_{n=1}^{\infty}\frac{(x-1)^{2n}}{n\cdot3^{2n}}$；

（2）$\displaystyle\sum_{n=1}^{\infty}\frac{3^n+(-2)^n}{n}(x+1)^n$；

（3）$\displaystyle\sum_{n=1}^{\infty}\frac{x^{2n}}{(2n-1)(2n)}$．

10. 求下列幂级数的收敛域及和函数：

（1）$\displaystyle\sum_{n=1}^{\infty}n(n+1)x^n$；

（2）$\displaystyle\sum_{n=1}^{\infty}\frac{n^2}{n!}x^n$．

11. 将函数 $f(x)=\dfrac{x}{9+x^2}$ 展成 x 的幂级数.

12. 求函数 $y=2^x$ 的麦克劳林公式中 x^n 项的系数.

13. 将 $f(x)=x$ 在 $(0,2)$ 内展开成正弦级数和余弦级数.

14. 将 $f(x)=2+|x|\ (-1\leqslant x\leqslant1)$ 展开成以 2 为周期的傅里叶级数，并由此求级数 $\displaystyle\sum_{n=1}^{\infty}\frac{1}{n^2}$ 的和.

总习题十（B）

1. 选择题

（1）若级数 $\sum\limits_{n=1}^{\infty} u_n^2$ 收敛，则（　　　）.

　　A. $\sum\limits_{n=1}^{\infty} u_n$ 收敛　　　　　　　　　　B. $\sum\limits_{n=1}^{\infty} (-1)^n u_n$ 收敛

　　C. $\sum\limits_{n=1}^{\infty} \left(u_n^2 - \dfrac{1}{n} \right)$ 发散　　　　　　D. $\sum\limits_{n=1}^{\infty} u_n$ 发散

（2）已知级数 $\sum\limits_{n=1}^{\infty} (-1)^n \sqrt{n} \sin \dfrac{1}{n^\alpha}$ 绝对收敛，级数 $\sum\limits_{n=1}^{\infty} \dfrac{(-1)^n}{n^{2-\alpha}}$ 条件收敛，则（　　　）.

　　A. $0 < \alpha \leqslant \dfrac{1}{2}$　　　　　　　　　B. $\dfrac{1}{2} < \alpha \leqslant 1$

　　C. $1 < \alpha \leqslant \dfrac{3}{2}$　　　　　　　　　D. $\dfrac{3}{2} < \alpha < 2$

（3）已知级数 $\sum\limits_{n=1}^{\infty} (-1)^{n-1} a_n = 2$ ， $\sum\limits_{n=1}^{\infty} a_{2n-1} = 5$ ，则级数 $\sum\limits_{n=1}^{\infty} a_n$ 等于（　　　）.

　　A. 3　　　　　　B. 7　　　　　　C. 8　　　　　　D. 9

（4）设 $p_n = \dfrac{a_n + |a_n|}{2}, q_n = \dfrac{a_n - |a_n|}{2}, n = 1, 2, \cdots$ ，则下列命题正确的是（　　　）.

　　A. 若 $\sum\limits_{n=1}^{\infty} a_n$ 条件收敛，则 $\sum\limits_{n=1}^{\infty} p_n$ 与 $\sum\limits_{n=1}^{\infty} q_n$ 都收敛

　　B. 若 $\sum\limits_{n=1}^{\infty} a_n$ 绝对收敛，则 $\sum\limits_{n=1}^{\infty} p_n$ 与 $\sum\limits_{n=1}^{\infty} q_n$ 都收敛

　　C. 若 $\sum\limits_{n=1}^{\infty} a_n$ 条件收敛，则 $\sum\limits_{n=1}^{\infty} p_n$ 与 $\sum\limits_{n=1}^{\infty} q_n$ 敛散性都不定

　　D. 若 $\sum\limits_{n=1}^{\infty} a_n$ 绝对收敛，则 $\sum\limits_{n=1}^{\infty} p_n$ 与 $\sum\limits_{n=1}^{\infty} q_n$ 敛散性都不定

（5）设级数 $\sum\limits_{n=1}^{\infty} u_n$ 收敛，则必收敛的级数为（　　　）.

　　A. $\sum\limits_{n=1}^{\infty} (-1)^n \dfrac{u_n}{n}$　　　　　　　　B. $\sum\limits_{n=1}^{\infty} u_n^2$

C. $\displaystyle\sum_{n=1}^{\infty}(u_{2n-1}-u_{2n})$ 　　　　　　　D. $\displaystyle\sum_{n=1}^{\infty}(u_n+u_{n+1})$

（6）设 $a_n>0$，数列 $\{a_n\}$ 单调减少且趋于零，则级数 $\displaystyle\sum_{n=1}^{\infty}(-1)^{n-1}\sqrt{a_n a_{n-1}}$ 的敛散性为（　　）.

　　A. 条件收敛　　　　　　　B. 绝对收敛

　　C. 发散　　　　　　　　　D. 收敛

（7）若级数 $\displaystyle\sum_{n=1}^{\infty}a_n$ 条件收敛，则 $x=\sqrt{3}$ 与 $x=3$ 依次为幂级数 $\displaystyle\sum_{n=1}^{\infty}na_n(x-1)^n$ 的（　　）.

　　A. 收敛点，收敛点　　　　　　B. 收敛点，发散点

　　C. 发散点，收敛点　　　　　　D. 发散点，发散点

2. 设 $a_n=\displaystyle\int_0^{\frac{\pi}{4}}\tan^n x\,\mathrm{d}x$，

（1）求 $\displaystyle\sum_{n=1}^{\infty}\frac{1}{n}(a_n+a_{n+2})$ 的值；

（2）试证：对任意的常数 $\lambda>0$，级数 $\displaystyle\sum_{n=1}^{\infty}\frac{a_n}{n^\lambda}$ 收敛.

3. 设 $a_1=2,a_{n+1}=\dfrac{1}{2}\left(a_n+\dfrac{1}{a_n}\right),n=1,2,\cdots$，证明：

（1）$\displaystyle\lim_{n\to\infty}a_n=1$；　　　　　　　　（2）级数 $\displaystyle\sum_{n=1}^{\infty}\left(\frac{a_n}{a_{n+1}}-1\right)$ 收敛.

4. 设有两条抛物线 $y=nx^2+\dfrac{1}{n}$ 和 $y=(n+1)x^2+\dfrac{1}{n+1}$，记它们交点的横坐标的绝对值为 a_n.

（1）求这两条抛物线所围成的平面图形的面积 S_n；

（2）求级数 $\displaystyle\sum_{n=1}^{\infty}\frac{S_n}{a_n}$ 的和.

5. 求幂级数 $\displaystyle\sum_{n=1}^{\infty}\frac{1}{3^n+(-2)^n}\cdot\frac{x^n}{n}$ 的收敛区间，并讨论级数在该区间端点处的敛散性.

6. 求级数 $\displaystyle\sum_{n=1}^{\infty}\left(1+\frac{1}{n}\right)^{-n^2}x^n$ 的收敛区间.

7. 设 $I_n = \int_0^{\frac{\pi}{4}} \sin^n x \cos x \, dx, n = 0,1,2,\cdots,$ 求 $\sum_{n=0}^{\infty} I_n$.

8. 求级数 $\sum_{n=2}^{\infty} \frac{1}{(n^2-1)2^n}$ 的和.

9. 求幂级数 $1 + \sum_{n=1}^{\infty} (-1)^n \frac{x^{2n}}{2n}$ $(|x|<1)$ 的和函数 $s(x)$ 及其极值.

10. 求函数 $f(x) = x^2 \ln(1+x)$ 在 $x=0$ 处的 n 阶导数 $f^{(n)}(0)(n \geqslant 3)$.

11. 设函数 $f(x) = \begin{cases} \dfrac{1+x^2}{x} \arctan x, & x \neq 0, \\ 1, & x = 0, \end{cases}$ 试将 $f(x)$ 展开成 x 的幂级数，并求

级数 $\sum_{n=1}^{\infty} \frac{(-1)^n}{1-4n^2}$ 的和.

12. 将 $\cos x$ 在 $0 < x < \pi$ 内展开成以 2π 为周期的正弦级数，并在 $-2\pi \leqslant x \leqslant 2\pi$ 上写出该级数的和函数.

数学家介绍及
无穷级数的
发展史

第 11 章 微 分 方 程

函数描述了变量之间的确定性关系，用于解决实际问题，可用函数揭示自然现象或社会现象中存在的客观规律，因而，建立函数具有重大意义. 然而在研究实际问题时，往往难以直接建立描述客观规律的函数，反而比较容易得到变量与它们的导数（或微分）之间的关系式. 再利用微积分方法，求出函数，这便是微分方程的基本内容. 本章介绍微分方程的基本概念和一些常见的微分方程求解方法.

11.1 微分方程的基本概念

含有未知量的等式称为方程，求出未知量使方程成立的过程称为解方程. 如果方程中含有未知函数的导数或微分，这样的方程即为微分方程.

下面，我们通过一个简单的例子来说明微分方程的一些基本概念.

例 11.1（自由落体运动规律） 设质量为 m 的物体，在时刻 $t=0$ 时自由下落，不计空气阻力，试确定物体下落的位移与时间的关系.

解 建立坐标轴如图 11-1 所示，设 x 为物体在时刻 t 下落的位移，于是物体下落的加速度为 $\dfrac{\mathrm{d}^2 x}{\mathrm{d}t^2}$ ，则

$$\frac{\mathrm{d}^2 x}{\mathrm{d}t^2} = g . \tag{11-1}$$

将式（11-1）积分两次：

$$\frac{\mathrm{d}x}{\mathrm{d}t} = gt + C_1 , \tag{11-2}$$

$$x = \frac{1}{2}gt^2 + C_1 t + C_2 \quad (C_1 \text{ 和 } C_2 \text{ 为任意常数}). \tag{11-3}$$

由于选取物体的初始位置为坐标原点，物体下落的初速度为零，故有

$$x(0) = 0, \quad v_0 = x'(0) = 0; \tag{11-4}$$

将以上两条件代入式（11-2）、式（11-3），可得 $C_1 = 0$ ， $C_2 = 0$.

故物体下落的位移与时间的关系为 $x = \dfrac{1}{2}gt^2$.

式（11-1）中含有未知函数的导数，这就是微分方程.

定义 11.1 由自变量、未知函数及其导数或微分组成的等式称为微分方程.

值得注意的是：微分方程中必须有未知函数的导数或微分，但可以隐含函数或自变量.

例如：

$$\frac{\mathrm{d}y}{\mathrm{d}x} + P(x)y = Q(x) ; \tag{11-5}$$

$$y'' = 0 ; \tag{11-6}$$

$$x^2 y''' + (y')^6 - 4xy^5 = 7x^{10} ; \tag{11-7}$$

$$y\mathrm{d}x + (x^2 - 4x)\mathrm{d}y = 0 ; \tag{11-8}$$

$$\frac{\partial^2 u}{\partial x^2} + \frac{\partial^2 u}{\partial y^2} = 0 . \tag{11-9}$$

这五个方程都是微分方程.

方程（11-5）～（11-8）中只含有一元函数的导数或微分，称为常微分方程，方程（11-9）中含多元函数的偏导数，称为偏微分方程. 本章只讨论常微分方程，并简称为微分方程或方程.

定义 11.2 微分方程中出现的未知函数的导数（或微分）的最高阶数，称为微分方程的阶.

上述五个方程中，方程（11-5）和（11-8）是一阶微分方程，方程（11-6）是二阶微分方程，方程（11-7）是三阶微分方程，方程（11-9）是二阶偏微分方程.

一般地，n 阶微分方程的形式为

$$F(x, y, y', \cdots, y^{(n)}) = 0 , \tag{11-10}$$

其中 $y^{(n)}$ 必须出现，而 $x, y, y', \cdots, y^{(n-1)}$ 可以不显现在方程中.

解微分方程，就是求函数 $y = f(x)$，使得微分方程恒成立. 求得的函数 $y = f(x)$ 就称为该微分方程的解.

例如，如果函数 $y = \varphi(x)$ 在区间 I 上使得

$$F(x, \varphi(x), \varphi'(x), \cdots, \varphi^{(n)}(x)) \equiv 0$$

成立，则函数 $y = \varphi(x)$ 就是微分方程（11-10）在区间 I 上的解.

在本节例 11.1 中，函数 $x = \frac{1}{2}gt^2 + C_1 t + C_2$（其中 C_1 和 C_2 为任意常数）和 $x = \frac{1}{2}gt^2$ 都满足方程（11-1），故它们都是方程（11-1）的解. 显然，这两个解不相同，一个含任意常数，一个不含任意常数.

定义 11.3 如果微分方程的解中含有任意常数，且独立的任意常数的个数与微分方程的阶数相同，这样的解称为微分方程的通解. 不含任意常数的解，称为微分方程的特解.

在例 11.1 中，函数 $x=\dfrac{1}{2}gt^2+C_1t+C_2$（其中 C_1 和 C_2 为任意常数）中含两个独立的任意常数，它是二阶微分方程（11-1）的通解，而函数 $x=\dfrac{1}{2}gt^2$ 不含任意常数，它是微分方程（11-1）的特解.

解微分方程时，要求未知函数满足一定的条件，这些条件称为微分方程的初始条件（或初值条件）. 求微分方程满足初始条件的解的问题称为微分方程的初值问题.

在例 11.1 中，就是要求微分方程 $\dfrac{\mathrm{d}^2x}{\mathrm{d}t^2}=g$ 满足初始条件 $x(0)=0$，$x'(0)=0$（式（11-4））的特解. 这便是微分方程的初值问题.

例 11.2　验证：函数 $y=C_1\sin x+C_2\cos x$（其中 C_1，C_2 是任意常数）是微分方程 $y''+y=0$ 的通解，并求满足初始条件 $y|_{x=\frac{\pi}{4}}=1$，$y'|_{x=\frac{\pi}{4}}=-1$ 的特解.

解　因为 $y=C_1\sin x+C_2\cos x$，所以
$$y'=C_1\cos x-C_2\sin x,$$
$$y''=-C_1\sin x-C_2\cos x.$$
于是有 $y''+y\equiv 0$ 成立.

同时 $y=C_1\sin x+C_2\cos x$ 中有两个独立的任意常数，故它是二阶微分方程 $y''+y=0$ 的通解.

将初始条件 $y|_{x=\frac{\pi}{4}}=1$，$y'|_{x=\frac{\pi}{4}}=-1$ 代入
$$y=C_1\sin x+C_2\cos x \text{ 和 } y'=C_1\cos x-C_2\sin x,$$
可得
$$\begin{cases}\dfrac{\sqrt{2}}{2}C_1+\dfrac{\sqrt{2}}{2}C_2=1,\\[2mm]\dfrac{\sqrt{2}}{2}C_1-\dfrac{\sqrt{2}}{2}C_2=-1,\end{cases}$$
解方程组得
$$C_1=0,\quad C_2=\sqrt{2},$$
所以所求特解为 $y=\sqrt{2}\cos x$.

说明　（1）微分方程的特解是一个确定的函数，它的图像是平面内的一条曲线，称为微分方程的积分曲线，这是微分方程初值问题的几何意义.

（2）容易验证：函数 $y=C\sin x$ 也是方程 $y''+y=0$ 的解，但此解中含有一个任意常数，它不是该微分方程的特解，也不是该微分方程的通解.

例 11.3　验证：由方程 $x^2-xy+y^2=C$（其中 C 为任意常数）确定的隐函数 $y=y(x)$ 是微分方程 $(x-2y)y'=2x-y$ 的通解.

解　将方程 $x^2 - xy + y^2 = C$ 两边同时对 x 求导，得
$$2x - y - xy' + 2yy' = 0,$$
即
$$(x - 2y)y' = 2x - y.$$

于是由方程 $x^2 - xy + y^2 = C$（其中 C 为任意常数）确定的隐函数 $y = y(x)$ 使微分方程 $(x - 2y)y' = 2x - y$ 恒成立，故它是微分方程的解.

又由于隐函数中含一个任意常数，故它是微分方程的通解.

可见：微分方程的解可以是隐函数. 如果微分方程的解是隐函数，则称之为隐式解；如果微分方程的解是显函数，则称之为显式解.

例 11.4　验证：$y = -\dfrac{1}{x^2 + C}$（其中 C 为任意常数）是方程 $y' = 2xy^2$ 的通解，常数函数 $y = 0$ 是该方程的特解.

解　因为 $y = -\dfrac{1}{x^2 + C}$，所以 $y' = \dfrac{2x}{(x^2 + C)^2}$.

而 $2xy^2 = 2x \cdot \dfrac{1}{(x^2 + C)^2} = \dfrac{2x}{(x^2 + C)^2}$，从而函数 $y = -\dfrac{1}{x^2 + C}$ 使得方程 $y' = 2xy^2$ 恒成立，并且含一个任意常数，所以 $y = -\dfrac{1}{x^2 + C}$（其中 C 为任意常数）是微分方程 $y' = 2xy^2$ 的通解.

$y = 0$ 也使得方程 $y' = 2xy^2$ 成立，所以 $y = 0$ 是该方程的特解.

值得注意的是：此例中的特解 $y = 0$，不在通解 $y = -\dfrac{1}{x^2 + C}$ 中，可见，微分方程的通解，不一定包含微分方程的所有的解.

一般情形下，求微分方程的特解，通常是先求通解，再代入初始条件确定任意常数的值而得特解，但不是所有的特解都可以如此得到.

习　题　11-1

1. 确定下列微分方程的阶数：

（1）$\left(\dfrac{\mathrm{d}y}{\mathrm{d}t}\right)^2 = y\tan t + 3t^3 \sin t + 1$；　　　（2）$(7x - 6y)\mathrm{d}x + (x + y)\mathrm{d}y = 0$；

（3）$x(y''')^2 - 2yy' + x = 0$；　　　（4）$xy''' + 2(y'')^4 + x^2 y = 0$.

2. 判断下列各题中的函数是否为所给微分方程的解：

（1）$xy' = 2y$，$y = 5x^2$；

（2）$y'' + y = 0$，$y = 3\sin x - 4\cos x$；

（3）$y'' - 2y' + y = 0$ ，　$y = x^2 e^x$ ；

（4）$(xy - x)y'' + x(y')^2 + yy' - 2y' = 0$ ，　$y = \ln(xy)$.

3. 确定下列各函数关系式中的任意常数，使函数满足所给的初始条件.

（1）$x^2 - y^2 = C$ ，　$y|_{x=0} = 5$ ；

（2）$y = (C_1 + C_2 x)e^{2x}$ ，$y|_{x=0} = 0$ ，　$y'|_{x=0} = 1$ ；

（3）$y = C_1 \sin x + C_2 \cos x$ ，满足 $y\left(\dfrac{\pi}{2}\right) = 1$ ，$y'\left(\dfrac{\pi}{2}\right) = 2$.

4. 求常数 λ 的值，使函数 $y = e^{\lambda x}$ 成为微分方程 $y'' - 9y = 0$ 的解.

5. 求微分方程，使得所给函数是它的通解.

（1）$y = Cx + C^2$ ；   （2）$y = x \tan(x + C)$ ；

（3）$xy = C_1 e^x + C_2 e^{-x}$ ；   （4）$(y - C_1)^2 = C_2 x$.

11.2　可分离变量的微分方程

求微分方程的解，往往不是一件容易的事. 只有一些简单的或者结构特殊的微分方程，才有有效的求解方法.

11.2.1　可分离变量的微分方程

如果一阶微分方程 $F(x, y, y') = 0$ 可变形为如下形式

$$\frac{\mathrm{d}y}{\mathrm{d}x} = p(x) \cdot q(y) ,\qquad （11\text{-}11）$$

则称该一阶微分方程为可分离变量的微分方程.

求解此类方程的基本步骤如下.

（1）分离变量：当 $q(y) \neq 0$ 时，将方程变形为 $\dfrac{\mathrm{d}y}{q(y)} = p(x)\mathrm{d}x$.

（2）将上式两端积分：$\displaystyle\int \frac{\mathrm{d}y}{q(y)} = \int p(x)\mathrm{d}x$ ，即得微分方程（11-11）的隐式通解

$$G(y) = F(x) + C,\qquad （11\text{-}12）$$

其中 $G(y)$ 为 $\dfrac{1}{q(y)}$ 的一个原函数，$F(x)$ 为 $p(x)$ 的一个原函数，C 为任意常数.

注　当 $q(y) = 0$ 有实根 $y = y_0$ 时，则容易验证常数函数 $y = y_0$ 是方程（11-11）的一个特解. 如果方程（11-11）的隐式通解（11-12）中没有包含这个特解，则应将此特解补上.

例 11.5 求微分方程 $\dfrac{\mathrm{d}y}{\mathrm{d}x} = 3x^2 y$ 的通解.

解 当 $y \neq 0$ 时，方程可变形为 $\dfrac{1}{y}\mathrm{d}y = 3x^2\mathrm{d}x$.

两边积分，得 $\ln|y| = x^3 + C_1$，即 $|y| = \mathrm{e}^{x^3 + C_1} = \mathrm{e}^{C_1}\mathrm{e}^{x^3}$，从而

$$y = \pm\mathrm{e}^{x^3 + C_1} = \pm\mathrm{e}^{C_1}\mathrm{e}^{x^3}.$$

因为 $\pm\mathrm{e}^{C_1}$ 仍是任意常数，把它记作 C，则 $y = C\mathrm{e}^{x^3}$ $(C \neq 0)$. 显然 $y = 0$ 满足方程，而当 $C = 0$ 时，$y = C\mathrm{e}^{x^3} = 0$，所以原方程的通解为 $y = C\mathrm{e}^{x^3}$，其中 C 为任意常数.

例 11.6 求微分方程 $\dfrac{\mathrm{d}y}{\mathrm{d}x} = \dfrac{x + xy^2}{y + x^2 y}$ 满足初始条件 $y(0) = 1$ 的特解.

解 将原方程变形为

$$\frac{\mathrm{d}y}{\mathrm{d}x} = \frac{x(1 + y^2)}{y(1 + x^2)},$$

分离变量，得

$$\frac{y}{1 + y^2}\mathrm{d}y = \frac{x}{1 + x^2}\mathrm{d}x,$$

两端积分，得

$$\frac{1}{2}\ln(1 + y^2) = \frac{1}{2}\ln(1 + x^2) + C,$$

整理化简，得

$$1 + y^2 = \mathrm{e}^{2C}(1 + x^2),$$

代入初始条件 $y|_{x=0} = 1$，解得 $\mathrm{e}^{2C} = 2$，故原方程的特解为 $1 + y^2 = 2(1 + x^2)$，即

$$2x^2 - y^2 + 1 = 0.$$

例 11.7 解微分方程 $\dfrac{\mathrm{d}y}{\mathrm{d}x} = y^{\frac{2}{3}}$.

解 当 $y \neq 0$ 时，方程可变量分离，得

$$y^{-\frac{2}{3}}\mathrm{d}y = \mathrm{d}x,$$

两端积分，得

$$3y^{\frac{1}{3}} = x + C,$$

即 $y = \dfrac{1}{27}(x + C)^3$，其中 C 为任意常数，这是原方程的通解.

显然，$y = 0$ 是原方程的一个特解，此解不包含在通解中. 所以，原方程的所有的解为 $y = \dfrac{1}{27}(x + C)^3$（$C$ 为任意常数）和 $y = 0$.

例 11.8 放射性元素镭由于不断地有原子放射出微粒子而变为其他元素，镭的含量就会不断减少，这种现象称为衰变. 由原子物理学可知镭的半衰期是 1600 年，即经过 1600 年镭的质量变为原来的一半. 在任何时刻镭的衰变速度与当时镭的质量成正比. 假设开始时有 m_0 克镭，问经过时间 t 年后还剩多少克镭？

解 设在时刻 t 时镭的质量是 $m(t)$，衰变速度是 $m(t)$ 对时间 t 的导数 $\dfrac{\mathrm{d}m}{\mathrm{d}t}$.

由于镭的衰变速度与其质量成正比，故得微分方程

$$\frac{\mathrm{d}m}{\mathrm{d}t} = -km,$$

其中 $k(k>0)$ 是常数，称为衰变系数，k 前置负号表示当时间 t 增加时，镭的质量单调减少，即导数小于零.

根据题意知，初始条件为：$m|_{t=0} = m_0$.

对方程分离变量，即

$$\frac{\mathrm{d}m}{m} = -k\mathrm{d}t,$$

考虑 $m>0$，两端积分得

$$\ln m = -kt + C_1,$$

故有

$$m = C\mathrm{e}^{-kt}, \quad (\text{其中} C = \mathrm{e}^{C_1}),$$

将初始条件 $m|_{t=0} = m_0$ 代入，可得 $C = m_0$，于是所求的特解为

$$m = m_0 \mathrm{e}^{-kt}.$$

根据题设：镭的半衰期是 1600 年，即 $m(1600) = \dfrac{m_0}{2}$，从而有

$$\frac{m_0}{2} = m_0 \mathrm{e}^{-1600k},$$

解得 $k = \dfrac{\ln 2}{1600} \approx 0.000433$，所以经过 t 年后镭的质量为

$$m \approx m_0 \mathrm{e}^{-0.000433t}.$$

根据放射性物质的衰变规律以及半衰期的测定，可大致判断古物的年代，这是鉴定文物时代特征的重要科学依据.

11.2.2 齐次方程

如果一阶微分方程可变形为如下形式

$$\frac{\mathrm{d}y}{\mathrm{d}x} = f\left(\frac{y}{x}\right), \tag{11-13}$$

则称一阶微分方程为齐次方程. 其中 $f\left(\dfrac{y}{x}\right)$ 是以 $\dfrac{y}{x}$ 为中间变量的函数.

一般地，对于一阶微分方程

$$\frac{\mathrm{d}y}{\mathrm{d}x}=\varphi(x,y)\,,\qquad\qquad(11\text{-}14)$$

若将右端的函数 $\varphi(x,y)$ 中的 x，y 分别用 tx，ty 替换，有

$$\varphi(tx,ty)=\varphi(x,y)$$

成立，则方程（11-14）为齐次方程.

特别地，如果方程（11-14）右端的 $\varphi(x,y)$ 较简单，则可通过简单变形直接化为方程（11-13）的形式.

例如：

$$y'=\frac{x+y}{x-y}=\frac{1+\dfrac{y}{x}}{1-\dfrac{y}{x}}\qquad(当x\neq0时)\,;$$

$$y'=\frac{2y^2}{x^2-xy}=\frac{2\left(\dfrac{y}{x}\right)^2}{1-\dfrac{y}{x}}\qquad(当x\neq0时).$$

齐次方程（11-13）不是可分离变量的微分方程，但我们可以通过变量代换，将（11-13）化为可分离变量的方程. 具体解法如下：

令 $u=\dfrac{y}{x}$，则

$$y=ux,\qquad\frac{\mathrm{d}y}{\mathrm{d}x}=u+x\frac{\mathrm{d}u}{\mathrm{d}x}.$$

于是方程（11-13）可化为

$$x\frac{\mathrm{d}u}{\mathrm{d}x}=f(u)-u\,.\qquad\qquad(11\text{-}15)$$

这是一个可分离变量的微分方程. 将其分离变量，再两端积分便可求得方程（11-15）的通解，一个关于 u 和 x 的函数，再将 $u=\dfrac{y}{x}$ 代回，便可得原齐次方程（11-13）的通解.

例 11.9　求微分方程 $xy'=y\ln\dfrac{y}{x}$ 的通解.

解　原方程可化为

$$y'=\frac{y}{x}\ln\frac{y}{x}\,,\qquad\qquad(11\text{-}16)$$

这是一个齐次方程. 令 $y=ux$，则 $y'=u+xu'$，代入方程（11-16），可得

$$u + xu' = u\ln u .\qquad (11\text{-}17)$$

将方程（11-17）分离变量，得

$$\frac{1}{u(\ln u-1)}\mathrm{d}u = \frac{1}{x}\mathrm{d}x, \quad (u(\ln u-1)\neq 0),$$

两端积分，得

$$\ln|\ln u-1| = \ln|x| + C_1 ,$$

整理化简，得

$$\ln u = 1+Cx \quad (\text{其中} C=\pm e^{C_1}),$$

即 $u = e^{1+Cx}$，以 $\dfrac{y}{x}$ 代替 u，得

$$y = x e^{1+Cx} \quad (\text{其中} C\neq 0).$$

当 $u(\ln u-1)=0$ 时，可得 $y=ex$ 是原方程的解，此时取 $C=0$，便有

$$y = x e^{1+Cx} = ex .$$

所以原方程的通解为

$$y = x e^{1+Cx} \quad (C \text{为任意常数}).$$

例 11.10   求位于 y 轴右侧的曲线族，使其上任一点处的切线在 y 轴上的截距恰好等于原点到该点的距离.

解   依题意，设所求曲线方程为 $y=y(x)\,(x>0)$，则曲线在任意一点 $M(x,y)$ 处的切线方程为

$$Y - y = y'(X - x) .$$

切线在 y 轴的截距为

$$Y = y - y'x .$$

由题设可得

$$y - xy' = \sqrt{x^2+y^2} ,$$

此为一阶齐次方程，可变形为

$$y' = \frac{y}{x} - \sqrt{1+\frac{y^2}{x^2}} .$$

令 $u=\dfrac{y}{x}$，即 $y=ux$，则 $\dfrac{\mathrm{d}y}{\mathrm{d}x}=u+x\dfrac{\mathrm{d}u}{\mathrm{d}x}$，齐次方程可化为

$$u+x\frac{\mathrm{d}u}{\mathrm{d}x} = u - \sqrt{1+u^2} .$$

分离变量，得

$$\frac{\mathrm{d}u}{\sqrt{1+u^2}} = -\frac{1}{x}\mathrm{d}x ,$$

两端积分，得

$$\ln(u + \sqrt{1+u^2}) = -\ln x + C_1,$$

化简整理得

$$x(u + \sqrt{1+u^2}) = C \quad (C = \mathrm{e}^{C_1} > 0),$$

将 $u = \dfrac{y}{x}$ 代入，即得所求的曲线族为 $y + \sqrt{x^2 + y^2} = C$.

有些方程虽然不是齐次方程，但是通过变量代换，可以化为齐次方程.

*例 **11.11**　求方程 $y' = \dfrac{y+2}{x+y-1}$ 的通解.

解　这个方程不是齐次方程. 若右端分式的分子、分母都没有常数项，就成为齐次方程. 因此，只要把坐标原点平移到两直线

$$\begin{cases} y + 2 = 0, \\ x + y - 1 = 0, \end{cases}$$

的交点即可. 由方程组解得交点为 $x = 3$，$y = -2$.

故作变换 $x = X + 3$，$y = Y - 2$，则有

$$\frac{\mathrm{d}y}{\mathrm{d}x} = \frac{\mathrm{d}(Y-2)}{\mathrm{d}(X+3)} = \frac{\mathrm{d}Y}{\mathrm{d}X},$$

于是原方程可化为

$$\frac{\mathrm{d}Y}{\mathrm{d}X} = \frac{Y}{X+Y}, \tag{11-18}$$

这是一个齐次方程.

设 $u = \dfrac{Y}{X}$，则 $Y = uX$，$\dfrac{\mathrm{d}Y}{\mathrm{d}X} = u + X\dfrac{\mathrm{d}u}{\mathrm{d}X}$，于是式（11-18）可化为

$$u + X\frac{\mathrm{d}u}{\mathrm{d}X} = \frac{u}{1+u},$$

即

$$-\frac{1+u}{u^2}\mathrm{d}u = \frac{1}{X}\mathrm{d}X,$$

两端积分，得

$$\frac{1}{u} - \ln|u| = \ln|X| + \ln|C|, \tag{11-19}$$

将 $u = \dfrac{Y}{X}$，$x = X + 3$ 和 $y = Y - 2$ 代入式（11-19）得原方程的通解为

$$\frac{x-3}{y+2} = \ln|C(y+2)|.$$

注　在解微分方程中，常应用变量代换法，将方程转化为可求解的类型.

习　题　11-2

1. 求下列微分方程的通解或特解：

（1）$xy' - y\ln y = 0$；　　　　　　　（2）$\cos x \sin y \, dx + \sin x \cos y \, dy = 0$；

（3）$y' - xy' = 2(y^2 + y')$；　　　　　（4）$x(1+y)dx + (y-xy)dy = 0$；

（5）$yy' = 3xy^2 - x$，　$y|_{x=0} = 1$；

（6）$2x\sin y dx + (x^2 + 3)\cos y dy = 0$，　$y|_{x=1} = \dfrac{\pi}{6}$.

2. 设曲线 $y = f(x)$ 过点 $M_0(2,3)$，并且介于两坐标轴间的任意切线段被切点平分，求此曲线的方程.

3. 一颗质量为 20 g 的子弹以 200 m/s 的初速度射进一块厚度为 10 cm 的木板，然后穿过木板以 80 m/s 的速度离开木板. 若该木板对子弹的阻力与运动速度的平方成正比，求子弹穿过木板的时间.

4. 求下列齐次方程的通解或特解：

（1）$xy' - y - \sqrt{y^2 - x^2} = 0$；　　　（2）$(x^2 + y^2)dx - xydy = 0$；

（3）$(x^3 + y^3)dx - 3xy^2dy = 0$；　　　（4）$(1 + 2e^{\frac{x}{y}})dx + 2e^{\frac{x}{y}}\left(1 - \dfrac{x}{y}\right)dy = 0$；

（5）$x^2\dfrac{dy}{dx} = xy - y^2$，　$y|_{x=1} = 1$；　　（6）$(y^2 - 3x^2)dy + 2xydx = 0$，　$y|_{x=0} = 1$.

5. 设有连结点 $O(0,0)$ 和 $A(1,1)$ 的向上凸的曲线弧段 $\overset{\frown}{OA}$，在其上任取一点 $P(x,y)$，有曲线弧 $\overset{\frown}{OP}$ 与直线段 OP 所围成的图形的面积为 x^2，求曲线弧 $\overset{\frown}{OA}$ 的方程.

*6. 求下列一阶微分方程的通解.

（1）$(x - y - 1)dx + (4y + x - 1)dy = 0$；

（2）$(x + y)dx + (3x + 3y - 4)dy = 0$.

11.3　一阶线性微分方程

11.3.1　一阶线性微分方程

形如

$$y' + p(x)y = q(x) \tag{11-20}$$

的方程，称为一阶线性微分方程.

当 $q(x) \neq 0$ 时，称方程（11-20）为一阶非齐次线性微分方程；

当 $q(x) \equiv 0$ 时，称方程（11-20）为一阶齐次线性微分方程.

称方程

$$y' + p(x)y = 0 \qquad\qquad （11\text{-}21）$$

为方程（11-20）所对应的齐次线性微分方程.

下面讨论解一阶线性微分方程（11-20）的方法.

首先求方程（11-20）所对应的齐次线性微分方程（11-21）的通解.

显然，方程（11-21）是一个可分离变量的微分方程，将其分离变量，得

$$\frac{1}{y}\mathrm{d}y = -p(x)\mathrm{d}x \quad (y \neq 0),$$

两边积分，得通解为

$$\ln|y| = -\int p(x)\mathrm{d}x + C_1,$$

化简整理得

$$y = C\,\mathrm{e}^{-\int p(x)\mathrm{d}x} \quad （其中 C = \pm\mathrm{e}^{C_1}）. \qquad （11\text{-}22）$$

再求一阶线性微分方程（11-20）的通解.

比较方程（11-20）与（11-21），差异在于右端. 由此猜想方程（11-20）有形如式（11-22）的解，但形式上将比式（11-22）复杂. 事实上，若 $y = y(x)$ 是非齐次线性微分方程（11-20）的解，则

$$y' + p(x)y = q(x),$$

可变形为

$$\frac{\mathrm{d}y}{y} = \left[\frac{q(x)}{y} - p(x)\right]\mathrm{d}x.$$

将 $y = y(x)$ 代入上式右端，两边积分，得

$$\ln|y| = \int \frac{q(x)}{y(x)}\mathrm{d}x - \int p(x)\mathrm{d}x.$$

若记 $\displaystyle\int \frac{q(x)}{y(x)}\mathrm{d}x = v(x)$，则 $\ln|y| = v(x) - \int p(x)\mathrm{d}x$，即

$$y = \pm\mathrm{e}^{v(x)}\,\mathrm{e}^{-\int p(x)\mathrm{d}x} = u(x)\,\mathrm{e}^{-\int p(x)\mathrm{d}x} \quad （其中 u(x) = \pm\mathrm{e}^{v(x)}）.$$

将此结果与式（11-22）相比较，易见形式相似，只需将式（11-22）中的常数 C 换成函数 $u(x)$，可见猜想合理. 由此我们可用常数变易法求一阶非齐次线性微分方程（11-20）的通解，即先求对应的齐次线性微分方程（11-21）的通解，再将该通解中的任意常数 C 变为待定函数 $u(x)$ 后代入方程（11-20），确定函数 $u(x)$，便可求得非齐次线性微分方程（11-20）的通解.

设 $y = u(x)\mathrm{e}^{-\int p(x)\mathrm{d}x}$ 是一阶非齐次线性微分方程（11-20）的解，则

$$y' = u'(x)e^{-\int p(x)\mathrm{d}x} - u(x)p(x)e^{-\int p(x)\mathrm{d}x}$$

$$= u'(x)e^{-\int p(x)\mathrm{d}x} - p(x)y.$$

将 $y = u(x)e^{-\int p(x)\mathrm{d}x}$ 和 $y' = u'(x)e^{-\int p(x)\mathrm{d}x} - p(x)y$ 代入方程（11-20），可得

$$u'(x) = q(x)e^{\int p(x)\mathrm{d}x},$$

积分得

$$u(x) = \int q(x)e^{\int p(x)\mathrm{d}x}\mathrm{d}x + C,$$

于是方程（11-20）的通解为

$$y = e^{-\int p(x)\mathrm{d}x}\left[\int q(x)e^{\int p(x)\mathrm{d}x}\mathrm{d}x + C\right]. \qquad （11\text{-}23）$$

式（11-23）称为一阶线性微分方程 $y' + p(x)y = q(x)$ 的通解公式.

显然，式（11-23）可改写为

$$y = Ce^{-\int p(x)\mathrm{d}x} + e^{-\int p(x)\mathrm{d}x}\int q(x)e^{\int p(x)\mathrm{d}x}\mathrm{d}x,$$

此式右端的第一项是对应的齐次线性微分方程（11-21）的通解，第二项可由（11-23）式中取 $C = 0$ 得到，因而它是方程（11-20）的一个特解. 因此，一阶非齐次线性微分方程的通解等于它所对应的齐次线性方程的通解与它的一个特解之和.

说明　式（11-23）的不定积分运算中无需再加任意常数，只需取一个原函数.

例 11.12　用常数变易法求微分方程 $\dfrac{\mathrm{d}y}{\mathrm{d}x} - \dfrac{2y}{x+1} = (x+1)^{\frac{5}{2}}$ 的通解.

解　先求对应的齐次线性微分方程的通解. 将 $\dfrac{\mathrm{d}y}{\mathrm{d}x} - \dfrac{2y}{x+1} = 0$ 分离变量，得

$$\frac{1}{y}\mathrm{d}y = \frac{2}{x+1}\mathrm{d}x,$$

两端积分，得齐次方程的通解为

$$y = C_1(x+1)^2 \quad （其中 C_1 为任意常数）.$$

设 $y = u(x)(x+1)^2$ 是原方程的解，则有

$$\frac{\mathrm{d}y}{\mathrm{d}x} = u'(x)(x+1)^2 + 2u(x)(x+1),$$

代入原方程，并整理化简，得

$$u'(x) = (x+1)^{\frac{1}{2}},$$

两端积分，得

$$u(x) = \frac{2}{3}(x+1)^{\frac{3}{2}} + C,$$

所以原方程的通解为

$$y = (x+1)^2 \left[\frac{2}{3}(x+1)^{\frac{3}{2}} + C \right]$$ （其中 C 为任意常数）.

例 11.13　求微分方程 $y' + y\tan x = \sin 2x$ 的通解.

解　这是一个一阶线性微分方程，并且

$$p(x) = \tan x, \quad q(x) = \sin 2x.$$

由通解公式（11-23）可得原方程的通解为

$$y = \mathrm{e}^{-\int \tan x \mathrm{d}x} \left(\int \sin 2x \cdot \mathrm{e}^{\int \tan x \mathrm{d}x} \, \mathrm{d}x + C \right) = \mathrm{e}^{\ln|\cos x|} \left(\int \sin 2x \cdot \mathrm{e}^{-\ln|\cos x|} \, \mathrm{d}x + C \right)$$

$$= \cos x \left(\int 2\sin x \mathrm{d}x + C \right) = \cos x (-2\cos x + C)$$

$$= C \cdot \cos x - 2\cos^2 x.$$

例 11.14　求方程 $y\ln y\mathrm{d}x + (x - \ln y)\mathrm{d}y = 0$ 的通解.

解　将方程变形为

$$\frac{\mathrm{d}x}{\mathrm{d}y} + \frac{x}{y\ln y} = \frac{1}{y},$$

这里视 x 为因变量，y 为自变量，则该方程是一个一阶线性微分方程. 并且

$$p(y) = \frac{1}{y\ln y}, \quad q(y) = \frac{1}{y}.$$

于是，所求通解为

$$x = \mathrm{e}^{-\int \frac{1}{y\ln y}\mathrm{d}y} \left[\int \frac{1}{y} \mathrm{e}^{\int \frac{1}{y\ln y}\mathrm{d}y} \mathrm{d}y + C \right]$$

$$= \mathrm{e}^{-\ln(\ln y)} \left[\int \frac{1}{y} \mathrm{e}^{\ln(\ln y)} \mathrm{d}y + C \right]$$

$$= \frac{1}{\ln y} \left[\int \frac{\ln y}{y} \mathrm{d}y + C \right] = \frac{\ln y}{2} + \frac{C}{\ln y}.$$

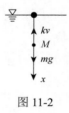

图 11-2

例 11.15　有一质量为 m 的质点，从液面由静止状态开始垂直下沉，设在沉降过程中质点所受的阻力与沉降速度 v 成正比，比例系数为 k（$k > 0$），试求质点下沉速度 v 及位置 x 与沉降时间 t 的关系.

解　建立坐标轴如图 11-2 所示. 在下沉的过程中，质点受两个力的作用，一个是重力 mg，方向向下；另一个是阻力 kv，方向向上. 由牛顿第二定律可知沉降速度 v 满足

$$\begin{cases} m\dfrac{\mathrm{d}v}{\mathrm{d}t} = mg - kv, \\ v(0) = 0. \end{cases}$$

此方程为一阶线性微分方程，整理得

$$\frac{dv}{dt} + \frac{k}{m}v = g,$$

其通解为

$$v = e^{-\int \frac{k}{m}dt}\left(\int g\,e^{\int \frac{k}{m}dt}dt + C\right) = e^{-\frac{k}{m}t}\left(\int g\,e^{\frac{k}{m}t}dt + C\right)$$

$$= e^{-\frac{k}{m}t}\left(\frac{mg}{k}e^{\frac{k}{m}t} + C\right) = \frac{mg}{k} + C\,e^{-\frac{k}{m}t}.$$

将初始条件 $v(0) = 0$ 代入，得 $C = -\dfrac{mg}{k}$，从而得

$$v = \frac{mg}{k}\left(1 - e^{-\frac{k}{m}t}\right).$$

又 $\dfrac{dx}{dt} = v = \dfrac{mg}{k}\left(1 - e^{-\frac{k}{m}t}\right)$，并且 $x(0) = 0$，两端积分得质点的位置 x 与时间 t 的

关系为

$$x(t) = x(0) + \int_0^t \frac{mg}{k}\left(1 - e^{-\frac{k}{m}t}\right)dt = \frac{mg}{k}\left[t - \frac{m}{k}\left(1 - e^{-\frac{k}{m}t}\right)\right].$$

根据结果 $v = \dfrac{mg}{k}\left(1 - e^{-\frac{k}{m}t}\right)$，因为 $\lim\limits_{t\to+\infty} v = \lim\limits_{t\to+\infty}\dfrac{mg}{k}\left(1 - e^{-\frac{k}{m}t}\right) = \dfrac{mg}{k}$，所以在经过

足够长的时间后，质点可近似地看成以 $\dfrac{mg}{k}$ 的速度匀速下沉.

11.3.2　伯努利方程

形如

$$y' + p(x)y = q(x)y^{\alpha} \quad (\alpha \neq 0, 1) \tag{11-24}$$

的方程称为伯努利（Bernoulli）方程.

当 $\alpha = 0$ 时，方程（11-24）是一阶线性微分方程；当 $\alpha = 1$ 时，方程（11-24）是可分离变量的微分方程.

下面讨论解伯努利方程的方法.

将方程（11-24）变形为

$$y^{-\alpha}y' + p(x)y^{1-\alpha} = q(x),$$

令 $z = y^{1-\alpha}$，则有

$$\frac{1}{1-\alpha}z' + p(x)z = q(x),$$

即

$$z' + (1-\alpha)p(x)z = (1-\alpha)q(x).$$

这是一个关于变量 z 和 x 的一阶线性微分方程，在求得通解 $z = z(x,C)$ 后，用 $y^{1-\alpha}$ 代替 z，即得原方程（11-24）的通解.

可见：通过变量代换 $z = y^{1-\alpha}$，可将伯努利方程化成一阶线性微分方程.

例 11.16 求方程 $\dfrac{dy}{dx} + \dfrac{2}{x}y = x^2 y^{\frac{4}{3}}$ 的通解.

解 这是 $\alpha = \dfrac{4}{3}$ 的伯努利方程，将方程变形为

$$y^{-\frac{4}{3}}\frac{dy}{dx} + \frac{2}{x}y^{-\frac{1}{3}} = x^2 \quad (y \neq 0).$$

令 $z = y^{-\frac{1}{3}}$，则 $\dfrac{dz}{dx} = -\dfrac{1}{3}y^{-\frac{4}{3}}\dfrac{dy}{dx}$，上述方程变为

$$\frac{dz}{dx} - \frac{2}{3x}z = -\frac{1}{3}x^2.$$

解此一阶线性方程，得

$$z = e^{\int \frac{2}{3x}dx}\left[\int -\frac{1}{3}x^2 e^{-\int \frac{2}{3x}dx}dx + C\right]$$

$$= x^{\frac{2}{3}}\left[\int -\frac{1}{3}x^{\frac{4}{3}}dx + C\right]$$

$$= Cx^{\frac{2}{3}} - \frac{1}{7}x^3,$$

将 $z = y^{-\frac{1}{3}}$ 代入，得原方程的通解为

$$y^{-\frac{1}{3}} = Cx^{\frac{2}{3}} - \frac{1}{7}x^3.$$

容易验证：$y = 0$ 是原方程的解，通解中不包含此解.

习 题 11-3

1. 求下列微分方程的通解：

（1）$y' + 2xy = xe^{-x^2}$；

（2）$xy' - 3y = x^2$；

（3）$\tan x \dfrac{dy}{dx} - y = 5$；

（4）$y' + \dfrac{y}{x\ln x} = 1$；

（5）$(y^2 - 6x)\mathrm{d}y + 2y\mathrm{d}x = 0$；　　　　　　（6）$\dfrac{\mathrm{d}\rho}{\mathrm{d}\theta} + 3\rho = 2$.

2. 求下列微分方程的特解：

（1）$\dfrac{\mathrm{d}y}{\mathrm{d}x} - y\tan x = \sec x$，　$y\big|_{x=0} = 0$；

（2）$\dfrac{\mathrm{d}y}{\mathrm{d}x} + y\cot x = 5\mathrm{e}^{\cos x}$，　$y\big|_{x=\frac{\pi}{2}} = -4$；

（3）$\dfrac{\mathrm{d}y}{\mathrm{d}x} + \dfrac{2 - 3x^2}{x^3}y = 1$，　$y\big|_{x=1} = 0$.

3. 设一曲线过原点，并且在任意点 (x, y) 处的切线斜率等于 $2x + y$，求该曲线的方程.

4. 设曲线积分 $\displaystyle\int_L yf(x)\mathrm{d}x + [2xf(x) - x^2]\mathrm{d}y$ 在右半平面（$x > 0$）内与积分路径无关，其中 $f(x)$ 可导且 $f(1) = 1$，求 $f(x)$.

5. 求下列伯努利方程的通解：

（1）$x\dfrac{\mathrm{d}y}{\mathrm{d}x} + y = xy^2$；　　　　　　（2）$y' + \dfrac{2}{x}y = 3x^2 y^{\frac{4}{3}}$；

（3）$\dfrac{\mathrm{d}y}{\mathrm{d}x} + \dfrac{1}{3}y = \dfrac{1}{3}(1 - 2x)y^4$；　　　　（4）$x\mathrm{d}y - [y + xy^3(1 + \ln x)]\mathrm{d}x = 0$.

11.4　全微分方程

如果方程
$$P(x, y)\mathrm{d}x + Q(x, y)\mathrm{d}y = 0 \qquad\qquad (11\text{-}25)$$
的左端恰好是某个函数 $u = u(x, y)$ 的全微分，即
$$\mathrm{d}u(x, y) = P(x, y)\mathrm{d}x + Q(x, y)\mathrm{d}y,$$
则称方程（11-25）为全微分方程或恰当方程. 此时，方程（11-25）可写成
$$\mathrm{d}u(x, y) = 0.$$
因而
$$u(x, y) = C$$
就是方程（11-25）的通解，其中 C 为任意常数.

根据第 9 章 9.3 节的定理 9.4，方程（11-25）成为全微分方程的充要条件是：$P(x, y)$，$Q(x, y)$ 在单连通域 G 内有一阶连续偏导数，并且满足
$$\frac{\partial P}{\partial y} = \frac{\partial Q}{\partial x}.$$
此时，全微分方程（11-25）的通解为

$$u(x,y) = \int_{x_0}^{x} P(x,y_0)\mathrm{d}x + \int_{y_0}^{y} Q(x,y)\mathrm{d}y = C,$$

或

$$u(x,y) = \int_{x_0}^{x} P(x,y)\mathrm{d}x + \int_{y_0}^{y} Q(x_0,y)\mathrm{d}y = C, \tag{11-26}$$

其中 (x_0,y_0) 是区域 G 内的一点，C 是任意常数.

例 11.17 求微分方程 $(x^3 - 3xy^2)\mathrm{d}x + (y^3 - 3x^2 y)\mathrm{d}y = 0$ 的通解.

解 设 $P(x,y) = x^3 - 3xy^2$，$Q(x,y) = y^3 - 3x^2 y$，则 $\dfrac{\partial P}{\partial y} = -6xy = \dfrac{\partial Q}{\partial x}$，原方程是全微分方程.

取 $x_0 = 0$，$y_0 = 0$，根据公式（11-26），有

$$u(x,y) = \int_0^x x^3 \mathrm{d}x + \int_0^y (y^3 - 3x^2 y)\mathrm{d}y = \frac{x^4}{4} + \frac{y^4}{4} - \frac{3}{2}x^2 y^2.$$

于是，原方程的通解为

$$\frac{x^4}{4} + \frac{y^4}{4} - \frac{3}{2}x^2 y^2 = C\,(\text{其中 } C \text{ 为任意常数}).$$

在判定方程是全微分方程后，也可采用"分项组合"的方法，先把那些本身已经构成全微分的项分离出来，再把剩下的项凑成全微分.

例 11.18 求方程 $\dfrac{2x}{y^3}\mathrm{d}x + \dfrac{y^2 - 3x^2}{y^4}\mathrm{d}y = 0$ 的通解.

解 设 $P(x,y) = \dfrac{2x}{y^3}$，$Q(x,y) = \dfrac{y^2 - 3x^2}{y^4}$，则 $\dfrac{\partial P}{\partial y} = -\dfrac{6x}{y^4} = \dfrac{\partial Q}{\partial x}$，原方程是全微分方程.

将原方程的左端重新组合，得

$$\frac{1}{y^2}\mathrm{d}y + \left(\frac{2x}{y^3}\mathrm{d}x - \frac{3x^2}{y^4}\mathrm{d}y\right) = \mathrm{d}\left(-\frac{1}{y}\right) + \mathrm{d}\left(\frac{x^2}{y^3}\right) = \mathrm{d}\left(-\frac{1}{y} + \frac{x^2}{y^3}\right).$$

于是，原方程的通解为

$$-\frac{1}{y} + \frac{x^2}{y^3} = C\,(\text{其中 } C \text{ 为任意常数}).$$

如果方程（11-25）不是全微分方程，但在方程两端乘上因子 $\mu(x,y)$（$\neq 0$）后所得到的方程

$$\mu(x,y)P(x,y)\mathrm{d}x + \mu(x,y)Q(x,y)\mathrm{d}y = 0$$

是全微分方程，则称函数 $\mu(x,y)$ 为方程（11-25）的积分因子. 积分因子应满足下列条件：

$$\frac{\partial(\mu P)}{\partial y} = \frac{\partial(\mu Q)}{\partial x}.$$

一般来说，求方程（11-25）的积分因子不是一件容易的事，但在一些比较简单的情形下，可以通过观察法寻找积分因子，这就要求读者熟记一些常用的全微分表达式，如：

$$xdx + ydy = d\left(\frac{x^2 + y^2}{2}\right), \quad \frac{xdy - ydx}{x^2} = d\left(\frac{y}{x}\right), \quad \frac{xdy + ydx}{xy} = d(\ln xy),$$

$$\frac{xdy - ydx}{x^2 + y^2} = d\left(\arctan\frac{y}{x}\right), \quad \frac{xdx + ydy}{x^2 + y^2} = d\left[\frac{1}{2}\ln(x^2 + y^2)\right], \quad 等等.$$

例 11.19　求方程 $ydx - xdy = ydy$ 的通解.

解　将原方程变形为

$$ydx - (x + y)dy = 0.$$

设

$$P(x, y) = y, \quad Q(x, y) = -(x + y),$$

则

$$\frac{\partial P}{\partial y} = 1, \quad \frac{\partial Q}{\partial x} = -1,$$

故原方程不是全微分方程. 但注意

$$\frac{ydx - xdy}{y^2} = d\left(\frac{x}{y}\right),$$

在原方程两边同乘以 $\frac{1}{y^2}(y \neq 0)$，可得

$$\frac{ydx - xdy}{y^2} - \frac{dy}{y} = 0.$$

这意味着

$$d\left(\frac{x}{y}\right) - d(\ln|y|) = 0,$$

即

$$d\left(\frac{x}{y} - \ln|y|\right) = 0.$$

所以原方程的通解为

$$\frac{x}{y} - \ln|y| = C \quad (C是任意常数).$$

习　题　11-4

1. 求下列全微分方程的通解：

（1）$xydx + \frac{1}{2}(x^2 + y)dy = 0$；　　　　　（2）$(3x^2 + 6xy^2)dx + (4y^3 + 6x^2y)dy = 0$；

（3）$\dfrac{2x}{y^3}dx + \dfrac{y^2-3x^2}{y^4}dy = 0$;   （4）$\left(\cos x + \dfrac{1}{y}\right)dx + \left(\dfrac{1}{y} - \dfrac{x}{y^2}\right)dy = 0$.

2. 求下列微分方程的通解：

（1）$(x^2+y)dx - xdy = 0$;   （2）$y^2(x-3y)dx + (1-3xy^2)dy = 0$;

（3）$2x(ye^{x^2}-1)dx + e^{x^2}dy = 0$;   （4）$2xy\,dx + (x^2+1)dy = 0$.

11.5 可降阶的高阶微分方程

二阶或二阶以上的微分方程称为高阶微分方程. 一些特殊的高阶微分方程可通过变量代换的方法降为低阶方程，从而得到通解. 本节将介绍三种特殊的可降阶的高阶微分方程.

11.5.1 $y^{(n)} = f(x)$ 型的微分方程

方程
$$y^{(n)} = f(x) \tag{11-27}$$
是一个 n 阶微分方程，其特点是方程的左端仅有 $y^{(n)}$，右端仅含自变量 x. 对于这样的 n 阶微分方程，连续积分 n 次，便可求得原方程的通解.

例 11.20 求微分方程 $y''' = \sin x + x$ 的通解.

解 连续积分三次，逐次可得
$$y'' = \int(\sin x + x)dx + C_1 = -\cos x + \frac{1}{2}x^2 + C_1,$$
$$y' = \int\left(-\cos x + \frac{1}{2}x^2 + C_1\right)dx + C_2 = -\sin x + \frac{1}{3!}x^3 + C_1 x + C_2,$$
$$y = \int\left(-\sin x + \frac{1}{3!}x^3 + C_1 x + C_2\right)dx + C_3$$
$$= \cos x + \frac{1}{4!}x^4 + \frac{1}{2!}C_1 x^2 + C_2 x + C_3.$$
所以原方程的通解为
$$y = \cos x + \frac{1}{4!}x^4 + \frac{1}{2!}C_1 x^2 + C_2 x + C_3.$$

注 每积分一次，需加上一个任意常数.

11.5.2 $y'' = f(x, y')$ 型的微分方程

二阶微分方程

$$y'' = f(x, y') \tag{11-28}$$

中不显含未知函数 y. 若令 $y' = p$，则 $y'' = p'$，原方程可化为以 p 为未知函数的一阶微分方程

$$p' = f(x, p).$$

设其通解为

$$p = \varphi(x, C_1).$$

而 $y' = p$，于是有一阶微分方程

$$\frac{\mathrm{d}y}{\mathrm{d}x} = \varphi(x, C_1),$$

对它进行积分，即可得到原方程的通解

$$y = \int \varphi(x, C_1)\mathrm{d}x + C_2.$$

例 11.21　求微分方程 $(1+x)\dfrac{\mathrm{d}^2 y}{\mathrm{d}x^2} - \dfrac{\mathrm{d}y}{\mathrm{d}x} = 0$ 的通解.

解　方程中不显含未知函数 y，令 $\dfrac{\mathrm{d}y}{\mathrm{d}x} = p$，则 $\dfrac{\mathrm{d}^2 y}{\mathrm{d}x^2} = \dfrac{\mathrm{d}p}{\mathrm{d}x}$，于是原方程可化为

$$(1+x)\frac{\mathrm{d}p}{\mathrm{d}x} - p = 0,$$

由 p 的定义可知

$$\frac{\mathrm{d}p}{p} = \frac{1}{1+x}\mathrm{d}x \quad (p \neq 0).$$

两边积分，得

$$\ln|p| = \ln|x+1| + C,$$

化简整理得

$$p = C_1(1+x) \quad (\text{其中} C_1 = \pm \mathrm{e}^C \neq 0),$$

即

$$\frac{\mathrm{d}y}{\mathrm{d}x} = C_1(1+x),$$

于是

$$y = \int C_1(1+x)\mathrm{d}x = \frac{C_1}{2}(1+x)^2 + C_2.$$

当 $p = 0$ 时，即 $y' = 0$，积分可得 $y = C$，它是原方程的解，即为上式中 $C_1 = 0$ 的情形，所以原方程的通解为 $y = \dfrac{C_1}{2}(1+x)^2 + C_2$，其中 C_1，C_2 为任意常数.

例 11.22（追踪问题）　我方设在点 $(16,0)$ 处的导弹 B 向从原点出发沿 y 轴正向行驶的敌方导弹 A 射击，导弹 A 以速度 v 匀速飞行，导弹 B 飞行的方向始终指向导弹 A，速度大小为 $2v$. 求导弹 B 的追踪曲线和导弹 A 被击中的位置.

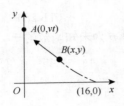

图 11-3

解　如图 11-3 所示. 设我方发射导弹的轨道为 $y = y(x)$，经过时间 t 后，我方导弹在点 $B(x, y)$，敌方导弹在点 $A(0, vt)$. 由于 B 的方向始终指向 A，故 B 在点 (x, y) 处的切线斜率为

$$y' = -\frac{vt - y}{x}, \tag{11-29}$$

其中负号是因为切线与 x 轴的正向所成角大于 $\dfrac{\pi}{2}$.

又 B 经过时间 t 后所走过的路程应满足

$$\int_x^{16} \sqrt{1 + y'^2}\, \mathrm{d}x = 2vt. \tag{11-30}$$

将式（11-29）代入式（11-30）便得

$$\int_x^{16} \sqrt{1 + y'^2}\, \mathrm{d}x = 2(y - xy'),$$

两边对 x 求导，得 B 行走的轨道 $y(x)$ 应满足

$$\sqrt{1 + y'^2} = 2xy'' \text{ 且 } y(16) = 0, \quad y'(16) = 0.$$

这是一个不显含未知函数 y 的二阶微分方程. 令 $y' = p$，$y'' = p'$，则有

$$\sqrt{1 + p^2} = 2xp',$$

变量分离并两端积分，可得

$$p + \sqrt{1 + p^2} = C_1 \sqrt{x}.$$

将 $y'(16) = 0$ 代入解得 $C_1 = \dfrac{1}{4}$，故有

$$\sqrt{1 + p^2} = \frac{1}{4}\sqrt{x} - p,$$

两边平方，可得 $p = \dfrac{\sqrt{x}}{8} - \dfrac{2}{\sqrt{x}}$，即

$$y' = \frac{\sqrt{x}}{8} - \frac{2}{\sqrt{x}}.$$

再积分得

$$y = \frac{x^{\frac{3}{2}}}{12} - 4\sqrt{x} + C_2.$$

将 $y(16) = 0$ 代入解得 $C_2 = \dfrac{32}{3}$，于是求得导弹 B 的发射轨道为

$$y = \frac{x^{\frac{3}{2}}}{12} - 4\sqrt{x} + \frac{32}{3}.$$

令 $x = 0$，得 $y = \dfrac{32}{3}$，即导弹 A 在点 $\left(0, \dfrac{32}{3}\right)$ 处被击中.

11.5.3　$y'' = f(y, y')$ 型的微分方程

二阶微分方程

$$y'' = f(y, y') \tag{11-31}$$

中不显含自变量 x. 对于这类方程，令 $y' = p$，由复合函数的求导法则，有

$$y'' = \frac{\mathrm{d}p}{\mathrm{d}x} = \frac{\mathrm{d}p}{\mathrm{d}y} \cdot \frac{\mathrm{d}y}{\mathrm{d}x} = p\frac{\mathrm{d}p}{\mathrm{d}y}.$$

于是方程（11-31）可化为

$$p\frac{\mathrm{d}p}{\mathrm{d}y} = f(y, p).$$

这是一个关于变量 p 和 y 的一阶微分方程，设它的通解为

$$y' = p = \varphi(y, C_1).$$

对其分离变量并积分，即得方程（11-31）的通解

$$\int \frac{\mathrm{d}y}{\varphi(y, C_1)} = x + C_2.$$

例 11.23　求 $y'' + \dfrac{(y')^3}{y} = 0$（$y > 0$）满足初始条件 $y|_{x=0} = 1$，$y'|_{x=0} = 1$ 的特解.

解　此方程不显含自变量 x. 令 $y' = p$，则 $y'' = p\dfrac{\mathrm{d}p}{\mathrm{d}y}$，代入原方程得

$$p\frac{\mathrm{d}p}{\mathrm{d}y} + \frac{1}{y}p^3 = 0.$$

分离变量得

$$-\frac{\mathrm{d}p}{p^2} = \frac{\mathrm{d}y}{y} \quad (p \neq 0),$$

故

$$\frac{1}{p} = \ln y + C_1.$$

由初始条件 $y|_{x=0} = 1$，$y'|_{x=0} = 1$，可得 $C_1 = 1$，所以

$$\frac{1}{p} = 1 + \ln y,$$

即

$$p = \frac{1}{1 + \ln y},$$

故

$$\frac{\mathrm{d}y}{\mathrm{d}x} = \frac{1}{1 + \ln y}.$$

将上式分离变量，得 $(1 + \ln y)\mathrm{d}y = \mathrm{d}x$，再积分，得

$$y \ln y = x + C_2.$$

由初始条件 $y|_{x=0}=1$ ，得 $C_2=0$.

因此所求方程的特解为 $y\ln y = x$.

注　在求高阶微分方程的特解时，及时根据初始条件确定任意常数的值，可降低解题难度.

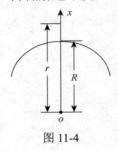

图 11-4

例 11.24（第二宇宙速度问题）　要使垂直向上发射的物体永远离开地面，问发射速度 v_0 至少应该多大？

解　以地球球心为坐标原点，垂直向上为 x 轴建立坐标轴如图 11-4 所示. 设物体的质量为 m ，地球的质量为 M ，地球半径为 R ，万有引力常数记为 G ，物体到地球球心的距离为 r ，并设物体在运动过程中仅受地球引力的作用，则物体所受地球引力为

$$F(r)=\frac{GmM}{r^2},$$

其中 G 由 $F(R)=mg$ 确定， g 为重力加速度.

由 $\dfrac{GmM}{R^2}=mg$ ，可得 $G=\dfrac{gR^2}{M}$. 所以

$$F(r)=\frac{mgR^2}{r^2}.$$

于是得到初值问题

$$\begin{cases} m\dfrac{\mathrm{d}^2r}{\mathrm{d}t^2}=-\dfrac{mgR^2}{r^2}, \\ r|_{t=0}=R,\quad r'|_{t=0}=v_0, \end{cases}$$

其中负号表示加速度方向与运动方向相反. 这是一个不含自变量 t 的二阶方程，令 $v=\dfrac{\mathrm{d}r}{\mathrm{d}t}$ ，则

$$\frac{\mathrm{d}^2r}{\mathrm{d}t^2}=\frac{\mathrm{d}v}{\mathrm{d}t}=\frac{\mathrm{d}v}{\mathrm{d}r}\cdot\frac{\mathrm{d}r}{\mathrm{d}t}=v\frac{\mathrm{d}v}{\mathrm{d}r},$$

原方程可化为

$$v\mathrm{d}v=-gR^2\frac{\mathrm{d}r}{r^2}.$$

两端积分，得

$$\frac{1}{2}v^2=\frac{gR^2}{r}+C,$$

将初始条件 $r|_{t=0}=R$ ， $r'|_{t=0}=v_0$ 代入，得 $C=\dfrac{v_0^2}{2}-gR$. 所以

$$\frac{1}{2}v^2=\frac{gR^2}{r}+\frac{v_0^2}{2}-gR.$$

为了使物体永远脱离地面， r 应无限增大，从而有 $\lim\limits_{r\to+\infty}\dfrac{gR^2}{r}=0$.

为能始终保持 $\frac{1}{2}v^2 > 0$，必须有 $\frac{v_0^2}{2} - gR \geq 0$，从而应有

$$v_0 \geq \sqrt{2gR} \approx \sqrt{2 \times 9.78 \times 6.37 \times 10^6} \approx 11200(\text{m}/\text{s}) = 11.2(\text{km}/\text{s}).$$

这就是通常所说的第二宇宙速度，又称脱离速度.

<h2 style="text-align:center">习 题 11-5</h2>

1. 求下列微分方程的通解：

（1） $y'' = \dfrac{1}{1+x^2}$；　　　　（2） $y''' = x e^x$；　　　　（3） $y^{(5)} - \dfrac{1}{x}y^{(4)} = 0$.

2. 求下列微分方程的通解：

（1） $y'' = y' + x$；　　　　　　　（2） $xy'' + y' = 0$；

（3） $y^3 y'' - 1 = 0$；　　　　　　（4） $y'' = (y')^3 + y'$.

3. 求解下列初值问题：

（1） $y'' = x + \sin x$，$y(0) = 1$，$y'(0) = -2$；

（2） $(1+x^2)y'' = 2xy'$，$y(0) = 1$，$y'(0) = 3$；

（3） $y'' = e^{2y}$，$y(0) = 0$，$y'(0) = 0$；

（4） $y'' + (y')^2 = 1$，$y(0) = 0$，$y'(0) = 0$.

4. 试求 $y'' = x$ 的经过点 $M(0,1)$，并且在此点与直线 $y = \dfrac{1}{2}x + 1$ 相切的积分曲线.

5. 对任意的 $x > 0$，若曲线 $y = f(x)$ 在点 $(x, f(x))$ 处的切线在 y 轴上的截距等于 $\dfrac{1}{x}\int_0^x f(t)\mathrm{d}t$，求 $f(x)$ 的表达式.

11.6　高阶线性微分方程

n 阶线性微分方程的一般形式为

$$y^{(n)} + a_1(x)y^{(n-1)} + \cdots + a_{n-1}(x)y' + a_n(x)y = f(x), \tag{11-32}$$

其中 $a_i(x)$（$i=1,2,\cdots,n$）及 $f(x)$ 皆为已知的连续函数. $f(x)$ 称为 n 阶线性微分方程（11-32）的自由项.

在方程（11-32）中，如果 $f(x) \neq 0$，那么称方程（11-32）为 n 阶非齐次线性微分方程. 如果 $f(x) \equiv 0$，那么方程（11-32）变为

$$y^{(n)} + a_1(x)y^{(n-1)} + \cdots + a_{n-1}(x)y' + a_n(x)y = 0. \tag{11-33}$$

方程（11-33）称为与 n 阶非齐次线性微分方程（11-32）相对应的齐次线性微分方程.

下面，我们讨论二阶线性微分方程的解的性质与结构，这些性质很容易推广到 n 阶线性微分方程.

11.6.1　齐次线性微分方程解的结构

考虑二阶齐次线性微分方程

$$y'' + P(x)y' + Q(x)y = 0 . \qquad (11\text{-}34)$$

定理 11.1　如果函数 $y_1(x)$ 与 $y_2(x)$ 是方程（11-34）的两个解，则

$$y = C_1 y_1(x) + C_2 y_2(x) \qquad (11\text{-}35)$$

也是方程（11-34）的解，其中 C_1，C_2 是任意常数.

证明　因为 $y_1(x)$ 与 $y_2(x)$ 是方程（11-34）的解，所以有

$$y_1'' + P(x)y_1' + Q(x)y_1 = 0, \quad y_2'' + P(x)y_2' + Q(x)y_2 = 0.$$

将式（11-35）代入方程（11-34）的左端，有

$$
\begin{aligned}
&(C_1 y_1 + C_2 y_2)'' + P(x)(C_1 y_1 + C_2 y_2)' + Q(x)(C_1 y_1 + C_2 y_2) \\
&= (C_1 y_1'' + C_2 y_2'') + P(x)(C_1 y_1' + C_2 y_2') + Q(x)(C_1 y_1 + C_2 y_2) \\
&= C_1[y_1'' + P(x)y_1' + Q(x)y_1] + C_2[y_2'' + P(x)y_2' + Q(x)y_2] \\
&= 0,
\end{aligned}
$$

所以 $y = C_1 y_1(x) + C_2 y_2(x)$ 是方程（11-34）的解.

齐次线性方程的这个性质表明它的解符合叠加原理.

将齐次线性微分方程（11-34）的两个解按式（11-35）叠加起来虽然仍是方程（11-34）的解，并且在形式上含有两个任意常数 C_1, C_2，但它不一定是方程（11-34）的通解. 例如，设 $y_1(x)$ 是方程（11-34）的解，则 $y_2 = 2y_1(x)$ 也是方程（11-34）的解，按式（11-35）叠加可得 $y = C_1 y_1(x) + 2C_2 y_1(x)$，此解可改写为 $y = Cy_1(x)$（其中 $C = C_1 + 2C_2$），显然它不是方程（11-34）的通解. 那么在什么情况下将方程（11-34）的两个解按式（11-35）叠加可得到方程（11-34）的通解呢？为此，我们引入函数组线性相关、线性无关的概念.

定义 11.4　设 $y_1(x), y_2(x), \cdots, y_n(x)$ 是定义在区间 I 内的 n 个函数，如果存在 n 个不全为零的常数 $k_1, k_2, \cdots, k_n$，使对任意 $x \in I$ 有

$$k_1 y_1(x) + k_2 y_2(x) + \cdots + k_n y_n(x) \equiv 0$$

成立，那么称这 n 个函数在区间 I 内线性相关，否则称为线性无关.

例如，函数组 $y_1 = 1$，$y_2 = \tan^2 x$，$y_3 = \sec^2 x$ 在 $(-\infty, +\infty)$ 内是线性相关的.

因为取 $k_1 = k_2 = 1, k_3 = -1$，就有恒等式

$$1 + \tan^2 x - \sec^2 x \equiv 0 .$$

又如，函数组 $y_1=1, y_2=x, y_3=x^2,\cdots,y_n=x^{n-1}$ 在任何区间 (a,b) 内都是线性无关的. 这是因为如果 $k_1,k_2,\cdots,k_n$ 不全为零，那么在该区间内，方程

$$k_1+k_2x+k_3x^2+\cdots+k_nx^{n-1}=0$$

在该区间内最多只有 $n-1$ 个根，所以要使上式恒成立，当且仅当 $k_1,k_2,\cdots,k_n$ 全为零.

根据函数组线性相关、线性无关的定义，容易证明：两个函数 $y_1(x),y_2(x)$ 在区间 I 内是否线性相关，只需看它们的比是否恒为常数. 如果比是常数，则它们线性相关，否则线性无关.

例如，函数 $y_1(x)=\sin 2x$ ， $y_2(x)=6\sin x\cos x$ 是两个线性相关的函数，因为

$$\frac{y_2(x)}{y_1(x)}=\frac{6\sin x\cos x}{\sin 2x}=3,$$

而 $y_1(x)=\mathrm{e}^{4x}$ ， $y_2(x)=\mathrm{e}^x$ 是两个线性无关的函数，因为

$$\frac{y_2(x)}{y_1(x)}=\frac{\mathrm{e}^x}{\mathrm{e}^{4x}}=\mathrm{e}^{-3x}.$$

据此，当 $y_1(x)$ ， $y_2(x)$ 是方程（11-34）的两个线性无关的解时，按式（11-35）叠加而得的解 $y=C_1y_1(x)+C_2y_2(x)$ 中的两个任意常数是独立的，于是它便是方程（11-34）的通解. 因此，我们有下面关于二阶齐次线性微分方程（11-34）的解的结构定理：

定理 11.2 如果函数 $y_1(x)$ 与 $y_2(x)$ 是方程（11-34）的两个线性无关的特解，则

$$y=C_1y_1(x)+C_2y_2(x)$$

是方程（11-34）的通解，其中 C_1 ， C_2 是任意常数.

例如，对于二阶齐次线性微分方程 $y''+y=0$ ，容易验证 $y_1=\cos x$ 与 $y_2=\sin x$ 是它的两个特解，因为

$$\frac{y_1}{y_2}=\frac{\sin x}{\cos x}=\tan x\neq 常数,$$

所以 $y=C_1\cos x+C_2\sin x$ 就是该方程的通解.

推论 11.1 如果 $y_1(x),y_2(x),\cdots\cdots,y_n(x)$ 是 n 阶齐次线性方程

$$y^{(n)}+a_1(x)y^{(n-1)}+\cdots+a_{n-1}(x)y'+a_n(x)y=0$$

的 n 个线性无关的特解，那么，该方程的通解为

$$y=C_1y_1(x)+C_2y_2(x)+\cdots+C_ny_n(x),$$

其中 $C_1,C_2,\cdots,C_n$ 为任意常数.

11.6.2 非齐次线性微分方程解的结构

在讨论一阶线性微分方程的通解中，我们已经有结论：一阶非齐次线性微分

方程的通解可以表示为对应的齐次方程的通解与非齐次方程的一个特解之和. 实际上，高阶的非齐次线性微分方程的通解也有相同的结构.

考虑二阶线性微分方程

$$y'' + P(x)y' + Q(x)y = f(x). \tag{11-36}$$

定理 11.3　设 y^* 是方程（11-36）的一个特解，而 Y 是其对应的齐次方程（11-34）的通解，则

$$y = Y + y^* \tag{11-37}$$

是二阶非齐次线性微分方程（11-36）的通解.

证明　由定理的条件可知：

$$y^{*''} + P(x)y^{*'} + Q(x)y^* = f(x), \quad Y'' + P(x)Y' + Q(x)Y = 0,$$

把式（11-37）代入方程（11-36）的左端，得

$$(Y + y^*)'' + P(x)(Y + y^*)' + Q(x)(Y + y^*)$$
$$= (Y'' + y^{*''}) + P(x)(Y' + y^{*'}) + Q(x)(Y + y^*)$$
$$= [Y'' + P(x)Y' + Q(x)Y] + [y^{*''} + P(x)y^{*'} + Q(x)y^*]$$
$$= 0 + f(x) = f(x),$$

所以 $y = Y + y^*$ 是方程（11-36）的解. 由于对应齐次方程的通解 Y 中含有两个相互独立的任意常数，所以 $y = Y + y^*$ 是方程（11-36）的通解.

例如，方程 $y'' + y = x$ 是二阶非齐次线性微分方程，已知其对应的齐次方程 $y'' + y = 0$ 的通解为 $Y = C_1 \cos x + C_2 \sin x$. 容易验证 $y^* = x$ 是该方程的一个特解，故

$$y = C_1 \cos x + C_2 \sin x + x$$

是所给方程的通解.

类似地，还可证明下面两个定理.

定理 11.4　设 y_1^* 与 y_2^* 分别是方程

$$y'' + P(x)y' + Q(x)y = f_1(x) \ \text{与} \ y'' + P(x)y' + Q(x)y = f_2(x)$$

的特解，则 $y_1^* + y_2^*$ 是方程 $y'' + P(x)y' + Q(x)y = f_1(x) + f_2(x)$ 的特解.

这个定理通常称为非齐次线性微分方程的解的叠加原理.

定理 11.5　设 $y = y_1 + \mathrm{i}y_2$ 是方程

$$y'' + P(x)y' + Q(x)y = f_1(x) + \mathrm{i}f_2(x)$$

的解，其中 $P(x)$，$Q(x)$，$f_1(x)$，$f_2(x)$ 为实值函数，i 为虚数单位，则 y_1 与 y_2 分别是方程 $y'' + P(x)y' + Q(x)y = f_1(x)$ 与 $y'' + P(x)y' + Q(x)y = f_2(x)$ 的解.

此外,对于非齐次线性微分方程(11-36)和它所对应齐次线性微分方程(11-34)有如下关系定理:

定理 11.6 设 y_1, y_2 是方程(11-36)的两个特解,则 $y_1 - y_2$ 是方程(11-34)的一个特解.

证明 由于

$$y_1'' + P(x)y_1' + Q(x)y_1 = f(x),\tag{11-38}$$

$$y_2'' + P(x)y_2' + Q(x)y_2 = f(x).\tag{11-39}$$

式(11-38)减去式(11-39)得

$$(y_1 - y_2)'' + P(x)(y_1 - y_2)' + Q(x)(y_1 - y_2) = 0\tag{11-40}$$

式(11-40)说明 $y_1 - y_2$ 是齐次线性微分方程(11-34)的一个特解.

说明 定理 11.4、定理 11.5 和定理 11.6 的结论适用于任意高阶非齐次线性微分方程.

习 题 11-6

1. 在定义区间内,判断下列函数组的线性相关性:

(1) e^x, e^{-x}; (2) $3\sin^2 x$, $1 - \cos^2 x$;

(3) $\cos 2x$, $\sin 2x$; (4) $x\ln x$, $\ln x$.

2. 验证 $y_1 = \cos\omega x$ 及 $y_2 = \sin\omega x$ 都是方程 $y'' + \omega^2 y = 0$ 的解,并写出该方程的通解.

3. 验证 $y_1 = e^{x^2}$ 及 $y_2 = xe^{x^2}$ 都是方程 $y'' - 4xy' + (4x^2 - 2)y = 0$ 的解,并写出该方程的通解.

4. 若 $y_1 = 3$, $y_2 = 3 + x^2$, $y_3 = 3 + x^2 + e^x$ 都是方程

$$y'' + P(x)y' + Q(x)y = f(x)\quad (f(x) \neq 0)$$

的解,当 $P(x)$, $Q(x)$, $f(x)$ 都是连续函数时,求此方程的通解.

11.7 常系数齐次线性微分方程

当线性微分方程中的系数都是常数时,称方程为常系数线性微分方程.本节先讨论二阶常系数齐次线性微分方程的解法,下一节再讨论二阶常系数非齐次线性微分方程的解法,并把二阶方程的解法推广到 n 阶方程.

设二阶常系数齐次线性方程为

$$y'' + py' + qy = 0,\tag{11-41}$$

其中 p，q 是常数. 根据 11.6 节的定理 11.2，要求方程（11-41）的通解，只要求出其任意两个线性无关的特解 y_1，y_2 就可以了. 下面讨论这两个特解的求法.

首先分析方程（11-41）的特解形式. 从方程结构看，y''，y' 与 y 各乘以常数因子后相加等于零. 因此，设想所找的特解 $y(x)$ 具备特点：y''，y' 与 y 之间只相差一个常数. 在初等函数中，函数 e^{rx} 具备上述特点，于是，用 $y = e^{rx}$ 来试求方程（11-41）的解，其中 r 为待定常数.

将 $y = e^{rx}$，$y' = re^{rx}$，$y'' = r^2 e^{rx}$ 代入方程（11-41），得

$$(r^2 + pr + q)e^{rx} = 0,$$

因为 $e^{rx} \neq 0$，故有

$$r^2 + pr + q = 0. \tag{11-42}$$

由此可见，如果 $y = e^{rx}$ 就是方程（11-41）的解，则 r 应是二次方程 $r^2 + pr + q = 0$ 的根，反过来，如果 r 是二次方程 $r^2 + pr + q = 0$ 的根，则 $y = e^{rx}$ 就是方程（11-41）的解. 于是，通过求代数方程（11-42）的根，就可得微分方程（11-41）的特解. 我们称方程（11-42）为微分方程（11-41）的特征方程，并称特征方程的两个根 r_1，r_2 为特征根. 根据代数学知识，特征方程的根有三种可能情形，分别讨论如下.

情形 1　特征方程有两个不同实根：$r_1 \neq r_2$.

这时因为 $\dfrac{e^{r_1 x}}{e^{r_2 x}} = e^{(r_1 - r_2)x} \neq$ 常数，所以 $y_1 = e^{r_1 x}$，$y_2 = e^{r_2 x}$ 是方程（11-41）的两个线性无关的特解，二阶常系数齐次线性方程（11-41）的通解为

$$y = C_1 e^{r_1 x} + C_2 e^{r_2 x}. \tag{11-43}$$

情形 2　特征方程有两个相等实根：$r_1 = r_2$.

这时，只得到方程（11-41）的一个特解 $y_1 = e^{r_1 x}$，还需找另一个与 y_1 线性无关的特解 y_2，即 $\dfrac{y_2}{y_1} = u(x)$. 这意味着 $y_2 = u(x)e^{r_1 x}$（其中 $u(x)$ 是待定函数），从而

$$y_2' = u'(x)e^{r_1 x} + r_1 u(x)e^{r_1 x},$$
$$y_2'' = u''(x)e^{r_1 x} + 2r_1 u'(x)e^{r_1 x} + r_1^2 u(x)e^{r_1 x},$$

将 y_2'，y_2'' 代入方程（11-41），并消去 $e^{r_1 x}$，得

$$u''(x) + (2r_1 + p)u'(x) + (r_1^2 + pr_1 + q)u(x) = 0.$$

注意 r_1 是特征方程的二重根，故有 $r_1^2 + pr_1 + q = 0$，$2r_1 + p = 0$，可得

$$u''(x) = 0,$$

连续积分两次，得

$$u(x) = C_1 x + C_2.$$

为简便起见，特取 $C_1 = 1$，$C_2 = 0$，则 $u(x) = x$，于是得方程（11-41）的另一特解 $y_2 = x\mathrm{e}^{r_1 x}$，显然它与 $y_1 = \mathrm{e}^{r_1 x}$ 线性无关，故方程（11-41）的通解为

$$y = (C_1 + C_2 x)\mathrm{e}^{r_1 x}. \tag{11-44}$$

情形 3 特征方程有一对共轭复数根：$r_1 = \alpha + \mathrm{i}\beta$，$r_2 = \alpha - \mathrm{i}\beta$. 这时

$$y_1 = \mathrm{e}^{(\alpha + \mathrm{i}\beta)x}, \qquad y_2 = \mathrm{e}^{(\alpha - \mathrm{i}\beta)x}$$

是方程（11-41）的两个线性无关的特解，但它们是复数域上的函数. 为了求得方程（11-41）在实数域上的特解，利用欧拉公式

$$\mathrm{e}^{\mathrm{i}x} = \cos x + \mathrm{i}\sin x,$$

可将 y_1，y_2 改写为

$$y_1 = \mathrm{e}^{\alpha x}\cdot\mathrm{e}^{\mathrm{i}\beta x} = \mathrm{e}^{\alpha x}(\cos\beta x + \mathrm{i}\sin\beta x),$$

$$y_2 = \mathrm{e}^{\alpha x}\cdot\mathrm{e}^{-\mathrm{i}\beta x} = \mathrm{e}^{\alpha x}(\cos\beta x - \mathrm{i}\sin\beta x).$$

由齐次线性方程的解具有叠加性，知

$$Y_1 = \frac{1}{2}(y_1 + y_2) = \mathrm{e}^{\alpha x}\cos\beta x, \qquad Y_2 = \frac{1}{2\mathrm{i}}(y_1 - y_2) = \mathrm{e}^{\alpha x}\sin\beta x$$

也是方程（11-41）的解，并且它们线性无关，故方程（11-41）的通解为

$$y = \mathrm{e}^{\alpha x}(C_1\cos\beta x + C_2\sin\beta x). \tag{11-45}$$

综上所述，求二阶常系数齐次线性微分方程（11-41）的通解，可通过解特征方程来实现，只要根据特征根的不同情形，按照表 11-1 所示的对应关系写出微分方程的通解即可. 这种求解方法称为特征方程法.

表 11-1

特征方程 $r^2 + pr + q = 0$ 的根 r_1，r_2	微分方程 $y'' + py' + qy = 0$ 的通解
两个不等实根 $r_1 \ne r_2$	$y = C_1\mathrm{e}^{r_1 x} + C_2\mathrm{e}^{r_2 x}$
两个相等实根 $r_1 = r_2$	$y = (C_1 + C_2 x)\mathrm{e}^{r_1 x}$
两个共轭复根 $r_{1,2} = \alpha \pm \mathrm{i}\beta$	$y = \mathrm{e}^{\alpha x}(C_1\cos\beta x + C_2\sin\beta x)$

通常求二阶常系数齐次线性微分方程

$$y'' + py' + qy = 0$$

的通解，可按如下步骤进行：

第一步，写出与微分方程对应的特征方程 $r^2 + pr + q = 0$；

第二步，在复数域内解特征方程，得特征根 r_1 与 r_2；

第三步，根据特征根的情形，按上述表格所示对应关系，写出微分方程的通解.

例 11.25　求方程 $y'' - y' - 6y = 0$ 的通解.

解　所给微分方程的特征方程为

$$r^2 - r - 6 = 0,$$

求得特征根为 $r_1 = -2$，$r_2 = 3$，所以原方程的通解为

$$y = C_1 e^{-2x} + C_2 e^{3x}.$$

例 11.26　求方程 $\dfrac{d^2 x}{dt^2} + 4\dfrac{dx}{dt} + 4x = 0$ 的通解.

解　所给微分方程的特征方程为

$$r^2 + 4r + 4 = 0,$$

求得特征根为 $r_1 = r_2 = -2$，所以原方程的通解为

$$x = (C_1 + C_2 t)e^{-2t}.$$

例 11.27　求方程 $y'' + 2y' + 5y = 0$ 的通解.

解　所给微分方程的特征方程为

$$r^2 + 2r + 5 = 0,$$

求得特征根为 $r_1 = -1 + 2i$，$r_2 = -1 - 2i$，故所求通解为

$$y = e^{-x}(C_1 \cos 2x + C_2 \sin 2x).$$

上述解二阶常系数齐次线性微分方程的特征方程法，可推广到 n 阶常系数齐次线性微分方程的情形. 这里，我们不作详细讨论，只简单叙述如下：

n 阶常系数齐次线性微分方程的一般形式为

$$y^{(n)} + p_1 y^{(n-1)} + \cdots p_{n-1} y' + p_n y = 0,$$

其特征方程为

$$r^n + p_1 r^{n-1} + \cdots p_{n-1} r + p_n = 0.$$

根据特征方程的根，按表 11-2 可写出对应的微分方程的解.

表 11-2

特征方程的根	对应的线性无关的特解
单实根 r	一个特解：$y = e^{rx}$
一对共轭单复数根 $r_{1,2} = \alpha \pm i\beta$	两个特解：$y_1 = e^{\alpha x}\cos\beta x$，$y_2 = e^{\alpha x}\sin\beta x$
一个 l 重实根 r	l 个特解：$y_1 = e^{rx}, y_2 = xe^{rx}, \cdots, y_l = x^{l-1}e^{rx}$
一对 m 重共轭复数根 $\alpha \pm i\beta$	$2m$ 个特解：$y_{2k-1} = x^{k-1}e^{\alpha x}\cos\beta x$， $y_{2k} = x^{k-1}e^{\alpha x}\sin\beta x$　$(k = 1, 2, \cdots, m)$

例 11.28　求方程 $y^{(4)} - 2\sqrt{2}y''' + 2y'' = 0$ 的通解.

解　所给微分方程的特征方程为

$$r^4 - 2\sqrt{2}r^3 + 2r^2 = 0, \quad 即 r^2(r - \sqrt{2})^2 = 0,$$

求得特征根为 $r_1 = r_2 = 0$ ， $r_3 = r_4 = \sqrt{2}$. 因此所给微分方程的通解为

$$y = C_1 + C_2 x + (C_3 + C_4 x)e^{\sqrt{2}x}.$$

例 11.29 求方程 $y^{(5)} + y^{(4)} + y''' + y'' + y' + y = 0$ 的通解.

解 所给微分方程的特征方程为

$$r^5 + r^4 + r^3 + r^2 + r + 1 = 0,$$

因为

$$\begin{aligned}
r^5 + r^4 + r^3 + r^2 + r + 1 &= (r^5 + r^4) + (r^3 + r^2) + (r + 1) \\
&= (r + 1)(r^4 + r^2 + 1) \\
&= (r + 1)[(r^2 + 1)^2 - r^2] \\
&= (r + 1)(r^2 - r + 1)(r^2 + r + 1),
\end{aligned}$$

所以特征方程的根为

$$r_1 = -1, \ r_{2,3} = \frac{1}{2} \pm \frac{\sqrt{3}}{2}i, \ r_{4,5} = -\frac{1}{2} \pm \frac{\sqrt{3}}{2}i.$$

因此所求方程的通解为

$$y = C_1 e^{-x} + e^{\frac{1}{2}x}\left(C_2 \cos\frac{\sqrt{3}}{2}x + C_3 \sin\frac{\sqrt{3}}{2}x\right) + e^{-\frac{1}{2}x}\left(C_4 \cos\frac{\sqrt{3}}{2}x + C_5 \sin\frac{\sqrt{3}}{2}x\right).$$

习 题 11-7

1. 求下列微分方程的通解:

（1） $y'' - 4y' = 0$ ；　　　　　　（2） $y'' - 3y' - 10y = 0$ ；

（3） $9y'' + 6y' + y = 0$ ；　　　　（4） $y'' + y = 0$ ；

（5） $y'' - 6y' + 25y = 0$ ；　　　　（6） $y^{(4)} + 5y'' - 36y = 0$.

2. 求下列微分方程满足所给初始条件的特解:

（1） $y'' - 4y' + 3y = 0$, $y|_{x=0} = 6$, $y'|_{x=0} = 10$ ；

（2） $4y'' + 4y' + y = 0$, $y|_{x=0} = 2$, $y'|_{x=0} = 0$ ；

（3） $y'' + 25y = 0$, $y|_{x=0} = 2$, $y'|_{x=0} = 5$ ；

（4） $y'' - 4y' + 13y = 0$, $y|_{x=0} = 0$, $y'|_{x=0} = 3$.

3. 求具有特解 $y_1 = x^2$ ， $y_2 = \cos(\sqrt{2}x)$ 的最低阶常系数齐次线性微分方程.

11.8 常系数非齐次线性微分方程 欧拉方程

本节重点介绍二阶常系数非齐次线性微分方程的求解方法，并简单说明 n 阶

常系数非齐次线性微分方程的解法.

设二阶常系数非齐次线性方程为

$$y'' + py' + qy = f(x),\qquad(11\text{-}46)$$

其中 p,q 为常数.

根据线性微分方程解的结构定理，要求方程（11-46）的通解，只要求出它的一个特解 y^* 和其对应的齐次线性微分方程的通解 Y.

上一节，我们已经解决了齐次线性微分方程的通解问题，因此，现只需确定非齐次线性微分方程（11-46）的一个特解 y^*.

方程（11-46）的特解的形式与右端的自由项 $f(x)$ 有关，一般情形下，要求出方程（11-46）的特解是比较困难的，下面仅讨论 $f(x)$ 的两种常见形式.

情形 1　$f(x) = e^{\lambda x} P_m(x)$，其中 λ 是常数，$P_m(x)$ 是 x 的 m 次多项式，

$$P_m(x) = a_0 x^m + a_1 x^{m-1} + \cdots + a_{m-1} x + a_m;$$

情形 2　$f(x) = P_m(x) e^{\lambda x} \cos \omega x$ 或 $P_m(x) e^{\lambda x} \sin \omega x$，其中 λ，ω 是常数，$P_m(x)$ 是 x 的 m 次多项式.

11.8.1　$f(x) = e^{\lambda x} P_m(x)$ 型

要求方程（11-46）的一个特解 y^*，就是要求一个满足方程（11-46）的函数. 在 $f(x) = e^{\lambda x} P_m(x)$ 的情形下，方程（11-46）的右端是多项式 $P_m(x)$ 与函数 $e^{\lambda x}$ 的乘积，而多项式与函数 $e^{\lambda x}$ 乘积的导数仍然是多项式与函数 $e^{\lambda x}$ 的乘积. 因此，我们可以推测方程（11-46）具有如下形式的特解：

$$y^* = Q(x) e^{\lambda x}\quad\text{（其中 }Q(x)\text{为某个多项式）}.$$

接下来，我们将进一步考虑如何选取多项式 $Q(x)$，使 $y^* = Q(x) e^{\lambda x}$ 满足方程（11-46）. 为此，将

$$y^* = Q(x) e^{\lambda x},$$
$$y^{*'} = [\lambda Q(x) + Q'(x)] e^{\lambda x},$$
$$y^{*''} = [\lambda^2 Q(x) + 2\lambda Q'(x) + Q''(x)] e^{\lambda x}$$

代入方程（11-46），并消去因子 $e^{\lambda x}$，得

$$Q''(x) + (2\lambda + p) Q'(x) + (\lambda^2 + p\lambda + q) Q(x) = P_m(x).\qquad(11\text{-}47)$$

于是，根据 λ 是否为微分方程 $y'' + py' + qy = 0$ 的特征方程

$$r^2 + pr + q = 0\qquad(11\text{-}48)$$

的特征根，分下列三种情形讨论：

情形 1　如果 λ 不是方程（11-48）的根，那么

$$\lambda^2 + p\lambda + q \neq 0.$$

由于 $P_m(x)$ 是 x 的 m 次多项式, 要使方程 (11-47) 两端恒等, 就应设 $Q(x)$ 为另一个 m 次多项式:

$$Q_m(x) = b_0 x^m + b_1 x^{m-1} + \cdots + b_{m-1} x + b_m,$$

将其代入式 (11-47), 比较等式两端 x 的同次幂的系数, 就得到以 $b_0, b_1, \cdots, b_m$ 为未知数的 $m+1$ 个方程的联立方程组. 从而可确定这些待定系数 $b_i (i = 0,1,2,\cdots,m)$, 并得到所求特解

$$y^* = Q_m(x) e^{\lambda x}.$$

情形 2　如果 λ 是特征方程 (11-48) 的单根, 那么

$$\lambda^2 + p\lambda + q = 0, \quad 2\lambda + p \neq 0.$$

要使方程 (11-47) 恒成立, 则 $Q'(x)$ 必须是 m 次多项式, 故可设

$$Q(x) = x Q_m(x),$$

并且可用同样的方法来确定 $Q_m(x)$ 的待定系数 $b_i (i = 0,1,2,\cdots,m)$, 并得到所求特解

$$y^* = x Q_m(x) e^{\lambda x}.$$

情形 3　如果 λ 是特征方程 (11-48) 的重根, 那么

$$\lambda^2 + p\lambda + q = 0, \quad 2\lambda + p = 0.$$

要使方程 (11-47) 恒成立, 则 $Q''(x)$ 必须是 m 次多项式, 故可设

$$Q(x) = x^2 Q_m(x),$$

并用同样的方法来确定 $Q_m(x)$ 的待定系数. 于是所求特解为

$$y^* = x^2 Q_m(x) e^{\lambda x}.$$

综上所述, 当 $f(x) = e^{\lambda x} P_m(x)$ 时, 二阶常系数非齐次线性微分方程 (11-46) 具有形如

$$y^* = x^k Q_m(x) e^{\lambda x} \tag{11-49}$$

的特解, 其中 $Q_m(x)$ 是与 $P_m(x)$ 同次的多项式, 根据 λ 不是特征方程的根、是特征方程的单根、是特征方程的重根, k 分别取 0, 1, 2.

上式结论可推广到 n 阶常系数非齐次线性微分方程, 但要注意式 (11-49) 中的 k 是特征方程含根 λ 的重复次数 (即若 λ 不是特征方程的根, k 取为 0; 若 λ 是特征方程的 s 重根, k 取为 s).

例 11.30　求方程 $y'' + y' + y = x^2 + 1$ 的一个特解.

解　$f(x) = x^2 + 1$ 属于 $e^{\lambda x} P_m(x)$ 型, 并且 $P_m(x) = x^2 + 1$, $\lambda = 0$.

对应齐次方程的特征方程为

$$r^2 + r + 1 = 0.$$

因为 $\lambda = 0$ 不是特征方程的根, 所以式 (11-49) 中, 应取 $k = 0$, 而 $P_m(x) = x^2 + 1$ 是二次多项式, 故应设特解为

$$y^* = Ax^2 + Bx + C \quad (A, B, C \text{为待定系数}).$$

将 $y^{*'}=2Ax+B$ ， $y^{*''}=2A$ 代入所给方程，整理得

$$2A+(2Ax+B)+(Ax^2+Bx+C)=x^2+1,$$

比较两端 x 的同次幂的系数，得

$$\begin{cases} A=1, \\ 2A+B=0, \\ 2A+B+C=1. \end{cases}$$

由此求得 $A=1$ ， $B=-2$ ， $C=1$. 于是，所求的一个特解为

$$y^*=x^2-2x+1.$$

应当指出的是，在本例中， $P_m(x)=x^2+1$ ，缺少 x 的一次项，但在设 y^* 时，仍应设 $Q_m(x)=Ax^2+Bx+C$ ，而不能设成 $Q_m(x)=Ax^2+C$.

例 11.31　求方程 $y''-4y'+4y=3e^{2x}$ 的通解.

解　$f(x)=3e^{2x}$ 属于 $e^{\lambda x}P_m(x)$ 型，并且 $P_m(x)=3$ ， $\lambda=2$.

对应齐次方程的特征方程为

$$\lambda^2-4\lambda+4=0,$$

它有两个相等实根 $r_{1,2}=2$. 于是，对应的齐次方程的通解为

$$Y=(C_1+C_2x)e^{2x}.$$

因为 $\lambda=2$ 是特征方程的二重根，所以在式（11-49）中，取 $k=2$ ，而 $P_m(x)=3$ 是零次多项式，故应设特解为

$$y^*=Ax^2e^{2x}.$$

于是

$$(y^*)'=(Ax^2e^{2x})'=2Ax\cdot e^{2x}+Ax^2\cdot 2e^{2x}=2A(x+x^2)e^{2x},$$
$$(y^*)''=[2A(x+x^2)e^{2x}]'=[2A(x+x^2)]'e^{2x}+2A(x+x^2)(e^{2x})'$$
$$=2A(1+2x)e^{2x}+4A(x+x^2)e^{2x}=2A(1+4x+2x^2)e^{2x},$$

将 y^* ， $y^{*'}$ 及 $y^{*''}$ 代入所给方程，得

$$2A(1+4x+2x^2)e^{2x}-4[2A(x+x^2)e^{2x}]+4Ax^2e^{2x}=3e^{2x},$$

化简整理，得

$$2A=3, \quad 即 A=\frac{3}{2}.$$

因此，求得一个特解为

$$y^*=\frac{3}{2}x^2e^{2x}.$$

于是，所求方程的通解为

$$y=Y+y^*=(C_1+C_2x)e^{2x}+\frac{3}{2}x^2e^{2x}.$$

11.8.2 $\quad f(x) = e^{\lambda x}[P_l(x)\cos\omega x + P_n(x)\sin\omega x]$ 型

应用欧拉公式,把三角函数表示为复指数函数的形式,有

$$f(x) = e^{\lambda x}[P_l(x)\cos\omega x + P_n(x)\sin\omega x]$$

$$= e^{\lambda x}\left[P_l(x)\frac{e^{i\omega x}+e^{-i\omega x}}{2} + P_n(x)\frac{e^{i\omega x}-e^{-i\omega x}}{2i}\right]$$

$$= \left[\frac{P_l(x)}{2}+\frac{P_n(x)}{2i}\right]e^{(\lambda+i\omega)x} + \left[\frac{P_l(x)}{2}-\frac{P_n(x)}{2i}\right]e^{(\lambda-i\omega)x}$$

$$= P(x)e^{(\lambda+i\omega)x} + \overline{P}(x)e^{(\lambda-i\omega)x},$$

其中

$$P(x) = \frac{P_l(x)}{2}+\frac{P_n(x)}{2i} = \frac{P_l(x)}{2}-\frac{P_n(x)}{2}i,$$

$$\overline{P}(x) = \frac{P_l(x)}{2}-\frac{P_n(x)}{2i} = \frac{P_l(x)}{2}+\frac{P_n(x)}{2}i$$

是互成共轭的 m 次多项式(即它们对应项的系数是共轭复数),而 $m = \max\{l,n\}$.

应用上一节的结果,对于 $f(x)$ 中的第一项 $P(x)e^{(\lambda+i\omega)x}$,可求出一个 m 次多项式 $Q_m(x)$,使得 $y_1^* = x^k Q_m(x)e^{(\lambda+i\omega)x}$ 为方程

$$y'' + py' + qy = P(x)e^{(\lambda+i\omega)x}$$

的特解,其中 k 按 $\lambda+i\omega$ 不是特征方程的根或是特征方程的单根依次取 0 或 1. 由于 $f(x)$ 的第二项 $\overline{P}(x)e^{(\lambda+i\omega)x}$ 与第一项 $P(x)e^{(\lambda+i\omega)x}$ 成共轭,所以 $y_2^* = x^k \overline{Q}_m(x)e^{(\lambda-i\omega)x}$ 必然是方程

$$y'' + py' + qy = \overline{P}(x)e^{(\lambda-i\omega)x}$$

的特解,这里 $\overline{Q}_m$ 表示与 Q_m 的共轭的 m 次多项式. 于是,根据 11.6 节定理 11.4(非齐次线性微分方程的解的叠加原理),方程(11-46)具有形如

$$y^* = x^k Q_m(x)e^{(\lambda+i\omega)x} + x^k \overline{Q}_m(x)e^{(\lambda-i\omega)x}$$

的特解. 上式可写为

$$y^* = x^k e^{\lambda x}[Q_m(x)e^{i\omega x} + \overline{Q}_m(x)e^{-i\omega x}].$$

由于括号内的两项是互成共轭的,相加后即无虚部,所以可以写成实函数的形式

$$y^* = x^k e^{\lambda x}[R_m^{(1)}(x)\cos\omega x + R_m^{(2)}(x)\sin\omega x].$$

综上所述,我们有如下的结论:

如果 $f(x) = e^{\lambda x}[P_l(x)\cos\omega x + P_n(x)\sin\omega x]$,那么二阶常系数非齐次线性方程(11-46)的特解可设为

$$y^* = x^k \, e^{\lambda x}[R_m^{(1)}(x)\cos \omega x + R_m^{(2)}(x)\sin \omega x], \qquad (11\text{-}50)$$

其中 $R_m^{(1)}(x)$，$R_m^{(2)}(x)$ 是 m 次多项式，$m = \max\{l, n\}$，而 k 按 $\lambda + i\omega$（或 $\lambda - i\omega$）不是特征方程的根、是特征方程的单根依次取 0 或 1.

上述结论可推广到 n 阶常系数非齐次线性微分方程，但要注意式（11-50）中的 k 是特征方程中含根 $\lambda + i\omega$（或 $\lambda - i\omega$）的重数.

例 11.32 求 $y'' + 3y' + 2y = 3\sin x$ 的通解.

解 这里 $f(x) = 3\sin x$ 属于 $e^{\lambda x}[P_l(x)\cos \omega x + P_n(x)\sin \omega x]$ 型，并且 $\lambda = 0$，$\omega = 1$，$P_l(x) = 0$，$P_n(x) = 3$.

所给方程对应的齐次方程为 $y'' + 3y' + 2y = 0$，它的特征方程为

$$\lambda^2 + 3\lambda + 2 = 0,$$

解之得 $\lambda_1 = -2, \lambda_2 = -1$，故对应齐次方程的通解为

$$Y = C_1 e^{-2x} + C_2 e^{-x}.$$

由于 $\lambda + i\omega = i$ 不是特征方程的根，所以应设其特解为

$$y^* = A\sin x + B\cos x,$$

于是

$$(y^*)' = A\cos x - B\sin x,$$

$$(y^*)'' = -A\sin x - B\cos x.$$

将 y^*，$y^{*'}$ 及 $y^{*''}$ 代入原方程，得

$$(-A\sin x - B\cos x) + 3(A\cos x - B\sin x) + 2(A\sin x + B\cos x)$$

$$= (A - 3B)\sin x + (3A + B)\cos x = 3\sin x,$$

比较两端同类项的系数，得

$$\begin{cases} A - 3B = 3, \\ 3A + B = 0, \end{cases}$$

由此解得 $A = \dfrac{3}{10}$，$B = -\dfrac{9}{10}$. 从而求得一个特解为

$$y^* = \frac{3}{10}\sin x - \frac{9}{10}\cos x,$$

所以原方程的通解为

$$y = Y + y^* = C_1 e^{-2x} + C_2 e^{-x} + \frac{3}{10}\sin x - \frac{9}{10}\cos x.$$

11.8.3 欧拉方程

一般来说，变系数线性微分方程是不容易求解的，但有些特殊的变系数线性

微分方程可以通过变量代换化为常系数线性微分方程，因而容易求解，欧拉方程就是其中的一种.

形如

$$x^n y^{(n)} + p_1 x^{n-1} y^{(n-1)} + \cdots + p_{n-1} xy' + p_n y = Q(x) \qquad (11\text{-}51)$$

（其中 $p_1, p_2, \cdots, p_n$ 均为实常数）的方程，称为欧拉方程.

令 $x = e^t$，即 $t = \ln x$，将自变量 x 换成 t，于是有

$$y' = \frac{dy}{dx} = \frac{dy}{dt} \cdot \frac{dt}{dx} = \frac{1}{x} \frac{dy}{dt}, \quad 即 xy' = \frac{dy}{dt},$$

$$y'' = \frac{d^2 y}{dx^2} = -\frac{1}{x^2} \frac{dy}{dt} + \frac{1}{x} \frac{d^2 y}{dt^2} \cdot \frac{dt}{dx} = \frac{1}{x^2} \left(\frac{d^2 y}{dt^2} - \frac{dy}{dt} \right), \quad 即 x^2 y'' = \frac{d^2 y}{dt^2} - \frac{dy}{dt},$$

同理可求得

$$x^3 y''' = \frac{d^3 y}{dt^3} - 3 \frac{d^2 y}{dt^2} + 2 \frac{dy}{dt}, \cdots.$$

记 $D^k = \dfrac{d^k}{dt^k}$，则上式可写成

$$xy' = Dy,$$
$$x^2 y'' = D^2 y - Dy = D(D-1)y,$$
$$x^3 y''' = D^3 y - 3D^2 y + 2Dy = D(D-1)(D-2)y, \cdots$$

一般地，有

$$x^k y^{(k)} = D(D-1) \cdots (D-k+1)y,$$

将上述表达式代入方程（11-51），便得到一个以 t 为自变量的常系数线性微分方程. 求出该方程的通解后，再把 t 换成 $\ln x$，即得方程（11-51）的通解.

例 11.33 求 $x^2 y'' - 2xy' + 2y = \ln^2 x - 2\ln x$ 的通解.

解 显然这是一个欧拉方程. 令 $x = e^t$，即 $t = \ln x$，则原方程化为

$$D(D-1)y - 2Dy + 2y = t^2 - 2t,$$

即

$$(D^2 - 3D + 2)y = t^2 - 2t,$$

亦即

$$\frac{d^2 y}{dt^2} - 3 \frac{dy}{dt} + 2y = t^2 - 2t, \qquad (11\text{-}52)$$

其特征方程为 $r^2 - 3r + 2 = 0$，特征根为 $r_1 = 1, r_2 = 2$，故方程（11-52）所对应的齐次方程的通解为

$$Y = C_1 e^t + C_2 e^{2t}.$$

设方程（11-52）的特解为 $y^* = At^2 + Bt + C$，代入方程（11-52）确定系数，得

$$y^* = \frac{1}{2}t^2 + \frac{1}{2}t + \frac{1}{4},$$

故所给方程的通解为

$$y = Y + y^* = C_1 \mathrm{e}^t + C_2 \mathrm{e}^{2t} + \frac{1}{2}t^2 + \frac{1}{2}t + \frac{1}{4}$$

$$= C_1 x + C_2 x^2 + \frac{1}{2}\ln^2 x + \frac{1}{2}\ln x + \frac{1}{4}.$$

习　题　11-8

1. 写出下列微分方程的特解 y^* 的形式（不必求出待定系数）：

（1）$y'' - 3y = 3x^2 + 1$；　　　　　　　（2）$y'' + y' = x$；

（3）$y'' - 2y' + y = \mathrm{e}^x$；　　　　　　　（4）$y'' - 2y' - 3y = \mathrm{e}^{-x}$；

（5）$y'' - 3y' + 2y = x\mathrm{e}^x$；　　　　　　（6）$y'' - 2y' = (x^2 + x - 3)\mathrm{e}^x$；

（7）$y'' + 7y' + 6y = \mathrm{e}^{2x}\sin x$；　　　　（8）$y'' - 4y' + 5y = \mathrm{e}^{2x}\sin x$；

（9）$y'' - 2y' + 2y = 2x\mathrm{e}^{2x}\cos x$；　　　（10）$y'' - 2y' + 2y = x\mathrm{e}^x\sin x$.

2. 求下列各微分方程的通解：

（1）$2y'' + y' - y = 2\mathrm{e}^x$；　　　　　　　（2）$y'' + 3y' + 2y = 3x\mathrm{e}^{-x}$；

（3）$y'' - 6y' + 9y = (x+1)\mathrm{e}^{3x}$；　　　　（4）$y'' + y = \mathrm{e}^x + \cos x$.

3. 已知曲线 $y = f(x)$ 与 x 轴相切于原点，并且 $f(x)$ 满足 $f(x) = 2 + \sin x - f''(x)$，试求 $f(x)$.

4. 设函数 $\varphi(x)$ 连续，并且满足 $\varphi(x) = \mathrm{e}^x + \int_0^x (t-x)\varphi(t)\mathrm{d}t$，求 $\varphi(x)$.

5. 求下列微分方程的通解：

（1）$x^2 y'' + \frac{5}{2}xy' - y = 0$；　　　　　（2）$x^2 \dfrac{\mathrm{d}^2 y}{\mathrm{d}x^2} + 3x\dfrac{\mathrm{d}y}{\mathrm{d}x} + y = 0$；

（3）$x^2 y'' - 2y = 2x\ln x$.

*11.9　微分方程的简单应用

　　数学模型是应用数学理论解决实际问题的有力工具，在揭示实际应用问题中量与量之间的关系时，存在大量的微分方程模型. 这就需要我们根据问题背景，应用相关学科的知识，建立适当的微分方程，然后求解微分方程，并对所得结果进行分析、研究，进而对未来变化趋势进行预测或控制.

　　下面通过几个例子，简单说明微分方程模型的应用.

例 11.34 弹簧振动问题.

设在铅直悬挂的弹簧下系一质量为 m 的物体. 当物体处于静止状态时,作用在物体上的重力与弹簧的弹性力大小相等,方向相反,这个位置就是物体的平衡位置. 如果将物体拉离平衡位置后突然松开,则物体将在平衡位置附近作上下振动. 若以平衡位置为原点建立 x 轴(图 11-5),试建立描述物体运动规律的微分方程.

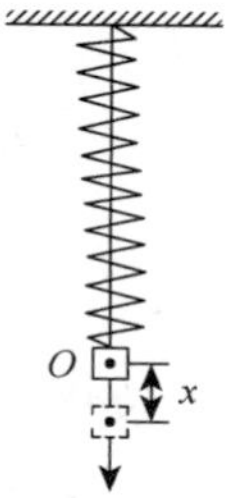

解 由胡克定律,弹簧使物体回到平衡位置的弹性恢复力为

$$f_1 = -cx,$$

图 11-5

其中 $c > 0$ 是弹簧的弹性系数,负号表示弹性恢复力的方向和物体的位移方向相反(注意重力 mg 已和物体在平衡位置时弹簧的弹性力抵消).

另外,物体在运动过程中还受到阻尼介质(如空气、油等)的阻力作用,使得振动逐渐趋向停止,由实验知道,阻力 R 的方向总与运动方向相反,当运动速度不大时,其大小与物体的速度成正比,若设比例系数为 μ,则

$$R = -\mu \frac{dx}{dt}.$$

根据以上的受力分析,利用牛顿第二定律,得

$$m\frac{d^2x}{dt^2} = -cx - \mu\frac{dx}{dt},$$

移项,并记

$$2n = \frac{\mu}{m}, \quad k^2 = \frac{c}{m},$$

则

$$\frac{d^2x}{dt^2} + 2n\frac{dx}{dt} + k^2x = 0, \tag{11-53}$$

这就是在有阻尼的情况下,描述物体自由振动的微分方程.

如果物体在振动过程中还受到某种铅直外力的持续作用,例如,有一周期性外力 $H\sin pt$ 的作用,则有

$$\frac{d^2x}{dt^2} + 2n\frac{dx}{dt} + k^2x = h\sin pt, \tag{11-54}$$

其中 $h = \dfrac{H}{m}$,这就是描述物体强迫振动的微分方程.

情形 1 假设物体只受弹性恢复力 f 的作用,并且在初始时刻 $t = 0$ 时的位置为 $x = x_0$,初始速度为 $\dfrac{dx}{dt}\Big|_{t=0} = v_0$. 求反映物体运动规律的函数 $x = x(t)$.

解 此时由于不计阻力 R,即假设 $-\mu\dfrac{dx}{dt} = 0$,则方程(11-53)可写成

$$\frac{d^2x}{dt^2} + k^2x = 0, \tag{11-55}$$

方程（11-55）称为无阻尼自由振动的微分方程.

反映物体运动规律的函数 $x = x(t)$ 是微分方程（11-55）满足初始条件

$$x\big|_{t=0} = x_0, \quad \frac{\mathrm{d}x}{\mathrm{d}t}\bigg|_{t=0} = v_0$$

的特解.

方程（11-55）的特征方程为 $r^2 + k^2 = 0$，其根 $r = \pm ik$ 是一对共轭复根，所以方程（11-55）的通解为

$$x = C_1 \cos kt + C_2 \sin kt .$$

根据初始条件，定出 $C_1 = x_0$，$C_2 = \dfrac{v_0}{k}$. 因此，所求的特解为

$$x = x_0 \cos kt + \frac{v_0}{k} \sin kt . \tag{11-56}$$

为了便于说明特解所反映的振动现象，令

$$x_0 = A \sin \varphi, \quad \frac{v_0}{k} = A \cos \varphi \quad (0 \leqslant \varphi < 2\pi)$$

于是式（11-56）成为

$$x = A \sin(kt + \varphi) . \tag{11-57}$$

其中

$$A = \sqrt{x_0^2 + \frac{v_0^2}{k^2}}, \quad \tan \varphi = \frac{kx_0}{v_0} .$$

函数（11-57）的图形如图 11-6 所示（图中假定 $x_0 > 0$，$v_0 > 0$）.

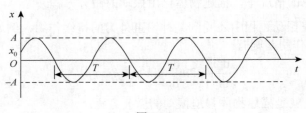

图 11-6

函数（11-57）所反映的运动就是简谐振动. 这个振动的振幅为 A，初相为 φ，周期为 $T = \dfrac{2\pi}{k}$，角频率为 k. 由于 $k = \sqrt{\dfrac{c}{m}}$，它与初始条件无关，而完全由振动系统（在本例中就是弹簧和物体所组成的系统）本身所确定. 因此，k 又称为系统的固有频率. 固有频率是反映振动系统特性的一个重要参数.

情形 2 假设物体受弹簧的恢复力 f 和阻力 R 的作用，并且在初始时刻 $t=0$ 时的位置为 $x=x_0$，初始速度为 $\dfrac{\mathrm{d}x}{\mathrm{d}t}\bigg|_{t=0}=v_0$. 求反映物体运动规律的函数 $x=x(t)$.

解 这就是要找满足有阻尼的自由振动方程

$$\frac{\mathrm{d}^2 x}{\mathrm{d}t^2}+2n\frac{\mathrm{d}x}{\mathrm{d}t}+k^2 x=0, \tag{11-58}$$

及初始条件

$$x\big|_{t=0}=x_0, \qquad \frac{\mathrm{d}x}{\mathrm{d}t}\bigg|_{t=0}=v_0,$$

的特解.

方程（11-58）的特征方程为 $r^2+2nr+k^2=0$，其根为

$$r=\frac{-2n\pm\sqrt{4n^2-4k^2}}{2}=-n\pm\sqrt{n^2-k^2}.$$

下面按 $n>k$，$n=k$ 及 $n<k$ 三种不同情形分别进行讨论.

（Ⅰ）大阻尼情形：$n>k$.

特征方程的根 $r_1=-n+\sqrt{n^2-k^2}$，$r_2=-n-\sqrt{n^2-k^2}$ 是两个不相等的负实根，所以方程（11-58）的通解为

$$x=C_1\mathrm{e}^{-(n-\sqrt{n^2-k^2})t}+C_2\mathrm{e}^{-(n+\sqrt{n^2-k^2})t}, \tag{11-59}$$

其中任意常数 C_1，C_2 可以由初始条件来确定.

从式（11-59）看出，使 $x=0$ 的 t 值最多只有一个，即物体最多越过平衡位置一次，因此物体没有振动现象. 又当 $t\to\infty$ 时，$x\to 0$. 因此，物体随时间 t 的增大而趋于平衡位置.

函数（11-59）的图形如图 11-7 所示（图中假定 $x_0>0$，$v_0>0$）.

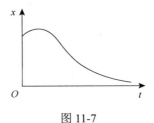

图 11-7

（Ⅱ）临界阻尼情形：$n=k$.

特征方程的根 $r_1=r_2=-n$ 是两个相等的实根，所以方程（11-58）的通解为

$$x=\mathrm{e}^{-nt}(C_1+C_2 t)$$

其中任意常数 C_1，C_2 可以由初始条件来确定. 从上式可看出，在临界阻尼情形，使 $x=0$ 的 t 值也最多只有一个，因此物体也不再有振动现象. 又由于

$$\lim_{t\to+\infty} t\mathrm{e}^{-nt}=\lim_{t\to+\infty}\frac{t}{\mathrm{e}^{nt}}=\lim_{t\to+\infty}\frac{1}{n\mathrm{e}^{nt}}=0$$

从而可以看出，当 $t\to+\infty$ 时，$x\to 0^+$. 因此，在临界阻尼情形，物体也随时间 t 的增大而趋于平衡位置.

（Ⅲ）小阻尼情形：$n < k$．

特征方程的根 $r = -n \pm \mathrm{i}\omega$，（$\omega = \sqrt{k^2 - n^2}$）是一对共轭复根，所以方程（11-58）的通解为

$$x = \mathrm{e}^{-nt}(C_1 \cos \omega t + C_2 \sin \omega t).$$

应用初始条件，定出 $C_1 = x_0$，$C_2 = \dfrac{v_0 + nx_0}{\omega}$，因此所求特解为

$$x = \mathrm{e}^{-nt}\left(x_0 \cos \omega t + \frac{v_0 + nx_0}{\omega} \sin \omega t\right). \tag{11-60}$$

为了便于说明特解所反映的振动现象，令

$$x_0 = A \sin \varphi, \quad \frac{v_0 + nx_0}{\omega} = A \cos \varphi \quad (0 \leqslant \varphi < 2\pi),$$

那么式（11-60）又可写成

$$x = A\mathrm{e}^{-nt} \sin(\omega t + \varphi), \tag{11-61}$$

其中

$$\omega = \sqrt{k^2 - n^2}, \quad A = \sqrt{x_0^2 + \frac{(v_0 + nx_0)^2}{\omega^2}}, \quad \tan \varphi = \frac{x_0 \omega}{v_0 + nx_0}.$$

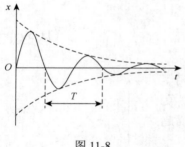

图 11-8

从式（11-61）看出，物体的运动是周期为 $T = \dfrac{2\pi}{\omega}$ 的振动，但与简谐振动不同，它的振幅 $A\mathrm{e}^{-nt}$ 随时间 t 的增大而逐渐减小．因此，物体随时间 t 的增大而趋于平衡位置．

函数（11-61）的图形如图 11-8 所示（图中假定 $x_0 = 0$，$v_0 > 0$）．

情形 3　假设物体受弹簧的恢复力 f 和铅直干扰力 F 的作用（这里不考虑阻力 R），试求物体的运动规律．

解　这里需要求出无阻尼强迫振动方程

$$\frac{\mathrm{d}^2 x}{\mathrm{d}t^2} + k^2 x = h \sin pt \tag{11-62}$$

的通解．

对应的齐次线性微分方程（即无阻尼自由振动方程）为

$$\frac{\mathrm{d}^2 x}{\mathrm{d}t^2} + k^2 x = 0, \tag{11-63}$$

它的特征方程 $r^2 + k^2 = 0$ 的根为 $r = \pm ki$，故方程（11-63）的通解为

$$X = C_1 \cos kt + C_2 \sin kt.$$

令

$$C_1 = A\sin\varphi, \quad C_2 = A\cos\varphi,$$

则方程（11-63）的通解又可写成

$$X = A\sin(kt + \varphi),$$

其中，A，φ 为任意常数.

方程（11-62）右端的函数

$$f(t) = h\sin pt$$

与 $f(t) = e^{\lambda t}[P_l(t)\cos\omega t + P_n(t)\sin\omega t]$ 相比较，有 $\lambda = 0$，$\omega = p$，$P_l(t) = 0$，$P_n(t) = h$.
现在分别就 $p = k$ 和 $p \neq k$ 两种情形讨论如下.

（Ⅰ）如果 $p \neq k$，则 $\lambda \pm i\omega = \pm ip$ 不是特征方程的根，故设

$$x^* = a_1\cos pt + b_1\sin pt .$$

代入方程（11-62）求得

$$a_1 = 0, \quad b_1 = \frac{h}{k^2 - p^2},$$

于是

$$x^* = \frac{h}{k^2 - p^2}\sin pt ,$$

从而当 $p \neq k$ 时，方程（11-62）的通解为

$$x = X + x^* = A\sin(kt + \varphi) + \frac{h}{k^2 - p^2}\sin pt .$$

上式表示，物体的运动由两部分组成，这两部分都是简谐振动. 上式第一项表示自由振动，第二项所表示的振动称为强迫振动，强迫振动是干扰力引起的，它的角频率即干扰力的角频率 p；当干扰力的角频率 p 与振动系统的固有频率 k 相差很小时，它的振幅 $\left|\dfrac{h}{k^2 - p^2}\right|$ 可以很大.

（Ⅱ）如果 $p = k$，则 $\lambda \pm i\omega = \pm ip$ 是特征方程的根，故设

$$x^* = t(a_1\cos kt + b_1\sin kt),$$

代入方程（11-62）求得

$$a_1 = -\frac{h}{2k}, \quad b_1 = 0,$$

于是

$$x^* = -\frac{h}{2k}t\cos kt \cdot$$

从而当 $p = k$ 时，方程（11-62）的通解为

$$x = X + x^* = A\sin(kt + \varphi) - \frac{h}{2k}t\cos kt .$$

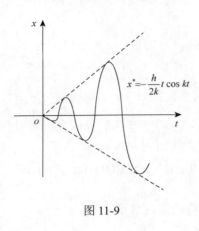

$$x^* = -\frac{h}{2k}t\cos kt$$

图 11-9

上式右端第二项表明，强迫振动的振幅 $\frac{h}{2k}t$ 随时间 t 的增大而无限增大，如图 11-9 所示. 而第一项是有界的同频率周期函数，因而两项的合成表示物体上下振动的幅值随着时间 t 的增大而无限变大，这种情况在物理学中称为共振.

一般的机械结构或建筑结构在周期外力作用下的运动，比弹簧振动的运动规律复杂，但是它们也有类似的固有频率和共振问题. 共振对机械结构和建筑结构有很大的危害性，它可以导致机械和建筑物的破坏，因此在设计和运行或使用时，应当避免共振现象的发生.

在无线电通讯（电磁振荡）中，电磁波振荡的共振称为谐振，正是利用谐振的原理来接收特定频率的无线电波，如在收音机中通过调谐使线路的固有频率与电台的发射频率相等，产生谐振，从而接收信息.

有阻尼的强迫振动问题可作类似的讨论，这里不再赘述.

例 11.35 逻辑斯谛（Logistic）模型.

为方便理解，这里，我们借助一颗小树的生长过程来说明该模型的建立.

一颗小树刚栽下去的时候长得比较慢，渐渐地，小树长高了而且长得越来越快，几年不见，绿荫底下已经可乘凉了；但长到某一高度后，它的生长速度趋于稳定，然后再慢慢降下来. 这一现象具有普遍性. 下面我们来建立这个现象的数学模型.

如果假设树的生长速度与它目前的高度成正比，则显然不符合起初和后期的生长情形；但如果假设树的生长速度正比于最大高度与目前高度的差，则又明显不符合中间时间段的生长过程. 折中一下，我们假设它的生长速度既与目前高度成正比，又与最大高度和目前高度之差成正比.

设树生长的最大高度为 H，在 t 年时的高度为 $h(t)$，则有

$$\frac{dh(t)}{dt} = kh(t)[H - h(t)], \tag{11-64}$$

其中 $k > 0$ 是比例常数. 这个方程称为逻辑斯谛方程. 它是可分离变量的微分方程.

将方程（11-64）分离变量，得

$$\frac{dh}{h(H - h)} = k\,dt,$$

两边积分，得

$$\frac{1}{H}[\ln h - \ln(H - h)] = kt + C_1,$$

即

$$\frac{h}{H - h} = e^{kHt + C_1 H} = C_2 e^{kHt}, \quad 其中 C_2 = e^{C_1 H}.$$

故所求通解为

$$h(t) = \frac{C_2 H e^{kHt}}{1 + C_2 e^{kHt}} = \frac{H}{1 + C e^{-kHt}},$$

其中的 $C = \dfrac{1}{C_2} = e^{-C_1 H}$，是正常数.

函数 $h(t)$ 的图像称为逻辑斯谛曲线（图 11-10）. 由于它的形状，有时也称为 S 曲线. 可以看到，它基本符合我们所描述的树的生长情形.

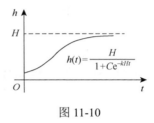

图 11-10

另外还可以计算得到

$$\lim_{t \to +\infty} h(t) = H,$$

这说明树的生长有一个限制，因此也称为限制性增长模式.

许多客观现象的发展变化在本质上都符合逻辑斯谛曲线. 如生物种群的繁殖、信息的传播、新技术的推广、传染病的扩散及某些商品的销售等.

例如，流感的传染，在任其自然发展（如初期未引起人们注意）的阶段，可以设想它的速度既正比于得病的人数，又正比于未传染到的人数. 开始时患病的人不多，因而传染速度较慢；但随着健康人与患者接触，受感染的人数越来越多，传染的速度也越来越快；最后，传染速度自然而然地逐渐降低，因为已经没有多少人可被传染了.

下面举例说明逻辑斯谛方程的应用.

1837 年，荷兰生物学家 Verhulst 提出了一个人口阻滞增长模型：

$$\frac{\mathrm{d}y}{\mathrm{d}t} = y(k - by), \quad y(t_0) = y_0,$$

其中 k，b 称为生命系数.

在这里，我们不详细讨论这个模型，只提应用它预测世界人口数的两个有趣的结果.

有生态学家估计 k 的自然值是 0.029. 利用 20 世纪 60 年代世界人口平均增长率为 2% 及 1965 年人口总数 33.4 亿这两个数据，计算得 $b = 2$，从而估计得：

（1）世界人口总数将趋于极限 107.6 亿.

（2）到 2000 年时世界人口总数为 59.6 亿.

实际上，后一个数与 2000 年时的世界人口总数很接近.

例 11.36　传染病模型.

预防传染病的蔓延是医疗卫生系统及社会保健的重要工作. 我们探讨如下问题：开展预防传染病（如非典型肺炎等）流行的宣传运动对防止传染病蔓延起到多大的作用？这个宣传运动要持续多长时间？要具有多大的强度？

我们从最简单的情形——不开展宣传运动的情形开始.

最简单的模型：设总人数为 M 是不变的，t 时刻得病人数为 $x(t)$，它传染给正常人的传染率为 r. 显然，从 t 到 $t+\Delta t$ 时间内平均传染率为

$$\frac{x(t+\Delta t)-x(t)}{\Delta t(M-x(t))},$$

令 $\Delta t \to 0$，得 t 时刻的传染率为

$$\frac{\mathrm{d}x}{\mathrm{d}t}\cdot\frac{1}{M-x(t)}=r.$$

因此，我们得到 $x(t)$ 所满足的最简单的数学模型：

$$\begin{cases}\dfrac{\mathrm{d}x}{\mathrm{d}t}=r[M-x(t)],\\ x(0)=x_0.\end{cases}$$

解之得

$$x(t)=M+\mathrm{e}^{-rt}(-M+x_0),$$

令 $t\to+\infty$，得

$$\lim_{t\to+\infty}x(t)=M,$$

这表明，最终每个人都要染上疾病.

持续宣传的作用：为了预防传染病的流行，进行宣传是非常必要的. 但如何进行定量的研究呢？假设开展的是持续的宣传运动，如何描述这种情形下的数学模型？

假设宣传的开展将使得传染上疾病的人数 $x(t)$ 减少，减少的速度与总人数 M 成正比，这个比例常数常取决于宣传强度. 因此这个比例常数也称为宣传强度. 若从 $t=t_0>0$ 开始，开展一场持续的宣传运动，宣传强度为 α（$0<\alpha<r$），则所得数学模型应是

$$\begin{cases}\dfrac{\mathrm{d}x}{\mathrm{d}t}=r(M-x)-\alpha MH(t-t_0),&t\geqslant 0,\\ x(0)=x_0,\end{cases}$$

其中

$$H(t-t_0) = \begin{cases} 1, & t \geqslant t_0, \\ 0, & t < t_0. \end{cases}$$

易知，当 $0 < t < t_0$ 时，

$$x(t) = M + \mathrm{e}^{-rt}(-M + x_0),$$

这与前面得到的结果是一致的.

当 $t \geqslant t_0$ 时，

$$x(t) = \frac{\mathrm{e}^{-rt}(\alpha(1 - \mathrm{e}^{rt})M + r((-1 + \mathrm{e}^{rt})M + x_0))}{r},$$

当 $t \to +\infty$，得

$$\lim_{t \to +\infty} x(t) = M\left(1 - \frac{\alpha}{r}\right) < M.$$

这说明持续的宣传是起作用的，最终会使发病率减少.

例 11.37 猪的最佳销售时机问题.

一般从事猪的商业性饲养和销售总是希望获得利润，因此饲养某种猪是否获利，如何获得最大利润，是饲养者必须考虑的问题. 如果把饲养技术水平、猪的类型等因素视为不变的且不考虑市场的需求变化，那么影响获利大小的一个主要因素是如何选择猪的出售时机，即何时把猪卖出获利最大. 也许有人认为猪养得越大，出售后获利越大，其实不然，因为随着猪的生长，单位时间内消耗的饲料费用也就越来越多，但同时其体重的增长速度却不断下降，所以饲养时间过长是不合算的. 试作适当的假设，引入相应的参数，建立猪的最佳销售时机的数学模型.

第一步：分析.

假设猪开始商业性饲养时的时刻为 $t = 0$，x_0 为 $t = 0$ 时猪的体重，即 $x(0) = x_0$，$x(t)$ 为一头猪在时刻 t 时的体重，X 为该品种猪的最大体重；$y(t)$ 为饲养一头猪到时刻 t 共消耗的饲养费用（包括饲料费、饲养人员工资等），$y(0) = 0$；x_s 为猪可售出的最小体重，即体重小于 x_s 的猪，收购站不予收购. t_s 为猪从体重 x_0 长到体重 x_s 所需要的时间；$C(x)$ 为猪的单位重量售价，C_0 为刚出生小猪的单位售价.

第二步：假设.

（1）本模型只对某一品种猪进行讨论，故涉及猪的性质的有关参数均可视为固定常数.

（2）由于开始进行商业性饲养时已具有一定体重，所以可以假设猪体重增长的速度将不断减慢. 设反映猪体重增长速度的参数为 p.

（3）由于猪的体重越大，单位时间消耗的饲料费用就越多，达到最大体重后，单位时间消费的饲养费接近某一常数 r. 设反映饲养费用变化大小的参数为 q.

（4）通过调查了解 $C(x)$ 随 x 的变化幅度并不大，故可将 $C(x)$ 视为常数，设其为 C.

第三步：建立模型和求解过程.

由前面的分析与假设可得到方程组：

$$\begin{cases} \dfrac{\mathrm{d}x}{\mathrm{d}t} = p\left(1 - \dfrac{x}{X}\right), \\ \dfrac{\mathrm{d}y}{\mathrm{d}t} = r - q\left(1 - \dfrac{x}{X}\right), \\ x(0) = x_0, \\ y(0) = 0. \end{cases}$$

由上述方程组得

$$x(t) = X - (X - x_0)\mathrm{e}^{-\frac{p}{X}t}, \tag{11-65}$$

$$y(t) = rt - \frac{q}{p}(X - x_0)(1 - \mathrm{e}^{-\frac{p}{X}t}). \tag{11-66}$$

首先，考虑养猪的可行性，即养猪是否能获利，说得更明确些，猪从出生到 t_s 时，若售出，能否获利. 显然，获利的充要条件是

$$Cx_s \geqslant C_0 x_0 + y(t_s). \tag{11-67}$$

由式（11-65），得

$$x_s = X - \mathrm{e}^{-\frac{p}{X}t_s}(X - x_0),$$

解之得

$$t_s = \frac{X}{p}\ln\frac{X - x_0}{X - x_s},$$

将其代入式（11-66）和式（11-67）并整理，得

$$p(Cx_s - C_0 x_0) + q(x_s - x_0) \geqslant rX\ln\frac{X - x_0}{X - x_s}, \tag{11-68}$$

所以只要式（11-68）得到满足就可以获利，至少不会亏本.

由式（11-68）可知，要想饲养某种猪有利可图，必须设法增大 p（加快猪的生长速度）或增大 q，减小 r（降低饲养成本）.

其次，在式（11-68）得到满足的条件下，考虑猪的最佳售出时机 t^*，将（11-65），（11-66）求导，得

$$\frac{\mathrm{d}x}{\mathrm{d}t} = p\mathrm{e}^{-\frac{p}{X}t}\left(1 - \frac{x_0}{X}\right),$$

$$\frac{\mathrm{d}y}{\mathrm{d}t} = r - q\mathrm{e}^{-\frac{p}{X}t}\left(1 - \frac{x_0}{X}\right).$$

$C \cdot \dfrac{dx}{dt}$ 与 $\dfrac{dy}{dt}$ 的图像大致如图 11-11 所示. $C \cdot \dfrac{dx}{dt}$ 的

含义是时刻 t 附近单位时间内由猪增加的体重所获得的

收入，$\dfrac{dy}{dt}$ 的含义是时刻 t 附近单位时间消耗的饲养费

用. 由盈亏平衡原理可知，两曲线的交点即为最佳售出

时间 t^*.

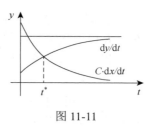

图 11-11

由 $C \cdot \dfrac{dx}{dt} = \dfrac{dy}{dt}$，得

$$C \cdot p \, e^{-\frac{p}{X}t}\left(1 - \frac{x_0}{X}\right) = r - q \, e^{-\frac{p}{X}t}\left(1 - \frac{x_0}{X}\right),$$

解之，得

$$t_0 = \frac{X}{p}\ln\frac{(Cp + q)(X - x_0)}{rX}.$$

现在考虑如下两种情况.

若

$$\frac{rX}{X - x_0} < Cp + q,$$

这时有 $t_0 > t_s$，猪应在 $t^* = t_0 = \dfrac{X}{p}\ln\dfrac{(Cp + q)(X - x_0)}{rX}$ 时售出.

若

$$\frac{rX}{X - x_0} \geqslant Cp + q,$$

这时 $t_0 \leqslant t_s$，猪应在 $t^* = t_s = \dfrac{X}{p}\ln\dfrac{X - x_0}{X - x_s}$ 时售出，这是因为 t_0 时刻猪还未长到 x_s，

只好养到 t_s 时刻才能售出，只要式（11-68）得到满足，还是可以获利的.

第四步，利用一组经验数据验证上述模型.

假定某种品种的猪，$X = 200$（kg），$x_s = 75$（kg），$p = 0.5$（kg/d），$C = 6$（d/kg），$r = 1.5$（元/d），$q = 1$（元/d），$x_0 = 5$（kg）.

通过计算可知，猪的最佳出售时间为约饲养 382（d）.

习　题　11-9

1. 设圆柱形浮筒，直径为 0.5 m，铅直放在水中，当稍向下压入水后突然放开，浮筒在水中上下振动的周期为 2 s，求浮筒的质量.

2. 设有一个由电阻 R、电感（自感）L、电容 C 和电源 E 串联组成的电路（简称 R-L-C 串联电路），其中 R，L，C 为常数，电源电动势是 $E = E_m \sin \omega t$，这里 E_m 及 ω 也是常数（图 11-12）. 求出 R-L-C 串联电路中电容 C 上的电压 $U_C(t)$ 所满足的微分方程.

3. 在如图 11-13 所示的电路中，先将开关 K 拨向 A，使电容充电，当达到稳定状态后再将开关拨向 B. 设开关 K 拨向 A 的时间 $t = 0$，求 $t > 0$ 时回路中的电流 $i(t)$. 已知 $E = 20 \text{ V}$，$C = 0.5$ 法拉，$L = 1.6$ 亨利，$R = 4.8 \, \Omega$，并且 $i|_{t=0} = 0$，$\left. \dfrac{\mathrm{d}i}{\mathrm{d}t} \right|_{t=0} = \dfrac{25}{2}$.

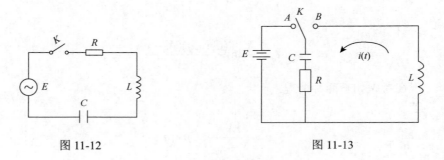

图 11-12　　　　　　　　　　　　　图 11-13

4. 对于技术革新的推广，在下列几种情况下分别建立模型.

（1）推广工作通过已经采用新技术的人进行，推广速度与已采用新技术人数成正比，推广是无限的；

（2）总人数有限，因而推广速度还会随着尚未采用新技术人数的减少而降低；

（3）在第（2）问的前提下考虑广告媒体的传播作用.

5. 侦察机搜索潜艇. 设 $t = 0$ 时艇在 O 点，飞机在 A 点，$OA = 3 \text{ km}$. 此时艇潜入水中并沿着飞机不知道的某一方向以直线形式逃去，艇速 10 km/h，飞机以速度 20 km/h 按照待定的航线搜索潜艇，当且仅当飞到艇的正上方时才可发现它.

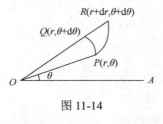

图 11-14

（1）以 O 点为原点建立极坐标系 (r, θ)，A 点位于 $\theta = 0$ 的向径上，如图 11-14 所示. 分析图中由 P, Q, R 组成的小三角形，证明在有限时间内飞机一定可以搜索到潜艇的航线是：先从 A 点沿直线飞到某点 P_0，再从 P_0 沿一条对数螺线飞行一周，而 P_0 是一个圆周上的任一点. 给出对数螺线的表达式，并画出一条航线的示意图；

（2）为了使整条航线是光滑的，直线段应与对数螺线在 P_0 点相切，找出这条光滑的航线；

（3）在所有一定可以发现潜艇的航线中哪一条航线最短，长度是多少，光滑航线的长度又是多少？

总习题十一（A）

1. 填空题

（1）已知 $y_1 = e^{x^2}$，$y_2 = xe^{x^2}$ 是微分方程 $y'' + p(x)y' + q(x)y = 0$ 的解（其中 $p(x)$，$q(x)$ 都是已知的连续函数），则该方程的通解为_____.

（2）若曲线 $y = f(x)$ 过点 $M_0\left(0, -\dfrac{1}{2}\right)$，并且曲线上任意一点 $M(x, y)$ 处的切线的斜率为 $x\ln(1 + x^2)$，则 $f(x) = $_____.

（3）微分方程 $y'' - 2y' + y = 6xe^x$ 的特解 y^* 的形式为_____.

（4）若 $y_1 = x^2$，$y_2 = x^2 + e^{2x}$，$y_3 = x^2 + e^{2x} + e^{5x}$ 都是微分方程 $y'' + p(x)y' + q(x)y = f(x)$ 的解（其中 $f(x) \neq 0$，$p(x)$，$q(x)$ 都是已知的连续函数），则此微分方程的通解为_____.

2. 选择题

（1）函数 $y = C_1 e^{2x + C_2}$（C_1，C_2 为任意常数）是方程 $y'' - y' - 2y = 0$ 的（　　）.

　　A. 通解　　　　　　　　　　B. 特解

　　C. 不是解　　　　　　　　　D. 是解，既不是通解，又不是特解

（2）方程 $(2x - y)\mathrm{d}y = (5x + 4y)\mathrm{d}x$ 是（　　）.

　　A. 一阶线性齐次方程　　　　B. 一阶线性非齐次方程

　　C. 齐次方程　　　　　　　　D. 可分离变量的方程

（3）具有特解 $y_1 = e^{-x}$，$y_2 = 2xe^{-x}$，$y_3 = 3e^x$ 的三阶常系数齐次线性微分方程是（　　）.

　　A. $y''' - y'' - y' + y = 0$　　　　B. $y''' + y'' - y' - y = 0$

　　C. $y''' - 6y'' + 11y' - 6y = 0$　　D. $y''' - 2y'' - y' + 2y = 0$

（4）微分方程 $y'' - y = e^x + 1$ 的一个特解应具有形式（a，b 为常数）（　　）.

　　A. $ae^x + b$　　B. $axe^x + b$　　C. $ae^x + bx$　　D. $axe^x + bx$

3. 求下列微分方程的通解：

（1）$xy' + y = 2\sqrt{xy}$；　　　　　　（2）$\dfrac{\mathrm{d}y}{\mathrm{d}x} = \dfrac{y}{2(\ln y - x)}$；

（3）$y\dfrac{dy}{dx} = y^2 - 2x$ ；

（4）$(y^4 - 3x^2)dy + xydx = 0$ ；

（5）$xdx + ydy + \dfrac{ydx - xdy}{x^2 + y^2} = 0$ ；

（6）$y''' + y'' - 2y' = x(e^x + 4)$.

4. 求下列微分方程满足初值条件的特解：

（1）$y^3dx + 2(x^2 - xy^2)dy = 0$ ， $y|_{x=1} = 1$ ；

（2）$y'' - ay'^2 = 0$ ， $y|_{x=0} = 0$ ， $y'|_{x=0} = -1$ ；

（3）$2y'' - \sin 2y = 0$ ， $y|_{x=0} = \dfrac{\pi}{2}$ ， $y'|_{x=0} = 1$ ；

（4）$y'' + 2y' + y = \cos x$ ， $y|_{x=0} = 0$ ， $y'|_{x=0} = \dfrac{3}{2}$.

5. 设可导函数 $\varphi(x)$ 满足 $\varphi(x)\cos x + 2\int_0^x \varphi(t)\sin t \, dt = x + 1$ ，求函数 $\varphi(x)$.

6. 求下列欧拉方程的通解.

（1）$x^2y'' + 3xy' + y = 0$ ；

（2）$x^2y'' - 4xy' + 6y = x$.

总习题十一（B）

1. 填空题

（1）微分方程 $y'' - 4y = e^{2x}$ 的通解为_____ .

（2）若 $y_1 = (1+x^2)^2 - \sqrt{1+x^2}$ ， $y_2 = (1+x^2)^2 + \sqrt{1+x^2}$ 是微分方程 $y' + p(x)y = q(x)$ 的两个解，则 $q(x) = $ _____ .

（3）设 $y = e^x(C_1\sin x + C_2\cos x)$ （ C_1 ， C_2 为任意常数）为某二阶常系数齐次线性微分方程的通解，则该微分方程为_____ .

（4）过点 $\left(\dfrac{1}{2}, 0\right)$ 且满足关系式 $y'\arcsin x + \dfrac{y}{\sqrt{1-x^2}} = 1$ 的曲线方程为_____ .

2. 选择题

（1）设线性无关的函数 y_1, y_2, y_3 都是二阶非齐次方程 $y'' + p(x)y' + q(x)y = f(x)$ 的解， C_1 ， C_2 为任意常数，则该非齐次方程的通解是（　　）.

    A. $C_1y_1 + C_2y_2 + y_3$ B. $C_1y_1 + C_2y_2 - (C_1 + C_2)y_3$

    C. $C_1y_1 + C_2y_2 - (1 - C_1 - C_2)y_3$ D. $C_1y_1 + C_2y_2 + (1 - C_1 - C_2)y_3$

（2）设 $y = f(x)$ 是方程 $y'' - y' - e^{\sin x} = 0$ 的解且 $f'(x_0) = 0$ ，则 $f(x)$ 在（　　）.

    A. x_0 的某邻域内单调增加   B. x_0 的某邻域内单调减少

    C. x_0 处取得极小值   D. x_0 处取得极大值

（3）设曲线积分 $\int_L [f(x)-\mathrm{e}^x]\sin y\mathrm{d}x - f(x)\cos y\mathrm{d}y$ 与积分路径无关，其中 $f(x)$ 具有一阶连续导数且 $f(0)=0$，则 $f(x)$ 等于（　　　）.

    A. $\dfrac{1}{2}(\mathrm{e}^{-x}-\mathrm{e}^x)$ B. $\dfrac{1}{2}(\mathrm{e}^x-\mathrm{e}^{-x})$

    C. $\dfrac{1}{2}(\mathrm{e}^x+\mathrm{e}^{-x})+1$ D. $1-\dfrac{1}{2}(\mathrm{e}^x+\mathrm{e}^{-x})$

3. 求微分方程 $x^2 y' + xy = y^2$ 满足初始条件 $y(1)=1$ 的特解.

4. 设 $y=\mathrm{e}^x$ 是微分方程 $xy'+p(x)y=x$ 的一个解，求此微分方程满足条件 $y|_{x=\ln 2}=0$ 的特解.

5. 设 $f(x)=\sin x-\int_0^x (x-t)f(t)\mathrm{d}t$，其中 f 为连续函数，求 $f(x)$.

6. 设 $y(x)$ 是区间 $\left(0,\dfrac{3}{2}\right)$ 内的可导函数且 $y(1)=0$，点 P 是曲线 L：$y=y(x)$ 上任意一点，L 在点 P 处的切线与 y 轴交于点 $(0,Y_P)$，法线与 x 轴交于点 $(X_P,0)$，若 $X_P=Y_P$，求曲线 L 的方程.

7. 设物体 A 从点 $(0,1)$ 出发，以常速率 v 沿 y 轴正向运动，物体 B 从点 $(-1,0)$ 与 A 同时出发，其速率为 $2v$，方向始终指向 A. 试建立物体 B 的运动轨迹所满足的微分方程，并写出初始条件.

8. 在某一人群中推广新技术是通过其中已掌握新技术的人进行的. 设该人群的总人数为 N，在 $t=0$ 时刻已掌握新技术的人数为 x_0，在任意时刻 t 已掌握新技术的人数为 $x(t)$（将 $x(t)$ 视为连续可微变量），其变化率与已掌握新技术人数和未掌握新技术人数之积成正比，比例常数 $k>0$，求 $x(t)$.

数学家介绍及
微分方程的应用

第12章 数 学 实 验

12.1 函 数 作 图

12.1.1 一元函数作图（二维图形）

函数的图形不仅揭示了函数的本质特性，有时还是解题的钥匙. 例如，观察函数 $f(x) = x\sin x$ 的图形可知当 $x \to 0$ 时，$f(x) = x\sin x$ 是无穷小；根据函数 $f(x) = \sin\dfrac{1}{x}$ 的图形可以判定 $x = 0$ 为函数的振荡间断点等. 下面介绍三个用于一元函数作图的函数.

1. plot 函数

Matlab 为我们提供了众多的功能强大的图形绘制函数. plot 函数是 Matlab 中最常用的画平面曲线的函数，它的主要功能是用于绘制显示函数 $y = f(x)$ 和参数式函数 $x = x(t)$，$y = y(t)$ 的平面曲线. plot 函数的调用格式如下：

$$\text{plot}(x, y, '可选项\ s')$$

其中 x 是曲线上的横坐标，y 是曲线上的纵坐标，'可选项 s'中通常包含确定曲线颜色、线型、两坐标轴上的比例等等参数. 在作图时可根据需要选择可选项，如果在绘图时省略可选项，那么 plot 函数将自动选择一组默认值，画出曲线.

例 12.1 作函数 $y = \sin x$，$y = \cos x$ 的图形，并观察它们的周期性.

解 先作函数 $y = \sin x$ 在 $[-4\pi, 4\pi]$ 上的图形，用 Matlab 作图的程序为

```
>>x=linspace(-4*pi,4*pi,300);        %产生 300 维向量 x
>>y=sin(x);
>>plot(x,y)                          %二维图形绘图命令
```

运行结果如图 12-1 所示. 上述语句中，%后面如"%二维图形绘图命令"是说明性语句，无需键入.

如果在同一坐标系下作出 $y = \sin x$ 和 $y = \cos x$ 在 $[-2\pi, 2\pi]$ 上的图形，相应的 Matlab 程序为

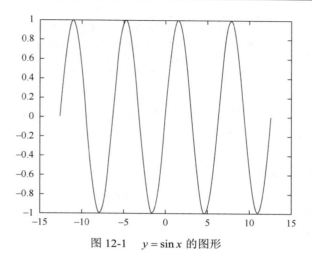

图 12-1 $y = \sin x$ 的图形

```
>>x=-2*pi:2*pi/30:2*pi;          %产生向量 x
>>y1=sin(x);y2=cos(x);
>>plot(x,y1,x,y2,':')      %':'表示绘出的第二条曲线图形是点线
```
运行结果如图 12-2 所示. 其中实线是 $y = \sin x$ 的图形，点线是 $y = \cos x$ 的图形.

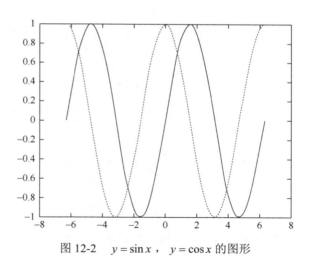

图 12-2 $y = \sin x$ ，$y = \cos x$ 的图形

2. ezplot 函数

ezplot 函数是 Matlab 中另外一个画平面曲线的函数，它的主要功能是用于绘制隐函数 $F(x, y) = 0$ 、参数式函数 $x = x(t)$ ，$y = y(t)$ 和显示函数 $y = f(x)$ 的平面曲线. ezplot 函数的调用格式如下：

ezplot（F, [a, b, c, d]）绘制隐函数 $F(x, y) = 0$ 在 $a \leqslant x \leqslant b$ 和 $c \leqslant y \leqslant d$ 上的平面曲线

ezplot（F, [a, b]）绘制隐函数 $F(x, y) = 0$ 在 $a \leqslant x \leqslant b$ 和 $a \leqslant y \leqslant b$ 上的平面曲线

ezplot（x, y, [a, b]）绘制参数方程 $x = x(t)$，$y = y(t)$ 在 $a \leqslant t \leqslant b$ 上的平面曲线

例 12.2　作隐函数 $\dfrac{\sin\sqrt{x^2 + y^2}}{\sqrt{x^2 + y^2}} = 0$ 在 $-6\pi \leqslant x \leqslant 6\pi$，$-5.6\pi \leqslant y \leqslant 6.6\pi$ 上的

图形.

解　相应的 Matlab 程序为

```
>>ezplot('sin(sqrt(x^2+y^2))/sqrt(x^2+y^2)',[-6*pi,6*pi,
-5.6*pi,6.6*pi])
```

运行后画出图形，见图 12-3.

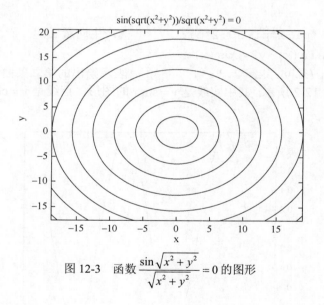

图 12-3　函数 $\dfrac{\sin\sqrt{x^2 + y^2}}{\sqrt{x^2 + y^2}} = 0$ 的图形

3. polar 函数

polar 函数的主要功能是用于绘制极坐标函数 $\rho = \varphi(\theta)$ 的平面曲线，它的调用格式如下：

$$\text{polar(THETA, RHO, 's')}$$

其中 THETA 是极角（弧度值），RHO 是极径，s 是可选项，s 的内容和用法与前面的 plot 函数完全相同.

例 12.3　作极坐标系下曲线 $\rho = a\cos(b + n\theta)$ 的图形，并讨论参数 a, b, n 对图形的影响.

解　相应的 Matlab 程序为

```
>>t=0:0.1:2*pi;              %产生极角向量
>>for i=1:2
   a(i)=input('a=');b(i)=input('b=');
    n(i)=input('n=');
    r(i,:)=a(i)*cos(b(i)+n(i)*t);
    subplot(1,2,i),polar(t,r(i,:));
    end
```

运行后根据提示，分别给 a,b,n 输入以下两组值

a=2,b=pi/4,n=2

a=2,b=0,n=3

可以得到 4 叶玫瑰线（图 12-4 左图）和 3 叶玫瑰线（图 12-4 右图）.

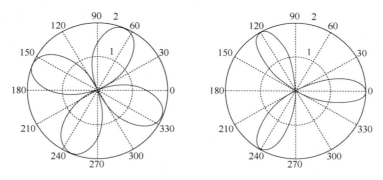

图 12-4　4 叶玫瑰线和 3 叶玫瑰线图

12.1.2　空间曲线的绘制

plot3 函数是 Matlab 中最常用的画空间曲线的函数，它的主要功能是用于绘制显示函数 $z = f(x, y)$ 和参数式函数 $x = x(t)$，$y = y(t)$，$z = z(t)$ 的空间曲线，也可以用空间中的一组平行平面上的截线的方式表示曲面. plot3 函数的调用格式与 plot 函数十分相似，具体如下：

$$\text{plot3}(x, y, z, \text{'可选项 s'})$$

其中如果 x，y，z 为同维数的向量时，则绘制以 x，y，z 元素为横、纵、竖坐标的三维曲线；如果 x，y，z 为同维矩阵时，则以 x，y，z 对应元素为横、纵、竖坐标分别绘制曲线，曲线条数等于矩阵的列数. 曲线上的'可选项 s'中通常包含确定曲线颜色、线型、两坐标轴上的比例等等的参数. 用户在作图时可以根据需要选择可选项，如果不用可选项，那么 plot3 函数将自动选择一组默认值，画出空间曲线.

例 12.4 作出以参数方程 $x = \mathrm{e}^{-0.2t}\cos\dfrac{\pi}{2}t$，$y = \dfrac{\pi}{2}\mathrm{e}^{-0.2t}\sin t$，$z = t$，$t \in [0,20]$ 表示的空间曲线.

解 相应的 Matlab 程序为

```
>>t=0:0.01:20;
>>x=exp(-0.2*t).*cos(0.5*pi*t);  y=exp(-0.2*t).*sin
(0.5*pi*t);  z=t;
>>plot3(x,y,z);
>>text(x(1),y(1),z(1),'start');            %在(x(1),y(1),
z(1)处加标字符串'start'
>>n=length(x);text(x(n),y(n),z(n),'end');   %在(x(n),
y(n),z(n)处加标字符串'end'
>>xlabel('X');ylabel('Y'),zlabel('Z');       %说明坐标轴标记
>>grid on;      % grid on/grid off 为显示/不显示格栅命令
```

运行结果如图 12-5 所示.

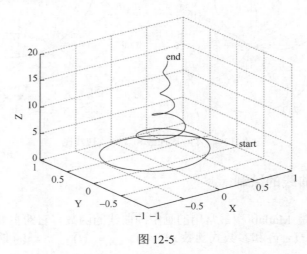

图 12-5

例 12.5 作出函数 $z = ax\mathrm{e}^{-b(x^2+y^2)}$ 在矩形区域 $-c_1 \leqslant x \leqslant c_2$，$-d_1 \leqslant y \leqslant d_2$ 上的图形，其中 $a = b = 0.1$，$c_1 = c_2 = 5$，$d_1 = d_2 = 6$.

解 相应的 Matlab 程序为

```
>>[x,y]=meshgrid(-5:0.1:5,-6:0.1:6);   %生成自变量矩阵,将
坐标(X,Y)网格化
>>z=0.1*x.*exp(-0.1*(x.^2+y.^2));
>>plot3(x,y,z)
```

运行后屏幕显示所作的图形如图 12-6 所示.

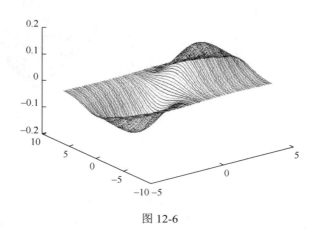

图 12-6

12.1.3 空间曲面的绘制

Matlab 软件中用于绘制曲面的常用网图函数有以下几个:

mesh（x, y, z）	用空间中的两组相关的平行平面上的网状线的方式表示曲面
meshc（x, y, z）	用 mesh 函数的方式表示曲面，并附带有等高线
meshz（x, y, z）	屏蔽的网格图
surf（x, y, z）	用空间中网状线并网格中填充色彩的方式表示曲面
surfc（x, y, z）	用 surf 函数的方式表示曲面，并附带有等高线
surfl（x, y, z）	用 surf 函数的方式表示曲面，并附带有阴影
hidden on	消除掉被遮住部分的网状线
hidden off	将被遮住部分的网状线显示出来

例 12.6 画出函数 $z = \sqrt{x^2 + y^2}$ 的图形，其中 $(x, y) \in [-3, 3] \times [-3, 3]$.

解 相应的 Matlab 程序为

```
>>x=-3:0.1:3;          % x 的范围为[-3,3]
>>y=-3:0.1:3;          % y 的范围为[-3,3]
>>[X,Y]=meshgrid(x,y);  %将向量 x,y 指定的区域转化为矩阵 X,Y
>>Z=sqrt(X. ^2+Y. ^2);  %产生函数值 Z
>>mesh(X,Y,Z)
```

运行结果如图 12-7 所示. 图 12-7 是网格线图，如果要画完整的曲面图，只需将上述的 Matlab 代码 mesh（X，Y，Z）改为 surf（X，Y，Z），运行结果如图 12-8 所示.

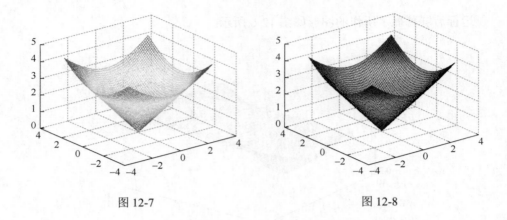

图 12-7   图 12-8

如果画等高线，还可以单独调用 contour，contour3 命令. 其中 contour 命令画二维等高线，contour3 命令画三维等高线. 先对上述锥面画二维等高线，相应的 Matlab 程序为

```
>>x=-3:0.1:3;   y=-3:0.1:3;
>>[X,Y]=meshgrid(x,y);          Z=sqrt(X.^2+Y.^2);
>>contour(X,Y,Z,10)                    %画10条等高线
>>xlabel('X-axis'),ylabel('Y-axis')    %坐标轴的标记
>>title('Contour of Surface')          %加标题
>>grid on             %画网格线
```

运行结果如图 12-9 所示.

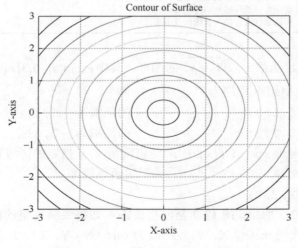

图 12-9

对上述锥面画三维等高线，相应的 Matlab 程序为

```
>>x=-3:0.1:3;  y=-3:0.1:3;
>>[X,Y]=meshgrid(x,y);        Z=sqrt(X. ^2+Y. ^2);
>>contour3(X,Y,Z,10)
>>xlabel('X-axis'),ylabel('Y-axis'),zlabel('Z-axis')
>>title('Contour3 of Surface')
>>grid on
```

运行结果如图 12-10 所示.

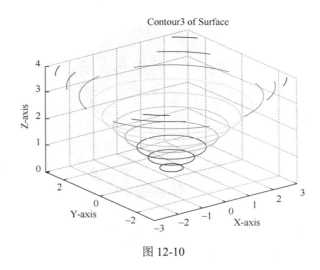

图 12-10

12.1.4 球面和旋转曲面的绘制

sphere 是 Matlab 软件中用于绘制球面的函数，其调用格式如下：

[X, Y, Z] = sphere（N）	生成三个（N+1）×（N+1）阶矩阵，再利用 surf（X, Y, Z）可以作出一个单位球面
[X, Y, Z] = sphere	此形式使用默认值 N = 20
Sphere（N）	只绘制球面图，不返回任何值

cylinder 是 Matlab 软件中用于绘制旋转曲面的函数，其调用格式如下：

[X, Y, Z] = cylinder（R, N）	以母线向量 R 生成单位柱面,母线向量 R 在单位高度里等分刻度上定义的半径向量, N 为旋转圆周上的分格线的条数，再利用 surf（X, Y, Z）可作出一个旋转面
[X, Y, Z] = cylinder（R） 或[X, Y, Z] = cylinder	此形式使用默认值 N = 20 和 R = [1, 1]

例 **12.7**　输入下列 Matlab 程序

```
>>[a,b,c]=sphere(30);
>>surf(a,b,c);
>>axis('equal'),axis('square')    %将横、纵、竖坐标的刻度控制
                                    为相同
```

运行后输出球面如图 12-11 所示.

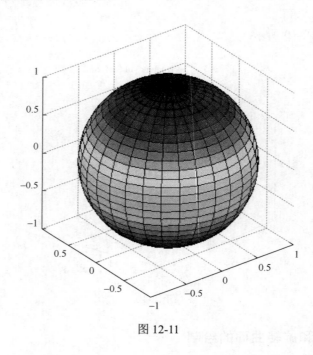

图 12-11

12.1.5　综合作图

我们可以综合使用上面介绍的方法，作平面区域和空间区域的图形，下面将通过一些具体的例题来介绍.

例 **12.8**　画出由旋转抛物面 $z = 8 - x^2 - y^2$，圆柱面 $x^2 + y^2 = 4$ 和坐标面 $z = 0$ 所围成的空间闭区域及其在 xOy 面上的投影.

解　相应的 Matlab 程序为

```
>>[x,y]=meshgrid(-2:0.01:2);
>>z1=8-x. ^2-y. ^2;
>>figure(1)
>>meshc(x,y,z1)
```

```
>>hold on
>>x=-2:0.01:2;
>>r=2;
>>[x,y,z]=cylinder(r,30);
>>mesh(x,y,z)
>>hold off
>>figure(2)
>>contour(x,y,z,10)
axis('equal'),axis('square')
```
运行后屏幕显示如图 12-12 和图 12-13 所示.

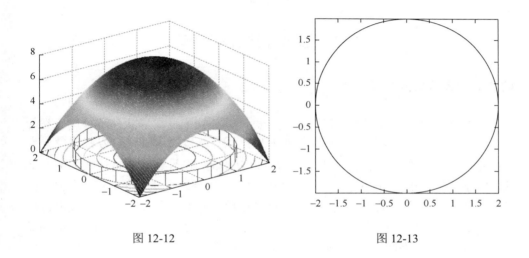

图 12-12   图 12-13

例 **12.9**   画出马鞍面 $z = x^2 - 2y^2$ 和平面 $z = 2x - 3y$ 的交线.

解   相应的 Matlab 程序为

```
>>[x,y]=meshgrid(-52:2:52);
>>z1=x. ^2-2*y. ^2;
>>z2=2*x-3*y;
>>mesh(x,y,z1)
>>hold on
>>mesh(x,y,z2)
>>hold off
```
运行后屏幕显示如图 12-14 所示.

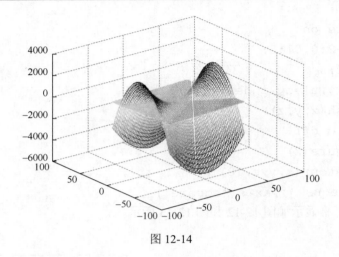

图 12-14

12.2　函数极限的计算

12.2.1　求函数的极限

除数值计算外，像函数极限、积分、微分、公式推导、因式分解等这一类含有 x，y，z 等符号变量的符号表达式的抽象运算，以及求解代数方程或微分方程的精确解等，在工程和科学研究中占有很大比例. 符号表达式是代表数字、函数、算子和变量的 Matlab 字符串、字符串数组，不要求变量有预先确定的值. 符号方程式是含有符号的表达式. 符号计算是使用已知的规则和给定恒等式求解符号方程的过程，它与代数和微积分所学到的求解方法完全一样. Matlab 使用 syms 这个函数命令来创建和定义基本的符号对象. 其调用格式为

syms Var1 Var2 … Varn

Matlab 中求函数极限的命令及调用格式如下：

limit（s, n, inf）	返回符号表达式当 n 趋于无穷大时表达式 s 的极限
limit（s, x, a）	返回符号表达式当 x 趋于 a 时表达式 s 的极限
limit（s）	返回符号表达式中独立变量趋于 0 时 s 的极限
limit（s, x, a, 'left'）	返回符号表达式当 x 趋于 a^- 时表达式 s 的左极限
limit（s, x, a, 'right'）	返回符号表达式当 x 趋于 a^+ 时表达式 s 的右极限
limit（s(x), x, inf, 'lift'）	返回符号表达式当 x 趋于 $+\infty$ 时表达式 $s(x)$ 的极限
limit（s(-x), x, inf, 'lift'）	返回符号表达式当 x 趋于 $-\infty$ 时表达式 $s(x)$ 的极限

例 12.10　用 Matlab 求下列极限

（1）$\lim\limits_{n \to \infty}(\sqrt{n^2+1}-n)$；（2）$\lim\limits_{x \to 1}\dfrac{x^2+1}{x^2-1}$；（3）$\lim\limits_{x \to \infty}\dfrac{x+\sin x}{2x}$；

（4）$\lim\limits_{t\to 0^+}(1-t)^{\frac{1}{t}}$；（5）$\lim\limits_{x\to 0}\dfrac{\cos 2x-\cos 3x}{\sqrt{1+x^2}-1}$.

解　（1）用 limit 命令直接求极限，相应的 Matlab 程序为

```
>>syms n;
>>limit(sqrt(n^2+1)-n),n,inf,'lift')
```

结果为

```
ans=0
```

即 $\lim\limits_{n\to\infty}(\sqrt{n^2+1}-n)=0$.

（2）用 limit 命令直接求极限，相应的 Matlab 程序为

```
>>syms x;
>>limit((x^2+1)/(x^2-1),x,1)
```

结果为

```
ans=NaN
```

即原式极限不存在.

下面作出该函数的图像，考察 $x\to 1$ 时 $f(x)$ 的极限状态，为了便于观察，在区间[−3,3] 作函数的图像，读者在作图时可以取不同区间绘图. 相应的 Matlab 程序为

```
>>x=-3:0.01:3;        y=(x. ^2+1). /(x. ^2-1);
>>plot(x,y)
>>axis([-3,3,-8,8])         %调整图形坐标轴的范围
>>xlabel('X'),ylabel('Y')
```

运行结果如图 12-15 所示.

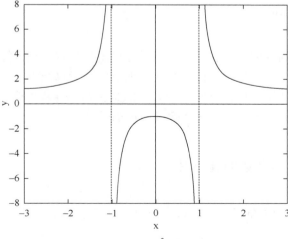

图 12-15　函数 $\dfrac{x^2+1}{x^2-1}$ 的图像

由解析式得分母的极限 $\lim\limits_{x\to\pm1}(x^2-1)=0$，分子的极限 $\lim\limits_{x\to\pm1}(x^2+1)=2$，由无穷大与无穷小的关系知原式的极限为 ∞，即极限不存在. 图 1-40 的函数图像也说明了这样的数量变化关系.

（3）用 limit 命令直接求极限，相应的 Matlab 程序为

```
>>syms x;
>>limit((x+sin(x))/(2*x),x,inf)
```

结果为

```
ans=1/2
```

即 $\lim\limits_{x\to\infty}\dfrac{x+\sin x}{2x}=\dfrac{1}{2}$.

（4）用 limit 命令直接求极限，相应的 Matlab 程序为

```
>>syms t;
>>limit((1-t)^(1/t),t,0,'right')
```

结果为

```
ans=exp(-1)
```

即 $\lim\limits_{t\to0^+}(1-t)^{\frac{1}{t}}=\mathrm{e}^{-1}=\dfrac{1}{\mathrm{e}}$.

（5）用 limit 命令直接求极限，相应的 Matlab 程序为

```
>>syms x;
>>limit((cos(2*x)-cos(3*x))/(sqrt(1+x^2)-1),x,0)
```

结果为

```
ans=5
```

即 $\lim\limits_{x\to0}\dfrac{\cos 2x-\cos 3x}{\sqrt{1+x^2}-1}=5$.

注　Matlab 同其他数学软件一样，进行极限、导数、积分等运算时，都不能给出运算的中间过程，如果仅仅不明就里地求出了运算结果，这样的学习是没有意义的，所以在使用软件计算时，千万不能忽视数学课程的学习. 我们一再强调的是：软件应用不应该也不能代替数学课程的学习.

12.2.2　作图观察函数的连续性

例 12.11　作图观察函数 $y=\cos\dfrac{1}{x}$ 在点 $x=0$ 的连续性.

解　分别作出函数 $y=\cos\dfrac{1}{x}$ 在区间 $[-1,-0.01]$，$[0.01,1]$，$[-1,-0.001]$，$[0.001,1]$

等区间上的图形, 观察图形在点 $x=0$ 附近的形状. 在区间 $[-1,-0.01]$ 绘图的 Matlab 程序为

```
>>x=(-1):0.0001:(-0.01);y=cos(1./x);plot(x,y)
```

运行结果如图 12-16 所示. 类似地, 也可作出函数 $y=\sin\dfrac{1}{x}$ 在点 $x=0$ 附近的图形.

从图 12-16 中可见, 当 $x\to0$ 时, 函数值在 -1 与 $+1$ 之间无限次地振荡, 极限 $\lim\limits_{x\to0}\cos\dfrac{1}{x}$ 不存在, $x=0$ 为函数 $y=\cos\dfrac{1}{x}$ 的振荡间断点.

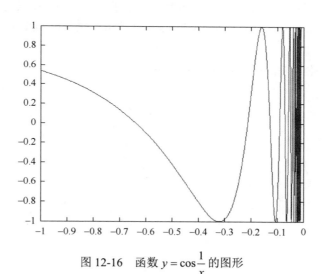

图 12-16　函数 $y=\cos\dfrac{1}{x}$ 的图形

若用 limit 命令直接求极限 $\lim\limits_{x\to0}\cos\dfrac{1}{x}$, 结果如何?

相应的 Matlab 程序为

```
>>clear;
>>syms x;                    %说明 x 为符号变量
>>limit(cos(1/x),x,0)
```

结果为

```
ans=-1…1
```

即极限值在 -1, 1 之间, 而如果极限存在则必唯一, 故极限 $\lim\limits_{x\to0}\cos\dfrac{1}{x}$ 不存在. 同样, 极限 $\lim\limits_{x\to0}\sin\dfrac{1}{x}$ 也不存在.

例 12.12　考察下列函数在 $x=0$ 点的连续性. 若是间断点, 说明其类型.

$$f(x) = \begin{cases} x^2, & x \leq 0 \\ 2, & x > 0 \end{cases}$$

解　首先作出分段函数在区间 $[-4,4]$ 上的图形，观察图形在点 $x=0$ 附近的形状. 相应的 Matlab 程序为

```
>>x1=-4:0.01:0;y1=x1.^2;
>>x2=0:0.01:4;y2=2;
>>plot(x1,y1,x2,y2)
```

运行结果如图 12-17 所示. 从函数图像上可以明显看出 $x=0$ 点是间断点，且在 $x=0$ 处左右极限存在但不相等，所以 $x=0$ 点是第一类间断点中的跳跃间断点.

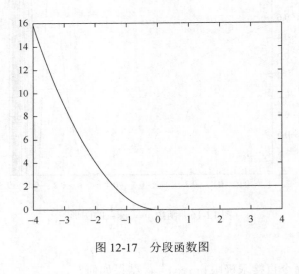

图 12-17　分段函数图

12.3　函数的导数及微分计算

12.3.1　一元显函数求导

　　Matlab 系统中为用户提供了一元显函数求导的符号计算函数 diff，可以调用此函数求符号导数，不但使用方便，而且计算准确、迅速，尤其是求结构复杂的高阶导数更显示出其优越性. 用 diff 函数可以求一元显函数的各阶导函数和在某点处的各阶导数. 用 diff 函数作符号求导函数及一些可简化表达式的函数的调用格式和功能如下所示.

diff（f(x), x）	求函数 $y = f(x)$ 对 x 的一阶导函数 $y' = f'(x)$
diff（f(x), x, n）	求函数 $y = f(x)$ 对 x 的 n 一阶导函数 $y^{(n)} = f^{(n)}(x)$
pretty（diff(f(x), x)）	输出一个符合日常书写习惯的表达式
simplify（f）	对函数表达式 f 简化

例 12.13　设 $f(x) = \mathrm{e}^x$，用定义计算 $f'(0)$.

解　由导数定义，$f(x)$ 在某一点 x_0 处的导数为：$f'(0) = \lim\limits_{h \to 0} \dfrac{f(x_0 + h) - f(x_0)}{h}$，

相应的 Matlab 程序为

```
>>syms h;
>>limit((exp(0+h)-exp(0))/h,h,0)
```

结果为

```
ans=1
```

可知 $f'(0) = 1$.

例 12.14　用 Matlab 软件求下列函数的导数

（1）$y = \sqrt{\tan \dfrac{x}{3}}$；（2）$y = \dfrac{1}{1+\sqrt{t}} + \dfrac{1}{1-\sqrt{t}}$；

（3）求 $y = \mathrm{e}^x \sin x$ 的四阶导数 $y^{(4)}$.

解　（1）相应的 Matlab 程序为

```
>>syms x;
>>diff(sqrt(tan(x/3)))
```

结果为

```
ans=1/2/tan(1/3*x)^(1/2)*(1/3+1/3*tan(1/3*x)^2)
```

即 $y' = \dfrac{1}{2\sqrt{\tan \dfrac{x}{3}}} \left(\dfrac{1}{3} + \dfrac{1}{3}\tan^2 \dfrac{x}{3} \right)$.

（2）相应的 Matlab 程序为

```
>>syms t;
>>diff(1/(1+t^(1/2))+1/(1-t^(1/2)))
```

结果为

```
ans=-1/2/(1+t^(1/2))^2/t^(1/2)+1/2/(1-t^(1/2))^2/t^(1/2)
```

即 $y' = \dfrac{-1}{2\sqrt{t}(1+\sqrt{t})^2} + \dfrac{1}{2\sqrt{t}(1-\sqrt{t})^2}$.

（3）相应的 Matlab 程序为

```
>>syms x;
>>diff(exp(x)*sin(x),4)
```

结果为

```
ans=-4*exp(x)*sin(x)
```

即 $y^{(4)} = -4\mathrm{e}^x \sin x$.

12.3.2　隐函数和由参数方程确定函数的求导

下面首先介绍用 Matlab 中的 diff 函数间接求隐函数和参数方程确定的一元函数的导数的方法.

如果一元函数 $y = y(x)$ 由方程 $F(x,y) = 0$ 确定，则 y 对 x 的导数为

$$y'_x = \frac{\mathrm{d}y}{\mathrm{d}x} = -\frac{F'_x}{F'_y}$$

用 Matlab 中的 diff 函数间接求参数方程的符号导数的调用格式为

$$yx = -\mathrm{diff}(F, x)/\mathrm{diff}(F, y)$$

例 12.15　设函数 $y = y(x)$ 由方程 $3xy - \mathrm{e}^{-2x} + \mathrm{e}^y = 0$ 确定，求 $y'|_{x=0}$.

解　因为当 $x = 0$ 时，$y = 0$，所以输入程序：

```
>>syms x y
F=3*x*y-exp(-2*x)+exp(y);
Fx=diff(F,x);Fy=diff(F,y);yx=-Fx/Fy;y1=simple(yx)
```

运行后屏幕显示化简化的 y 对 x 的一阶导数导数如下：

```
y1=(-3*y-2*exp(-2*x))/(3*x+exp(y))
```

再输入程序：

```
>>x=0;y=0;
y1=(-3*y-2*exp(-2*x))/(3*x+exp(y))
```

运行后屏幕显示 $y'|_{x=0}$ 如下：

```
y1=-2
```

如果一元函数 $y = f(x)$ 由参数方程 $\begin{cases} x = x(t) \\ y = y(t) \end{cases}$ 所确定，则 y 对 x 的导数为

$$y'_x = \frac{\mathrm{d}y}{\mathrm{d}x} = \frac{y'_t}{x'_t}$$

用 Matlab 中的 diff 函数间接求参数方程的符号导数的调用格式为

$$yx = \mathrm{diff}(f, t)/\mathrm{diff}(x, t)$$

例 12.16　设一元函数 $y = y(x)$ 由参数方程 $\begin{cases} x = a(t - \sin t) \\ y = a(1 - \cos t) \end{cases}$ 确定，求 $\dfrac{\mathrm{d}y}{\mathrm{d}x}$.

解　相应的 Matlab 程序为

```
>>syms t;
>>xt=diff(a*(t-sin(t)));yt=diff(a*(1-cos(t)));
>>yx=yt/xt
```

结果为

```
yx=sin(t)/(1-cos(t))
```

即 $\dfrac{\mathrm{d}y}{\mathrm{d}x}=\dfrac{\sin t}{1-\cos t}$.

12.3.3　多元函数的偏导数计算

我们不但可以调用 diff 函数作一元函数的符号求导, 而且还可以用它来作多元函数的符号求偏导. 用 diff 函数可以作多元函数的符号求偏导函数、全微分和一点处的偏导数和全微分, 下面以二元函数和三元函数为例说明 diff 函数的调用格式和功能, 如所示. 读者可以根据用 diff 函数求二元函数和三元函数的偏导函数和全微分的方法推广到四元和四元以上的函数.

zx = diff（f(x, y), x）	求 $z=f(x,y)$ 对 x 的一阶偏导函数 $z'_x=f'_x(x,y)$
zy = diff（f(x, y), y）	求 $z=f(x,y)$ 对 y 的一阶偏导函数 $z'_y=f'_y(x,y)$
dz = zx*dx + zy*dy	求 $z=f(x,y)$ 的全微分 $\mathrm{d}z=f'_x(x,y)\mathrm{d}x+f'_y(x,y)\mathrm{d}y$
zxx = diff（zx, x）	求 $z=f(x,y)$ 对 x 的二阶偏导函数 $z''_{xx}=f''_{xx}(x,y)$
zxy = diff（zx, y）	求 $z=f(x,y)$ 对 y 的二阶偏导函数 $z''_{xy}=f''_{xy}(x,y)$
zxn = diff（f(x, y), x, n）	求 $z=f(x,y)$ 对 x 的 n 阶偏导函数 $\dfrac{\mathrm{d}^n z}{\mathrm{d}x^n}$
zyn = diff（f(x, y), y, n）	求 $z=f(x,y)$ 对 y 的 n 阶偏导函数 $\dfrac{\mathrm{d}^n z}{\mathrm{d}y^n}$
ux = diff（f(x, y, z), x）	求 $u=f(x,y,z)$ 对 x 的一阶偏导函数 $u'_x=f'_x(x,y,z)$
uy = diff（f(x, y, z), y）	求 $u=f(x,y,z)$ 对 y 的一阶偏导函数 $u'_y=f'_y(x,y,z)$
uz = diff（f(x, y, z), z）	求 $u=f(x,y,z)$ 对 z 的一阶偏导函数 $u'_z=f'_z(x,y,z)$
uyx = diff（u, y, x）	求 $u=f(x,y,z)$ 的二阶混合偏导函数 $u''_{yx}=f''_{yx}(x,y,z)$
uyxy = diff（u, y, x, y）	求 $u=f(x,y,z)$ 的三阶混合偏导函数 $u'''_{yxy}=f'''_{yxy}(x,y,z)$
solve（f(x, y)= 0, y）	将 y 看成关于自变量 x 的函数, 求解方程 $f(x,y)=0$, 将函数显化成 $y=y(x)$ 的形式
Yx = -diff（F, x）/diff（F, y）	隐函数 $F(x,y)=0$ 求导函数 $\dfrac{\mathrm{d}y}{\mathrm{d}x}$
Zx = -diff（F, x）/diff（F, z）	隐函数 $F(x,y,z)=0$ 求偏导函数 $\dfrac{\partial z}{\partial x}$
Zy = -diff（F, y）/diff（F, z）	隐函数 $F(x,y,z)=0$ 求偏导函数 $\dfrac{\partial z}{\partial y}$

例 12.17　设二元函数 $z=x^3 y^2-3xy^3-xy+1$, 求 z 的一阶偏导函数和全微分;

求高阶偏导数 $\dfrac{\partial^2 z}{\partial x \partial y}$ ， $\dfrac{\partial^3 z}{\partial x^3}$ ， $\dfrac{\partial^2 z}{\partial y^2}$ ；求在 $x=0$ ， $y=1$ 处的一阶偏导函数和全微分

和高阶偏导数 $\dfrac{\partial^2 z}{\partial x \partial y}\bigg|_{\substack{x=0\\y=1}}$ ， $\dfrac{\partial^2 z}{\partial y^2}\bigg|_{\substack{x=0\\y=1}}$.

解 （1）计算 z 的一阶偏导函数和全微分，高阶偏导数 $\dfrac{\partial^2 z}{\partial x \partial y}$ ， $\dfrac{\partial^3 z}{\partial x^3}$ ， $\dfrac{\partial^2 z}{\partial y^2}$ ，

相应的程序为

```
>>syms x y z dx dy dz
>>z=x^3*y^2-3*x*y^3-x*y+1;
>>zx=diff(z,x), zy=diff(z,y), dz=zx*dx+zy*dy,
zxy=diff(zx,y), zxx=diff(zx,x);  zxxx=diff(zxx,x), zyy=
diff(zy,y)
```

运行后得到 z 的一阶偏导函数和全微分，高阶偏导数 $\dfrac{\partial^2 z}{\partial x \partial y}$ ， $\dfrac{\partial^3 z}{\partial x^3}$ ， $\dfrac{\partial^2 z}{\partial y^2}$ 分别为

```
zx=3*x^2*y^2-3*y^3-y
zy=2*x^3*y-9*x*y^2-x
dz=(3*x^2*y^2-3*y^3-y)*dx+(2*x^3*y-9*x*y^2-x)*dy
zxy=6*x^2*y-9*y^2-1
zxxx=6*y^2
zyy=2*x^3-18*x*y
```

即求得

$$\frac{\partial z}{\partial x} = 3x^2y^2 - 3y^3 - y , \qquad \frac{\partial z}{\partial y} = 2x^3y - 9xy^2 - x ,$$

$$dz = (3x^2y^2 - 3y^3 - y)dx + (2x^3y - 9xy^2 - x)dy ,$$

$$\frac{\partial^2 z}{\partial x \partial y} = 6x^2y - 9y^2 - 1, \quad \frac{\partial^3 z}{\partial x^3} = 6y^2, \quad \frac{\partial^2 z}{\partial y^2} = 2x^3 - 18xy .$$

（2）输入计算 z 在 $x=0$ ， $y=1$ 处的一阶偏导函数和全微分和高阶偏导数 $\dfrac{\partial^2 z}{\partial x \partial y}\bigg|_{\substack{x=0\\y=1}}$ ， $\dfrac{\partial^2 z}{\partial y^2}\bigg|_{\substack{x=0\\y=1}}$ 的 Matlab 程序

```
>>syms dx dy dz
>>x=0;y=1;
>>zx=3*x^2*y^2-3*y^3-y,zy=2*x^3*y-9*x*y^2-x,
dz=(3*x^2*y^2-3*y^3-y)*dx+(2*x^3*y-9*x*y^2-x)*dy,
>>zxy=6*x^2*y-9*y^2-1,zyy=2*x^3-18*x*y
```

运行结果如下

```
zx=-4,zy=0,dz=-4*dx,zxy=-10,zyy=0
```

即 $\left.\dfrac{\partial z}{\partial x}\right|_{\substack{x=0\\y=1}}=-4$ ，　$\left.\dfrac{\partial z}{\partial y}\right|_{\substack{x=0\\y=1}}=0$ ，　$\mathrm{d}z=-4\mathrm{d}x$ ，　$\left.\dfrac{\partial^2 z}{\partial x\partial y}\right|_{\substack{x=0\\y=1}}=-10$ ，　$\left.\dfrac{\partial^2 z}{\partial y^2}\right|_{\substack{x=0\\y=1}}=0$.

例 12.18　求下列方程所确定的函数 $y=y(x)$ 的导数 $\dfrac{\mathrm{d}y}{\mathrm{d}x}$.

（1）$x\cos y=\sin(x+y)$；（2）$\ln x+\mathrm{e}^{-\frac{y}{x}}=\mathrm{e}$.

解　（1）相应的 Matlab 程序为

```
>>syms x y;
>>f=solve('x*cos(y)-sin(x+y)=0',y);
>>simplify(diff(f,x))
```

结果为

```
ans=(cos(x)+x*sin(x)-1)/(x^2-2*x*sin(x)+1)
```

即所求导数为

$$\frac{\mathrm{d}y}{\mathrm{d}x}=\frac{\cos(x)+x\sin(x)-1}{x^2-2x\sin x+1}.$$

（2）令 $F(x,y)=\ln x+\mathrm{e}^{-\frac{y}{x}}-\mathrm{e}$，先求 F'_x ，再求 F'_y ，相应的 Matlab 程序为

```
>>syms x y;
>>Fx=diff(log(x)+exp(-y/x)-exp(1),x)
```

得到 F'_x：`Fx=1/x+y/x^2*exp(-y/x)`

```
>>Fy=diff(log(x)+exp(-y/x)-exp(1),y)
```

得到 F'_y：`Fy=-1/x*exp(-y/x)`

```
>>yx=-Fx/Fy
```

可得所求导数为

```
yx=-(-1/x-y/x^2*exp(-y/x))*x/exp(-y/x),
```

即 $\dfrac{\mathrm{d}y}{\mathrm{d}x}=\dfrac{\left(\dfrac{1}{x}+\dfrac{y}{x^2}\mathrm{e}^{-\frac{y}{x}}\right)}{\dfrac{1}{x}\mathrm{e}^{-\frac{y}{x}}}=\left(\dfrac{1}{x}+\dfrac{y}{x^2}\mathrm{e}^{-\frac{y}{x}}\right)x\mathrm{e}^{\frac{y}{x}}$.

例 12.19　由隐函数 $2x+y+z=e^{-x-3y-2z}$ 确定 $z=z(x,y)$ ，求 $\dfrac{\partial z}{\partial y}$ 和 $\dfrac{\partial^2 z}{\partial y\partial x}$.

解　相应的 Matlab 程序为

```
>>syms x y z
>>F=2*x+y+z-exp(-x-3*y-2*z);
>>Fy=diff(F,y);Fz=diff(F,z);Zy=-Fy/Fz,Zyx=diff(Zy,x)
```

运行后得到 $\dfrac{\partial z}{\partial y}$ 和 $\dfrac{\partial^2 z}{\partial y \partial x}$ 如下

```
Zy=(-1-3*exp(-x-3*y-2*z))/(1+2*exp(-x-3*y-2*z))
Zyx=3*exp(-x-3*y-2*z)/(1+2*exp(-x-3*y-2*z))+2*(-1-3*exp
(-x-3*y-2*z))/(1+2*exp(-x-3*y-2*z))^2*exp(-x-3*y-2*z)
```

即 $\dfrac{\partial z}{\partial y}=\dfrac{-1-3\mathrm{e}^{-x-3y-2z}}{1+2\mathrm{e}^{-x-3y-2z}}$, $\dfrac{\partial^2 z}{\partial y \partial x}=\dfrac{3\mathrm{e}^{-x-3y-2z}}{1+2\mathrm{e}^{-x-3y-2z}}+\dfrac{2(1-3\mathrm{e}^{-x-3y-2z})}{(1+2\mathrm{e}^{-x-3y-2z})^2}\mathrm{e}^{-x-3y-2z}$.

12.3.4　多元函数极值的计算

例 12.20　求函数 $f(x,y)=x^3-y^3+3x^2+3y^2-9x$ 的极值.

解　相应的 Matlab 程序为

```
>>syms x y
>>f=x^3-y^3+3*x^2+3*y^2-9*x;
>>fx=diff(f,x)
```

输出结果

```
fx=3*x^2+6*x-9
>>fy=diff(f,y)
```

输出结果

```
fy=-3*y^2+6*y
>>[x0,y0]=solve(fx,fy)  %求驻点
```

输出结果

```
x0=
 1  -3  1  -3
y0=
 0  0  2  2
>>fxx=diff(fx,x)    %求 f 对 x 的二阶纯偏导数
```

输出结果

```
fxx=6*x+6
>>fxy=diff(fx,y)    %求 f 对 x,y 的二阶混合偏导数
```

输出结果

```
fxy=0
>>fyy=diff(fy,y)    %求 f 对 y 的二阶纯偏导数
```

输出结果

```
fyy=-6*y+6
```

>>delta=inline('(6*x+6).*(-6*y-6)')   %定义函数 $f_{xx}f_{yy}-f_{xy}^2$,
                                                         计算 $AC-B^2$

输出结果

    delta=
          Inline function:
          delta(x,y)=(6*x+6).*(-6*y+6)
    >>delta(x0,y0)

输出结果

    ans=
       72 -72 -72   72

上述结果说明函数在点 $(1,0)$ 和 $(-3,2)$ 处取得极值,在点 $(-3,0)$ 和 $(1,2)$ 处无极值.
在点 $(1,0)$ 处,由于 $A>0$,函数在该点处有极小值 $f(1,0)=-5$;
在点 $(-3,2)$ 处,由于 $A<0$,函数在该点处有极大值 $f(-3,2)=31$.

例 12.21 求表面积为 a^2 而体积最大的长方体的体积.

解 设长方体的三棱长分别为 x,y,z,则问题就是在条件
$$\varphi(x,y,z)=2xy+2yz+2zx-a^2$$
下,求函数 $V=xyz\,(x>0,y>0,z>0)$ 的最大值.

相应的 Matlab 程序为

>>syms x y z lamda a
>>L=x*y*z+lamda*(2*x*y+2*y*z+2*z*x-a^2);   %定义拉格朗日函数
>>Lx=diff(L,x)   %求 L 对 x 的偏导数

输出结果

    Lx=y*z+lamda*(2*y+2*z)
    >>Ly=diff(L,y)   %求 L 对 y 的偏导数

输出结果

    Ly=z*x+lamda*(2*x+2*z)
    >>Lz=diff(L,z)   %求 L 对 z 的偏导数

输出结果

    Lz=x*y+lamda*(2*y+2*x)
    >>Llamda=diff(L,lamda)   %求 L 对 λ 的偏导数

输出结果

    Llamda=2*x*y+2*y*z+2*z*x-a^2
    >>[lamda0 x0 y0 z0]=solve(Lx,Ly,Lz,Llamda)   %解方程组,求可
                                                      能 的 极值 点 输
                                                      出结果

```
lamda0=
 -1/24*6^(1/2)*a
   1/24*6^(1/2)*a
x0=
   1/6*6^(1/2)*a
 -1/6*6^(1/2)*a
y0=
   1/6*6^(1/2)*a
 -1/6*6^(1/2)*a
z0=
   1/6*6^(1/2)*a
 -1/6*6^(1/2)*a
```

上述结果说明，当 $x=y=z=\dfrac{\sqrt{6}}{6}a$ 时，长方体的体积最大.

12.4　函数的积分计算

12.4.1　不定积分的符号计算

利用 Matlab 软件中的 int 函数可以对不定积分进行符号计算，其调用格式和功能如下所示.

---

int（s）　　求符号表达式 s 的不定积分
int（s,x）　求符号表达式 s 关于变量 x 的不定积分

说明：在初等函数范围内，不定积分有时是不存在的，也就是说，即使 $f(x)$ 是初等函数，但是不定积分 $\int f(x)\mathrm{d}x$ 却不一定是初等函数. 例如，e^{-x^2}，$\dfrac{\sin x}{x}$，$\dfrac{\mathrm{e}^x}{x}$，$\dfrac{1}{\log_a x}$ 是初等函数，而 $\int \mathrm{e}^{-x^2}\mathrm{d}x$，$\int \dfrac{\sin x}{x}\mathrm{d}x$，$\int \dfrac{\mathrm{e}^x}{x}\mathrm{d}x$，$\int \dfrac{1}{\log_a x}\mathrm{d}x$ 却不能用初等函数表示出来. 比如，输入程序：

```
>>syms x
>>F=int(sin(x)/x)
```

运行后屏幕显示：

```
F=sinint(x)
```

其中 sinint（x）是非初等函数，称作积分正弦函数. 在使用 int 函数求不定积分时，读者要注意这种情况.

例 12.22　求 $\int x^2 \sin x \mathrm{d}x$.

解　用符号积分命令 int 计算此积分，Matlab 程序为

```
>>syms x;
>>int(x^2*sin(x))
```

结果为

```
ans=-x^2*cos(x)+2*cos(x)+2*x*sin(x)
```

如果用微分命令 diff 验证积分正确性，Matlab 程序为

```
>>diff(-x^2*cos(x)+2*cos(x)+2*x*sin(x))
```

结果为

```
ans=x^2*sin(x)
```

例 12.23　求下列函数的一个原函数：

（1）$x\sqrt{x}$；　　　（2）$\sec x(\sec x - \tan x)$；　　　（3）$\dfrac{1}{1+\cos 2x}$；

（4）$\dfrac{\ln(x+1)}{\sqrt{x+1}}$；　　（5）$x^2 \arctan x$；　　　（6）$\dfrac{2x+3}{x^2+3x-10}$.

解　（1）相应的 Matlab 程序为

```
>>clear all;
>>syms x;
>>f=x*sqrt(x);
>>int(f,x)
```

结果为

```
ans=2/5*x^(5/2);
```

（2）相应的 Matlab 程序为

```
>>clear all
>>syms x;
>>f=sec(x)*(sec(x)-tan(x));
>>int(f,x)
```

结果为

```
ans=sin(x)/cos(x)-1/cos(x);
```

（3）相应的 Matlab 程序为

```
>>clear all
>>syms x;
>>f=1/(1+cos(2*x));
```

```
>>int(f,x)
```
结果为
```
ans=1/2*tan(x);
```
（4）相应的 Matlab 程序为
```
>>clear all
>>syms x;
>>f=log(x+1)/sqrt(x+1);
>>int(f,x)
```
结果为
```
ans=2*log(x+1)*(x+1)^(1/2)-4*(x+1)^(1/2);
```
（5）相应的 Matlab 程序为
```
>>clear all
>>syms x;
>>f=x^2*atan(x);
>>int(f,x)
```
结果为
```
ans=1/3*x^3*atan(x)-1/6*x^2+1/6*log(x^2+1);
```
（6）相应的 Matlab 程序为
```
>>clear all
>>syms x;
>>f=(2*x+3)/(x^2+3*x-10);
>>int(f,x)
```
结果为
```
ans=log(x^2+3*x-10).
```

例 12.24　设曲线通过点 $(1,2)$，且其切线的斜率为 $3x^2+2x-9$，求此曲线的方程并绘制其图像.

解　设所求的曲线方程为 $y=f(x)$，根据题意，$y'=3x^2+2x-9$，所以

$$y=\int y'\mathrm{d}x=\int(3x^2+2x-9)\mathrm{d}x$$

相应的 Matlab 程序为
```
>>syms x C;
>>f=3*x^2+2*x-9;
>>F=int(f)+C;
>>y=simple(F)
```
结果为

```
y=x^3+x^2-9*x+C
```

即斜率为 $3x^2 + 2x - 9$ 的曲线方程为 $y = x^3 + x^2 - 9x + C$. 又因为曲线通过点 $(1,2)$，代入曲线方程，得 $C = 9$. 于是，所求曲线方程为

$$y = x^3 + x^2 - 9x + 9$$

作曲线图，输入程序

```
>>clear
>>x=-5:0.1:5;  f=3*x. ^2+2*x-9;  y=x. ^2+x. ^3-9*x+9;
>>x0=1;y0=2;
>>plot(x0,y0,'ro',x,f,'g*',x,y,'b-')
>>grid
>>legend('点(1,2)','函数 f=3x^2+2x-9 的曲线','函数 f=3x^2+
2x-9 过点(1,2)的积分曲线')
```

运行结果如图 12-18 所示.

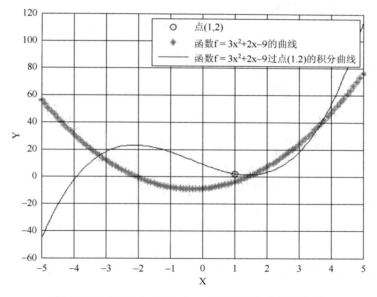

图 12-18 函数 $f = 3x^2 + 2x - 9$ 过点 $(1,2)$ 的积分曲线

12.4.2 定积分和广义积分的符号计算

本节首先介绍用 Matlab 软件进行符号计算定积分、变上（下）限积分、无界函数的广义积分、无穷限广义积分.

如果函数 $f(x)$ 在区间 $[a,b]$ 上连续，且 $F(x)$ 是 $f(x)$ 的一个原函数，则函数

$f(x)$ 在区间 $[a,b]$ 上的定积分为 $\int_a^b f(x)\mathrm{d}x = F(b)-F(a)$. 用 Matlab 软件进行定积分的符号计算的函数与不定积分的相同，都是函数 int，只是调用格式不同，如下：

int（s, a, b）	求符号表达式 s 的定积分，a，b 分别为积分的下、上限
int（s, x, a, b）	求符号表达式 s 关于变量 x 的定积分，a，b 分别为积分的下、上限

例 12.25　求下列定积分

（1）求 $\int_4^5 \dfrac{5}{(t-1)(t-2)(t-3)}\mathrm{d}t$ ；

（2）已知 $f(x)=\begin{cases} 1+\sin x, & x\leqslant 1, \\ \dfrac{1}{2}x^2+5x-7, & x>1, \end{cases}$ 求 $\int_0^2 f(x)\mathrm{d}x$ ；

（3）计算 $\int_0^\pi (2+|3\cos x|)\mathrm{d}x$.

解　（1）相应的 Matlab 程序为

```
>>syms t;
>>f=5/((t-1)*(t-2)*(t-3));  F=int(f,t,4,5)
```

运行后得到

```
F=25/2*log(2)-15/2*log(3)
```

即 $\int_4^5 \dfrac{5}{(t-1)(t-2)(t-3)}\mathrm{d}t = \dfrac{25\ln 2}{2} - \dfrac{15\ln 3}{2}$.

（2）相应的 Matlab 程序为

```
>>syms x;
>>f1=sin(x)+1;f2=(x^2)/2+5*x-7;
>>F=int(f1,x,0,1)+int(f2,x,1,2)
```

运行后得

```
F=11/3-cos(1)
```

即 $\int_0^2 f(x)\mathrm{d}x = \dfrac{11}{3} - \cos 1$.

（3）由于 $|3\cos x|=\begin{cases} 3\cos x, & 0\leqslant x\leqslant \dfrac{\pi}{2}, \\ -3\cos x, & \dfrac{\pi}{2}<x\leqslant \pi, \end{cases}$ 根据积分的可加性，有

$$\int_0^\pi (2+|3\cos x|)\mathrm{d}x = \int_0^{\frac{\pi}{2}} (2+3\cos x)\mathrm{d}x + \int_{\frac{\pi}{2}}^\pi (2-3\cos x)\mathrm{d}x$$

相应的 Matlab 程序为

```
>>syms x;
>>f1=3*cos(x)+2;f2=-3*cos(x)+2;
>>F=int(f1,x,0,pi/2)+int(f2,x,pi/2,pi)
```

运行后得

```
F=6+2*pi
```

即 $\int_0^\pi (2+|3\cos x|)\mathrm{d}x = 6 + 2\pi$.

例 12.26　求 $\Phi(x) = \int_{\sin x}^2 t\sqrt{1+t^2}\,\mathrm{d}t$ 和导数 $\Phi'(x)$.

解　先求 $\Phi(x)$ 的表达式，相应的 Matlab 程序为

```
>>syms x t;
>>F=int(t*(sqrt(1+t^2)),t,sin(x),2)
```

运行后得变下限积分值为

```
F=5/3*5^(1/2)-1/3*(1+sin(x)^2)^(3/2)
```

即

$$\Phi(x) = \frac{5\sqrt{5}}{3} - \frac{1}{3}(1+\sin^2 x)^{\frac{3}{2}}$$

再求导数 $\Phi'(x)$，相应的 Matlab 程序为

```
>>dF=diff(F)
```

运行后得变下限积分函数的导数为

```
dF=-(1+sin(x)^2)^(1/2)*sin(x)*cos(x)
```

即 $\Phi'(x) = -\sqrt{1+\sin^2 x}\,\sin x\cos x$

例 12.27　求 $\displaystyle\lim_{x\to 0}\frac{\int_0^x(\sqrt{2+3t}-\sqrt{2-3t})\mathrm{d}t}{x^2}$.

解　相应的 Matlab 程序为

```
>>syms x t;
>>F=int(sqrt(2+3*t)-sqrt(2-3*t),t,0,x);
>>lF=limit(diff(F)/diff(x^2),x,0)
```

运行后得极限值为

```
lF=3/4*2^(1/2)
```

即

$$\lim_{x\to 0}\frac{\int_0^x(\sqrt{2+3t}-\sqrt{2-3t})\mathrm{d}t}{x^2} = \frac{3\sqrt{2}}{4}.$$

例 12.28　讨论广义积分 $\int_1^{+\infty}\dfrac{5x^p}{x^4+2}\mathrm{d}x\,(p=1,2,3,8)$ 的敛散性.

解　由定义得 $\int_1^{+\infty} \dfrac{5x^p}{x^4+2}dx = \lim\limits_{b\to+\infty}\int_1^b \dfrac{5x^p}{x^4+2}dx$

求 $p=1,2,3,8$ 时，广义积分 $\int_1^{+\infty} \dfrac{5x^p}{x^4+2}dx$ 的值，相应的 Matlab 程序为

```
>>syms x;
>>f1=int((5*x)/(x^4+2),x,1,+inf)
>>limf1=vpa(f1,5)              %求广义积分(符号计算结果)精度为 5 位
                                数的数值结果
>>f2=int((5*x^2)/(x^4+2),x,1,+inf)
>>limf2=vpa(f2,5)
>>f3=int((5*x^3)/(x^4+2),x,1,+inf)
>>limf3=vpa(f3,5)
>>f8=int((5*x^8)/(x^4+2),x,1,+inf)
>>limf8=vpa(f8,5)
```
运行后得到计算结果及其近似值依次如下：
```
f1=5/8*pi*2^(1/2)-5/4*atan(1/2*2^(1/2))*2^(1/2)
limf1=1.6888
f2=
5/4*2^(1/4)*pi-5/8*2^(1/4)*log(-2^(3/4)+2^(1/2)+1)+5/8*
2^(1/4)*log(2^(3/4)+2^(1/2)+1)-5/4*2^(1/4)*atan(2^(1/4)+1)
-5/4*2^(1/4)*atan(2^(1/4)-1)
limf2=3.9735
f3=Inf
limf3=Inf
f8=Inf
limf8=Inf
```
由输出的结果可知，当 $p=1$，2 时，广义积分 $\int_1^{+\infty} \dfrac{5x^p}{x^4+2}dx$ 收敛，且

$$\int_1^{+\infty} \dfrac{5x}{x^4+2}dx \approx 1.6888, \quad \int_1^{+\infty} \dfrac{5x^2}{x^4+2}dx \approx 3.9735.$$

当 $p=3$，8，时广义积分 $\int_1^{+\infty} \dfrac{5x^p}{x^4+2}dx$ 发散，且

$$\int_1^{+\infty} \dfrac{5x^3}{x^4+2}dx = \infty, \quad \int_1^{+\infty} \dfrac{5x^8}{x^4+2}dx = \infty.$$

例 12.29　讨论广义积分 $\int_{-\infty}^{+\infty} \dfrac{1}{1+x^2}dx$ 的敛散性.

解　由定义得 $\int_{-\infty}^{+\infty}\frac{1}{1+x^2}dx=\int_{-\infty}^{0}\frac{1}{1+x^2}dx+\int_{0}^{+\infty}\frac{1}{1+x^2}dx$

求广义积分 $\int_{-\infty}^{+\infty}\frac{1}{1+x^2}dx$ 的 Matlab 程序为

```
>>syms x;
> > f1=int(1/(x^2+1),x,-inf,0),f2=int(1/(x^2+1),x,0,inf),
f=f1+f2
```

运行后得到计算 $\int_{-\infty}^{0}\frac{1}{1+x^2}dx$，$\int_{0}^{+\infty}\frac{1}{1+x^2}dx$，$\int_{-\infty}^{+\infty}\frac{1}{1+x^2}dx$ 的结果依次如下

```
f1=1/2*pi
f2=1/2*pi
f=pi
```

由输出的结果可知，$\int_{-\infty}^{0}\frac{1}{1+x^2}dx=\frac{\pi}{2}$，$\int_{0}^{+\infty}\frac{1}{1+x^2}dx=\frac{\pi}{2}$，因此 $\int_{-\infty}^{+\infty}\frac{1}{1+x^2}dx=\pi$ 收敛.

12.4.3　定积分的数值计算

对于定积分 $\int_{a}^{b}f(x)dx$，如果对应的不定积分 $\int f(x)dx$ 不易求出，或者根本不能表示为初等函数时，那么就只能用定积分的数值计算方法求定积分的近似值了. 例如，$\int e^{-x^2}dx$，$\int\frac{\sin x}{x}dx$，$\int\frac{e^x}{x}dx$，等等，因为它们无法表示成初等函数，计算这种类型的定积分只能用数值方法. 求定积分的数值计算方法有很多，在这里，简要介绍 Matlab 软件中的几个常用于定积分的数值计算函数 quad, quadl 和 trapz. 关于数值计算理论和其他计算方法，请读者参阅数值分析等相关书籍.

函数 quad，quadl 和 trapz 的调用格式和功能如下：

1. 函数 quad

调用格式：quad（fun，a，b，tol）

其中 fun 为被积函数名，a，b 为定积分的上下限，tol 为精度，可缺省，其默认值为 1.0e–6.

2. 函数 quadl

调用格式：quadl（fun，a，b，tol，trace）

其中参数 fun，a，b，tol 用法与函数 quad 相同，而输入第 5 个非零参数 trace，是对积分过程通过被积函数上的图像进行跟踪.

3. 函数 trapz

调用格式：Z = trapz（X，Y）

其中 X 表示积分区间的离散化向量，Y 是与 X 同维的向量，表示被积函数，Z 是返回定积分的近似值.

quad 函数使用的是自适应步长的 Simpson 积分法，而 quadl 函数使用 Lobbato 算法，其精度和速度要比 quad 函数高，而 trapz 函数用的是梯形积分法，精度低，适用于数值函数和光滑性不好的函数的积分计算.

例 12.30　用数值积分的方法计算 $\int_{-1}^{2} x^3 \mathrm{d}x$.

解　先用 trapz（X，Y）来求 $\int_{-1}^{2} x^3 \mathrm{d}x$ ，相应的 Matlab 程序为

```
>>x=-1:0.1:2;y=x.^3;    %取积分步长为0.1
>>trapz(x,y)
```

结果为

```
ans=3.7575
```

现在把步长取到 0.01，则有

```
>>x=-1:0.01:2;y=x.^3;
>>trapz(x,y)
```

结果为

```
ans=3.7501
```

通过上面的运算结果可以看到，利用不同的步长进行计算，可以得到不同精度的近似值. 如果取步长为 0.01，则输出结果为 3.7500，与步长取到 0.01 时的计算值接近.

可以利用符号积分命令计算，相应的 Matlab 程序为

```
>>clear all
>>syms x;
>>int(x^3,x,-1,2)
```

结果为

```
ans=15/4
```

下面用 quad 和 quadl 来计算 $\int_{-1}^{2} x^3 \mathrm{d}x$ ，首先建立名为 jifen.m 的 m 文件.

```
function y=jifen(x)
Y=x>^3;
```

然后在命令窗口输入以下 Matlab 程序

```
>>quad('jifen',-1,2)
```

结果为

```
ans=3.7500.
```
利用 quadl 函数同样可以得到上面结果.

例 12.31　计算数值积分 $\int_0^1 \dfrac{\sin x^2}{1+x}\mathrm{d}x$，并用符号积分命令求解，观察输出结果.

解　利用 trapz 函数计算数值积分 $\int_0^1 \dfrac{\sin x^2}{1+x}\mathrm{d}x$，相应的 Matlab 程序为

```
>>x=0:0.1:1;  y=sin(x. ^2). /(1+x);
>>trapz(x,y)
```
结果为
```
ans=0.1811.
```
当步长变为 0.01 时运算结果为 0.1808.

利用 quad 函数求解，先建立名为 jifen1. m 的 m 文件，程序为
```
function y=jifen(x)
y=sin(x. ^2). /(1+x);
```
在命令窗口进行调用，程序为
```
>>quad('jifen1',0,1)
```
结果为
```
ans=0.1808.
```
下面用符号积分命令 int 计算，程序为
```
>>syms x;
>>int(sin(x^2)/(1+x),x,0,1)
```
输出结果为
```
Warning:Explicit integral could not be found.
>In sym. int at 58
ans=int(sin(x^2)/(1+x),x=0.. 1)
```
这是因为被积函数的原函数无法用初等函数表示，int 不能求出 $\int_0^1 \dfrac{\sin x^2}{1+x}\mathrm{d}x$ 的符号
解，但是可以求出其数值解.

12.4.4　二重积分和三重积分的计算

因为二重积分可以转化为二次积分运算，即

$$\iint\limits_{D_{xy}} f(x,y)\mathrm{d}\sigma = \int_a^b \mathrm{d}x \int_{y_1(x)}^{y_2(x)} f(x,y)\mathrm{d}y \ \text{或} \ \iint\limits_{D_{xy}} f(x,y)\mathrm{d}\sigma = \int_c^d \mathrm{d}y \int_{x_1(y)}^{x_2(y)} f(x,y)\mathrm{d}x$$

所以，我们可以用 Matlab 中的积分命令 int 计算两个定积分的方法计算二次积分.
具体步骤参见实例.

同样的，三重积分可化为三次积分，所以我们可以将数值计算和符号计算二重积分的方法推广到三重积分的计算.

例 12.32　计算 $\displaystyle\iint_{D_{xy}}\frac{\sin(x+y)}{(x+y)}\mathrm{d}\sigma$，其中 D_{xy} 由曲线 $x=y^2$，$y=x-2$ 所围成的平面区域.

解　（1）画出积分区域的草图，输入程序

```
>>syms x y;
>>f1=x-y^2;f2=x-y-2;
>>ezplot(f1),hold on;      %保留已经画好的图形,如果下面再画
                             图,两个图形合并在一起
>>ezplot(f2),hold off
>>axis([-0.5 5-1.5 3])
```

运行结果如图 12-19 所示.

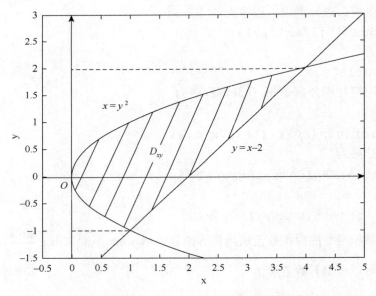

图 12-19　由曲线 $x=y^2$，$y=x-2$ 所围成的积分区域 D_{xy}

（2）确定积分限，输入程序

```
>>syms x y;
>>y1=('x-y^2=0');y2=('x-y-2=0');
>>[x,y]=solve(y1,y2,x,y)
```

运行后得到两曲线 $x=y^2$，$y=x-2$ 的交点如下

```
x=            y=
[1]          [-1]
[4]          [2]
```

（3）输入求积分的程序

```
>>syms x y
>>f=sin(x+y)/(x+y);x1=y^2;x2=y+2;jfx=int(f,x,x1,x2);
>>jfy=int(jfx,y,-1,2);I=vpa(jfy,5)
```

运行结果为

```
I=1.9712
```

即 $\iint\limits_{D_{xy}} \dfrac{\sin(x+y)}{(x+y)} \mathrm{d}\sigma \approx 1.9712$.

例 12.33 计算 $\iiint\limits_{\Omega} xyz \mathrm{d}x\mathrm{d}y\mathrm{d}z$，其中 Ω 为平面 $2x+3y+z=2$ 与三个坐标面所围成的空间区域.

解 相应的 Matlab 程序为

```
>>syms x y z
>>f=x*y*z;
>>z1=0;z2=(2-2*x-3*y);
>>y1=0;y2=(2-2*x)/3;
>>fz=int(f,z,z1,z2);
>>fy=int(fz,y,y1,y2);
>>I=int(fy,x,0,1)
```

结果为

```
I=1/405
```

即 $\iiint\limits_{\Omega} xyz \mathrm{d}x\mathrm{d}y\mathrm{d}z = \dfrac{1}{405}$.

例 12.34 计算抛物面 $z=x^2+y^2$ 在平面 $z=1$ 下方的面积.

解 （1）首先作图，相应的 Matlab 程序为

```
>>[x,y]=meshgrid(-1:0.1:1);
>>z=x. ^2+y. ^2;
>>z1=ones(size(z));  %产生一个由元素 1 组成的与 z 同维的向量
>>surf(x,y,z)  %画抛物面 z=x²+y² 的图形
>>hold on
>>mesh(x,y,z1)  %画平面 z=1 的图形
```

运行后显示如图 12-20 所示

（2）计算面积，相应的 Matlab 程序为

```
>>syms x y z r t
>>z=x^2+y^2;
>>f=sqrt(1+diff(z,x)^2+diff(z,y)^2);
>>x=r*cos(t);
>>y=r*sin(t);
>>f1=subs(f);    %将 f 中的 x,y 变量用新定义的 x,y 表达式替换
>>f2=int(f1*r,r,0,1);
>>s=int(f2,t,0,2*pi)
```

结果为

```
s=-1/6*pi+5/6*5^(1/2)*pi
```

即所求曲面面积为 $S = \left(\dfrac{5\sqrt{5}}{6} - \dfrac{1}{6} \right) \pi$.

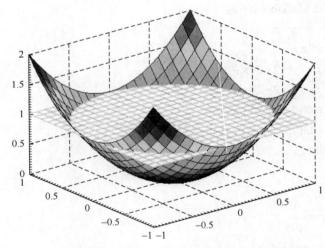

图 12-20　抛物面 $z = x^2 + y^2$ 在平面 $z = 1$

12.5　无穷级数

12.5.1　级数求和

symsum 是 Matlab 软件系统中符号求和（symbolic summation）函数，它的调用格式和主要功能如下：

symsum（s）	求出通项为 s 的级数关于默认变量的有限和（如 n 从 0 到 k−1 的有限和）
symsum（s, v）	求出通项为 s 的级数关于变量 v 的有限和（如 v 从 0 到 k−1 的有限和）
symsum（s, a, b）或 symsum（s, v, a, b）	求从 a 到 b 的级数的和. 其中 b 可以取有限数，也可以取无穷

例 12.35　求级数的下列部分和

（1）$\displaystyle\sum_{n=1}^{50}\frac{(-1)^{n+1}x}{n(n+5)}$；（2）$\displaystyle\sum_{k=1}^{n-1}(-1)^k a^2\sin(k)(a>0,a\neq 1)$；（3）$\displaystyle\sum_{m=0}^{n-1}\frac{3^{m+1}}{2^m}$.

解　（1）相应的 Matlab 程序为

```
>>syms n x
>>S50=symsum((-1)^(n+1)*x/(n*(n+5)),n,1,50)
```

运行结果为

```
S50=16481582353306899727903/13687446560419818786600*x
```

（2）相应的 Matlab 程序为

```
>>syms n a k
>>S=symsum((-1)^k*a^2*sin(k),k,0,n-1);
>>S1=simple(S1)
```

运行结果为

```
S1=(-a^2*(-1)^n*sin(n-1)-(-1)^n*a^2*sin(n)-a^2*sin(1))/
(2*cos(1)+2)
```

即 $\displaystyle\sum_{k=1}^{n-1}(-1)^k a^2\sin(k)=\frac{-a^2(-1)^n\sin(n-1)-(-1)^n a^2\sin n-a^2\sin 1}{2\cos 1+2}$.

（3）相应的 Matlab 程序为

```
>>syms m n
>>S=symsum(3^(m-1)/2^m,m,0,n-1)
```

运行结果为

```
S=2/3*(3/2)^n-2/3
```

即 $\displaystyle\sum_{m=0}^{n-1}\frac{3^{m+1}}{2^m}=\frac{2}{3}\left(\frac{3}{2}\right)^n-\frac{2}{3}$.

12.5.2　数项级数判敛

例 12.36　讨论下列级数的敛散性

（1）$\displaystyle\sum_{n=0}^{\infty}\frac{(-1)^{n+1}}{2^n}$；（2）$\displaystyle\sum_{n=0}^{\infty}(-1)^n a^2\sin(n)\quad(a=1/3)$；（3）$\displaystyle\sum_{n=0}^{\infty}\frac{3^{n+1}}{2^n}$.

解　（1）相应的 Matlab 程序为

```
>>syms n
>>S=symsum((-1)^(n+1)/(2^n),0,inf)
```
运行结果为
```
S=-2/3
```
故极数 $\sum\limits_{n=0}^{\infty}\dfrac{(-1)^{n+1}}{2^n}$ 收敛，且其和为 $\sum\limits_{n=0}^{\infty}\dfrac{(-1)^{n+1}}{2^n}=-\dfrac{2}{3}$.

（2）相应的 Matlab 程序为
```
>>syms n k
>>a=1/3
>>Sn=symsum((-1)^k*a.^2*sin(k),k,0,n)
>>S=limit(Sn,n,inf)
```
运行结果为
```
Sn=
-1/18*(-1)^(n+1)*sin(n+1)+1/18*sin(1)/(cos(1)+1)*(-1)^
(n+1)*cos(n+1)-1/18*sin(1)/(cos(1)+1)
S=-1/18-1/9*sin(1)/(cos(1)+1). . 1/18
```
即极限 $\lim\limits_{n\to\infty}\sum\limits_{k=0}^{n}(-1)^n a^2 \sin(k)$ 不存在，故级数 $\sum\limits_{n=0}^{\infty}(-1)^n a^2 \sin(n),(a=1/3)$ 发散.

（3）相应的 Matlab 程序为
```
>>syms n k
>>Sn=symsum(3^(k+1)/2^k,k,0,n)
>>S=limit(Sn,n,inf)
```
运行结果为
```
Sn=6*(3/2)^(n+1)-6
S=Inf
```
即 $\lim\limits_{n\to\infty}\sum\limits_{k=0}^{n}\dfrac{3^{k+1}}{2^k}=\infty$，故级数 $\sum\limits_{n=0}^{\infty}\dfrac{3^{n+1}}{2^n}$ 发散.

例 12.37 讨论下列级数的敛散性，如果收敛，判别是绝对收敛还是条件收敛.

$$\sum_{n=1}^{\infty}(-1)^n\frac{3n}{2^n},\quad \sum_{n=2}^{\infty}(-1)^n\frac{3}{n\ln n},\quad \sum_{n=1}^{\infty}\frac{(1)^{n+1}}{(n+1)^2}.$$

解 首先判别这些级数是否绝对收敛，相应的 Matlab 程序为
```
>>S1=symsum(3*n/(2^n),n,1,inf)
>>S2=symsum(3/(n*log(n)),n,2,inf)
>>S3=symsum(1/(n+1)^2,n,1,inf)
```
运行结果为

```
S1=6
S2=sum(3/n/log(n),n=2.. Inf)
S3=-1+1/6*pi^2
```

即级数 $\sum_{n=1}^{\infty}(-1)^n\dfrac{3n}{2^n}$ 和 $\sum_{n=1}^{\infty}\dfrac{(1)^{n+1}}{(n+1)^2}$ 绝对收敛，而级数 $\sum_{n=2}^{\infty}(-1)^n\dfrac{3}{n\ln n}$ 非绝对收敛，是否

收敛还需要进一步判别. 下面根据莱布尼茨定理判别交错级数 $\sum_{n=2}^{\infty}(-1)^n\dfrac{3}{n\ln n}$ 的敛

散性，相应的 Matlab 程序为

```
>>sym n x
>>u=limit(3/n/log(n),n,inf)
>>v=simple(diff(3/x/log(x)))
```

运行结果为

```
u=0
v=-3*(log(x)+1)/x^2/log(x)^2
```

即 $\lim\limits_{n\to\infty}\dfrac{3}{n\ln n}=0$ ，且函数 $\dfrac{3}{x\ln x}$ 当 $x>3$ 时，导数值为负，即为单调递减函数. 综上

两点，交错级数 $\sum_{n=2}^{\infty}(-1)^n\dfrac{3}{n\ln n}$ 收敛.

12.5.3　泰勒级数和傅里叶级数的展开

Taylor 函数是 Matlab 软件中求一元函数的泰勒级数展开式的函数.

例 12.38　求函数 $f(x)=\ln\sqrt{1+x}$ 的在 $x=-2$ 处的 5 阶泰勒多项式.

解　相应的 Matlab 程序为

```
>>syms x
>>f=taylor(log(sqrt(1+x)),-2)
```

结果为

```
f=
log(exp(-1/2*i*csgn(i*(1+x))*pi))-1/2*x-1-1/4*(x+2)^2-1/
6*(x+2)^3-1/8*(x+2)^4-1/10*(x+2)^5
```

例 12.39　求函数 $f(x)=\sqrt{1+x}$ 的 4 阶麦克劳林多项式.

解　相应的 Matlab 程序为

```
>>syms x
>>f=taylor(sqrt(1+x),5)
```

结果为

f=1+1/2*x-1/8*x^2+1/16*x^3-5/128*x^4

将一个函数 $f(x)$ 展开为傅里叶级数

$$f(x) = \frac{a_0}{2} + \sum_{n=1}^{\infty}(a_n \cos nx + b_n \sin nx)$$

其实就是要求出其中的系数 a_n 和 b_n. 根据三角函数系的正交性，可以得到它们的计算公式如下：

$$a_0 = \frac{1}{\pi}\int_{-\pi}^{\pi} f(x)\mathrm{d}x, \quad a_n = \frac{1}{\pi}\int_{-\pi}^{\pi} f(x)\cos nx\mathrm{d}x, \quad b_n = \frac{1}{\pi}\int_{-\pi}^{\pi} f(x)\sin nx\mathrm{d}x, \quad n=1,2,\cdots.$$

这样，结果 Matlab 的积分函数 int 就可以计算这些系数，从而就可以进行函数的傅里叶展开了.

例 12.40　求函数 $f(x)=x$ 在 $[-\pi, \pi]$ 上的傅里叶级数.

解　相应的 Matlab 程序为

```
>>syms x;
k=3;   %k 为需要展开的项数
f=x;
a0=int(f,x,-pi,pi)/pi;   %求系数 a0
for n=1:k
a(n)=int(f*cos(n*x),x,-pi,pi)/pi;   %求出傅里叶系数 an,存为
                          向量 a
b(n)=int(f*sin(n*x),x,-pi,pi)/pi;   %求出傅里叶系数 bn,存为
                          向量 b
end
for n=1:k
co(n)=cos(n*x);   %傅里叶级数中的余弦函数项
si(n)=sin(n*x);   %傅里叶级数中的正弦函数项
end
f=co.*a+si.*b;
g=0;
for n=1:k
      g=f(n)+g;
end
f=a0+g   %求出傅里叶级数前 k 项展开式
```

结果为

f=2/3*sin(3*x)-sin(2*x)+2*sin(x)

若将 k 改为 5，则输出结果：

f=2/5*sin(5*x)-1/2*sin(4*x)+2/3*sin(3*x)-sin(2*x)+2*sin(x)

当 k 改为 10 时，输出结果：

f=

-1/5*sin(10*x)+2/9*sin(9*x)-1/4*sin(8*x)+2/7*sin(7*x)-1/3*sin(6*x)+2/5*sin(5*x)-1/2*sin(4*x)+2/3*sin(3*x)-sin(2*x)+2*sin(x)

为了能够直观地展示傅里叶级数的效果，将展开为 3，5，10 项的效果图绘制出来，其 Matlab 程序为

>>x=-pi:0.01:pi;

>>f3=2/3*sin(3*x)-sin(2*x)+2*sin(x);

>>f5=2/5*sin(5*x)-1/2*sin(4*x)+2/3*sin(3*x)-sin(2*x)+2*sin(x);

>> f10=-1/5*sin(10*x)+2/9*sin(9*x)-1/4*sin(8*x)+2/7*sin(7*x)-1/3*sin(6*x)+2/5*sin(5*x)-1/2*sin(4*x)+2/3*sin(3*x)-sin(2*x)+2*sin(x);

>>hold on

>>plot(x,x,'m','linewidth',2);

>>plot(x,f3,'r','linewidth',2);

>>plot(x,f5,'-. k','linewidth',2);

>>plot(x,f10,'. b');

输出效果图为图 12-21.

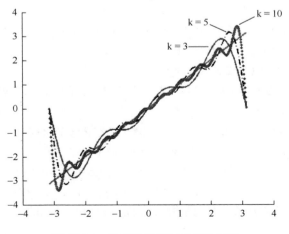

图 12-21 傅里叶级数展开的效果图

12.6　常微分方程

12.6.1　常微分方程符号解的求解

用 Matlab 函数 dsolve 求常微分方程

$$F(x, y, y', y'', y''', \cdots, y^{(n)}) = 0$$

的通解的主要调用格式如下：

$$S = \mathrm{dsolve}('eqn', 'var')$$

其中输入的量 eqn 是改用符号方程表示的常微分方程 F（x，y，Dy，d2y，…，Dny）= 0，导数用 D 表示，2 阶导数用 D2 表示，以此类推. var 表示自变量，默认的自变量为 t. 输出量 S 是常微分方程的解析通解.

如果给定常微分方程的初始条件 $y(x_0) = a_0, y'(x_0) = a_1, \cdots, y^{(n)}(x_0) = a_n$，则求方程的特解的主要调用格式如下：

```
S=dsolve('eqn','condition1',…'conditonn','var')
```

其中输入量 eqn，var 的含义如上，condition1，…，conditonn 是初始条件. 输出量 S 是常微分方程的特解.

例 12.41　求下列常微分方程的通解

(1) $\dfrac{\mathrm{d}x}{\mathrm{d}t} = -at$;　　　　(2) $\dfrac{\mathrm{d}^2 y}{\mathrm{d}x^2} + a\dfrac{\mathrm{d}y}{\mathrm{d}x} = b(\sin x + \cos x)$;

(3) $\dfrac{\mathrm{d}y}{\mathrm{d}x} = y^2(1 - y)$;　　(4) $\dfrac{\mathrm{d}^2 y}{\mathrm{d}x^2} = \sin y$.

解　求通解相应的 Matlab 程序为

```
>>x1=dsolve('Dx=-a*x'),
>>y2=dsolve('D2y+a*dy=b*(sin(x)+cos(x))','x'),
>>y3=dsolve('Dy=y^2*(1-y)'),
>>y4=dsolve('D2y=sin(y)'),
```

运行后可得常微分方程（1）、（2）、（3）、（4）的通解 x1、y2、y3、y4 依次如下

```
x1=C1*exp(-a*t)
y2=b*(-sin(x)-cos(x))-1/2*a*dy*x^2+C1*x+C2
y3=1/(lambertw(-1/C1*exp(-t-1))+1)
y4=Int(1/(-2*cos(_a)+C1)^(1/2),_a=. . y)-t-C2=0
     Int(-1/(-2*cos(_a)+C1)^(1/2),_a=. . y)-t-C2=0
```

其中 C1 和 C2 是任意常数. 因为常微分方程（3）和（4）的显式解没有被找到，所以返回隐式解.

例 12.42　求下列常微分方程在给定初始条件下的特解.

$$\frac{\mathrm{d}^2 f(x)}{\mathrm{d}x^2} = -a^2 \frac{\mathrm{d}f(x)}{\mathrm{d}x}, f(0)=1, \frac{\mathrm{d}f(x)}{\mathrm{d}x}\bigg|_{x=\frac{\pi}{a}} = 0$$

解　求特解相应的 Matlab 代码为

```
>>f=dsolve('D2f=-a^2*Df','f(0)=1,Df(pi/a)=0')
```

运行后得常微分方程在给定初始条件下的特解 f 如下

```
f=1
```

例 12.43　已知需求与供给函数为

$$Q_d = 12 - 2P + P' + 3P'', \quad Q_s = -4 + 6P - P' + 2P''.$$

初始条件为 $P(0)=10$，$P'(0)=4$. 假设在每一刻市场均是出清的，求 $P(t)$.

解　由　$Q_d = Q_s$ 得

$$P'' + 2P' - 8P = -16$$

求给定初始条件 $P(0)=10$，$P'(0)=4$ 的微分方程特解的 Matlab 程序为

```
>>p=dsolve('D2p+2*Dp-8*p=-16','p(0)=10','Dp(0)=4')
```

运行结果为

```
p=6*exp(2*t)+2*exp(-4*t)+2
```

因此特解为 $P(t) = 6\mathrm{e}^{2t} + 2\mathrm{e}^{-4t} + 2$.

12.6.2　常微分方程的数值解求解

除常系数线性微分方程可用特征根法求解、少数特殊方程可用初等积分法求解外，大部分微分方程无解析解，应用中主要依靠数值解法. 考虑一阶常微分方程初值问题

$$\begin{cases} y'(t) = f(t, y(t)), t_0 < t < t_f \\ y(t_0) = y_0 \end{cases}$$

其中 $y = (y_1, y_2, \cdots, y_m)^{\mathrm{T}}$，$f = (f_1, f_2, \cdots, f_m)^{\mathrm{T}}$，$y_0 = (y_{10}, y_{20}, \cdots, y_{m0})^{\mathrm{T}}$. 所谓数值解法，就是寻求 $y(t)$ 在一系列离散节点 $t_0 < t_1 < \cdots < t_n \leqslant t_f$ 上的近似值 $y_k, k = 0, 1, \cdots, n$，称 $h_k = t_{k+1} - t_k$ 为步长，通常取为常量 h. 最简单的数值解法是 Euler 法.

Euler 法的思路很简单：在节点处用差商近似代替导数

$$y'(t_k) \approx \frac{y(t_{k+1}) - y(t_k)}{h}$$

这样导出计算公式

$$y_{k+1} = y_k + hf(t_k, y_k), k = 0, 1, 2, \cdots$$

它能求解各种形式的微分方程. Euler 法也称折线法.

Euler 法只有一阶精度，改进方法有二阶 Runge-Kutta 法、四阶 Runge-kutta 法、五阶 Runge-kutta-Felhberg 法和线性多步法等，这些方法可用于解高阶常微分方程（组）初值问题. 边值问题采用不同方法，如差分法、有限元法等. 数值解法的主要缺点是它缺乏物理意义.

Matlab 中主要用函数 ode45，ode23，ode15s 求常微分方程的数值解. 其中 ode45 是最常用的求解微分方程数值解的命令，对于刚性方程组不宜采用. ode23 与 ode45 类似，只是精度低一些. ode15s 用来求解刚性方程组. 这三个函数的调用格式基本相同，下面介绍 ode45 的调用格式.

```
[tout,yout]=ode45('yprime',[t0,tf],y0)
```

此命令是采用变步长四阶 Runge-kutta 法和五阶 Runge-kutta-Felhberg 法求数值解，yprime 是表示 f(t, y)的 M 文件名，t0 表示自变量的初始值，tf 表示自变量的终值，y0 表示初始向量值. 输出向量 tout 表示节点 $(t_0, t_1, \cdots, t_n)^{\mathrm{T}}$，输出矩阵 yout 表示数值解，每一列对应 y 的一个分量. 若无输出参数，则自动作出图形.

例12.44　求解微分方程 $\dfrac{\mathrm{d}y}{\mathrm{d}t} = -y + t + 1, y(0) = 1$ 的解析解和数值解，并进行比较.

解　相应的 Matlab 代码为

```
>>y=dsolve('Dy=-y+t+1','y(0)=1','t')
```

运行结果为

```
y=t+exp(-t)
```

即方程的解析解为 $y = t + e^{-t}$. 下面再求其数值解，先编写 M 文件 fun1.m.

```
function f=fun1(t,y)
f=-y+t+1;
```

再运行相应的 Matlab 代码

```
>>clear;close;t=0:0.1:1;
>>y=t+exp(-t);plot(t,y);        %画解析解的图形
>>hold on;          %保留已经画好的图形,如果下面再画图,两个图形合
```

并在一起

```
>>[t,y]=ode45('fun1',[0,1],1);
>>plot(t,y,'ro');           %画数值解图形,用小圈画
>>xlabel('t'),ylabel('y')
```

运行结果见图 12-22.

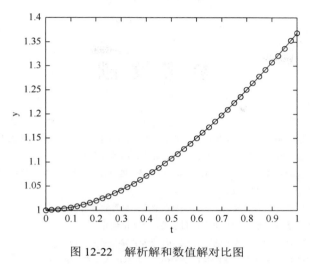

图 12-22　解析解和数值解对比图

参 考 文 献

[1] 陈文灯，黄先开，2002. 数学题型集粹与练习题集（理工类）[M]. 北京：世界图书出版公司.

[2] 方明亮，郭正光，2011. 高等数学（上册）[M]. 北京：高等教育出版社.

[3] 菲赫金哥尔茨，2006. 微积分学教程[M]. 8 版. 杨弢亮，叶彦谦译. 北京：高等教育出版社.

[4] 龚昇，2004. 微积分五讲[M]. 北京：科学出版社.

[5] 郭正光，方明亮，2012. 高等数学（下册）[M]. 北京：高等教育出版社.

[6] 韩松，1999. 高等数学习题集[M]. 北京：科学技术文献出版社.

[7] 华东师范大学数学系，1991. 数学分析[M]. 2 版. 北京：高等教育出版社.

[8] 吉米多维奇，1958. 数学分析习题集[M]. 李荣冻译. 北京：人民教育出版社.

[9] 卡尔 B 波耶，2007. 微积分概念发展史[M]. 唐生译. 上海：复旦大学出版社.

[10] 李心灿，姚金华，邵鸿飞，1997. 高等数学应用 205 例[M]. 北京：高等教育出版社.

[11] 李正元，李永乐，袁荫棠，2004. 数学历年试题解析（数学一）[M]. 北京：国家行政学院出版社.

[12] 邵剑，陈维新，张继昌，2001. 大学数学考研专题复习[M]. 北京：科学出版社.

[13] 同济大学应用数学系，2002. 高等数学[M]. 5 版. 北京：高等教育出版社.

[14] 肖亚兰，2003. 高等数学中的典型问题与解法[M]. 2 版. 上海：同济大学出版社.

[15] 杨则燊，边馥萍，2005. 高等数学（上册）[M]. 天津：天津大学出版社.

[16] 张国楚，徐本顺等，2007. 大学文科数学[M]. 2 版. 北京：高等教育出版社.

[17] James Stewart，2004. 微积分[M]. 5 版. 白峰杉译. 北京：高等教育出版.

附录 I 积 分 表

1. 含有 x^n 的形式

（1） $\displaystyle\int x^n \mathrm{d}x = \frac{x^{n+1}}{n+1} + C, n \neq -1$ ；

（2） $\displaystyle\int \frac{1}{x}\mathrm{d}x = \ln|x| + C$ ；

2. 含有 $a + bx$ 的形式

（3） $\displaystyle\int \frac{x}{a+bx}\mathrm{d}x = \frac{1}{b^2}(bx - a\ln|a+bx|) + C$ ；

（4） $\displaystyle\int \frac{x}{(a+bx)^2}\mathrm{d}x = \frac{1}{b^2}\left(\frac{a}{a+bx} + \ln|a+bx|\right) + C$ ；

（5） $\displaystyle\int \frac{x}{(a+bx)^n}\mathrm{d}x = \frac{1}{b^2}\left[\frac{-1}{(n-2)(a+bx)^{n-2}} + \frac{a}{(n-1)(a+bx)^{n-1}}\right] + C, n \neq 1,2$ ；

（6） $\displaystyle\int \frac{x^2}{a+bx}\mathrm{d}x = \frac{1}{b^3}\left[-\frac{bx}{2}(2a-bx) + a^2\ln|a+bx|\right] + C$ ；

（7） $\displaystyle\int \frac{x^2}{(a+bx)^2}\mathrm{d}x = \frac{1}{b^3}\left(bx - \frac{a^2}{a+bx} - 2a\ln|a+bx|\right) + C$ ；

（8） $\displaystyle\int \frac{x^2}{(a+bx)^3}\mathrm{d}x = \frac{1}{b^3}\left[\frac{2a}{a+bx} - \frac{a^2}{2(a+bx)^2} + \ln|a+bx|\right] + C$ ；

（9） $\displaystyle\int \frac{x^2}{(a+bx)^n}\mathrm{d}x = \frac{1}{b^3}\left[\frac{-1}{(n-3)(a+bx)^{n-3}}\right.$

$$\left. + \frac{2a}{(n-2)(a+bx)^{n-2}} - \frac{a^2}{(n-1)(a+bx)^{n-1}}\right] + C, n \neq 1,2,3$$ ；

（10） $\displaystyle\int \frac{1}{x(a+bx)}\mathrm{d}x = \frac{1}{a}\ln\left|\frac{x}{a+bx}\right| + C$ ；

（11） $\displaystyle\int \frac{1}{x(a+bx)^2}\mathrm{d}x = \frac{1}{a}\left(\frac{1}{a+bx} + \frac{1}{a}\ln\left|\frac{x}{a+bx}\right|\right) + C$ ；

（12） $\displaystyle\int \frac{1}{x^2(a+bx)}\mathrm{d}x = -\frac{1}{a}\left(\frac{1}{x} + \frac{b}{a}\ln\left|\frac{x}{a+bx}\right|\right) + C$ ；

（13）$\displaystyle\int \frac{1}{x^2(a+bx)^2}\mathrm{d}x = -\frac{1}{a^2}\left[\frac{a+2bx}{x(a+bx)}+\frac{2b}{a}\ln\left|\frac{x}{a+bx}\right|\right]+C$;

3. 含有 $a^2 \pm x^2, a>0$ 的形式

（14）$\displaystyle\int \frac{1}{a^2+x^2}\mathrm{d}x = \frac{1}{a}\arctan\frac{x}{a}+C$;

（15）$\displaystyle\int \frac{1}{x^2-a^2}\mathrm{d}x = -\int\frac{1}{a^2-x^2}\mathrm{d}x = \frac{1}{2a}\ln\left|\frac{x-a}{x+a}\right|+C$;

（16）$\displaystyle\int \frac{1}{(a^2\pm x^2)^n}\mathrm{d}x = \frac{1}{2a^2(n-1)}\left[\frac{x}{(a^2\pm x^2)^{n-1}}+(2n-3)\int\frac{1}{(a^2\pm x^2)^{n-1}}\mathrm{d}x\right], n\neq 1$;

4. 含有 $a+bx+cx^2, b^2\neq 4ac$ 的形式

（17）$\displaystyle\int \frac{1}{a+bx+cx^2}\mathrm{d}x = \begin{cases}\dfrac{2}{\sqrt{4ac-b^2}}\arctan\dfrac{2cx+b}{\sqrt{4ac-b^2}}+C, b^2<4ac,\\[4mm]\dfrac{2}{\sqrt{b^2-4ac}}\ln\left|\dfrac{2cx+b-\sqrt{b^2-4ac}}{2cx+b+\sqrt{b^2-4ac}}\right|+C, b^2>4ac;\end{cases}$

（18）$\displaystyle\int \frac{x}{a+bx+cx^2}\mathrm{d}x = \frac{1}{2c}\left(\ln|a+bx+cx^2|-b\int\frac{1}{a+bx+cx^2}\mathrm{d}x\right)$;

5. 含有 $\sqrt{a+bx}$ 的形式

（19）$\displaystyle\int x^n\sqrt{a+bx}\,\mathrm{d}x = \frac{2}{b(2n+3)}\cdot[x^n(a+bx)^{3/2}-na\int x^{n-1}\sqrt{a+bx}\,\mathrm{d}x]$;

（20）$\displaystyle\int \frac{1}{x\sqrt{a+bx}}\mathrm{d}x = \begin{cases}\dfrac{1}{\sqrt{a}}\ln\left|\dfrac{\sqrt{a+bx}-\sqrt{a}}{\sqrt{a+bx}+\sqrt{a}}\right|+C, a>0,\\[4mm]\dfrac{2}{\sqrt{-a}}\arctan\sqrt{\dfrac{a+bx}{-a}}+C, a<0;\end{cases}$

（21）$\displaystyle\int \frac{1}{x^n\sqrt{a+bx}}\mathrm{d}x = \frac{-1}{a(n-1)}\left[\frac{\sqrt{a+bx}}{x^{n-1}}+\frac{b(2n-3)}{2}\int\frac{1}{x^{n-1}\sqrt{a+bx}}\mathrm{d}x\right], n\neq 1$;

（22）$\displaystyle\int \frac{\sqrt{a+bx}}{x}\mathrm{d}x = 2\sqrt{a+bx}+a\int\frac{1}{x\sqrt{a+bx}}\mathrm{d}x$;

（23）$\displaystyle\int \frac{\sqrt{a+bx}}{x^n}\mathrm{d}x = \frac{-1}{a(n-1)}\left[\frac{(a+bx)^{3/2}}{x^{n-1}}+\frac{(2n-5)b}{2}\int\frac{\sqrt{a+bx}}{x^{n-1}}\mathrm{d}x\right], n\neq 1$;

（24）$\displaystyle\int \frac{x}{\sqrt{a+bx}}\mathrm{d}x = \frac{-2(2a-bx)}{3b^2}\sqrt{a+bx}+C$;

（25）$\displaystyle\int \frac{x^n}{\sqrt{a+bx}}\mathrm{d}x = \frac{2}{(2n+1)b}\left(x^n\sqrt{a+bx}-na\int\frac{x^{n-1}}{\sqrt{a+bx}}\mathrm{d}x\right)$;

6. 含有 $\sqrt{x^2 \pm a^2}, a > 0$ 的形式

（26） $\int \sqrt{x^2 \pm a^2}\,\mathrm{d}x = \frac{1}{2}(x\sqrt{x^2 \pm a^2} \pm a^2 \ln|x + \sqrt{x^2 \pm a^2}|) + C$ ；

（27） $\int x^2 \sqrt{x^2 \pm a^2}\,\mathrm{d}x = \frac{1}{8}[x(2x^2 \pm a^2)\sqrt{x^2 \pm a^2} - a^4 \ln|x + \sqrt{x^2 \pm a^2}|] + C$ ；

（28） $\int \frac{1}{x}\sqrt{x^2 + a^2}\,\mathrm{d}x = \sqrt{x^2 + a^2} - a\ln\left|\dfrac{a + \sqrt{x^2 + a^2}}{x}\right| + C$ ；

（29） $\int \frac{1}{x}\sqrt{x^2 - a^2}\,\mathrm{d}x = \sqrt{x^2 - a^2} - a\arccos\dfrac{a}{x} + C$ ；

（30） $\int \frac{1}{x^2}\sqrt{x^2 \pm a^2}\,\mathrm{d}x = \dfrac{-1}{x}\sqrt{x^2 \pm a^2} + \ln|x + \sqrt{x^2 \pm a^2}| + C$ ；

（31） $\int \dfrac{1}{\sqrt{x^2 \pm a^2}}\,\mathrm{d}x = \ln|x + \sqrt{x^2 \pm a^2}| + C$ ；

（32） $\int \dfrac{x^2}{\sqrt{x^2 \pm a^2}}\,\mathrm{d}x = \frac{1}{2}(x\sqrt{x^2 \pm a^2} \mp a^2 \ln|x + \sqrt{x^2 \pm a^2}|) + C$ ；

（33） $\int \dfrac{1}{x\sqrt{x^2 - a^2}}\,\mathrm{d}x = \frac{1}{a}\arccos\dfrac{a}{|x|} + C$ ；

（34） $\int \dfrac{1}{x\sqrt{x^2 + a^2}}\,\mathrm{d}x = \dfrac{-1}{a}\ln\left|\dfrac{a + \sqrt{x^2 + a^2}}{x}\right| + C$ ；

（35） $\int \dfrac{1}{x^2\sqrt{x^2 \pm a^2}}\,\mathrm{d}x = \mp\dfrac{\sqrt{x^2 \pm a^2}}{a^2 x} + C$

（36） $\int \dfrac{1}{(x^2 \pm a^2)^{3/2}}\,\mathrm{d}x = \dfrac{\pm x}{a^2\sqrt{x^2 \pm a^2}} + C$ ；

7. 含有 $\sqrt{a^2 - x^2}, a > 0$ 的形式

（37） $\int \sqrt{a^2 - x^2}\,\mathrm{d}x = \frac{1}{2}\left(x\sqrt{a^2 - x^2} + a^2 \arcsin\dfrac{x}{a}\right) + C$ ；

（38） $\int x^2 \sqrt{a^2 - x^2}\,\mathrm{d}x = \frac{1}{8}\left[x(2x^2 - a^2)\sqrt{a^2 - x^2} + a^4 \arcsin\dfrac{x}{a}\right] + C$ ；

（39） $\int \frac{1}{x}\sqrt{a^2 - x^2}\,\mathrm{d}x = \sqrt{a^2 - x^2} - a\ln\left|\dfrac{a + \sqrt{a^2 - x^2}}{x}\right| + C$ ；

（40） $\int \frac{1}{x^2}\sqrt{a^2 - x^2}\,\mathrm{d}x = \dfrac{-1}{x}\sqrt{a^2 - x^2} - \arcsin\dfrac{x}{a} + C$ ；

（41） $\int \dfrac{1}{\sqrt{a^2 - x^2}}\,\mathrm{d}x = \arcsin\dfrac{x}{a} + C$ ；

（42）$\int \dfrac{1}{x\sqrt{a^2-x^2}}dx = \dfrac{-1}{a}\ln\left|\dfrac{a+\sqrt{a^2-x^2}}{x}\right|+C$;

（43）$\int \dfrac{1}{x^2\sqrt{a^2-x^2}}dx = \dfrac{-\sqrt{a^2-x^2}}{a^2 x}+C$;

（44）$\int \dfrac{x^2}{\sqrt{a^2-x^2}}dx = \dfrac{1}{2}\left(-x\sqrt{a^2-x^2}+a^2\arcsin\dfrac{x}{a}\right)+C$;

（45）$\int \dfrac{x^2}{(a^2-x^2)^{3/2}}dx = \dfrac{x}{a^2\sqrt{a^2-x^2}}+C$;

8. 含有 $\sin x$ 或 $\cos x$ 的形式

（46）$\int \sin x dx = -\cos x + C$;

（47）$\int \cos x dx = \sin x + C$;

（48）$\int \sin^2 x dx = \dfrac{1}{2}(x-\sin x\cos x)+C$;

（49）$\int \cos^2 x dx = \dfrac{1}{2}(x+\sin x\cos x)+C$;

（50）$\int \sin^n x dx = \dfrac{1}{n}[-\sin^{n-1}x\cos x+(n-1)\int \sin^{n-2}x dx]$;

（51）$\int \cos^n x dx = \dfrac{1}{n}[\cos^{n-1}x\sin x+(n-1)\int \cos^{n-2}x dx]$;

（52）$\int x\sin x dx = \sin x - x\cos x + C$;

（53）$\int x\cos x dx = \cos x + x\sin x + C$;

（54）$\int x^n \sin x dx = -x^n\cos x + n\int x^{n-1}\cos x dx$;

（55）$\int x^n \cos x dx = x^n\sin x - n\int x^{n-1}\sin x dx$;

（56）$\int \dfrac{1}{1\pm\sin x}dx = \tan x \mp \sec x + C$;

（57）$\int \dfrac{1}{1\pm\cos x}dx = -\cot x \pm \csc x + C$;

（58）$\int \dfrac{1}{\sin x\cos x}dx = \ln|\tan x|+C$;

9. 含有 $\tan x, \cot x, \sec x, \csc x$ 的形式

（59）$\int \tan x dx = -\ln|\cos x|+C$;

（60）$\int \cot x dx = \ln|\sin x|+C$;

（61） $\int \sec x \mathrm{d}x = \ln |\sec x + \tan x| + C$ ；

（62） $\int \csc x \mathrm{d}x = \ln |\csc x - \cot x| + C$ ；

（63） $\int \tan^2 x \mathrm{d}x = -x + \tan x + C$ ；

（64） $\int \cot^2 x \mathrm{d}x = -x - \cot x + C$ ；

（65） $\int \sec^2 x \mathrm{d}x = \tan x + C$ ；

（66） $\int \csc^2 x \mathrm{d}x = -\cot x + C$ ；

（67） $\int \tan^n x \mathrm{d}x = \dfrac{\tan^{n-1} x}{n-1} - \int \tan^{n-2} x \mathrm{d}x, n \neq 1$ ；

（68） $\int \cot^n x \mathrm{d}x = -\dfrac{\cot^{n-1} x}{n-1} - \int \cot^{n-2} x \mathrm{d}x, n \neq 1$ ；

（69） $\int \sec^n x \mathrm{d}x = \dfrac{\sec^{n-2} x \tan x}{n-1} + \dfrac{n-2}{n-1} \int \sec^{n-2} x \mathrm{d}x, n \neq 1$ ；

（70） $\int \csc^n x \mathrm{d}x = -\dfrac{\csc^{n-2} x \cot x}{n-1} + \dfrac{n-2}{n-1} \int \csc^{n-2} x \mathrm{d}x, n \neq 1$ ；

（71） $\int \dfrac{1}{1 \pm \tan x} \mathrm{d}x = \dfrac{1}{2}(x \pm \ln |\cos x \pm \sin x|) + C$ ；

（72） $\int \dfrac{1}{1 \pm \cot x} \mathrm{d}x = \dfrac{1}{2}(x \mp \ln |\sin x \pm \cos x|) + C$ ；

（73） $\int \dfrac{1}{1 \pm \sec x} \mathrm{d}x = x + \cot x \mp \csc x + C$ ；

（74） $\int \dfrac{1}{1 \pm \csc x} \mathrm{d}x = x - \tan x \pm \sec x + C$ ；

10. 含有反三角函数的形式

（75） $\int \arcsin x \mathrm{d}x = x \arcsin x + \sqrt{1 - x^2} + C$ ；

（76） $\int \arccos x \mathrm{d}x = x \arccos x - \sqrt{1 - x^2} + C$ ；

（77） $\int \arctan x \mathrm{d}x = x \arctan x - \dfrac{1}{2}\ln(1 + x^2) + C$ ；

（78） $\int \text{arccot} \, x \mathrm{d}x = x \, \text{arccot} \, x + \dfrac{1}{2}\ln(1 + x^2) + C$ ；

（79） $\int \text{arcsec} \, x \mathrm{d}x = x \, \text{arcsec} \, x - \ln |x + \sqrt{x^2 - 1}| + C$ ；

（80） $\int \text{arccsc} \, x \mathrm{d}x = x \, \text{arccsc} \, x + \ln |x + \sqrt{x^2 - 1}| + C$ ；

（81） $\int x \arcsin x \mathrm{d}x = \dfrac{1}{4}[x\sqrt{1 - x^2} + (2x^2 - 1)\arcsin x] + C$ ；

（82）$\int x\arccos x\,dx = \dfrac{1}{4}[-x\sqrt{1-x^2}+(2x^2-1)\arccos x]+C$；

（83）$\int x\arctan x\,dx = \dfrac{1}{2}[(1+x^2)\arctan x - x]+C$；

（84）$\int x\operatorname{arccot} x\,dx = \dfrac{1}{2}[(1+x^2)\operatorname{arccot} x + x]+C$；

11. 含有 e^x 的形式

（85）$\int a^x\,dx = \dfrac{a^x}{\ln a}+C$；

（86）$\int e^x\,dx = e^x+C$；

（87）$\int xe^x\,dx = (x-1)e^x+C$；

（88）$\int x^n e^x\,dx = x^n e^x - n\int x^{n-1}e^x\,dx$；

（89）$\int \dfrac{1}{1+e^x}\,dx = x - \ln(1+e^x)+C$；

（90）$\int e^{ax}\sin bx\,dx = \dfrac{e^{ax}}{a^2+b^2}(a\sin bx - b\cos bx)+C$；

（91）$\int e^{ax}\cos bx\,dx = \dfrac{e^{ax}}{a^2+b^2}(a\cos bx + b\sin bx)+C$；

12. 含有 $\ln x$ 的形式

（92）$\int \ln x\,dx = x(\ln x - 1)+C$；

（93）$\int \dfrac{\ln x}{\sqrt{x}}\,dx = 4\sqrt{x}(\ln\sqrt{x}-1)+C$；

（94）$\int x\ln x\,dx = \dfrac{x^2}{4}(2\ln x - 1)+C$；

（95）$\int x^n\ln x\,dx = \dfrac{x^{n+1}}{(n+1)^2}[(n+1)\ln x - 1]+C,\ n\neq -1$；

（96）$\int (\ln x)^2\,dx = x[(\ln x)^2 - 2\ln x + 2]+C$；

（97）$\int (\ln x)^n\,dx = x(\ln x)^n - n\int (\ln x)^{n-1}\,dx$；

（98）$\int \sin(\ln x)\,dx = \dfrac{x}{2}[\sin(\ln x)-\cos(\ln x)]+C$；

（99）$\int \cos(\ln x)\,dx = \dfrac{x}{2}[\sin(\ln x)+\cos(\ln x)]+C$；

（100）$\int \ln(x+\sqrt{1+x^2})\,dx = x\ln(x+\sqrt{1+x^2})-\sqrt{1+x^2}+C$；

附录 Ⅱ 几种常用的曲线

(1) 三次抛物线

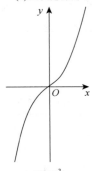

$$y = ax^3.$$

(2) 半立方抛物线

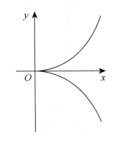

$$y^2 = ax^3.$$

(3) 概率曲线

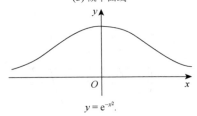

$$y = e^{-x^2}.$$

(4) 箕舌线

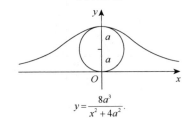

$$y = \frac{8a^3}{x^2 + 4a^2}.$$

(5) 蔓叶线

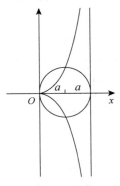

$$y^2(2a - x) = x^3.$$

(6) 笛卡儿叶形线

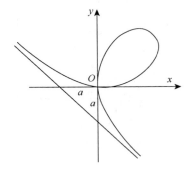

$$x^3 + y^3 - 3axy = 0.$$
$$x = \frac{3at}{1 + t^3}, y = \frac{3at^2}{1 + t^3}.$$

(7) 星形线(内摆线的一种)

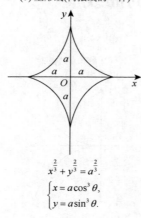

$$x^{\frac{2}{3}} + y^{\frac{2}{3}} = a^{\frac{2}{3}}.$$

$$\begin{cases} x = a\cos^3\theta, \\ y = a\sin^3\theta. \end{cases}$$

(8) 摆线

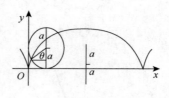

$$\begin{cases} x = a(\theta - \sin\theta), \\ y = a(1 - \cos\theta). \end{cases}$$

(9) 心形线(外摆线的一种)

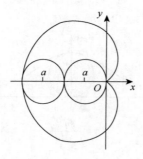

$$x^2 + y^2 + ax = a\sqrt{x^2 + y^2},$$
$$\rho = a(1 - \cos\theta).$$

(10) 阿基米德螺线

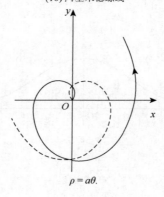

$$\rho = a\theta.$$

(11) 对数螺线

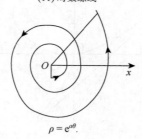

$$\rho = e^{a\theta}.$$

(12) 双曲螺线

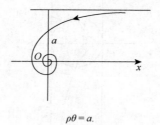

$$\rho\theta = a.$$

(13) 伯努利双纽线

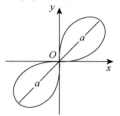

$$(x^2 + y^2)^2 = 2a^2xy,$$
$$\rho^2 = a^2\sin2\theta.$$

(14) 伯努利双纽线

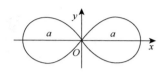

$$(x^2 + y^2)^2 = a^2(x^2 - y^2),$$
$$\rho^2 = a^2\cos2\theta.$$

(15) 三叶玫瑰线

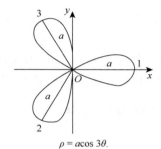

$$\rho = a\cos 3\theta.$$

(16) 三叶玫瑰线

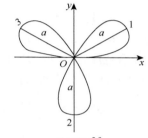

$$\rho = a\cos 3\theta.$$

(17) 四叶玫瑰线

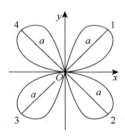

$$\rho = a\sin 2\theta.$$

(18) 四叶玫瑰线

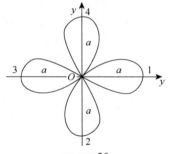

$$\rho = a\cos 2\theta.$$

参 考 答 案

第 1 章

习题 1-1

1.（1）$x \geqslant -2$ 且 $x \neq \pm 1$；（2）ϕ；（3）$1 < x < 2$；（4）$-\infty < x < +\infty$ 且 $x \neq -1, 0, 1$；

（5）R；（6）$x \leqslant 3$ 且 $x \neq 0$．

2. 函数 $f(x^2)$ 的定义域为 $[-1, 1]$；函数 $f(\sin x)$ 的定义域为 $[2k\pi, (2k+1)\pi]$；

函数 $f(x+a)$ 的定义域为 $[-a, -a+1]$；函数 $f(x+a) + f(x-a)$ 的定义域为：

（1）若 $a < \dfrac{1}{2}$，$x \in [a, 1-a]$；（2）若 $a = \dfrac{1}{2}$，$x = \dfrac{1}{2}$；（3）若 $a > \dfrac{1}{2}$，$x \in \phi$．

3. $f(2a) = \dfrac{1}{2a^2}$，$f(1) = \begin{cases} 0, & a > 1, \\ 2, & 0 < a < 1. \end{cases}$

4. $f(g(x)) = \begin{cases} 1, & x < 0, \\ 0, & x = 0, \\ -1, & x > 0; \end{cases}$ $g(f(x)) = \begin{cases} 2, & |x| < 1, \\ 1, & |x| = 1, \\ \dfrac{1}{2}, & |x| > 1. \end{cases}$

5. 略.

6.（1）不是；（2）是；（3）不是；（4）不是.

7.（1）当 $x \in (0, +\infty)$，函数是单调增加的；（2）当 $x \in (-\infty, 1)$，函数是单调减少的.

8.（1）奇函数；（2）既是奇函数又是偶函数；

（3）既非奇函数又非偶函数；（4）偶函数.

9. 略.

10. 略.

11.（1）周期函数，周期为 π；（2）周期函数，周期为 2；

（3）不是周期函数；（4）周期函数，周期为 π．

12.（1）$f^{-1}(x) = \log_3 \dfrac{x}{x-1}$，$x \in (-\infty, 0) \bigcup (1, +\infty)$；

（2）$f^{-1}(x) = \dfrac{-(dx - b)}{cx - a}$，$ad \neq bc$；

（3） $f^{-1}(x)=\dfrac{1}{2}(10^x+10^{-x}),x\in\mathrm{R}$ ；

（4） $f^{-1}(x)=\dfrac{1}{2}\arccos\dfrac{x}{3}$ ， $0\leqslant x\leqslant 3$.

13．（1） $y=f(x)=\mathrm{e}^{x^2+1}$ ， $f(0)=\mathrm{e}$ ， $f(2)=\mathrm{e}^5$ ；

（2） $y=f(x)=(\mathrm{e}^{x+1}-1)^2+1$ ， $f(1)=\mathrm{e}^4-2\mathrm{e}^2+2$ ， $f(-1)=1$.

14． $h=\dfrac{V}{\pi r^2},V\in[0,\pi r^2 H]$.

15． $f(x)=\begin{cases}0.64x, & 0\leqslant x\leqslant 4.5,\\ 4.5\times 0.64+(x-4.5)\times 3.2, & x>4.5.\end{cases}$ $f(3.5)=2.24$ 元；

$f(4.5)=2.88$ 元； $f(5.5)=6.08$ 元.

习题 1-2

1． $\left|a_1-\dfrac{2}{3}\right|=\dfrac{1}{12}$ ； $\left|a_{10}-\dfrac{2}{3}\right|=\dfrac{1}{93}$ ； $\left|a_{100}-\dfrac{2}{3}\right|=\dfrac{1}{903}$.

2．略.

3．略.

4．略.

5． $\lim\limits_{n\to\infty}x_n=0$.

6．略.

习题 1-3

1． $\delta=0.004$. 提示：因为 $x\to 1$ ，所以不妨设 $|x-1|<\dfrac{1}{2}$.

2． $X\geqslant\sqrt{7003}$.

3．略.

4．略.

5．略.

6．略.

习题 1-4

1．略.

2．函数 $y=x\sin x$ 在 $(0,+\infty)$ 内无界，但当 $x\to+\infty$ 时，此函数不是无穷大.

3．略.

习题 1-5

1. （1）0；（2）1；（3）$\dfrac{1}{2}$；（4）$\dfrac{1}{3}$；（5）$-\dfrac{2}{3}$；（6）-3；（7）$\dfrac{1}{2}$；（8）2；

（9）$3x^2$；（10）$\dfrac{1}{2}$；（11）0；（12）$\sqrt[6]{2}$；（13）$+\infty$；（14）∞．

2. $a=1$．

3. 因为 $f(1^-)=0$，$f(1^+)=+\infty$，即 $f(1^-)\neq f(1^+)$，所以，当 $x\to 1$ 时，函数 $\dfrac{x^2-1}{x-1}\mathrm{e}^{\frac{1}{x-1}}$ 的极限不存在．

4. $a=25$，$b=10$．

5. （1）0；（2）0；（3）0；（4）0．

6. $f(0^-)=5$，$f(0^+)=5$，因为 $f(0^-)=f(0^+)$，所以，$\lim\limits_{x\to 0}f(x)=5$．

习题 1-6

1. （1）$\mathrm{e}^{-\frac{1}{2}}$；（2）$\mathrm{e}^{-4}$；（3）$\mathrm{e}^{10}$；（4）$\mathrm{e}^{\frac{1}{2}}$．

2. （1）1；（2）$\dfrac{2}{3}$；（3）0；（4）0；（5）1；（6）x．

3. 略．

习题 1-7

1. $3x^2-2x^3$．

2. 略.

3. （1）$\dfrac{n}{m}$；（2）$\dfrac{1}{6}$；（3）$\dfrac{1}{2}$；（4）$\dfrac{1}{3}$；（5）$\dfrac{1}{2}$；

（6）$\dfrac{\sqrt{2}}{72}$；（7）$\dfrac{3}{2}$；（8）$\dfrac{4}{5}$；＊（9）$(ab)^{\frac{3}{2}}$．

4. $a=-4$．

习题 1-8

1. （1）$f(x)$ 在 $(-\infty,-1)$ 和 $(-1,+\infty)$ 内连续，$x=-1$ 为跳跃间断点；

（2）$f(x)$ 在 R 上处处不连续．

2. （1）$x=3$ 为跳跃间断点；

（2）$x=1$ 为第二类间断点；

（3） $x=0$ 为跳跃间断点；

（4） $f(x)$ 在 **R** 上是连续的；

（5） $f(x)$ 在 $(-\infty,1),(1,2)$ 和 $(2,+\infty)$ 内连续，$x=1$ 为可去间断点，若令 $f(1)=-2$，则 $f(x)$ 在 $x=1$ 处连续；$x=2$ 为第二类间断点；

（6） $f(x)$ 在 $(-\infty,-1),(-1,0),(0,1)$ 和 $(1,+\infty)$ 内连续，$x=-1$ 是第二类间断点；$x=0$ 是跳跃间断点；$x=1$ 是可去间断点，若令 $f(1)=\dfrac{1}{2}$，则 $f(x)$ 在 $x=1$ 处连续.

3.（1） $f(x)=\begin{cases}1, & 0\leqslant x<1,\\ \dfrac{1}{2}, & x=1,\\ 0, & x>1.\end{cases}$ $x=1$ 为跳跃间断点；

（2） $f(x)=\begin{cases}x, & |x|<1,\\ 0, & |x|=1,\\ -x, & |x|>1.\end{cases}$ $x=1$ 和 $x=-1$ 为跳跃间断点.

4. $a=2$.

5. $a=3$，b 为任意实数.

习题 1-9

1.（1） $f(x)$ 在 **R** 上是连续的；

（2） $f(x)$ 在 $(-\infty,3)$ 和 $(3,+\infty)$ 内连续，$x=3$ 为可去间断点；

（3） $f(x)$ 在 $[-4,3]$ 上连续.

2.（1） 1；（2） $\dfrac{\pi}{6}$；（3） $\dfrac{1}{\pi}$；（4） e^{-4}；（5） e^{2}；（6） e^{2}；（7） $\dfrac{1}{2}$；（8） $\mathrm{e}^{-\frac{1}{2}}$；

（9） -2.

3. 略.

4. A.

5. $a=\ln 2$.

习题 1-10

1. 略.

2. 略.

3. 提示：证明 $f(x)$ 在 $[a,b]$ 上连续.

4. 提示：$m\leqslant\dfrac{f(x_1)+f(x_2)+\cdots+f(x_n)}{n}\leqslant M$，其中 m、M 分别为 $f(x)$ 在 $[x_1,x_n]$ 上的最小值和最大值.

5. 略.

6. 略.

总习题一（A）

1.（1）$D = \{x \mid x \neq -2 \pm 2\sqrt{2} \text{ 且 } x \neq -1\}$；$D = \{x \mid x \neq \pm\sqrt{2} \text{ 且 } x \neq \pm\sqrt{3}\}$；

（2）$k = -1$；（3）$\dfrac{3}{2}$；（4）1；（5）必要，充分，必要，充要，

2.（1）A；（2）D；（3）D；（4）D；（5）C.

3. $f^{-1}(x) = \begin{cases} -\sqrt{-(x+1)}, & x < -1, \\ 0, & x = 0, \\ \sqrt{x-1}, & x > 1. \end{cases}$

4.（1）3π；（2）$\dfrac{8}{7}$；（3）$\dfrac{\pi}{3}$；（4）$\dfrac{2}{3}$；（5）0；（6）1；（7）$\dfrac{1}{4}$；（8）1；

（9）e^{2a}；（10）$e^{\frac{1}{2}}$.

5. 略

6. $a = -4$，$b = 0$.

7. 提示：用数学归纳法证明 $\{x_n\}$ 单调递增，且 $x_n > 0$.

8. 当 $a = 3$，$b = \ln 3$ 时，$f(x)$ 处处连续.

9.（1）$x = 0$ 为跳跃间断点；

（2）$x = 0, x = n\pi + \dfrac{\pi}{2}(n = 0, \pm 1, \pm 2, \cdots)$ 为可去间断点：$x = n\pi(n = 0, \pm 1, \pm 2, \cdots)$

为无穷间断点；

（3）$x = 0$ 为跳跃间断点.

10. 略

总习题一（B）

1.（1）$[1, +\infty)$；（2）1；（3）$a = 1, b$ 为任意实数；（4）$\dfrac{9}{2}$；（5）0，0.

2.（1）D；（2）C；（3）B；（4）B；（5）D.

3.（1）$\dfrac{\sqrt{2}}{2}$；（2）4；（3）$\sqrt[3]{abc}$；（4）e^2；（5）1；（6）0；（7）1；（8）1；

（9）$\dfrac{1}{1-x}$；（10）$\dfrac{1}{4}$.

4. 间断点为 $x = -1$ 和 $x = 1$，均属于可去间断点.

5. $a = 2$，$b = 1$.

7. $\lim_{x \to \infty} x_n = \sqrt{a}$.

8. 100%，实际上是不可能完全清除污染的.

第 2 章

习题 2-1

1. 12.0601 m/s； 12 m/s.

2. $\left. \dfrac{\mathrm{d}m}{\mathrm{d}x} \right|_{x=x_0}$.

3. 8.

4. $2ax + b$.

5. 略.

6. （1）不能，（1）与 $f(x)$ 在 x_0 的取值无关，当然也就与 $f(x)$ 在 x_0 是否连续无关，故是 $f'(x_0)$ 存在的必要条件而非充分条件；（2）可以，与导数的定义等价；

7. （1） $5x^4$ ；　　　　（2） $-\dfrac{1}{2}x^{-\frac{3}{2}}$ ；　　　　（3） $\dfrac{22}{7}x^{\frac{15}{7}}$ ；

（4） $-\dfrac{1}{x\ln 3}$ ；　　　（5） $\dfrac{1}{6}x^{-\frac{5}{6}}$ ；　　　（6） $\dfrac{1}{x\ln 10}$ ；

（7） $3^x \ln 3$ ；　　　　（8） $\dfrac{3}{4}x^{\frac{1}{4}}$ ；　　　（9） $(2e)^x (1 + \ln 2)$.

8. 略.

9. $(2,4)$, $\left(-\dfrac{3}{2}, \dfrac{9}{4} \right)$.

10. $(2,4)$.

11. $\dfrac{1}{4}$.

12. （1）连续，可导，导数为 0；（2）连续，可导，导数为 0.

13. $a = 1, b = 0$.

14. $f'_+(0) = 0$ ， $f'_-(0) = -1$ ， $f'(0)$ 不存在.

15. $f'(x) = \begin{cases} -3x^2, & x \leqslant 0, \\ 3x^2, & x > 0. \end{cases}$

16. 略.

17. 略.

18. 当 $f(0) \neq 0$ 时， $|f(x)|$ 在 $x = 0$ 点可导；当 $f(0) = 0$ 时， $|f(x)|$ 在 $x = 0$ 点可导的充要条件是 $f'(0) = 0$.

习题 2-2

1.（1）$-6\sin 2x$；　　（2）$12\cos(3t-1)$；　　（3）$6e^{3x}-8\sin 2x$；

（4）$5(x+1)^4$；　　　（5）$-12e^{-4x}$；　　　（6）$(1+x^2)^{-\frac{3}{2}}$；

（7）$-\dfrac{1+\ln x}{(x\ln x)^2}$；　　　　　　　　（8）$(x-1)^2(5x^2+2x+2)$；

（9）$x^2e^x(3\sin x+x\sin x+x\cos x)$；　　（10）$\dfrac{x(9x-4)\ln x+x^4-3x^2+2x}{(3\ln x+x^2)^2}$.

2. 略.

3. $y=2x+1$；　$y=-\dfrac{1}{2}x+1$.

4. $3x-y-2\sqrt{2}=0$ 或 $3x-y+2\sqrt{2}=0$.

5.（1）$y'\big|_{x=\frac{\pi}{4}}=-\dfrac{5}{2}\sqrt{2}$；　　（2）$f'(2)=\dfrac{10}{3}$.

6.（1）$20x(2x^2+3)^4$；　（2）$-4x\cos(5-2x^2)$；　（3）$(-6x+2)e^{-3x^2+2x+1}$；

（4）$2x\cos x^2$；　　　（5）$\sin 2x$；　　　（6）$-\dfrac{x}{\sqrt{a^2-x^2}}$；

（7）$\dfrac{e^x}{1+e^{2x}}$；　　（8）$-\dfrac{2\arccos x}{\sqrt{1-x^2}}$；　　（9）$\cot x$；

（10）$\dfrac{3x^2}{(x^3+1)\ln a}$；　（11）$\dfrac{2x\cos x^2}{|\cos x^2|}$；　（12）$3^{\sin^2 x}\ln 3\cdot\sin 2x$.

7.（1）$\dfrac{1}{\sqrt{x(1-x)}}$；　　（2）$-\dfrac{|x|}{x^2\sqrt{x^2-1}}$；　　（3）$-\dfrac{2}{x(1+\ln x)^2}$；

（4）$\dfrac{1}{\sqrt{a^2+x^2}}$；　　（5）$n\sin^{n-1}x\cos(n+1)x$；　（6）$\dfrac{-2\cos 2x}{|\cos 2x|(1+\sin 2x)}$；

（7）$\dfrac{e^{\arctan\sqrt{x}}}{2(1+x)\sqrt{x}}$；　　（8）$\dfrac{1}{x\ln x[\ln(\ln x)]}$；　　（9）$\dfrac{1}{\sqrt{1-x^2}+1-x^2}$；

（10）$\dfrac{-1}{1+3\cos^2\dfrac{x}{2}}$；　（11）$10^{x\tan 2x}\ln 10\cdot(\tan 2x+2x\sec^2 2x)$；　（12）$\sec x$.

8. $f'(x)=\begin{cases}\sin x, & x<0,\\[2mm] \dfrac{1}{1+x}-\cos x+x\sin x, & x\geqslant 0.\end{cases}$

9. $(\sin x)^{\cos x}\left(\dfrac{\cos^2 x}{\sin x} - \sin x \ln \sin x\right)$.

10. $\sin 3x^2$；$\cos x^3$；$3x^2 \cos x^3$.

11. （1） $2x\cos x^2 f'(\sin x^2) - 2x\sin x^2 f'(\cos x^2)$；

（2） $\sin 2x \cdot f'(\sin^2 x) + 2\cos x \cdot f(\sin x) \cdot f'(\sin x)$；

（3） $-n[f(\cos x)]^{n-1} \cdot f'(\cos x) \cdot \sin x$；

（4） $-n\cos^{n-1}[f(x)]\sin[f(x)]f'(x)$.

12. $5x^4$；$5(x-3)^4$.

13. 略.

习题 2-3

1. （1） $9\mathrm{e}^{3x-5}$；　　　（2） $-2\mathrm{e}^{-t}\cos t$；　　　（3） $2\cos 2x \ln x + \dfrac{2\sin 2x}{x} - \dfrac{\sin^2 x}{x^2}$；

（4） $2\sec^2 x \cdot \tan x$；　　（5） $-\dfrac{x}{\sqrt{(4+x^2)^3}}$；　　（6） $2\arctan x + \dfrac{2x}{1+x^2}$；

（7） $(2\sec^2 x - 1)\sec x$；　　　　　　（8） $\mathrm{e}^{-2x}(12\sin 3x - 5\cos 3x)$.

2. 60.

3. $2^{20}\mathrm{e}^{2x}(x^2 + 20x + 95)$.

4. 略.

5. 略.

6. $\lambda = -6$ 或 1.

7. $b = \cos a$，$c = \sin a$.

8. （1） $n!$；　　　　　　　　　　（2） $(x+n)\mathrm{e}^x$；

（3） $2^{n-1}\sin\left[2x + (n-1) \cdot \dfrac{\pi}{2}\right]$；　　（4） $\dfrac{(-1)^n n!}{5}\left[\dfrac{1}{\left(x-\dfrac{1}{2}\right)^{n+1}} - \dfrac{1}{(x+2)^{n+1}}\right]$.

习题 2-4

1. （1） $\dfrac{\mathrm{e}^{xy}y - 1}{1 - x\mathrm{e}^{xy}}$；　　（2） $\dfrac{y^2 - 4xy}{2x^2 - 2xy + 3y^2}$；　　（3） $\dfrac{2x\cos 2x - y - xy\mathrm{e}^{xy}}{x^2\mathrm{e}^{xy} + x\ln x}$；

（4） $-\sqrt{\dfrac{y}{x}}$；　　　（5） $\dfrac{\mathrm{e}^x - \sin y}{\mathrm{e}^y + x\cos y}$；　　（6） $\dfrac{xy\ln y - y^2}{xy\ln x - x^2}$.

2. $y=1$.

3. $-1-\dfrac{\pi}{2}$.

4. （1）$-2\csc^2(x+y)\cdot\cot^3(x+y)$；　　　　　　（2）$\dfrac{\mathrm{e}^{2y}(3-y)}{(2-y)^3}$；

（3）$-\dfrac{1}{y\ln^3 y}$；　　　　（4）$\dfrac{2(x^2+y^2)}{(x-y)^3}$；　　　　（5）$-\dfrac{\sin y}{(1-\cos y)^3}$.

5. （1）$(\sin x)^{\cos x}\left(\dfrac{\cos^2 x}{\sin x}-\sin x\ln\sin x\right)$；　（2）$(\tan 2x)^x\left[\ln\tan 2x+\dfrac{4x}{\sin 4x}\right]$；

（3）$\left(\dfrac{x}{1+x}\right)^x\left(\ln\dfrac{x}{1+x}+\dfrac{1}{1+x}\right)$；

（4）$(2x-1)\sqrt{x\sqrt{(3x+1)\sqrt{x-1}}}\left[\dfrac{2}{2x-1}+\dfrac{1}{2x}+\dfrac{3}{4(3x+1)}+\dfrac{1}{8(x-1)}\right]$.

6. （1）$\dfrac{\sin at+\cos bt}{\cos at-\sin bt}$；　（2）$\dfrac{\sin\theta}{1-\cos\theta}$；　（3）$-\tan\theta$；　（4）$\dfrac{6t-3t^4}{2-4t^3}$.

7. $2x-y-2=0,\ x+2y-1=0$.

8. $m=-3\mathrm{e},n=0,p=2\mathrm{e}$.

9. （1）$-\dfrac{1+3t^2}{4t^3}$；　（2）$\dfrac{2}{\mathrm{e}^t(\cos t-\sin t)^3}$；　（3）$\dfrac{1+t^2}{4t}$；　（4）$\dfrac{1}{f''(t)}$.

10. $\dfrac{16}{25\pi}$ m/min.

11. 78 km/h.

12. 2.5 m/s.

习题 2-5

1. $\Delta y=0.71$，$\mathrm{d}y=0.7$；$\Delta y=0.070\,1$，$\mathrm{d}y=0.07$.

2. 0.01，0.000 1.

3. -0.11.

4. （1）$(1+4x-x^2+4x^3)\mathrm{d}x$；（2）$\mathrm{e}^{-x^2}(1-2x^2)\mathrm{d}x$；（3）$\dfrac{1+x^2}{(1-x^2)^2}\mathrm{d}x$；

（4）$4x\tan(1+x^2)\sec^2(1+x^2)\mathrm{d}x$；（5）$-3^{\ln\cos x}\tan x\ln 3\mathrm{d}x$；

（6）$(a\mathrm{e}^{ax}\sin bx+b\mathrm{e}^{ax}\cos bx)\mathrm{d}x$.

5. （1）$\dfrac{1-x^2+y}{y^2-x}\mathrm{d}x$；（2）$-\csc^2(x+y)\mathrm{d}x$；

（3）$\dfrac{-\sin x-y\mathrm{e}^{xy}}{2y+x\mathrm{e}^{xy}}\mathrm{d}x$；（4）$\dfrac{x+y}{x-y}\mathrm{d}x$．

6. 0.03355 g.

7. 略.

8. 43.6；104.67.

9.（1）0.5151；（2）1.0349；（3）1.0434；（4）2.7455；（5）5.1；

（6）9.9867.

10. 略.

总习题二（A）

1.（1）充分，必要；（2）充要；（3）$2f'(x_0)$；

（4）2；（5）$3x-y-7=0$．

2.（1）B；（2）C；（3）B；（4）B；（5）D.

3.（1）$y'|_{x=0}=1$，$y''|_{x=0}=2$；

（2）$\dfrac{3}{(3x-1)\cdot[1+\ln^2(3x-1)]}$；

（3）$-x^2\sin x+10x\cos x+20\sin x$；

（4）$\dfrac{(6t+5)(t+1)}{t}$；

（5）$\dfrac{y-\mathrm{e}^{x+y}}{\mathrm{e}^{x+y}-x}\mathrm{d}x$．

4. $a=2$，$b=1$．

5. $2af'(ax^2+b)+4a^2x^2\cdot f''(ax^2+b)$.

6. $\dfrac{(y^2-\mathrm{e}^t)(1+t^2)}{2-2ty}$．

7. $a=\mathrm{e}^{-\frac{1}{2}}$，$b=0$．

8. $f'(x)=\begin{cases}2x,&x>0,\\-2x,&x\leqslant0,\end{cases}$ $f''(x)=\begin{cases}2,&x>0,\\-2,&x<0,\\\text{不存在},&x=0,\end{cases}$ $f^{(n)}(x)=\begin{cases}0,&x\neq0\\\text{不存在},&x=0\end{cases}(n\geqslant3)$

$f^{(n)}(x)=0\,(x\neq0)$，$n\geqslant2$ 时，在 $x=0$ 点的高阶导数均不存在.

总习题二（B）

1.（1）$\dfrac{y\sin(xy)-\mathrm{e}^{x+y}}{\mathrm{e}^{x+y}-x\sin(xy)}$；（2）$\dfrac{(-1)^n2\cdot n!}{(1+x)^{n+1}}$；（3）$k$；

（4） $(m+n)f'(x_0)$ ； （5） $-\pi dx$ ； （6） $y = x-1$.

2．（1）D； （2）B； （3）D； （4）C； （5）A.

3． $-6x\tan(10+3x^2)$.

4． 2.

5． $2f'(x^2)\cos[f(x^2)]+4x^2\cdot\{f''(x^2)\cos[f(x^2)]-[f'(x^2)]^2\sin[f(x^2)]\}$.

6． $\dfrac{1}{2}\left(2-\ln\dfrac{\pi}{4}\right)$.

7． $y' = \dfrac{2}{3(2y+1)(2x+1)\sqrt{x^2+x}}$.

8． $\left(\dfrac{a}{b}\right)^x\left(\dfrac{b}{x}\right)^a\left(\dfrac{x}{a}\right)^b\left(\ln\dfrac{a}{b}-\dfrac{a-b}{x}\right)$.

9． $x-y-\dfrac{3}{4}\sqrt{3}+\dfrac{5}{4}=0$ ； $x+y-\dfrac{\sqrt{3}}{4}+\dfrac{1}{4}=0$.

10．（1） $k>0$ ；（2） $k>1$ ；（3） $k>2$.

11． 略.

12． 略.

第 3 章

习题 3-1

1．（1）满足， $\xi=0$ ；（2）不满足， ξ 不存在；（3）不满足， $\xi=0$.

2． 正确， $\xi=\dfrac{5-\sqrt{13}}{12}$ 或 $\xi=\dfrac{15+\sqrt{13}}{12}$.

3． 略.

4． $\xi=2\left[\dfrac{\pi}{4}-\arctan\left(\dfrac{\pi}{2}-1\right)\right]$.

5． 三个根分别属于 $(0,1)$ ， $(1,2)$ ， $(2,3)$ 三个区间.

6． 略.

7． 略.

8． 略.

9． 略.

10． 略.

11． 略.

12． 略.

13． 略.

14． 略.

习题 3-2

1. $f(x) = (x-2)^3 + 2(x-2)^2 - 4(x-2) - 6.$

2. $f(x) = 1 - x + x^2 + \cdots + (-1)^n x^n + \dfrac{(-1)^{n+1}}{(1+\xi)^{n+2}} \cdot x^{n+1}$ ξ 在 0 与 x 之间.

3. $f(x) = x^2 - \dfrac{2^3}{4!} x^4 + \cdots + \dfrac{(-)^{n-1} 2^{2n-1}}{(2n)!} \cdot x^{2n} + o(x^{2n+1}).$

4. $\sqrt{x} = 2 + \dfrac{1}{4}(x-4) - \dfrac{1}{64}(x-4)^2 + \dfrac{1}{512}(x-4)^3 - \dfrac{15}{128\xi^{\frac{7}{2}}}(x-4)^4.$

5. $\ln x = (x-1) - \dfrac{(x-1)^2}{2} + \cdots + \dfrac{(-1)^{n-1}(x-1)^n}{n} + (-1)^n \dfrac{(x-1)^{n+1}}{(n+1)\xi^{n+1}}$ ξ 在 0 与 x 之间).

6. $f(x) = x - x^2 + \dfrac{x^3}{2} + \cdots + (-1)^{n-1}\dfrac{x^n}{(n-1)!} + o(x^n).$

7. （1）$\sqrt[3]{30} \approx 3.10724,\ R_3(3) = \left| \dfrac{f^{(4)}(\xi)3^4}{4!} \right| \leqslant \left| \dfrac{f^{(4)}(27) \cdot 3^4}{4!} \right| = \dfrac{10}{3^{12}} < 2 \times 10^{-5}.$

（2）$\sin 18° \approx 0.30999,\ \left| \dfrac{\sin^{(5)}(\xi) \cdot x^5}{5!} \right| < 2 \times 10^{-5}.$

8. （1）$\dfrac{1}{3}$；（2）$-\dfrac{1}{2}.$

9. （1）$|R_4(x)| \leqslant \dfrac{|x|^5}{5!} \leqslant \dfrac{1}{5!}\left(\dfrac{1}{2}\right)^5 = \dfrac{1}{3840}$；（2）$|R_2(x)| = \dfrac{|x|^3}{16}(1+\xi)^{-\frac{5}{2}} \leqslant \dfrac{1}{16}.$

习题 3-3

1.（1）1；（2）$\dfrac{\sqrt{3}}{3}$；（3）1；（4）$\dfrac{1}{3}$；（5）$-\dfrac{1}{8}$（6）$\dfrac{m}{n}a^{m-n}$；（7）3；（8）1；

（9）$\dfrac{1}{2}$；（10）e^{-1}；（11）1；（12）1；（13）$\dfrac{1}{2}$；（14）e^3；（15）0.

2.（1）1；（2）0.

3. 连续.

习题 3-4

1. 单调减少.

2.（1）单调增加区间 $(-\infty,-1]$，$[3,+\infty)$；单调减少区间 $[-1,3]$；

（2）单调增加区间 $[0,1]$；单调减少区间 $[1,2]$；

（3）单调增加区间 $(-\infty,1]$；单调减少区间 $[1,+\infty)$；

（4）单调增加区间 $(-\infty,-2]$，$[0,+\infty)$；单调减少区间 $[-2,-1),(-1,0]$；

（5）单调增加区间 $\left(-\infty,\dfrac{2}{3}a\right],[a,+\infty)$；单调减少区间 $\left[\dfrac{2}{3}a,a\right]$；

（6）单调增加区间 $\left[-\dfrac{2}{3},0\right]$，$[1,+\infty)$；单调减少区间 $\left(-\infty,-\dfrac{2}{3}\right]$，$[0,1]$.

3. 略.

4. 当 $a>\dfrac{1}{e}$ 时，方程没有实根. 当 $0<a<\dfrac{1}{e}$ 时，方程有 2 个实根，当 $a=\dfrac{1}{e}$ 时，方程有一个实根.

5.（1）在 $\left(-\infty,\dfrac{1}{2}\right]$ 凸，在 $\left[\dfrac{1}{2},+\infty\right)$ 凹，$\left(\dfrac{1}{2},\dfrac{13}{2}\right)$ 为拐点；

（2）在 $(-\infty,0)$ 凸，在 $(0,+\infty)$ 凹，无拐点；

（3）没有拐点，$(-\infty,+\infty)$ 是凹的，无拐点；

（4）$\left(-\infty,-\dfrac{\sqrt{3}}{3}\right)$ 与 $\left[\dfrac{\sqrt{3}}{3},+\infty\right)$ 为凹的，$\left[-\dfrac{\sqrt{3}}{3},\dfrac{\sqrt{3}}{3}\right]$ 为凸的，$\left(-\dfrac{\sqrt{3}}{3},\dfrac{3}{4}\right)$ 与 $\left(\dfrac{\sqrt{3}}{3},\dfrac{3}{4}\right)$ 为拐点；

（5）在 $[1,+\infty)$ 与 $(-\infty,-1]$ 凸的，在 $[-1,1]$ 凹的，$(-1,\ln 2),(1,\ln 2)$ 为拐点；

（6）在 $\left(-\infty,\dfrac{1}{2}\right]$ 内是凹的，在 $\left[\dfrac{1}{2},+\infty\right)$ 凸的，$\left(\dfrac{1}{2},e^{\arctan\frac{1}{2}}\right)$ 为拐点.

6. 略.

7. 略.

8. $a=-\dfrac{3}{2},b=\dfrac{9}{2}$.

9. $(x_0,f(x_0))$ 为拐点.

习题 3-5

1.（1）极大值 $y\left(\dfrac{3}{2}\right)=\dfrac{27}{16}$；

（2）无极值；

（3）$y(0)=4$ 为极大值，$y(-2)=\dfrac{8}{3}$ 为极小值；

（4）极小值 $y\left(-\dfrac{1}{2}\ln 2\right)=2\sqrt{2}$；

（5）极大值 $f(\mathrm{e}^2)=4\mathrm{e}^{-2}$ ，极小值 $y(1)=0$ ；

（6）极大值 $f(1)=\dfrac{\pi-2\ln 2}{4}$.

2. 略.

3. $a=2$ ， $x=\dfrac{\pi}{3}$ 为极大值点，且极大值点为 $f\left(\dfrac{\pi}{3}\right)=\sqrt{3}$.

4.（1）最大值 $y(1)=2$ ，最小值 $y(-1)=-10$ ；

（2）最大值 $y\left(\dfrac{\pi}{4}\right)=1$ ，无最小值；

（3）最大值 $y\left(\dfrac{3}{4}\right)=\dfrac{5}{4}$ ，最小值 $y(-5)=\sqrt{6}-5$.

5. 略.

6. $x=-3$ 处取得最小值 27.

7. $x=1$ 处取得最大值 $\dfrac{1}{2}$.

8. 当两线段的长均为 $\dfrac{l}{2}$ ，矩形面积最大.

9. 底半径与高的比例为 1：1 时，容器的表面积为最小.

10. 底宽为 $2\sqrt{\dfrac{10}{\pi+4}}\approx 2.366(\mathrm{m})$ 截面的周长最小.

11. 房租定为 1800 元时，可获得最大收入.

习题 3-6

1.（1） $y=0$ 为水平渐近线， $x=-1$ 为铅直渐近线，无斜渐近线；（2） $y=1$ 为水平渐近线， $x=2$ 与 $x=-3$ 为铅直渐近线，无斜渐近线；（3）无水平渐近线， $x=0$ 为铅直渐近线， $y=x$ 为斜渐近线；（4）无水平渐近线，无铅直渐近线， $y=\pm\dfrac{b}{a}x$ 斜渐近线.

2.（1）定义域为 $(-\infty,+\infty)$ ，在 $(-\infty,-5],[1,+\infty)$ 为单调增加；在 $[-5,1]$ 为单调减少；在 $(-\infty,-5],[-5,-2]$ 内是凸的，在 $[-2,1][1,+\infty)$ 为凹的,拐点 $(-2,26)$ ， $f(-5)=80$ 极大值， $f(1)=-28$ 极小值.

（2）定义域为 $(-\infty,+\infty)$ ；单调增加区间为 $(-\infty,0]$ ；单调减少区间为 $[0,+\infty)$ ；极大值为 $y(0)=0$ ，无极小值； $\left[-\dfrac{\sqrt{2}}{2},\dfrac{\sqrt{2}}{2}\right]$ 是曲线的凸区间， $\left(-\infty,\dfrac{-\sqrt{12}}{2}\right]$ ，

$\left[\dfrac{\sqrt{2}}{2},+\infty\right)$ 是曲线的凹区间，$\left(-\dfrac{\sqrt{2}}{2}\mathrm{e}^{-\frac{1}{2}}\right),\left(\dfrac{\sqrt{2}}{2}\mathrm{e}^{-\frac{1}{2}}\right)$ 为拐点；$y=0$ 为水平渐近线，无铅直渐近线，无斜渐近线.

习题 3-7

1. $k=\dfrac{\sqrt{2}}{2}$.

2. $k=1$.

3. $k=|\cos x|$，$\rho=|\sec x|$.

4. $k=\left|\dfrac{2}{3a\sin 2t_0}\right|$.

5. 在顶点处的曲率半径最小，$\rho=\dfrac{1}{|2a|}$.

6. 曲线顶点 $\left(-\dfrac{1}{2}\ln 2,\dfrac{1}{\sqrt{2}}\right)$ 处曲率最大，曲率半径为 $\rho=\dfrac{3}{2}\sqrt{3}$.

7. 约 $1246\,\mathrm{N}$.

8. $\left(\xi-\dfrac{\pi-10}{4}\right)^2+\left(\eta-\dfrac{9}{4}\right)^2=\dfrac{125}{16}$.

9. $27p\beta^2=8(\alpha-p)^3$.

总习题三（A）

1. （1）充分；（2）1；（3）1,1；（4）$(-\infty,0),(0,+\infty)$；（5）$(-1,1)$；（6）$\dfrac{\pi}{6}+\sqrt{3}$.

2. （1）A；（2）A；（3）B；（4）A；（5）B；（6）B

3. （1）$\mathrm{e}^{-\frac{\pi}{2}}$；（2）$\dfrac{1}{2}$；（3）$-\dfrac{1}{2}$；（4）15.

4. 略.

5. 略.

6. $f(x)=\dfrac{1-x}{1+x}=1-2x+2x^2+\cdots+(-1)^n 2x^n+\dfrac{2(-1)^{n+1}x^{n+1}}{(1+\xi)^{n+2}}$，$\xi$ 在 0 与 x 之间.

7. 略.

8. 单调增区间为：$(-\infty,0]$，$[2,+\infty)$，单减区间为 $[0,2]$ 极大值点 $x=0$，极小值点 $x=2$，极大值 $f(0)=0$，极小值 $f(2)=-3\sqrt[3]{4}$.

9. 凸区间 $(-\infty,2]$，凹区间 $[2,+\infty)$. 拐点 $(2,2\mathrm{e}^{-2})$，最大值 e^{-1}.

10. 略.

11. $r = \dfrac{l}{\pi+4}, h = \dfrac{1}{\pi+4}$ 通过的光线最充足.

12. 在点 $\left(\dfrac{\pi}{2}, 1\right)$ 处曲率半径有最小值. 曲率半径 $\rho = 1$.

总习题三（B）

1. $a = 1, b = -\dfrac{5}{2}$；（2）$\dfrac{(\ln 2)^n}{n!}$；（3）$\mathrm{e}^{-\frac{1}{2}}$；（4）$\sqrt[3]{3}$；

（5）$y = \dfrac{1}{2} x - \dfrac{1}{4}$.

2. （1）C；（2）C；（3）B；（4）A；（5）C.

3. （1）$f(x) = (x-1) + \dfrac{3}{2}(x-1)^2 + \dfrac{1}{3}(x-1)^3 - \dfrac{1}{12}(x-1)^4 + \cdots$

$\qquad\qquad + (-1)^{n-1} \dfrac{2(x-1)^n}{n(n-1)(n-2)} + (-1)^n \dfrac{2(x-1)^{n+1}}{(n-1)n(n+1)\xi^{n+1}}$；

（2）1；（3）$\dfrac{11}{12}$；（4）$a = -3, b = 0, c = 5$；（5）曲线有两个交点.

4. 略.

5. 略.

6. 提示：令 $f(x) = 2^x - x^2 - 1$，由于 $f(0) = f(1) = 0$，知 $x = 0, 1$ 是两个根，且 $f(4) = -1, f(5) = 6$，再用连续函数的介值定理. 证有三个根，反设有四个根利用罗尔中值定理得 $f''(x)$ 至少有两个零点，推出矛盾.

7. （1）提示：用拉格朗日中值定理.

（2）提示：用麦克劳林公式.

8. 略.

9. $k < y_0$ 或 $k \geqslant 0$ 时，无根. 当 $k = y_0$ 时，有唯一根 x_0. 当 $k \in (y_0, 0)$ 时，原方程恰有两个不同的根.

第 4 章

习题 4-1

1. $3\cos 3x + C$.

2. $f(x) = C\mathrm{e}^{\tan x}$.

3. $-\dfrac{x^2}{2}+C$.

4. $\dfrac{1}{x}+C_0\ln|x|+C$.

5. $-\dfrac{1}{x\sqrt{1-x^2}}$.

6. （1）$-\dfrac{2}{3}x^{-\frac{3}{2}}+C$；　　　　　　（2）$\dfrac{8}{15}x^{\frac{15}{8}}+C$；

（3）$\dfrac{3}{4}x^{\frac{4}{3}}-2x^{\frac{1}{2}}+C$；　　　　　（4）$2\sqrt{x}-2x^{\frac{5}{2}}+C$；

（5）$\dfrac{2^x}{\ln 2}+\dfrac{1}{3}x^3+C$；　　　　　（6）$\dfrac{4^x}{2\ln 2}+\dfrac{2\cdot 6^x}{\ln 6}+\dfrac{9^x}{2\ln 3}+C$；

（7）$2x-5\dfrac{\left(\frac{2}{3}\right)^x}{\ln 2-\ln 3}+C$；　　　（8）$3\arctan x-2\arcsin x+C$；

（9）$\arctan x+\ln|x|+C$；　　　（10）$x^3+\arctan x+C$；

（11）$-\dfrac{1}{x}-\arctan x+C$；　　　（12）$e^x+x+C$；

（13）$\arcsin x-\cot x-x+C$；　　（14）$\dfrac{80^x}{\ln 80}+C$；

（15）$\dfrac{1}{2}x-\dfrac{1}{2}\sin x+C$；　　　（16）$\sin x+\cos x+C$；

（17）$-\cot x-\tan x+C$；　　　（18）$\dfrac{\tan x+x}{2}+C$；

（19）$\tan x-\sec x+C$；　　　（20）$\displaystyle\int \max\{1,|x|\}\mathrm{d}x=\begin{cases}-\dfrac{1}{2}x^2+C, & x<-1 \\[2mm] x+\dfrac{1}{2}+C, & -1\leqslant x\leqslant 1. \\[2mm] \dfrac{1}{2}x^2+1+C, & x>1\end{cases}$

7. $y=\dfrac{1}{4}x^4$.

习题 4-2

1. （1）$\dfrac{1}{x^2}\mathrm{d}x=\mathrm{d}\left(-\dfrac{1}{x}+C\right)$；　　（2）$\dfrac{1}{x}\mathrm{d}x=\mathrm{d}\left(\ln|x|+C\right)$；

（3）$e^x\mathrm{d}x=\mathrm{d}\left(e^x+C\right)$；　　　　（4）$\sec^2 x\mathrm{d}x=\mathrm{d}\left(\tan x+C\right)$；

（5）$\sin x\mathrm{d}x=\mathrm{d}\left(-\cos x+C\right)$；　　　（6）$\cos x\mathrm{d}x=\mathrm{d}\left(\sin x+C\right)$；

（7）$\dfrac{1}{\sqrt{1-x^2}}\mathrm{d}x = \mathrm{d}\,(\arcsin x + C)$；　　　（8）$\dfrac{x}{\sqrt{1-x^2}}\mathrm{d}x = \mathrm{d}\,(-\sqrt{1-x^2} + C)$；

（9）$\tan x\sec x\,\mathrm{d}x = \mathrm{d}\,(\sec x + C)$；　　　（10）$\dfrac{1}{x^2+1}\mathrm{d}x = \mathrm{d}\,(\arctan x + C)$；

（11）$\dfrac{1}{(x+1)\sqrt{x}}\mathrm{d}x = \mathrm{d}\,(2\arctan\sqrt{x} + C)$；

（12）$\dfrac{1}{\sqrt{x(1-x)}}\mathrm{d}x = \mathrm{d}(2\arcsin\sqrt{x} + C)$.

2.（1）$\dfrac{\mathrm{e}^{3x}}{3}+C$；　　　（2）$-\dfrac{2}{11}(2-x)^{\frac{11}{2}}+C$；

（3）$-\dfrac{1}{5}\ln|1-5x|+C$；　　　（4）$\ln(\mathrm{e}^x+4)+C$；

（5）$\dfrac{1}{3}\mathrm{e}^{3x}+\dfrac{1}{2}\mathrm{e}^{4x}+2\mathrm{e}^x+C$；　　　（6）$\dfrac{1}{2}\ln(x^2+3)+C$；

（7）$\dfrac{(x^2+4)^{\frac{3}{2}}}{3}+C$；　　　（8）$\dfrac{1}{2}\sin x^2+C$；

（9）$\dfrac{1}{8}\sin(2x^4+1)+C$；　　　（10）$\dfrac{\ln^6 x}{6}+C$；

（11）$-\dfrac{1}{2}\mathrm{e}^{\frac{2}{x}+1}+C$；　　　（12）$-\dfrac{2}{3}\mathrm{e}^{-3\sqrt{x}}+C$；

（13）$\arctan \mathrm{e}^x+C$；　　　（14）$(\arctan\sqrt{x})^2+C$；

（15）$\dfrac{1}{3}\arcsin\dfrac{3x}{2}+C$；　　　（16）$\dfrac{(\arcsin x)^2}{2}+C$；

（17）$-\dfrac{10^{\arccos x}}{\ln 10}+C$；　　　（18）$\dfrac{1}{\arccos x}+C$；

（19）$-\ln|\cos\sqrt{x^2+1}|+C$；　　　（20）$\dfrac{1}{4}\sin^4 x+C$；

（21）$-2\sqrt{\cos x}+C$；　　　（22）$\dfrac{3}{2}(\sin x-\cos x)^{\frac{2}{3}}+C$；

（23）$-\dfrac{1}{x\ln x}+C$；　　　（24）$\ln|\ln\ln x|+C$；

（25）$\dfrac{1}{2\sqrt{3}}\arctan\dfrac{2\tan x}{\sqrt{3}}+C$；　　　（26）$\dfrac{1}{10}\arcsin\left(\dfrac{x^{10}}{\sqrt{2}}\right)+C$；

（27）$\dfrac{3x}{8}+\dfrac{\sin 2x}{4}+\dfrac{\sin 4x}{32}+C$；　　　（28）$\sin x-\dfrac{\sin^3 x}{3}+C$；

（29）$\dfrac{1}{8}\cos^8 x-\dfrac{1}{6}\cos^6 x+C$；　　　（30）$\dfrac{1}{7}\sec x^7 x-\dfrac{1}{5}\sec^5 x+C$；

（31）$-\dfrac{1}{18}\cos 9x+\dfrac{1}{2}\cos x+C$；

（32）$\dfrac{1}{6}\tan^6 x+\dfrac{1}{4}\tan^4 x+C$；

（33）$\dfrac{1}{2}(\ln\tan x)^2+C$；

（34）$-\dfrac{(1-x^2)^{\frac{3}{2}}}{3x^3}+C$；

（35）$\dfrac{1}{2}(\arcsin x-x\sqrt{1-x^2})+C$；

（36）$\arccos\dfrac{1}{|x|}+C$；

（37）$\sqrt{x^2-16}-4\arccos\dfrac{4}{x}+C$；

（38）$\dfrac{1}{2\sqrt{2}}\ln\left|\dfrac{\sqrt{2}x-1}{\sqrt{2}x+1}\right|+C$；

（39）$\dfrac{1}{4}\arctan\left(x+\dfrac{1}{2}\right)+C$；

（40）$\dfrac{1}{2}\ln(x^2+2x+17)+C$；

（41）$\dfrac{1}{5}\ln\left|\dfrac{x-4}{x+1}\right|+C$；

（42）$\dfrac{1}{2}\ln|x^2+5x+6|-\dfrac{7}{2}\ln\left|\dfrac{x+2}{x+3}\right|+C$；

（43）$\dfrac{1}{2}x^2-2\ln(x^2+4)+C$；

（44）$\dfrac{1}{25}\ln|4-5x|+\dfrac{4}{25}\cdot\dfrac{1}{(4-5x)}+C$；

（45）$\dfrac{1}{2}\ln(x^2+1)+\dfrac{1}{3}\arctan^3 x+C$；

（46）$\dfrac{1}{4}\ln|x|-\dfrac{1}{24}\ln|x^6+4|+C$；

（47）$\dfrac{x^3}{3}+\dfrac{(x^2-1)^{\frac{3}{2}}}{3}+C$；

（48）$a\arcsin\dfrac{x}{a}-\sqrt{a^2-x^2}+C$；

（49）$-\dfrac{\sqrt{1-x^2}}{x}+C$；

（50）$x+\dfrac{1}{\sqrt{2}}\arctan\left(\dfrac{\cot x}{\sqrt{2}}\right)+C$.

习题 4-3

（1）$-\dfrac{x}{2}\cos 2x+\dfrac{1}{4}\sin 2x+C$；

（2）$-(x+1)\mathrm{e}^{-x}+C$；

（3）$\dfrac{x^2}{4}+\dfrac{1}{4}x\sin 2x+\dfrac{1}{8}\cos 2x+C$；

（4）$x\tan x+\ln|\cos x|-\dfrac{1}{2}x^2+C$；

（5）$\dfrac{x^3}{3}\ln x-\dfrac{x^3}{9}+C$；

（6）$x\ln(1+x^2)-2x+2\arctan x+C$；

（7）$x\ln^2 x-2x\ln x+2x+C$；

（8）$x\arccos x-\sqrt{1-x^2}+C$；

（9）$x^2\sin x+2x\cos x-2\sin x+C$；

（10） $x\arctan\sqrt{3x-1}-\dfrac{1}{3}\sqrt{3x-1}+C$;

（11） $\dfrac{x^3}{3}\arctan x-\dfrac{1}{6}x^2+\dfrac{1}{6}\ln(1+x^2)+C$;

（12） $-\dfrac{2\mathrm{e}^{-2x}}{17}\left(4\sin\dfrac{x}{2}+\cos\dfrac{x}{2}\right)+C$;

（13） $-\dfrac{1}{5}(\mathrm{e}^{-x}\sin 2x+2\mathrm{e}^{-x}\cos 2x)+C$;

（14） $\dfrac{1}{6}x^3+\dfrac{1}{2}x^2\sin x+x\cos x-\sin x+C$;

（15） $2\sqrt{x}\arcsin\sqrt{x}+2\sqrt{1-x}+C$;

（16） $\dfrac{x^2\mathrm{e}^{3x}}{3}-\dfrac{2}{9}x\mathrm{e}^{3x}+\dfrac{2}{27}\mathrm{e}^{3x}+C$;

（17） $\dfrac{1}{2}(x\cos\ln x+x\sin\ln x)+C$;

（18） $-\dfrac{1}{2}(x\csc^2 x+\cot x)+C$;

（19） $-\mathrm{e}^{-x}\ln(\mathrm{e}^x+1)+x-\ln(\mathrm{e}^x+1)+C$;

（20） $\dfrac{\ln(x+1)}{2-x}-\dfrac{1}{3}\ln\left|\dfrac{1+x}{2-x}\right|+C$;

（21） $\ln x(\ln\ln x-1)+C$;

（22） $\dfrac{1}{8}x^4\left(2\ln^2 x-\ln x+\dfrac{1}{4}\right)+C$;

（23） $3\mathrm{e}^{\sqrt[3]{x}}(\sqrt[3]{x^2}-2\sqrt[3]{x}+2)+C$;

（24） $2\sqrt{x}\ln(1+x)-4\sqrt{x}+4\arctan\sqrt{x}+C$;

（25） $\dfrac{1}{2}(\sec x+\ln|\csc x-\cot x|)+C$;

（26） $xf'(x)-f(x)+C$.

习题 4-4

（1） $\dfrac{x^3}{3}+\dfrac{x^2}{2}+x+\ln|x-1|+C$;

（2） $\dfrac{x^3}{3}+\dfrac{x^2}{2}+x+8\ln|x|-4\ln|x-1|-3\ln|x+1|+C$;

（3） $\ln|x^2+3x-10|+C$;

（4） $\dfrac{2x-1}{2(x-1)^2}+C$;

（5） $\dfrac{1}{2}[\ln x^2 - \ln(x^2 + 1)] + C$;

（6） $\dfrac{1}{4}\ln|t-1| - \dfrac{1}{4}\ln|t+1| + \dfrac{1}{2(1+t)} + C$;

（7） $\dfrac{1}{2}\ln|x+1| + \dfrac{1}{x+1} + \dfrac{1}{2}\ln|x-1| + C$;

（8） $-\dfrac{\sqrt{2}}{8}\ln(x^2 - \sqrt{2}x + 1) + \dfrac{\sqrt{2}}{4}\arctan(\sqrt{2}x - 1)$

$\qquad + \dfrac{\sqrt{2}}{8}\ln(x^2 + \sqrt{2}x + 1) + \dfrac{\sqrt{2}}{4}\arctan(\sqrt{2}x + 1) + C$;

（9） $\ln|x| - \dfrac{2}{7}\ln|1 + x^7| + C$;

（10） $\dfrac{1}{\sqrt{2}}\arctan\left(\dfrac{1}{\sqrt{2}}\tan\dfrac{x}{2}\right) + C$;

（11） $\dfrac{1}{2\sqrt{3}}\arctan\left(\dfrac{2}{\sqrt{3}}\tan x\right) + C$;

（12） $\ln\left|1 + \tan\dfrac{x}{2}\right| + C$;

（13） $\dfrac{1}{3}\ln\left|\tan\dfrac{x}{2}\right| + \dfrac{1}{3}\ln\left(3 + \tan^2\dfrac{x}{2}\right) + C$;

（14） $\dfrac{2}{5}x^{\frac{5}{2}} + \dfrac{2}{3}x^{\frac{3}{2}} + C$;

（15） $2\sqrt{x+1} - 2\ln(\sqrt{x+1} + 1) + C$;

（16） $x + 1 - 4\sqrt{x+1} + 4\ln(\sqrt{x+1} + 1) + C$;

（17） $\dfrac{3}{2}\sqrt[3]{(x+1)^2} - 3\sqrt[3]{x+1} + 3\ln|\sqrt[3]{x+1} + 1| + C$;

（18） $6(\sqrt[6]{x} - \arctan\sqrt[6]{x}) + C$;

（19） $-2\sqrt{\dfrac{1+x}{x}} - 2\ln(\sqrt{x+1} - \sqrt{x}) + C$;

（20） $-\dfrac{3}{2}\sqrt[3]{\dfrac{x+1}{x-1}} + C$.

习题 4-5

（1） $\ln(x + \sqrt{5 - 4x + x^2} - 2) + C$;

（2） $x\ln^3 x - 3x\ln^2 x + 6x\ln x - 6x + C$;

（3）$\dfrac{x}{2(x^2+1)}+\arctan x+C$；

（4）$\arccos\dfrac{1}{|x|}+C$；

（5）$-\dfrac{5a^2}{8}\ln|x-1+\sqrt{(x-1)^2-a^2}|+\dfrac{1}{3}\sqrt{[(x-1)^2-a^2]^3}+C$；

（6）$\dfrac{\sqrt{2x-1}}{x}+2\arctan\sqrt{2x-1}+C$；

（7）$\dfrac{1}{6}\cos^5 x\sin x+\dfrac{5}{24}\cos^3 x\sin x+\dfrac{15}{24}\left(\dfrac{1}{4}\sin 2x+\dfrac{x}{2}\right)+C$；

（8）$-\dfrac{1}{13}e^{ax}(2\sin 3x+3\cos 3x)+C$.

总习题四（A）

1.（1）$\dfrac{2\sin x^2}{x}dx$；　　　（2）$y=x^2+1$；　　　（3）$\sin(e^x+1)+e^x+1+C$；

（4）$2x$；　　　　　　　（5）$f(\ln x)+C$；　　　（6）$\dfrac{1}{4}[f(x^2)]^2+C$；

（7）$x\csc^2 x+\cot x+C$；　　　　　（8）$2\sqrt{f(\ln x)}+C$；

（9）$\dfrac{x\cos x-2\sin x}{x}+C$；　　　（10）$-2\arctan\sqrt{1-x}+C$.

2.（1）B；（2）C；（3）C；（4）D；（5）B；（6）C.

3.（1）$\sin x-\cos x+C$；　　　　　（2）$-\ln(e^{-x}+1)+C$；

（3）$\dfrac{2\left(\dfrac{3}{4}\right)^x}{\ln 3-\ln 4}+5\dfrac{2^{-x}}{\ln 2}+C$；　　　（4）$x\arcsin^2 x+2\sqrt{1-x^2}\arcsin x-2x+C$；

（5）$\ln\left|\dfrac{\sqrt{x+1}-1}{\sqrt{x+1}+1}\right|+C$；　　　（6）$\dfrac{1}{2}\ln(1+x^2)+\dfrac{1}{2(1+x^2)}+C$；

（7）$e^{\arcsin x}+C$；　　　　　　（8）$\dfrac{1}{2}\arcsin\dfrac{2x}{3}+\dfrac{1}{4}\sqrt{9-4x^2}+C$.

（9）$\dfrac{\sec^8 x}{8}-\dfrac{\sec^6 x}{3}+\dfrac{\sec^4 x}{4}+C$；　　（10）$\arcsin x-\dfrac{1-\sqrt{1-x^2}}{x}+C$；

（11）$\dfrac{1}{2}x^2 e^{x^2}-\dfrac{1}{2}e^{x^2}+C$；　　　（12）$\dfrac{1}{2}x[\sin(\ln x)-\cos(\ln x)]+C$；

（13）$\dfrac{1}{49}\ln\left|\dfrac{x^7}{x^7+7}\right|+C$；　　　（14）$\dfrac{1}{2\sqrt{2}}\arctan\dfrac{x+1}{2\sqrt{2}}+C$；

（15）$\ln|x-\sin x|+C$；　　　　　　　（16）$\dfrac{1}{4}\ln^2(x^2+1)+C$；

（17）$\ln\left|\dfrac{\sqrt{e^x+1}-1}{\sqrt{e^x+1}+1}\right|+C$；　　　　　（18）$e^x-\ln(1+e^x)+C$；

（19）$\dfrac{1}{\sqrt{3}}\arctan\dfrac{x\ln x}{\sqrt{3}}+C$；　　　　　（20）$x\tan\dfrac{x}{2}+C$．

4. $\displaystyle\int f(x)\,\mathrm{d}x=\begin{cases}x+C, & x<0,\\[2mm]\dfrac{1}{2}x^2+x+C, & 0\leqslant x\leqslant 1,\\[2mm]x^2+\dfrac{1}{2}+C, & x>1.\end{cases}$

5. $-2\sqrt{1-x}\arcsin\sqrt{x}+2\sqrt{x}+C$．

6. $-\sin x f(\cos x)+C$．

7. 证明　因为
$$I_n=\int\tan^n x\,\mathrm{d}x=\int\tan^{n-2}x\tan^2 x\,\mathrm{d}x=\int\tan^{n-2}x(\sec^2 x-1)\,\mathrm{d}x$$
$$=\int\tan^{n-2}x\sec^2 x\,\mathrm{d}x-\int\tan^{n-2}x\,\mathrm{d}x=\int\tan^{n-2}x\,\mathrm{d}\tan x-\int\tan^{n-2}x\,\mathrm{d}x$$
$$=\frac{1}{n-1}\tan^{n-1}x-I_{n-2},$$

故 $I_n=\dfrac{1}{n-1}\tan^{n-1}x-I_{n-2}$．

8. $1+\dfrac{x}{\sqrt{1+x^2}}$．

总习题四（B）

1. （1）$\dfrac{e^{-x}}{2\sqrt{x}}$；（2）$x^2\cos x-4x\sin x-6\cos x+C$；（3）$\dfrac{4}{15}x^{\frac{5}{2}}+\dfrac{4}{3}x^{\frac{3}{2}}+c_1 x+c_2$；

（4）$(-2x^2-1)e^{-x^2}+C$；（5）$x+C$；（6）$-\dfrac{\ln x}{x}+C$；（7）$f(x)=\dfrac{1}{2}\ln^2 x$；

（8）$\tan x-\sec x+C$；（9）$-e^{-x}\ln(1+e^x)-\ln(e^{-x}+1)+C$．

2. （1）D；（2）B；（3）C；（4）C；（5）D．

3. （1）$-\dfrac{1}{2}(e^{-2x}\arctan e^x+e^{-x}+\arctan e^x)+C$；

（2）$\dfrac{1}{4}\ln\left|\tan\dfrac{x}{2}\right|+\dfrac{1}{8}\tan^2\dfrac{x}{2}+C$；

（3）$x\cdot\ln(x+\sqrt{1+x^2})-\sqrt{1+x^2}+C$；

（4）$2x\sqrt{e^x-1}-4\sqrt{e^x-1}+4\arctan\sqrt{e^x-1}+C$；

（5）$\dfrac{1}{\cos x}-\tan x+x+C$；

（6）$\sqrt{x}+\dfrac{x}{2}-\dfrac{\sqrt{x^2+x}}{2}-\dfrac{1}{4}\ln|2x+1+2\sqrt{x^2+x}|+C$；

（7）$\sin t\ln\tan t-\ln|\sec t+\tan t|+C=\dfrac{x\ln x}{\sqrt{1+x^2}}-\ln|x+\sqrt{1+x^2}|+C$；

（8）$e^x\tan\dfrac{x}{2}-\displaystyle\int e^x\tan\dfrac{x}{2}dx+\int e^x\tan\dfrac{x}{2}dx=e^x\tan\dfrac{x}{2}+C$；

（9）$\dfrac{1}{97}(1-x)^{-97}-\dfrac{1}{49}(1-x)^{-98}+\dfrac{1}{99}(1-x)^{-99}+C$；

（10）$x\arctan x-\dfrac{1}{2}\ln(1+x^2)-\dfrac{1}{2}(\arctan x)^2+C$；

（11）$-\dfrac{1}{8}x\csc^2\dfrac{x}{2}-\dfrac{1}{4}\cot\dfrac{x}{2}+C$；

（12）$\dfrac{1}{2}(\sin x-\cos x)-\dfrac{1}{2\sqrt{2}}\ln[\csc\left(x+\dfrac{\pi}{4}\right)-\cot\left(x+\dfrac{\pi}{4}\right)]+C$；

（13）$\dfrac{1}{5}\ln|\csc(x+\varphi)-\cot(x+\varphi)|=\dfrac{1}{5}\ln\left|\dfrac{2\tan\dfrac{x}{2}+1}{2-\tan\dfrac{x}{2}}\right|+C$，其中$\sin\varphi=\dfrac{4}{5}$，$\cos\varphi=\dfrac{3}{5}$；

（14）$\dfrac{(x-1)e^{\arctan x}}{2\sqrt{1+x^2}}+C$．

4.　$\dfrac{1}{2}\left[\dfrac{f(x)}{f'(x)}\right]^2+C$．

5.　$\dfrac{1}{2}\left[\dfrac{\cos x-\sin^2 x}{(1+x\sin x)^2}\right]^2+C$．

6.　$\dfrac{1}{2}\ln|u^2-1|+C=\dfrac{1}{2}\ln|(x-y)^2-1|+C$．

7.　$\dfrac{1-\cos 4x}{\sqrt{4+4x-\sin 4x}}$．

8.　$\dfrac{1}{2}\sqrt{\dfrac{1+x}{e^x}}\dfrac{xe^x}{(1+x)^2}=\dfrac{xe^{\frac{x}{2}}}{2(1+x)^{\frac{3}{2}}}$，$x\geqslant 0$．

9.　（1）$li(e^x)$；（2）$e^4li(e^{2(x-2)})-e^2li(e^{2(x-1)})$．

第 5 章

习题 5-1

1.（1）0；　　　　　　　　（2）$\dfrac{\pi R^2}{2}$；

（3）0；　　　　　　　　（4）1.

2. $s = \displaystyle\int_0^5 (2t+1)\mathrm{d}t$.

3. 略.

4. 略.

5. $\dfrac{5093}{512} \leqslant \displaystyle\int_{-1}^1 (4x^4 - 2x^3 + 5)\mathrm{d}x \leqslant 22$.

6. $\displaystyle\int_0^1 \mathrm{e}^x \mathrm{d}x \geqslant \displaystyle\int_0^1 \mathrm{e}^{x^2} \mathrm{d}x$.

7. 略.

8. $\dfrac{\pi}{4}$.

*9. 略.

习题 5-2

1. 1.

2. $2\cos x^3 - 3x^3 \sin x^3$.

3.（1）$2x^5 \mathrm{e}^{x^4}$；（2）$\dfrac{2x}{\sqrt{1+x^4}} - \dfrac{1}{2\sqrt{x(1+x)}}$；（3）$2x(\cos x - 1)$.

4.（1）$\dfrac{1}{101}$；（2）$\dfrac{14}{3}$；（3）$\mathrm{e}-1$；（4）$\dfrac{99}{\ln 100}$；（5）1；（6）$1-\dfrac{\pi}{4}$；（7）-1；

（8）$\dfrac{1}{4}$；（9）$\dfrac{1}{10}\arctan\dfrac{1}{10}$；（10）$\dfrac{1}{2}$；（11）$\dfrac{\pi}{6}$；（12）4；（13）$\dfrac{3}{4}$.

5.（1）$-\dfrac{1}{\pi}$；（2）$\dfrac{\pi^2}{4}$；（3）$\dfrac{1}{6}$.

6. $x=0$ 为极大值点，$x=1$ 为极小值点.

7. $\dfrac{8}{3}$.

8. 连续.

9. $x-1$.

10. $\dfrac{2}{3}$.

11. $\arctan e - \dfrac{\pi}{4}$.

12. $\dfrac{\mathrm{d}y}{\mathrm{d}x} = -\dfrac{\cos x}{e^y}$.

13. $1 - \cos x$.

14. 略.

15. 略.

习题 5-3

1. （1）不正确，$\dfrac{4}{3}$；（2）不正确，$\dfrac{\pi}{2}$.

2. （1）4π；（2）$\dfrac{1}{2}\arctan\dfrac{1}{2}$；（3）$\dfrac{1}{4}$；（4）$\dfrac{1}{3}$；（5）$2\left(1-\dfrac{\pi}{4}\right)$；（6）$\dfrac{1}{6}$；

（7）$2+2\ln\dfrac{2}{3}$；（8）$\dfrac{2}{3}$；（9）$2\sqrt{3}-2$；（10）$\dfrac{\pi}{2}$；（11）$2\sqrt{2}$；（12）$\dfrac{\pi}{16}$.

3. （1）$4e^{20}$；（2）1；（3）$-\dfrac{1}{2\pi}(e^{\pi}+1)$；

（4）$\dfrac{3\ln 3-2}{\ln^2 3}+\dfrac{2}{9}e^3+\dfrac{14}{45}$；（5）$\left(\dfrac{1}{4}-\dfrac{\sqrt{3}}{9}\right)\pi+\dfrac{1}{2}\ln\dfrac{3}{2}$；（6）$8\ln 2-4$；

（7）$\dfrac{\pi}{4}-\dfrac{1}{2}$；（8）4；（9）$2-\dfrac{2}{e}$；（10）1.

4. （1）2；（2）$\dfrac{3}{2}\pi$；（3）0；（4）$4a$.

5. $b=e$.

6. 提示：令 $\arccos x = t$.

7. （1）提示：设 $x=\dfrac{\pi}{2}-t$；

（2）提示：设 $x=\pi-t$，$\displaystyle\int_0^{\pi}\dfrac{x\sin x}{1+\cos^2 x}\mathrm{d}x = \dfrac{\pi^2}{4}$.

8. 略.

9. 略.

10. 提示：利用分部积分法.

11. $\dfrac{\pi}{4}$.

习题 5-4

1. 不正确.

2. （1）$+\infty$，发散；（2）$\dfrac{1}{100}e^{-100}$；（3）$\sqrt{2}\pi$；（4）$\dfrac{\pi}{20}$；

（5）$\dfrac{1}{8}$；（6）$\dfrac{1}{2}$；（7）$+\infty$，发散；（8）$\dfrac{\pi}{4}$.

3. （1）$3(\sqrt[3]{2}+\sqrt[3]{4})$；（2）$\dfrac{\pi^2}{4}$；（3）$\dfrac{\pi^2}{8}$；（4）$\pi$.

4. 略.

5. $a=0$ 或 $a=-1$.

习题 5-5

1. （1）$\dfrac{3}{2}-\ln 2$；（2）$2\pi+\dfrac{4}{3}$ 和 $6\pi-\dfrac{4}{3}$；（3）$e+e^{-1}-2$；（4）$b-a$.

2. $\dfrac{5\pi}{24}-\dfrac{\sqrt{3}}{4}$.

3. $V_x=\dfrac{128}{7}\pi$，$V_y=\dfrac{64}{5}\pi$.

4. $\dfrac{3\pi}{10}$.

5. $160\pi^2$.

6. $V_x=2\pi, V_y=\dfrac{1}{2}\pi$.

7. $\dfrac{\pi}{6}$.

8. $\dfrac{\sqrt{3}}{3}\times 10^3$.

9. $1+\dfrac{1}{2}\ln\dfrac{3}{2}$.

10. $\dfrac{5}{12}+\ln\dfrac{3}{2}$.

11. $6a$.

12. $\dfrac{1}{e}$.

13. $\dfrac{k(b-a)^2}{2a}$.

14. $5000\pi R^2 H^2 (\text{J})$.

15. $h = 3$.

总习题五（A）

1. （1）$-\int_0^{x^2} \cos t^2 \mathrm{d}t - 2x^2 \cos x^4$；（2）$8\pi$；（3）$\dfrac{\pi}{8}$；（4）$\dfrac{\pi}{2}$；（5）$1$；（6）$\dfrac{\pi}{4}$.

2. （1）B；（2）D；（3）B；（4）D；（5）B.

3. （1）先求 $f(x)$ 在 $[-1,3]$ 上的最大、最小值，然后在最小和最大值为区间的端点积分；

（2）提示：令 $t = y^{-1}$.

4. （1）$\ln(\mathrm{e}^2+1) - \ln(\mathrm{e}^{-2}+1)$；（2）$\dfrac{1}{3}\left(\dfrac{11}{6} - 2\ln 2\right)$；（3）$4$；（4）$1$；

（5）$\dfrac{1}{2}[\sqrt{2} + \ln(1+\sqrt{2})]$；（6）$2\sqrt{2}$；（7）$2(1-2\mathrm{e}^{-1})$；（8）$\dfrac{1}{3}\ln 2$；

（9）$-\dfrac{\sqrt{3}}{2} - \ln(2-\sqrt{3})$；（10）$\dfrac{4-\pi}{4}$.

5. $-\dfrac{1}{4}$.

6. $\cos x - x\sin x - 1$.

7. $\ln 2$.

8. $\ln(1+\mathrm{e})$.

9. $\dfrac{1}{2}$.

10. $b = 0, a = 1, c = \dfrac{1}{2}$.

11. （1）略；（2）$\dfrac{\pi}{2}$.

12. 提示：设 $F(x) = (x-1)\displaystyle\int_0^x f(x)\mathrm{d}x$，再应用罗尔中值定理.

13. （1）$\dfrac{1}{3}$；（2）$V_x = \dfrac{\pi}{6}, V_y = \dfrac{8}{15}\pi$.

总习题五（B）

1. （1）$2(1-2\mathrm{e}^{-1})$；（2）54；（3）$-\dfrac{\cos x}{\mathrm{e}^y}$；（4）$f(1)$；（5）$8$；（6）$2$；（7）$\dfrac{\pi}{6}$；

（8）$\dfrac{\pi}{4}$；（9）$\dfrac{\pi}{4-\pi}$；（10）$-\dfrac{1}{2}$；（11）-1.

2.（1）B；（2）B；（3）C；（4）B；（5）C；（6）A；（7）A；（8）D；（9）B；（10）B；（11）D.

3.（1）0；（2）$\dfrac{3}{2}-\dfrac{1}{\ln 2}$；（3）$\ln 2$.

4. 提示：利用定积分性质：若 $m\leqslant f(x)\leqslant M$，则有 $m(b-a)\leqslant\displaystyle\int_a^b f(x)\mathrm{d}x\leqslant M(b-a)$.

5. $\phi'(x)=\begin{cases}\dfrac{xf(x)-\displaystyle\int_0^x f(u)\mathrm{d}u}{x^2}, & x\neq 0,\\[4mm]\dfrac{A}{2}, & x=0,\end{cases}$ $\phi'(x)$在$x=0$处连续.

6.（1）$V_1=\dfrac{4\pi}{5}(32-a^5),V_2=\pi a^4$；（2）$a=1,\dfrac{129}{5}\pi$.

7. 提示：构选辅助函数 $F(x)=x\mathrm{e}^{1-x}f(x)$.

8. 提示：构选辅助函数 $F(x)=xf(x)$.

9. $\dfrac{5}{2}\ln x+\dfrac{5}{2}$.

10. 略.

11. 略.

第 6 章

习题 6-1

1. A：Ⅳ；B：Ⅴ；C：Ⅷ；D：Ⅲ；

2. $M_1(x,-y,-z)$，$M_2(x,y,-z)$，$M_3(-x,-y,-z)$.

3. $(a,b,0),(0,b,c),(a,0,c),(a,0,0),(0,b,0),(0,0,c)$

4. $x=a,y=b,z\in\mathrm{R}$；$z=c,\ x,y\in\mathrm{R}$.

5. $3\sqrt{5}$，$\sqrt{41}$，$2\sqrt{5}$，$\sqrt{29}$，4，2，5.

6. 略.

7. $(0,1,-2)$.

8. $\left(0,0,\dfrac{14}{9}\right)$.

习题 6-2

1. 略.

2. $\{-20,-20,0\}$，$\{10,10,0\}$.

3. $\pm\dfrac{1}{\sqrt{3}}\{1,1,1\}$.

4. $\lambda=\dfrac{1}{5}$.

5. $\pm\dfrac{10}{\sqrt{62}}\{1,5,6\}$.

6.（1）$12\boldsymbol{i}+4\boldsymbol{j}-8\boldsymbol{k}$；（2）$12\boldsymbol{i}-20\boldsymbol{j}+48\boldsymbol{k}$.

7. $|\overrightarrow{AB}|=2$，$\cos\alpha=\dfrac{1}{2}$，$\cos\beta=-\dfrac{\sqrt{2}}{2}$，$\cos\gamma=-\dfrac{1}{2}$，$\alpha=\dfrac{\pi}{3}$，$\beta=\dfrac{3\pi}{4}$，$\gamma=\dfrac{2\pi}{3}$.

8. $\gamma=\dfrac{\pi}{4}$ 或 $\dfrac{3\pi}{4}$.

9. 5，$11\boldsymbol{j}$.

10.（1）$\boldsymbol{a}\cdot\boldsymbol{b}=0$，$\boldsymbol{a}\cdot\boldsymbol{c}=0$，$\boldsymbol{b}\cdot\boldsymbol{c}=0$；（2）$\boldsymbol{a}\times\boldsymbol{a}=\boldsymbol{0}$，$\boldsymbol{a}\times\boldsymbol{b}=\boldsymbol{k}$，$\boldsymbol{a}\times\boldsymbol{c}=-\boldsymbol{j}$，$\boldsymbol{b}\times\boldsymbol{c}=\boldsymbol{i}$.

11. 2，$\{0,-1,2\}$，$\dfrac{2}{3}$.

12. $2\sqrt{19}$.

13. 略.

14. $\alpha=\dfrac{\pi}{3}$，$\beta=\dfrac{\pi}{4}$，$\gamma=\dfrac{\pi}{3}$.

15. $\left\{\dfrac{1}{3},\dfrac{1}{3},\dfrac{1}{3}\right\}$.

16. $\pm\left\{\dfrac{2}{\sqrt{5}}\boldsymbol{j}+\dfrac{1}{\sqrt{5}}\boldsymbol{k}\right\}$.

17. $\dfrac{25}{2}$；$|BD|=5$.

18. 略.

19. 证明略. 其几何意义是以三角形的任意两边为邻边构成的平行四边形的面积相等.

20.（1）$-8\boldsymbol{j}-24\boldsymbol{k}$；（2）$-\boldsymbol{j}-\boldsymbol{k}$；（3）$2$；（4）$2\boldsymbol{i}+\boldsymbol{j}+21\boldsymbol{k}$.

习题 6-3

1.（1）$2(x-1)+2(y-2)+(z-3)=0$；（2）$x+y+z=1$；（3）$3x+4y+2z=2$；（4）$y-3z=0$；（5）$2x+3y+z-6=0$；（6）$x-z=0$.

2. $6x+y+6z=6$ 或 $6x+y+6z=-6$.

3.（1）$\dfrac{x+3}{1}=\dfrac{y}{-1}=\dfrac{z-1}{0}$；（2）$\dfrac{x-1}{2}=\dfrac{y-1}{3}=\dfrac{z-1}{4}$；（3）$\dfrac{x-1}{1}=\dfrac{y+5}{\sqrt{2}}=\dfrac{z-3}{-1}$；

（4）$\dfrac{x-2}{2}=\dfrac{y+3}{0}=\dfrac{z-4}{4}$；（5）$\dfrac{x-1}{1}=\dfrac{y}{1}=\dfrac{z+2}{2}$；（6）$\dfrac{x-2}{6}=\dfrac{y+3}{-3}=\dfrac{z+5}{-5}$.

4. $\dfrac{x-1}{4}=\dfrac{y-0}{-1}=\dfrac{z+2}{-3}$，$\begin{cases}x=1+4t,\\y=-t,\\z=-2-3t.\end{cases}$

5.（1）$x+5y+z-1=0$；（2）$3x+y-2z-5=0$；

（3）$x-8y-13z+9=0$；（4）$2x+3y+z-7=0$.

6.（1）$l=\dfrac{7}{9}$，$m=\dfrac{13}{9}$，$n=\dfrac{37}{9}$；（2）$l=-4$，$m=3$；（3）$l=-\dfrac{5}{7}$；

（4）$l=-1$；（5）$l=4,m=-8$.

7. $\theta=\dfrac{\pi}{4}$.

8. $(1,0,-1)$．$\theta=\dfrac{\pi}{6}$.

9.（1）平行，$5x-22y+19z+9=0$.（2）相交，$\cos\varphi=\dfrac{23}{6\sqrt{15}}$.

10.（1）平行；（2）垂直；（3）直线在平面上；（4）相交但不垂直.

11. $d=3$.

12. $d=15$.

13. $(2,-1,0)$.

14. $\begin{cases}y-z-1=0,\\x+y+z=0.\end{cases}$

15.（1）$9x+3y+5z=0$，（2）$21x+14z-3=0$，（3）$7x+14y+5=0$.

习题 6-4

1. $(x-4)^2+y^2=0$.

2.（1）$(x-2)^2+(y+1)^2+(z-3)^2=36$；（2）$x^2+y^2+z^2=49$；

（3）$(x-3)^2+(y+1)^2+(z-1)^2=21$；（4）$x^2+y^2+z^2-4x-2y+4z=0$.

3.（1）$x^2+y^2=2z$（旋转抛物面）；

（2）绕 x 轴旋转得 $\dfrac{x^2}{a^2}-\dfrac{y^2+z^2}{c^2}=1$，绕 z 轴旋转得 $\dfrac{x^2+y^2}{a^2}-\dfrac{z^2}{c^2}=1$.

4.（1）xOy 平面上椭圆 $\dfrac{x^2}{4}+\dfrac{y^2}{9}=1$ 绕 x 轴旋转而成，或者 xOz 平面上椭圆 $\dfrac{x^2}{4}+\dfrac{z^2}{9}=1$ 绕 x 轴旋转而成；

（2）xOy 平面上的双曲线 $x^2 - \dfrac{y^2}{4} = 1$ 绕 y 轴旋转而成，或者 yOz 平面上的双曲线 $z^2 - \dfrac{y^2}{4} = 1$ 绕 y 轴旋转而成；

（3）xOy 平面上的双曲线 $x^2 - y^2 = 1$ 绕 x 轴旋转而成，或者 xOz 平面上的双曲线 $x^2 - z^2 = 1$ 绕 x 轴旋转而成；

（4）yOz 平面上的直线 $z = y + a$ 绕 z 轴旋转而成，或者 xOz 平面上的直线 $z = x + a$ 绕 z 轴旋转而成.

5.（1）$y = x + 1$ 在平面解析几何中表示直线，在空间解析几何中表示平面；

（2）$x^2 + y^2 = 4$ 在平面解析几何中表示圆周，在空间解析几何中表示圆柱面；

（3）$x^2 - y^2 = 1$ 在平面解析几何中表示双曲线，在空间解析几何中表示双曲柱面；

（4）$x^2 = 2y$ 在平面解析几何中表示抛物线，在空间解析几何中表示抛物柱面.

6.（1）椭圆柱面；（2）抛物柱面；（3）圆柱面；（4）球面；（5）圆锥面；（6）双曲抛物面；（7）椭圆抛物面；（8）双叶双曲面；（9）旋转椭球面；（10）单叶双曲面. 作图略.

7.（1）平面 $3x + 4y + 2z - 12 = 0$ 与三个坐标平面围成一个在第一卦限的四面体；

（2）抛物柱面 $z = 4 - x^2$ 与平面 $2x + y = 4$ 及三坐标平面所围成；

（3）坐标面 $z = 0$、$x = 0$ 及平面 $z = a(a > 0)$、$y = x$ 和圆柱面 $x^2 + y^2 = 1$ 在第一卦限所围成；

（4）开口向上的旋转抛物面 $z = x^2 + y^2$ 与开口向下的抛物面 $z = 8 - x^2 - y^2$ 所围. 作图略.

8.（1）平面 $x = 1$ 与 $y = 2$ 相交所得的一条直线；（2）上半球面 $z = \sqrt{4 - x^2 - y^2}$ 与平面 $x - y = 0$ 的交线为 $\dfrac{1}{4}$ 圆弧；（3）圆柱面 $x^2 + y^2 = a^2$ 与 $x^2 + z^2 = a^2$ 的交线. 图形略.

9. $3y^2 - z^2 = 16$，为母线平行于 x 轴的柱面；

$3x^2 + 2z^2 = 16$，为母线平行于 y 轴的柱面.

10. $\begin{cases} y^2 + z^2 = 1, \\ x = 0, \end{cases}$ $\begin{cases} x^2 + y^2 + z^2 = 1, \\ x = 0, \end{cases}$ $\begin{cases} x^2 + y^2 + z^2 = 1, \\ y^2 + z^2 = 1. \end{cases}$

11. $3, \sqrt{3}$，顶点分别为 $(2,3,0),(2,-3,0),(2,0,\sqrt{3}),(2,0,-\sqrt{3})$.

12.（1）$\begin{cases} x = \dfrac{3}{\sqrt{2}} \cos t, \\ y = \dfrac{3}{\sqrt{2}} \cos t, \quad (0 \leqslant t \leqslant 2\pi) \\ z = 3\sin t, \end{cases}$ （2）$\begin{cases} x = 1 + \sqrt{3} \cos \theta, \\ y = \sqrt{3} \sin \theta, \quad (0 \leqslant \theta \leqslant 2\pi). \\ z = 0, \end{cases}$

13.（1）圆；（2）椭圆；（3）双曲线；（4）抛物线；（5）双曲线．

14. $\begin{cases} x^2+y^2=a^2, \\ z=0, \end{cases}$ $\begin{cases} y=a\sin\dfrac{z}{b}, \\ x=0, \end{cases}$ $\begin{cases} x=a\cos\dfrac{z}{b}, \\ y=0. \end{cases}$

15.（1）在 xOy 面上的投影为 $\begin{cases} x^2+y^2=\dfrac{3}{4}, \\ z=0, \end{cases}$ 它是中心在原点，半径为 $\dfrac{\sqrt{3}}{2}$ 的

圆周；

（2）在 xOz 面上的投影为线段：$\begin{cases} z=\dfrac{1}{2}, \\ y=0, \end{cases}$ $|x|\leqslant\dfrac{\sqrt{3}}{2}$；

（3）在 yOz 面上的投影也为线段．$\begin{cases} z=\dfrac{1}{2}, \\ x=0, \end{cases}$ $|y|\leqslant\dfrac{\sqrt{3}}{2}$．

16.（1）$\begin{cases} x^2+5y^2+4xy-x=0, \\ z=0, \end{cases}$ （2）$\begin{cases} x^2+5z^2-2xz-4x=0, \\ y=0, \end{cases}$

（3）$\begin{cases} y^2+z^2+2y-z=0, \\ x=0. \end{cases}$

总习题六（A）

1.（1）$\sqrt{2}$，0；（2）$\pm\dfrac{\sqrt{6}}{6}(1,-1,2)$；（3）$7y+z-5=0$；

（4）$\dfrac{x}{0}=\dfrac{y}{2}=\dfrac{z}{-1}$；（5）$\begin{cases} 2x^2+y^2=1, \\ z=0. \end{cases}$

2.（1）D；（2）C；（3）B；（4）C；（5）B．

3.（1）$\{-5,-1,3\}$，（2）7；（3）10．

4.（1）$\{-3,6,2\}$；（2）7；（3）$\cos\alpha=-\dfrac{3}{7},\cos\beta=\dfrac{6}{7},\cos\gamma=\dfrac{2}{7}$；

（4）$-\dfrac{3}{7}\boldsymbol{i}+\dfrac{6}{7}\boldsymbol{j}+\dfrac{2}{7}\boldsymbol{k}$．

5. $\pm\left\{0,\dfrac{1}{\sqrt{2}},\dfrac{1}{\sqrt{2}}\right\}$．

6. $\{-3,3,3\}$．

7.（1）$x-5y-4z+13=0$；（2）$y+3z=0$ 或 $3y-z=0$．

8. $4x+5y-2z+12=0$．

9. $\dfrac{x+3}{4}=\dfrac{y-2}{3}=\dfrac{z-5}{5}$ 或 $\begin{cases}x-4z+23=0,\\2x-y-5z+33=0.\end{cases}$

10. $\dfrac{x-1}{1}=\dfrac{y-2}{-2}=\dfrac{z-1}{1}$.

11.（1）绕 y 轴旋转的旋转椭球面；（2）绕 z 轴旋转的旋转抛物面；

（3）绕 z 轴旋转的锥面；

（4）母线平行于 z 轴的两垂直平面：$x=y$，$x=-y$；

（5）母线平行于 z 轴的双曲柱面；

（6）旋转抛物面被平行于 xOy 面的平面所截得到的圆，半径为 $\sqrt{2}$，圆心在 $(0,0,2)$ 处.

12. $x^2+y^2\leqslant 1$.

总习题六（B）

1. 30.

2. $\dfrac{\pi}{3}$.

3. $\boldsymbol{b}=\{2,-4,6\}$.

4. $\boldsymbol{c}=\{4,-4,2\}$ 或 $\boldsymbol{c}=\{-4,4,-2\}$.

5. $x=R\cos t,y=R\sin t$，$z=-R(\cos t+\sin t)$.

6. $\begin{cases}x^2+y^2=2x,\\z=0;\end{cases}\ \begin{cases}z=\sqrt{4-2x},\\y=0.\end{cases}$

7. $x+3y-2z-3=0$

8. $x+20y-7z=0$ 或 $49x-100y-343z=0$.

9. $7x-26y+18z=0$.

10. $387x-164y-24z=421$ 或 $3x-4y=5$

11. $\begin{cases}x-3y-2z+1=0,\\x-y+2z-1=0,\end{cases}4x^2-17y^2+4z^2+2y-1=0$.

12. $\dfrac{x+3}{-5}=\dfrac{y}{-4}=\dfrac{z-1}{1}$ 或 $\begin{cases}3x-4y-z+10=0,\\x-y+z+2=0.\end{cases}$

13. $\dfrac{x-\dfrac{10}{13}}{-1}=\dfrac{y-\dfrac{10}{13}}{-3}=\dfrac{z-\dfrac{23}{13}}{4}$.

14. $\dfrac{\sqrt{230}}{5}$.

15. 1.

第 7 章

习题 7-1

1.（1）集合是开集，无界集；边界为 $\{(x,y)\mid x=0,\text{或}y=0\}$.

（2）集合既非开集，又非闭集，是有界集；边界为
$$\{(x,y)\mid x^2+y^2=1\}\bigcup\{(x,y)\mid x^2+y^2=4\}.$$

（3）集合是开集，区域，无界集；边界为 $\{(x,y)\mid y=x^2\}$.

（4）集合是闭集，有界集；边界为
$$\{(x,y)\mid x^2+(y-1)^2=1\}\bigcup\{(x,y)\mid x^2+(y-2)^2=4\}.$$

2. $(xy)^{(x+y)}$.

3. 略.

4. $\sqrt{1+x^2}$.

5.（1）定义域为 $\{(x,y)\mid y\neq \pm x\}$；

（2）定义域为 $\{(x,y)\mid x<y\leqslant -x\}$；

（3）定义域为 $\{(x,y)\mid xy>0\}$，即第一、三象限（不含坐标轴）；

（4）定义域为 $\left\{(x,y)\left|\dfrac{x^2}{a^2}+\dfrac{y^2}{b^2}\leqslant 1\right.\right\}$；

（5）定义域为 $\{(x,y)\mid x\geqslant 0,y\geqslant 0,x^2\geqslant y\}$；

（6）定义域为 $\{(x,y,z)\mid x^2+y^2-z^2\geqslant 0,x^2+y^2\neq 0\}$.

6.（1）2；（2）$\dfrac{1}{2}$；（3）0；（4）2；（5）e；（6）0.

7. 略.

8.（1）$(0,0)$；（2）$y^2=2x$.

9. 略.

10. 略.

习题 7-2

1.（1）A；（2）B；（3）$2B$；（4）$2A$.

2.（1）$\dfrac{\partial z}{\partial x}=2x\ln(x^2+y^2)+\dfrac{2x^3}{x^2+y^2}$，$\dfrac{\partial z}{\partial y}=\dfrac{2x^2y}{x^2+y^2}$；

（2）$\dfrac{\partial z}{\partial x}=\dfrac{1}{y}\cot\dfrac{x}{y}\sec^2\dfrac{x}{y}$，$\dfrac{\partial z}{\partial y}=-\dfrac{x}{y^2}\cot\dfrac{x}{y}\sec^2\dfrac{x}{y}$；

（3） $\dfrac{\partial z}{\partial x}=ye^{xy}$ ， $\dfrac{\partial z}{\partial y}=xe^{xy}$ ；

（4） $\dfrac{\partial z}{\partial x}=\dfrac{1}{y}-\dfrac{y}{x^{2}}$ ， $\dfrac{\partial z}{\partial y}=\dfrac{1}{x}-\dfrac{x}{y^{2}}$ ；

（5） $\dfrac{\partial z}{\partial x}=y+\dfrac{1}{y}$ ， $\dfrac{\partial z}{\partial y}=x-\dfrac{x}{y^{2}}$ ；

（6） $\dfrac{\partial z}{\partial x}=\dfrac{1}{2x\sqrt{\ln(xy)}}$ ， $\dfrac{\partial z}{\partial y}=\dfrac{1}{2y\sqrt{\ln(xy)}}$ ；

（7） $\dfrac{\partial z}{\partial x}=y\tan(xy)\sec(xy)$ ， $\dfrac{\partial z}{\partial y}=x\tan(xy)\sec(xy)$ ；

（8） $\dfrac{\partial z}{\partial x}=y^{2}(1+xy)^{y-1}$ ， $\dfrac{\partial z}{\partial y}=(1+xy)^{y}\cdot\left[\ln(1+xy)+\dfrac{xy}{1+xy}\right]$ ；

（9） $\dfrac{\partial u}{\partial x}=\dfrac{z(x-y)^{z-1}}{1+(x-y)^{2z}}$ ， $\dfrac{\partial u}{\partial y}=-\dfrac{z(x-y)^{z-1}}{1+(x-y)^{2z}}$ ， $\dfrac{\partial u}{\partial z}=\dfrac{(x-y)^{z}\ln(x-y)}{1+(x-y)^{2z}}$ ；

（10） $\dfrac{\partial u}{\partial x}=\dfrac{z}{y}\left(\dfrac{x}{y}\right)^{z-1}$ ， $\dfrac{\partial u}{\partial y}=-\dfrac{z}{y}\left(\dfrac{x}{y}\right)^{z}$ ， $\dfrac{\partial u}{\partial z}=\left(\dfrac{x}{y}\right)^{z}\cdot\ln\dfrac{x}{y}$.

3. $f_{x}(1,0)=1$ ， $f_{y}(1,0)=\dfrac{1}{2}$.

4. $f_{x}(x,1)=1$.

5. $f_{x}(x,y)=e^{-x^{2}}$ ， $f_{y}(x,y)=-e^{-y^{2}}$.

6. 略.

7. （1） $\dfrac{\pi}{4}$ ；（2） $\dfrac{\pi}{6}$.

8. （1） $\dfrac{\partial^{2}z}{\partial x\partial y}=\dfrac{1}{x}y^{\ln x-1}(1+\ln x\ln y)$ ；

（2） $\dfrac{\partial^{2}z}{\partial x\partial y}=3x^{2}\cos y+3y^{2}\cos x$ ；

（3） $\dfrac{\partial^{2}z}{\partial x^{2}}=\dfrac{-x}{(x^{2}+y^{2})^{\frac{3}{2}}}$ ， $\dfrac{\partial^{2}z}{\partial x\partial y}=\dfrac{-y}{(x^{2}+y^{2})^{\frac{3}{2}}}$ ；

（4） $\dfrac{\partial^{2}z}{\partial x^{2}}=\dfrac{2xy}{(x^{2}+y^{2})^{2}}$ ， $\dfrac{\partial^{2}z}{\partial y^{2}}=\dfrac{-2xy}{(x^{2}+y^{2})^{2}}$ ， $\dfrac{\partial^{2}z}{\partial x\partial y}=\dfrac{y^{2}-x^{2}}{(x^{2}+y^{2})^{2}}$ ， $\dfrac{\partial^{2}z}{\partial y\partial x}=\dfrac{y^{2}-x^{2}}{(x^{2}+y^{2})^{2}}$.

9. $f_{xx}(0,0,1)=2$ ， $f_{xz}(1,0,2)=2$ ， $f_{yz}(0,-1,0)=0$ ， $f_{zzx}(2,0,1)=0$.

10. 略.

习题 7-3

1．（1） $\mathrm{d}u = -\dfrac{4st}{\left(s^2-t^2\right)^2}(t\mathrm{d}s - s\mathrm{d}t)$；

（2） $\mathrm{d}z = \mathrm{e}^{\frac{x^2+y^2}{xy}}\left[\left(2x+\dfrac{x^4-y^4}{x^2 y}\right)\mathrm{d}x + \left(2y+\dfrac{y^4-x^4}{xy^2}\right)\mathrm{d}y\right]$；

（3） $\mathrm{d}z = \dfrac{1}{y\sqrt{y^2-x^2}}(y\mathrm{d}x - x\mathrm{d}y)$；

（4） $\mathrm{d}z = -\mathrm{e}^{-\left(\frac{y}{x}+\frac{x}{y}\right)}\left[\left(\dfrac{1}{y}-\dfrac{y}{x^2}\right)\mathrm{d}x + \left(\dfrac{1}{x}-\dfrac{x}{y^2}\right)\mathrm{d}y\right]$；

（5） $\mathrm{d}u = \dfrac{2}{x^2+y^2+z^2}(x\mathrm{d}x + y\mathrm{d}y + z\mathrm{d}z)$；

（6） $\mathrm{d}u = x^{yz-1}(yz\mathrm{d}x + xz\ln x\mathrm{d}y + xy\ln x\mathrm{d}z)$．

2．（1） $\mathrm{d}z\big|_{\substack{x=1\\y=2}} = \dfrac{1}{3}\mathrm{d}x + \dfrac{2}{3}\mathrm{d}y$；（2） $\mathrm{d}z\big|_{\substack{x=1\\y=1}} = \dfrac{2}{5}(\mathrm{d}x - \mathrm{d}y)$．

3． $\mathrm{d}z = -0.2$

4． $\mathrm{d}z = 0.027777$， $\Delta z = 0.028252$， $\Delta z - \mathrm{d}z = 0.000475$．

*5． 3.25π， 13%．

习题 7-4

1． $\dfrac{\mathrm{d}u}{\mathrm{d}t} = \mathrm{e}^{\sin t - 2t^3}\left(\cos t - 6t^2\right)$．

2． $\dfrac{\mathrm{d}z}{\mathrm{d}x} = \dfrac{3\left(1-4x^2\right)}{\sqrt{1-x^2\left(4x^2-3\right)^2}}$．

3． $\dfrac{\partial z}{\partial x} = 3x^2\sin y\cos y(\cos y - \sin y)$，

$\dfrac{\partial z}{\partial y} = x^3\left(\sin^3 y - 2\sin^2 y\cos y + \cos^3 y - 2\cos^2 y\sin y\right)$．

4． $\dfrac{\partial z}{\partial x} = 6(3x+2y)\ln\dfrac{y}{x} - \dfrac{1}{x}(3x+2y)^2$， $\dfrac{\partial z}{\partial y} = 4(3x+2y)\ln\dfrac{y}{x} + \dfrac{1}{y}(3x+2y)^2$．

5． $\dfrac{\partial z}{\partial x} = \dfrac{2\mathrm{e}^{2(x+y)} + y\cos x}{\mathrm{e}^{2(x+y)} + y\sin x}$， $\dfrac{\partial z}{\partial y} = \dfrac{2\mathrm{e}^{2(x+y)} + \sin x}{\mathrm{e}^{2(x+y)} + y\sin x}$．

6． $\dfrac{\partial u}{\partial r} = 2[r+s+t+(rs+st+tr)(s+t)+rs^2t^2]\cos[(r+s+t)^2+(rs+st+tr)^2+(rst)^2]$，

$$\frac{\partial u}{\partial s} = 2[r+s+t+(rs+st+tr)(r+t)+r^2st^2]\cos[(r+s+t)^2+(rs+st+tr)^2+(rst)^2],$$

$$\frac{\partial u}{\partial t} = 2[r+s+t+(rs+st+tr)(r+s)+r^2s^2t]\cos[(r+s+t)^2+(rs+st+tr)^2+(rst)^2].$$

7. $\dfrac{\partial z}{\partial u} = \dfrac{y-x}{x^2+y^2}$, $\dfrac{\partial z}{\partial v} = \dfrac{y+x}{x^2+y^2}$.

8. $\dfrac{\mathrm{d}z}{\mathrm{d}t} = 2\sin 2t + 1$.

9. （1） $\dfrac{\partial z}{\partial x} = 2xf'(x^2-y^2)$, $\dfrac{\partial z}{\partial y} = -2yf'(x^2-y^2)$;

（2） $\dfrac{\partial u}{\partial x} = \dfrac{f_1'}{y}$, $\dfrac{\partial u}{\partial y} = -\dfrac{x}{y^2}f_1' + \dfrac{1}{z}f_2'$, $\dfrac{\partial u}{\partial z} = -\dfrac{y}{z^2}f_2'$;

（3） $\dfrac{\partial u}{\partial x} = f_1' + yf_2' + yzf_3'$, $\dfrac{\partial u}{\partial y} = xf_2' + xzf_3'$, $\dfrac{\partial u}{\partial z} = xyf_3'$;

（4） $\dfrac{\partial u}{\partial x} = 2xf_1' + y\mathrm{e}^{xy}f_2' + \dfrac{1}{x}f_3'$, $\dfrac{\partial u}{\partial y} = -2yf_1' + x\mathrm{e}^{xy}f_2'$.

10. 略.

11. 略.

12. 略.

13. 略.

14. （1） $\dfrac{\partial^2 z}{\partial x^2} = y^2 f_{11}''$, $\dfrac{\partial^2 z}{\partial x \partial y} = f_1' + xyf_{11}'' + yf_{12}''$, $\dfrac{\partial^2 z}{\partial y^2} = x^2 f_{11}'' + 2xf_{12}'' + f_{22}''$.

（2） $\dfrac{\partial^2 z}{\partial x^2} = 2f' + 4x^2 f''$, $\dfrac{\partial^2 z}{\partial x \partial y} = 4xyf''$, $\dfrac{\partial^2 z}{\partial y^2} = 2f' + 4y^2 f''$.

（3） $\dfrac{\partial^2 z}{\partial x^2} = 2xf_1' + 4x^2y^2 f_{11}'' + 4xy^3 f_{12}'' + y^4 f_{22}''$,

$$\frac{\partial^2 z}{\partial x \partial y} = 2xf_2' + 2yf_2' + 4x^3 yf_{11}'' + 5x^2y^2 f_{12}'' + 2xy^3 f_{22}'' ,$$

$$\frac{\partial^2 z}{\partial y^2} = 2xf_2' + x^4 f_{11}'' + 4x^3 yf_{12}'' + 4x^2y^2 f_{22}'' .$$

（4） $\dfrac{\partial^2 z}{\partial x^2} = \mathrm{e}^{x+y} f_3' - \sin x f_1' + \cos^2 x f_{11}'' + 2\mathrm{e}^{x+y}\cos x f_{13}'' + \mathrm{e}^{2(x+y)} f_{33}''$,

$$\frac{\partial^2 z}{\partial x \partial y} = \mathrm{e}^{x+y} f_3' - \cos x \sin y f_{12}'' + \mathrm{e}^{x+y}\cos x f_{13}'' - \mathrm{e}^{x+y}\sin y f_{32}'' + \mathrm{e}^{2(x+y)} f_{33}'' ,$$

$$\frac{\partial^2 z}{\partial y^2} = \mathrm{e}^{x+y} f_3' - \cos y f_2' + \sin^2 y f_{22}'' - 2\mathrm{e}^{x+y}\sin y f_{23}'' + \mathrm{e}^{2(x+y)} f_{33}'' .$$

习题 7-5

1. $\dfrac{\mathrm{d}y}{\mathrm{d}x} = \dfrac{\mathrm{e}^x - 2xy}{\sin y + x^2}$.

2. $\dfrac{\mathrm{d}y}{\mathrm{d}x}\Big|_{x=1} = -1$.

3. $\dfrac{\mathrm{d}y}{\mathrm{d}x} = \dfrac{x+y}{x-y}$.

4. $\dfrac{\partial z}{\partial x} = -\dfrac{\sin 2x}{\sin 2z}$, $\dfrac{\partial z}{\partial y} = -\dfrac{\sin 2y}{\sin 2z}$.

5. $\dfrac{\partial z}{\partial x} = -\dfrac{F_1' + (y+z)F_2'}{F_1' + (y+x)F_2'}$, $\dfrac{\partial z}{\partial y} = -\dfrac{F_1' + (x+z)F_2'}{F_1' + (y+x)F_2'}$.

6. 略.

7. 略.

8. $\dfrac{\partial^2 z}{\partial x^2} = \dfrac{2y^2 z \mathrm{e}^z - 2xy^3 z - y^2 z^2 \mathrm{e}^z}{(\mathrm{e}^z - xy)^3}$.

9. $\dfrac{\partial^2 z}{\partial x \partial y}\Big|_{(0,1)} = 2$.

10. $\mathrm{d}z|_{(1,0,-1)} = \mathrm{d}x - \sqrt{2}\,\mathrm{d}y$.

11. （1） $\dfrac{\mathrm{d}y}{\mathrm{d}x} = \dfrac{-x(6z+1)}{2y(3z+1)}$, $\dfrac{\mathrm{d}z}{\mathrm{d}x} = \dfrac{x}{3z+1}$;

（2） $\dfrac{\partial u}{\partial x} = -\dfrac{xu + yv}{x^2 + y^2}$, $\dfrac{\partial v}{\partial x} = \dfrac{yu - xv}{x^2 + y^2}$, $\dfrac{\partial u}{\partial y} = \dfrac{xv - yu}{x^2 + y^2}$, $\dfrac{\partial v}{\partial y} = -\dfrac{xu + yv}{x^2 + y^2}$;

（3） $\dfrac{\partial u}{\partial x} = \dfrac{\sin v}{\mathrm{e}^u(\sin v - \cos v) + 1}$, $\dfrac{\partial u}{\partial y} = \dfrac{-\cos v}{\mathrm{e}^u(\sin v - \cos v) + 1}$,

$\dfrac{\partial v}{\partial x} = \dfrac{\cos v - \mathrm{e}^u}{u[\mathrm{e}^u(\sin v - \cos v) + 1]}$, $\dfrac{\partial v}{\partial x} = \dfrac{\sin v + \mathrm{e}^u}{u[\mathrm{e}^u(\sin v - \cos v) + 1]}$.

习题 7-6

1. （1）切线方程为 $\dfrac{x-1}{2} = \dfrac{y}{-1} = \dfrac{z-1}{3}$ ，法平面方程为 $2x - y + 3z - 5 = 0$;

（2）切线方程为 $\dfrac{x - \dfrac{1}{2}}{1} = \dfrac{y-2}{-4} = \dfrac{z-1}{8}$ ，法平面方程为 $2x - 8y + 16z - 1 = 0$;

（3）切线方程为 $x-\dfrac{\pi}{2}+1=y-1=\dfrac{z-2\sqrt{2}}{\sqrt{2}}$，法平面方程为 $x+y+\sqrt{2}z-\dfrac{\pi}{2}-4=0$；

（4）故所求切线方程为 $\dfrac{x-1}{3}=\dfrac{y-1}{3}=\dfrac{z-3}{-1}$，法平面方程为 $3x+3y-z-3=0$.

2. $(-1,1,-1)$ 或 $\left(-\dfrac{1}{3},\dfrac{1}{9},-\dfrac{1}{27}\right)$.

3.（1）方程为 $9(x-3)+(y-1)-(z-1)=0$，法线方程为 $\dfrac{x-3}{9}=\dfrac{y-1}{1}=\dfrac{z-1}{-1}$；

（2）切平面方程为 $x+2y-2z-3+4\ln 2=0$，法线方程为 $x-1=\dfrac{y-1}{2}=\dfrac{z-2\ln 2}{-2}$；

（3）切平面方程为 $x-y+2z-\dfrac{\pi}{2}=0$，法线方程为 $\dfrac{x-1}{1}=\dfrac{y-1}{-1}=\dfrac{z-\dfrac{\pi}{4}}{2}$.

4. $x+4y+6z=\pm 21$.

5. 略.

6. $\dfrac{3}{\sqrt{22}}$.

7. 略.

习题 7-7

1. $\left.\dfrac{\partial z}{\partial l}\right|_{(1,2)}=1+2\sqrt{3}$.

2. $\left.\dfrac{\partial z}{\partial l}\right|_{(1,2)}=\dfrac{1}{2}+\dfrac{\sqrt{3}}{2}$.

3. $\left.\dfrac{\partial z}{\partial l}\right|_{\left(\frac{a}{\sqrt{2}},\frac{b}{\sqrt{2}}\right)}=\dfrac{1}{ab}\sqrt{2(a^2+b^2)}$.

4. $\left.\dfrac{\partial u}{\partial l}\right|_{(1,0,1)}=3$.

5. $\left.\dfrac{\partial u}{\partial \boldsymbol{T}}\right|_{(1,1,1)}=\dfrac{6}{7}\sqrt{14}$.

6. $\left.\dfrac{\partial u}{\partial l}\right|_{(x_0,y_0,z_0)}=x_0+y_0+z_0$.

7. $\dfrac{1}{3}$, $\dfrac{\sqrt{3}}{3}$, $\dfrac{\sqrt{3}}{3}$, $\dfrac{\sqrt{3}}{3}$.

8. $\mathbf{grad}\,u(1,2,3)=5\boldsymbol{i}+4\boldsymbol{j}+3\boldsymbol{k}$.

9. $(-4,-6)$.

10. 略.

习题 7-8

1. 极大值 $f(a,a)=a^3$.

2. 极大值 $f(2,-2)=8$.

3. 最小值为 $z(4,2)=-64$；最大值为 $z(2,1)=4$.

4. 极小值为 $z\left(\dfrac{3}{2},\dfrac{3}{2}\right)=\dfrac{11}{2}$.

5. $\dfrac{50}{3}$，$\dfrac{50}{3}$，$\dfrac{50}{3}$.

6. $\left(\dfrac{3}{4},2,-\dfrac{3}{4}\right)$.

7. $\dfrac{2}{3}p$，$\dfrac{p}{3}$.

8. $(1,-2,3)$，最短距离为 $\sqrt{6}$.

9. $p=\dfrac{c_0-k\ln M+\dfrac{1}{a}-k}{1-ak}$

习题 7-9

1. $x=100$，$y=25$，生产的产品的量大数量为 1250.

2. $\theta=2.234p+95.33$.

总习题七（A）

1. （1）充分，必要；（2）必要，充分；（3）充分；（4）充分.

2. $D=\{(x,y)\,|\,x\leqslant x^2+y^2<2x\}$.

3. $f(x,y)=xy$.

4. （1）$\displaystyle\lim_{\substack{x\to 0\\y\to 0}}\dfrac{1-\cos\sqrt{x^2+y^2}}{(x^2+y^2)\mathrm{e}^{x^2y^2}}=\dfrac{1}{2}$；（2）$\displaystyle\lim_{\substack{x\to 1\\y\to 0}}\dfrac{\ln(x+\mathrm{e}^y)}{\sqrt{x^2+y^2}}=\ln 2$.

5. $\displaystyle\lim_{(x,y)\to(0,0)}\dfrac{x^2y^2}{x^2y^2+(x-y)^2}$ 不存在.

6. 函数处处连续.

7. $f_x(1,0)=2$ ，$f_y(1,0)=0$.

8. （1）$\dfrac{\partial z}{\partial x}=\dfrac{1}{x+y^2}$ ， $\dfrac{\partial^2 z}{\partial x^2}=-\dfrac{1}{(x+y^2)^2}$ ， $\dfrac{\partial z}{\partial y}=\dfrac{2y}{x+y^2}$ ， $\dfrac{\partial^2 z}{\partial y^2}=\dfrac{2(x-y^2)}{(x+y^2)^2}$ ，

$\dfrac{\partial^2 z}{\partial x\partial y}=-\dfrac{2y}{(x+y^2)^2}$ ；

（2）$\dfrac{\partial z}{\partial x}=yx^{y-1}$ ， $\dfrac{\partial^2 z}{\partial x^2}=y(y-1)x^{y-2}$ ， $\dfrac{\partial z}{\partial y}=x^y\ln x$ ， $\dfrac{\partial^2 z}{\partial y^2}=x^y\ln^2 x$ ，

$\dfrac{\partial^2 z}{\partial x\partial y}=x^{y-1}+y\cdot x^{y-1}\ln x$.

9. （1）$\mathrm{d}z=\dfrac{2x}{y\mathrm{e}^z-2z}\mathrm{d}x+\dfrac{2y-\mathrm{e}^z}{y\mathrm{e}^z-2z}\mathrm{d}y$ ；

（2）$\mathrm{d}u=x^y y^z z^x\left[\left(\ln z+\dfrac{y}{x}\right)\mathrm{d}x+\left(\ln x+\dfrac{z}{y}\right)\mathrm{d}y+\left(\ln y+\dfrac{x}{z}\right)\mathrm{d}z\right]$.

10. $\dfrac{\mathrm{d}z}{\mathrm{d}t}=\left(y+\dfrac{1}{y}\right)\varphi'+\left(x-\dfrac{x}{y^2}\right)\psi'$.

11. $x\dfrac{\partial^2 u}{\partial x^2}+y\dfrac{\partial^2 u}{\partial x\partial y}=0$.

12. $y'=\dfrac{(\cos x)^y\, y\tan x-(\sin y)^x\ln\sin y}{(\cos x)^y\ln\cos x+(\sin y)^x x\cot y}$.

13. 切线方程为$\dfrac{x-a}{0}=\dfrac{y}{a}=\dfrac{z}{b}$ ，法平面方程为$ay+bz=0$.

14. （1）当$\theta=\dfrac{\pi}{4}$ 时，$\dfrac{\partial u}{\partial l}$ 取得最大值$\sqrt{2}$ ；（2）当$\theta=\dfrac{5\pi}{4}$ 时，$\dfrac{\partial u}{\partial l}$ 取得最小值

$-\sqrt{2}$ ；（3）当$\theta=\dfrac{3\pi}{4}$ 或$\theta=\dfrac{7\pi}{4}$ 时，$\dfrac{\partial u}{\partial l}=0$.

15. $\dfrac{\sqrt{2}}{3}R$ ， $\dfrac{\sqrt{2}}{3}R$ ， $\dfrac{1}{3}h$ ， $V_{\max}=\dfrac{8}{27}R^2 h$.

总习题七（B）

1. $\displaystyle\lim_{(x,y)\to(+\infty,+\infty)}\left(\dfrac{xy}{x^2+y^2}\right)^{x^2}=0$.

2. 略.

3. 略.

4. C.

5. $f_y(x,x^2)=-\dfrac{1}{2}$.

6. $\dfrac{\mathrm{d}z}{\mathrm{d}x} = \dfrac{(f(x+y)+xf'(x+y))\dfrac{\partial F}{\partial y}-xf'(x+y)\dfrac{\partial F}{\partial x}}{\dfrac{\partial F}{\partial y}+xf'(x+y)\dfrac{\partial F}{\partial z}}$.

7. $\mathrm{d}u = \dfrac{(\sin v + x\cos v)\mathrm{d}x - (\sin u - x\cos v)\mathrm{d}y}{x\cos v + y\cos u}$,

$\mathrm{d}v = \dfrac{(y\cos u - \sin v)\mathrm{d}x + (\sin u + y\cos u)\mathrm{d}y}{x\cos v + y\cos u}$.

9. 方向导数在点 $\left(\dfrac{1}{2},-\dfrac{1}{2},0\right)$ 处取得最大值 $\sqrt{2}$.

10. 略.

第 8 章

习题 8-1

1. $Q = \iint\limits_{D}\mu(x,y)\mathrm{d}\sigma$.

2. $I_1 = 4I_2$.

3. （1） $k\sigma$. （2） 1. （3） $\dfrac{2}{3}\pi a^3$.

4. （1） $\iint\limits_{D}(x+y)^3\mathrm{d}\sigma \leqslant \iint\limits_{D}(x+y)^2\mathrm{d}\sigma$ ；（2） $\iint\limits_{D}(x^2-y^2)\mathrm{d}\sigma \geqslant \iint\limits_{D}\sqrt{x^2-y^2}\mathrm{d}\sigma$ ；

（3） $\iint\limits_{D}[\ln(x+y)]^2\mathrm{d}\sigma \leqslant \iint\limits_{D}\ln(x+y)\mathrm{d}\sigma$.

5. （1） $1 \leqslant \iint\limits_{D}\mathrm{e}^{x+y}\mathrm{d}\sigma \leqslant \mathrm{e}^2$ ；（2） $36\pi \leqslant \iint\limits_{D}(x^2+4y^2+9)\mathrm{d}\sigma \leqslant 100\pi$.

6. $f(0,0)$.

习题 8-2

1.（1） $I = \int_0^1 \mathrm{d}x \int_0^{2-2x} f(x,y)\mathrm{d}y = \int_0^2 \mathrm{d}y \int_0^{1-\frac{y}{2}} f(x,y)\mathrm{d}x$ ；（2） $I = \int_0^4 \mathrm{d}x \int_x^{2\sqrt{x}} f(x,y)\mathrm{d}y =$

$\int_0^4 \mathrm{d}y \int_{\frac{y^2}{4}}^{y} f(x,y)\mathrm{d}x$ ；（3） $I = \int_{\frac{1}{2}}^1 \mathrm{d}y \int_{\frac{1}{y}}^2 f(x,y)\mathrm{d}x + \int_1^2 \mathrm{d}y \int_{y}^2 f(x,y)\mathrm{d}x = \int_1^2 \mathrm{d}x \int_{\frac{1}{x}}^{x} f(x,y)\mathrm{d}y$.

2. （1） $\int_0^4 \mathrm{d}x \int_{\frac{x}{2}}^{\sqrt{x}} f(x,y)\mathrm{d}y$. （2） $\int_0^1 \mathrm{d}y \int_{2-y}^{1+\sqrt{1-y^2}} f(x,y)\mathrm{d}x$. （3） $\int_0^1 \mathrm{d}y \int_{\mathrm{e}^y}^{\mathrm{e}} f(x,y)\mathrm{d}x$.

（4） $\int_1^2 \mathrm{d}y \int_{\frac{1}{y}}^{y} f(x,y)\mathrm{d}x$.

3. （1）$\dfrac{13}{6}$. （2）$\ln 2$. （3）$\dfrac{6}{55}$. （4）0.

4. （1）$\dfrac{2}{15}$. （2）$e-\dfrac{1}{e}$. （3）$\dfrac{\pi}{2}-1$. （4）$1-\dfrac{5}{2e}$.

5. $\dfrac{7}{2}$.

6. 6π.

7. （1）$\displaystyle\int_0^{2\pi} d\theta \int_0^a f(\rho\cos\theta,\rho\sin\theta)\rho d\rho$ ； （2）$\displaystyle\int_{-\frac{\pi}{2}}^{\frac{\pi}{2}} d\theta \int_0^{2\cos\theta} f(\rho\cos\theta,\rho\sin\theta)\rho d\rho$ ；

（3）$\displaystyle\int_0^{2\pi} d\theta \int_a^b f(\rho\cos\theta,\rho\sin\theta)\rho d\rho$ ； （4）$\displaystyle\int_0^{\frac{\pi}{2}} d\theta \int_0^{\frac{1}{\sin\theta+\cos\theta}} f(\rho\cos\theta,\rho\sin\theta)\rho d\rho$.

8. （1）$\displaystyle\int_0^{\frac{\pi}{4}} d\theta \int_0^{\sec\theta} f(\rho\cos\theta,\rho\sin\theta)\rho d\rho + \int_{\frac{\pi}{4}}^{\frac{\pi}{2}} d\theta \int_0^{\csc\theta} f(\rho\cos\theta,\rho\sin\theta)\rho d\rho$ ；

（2）$\displaystyle\int_{\frac{\pi}{4}}^{\frac{\pi}{3}} d\theta \int_0^{2\sec\theta} f(\rho\cos\theta,\rho\sin\theta)\rho d\rho$ ； （3）$\displaystyle\int_0^{\frac{\pi}{2}} d\theta \int_{\frac{1}{\sin\theta+\cos\theta}}^1 f(\rho\cos\theta,\rho\sin\theta)\rho d\rho$ ；

（4）$\displaystyle\int_0^{\frac{\pi}{4}} d\theta \int_{\tan\theta\sec\theta}^{\sec\theta} f(\rho\cos\theta,\rho\sin\theta)\rho d\rho$.

9. （1）$\dfrac{3}{4}\pi a^4$ ； （2）$\dfrac{a^3}{6}[\sqrt{2}+\ln(\sqrt{2}+1)]$ ； （3）$\sqrt{2}-1$ ； （4）$\dfrac{\pi}{8}a^4$.

10. （1）$\pi(\cos\pi^2-\cos 4\pi^2)$ ； （2）$\pi^2 R^2$

11. （1）90 ； （2）$\dfrac{5}{4}\pi$ ； （3）9π.

12. （1）$\dfrac{1}{2}e^2-e+\dfrac{1}{2}$ ； （2）$\dfrac{9}{2}$.

13. $\dfrac{R^3}{3}\arctan k$.

习题 8-3

1. （1）$I=\displaystyle\int_0^2 dx \int_1^3 dy \int_0^2 f(x,y,z)dz$ ； （2）$I=\displaystyle\int_{-1}^1 dx \int_{-\sqrt{1-x^2}}^{\sqrt{1-x^2}} dy \int_{x^2+y^2}^1 f(x,y,z)dz$ ；

（3）$I=\displaystyle\int_{-1}^1 dx \int_{-\sqrt{1-x^2}}^{\sqrt{1-x^2}} dy \int_{x^2+2y^2}^{2-x^2} f(x,y,z)dz$.

2. $\dfrac{1}{18}$.

3. $\dfrac{1}{2}\left(\ln 2-\dfrac{5}{8}\right)$.

4. $\dfrac{1}{48}$.

5. $\dfrac{\pi^2}{16} - \dfrac{1}{2}$.

6. $\dfrac{1}{4}\pi R^2 h^2$.

7. （1）$\dfrac{1}{12}\pi$；（2）$\dfrac{16}{9}$.

8. （1）$\dfrac{4}{5}\pi a^2$；（2）$\dfrac{2-\sqrt{3}}{3}\pi(1-\cos R^3)$.

9. （1）$\dfrac{1}{364}$；（2）$\pi(\sqrt{2}-1)$；（3）$\dfrac{4\pi}{15}(b^5-a^5)$.

习题 8-4

1. $2a^2(\pi-2)$.

2. $\sqrt{2}\pi$.

3. $16R^2$.

4. （1）$\left(\dfrac{3}{5}x_0, \dfrac{3}{8}y_0\right)$；（2）$\left(0, \dfrac{4b}{3\pi}\right)$；（3）$\left(\dfrac{a^2+ab+b^2}{2(a+b)}, 0\right)$.

5. $\left(\dfrac{35}{48}, \dfrac{35}{54}\right)$，　即$\left(\dfrac{35}{48}, \dfrac{35}{54}\right)$.

6. $\left(\dfrac{2}{5}a, \dfrac{2}{5}a\right)$.

7. $\left(0, \dfrac{4b}{3\pi}\right)$.

8. （1）$\left(0, 0, \dfrac{3}{4}\right)$；（2）$\left(0, 0, \dfrac{3(A^4-a^4)}{8(A^3-a^3)}\right)$；（3）$\left(\dfrac{2}{5}a, \dfrac{2}{5}a, \dfrac{7}{30}a^2\right)$.

9. $\left(0, 0, \dfrac{5}{4}R\right)$.

10. （1）$\dfrac{1}{4}\pi a^3 b$；（2）$I_x = \dfrac{72}{5}; I_y = \dfrac{96}{7}$；（3）$I_x = \dfrac{ab^3}{3}; I_y = \dfrac{a^3 b}{3}$.

11. $I_x = \dfrac{1}{12}\mu b h^3; I_y = \dfrac{1}{12}\mu h b^3$.

12. （1）$V = \dfrac{8}{3}a^4$；（2）$\bar{z} = \dfrac{7}{15}a^2$；（3）$I_z = \dfrac{112}{45}\rho a^6$.

13. $\dfrac{1}{2}\pi h a^4$.

14. $I = \dfrac{368}{105}\mu$.

15. $F = \left(2G\left(\ln\dfrac{\sqrt{R_2^2+a^2}+R_2}{\sqrt{R_1^2+a^2}+R_1} - \dfrac{R_2}{\sqrt{R_2^2+a^2}} + \dfrac{R_1}{\sqrt{R_1^2+a^2}} \right), 0, \pi Ga\mu\left(\dfrac{1}{\sqrt{R_2^2+a^2}} - \dfrac{1}{\sqrt{R_1^2+a^2}} \right) \right).$

16. $F_x = F_y = 0$ ，$F_z = -2\pi G\rho\left[h + \sqrt{R^2+(h-a)^2} - \sqrt{R^2+a^2} \right].$

总习题八（A）

1. （1）$\dfrac{1}{4}$; （2）2; （3）$(1-x)f(x)$; （4）$\displaystyle\int_1^2 \mathrm{d}x\int_0^{1-x} f(x,y)\mathrm{d}y$ （5）$\left(\dfrac{\pi}{2}, \pi \right).$

2. （1）A; （2）B; （3）D; （4）C; （5）C; （6）C.

3. （1）$\dfrac{1}{2}$; （2）$\dfrac{9}{4}$; （3）$-\dfrac{\pi}{2}.$

4. （1）$\displaystyle\int_{-a}^a \mathrm{d}x\int_0^{\frac{b}{a}\sqrt{a^2-x^2}} f(x,y)\mathrm{d}y = \int_0^b \mathrm{d}y\int_{-\frac{a}{b}\sqrt{b^2-y^2}}^{\frac{a}{b}\sqrt{b^2-y^2}} f(x,y)\mathrm{d}x$;

（2）$\displaystyle\int_{-\frac{\sqrt{2}}{2}}^{\frac{\sqrt{2}}{2}} \mathrm{d}x\int_{x^2}^{1-x^2} f(x,y)\mathrm{d}y = \int_0^{\frac{1}{2}} \mathrm{d}y\int_{-\sqrt{y}}^{\sqrt{y}} f(x,y)\mathrm{d}x + \int_{\frac{1}{2}}^1 \mathrm{d}y\int_{-\sqrt{1-y}}^{\sqrt{1-y}} f(x,y)\mathrm{d}x$;

（3）$\displaystyle\int_0^1 \mathrm{d}x\int_{x^3}^x f(x,y)\mathrm{d}y = \int_0^1 \mathrm{d}y\int_y^{\sqrt[3]{y}} f(x,y)\mathrm{d}x$; （4）$\displaystyle\int_0^1 \mathrm{d}x\int_{1-x}^{\sqrt{1-x^2}} f(x,y)\mathrm{d}y = \int_0^1 \mathrm{d}y\int_{1-y}^{\sqrt{1-y^2}} f(x,y)\mathrm{d}x.$

5. 略.

6. （1）$\displaystyle\int_0^1 \mathrm{d}x\int_{x^2}^x f(x,y)\mathrm{d}y = \int_0^{\frac{\pi}{4}} \mathrm{d}\theta\int_0^{\frac{\sin\theta}{\cos^2\theta}} f(r\cos\theta, r\sin\theta)r\mathrm{d}r;$

（2）$\displaystyle\int_{-1}^1 \mathrm{d}x\int_0^{\sqrt{1-x^2}} f(x,y)\mathrm{d}y = \int_0^{\pi} \mathrm{d}\theta\int_0^1 rf(r\cos\theta, r\sin\theta)\mathrm{d}r;$

（3）$\displaystyle\int_0^1 \mathrm{d}y\int_{\sqrt{1-y^2}}^{y-1} f(x,y)\mathrm{d}y = \int_{\frac{\pi}{2}}^{\pi} \mathrm{d}\theta\int_{\frac{1}{\sin\theta-\cos\theta}}^1 f(r\cos\theta, r\sin\theta)r\mathrm{d}r;$

（4）$\displaystyle\int_0^1 \mathrm{d}x\int_0^x f(x,y)\mathrm{d}y + \int_1^2 \mathrm{d}x\int_0^{2-x} f(x,y)\mathrm{d}y = \int_0^{\frac{\pi}{4}} \mathrm{d}\theta\int_0^{\frac{2}{\cos\theta+\sin\theta}} rf(r\cos\theta, r\sin\theta)\mathrm{d}r;$

（5）$\displaystyle\int_0^1 \mathrm{d}y\int_y^{2-y} f(x,y)\mathrm{d}x = \int_0^{\frac{\pi}{4}} \mathrm{d}\theta\int_0^{\frac{2}{\cos\theta+\sin\theta}} f(r\cos\theta, r\sin\theta)r\mathrm{d}r$;

（6）$\displaystyle\int_0^1 \mathrm{d}y\int_{\sqrt{y}}^{2-y} f(x,y)\mathrm{d}x = \int_0^{\frac{\pi}{4}} \mathrm{d}\theta\int_{\frac{\sin\theta}{\cos^2\theta}}^{\frac{2}{\cos\theta+\sin\theta}} f(r\cos\theta, r\sin\theta)r\mathrm{d}r.$

7. （1）$\dfrac{\pi}{2}$; （2）$\dfrac{7\pi}{6}$; （3）$\dfrac{1}{6}.$

8. $f(x,y) = xy + \dfrac{1}{8}.$

9. （1）$\displaystyle\int_1^2 \mathrm{d}x\int_{-2}^1 \mathrm{d}y\int_0^{\frac{1}{2}} f(x,y,z)\mathrm{d}z;$ （2）$\displaystyle\int_0^1 \mathrm{d}x\int_0^{1-x} \mathrm{d}y\int_0^{1-x-y} f(x,y,z)\mathrm{d}z;$

（3）$\displaystyle\int_1^{\frac{\pi}{2}} \mathrm{d}x\int_0^{\sqrt{x}} \mathrm{d}y\int_0^{\frac{\pi}{2}-x} f(x,y,z)\mathrm{d}z;$ （4）$\displaystyle\int_{-1}^1 \mathrm{d}x\int_{x^2}^1 \mathrm{d}y\int_0^{x^2+y^2} f(x,y,z)\mathrm{d}z.$

10. （1）$\int_{-\frac{\pi}{2}}^{\frac{\pi}{2}} d\theta \int_0^1 r^2 dr \int_0^a z dz = \frac{1}{6}\pi a^2$. （2）$\int_0^{2\pi} d\theta \int_0^{\frac{\pi}{2}} \sin\varphi d\varphi \int_0^R r^3 dr = \frac{\pi}{2}R^4$.

11. $-\dfrac{1}{8}$.

12. $\dfrac{32}{15}\pi$.

13. $\dfrac{16}{3}\pi$.

总习题八（B）

1. （1）$\dfrac{\pi R^4}{4}\left(\dfrac{1}{a^2}+\dfrac{1}{b^2}\right)$；（2）$\dfrac{1}{2}\left(1-\dfrac{1}{e^4}\right)$；（3）$\dfrac{\pi}{2}\ln 2$；

（4）$\int_0^{2\pi} d\theta \int_0^1 r dr \int_r^{\sqrt{2-r^2}} f(r\cos\theta, r\sin\theta, z)dz$，$\int_0^{2\pi} d\theta \int_0^{\frac{\pi}{4}} \sin\varphi d\varphi \int_0^2 f(r\sin\varphi\cos\theta,$

$r\sin\varphi\sin\theta, r\cos\varphi)r^2 dr$；（5）$\dfrac{4}{3}\pi$.

2. （1）D；（2）A；（3）B；（4）D；（5）C.

3. 略.

4. （1）$c\pi R^2$；（2）$\dfrac{\pi}{16}a^4$；（3）$\dfrac{3}{64}\pi^2$；（4）$\dfrac{11}{15}$.

5. $\int_{-1}^1 dx \int_{x^2}^1 dy \int_0^{x^2+y^2} f(x,y,z)dz$.

6. （1）$\dfrac{59}{480}\pi R^5$；（2）0；（3）$\dfrac{250}{3}\pi$.

7. 略.

8. $\dfrac{2\pi}{3}h^3 t + 2\pi h t f(t^2), \dfrac{\pi}{3}h^3 + 2\pi h f(0)$.

9. $l = \sqrt{\dfrac{2}{3}}R$.

10. $F = \left(0, \dfrac{4GmM}{\pi R^2}\left(\ln\dfrac{\sqrt{R^2+a^2}+R}{a} - \dfrac{R}{\sqrt{R^2+a^2}}\right), -\dfrac{2GmM}{R^2}\left(1-\dfrac{R}{\sqrt{R^2+a^2}}\right)\right)$.

11. 100 h.

12. $\dfrac{S_{高}}{S_{低}} = 0.9333$.

第 9 章

习题 9-1

1.（1）$\frac{1}{12}(5\sqrt{5}-1)$；（2）$1+\frac{1}{\sqrt{2}}$；（3）$3+2\sqrt{2}$；（4）2；（5）$\frac{8}{3}\sqrt{5}$；（6）$\frac{a^3\pi}{2\sqrt{2}}$.

2. $\frac{1}{3}[(1+b^2)^{\frac{3}{2}}-(1+a^2)^{\frac{3}{2}}]$.

3. 质心坐标为 $\left(\frac{4}{3\pi},\frac{4}{3\pi},\frac{4}{3\pi}\right)$.

4. $R^3(\alpha-\sin\alpha\cos\alpha)$.

习题 9-2

1. 略.

2.（1）$\frac{4}{3}ab^2$；（2）$\frac{4}{5}$；（3）$\frac{4}{3}$；（4）0；

（5）$-\frac{\pi}{4}R^4$；（6）$-\frac{3}{2}\pi$；（7）$-\frac{87}{4}$；（8）-2π；

3. $mg(z_2-z_1)$.

4. $\int_\Gamma \frac{P+2xQ+3yR}{\sqrt{1+4x^2+9y^2}}\mathrm{d}s$.

习题 9-3

1.（1）$\frac{3}{8}\pi a^2$；（2）πb^2.

2.（1）$-\frac{\pi}{2}a^4$；（2）18π；（3）2；（4）$\frac{1}{2}m\pi a^2$；（5）36π.

3.（1）2π；

（2）①当闭曲线 L 内部不包含坐标原点时，$\oint_L \frac{x\mathrm{d}y-y\mathrm{d}x}{x^2+y^2}=0$；

②当闭曲线 L 内部包含坐标原点，$\oint_L \frac{x\mathrm{d}y-y\mathrm{d}x}{x^2+y^2}=2\pi$.

4. 12 .

5. （1） 5 ；

（2） $x^2 \cos y + y^2 \cos x$ ；

（3） $\int_2^1 \varphi(x)\mathrm{d}x + \int_1^2 \psi(y)\mathrm{d}y$ ；

6. （1） $x^2 + x\sin y + C$ ；

（2） $\dfrac{1}{3}x^3 + x^2 y - xy^2 - \dfrac{1}{3}y^3 + C$ ；

（3） $\mathrm{e}^x - 1 + \mathrm{e}^x \sin y + \sin^2 y + C$.

7. 当 $f(x,y) + yf_y(x,y) = f(x,y) + xf_x(x,y)$ 或 $yf_y(x,y) = xf_x(x,y)$ 在整个 xOy 面内恒成立时，曲线积分 $\int_L f(x,y)(y\mathrm{d}x + x\mathrm{d}y)$ 在整个 xOy 面内与路径无关。

8. $-\dfrac{1}{2}\dfrac{1}{x^2 - y^2} - \ln|x| + \dfrac{2}{3}x^3 + \ln|y| + \dfrac{3}{4}y^4 + \dfrac{5}{4}z^4 + C$.

习题 9-4

1. 当 Σ 为 xOy 面内的一个闭区域 D 时， Σ 在 xOy 面上的投影就是 D ，于是有
$$\iint\limits_{\Sigma} f(x,y,z)\mathrm{d}S = \iint\limits_{D} f(x,y,0)\mathrm{d}x\mathrm{d}y .$$

2. $I_x = \iint\limits_{S} \rho(x,y,z)(y^2 + z^2)\mathrm{d}S$ ， $I_y = \iint\limits_{S} \rho(x,y,z)(z^2 + x^2)\mathrm{d}S$ ， $I_z = \iint\limits_{S} \rho(x,y,z)(x^2 + y^2)\mathrm{d}S$.

3. （1） $\dfrac{1}{2}(\sqrt{2} + 1)\pi$ ；（2） $\dfrac{\sqrt{2}}{2}\pi$.

4. （1） $2\pi a^2$ ；（2） $\dfrac{64\sqrt{2}}{15}a^4$ ；（3） $\dfrac{13\pi}{3}$ ；（4） πa^3 ；（5） $\dfrac{17\sqrt{61}}{6}$ ；（6） $\dfrac{2\pi H}{R}$.

5. $\dfrac{2\pi}{15}(6\sqrt{3} + 1)$.

习题 9-5

1. 当 Σ 为 xOy 面内的一个闭区域时， Σ 的方程为 $z = 0$. 若 Σ 在 xOy 面上的投影区域为 D_{xy} ，那么
$$\iint\limits_{\Sigma} R(x,y,z)\mathrm{d}x\mathrm{d}y = \pm\iint\limits_{D_{xy}} R(x,y,0)\mathrm{d}x\mathrm{d}y ,$$

当 Σ 取上侧时，上式右端取正号；当 Σ 取下侧时，上式右端取负号.

2.（1）$\dfrac{2\pi}{5}a^3bc$；（2）24；（3）8π；（4）$2\pi a^3$；（5）$\dfrac{1}{8}$.

3. $\iint\limits_{\Sigma}\left[\dfrac{3}{5}P(x,y,z)+\dfrac{2}{5}Q(x,y,z)+\dfrac{2\sqrt{3}}{5}R(x,y,z)\right]\mathrm{d}S$.

4. $-\dfrac{1}{2}\pi h^2$.

5. $\dfrac{4\pi}{3}$.

习题 9-6

1.（1）$-\dfrac{1}{3}a^5-a^3$；（2）$-\dfrac{9}{2}\pi$；（3）0；（4）$-\dfrac{\pi}{2}h^4$.

2. $\dfrac{11}{24}$.

3.（1）0；（2）$3a^2$；（3）$-2\pi a(a+h)$.

习题 9-7

1. 0.

2. $\operatorname{div}v=2(x+y+z)$.

3. 2π.

总习题九（A）

1.（1）π；（2）$2\pi a^{2n+1}$；（3）0；（4）4π；

（5）$\dfrac{2}{3}\pi a^3$；（6）$(2y-2z)\boldsymbol{i}+(2z-2x)\boldsymbol{j}+(2x-2y)\boldsymbol{k}$.

2.（1）C；（2）B；（3）D；（4）D；（5）A.

3.（1）0；（2）$-\dfrac{1}{4}\pi a^4$；（3）$\dfrac{\sqrt{3}}{120}$；（4）$\dfrac{\pi}{4}$；（5）$u(x,y)=\dfrac{1}{3}x^3+3xy+\dfrac{1}{3}y^3+C$.

4. 0.

5. $8\sqrt{2}\pi$.

6. 8π.

7. $\sqrt{3}(t_2-t_1)$.

8. $f(x)=\mathrm{e}^x$.

9. 略.

10. 0.

11. $\dfrac{\pi}{2}-4$.

总习题九（B）

1. （1） 4π ；（2） $\dfrac{\pi}{2}a^3$ ；（3） -1 ；（4） $\dfrac{\sqrt{3}}{12}$ ；（5） $(2-\sqrt{2})\pi R^3$ ；（6） $\dfrac{15}{4}\pi$.

2. （1） $\dfrac{2\pi}{3}a^3$ ；（2） $\dfrac{4\pi}{3}a^3$ ；

3. a^2b^2c .

4. $\dfrac{1}{2}\pi a^2(b-a)+2a^2b$.

5. $\pi\ln 5$.

6. 4π .

7. $\lambda=2$ ， $u(x,y)=x^3+3x^2y^2+y^4+C$.

8. 2π .

9. （1） $\begin{cases} x^2+y^2=2x, \\ z=0. \end{cases}$ （2） 64 .

10. 略.

11. 点 P 的轨迹 C 为 $\begin{cases} x^2+y^2+z^2-yz=1, \\ 2z-y=0, \end{cases} I=2\pi$.

第 10 章

习题 10-1

1. （1） $\dfrac{1}{3^2}+\dfrac{2}{4^2}+\dfrac{3}{5^2}+\dfrac{4}{6^2}+\dfrac{5}{7^2}+\cdots$ ；

（2） $\dfrac{1}{2}+\dfrac{1\cdot 3}{2\cdot 4}+\dfrac{1\cdot 3\cdot 5}{2\cdot 4\cdot 6}+\dfrac{1\cdot 3\cdot 5\cdot 7}{2\cdot 4\cdot 6\cdot 8}+\dfrac{1\cdot 3\cdot 5\cdot 7\cdot 9}{2\cdot 4\cdot 6\cdot 8\cdot 10}+\cdots$ ；

（3） $\dfrac{1}{10}-\dfrac{1}{20}+\dfrac{1}{30}-\dfrac{1}{40}+\dfrac{1}{50}-\cdots$ ；

（4） $\dfrac{1!}{2^1}+\dfrac{2!}{3^2}+\dfrac{3!}{4^3}+\dfrac{4!}{5^4}+\dfrac{5!}{6^5}+\cdots$.

2. （1） $u_n=\dfrac{1}{2n}$ ；（2） $u_n=\dfrac{a^{n-1}}{(2n-1)(2n+3)}$ ；（3） $u_n=(-1)^n\dfrac{2n+1}{n^2}$ ；

(4) $u_n = \dfrac{x^{\frac{n}{2}}}{2\cdot 4\cdots (2n)}$，或 $u_n = \dfrac{x^{\frac{n}{2}}}{2^n \cdot n!}$.

3.（1）发散；　　（2）收敛；　　（3）收敛；　　（4）收敛；

（5）收敛；　　（6）发散；　　（7）发散；　　（8）发散；

（9）发散.

4. 可能收敛也可能发散，发散.

习题 10-2

1.（1）发散；　　（2）收敛；　　（3）收敛；　　（4）收敛；

（5）当 $0 < a \leqslant 1$ 时发散，当 $a > 1$ 时收敛.

2.（1）收敛；　　（2）发散；　　（3）收敛；　　（4）收敛；

（5）收敛；　　（6）发散；　　（7）收敛.

3.（1）收敛；　　（2）发散；　　（3）发散；

（4）当 $a = 0$ 时，发散；当 $0 < a < x$ 时，发散；当 $a > x$ 时，收敛；当 $a = x$ 时，根值法不能判断其敛散性.

4.（1）收敛；　　（2）发散；　　（3）收敛；　　（4）收敛；

（5）发散；　　（6）收敛；　　（7）收敛.

习题 10-3

1.（1）条件收敛；　（2）条件收敛；　（3）条件收敛；　（4）条件收敛；

（5）条件收敛；　（6）发散；　　（7）绝对收敛；　（8）绝对收敛；

（9）绝对收敛；　（10）绝对收敛；　（11）条件收敛.

2. 收敛.

3. 略.

习题 10-4

1.（1）$(-1,1)$；（2）$[-1,1]$；（3）$[-\frac{1}{2},\frac{1}{2}]$；（4）$(-\infty,+\infty)$；

（5）$[-3,3)$；（6）$(-\infty,+\infty)$；（7）$(0,2]$；（8）$[4,6]$.

2.（1）$\dfrac{1}{(1-x)^2}$，$x \in (-1,1)$；（2）$\dfrac{1}{(1+x)^2}$，$x \in (-1,1)$；

（3）$\dfrac{1}{4}\ln\dfrac{1+x}{1-x} + \dfrac{1}{2}\arctan x - x$，$x \in (-1,1)$；

（4）$-x\ln(1-x)+\ln(1-x)+x-\dfrac{1}{2}x^2$，$x\in[-1,1)$，$S(1)=\dfrac{1}{2}$；

（5）$1-\ln(1-x)$，$x\in[-1,1)$；

（6）$\dfrac{1}{2}\ln\dfrac{1+x}{1-x}$，$x\in(-1,1)$；$\displaystyle\sum_{n=1}^{\infty}\dfrac{1}{(2n-1)2^n}=\dfrac{\sqrt{2}}{2}\ln(\sqrt{2}+1)$．

习题 10-5

1. （1）$f(x)=x+x^2+\dfrac{x^3}{2!}+\dfrac{x^4}{3!}+\cdots+\dfrac{x^{n+1}}{n!}+\cdots=\displaystyle\sum_{n=0}^{\infty}\dfrac{x^{n+1}}{n!}$，$-\infty<x<+\infty$；

（2）$f(x)=\displaystyle\sum_{n=0}^{\infty}(-1)^n\dfrac{2^{2n}}{(2n)!}x^{2n}$，$-\infty<x<+\infty$．

2. （1）$\ln(a+x)=\ln a+\displaystyle\sum_{n=1}^{\infty}(-1)^{n-1}\dfrac{x^n}{na^n}$，$(-a,a]$；

（2）$a^x=\displaystyle\sum_{n=0}^{\infty}\dfrac{(\ln a)^n}{n!}x^n$，$(-\infty,+\infty)$；

（3）$\cos\dfrac{x}{2}=\displaystyle\sum_{n=0}^{\infty}(-1)^n\dfrac{x^{2n}}{2^{2n}(2n)!}$，$(-\infty,+\infty)$；

（4）$\sin^2 x=\displaystyle\sum_{n=1}^{\infty}(-1)^{n+1}\dfrac{2^{2n-1}}{(2n)!}x^{2n}$，$(-\infty,+\infty)$；

（5）$\dfrac{x}{\sqrt{1+x^2}}=x+\displaystyle\sum_{n=1}^{\infty}(-1)^n\dfrac{(2n)!}{2^{2n}(n!)^2}x^{2n+1}$，$[-1,1]$；

（6）$\arcsin x=x+\displaystyle\sum_{n=1}^{\infty}\dfrac{(2n)!}{(2n+1)2^{2n}(n!)^2}x^{2n+1}$，$(-1,1)$；

（7）$\dfrac{1}{x^2+3x+2}=\displaystyle\sum_{n=0}^{\infty}(-1)^n\left[1-\dfrac{1}{2^{n+1}}\right]x^n$，$(-1,1)$；

（8）$\ln(1+x-2x^2)=\displaystyle\sum_{n=1}^{\infty}\dfrac{(-1)^{n-1}2^n-1}{n}x^n$，$\left(-\dfrac{1}{2},\dfrac{1}{2}\right)$．

3. $\lg x=\dfrac{1}{\ln 10}\displaystyle\sum_{n=1}^{\infty}(-1)^{n-1}\dfrac{(x-1)^n}{n}$，$(0<x\leqslant 2)$．

4. $\sqrt{x^3}=1+\dfrac{3}{2}(x-1)+\displaystyle\sum_{n=0}^{\infty}\dfrac{(-1)^n\cdot 3\cdot(2n)!}{2^{2n+2}(n+2)!n!}(x-1)^{n+2}$，$[0,2]$．

5. $\dfrac{1}{x^2+5x+6}=\displaystyle\sum_{n=0}^{\infty}(-1)^n\left[\dfrac{1}{4^{n+1}}-\dfrac{1}{5^{n+1}}\right](x-2)^n$，$-2<x<6$．

6. $\cos x = \sum_{n=0}^{\infty}(-1)^n\left[\dfrac{1}{2}\cdot\dfrac{\left(x+\dfrac{\pi}{3}\right)^{2n}}{(2n)!}+\dfrac{\sqrt{3}}{2}\cdot\dfrac{\left(x+\dfrac{\pi}{3}\right)^{2n+1}}{(2n+1)!}\right]$, $-\infty<x<+\infty$.

7. $\dfrac{1}{x^2}=\sum_{n=1}^{\infty}\dfrac{n}{4^{n+1}}(x+4)^{n-1}$, $-8<x<0$.

8. $\mathrm{e}^{\frac{x}{a}}=\sum_{n=0}^{\infty}\dfrac{\mathrm{e}}{n!a^n}(x-a)^n$, $-\infty<x<+\infty$.

习题 10-6

1.（1） $\sqrt[5]{240}\approx 2.9926$；（2） $\ln 2\approx 0.6931$；

（3） $\displaystyle\int_0^1\dfrac{\sin x}{x}\,\mathrm{d}x\approx 0.9461$；（4） $\displaystyle\int_0^{0.5}\dfrac{1}{1+x^4}\,\mathrm{d}x\approx 0.4940$.

2. $\mathrm{e}^x\sin x=x+x^2+\dfrac{1}{3}x^3-\dfrac{1}{30}x^5-\cdots(-\infty<x<+\infty)$.

习题 10-7

1. 略.

2.（1） $\pi^2+1+12\sum_{n=1}^{\infty}\dfrac{(-1)^n}{n^2}\cos nx$, $-\pi<x<\pi$；

（2） $\dfrac{1}{\pi}+\dfrac{1}{2}\sin x-\dfrac{2}{\pi}\sum_{k=1}^{\infty}\dfrac{1}{4k^2-1}\cos 2kx$, $-\pi<x<\pi$.

3.（1） $\dfrac{18\sqrt{3}}{\pi}\sum_{n=1}^{\infty}\dfrac{(-1)^{n-1}n}{9n^2-1}\sin nx$, $-\pi<x<\pi$，图略；

（2） $\dfrac{1-\mathrm{e}^{-\pi}}{2\pi}+\dfrac{1}{\pi}\sum_{n=1}^{\infty}\dfrac{1-(-1)^n\mathrm{e}^{-\pi}}{n^2+1}(\cos nx-n\sin nx)$, $x\in(-\pi,0)\bigcup(0,\pi)$，图略.

4. $\sum_{k=0}^{\infty}\dfrac{1}{2k+1}\sin(2k+1)x$, $x\in(-\pi,0)\bigcup(0,\pi)$.

习题 10-8

1. $2x^2=\dfrac{4}{\pi}\sum_{n=1}^{\infty}\left[-\dfrac{\pi^2}{n}(-1)^n+\dfrac{2}{n^3}(-1)^n-\dfrac{2}{n^3}\right]\sin nx$, $x\in[0,\pi)$；在 $x=\pi$ 处正弦级数收敛于 0.

$2x^2=\dfrac{2}{3}\pi^2+8\sum_{n=1}^{\infty}\dfrac{1}{n^2}(-1)^n\cos nx$, $x\in[0,\pi]$.

2. $x^3 = \dfrac{1}{4}\pi^3 + \dfrac{6}{\pi}\sum\limits_{n=1}^{\infty}\left[\dfrac{\pi^2}{n^2}(-1)^n - \dfrac{2}{n^4}(-1)^n + \dfrac{2}{n^4}\right]\cos nx$ ， $x \in [0,\pi]$.

3. $f(x) = -\dfrac{1}{4} + \sum\limits_{n=1}^{\infty}\left\{\left[\dfrac{1-(-1)^n}{n^2\pi^2} + \dfrac{2\sin\frac{n\pi}{2}}{n\pi}\right]\cos n\pi x + \dfrac{1-2\cos\frac{n\pi}{2}}{n\pi}\sin n\pi x\right\}$ ，

$x \neq 2k, x \neq 2k+\dfrac{1}{2}, k=0,\pm1,\pm2,\cdots$ ；在 $x=2k$ 处，级数收敛于 $\dfrac{1}{2}$ ，在 $x=2k+\dfrac{1}{2}$ 处，级数收敛于 0 ， $k=0,\pm1,\pm2,\cdots$.

4. $|x| = \dfrac{1}{4} + \sum\limits_{k=1}^{\infty}\dfrac{-2}{(2k-1)^2\pi^2}\cos 2(2k-1)\pi x$ ， $x \in \left(-\dfrac{1}{2},\dfrac{1}{2}\right)$ ； $\sum\limits_{n=0}^{\infty}\dfrac{1}{(2n+1)^2} = \dfrac{\pi^2}{8}$.

5. $f(x) = \dfrac{4l}{\pi^2}\sum\limits_{k=1}^{\infty}(-1)^{k+1}\dfrac{1}{(2k-1)^2}\sin\dfrac{(2k-1)\pi x}{l}$ ， $x \in [0,l]$ ；

$f(x) = \dfrac{l}{4} + \dfrac{2l}{\pi^2}\sum\limits_{n=1}^{\infty}\dfrac{1}{n^2}\left[2\cos\dfrac{n\pi}{2} - 1 - (-1)^n\right]\cos\dfrac{n\pi x}{l}$ ， $x \in [0,l]$.

6. 略.

总习题十（A）

1.（1） $\dfrac{1}{2}$ ；（2） $\alpha > \dfrac{1}{2}$ ， $\alpha \leqslant \dfrac{1}{2}$ ；（3）$(0,2)$；（4） $R = \dfrac{2}{3}$ ；

（5） $\dfrac{x^2}{(1-x)^2}$ ， $x \in (-1,1)$ ；（6） $\sum\limits_{n=0}^{\infty}(-1)^n x^{n+3}$ ， $x \in (-1,1)$ ；

（7） $-\dfrac{4}{9}$ ；（8） $\dfrac{\pi^2-1}{2}$.

2.（1）D；（2）A；（3）D；（4）A；（5）A；（6）D；（7）D.

3.（1）√；（2）×；（3）×；（4）×；（5）×；（6）×.

4.（1）当 $p > \dfrac{1}{2}$ 时收敛，当 $0 < p \leqslant \dfrac{1}{2}$ 时发散；

（2）收敛；（3）条件收敛；（4）收敛；（5）条件收敛；

（6）收敛；（7）条件收敛；（8）收敛.

5. 略.

6. 略.

7.（1）$[0,+\infty)$；（2）$[-\sqrt{2},\sqrt{2}]$.

8. $R = 5$.

9.（1）$(-2,4)$；（2） $\left(-\dfrac{4}{3},-\dfrac{2}{3}\right)$ ；

（3）$(-1,1)$.

10.（1）$\dfrac{2x}{(1-x)^3}$，$(-1,1)$；（2）$\mathrm{e}^x(x^2+x)$，$(-\infty,+\infty)$.

11. $f(x)=\displaystyle\sum_{n=0}^{\infty}\dfrac{(-1)^n}{9^{n+1}}x^{2n+1}$，$x\in(-3,3)$.

12. $\dfrac{(\ln 2)^n}{n!}$.

13. $x=\dfrac{4}{\pi}\displaystyle\sum_{n=1}^{\infty}(-1)^{n+1}\dfrac{1}{n}\sin\dfrac{n\pi x}{2}$，$x\in(0,2)$，

$x=1+\displaystyle\sum_{k=1}^{\infty}\dfrac{-8}{(2k-1)^2\pi^2}\cos\dfrac{(2k-1)\pi x}{2}$，$x\in(0,2)$.

14. $2+|x|=\dfrac{5}{2}+\displaystyle\sum_{k=1}^{\infty}\dfrac{-4}{(2k-1)^2\pi^2}\cos(2k-1)\pi x$，$x\in[-1,1]$；　$\displaystyle\sum_{n=1}^{\infty}\dfrac{1}{n^2}=\dfrac{\pi^2}{6}$.

总习题十（B）

1.（1）C；（2）D；（3）C；（4）B；（5）D；（6）D；（7）B.

2.（1）1；（2）略.

3. 略.

4.（1）$\dfrac{4}{3[n(n+1)]^{\frac{3}{2}}}$；（2）$\dfrac{4}{3}$.

5. $(-3,3)$，在 $x=-3$ 处收敛，在 $x=3$ 处发散.

6. $(-\mathrm{e},\mathrm{e})$.

7. $\ln(2+\sqrt{2})$.

8. $\dfrac{5}{8}-\dfrac{3}{4}\ln 2$.

9. $s(x)=1-\dfrac{1}{2}\ln(1+x^2)$，$|x|<1$；极大值为 $s(0)=1$.

10. $f^{(n)}(0)=\dfrac{(-1)^{n-3}n!}{n-2}$；

11. $1+\displaystyle\sum_{n=1}^{\infty}(-1)^n\dfrac{2}{1-4n^2}x^{2n}$，$x\in[-1,1]$；　$\displaystyle\sum_{n=1}^{\infty}\dfrac{(-1)^n}{1-4n^2}=\dfrac{\pi}{4}-\dfrac{1}{2}$

12. $\displaystyle\sum_{k=1}^{\infty}\dfrac{8k}{\pi(4k^2-1)}\sin 2kx$，$x\in(0,\pi)$；

和函数 $s(x)=\begin{cases}\cos x, & x\in(-2\pi,-\pi)\bigcup(0,\pi),\\ -\cos x, & x\in(-\pi,0)\bigcup(\pi,2\pi),\\ 0, & x=0,\pm\pi,\pm2\pi.\end{cases}$

第 11 章

习题 11-1

1.（1）一阶；　　　（2）一阶；　　　　（3）三阶；　　　　（4）三阶.

2.（1）是；　　　（2）是；　　　　（3）不是；　　　（4）是.

3.（1）$C = -25$；（2）$C_1 = 0$，$C_2 = 1$；（3）$C_1 = 1$，$C_2 = -2$.

4. $\lambda = 3$ 或 $\lambda = -3$.

5.（1）$(y')^2 + xy' = y$；（2）$xy' = y + x^2 + y^2$；

（3）$xy'' + 2y' = xy$；（4）$2xy'' + y' = 0$.

习题 11-2

1.（1）$y = e^{Cx}$；（2）$\sin y \cdot \sin x = C$；（3）$y = \dfrac{1}{2\ln|x+1| + C}$；

（4）$e^{y-x} = C(1+y)(x-1)$；（5）$3y^2 - 1 = 2e^{3x^2}$；（6）$y = \arcsin \dfrac{2}{x^2 + 3}$.

2. $y = \dfrac{6}{x}$.

3. 0.0008.

4.（1）$y + \sqrt{y^2 - x^2} = Cx^2$；（2）$y^2 = x^2(2\ln|x| + C)$；（3）$x^3 - 2y^3 = Cx$；

（4）$2ye^{\frac{x}{y}} + x = C$；（5）$y = \dfrac{x}{1 + \ln|x|}$；（6）$y^3 = y^2 - x^2$.

5. $\begin{cases} x(1 - 4\ln x), & 0 < x \leqslant 1, \\ 0 & x = 0. \end{cases}$

6.（1）$\ln[4y^2 + (x-1)^2] + \arctan \dfrac{2y}{x-1} = C$；（2）$x + 3y + 2\ln|x + y - 2| = C$.

习题 11-3

1.（1）$y = Ce^{-x^2} + \dfrac{1}{2}x^2 e^{-x^2}$；（2）$y = Cx^3 - x^2$；（3）$y = C\sin x - 5$；

（4）$y = x + \dfrac{C - x}{\ln x}$；（5）$x = y^3\left(\dfrac{1}{2y} + C\right)$；（6）$\rho = Ce^{-3\theta} + \dfrac{2}{3}$.

2. （1） $y=\dfrac{x}{\cos x}$；（2） $y\sin x+5\mathrm{e}^{\cos x}=1$；（3） $y=\dfrac{x^3}{2}\left(1-\mathrm{e}^{\frac{1}{x^2}-1}\right)$.

3. $y=2(\mathrm{e}^x-x-1)$.

4. $f(x)=\dfrac{2}{3}x+\dfrac{1}{3\sqrt{x}}$.

5. （1） $\dfrac{1}{y}=Cx-x\ln x$；（2） $y^{-\frac{1}{3}}=Cx^{\frac{2}{3}}-\dfrac{3}{7}x^3$；

（3） $y^{-3}=-2x-1+C\mathrm{e}^x$；（4） $\dfrac{x^2}{y^2}=-\dfrac{4}{9}x^3-\dfrac{2}{3}x^3\ln x+C$.

习题 11-4

1. （1） $\dfrac{1}{2}x^2y+\dfrac{1}{4}y^2=C$；（2） $x^3+y^4+3x^2y^2=C$；

（3） $x^2-y^2=Cy^3$；（4） $\sin x+\ln|y|+\dfrac{x}{y}=C$.

2. （1） $x-\dfrac{y}{x}=C$；（2） $\dfrac{1}{2}x^2-\dfrac{1}{y}-3xy=C$；

（3） $y\mathrm{e}^{x^2}-x^2=C$；（4） $(x^2+1)y=C$.

习题 11-5

1. （1） $y=x\arctan x-\dfrac{1}{2}\ln(1+x^2)+C_1x+C_2$；

（2） $y=x\mathrm{e}^x-3\mathrm{e}^x+C_1x^2+C_2x+C_3$；

（3） $y=C_1x^5+C_2x^3+C_3x^2+C_4x+C_5$.

2. （1） $y=-\dfrac{1}{2}x^2-x+C_1\mathrm{e}^x+C_2$；（2） $y=C_1\ln|x|+C_2$；

（3） $C_1y^2-1=(C_2\pm C_1x)^2,(C_1>0)$；（4） $y=\arcsin(C_2\mathrm{e}^x)+C_1$.

3. （1） $y=\dfrac{1}{6}x^3-\sin x-x+1$；（2） $y=x^3+3x+1$；

（3） $y=-\ln\cos x=\ln\sec x$；（4） $y=\ln(\mathrm{e}^y\pm\sqrt{\mathrm{e}^{2y}-1})$.

4. $y=\dfrac{1}{6}x^3+\dfrac{1}{2}x+1$.

5. $f(x)=C_1\ln x+C_2$.

习题 11-6

1.（1）线性无关；（2）线性相关；（3）线性无关；（4）线性无关.

2. $y = C_1 \cos \omega x + C_2 \sin \omega x$.

3. $y = (C_1 + C_2 x)\mathrm{e}^{x^2}$.

4. $y = C_1 x^2 + C_2 \mathrm{e}^x + 3$.

习题 11-7

1.（1） $y = C_1 + C_2 \mathrm{e}^{4x}$；（2） $y = C_1 \mathrm{e}^{5x} + C_2 \mathrm{e}^{-2x}$；（3） $y = (C_1 + C_2 x)\mathrm{e}^{-\frac{1}{3}x}$；

（4） $y = C_1 \cos x + C_2 \sin x$；（5） $y = \mathrm{e}^{3x}(C_1 \cos 4x + C_2 \sin 4x)$.

（6） $y = C_1 \mathrm{e}^{2x} + C_2 \mathrm{e}^{-2x} + C_3 \cos 3x + C_4 \sin 3x$.

2.（1） $y = 4\mathrm{e}^x + 2\mathrm{e}^{3x}$；（2） $y = (2 + x)\mathrm{e}^{-\frac{1}{2}x}$；

（3） $y = 2\cos 5x + \sin 5x$；（4） $y = \mathrm{e}^{2x}\sin 3x$.

3. $y^{(5)} + 2y''' = 0$.

习题 11-8

1.（1） $y^* = Ax^2 + Bx + C$；（2） $y^* = Ax^2 + Bx$；

（3） $y^* = Ax^2 \mathrm{e}^x$；（4） $y^* = Ax\mathrm{e}^{-x}$；

（5） $y^* = (Ax^2 + Bx)\mathrm{e}^x$；（6） $y^* = (Ax^2 + Bx + C)\mathrm{e}^x$；

（7） $y^* = \mathrm{e}^{2x}(A\cos x + B\sin x)$；（8） $y^* = x\mathrm{e}^{2x}(A\cos x + B\sin x)$；

（9） $y^* = \mathrm{e}^{2x}[(Ax + B)\cos x + (Cx + D)\sin x]$；

（10） $y^* = x\mathrm{e}^x[(Ax + B)\cos x + (Cx + D)\sin x]$.

2.（1） $y = C_1 \mathrm{e}^{\frac{1}{2}x} + C_2 \mathrm{e}^{-x} + \mathrm{e}^x$；

（2） $y = C_1 \mathrm{e}^{-x} + C_2 \mathrm{e}^{-2x} + \left(\dfrac{3}{2}x^2 - 3x\right)\mathrm{e}^{-x}$；

（3） $y = (C_1 + C_2 x)\mathrm{e}^{3x} + \left(\dfrac{1}{6}x^3 + \dfrac{1}{2}x^2\right)\mathrm{e}^{3x}$；

（4） $y = C_1 \cos x + C_2 \sin x + \dfrac{1}{2}\mathrm{e}^x + \dfrac{1}{2}x\sin x$.

3. $y = -2\cos x + \dfrac{1}{2}\sin x + 2 - \dfrac{1}{2}x\cos x$.

4. $\varphi(x) = \dfrac{1}{2}(\cos x + \sin x + \mathrm{e}^x)$.

5. （1） $y = C_1 x^{-2} + C_2 x^{\frac{1}{2}}$;

（2） $y = \dfrac{1}{x}(C_1 + C_2\ln x)$;

（3） $y = \dfrac{C_1}{x} + C_2 x^2 - \left(\ln x + \dfrac{1}{2}\right)x$.

习题 11-9

1. 195 kg.

2. $LC\dfrac{\mathrm{d}^2 u_C}{\mathrm{d}t^2} + RC\dfrac{\mathrm{d}u_C}{\mathrm{d}t} + u_C = E_m\sin\omega t, u_C = \dfrac{q}{C}$.

3. $i = -\dfrac{25}{4}\mathrm{e}^{-\frac{5}{2}t} + \dfrac{25}{4}\mathrm{e}^{-\frac{1}{2}t}$.

4. （1）指数模型：$\dfrac{\mathrm{d}x}{\mathrm{d}t} = \lambda x$.

（2）Logistic 模型：$\dfrac{\mathrm{d}x}{\mathrm{d}t} = ax(N-x)$ ，N 为总人数.

（3） $\dfrac{\mathrm{d}x}{\mathrm{d}t} = (ax+b)(N-x)$.

5. 略.

总习题十一（A）

1. （1） $y = (C_1 + C_2 x)\mathrm{e}^{x^2}$;（2） $\dfrac{1}{2}(1+x^2)[\ln(1+x^2)-1]$;

（3） $y^* = x^2(Ax+B)\mathrm{e}^x$;（4） $y = C_1\mathrm{e}^{2x} + C_2\mathrm{e}^{5x} + x^2$.

2. （1）（D）；（2）（C）；（3）（B）；（4）（B）.

3. （1） $\sqrt{xy} = x + C$;（2） $x = \ln y - \dfrac{1}{2} + \dfrac{C}{y^2}$;（3） $y^2 = 2x + 1 + C\mathrm{e}^{2x}$.

（4） $x^2 = Cy^6 + y^4$;（5） $x^2 + y^2 + 2\arctan\dfrac{x}{y} = C$;

（6） $y = C_1 + C_2\mathrm{e}^x + C_3\mathrm{e}^{-2x} + \left(\dfrac{1}{6}x^2 - \dfrac{4}{9}x\right)\mathrm{e}^x - x^2 - x$.

4.（1）$y^2 = 2x\ln y + x$；（2）$y = -\dfrac{1}{a}\ln(ax+1)$；

（3）$y = 2\arctan e^x$；（4）$y = xe^{-x} + \dfrac{1}{2}\sin x$.

5. $\varphi(x) = \cos x + \sin x$.

6.（1）$y = \dfrac{1}{x}(C_1 + C_2\ln x)$.

（2）$y = C_1 x^2 + C_2 x^3 + \dfrac{1}{2}x$.

总习题十一（B）

1.（1）$y = C_1 e^{2x} + C_2 e^{-2x} + \dfrac{1}{4}xe^{2x}$；（2）$q(x) = 3x(1+x^2)$；

（3）$y'' - 2y' + 2 = 0$；（4）$y = \dfrac{x - \dfrac{1}{2}}{\arcsin x}$.

2.（1）（D）；（2）（C）；（3）（B）.

3. $y = \dfrac{2x}{x^2 + 1}$.

4. $y = e^x - e^{x + e^{-x} - \frac{1}{2}}$.

5. $f(x) = \dfrac{1}{2}\sin x + \dfrac{1}{2}x\cos x$.

6. $\arctan\dfrac{y}{x} + \dfrac{1}{2}\ln(x^2 + y^2) = 0$，$0 < x < \dfrac{3}{2}$.

7. $-xy'' = \dfrac{1}{2}\sqrt{1 + y'}$. 初始条件为 $y|_{x=-1} = 0$，$y'|_{x=-1} = 1$.

8. $x = \dfrac{Nx_0 e^{kNt}}{N - x_0 + x_0 e^{kNt}}$.